现代数学基础

58 代数数论

黎景辉

首都师范大学

DAISHU SHULUN

高等教育出版社·北京

内容简介

本书是为数学系研究生讲当代的基础代数数论，亦适合数学系三四年级本科生学习。全书分为三部分：数域论、同调论和 p 进理论。在数域论中讲述代数数论的中心思想：局部－整体数论；在同调论中用同调代数方法讲类域论的核心结构：类成；在 p 进理论中，我们从无穷维 p 进泛函分析开始，然后讨论赋值环结构、晶体和 Galois 表示。全书由 Dedekind 环开始，而以 Dedekind 环的 L-函数结束。代数数论在各种电子信息工程中的应用与日俱增，本书的内容是使用代数数论的人必备的知识。

本书适合大学数学系的本科生和研究生阅读参考。

图书在版编目（CIP）数据

代数数论 / 黎景辉编著 . — 北京：高等教育出版社，2016.9（2024.1 重印）

ISBN 978-7-04-046483-2

Ⅰ.①代⋯ Ⅱ.①黎⋯ Ⅲ.①代数数论－高等学校－教材 Ⅳ.① O156.2

中国版本图书馆 CIP 数据核字（2016）第 222088 号

| 策划编辑 | 赵天夫 | 责任编辑 | 赵天夫 | 封面设计 | 赵阳 | 责任印制 | 田 甜 |

出版发行	高等教育出版社
社　址	北京市西城区德外大街4号
邮政编码	100120
印　刷	涿州市京南印刷厂
开　本	787 mm×1092 mm 1/16
印　张	32
字　数	680 千字
购书热线	010-58581118
咨询电话	400-810-0598
网　址	http://www.hep.edu.cn
	http://www.hep.com.cn
网上订购	http://www.hepmall.com.cn
	http://www.hepmall.com
	http://www.hepmall.cn
版　次	2016 年 9 月第 1 版
印　次	2024 年 1 月第 2 次印刷
定　价	89.00 元

本书如有缺页、倒页、脱页等质量问题，请到所购图书销售部门联系调换

版权所有　侵权必究

物　料　号　46483-00

序

代数数是系数为有理数的多项式的根. 代数数论研究作用在代数数上的对称群的结构和表示理论. 代数数论的内容非常丰富, 可以有各种各样的课本. 加上代数数论在各种电子信息工程的应用与日俱增, 所以我们有必要提供多样的教材. 本书正是一本介绍代数数论的入门课本, 是给学过代数和数论的数学系本科生学习代数数论使用的.

法国数学家 Weil 曾说: 代数数论是从 Gauss 开始的. Gauss 研究过: 二次型类数、互反律、指数和、椭圆曲线复乘, 这些专题至今还在启发新的代数数论研究. 学代数数论的人心里应常存这四个题目.

Gauss 之后在代数数论有新想法的人是 Grothendieck (1928 年在德国出生, 2014 年在法国逝世). 他用范畴理论表达他对 Galois 群深刻性质的期望! 这已经不在本书所要讨论的范围之内了.

开始的第零章讲一些预备知识. 同学们可能会念过这一章的部分内容; 对没有念过的材料, 可以按需要日后补上便好. 这一章的内容我在香港中文大学和香港科技大学为三年级本科生讲过. 第一部分数域论是来自 2014 年秋我在首都师范大学开的数论课的讲义. 第二部分同调论是为预备另一个在北京开的数论课而做的讲义, 这部分的一些材料在山东大学也使用过. 第三部分 p 进理论是来自多年前我和 Kisin 在悉尼大学办的讨论班的一些笔记, 来参加这个讨论班的还有 Berthelot、赵春来、Conrad、Fesenko、Fontaine、Ngo Bao Chau、陈其诚、王福正和 Vostokov 等人, 这部分材料在高雄、台南和台北的讨论班都使用过. 最后是个补充材料, 是关于代数数论发展的内容, 可以作为参考资料帮助同学们学习.

本书的主要目的是让学生在一本书内学习初步知识, 避免因翻阅各种讲义、阅读不同语言而带来的不便. 我相信念好潘承洞与潘承彪的《解析数论基础》和这我部书的同学便有了充分的准备可以到国内外的研究所学习数论. 一部书不是也不可能是包罗万象的, 但对自学的读者来说, 有这样一部书在手头是可以帮助起步的. 对这样的同学我的建议是念到不明白的地方便先跳过去, 日后再回头来看. 对老师和有老师指导的学生, 他们会有自己的方法, 希望这部书对他们也是一个方便的参考.

我感谢高等教育出版社和赵天夫编辑的协助让本书成功出版. 我也谢谢关丽雄的支持和照顾.

黎景辉

首都师范大学

目 录

序

第零章　预备知识　　1

　　记号　　1
　　0.1　局部化　　2
　　0.2　代数扩张　　2
　　0.3　态射扩张　　4
　　0.4　Galois 扩张　　7
　　0.5　迹和范　　10
　　0.6　有限域　　12
　　0.7　过滤　　12
　　0.8　无穷扩张　　13
　　0.9　特征标　　18
　　习题　　24

第一部分　数域论　　31

第一章　理想　　33
　　1.1　Dedekind 环　　34
　　1.2　理想的分解　　36
　　1.3　Dedekind 环扩张　　39
　　1.4　理想的迹和范　　44
　　1.5　判别式　　46
　　1.6　Hilbert 分歧理论　　48

1.7 理想类群 51

1.8 Picard 群 53

1.9 Grothendieck 群 56

习题 61

第二章　格 65

2.1 Minkowski 理论 65

2.2 加性结构 67

2.3 乘性结构 69

2.4 理想估值 69

2.5 L-函数 74

2.6 密度 77

习题 82

第三章　完备域 85

3.1 赋值域 86

3.2 赋值域扩张 93

3.3 完备域扩张 96

3.4 局部数域 102

3.5 形式群 112

3.6 数域的赋值 117

习题 119

第四章　类群 123

4.1 加元环 124

4.2 理元群 126

4.3 理元类群 128

4.4 理想 129

习题 130

第二部分   同调论   133

第五章   上同调群   135
- 5.1   有限群的同调群   136
- 5.2   张量积   151
- 5.3   Tate 定理   158
- 5.4   射影有限群的同调群   160
- 5.5   类成   161
- 5.6   域的上同调   165
- 5.7   Kummer 扩张   166
- 习题   168

第六章   局部域的上同调群   173
- 6.1   无分歧扩张   173
- 6.2   局部互反律   175
- 6.3   分圆域   181
- 习题   183

第七章   理元类的上同调群   185
- 7.1   理元的上同调群   186
- 7.2   计算 H^1 191
- 7.3   计算 H^2 196
- 7.4   整体互反律   202
- 7.5   Weil 群   206
- 7.6   注记   211
- 习题   211

第八章   对偶定理   215
- 8.1   有限群的同调群   216
- 8.2   射影有限群的上同调群   217
- 8.3   谱序列   220
- 8.4   成对偶模   225
- 8.5   类成对偶   229
- 8.6   局部对偶   231

    8.7 整体对偶 232

    8.8 P^i 和 Ⅲ 235

    8.9 Poitou-Tate 序列 238

    8.10 后记: 上同调理论和数论 245

    习题 262

第三部分 p 进理论   265

第九章 p 进分析 267

    9.1 $\mathbb{C}_p$ 268

    9.2 滤子 270

    9.3 球完备性 272

    9.4 Banach 空间 279

    9.5 Fréchet 空间 284

    9.6 算子空间 289

    9.7 p 进插值 290

    9.8 p 进测度 293

    习题 299

第十章   赋值环 303

    10.1 光滑环 304

    10.2 离散赋值环 306

    10.3 Witt 环 314

    10.4 Hensel 环 318

    10.5 Cohen 环 321

    10.6 分歧群 325

    10.7 单位群 332

    10.8 最大交换扩张 337

    10.9 全分歧 $\mathbb{Z}_p$ 扩张 347

    10.10 范域 351

    10.11 完全化 357

    习题 370

第十一章　Galois 表示 ... 373

- 11.1 晶体 ... 373
- 11.2 C_K ... 381
- 11.3 非交换 1 上同调 ... 383
- 11.4 在 $GL_n(\mathbb{C}_p)$ 的上同调 ... 385
- 11.5 φ 模 ... 391
- 11.6 $\varphi - \Gamma$ 模 ... 396
- 11.7 幂级数环 ... 397
- 11.8 周期环 ... 403
- 11.9 ℓ 进 Galois 表示 ... 416
- 11.10 p 进 Galois 表示 ... 424
- 习题 ... 433

第十二章　L-函数 ... 437

- 12.1 调和分析 ... 437
- 12.2 特征标 ... 444
- 12.3 Z 积分 ... 448
- 12.4 Hecke L-函数 ... 454
- 12.5 Artin L-函数 ... 457
- 习题 ... 467

第四部分　补充材料　469

附录: 代数数论百年历史回顾及分期初探 ... 471

- A.1 奠基时代 ... 471
- A.2 第一波——类域论 ... 473
- A.3 第二波——p 进世界 ... 474
- A.4 第三波——代数群的调和分析 ... 476
- A.5 第四波——算术代数几何学 ... 481
- A.6 第五波——世界大同伦 ... 483

索　引 ... 487

第零章 预备知识

本章介绍一些预备知识以方便读者引用, 详细证明见各标准教本. 建议读者先阅读本章以了解本书的符号和名词的用法.

记号

以 $|S|$ 记有限集合 S 的元素个数.

$A \setminus B = \{a \in A : a \notin B\}$.

$\mathbb{Z}$ 为整数环.

$\mathbb{Q}$ 为有理数域.

$\mathbb{R}$ 为实数域.

$\mathbb{C}$ 为复数域.

$\mathbb{N}$ 为 $\geqslant 0$ 的整数.

$\mathbb{R}_+^\times$ 为 > 0 的实数.

$\mathbb{F}_q$ 是有 q 个元的有限域.

以 $\boldsymbol{\mu}_m$ 记 m 次单位根所组成的交换群.

$F^\times$ 记域 F 的非零元所组成的乘法群.

$\dim_F V$ 指域 F 上的向量空间的维数.

若 E/F 为域扩张, 则 $[E:F]$ 是 $\dim_F E$.

当 H 是群 G 的子群时, $[G:H]$ 是陪集集合的元素个数 $|G/H|$.

$\varphi: x \mapsto y$ 是定义映射的符号, 即 $\varphi(x) = y$.

恒等映射 $\phi: X \to X$ 是指 $\phi(x) = x$, 常以 id_X 记 X 上的恒等映射.

若 G 是群, 则 $H \triangleleft G$ 是说: H 是 G 的正规子群.

$\forall x$ 是指对所有 x, $\exists x$ 是指对存在 x, $A \Rightarrow B$ 是指: 如果 A 则 B.

$\square$ 表示证毕定理.

除显然或声明外本章的环都是带 1 的交换环. $A^\times$ 记环 A 的可逆元所组成的乘法群, 即 $A^\times = \{a \in A : \exists b \in A, ba = 1\}$. 又称可逆元 (invertible element) 为单位元 (unit).

0.1 局部化

由整数环 $\mathbb{Z}$ 构造出有理数域 $\mathbb{Q}$ 是局部化 (localization) 的标准例子.

交换环 R 的子集 S 称作乘性子集, 如果 S 中任两个元的积都在 S 中, 且 $1 \in S$, $0 \notin S$. 利用乘性子集我们可以将商域的构造方法推广. 首先在集合 $R \times S$ 中定义一个关系 $\sim$:

$$(a, r) \sim (b, s) \Leftrightarrow \exists t \in S \text{ 使得 } t(as - br) = 0.$$

不难验证 $\sim$ 是等价关系. 记 $S^{-1}R = R \times S/\sim$, 元 $(a, r) \in R \times S$ 在 $S^{-1}R$ 中的像记为 $\overline{(a, r)}$. 不难验证 $S^{-1}R$ 具有环结构, 其加法和乘法分别由 $\overline{(a, r)} + \overline{(b, s)} = \overline{(as + br, rs)}$ 及 $\overline{(a, r)} \cdot \overline{(b, s)} = \overline{(ab, rs)}$ 给出. 我们称 $S^{-1}R$ 为环 R 以 S 为分母的分式环 (ring of fractions of R with respect to S). 这样投射 $R \to S^{-1}R : r \mapsto \overline{(r, 1)}$ 是 "典范" 同态, 因此把 $S^{-1}R$ 看作 R-代数, S 的元在典范同态下映到 $S^{-1}R$ 的可逆元.

例 (1) 设 P 是 R 的素理想, 则 $S = R - P$ 是乘性子集. 记 $R_P = S^{-1}R$, 称它为 R 在 P 的**局部化** (localization of R at P).

(2) 设 R 为整环 (integral domain), 取 $S = R \setminus \{0\}$. 记 $S^{-1}R$ 为 $\mathrm{Frac}(R)$, 称它为整环 R 的**分式域** (field of fractions).

具有唯一极大理想的环称作**局部环** (local ring). 易见 R_P 是局部环, 极大理想是 PR_P.

p 是素数, 整数环 $\mathbb{Z}$ 在素理想 $p\mathbb{Z}$ 的局部化记为 $\mathbb{Z}_{(p)}$. $\mathbb{Z}_p$ 是 p 进整数环. $\mathbb{Z}[\frac{1}{p}] = \{\frac{a}{p^n} : a, n \in \mathbb{Z}\}$. $\mathbb{Z}/p\mathbb{Z} = \{n + p\mathbb{Z} : n \in \mathbb{Z}\}$.

0.2 代数扩张

设 F 为域, 以 X 为变量, 以 F 的元素为系数的全部多项式所组成的交换环记为 $F[X]$. 以 $F(X)$ 记域 $\{\frac{f}{h} : f, h \in F[X], h \neq 0\}$.

若 F 为域 E 的子域, 则称 E 为 F 的域扩张. 常记此关系为 E/F.

设有域扩张 E/F. 称 $\alpha \in E$ 为 F 上的代数元素, 如果存在 $0 \neq f(X) \in F[X]$ 使得 $f(\alpha) = 0$. 以 $\mathfrak{I}(\alpha)$ 记 $\{f \in F[X] : f(\alpha) = 0\}$. 则有不可约首一多项式 $m_\alpha(X) \in F[X]$ 使得理想 $\mathfrak{I}(\alpha)$ 是由 $m_\alpha(X)$ 生成的. 称 $m_\alpha(X)$ 为代数元素 α 在 F 上的**最小多项式** (minimal polynomial).

0.2 代数扩张

称域扩张 E/F 为**代数扩张** (algebraic extension), 如果 E 的每一个元素均是 F 上的代数元素.

设有域扩张 E/F. 则可把 E 看成 F 上的向量空间, 并以 $\dim_F E$ 或 $[E:F]$ 记 F-向量空间 E 的维数, 又称此为扩张 E/F 的**次数** (degree).

当 $\dim_F E < \infty$ 时我们说 E/F 是有限扩张.

命题 0.1 有限扩张必为代数扩张.

设 F 是域, $p(X)$ 是 $F[X]$ 内的不可约多项式, $p(X)$ 生成的 $F[X]$ 理想记为 $\langle p(X) \rangle$, 这是主理想整环 $F[X]$ 的极大理想, 所以商环 $F[X]/\langle p(X) \rangle$ 是域. 在此域中取元素 $\xi := X + \langle p(X) \rangle$. 在 $F[X]$ 中以 ξ 代替 X 而得出的环记作 $F[\xi]$. 则域 $F[X]/\langle p(X) \rangle$ 等于 $F[\xi]$. 于是可以构造域扩张 E/F 使得存在 $\alpha \in E$ 满足 $p(\alpha) = 0$. 在 E 内以 F 和 α 所生成的子域记作 $F(\alpha)$. 则有域同构 $\sigma : F(\alpha) \to F[\xi]$ 满足条件: $\sigma(\alpha) = \xi$, 对 $a \in F$ 则 $\sigma(a) = a$. 称这段的结果为单扩张的构造.

设有域 E, K, 称映射 $\varphi: E \to K$ 为域同态, 如果对 $x, y \in E$ 有
$$\varphi(x+y) = \varphi(x) + \varphi(y), \quad \varphi(xy) = \varphi(x)\varphi(y).$$

称单射域同态为**单态射** (monomorphism) 或**嵌入** (embedding), 双射域同态为**同构** (isomorphism), 由 K 到 K 的同构为 K 的**自同构** (automorphism).

设 F 同时是域 E 和 K 的子域. 若域同态 $\varphi: E \to K$ 固定 F 的元素, 即对 $a \in F$ 有 $\varphi(a) = a$, 则称 φ 为 F-态射. 当 $\varphi: E \to K$ 是 F-同构时则说 E 与 K 在 F 上同构.

引理 0.2 设 E/F 为代数扩张, $\sigma: E \to E$ 为 F-单态射. 则 σ 为 E 的自同构.

以下证明域态射的线性无关定理.

定理 0.3 (Dedekind) 从域 E 到域 K 各不相同的单态射 $\varphi_1, \varphi_2, \ldots, \varphi_n$ 为 K 线性无关, 即若有 $y_i \in K$ 使得 $\sum_i y_i \varphi_i = 0$, 则 $y_i = 0, \forall i$.

证明 取 $z \in K$. 定义同态 $z_\ell : K \to K : y \mapsto zy$. 对 $\varphi : E \to K, z \in K, z\varphi : E \to K$ 是 $(z\varphi)(x) = z \cdot \varphi(x)$. 另一方面, 对 $x, w \in E$, $(\varphi x_\ell)(w) = \varphi(xw) = \varphi(x)\varphi(w) = (\varphi(x)_\ell \circ \varphi)(x)$.

用反证法证明定理. 假设定理是错的, 于是可以找到最短的线性关系
$$y_1 \varphi_1 + y_2 \varphi_2 + \cdots + y_r \varphi_r = 0, \quad y_i \neq 0, \forall i.$$

先设 $r > 1$. 因为 $\varphi_1 \neq \varphi_2$, 所以 $\exists x \in E$ 使得 $\varphi_1(x) \neq \varphi_2(x)$.

以 x_ℓ 右乘以上线性关系得
$$0 = \sum_i y_i \varphi_i x_\ell = y_1(\varphi_1(x))\varphi_1 + y_2(\varphi_2(x))\varphi_2 + \cdots + y_r(\varphi_r(x))\varphi_r.$$

以 $\varphi_1(x)$ 左乘以上线性关系得

$$0 = \varphi_1(x)y_1\varphi_1 + \varphi_1(x)y_2\varphi_2 + \cdots + \varphi_1(x)y_r\varphi_r.$$

双减得

$$0 = (\varphi_2(x) - \varphi_1(x))y_2\varphi_2 + \cdots + (\varphi_r(x) - \varphi_1(x))y_r\varphi_r,$$

这是非平凡线性关系, 因为 $(\varphi_2(x) - \varphi_1(x))y_2 \neq 0$. 这与 r 的选取相矛盾. 于是得结论 $r = 1$.

但这便会有 $y_1\varphi_1 = 0$, 从 $y_1 \neq 0$ 得 $\varphi_1 = 0$. 这与 φ_1 是单态射相矛盾. 于是证毕定理. □

设 K 是域. 假如任一多项式 $f \in K[X]$ 的全部根都是在 K 里, 则称 K 为**代数闭域** (algebraically closed field).

定理 0.4 设 F 是域. 则

(1) 存在域扩张 E/F 使得 E 是代数闭域.
(2) 存在代数扩张 F^{alg}/F 使得 F^{alg} 是代数闭域.

0.3 态射扩张

0.3.1 态射扩张一

引理 0.5 (态射扩张引理) 设有域 F, 代数闭域 L 和单态射 $\sigma: F \to L$. 考虑代数扩张 $F(\alpha)/F$. 则

(1) σ 可扩张为单态射 $\tau: F(\alpha) \to L$.
(2) 以 $S(\sigma)$ 记集合 $\{\tau: F(\alpha) \to L$ 为单态射 $: \tau|_F = \sigma\}$. 则 α 的最小多项式有 $|S(\sigma)|$ 个各不相同的根 (不计重数).

命题 0.6 设 E/F 为代数扩张, L 为代数闭域, $\sigma: F \to L$ 为单态射. 则

(1) σ 可扩张为单态射 $\tau: E \to L$.
(2) 若 E 为代数闭域, $L/\sigma F$ 为代数扩张, 单态射 $\tau: E \to L$ 为 σ 的扩张. 则 τ 为同构.

推论 0.7 若 E/F, E'/F 为代数扩张, E, E' 为代数闭, 则 E 与 E' 在 F 上同构.

于是得知: 任一域 F 必有代数闭代数扩张 F^{alg}/F, 并且除同构外 F^{alg} 是由 F 唯一决定的. 称 F^{alg} 为 F 的 **代数闭包** (algebraic closure).

称有理数域 $\mathbb{Q}$ 的代数闭包 $\mathbb{Q}^{\text{alg}}$ 的子域为 **数域** (number field). 称 $\mathbb{Q}^{\text{alg}}$ 的元素为代数数. 代数数论就是代数数的理论.

设 F 是域. 取 $n \geq 1$ 次多项式 $f(X) \in F[X]$. 设有域扩张 K/F 使得

(1) K 有元素 $\alpha_1, \ldots, \alpha_n$ 使 $f(x) = a(x-\alpha_1)\ldots(x-\alpha_n)$, $a \in F$.
(2) K 内由 F 和 $\alpha_1, \ldots, \alpha_n$ 所生成的域便是 K, 即 $K = F(\alpha_1, \ldots, \alpha_n)$.

则称 K 为 f 在 F 上的 **分裂域** (splitting field). 这个域的元素是 $\frac{p(\alpha_1,\ldots,\alpha_n)}{q(\alpha_1,\ldots,\alpha_n)}$, 其中 p, q 是系数在 F 里的有 n 个变量的多项式, 并且 $q(\alpha_1, \ldots, \alpha_n) \neq 0$.

命题 0.8 设 E, K 为 $f(X) \in F[X]$ 在 F 上的分裂域. 则

(1) E 与 K 在 F 上同构.
(2) 设 K^{alg} 为 K 的代数闭包, $\tau: E \to K^{\text{alg}}$ 为 F-单态射. 则 $\tau(E) = K$.

设 F^{alg} 为 F 的代数闭包, $K_i \subseteq F^{\text{alg}}$ 为 $f_i(X) \in F[X]$ 在 F 上的分裂域. 设 K_I 为 F^{alg} 的最小子域使得 $K_I \supseteq K_i, i \in I$. 称 K_I 为多项式组 $\{f_i(X) : i \in I\}$ 的分裂域. 设 E 是多项式组 $\{f_i(X) : i \in I\}$ 另一个分裂域. $\tau: E \to F^{\text{alg}}$ 为 F-单态射. 则 $\tau(E) = K$.

0.3.2 态射扩张二

设 F 是域. 取代数闭包 F^{alg}. 设有代数扩张 E/F, $E \subseteq F^{\text{alg}}$. 如果所有的 F-单态射 $\sigma: E \to F^{\text{alg}}$ 都是 E 的 F-自同构 (即 $\sigma(E) = E$), 则说 E/F 是 **正规扩张** (normal extension).

命题 0.9 设 $F \subseteq E \subseteq F^{\text{alg}}$. 以下三个关于域扩张 E/F 的条件是等价的.

(1) E/F 是正规扩张.
(2) E 是一组 $F[X]$ 内的多项式的分裂域.
(3) 若 $f(X) \in F[X]$ 是 n 次不可约多项式, 并且有 $\alpha \in E$ 使得 $f(\alpha) = 0$, 则 E 内有 $\alpha_1, \ldots, \alpha_n$ 使得 $f(x) = a(x-\alpha_1)\ldots(x-\alpha_n)$, $a \in F$.

0.3.3 态射扩张三

设 E/F 为代数扩张, L 为代数闭域, $\sigma: F \to L$ 为单态射. 以 $S(\sigma)$ 记集合 $\{\tau: E \to L$ 为单态射 $: \tau|_F = \sigma\}$. 设另有至代数闭域 L' 的单态射 $\sigma': F \to L'$. 则

$|S(\sigma)| = |S(\sigma')|$, 记此数为 $\langle E:F\rangle_s$.

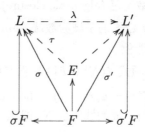

命题 0.10 设有域扩张 $E \supseteq K \supseteq F$. 则

(1) $\langle E:F\rangle_s = \langle E:K\rangle_s \langle K:F\rangle_s$.

(2) 若 $[E:F] < \infty$, 则 $\langle E:F\rangle_s \leq [E:F]$.

(3) 若 $[E:F] < \infty$, 则 $\langle E:F\rangle_s = [E:F] \Leftrightarrow \langle E:K\rangle_s = [E:K]$ 和 $\langle K:F\rangle_s = [K:F]$.

命题 0.11 设有域扩张 E/F, $\alpha \in E$ 是 F 上的代数元. 则

(1) α 在 F 上的最小多项式没有重根 $\Leftrightarrow$

(2) $\langle F(\alpha):F\rangle_s = [F(\alpha):F]$.

称满足以上条件的元素 α 为 F 上的可分元素.

定理 0.12 设 E/F 为有限扩张. 则

(1) $\langle F(\alpha):F\rangle_s = [F(\alpha):F] \Leftrightarrow$

(2) 任意 $\alpha \in E$ 为 F 上的可分元素.

称满足以上条件的有限扩张 E/F 为可分扩张. 称代数扩张 L/F 为**可分扩张** (separable extension), 若 L/F 的任意有限生成子扩张 E/F 为可分扩张. 若 K/E 和 E/F 是可分扩张, 则 K/F 是可分扩张. 以 F^{sep} 记代数闭包 F^{alg} 内 F 的最大可分扩张, 称 F^{sep} 为 F 的**可分闭包** (separable closure). 本书 F 常是数域, 即有理数域 $\mathbb{Q}$ 的有限扩张. 这时 F 的特征是 0. 特征 0 的域的扩张都是可分扩张.

设域的代数扩张 P/F 满足条件: $x \in P$ 为 F 上的可分元素 $\Rightarrow x \in F$. 则称 P/F 为 (纯) **不可分扩张** (purely inseparable extension). 称 F 上的代数元 α 为 F 上的不可分元素, 若 $F(\alpha)/F$ 是不可分扩张.

设 K/F 为代数扩张. 由 K 内 F 上的可分元素所组成的集合记为 S. 则 (1) S 为 K 的子域, (2) S/F 为可分扩张, (3) K/S 为不可分扩张. 称 S 为 K/F 内的最大可分子域. 若 $[K:F] < \infty$, 则称 $[S:F]$ 为 K/F 的**可分次数** (separable degree), 并记它为 $[K:F]_s$, 又称 $[K:S]$ 为 K/F 的**不可分次数** (inseparable degree), 并记它为 $[K:F]_i$.

命题 0.13 设 E/F 为有限扩张.

(1) $[E:F]_s = \langle E:F\rangle_s$.

(2) 若 $E \supseteq K \supseteq F$, 则 $[E:F]_s = [E:K]_s[K:F]_s$, $[E:F]_i = [E:K]_i[K:F]_i$.

命题 0.14 设 α 是特征 $p \neq 0$ 的域 F 上代数元.
(1) 若 α 是 F 上的不可分元素, 则 α 的最小多项式是 $X^{p^r} - a, a \in F$.
(2) 若 α 是多项式 $X^{p^r} - a, a \in F$ 的根, 则 α 是 F 上的不可分元素.

命题 0.15 设 E/F 为有限可分扩张. 则存在 $\theta \in E$ 使得 $E = F(\theta)$. 称这样的 θ 为扩张 E/F 的**本原元素** (primitive element).

命题 0.16 设 E/F 为有限可分扩张. 则 (1) 存在正规扩张 K/F 使得 $K \supseteq E$, (2) 全部共有 $[E:F]$ 个从 E 到 K 的 F-单态射.

如果域 F 的所有扩张均是可分扩张, 则称 F 为**完全域** (perfect field).

命题 0.17 (1) 特征为零的域是完全域. (2) 有限域是完全域.

0.3.4 线性无交

在已给域扩张 E/F 内的子代数 E_1, E_2 叫作**线性无交** (linearly disjoint), 如果由 E_1, E_2 所生成的子代数 $E_1 E_2$ 是等于张量积 $E_1 \otimes_F E_2$. 这时同态

$$E_1 \otimes_F E_2 \to E_1 E_2 : x \otimes y \mapsto xy$$

是同构.

假如 E/F 内的子域 E_1, E_2 是线性无交, 则以下充分必要条件成立:
$$S \subset E_1 \text{ 是 } F \text{ 线性无关} \Leftrightarrow S \subset E_1 E_2 \text{ 是 } E_2 \text{ 线性无关}$$
当且仅当
$$T \subset E_2 \text{ 是 } F \text{ 线性无关} \Leftrightarrow T \subset E_1 E_2 \text{ 是 } E_1 \text{ 线性无关}.$$

定理 0.18 设域 F 的特征是 $p \neq 0$, $F^{p^{-1}} = \{x \in F^{\mathrm{alg}} : x^p \in F\}$. 则域的代数扩张 E/F 是可分扩张当且仅当 E 和 $F^{p^{-1}}$ 在 F 上线性无交.

0.4 Galois 扩张

设 K 是域. 由 K 的全部自同构所组成的集合记作 $\mathrm{Aut}(K)$. 以映射的合成为乘积使 $\mathrm{Aut}(K)$ 是群.

若 G 是 $\mathrm{Aut}(K)$ 的子群. 则设

$$I(G) = \{a \in K : \varphi(a) = a, \forall \varphi \in G\}.$$

容易验证 $I(G)$ 是 K 的子域. 若 E 是 K 的子域. 则设

$$A(E) = \{\varphi \in \mathrm{Aut}(K) : \varphi(a) = a, \forall a \in E\}.$$

容易验证 $A(E)$ 是 $\mathrm{Aut}(K)$ 的子群.

命题 0.19 设 K 是域. I, A 有以下的性质:

(1) 若 $G_1 \supseteq G_2$ 是 $\mathrm{Aut}(K)$ 的子群, 则 $I(G_1) \subseteq I(G_2)$.
(2) 若 $F_1 \supseteq F_2$ 是 K 的子域, 则 $A(F_1) \subseteq A(F_2)$.
(3) 若 F 是 K 的子域, 则 $I(A(F)) \supseteq F$ 和 $AFA(F) = A(F)$.
(4) 若 G 是 $\mathrm{Aut}(K)$ 的子群, 则 $AI(G) \supseteq G$ 和 $IAI(G) = I(G)$.

设 E/F 是域扩张. 记 $\{\varphi \in \mathrm{Aut}(E) : \varphi(a) = a, \forall a \in F\}$ 为 $\mathrm{Aut}_F(E)$. 称 $\mathrm{Aut}_F(E)$ 的元素为固定 F 的域同构. 以 $\mathscr{F}(E/F)$ 记集合 $\{\text{域 } K : E \supset K \supset F\}$, 以 $\mathscr{G}(E/F)$ 记 $\mathrm{Aut}_F(E)$ 的所有子群所组成的集合. 则如上可定义映射

$$\mathscr{F}(E/F) \to \mathscr{G}(E/F) : K \mapsto \mathrm{Aut}_K(E), \mathscr{G}(E/F) \to \mathscr{F}(E/F) : H \mapsto E^H,$$

其中 $E^H = \{x \in E : \sigma x = x, \forall \sigma \in H\}$.

定义 0.20 称可分正规代数扩张 E/F 为 Galois 扩张. 以 $\mathrm{Gal}(E/F)$ 记 $\mathrm{Aut}_F(E)$, 并称它为 E/F 的 Galois 群.

代数数论的一个中心任务就是研究数域扩张的 Galois 群.

定理 0.21 设 E/F 是 Galois 扩张. 记 Galois 群 $\mathrm{Gal}(E/F)$ 为 G.

(1) $E^G = F$.
(2) $K \in \mathscr{F}(E/F) \Rightarrow E/K$ 是 Galois 扩张, $E^{\mathrm{Gal}(E/K)} = K$.
(3) $\mathscr{F}(E/F) \to \mathscr{G}(E/F) : K \mapsto \mathrm{Aut}_K(E)$ 是单射.

引理 0.22 设 E/F 是可分代数扩张. 若有整数 n 使得 $\alpha \in E \Rightarrow [F(\alpha) : F] \leqslant n$, 则 $[E : F] \leqslant n$.

命题 0.23 设有域 K 和 $\mathrm{Aut}(K)$ 的有限子群 G, $n = |G|$. 以 F 记 K^G. 则

(1) K/F 是有限 Galois 扩张.
(2) $\mathrm{Gal}(K/F) = G$.
(3) $[K : F] = n$.

命题 0.24 设 E/F 是有限 Galois 扩张. 则 $\mathscr{F}(E/F) \to \mathscr{G}(E/F)$ 是满射.

这样当 E/F 是有限 Galois 扩张时便有双射

$$\mathscr{F}(E/F) \leftrightarrow \mathscr{G}(E/F).$$

称这个双射为 Galois 扩张 E/F 的 Galois 对应. 设在扩张 E/F 的 Galois 对应下 $K \leftrightarrow H$. 取 $\varphi \in G$. 则 $\varphi K \leftrightarrow \varphi^{-1} H \varphi$.

定理 0.25 设 E/F 是 Galois 扩张. 取域扩张 $E \supseteq K \supseteq F$. 则

(1) K/F 是正规扩张 $\Leftrightarrow \mathrm{Gal}(E/K)$ 是 $\mathrm{Gal}(E/F)$ 的正规子群.

(2) 若 K/F 是正规扩张, 则限制同态 $\mathrm{Gal}(E/F) \to \mathrm{Gal}(K/F)$ 是满同态, 它的核是 $\mathrm{Gal}(E/K)$. 所以 $\mathrm{Gal}(K/F) \cong \mathrm{Gal}(E/F)/\mathrm{Gal}(E/K)$.

若有域 $F \subset E_j \subset K$, 设 E 是 K 的最小子域使得对每一 j 有 $E \supseteq E_j$, 则称 E 为 $E_1, \ldots, E_r$ 的**合成域** (compositum), 并记 E 为 $E_1 E_2 \ldots E_r$.

同样设群 G 有子群 $H_1, H_2, \ldots, H_r$. 定义 $H = H_1 H_2 \ldots H_r$ 为 G 内的包括所有 H_j 的最小子群.

命题 0.26 设 K/F 是有限 Galois 扩张, K 有子域 E_j 包含域 F, H_j 是 $G = \mathrm{Gal}(E/F)$ 的子群. 则在 Galois 对应下有:

$$\bigcap_{j=1}^r E_j \leftrightarrow H_1 \ldots H_r,$$
$$E_1 \ldots E_r \leftrightarrow \bigcap_{j=1}^r H_j.$$

命题 0.27 假设 $G = \mathrm{Gal}(K/F)$ 是 Abel 群, 且按 Abel 群基本结构定理有以下分解:

$$G \approx Z_1 \times \cdots \times Z_s,$$

其中 Z_j 是 $p_j{}^{n_j}$ 阶循环群, p_j 是素数. 设

$$G_i = Z_1 \times \cdots \times Z_{i-1} \times Z_{i+1} \times \cdots \times Z_s.$$

按 Galois 对应取 $E_i = I(Z_i)$, $N_i = I(G_i)$. 则

(1) 在 Galois 对应下有:

$$N_1 N_2 \ldots N_s \leftrightarrow G_1 \cap \cdots \cap G_s = 1,$$
$$E_i \cap N_i \leftrightarrow Z_i G_i = G.$$

(2) $K = N_1 N_2 \ldots N_s$.
(3) $E_i = N_1 N_2 \ldots N_{i-1} N_{i+1} \ldots N_s$.
(4) $E_i \cap N_i = F$.

命题 0.28 设 L 是域 F 的代数闭包, L 的子域 K 是 F 的有限 Galois 扩张, 在 L 内取 F 的任意扩张 $\tilde{F}$, 设 $\tilde{K} = K\tilde{F}$, $E = K \cap \tilde{F}$. 则 (1) $\tilde{K}/\tilde{F}$ 是 Galois 扩张, (2) 有同构 $\mathrm{Gal}(\tilde{K}/\tilde{F}) \cong \mathrm{Gal}(K/E)$.

设有域 $F \subset E_i \subset K$, 若对所有 i

$$E_i \cap E_1 \ldots E_{i-1} E_{i+1} \ldots E_s = F,$$

则称域扩张 E_i/F 为无关.

命题 0.29 设域扩张 K/F 内有无关 Galois 扩张 E_i/F. 取合成域 $E = E_1 \ldots E_s$. 则 E/F 为 Galois 扩张, 并且

$$\mathrm{Gal}(E/F) \cong \mathrm{Gal}(E/E_1) \times \cdots \times \mathrm{Gal}(E/E_s).$$

设 K/F 是有限扩张. 则存在有限 Galois 扩张 L/F 使得 $L \supseteq K$. 取 K 的代数闭包 K^{alg}. 设 $\sigma_1, \ldots, \sigma_r$ 是所有各不相同的固定 F 的域单态射 $K \to K^{\mathrm{alg}}$. 则合成域 $\sigma_1(K) \ldots \sigma_r(K)$ 为所求的 L.

0.5 迹和范

设有 n 维域扩张 E/F. 取元 $x \in E$. 则映射

$$\lambda_x : E \to E : y \mapsto xy$$

为 F 上的向量空间 E 的 F 线性映射. 选定 F-向量空间 E 的基底便得 λ_x 的矩阵 $[\lambda_x]$. 以 I 记 $n \times n$ 单位矩阵. 这样行列式

$$f_x(X) = \det(X \cdot I - [\lambda_x])$$

是和向量空间 E 的基底选取无关、系数在 F 里的多项式

$$f_x(X) = X^n - t \cdot X^{n-1} + \cdots + (-1)^n n.$$

我们称 $f_x(X)$ 为 x 的**特征多项式** (characteristic polynomial). 称系数 t 为 x 的**迹** (trace), 并记它为 $\mathrm{Tr}_{E/F}(x)$. 称系数 n 为 x 的**范** (norm), 并记它为 $\mathrm{N}_{E/F}(x)$ (不像在泛函分析里, 这里有些 norm 不是数).

命题 0.30 设有 n 维域扩张 E/F.

(1) $\mathrm{Tr}_{E/F} : E \to F$ 是 F 线性函数, 即对 $x, y \in E, a \in F$ 有

$$\mathrm{Tr}_{E/F}(x+y) = \mathrm{Tr}_{E/F}(x) + \mathrm{Tr}_{E/F}(y), \quad \mathrm{Tr}_{E/F}(ax) = a\,\mathrm{Tr}_{E/F}(x).$$

(2) 以 $E^\times$ 记域 E 的非零元素所组成的乘法群. $\mathrm{N}_{E/F} : E^\times \to F^\times$ 是乘法群同态, 即对 $x, y \in E^\times$ 有

$$\mathrm{N}_{E/F}(xy) = \mathrm{N}_{E/F}(x)\,\mathrm{N}_{E/F}(y).$$

(3) 以 1_E 记 E 的单位元, 则 $\mathrm{Tr}_{E/F}(1_E) = n 1_F$. 取 $x \in E, a \in F$, 则 $\mathrm{N}_{E/F}(ax) = a^n \mathrm{N}_{E/F}(x)$.

命题 0.31 设有有限域扩张 E/F 和 K/E. 对 $x \in K$ 有

(1) $\mathrm{Tr}_{K/F}(x) = \mathrm{Tr}_{E/F}(\mathrm{Tr}_{K/E}(x))$.

(2) $\mathrm{N}_{K/F}(x) = \mathrm{N}_{E/F}(\mathrm{N}_{K/E}(x))$.

设 $h_x(X) = X^m + a_{m-1}X^{m-1} + \cdots + a_m$ 是 F 线性映射 ρ_x 的最小多项式. 则 $1, x, \ldots, x^{m-1}$ 是域扩张 $F(x)/F$ 的基底. 若 $y_1, \ldots, y_r$ 是 $E/F(x)$ 的基底, 则

$$y_1, xy_1, \ldots, x^{m-1}y_1; \ldots; y_r, xy_r, \ldots, x^{m-1}y_r$$

是 E/F 的基底. 对应于这个基底 λ_x 的矩阵 $[\lambda_x]$ 是对角方块矩阵, 其中每一方块是 $h_x(X)$ 的友矩阵, 即有

$$[\lambda_x] = \begin{pmatrix} C_1 & & & \\ & C_2 & & \\ & & \ddots & \\ & & & C_r \end{pmatrix}, \quad \text{其中任一 } C_j = \begin{pmatrix} 0 & & & & & -a_0 \\ 1 & 0 & & & & -a_1 \\ & 1 & 0 & & & -a_3 \\ & & \ddots & \ddots & & \vdots \\ & & & \ddots & 0 & -a_{m-2} \\ & & & & 1 & -a_{m-1} \end{pmatrix}.$$

于是得知 x 的特征多项式 $f_x(X)$ 为 $\prod_j \det(X \cdot I - C_j)$, 但 $h_x(X) = \det(X \cdot I - C_j)$, 即有

$$f_x(X) = h_x(X)^{[E:F(x)]}.$$

设 E/F 是可分扩张. 于是有 $\theta \in E$ 使 $E = F(\theta)$. 设 K 是 θ 在 F 上的分裂域. 则 $K \supseteq E$. 设 G 是 Galois 群 $\mathrm{Gal}(K/F)$. 在 G 内取固定 E 的元素的子群 H. 选取代表使得

$$\sigma_1 H, \ldots, \sigma_n H, \quad n = [E:F]$$

为 G/H 的全部元素. 这样限制映射

$$\sigma_j |_E : E \to K, \quad 1 \leqslant j \leqslant n$$

便是所有由 E 到 F 的正规闭包的全部 F-态射. 在以下命题把 $\sigma_j |_E$ 简写为 σ_j.

命题 0.32 设 E/F 是可分扩张, $x \in E$. 则

(1) $\mathrm{Tr}_{E/F}(x) = \sigma_1(x) + \cdots + \sigma_n(x)$.
(2) $\mathrm{N}_{E/F}(x) = \sigma_1(x)\sigma_2(x)\ldots\sigma_n(x)$.

设 V 是域 F 上的向量空间. 称映射 $b: V \times V \to F$ 为双线性型, 如果对任意 $x, y, z \in V$ 和 $a \in F$ 有

$$b(ax + y, z) = ab(x, z) + b(y, z), \quad b(z, ax + y) = ab(z, x) + b(z, y).$$

若

$$\{x \in V : \forall y \in V, b(x, y) = 0\} = \{0\} = \{x \in V : \forall y \in V, b(y, x) = 0\},$$

则说 b 是非退化双线性型.

命题 0.33 设有有限域扩张 E/F. 对 $x,y \in E$ 设 $(x,y) = \mathrm{Tr}_{E/F}(xy)$.

(1) $(\bullet,\bullet) : E \times E \to F$ 为对称双线性型.
(2) 双线性型 $(\bullet,\bullet)$ 为非退化当且仅当 E/F 为可分扩张.
(3) 设 E/F 为可分扩张,$\{u_1,\ldots,u_n\}$ 是基底. 则 E/F 有基底 $\{v_1,\ldots,v_n\}$ 使得 $\mathrm{Tr}_{E/F}(u_i v_j) = \delta_{ij}$.
(4) 设 E/F 为可分扩张,$\sigma_1,\ldots,\sigma_n$ 为所有由 E 到 F 的正规闭包的全部 F-态射. 以 A' 记矩阵 A 的转置. 则
$$(\det(\sigma_j u_i))^2 = \det((\sigma_j u_i)(\sigma_j u_i)') = \det(\mathrm{Tr}_{E/F}(u_i u_j)).$$

0.6 有限域

设有环 $(D, +, \times)$. 若 $(D \setminus \{0\}, \times)$ 是群,则称 D 为**可除环** (division ring).

命题 0.34 有限可除环是域.

以 $F^\times$ 记域 F 的乘法子群 $F \setminus \{0\}$.

命题 0.35 设 K 是特征 $p > 1$ 的代数闭域. 对任意 $f \geqslant 1$, K 包含唯一的 p^f 个元素的有限域 F. F 是方程 $X^{p^f} = X$ 在 K 内的根集. $F^\times$ 是方程 $X^{p^f - 1} = 1$ 在 K 内的根集,$F^\times$ 是 $p^f - 1$ 个元素的循环群.

推论 0.36 除同构外 $q = p^f$ 个元素的有限域是唯一的.

以 $\mathbb{F}_q$ 记有 q 个元素的有限域.

推论 0.37 设 $f \geqslant 1$, $f' \geqslant 1$, $q = p^f$, $q' = p^{f'}$. 则 $\mathbb{F}_{q'} \supseteq \mathbb{F}_q \Leftrightarrow f | f'$. 如果 $\mathbb{F}_{q'} \supseteq \mathbb{F}_q$,则 $\mathbb{F}_{q'}/\mathbb{F}_q$ 是次数为 f'/f 的循环扩张,并且 $\mathrm{Gal}(\mathbb{F}_{q'}/\mathbb{F}_q)$ 是由同构 $x \mapsto x^q$ 生成. 设 $f' = fd$. 对 $n \geqslant 1$,则 $\{x \in \mathbb{F}_{q'} : x = x^{q^n}\}$ 是有 q^r 个元素的子域,其中 $r = (d, n)$.

0.7 过滤

设 V 为域 F 上的向量空间. V 的递减**过滤** (filtration) 是指一组 V 的子空间 $\{\mathrm{Fil}^i(V) : i \in \mathbb{Z}\}$ 使得对所有 $i \in \mathbb{Z}$ 有 $\mathrm{Fil}^{i+1}(V) \subseteq \mathrm{Fil}^i(V)$. 称此为**穷举过滤** (exhaustive filtration),若 $\cup_i \mathrm{Fil}^i(V) = V$; 称为**分离过滤** (separated filtration),若 $\cap_i \mathrm{Fil}^i(V) = 0$. 这个过滤的**关联分级空间** (associated graded space) 是指
$$\mathrm{gr}(V) := \oplus \mathrm{Fil}^i(V)/\mathrm{Fil}^{i+1}(V).$$

设 F-向量空间带过滤 $\mathrm{Fil}^\bullet(V)$, W 是 V 的子空间. 则可以在 W 上定义子过滤为
$$\mathrm{Fil}^i(W) = \mathrm{Fil}^i(V) \cap W,$$

在 V/W 上定义商过滤为

$$\mathrm{Fil}^i(V/W) = (\mathrm{Fil}^i(V) + W)/W.$$

两个带递减过滤的有限维 F-向量空间的同态是指线性映射 $T: V' \to V$ 使得 $T(\mathrm{Fil}^i(V')) \subseteq \mathrm{Fil}^i(V)$. 这时设

$$\mathrm{Fil}^i(\mathrm{Ker}\, T) = \mathrm{Ker}\, T \cap \mathrm{Fil}^i(V'), \quad \mathrm{Fil}^i(\mathrm{Cok}\, T) = \mathrm{Fil}^i(V) + TV'/TV'.$$

以 Vec_F 记有限维 F-向量空间范畴. Vec_F 是 Abel 范畴. 带递减过滤的有限维 F-向量空间范畴记为 Fil_F. 这不是 Abel 范畴! 事实是: 在 Fil_F 内从 $\mathrm{Ker}\, T = 0 = \mathrm{Cok}\, T$ 并不推出 T 是同构. 原因为即使 T 是 Vec_F 内的同构, 过滤线性映射 $T: V' \to V$ 只是 $T(\mathrm{Fil}^i(V')) \subseteq \mathrm{Fil}^i(V)$, 而不是 $T(\mathrm{Fil}^i(V')) = \mathrm{Fil}^i(V)$, 于是 T^{-1} 不能保留过滤. 按范畴定义

$$\mathrm{Img}(T) = \mathrm{Ker}(V \to \mathrm{Cok}(T))', \quad \mathrm{Coim}(T) = \mathrm{Cok}(\mathrm{Ker}(T) \to V').$$

如果在范畴 Fil_F 内典范态射 $\mathrm{Coim}(T) \to \mathrm{Img}(T)$ 为同构, 则称 T 为**严格同态** (strict morphism).

在范畴 Fil_F 内 $V' \to V \to V''$ 是正合, 是指 $\mathrm{Fil}^i(V') \to \mathrm{Fil}^i(V) \to \mathrm{Fil}^i(V'')$ 是正合.

范畴 Fil_F 有平移运算: $n \in \mathbb{Z}$, $V[n]$ 作为 F-向量空间是 V. $\mathrm{Fil}^i(V[n]) = \mathrm{Fil}^{i=n}(V)$.

若 $V \in \mathrm{Fil}_F$. 作为 F-向量空间取 $V^\vee$ 为 $\mathrm{Hom}_F(V, F)$. 定义

$$\mathrm{Fil}^i(V^\vee) = \{f \in V^\vee : \mathrm{Fil}^{1-i}(V) \subset \mathrm{Ker}(f)\}.$$

则 $V[n]^\vee \cong V^\vee[-n]$.

若 $V, V' \in \mathrm{Fil}_F$, 则定义

$$\mathrm{Fil}^n(V \otimes_F V') = \sum_{p+q=n} \mathrm{Fil}^p(V) \otimes_F \mathrm{Fil}^q(V').$$

0.8 无穷扩张

本节的内容不一定在初等代数里学过, 读者可以留到以后用上的时候再看.

0.8.1 逆极限

p 进拓扑的构造来自逆极限. 在这个小节我们复习拓扑群的逆极限的构造.

一个**有向集** (directed set, filtered set) 是 $(I, \leqslant)$, 其中 I 是一个非空集合, $\leqslant$ 是定义在 I 上赋有以下性质的二元关系:

(1) 若 $a \in I$, 则 $a \leqslant a$ (自反性);
(2) 若 $a, b, c \in I$, 并且 $a \leqslant b$ 和 $b \leqslant c$, 则 $a \leqslant c$ (传递性);
(3) 若 $a, b \in I$, 则存在 $c \in I$ 使得 $a \leqslant c$ 和 $b \leqslant c$.

此时, 若有 I 的子集 C 使得对任意 $a \in I$ 存在 $c \in C$ 满足 $a \leqslant c$, 则称 C 为 I 的**共尾子集** (cofinal subset).

以有向集 I 为指标的**拓扑群逆系统** (inverse system of topological groups) 是 $\{G_i, \mu_{ji}\}$, 其中 G_i 是拓扑群, 及每当 $i, j \in I$, $i \leqslant j$ 时, 给定连续的群同态 $\mu_{ji}: G_j \to G_i$, 并且要求这些同态有以下性质:

(1) 若 $i \leqslant j \leqslant k$, 则 $\mu_{ji} \circ \mu_{kj} = \mu_{ki}$;
(2) 若 $i \in I$, 则 $\mu_{ii} = 1$, 即对任意 $x \in G_i$ 有 $\mu_{ii}(x) = x$.

拓扑群逆系统 $\{G_i, \mu_{ji}\}$ 的**逆极限** (inverse limit) $\{G, \mu_i\}$ 包括拓扑群 G 和对每个 $i \in I$ 要求给定连续群同态 $\mu_i: G \to G_i$ 使得对所有的 $i \leqslant j$ 有 $\mu_{ji} \circ \mu_j = \mu_i$, 并且要求以下的泛性质成立: 若有拓扑群 H 及连续群同态 $\psi_i: H \to G_i$, $i \in I$ 使得每当 $i \leqslant j$, 便有 $\mu_{ji} \circ \psi_j = \psi_i$. 则存在唯一的连续群同态 $\Psi: H \to G$, 使得对所有的 $i \in I$ 必有 $\mu_i \circ \Psi = \psi_i$. 这就是说, 存在唯一的同态 Ψ 对于所有的 $i \leqslant j$ 下图是交换的

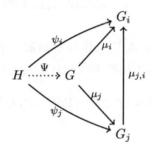

$\{G_i\}$ 的逆极限常常记为 $\varprojlim_i G_i$, 逆极限亦称为反极限、反向极限、**射影极限** (projective limit).

以 $\pi_i: \prod_k G_k \to G_i$ 记拓扑群直积的第 i 个投射. 在直积的子集

$$G = \{x \in \prod_{k \in I} G_k : \mu_{ji}(\pi_j(x)) = \pi_i(x), \quad \text{当 } i \leqslant j\}$$

上取诱导拓扑. 把 π_i 限制至 G 时便记它为 μ_i. 不难验证 $\{G, \mu_i\}$ 是拓扑群反系统 $\{G_i, \mu_{ji}\}$ 的反极限.

把拓扑群和连续的群同态替换为拓扑环和连续的环同态便可获得环的逆极限.

在前面我们讨论过拓扑群逆系统的逆极限, 又称为射影极限. 英语中简化 **projective** limit of **finite** groups 为 **profinite** groups, 同样我们称**有限群逆系统的射影极限**为**射影有限群** (以代替曾用过的准有限群, 参见 [18] §1.9).

0.8 无穷扩张

一个基本的性质是: 拓扑群 G 是射影有限的当且仅当 G 是完全不连通的紧群. 设 $\{U_i : i \in I\}$ 是射影有限群 G 的所有满足条件 $[G : U_i] < \infty$ 的开正规子群. 则有同构

$$G \cong \varprojlim_i G/U_i$$

(参见 [18] 命题 1.9.3).

为了方便叙述, 我们引入一个符号 $\prod_p p^{n_p}$, 这是个形式无穷积, 其中 p 遍历所有素数, n_p 是非负整数或符号 ∞. 这样, 设 A 是交换挠群, 定义 A 的阶 $|A|$ 为 $\{|B|\}$ 的最小公倍, 其中 B 遍历 A 的所有有限子群. 如果 G 是射影有限群, H 是 G 的闭子群, 我们便定义 H 在 G 的指数 $[G : H]$ 为 $\{[G/U : H/H \cap U]\}$ 的最小公倍, 其中 U 遍历 G 的所有开正规子群. 同样我们定义 G 的**阶** (order) $|G|$ 为 $|G/U|$ 的最小公倍. 如此便可说 $\ell^\infty || G|$ 了. 我们又可以写

$$\frac{1}{|G|}\mathbb{Z}/\mathbb{Z} = \varinjlim_U \frac{1}{|G/U|}\mathbb{Z}/\mathbb{Z} \subseteq \mathbb{Q}/\mathbb{Z}.$$

若以非负整数 $\mathbb{N}$ 为有向集, 可以简化一点以 $\mathbb{N}$ 为指标的逆系统的描述. 设有 Abel 范畴 $\mathscr{A}$ (参见 [19] §14.7). 以 $\mathbb{N}$ 为指标 $\mathscr{A}$ 内的逆系统是指 $\mathscr{A}$ 内的一组态射 $\{\delta_n^A : A_{n+1} \to A_n : n \geq 0\}$. 两个逆系统之间的态射是指 $\mathscr{A}$ 内的一组态射 $f = \{f_n : A_n \to B_n\}$ 使得 $f_n \delta_n^A = \delta_n^B f_{n+1}$. 显然可以定义 $\operatorname{Ker} f = \{\operatorname{Ker} f_n\}$, $\operatorname{Cok} f = \{\operatorname{Cok} f_n\}$. 于是以 $\mathbb{N}$ 为指标 $\mathscr{A}$ 内的逆系统组成 Abel 范畴, 记为 $\mathscr{A}^\mathbb{N}$. (A_n, δ_n) 为 $\mathscr{A}^\mathbb{N}$ 的内射对象当且仅当 δ_n 为分裂满射 [Jannsen, *Math. Ann.* 280 (1988) 207-245, Prop 1.1].

当 $i < j$ 时, 记 $\delta_i \circ \cdots \circ \delta_{j-1}$ 为 $\mu_{ji} : A_j \to A_i$. 称逆系统 (A_n, δ_n) 有 ML 性质 (Mittag-Leffler property), 如果对充分大的 m, m' 有 $\operatorname{Img} \mu_{m+n,n} = \operatorname{Img} \mu_{m'+n,n}$. 称 (A_n, δ_n) 是 ML 零, 如果对任意 n 存在 $m(n)$ 使得 $\mu_{m(n)+n,n} = 0$.

命题 0.38 设 Abel 范畴 $\mathscr{A}, \mathscr{B}$ 有足够内射对象, $F : \mathscr{A} \to \mathscr{B}$ 为左正合函子. F 诱导函子 $F^\mathbb{N} : \mathscr{A}^\mathbb{N} \to \mathscr{B}^\mathbb{N}$. 以 $\varprojlim F$ 记合成 $\varprojlim_n \circ F^\mathbb{N}$. 若 (A_n, δ_n) 是 ML 零, 则

$$R^p(\varprojlim F)(A_n, \delta_n) = 0, \ p \geq 0.$$

证明见 [NSW 00] II §7 (2.7. 3).

逆极限 $\varprojlim$ 当然是个函子, 我们可以考虑它的右导出函子——常以 $\varprojlim^p$ 记 $R^p(\varprojlim)$ (参见 [19] §14.9.6). 以下命题证明参见 [NSW 00] II §7 (2.7.4).

命题 0.39 设有环 R, Mod_R 为 R 模范畴. 则有正合序列

$$0 \to \varprojlim_n M_n \to \prod_n M_n \xrightarrow{id - \delta_n} \prod_n M_n \to \varprojlim_n{}^1 M_n \to 0.$$

并且若 $p \geq 2$, $\varprojlim^p M_n = 0$. 若 M_n 有 ML 性质, 则 $\varprojlim^1 M_n = 0$.

原命题 [Roos, Sur les foncteurs derives de $\varinjlim$, *C. R. Acad. Sci. Ser* 1, 252 (1961) 3702-3704] 假设不适当, 故此有反例 (Neeman, A counterexample, *Inv. Math.* 148 (2002) 397-420).

0.8.2 无穷 Galois 扩张

设 E/F 是域 F 的代数扩张, $[E:F]$ 可以不是有限的. 以 $\mathrm{Aut}_F E$ 记所有域自同构 $\phi: E \to E$, 满足条件 $\phi(a) = a, \forall a \in F$. 若

$$\{x \in E : \phi(x) = x, \forall \phi \in \mathrm{Aut}_F E\} = F,$$

则称 E/F 为 Galois 扩张, $\mathrm{Aut}_F E$ 为 Galois 群, 并记它为 $\mathrm{Gal}(E/F)$ 或 $G_{E/F}$.

在 E 内 F 的所有有限 Galois 扩张所组成的集合 $\{K_i, i \in I\}$ 是有向集. 原因是 K_i 和 K_j 在 F 上的合成域亦是 F 的有限 Galois 扩张, 即等于某 K_ℓ. 所以 $E = \cup_i K_i = \varinjlim K_i$. (正系统的正极限 $\varinjlim$ 参见 [19] §11.4.)

我们有 $G_{K_i/F} = G_{E/F}/G_{E/K_i}$. 若 $K_i \subseteq K_j$, 则有投射 $\mu_i^j : G_{K_j/F} \to G_{K_i/F}$. 于是 $(G_{K_i/F}, \mu_i^j)$ 成逆系统.

命题 0.40

$$G_{E/F} = \varprojlim_i G_{K_i/F}.$$

证 对每一 $i \in I$ 有同态 $G_{E/F} \to G_{K_i/F}$. 于是得同态 $\Psi : G_{E/F} \to \prod G_{K_i/F}$. 按逆极限的构造方法 ([19] §11.4, 定理 11.27) 知 $\Psi(G_{E/F}) \subseteq \varprojlim_i G_{K_i/F}$.

若 $1 \neq g \in G_{E/F}$, 则有 $x \in E$ 使得 $gx \neq x$. 取 $K_i \ni x$. 设同态 $G_{E/F} \to G_{K_i/F}$ 映 g 为 g_i. 则 $g_i x \neq x$, 即 $g_i \neq 1$. 于是 $\Psi(g) \neq 1$, 得 Ψ 为单射.

取 $(g_i) \in \varprojlim_i G_{K_i/F}$, $x \in E$. 若 $x \in K_i$, 定义 $g(x) = g_i(x)$. 若 $K_i \subseteq K_j$, 则 $\mu_i^j g_j = g_i$ 的意义是: 有 $g' \in G_{E/F}$, g_j, g_i 分别对应于 $g'G_{E/K_j}$ 和 $g'G_{E/K_i}$. 于是 $g_j(x) = g_i(x)$. 易证这样从 (g_i) 得到的 g 属于 $G_{E/F}$, 且 $\Psi(g) = (g_i)$. 得 Ψ 为满射. □

利用以上命题把 $\varprojlim_i G_{K_i/F}$ 的拓扑转移至 $G_{E/F}$ 上. 于是 $G_{E/F}$ 是射影有限拓扑群, 它以 $\{G_{E/K_i}\}$ 为单位元的邻域基.

定理 0.41 设 E/F 是 Galois 扩张. 以 $\mathcal{F}$ 记 $\{$域 $L : F \subseteq L \subseteq E\}$. Galois 群 $G_{E/F}$ 的闭子群所组成的集合记为 $\mathcal{G}$. 对 $L \in \mathcal{F}$, 设 $A(L) = G_{E/L}$. 则 $A(L) \in \mathcal{G}$. 对 $H \in \mathcal{G}$, 取 $I(H) = \{x \in E : \forall \varphi \in H, \varphi(x) = x\}$. 则互反映射 A, I 决定双射 $\mathcal{F} \leftrightarrow \mathcal{G}$.

证明 (1) 证明 $G_{E/L}$ 为 $G_{E/F}$ 的闭子群. 在 L 内 F 的所有有限扩张所组成的集合 $\{L_j : j \in J\}$. 则 $L = \cup L_j$, 于是 $G_{E/L} = \cap G_{E/L_j}$.

每一 L_j 为某一有限 Galois 扩张 $K_{j'}$ 的子域. 于是 $G_{E/L_j} \supseteq G_{E/K_{j'}j}$. 因为 $G_{E/K_{j'}j}$ 是 $G_{E/F}$ 的开子群, 所以 G_{E/L_j} 亦是. 在拓扑中开子群必为闭子群. 所以 $G_{E/L} = \cap G_{E/L_j}$ 是闭子群.

(2) 显然从 $L \in \mathcal{F}$ 得 $I(A(L)) = L$.

另一方面设 $H \in \mathcal{G}$, 记 $A(I(H)) = G_{E/I(H)}$ 为 T. 显然 $H \subseteq T$. 由于 $I(T) = I(A(I(H))) = I(H)$. 所以对 T 的开正规子群 V, 设 $L = I(V)$, 则

$$\{x \in L : \forall \varphi \in T/V, \varphi(x) = x\} = I(H) = \{x \in L : \forall \varphi \in HV/V, \varphi(x) = x\}.$$

现引用有限 Galois 扩张基本定理作为结论 $T/V = HV/V$. 于是 $T = HV$. 所以 H 为 T 的稠密子群. 但 H 是闭子群. 所以 $H = T$, 即 $A(I(H)) = H$. □

设有域 F, 选定 F 的代数闭包 F^{alg}. 在 F^{alg} 内取所有有限可分扩张 E/F 的并集, 记为 F^{sep}. 则 F^{sep}/F 是 F^{alg} 内 F 的最大可分扩张. 称它为 F 的**可分闭包** (separable closure). F^{sep}/F 是 Galois 扩张. 作为拓扑群 Galois 群 $\text{Gal}(F^{\text{sep}}/F)$ 的单位元 1 的一组邻域基是 $\{\text{Gal}(F^{\text{sep}}/E) : E/F$ 是有限可分扩张$\}$. 因为 $F^{\text{alg}}/F^{\text{sep}}$ 是不可分扩张, 所以 F^{sep} 的任一自同构可以唯一地扩展为 F^{alg} 的自同构, 于是可把 $\text{Gal}(F^{\text{sep}}/F)$ 看作 $\text{Aut}_F(F^{\text{alg}})$ 的子群.

设有域扩张 E/F, 取 E 的代数闭包 E^{alg}. 则可取 F 在 E^{alg} 的代数封闭为 F^{alg}. 这样 F^{sep} 便是 E^{sep} 的子域. 把同态限制便得连续同态 $r : \text{Gal}(E^{\text{sep}}/E) \to \text{Gal}(F^{\text{sep}}/F)$, 并且 $r(\text{Gal}(E^{\text{sep}}/E))$ 是闭子群. 如果 E/F 是代数扩张, 则 $E^{\text{alg}} = F^{\text{alg}}$, 于是 r 是单射. 此时把 $\text{Gal}(E^{\text{sep}}/E)$ 看作 $\text{Gal}(F^{\text{sep}}/F)$ 的闭子群. 如果 E/F 是有限扩张, 则 $\text{Gal}(E^{\text{sep}}/E)$ 是 $\text{Gal}(F^{\text{sep}}/F)$ 的开子群.

0.8.3 完备化

设 M 是交换群, M_i 是 M 的子群. $M = M_0 \supset M_1 \supset M_2 \supset \ldots$. 对 $x \in M$, 以 $\{x + M_i\}$ 为点 x 的邻域基. 这样在 M 上决定拓扑使 $M \times M \to M : (x, y) \mapsto x \pm y$ 是连续. 这拓扑是 Hausdorff 当且仅当 $\cap_{i=0}^{\infty} M_i = 0$.

设 $\{x_n\}$ 是 M 的序列, $a \in M$. 我们称 $\lim_n x_n = a$, 如果给出整数 $r > 0$ 存在正整数 n_r, 使得 $n \geqslant n_r \Rightarrow x_n - a \in M_r$.

称 $\{x_n\}$ 是 Cauchy 序列, 若给出整数 $r > 0$ 存在正整数 n_r, 使得 $n, m \geqslant n_r \Rightarrow x_n - x_m \in M_r$. 称 M 是完备拓扑群, 如果 M 是 Hausdorff 和所有 Cauchy 序列收敛.

定理 0.42 给出递减过滤 $M = M_0 \supset M_1 \supset M_2 \supset \ldots$ 使得 $\cap_{i=0}^{\infty} M_i = 0$. 对 $i \geqslant j$, 有同态 $M/M_i \to M/M_j$. 用这些同态得 $\widehat{M} := \varprojlim_i M/M_i$. 则 (1) $\widehat{M}$ 是完备拓扑群, (2) 自然映射 $\phi : M \to \widehat{M}$ 是单同态, (3) $\phi(M)$ 的拓扑闭包是 $\widehat{M}$.

命题 0.43 设递减过滤 $M = M_0 \supset M_1 \supset M_2 \supset \ldots$ 在 M 上决定完备 Hausdorff 拓扑. $M' = M'_0 \supset M'_1 \supset M'_2 \supset \ldots$ 有同样性质. 设有同态 $U : M \to M'$ 使得 $u(M_n) \subset M'_n$. 如果对所有 n 由 u 决定的同态

$$u_n : M_n/M_{n+1} \to M'_n/M'_{n+1}$$

是单射 (或是满射), 则 u 是单射 (或是满射).

0.9 特征标

0.9.1 有限交换群的对偶群

若群 G 的乘法满足 $xy = yx$, 则称 G 为交换群或 Abel 群. 本节以 Z_m 记 m 阶循环群, Z_m 同构于 $\mathbb{Z}/m\mathbb{Z}$.

命题 0.44 设有限交换群 G 的阶有素因子分解 $n = p_1^{e_1} \ldots p_r^{e_r}$. 以 $S(p)$ 记 G 的 p-Sylow 子群. 则

(1) $G = S(p_1) \times \cdots \times S(p_r)$.
(2) $S(p_i) \cong Z_{p_i^{e_{i1}}} \times \cdots \times Z_{p_i^{e_{is}}}$, 其中 $e_{i1} + \cdots + e_{is} = e_i$.

绝对值等于 1 的复数组成的交换群记为 S^1. 设 G 为有限交换群. 称群同态 $\chi : G \to S^1$ 为 G 的**酉特征标** (unitary character). 在有限群的情形时我们常简称酉特征标为特征标 (character).

设 p 为素数, $p \nmid a$. 定义 Legendre 符号

$$\left(\frac{a}{p}\right) = \begin{cases} 1, & \text{若有整数 } x \text{ 使得 } x^2 \equiv a \bmod p, \\ -1, & \text{若没有整数 } x \text{ 使得 } x^2 \equiv a \bmod p. \end{cases}$$

以 $\mathbb{F}_q$ 记 q 个元素的有限域, $\mathbb{F}_q^\times$ 记 $\mathbb{F}_q$ 的非零元组成的乘法群. 把 $\mathbb{Z}/p\mathbb{Z}$ 看作 $\mathbb{F}_p$. 初等数论告诉我们: $a \equiv b \bmod p \Rightarrow \left(\frac{a}{p}\right) = \left(\frac{b}{p}\right)$. 于是可以定义 $\chi(a + \mathbb{Z}) = \left(\frac{a}{p}\right)$. 这样得到的 $\chi : \mathbb{F}_p^\times \to S^1$ 是特征标; 我们亦常称此为 Legendre 符号.

Gauss 二次互反律: 设 p, q 均为奇素数, $p \neq q$. 那么有

$$\left(\frac{q}{p}\right)\left(\frac{p}{q}\right) = (-1)^{\frac{p-1}{2}\frac{q-1}{2}}.$$

(参见潘承洞, 潘承彪, 初等数论, 北京大学出版社 (1992), 四章 §6.) 从这个重要的定理我们看到特征标是有深刻的数论意义的.

特征标的乘法是: $(\chi\psi)(g) = \chi(g)\psi(g)$. 按此有限交换群 G 的所有特征标组成交换群, 记为 G^* 或 $\hat{G}$, 称为 G 的特征标群或**对偶群** (dual group). 例如 $\mathbb{F}_p^{\times *}$ 是个 $p - 1$ 阶的循环群.

引理 0.45 (1) 设有限交换群 G 的元素 $g \neq 1$, 则存在 $1 \neq \chi \in G^*$ 使得 $\chi(g) \neq 1$.
(2) 设 A, B 为有限交换群. 则 $(A \times B)^* \cong A^* \times B^*$.

取 $g \in G$, 定义 (在 g 取值函数) $e_g : \hat{G} \to S^1$ 为 $e_g(\chi) = \chi(g)$.

0.9 特征标

命题 0.46 设 G 为有限交换群, 则

(1) $G \cong G^*$.

(2) Pontryagin 对偶是指同构 $G \xrightarrow{\approx} G^{**} : g \mapsto e_g$.

把以上结果略推广如下.

给定群 G, 若存在最小正整数 m 使得对所有 $g \in G$ 有 $g^m = 1$, 则称 m 为 G 的**群指数** (exponent). 设 G 是有限群. 则 $g \in G$ 生成循环子群 $\langle g \rangle$. 称 $|\langle g \rangle|$ 为 g 的阶. 则 G 的所有元素的阶的小公倍等于 G 的群指数.

设 m 是有限交换群 G 的群指数, 有限循环群 Z 的阶满足 $m | |Z|$. 则群同态集合 $\mathrm{Hom}(G, Z)$ 与 G 的特征标群同构.

命题 0.47 (1) $G \cong \mathrm{Hom}(G, Z)$.

(2) $G \cong \mathrm{Hom}(\mathrm{Hom}(G, Z), Z)$.

(3) $\mathrm{Hom}(G, Z)$ 由 $\chi_1, \ldots, \chi_r$ 生成当且仅当: 若 $g \in G$ 满足 $\chi_i(g) = 1$, $1 \leqslant i \leqslant r$, 则 $g = 1$.

0.9.2 高斯和

可以把 $\mathbb{Z}/m\mathbb{Z}$ 上的函数看作 $\mathbb{Z}$ 上周期为 m 的函数. 以下是这种函数的有限 Fourier 级数展开.

命题 0.48 设 η 是 m 次本原单位根, $f(t)$ 是 $\mathbb{Z}$ 上周期为 m 的函数 (即 $f(t+m) = f(t)$). 则

$$f(t) = \sum_{n=0}^{m-1} c(n) \eta^{nt},$$

其中 $c(n) = \frac{1}{m} \sum_{t=0}^{m-1} f(t) \eta^{-nt}$.

若 χ 是 $\mathbb{F}_p^\times$ 的特征标, 则设 $\chi(0) = 0$, 这样把 χ 看成 $\mathbb{F}_p$ 的函数. 取 p 次本原单位根 $\zeta = e^{2\pi i/p}$. 称以下的和为**高斯和** (Gauss sum)

$$g(\chi)(t) = \sum_{n \in \mathbb{F}_p} \chi(n) \zeta^{nt}.$$

常以 $g_t(\chi)$ 记 $g(\chi)(t)$, $g(\chi)$ 记 $g_1(\chi)$, 以 g_t 记 $g_t((\frac{\cdot}{p})) = \sum_n (\frac{n}{p}) \zeta^{nt}$. 按以上的协定若 $p|a$, 取 $(\frac{a}{p}) = 0$. 无论在初等数论、解析数论和代数数论里高斯和都是个非常重要的课题 (参见 [30] §5.5; [29] §13.3; 华罗庚, 指数和的估计及其在数论中的应用, 科学出版社, (1963)).

设 χ, λ 为 $\mathbb{F}_p^\times$ 的特征标, $J(\chi, \lambda) = \sum_{a+b=1} \chi(a) \lambda(b)$. 称 $J(\chi, \lambda)$ 为 Jacobi 和. 易证: 若 $\chi\lambda \neq 1$, 则

$$J(\chi, \lambda) = \frac{g(\chi) g(\lambda)}{g(\chi\lambda)}, \quad J(\chi, \chi^{-1}) = -\chi(-1).$$

0.9.3 Dirichlet 特征标

以 $R^\times$ 记环 R 的可逆元所组成的乘法群.

例 0.49 以 $(\mathbb{Z}/m\mathbb{Z})^\times$ 记环 $\mathbb{Z}/m\mathbb{Z}$ 内可迹元所组成的乘法群.

(1) 设 $m = p_1^{e_1} \dots p_r^{e_r}$ 为素因子分解, 则
$$(\mathbb{Z}/m\mathbb{Z})^\times = (\mathbb{Z}/p_1^{e_1}\mathbb{Z})^\times \times \cdots \times (\mathbb{Z}/p_r^{e_r}\mathbb{Z})^\times.$$

(2) 若 $p > 2$, 则 $(\mathbb{Z}/p^e\mathbb{Z})^\times$ 为 $\varphi(p^e) = p^{e-1}(p-1)$ 阶循环群.

(3) $(\mathbb{Z}/2\mathbb{Z})^\times = \{1\}$, $(\mathbb{Z}/4\mathbb{Z})^\times \cong Z_2$, 对 $e \geq 3$,
$$(\mathbb{Z}/2^e\mathbb{Z})^\times \cong Z_2 \times Z_{2^{e-2}}.$$

考虑群同态 $\chi : (\mathbb{Z}/m\mathbb{Z})^\times \to \mathbb{C}^\times$. 因为 $|(\mathbb{Z}/m\mathbb{Z})^\times| = \varphi(m)$, 于是 $\chi((\mathbb{Z}/m\mathbb{Z})^\times) \subseteq \boldsymbol{\mu}_{\varphi(m)}$. 所以 χ 决定特征标 $\chi : (\mathbb{Z}/m\mathbb{Z})^\times \to S^1$. 称这样的 χ 为模 m 的 **Dirichlet 特征标**. 所有这些特征标组成 $\varphi(m)$ 阶交换群 $((\mathbb{Z}/m\mathbb{Z})^\times)^*$. 称此群的单位元为**主特征标** (principal character), 并记为 $\mathbf{1}$ 或 χ_0.

称 χ 为**非原特征标** (imprimitive charcter), 若有 $m' < m, m'|m$, 和模 m' Dirichlet 特征标 χ' 使得 $\chi = \chi' \circ \rho_{m,m'}$, 其中 $\rho_{m,m'} : (\mathbb{Z}/m\mathbb{Z})^\times \to (\mathbb{Z}/m'\mathbb{Z})^\times$ 为自然投射. 此时对任意的 $n: (n,m) = 1, n \equiv 1 \bmod m'$, 必有 $\chi(n) = 1$. 这样, 给定模 m Dirichlet 特征标 χ, 称集合 $\{m' : m' < m, m'|m, \chi = \chi' \circ \rho_{m,m'}\}$ 的最大公约数 f 为 χ 的**导子** (conductor). 称不是非原特征标的为**原特征标** (primitive character).

传统的习惯是把模 m 的 Dirichlet 特征标看作满足以下条件的函数 $\chi : \mathbb{Z} \to \mathbb{C}$:
$$\chi(a) = 0 \quad (\forall a \in \mathbb{Z}, (a,m) \neq 1);$$
$$\chi(a+km) = \chi(a) \quad (\forall a, k \in \mathbb{Z}, (a,m) = 1);$$
$$\chi(ab) = \chi(a)\chi(b) \quad (\forall a, b \in \mathbb{Z}).$$

χ 为模 m 的 Dirichlet 特征标, 称复变函数
$$L(s,\chi) = \sum_{n=1}^\infty \frac{\chi(n)}{n^s}, \quad s \in \mathbb{C}, \operatorname{Re} s > 1$$

为对应于 χ 的 **Dirichlet L-函数**.

定理 0.50 (1) Dirichlet L-函数可以表达为 Euler 乘积 (对所有素数 p 取积)
$$L(s,\chi) = \prod_p \left(1 - \chi(p)p^{-s}\right)^{-1}.$$

(2) $L(s,\chi_0)$ 可解析延拓至 $\mathbb{C} \setminus \{1\}$, $s = 1$ 是唯一的极点, 留数是 $\varphi(m)/m$.

(3) 当 $\chi \neq \chi_0$ 时，$L(s,\chi)$ 可解析延拓为全复平面的整函数，$L(1,\chi) \neq 0$.
(4) 设 χ 为模 m 原特征标，$\bar{\chi}(n) = \overline{\chi(n)}$，$\delta = \delta(\chi) = \frac{1}{2}(1-\chi(-1))$，高斯和 $g(\chi) = \sum_{n=1}^{m} \chi(n) e^{2\pi i n/m}$,

$$\Lambda(s,\chi) = \left(\frac{m}{\pi}\right)^{\frac{s+\delta}{2}} \Gamma\left(\frac{s+\delta}{2}\right) L(s,\chi), \quad W(\chi) = \frac{g(\chi)}{i^\delta \sqrt{m}}.$$

则有函数方程

$$\Lambda(s,\chi) = W(\chi)\Lambda(1-s,\bar{\chi}).$$

(参见 [29] 第十四章，p.261; Davenport, *Multiplicative Number Theory*, p.71; Neukirch [27] Chap VII §2.) 这个 Dirichlet L-函数可以说是 L-函数的鼻祖。对其他 L-函数都希望有同类定理。定理中的 Γ 是复变函数：当 $\mathrm{Re}(s) > 0$ 时，

$$\Gamma(s) = \int_0^\infty x^s e^{-x} \frac{dx}{x},$$

可以延拓为全复平面的半纯函数，奇点是极点 $s = -n, n = 0, 1, 2, \ldots$. 留数是 $(-1)^n/n!$ (参见 [29] 第三章).

0.9.4 有限群的表示

本节的参考书是 [19].

设有限群 G 在 n 维 $\mathbb{C}$-向量空间 V 上有表示 π. 在 V 内取基底 $e = \{e_1, \ldots\}$，则有同构 $V \cong \mathbb{C}^n$. 通过这同构 π 决定矩阵表示 $\pi_e : G \to GL_n(\mathbb{C})$. 在 V 内另取基底 $e' = \{e'_1, \ldots\}$，则有可逆矩阵 T 使得 $\pi_{e'}(g) = T\pi_e(g)T^{-1}$, $g \in G$.

矩阵 $A = (a_{ij})$ 的迹定义为 $\mathrm{Tr}\, A = \sum_i a_{ii}$. 若矩阵 T 可逆，则 $\mathrm{Tr}(TAT^{-1}) = \mathrm{Tr}\, A$. 所以从表示 $\pi : G \to GL(V)$ 便可决定与基底 e 的选取无关的函数

$$\chi^\pi(g) = \mathrm{Tr}\, \pi_e(g).$$

称 χ^π 为 π 的特征标。若 π 为不可约表示，则称 χ^π 为不可约特征标。

若函数 $\psi : G \to \mathbb{C}$ 满足条件

$$\psi(hgh^{-1}) = \psi(g), \quad g,h \in G,$$

则称 ψ 为 G 上的**类函数** (class function). 每个复数值的类函数可唯一表示为不可约特征标的复数线性组合

$$\psi = \sum c_\chi \chi, \quad c_\chi \in \mathbb{C}.$$

从有限群 G 到复数域 $\mathbb{C}$ 的所有函数组成集合记为 $\mathbb{C}^G$. 取加法 $(x+y)(g) = x(g) + y(g)$ 与数乘 $(ax)(g) = a(x(g))$，则 $\mathbb{C}^G$ 是复向量空间。用函数的**卷积** (convolution

product)
$$(x*y)(g) = \sum_{h \in G} x(h)y(h^{-1}g)$$

在 $\mathbb{C}^G$ 上定义乘法, 则 $\mathbb{C}^G$ 成为 $\mathbb{C}$-代数. 在 $\mathbb{C}^G$ 上可以引入内积

$$\langle x, y \rangle = \frac{1}{|G|} \sum_{g \in G} x(g)\overline{y(g)}, \quad x, y \in \mathbb{C}^G.$$

取有限形式和
$$a = \sum_{g \in G} a_g\, g, \quad b = \sum_{g \in G} b_g\, g,$$

其中 $a_g, b_g \in \mathbb{C}$. 定义
$$a + b = \sum_{g \in G} (a_g + b_g)\, g$$

和
$$ab = \left(\sum_{g \in G} a_g g\right)\left(\sum_{h \in G} b_h h\right) = \sum_{g,h \in G} a_g b_h\, gh.$$

则由有限群 G 的所有有限形式和组成的集合 $\mathbb{C}[G]$ 是 $\mathbb{C}$-代数, 称为 G 的**群代数** (group algebra).

我们把复群代数 $\mathbb{C}[G]$ 的元素
$$x = \sum_{g \in G} x(g) \cdot g \in \mathbb{C}[G], \quad x(g) \in \mathbb{C}$$

看作 G 上的函数 $x: G \to \mathbb{C}: g \mapsto x(g)$. 把 $\mathbb{C}[G]$ 如此嵌入 $\mathbb{C}^G$ 便得 $\mathbb{C}$-代数单同态 $\mathbb{C}[G] \hookrightarrow \mathbb{C}^G$, 借此 $\langle\,,\,\rangle$ 诱导 $\mathbb{C}[G]$ 上的内积.

设 $\alpha: H \to G$ 是有限群的同态. 若有函数 $\phi: G \to \mathbb{C}$, 则设 $\alpha^*(\phi) = \phi \circ \alpha$. 另一方面, 若有类函数 $\psi: H \to \mathbb{C}$, 则存在唯一 G 上类函数 $\alpha_*(\psi)$ 使得以下 Frobenius 等式

$$\langle \phi, \alpha_*\psi \rangle = \langle \alpha^*\phi, \psi \rangle$$

对所有 G 上类函数 ϕ 成立.

G 的表示 $\pi: G \to GL(V)$ 决定 H 的表示 $\pi \circ \alpha: H \to GL(V)$, 并且这个表示的特征标是

$$\chi^{\pi \circ \alpha} = \alpha^*(\chi^\pi).$$

从 H 的表示 $\rho: H \to GL(W)$ 得诱导表示 $\mathrm{Ind}_H^G(\rho) = \mathbb{C}[G] \otimes_{\mathbb{C}[H]} W$, 并且这个表示的特征标是

$$\chi^{\mathrm{Ind}_H^G(\rho)} = \alpha_*(\chi^\rho).$$

以 $\mathrm{Ind}_H^G(\chi^\rho)$ 记诱导特征标 $\chi^{\mathrm{Ind}_H^G(\rho)}$.

称群同态 $H \to \mathbb{C}^\times$ 为 H 的次数 1 的特征标.

定理 0.51 (Brauer 定理) 设 χ 是有限群 G 的特征标. 则存在 G 的子群 H_i, H_i 的次数 1 的特征标 ψ_i, 整数 n_i 使得 $\chi = \sum n_i \operatorname{Ind}_{H_i}^G \psi_i$.

证明见 [22].

注 同学, 如果你现在还未到二十岁, 课余有空, 有自学能力, 我建议你念一下 Bourbaki 的 *Algebra* 和 *Commutative Algebra* (注意: 还有部分章节未翻译成英文). 这两部书都比较大, 但现在是你念这套书的最好机会, 迟一些也许你会没有时间了!

0.9.5 Galois 群的特征标

$\mathbb{C}^\times$ 是非零复数乘法群. 称拓扑群 G 的连续同态 $\chi: G \to \mathbb{C}^\times$ 为 G 的特征标. 绝对值为 1 的复数乘法群记为 S^1. 称连续同态 $\chi: G \to S^1$ 为 G 的酉特征标. G 的所有酉特征标组成的群记为 $G^\wedge$. $\boldsymbol{\mu}_n$ 记 n 次单位根所组成的交换群. 若 $\chi(G) = \boldsymbol{\mu}_n$, 则称 χ 为 n 阶酉特征标. 若 $\chi(G) = 1$, 则称 χ 为平凡的 (trivial).

注意: 在 $\{z \in S^1 : \operatorname{Re} z > 0\}$ 内 $\mathbb{C}^\times$ 的唯一子群是 $\{1\}$, 于是若 χ 拓扑群 G 的酉特征标使得 $\forall g \in G$, 实部 $\operatorname{Re}(\chi(g)) > 0$, 则 χ 为平凡的.

$\mathbb{R}_+^\times = \{x \in \mathbb{R} : x > 0\}$ 内的唯一紧子群是 $\{1\}$, 于是紧拓扑群 G 的特征标必是酉特征标.

若 G 的单位元有一组用子群组成的基本邻域, 则称 G 为全非连通的 (totally disconnected).

引理 0.52 (1) 若 G 是全非连通局部紧拓扑群, 则 G 的特征标必是局部常值.
(2) 若 G 是全非连通紧拓扑群, 则 G 的特征标必是有限阶酉特征标.
(3) 若 G 是紧交换群, 并且 G 的特征标必是有限阶酉特征标, 则 G 是全非连通的.

以 F^{sep} 记域 F 的可分闭包, $\mathfrak{G}$ 记扩张 F^{sep}/F 的 Galois 群. 则 $\mathfrak{G}$ 是全非连通紧拓扑群. 若 $\chi: \mathfrak{G} \to \mathbb{C}^\times$ 为 G 的特征标, 则有 n 令 χ 为 $\mathfrak{G}$ 的 n 阶酉特征标. 以 $\mathfrak{H}$ 记 $\operatorname{Ker} \chi$. 则 $\mathfrak{H}$ 为 $\mathfrak{G}$ 的正规开子群, 商群 $\mathfrak{G}/\mathfrak{H}$ 是 n 阶循环群. 设

$$E = \{x \in F^{\mathrm{sep}} : \forall h \in \mathfrak{H}, h(x) = x\}.$$

则 E/F 为 n 次 Galois 扩张, $\operatorname{Gal}(E/F)$ 是循环群 $\boldsymbol{\mu}_n$. 称域 E **依附于** (attached to) χ.

反过来. 若域 E 是 F^{sep}/F 内的 n 次循环扩张, 则在 Galois 对应下, E 对应于 $\mathfrak{G}$ 的正规开子群 $\mathfrak{H}$ 使得商群 $\mathfrak{G}/\mathfrak{H} \cong \boldsymbol{\mu}_n$. 利用投射得酉特征标 $\chi: \mathfrak{G} \to \mathfrak{G}/\mathfrak{H} \cong \boldsymbol{\mu}_n$, 并且 $\mathfrak{H} = \operatorname{Ker} \chi$. 此时称 χ 依附于 E.

以 $\bar{F}$ 记 F 的代数闭包. 称 $\bar{F}$ 内的有限 Galois 扩张 E/F 为交换扩张, 若 $\operatorname{Gal}(E/F)$ 为交换群. 以 F^{ab} 记 $\bar{F}$ 内所有有限交换扩张的并集. 则 F^{ab}/F 是 $\bar{F}$ 内 F 的最大交换扩张, 亦是 F^{sep} 内 F 的最大交换扩张. 对应于 F^{ab} 的 $\mathfrak{G}$ 的子群记为 $\mathfrak{G}^{(1)}$. 则这是 $\mathfrak{G}$ 的最小闭正规子群使得 $\mathfrak{G}/\mathfrak{G}^{(1)}$ 是交换群. 所以由交换子 $[x,y] = xyx^{-1}y^{-1}$, $x,y \in \mathfrak{G}$

所生成的子群 $[\mathfrak{G}, \mathfrak{G}]$ 的闭包是 $\mathfrak{G}^{(1)}$. 我们记 $\mathfrak{G}/\mathfrak{G}^{(1)}$ 为 $\mathfrak{G}^{ab}$. 显然 $\mathfrak{G}^{ab} = \mathrm{Gal}(F^{ab}/F)$.

取 $\mathfrak{G}$ 的酉特征标 χ. 设域 E 依附于 χ. 则 $E \subseteq F^{ab}$, 即 E 是 $\mathrm{Ker}\,\chi$ 的固定域和 $\mathrm{Ker}\,\chi \supset \mathfrak{G}^{(1)}$. 这样便可把 χ 看作 $\mathfrak{G}^{ab}$ 的酉特征标. 反过来, 透过投射 $\mathfrak{G} \to \mathfrak{G}^{ab}$, 把 $\mathfrak{G}^{ab}$ 的酉特征标变为 $\mathfrak{G}$ 的酉特征标. 于是 $\mathfrak{G}^\wedge = (\mathfrak{G}^{ab})^\wedge$. 由于 $\mathfrak{G}^{ab}$ 是个交换紧群, 我们在 $\mathfrak{G}^\wedge$ 上取离散拓扑.

习 题

1. 令 I, J 分别是 $\mathbb{Q}[X]$ 中由 $p(X) = X^2 + 1$ 和 $q(X) = X^2 + X + 1$ 生成的理想. 现考虑由
$$\sigma(f(X)) = f(X) + I$$
   给出的环同态 $\sigma : \mathbb{Q}[X] \longrightarrow \mathbb{Q}[X]/I$. 令 $\xi = \sigma(X)$. 计算 $p(\xi), q(\xi)$, 并用 ξ 表示 $\sigma(q(X))$. 令环同态 $\tau : \mathbb{Q}[X] \longrightarrow \mathbb{Q}[X]/J$ 由
$$\tau(f(X)) = f(X) + J$$
   给出. 令 $\omega = \tau(X)$. 计算 $p(\omega), q(\omega)$, 并用 ω 表示 $\tau(p(X))$.

2. 令 $\sqrt[3]{2}$ 是 2 的实 3 次根, $\zeta = (1 + \sqrt{-3})/2$, K 是 $x^3 - 2$ 在 $\mathbb{Q}$ 上的一个分裂域.
   (1) 计算次数 $[\mathbb{Q}(\sqrt[3]{2}, \zeta) : \mathbb{Q}], [\mathbb{Q}(\zeta\sqrt[3]{2}) : \mathbb{Q}]$.
   (2) 计算 K.
   (3) $K/\mathbb{Q}, K/\mathbb{Q}(\zeta\sqrt[3]{2}), \mathbb{Q}(\zeta\sqrt[3]{2})/\mathbb{Q}$ 是 Galois 扩张吗?

3. 令 $\xi = \sqrt{1 + \sqrt{3}}$.
   (1) 计算 ξ 在 $\mathbb{Q}$ 上的极小多项式.
   (2) 计算 $\mathbb{Q}(\xi)$ 在 $\mathbb{Q}$ 上的一组基.

4. 令 $i^2 = 1$, 并设 F 是所有具有如下形式的复数全体: $\alpha = p + qi + r\sqrt{5} + si\sqrt{5}$, 其中 $p, q, r, s \in \mathbb{Q}$. 证明: 如果 $\alpha = 0$, 则 $p = q = r = s = 0$. 现令 $\beta = (p - qi + r\sqrt{5} - si\sqrt{5})(p + qi - r\sqrt{5} - si\sqrt{5})(p - qi - r\sqrt{5} + si\sqrt{5})$, 计算 $c = \alpha\beta$, 并由此得出结论: 如果 $\alpha \neq 0$, 则复数 $\alpha^{-1} \in F$. 证明: F 是一个域.

5. 证明: $\mathbb{Q}(i, -i, \sqrt{5}, -\sqrt{5}) = \mathbb{Q}(i + \sqrt{5})$, 其中 $i^2 = -1$.

6. 证明: $\sqrt{3} \notin \mathbb{Q}(\sqrt{2})$, $\sqrt{5} \notin \mathbb{Q}(\sqrt{2}, \sqrt{3})$. 计算次数 $[\mathbb{Q}(\sqrt{2}, \sqrt{3}, \sqrt{5}) : \mathbb{Q}]$.

7. 令 $f(z) = 4z^3 - c_2 z - c_3$, 并设 e_1, e_2, e_3 是 f 在 $\mathbb{C}$ 中的根. 证明:
   (1) $e_1 + e_2 + e_3 = 0, e_1 e_2 + e_2 e_3 + e_3 e_1 = -\frac{c_2}{4}, e_1 e_2 e_3 = \frac{c_3}{4}$.
   (2) $e_3^2 - e_1 e_2 = \frac{e_2}{4} = -e_1(e_2 + e_3) - e_2 e_3$.
   (3) $e_1(e_2 - e_3)^2 = e_1(e_2 + e_3)^2 - 4e_1 e_2 e_3 = \frac{1}{4}(e_1 c_2 - 3c_3)$.
   (4) $e_1 e_2 e_3 (e_1 - e_2)^2 (e_2 - e_3)^2 (e_3 - e_1)^2 = \frac{1}{4^3}(e_1 c_2 - 3c_3)(e_2 c_2 - 3c_3)(e_3 c_2 - 3c_3)$
   $= \frac{c_3}{4^3}(c_2^3 - 27c_3^2)$.
   (5) f 的判别式是 $D(f) = (e_1 - e_2)^2 (e_2 - e_3)^2 (e_3 - e_1)^2$. 证明: $D(f) = \frac{1}{16}(c_2^3 - 27c_3^2)$.

8. 令 $f(z) = 4z^3 - c_2 z - c_3$, e_1, e_2, e_3 是 f 在 $\mathbb{C}$ 中的根, $D(f) = (e_1 - e_2)^2 (e_2 - e_3)^2 (e_3 - e_1)^2$.

(1) 如果 $f(z) \in \mathbb{Q}[z]$ 且 $e_1, e_2, e_3 \notin \mathbb{Q}$，那么 $[\mathbb{Q}(e_1) : \mathbb{Q}] = 3$.

(2) 令 K 是 f 在 $\mathbb{Q}$ 上的一个分裂域，且 $D(f) \neq 0$，则 $K/\mathbb{Q}$ 的 Galois 群 G 是对称群 $\mathfrak{S}_3$ 的一个子群.

(3) 如果 $D(f)$ 在 $\mathbb{Q}$ 中不是平方数，则上小题中的 G 就是 $\mathfrak{S}_3$，且 $\mathbb{Q}(e_1)/\mathbb{Q}$ 不是正规的.

(4) 令 $f(z) = 4(z^3 - z + 1)$，则 $D(f) = -23$，并由此得出结论：f 的分裂域 K 在 $\mathbb{Q}$ 上的 Galois 群是 $\mathfrak{S}_3$，并且 $\mathbb{Q}(\sqrt{D(f)})$ 是 K 的一个在 $\mathbb{Q}$ 上次数为 2 的子域. $z^3 - 3z + 1$ 的 Galois 群是什么？

9. 令 F 是复数域 $\mathbb{C}$ 的一个子域，H, G 为 F 上的两个独立变量，$q(X) = X^2 + GX - H^3 \in F(G, H)[X]$. 那么 $q(X) = 0$ 有根

$$\xi = \tfrac{1}{2}(-G + \sqrt{D}), \quad \eta = \tfrac{1}{2}(-G - \sqrt{D}),$$

其中 $D = G^2 + 4H^3$；因此 $\xi, \eta \in F(G, H)(\sqrt{D})$.

(1) 令 u 是 ξ 的一个 3 次根，$v = -\frac{H}{u}$. 证明：$uv = -H, u^3 + v^3 = -G$.

(2) 令 ω 是本原 3 次单位根，则方程 $h(X) = X^3 - 3uvX - (u^3 - v^3) = 0$ 的根是

$$u + v, \quad u\omega + v\omega^2, \quad v\omega + u\omega^2.$$

(3) 令 $g(X) = X^3 + 3HX + G$. 证明：3 次方程 $g(X) = 0$ 的根落在以下这个域里

$$F(G, H)\left(\omega, \sqrt{G^2 + 4H^3}, \sqrt[3]{\tfrac{1}{2}(-G + \sqrt{G^2 + 4H^3})}\right).$$

也就是说，3 次方程的根可以用其系数的根式表示出来.

(4) 用上小题找到的根式写出方程 $X^3 - 6X - 9$ 的根.

10. 考虑复数域的一个子环 $R = \{x = a + b\sqrt{-3} | a, b \in \mathbb{Z}\}$. 令 $\bar{x} = a - b\sqrt{-3}$. 证明：

(1) R 的单位群是 $\{1, -1\}$.

(2) 如果 $x\bar{x} = 4$，则 x 不可约.

(3) $2 \times 2 = 4 = (1 + \sqrt{-3})(1 - \sqrt{-3})$，并且 $2, 1 + \sqrt{-3}$ 不差一个单位因子，从而 R 不是一个唯一分解整环 (UFD).

11. 考虑域 $\mathbb{Q}(\sqrt{d}) = \{r + s\sqrt{d} | r, s \in \mathbb{Q}\}$，其中 $d \in \mathbb{Z}$ 不被任何素数的平方整除. 令 r, s 为有理数，并假定 $2r, r^2 - s^2 d$ 是整数，那么：

(1) 如果 $4 \mid (d - 2)$ 或 $4 \mid (d - 3)$，则 r, s 为整数.

(2) 如果 $4 \mid (d - 1)$，则 $2s$ 是整数，并且 $2 \mid (2r - 2s)$.

12. 令 $E = \mathbb{Q}(\alpha)$，其中 α 是下列方程的根

$$\alpha^3 + \alpha^2 + \alpha + 2 = 0.$$

请将 $(\alpha^2 + \alpha + 1)(\alpha^2 + \alpha), (\alpha - 1)^{-1}$ 用如下形式 $a\alpha^2 + b\alpha + c$ 表示出来 $(a, b, c \in \mathbb{Q})$.

13. 证明：一个域的非零元的任意有限 (乘法) 子群是循环群.

14. 证明：$1, \sqrt{2}, \sqrt{3}, \sqrt{6}$ 在 $\mathbb{Q}$ 上线性无关.

15. (1) 证明：$\sqrt{2} + \sqrt{3}$ 是多项式 $x^4 - 15x^2 + 38$ 的一个根.

(2) 找一个首一 $\mathbb{Q}$-系数的多项式使得 $\sqrt{2}-\sqrt{3}$ 作为一个根.

(3) 计算次数 $[\mathbb{Q}(\sqrt{2},\sqrt{3}):\mathbb{Q}]$.

(4) 证明: $\sqrt{2}+\sqrt{3}$ 是域扩张 $\mathbb{Q}(\sqrt{2},\sqrt{3})/\mathbb{Q}$ 的一个本原元素.

(5) 证明: $\mathbb{Q}(\sqrt{2},\sqrt{3})$ 是 $(x^2-2)(x^2-3)$ 的一个分裂域.

16. 令 $\xi=\sqrt{1+\sqrt{3}}$.

    (1) 计算 ξ 在 $\mathbb{Q}$ 上的极小多项式.

    (2) 证明: $1+\sqrt{3}$ 不是 $\mathbb{Q}(\sqrt{3})$ 中的平方数.

    (3) 找到 $\mathbb{Q}(\xi)$ 在 $\mathbb{Q}$ 上的一组基, 并由此计算出 $\mathbb{Q}(\xi)/\mathbb{Q}$ 的扩张次数.

17. 令 $\alpha\in\mathbb{C}$ 是 $x^3+2x+2\in\mathbb{Q}[x]$ 的一个根, $\beta\in\mathbb{C}$ 是 $x^3-6x+3\in\mathbb{Q}[x]$ 的一个根. 证明: $\alpha+\beta$ 是一个最多 9 次多项式 $f\in\mathbb{Q}[x]$ 的根.

18. 令 F 是一个域, E 是 F 的一个域扩张, $t\in E$. 假设 t 是某个多项式 $f(x)\in F[x]$ 的根, 使得 f 的次数是满足此条件最小的. 证明: $f(x)\in F[x]$ 不可约. $f(x)$ 是 $E[x]$ 的不可约元吗? t 在 F 上的极小多项式是使得 $m(t)=0$ 的次数最小的首一多项式. 证明: 如果 $f(x)\in F[x]$ 不可约且满足 $f(t)=0$, 则 $f(x)$ 与 t 的极小多项式差一个单位因子.

19. (Eisenstein 判别法) 令 $f(X)=a_0+a_1X+\cdots+a_nX^n\in\mathbb{Z}[X]$, p 是一个素整数. 如果

    (1) p 不整除 a_n,

    (2) p^2 不整除 a_0,

    (3) p 整除 a_i $(0\leqslant i\leqslant n-1)$,

    那么 $f(X)$ 在 $\mathbb{Q}[X]$ 中不可约.

20. (1) 用 Eisenstein 判别法证明 $x^7-2\in\mathbb{Q}[x]$ 不可约.

    (2) $m(x)=x^7-2$ 是实数 $\alpha=\sqrt[7]{2}$ 的极小多项式.

    (3) 将 $\mathbb{R}$ 视作 $\mathbb{Q}$-线性空间, 那么这 7 个元素 α^m $(0\leqslant m\leqslant 6)$ 线性无关.

    (4) $E=\mathrm{Span}_{\mathbb{Q}}\{\alpha^m|0\leqslant m\leqslant 6\}$ 是 $\mathbb{R}$ 的一个子域.

    (5) $\mathbb{Q}(\alpha)=\mathbb{Q}[\alpha]$.

    (6) 将 α^2+1 的逆用 α 的幂的 $\mathbb{Q}$-线性组合表示出来.

21. 令 $a,b,c\in\mathbb{C}$ 为 $x^3+9x^2+3x\in\mathbb{Z}[x]$ 的根. 用 $a+b+c, ab+ac+bc, abc$ 表示 $a^2+b^2+c^2, a^2b^2+a^2c^2+b^2c^2, a^2b^2c^2$, 并由此找到一个多项式 $f(x)\in\mathbb{Z}[x]$ 使得 a^2,b^2,c^2 作为其根.

22. 证明: $\sqrt{3}\notin\mathbb{Q}(\sqrt{2}), \sqrt{5}\notin\mathbb{Q}(\sqrt{2},\sqrt{3})$. 计算次数 $[\mathbb{Q}(\sqrt{2},\sqrt{3},\sqrt{5}):\mathbb{Q}]$.

23. (1) 证明: $(x^2-3)(x^3+1)$ 和 $(x^2-2x-2)(x^2+1)$ 在 $\mathbb{Q}$ 上的分裂域均为 $\mathbb{Q}(\sqrt{-1},\sqrt{3})$.

    (2) 证明: x^2-3 和 x^2-2x-2 在 $\mathbb{Q}$ 上的分裂域均为 $\mathbb{Q}(\sqrt{3})$.

24. 令 F 是一个域, $\mathrm{Aut}F$ 是 F 的域自同构群, $\mathfrak{G}$ 是 $\mathrm{Aut}F$ 的子群全体, $\mathfrak{F}$ 是 F 的子域全体. 对 $H\in\mathfrak{G}, K\in\mathfrak{F}$, 令

    $$I(H)=\{a\in F|\sigma(a)=a\ (\forall\sigma\in H)\},$$
    $$A(K)=\{\sigma\in\mathrm{Aut}F|\sigma(a)=a\ (\forall a\in K)\}.$$

    证明: $IA(K)\supset K, AI(H)\supset H, AIA(K)=AK, IAI(H)=IH$.

25. 令 $\zeta=(-1+\sqrt{-3})/2$. 计算次数 $[\mathbb{Q}(\sqrt[3]{2},\zeta):\mathbb{Q}]$. 计算 x^3-2 在 $\mathbb{Q}$ 上的分裂域, 并找到 $\mathbb{Q}(\sqrt[3]{2},\zeta)$ 的所有子域.

26. 证明: $X^6 + X^3 + 1$ 整除 $X^9 - 1$. 如果 α 是 $X^6 + X^3 + 1$ 的一个复数根, 计算所有同态 $\mathbb{Q}(\alpha) \longrightarrow \mathbb{C}$.

27. 令 α 是一个实数满足 $\alpha^4 = 5$. 证明:

(1) $\mathbb{Q}(i\alpha^2)$ 在 $\mathbb{Q}$ 上正规.

(2) $\mathbb{Q}(\alpha + i\alpha)$ 在 $\mathbb{Q}(i\alpha^2)$ 上正规.

(3) $\mathbb{Q}(\alpha + i\alpha)$ 不在 $\mathbb{Q}$ 上正规.

28. 计算 $x^4 - 4x^2 - 5$ 的分裂域 F. 令 $i^2 = -1, \alpha = i, \beta = -i, \gamma = \sqrt{5}, \delta = -\sqrt{5}$. 记 α 与 β 的置换为 $(\alpha\beta)$, 并把它理解为 F 的 $\mathbb{Q}$-自同构. 所以 $(\alpha\beta)$ 把 $p + qi + r\sqrt{5} + si\sqrt{5}$ 映到 $p - qi + r\sqrt{5} - si\sqrt{5}$. 令 I 为恒同映射, $R = (\alpha\beta), S = (\gamma\delta), T = (\alpha\beta)(\gamma\delta)$. 证明:

(1) $F/\mathbb{Q}$ 的 Galois 群 G 是 $\{I, R, S, T\}$.

(2) G 的真子群是 $1, \{I, R\}, \{I, S\}, \{I, T\}$.

(3) 针对上小题 4 个子群的不变子域分别是 $F, \mathbb{Q}(\sqrt{5}), \mathbb{Q}(i), \mathbb{Q}(i\sqrt{5})$.

29. $x^4 + 1$ 的 Galois 群是 Klein 4-群.

30. $X^3 - X - 1$ 分别在 $\mathbb{Q}$ 和 $\mathbb{Q}(\sqrt{23})$ 上的 Galois 群是什么?

31. 令 p 是一个素数, F 是特征 0 的域, 且包含一个 p 次本原单位根, E/F 是 p 次循环扩张 (cyclic extension). 证明: $\exists \xi \in E$ 使得 $E = F(\xi)$ 且 $\xi^p \in F$.

32. 令 $\alpha = \sqrt[3]{2}$ 是 2 的实 3 次根, $\zeta = (1 + \sqrt{-3})/2, \beta = \zeta\alpha, F = \mathbb{Q}(\alpha), K = \mathbb{Q}(\beta)$, 并设 KF 是 $\mathbb{C}$ 中包含 K, F 的最小子域.

(1) $K = F$ 吗?

(2) $K \cap F$ 是什么?

(3) 证明: $KF = \mathbb{Q}(\alpha, \beta) = \mathbb{Q}(\alpha, \zeta) = \mathbb{Q}(\alpha, \sqrt{-3})$.

(4) 计算 $[KF : F]$.

(5) 计算 $[K : \mathbb{Q}]$.

(6) $K/\mathbb{Q}$ 是 Galois 扩张吗?

(7) α 在 $\mathbb{Q}$ 上的极小多项式是什么?

(8) 证明: $[F : \mathbb{Q}] = 3$, 且 $\{1, \sqrt[3]{2}, \sqrt[3]{4}\}$ 是 $F/\mathbb{Q}$ 的一组基.

(9) 令 θ 是 F 的一个 $\mathbb{Q}$-自同构. 证明: $(\theta(\sqrt[3]{2}))^3 = 2$, 从而得到 $\theta(\sqrt[3]{2}) = \zeta^j \sqrt[3]{2}, j = 0, 1, 2$, $\zeta^3 = 1, \zeta \neq 1$. 但是请证明 $\theta(\sqrt[3]{2})$ 只能是 $\sqrt[3]{2}$. 因此 F 的 $\mathbb{Q}$-自同构群是平凡群.

(10) 令 $E = \mathbb{Q}(\alpha, \beta), I$ 是 E 的恒等同构, λ 是由如下给出的 E 的自同构

$$\lambda(\zeta) = \zeta^2, \quad \lambda(\sqrt[3]{2}) = \zeta\sqrt[3]{2}.$$

设 $H = \{I, \lambda\}$. 则由 H 固定的 E 的子域是 $\mathbb{Q}(\zeta^2 \sqrt[3]{2})$.

(11) 证明上小题中的 E 是 $x^3 - 2$ 在 $\mathbb{Q}$ 上的分裂域. 令 E 的自同构 σ 由以下给出

$$\sigma(\sqrt[3]{2}) = \zeta\sqrt[3]{2}, \quad \sigma(\zeta) = \zeta.$$

令 E 的自同构 τ 由以下给出

$$\tau(\sqrt[3]{2}) = \sqrt[3]{2}, \quad \tau(\zeta) = \zeta^2.$$

证明: $E/\mathbb{Q}$ 的 Galois 群是 $\{I, \sigma, \sigma^2, \tau, \sigma\tau, \sigma^2\tau\}$.

33. 令 $p_1, \ldots, p_r$ 是互不相同的素数. 证明: $\mathbb{Q}(\sqrt{p_1}, \ldots, \sqrt{p_r})$ 在 $\mathbb{Q}$ 上的 Galois 群是 r 个 $\mathbb{Z}/2\mathbb{Z}$ 的拷贝的直和: $\mathbb{Z}/2\mathbb{Z} \oplus \cdots \oplus \mathbb{Z}/2\mathbb{Z}$.

34. 令 p 是一个素数, r 是一个正整数. 构造一个 Galois 域扩张 $F/\mathbb{Q}$ 使得 $\mathrm{Gal}(F/\mathbb{Q})$ 同构于 $\mathbb{Z}/p^r\mathbb{Z}$.

35. 令 u, v 是 $\mathbb{C}$ 上的独立变量, ζ 是 n 次本原单位根, $F = \mathbb{C}(u^n + v^n, uv)$. 证明: $F(u,v)/F$ 是 Galois 扩张. 令 $\sigma: (u,v) \mapsto (v,u), \tau: (u,v) \mapsto (\zeta u, \zeta^{-1} v)$. 证明: Galois 群 $\mathrm{Gal}(F(u,v)/F)$ 由 σ, τ 生成, 并且同构于 D_n **二面体群** (Dihedral group).

36. 令 F 是特征 0 的域且 L/F 是一个代数扩张, $f(X) \in F[X]$, 并且 $f(X)$ 在 $F[X]$ 任何不可约因子没有重根. 令 K, E 是 $f(X)$ 分别在 F, L 上的分裂域. 证明: $\mathrm{Gal}(E/L)$ 同构于 $\mathrm{Gal}(K/F)$ 的一个子群.

37. 令 F 是特征 0 的域. 如果 $f(X) \in F[X]$ 在 F 上的 Galois 群是可解的, 那么 $f(X) = 0$ 可由 F 上的根式解出.

38. 给定原点 0 和单位长 1. 请画图回答下列问题.
    (1) 给定正实数 a, b, 令 l_1 为过 $(1,0), (0,a)$ 的直线, 并设与 l_1 平行的过 $(b,0)$ 的直线与 Y-轴交于 $(0,t)$. 证明 $t = ab$.
    (2) 给定正实数 a, b, 令 l_2 为过 $(b,0), (0,a)$ 的直线, 并设与 l_2 平行的过 $(1,0)$ 的直线与 Y-轴交于 $(0,s)$. 证明 $t = a/b$.
    (3) 给定正实数 a, 证明: 你可以用一个直尺和一副圆规找到线段 $(0, 1+a)$ 的中点 m. 用 m 作为中点画出过原点的上半圆弧 S. 令过 $(1,0)$ 的垂直线与 S 交于 $(1,r)$. 证明 $r = \sqrt{a}$.
    (4) 由上得出结论: 给定正实数 a, b, 就可以用直尺和圆规做出 $a \pm b, ab, a/b, \sqrt{a}$, 从而可以做出 $\mathbb{Q}(\sqrt{2})$ 的每一个元素.
    (5) 你是否可以证明你能或者不能使用直尺和圆规做出 $\sqrt[3]{2}$?

39. 以 $\mathbb{F}_q$ 记 q 个元素的有限域.
    (1) 证明: $\mathbb{F}_4$ 的元素是多项式 $x^4 - x = x(x-1)(x^2+x+1)$ 的根. 证明 $[\mathbb{F}_4 : \mathbb{F}_2] = 2$. 注意 $x - 1 = x + 1$.
    (2) 证明: $\mathbb{F}_8$ 的元素是多项式 $x^8 - x = x(x-1)(x^3+x+1)(x^3+x^2+1)$ 的根. 取 x^3+x+1 的根 $\alpha \in \mathbb{F}_8$. 证明:
        (i) $\mathbb{F}_8 = \{0, 1, \alpha, 1+\alpha, \alpha^2, 1+\alpha^2, \alpha+\alpha^2, 1+\alpha+\alpha^2\}$.
        (ii) $[\mathbb{F}_8 : \mathbb{F}_2] = 3$.
        (iii) $\mathbb{F}_4$ 不是 $\mathbb{F}_8$ 的子域.

40. 以 $N_p(f)$ 记方程 $f = 0$ 在 $\mathbb{F}_p$ 的解的个数.
    (1) 证明: $N_p(x^n - a) = \sum_{i=0}^{n-1} \chi^i(a)$, 其中 χ 是 $\mathbb{F}_p^\times$ 的 n 阶特征标.
    (2) 证明: $N_p(x^n + y^n - 1) = \sum_{a+b=1} N_p(x^n - a) N_p(x^n - b) = \sum_{j=0}^{n-1} \sum_{i=0}^{n-1} J(\chi^j, \chi^i)$ (Jacobi 和).
    (3) 证明:
    $$N_p(x^2 + y^2 - 1) = \begin{cases} p - 1, & \text{若 } p \equiv 1 \bmod 4, \\ p + 1, & \text{若 } p \equiv 3 \bmod 4. \end{cases}$$

41. 考虑高斯和 $g_t = \sum_n \left(\frac{n}{p}\right)\zeta^{nt}$.

(1) 证明: $g_t = \left(\frac{t}{p}\right)g_1$.

(2) k 为正整数, ζ 是 p 次本原单位根. 证明: $t \mapsto g_t^k$ 是周期为 p 的函数. 设它的 Fourier 级数展开是 $g_t^k = \sum_{n \bmod p} c_k(n)\zeta^{nt}$, 证明:

$$c_k(n) = \sum \left(\frac{m_1 m_2 \ldots m_k}{p}\right),$$

其中 $\sum$ 是对 $m_j \bmod p$, $m_1 + m_2 + \cdots + m_k \equiv n \bmod p$ 求和.

42. 设域扩张 K/F 的元素为 F 上可分的. 若不可约多项式 $f(X) \in F[X]$ 有根 $\alpha \in K$, 则 K 包含 $f(X)$ 的所有根. (即 K/F 为 Galois 扩张, 但没有假设 $[K:F]$ 有限.) 以 G 记 K/F 的 Galois 群. 在 G 上取拓扑使得在单位元的一个基本邻域组是以下集合

$$\{\mathrm{Gal}(K/E) : K \supseteq E \supseteq F, [E:F] < \infty\}.$$

(1) 证明: G 是 Hausdorff 紧拓扑群.

(2) 证明: 在 G 上如此定义的拓扑与本章用逆极限定义的拓扑是一样的.

(3) 设 H 是 G 的子群, E 是 H 的固定域, 证明: K/E 的 Galois 群是 H 的拓扑闭包.

(4) 设 E 是 K 的子域, E/F 是可分正规扩张. $H = \mathrm{Gal}(K/E)$. 证明: $H \triangleleft G$. 在 $\mathrm{Gal}(E/F)$ 上取拓扑如本题, 在 G/H 取来自 G 的商拓扑, 证明: $\mathrm{Gal}(E/F) \cong G/H$ 是拓扑群同构.

43. 设 k 为特征是 0 的代数封闭域, $K = k((T)) = k[[T]][T^{-1}]$ 是以 T 为变量的 Laurent 级数域, 它的元素是 $\sum_{n=-\infty}^{+\infty} a_n T^n$, 其中 $a_n \in k$, 当 $n < 0$ 时只有有限个 $a_n \neq 0$. 以 K^{alg} 记 K 的代数封闭域. 证明: $K^{\mathrm{alg}} = \cup_{n \geqslant 1} k((T^{1/n}))$, $\mathrm{Gal}(K^{\mathrm{alg}}/K) \cong \varprojlim_n \mathbb{Z}/n\mathbb{Z}$.

第一部分

数域论

第一部分

数据论

第一章　理想

第一部分的结构比较简单. 第一章讲有限 Galois 扩张 E/F 的整数环扩张 $\mathcal{O}_E/\mathcal{O}_F$ 内理想的素理想乘积分解与 Galois 群 $\mathrm{Gal}(E/F)$ 的关系. 本章里的向量空间、环、理想、模、Galois 群和证明方法都是延伸你在本科基础代数课学过的, 这一章能让你感受到什么是代数数论, 这也是本门学问的开始. 有理数域 $\mathbb{Q}$ 有两种完备化: Archimede 完备化是实数域 $\mathbb{R}$, 非 Archimede 完备化是 p 进数域 $\mathbb{Q}_p$, 所以第二章讲 $F\otimes\mathbb{R}$, 第三章讨论 $F\otimes\mathbb{Q}_p$ 的结构. 第二章的中心问题是计算有限维实向量空间的离散子群的基本区体积, 此时 L-函数便自然出现了. 这种计算的原身是数域的类数公式, 在 20 世纪 60 年代发展为线性代数群的玉河数计算, 又演变为当今 motif 玉河数的难题. 这个计算亦包含了 20 世纪初交换类域论的第二不等式的解析证明. 第二章也体现了我一向的观点 —— 代数数论的 "代数" 是指研究对象为代数结构, 在证明中可以用任何方法, 比如该章的解析方法. 第三章讲赋值的结构, 赋值的延伸和 Galois 群的关系 —— 这是重要的分歧理论的起点, 这样的布局与冯克勤的《代数数论》[7] 是一致的, 只是味道有所不同, 念过冯克勤书的同学对这一部分会驾轻就熟. 对自学者, 我建议把本书和冯克勤的书放在一起读. 第四章把前面三章的结构合在一起构造理元群, 这是为下一部分的计算做准备工作.

称有理系数多项式 $f(X)\in\mathbb{Q}[x]$ 的根 α 为代数数. 代数数论就是要研究代数数. 用 α 在 $\mathbb{Q}$ 上生成的域 $\mathbb{Q}(\alpha)$ 是 $\mathbb{Q}$ 的有限扩张, 这样有理数域的有限扩张便成为代数数论的研究对象了. 一般称 $\mathbb{Q}$ 的有限扩张 F 为数域, 在 $\mathbb{Q}$ 的代数闭包内取所有 m 次单位根来组成的交换群记为 $\boldsymbol{\mu}_m$, 称 $\mathbb{Q}(\boldsymbol{\mu}_m)$ 为 m 次分圆域, 这是一种很重要的数域.

除声明或显然外, "环" 是指带乘法单位元 1 的交换环. 本书中, 我们会经常引用 [7].

定理 1.1 (中国剩余定理) 设环 A 有理想 $\mathfrak{a}_1,\ldots,\mathfrak{a}_n$. 使得若 $i\neq j$, 则 $\mathfrak{a}_i+\mathfrak{a}_j=A$.

(1) 取 $x_1,\ldots,x_n\in A$. 则有 $x\in A$ 使得
$$x\equiv x_i\mod\mathfrak{a}_i,\quad 1\leqslant i\leqslant n.$$

(2) 映射
$$A\to A/\mathfrak{a}_1\times\cdots\times A/\mathfrak{a}_n:a\mapsto(a+\mathfrak{a}_1,\ldots,a+\mathfrak{a}_n)$$

决定环同构
$$A/\cap_{i=1}^n \mathfrak{a}_i \cong A/\mathfrak{a}_1 \times \cdots \times A/\mathfrak{a}_n.$$

证明 (1) 先设 $n=2$. 从假设 $\mathfrak{a}_1 + \mathfrak{a}_2 = A$ 知,有 $a_1 \in \mathfrak{a}_1, a_2 \in \mathfrak{a}_2$,使得 $a_1 + a_2 = 1$,于是 $x_1 a_1 + x_1 a_2 = x_1$,所以 $x = x_2 a_1 + x_1 a_2$ 为所求的解.

对 $i \geqslant 2$, 用 $\mathfrak{a}_1 + \mathfrak{a}_i = A$ 得 $a_i \in \mathfrak{a}_1, b_i \in \mathfrak{a}_i$, 使得 $a_i + b_i = 1$. 以 $\mathfrak{c}$ 记 $\prod_{i=2}^n \mathfrak{a}_i$. 于是 $\prod_{i=2}^n (a_i + b_i) = 1$, 但这个乘积属于 $\mathfrak{a}_1 + \mathfrak{c}$, 所以 $\mathfrak{a}_1 + \mathfrak{c} = A$. 利用已证 $n=2$ 的结果可知,有 $y_1 \in A$, 使得
$$y_1 \equiv 1 \mod \mathfrak{a}_1, \quad y_1 \equiv 0 \mod \mathfrak{c},$$

所以
$$y_1 \equiv 1 \mod \mathfrak{a}_1, \quad y_1 \equiv 0 \mod \mathfrak{a}_i, \quad i \neq 1.$$

同样可得 $y_2, \ldots, y_n$, 使得
$$y_j \equiv 1 \mod \mathfrak{a}_j, \quad y_j \equiv 0 \mod \mathfrak{a}_i, \quad i \neq j.$$

显然 $x = x_1 y_1 + \cdots + x_n y_n$ 为所求之解.

(2) 映射
$$A \to A/\mathfrak{a}_1 \times \cdots \times A/\mathfrak{a}_n : a \mapsto (a + \mathfrak{a}_1, \ldots, a + \mathfrak{a}_n)$$

显然是环同态. 根据 (1),此同态为满同态. 另一方面此同态的核为 $\cap_{i=1}^n \mathfrak{a}_i$. 按环同构定理可得证所求. $\square$

1.1 Dedekind 环

从整数环 $\mathbb{Z}$ 出发,先得有理数域 $\mathbb{Q} = \operatorname{Frac}(\mathbb{Z})$. 取有限扩张 $F/\mathbb{Q}$. 自然会想有一个环 $\mathbb{Z} \subseteq R \subseteq F$, 使得 $F = \operatorname{Frac}(R)$.

$$\begin{array}{ccc} R & \hookrightarrow & F \\ \uparrow & & \uparrow \\ \mathbb{Z} & \hookrightarrow & \mathbb{Q} \end{array}$$

当然会有很多的 R 满足这个要求. F 的元素是系数在 $\mathbb{Q}$ 的多项式的根, R 有没有类似的定义呢? 构造了 R 之后,我们的中心问题是: 用整数 $n \in \mathbb{Z}$ 在环 R 内生成的理想 nR 是怎样分解为 R 的素理想 $\mathfrak{P}_i$ 的乘积的:
$$nR = \mathfrak{P}_1^{e_1} \ldots \mathfrak{P}_r^{e_r}?$$

为找到上述环 R,我们需要研究环扩张: $A \subseteq B$,其中 A, B 是环,而且 A 是 B 的子环.

设环 A 是环 B 的子环, $b \in B$. 如果有首 1 多项式 $f(x) \in A[X]$, 使得 $f(b) = 0$, 则称 b 为 A 上的整元素. 由全部 B 内的 A 上的整元素组成的集合记为 A^c. 如果 $A^c = B$, 则说 B/A 是整环扩张 (B integral over A).

引理 1.2 设 $A \subset B$ 为一个环扩张, 则对 B 内元素 $b_1, \ldots, b_n$, 如下等价:

(1) $b_1, \ldots, b_n$ 是 A 上的整元素.

(2) $A[b_1, \ldots, b_n]$ 是有限生成 A 模.

证明 (1) $\Rightarrow$ (2): 令 $f_i \in A[x]$ 为首一多项式, 使得 $f_i(b_i) = 0$, 并且 $d_i = \deg f_i$ ($i = 1, \ldots, n$). 对每个 i, 我们对 m 做归纳证明 $b_i^m \in A_i = \langle b_i^{l_i} | 0 \leqslant l_i \leqslant d_i - 1 \rangle$. 当 $0 \leqslant m \leqslant d_i$, b_i^m 自然在 A_i 中. 现在假定当 $m \leqslant k$ ($k \geqslant d_i + 1$) 时, $b_i^m \in A_i$, 则如下等式

$$b_i^{k+1-d_i} \cdot f_i(b_i) = 0$$

给出 b_i^{k+1} 的低次项线性表示. 如此完成归纳, 并且我们发现如下每个单项式 $b_1^{m_1} \ldots b_n^{m_n}$ 都落在 $\langle b_1^{l_1} \ldots b_n^{l_n} | 0 \leqslant l_i \leqslant d_i - 1, 1 \leqslant i \leqslant n \rangle$. 因此 $A[b_1, \ldots, b_n] = \langle b_1^{l_1} \ldots b_n^{l_n} | 0 \leqslant l_i \leqslant d_i - 1, 1 \leqslant i \leqslant n \rangle$ 作为 A 模有限生成.

(2) $\Rightarrow$ (1): 令 $A[b_1, \ldots, b_n] = \langle \alpha_1, \ldots, \alpha_r \rangle$. 则对每个 i, 我们有如下线性方程组

$$\begin{cases} b_i \alpha_1 = a_{11} \alpha_1 + \cdots + a_{1r} \alpha_r, \\ \cdots\cdots\cdots\cdots\cdots\cdots\cdots\cdots\cdots \\ b_i \alpha_r = a_{r1} \alpha_1 + \cdots + a_{rr} \alpha_r, \end{cases}$$

其中每个 $a_{kl} \in A$. 令 $M = (a_{kl})_{k,l}$, 则

$$b_i \begin{pmatrix} \alpha_1 \\ \vdots \\ \alpha_r \end{pmatrix} = M \begin{pmatrix} \alpha_1 \\ \vdots \\ \alpha_r \end{pmatrix}.$$

因此 $\det(b_i I - M) \alpha_1 = \cdots = \det(b_i I - M) \alpha_r = 0$. 注意到 $1 \in \langle \alpha_1, \ldots, \alpha_r \rangle$, 那么 $\det(b_i I - M) = 0$. 由于 $\det(xI - M) \in A[x]$ 为首一, 则 b_i 在 A 上整. □

推论 1.3 如果 $A \subset B$ 和 $B \subset C$ 为整环扩张, 则 $A \subset C$ 亦为整环扩张.

证明 任给 $c \in C$, 对某些 $b_{n-1}, \ldots, b_0 \in B$ 和 $n \geqslant 1$, 我们有 $c^n + b_{n-1} c^{n-1} + \cdots + b_0 = 0$. 由于 $A[b_{n-1}, \ldots, b_0]$ 作为 A 模有限生成, 我们选其一组生成元 $\alpha_1, \ldots, \alpha_s$. 那么 $A[c, a_1, \ldots, a_s] = \langle \alpha_i c^j | 1 \leqslant i \leqslant s, 0 \leqslant j \leqslant n - 1 \rangle$ 作为 A 模有限生成. 因此 c 在 A 上整. □

设有环扩张 B/A. 则按前面引理 A^c 是环. 称它为 A 在 B 内的**整闭包** (integral closure). 现在我们可以回答本节开始的问题.

称有理系数多项式 $f(X) \in \mathbb{Q}[x]$ 的根为**代数数** (algebraic number). 设有数域 F, 即 $F/\mathbb{Q}$ 是有限扩张. 取 R 为整数环 $\mathbb{Z}$ 在 F 内的整闭包. 则 $F = \text{Frac}(R)$. 称 R 的元

素 (为数域 F 内的) **代数整数** (algebraic integers). 称 R 为 F 的代数整数环, 或简称为整数环; 常记 R 为 $\mathcal{O}_F$.

如果环 R 内的元素 x, y 满足条件: $x \neq 0, y \neq 0, xy = 0$, 则称 x 或 y 是**零因子** (zero divisor). 说环 R 是**整环** (integral ring), 如果 R 没有零因子和 $1 \neq 0$. 易证: R 是整环当且仅当 $\{0\}$ 是素理想.

若 R 是整环, 则可构造 R 的分式域 $\mathrm{Frac}(R)$. 如果 R 在 $\mathrm{Frac}(R)$ 内的整闭包等于 R, 则称 R 为**整闭环** (integrally closed).

说环 R 的理想 $\mathfrak{p} \neq R$ 是素理想, 若 $a, b \in R, ab \in \mathfrak{p} \Rightarrow a \in \mathfrak{p}$ 或 $b \in \mathfrak{p}$. 易证: 不等于 R 的理想 $\mathfrak{p}$ 是素理想当且仅当商环 $R/\mathfrak{p}$ 是整环.

说环 R 的理想 $\mathfrak{m}$ 是极大理想, 如果 $\mathfrak{m} \neq R$, 并且若有理想 $\mathfrak{a}$ 使得 $\mathfrak{a} \supseteq \mathfrak{m}$, 则 $\mathfrak{a} = R$. 易证: $\mathfrak{m}$ 是极大理想当且仅当商环 $R/\mathfrak{m}$ 是域. 于是得知极大理想一定是素理想.

如果环 R 的所有理想 I 都是有限生成 R 模, 则说 R 是 Noether 环.

定义 1.4 说环 R 是 Dedekind 环, 如果

(1) R 是整环,
(2) R 是整闭环,
(3) R 是 Noether 环,
(4) 所有非零素理想是极大理想.

数域的代数整数环是 Dedekind 环. 我们将证明 Dedekind 环的理想, 除排序外, 可唯一分解为素理想的乘积.

Dedekind (戴德金, 1831 — 1916) 是德国数学家.

1.2 理想的分解

理想的运算: F 为 Dedekind 环 $\mathcal{O}$ 的分式域, $\mathfrak{a}, \mathfrak{b}$ 是 $\mathcal{O}$ 的理想. 说 $\mathfrak{a}$ 整除 $\mathfrak{b}$ 若 $\mathfrak{b} \subseteq \mathfrak{a}$, 并记为 $\mathfrak{a} \mid \mathfrak{b}$.

(1) $\mathfrak{a} \cap \mathfrak{b}$ 是 $\mathfrak{a}, \mathfrak{b}$ 的最小公倍.
(2) $\mathfrak{a} + \mathfrak{b} := \{a + b : a \in \mathfrak{a}, b \in \mathfrak{b}\}$ 是包含 $\mathfrak{a}$ 和 $\mathfrak{b}$ 的最小理想, 即是 $\mathfrak{a}, \mathfrak{b}$ 的最大公约.
(3) $\mathfrak{ab} := \{\sum_i a_i b_i$ 有限和 $: a_i \in \mathfrak{a}, b_i \in \mathfrak{b}\}$.

设 $\mathfrak{a}, \mathfrak{b}, \mathfrak{p}$ 是 $\mathcal{O}$ 的理想, $\mathfrak{p}$ 是素理想. 如果 $\mathfrak{p} \mid \mathfrak{ab}$, 则 $\mathfrak{p} \mid \mathfrak{a}$ 或 $\mathfrak{p} \mid \mathfrak{b}$.

设 $\mathcal{O}$ 的非零理想 $\mathfrak{a} \neq \mathcal{O}$. 取

$$\mathfrak{a}^{-1} := \{x \in F : x\mathfrak{a} \subseteq \mathcal{O}\},$$

则 $\mathfrak{a}^{-1}$ 是有限生成 $\mathcal{O}$ 模. 原因如下: 取 $a_0 \in \mathfrak{a}, a_0 \neq 0$. 若 $x \in \mathfrak{a}^{-1}$, 则 $xa_0 \in \mathcal{O}$, 所以 $\mathfrak{a}^{-1} \subset \mathcal{O}a_0^{-1}$. 从 $\mathcal{O}a_0^{-1}$ 是有限生成 $\mathcal{O}$ 模便知 $\mathfrak{a}^{-1}$ 亦是.

若 $\mathfrak{a} \subseteq \mathfrak{b}$, 则 $\mathfrak{a}^{-1} \supseteq \mathfrak{b}^{-1}$.

引理 1.5 设 $\mathcal{O}$ 为 Dedekind 环.

(1) 设 $\mathfrak{a}$ 是 $\mathcal{O}$ 的非零理想. 则 $\mathcal{O}$ 有非零素理想 $\mathfrak{p}_1, \mathfrak{p}_2, \ldots, \mathfrak{p}_r$, 使得 $\mathfrak{a} \supseteq \mathfrak{p}_1 \mathfrak{p}_2 \ldots \mathfrak{p}_r$.
(2) 设 $\mathcal{O}$ 的非零理想 $\mathfrak{a} \neq \mathcal{O}$. 则 $\mathfrak{a}^{-1} \supsetneq \mathcal{O}$.
(3) 设 $\mathfrak{a}$ 是 $\mathcal{O}$ 的非零理想. 则 $\mathfrak{a}^{-1} \mathfrak{a} = \mathcal{O}$.
(4) 设 $\mathfrak{p}_1 \ldots \mathfrak{p}_n \subseteq \mathfrak{q}_1 \ldots \mathfrak{q}_m$, 其中 $\mathfrak{p}_i, \mathfrak{q}_j$ 均为素理想. 则 $m \leqslant n$, 并且集合 $\{\mathfrak{q}_1, \ldots, \mathfrak{q}_m\}$ 为集合 $\{\mathfrak{p}_1, \ldots, \mathfrak{p}_n\}$ 的子集.

证明 (1) 反证法. 由 $\mathcal{O}$ 内不满足条件 (1) 的理想所组成的集合记为 S. 因为 $\mathcal{O}$ 是 Noether 环, 若 S 非空, 则 S 有极大元 $\mathfrak{a}$. 此时 $\mathfrak{a} \neq \mathcal{O}$, $\mathfrak{a}$ 不是素理想, 并且若 $\mathfrak{b} \supsetneq \mathfrak{a}$, 则 $\mathfrak{b}$ 包含素理想的积. 因为 $\mathfrak{a}$ 不是素理想, 知有 $a, b \notin \mathfrak{a}$ 但 $ab \in \mathfrak{a}$. 于是理想 $\mathfrak{a} + a\mathcal{O}$, $\mathfrak{a} + b\mathcal{O}$ 均包含但不等于 $\mathfrak{a}$, 所以这两个理想都包含素理想的积. 但是从

$$(\mathfrak{a} + a\mathcal{O})(\mathfrak{a} + b\mathcal{O}) \subset \mathfrak{a} \cdot \mathfrak{a} + a\mathfrak{a} + b\mathfrak{a} + ab\mathcal{O} \subset \mathfrak{a}$$

可见 $\mathfrak{a}$ 包含素理想的积. 这就与 $\mathfrak{a} \in S$ 相矛盾, 故此 S 为空集.

(2) 显然 $\mathfrak{a}^{-1} \supset \mathcal{O}$. 取 $a \in \mathfrak{a}, a \neq 0$. 按本引理 (1), 可找素理想 $\mathfrak{p}_1, \mathfrak{p}_2, \ldots, \mathfrak{p}_r$ 使得 $\mathfrak{p}_1 \mathfrak{p}_2 \ldots \mathfrak{p}_r \subset a\mathcal{O} \subset \mathfrak{a}$. 选如此的一组素理想使 r 最小. 因为 $\mathfrak{a} \neq \mathcal{O}$, 环 $\mathcal{O}$ 的理想满足上升链 (ACC) 条件, 所以极大理想 $\mathfrak{p}$ 包含 $\mathfrak{a}$. 于是 $\mathfrak{p}_1 \mathfrak{p}_2 \ldots \mathfrak{p}_r \subset \mathfrak{p}$. 若没有 $\mathfrak{p}_i = \mathfrak{p}$, 每个 $\mathfrak{p}_i$ 包含 $a_i \notin \mathfrak{p}$, 并且 $a_1 \ldots a_r \in \mathfrak{p}$, 这与 $\mathfrak{p}$ 是极大理想相矛盾. 这样可以设 $\mathfrak{p} = \mathfrak{p}_1$. 此时 $\mathfrak{p} \mathfrak{p}_2 \ldots \mathfrak{p}_r \subset a\mathcal{O} \subset \mathfrak{a}\mathfrak{p}$. 按 r 的选取, $\mathfrak{p}_2 \ldots \mathfrak{p}_r \not\subset a\mathcal{O}$. 取 $b \in \mathfrak{p}_2 \ldots \mathfrak{p}_r, b \notin a\mathcal{O}$, 记 $x = a^{-1} b$. 则 $x \notin \mathcal{O}$, 还有

$$x\mathfrak{a} = a^{-1} b \mathfrak{a} \subset a^{-1} b \mathfrak{p} \subset a^{-1} \mathfrak{p} \mathfrak{p}_2 \ldots \mathfrak{p}_r \subset \mathcal{O},$$

即 $x \in \mathfrak{a}^{-1}$. 所以 $\mathfrak{a}^{-1} \neq \mathcal{O}$.

(3) 设 $\mathfrak{b} = \mathfrak{a}^{-1} \mathfrak{a} \subset \mathcal{O}$. 则 $\mathfrak{a}\mathfrak{a}^{-1}\mathfrak{b}^{-1} = \mathfrak{b}\mathfrak{b}^{-1} \subset \mathcal{O}$, 于是 $\mathfrak{a}^{-1}\mathfrak{b}^{-1} \subset \mathfrak{a}^{-1}$. 这样从 $y \in \mathfrak{b}^{-1}$ 得 $\mathfrak{a}^{-1} y \subset \mathfrak{a}^{-1}$, 再做, 对所有的 m 得 $\mathfrak{a}^{-1} y^m \subset \mathfrak{a}^{-1}$. 作为 $\mathfrak{a}^{-1}$ 的 $\mathcal{O}$-子模, $\mathfrak{a}^{-1}[y]$ 是有限生成 $\mathcal{O}$ 模. 这样 $\mathcal{O}[y]$ 作为 $\mathfrak{a}^{-1}[y]$ 的 $\mathcal{O}$-子模是有限生成 $\mathcal{O}$ 模. 因为 $\mathcal{O}$ 是整闭, $y \in \mathcal{O}$. 证得 $\mathfrak{b}^{-1} \subset \mathcal{O}$. 于是 $\mathfrak{b}^{-1} = \mathcal{O}$. 利用本引理 (2), 便得 $\mathfrak{b} = \mathcal{O}$.

(4) 如在本引理 (2) 之证明, 从 $\mathfrak{p}_1 \ldots \mathfrak{p}_n \subseteq \mathfrak{q}_1 \ldots \mathfrak{q}_m \subset \mathfrak{q}_1$, 知 $\mathfrak{q}_1$ 定与某 $\mathfrak{p}_i$ 相等. 可设 $\mathfrak{q}_1 = \mathfrak{p}_1$. 则

$$\mathfrak{p}_1^{-1} \mathfrak{p}_1 \ldots \mathfrak{p}_n \subseteq \mathfrak{q}_1^{-1} \mathfrak{q}_1 \ldots \mathfrak{q}_m.$$

于是 $\mathfrak{p}_2 \ldots \mathfrak{p}_n \subseteq \mathfrak{q}_2 \ldots \mathfrak{q}_m$. 继续, 证毕. □

定理 1.6 设 $\mathfrak{a}$ 是 Dedekind 环 $\mathcal{O}$ 的理想, $\mathfrak{a} \neq (0), (1)$. 则 $\mathfrak{a}$ 可分解为非零素理想的积: $\mathfrak{a} = \mathfrak{p}_1 \ldots \mathfrak{p}_r$, 其中 $\mathfrak{p}_i$ 由 $\mathfrak{a}$ 唯一决定的.

证明 唯一性由引理 1.5 (4) 得出.

我们用归纳法分解存在性: 如果 $\mathfrak{a}$ 包含少于 r 个素理想的积, 则 $\mathfrak{a}$ 是素理想的积. 在 Dedekind 环, 素理想是极大理想, 所以这个归纳假设在 $r=2$ 时成立.

按引理 1.5 (1), 有非零素理想 $\mathfrak{p}_1, \mathfrak{p}_2, \ldots, \mathfrak{p}_r$ 使得 $\mathfrak{a} \supseteq \mathfrak{p}_1 \mathfrak{p}_2 \ldots \mathfrak{p}_r$. 选极大理想 $\mathfrak{p}$ 包含 $\mathfrak{a}$. 正如引理 1.5 (2) 的证明一样, 可以假设 $\mathfrak{p} = \mathfrak{p}_1$. 则

$$\mathfrak{p}^{-1}\mathfrak{p}\mathfrak{p}_2 \ldots \mathfrak{p}_r = \mathfrak{p}_2 \ldots \mathfrak{p}_r \subset \mathfrak{p}^{-1}\mathfrak{a} \subset \mathcal{O}.$$

按归纳假设, 可设有素理想 $\mathfrak{q}_1, \ldots, \mathfrak{q}_t$ 使 $\mathfrak{p}^{-1}\mathfrak{a} = \mathfrak{q}_1 \ldots \mathfrak{q}_t$, 于是 $\mathfrak{a} = \mathfrak{p}\mathfrak{p}^{-1}\mathfrak{a} = \mathfrak{p}\mathfrak{q}_1 \ldots \mathfrak{q}_t$. □

从上述定理立刻得以下推论.

推论 1.7 设 $\mathfrak{a}, \mathfrak{b}$ 是 $\mathcal{O}$ 的理想.
(1) $\mathfrak{a} \subseteq \mathfrak{b}$ 当且仅当 $\mathcal{O}$ 有理想 $\mathfrak{c}$ 使得 $\mathfrak{a} = \mathfrak{b}\mathfrak{c}$.
(2) 设

$$\mathfrak{a} = \mathfrak{p}_1^{a_1} \ldots \mathfrak{p}_n^{a_n}, \quad \mathfrak{b} = \mathfrak{p}_1^{b_1} \ldots \mathfrak{p}_n^{b_n}, \quad a_i, b_i \in \mathbb{Z}, a_i, b_i \geqslant 0,$$

其中 $\mathfrak{p}_i$ 为各不相同素理想, 并取 $\mathfrak{p}_0$ 为 $\mathcal{O}$. 则

$$\mathfrak{a} + \mathfrak{b} = \prod_{i=1}^n \mathfrak{p}_i^{\min\{a_i, b_i\}}, \quad \mathfrak{a} \cap \mathfrak{b} = \prod_{i=1}^n \mathfrak{p}_i^{\max\{a_i, b_i\}}, \quad \mathfrak{a}\mathfrak{b} = (\mathfrak{a} + \mathfrak{b})(\mathfrak{a} \cap \mathfrak{b}).$$

命题 1.8 设 $\mathfrak{a}, \mathfrak{b}$ 是 Dedekind 环 $\mathcal{O}$ 的理想.
(1) 存在 $a \in \mathfrak{a}$ 和 $\mathcal{O}$ 的理想 $\mathfrak{c}$ 使得 $\mathfrak{b} + \mathfrak{c} = \mathcal{O}$ 和 $\mathfrak{a}\mathfrak{c} = a\mathcal{O}$.
(2) 加法群 $\mathcal{O}/\mathfrak{b}$ 同构于 $\mathfrak{a}/\mathfrak{a}\mathfrak{b}$.

证明 (1) 设

$$\mathfrak{a} = \mathfrak{p}_1^{a_1} \ldots \mathfrak{p}_n^{a_n}, \quad \mathfrak{b} = \mathfrak{p}_1^{b_1} \ldots \mathfrak{p}_n^{b_n}, \quad a_i, b_i \in \mathbb{Z}, a_i, b_i \geqslant 0,$$

其中 $\mathfrak{p}_i$ 为各不相同素理想. 取 $x_i \in \mathfrak{p}_i^{a_i}$ 使得 $x_i \notin \mathfrak{p}_i^{a_i+1}$. 用中国剩余定理得 $a \in \mathcal{O}$ 使

$$a \equiv x_i \mod \mathfrak{p}_i^{a_i+1}, \quad 1 \leqslant i \leqslant n.$$

则 $a \in \mathfrak{p}_i^{a_i}, a \notin \mathfrak{p}_i^{a_i+1}$. 所以 $a \in \cap \mathfrak{p}_i^{a_i} \subseteq \prod \mathfrak{p}_i^{a_i}$, 于是 $a \in \mathfrak{a}$. 按前推论 (2) 知 $a\mathcal{O} + \mathfrak{a}\mathfrak{b} = \mathfrak{a}$. 再按前推论 (1) 知有 $\mathcal{O}$ 内理想 $\mathfrak{c}$ 使 $a\mathcal{O} = \mathfrak{a}\mathfrak{c}$. 这样 $\mathfrak{a}\mathfrak{c} + \mathfrak{a}\mathfrak{b} = \mathfrak{a}$, 乘以 $\mathfrak{a}^{-1}$ 便得所求 $\mathfrak{c} + \mathfrak{b} = \mathcal{O}$.

(2) 取 $a \in \mathfrak{a}$ 和 $\mathcal{O}$ 的理想 $\mathfrak{c}$ 使得 $\mathfrak{b} + \mathfrak{c} = \mathcal{O}$ 和 $\mathfrak{a}\mathfrak{c} = a\mathcal{O}$. 则有满群同态

$$\phi : \mathcal{O} \to \mathfrak{a}/\mathfrak{a}\mathfrak{b} : x \mapsto ax + \mathfrak{a}\mathfrak{b}.$$

若 $ax \in \mathfrak{a}\mathfrak{b}$, 则 $ax\mathfrak{c} \subset \mathfrak{a}\mathfrak{b}\mathfrak{c} = \mathfrak{a}\mathfrak{b}$, $x\mathfrak{c} \subset \mathfrak{b}$. 但是 $\mathfrak{b} + \mathfrak{c} = \mathcal{O}$, 于是 $1 = b + c, b \in \mathfrak{b}$, $c \in \mathfrak{c}$. 这样 $x = xb + xc \in \mathfrak{b}$. 即 $\mathrm{Ker}\, \phi \subseteq \mathfrak{b}$. 另一方面从 $b \in \mathfrak{b}$ 得 $\phi(b) = ab + \mathfrak{a}\mathfrak{b} = \mathfrak{a}\mathfrak{b}$. 即 $\mathfrak{b} \subseteq \mathrm{Ker}\, \phi$. □

推论 1.9 设 $\mathfrak{a}$ 是 $\mathcal{O}$ 的非零理想, $0 \neq c \in \mathfrak{a}$. 则存在 $a \in \mathcal{O}$ 使得 $\mathfrak{a} = a\mathcal{O} + c\mathcal{O}$.

证明 取 $a \in \mathcal{O}$, $\mathcal{O}$ 的理想 $\mathfrak{c}$ 使得 $c\mathcal{O} + \mathfrak{c} = \mathcal{O}$ 和 $\mathfrak{a}\mathfrak{c} = a\mathcal{O}$. 则 $c\mathcal{O} + a\mathcal{O} = c\mathcal{O} + \mathfrak{a}\mathfrak{c} \subset \mathfrak{a}$. 另一方面 $1 = cx + y$, $y \in \mathfrak{c}$, $x \in \mathcal{O}$. 所以, 对任一 $z \in \mathfrak{a}$, 有 $z = zcx + zy \in c\mathcal{O} + \mathfrak{a}\mathfrak{c}$, 于是 $\mathfrak{a} \subset c\mathcal{O} + a\mathcal{O}$. □

定理 1.10 数域 F 的整数环 $\mathcal{O}_F$ 是 Dedekind 环.

证明 见 [7] 第二章 §1, 1.2, 定理 2.2. □

命题 1.11 数域 F 的整数环 $\mathcal{O}_F$ 内的理想 $\mathfrak{a}$ 是 $[F:\mathbb{Q}]$ 秩自由交换群.

证明 见 [7] 第二章 §1, 1.3, 引理 9. □

称数域 F 的整数环 $\mathcal{O}_F$ 的子集 $\{x_1, \ldots, x_n\}$ 为 $\mathcal{O}_F$ 或 F 的**整基** (integral basis), 若 $\mathcal{O}_F = \mathbb{Z}x_1 \oplus \cdots \oplus \mathbb{Z}x_n$.

设 F 为 Dedekind 环 $\mathcal{O}$ 的分式域. 则可以把 F 看作 $\mathcal{O}$ 模. 称 F 内非零有限生成 $\mathcal{O}$-子模 $\mathfrak{f}$ 为 F 的**分式理想** (fractional ideal). 设

$$\mathfrak{f}^{-1} = \{x \in F : x\mathfrak{f} \subseteq \mathcal{O}\},$$

定义分式理想 $\mathfrak{f}, \mathfrak{g}$ 的乘积为

$$\mathfrak{f}\mathfrak{g} = \left\{ \sum_i x_i y_i, \ x_i \in \mathfrak{f}, y_i \in \mathfrak{g} \right\}.$$

命题 1.12 设 F 为 Dedekind 环 $\mathcal{O}$ 的分式域.
(1) 按分式理想的乘积, 全部 F 的分式理想组成交换群, 记为 $\mathcal{I}_F$, 称为**分式理想群**.
(2) 若 $\mathfrak{f}$ 为 F 的分式理想, 则 $\mathfrak{f}^{-1}$ 为 F 的分式理想.
(3) 若 $\mathfrak{f}, \mathfrak{g}$ 为 F 的分式理想, 则 $\mathfrak{f}\mathfrak{g}$ 为 F 的分式理想.
(4) 若 $\mathfrak{f}$ 为 F 的分式理想, 则 $\mathcal{O}$ 内有各不相同的素理想 $\mathfrak{p}_1, \ldots, \mathfrak{p}_n$, 使得有唯一分解

$$\mathfrak{f} = \mathfrak{p}_1^{\nu_1} \ldots \mathfrak{p}_n^{\nu_n}, \quad \nu_j \in \mathbb{Z}.$$

证明 见 [7] 第三章 §1, 1.2, 定理 3.2. □

1.3 Dedekind 环扩张

在我们学习域 F 上的向量空间 V 时, 第一个我们关心的题目是 V 内的线性无关子集 $\{e_1, \ldots, e_n\}$, 特别是 V/F 的基. 同样当我们面对有限域扩张 E/F 时, 我们亦关心 E/F 的基. 不过若 F 为整环 $\mathcal{O}$ 的分式域, $\mathcal{O}_E$ 为 $\mathcal{O}$ 在 E 内的整闭包时, 我们却多了一个考量: 是否能找到一组 $\{e_1, \ldots, e_n\} \subset \mathcal{O}_E$, 使得 $\mathcal{O}_E$ 的任一元素 y 可以唯一地表达为 e_i 系数在 $\mathcal{O}$ 的线性组合

$$y = a_1 e_1 + \cdots + a_n e_n, \quad a_i \in \mathcal{O}.$$

如果 $\{e_j\}$ 有这样的性质, 我们把它叫作 $\mathcal{O}_E/\mathcal{O}$ 的**整基** (integral basis).

设 $e_1,\ldots,e_n$ 是可分域扩张 E/F 的 (F-向量空间) 基底, $\bar{F}$ 记 F 的代数闭包, 以 $\iota_i: E \to \bar{F}$ 记所有的 F-单态射. 则

$$\mathrm{Tr}_{E/F}(e_i e_j) = \sum_k (\iota_k e_i)(\iota_k e_j),$$

于是矩阵 $(\mathrm{Tr}_{E/F}(e_i e_j)) = (\iota_k e_i)^t (\iota_k e_j)$. 由此得

$$\det(\mathrm{Tr}_{E/F}(e_i e_j)) = \det((\iota_i e_j))^2.$$

命题 1.13 设 E/F 为有限可分域扩张, 则 $(x,y) \mapsto \mathrm{Tr}_{E/F}(xy)$ 是 E/F 的非退化双线性映射 (见 [19] 第五章). 若 $\{e_1,\ldots,e_n\}$ 是 E/F 的基, 则 $\det(\mathrm{Tr}_{E/F}(e_i e_j)) \neq 0$.

证明 取本原元 θ 使得 $E = F(\theta)$, 即 $\{1,\theta,\ldots,\theta^{n-1}\}$ 是 E/F 的基. 用这个基来计算, 则

$$\det(\mathrm{Tr}_{E/F}(\theta^{i-1}\theta^{j-1})) = \prod_{i<j}(\theta_i - \theta_j)^2 \neq 0$$

(用 Vandermonde 行列式, 见 [19] 4.4.6 节), 即题中双线性型矩阵的行列式非零, 于是双线性型是非退化的.

此外若我们换基为 $\{e_1,\ldots,e_n\}$, 则 $\det(\mathrm{Tr}_{E/F}(\theta^{i-1}\theta^{j-1}))$ 是 $\det(\mathrm{Tr}_{E/F}(e_i e_j))$ 乘一个非零平方. □

命题 1.14 设 $\mathcal{O}$ 为整闭整环, F 为 $\mathcal{O}$ 的分式域, E/F 为有限可分域扩张. 以 $\mathcal{O}_E$ 记 $\mathcal{O}$ 在 E 内的整闭包. 则

(1) 若 $e_i \in \mathcal{O}_E$ 使得 $\{e_1,\ldots,e_n\}$ 是 E/F 的基, 则 $\det(\mathrm{Tr}_{E/F}(e_i e_j))\mathcal{O}_E \subseteq \sum_i \mathcal{O} e_i$.
(2) 存在 E/F 的基 $\{x_1,\ldots,x_n\}$ 使得 $\mathcal{O}_E \subseteq \sum_i \mathcal{O} x_i$.
(3) 若 $\mathcal{O}$ 是 Noether 整闭整环, 则 $\mathcal{O}_E$ 是有限生成 $\mathcal{O}$ 模.
(4) 如果假设 $\mathcal{O}$ 是主理想整环, 则 E 内非零有限生成 $\mathcal{O}_E$ 模 M 是秩为 $[E:F]$ 的自由 $\mathcal{O}$ 模, 即 $\mathcal{O}_E/\mathcal{O}$ 有整基.

证明 (1) 设 $y \in \mathcal{O}_E$, 则有 $a_j \in E$ 使得 $y = a_1 e_1 + \cdots + a_n e_n$. 可对系数在 $\mathcal{O}$ 的方程组

$$\mathrm{Tr}_{E/F}(e_i y) = \sum_j \mathrm{Tr}_{E/F}(e_i e_j) a_j$$

求出 $a_j = c_j/d$, 其中 $c_j \in \mathcal{O}$, $d = \det(\mathrm{Tr}_{E/F}(e_i e_j))$.

(2) 取 $x \in E$. 设 $X^n + c_{n-1}X^{n-1} + \cdots + c_0$, $c_i \in F$ 是 x 在 F 上的最小多项式. 取公分母 $0 \neq s \in \mathcal{O}$ 使得 $sc_i = a_i \in \mathcal{O}$, 则有 $(sx)^n + a_{n-1}(sx)^{n-1} + \cdots + a_0 s^{n-1} = 0$, 即 sx 是 $\mathcal{O}$ 上的整元. 于是得证: 若 $x \in E$, 则有 $s \in \mathcal{O}$ 使得 $sx \in \mathcal{O}_E$. 因此知 E/F 有基底 $\{u_1,\ldots,u_n\}$ 使得 $u_i \in \mathcal{O}_E$.

在 $\mathcal{O}_E$ 内取任一元素 x, 则有 $x = \sum_i b_i u_i$, $b_i \in F$. 因为 E/F 是可分, 知有 $n = [E:F]$ 个 F-单态射 $\sigma_j : E \to K$, 其中 K/F 为包含 E 的最小正规扩张, 并且基底 $\{u_1, \ldots, u_n\}$ 的判别式 $\delta = \det(\sigma_j(u_i))^2 \neq 0$. 以 d 记 $\sqrt{\delta}$. 对 x 用 σ_j 得方程组

$$\sigma_j(x) = \sum_i b_i \sigma_j(u_i), \quad 1 \leqslant j \leqslant n.$$

用 Cramer 法则解此方程组, 得 $db_i = \sum_j d_{i,j} \sigma_j(x)$, 于是 $\delta b_i = \sum_j d d_{i,j} \sigma_j(x)$. 按行列式的算法, 其中 $d_{i,j}$ 是表达为系数是整数和变元是 $\sigma_j(u_i)$ 的多项式.

因为 x 和 u_i 均是 $\mathcal{O}$ 上的整元, 考虑最小多项式, 得知 $\sigma_j(x)$ 和 $\sigma_j(u_i)$ 亦是 $\mathcal{O}$ 上的整元, 故此 δb_i 是 $\mathcal{O}$ 上的整元. 但因为 $\delta \in F$, $\mathcal{O}$ 是闭整环, 便得 $\delta b_i \in \mathcal{O}$. 所以取 $x_i = u_i / \delta$, 则 x 属于 $\mathcal{O}$ 模 $\sum_i \mathcal{O} x_i$.

(3) 若 $\mathcal{O}$ 是 Noether 环, 则 $\sum_i \mathcal{O} x_i$ 是 Noether $\mathcal{O}$ 模, 于是子模 $\mathcal{O}_E$ 亦是 Noether $\mathcal{O}$ 模.

(4) 取 E/F 的基 $\{e_1, \ldots, e_n\}$, 在乘一个 $\mathcal{O}$ 的元素后可设 $e_j \in \mathcal{O}_E$. 记 $d = \det(\mathrm{Tr}_{E/F}(e_i e_j))$, 于是 $d\mathcal{O}_E \subseteq \sum_i \mathcal{O} e_i$, 因此 $\mathcal{O}_E$ 的秩 $\leqslant [E:F]$. 但 $\mathcal{O}$ 模 $\mathcal{O}_E$ 的生成元组亦是 E/F 的基, 所以 $\mathcal{O}_E$ 的秩 $= [E:F]$.

取 $\mathcal{O}_E$ 模 M 的生成元组 $\{x_1, \ldots, x_r\}$, 则有非零 $a \in \mathcal{O}$, 使得 $ax_i \in \mathcal{O}_E$, 于是 $aM \subset \mathcal{O}_E$. 这样 $adM \subset d\mathcal{O}_E \subset \sum_i \mathcal{O} e_i = M_0$. 按主理想环有限生成模性质 (见 [19] 第八章): M_0 是自由 $\mathcal{O}$ 模, 于是 M 亦是.

此外, $[E:F] = 秩(\mathcal{O}_E) \leqslant 秩(M) \leqslant 秩(M_0) = [E:F]$. □

引理 1.15 (1) 设 A 为整闭整环, B 为是整环, B/A 是整环扩张, $\mathfrak{P}$ 为 B 的非零素理想. 则 $\mathfrak{p} = \mathfrak{P} \cap A$ 为 A 的非零素理想.

(2) 设 A 为域, B 为是整环, B/A 是整环扩张, 则 B 为域.

证明 (1) 设 K 为 A 的分数域, 取 $0 \neq b \in \mathfrak{P}$. 因为 b 为 A 上的整元, 所以有首一多项式 $g(X) \in a[X]$ 使 $g(b) = 0$. 另一方面, 若 $f(X) = \sum_i a_i X^i$ 为 b 在 K 上的最小多项式, 则有 $h(X) \in K[X]$ 使 $g = fh$. 设 L/K 为 $f(X)$ 的分裂域, 即有 $b = b_1, \ldots, b_n \in L$ 使 $f(X) = (X - b_1) \ldots (X - b_n)$, 这样 $b_1, \ldots, b_n$ 亦是 $g(X)$ 的根, 于是 $b_1, \ldots, b_n$ 是 A 上的整元. 因为整元的相加相乘还是整元, 所以 $f(X)$ 的系数 a_i 是 A 上的整元. 但 $a_i \in K$, 而 A 是整闭环, 所以 $a_i \in A$.

因为 $f(X)$ 是不可约多项式, 所以 $a_0 \neq 0$. 这样

$$a_0 = \sum_{i=1}^n a_i b^i \in \mathfrak{P} \cap A = \mathfrak{p},$$

得证 $\mathfrak{p} \neq 0$.

(2) 若 B 非域, 则有非零素理想 $\mathfrak{P} \neq B$. 由 (1) 知 $\mathfrak{P} \cap A$ 为 A 的非零素理想. 但 A 为域, 故此 $\mathfrak{P} \cap A = A$, 于是 $1 \in \mathfrak{P}$. 此与 $\mathfrak{P} \neq B$ 相矛盾. □

定理 1.16 设 $\mathcal{O}$ 为 Dedekind 环，F 为 $\mathcal{O}$ 的分式域，E/F 为有限可分域扩张. 以 $\mathcal{O}_E$ 记 $\mathcal{O}$ 在 E 内的整闭包，则 $\mathcal{O}_E$ 亦是 Dedekind 环.

证明 $\mathcal{O}_E$ 是 $\mathcal{O}$ 在域 E 内的整闭包，所以 $\mathcal{O}_E$ 是整闭整环.

证明 $\mathcal{O}_E$ 为 Noether 环. 设 $\mathfrak{A}$ 为 $\mathcal{O}_E$ 的理想. 则按命题 1.14 $\mathfrak{A}$ 为 $M = \sum_i \mathcal{O} x_i$ 的子集，并且是 M 的 $\mathcal{O}$-子模. 因为 $\mathcal{O}$ 是 Noether 环，而 M 是有限生成 $\mathcal{O}$ 模，所以 M 是 Noether 模. 于是子模 $\mathfrak{A}$ 是有限生成 $\mathcal{O}$ 模，当然便是有限生成 $\mathcal{O}_E$ 模. 这证明了环 $\mathcal{O}_E$ 的理想是有限生成 $\mathcal{O}_E$ 模.

证明 $\mathcal{O}_E$ 的非零素理想为极大理想. 取 $\mathcal{O}_E$ 的非零素理想 $\mathfrak{P}$，按前面引理 $\mathfrak{p} = \mathfrak{P} \cap \mathcal{O}$ 为 $\mathcal{O}$ 的非零素理想，$\mathcal{O}$ 是 Noether 环. 于是 $\mathcal{O}/\mathfrak{p}$ 是域. 取 $\bar{x} = x + \mathfrak{P} \in \mathcal{O}_E/\mathfrak{P}$，有首一多项式

$$f(X) = X^m + c_{m-1} X^{m-1} + \cdots + c_m \in \mathcal{O}[X]$$

使得 $f(x) = 0$. 设 $\bar{f}(X) = X^m + \bar{c}_{m-1} X^{m-1} + \cdots + \bar{c}_m$，其中 $\bar{c}_j = c_j + \mathfrak{p} \in \mathcal{O}/\mathfrak{p}$，则 $\bar{f}(\bar{x}) = 0$，得证 $\bar{x}$ 为 $\mathcal{O}/\mathfrak{p}$ 上的整元. 这样我们证明了 $\mathcal{O}_E/\mathfrak{P}$ 是 $\mathcal{O}/\mathfrak{p}$ 的整环扩张. 再用前面引理便知 $\mathcal{O}_E/\mathfrak{P}$ 是域，$\mathfrak{P}$ 是极大理想. □

以下记 $\mathcal{O}$ 为 $\mathcal{O}_F$.

设 $\mathfrak{p}$ 为 $\mathcal{O}_F$ 的素理想. 则 $\mathfrak{p}$ 在环 $\mathcal{O}_E$ 内生成的理想是 $\mathfrak{p}\mathcal{O}_E$.

首先 $\mathfrak{p}\mathcal{O}_E \neq \mathcal{O}_E$.

其次 $\mathfrak{p}\mathcal{O}_E$ 在 Dedekind 环 $\mathcal{O}_E$ 内可唯一分解为素理想乘积

$$\mathfrak{p}\mathcal{O}_E = \mathfrak{P}_1^{e_1} \cdots \mathfrak{P}_r^{e_r},$$

并且 $\mathfrak{P}_i \cap \mathcal{O}_F = \mathfrak{p}$，此时常简写 $\mathfrak{p}\mathcal{O}_E$ 为 $\mathfrak{p}$. 称 $\mathfrak{P}_i$ 为 $\mathfrak{p}$ 的**素除子** (prime divisor)，并记为 $\mathfrak{p} \mid \mathfrak{P}_i$. 又称 e_i 为 $\mathfrak{P}_i$ 在 $\mathfrak{p}$ 的**分歧指标** (ramification index).

另一方面，由包含环态射 $\mathcal{O}_F \hookrightarrow \mathcal{O}_E$ 得出域扩张 $\mathcal{O}_E/\mathfrak{P}_i \supseteq \mathcal{O}_F/\mathfrak{p}$. 以 f_i 记 $[\mathcal{O}_E/\mathfrak{P}_i : \mathcal{O}_F/\mathfrak{p}]$，并称它为 $\mathfrak{P}_i$ 在 $\mathfrak{p}$ 的**惯性次数** (inertia degree) 或**剩余域次数** (residue field degree) 或**剩余次数** (residue degree).

当 $\mathfrak{P} \cap \mathcal{O}_F = \mathfrak{p}$ 时，常记**剩余域** (residue field) 为 $\kappa_\mathfrak{P} = \mathcal{O}_E/\mathfrak{P}$，$\kappa_\mathfrak{p} = \mathcal{O}_F/\mathfrak{p}$，$\mathfrak{P}$ 在 $\mathfrak{p}$ 的剩余次数为 $f_{\mathfrak{P}|\mathfrak{p}} = [\kappa_\mathfrak{P} : \kappa_\mathfrak{p}]$. 又以 $e_{\mathfrak{P}|\mathfrak{p}}$ 记 $\mathfrak{P}$ 在 $\mathfrak{p}$ 的分歧指标.

定理 1.17 设 E/F 为可分域扩张. 设 $\mathcal{O}_F$ 的素理想 $\mathfrak{p}$ 在 $\mathcal{O}_E$ 内有素理想乘积分解

$$\mathfrak{p} = \mathfrak{P}_1^{e_1} \cdots \mathfrak{P}_r^{e_r},$$

则

$$\sum_i e_i f_i = n,$$

其中 $n = [E : F]$，f_i 为 $\mathfrak{P}_i$ 在 $\mathfrak{p}$ 的惯性次数.

1.3 Dedekind 环扩张

证明 按中国剩余定理有同构

$$\mathcal{O}_E/\mathfrak{p}\mathcal{O}_E \cong \oplus_{i=1}^r \mathcal{O}_E/\mathfrak{P}_i^{e_i}.$$

我们把 $\mathcal{O}_E/\mathfrak{p}\mathcal{O}_E$, $\mathcal{O}_E/\mathfrak{P}_i^{e_i}$ 看成 $\kappa = \mathcal{O}_F/\mathfrak{p}$ 上的向量空间. 我们将证明

(1) $\dim_\kappa(\mathcal{O}_E/\mathfrak{p}\mathcal{O}_E) = n$,

(2) $\dim_\kappa(\mathcal{O}_E/\mathfrak{P}_i^{e_i}) = e_i \dim_\kappa \mathcal{O}_E/\mathfrak{P}_i$,

则立刻从前面的同构得到我们的定理.

(1) 若 $x \in \mathcal{O}_E$, 则以 $[x]$ 记 $x + \mathfrak{p}\mathcal{O}_E \in \mathcal{O}_E/\mathfrak{p}\mathcal{O}_E$. 取 $w_1, \ldots, w_m \in \mathcal{O}_E$, 使得 $\{[w_1], \ldots, [w_m]\}$ 是 κ-向量空间 $\mathcal{O}_E/\mathfrak{p}\mathcal{O}_E$ 的基底. 如果能证明 $\{w_1, \ldots, w_m\}$ 是 E/F 的基底, 则得 (1).

先证 $w_1, \ldots, w_m$ 是 F-线性无关. 若 $w_1, \ldots, w_m$ 在 F 上线性相关, 则乘上公分母后, 知 $w_1, \ldots, w_m$ 在 $\mathcal{O}_F$ 上线性相关. 即有非全为零的 $a_1, \ldots, a_m \in \mathcal{O}_F$, 使得

$$a_1 w_1 + \cdots + a_m w_m = 0.$$

由 $a_1, \ldots, a_m$ 在 $\mathcal{O}_F$ 内所生成的理想记为 $\mathfrak{a}$. 若 $\mathfrak{a}^{-1} \subseteq \mathfrak{a}^{-1}\mathfrak{p}$, 则两边乘上 $\mathfrak{a}$, 得 $\mathcal{O} \subseteq \mathfrak{p}$, 与 $\mathfrak{p}$ 为素理想矛盾. 于是 $\mathfrak{a}^{-1} \not\subseteq \mathfrak{a}^{-1}\mathfrak{p}$, 即可选 $a \in \mathfrak{a}^{-1}$ 使得 $a \notin \mathfrak{a}^{-1}\mathfrak{p}$, 所以 $a\mathfrak{a} \not\subseteq \mathfrak{p}$. 这样 $\mathcal{O}_E/\mathfrak{p}\mathcal{O}_E$ 的元素 $[aa_1], \ldots, [aa_m]$ 不全为零. 但从 $aa_1 w_1 + \cdots + aa_m w_m = 0$, 得

$$[aa_1][w_1] + \cdots + [aa_m][w_m] = 0.$$

于是 $[w_1], \ldots, [w_m]$ 是线性相关, 与是基底矛盾.

其次证 $w_1, \ldots, w_m$ 在 F 上生成 E/F. 考虑 $\mathcal{O}_F$ 模 $M = \mathcal{O}_F w_1 + \cdots + \mathcal{O}_F w_m$ 和 $N = \mathcal{O}_E/M$. 由于 $\{[w_1], \ldots, [w_m]\}$ 是 κ-向量空间 $\mathcal{O}_E/\mathfrak{p}\mathcal{O}_E$ 的基底, 所以 $\mathcal{O}_E = M + \mathfrak{p}\mathcal{O}_E$. 这样 N 的元素可以在 $\mathfrak{p}\mathcal{O}_E$ 中选代表, 于是得 $N \subseteq \mathfrak{p}N$, 及 $N = \mathfrak{p}N$. 因为 $\mathcal{O}_E$ 是有限生成 $\mathcal{O}_F$ 模, 所以 N 亦是. 设 N 有一组生成元 $x_1, \ldots, x_r$. 则从 $N = \mathfrak{p}N$ 可得

$$x_i = \sum_j a_{ij} x_j, \quad a_{ij} \in \mathfrak{p},$$

即有 $A(x_1, \ldots, x_r)^t = 0$, 其中 $A = (a_{ij}) - I$. 由 Cramer 法则得 $\operatorname{adj}(A)A = dI$, $d = \det(A)$. 于是

$$0 = \operatorname{adj}(A)A(x_1, \ldots, x_r)^t = (dx_1, \ldots, dx_r)^t.$$

由此知 $dN = 0$, 即 $d\mathcal{O}_E \subseteq M$. 从行列式展开可见, 由 $a_{ij} \in \mathfrak{p}$ 得 $d \equiv (-1)^r \bmod \mathfrak{p}$. 所以 $d \neq 0$, 即在 F 可逆. 于是得 $E = dE = Fw_1 + \cdots + Fw_m$.

(2) 设 $\mathfrak{P}$ 为 $\mathcal{O}_E$ 的素理想. κ-向量空间链

$$\mathcal{O}_E/\mathfrak{P}^e \supseteq \mathfrak{P}/\mathfrak{P}^e \supseteq \cdots \supseteq \mathfrak{P}^{e-1}/\mathfrak{P}^e \supseteq (0)$$

的每一层给出商空间序列

$$\mathcal{O}_E/\mathfrak{P}, \mathfrak{P}/\mathfrak{P}^2, \ldots, \mathfrak{P}^k/\mathfrak{P}^{k+1}, \ldots, \mathfrak{P}^{e-1}/\mathfrak{P}^e.$$

所以

$$\dim_\kappa(\mathcal{O}_E/\mathfrak{P}^e) = \sum_{k=0}^{e-1} \dim_\kappa(\mathfrak{P}^k/\mathfrak{P}^{k+1}).$$

下一步取 $y \in \mathfrak{P}^k \setminus \mathfrak{P}^{k+1}$. 由于 $\mathfrak{P}^k \mid y\mathcal{O}_E$, 而且 $y\mathcal{O}_E$ 其他的不等于 $\mathfrak{P}$ 的素理想因子 $\mathfrak{Q}$ 都不能是 $\mathfrak{P}^{k+1}$ 的因子. 所以 $\mathfrak{P}^k$ 是 $y\mathcal{O}_E$ 和 $\mathfrak{P}^{k+1}$ 的最大公因子, 即有 $\mathfrak{P}^k = y\mathcal{O}_E + \mathfrak{P}^{k+1}$. 于是同态

$$\mathcal{O}_E \to \mathfrak{P}^k/\mathfrak{P}^{k+1} : a \mapsto ay$$

是满射. 另一方面, 这同态的核是 $\mathfrak{P}$, 所以得向量空间同构 $\mathcal{O}_E/\mathfrak{P} \cong \mathfrak{P}^k/\mathfrak{P}^{k+1}$, 由此知 $\dim_\kappa \mathfrak{P}^k/\mathfrak{P}^{k+1} = \dim_\kappa \mathcal{O}_E/\mathfrak{P}$, 所以 $\dim_\kappa(\mathcal{O}_E/\mathfrak{P}^e) = e \dim_\kappa \mathcal{O}_E/\mathfrak{P}$. □

由于以上定理, 我们可以引入以下关于理想在扩张中分解的非常重要的定义. 当所有 $e_i = f_i = 1, r = [E:F]$ 时, 我们说 $\mathfrak{p}$ 在 E 中**完全分裂** (split completely). 若 $r = 1, e_1 = 1$ 和 $f_1 = [E:F]$, 称 $\mathfrak{p}$ 在 E/F 中为**无分解** (undecomposed) 或**无分裂** (nonsplit) 素理想. 若 $r = 1, e_1 = 1$ 和 $f_1 = 1$, 称 $\mathfrak{p}$ 在 E/F 中为**完全分歧** (totally ramified, purely ramified) 素理想. 若所有 $e_i = 1$, 称 $\mathcal{O}_F$ 的素理想 $\mathfrak{p}$ 在 E/F 中为**无分歧** (unramified) 素理想. 若有 $\mathcal{O}_E$ 的素理想 $\mathfrak{P}$ 使 $\mathfrak{P}|\mathfrak{p}$ 和 $e_{\mathfrak{P}|\mathfrak{p}} > 1$, 称 $\mathcal{O}_F$ 的素理想 $\mathfrak{p}$ 在 E/F 中为**分歧** (ramified) 素理想. 若 $e_{\mathfrak{P}|\mathfrak{p}} > 1$, 其中 $\mathfrak{p} = \mathfrak{P} \cap \mathcal{O}_F$, 称 $\mathcal{O}_E$ 的素理想 $\mathfrak{P}$ 在 E/F 中为分歧素理想.

1.4 理想的迹和范

以 $|S|$ 记集合 S 的元素个数. 设 $F/\mathbb{Q}$ 为有限域扩张, $\mathcal{O}_F$ 为 $\mathbb{Z}$ 在 F 内的整闭包, $\mathfrak{a}$ 为 $\mathcal{O}_F$ 的非零理想. 定义 $\mathfrak{a}$ 的**范数**, 或**绝对范** (absolute norm) 为

$$\mathfrak{N}(\mathfrak{a}) = |\mathcal{O}_F/\mathfrak{a}|.$$

命题 1.18 (1) 设 $0 \neq a \in \mathcal{O}_F$, 以 (a) 记由 a 在 $\mathcal{O}$ 内所生成的理想. 则 $\mathfrak{N}((a)) = |\mathrm{N}_{F/\mathbb{Q}}(a)|$.

(2) 设 $\mathcal{O}_F$ 内非零理想 $\mathfrak{a}$ 有素理想分解 $\mathfrak{a} = \mathfrak{p}_1^{\nu_1} \ldots \mathfrak{p}_r^{\nu_r}$. 则

$$\mathfrak{N}(\mathfrak{a}) = \mathfrak{N}(\mathfrak{p}_1)^{\nu_1} \ldots \mathfrak{N}(\mathfrak{p}_r)^{\nu_r}.$$

(3) 设有 $\mathcal{O}_F$ 内非零理想 $\mathfrak{a}, \mathfrak{b}$, 则 $\mathfrak{N}(\mathfrak{ab}) = \mathfrak{N}(\mathfrak{a})\mathfrak{N}(\mathfrak{b})$. 定义 $\mathfrak{N}(\mathfrak{ab}^{-1})$ 为 $\mathfrak{N}(\mathfrak{a})\mathfrak{N}(\mathfrak{b})^{-1}$. 则得群同态 $\mathfrak{N} : \mathcal{I}_F \to \mathbb{Q}_+^\times$. $\mathbb{Q}_+^\times$ 是指由全部正有理数所组成的乘法群.

证明 (1) 设 $n = [F:\mathbb{Q}]$, $\mathfrak{a}$ 为 $\mathcal{O}_F$ 的理想. 则 $\mathfrak{a}$ 和 $\mathcal{O}_F$ 均为 n 秩自由 $\mathbb{Z}$ 模. 在 $\mathfrak{a}$ 和 $\mathcal{O}_F$ 内分别取 $\mathbb{Z}$-基底 $\{w_1, \ldots, w_n\}$, $\{u_1, \ldots, u_n\}$. 设 $w_j = \sum_i a_{ij} u_i$, 则 $\mathfrak{N}(\mathfrak{a}) = |\det(a_{ij})|$.

$(a) = a\mathcal{O}_F$ 有 $\mathbb{Z}$-基底 $\{au_1, \ldots, au_n\}$. 设 $au_j = \sum_i a_{ij} u_i$. 现取 $\mathfrak{a}$ 为 (a), 则 $\mathfrak{N}((a)) = |\det(a_{ij})|$. 另一方面按 $N_{F/\mathbb{Q}}$ 的定义, $N_{F/\mathbb{Q}}(a) = \det(a_{ij})$.

(2) 按中国剩余定理有
$$\mathcal{O}_F/\mathfrak{a} = \mathcal{O}_F/\mathfrak{p}_1^{\nu_1} \oplus \cdots \oplus \mathcal{O}_F/\mathfrak{p}_r^{\nu_r}.$$

余下对素理想 $\mathfrak{p}$ 证明: $|\mathcal{O}_F/\mathfrak{p}^\nu| = |\mathcal{O}_F/\mathfrak{p}|^\nu$. 从 $|\mathcal{O}_F/\mathfrak{p}^\nu| = |\mathcal{O}_F/\mathfrak{p}||\mathfrak{p}/\mathfrak{p}^2|\ldots|\mathfrak{p}^{\nu-1}/\mathfrak{p}^\nu|$, 知只需证明: $\mathfrak{p}^i/\mathfrak{p}^{i+1} \cong \mathcal{O}_F/\mathfrak{p}$.

由素理想唯一分解知 $\mathfrak{p}^i \neq \mathfrak{p}^{i+1}$. 可取 $a \in \mathfrak{p}^i \setminus \mathfrak{p}^{i+1}$, 设 $\mathfrak{b} = a\mathcal{O}_F + \mathfrak{p}^{i+1}$, 因为 $\mathfrak{p}^i \supseteq \mathfrak{b} \underset{\neq}{\supset} \mathfrak{p}^{i+1}$, 故此 $\mathfrak{b}|\mathfrak{p}^{-i} - \mathfrak{p}^{i+1} = \mathfrak{p}$, 并且 $\mathfrak{b}$ 不等于素理想 $\mathfrak{p}$. 矛盾. 于是只有 $\mathfrak{p}^i = \mathfrak{b}$. 这说明了 $\mathfrak{p}^i/\mathfrak{p}^{i+1}$ 是 1 维 $\mathcal{O}_F/\mathfrak{p}$ 空间. □

若 $F/\mathbb{Q}$ 为有限域扩张, 则以 $\mathcal{O}_F$ 记 $\mathbb{Z}$ 在 F 内的整闭包, 以 $\mathcal{I}_F$ 记 F 的分式理想群. 设 $E \supseteq F \supseteq \mathbb{Q}$ 为有限扩张. 设 $\mathfrak{a}$ 为 $\mathcal{O}_F$ 内的理想, 设 $i_{E/F}(\mathfrak{a}) = \mathfrak{a}\mathcal{O}_E$. 设 $\mathcal{O}_F$ 内的素理想 $\mathfrak{p}$ 在 $\mathcal{O}_E$ 内有素理想乘积分解
$$i_{E/F}(\mathfrak{p}) = \mathfrak{P}_1^{e_1} \ldots \mathfrak{P}_r^{e_r}.$$

以 $e_{\mathfrak{P}_j|\mathfrak{p}}$ 记 e_j. 则上式可改写为
$$i_{E/F}(\mathfrak{p}) = \prod_{\mathfrak{P}|\mathfrak{p}} \mathfrak{P}^{e_{\mathfrak{P}|\mathfrak{p}}}.$$

于是可以利用
$$i_{E/F}\left(\prod_\mathfrak{p} \mathfrak{p}^{\nu_\mathfrak{p}}\right) = \prod_\mathfrak{p} \prod_{\mathfrak{P}|\mathfrak{p}} \mathfrak{P}^{e_{\mathfrak{P}|\mathfrak{p}} \nu_\mathfrak{p}}$$

定义群同态 $i_{E/F}: \mathcal{I}_F \to \mathcal{I}_E$.

设 $\mathcal{O}_F$ 内的素理想 $\mathfrak{p}$ 在 $\mathcal{O}_E$ 内有素理想乘积分解
$$i_{E/F}(\mathfrak{p}) = \mathfrak{P}_1^{e_1} \ldots \mathfrak{P}_r^{e_r},$$

并且以 f_i 记 $[\mathcal{O}_E/\mathfrak{P}_i : \mathcal{O}_F/\mathfrak{p}]$, 则
$$e_1 f_1 + \cdots + e_r f_r = [E:F].$$

以 $e_{\mathfrak{P}_j|\mathfrak{p}}$ 记 e_j, $f_{\mathfrak{P}_j|\mathfrak{p}}$ 记 f_j, 则上式写为 $\sum_{\mathfrak{P}|\mathfrak{p}} e_{\mathfrak{P}|\mathfrak{p}} f_{\mathfrak{P}|\mathfrak{p}} = [E:F]$.

设 $\mathcal{O}_E$ 的分式理想 $\mathfrak{A}$ 有素理想乘积分解
$$\mathfrak{A} = \mathfrak{P}_1^{n_1} \ldots \mathfrak{P}_s^{n_s}.$$

记 $\mathfrak{p}_j = \mathfrak{P}_j \cap \mathcal{O}_F$. 则设 $N_{E/F}(\mathfrak{A}) = \mathfrak{p}_1^{f_{\mathfrak{P}_1|\mathfrak{p}_1} n_1} \ldots \mathfrak{p}_s^{f_{\mathfrak{P}_s|\mathfrak{p}_s} n_s}$, 或写为

$$N_{E/F}\left(\prod_{\mathfrak{P}} \mathfrak{P}^{n_\mathfrak{P}}\right) = \prod_{\mathfrak{P}} (\mathfrak{P} \cap \mathcal{O}_F)^{f_{\mathfrak{P}|(\mathfrak{P} \cap \mathcal{O}_F)} n_\mathfrak{P}},$$

特别是 $N_{E/F}(\mathfrak{P}) = \mathfrak{p}^{f_{\mathfrak{P}|\mathfrak{p}}}$, 其中 $\mathfrak{P} \cap \mathcal{O} = \mathfrak{p}$. 如此便得群同态 $N_{E/F} : \mathcal{I}_E \to \mathcal{I}_F$. 称 $N_{E/F}(\mathfrak{A})$ 为分式理想 $\mathfrak{A}$ 的**相对范** (relative norm).

命题 1.19 设 $K \supseteq E \supseteq F$ 是有限域扩张.

(1) $i_{K/F} = i_{K/E} \circ i_{E/F}$, $N_{K/F} = N_{E/F} \circ N_{K/E}$.
(2) 若 $\mathfrak{a} \in \mathcal{I}_F$, 则 $N_{E/F}(i_{E/F}\mathfrak{a}) = \mathfrak{a}^{[E:F]}$.
(3) 设 $F/\mathbb{Q}$ 是有限域扩张. 若 $\mathfrak{A}$ 为 $\mathcal{O}_E$ 内理想, 则 $\mathfrak{N}(N_{E/F}(\mathfrak{A})) = \mathfrak{N}(\mathfrak{A})$.
(4) 若 $\mathfrak{A}$ 是 $\mathcal{O}_E$ 的理想, 则 $N_{E/F}(\mathfrak{A})$ 是由集合 $\{N_{E/F}(a) : a \in \mathfrak{A}\}$ 所生成 $\mathcal{O}_F$ 内的理想.

证明留给读者.

1.5 判别式

设 A 是 Dedekind 环, F 是 A 的分式域, E/F 是可分扩张, B 是 A 在 E 的整闭包. 则用域扩张 E/F 的迹 $\mathrm{Tr}_{E/F}$ 来定义的 E 上的双线性型 $(x,y) \mapsto \mathrm{Tr}_{E/F}(xy)$ 是非退化的.

设 $M \subset E$ 是 A 模, 定义

$$M' = \{x \in E : \mathrm{Tr}_{E/F}(xM) \subseteq A\}.$$

称分式理想 B' 为 B/A 的**余差别式** (codifferent), 并记它为 $\mathcal{C}_{B/A}$. 称 $\mathcal{C}_{B/A}^{-1}$ 为 B/A 的**差别式** (different), 并记它为 $\mathcal{D}_{B/A}$. 因为 $\mathcal{C}_{B/A} \supset B$, 所以 $\mathcal{D}_{B/A} \subset B$, 即 B/A 的差别式是 B 内的理想.

命题 1.20 设 $\mathfrak{a}$ 为 F, $\mathfrak{b}$ 为 E 的分式理想. 则 $\mathrm{Tr}(\mathfrak{b}) \subset \mathfrak{a}$ 当且仅当 $\mathfrak{b} \subset \mathfrak{a}\mathcal{D}_{B/A}^{-1}$.

证明 $\mathfrak{a} = 0$ 时没有需要证明的. 现设 $\mathfrak{a} \neq 0$,

$$\mathrm{Tr}(\mathfrak{b}) \subset \mathfrak{a} \Leftrightarrow \mathfrak{a}^{-1}\mathrm{Tr}(\mathfrak{b}) \subset A \Leftrightarrow \mathrm{Tr}(\mathfrak{a}^{-1}\mathfrak{b}) \subset A$$
$$\Leftrightarrow \mathfrak{a}^{-1}\mathfrak{b} \subset \mathcal{D}_{B/A}^{-1} \Leftrightarrow \mathfrak{b} \subset \mathfrak{a}\mathcal{D}_{B/A}^{-1}. \qquad \square$$

命题 1.21 条件如上.

(1) 传递性: E/F, K/E 是可分扩张, C 是 A 在 K 的整闭包, 则 $\mathcal{D}_{C/A} = \mathcal{D}_{C/B}\mathcal{D}_{B/A}$.
(2) 局部化: 取 A 的乘性子集 S, 则 $S^{-1}\mathcal{D}_{B/A} = \mathcal{D}_{S^{-1}B/S^{-1}A}$.

证明 (1) $\text{Tr}_{K/F} = \text{Tr}_{E/F} \circ \text{Tr}_{K/E}$. 取 K 的分式理想 $\mathfrak{c}$.

$$\mathfrak{c} \subset \mathcal{D}_{C/B}^{-1} \Leftrightarrow \text{Tr}_{K/E}(\mathfrak{c}) \subset B \Leftrightarrow \mathcal{D}_{B/A}^{-1}\text{Tr}_{K/E}(\mathfrak{c}) \subset \mathcal{D}_{B/A}^{-1}$$
$$\Leftrightarrow \text{Tr}_{E/F}(\mathcal{D}_{B/A}^{-1}\text{Tr}_{K/E}(\mathfrak{c})) \subset A \Leftrightarrow \text{Tr}_{K/E}(\mathcal{D}_{B/A}^{-1}\mathfrak{c}) \subset A \Leftrightarrow \mathcal{D}_{B/A}^{-1}\mathfrak{c} \subset \mathcal{D}_{C/A}^{-1}$$
$$\Leftrightarrow \mathfrak{c} \subset \mathcal{D}_{B/A}\mathcal{D}_{C/A}^{-1}.$$

这告诉我们 $\mathcal{D}_{C/B}^{-1} = \mathcal{D}_{B/A}\mathcal{D}_{C/A}^{-1}$.

(2) 因为 $(S^{-1}\mathfrak{b})^{-1} = S^{-1}\mathfrak{b}^{-1}$, 所以只需证明 $S^{-1}B' = (S^{-1}B)'$.

取 $x = s^{-1}y$, $s \in S$, $y \in B'$, 则从 $S^{-1}B' \supset S^{-1}B$ 得 $\text{Tr}(x) = s^{-1}\text{Tr}(y) \in S^{-1}A$, 于是 $S^{-1}B' \subseteq (S^{-1}B)'$.

设 b_i 为 A 模 B 的生成元. 取 $x \in (S^{-1}B)'$, 则 $\text{Tr}(xb_i) \in S^{-1}A$. 只有有限个 b_i, 可取公分母, 可设 $\text{Tr}(xb_i) = s^{-1}a_i$, $a_i \in A$, 于是 $sx \in B'$. □

取域扩张 E/F 所有 (F-向量空间) 的基底 $\alpha_1,\ldots,\alpha_n$ 满足 $\alpha_i \in B$, 由 $\det(\text{Tr}_{E/F}(\alpha_i\alpha_j))$ 生成的 A 的理想 $\mathfrak{d}_{B/A}$ 称为 B/A 的**判别式** (discriminant). 我们又记 $\mathfrak{d}_{B/A}$ 为 $\mathfrak{d}_{E/F}$; 记 $\mathfrak{d}_{B/\mathbb{Z}}$ 为 $\mathfrak{d}_E$ 或 $d(\mathcal{O}_E)$.

定理 1.22 $\mathfrak{d}_{B/A} = \text{N}_{E/F}(\mathcal{D}_{B/A})$.

证明 用命题 1.21, 取 $S = A \setminus \mathfrak{p}$. 我们可以假设 A, B 是 Noether 主理想局部环, 并且 A 模 B 有基 $\alpha_1,\ldots,\alpha_n$. 于是 $\mathfrak{d}_{B/A} = (\det(\text{Tr}_{E/F}(\alpha_i\alpha_j)))$.

对偶基 $\alpha'_1,\ldots,\alpha'_n$ 由条件 $\text{Tr}_{E/F}(\alpha_i\alpha'_j)$ 决定, 余差别式 $\mathcal{C}_{B/A}$ 由对偶基生成, 但 $\mathcal{C}_{B/A}$ 可以表达为主理想 (β), 这样可取 $\beta\alpha_1,\ldots,\beta\alpha_n$ 为 $\mathcal{C}_{B/A}$ 在 A 上的基. 这时

$$\det(\text{Tr}_{E/F}(\beta\alpha_i\beta\alpha_j)) = \text{N}_{E/F}(\beta)^2 \det(\text{Tr}_{E/F}(\alpha_i\alpha_j)).$$

另一方面, 我们有 $(\text{N}_{E/F}(\beta)) = \text{N}_{E/F}(\mathcal{C}_{B/A}) = \text{N}_{E/F}(\mathcal{D}_{B/A}^{-1}) = \text{N}_{E/F}((\mathcal{D}_{B/A})^{-1})$, $\det(\text{Tr}_{E/F}(\alpha_i\alpha_j)) = \det((\sigma_i\alpha_j))^2$, $\det(\text{Tr}_{E/F}(\alpha'_i\alpha'_j)) = \det((\sigma_i\alpha'_j))^2$. 则用对偶基的定义 $\det(\text{Tr}_{E/F}(\alpha_i\alpha_j))\det(\text{Tr}_{E/F}(\alpha'_i\alpha'_j)) = 1$, 于是

$$\mathfrak{d}_{E/F}^{-1} = (\det(\text{Tr}_{E/F}(\alpha_i\alpha_j)))^{-1}$$
$$= (\det(\text{Tr}_{E/F}(\beta\alpha_i\beta\alpha_j))) = \text{N}_{E/F}(\mathcal{D}_{B/A})^{-2}\mathfrak{d}_{E/F}.$$

得证. □

以上定理和命题 1.21 直接给出以下命题中的 (1), (2) 是显然的.

命题 1.23 E/F, K/E 是可分扩张, 则有

(1) 传递性:
$$\mathfrak{d}_{K/F} = \text{N}_{E/F}\mathfrak{d}_{K/E}(\mathfrak{d}_{E/F})^{[K:E]}.$$

(2) 局部化: 取 A 的乘性子集 S, 则 $S^{-1}\mathfrak{d}_{B/A} = \mathfrak{d}_{S^{-1}B/S^{-1}A}$.

设 B 的子环 C 包含 A, 则称理想

$$\mathfrak{r} = \{t \in C : tB \subseteq C\}$$

为 B 在 C 内的**导子** (conductor).

命题 1.24 设 $n = [E:F]$, B 的子环 C 包含 A, $\{1, x, \ldots, x^{n-1}\}$ 是 C 的 A 基, f 是 x 的特征多项式, f' 是 f 的导数. 则

(1) f 的系数属于 A.
(2) $\{x^i/f'(x) : 0 \leqslant i \leqslant n-1\}$ 是余差别式 C' 的基.
(3) B 在 C 内的导子 $\mathfrak{r} = f'(x)\mathcal{D}_{E/F}^{-1}$.
(4) 若 $B = A[x]$, 则 $\mathcal{D}_{E/F}$ 是由 $f'(x)$ 所生成的主理想.

证明如上命题, 需要先证如下引理.

引理 1.25 (Euler) $\operatorname{Tr} x^{n-1}/f'(x) = 1$, 若 $1 \leqslant i \leqslant n-2$, 则 $\operatorname{Tr} x^i/f'(x) = 0$

证明 设 $f(X) = \prod_{k=1}^{n}(X - x_k)$. 部分分式展开

$$\frac{1}{f(X)} = \sum_{k=1}^{n} \frac{1}{f'(x_k)(X - x_k)}.$$

比较 $1/X^j$ 的系数即得所求. □

命题的证明 (1) 因为 A 在 F 内是整闭的.

(2) 只需证: 矩阵 $(r_{ij}) = (\operatorname{Tr}(x^i \cdot x^j/f'(x)))$ 在 A 内可逆. 根据 Euler 引理, 若 $i + j \leqslant n-2$, 则 $r_{ij} = 0$; 若 $i + j = n-1$, 则 $r_{ij} = 1$; 若 $i + j \geqslant n$, 则

$$r_{ij} = \operatorname{Tr}(x^n \cdot x^{i+j-n}/f'(x)).$$

因为 $x^n = \sum_{i=0}^{n-1} a_i x^i$, $a_i \in A$, 由归纳得 $r_{ij} \in A$. 三角形矩阵 r_{ij} 的行列式是 $(-1)^{n(n-1)/2}$.

(3) 以 b 记 $f'(x)$. 以下是关于 $t \in E$ 的等价条件

$$t \in \mathfrak{r} \Leftrightarrow tB \subseteq C \Leftrightarrow b^{-1}tB \subseteq C' \Leftrightarrow \operatorname{Tr}(b^{-1}tB) \subseteq A \Leftrightarrow b^{-1}t \in \mathcal{D}_{E/F}^{-1} \Leftrightarrow t \in b\mathcal{D}_{E/F}^{-1}.$$

(4) 上一步: $(f'(x)) = \mathfrak{r}\mathcal{D}_{E/F}$, 但 $B = C \Leftrightarrow \mathfrak{r} = 1$. □

定理 1.26 (Dedekind 判别式定理) 素数 p 在数域 F 中分歧的充要条件是 $p | \mathfrak{d}_F$.

证明 见 [7] 第二章 §2, 2.4, 定理 2.10. □

1.6 Hilbert 分歧理论

Hilbert (1862—1943) 是德国哥廷根大学数学教授.

1.6.1 分解群

定义 1.27 E/F 是有限 Galois 扩张, $\mathfrak{P}$ 是 $\mathcal{O}_E$ 的素理想. 称 Galois 群 $G = \mathrm{Gal}(E/F)$ 的子群

$$D_\mathfrak{P} = \{\sigma \in G : \sigma\mathfrak{P} = \mathfrak{P}\}$$

为 $\mathfrak{P}$ 在 $\mathrm{Gal}(E/F)$ 内的**分解群** (decomposition group), 又记它为 $D_{\mathfrak{P}|\mathfrak{p}}$.

这个群所决定的固定域

$$Z_\mathfrak{P} = \{x \in E : \sigma x = x, \text{ 对所有 } \sigma \in G_\mathfrak{P}\},$$

我们称它为 $\mathfrak{P}$ 在 E/F 的**分解域** (decomposition field).

命题 1.28 E/F 是有限 Galois 扩张, $\mathfrak{P}$ 是 $\mathcal{O}_E$ 的素理想, $\mathfrak{p}$ 是 $\mathfrak{P} \cap \mathcal{O}_F$, $e_{\mathfrak{P}|\mathfrak{p}}$ 为 $\mathfrak{P}$ 在 $\mathfrak{p}$ 的分歧指标, $f_{\mathfrak{P}|\mathfrak{p}}$ 为 $\mathfrak{P}$ 在 $\mathfrak{p}$ 的剩余次数.

(1) 存在 $\mathcal{O}_E$ 的素理想 $\mathfrak{Q}$ 使得 $\mathfrak{Q} \mid \mathfrak{p}\mathcal{O}_E$ 当且仅当存在 $\sigma \in \mathrm{Gal}(E/F)$ 使得 $\mathfrak{Q} = \sigma\mathfrak{P}$.

(2) 取 $\sigma \in \mathrm{Gal}(E/F)$, 则 $\sigma(\mathcal{O}_E) \subseteq \mathcal{O}_E$, 并且由此诱导出同构

$$\mathcal{O}_E/\mathfrak{P} \to \mathcal{O}_E/\sigma\mathfrak{P} : a \mod \mathfrak{P} \mapsto \sigma a \mod \sigma\mathfrak{P},$$

于是剩余次数 $f_{\mathfrak{P}|\mathfrak{p}} = f_{\sigma\mathfrak{P}|\mathfrak{p}}$.

(3) 取 $\sigma \in \mathrm{Gal}(E/F)$, 则 $\sigma(\mathfrak{p}\mathcal{O}_E) = \mathfrak{p}\mathcal{O}_E$, 并且由此得知 $\mathfrak{P}^\nu \mid \mathfrak{p}\mathcal{O}_E$ 当且仅当 $(\sigma\mathfrak{P})^\nu \mid \mathfrak{p}\mathcal{O}_E$, 于是分歧指标 $e_{\mathfrak{P}|\mathfrak{p}} = e_{\sigma\mathfrak{P}|\mathfrak{p}}$.

证明留给读者.

从以上命题得知: 若 E/F 是有限 Galois 扩张, $\mathfrak{P}$ 是 $\mathcal{O}_E$ 的素理想, $\mathfrak{p}$ 是 $\mathfrak{P} \cap \mathcal{O}_F$, 则素理想分解式是

$$\mathfrak{p} = \prod_{\sigma \in G/G_\mathfrak{P}} (\sigma\mathfrak{P})^{e_{\mathfrak{P}|\mathfrak{p}}},$$

其中 $G = \mathrm{Gal}(E/F)$, $D_\mathfrak{P}$ 为 $\mathfrak{P}$ 在 E/F 的分解群. 以 $g_{\mathfrak{P}|\mathfrak{p}}$ 记 $[G : D_\mathfrak{P}]$, 则

$$e_{\mathfrak{P}|\mathfrak{p}} f_{\mathfrak{P}|\mathfrak{p}} g_{\mathfrak{P}|\mathfrak{p}} = [E : F].$$

可见 $\mathfrak{p}$ 在 E 中完全分裂当且仅当 $G_\mathfrak{P} = 1$.

1.6.2 惯性群

E/F 是有限 Galois 数域扩张, $\mathfrak{P}$ 是 $\mathcal{O}_E$ 的素理想, $D_\mathfrak{P}$ 为 $\mathfrak{P}$ 在 E/F 的分解群. 取 $\sigma \in D_\mathfrak{P}$, 则诱导出同构

$$\bar\sigma : \mathcal{O}_E/\mathfrak{P} \to \mathcal{O}_E/\mathfrak{P} : a \mod \mathfrak{P} \mapsto \sigma a \mod \mathfrak{P}.$$

引入剩余域符号 $\kappa_\mathfrak{P} = \mathcal{O}_E/\mathfrak{P}$, $\kappa_\mathfrak{p} = \mathcal{O}_F/\mathfrak{p}$.

命题 1.29 $\kappa_{\mathfrak{P}}/\kappa_{\mathfrak{p}}$ 为 Galois 扩张. 以上映射

$$D_{\mathfrak{P}} \to \mathrm{Gal}(\kappa_{\mathfrak{P}}/\kappa_{\mathfrak{p}}) : \sigma \mapsto \bar{\sigma}$$

为满同态.

证明 见 [7] 第二章 §3, 3.2, 引理 15. □

定义 1.30 称

$$I_{\mathfrak{P}} = \{\sigma \in D_{\mathfrak{P}} : \bar{\sigma} = 1\}$$

为 $\mathfrak{P}$ 在 $\mathrm{Gal}(E/F)$ 内的**惯性群** (inertia group), 又记它为 $I_{\mathfrak{P}|\mathfrak{p}}$.

这个群所决定的固定域

$$T_{\mathfrak{P}} = \{x \in E : \sigma x = x, \text{对所有 } \sigma \in I_{\mathfrak{P}}\},$$

我们称它为 $\mathfrak{P}$ 在 E/F 的**惯性域** (inertia field).

命题 1.31 E/F 是有限 Galois 数域扩张, $\mathfrak{P}$ 是 $\mathcal{O}_E$ 的素理想, $\mathfrak{p}$ 是 $\mathfrak{P} \cap \mathcal{O}_F$.
(1) 有正合序列

$$1 \to I_{\mathfrak{P}} \to D_{\mathfrak{P}} \to \mathrm{Gal}(\kappa_{\mathfrak{P}}/\kappa_{\mathfrak{p}}) \to 1.$$

(2) $|I_{\mathfrak{P}}| = e_{\mathfrak{P}|\mathfrak{p}}$, $[D_{\mathfrak{P}} : I_{\mathfrak{P}}] = f_{\mathfrak{P}|\mathfrak{p}}$.
(3) 记 $\mathfrak{P}_T = \mathfrak{P} \cap T_{\mathfrak{P}}$, 则 $e_{\mathfrak{P}|\mathfrak{P}_T} = e_{\mathfrak{P}|\mathfrak{p}}$, $f_{\mathfrak{P}|\mathfrak{P}_T} = 1$.
(4) 记 $\mathfrak{P}_Z = \mathfrak{P} \cap Z_{\mathfrak{P}}$, 则 $e_{\mathfrak{P}_T|\mathfrak{P}_Z} = 1$, $f_{\mathfrak{P}_T|\mathfrak{P}_Z} = e_{\mathfrak{P}|\mathfrak{p}}$.

证明 见 [7] 第二章 §3, 3.2, 引理 15. □

1.6.3 Frobenius 自同构

E/F 是有限 Galois 扩张, $\mathfrak{P}$ 为 $\mathcal{O}_E$ 内的素理想, $\mathfrak{p} = \mathfrak{P} \cap \mathcal{O}_F$, 剩余域 $\kappa_{\mathfrak{P}} = \mathcal{O}_E/\mathfrak{P}$, $\kappa_{\mathfrak{p}} = \mathcal{O}_F/\mathfrak{p}$. 有限域的域扩张 $\kappa_{\mathfrak{P}}/\kappa_{\mathfrak{p}}$ 的 Galois 群是 f 个元素的循环群, 这个循环群有一个生成元

$$[x] \mapsto [x]^q, \quad q = |\kappa_{\mathfrak{p}}|.$$

如果我们假设分歧指标 $e_{\mathfrak{P}|\mathfrak{p}} = 1$, 则分解群 $D_{\mathfrak{P}}$ 同构于剩余域扩张的 Galois 群 $\mathrm{Gal}(\kappa_{\mathfrak{P}}/\kappa_{\mathfrak{p}})$. 于是 $D_{\mathfrak{P}}$ 内有唯一的元素对应于以上生成元. 称此元素为在 $\mathfrak{P}$ 的 Frobenius 自同构, 并记它为 $\left[\frac{E/F}{\mathfrak{P}}\right]$, 即有

$$\left[\frac{E/F}{\mathfrak{P}}\right](x) \equiv x^q \mod \mathfrak{P}, \quad x \in \mathcal{O}_E.$$

当 $\mathfrak{p}$ 为 E/F 的非分歧素理想时, 可以从 Frobenius 同构读出 $\mathfrak{p}$ 的分解. 取 E 的素理想 $\mathfrak{P}$, $\mathfrak{P}|\mathfrak{p}$, 则 $\left[\frac{E/F}{\mathfrak{P}}\right]$ 的阶是 $f_{\mathfrak{P}|\mathfrak{p}}$. $\mathfrak{p}$ 在 E 内分解为 $[E:F]/f_{\mathfrak{P}|\mathfrak{p}}$ 个素理想.

现设 $\tau \in \mathrm{Gal}(E/F)$, $\mathcal{O}_E$ 的任一元素可写作 $\tau^{-1}(x)$, 其中 $x \in \mathcal{O}_E$. 则

$$\left[\frac{E/F}{\mathfrak{P}}\right]\tau^{-1}(x) \equiv \tau^{-1}(x)^q \mod \mathfrak{P}.$$

全方程用 τ, 则

$$\tau\left[\frac{E/F}{\mathfrak{P}}\right]\tau^{-1}(x) \equiv x^q \mod \tau(\mathfrak{P}).$$

于是得

$$\left[\frac{E/F}{\tau(\mathfrak{P})}\right] = \tau\left[\frac{E/F}{\mathfrak{P}}\right]\tau^{-1}.$$

可见 $\mathfrak{p}$ 在 E 中完全分裂当且仅当对 $\mathfrak{P}|\mathfrak{p}$ 有 $\left[\frac{E/F}{\mathfrak{P}}\right] = 1$.

$\mathfrak{p}$ 为 $\mathcal{O}_F$ 的素理想, $\mathfrak{P}$ 为 $\mathfrak{p}\mathcal{O}_E$ 的素除子, 则任一素除子可表达为 $\tau(\mathfrak{P})$. 所以若 $\mathcal{O}_F$ 的素理想 $\mathfrak{p}$ 为 E/F 的非分歧素理想, 我们又假设 $\mathrm{Gal}(E/F)$ 为交换群, 则按以上公式得

$$\left[\frac{E/F}{\tau(\mathfrak{P})}\right] = \left[\frac{E/F}{\mathfrak{P}}\right].$$

这就是说 Frobenius 自同构 $\left[\frac{E/F}{\mathfrak{P}}\right]$ 与 $\mathfrak{p}$ 的素除子 $\mathfrak{P}$ 的选取无关, 而是由 $\mathfrak{p}$ 完全决定. 我们便以 $\left(\frac{E/F}{\mathfrak{p}}\right)$ 记 $\left[\frac{E/F}{\mathfrak{P}}\right]$, 并称它为在 $\mathfrak{p}$ 的 Frobenius 自同构, 又称为 Artin 符号.

取定交换 Galois 扩张 E/F. 设有限集的元素为数域 F 的素理想. 若素理想 $\mathfrak{p} \notin S$, 则 $\mathfrak{p}\mathcal{O}_E$ 为不分歧素理想. $\mathcal{I}_F$ 为 F 的分式理想群. 由全部素理想 $\mathfrak{p} \notin S$ 所生成 $\mathcal{I}_F$ 的子群记为 $\mathcal{I}_F^S$.

$$\text{取 } \prod_{\mathfrak{p}} \mathfrak{p}^{n(\mathfrak{p})} \in \mathcal{I}_F^S, \quad \text{设 } \left(\frac{E|F}{}\right)\left(\prod_{\mathfrak{p}} \mathfrak{p}^{n(\mathfrak{p})}\right) = \prod_{\mathfrak{p}} \left(\frac{E|F}{\mathfrak{p}}\right)^{n(\mathfrak{p})}.$$

称如此定义的 $\left(\frac{E|F}{}\right): \mathcal{I}_F^S \to \mathrm{Gal}(E/F)$ 为交换 Galois 扩张 E/F 的 Artin **同态**.

1.7 理想类群

设 F 为数域. 常称整数环 $\mathcal{O}_F$ 内的理想为**整理想** (integral ideal). 称 F 内非零有限生成 $\mathcal{O}$-子模 $\mathfrak{f}$ 为 F 的**分式理想** (fractional ideal). 设 $\mathfrak{f}^{-1} = \{x \in F : x\mathfrak{f} \subseteq \mathcal{O}\}$. 定义分式理想 $\mathfrak{f}, \mathfrak{g}$ 的乘积为 $\mathfrak{f}\mathfrak{g} = \{\sum_i x_i y_i, \ x_i \in \mathfrak{f}, y_i \in \mathfrak{g}\}$. 记 $\mathcal{I}_F$ 为 F 的**分式理想群** (fractional ideal group), 则 $\mathcal{P}_F := \{a\mathcal{O}_F : a \in F^\times\}$ 为 $\mathcal{I}_F$ 的子群, 称 $\mathcal{P}_F$ 的元素为**主理想** (principal ideal). 以 Cl_F 记商群 $\mathcal{I}_F/\mathcal{P}_F$, 并称它为 F 的**理想类群** (ideal class group). 称 $h_F := |Cl_F|$ 为 F 的**类数** (class number), 这是数论中一个非常重要的不变量. 显然 $h_F = 1$ 当且仅当 $\mathcal{O}_F$ 的元素有唯一因子分解 (见 [7] 102 页). 在冯克勤的《代数数论》里还有很多关于类数的定理和公式, 请读者留意.

在 $d > 0$ 的条件下, Gauss 曾猜想:

$$h_{\mathbb{Q}(\sqrt{-d})} = 1 \text{ 当且仅当 } d = 1, 2, 3, 7, 11, 19, 43, 67, 163.$$

详细证明见 David A. Cox, *Primes of the Form $x^2 + ny^2$*, John Wiley and Sons, 1989.

设 F 为数域, $\mathfrak{a}$ 是环 $\mathcal{O}$ 的理想. 若 $a \in \mathfrak{a}$, 则以 $[a]$ 记 $a + \mathfrak{a}$. 这样若 $a, b \in \mathcal{O}$, 则 $[a] = [b]$ 当且仅当 $a - b \in \mathfrak{a}$. 记此为

$$a \equiv b \mod {}^+\mathfrak{a}.$$

设 $\iota_j : F \to \mathbb{R}, 1 \leqslant j \leqslant r_1$ 为全部从 F 到 $\mathbb{R}$ 的域单同态, 这里我们不考虑从 F 到 $\mathbb{C}$ 的域单同态. 对应于 ι_j 我们引入一个符号 $\mathfrak{p}_{\infty_j}$. 我们考虑符号 $\mathfrak{m} = \mathfrak{m}_\infty \mathfrak{m}_0$, 其中

$$\mathfrak{m}_\infty = (\mathfrak{p}_{\infty_1})^{\nu_1} \dots (\mathfrak{p}_{\infty_{r_1}})^{\nu_{r_1}}, \quad \nu_j \in \{0, 1\},$$

$\mathfrak{m}_0 \neq (0), (1)$ 为 $\mathcal{O}_F$ 的理想, 并有唯一分解为有限个素理想的积

$$\mathfrak{m}_0 = \mathfrak{p}_1^{\nu^0_{\mathfrak{p}_1}} \dots \mathfrak{p}_t^{\nu^0_{\mathfrak{p}_t}}, \quad \nu^0_{\mathfrak{p}_i} > 0.$$

称 $\mathfrak{m}$ 为 F 的**模** (modulus). [注意: 在这里 "模" 这个字不是指**环上的模** (module over a ring) 这种代数结构]. 这样, 取 $x \in F^\times$, 如果以下条件成立:

$$\nu_j = 1 \Rightarrow \iota_j(x) > 0, \quad \nu_{\mathfrak{p}_i}(x - 1) \geqslant \nu^0_{\mathfrak{p}_i},$$

则我们说 $x \equiv 1 \mod \mathfrak{m}$. 引入记号

$$F^\times_{\mathfrak{m},1} = \{x \in F^\times : x \equiv 1 \mod \mathfrak{m}\}.$$

设 $x \in F^\times$ 满足条件: 若有素理想 $\mathfrak{p} \mid \mathfrak{m}_0$, 则 $\mathfrak{p} \nmid (x)$ [其中 (x) 是指主理想 $x\mathcal{O}_F$], 我们便说 x 与 $\mathfrak{m}$ 互素. 引入记号

$$F^\times_\mathfrak{m} = \{x \in F^\times : x \text{ 与 } \mathfrak{m} \text{ 互素}\}.$$

以 $\mathcal{O}_{(\mathfrak{m})}$ 记 $\mathcal{O}_F$ 在 $\mathfrak{m}$ 的局部化, 则

$$F^\times_\mathfrak{m} = \mathcal{O}_{(\mathfrak{m})} \setminus \{0\} = \left\{ \frac{a}{b} : b \text{ 的素除子不是 } \mathfrak{m}_0 \text{ 的因子} \right\}.$$

设 F 为数域, $\mathcal{I}_F$ 为 F 的分式理想群, $\mathfrak{m}$ 为 F 的模. 由全部 $\mathcal{O}_F$ 的素理想 $\mathfrak{p} \nmid \mathfrak{m}$ 所生成 $\mathcal{I}_F$ 的子群记为 $\mathcal{I}_F^\mathfrak{m}$. 定义

$$S_F^\mathfrak{m} = \{x\mathcal{O}_F : x \in F^\times_{\mathfrak{m},1}\},$$

称 $S_F^\mathfrak{m}$ 为**模 $\mathfrak{m}$ 射线** (ray mod $\mathfrak{m}$). 称商群 $\mathcal{I}_F^\mathfrak{m}/S_F^\mathfrak{m}$ 为**模 $\mathfrak{m}$ 射线理想类群** (mod $\mathfrak{m}$ ray ideal class group), 也称模 $\mathfrak{m}$ 射线类群或模 $\mathfrak{m}$ 理想类群, 它的元素为**模 $\mathfrak{m}$ 射线类** (ray class mod $\mathfrak{m}$). 德国数学家 Weber (1842—1913) 首先引入了这个概念.

设 H 为分式理想群 $\mathcal{I}_F$ 的子群,且 $S_F^{\mathfrak{m}} \subseteq H \subseteq \mathcal{I}_F^{\mathfrak{m}}$,则称 H 为**模 $\mathfrak{m}$ 定义理想群** (ideal group defined mod $\mathfrak{m}$).

此外又设
$$\mathscr{S}_F^{\mathfrak{m}} = \{x\mathcal{O}_F : x \equiv 1 \mod \mathfrak{m}_0\},$$
并称商群 $\mathcal{I}_F^{\mathfrak{m}}/\mathscr{S}_F^{\mathfrak{m}}$ 为模 $\mathfrak{m}$ 小射线类群.

设 E/F 为有限域扩张. 对 $\mathcal{O}_E$ 的素理想 $\mathfrak{P}$ 加上条件 $\mathfrak{P} \cap \mathcal{O}_F \in \mathcal{I}_F^{\mathfrak{m}}$,由全部满足这个条件的素理想 $\mathfrak{P}$ 所生成 $\mathcal{I}_E$ 的子群记为 $\mathcal{I}_E^{\mathfrak{m}}$. 对这个子群用范得 $\mathcal{I}_F$ 的子群 $\mathrm{N}_{E/F}(\mathcal{I}_E^{\mathfrak{m}})$.

定理 1.32 设 E/F 为有限交换数域扩张. 则存在 F 的模 $\mathfrak{m}$ 和交换群同构
$$\mathcal{I}_F^{\mathfrak{m}} / \mathrm{N}_{E/F}(\mathcal{I}_E^{\mathfrak{m}}) S_F^{\mathfrak{m}} \cong \mathrm{Gal}(E/F).$$

这是类域论的基本定理, 我们将用上同调群的方法去证明. 经典的证明方法是从比较两边的群的大小开始, 所谓第一不等式是指
$$[\mathcal{I}_F^{\mathfrak{m}} : \mathrm{N}_{E/F}(\mathcal{I}_E^{\mathfrak{m}}) S_F^{\mathfrak{m}}] \leqslant [E : F].$$

在下一章我们将用 L-函数去证明这个不等式.

1.8 Picard 群

此后两节要求读者有初等的代数几何知识, 可以参考 [10] 或 [24] 的第一章. 没有学过的读者可以跳过这两节.

设 S 为交换环 R 的乘性子集, 局部化 S 便得 $S^{-1}R$. 若 $\mathfrak{p}$ 是 R 的一个素理想, 取 $S = R - \mathfrak{p}$, 记 $S^{-1}R$ 为 $R_{\mathfrak{p}}$, 称此环为 R 在 $\mathfrak{p}$ 的局部化. 若 $0 \neq s \in R$, 取 $S = \{s^n : \text{整数 } n \geqslant 0\}$, 记 $S^{-1}R$ 为 $R[\frac{1}{s}]$. 若 M 为 R 模, 则记 $S^{-1}R \otimes_R M$ 为 $S^{-1}M$; 记 $R_{\mathfrak{p}} \otimes_R M$ 为 $M_{\mathfrak{p}}$.

交换环 R 的素理想组成仿射概形 $\mathrm{Spec}\, R$. 若 $S \subseteq R$, 则
$$V(S) = \{\mathfrak{p} \text{ 为 } R \text{ 的素理想} : \mathfrak{p} \supseteq S\}$$
为 $\mathrm{Spec}\, R$ 的闭集. 以 $D(S)$ 记开集 $\mathrm{Spec}\, R \setminus V(S)$. $\mathrm{Spec}\, R$ 的连通分支对应于 R 的幂等元, 即 $\mathrm{Spec}\, R$ 里同时是开和闭的集必是 $D(Re)$, 其中 $e^2 = e$. R 是整环, 只有 0 和 1 是 R 的幂等元, 于是整环 R 的 $\mathrm{Spec}\, R$ 是连通的.

以 $\mathscr{O}_R$ 记概形 $\mathrm{Spec}\, R$ 的结构层, 则对 $0 \neq s \in R$ 有 $\mathscr{O}_R(D(s)) = R[\frac{1}{s}]$. 若 M 为 R 模, 则有 $\mathscr{O}_R$ 模 $\tilde{M}$ 使得对乘性子集 S 有 $\tilde{M}(D(S)) = S^{-1}M$.

M 为交换环 R 的有限生成投射模, 则 $M_{\mathfrak{p}}$ 是局部环 $R_{\mathfrak{p}}$ 的有限生成自由模, 于是可取它的秩 $\mathrm{rank}(M_{\mathfrak{p}})$. 当交换环 R 的零理想是素理想时, 便称 R 为整环. 若 R 为整环, M 为有限生成投射 R 模, 则对任意 $\mathfrak{p} \in \mathrm{Spec}\, R$ 有 $\mathrm{rank}(M_{\mathfrak{p}}) = \mathrm{rank}(M_0)$.

1.8.1 ●

命题 1.33 设 R 为交换环, M 为 R 模. 记 $M^* = \operatorname{Hom}_R(M, R)$, 则以下条件等价.
(1) M 是常秩 1 有限生成投射 R 模.
(2) $M^* \otimes_R M \cong R$.
(3) 存在 R 模 N 使得 $N \otimes_R M \cong R$.

证明 (1) $\Rightarrow$ (2): 考虑取值映射
$$f : M^* \otimes_R M \to R : \alpha \otimes m \mapsto \alpha(m).$$

设 $\mathfrak{p} \in \operatorname{Spec}(R)$, $s \in R \setminus \mathfrak{p}$. 则
$$f_{\mathfrak{p}} M^*_{\mathfrak{p}} \otimes_{R_{\mathfrak{p}}} M_{\mathfrak{p}} \xrightarrow{\approx} (M^* \otimes_R M)_{\mathfrak{p}} \xrightarrow{f} R_{\mathfrak{p}} : \frac{\alpha}{1} \otimes \frac{m}{s} \mapsto \frac{\alpha \otimes m}{s} \mapsto \frac{\alpha(m)}{s}$$

亦为取值映射. 此外, $R_{\mathfrak{p}}$ 是局部环, $M_{\mathfrak{p}}$ 是秩 1 自由模,
$$\operatorname{rank}(M^*_{\mathfrak{p}} \otimes_{R_{\mathfrak{p}}} M_{\mathfrak{p}}) = \operatorname{rank}(M^*_{\mathfrak{p}}) \operatorname{rank}(M_{\mathfrak{p}}) = 1,$$

所以 $f_{\mathfrak{p}}$ 是同构. 由于 $\operatorname{Ker}(f)_{\mathfrak{p}} = \operatorname{Ker}(f_{\mathfrak{p}})$, $\operatorname{Cok}(f)_{\mathfrak{p}} = \operatorname{Cok}(f_{\mathfrak{p}})$, 于是 f 是同构.

(2) $\Rightarrow$ (3): 取 $N = M^*$.

(3) $\Rightarrow$ (1): 记同构 $\psi : N \otimes_R M \to R$, $\phi : R \to M \otimes_R N$. 设 $\phi(1) = \sum_i^n m_i \otimes n_i$, $\beta_i : M \to R : m \mapsto \psi(n_i \otimes m)$. 则以下合成为同构
$$\alpha : M \xrightarrow{1_R \otimes} R \otimes_R M \xrightarrow{\phi \otimes 1_M} M \otimes_R N \otimes_R M \xrightarrow{1_M \otimes \psi} M \otimes_R R \to R$$
$$m \mapsto 1 \otimes m \mapsto \sum_i m_i \otimes n_i \otimes m \mapsto \sum_i m_i \otimes \psi(n_i \otimes m) \mapsto \sum_i \beta_i(m) m_i$$

设 $m'_i = \alpha^{-1}(m_i)$. 则映射
$$M \to R^n : m \mapsto (\beta_1(m), \ldots, \beta_n(m)),$$
$$R^n \to M : (r_1, \ldots, r_n) \mapsto r_1 m'_1 + \cdots + r_n m'_n$$

合成为 $1 : M \to M$. 于是有 R 模 M' 使得 $M \oplus M' = R^n$, 因此 M 是有限生成投射模. 同理 N 是有限生成投射模. 取 R 的素理想 $\mathfrak{p}$, 则 $\operatorname{rank}((N \otimes_R M)_{\mathfrak{p}}) = \operatorname{rank}(R_{\mathfrak{p}}) = 1$, 于是 $\operatorname{rank}(N_{\mathfrak{p}}) \operatorname{rank}(M_{\mathfrak{p}}) = 1$, 所以 $\operatorname{rank}(M_{\mathfrak{p}}) = 1$. □

称有以上命题性质的 R 模 M 为**可逆模** (invertible module). 此时, 若有性质 (3), 则 (1) 和 (2) 亦成立, 于是
$$N \cong R \otimes_R N \cong M^* \otimes_R M \otimes_R N \cong M^* \otimes_R R \cong M^*.$$

记 R 模 M 的同构类为 $\langle M \rangle$. 可逆 R 模同构类所组成的集合以
$$\langle M \rangle \langle N \rangle = \langle M \otimes_R N \rangle$$

为乘法而构成交换群, 记为 Pic(R), 称为环 R 的 Picard 群. 在此群单位元 $1 = \langle R \rangle$, 逆元是 $\langle M \rangle^{-1} = \langle M^* \rangle$.

1.8.2 ●

命题 1.34 设 R 为整环, F 为 R 的分式域, M 是有限生成投射 R 模. 则 M 为可逆模当且仅当 M 与 F 的非零 R-子模同构.

证明 R 为整环, 于是 M 为常秩. 若 M 是可逆模, 则 $\text{rank}(M_0) = 1$, 于是 $F \otimes_R M = M_0 \overset{\phi}{\cong} R_0 = F$. 这样从单态射 $M \to F : m \mapsto \phi(1_F \otimes m)$ 知 M 与 F 的非零 R-子模同构.

若有 R 模单态射 $\psi : M \to F$, 取 $0 \neq m_o \in M$, 验证 $u/v \mapsto (u\psi(m_o))/v$ 是 $F \to F \otimes_R M$ 是 R 模同构. □

设 R 为整环, F 为 R 的分式域. 若以下等价条件成立, 则称 F 的非零 R-子模 M 是 F 的分式理想:
(1) 存在非零 $a, b \in F$ 使得 $aR \subseteq M \subseteq bR$.
(2) R 内存在非零理想 $\mathfrak{a}$, 且有非零 $c \in F$ 使得 $M = c\mathfrak{a}$.

记 $\bar{M} = \{x \in F : xM \subseteq R\}$.

命题 1.35 设 R 为整环, F 为 R 的分式域, M 是 F 的非零 R-子模. 则以下条件等价:
(1) M 是 F 的分式理想, $M\bar{M} = R$.
(2) M 是有限生成投射 R 模.

当 M, N 满足以上条件时, 映射
$$M \otimes_R N \to MN : \sum_i m_i \otimes n_i \mapsto \sum_i m_i n_i$$
是同构, 并且 $\bar{M} \cong M^*$.

证明 (1) $\Rightarrow$ (2): 因为 $R = M\bar{M}$, 设 $1 = m_1 n_1 + \cdots + m_r n_r$, $m_i \in M, n_i \in \bar{M}$. 定义同态 $\iota : M \to R^r : m \mapsto (mn_1, \ldots, mn_r)$ 和 $\pi : R^r \to M : (x_1, \ldots, x_r) \mapsto x_1 m_1 + \cdots + x_r m_r$, 则 $\pi\iota = 1$. 于是 $R^r = \text{Img}(\iota) \oplus \text{Ker}(\pi) \cong M \oplus \text{Ker}(\pi)$.

(2) $\Rightarrow$ (1): 按假设 M 是 F 的非零 R-子模, 取 $0 \neq a \in M \subset F$, 则 $aR \subset M$. 另一方面, 设 $r_i, s_i \in R$ 使得 $r_1/s_1, \ldots, r_n/s_n$ 生成 R 模 M. 设 $b = 1/(s_1 \ldots b_n)$. 则 $M \subset bR$.

M 是有限生成投射 R 模. 于是有同态 $\iota : M \to R^r$, $\pi : R^r \to M$ 使得 $\pi\iota = 1$. 记 $\iota(m) = (f_1(m), \ldots, f_r(m))$; $\pi(x_1, \ldots, x_r) = x_1 m_1 + \cdots + x_r m_r$, 其中 $m_1 = \pi(1, 0, \ldots, 0)$, $m_2 = \pi(0, 1, 0, \ldots, 0)$ 等. 则 $m = f_1(m) m_1 + \cdots + f_r(m) m_r$. 设 $m, m' \in M$. 则有 $r, r', s \in R$ 使得 $m = r/s$, $m' = r'/s$. 于是 $m f_i(m') = (1/s) f_i(rr'/s) =$

$m'f_i(m)$. 若 $0 \neq m \in M$, 取 $n_i = m^{-1}f_i(m)$, 则 $f_i(m) = mn_i$, $n_i \in \bar{M}$. 此时 $0 \neq m = mn_1m_1 + \cdots + mn_rm_r \in M \subset F$, 于是 $1 = m_1n_1 + \cdots + m_rn_r$. 由此 $M\bar{M} = R$.

其余证明留给读者. □

1.8.3 •

设 $\mathcal{O}$ 为 Dedekind 环, F 为 $\mathcal{O}$ 的分式域. F 的分式理想按理想的乘法成为分式理想群 $\mathcal{I}_F$, 主分式理想组成 $\mathcal{P}_F := \{a\mathcal{O}_F : a \in F^\times\}$, F 的理想类群是商群 $Cl_F = \mathcal{I}_F/\mathcal{P}_F$.

命题 1.36 Dedekind 环 $\mathcal{O}$ 的分式域 F 的理想类群 Cl_F 与 $\mathcal{O}$ 的 Picard 群 $\mathrm{Pic}(\mathcal{O})$ 同构.

证明 按前述 $\mathrm{Pic}(\mathcal{O})$ 的元素可表达为 $\langle I \rangle$, 其中 I 为分式理想, 并满足 $I\bar{I} = \mathcal{O}$, 记 I 的理想类为 $[I] \in Cl_F$. 则映射 $\langle I \rangle \mapsto [I]$ 为同态, 并且 $[\bar{I}] = [I]^{-1}$.

另一方面, Cl_F 的元素 $[I]$ 有逆元 $[J]$, 即 $IJ = c\mathcal{O}$, 于是 $I \otimes c^{-1}J = \mathcal{O}$. 所以 $c^{-1}J \cong I^* \cong \bar{I}$, 因此 $I\bar{I} = \mathcal{O}$. □

1.9 Grothendieck 群

投射模见 [19] 的 13.2 节.

1.9.1 •

设 R 是环, 以 $\langle P \rangle$ 记 R 模 P 的同构类, 以有限生成的投射 R 模的同构类为生成元的自由交换群记为 $\mathcal{F}$. 在 $\mathcal{F}$ 内取由以下的生成元所生的子群 $\mathcal{R}$: $\langle P' \rangle + \langle P'' \rangle - \langle P' \oplus P'' \rangle$, 其中 P', P'' 遍历所有有限生成的投射 R 模. 称商群 $\mathcal{F}/\mathcal{R}$ 为环 R 的 Grothendieck 群, 并记为 $K_0(R)$. $\langle P \rangle$ 在 $K_0(R)$ 的像记为 $[P]$, 于是

$$[\oplus_{i=1}^n P_i] = \sum_{i=1}^n [P_i].$$

$K_0(R)$ 的元可表达为 $\sum_i [P_i] - \sum_j [Q_j] = [\oplus_i P_i] - [\oplus_j Q_j]$, 于是可以说: $K_0(R)$ 的任一元素可表达为 $[P] - [Q]$.

在自由交换群 $\mathcal{F}$ 中

$$\langle P_1 \rangle + \cdots + \langle P_k \rangle = \langle Q_1 \rangle + \cdots + \langle Q_k \rangle$$

当且仅当存在置换 π 使 $P_1 \cong Q_{\pi(1)}, \ldots, P_k \cong Q_{\pi(k)}$. 于是有

$$P_1 \oplus \cdots \oplus P_k \cong Q_1 \oplus \cdots \oplus Q_k.$$

现设 $[P] = [Q]$, 即在 $\mathcal{F}$ 中有

$$\langle P \rangle - \langle Q \rangle = \sum_i (\langle P_i \rangle + \langle Q_i \rangle - \langle P_i \oplus Q_i \rangle) - \sum_j (\langle P'_j \rangle + \langle Q'_j \rangle - \langle P'_j \oplus Q'_j \rangle),$$

于是

$$\langle P \rangle + \sum \langle P_i \oplus Q_i \rangle + \sum \langle P'_j \rangle + \sum \langle Q'_j \rangle = \langle Q \rangle + \sum \langle P_i \rangle + \sum \langle Q_i \rangle + \sum \langle P'_j \oplus Q'_j \rangle.$$

取 $X = \oplus_i P_i \oplus \oplus_i Q_i \oplus \oplus_j P'_j \oplus \oplus_j Q'_j$, 则得 $P \oplus X \cong Q \oplus X$. X 是有限生成的投射 R 模, 于是有 R 模 Y 使得 $X \oplus Y \cong R^n$, 因此 $P \oplus R^n \cong Q \oplus R^n$. 这样得以下命题.

命题 1.37 设 P, Q 是有限生成的投射 R 模. 则在 $K_0(R)$ 内 $[P] = [Q]$ 当且仅当存在整数 $n \geqslant 0$ 使得 $P \oplus R^n \cong Q \oplus R^n$.

1.9.2 ●

设 R 是交换环. 取乘法

$$[P][Q] = [P \otimes_R Q],$$

则 $K_0(R)$ 是交换环. 若有环同态 $R \to S$, 则用 $[M] \mapsto [S \otimes_R M]$ 得环同态 $K_0(R) \to K_0(S)$.

在 $\mathbb{Z}$ 上取离散拓扑, 以 $C(\operatorname{Spec} R, \mathbb{Z})$ 记由所有从 $\operatorname{Spec} R$ 到 $\mathbb{Z}$ 的连续函数所组成的环. 设 $f \in C(\operatorname{Spec} R, \mathbb{Z})$. 因为 $\operatorname{Spec} R$ 是紧拓扑空间, 所以 $f(\operatorname{Spec} R)$ 是离散拓扑空间 $\mathbb{Z}$ 的紧集, 于是是有限集, 即有 $n_i \in \mathbb{Z}$ 使得 $f(\operatorname{Spec} R) = \{n_1, \ldots, n_r\}$. 因为 $\{n_i\}$ 是 $\mathbb{Z}$ 的开和闭集, 所以 $f^{-1}(n_i)$ 是 $\operatorname{Spec} R$ 的开和闭集, 因此有 R 的幂等元 e_i 使得 $f^{-1}(n_i) = D(Re_i)$. 对 $i \neq j$, 从 $f^{-1}(n_i) \cap f^{-1}(n_j) = \emptyset$ 得 $e_i e_j = 0$. 从 $\cup_i f^{-1}(n_i) = \operatorname{Spec} R$ 得 $R = Re_1 + \cdots + Re_r$.

设 $\theta(f) = \sum_i n_i [Re_i] \in K_0(R)$. 虽然集合 $\{e_i\}$ 并不是由 f 唯一决定, 但是可以取更细的分割使得 $e_i = \sum_j e_{ij}$, 这样便有 $D(Re_i) = \sqcup_j D(Re_{ij})$ 和 $Re_i = \oplus_j Re_{ij}$, 于是在 $K_0(R)$ 有 $\sum_i n_i \sum_j [Re_{ij}] = \sum_i n_i [Re_i]$. 这样便知 $\theta(f)$ 是确切定义的.

M 为有限生成投射 R 模, 则 $M_{\mathfrak{p}}$ 是局部环 $R_{\mathfrak{p}}$ 的有限生成自由模, 于是可取它的秩 $\operatorname{rank}(M_{\mathfrak{p}})$, 并记为 $\rho_M(\mathfrak{p})$.

命题 1.38 设 R 是交换环.

(1) M 为有限生成投射 R 模, 则 $\rho_M : \operatorname{Spec} R \to \mathbb{Z} : \mathfrak{p} \mapsto \rho_M(\mathfrak{p})$ 是连续函数.
(2) $\rho : K_0(R) \to C(\operatorname{Spec} R, \mathbb{Z}) : [M] \mapsto \rho_M$ 是环同态.
(3) $\theta : C(\operatorname{Spec} R, \mathbb{Z}) \to K_0(R)$ 是环同态.
(4) $\rho \circ \theta = 1$.
(5) 以 $j : \operatorname{Ker} \rho \hookrightarrow K_0(R)$ 记包含映射, 以 $p([M]) = [M] - \theta(\rho_M)$ 定义 $p : K_0(R) \to \operatorname{Ker} \rho$, 则 $p \circ j = 1$.

(6) $K_0(R) \cong C(\operatorname{Spec} R, \mathbb{Z}) \oplus \operatorname{Ker} \rho$.

证明 (1) 以 $\operatorname{Ann} M$ 记模 M 的零化子 (见 [19] §7.3), 层 $\tilde{M}$ 的支集 $\operatorname{Spt}\tilde{M} = \{\mathfrak{p} \in \operatorname{Spec} R : M_\mathfrak{p} \neq 0\}$. 若 M 是有限生成, 则 $\operatorname{Spt}\tilde{M} = V(\operatorname{Ann} M)$, 即 $\{\mathfrak{p} : M_\mathfrak{p} = 0\} = D(\operatorname{Ann} M)$.

设 $M \oplus N \cong R^n$. 则 $\rho_M(\mathfrak{p}) + \rho_N(\mathfrak{p}) = n$. 这样若 $m < 0$ 或 $m > n$, 则 $\rho_M^{-1}(m) = \emptyset$ 是开集. 余下设 $0 \leqslant m \leqslant n$. 则

$$\begin{aligned}
\rho_M^{-1}(m) &= \{\mathfrak{p} : \operatorname{rank}(M_\mathfrak{p}) \leqslant m\} \cap \{\mathfrak{p} : \operatorname{rank}(M_\mathfrak{p}) \geqslant m\} \\
&= \{\mathfrak{p} : \operatorname{rank}(M_\mathfrak{p}) \leqslant m\} \cap \{\mathfrak{p} : \operatorname{rank}(M_\mathfrak{p}) \leqslant n - m\} \\
&= \{\mathfrak{p} : \operatorname{rank}((\wedge^{m+1} M)_\mathfrak{p}) = 0\} \cap \{\mathfrak{p} : \operatorname{rank}((\wedge^{n-m+1} M)_\mathfrak{p}) = 0\} \\
&= D(\operatorname{Ann}(\wedge^{m+1} M)) \cap D(\operatorname{Ann}(\wedge^{n-m+1} M)),
\end{aligned}$$

于是 $\rho_M^{-1}(m)$ 是开集.

(2) 留给读者证明.

(3) 取 $C(\operatorname{Spec} R, \mathbb{Z})$ 的幺元 $1 : \mathfrak{p} \mapsto 1$, 则 $\theta(1) = [R]$ 是 $K_0(R)$ 的幺元. 设 $f, g \in C(\operatorname{Spec} R, \mathbb{Z})$, 取共同加细分割后, 可假设有幂等元 $\{e_i\}$ 使得 $\theta(f) = \sum_i n_i [Re_i]$, $\theta(g) = \sum_i m_i [Re_i]$. 于是 $\theta(f+g) = \theta(f) + \theta(g)$. 另一方面, 从

$$Re_i \otimes_R Re_j = \begin{cases} Re_i, & i = j, \\ 0, & i \neq j, \end{cases}$$

便得 $\theta(fg) = \theta(f)\theta(g)$.

(4) 设 $f \in C(\operatorname{Spec} R, \mathbb{Z})$, 取幂等元 $\{e_i\}$ 使得 $1 = e_1 + \cdots + e_n$, $e_i e_j = \delta_{ij}$, $\mathfrak{p} \in D(Re_i) \Rightarrow f(\mathfrak{p}) = n_i$.

因为 $\wedge^2 Re_1 = 0$, 所以 $\Rightarrow \operatorname{rank}((Re_1)_\mathfrak{p}) \leqslant 1$. 这样

$$\begin{aligned}
\{\mathfrak{p} : \operatorname{rank}((Re_1)_\mathfrak{p}) = 0\} \\
= D(\operatorname{Ann}(Re_1)) = D(Re_2 + \cdots + De_n) \\
= \cup_{i=2}^n D(Re_i).
\end{aligned}$$

因为 $\operatorname{Spec} R = \cup_{i=1}^n D(Re_i)$, 于是

$$\operatorname{rank}((Re_1)_\mathfrak{p}) = \begin{cases} 1, & (\mathfrak{p} \in D(Re_1)), \\ 0, & (\mathfrak{p} \in D(Re_1), i \geqslant 2). \end{cases}$$

同理得

$$\operatorname{rank}((Re_i)_\mathfrak{p}) = \begin{cases} 1, & (\mathfrak{p} \in D(Re_i)), \\ 0, & (\mathfrak{p} \in D(Re_j), i \neq j). \end{cases}$$

但是 $\theta(f) = \sum_i n_i [Re_i] = [(Re_1)^{n_1} \oplus \cdots \oplus (Re_n)^{n_n}]$, 而从以上计算得

$$\mathfrak{p} \in D(Re_i) \Rightarrow \text{rank}(((Re_1)^{n_1} \oplus \cdots \oplus (Re_n)^{n_n})_\mathfrak{p}) = n_i,$$

于是对 $\mathfrak{p} \in D(Re_i)$ 有 $\rho \circ \theta(f)(\mathfrak{p}) = n_i$, 即 $\rho \circ \theta(f) = f$.

(5) 直接算出.

(6) 由上可得. □

若 R 为整环, 则 $\text{Spec}\, R$ 是连通的. 若 M 为有限生成投射 R 模, 则从命题之 (1) 得: 对任意的 $\mathfrak{p} \in \text{Spec}\, R$, 有 $\text{rank}(M_\mathfrak{p}) = \text{rank}(M_0)$.

命题 1.39 设 R 是交换环, 定义映射 $\iota : \text{Pic}\, R \to \text{Ker}\, \rho$ 为 $\iota(\langle M \rangle) = [M] - [R]$. 若 $[M] - [R^m] \in \text{Ker}\, \rho$, 取 $\lambda([M] - [R^m]) = \langle \wedge^m M \rangle$, 则如此确切定义了群同态 $\lambda : \text{Ker}\, \rho \to \text{Pic}\, R$, 并且 $\lambda \circ \iota = 1$.

证明 $\text{Ker}\, \rho$ 的任何元素可表达为 $[M] - [R^m]$, 其中 M 是常秩为 m 的有限生成投射 R 模. 若 $[M] - [R^m] = [N] - R^n$, 则 $[M \oplus R^n] = [N \oplus R^m]$, 于是有 k 使得 $M \oplus R^{n+k} \cong N \oplus R^{m+k}$,

$$\wedge^{m+n+k}(M \oplus R^{n+k}) \cong \oplus_{j=0}^{m+n+k} (\wedge^j M) \otimes (\wedge^{m+n+k-j} R^{n+k})$$
$$\cong (\wedge^m M) \otimes (\wedge^{n+k} R^{n+k}) \cong (\wedge^m M) \otimes R$$
$$\cong (\wedge^m M).$$

同理 $\wedge^{m+n+k}(N \oplus R^{m+k}) \cong \wedge^n N$. 现从 $M \oplus R^{n+k} \cong N \oplus R^{m+k}$ 得 $\wedge^m M \cong \wedge^n N$, 映射 λ 是确切定义的.

由于

$$([M] - [R^m]) + ([N] - [R^n]) = [M \oplus N] - [R^{m+n}],$$
$$\wedge^{m+n}(M \oplus N) = (\wedge^m M) \otimes (\wedge^n N),$$

所以

$$\lambda(([M] - [R^m]) + ([N] - [R^n])) = \lambda([M] - [R^m])\lambda([N] - [R^n]).$$

取可逆模 M,

$$\lambda\iota(\langle M \rangle) = \lambda([M] - [R]) = \langle M \rangle \quad (M \text{ 是 } 1 \text{ 秩}). \quad \square$$

设 $\det = \lambda \circ p : K_0(R) \to \text{Pic}\, R$, 称此为交换环 R 的行列式映射. 下图为以上讨论的概要:

$$\text{Pic}\, R \xrightarrow{\iota} \text{Ker}\, \rho \xrightarrow{j} K_0(R) \xrightarrow{\rho} C(\text{Spec}\, R, \mathbb{Z})$$

（带虚线反向映射 λ, p, θ, 及 $\det$）

1.9.3 ●

引理 1.40 设 $\mathcal{O}$ 是 Dedekind 环. 则非零有限生成的投射 $\mathcal{O}$ 模同构于可逆 $\mathcal{O}$ 模的直和.

证明 设 $M \neq 0$. 因为 $\mathcal{O}$ 是整环, 秩 $\text{rank}(M_\mathfrak{p})$ 与 $\mathfrak{p}$ 无关, 我们可以对 $\text{rank}(M_0)$ 做归纳证明. 设 $M \oplus N \cong \mathcal{O}^n$, 如此有单射 $\alpha : M \hookrightarrow \mathcal{O}^n$. 以 $\pi_i : \mathcal{O}^n \to \mathcal{O}$ 记投射至第 i 个坐标, 则 $\pi_i \alpha : M \to \mathcal{O}$ 不会全是零. 取 i 使得 $\pi_i \alpha \neq 0$ 和 $I = \pi_i \alpha(M)$, 则 I 为 $\mathcal{O}$ 的非零理想. 利用 I 是投射模, 从满射 $\pi_i \alpha : M \to I$ 得 $M \cong I \oplus M'$, 其中 $\text{rank}(M'_0) = \text{rank}(M_0) - 1$. 因为 I 是可逆模, 按归纳证毕. □

定理 1.41 设 $\mathcal{O}$ 是 Dedekind 环, F 为 $\mathcal{O}$ 的分式域.
(1) $\iota : \text{Pic}\,\mathcal{O} \to \text{Ker}\,\rho : \langle M \rangle \mapsto [M] - [\mathcal{O}]$ 是群同构.
(2) $K_0(\mathcal{O}) \cong \mathbb{Z} \oplus \text{Pic}\,\mathcal{O} \cong \mathbb{Z} \oplus Cl_F$.

证明 Dedekind 环是整环, 于是 $\text{Spec}\,\mathcal{O}$ 是连通的, 所以 $C(\text{Spec}\,\mathcal{O}, \mathbb{Z}) \cong \mathbb{Z}$. 用 (1)、命题 1.38 和同构 $\text{Pic}\,\mathcal{O} \cong Cl_F$ 便得 (2). (1) 的证明分为三步:

[1] 证明: ι 是群同态.
[2] 证明: ι 是单射.
[3] 证明: ι 是满射.

[1] ι 是群同态是指对可逆 $\mathcal{O}$ 模 M, N 有 $\iota \langle M \rangle + \iota \langle N \rangle = \iota(\langle M \rangle \langle N \rangle)$, 即 $([M] - [\mathcal{O}]) + ([N] - [\mathcal{O}]) = [M \otimes_\mathcal{O} N] - [\mathcal{O}]$, 也就是 $[M \oplus N] = [(M \otimes_\mathcal{O} N) \oplus \mathcal{O}]$. 于是只需证明: 若 I, J 是 $\mathcal{O}$ 的非零理想, 则 $I \oplus J \cong IJ \oplus \mathcal{O}$.

为此先假设 $I + J = \mathcal{O}$. 于是有 $a \in I, b \in J$ 使得 $1 = a + b$. 取 $x \in I \cap J$, 则 $x = xa + xb \in IJ$, 即 $I \cap J \subseteq IJ$. 反过来由于 I, J 是理想, 显然 $IJ \subseteq I \cap J$. 由 $(u, v) \mapsto u + v$ 给出的满射 $I \otimes J \to \mathcal{O}$ 的核是 $\{(u, -u) : u \in I \cap J\} \cong I \cap J$. $\mathcal{O}$ 是自由 $\mathcal{O}$ 模, 于是是投射 $\mathcal{O}$ 模, 所以从以上满射得 $I \oplus J \cong (I \cap J) \oplus \mathcal{O}$.

余下考虑任意的非零 I, J. 取 $0 \neq x \in I$, 则 $I | x\mathcal{O}$. 由于 $\mathcal{O}$ 是 Dedekind 环, 存在理想 I_1 使得 $x\mathcal{O} = II_1$. 此外 $I_1/I_1 J$ 是 $\mathcal{O}/I_1 J$ 的主理想, 于是有 $y \in \mathcal{O}$ 使得 $I_1 = I_1 J + y\mathcal{O}$, 因此 $x\mathcal{O} = xJ + yI$. 引入分式理想 $I' = x^{-1}yI$, 于是作为 $\mathcal{O}$ 模 I' 与 I 同构. 从 $x\mathcal{O} = xJ + xI'$ 得 $\mathcal{O} = J + I'$, 于是 $I' \subseteq \mathcal{O}$, I' 是 $\mathcal{O}$ 的理想. 这样, 根据上一段便得所求的 $I \oplus J \cong IJ \oplus \mathcal{O}$.

[2] 由 $\lambda \circ \iota = 1$ 可得.
[3] 根据前引理 $\iota(\text{Pic}\,\mathcal{O})$ 生成加法群 $\text{Ker}\,\rho$. □

习 题

1. 证明: 数域 F 的元素 a 为代数整数当且仅当 a 在有理数域 $\mathbb{Q}$ 上的最小多项式属于 $\mathbb{Z}[X]$.

2. 设首一多项式 $f(X) \in \mathbb{Z}[X]$. 证明: $f(X)$ 任一根是代数整数.

3. 证明: 数域 F 的元素 a 为代数整数当且仅当 $\mathbb{Z}[a]$ 是有限生成自由 $\mathbb{Z}$ 模.

4. 设 $f(X) = X^m + a_1 X^{m-1} + \cdots + a_m$, 其中 $a_1, \ldots, a_m$ 是代数整数. 证明: 若 $f(b) = 0$, 则 b 是代数整数.

5. 证明: $r \in \mathbb{Q}$ 是代数整数当且仅当 $r \in \mathbb{Z}$.

6. 设 a 为代数整数, $a \neq 0$. 以 $m(X)$ 记 a 在 $\mathbb{Q}$ 上的最小多项式. 证明: $\frac{1}{a}$ 是代数整数当且仅当 $m(0) = \pm 1$.

7. 设首一多项式 $f(X) \in \mathbb{Z}[X]$. 若有数域 F 的元素 a 使得 $f(a)$ 代数整数, 证明: a 是代数整数.

8. 证明: 环 $\mathbb{C}[X, Y, Z]/(X^2 + Y^2 + Z^2 - 1)$ 的元素是没有素因子幂乘积的唯一分解. (提示: $(1+Z)(1-Z) = (X+iY)(X-iY)$.)

9. 证明: $\mathbb{Z}[\sqrt{-1}]$ 是主理想环.

10. 以 $\mathcal{O}_F$ 记数域 F 的代数整数环. 证明: $\mathcal{O}_F$ 的任一理想可以用不超过两个元素生成. 举例一个数域 F 使得 $\mathcal{O}_F$ 不是主理想环.

11. 设有正整数 d 使得没有整数 $n^2 | d$. 以 $\mathcal{O}$ 记 $\mathbb{Q}$ 的二次扩张 $\mathbb{Q}(\sqrt{d})$ 的代数整数环. 证明:

    (1) 若 $d \equiv 2, 3 \bmod 4$, 则 $\mathcal{O} = \mathbb{Z} + \mathbb{Z}\sqrt{d}$.
    (2) 若 $d \equiv 1 \bmod 4$, 则 $\mathcal{O} = \mathbb{Z} + \mathbb{Z}(\frac{1}{2}(-1+\sqrt{d}))$.

12. 设 p 为素数, $p \nmid a$. 定义 Legendre 符号

    $$\left(\frac{a}{p}\right) = \begin{cases} 1, & \text{若有整数 } x \text{ 使得 } x^2 \equiv a \mod p, \\ -1, & \text{若没有整数 } x \text{ 使得 } x^2 \equiv a \mod p. \end{cases}$$

    设有正整数 d 使得没有整数 $n^2 | d$, 设

    $$\delta = \begin{cases} 4d, & \text{若 } d \equiv 2, 3 \mod 4, \\ d, & \text{若 } d \equiv 1 \mod 4. \end{cases}$$

    取素数 $p > 2$, 在 $\mathbb{Q}(\sqrt{d})$ 的代数整数环 $\mathcal{O}$ 内证明:

    (1) 若 $p \nmid \delta$ 和 $(\frac{d}{p}) = -1$, 则 (p) 为 $\mathcal{O}$ 的素理想.
    (2) 若 $p \nmid \delta$ 和 $(\frac{d}{p}) = 1$, 则 $\mathcal{O}$ 有素理想 $\mathfrak{p} \neq \mathfrak{p}'$ 使得 $(p) = \mathfrak{p}\mathfrak{p}'$.
    (3) 若 $p | \delta$, 则 $\mathcal{O}$ 有素理想 $\mathfrak{p}$ 使得 $(p) = \mathfrak{p}^2$.

13. 设 d 和 δ 如上题. 在 $\mathbb{Q}(\sqrt{d})$ 的代数整数环 $\mathcal{O}$ 内证明:

    (1) 若 $2 \nmid \delta$ 和 $d \equiv 5 \bmod 8$, 则 (2) 为 $\mathcal{O}$ 的素理想.
    (2) 若 $2 \nmid \delta$ 和 $d \equiv 1 \bmod 8$, 则 $\mathcal{O}$ 有素理想 $\mathfrak{p} \neq \mathfrak{p}'$ 使得 $(2) = \mathfrak{p}\mathfrak{p}'$.
    (3) 若 $2 | \delta$, 则 $\mathcal{O}$ 有素理想 $\mathfrak{p}$ 使得 $(2) = \mathfrak{p}^2$.

14. 设 d 为无平方因子的整数, 取 δ 如上, 以 ζ_n 记 n 次本原单位根. 证明: $\mathbb{Q}(\zeta_{|\delta|})$ 是包含 $\mathbb{Q}(\sqrt{d})$ 的最小分圆域.

15. 证明: $f(X) = X^3 - X - 1$ 是 $\mathbb{Q}$ 上不可约多项式. 设 $\alpha \in \mathbb{C}$ 为 $f(X)$ 的根. 证明: $\{1, \alpha, \alpha^2\}$ 是 $\mathbb{Q}(\alpha)$ 的一组整基.

16. 设 $\omega = \frac{1}{2}(-1 + \sqrt{-3})$. 证明: (1) ω 是 3 次本原单位根; (2) $\mathbb{Z}[\omega]$ 是主理想环. 在环 $\mathbb{Z}[\omega]$ 内证明: (3) $(1-\omega)$ 是素理想, $1-\omega$ 是素元; (4) $3 = -\omega^2(1-\omega)^2$; (5) 若素数 $p \in \mathbb{Z}$ 满足 $p \equiv 2 \bmod 3$, 则 p 是素元; (6) 若素数 $p \in \mathbb{Z}$ 满足 $p \equiv 1 \bmod 3$, 则 $p = \pi\bar{\pi}$, $\bar{\pi}$ 是素元 π 的复数共轭.

17. 证明: 整数环 $\mathbb{Z}$ 的单位元 (即乘法可逆元) 是 $1, -1$. 设 $\omega = \frac{1}{2}(-1 + \sqrt{-3})$. 证明: $\mathbb{Z}[\omega]$ 的单位元是 $1, -1, \omega, -\omega, \omega^2, -\omega^2$.

18. 设有正整数 d 使得没有整数 $n^2 | d$. 以 U_d 记 $\mathbb{Q}$ 的二次扩张 $\mathbb{Q}(\sqrt{d})$ 的代数整数环的单位元子群, 证明:

    (1) $U_{-1} = \{1, -1, i, -i\}$.
    (2) $U_{-3} = \{\pm 1, \pm \omega, \pm \omega^2\}$, $\omega = (-1 + \sqrt{-3})/2$.
    (3) 当 $d < -3$ 或 $d = -2$ 时, $U_d = \{1, -1\}$.
    (4) 当 $d > 0$, 存在实数 $u > 1$ 使得 $U_d = \{\pm u^n : n \in \mathbb{Z}\}$.

19. 设 R 为 Dedekind 环, F 为 R 的分式域, $\{\mathfrak{p}_1, \ldots, \mathfrak{p}_m\}$ 是一组各不相同的素理想. 设 $n_i \in \mathbb{Z}$, $1 \leq i \leq m$. 证明: 存在 $x \in F$, 分式理想 $\mathfrak{b}$ 使得 $\mathfrak{b}$ 与 $\mathfrak{p}_i$ 互素, 并且 $aR = \mathfrak{p}_1^{n_1} \ldots \mathfrak{p}_m^{n_m} \mathfrak{b}$.

20. 设 R 为 Dedekind 环, F 为 R 的分式域, $\{\mathfrak{a}_1, \ldots, \mathfrak{a}_m\}$ 是一组每对互素的理想. 设 $\mathfrak{b}_i = \prod_{j \neq i} \mathfrak{a}_j$. 证明: $\mathfrak{b}_1 + \cdots + \mathfrak{b}_m = R$.

21. 设 $F/\mathbb{Q}$ 是有限 Galois 扩张. 以 $\bar{x}$ 是素元 $x \in F$ 的复数共轭, 取 $0 \neq a \in \mathcal{O}_F$. 证明:
$$\sum_{\sigma \in \mathrm{Gal}(F/\mathbb{Q})} \sigma(a)\overline{\sigma(a)} \geq [F : \mathbb{Q}].$$

22. 设 $\mathcal{O}$ 为 Dedekind 环, F 为 $\mathcal{O}$ 的分式域, E/F 为有限域扩张. 以 $\mathcal{O}_E$ 记 $\mathcal{O}$ 在 E 内的整闭包. 在不必假设 E/F 为可分扩张的条件下, 证明: $\mathcal{O}_E$ 亦是 Dedekind 环.

23. 设 E/F 是有限 Galois 扩张, $\mathfrak{p}$ 是 F 的无分歧素理想, E 的素理想 $\mathfrak{P}|\mathfrak{p}$. 以 $\mathscr{F}_{E/F}(\mathfrak{p})$ 记 Frobenius 自同构 $\left[\frac{E/F}{\mathfrak{P}}\right]$ 的共轭类. 设 $\sigma \in \mathscr{F}_{E/F}(\mathfrak{p})$ 的阶是 f, 即 σ 所生成的子群是 $\langle \sigma \rangle = \{1, \sigma, \ldots, \sigma^{f-1}\}$. 证明:

    (1) $\mathfrak{p}$ 在 E 内分解为 $[\mathrm{Gal}(E/F) : \langle \sigma \rangle]$ 个素理想.
    (2) $\mathfrak{p}$ 在 E 内完全分裂当且仅当 $\mathscr{F}_{E/F}(\mathfrak{p}) = \{1\}$.
    (3) 证明: 对 $a \in \mathcal{O}_E$ 有 $\left[\frac{E/F}{\mathfrak{P}}\right]a \equiv a^{\mathfrak{N}(\mathfrak{p})}$, 其中 $\mathfrak{N}(\mathfrak{p}) = |\mathcal{O}_F/\mathfrak{p}|$.

24. 设 ζ 是 n 次本原单位根. 证明: $\mathbb{Q}(\zeta)$ 的代数整数环是 $\mathbb{Z}[\zeta]$.

25. 设 ζ_n 是 n 次本原单位根. 证明: $\mathbb{Q}(\zeta_m, \zeta_n) = \mathbb{Q}(\zeta_{mn})$.

26. 设 p 为素数, ζ 是 p 次本原单位根. 证明: $(1-\zeta)$ 是环 $\mathbb{Z}[\zeta]$ 的素理想, 并且 $(p) = (1-\zeta)^{p-1}$.

27. 设 E/F 是数域有限 Galois 扩张, $E = F(\alpha)$, $f(x) \in \mathcal{O}_F[x]$ 是 x 在 F 上的最小多项式. 设有 $\mathcal{O}_F$ 的素理想 $\mathfrak{p}$ 使得 $f(x) \bmod \mathfrak{p}$ 是可分多项式. 则

    (1) 证明: $\mathfrak{p}$ 在 E 是无分歧的.

(2) 若 $f \equiv f_1 \ldots f_g \bmod \mathfrak{p}$, 其中 $f_i \bmod \mathfrak{p}$ 是各不相同并不可约. 设 $\mathfrak{P}_i = \mathfrak{p}\mathcal{O}_E + f_i(\alpha)\mathcal{O}_E$. 证明: $\mathfrak{P}_i$ 是 $\mathcal{O}_E$ 的素理想, 当 $i \neq j$ 时, $\mathfrak{P}_i \neq \mathfrak{P}_j$, 且 $\mathfrak{p}\mathcal{O}_E = \mathfrak{P}_1 \ldots \mathfrak{P}_g$.

(3) 证明: $\mathfrak{p}$ 在 E 完全分裂当且仅当存在 $\beta \in \mathcal{O}_F$ 使得 $f(\beta) = 0 \bmod \mathfrak{p}$.

28. 设 $\omega = \frac{1}{2}(-1 + \sqrt{-3})$, π 为 $\mathbb{Z}[\omega]$ 的素元, 并且 π 不整除 3.

    (1) 证明: $x^3 - 1 \equiv (x-1)(x-\omega)(x-\omega^2) \bmod \pi$.
    (2) 证明: 若 π 不整除 $a \in \mathbb{Z}[\omega]$, 则 $a^{(N(\pi)-1)/3} \equiv 1, \omega, \omega^2 \bmod \pi$. 定义 $\left(\frac{a}{\pi}\right)_3$ 为唯一的单位立方根使得
    $$a^{(N(\pi)-1)/3} \equiv \left(\frac{a}{\pi}\right)_3 \bmod \pi.$$
    (3) 证明: 若 $a \equiv b \bmod \pi$, 则 $\left(\frac{a}{\pi}\right)_3 = \left(\frac{b}{\pi}\right)_3$.
    (4) 证明: $\left(\frac{ab}{\pi}\right)_3 = \left(\frac{a}{\pi}\right)_3 \left(\frac{b}{\pi}\right)_3$.

29. 设 $F = \mathbb{Q}(\sqrt{-3})$, $E = F(\sqrt[3]{2})$, $\omega = \frac{1}{2}(-1 + \sqrt{-3})$.

    (1) 证明: $\mathcal{O}_F = \mathbb{Z}[\omega]$. $\mathcal{O}_F$ 的任一素理想可表为 $\mathfrak{p} = \pi\mathcal{O}_F$, 其中 π 是 $\mathbb{Z}[\omega]$ 的不可约元.
    (2) 证明: 若 π 不整除 6, 则 $\mathfrak{p}$ 在 E/F 为无分歧的.
    (3) 设 E 的素理想 $\mathfrak{P}$ 整除 $\mathfrak{p}$. 证明: $(\sqrt[3]{2})^{N(\pi)} \equiv 2^{(N(\pi)-1)/3}\sqrt[3]{2} \bmod \mathfrak{P}$.
    (4) 证明:
    $$\left(\frac{E/F}{\mathfrak{p}}\right)(\sqrt[3]{2}) = \left(\frac{2}{\pi}\right)_3 \cdot \sqrt[3]{2}.$$

30. K 为数域, 设
    $$\delta(K) = \frac{\log |\mathfrak{d}_{K/\mathbb{Q}}|}{[K:\mathbb{Q}]}.$$
    取数域 F, K, 记 $[F:\mathbb{Q}] = n$, $[K:\mathbb{Q}] = m$. 假设判别式满足条件 $\gcd(\mathfrak{d}_{F/\mathbb{Q}}, \mathfrak{d}_{K/\mathbb{Q}}) = 1$. 证明:

    (1) $\mathfrak{d}_{FK/\mathbb{Q}} = \mathfrak{d}_{F/\mathbb{Q}}^m \mathfrak{d}_{K/\mathbb{Q}}^n$.
    (2) $\delta(FK) = \delta(F) + \delta(K)$.

31. 设 M, N 为 R 模. 证明: $\wedge^k(M \oplus N) \cong \oplus_{j=0}^k (\wedge^j M) \otimes_R (\wedge^{k-j} N)$.

32. 设 $\mathcal{O}$ 是 Dedekind 环, $\mathfrak{a}$ 是 $\mathcal{O}$ 的非零理想, 用中国剩余定理证明: 环 $\mathcal{O}/\mathfrak{c}$ 的任意理想是主理想. 于是若 $\mathcal{O}$ 的理想 $\mathfrak{a} \supseteq \mathfrak{c}$, 则存在 $y \in \mathcal{O}$ 使得 $\mathfrak{a} = y\mathcal{O} + \mathfrak{c}$.

33. 设正整数 d 因子分解为各不相同素数. 若 $d \not\equiv 3 \bmod 4$, 取 $\mathcal{O} = \mathbb{Z} + \mathbb{Z}\sqrt{-d}$; 若 $d \equiv 3 \bmod 4$, 取 $\mathcal{O} = \mathbb{Z} + \mathbb{Z}(\frac{1}{2}(1+\sqrt{-d}))$. 证明: $\mathcal{O}$ 是 Dedekind 环, 并以 $\mathbb{Q}(\sqrt{-d})$ 为分式域.

    若 $d = 3$, 证明: $\mathcal{O}$ 是主理想环. 以加为运算证明 $Cl(\mathcal{O})$ 是零, 于是 $K_0(\mathcal{O}) = \mathbb{Z}$, 但是 $\mathcal{O}$ 的子环 $R = \mathbb{Z} + \mathbb{Z}\sqrt{-d}$ 不是 Dedekind 环.

    若 $d = 5$, 证明: 群 $Cl(\mathcal{O})$ 的阶是 2, 于是 $K_0(\mathcal{O}) = \mathbb{Z} \oplus \mathbb{Z}/2\mathbb{Z}$.

第二章 格

设 $[F:\mathbb{Q}] = n = r_1 + 2r_2$. 考虑 n 维 $\mathbb{R}$-向量空间 $F_\mathbb{R} := F \otimes_\mathbb{Q} \mathbb{R}$ 的几个性质.
(1) 通过嵌入 $F \hookrightarrow F_\mathbb{R}$, 我们把 F 的理想看成 $\mathbb{R}$ 向量空间 $F_\mathbb{R}$ 的格.
(2) 利用对数函数定义 $\ell : F_\mathbb{R}^* \to \mathbb{R}^{r_1+r_2}$, 通过 ℓ 把 $\mathcal{O}_F$ 的单位群 U_F 看成 $\mathbb{R}$ 向量空间 $\mathbb{R}^{r_1+r_2}$ 内超平面的格.
(3) 决定 $\mathrm{mod}\,\mathfrak{m}$ 理想类内范数 $\leqslant n$ 的主理想个数的渐近公式, 并证明类数公式.

在一个代数数域上使用数学分析的方法是很自然的. 包含有理数域 $\mathbb{Q}$ 并在其中可以做分析的数域有实数域 $\mathbb{R}$ 和 p 进数域 $\mathbb{Q}_p$, 本章讨论 $F \otimes_\mathbb{Q} \mathbb{R}$, 下章则讲 $F \otimes_\mathbb{Q} \mathbb{Q}_p$. 本章把一个离散子群的基本区的体积表达为域的算术不变量, 这里用的是交换拓扑群调和分析: 多变元 Fourier 级. 在非交换的情形即半单李群的离散子群时, 便要用上自守形式的理论, 这是 Langlands 的成名作 *On the Functional Equations satisfied by Eisenstein Series*, Springer Lecture Notes, 544 (1976). 离散子群的概率性质常成为得奖工作的题目, 比如获得 1978 年菲尔兹奖的 Margulis, 以及获得 2014 年菲尔兹奖的 Avila 和 Mirzakhani, 都做这方面的工作.

2.1 Minkowski 理论

定义 2.1 设 V 为有限维 $\mathbb{R}$-向量空间, Γ 为 V 的加法子群.
(1) 如果对任一 $\gamma \in \Gamma$ 存在 γ 在 V 内的邻域 U_γ 使得 $U_\gamma \cap \Gamma = \{\gamma\}$, 称 Γ 为 V 的**离散子群** (discrete subgroup). 在陪集空间 V/Γ 上取商拓扑并称它为 Γ 的轨迹空间.
(2) 如果 V 内存在线性无关向量 $v_1, \ldots, v_m$ 使得
$$\Gamma = \mathbb{Z}v_1 + \cdots + \mathbb{Z}v_m,$$
则称 Γ 为 V 的**格** (lattice). 当 $m = \dim_\mathbb{R} V$ 时, 称 Γ 为**全格** (full lattice).

注 "格" 这词在文献中有多种定义, 本书亦难免, 敬请留意.

回顾 $\mathbb{R}^n$ 的拓扑. 在 $\mathbb{R}^n$ 取标准度量
$$\|(x_1, \ldots, x_n)\| = \sqrt{x_1^2 + \cdots + x_n^2},$$

$\mathbb{R}^n$ 的子集 C 为紧集当且仅当 C 为有界闭集. 若 D 为 $\mathbb{R}^n$ 的离散子集, 则 D 为 $\mathbb{R}^n$ 的闭集, 所以 $C \cap D$ 为紧集, 但是紧离散集 S 必是有限集, 原因如下: 每点 $s \in S$ 取开集 U_s 使得 $U_s \cap S = \{s\}$, 于是 $\cup_{s \in S} U_s$ 为 S 的开覆盖, S 是紧集, 故有有限个 $U_{s_1}, \ldots, U_{s_n}$ 使得 $S = U_{s_1} \cup \cdots \cup U_{s_n}$.

引理 2.2 V 的格 Γ 为全格当且仅当 V 内存在有界子集 $\mathcal{D}$ 使得
$$V = \bigcup_{\gamma \in \Gamma} \mathcal{D} + \gamma.$$

证明 Γ 为 V 的全格. V 有基 $v_1, \ldots, v_n$ 使得 $\Gamma = \mathbb{Z} v_1 + \cdots + \mathbb{Z} v_n$. 取 Γ 的基本区
$$\mathcal{D} = \left\{ \sum_{i=1}^n u_i v_i : 0 \leqslant u_i < 1 \right\};$$

取任一向量 $v = \sum x_i v_i \in V$; 取 $n_i \in \mathbb{Z}$ 使得 $x_i = n_i + u_i$, 并且 $0 \leqslant u_i < 1$; 取 $\gamma = \sum n_i v_i$. 则 $v \in \gamma + \mathcal{D}$.

设 W 为 Γ 在 V 内生成的子空间, 设 $V = \cup_{\gamma \in \Gamma} \mathcal{D} + \gamma$. 取 $v \in V$, 则对 $n \in \mathbb{N}$ 可有
$$nv = u_n + \gamma_n, \quad u_n \in \mathcal{D}, \quad \gamma_n \in \Gamma \subseteq W.$$

因为 $\mathcal{D}$ 有界, 于是有常数 M 使得 $\|u_n\| < M$. 这样当 $n \to \infty$ 时, $\|u_n/n\| \to 0$, 所以
$$v = \lim_{n \to \infty} \frac{u_n}{n} + \lim_{n \to \infty} \frac{\gamma_n}{n} = \lim_{n \to \infty} \frac{\gamma_n}{n} \in W.$$

因为 W 是闭集, 于是证明了 $W = V$. □

命题 2.3 设 Γ 为有限维 $\mathbb{R}$-向量空间 V 的子群.
(1) Γ 为 V 的离散子群当且仅当 Γ 为 V 的格.
(2) 轨迹空间 V/Γ 为紧拓扑空间当且仅当 Γ 为全格.

证明 见 [7] 第三章 §1, 1.1, 引理 2. □

复习 $\mathbb{R}^n$ 的体积计算.

以 $x = (x_1, \ldots, x_n) = \sum x_i e_i$ 记 $\mathbb{R}^n$ 的向量, 其中 e_i 是第 i 为 1 其余位为 0. $\mathbb{R}^n$ 的 Lesbeque 测度是 Haar 测度 μ, 即平移不变测度 μ, 满足 $\mu(\{x : 0 \leqslant x_i < 1\}) = 1$. 常以 dx 记 $d\mu(x)$. 以下叙述 $\mathbb{R}^n$ 的换元公式. U 是 $\mathbb{R}^n$ 的开集, 紧集 $D \subseteq U$, $y = \phi(x)$ 是从 U 到 $\mathbb{R}^n$ 的可微分映射, $f : \phi(D) \to \mathbb{R}$ 是连续函数, 则
$$\int_{\phi(D)} f(y) dy = \int_D (f \circ \phi(x)) |J_\phi(x)| dx,$$
其中
$$J_\phi(x) = \det \begin{pmatrix} \frac{\partial \phi_1}{\partial x_1}(x) & \cdots & \frac{\partial \phi_1}{\partial x_n}(x) \\ \vdots & & \vdots \\ \frac{\partial \phi_n}{\partial x_1}(x) & \cdots & \frac{\partial \phi_n}{\partial x_n}(x) \end{pmatrix}.$$

这样，如果 $v_i = \sum_j r_{ij} e_j$，则
$$\mu(\{x_1 v_1 + \cdots + x_n v_n : 0 \leqslant x_i < 1\}) = |\det(r_{ij})|.$$

设有两组线性无关向量 $v_1, \ldots, v_n$ 和 $v_1', \ldots, v_n'$ 使得
$$\Gamma = \mathbb{Z} v_1 + \cdots + \mathbb{Z} v_n = \mathbb{Z} v_1' + \cdots + \mathbb{Z} v_n'.$$

设 $v_j' = \sum_k a_{jk} v_k$, $a_{jk} \in \mathbb{Z}$. (a_{jk}) 的逆矩阵的系数亦为整数，于是 $\det(a_{jk}) = \pm 1$，故
$$\mu(\{x_1 v_1' + \cdots + x_n v_n' : 0 \leqslant x_i < 1\}) = |\det(r_{ij}) \cdot \det(a_{jk})| = |\det(r_{ij})|$$
$$= \mu(\{x_1 v_1 + \cdots + x_n v_n : 0 \leqslant x_i < 1\}).$$

以上由全格 Γ 所决定的与基底无关的数记为 $v(\Gamma)$ (它实际为格 Γ 的基本区的体积).

定理 2.4 设 Γ 为向量空间 V 的全格. 设 V 的子集 X 满足条件：如果 $x, y \in X$, 则 $(x - y)/2 \in X$. 若 $\mu(X) > 2^{\dim V} v(\Gamma)$, 则 $X \cap \Gamma$ 有非零点.

证明 见 [7] 第三章 §1, 1.1, 定理 3.1. □

2.2 加性结构

设 $F/\mathbb{Q}$ 为有限扩张. 在复数域 $\mathbb{C}$ 内取包含 F 的有限 Galois 扩张 $E/\mathbb{Q}$. 设
$$H = \{\sigma \in \mathrm{Gal}(E/\mathbb{Q}) : \sigma x = x, \forall x \in F\}.$$

取 σ_j 使得 $G/H = \{\sigma_1 H, \ldots, \sigma_n H\}$, $n = [F : \mathbb{Q}]$. 以 ι_j 记从 F 到 $\mathbb{C}$ 的域单同态
$$F \subseteq E \xrightarrow{\sigma_j} E \subseteq \mathbb{C}.$$

用复数共轭定义 $\bar{\iota}_j(x) = \overline{\iota_j(x)}$. 可以假设对 $0 \leqslant j \leqslant r_1$ 有 $\iota_j(F) \subseteq \mathbb{R}$ 和 $\iota_j(F) \subseteq \mathbb{C}$, 若 $j > r_1$ (可以有 $r_1 = 0$). 可以把集合 $\{\iota_j\}$ 安排为
$$\iota_1, \ldots, \iota_{r_1}, \iota_{r_1+1}, \ldots, \iota_{r_1+r_2}, \bar{\iota}_{r_1+1}, \ldots, \bar{\iota}_{r_1+r_2}.$$

以这个次序定义映射 $\tau(a) = (\iota_j(a)) \in \mathbb{C}^n$, $a \in F$, 这样 $[F : \mathbb{Q}] = n = r_1 + 2r_2$. 设 $F_\infty = \{(z_1, \ldots, z_n) \in \mathbb{C}^n$, 其中若 $1 \leqslant j \leqslant r_1$, $z_j \in \mathbb{R}$, 若 $r_1 < k \leqslant n$, $z_k \in \mathbb{C}$, 并且 $z_{r_1+r_2+1} = \bar{z}_{r_1+1}, \ldots, z_{r_1+2r_2} = \bar{z}_{r_1+r_2}$. 以 $F_\mathbb{R}$ 记 $\mathbb{R}^{r_1} \times \mathbb{C}^{r_2}$, 这里是指前面 r_1 个坐标属于 $\mathbb{R}$.

命题 2.5 (1) 映射
$$F \otimes_\mathbb{Q} \mathbb{R} \to F_\infty : a \otimes x \mapsto \tau(a) x$$
决定 n 维 $\mathbb{R}$-向量空间的同构.

(2) F_∞ 同构于 $\mathbb{R}$-向量空间 $F_\mathbb{R}$. 按以上次序映射

$$\iota: F \to F_\mathbb{R}: a \mapsto (\iota_1(a),\ldots,\iota_{r_1}(a),\iota_{r_1+1}(a),\ldots,\iota_{r_1+r_2}(a))$$

是加法群单态射.

定理 2.6 设 $\mathfrak{a}$ 为环 $\mathcal{O}_F$ 内理想. 则 $\iota(\mathfrak{a})$ 是 $\mathbb{R}$-向量空间 $F_\mathbb{R}$ 的全格. 全格 $\iota(\mathfrak{a})$ 的基本区的体积是

$$v(\iota(\mathfrak{a})) = (2)^{-r_2}\mathfrak{N}(\mathfrak{a})\sqrt{d(\mathcal{O}_F)}.$$

证明 $a_1,\ldots,a_n$ 是环 $\mathcal{O}_F$ 内理想 $\mathfrak{a}$ 的 $\mathbb{Z}$-基底. $\mathfrak{a}$ 决定 $\mathbb{R}$-向量空间 $F_\mathbb{R}$ 的全格 $\iota(\mathfrak{a})$ 的基本区的体积 $v(\iota(\mathfrak{a})) = |\det M|$, 其中矩阵 M 的 i 行是

$$\iota_1(a_i),\ldots,\iota_{r_1}(a_i),\operatorname{Re}\iota_{r_1+1}(a_i),\operatorname{Im}\iota_{r_1+1}(a_i),\ldots,\operatorname{Re}\iota_{r_1+r_2}(a_i),\operatorname{Im}\iota_{r_1+r_2}(a_i).$$

另一方面我们引入一矩阵 D, 它的 i 行是

$$\iota_1(a_i),\ldots,\iota_{r_1}(a_i),\iota_{r_1+1}(a_i),\bar{\iota}_{r_1+1}(a_i),\ldots,\iota_{r_1+r_2}(a_i),\bar{\iota}_{r_1+r_2}(a_i).$$

把 D 的 r_1+2 列加到 r_1+1 列. 这样 i,r_1+1 位置变为 $2\operatorname{Re}\iota_{r_1+1}(a_i)$. 再从 r_1+2 列减去 $\frac{1}{2}r_1+1$ 列, 便使 i,r_1+2 位置变为 $-i\operatorname{Im}\iota_{r_1+1}(a_i)$. 如此继续便得

$$\det M = (-2i)^{-r_2}\det D.$$

已知 $(\det D)^2 = d(a_1,\ldots,a_n)$, 以 $d(\mathfrak{a})$ 记判别式 $d(a_1,\ldots,a_n)$, 则我们得

$$v(\iota(\mathfrak{a})) = (2)^{-r_2}\sqrt{d(\mathfrak{a})}.$$

设 $\mathfrak{a} \subseteq \mathfrak{a}'$ 是 F 的非零有限生成 $\mathcal{O}_F$-子模, 则从 $\mathfrak{a}$ 的 $\mathbb{Z}$-基底转换为 $\mathfrak{a}'$ 的 $\mathbb{Z}$-基底的换基矩阵的行列式绝对值是 $(\mathfrak{a}':\mathfrak{a})$. 从有限生成 $\mathbb{Z}$ 模的结构便得

$$d(\mathfrak{a}) = (\mathfrak{a}':\mathfrak{a})^2 d(\mathfrak{a}').$$

留意到 $\mathfrak{N}(\mathfrak{a}) = (\mathcal{O}_F:\mathfrak{a})$, 我们便得到

$$v(\iota(\mathfrak{a})) = (2)^{-r_2}\mathfrak{N}(\mathfrak{a})\sqrt{d(\mathcal{O}_F)}. \qquad \square$$

命题 2.7 (1) 设 $\mathfrak{a}$ 为环 $\mathcal{O}_F$ 内非零理想. 则 $\mathfrak{a}$ 有非零元 a 使得

$$|N_{F/\mathbb{Q}}(a)| \leqslant \frac{n!}{n^n}\left(\frac{4}{\pi}\right)^{r_2}\mathfrak{N}(\mathfrak{a})|d(\mathcal{O}_F)|^{\frac{1}{2}}.$$

(2) 设 $\mathfrak{A} \in Cl_F$. 则整理想 $\mathfrak{a} \in \mathfrak{A}$ 使得

$$|\mathfrak{N}(\mathfrak{a})| \leqslant \frac{n!}{n^n}\left(\frac{4}{\pi}\right)^{r_2}|d(\mathcal{O}_F)|^{\frac{1}{2}} \quad (\text{Minkowsk 上界}).$$

证明 见 [7] 第三章 §1, 1.3, 引理 4. $\qquad \square$

定理 2.8 理想类群 Cl_F 是有限群.

证明 见 [7] 第三章 §1, 1.3, 定理 3.4. $\qquad \square$

2.3 乘性结构

设 $F/\mathbb{Q}$ 为有限扩张, F 的全部非零元 $F^\times$ 为乘法群, 我们用对数函数把它变为加法群. 以 $\mathbb{R}^\times$ 记 $\mathbb{R} \setminus \{0\}$, $\mathbb{C}^\times$ 记 $\mathbb{C} \setminus \{0\}$. 设

$$F^\times_{\mathbb{R}} := (\mathbb{R}^\times)^{r_1} \times (\mathbb{C}^\times)^{r_2}.$$

定义 $\ell : F^\times_{\mathbb{R}} \to \mathbb{R}^{r_1+r_2}$ 为

$(x_1, \ldots, x_{r_1}, z_{r_1+1}, \ldots, z_{r_1+r_2}) \mapsto (\log|x_1|, \ldots, \log|x_{r_1}|, 2\log|z_{r_1+1}|, \ldots, 2\log|z_{r_1+r_2}|).$

从 F 到 $\mathbb{C}$ 的单态射按上节排 $\iota_1, \ldots, \iota_{r_1+r_2}$. 取 $a \in F^\times$, 设

$$\iota(a) = (\iota_1(a), \ldots, \iota_{r_1+r_2}(a)) \in F^\times_{\mathbb{R}}.$$

定义 $\lambda(a) = \ell(\iota(a))$.

定理 2.9 记 U_F 为环 $\mathcal{O}_F$ 的全部可逆元. 则 $\lambda(U_F)$ 为 $r_1 + r_2 - 1$ 维 $\mathbb{R}$-向量空间的全格.

亦称环 $\mathcal{O}_F$ 的可逆元为单位元, 以 μ_F 记 F 内全部单位根.

定理 2.10 (Dirichlet 单位元定理) U_F 为有限循环群 μ_F 及一个秩 $r_1 + r_2 - 1$ 自由交换群的直积.

设 $\mathfrak{m} = \mathfrak{m}_\infty \mathfrak{m}_0$ 为 F 的模, 以 $\mu^{\mathfrak{m}}_F$ 记 $F_{\mathfrak{m},1}$ 内全部单位根.

定理 2.11 $U_F \cap F_{\mathfrak{m},1}$ 为有限循环群 $\mu^{\mathfrak{m}}_F$ 及一个秩 $r_1 + r_2 - 1$ 自由交换群的直积.

证明　见 [7] 第三章 §2, 2.1, 定理 3.6. □

2.4 理想估值

读者可以略过本节的计算, 详情参看 [13], 比 Tate 的博士论文 (参见 Cassels, Fröhlich 的 *Algebraic Number Theory*, 或 [33]) 用**玉河测度** (Tamagawa measure) 来做的计算简洁得多.

设 $\mathfrak{m} = \mathfrak{m}_\infty \mathfrak{m}_0$ 为 F 的模, 其中

$$\mathfrak{m}_\infty = (\mathfrak{p}_{\infty_1})^{\nu_1} \ldots (\mathfrak{p}_{\infty_r})^{\nu_{r_1}},$$

并且假设 $\nu_1 = \cdots = \nu_{s_\mathfrak{m}} = 1$, 其他的 $\nu_j = 0$. 定义绝对范数

$$\mathfrak{N}(\mathfrak{m}) = 2^{s_\mathfrak{m}} \mathfrak{N}(\mathfrak{m}_0).$$

引理 2.12 设 $\mathfrak{K} \in \mathcal{I}_F^{\mathfrak{m}}/S_F^{\mathfrak{m}}$. 则类 $\mathfrak{K}$ 内有整理想.

以 P_n 记集合
$$\{\mathfrak{n} \in \mathcal{I}_F \cap \mathfrak{K} : \mathfrak{N}(\mathfrak{n}) \leqslant n\}$$
的元素个数.

引理 2.13 记主理想 $\nu \mathcal{I}_F$ 为 (ν), 取整理想 $\mathfrak{a} \in \mathfrak{K}^{-1}$. 则 P_n 为以下集合的元素个数:
$$\{(\nu) : (\nu) \in S_F^{\mathfrak{m}}, \nu \in \mathfrak{a}, 0 < \mathfrak{N}((\nu)) \leqslant n\mathfrak{N}(\mathfrak{a})\}.$$

证明 若 $\mathfrak{n}$ 为 $\mathfrak{K}$ 内整理想, 则 $\mathfrak{n}\mathfrak{a} \in S_F^{\mathfrak{m}}$. 于是条件 $\mathfrak{n} \in \mathcal{I}_F \cap \mathfrak{K}$ 和 $\mathfrak{N}(\mathfrak{n}) \leqslant n$ 给出
$$\mathfrak{n}\mathfrak{a} = (\nu), \quad \nu \in \mathfrak{a} \cap F_{\mathfrak{m},1}, \quad \mathfrak{N}(\nu) \leqslant n\mathfrak{N}(\mathfrak{a}).$$

反过来, 若 ν 满足以上条件, 则 $\mathfrak{n} = (\nu)\mathfrak{a}^{-1}$ 为 $\mathfrak{K}$ 内整理想, 并且 $\mathfrak{N}(\mathfrak{n}) \leqslant n$. □

引理 2.14 设 ν_0 满足条件
$$\nu_0 \equiv 1 \mod {}^+\mathfrak{m}_0, \quad \nu_0 \equiv 1 \mod {}^+\mathfrak{a}.$$

则 P_n 为满足以下条件的主理想 (ν) 的个数:

(a) $\nu \equiv \nu_0 \mod {}^+\mathfrak{m}_0\mathfrak{a}$.
(b) $\nu^{(1)}, \ldots, \nu^{(s_{\mathfrak{m}})} > 0$.
(c) $0 < \mathfrak{N}((\nu)) \leqslant n\mathfrak{N}(\mathfrak{a})$.

条件 (a), (b) 是说 $\nu \in \mathfrak{a} \cap F_{\mathfrak{m},1}$.

我们用黎曼积分来计算 $\mathbb{R}^k$ 内有界子集 $\mathscr{S}$ 的测度 $\mu\mathscr{S}$ 或体积. 取 $v \in \mathbb{R}^k$, 记 $v + \mathbb{Z}^k$ 为 $\mathscr{L}_v$. 设 r 为正实数, 以 $\mathscr{S} \cap r\mathscr{L}_v$ 的每一点为中心取边长为 r 的 k 维立方体. 若有 $T_1(r)$ 个这样的小立方体在 $\mathscr{S}$ 内, 则 $r^k T_1(r) \leqslant \mu\mathscr{S}$. 若有 $T_2(r)$ 个小立方体的中心属于 $r\mathscr{L}_v$, 并与 $\mathscr{S}$ 相交, 则 $\mu\mathscr{S} \leqslant r^k T_2(r)$. 以 $T(r)$ 记 $|\mathscr{S} \cap r\mathscr{L}_v|$, 则 $T_1(r) \leqslant T(r) \leqslant T_2(r)$, 同时 $\mu\mathscr{S} = \lim_{r \to 0} r^k T(r)$. 用换元法, 以 $M(t)$ 记 $T(t^{-1})$, 则
$$\mu\mathscr{S} = \lim_{t \to \infty} \frac{M(t)}{t^k},$$
其中 $M(t) = |t\mathscr{S} \cap \mathscr{L}_v|$.

定义 $\mathscr{N} : F_{\mathbb{R}}^{\times} \to \mathbb{R}^{\times}$ 为
$$(x_1, \ldots, x_{r_1}, z_{r_1+1}, \ldots, z_{r_1+r_2}) \mapsto (|x_1| \ldots |x_{r_1}| |z_{r_1+1}|^2 |z_{r_1+r_2}|^2),$$
和 $\mathscr{T} : \mathbb{R}^{r_1+r_2} \to \mathbb{R}$ 为
$$(x_1, \ldots, x_{r_1+r_2}) \mapsto x_1 + \cdots + x_{r_1+r_2},$$

则以下为交换图:

$$\begin{array}{ccccc} F^\times & \xrightarrow{\iota} & F_{\mathbb{R}}^\times & \xrightarrow{\mathscr{N}} & \mathbb{R}^\times \\ & \searrow\lambda & \downarrow\ell & & \downarrow\log \\ & & \mathbb{R}^{r_1+r_2} & \xrightarrow{\mathscr{T}} & \mathbb{R} \end{array}$$

单位群 $U_F \cap F_{\mathfrak{m},1}$ 同构于有限群 $\mu_F^{\mathfrak{m}}$ 乘积一个秩为 r_1+r_2-1 的自由交换群. 以 $w_{\mathfrak{m}}$ 记 $|\mu_F^{\mathfrak{m}}|$, 在 $U_F \cap F_{\mathfrak{m},1}$ 内取自由交换群的生成元 $w_1, \ldots, w_{r_1+r_2-1}$. 记 $\mathbb{R}^{r_1+r_2}$ 的向量 $W_1 = \lambda(w_1), \ldots, W_{r_1+r_2-1} = \lambda(w_{r_1+r_2-1})$. 取 $W = (1,\ldots,1,2,\ldots,2)$, 其中有 r_1 个 1 和 r_2 个 2. 定义 $\mathfrak{m}$ 的**调控子** (regulator) $R_{\mathfrak{m}}$ 为

$$R_{\mathfrak{m}} = \frac{2^{r_2}}{r_1+2r_2} \begin{vmatrix} W \\ W_1 \\ \vdots \\ W_{r_1+r_2-1} \end{vmatrix},$$

其中行列式中的矩阵是把标准基 $(0,\ldots,0,1,0,\ldots)$ 换为 $W, W_1, \ldots, W_{r_1+r_2-1}$ 的换基矩阵.

引理 2.15 $W, W_1, \ldots, W_{r_1+r_2-1}$ 如上定义, $W_1, \ldots, W_{r_1+r_2-1}$ 为格 $\lambda(U_F \cap F_{\mathfrak{m},1})$ 的基. 设 $\alpha_1, \ldots, \alpha_{r_1+2r_2}$ 为自由交换群 $\mathfrak{m}_0\mathfrak{a}$ 的基. 满足以下条件的点 $(x_1, \ldots, x_n) \in \mathbb{R}^{r_1+2r_2}$ 所组成的集合记为 $\mathscr{S}$:

(1) $\ell(\sum_i x_i \iota \alpha_i) = cW + \sum_i c_i W_i$, 其中 $c \in \mathbb{R}, 0 \leqslant c_i < 1$;
(2) $\sum_i x_i \alpha_i$ 的前面 $s_{\mathfrak{m}}$ 个坐标 > 0;
(3) $0 < \mathfrak{N}(\sum_i x_i \iota \alpha_i) \leqslant 1$.

则
$$\lim_{n \to \infty} \frac{P_n}{n} = \frac{\mu(\mathscr{S})\mathfrak{N}\mathfrak{a}}{w_{\mathfrak{m}}}.$$

证明 一. 我们把前面引理的第一个条件写成 $F \otimes \mathbb{R}$ 的格的平移. 利用基底 $\{\alpha_i\}$, 可选 $v_i \in \mathbb{Q}$ 使 $\nu_0 = \sum_i v_i \alpha_i$. 设 $v = (v_1, \ldots, v_{r_1+2r_2})$, $\mathscr{L}_v = v + \mathbb{Z}^{r_1+2r_2}$. 则 $(x_1, \ldots, x_{r_1+2r_2}) \in \mathscr{L}_v$ 对应于 $\nu = \sum_i x_i \alpha_i$ 满足条件 $\nu \equiv \nu_0 \bmod {}^+\mathfrak{m}_0\mathfrak{a}$.

二. 考虑 $\mathscr{L}_v$ 在 $F \otimes \mathbb{R} \supset F_{\mathbb{R}}^\times \xrightarrow{\lambda} \mathbb{R}^{r_1+r_2}$ 的像, 则有实数 c, c_i 使

$$\lambda(\nu) = cW + \sum_i c_i W_i.$$

取 $u = w^a \prod_i w_i^{a_i} \in U_F \cap F_{\mathfrak{m},1}$, 则

$$\lambda(\nu u) = cW + \sum_i (c_i + a_i) W_i.$$

显然可选 a_i 使 $0 \leqslant c_i + a_i < 1$, 这样 $w_{\mathfrak{m}} P_n$ 便是满足以下条件的点 $(x_1, \ldots, x_{r_1+2r_2}) \in \mathscr{L}_v$ 的个数:

(a) $\nu = \sum_i x_i \alpha_i$, $\lambda(\nu) = cW + \sum_i c_i W_i$, $0 \leqslant c_i < 1$;
(b) $\nu^{(1)}, \ldots, \nu^{(s_m)} > 0$;
(c) $0 < \mathfrak{N}((\nu)) \leqslant n\mathfrak{N}(\mathfrak{a})$.

三. 取正实数 t, 设 $(x_1, \ldots, x_{r_1+2r_2}) \in \mathscr{S}$, $x_i' = tx_i$. 则
(a) $\ell(\sum_i x_i' \iota \alpha_i) = (c + \log t)W + \sum c_i W_i$, $0 \leqslant c_i < 1$;
(b) $\sum_i x_i' \iota \alpha_i$ 的前面 s_m 个坐标 > 0;
(c) $0 < \mathfrak{N}(\sum_i x_i' \iota \alpha_i) \leqslant t^{r_1+2r_2}$.

设 $(x_1', \ldots, x_{r_1+2r_2}') \in \mathscr{L}_v$. 若 $t^{r_1+2r_2} = n\mathfrak{N}(\mathfrak{a})$, 则第二段的条件便满足. 设 $M(t)$ 为 $|(t\mathscr{S}) \cap \mathscr{L}_v|$. 则 $M(t) = w_m P_n$.

四. 取 $t^{r_1+2r_2} = n\mathfrak{N}(\mathfrak{a})$, 则
$$\mu\mathscr{S} = \lim_{t\to\infty} \frac{M(t)}{t^{r_1+2r_2}} = \lim_{t\to\infty} \frac{w_m P_n}{n\mathfrak{N}(\mathfrak{a})}. \qquad \square$$

引理 2.16
$$\mu(\mathscr{S}) = \frac{2^{r_1-s_m}(2\pi)^{r_2} R_m}{\sqrt{d(\mathcal{O}_F)} \mathfrak{N}(\mathfrak{m}_0 \mathfrak{a})}.$$

证明 (1) 做坐标变换
$$y_i = \sum_j x_j \iota_i(\alpha_j), \quad 1 \leqslant i \leqslant r_1,$$
$$y_j + \sqrt{-1} y_{j+r_2} = \sum_k x_k \iota_j(\alpha_k), \quad r_1 < j \leqslant r_1 + r_2.$$

则前引理条件可写成
(a) $0 < |y_1| \ldots |y_{r_1}|(y_{r_1+1}^2 + y_{r_1+1+r_2}^2) \cdots (y_{r_1+r_2}^2 + y_{r_1+2r_2}^2) \leqslant 1$;
(b) $\ell(y_1, \ldots, y_{r_1+2r_2}) = cW + \sum_i c_i W_i$, $0 \leqslant c_i < 1$;
(c) $y_1, \ldots, y_{s_m} > 0$.

引入集合 $\mathscr{Y}$, 它的点 $(y_1, \ldots, y_{r_1+2r_2})$ 满足以上条件 (a), (b) 且 $y_1 > 0, \ldots, y_{r_1} > 0$. 这样做会引入一个因子 $2^{r_1-s_m}$ 及 Jacobi 行列式的绝对值 J, 此行列式的 (i,j) 项是
$$\frac{\partial y_i}{\partial x_j} = \mathrm{Re}(\iota_i(\alpha_j)) \quad (1 \leqslant i \leqslant r_1 + r_2)$$
$$= \mathrm{Im}(\iota_{i-r_2}(\alpha_j)) \quad (r_1 + r_2 < i \leqslant r_1 + 2r_2).$$

在计算格 $\iota(\mathfrak{a})$ 的基本区的体积时, 我们计算过
$$J = 2^{-r_2} \mathfrak{N}(\mathfrak{m}_0 \mathfrak{a}) \sqrt{d(\mathcal{O}_F)},$$

于是
$$\mu(\mathscr{S}) = \int_{\mathscr{S}} dx = 2^{r_1-s_m} \int_{\mathscr{Y}} J^{-1} dy = \frac{2^{r_1+r_2+s_m}}{\sqrt{d(\mathcal{O}_F)} \mathfrak{N}(\mathfrak{m}_0 \mathfrak{a})} \mu(\mathscr{Y}).$$

2.4 理想估值

(2) 转换为极坐标. 设

$$\rho_i = y_i, \quad 1 \leqslant i \leqslant r_1,$$

$$\rho_{r_1+j}(\cos\theta_j + \sqrt{-1}\sin\theta_j) = y_{r_1+j} + \sqrt{-1}y_{r_1+r_2+j}.$$

又设 $P = \rho_1\ldots\rho_{r_1}\rho_{r_1}^2\ldots\rho_{r_1+r_2}^2$. 先处理条件 (b): $\ell(w_i) = W_i$ 的坐标和是零 $(\log 1 = 0)$. $\ell(y_1,\ldots,y_{r_1+2r_2})$ 的坐标和同时是 $c(r_1 + 2r_2)$ 和

$$\log|y_1|\ldots|y_{r_1}|(y_{r_1+1}^2 + y_{r_1+1+r_2}^2)\ldots(y_{r_1+r_2}^2 + y_{r_1+2r_2}^2) = \log P.$$

这样在极坐标下 $\mathscr{Y}$ 便是

(a) $0 < P \leqslant 1$;
(b) $\log\rho_i = \frac{\log P}{r_1+2r_2} + e_i\sum c_j \log|\iota_i w_j|$, 其中当 $1 \leqslant i \leqslant r_1$ 时, $e_i = 1$, $0 \leqslant c_j < 1$;
(c) $0 \leqslant \theta_j \leqslant 2\pi$.

接下去计算这次坐标变换的 Jacobi 行列式

$$J = \begin{vmatrix} I & & & \\ & B_1 & & \\ & & \ddots & \\ & & & B_{r_2} \end{vmatrix},$$

其中 I 是 $r_1 \times r_1$ 单位矩阵是来自 $\partial y_i/\partial \rho_j$, 另外

$$B_j = \begin{vmatrix} \cos\theta_j & \sin\theta_j \\ -\rho_{r_1+j}\sin\theta_j & \rho_{r_1+j}\cos\theta_j \end{vmatrix}.$$

于是 $J = \rho_{r_1}\ldots\rho_{r_1+r_2}$,

$$\mu(\mathscr{Y}) = \int_{\mathscr{Y}} J d\rho_1 \ldots d\rho_{r_1+r_2} d\theta_1 d\theta_{r_2} = (2\pi)^{r_2}\int_{\mathscr{Y}(\rho)} \rho_{r_1}\ldots\rho_{r_1+r_2} d\rho_1 \ldots d\rho_{r_1+r_2},$$

其中 $\mathscr{Y}(\rho)$ 由条件 (a), (b) 所决定.

(3) 现在变量是 $P, c_1, \ldots, c_{r_1+r_2-1}$. 计算导数

$$\frac{\partial \rho_i}{\partial P} = \frac{\rho_i}{(r_1 + 2r_2)P}, \quad \frac{\partial \rho_i}{\partial c_j} = \rho_i e_i \log|\iota_i w_j|,$$

于是 Jacobi 行列式是

$$J = \frac{\rho_1\ldots\rho_{r_1+r_2}}{(r_1+2r_2)P}\begin{vmatrix} W \\ W_1 \\ \vdots \\ W_{r_1+r_2-1} \end{vmatrix},$$

由此得 $\rho_{r_1}\ldots\rho_{r_1+r_2}J = 2^{-r_2}R_{\mathfrak{m}}$. 这样

$$\mu(\mathscr{Y}) = (2\pi)^{r_2}\int \rho_{r_1}\ldots\rho_{r_1+r_2}JdPdc_1\ldots dc_{r_1+r_2-1} = (2\pi)^{r_2}2^{-r_2}R_{\mathfrak{m}},$$

因为 $0 < P \leqslant 1, 0 \leqslant c_j < 1$.

(4) 组合以上各公式便得所求. □

由上述各引理可得以下定理.

定理 2.17 设 $\mathfrak{m}$ 为 F 的模, $\mathfrak{K} \in \mathcal{I}_F^{\mathfrak{m}}/S_F^{\mathfrak{m}}$. 以 P_n 记集合

$$\{\mathfrak{n} \in \mathcal{I}_F \cap \mathfrak{K} : \mathfrak{N}(\mathfrak{n}) \leqslant n\}$$

的元素个数, 则有渐近公式

$$\lim_{n\to\infty}\frac{P_n}{n} = \frac{2^{r_1}(2\pi)^{r_2}R_{\mathfrak{m}}}{\sqrt{d(\mathcal{O}_F)}w_{\mathfrak{m}}\mathfrak{N}(\mathfrak{m})}.$$

2.5 L-函数

我们称以 s 为复变元的级数

$$\mathscr{D}(s) = \sum_{n=1}^{\infty}\frac{a_n}{n^s}, \quad a_n \in \mathbb{C}$$

为 Dirichlet 级数. 设 $U \subseteq \mathbb{C}$ 为开集, 若当 s 属于 U 的任何紧子集时这个级数均一致绝对收敛, 则这个级数定义一个 U 上的解析函数. 以下列出 Dirichlet 级数的一些性质, 详细证明见 [7] 第四章 §1.

定理 2.18 (1) 定义部分和

$$S_m(s) = \sum_{n=1}^{m}\frac{a_n}{n^s}.$$

如果无穷数列 $\{S_n(s_0) : n \geqslant 0\}$ 有界, 则对任意 $\delta > 0$ 和 $C > 0$, Dirichlet 级数在

$$\{s : |s - s_0| \leqslant C, \operatorname{Re}(s) \geqslant \operatorname{Re}(s_0) + \delta\}$$

上一致绝对收敛. Dirichlet 级数 $\mathscr{D}(s)$ 收敛为一个在 $\operatorname{Re}(s) > \operatorname{Re}(s_0)$ 上的解析函数.

(2) 存在 σ_0, $-\infty \leqslant \sigma_0 \leqslant \infty$, 使得 Dirichlet 级数 $\mathscr{D}(s)$ 在开右半平面 $\operatorname{Re}(s) > \sigma_0$ 上收敛为解析函数, 并且当 $\operatorname{Re}(s) < \sigma_0$ 时级数 $\mathscr{D}(s)$ 发散. 称 σ_0 为级数 $\mathscr{D}(s)$ 的收敛横坐标.

(3) 若系数部分和
$$P_n = \sum_{k=1}^{n} a_k$$
满足估值
$$|P_n| \leqslant P n^{\sigma_1}, \quad \sigma_1 > 0, P \text{ 为常数},$$
则级数 $\mathscr{D}(s)$ 的收敛横坐标 $\sigma_0 \leqslant \sigma_1$.

(4) 如果
$$\lim_{n \to \infty} \frac{P_n}{n} = g,$$
则
$$\lim_{\substack{s \to 1 \\ \operatorname{Re} s > 1}} (s-1)\mathscr{D}(s) = g.$$
所以 $s=1$ 是级数 $\mathscr{D}(s)$ 留数为 g 的单极点.

记 $S^1 := \{z \in \mathbb{C} : |z| = 1\}$, 称定义在有限交换群 A 上的群同态 $\chi : A \to S^1$ 为 A 的**酉特征标** (unitary character). 常以 $1 : A \to S^1$, $1(a) = 1$ 记单位特征标, 详情见 [7] 四章 §2, 2.2.

命题 2.19 设 χ_1, χ_2 为有限交换群 A 的酉特征标. 则
$$\sum_{a \in A} \chi_1(a)\chi_2(a) = \begin{cases} 0, & \text{若 } \chi_1 \neq \chi_2^{-1}, \\ |A|, & \text{若 } \chi_1 = \chi_2^{-1}. \end{cases}$$

若 $\chi \neq 1$, 则 $\sum_{a \in A} \chi(a) = 0$.

称 $\mathcal{I}_F^{\mathfrak{m}}/S_F^{\mathfrak{m}}$ 的酉特征标 χ 为 $\operatorname{mod}\mathfrak{m}$ 理想特征标. 定义的 L-函数为
$$L(s, \chi) = \sum_{(\mathfrak{n}, \mathfrak{m})=1} \frac{\chi(\mathfrak{n})}{\mathfrak{N}(\mathfrak{n})^s},$$
其中 s 为复数变元, $\sum$ 是对所有与 $\mathfrak{m}$ 互素的整理想 $\mathfrak{n}$ 求和.

命题 2.20 (1) 以上定义 L-函数的无穷级数在 $\operatorname{Re} s > 1$ 内的紧集上一致绝对收敛, 故此 $L(s, \chi)$ 是 $\operatorname{Re} s > 1$ 上的解析函数.

(2) 在 $\operatorname{Re} s > 1$ 上 $L(s, \chi)$ 可以表达为一致绝对收敛无穷乘积
$$L(s, \chi) = \prod_{\mathfrak{p} \nmid \mathfrak{m}} \left(1 - \frac{\chi(\mathfrak{p})}{\mathfrak{N}(\mathfrak{p})^s}\right)^{-1},$$

其中 $\prod$ 是对所有不除 $\mathfrak{m}$ 的素理想 $\mathfrak{p}$ 取乘积. 称此为 L-函数的 Euler 积.

(3)
$$\lim_{s\to 1}(s-1)L(s,\chi) = \begin{cases} 0, & \text{若 } \chi \neq 1, \\ g_{\mathfrak{m}}h_{\mathfrak{m}}, & \text{若 } \chi = 1, \end{cases}$$

其中
$$h_{\mathfrak{m}} = |\mathcal{I}_F^{\mathfrak{m}}/S_F^{\mathfrak{m}}|, \quad g_{\mathfrak{m}} = \frac{2^{r_1}(2\pi)^{r_2}R_{\mathfrak{m}}}{\sqrt{|\delta_F|}w_{\mathfrak{m}}\mathfrak{N}(\mathfrak{m})}.$$

命题中 (1) 和 (2) 的证明和数论的标准证明一样, 此处略去. 余下考虑 (3). 因为 χ 是 $\mathfrak{K} \in \mathcal{I}_F^{\mathfrak{m}}/S_F^{\mathfrak{m}}$ 的函数, 所以

$$L(s,\chi) = \sum_{\mathfrak{K}} \left(\chi(\mathfrak{K}) \sum_{\mathfrak{n} \in \mathfrak{K}} \frac{1}{\mathfrak{N}(\mathfrak{n})^s} \right) = \sum_{\mathfrak{K}} \chi(\mathfrak{K})\zeta(s,\mathfrak{K}),$$

其中
$$\zeta(s,\mathfrak{K}) = \sum_{\mathfrak{n} \in \mathfrak{K}} \frac{1}{\mathfrak{N}(\mathfrak{n})^s}.$$

若取
$$a_n = \sum_{\substack{\mathfrak{n} \in \mathfrak{K} \\ \mathfrak{N}(\mathfrak{n})=n}} 1,$$

则以上的 ζ-函数可写成 Dirichlet 级数

$$\zeta(s,\mathfrak{K}) = \sum_{n=1}^{\infty} \frac{a_n}{n^s}.$$

这样系数部分和 $P_n = \sum_{k=1}^{n} a_k$ 便是理想类 $\mathfrak{K}$ 内满足条件 $\mathfrak{N}(\mathfrak{n}) \leqslant n$ 的整理想 $\mathfrak{n}$ 的个数. 按照上节关于 P_n 的渐近公式知:

$$\lim_{s\to 1}(s-1)\zeta(s,\mathfrak{K}) = g_{\mathfrak{m}},$$

即 $s=1$ 是 ζ-函数 $\zeta(s,\mathfrak{K})$ 留数为 $g_{\mathfrak{m}}$ 的单极点.

于是
$$\lim_{s\to 1}(s-1)L(s,\chi) = \sum_{\mathfrak{K}} \chi(\mathfrak{K}) \lim_{s\to 1} \zeta(s,\mathfrak{K}) = g_{\mathfrak{m}} \sum_{\mathfrak{K}} \chi(\mathfrak{K}),$$

所以若 $\chi \neq 1$, $\lim_{s\to 1}(s-1)L(s,\chi) = 0$, 否则 $\lim_{s\to 1}(s-1)L(s,1) = g_{\mathfrak{m}}h_{\mathfrak{m}}$.

数域 F 的 Dedekind ζ-函数是指对 F 的所有整理想 $\mathfrak{a}$ 求和得出如下的复变函数

$$\zeta_F(s) = \sum_{\mathfrak{a}} \frac{1}{\mathfrak{N}(\mathfrak{a})^s}, \quad \text{Re}\, s > 1.$$

Dedekind ζ-函数的 Euler 积是

$$\zeta_F(s) = \prod_{\mathfrak{p}} \left(1 - \frac{1}{\mathfrak{N}(\mathfrak{p})^s}\right)^{-1}, \quad \text{Re}\, s > 1.$$

当取 F 的模 $\mathfrak{m}=1$ 时, $\mathcal{I}_F^{\mathfrak{m}}/\mathcal{S}_F^{\mathfrak{m}}$ 便是 F 的理想类群 $Cl_F = \mathcal{I}_F/\mathcal{P}_F$. 另一方面有 $\zeta_F(s) = \sum_{\mathfrak{K}}\zeta(s,\mathfrak{K})$, 于是知

$$\lim_{s\to 1}(s-1)\zeta_F(s) = \frac{2^{r_1}(2\pi)^{r_2}R_F h_F}{\sqrt{d(\mathcal{O}_F)}w_F},$$

其中 w_F 是 F 的单位根个数, R_F 为 F 的调控子, h_F 是 F 的类数. 见 [7] 第四章 §3.

2.6 密度

设集合 $\mathscr{S}$ 的元素为数域 F 的非零素理想, 为了估计这个集合的大小我们引入一个辅助函数 $\sum_{\mathfrak{p}\in\mathscr{S}}\mathfrak{N}(\mathfrak{p})^{-s}$. 当 $\mathscr{S}$ 的元素 $\mathfrak{p}$ 都共有某一种分解性质时, 这个函数与 $-\log(s-1)$ 相近. 本节就是讨论这个特殊的现象.

已给数域 F 的非零素理想集合 $\mathscr{S}$. 若极限

$$d(\mathscr{S}) = \lim_{s\to 1+0}\frac{\sum_{\mathfrak{p}\in\mathscr{S}}\mathfrak{N}(\mathfrak{p})^{-s}}{\sum_{\mathfrak{p}}\mathfrak{N}(\mathfrak{p})^{-s}}$$

存在, 则称它为集合 $\mathscr{S}$ 的 Dirichlet 密度.

若 $f(s) - g(s)$ 在 $s=1$ 为解析函数, 我们便引入记号 $f(s) \sim g(s)$.

从域 F 的 ζ-函数的 Euler 乘积

$$\zeta_F(s) = \prod_{\mathfrak{p}}\frac{1}{1-\mathfrak{N}(\mathfrak{p})^{-s}}, \quad \operatorname{Re} s > 1$$

得

$$\log\zeta_F(s) = \sum_{m,\mathfrak{p}}\frac{1}{m\mathfrak{N}(\mathfrak{p})^{ms}} \sim \sum_{\mathfrak{p}}\frac{1}{\mathfrak{N}(\mathfrak{p})^s},$$

因为余项 $\sum_{m\geqslant 2,\mathfrak{p}}1/m\mathfrak{N}(\mathfrak{p})^{ms}$ 在 $s=1$ 收敛为解析函数. 另一方面, 已知 $\zeta_F(s)\sim\frac{1}{s-1}$, 所以

$$\sum_{\mathfrak{p}}\frac{1}{\mathfrak{N}(\mathfrak{p})^s} \sim \log\frac{1}{s-1},$$

于是亦可由以下公式计算 Dirichlet 密度

$$d(\mathscr{S}) = \lim_{s\to 1+0}\frac{\sum_{\mathfrak{p}\in\mathscr{S}}\mathfrak{N}(\mathfrak{p})^{-s}}{\log\frac{1}{s-1}}.$$

命题 2.21 数域 F 内剩余次数 $f_{\mathfrak{p}|p}$ 等于 1 的素理想 $\mathfrak{p}$ 所组成的集合的密度等于 1.

证明 以 S 记题中的素理想集合. 除有限个分歧素理想外, 可用以下集合代替 S:

$$\{素理想\ \mathfrak{p}: \mathfrak{N}(\mathfrak{p}) = p\ 素数\}.$$

给定 p^m, 最多不超过 $[F:\mathbb{Q}]$ 个素理想 $\mathfrak{p}$ 使得 $\mathfrak{N}(\mathfrak{p}) = p^m$. 如果 $\mathfrak{p} \notin S$, 则 $\mathfrak{N}(\mathfrak{p}) > p^2$. 于是
$$\sum_{\mathfrak{p} \notin S} \left| \frac{1}{\mathfrak{N}(\mathfrak{p})^s} \right| \leqslant [F:\mathbb{Q}] \sum_p \frac{1}{p^{2\sigma}}, \quad s = \sigma + \sqrt{-1}t.$$

已知
$$\log \zeta_F(s) \sim \sum_{\mathfrak{p}} \frac{1}{\mathfrak{N}(\mathfrak{p})^s},$$

于是
$$\log \zeta_F(s) \sim \sum_{\mathfrak{p} \in S} \frac{1}{\mathfrak{N}(\mathfrak{p})^s}.$$

从留数计算已知 $\log(s-1)\zeta_F(s)$ 在 $s=1$ 有界, 而 $\log(s-1)$ 在 $s=1$ 无界, 所以
$$\sum_{\mathfrak{p} \in S} \frac{1}{\mathfrak{N}(\mathfrak{p})^s} \sim \log \zeta_F(s) \sim -\log(s-1),$$

由此可见所求集合密度等于 1. $\square$

命题 2.22 设 $\mathfrak{m}$ 为数域 F 的模, 群 H 满足条件
$$S_F^{\mathfrak{m}} \subseteq H \subseteq \mathcal{I}_F^{\mathfrak{m}}.$$

以 S 记 H 内的素理想所组成的集合, 则
$$d(S) \leqslant \frac{1}{[\mathcal{I}_F^{\mathfrak{m}} : H]}.$$

证明 设 χ 为 $\mathcal{I}_F^{\mathfrak{m}}/S_F^{\mathfrak{m}}$ 的酉特征. 则
$$\log L(s, \chi) = \sum_{\mathfrak{p} \nmid \mathfrak{m}} \chi(\mathfrak{p}) \mathfrak{N}(\mathfrak{p})^{-s} + g_\chi(s),$$

其中 $g_\chi(s)$ 在 $\operatorname{Re} s > \frac{1}{2}$ 收敛.

以 h 记 $[\mathcal{I}_F^{\mathfrak{m}} : H]$, 暂以 X 记 $\mathcal{I}_F^{\mathfrak{m}}/H$ 的酉特征所组成的群. 对任一 $\mathfrak{p}$, 则
$$\sum_{\chi \in X} \chi(\mathfrak{p}) = \begin{cases} 0, & \mathfrak{p} \notin H, \\ h, & \mathfrak{p} \in H, \end{cases}$$

所以
$$\sum_{\mathfrak{p} \in H} h \mathfrak{N}(\mathfrak{p})^{-s} = \sum_{\chi \neq 1} (\log L(s, \chi) - g_\chi(s)) + \log(s-1)L(s,1) - \log(s-1) - g_1(s).$$

另外有在 $s = 1$ 有界的 $g(s)$ 使得
$$\sum_{\mathfrak{p} \in S} \mathfrak{N}(\mathfrak{p})^{-s} = -d(S) \log(s-1) + g(s).$$

当 $s>1$ 时,从 $S\subseteq H$ 得

$$\sum_{\mathfrak{p}\in H}\mathfrak{N}(\mathfrak{p})^{-s}-\sum_{\mathfrak{p}\in S}\mathfrak{N}(\mathfrak{p})^{-s}=A(s)+B(s)>0,$$

其中 $A(s)=-(\frac{1}{h}-d(S))\log(s-1)$,

$$hB(s)=\sum_{\chi\neq 1}(\log L(s,\chi)-g_\chi(s))+\log(s-1)L(s,1)-g_1(s)-hg(s).$$

在 $B(s)$ 中各项在 $s=1$ 均有界,除了那些 χ 使 $L(1,\chi)=0$ 外,对这些 χ,当 $s\to 1$ 时, $\log L(s,\chi)\to -\infty$. 在 $A(s)$ 中,当 $s>1, s\to 1$ 时, $\log(s-1)\to -\infty$. 这样只有在 $d(S)\leqslant 1/h$ 的条件下才可能有 $A(s)+B(s)>0$. □

在开始下一步之前,我们多了解一下素理想乘积分解与剩余次数.

设 H 为群 G 的子群,记 $h=[G:H]$. 任一 $\sigma\in G$ 以右乘作用在陪集集合 $H\backslash G$ 上, $H\backslash G$ 是这个作用的轨迹的并集. 选一个陪集分解

$$G=H\sigma_1\cup\cdots\cup H\sigma_h,$$

若其中的一个轨迹是

$$H\sigma_i, H\sigma_i\sigma,\ldots,H\sigma_i\sigma^{\ell-1},H\sigma_i\sigma^\ell=H\sigma_i,$$

称这个轨迹为长度为 ℓ 的 σ-链.

设 E/F 是有限 Galois 扩张,以 G 记 $\mathrm{Gal}(E/F)$. 取 G 的子群 H,以 K 记 H 的固定域. 取 E 的素理想 $\mathfrak{P}$. 设 $\sigma=\left[\frac{E/F}{\mathfrak{P}}\right]$. 取长度为 ℓ 的 σ-链 $\{H\tau,\ldots\}$, 记 $\wp=\tau(\mathfrak{P})\cap K$.

H 为 $\mathrm{Gal}(E/K)$,我们有分解群

$$H_{\tau\mathfrak{P}}=\{\eta\in H:\eta\tau\mathfrak{P}=\tau\mathfrak{P}\}=H\cap G_{\tau\mathfrak{P}},$$

$H_{\tau\mathfrak{P}}$ 的阶是剩余次数 $f_{\tau\mathfrak{P}|\wp}$. 因为 $G_\mathfrak{P}=\langle\sigma\rangle$,所以 $G_{\tau\mathfrak{P}}=\tau G_\mathfrak{P}\tau^{-1}=\langle\tau\sigma\tau^{-1}\rangle$. 于是 $H_{\tau\mathfrak{P}}=\langle\tau\sigma^\ell\tau^{-1}\rangle$,

$$f_{\wp|\mathfrak{p}}=f_{\mathfrak{P}|\mathfrak{p}}/f_{\mathfrak{P}|\wp}=|G_\mathfrak{P}|/|H_{\tau\mathfrak{P}}|$$
$$=|\langle\sigma\rangle|/|\langle\tau\sigma^\ell\tau^{-1}\rangle|=\ell.$$

这告诉我们长度为 ℓ 的 σ-链 $\{H\tau,\ldots\}$ 决定 K 的素理想 $\wp$, 使 $\wp|\mathfrak{p}$ 和 $f_{\wp|\mathfrak{p}}=\ell$.

设有陪集 $H\tau, H\nu$, 并且 $\wp=\tau(\mathfrak{P})\cap K=\nu(\mathfrak{P})\cap K$. 则 E 的素理想 $\tau(\mathfrak{P}), \nu(\mathfrak{P})$ 除 $\wp$, E/K 为 Galois 扩张,故有 $\gamma\in H$ 使 $\tau(\mathfrak{P})=\gamma\nu(\mathfrak{P})$. 所以 $\tau^{-1}\gamma\nu\in G_\mathfrak{P}=\langle\sigma\rangle$, 即 $\gamma\nu=\tau\sigma^t$, 于是 $H\tau\sigma^t=H\gamma\nu=H\nu$. 因此 σ-链 $\{H\tau,\ldots\}$ 等于 σ-链 $\{H\nu,\ldots\}$.

下一步我们问: 设 K 的素理想 $\wp$ 除 $\mathfrak{p}$, 怎知有 σ-链与这个 $\wp$ 对应呢? 陪集集合 $H\backslash G$ 是 σ-链的并集, 设这些 σ-链的长度分别是 $\ell_1,\ldots,\ell_s$, 于是 $|H\backslash G| = \sum_i \ell_i$. 长度为 ℓ_i 的 σ-链决定 K 的素理想 $\wp_i$ 使 $f_{\wp_i|\mathfrak{p}} = \ell_i$. 与公式 $\sum_j e_j f_j = [K:F] = [G:H] = \sum_i \ell_i$ 比较, 知 $\wp_1,\ldots,\wp_s$ 是所有的 K 的素理想除 $\mathfrak{p}$.

总结: 设 E/F 是有限 Galois 扩张, H 为 $\mathrm{Gal}(E/F)$ 的子群, 以 K 记 H 的固定域. 取 E 的素理想 $\mathfrak{P}$, 设 $\left[\frac{E/F}{\mathfrak{P}}\right]$ 在 $H\backslash \mathrm{Gal}(E/F)$ 的右乘作用生出的链的长度是 $\ell_1,\ldots,\ell_s$. 设 $\mathfrak{p} = \mathfrak{P} \cap F$. 则在 K 内有素理想分解 $\mathfrak{p} = \wp_1 \ldots \wp_s$, 并且 $f_{\wp_i|\mathfrak{p}} = \ell_i$.

现在假设陪集分解中的 $H\sigma_i$ 有性质 $\sigma_i G_{\mathfrak{P}} \sigma_i^{-1} \subseteq H$, 即 $H\sigma_i \sigma = H\sigma_i$. 这样包含 $H\sigma_i$ 的 σ-链的长度 = 1. 于是我们可以做推论:

$$|\{K \text{ 的素理想 } \wp \text{ 除 } \mathfrak{p} : f_{\wp|\mathfrak{p}} = 1\}| = |\{H\backslash G \text{ 的陪集 } H\sigma_i : \sigma_i G_{\mathfrak{P}} \sigma_i^{-1} \subseteq H\}|.$$

引理 2.23 对群 G 内的 n 阶元素 σ, 设

$$\lceil \sigma \rceil = \{g\sigma^m g^{-1} : g \in \mathrm{Gal}(E/F), (m,n)=1, m>0\}.$$

则 $|\lceil \sigma \rceil| = \phi(n)[G : N_G(\langle \sigma \rangle)]$, 其中 ϕ 是 Euler 函数, $\langle \sigma \rangle$ 是 σ 所生成的循环子群, N_G 是正规化子.

证明 从 $(m,n)=1$ 知有中心化子关系 $C_G(\sigma) = C_G(\sigma^m)$, 这就是说 G 共有 $[G:C_G(\sigma)]$ 个元素与 σ^m 共轭. 当 m 遍历 1 与 n 之间与 n 互素的整数时, σ^m 的共轭类的并集 $\mathscr{C}$ 便有 $\phi(n)[G:C_G(\sigma)]$ 个元素.

若有 $\tau \in \mathscr{C}$ 出现 t 次, 即 τ 与 t 个 σ^m 共轭, 这样就有 t 个 σ^r 与 σ^m 共轭. 于是 $t = [N_G(\langle \sigma \rangle) : C_G(\sigma)]$.

综合以上得

$$|\lceil \sigma \rceil| = \frac{\phi(n)[G:C_G(\sigma)]}{[N_G(\langle \sigma \rangle):C_G(\sigma)]}.$$

由此可得引理. □

定理 2.24 设 E/F 为有限 Galois 扩张, $\sigma \in \mathrm{Gal}(E/F)$. 取

$$\mathscr{S} = \left\{F \text{ 的素理想 } \mathfrak{p} : \exists E \text{ 的素理想 } \mathfrak{P} \text{ 使得 } \mathfrak{P} \mid \mathfrak{p}, \left[\frac{E/F}{\mathfrak{P}}\right] \in \lceil \sigma \rceil \right\}.$$

则

$$d(\mathscr{S}) = \frac{|\lceil \sigma \rceil|}{[E:F]}.$$

证明 对 σ 的阶 n 进行归纳证明.

$n = 1$. 此时 $\sigma = 1$, 集合 $\mathscr{S}$ 是由在 E 内完全分裂的 F 素理想组成. 设 $\mathscr{S}_E = \{E \text{ 的整素理想 } \mathfrak{P} : \exists \mathfrak{p} \in \mathscr{S}, \mathfrak{P}|\mathfrak{p}\}$. 每个 $\mathfrak{p} \in \mathscr{S}$ 有 $[E:F]$ 个 $\mathfrak{P} \in \mathscr{S}_E$ 除 $\mathfrak{p}$, 并且 $\mathfrak{N}_{E/F}(\mathfrak{P}) = \mathfrak{p}$. 于是

$$\sum_{\mathfrak{P} \in \mathscr{S}_E} \mathfrak{N}_{E/\mathbb{Q}}(\mathfrak{P})^{-s} = \sum_{\mathfrak{P} \in \mathscr{S}_E} \mathfrak{N}_{F/\mathbb{Q}}(\mathfrak{N}_{E/F}(\mathfrak{P}))^{-s} = [E:F] \sum_{\mathfrak{p} \in \mathscr{S}} \mathfrak{N}_{F/\mathbb{Q}}(\mathfrak{p})^{-s}.$$

另一方面, 设 $\mathscr{T} = \{E$ 的素理想 $\mathfrak{P}:$ 剩余次数 $f_{\mathfrak{P}|\mathfrak{P}\cap\mathbb{Z}} = 1\}$. 则 $\mathscr{T} \subseteq \mathscr{S}_E$ 和 $\sum_{\mathfrak{P}\in\mathscr{S}_E\setminus\mathscr{T}} \mathfrak{N}(\mathfrak{P})^{-s} \sim 0$. 已知 $d(\mathscr{T}) = 1$, 于是 $d(\mathscr{S}_E) = 1$, 所以 $\sum_{\mathfrak{p}\in\mathscr{S}} \mathfrak{N}(\mathfrak{p})^{-s} \sim -[E:F]\log(s-1)$, 即有 $d(\mathscr{S}) = 1/[E:F]$. 得证 $n = 1$ 的情形.

$n > 1$. 对 $d|n$ 引入

$$\mathscr{S}_d = \left\{F \text{ 的素理想 } \mathfrak{p} : \exists E \text{ 的素理想 } \mathfrak{P} \text{ 使得 } \mathfrak{P}|\mathfrak{p}, \left[\frac{E/F}{\mathfrak{P}}\right] \in \lceil\sigma^d\rceil\right\}.$$

若 $d > 1$, 则按归纳假设得 $d(\mathscr{S}_d) = |\lceil\sigma^d\rceil|/[E:F]$.

以 K 记循环子群 $\langle\sigma\rangle$ 的固定域. 对 $\mathfrak{p} \in \mathscr{S}_d$, 设 K 有 $n(\mathfrak{p})$ 个素理想 $\wp$ 除 $\mathfrak{p}$, 并且 $f_{\wp|\wp\cap\mathcal{O}_F} = 1$. 则陪集集合 $\langle\sigma\rangle\backslash\mathrm{Gal}(E/F)$ 有 $n(\mathfrak{p})$ 个陪集 $\langle\sigma\rangle\tau$ 使 $\langle\sigma\rangle\tau\sigma^d = \langle\sigma\rangle\tau$, 即 $\tau\sigma^d\tau^{-1} \in \langle\sigma\rangle$. 这条件等同于 $\tau \in N_{\mathrm{Gal}(E/F)}(\langle\sigma^d\rangle)$, 于是得

$$n(\mathfrak{p}) = [N_{\mathrm{Gal}(E/F)}(\langle\sigma^d\rangle) : \langle\sigma\rangle].$$

F 的素理想 $\mathfrak{p}$ 在 K 内有素理想因子 $\wp$ 使剩余次数 $f_{\wp|\mathfrak{p}} = 1$, 当且仅当 $\mathfrak{p}$ 有 E 的素理想 $\mathfrak{P}$ 和 $\tau \in \mathrm{Gal}(E/F)$ 使 $\tau[\frac{E/F}{\mathfrak{P}}]\tau^{-1} \in \langle\sigma\rangle$, 即当且仅当 $\mathfrak{p}$ 属于某 $\mathscr{S}_d$.

设 $\mathscr{T}_K = \{K$ 的素理想 $\wp:$ 剩余次数 $f_{\wp|\wp\cap\mathcal{O}_F} = 1\}$. 则 $\mathscr{T}_K$ 包含 $\{K$ 的素理想 $\wp:$ 剩余次数 $f_{\wp|\wp\cap\mathbb{Z}} = 1\}$, 于是 $d(\mathscr{T}_K) = 1$.

这样便得

$$-\log(s-1) \sim \sum_{\mathfrak{P}\in\mathscr{T}_K} \mathfrak{N}_{F/\mathbb{Q}}(\mathfrak{N}_{K/F}(\mathfrak{P}))^{-s} = \sum_{d|n}\sum_{\mathfrak{p}\in\mathscr{S}_d} n(\mathfrak{p})\mathfrak{N}(\mathfrak{p})^{-s}.$$

于是

$$[N_{\mathrm{Gal}(E/F)}(\langle\sigma\rangle) : \langle\sigma\rangle]\sum_{\mathfrak{p}\in\mathscr{S}} \mathfrak{N}(\mathfrak{p})^{-s} \sim C(\sigma)\log(s-1),$$

其中

$$C(\sigma) = -1 + \sum_{\substack{d|n\\d\neq 1}} \frac{[N_{\mathrm{Gal}(E/F)}(\langle\sigma^d\rangle) : \langle\sigma\rangle]|\lceil\sigma^d\rceil|}{|\mathrm{Gal}(E/F)|}.$$

代入前面引理 $|\lceil\sigma^d\rceil|$ 公式得

$$C(\sigma) = -1 + \sum_{\substack{d|n\\d\neq 1}} \frac{1}{n}\phi\left(\frac{n}{d}\right) = -1 - \frac{\phi(n)}{n} + \frac{1}{n}\sum_{d|n}\phi\left(\frac{n}{d}\right) = -\frac{\phi(n)}{n},$$

于是

$$\sum_{\mathfrak{p}\in\mathscr{S}} \mathfrak{N}(\mathfrak{p})^{-s} \sim \frac{-\phi(n)}{n[N_{\mathrm{Gal}(E/F)}(\langle\sigma\rangle) : \langle\sigma\rangle]}\log(s-1) = \frac{-|\lceil\sigma\rceil|}{|\mathrm{Gal}(E/F)|}\log(s-1).$$

由此得出所求密度. □

推论 2.25 设 E/F 为有限 Galois 扩张, 集 S 的元素是 F 的素理想 $\mathfrak{p}$ 使得 $\mathfrak{p}$ 在 E 内完全分裂. 则 S 的密度等于 $1/[E:F]$.

证明 $\mathfrak{p}$ 在 E 中完全分裂当且仅当对 $\mathfrak{P}|\mathfrak{p}$ 有 $\left[\frac{E/F}{\mathfrak{P}}\right] = 1$. □

推论 2.26 (Tchebotarev 密度定理) 设 E/F 为有限 Galois 扩张, $\sigma \in \mathrm{Gal}(E/F)$. 取

$$\mathscr{S} = \left\{ F \text{ 的素理想 } \mathfrak{p} : \mathfrak{p} \text{ 在 } E \text{ 内不分歧}, \exists E \text{ 的素理想 } \mathfrak{P} \text{ 使得 } \mathfrak{P} \mid \mathfrak{p}, \left[\frac{E/F}{\mathfrak{P}}\right] = \sigma \right\}.$$

则 $d(\mathscr{S}) = \frac{c}{[E:F]}$, 其中中心化子 $C_{\mathrm{Gal}(E/F)}(\sigma)$ 有 c 个元素.

定理 2.27 (第一不等式) 设 E/F 为有限 Galois 数域扩张, $\mathfrak{m}$ 为 F 的模. 则

$$[\mathcal{I}_F^{\mathfrak{m}} : \mathrm{N}_{E/F}(\mathcal{I}_{E/F}^{\mathfrak{m}})S_F^{\mathfrak{m}}] \leqslant [E:F].$$

证明 考虑 F 的素理想 $\mathfrak{p}$ 的集合. 除有限个例外, 集合 $\{\mathfrak{p} : \mathfrak{p} \text{ 在 } E \text{ 内完全分裂}\}$ 是 $\{\mathfrak{p} : \mathfrak{p} \text{ 在 } \mathrm{N}_{E/F}(\mathcal{I}_{E/F}^{\mathfrak{m}}) \text{ 内}\}$ 的子集. 以 H 记 $\mathrm{N}_{E/F}(\mathcal{I}_{E/F}^{\mathfrak{m}})S_F^{\mathfrak{m}}$, 于是

$$d(\{\mathfrak{p} : \mathfrak{p} \text{ 在 } E \text{ 内完全分裂}\}) \leqslant d(\{\mathfrak{p} : \mathfrak{p} \text{ 在 } H \text{ 内}\}).$$

按推论 2.25, 左边是 $1/[E:F]$. 按命题 2.22, 右边是 $\leqslant 1/[\mathcal{I}_F^{\mathfrak{m}} : H]$. 所以定理得证. □

习 题

1. 证明: $\sum_{n=1}^{\infty} \frac{1}{n^s}$ 和 $\prod_p (1 - \frac{1}{p^s})^{-1}$ 都是 $\{z \in \mathbb{C} : \mathrm{Re}\, z > 1\}$ 上的解析函数, 并且用整数唯一分解证明这两个函数是相等的.

2. 取模 m 的 Dirichlet 特征标. 证明: Dirichlet L-函数 $L(s,\chi) = \sum_{n=1}^{\infty} \frac{\chi(n)}{n^s}$ 是 $\{z \in \mathbb{C} : \mathrm{Re}\, z > 1\}$ 上的解析函数. 证明:

$$L(s,\chi) = \prod_p \left(1 + \frac{\chi(p)}{p^s} + \frac{\chi(p^2)}{p^{2s}} + \cdots \right) = \prod_p \left(1 - \frac{\chi(p)}{p^s}\right)^{-1}.$$

3. 已给 Dirichlet 级数 $\mathscr{D}(s) = \sum_{n=1}^{\infty} \frac{a_n}{n^s}, a_n \in \mathbb{C}$.

   (1) 设 $P_n = \sum_{k=1}^{n} a_k$. 证明:

   $$\sum_{v=n+1}^{n+m} \frac{a_v}{v^s} = \frac{P_{n+m}}{(n+m)^s} - \frac{P_n}{(n+1)^s} + \sum_{v=n+1}^{n+m-1} P_v s \int_v^{v+1} \frac{du}{u^{s+1}}.$$

   (2) 设 P 为常数, $\sigma_1 > 0$, $|P_n| \leqslant P n^{\sigma_1}$, $\mathrm{Re}\, s = \sigma$. 证明:

   $$\sum_{v=n+1}^{n+m} \frac{a_v}{v^s} \leqslant 2\frac{P}{n^{\sigma-\sigma_1}} + P|s| \sum_{v=n+1}^{n+m-1} \int_v^{v+1} \frac{du}{u^{\sigma-\sigma_1+1}}$$

   $$< \left(2 + \frac{|s|}{\sigma - \sigma_1}\right) \frac{P}{n^{\sigma-\sigma_1}}.$$

(3) 在以上假设下证明: 级数 $\mathscr{D}(s)$ 的收敛横坐标 $\sigma_0 \leqslant \sigma_1$.

4. 已给 Dirichlet 级数 $\mathscr{D}(s) = \sum_{n=1}^{\infty} \frac{a_n}{n^s}, a_n \in \mathbb{C}$. 设 $P_n = \sum_{k=1}^{n} a_k$, g 为常数, 设 $Q_n = P_n - ng$, $\operatorname{Re} s = \sigma$.

   (1) 给出 $\varepsilon > 0$, 设有 $n_1(\varepsilon)$ 使得: $n > n_1(\varepsilon) = n_1$ 则 $|Q_n| < n\varepsilon$. 设 $Q = \max\{Q_n : n \leqslant n_1(\varepsilon)\}$, $\phi(s) = \mathscr{D}(s) - g\zeta(s)$. 证明:
   $$|\phi(s)| \leqslant Q|s| \sum_{1}^{n_1} \int_{n}^{n+1} \frac{du}{u^{\sigma+1}} + \varepsilon|s| \sum_{n_1+1}^{\infty} n \int_{n}^{n+1} \frac{du}{u^{\sigma+1}} \leqslant |s|\left(Q + \frac{\varepsilon}{\sigma-1}\right).$$

   (2) 如果
   $$\lim_{n\to\infty} \frac{P_n}{n} = g,$$
   则
   $$\lim_{\substack{s \to 1 \\ \operatorname{Re} s > 1}} (s-1)\mathscr{D}(s) = g.$$

5. 证明: 带单位元有限维代数 A 只有有限个极大理想 $\mathfrak{m}_1, \ldots, \mathfrak{m}_h$. 设 $\mathfrak{r} = \mathfrak{m}_1 \cap \cdots \cap \mathfrak{m}_h$. 证明: $A/R \cong A/\mathfrak{m}_1 \oplus \cdots \oplus A/\mathfrak{m}_h$.

6. 设 E/F, K/F 是域扩张, $[K:F] < \infty$, $\mathfrak{m}$ 是 $E \otimes_F K$ 的极大理想, $L = E \otimes_F K/\mathfrak{m}$, $s: E \to L$ 是 $s(x) = x \otimes 1 + \mathfrak{m}$, $T: K \to L$ 是 $t(y) = 1 \otimes y + \mathfrak{m}$. 证明: L 是 $s(E)$ 和 $t(K)$ 的域合成 (又记此为 $E \xrightarrow{s} L \xleftarrow{t} K$).

7. 设 E/F 是域扩张, $K = F(\theta)/F$ 是有限可分扩张, $f(X)$ 是 θ 在 F 上的最小多项式, 在 EX 内 $f(X) = p_1(X) \ldots p_h(X)$, $p_j(X)$ 不可约, $\deg p_j(X) > 0$, 当 $i \neq j$ 时, $p_i(X) \neq p_j(X)$. 证明:
   (1) $E \otimes_F K \cong E[X]/(p_1(X)) \oplus \cdots \oplus E[X]/(p_h(X))$.
   (2) $[K:F] = \sum [L_j:E]$, 其中 $L_j = E[X]/(p_j(X))$.
   (3) E 与 K 的域合成必同构于 $E \xrightarrow{s_j} L_j \xleftarrow{t_j} K$.

8. 设有域扩张 $K \supseteq E \supseteq F$, K/E 是可分, E/F 是不可分, S/F 是 K/F 的极大可分子域. 证明: $K/F \cong E \otimes_F S$.

9. (1) 若 E/F 是不可分扩张, K/F 是可分扩张, 则 $E \otimes_F K$ 是域.
   (2) 设域扩张 E/F 满足条件: 若 $x \in E$ 为 F 上可分代数元, 则 $x \in F$, 并且 K/F 是可分代数扩张, 则 $E \otimes_F K$ 是域.

10. 取数域 F. 证明: 有常数 C 使得若 $\alpha \in F$ 则有 $\beta \in \mathcal{O}_F$ 和非零整数 t 令 $|t| \leqslant C$ 及 $|N(t\alpha - \beta)| < 1$.

11. 设 d 为正整数, 考虑实二次扩张 $F = \mathbb{Q}(\sqrt{d})$.
    (1) 证明: 存在单位元 ε 使得 F 的单位元群是 $= \{\pm\varepsilon^n : n \in \mathbb{Z}\}$.
    (2) 以 $N(x; F)$ 记范 $\leqslant x$ 的整理想的个数, h_F 为 F 的类数, $\mathfrak{d}_{F/\mathbb{Q}}$ 为 $F/\mathbb{Q}$ 的判别式. 证明:
    $$\lim_{x\to\infty} \frac{N(x;F)}{x} = \frac{2h_F}{\sqrt{|\mathfrak{d}_{F/\mathbb{Q}}|}} \log \varepsilon.$$

12. 设 F 为虚二次扩张, h_F 为 F 的类数, $\mathfrak{d}_{F/\mathbb{Q}}$ 为 $F/\mathbb{Q}$ 的判别式, w 为 F 的单位根个数. 以 $N(x;F)$ 记范 $\leqslant x$ 的整理想的个数. 证明:
$$\lim_{x\to\infty}\frac{N(x;F)}{x}=\frac{2h_F}{\sqrt{|\mathfrak{d}_{F/\mathbb{Q}}|}}\frac{\pi}{w}.$$

13. 设 E/F 为数域的有限 Galois 扩张. 证明: 在 E 完全分裂的 F 素理想 $\mathfrak{p}$ 所组成的集合的 Dirichlet 密度是 $1/[E:F]$.

14. 固定整数 d. 证明: 满足 Legendre 符号条件 $\left(\frac{d}{p}\right)=1$ 的素数 p 所组成的集合的 Dirichlet 密度是 $1/2$.

15. 取素数 q. 证明: 满足以下条件
$$p\equiv 1\mod q,\quad 2^{\frac{p-1}{q}}\equiv 1\mod p$$
的素数 p 所组成的集合的 Dirichlet 密度是 $1/q(q-1)$.

16. 设 $f(x)\in\mathbb{Z}[x]$ 是 n 次不可约首一多项式.
    (1) 证明: $f(x)$ 的分裂域是 $\mathbb{Q}$ 的 n 次扩张.
    (2) 证明: 满足条件 $f(x)\equiv 0\mod p$ 有解的素数 p 所组成的集合的 Dirichlet 密度是 $1/n$.

第三章 完备域

在有理数域 $\mathbb{Q}$ 中我们有绝对值,即对 $x \in \mathbb{Q}$,如果 $x \geqslant 0$,取 $|x| = x$,否则取 $|x| = -x$. 还有另一办法. 设整数 p 为素数,从整数唯一分解性质知: 任一 $x \in \mathbb{Q}^\times$ 唯一决定整数 $v_p(x)$ 使 x 可表达为

$$x = p^{v_p(x)}\frac{a}{b}, \quad a, b \in \mathbb{Z}, p \nmid a, p \nmid b.$$

这时我们定义 $|x|_p := p^{-v_p(x)}$ 及 $|0|_p := 0$. 不难证明 $|\cdot|_p$ 亦有绝对值 $|\cdot|$ 同样的性质.

让我们在实数域中计算 $\sqrt{2}$. 我们用有理数序列 $r_0, r_1, r_2, \ldots$ 来逼近 $\sqrt{2}$,即要求

$$|r_n^2 - 2| < \left(\frac{1}{10}\right)^n.$$

比如取 $r_0 = \frac{5}{4} = 1.25$, $r_1 = \frac{7}{5} = 1.4$, $r_2 = \frac{353}{250} = 1.412$, $r_3 = \frac{7071}{5000} = 1.4142$, $\ldots$. 我们可以把 r_n 表达为

$$r_n = \sum_k a_k \left(\frac{1}{10}\right)^k, \quad 0 \leqslant a_k < 10.$$

若在这个逼近的过程中,我们把用来决定距离的绝对值 $|\cdot|$ 改为 p 绝对值 $|\cdot|_p$ 会怎样? 以 $p = 7$ 为例.

$n = 1$, 求 $x_0^2 \equiv 2 \bmod 7$, $x_0 = 3$.

$n = 2$, 求 $x_1^2 \equiv 2 \bmod 7^2$. 当然 $x_1^2 \equiv 2 \bmod 7$, 于是 $x_1 \equiv x_0 \bmod 7$, 取 $x_1 = x_0 + 7t_1$, 解 $(3 + 7t_1)^2 \equiv 2 \bmod 7^2$ 得 $t_1 = 1$.

$n = 3$, 求 $x_2^2 \equiv 2 \bmod 7^3$. 同样可设 $x_2 = 3 + 7 \cdot 1 + 7^2 t_2$, 而后求解即得 $t_2 = 2$.

这样便得序列 $x_0, x_1, \ldots$, 使得

$$x_n \equiv x_{n-1} \mod 7^n, \quad x_n^2 \equiv 2 \mod 7^{n+1},$$

并且 $x_n = a_0 + a_1 7 + a_2 7^2 + \cdots + a_n 7^n$, $0 \leqslant a_j < 7$. 让我们用素数 7 来决定一个整数上的绝对值 $|\cdot|_p$, 这样可把条件 $x_n^2 \equiv 2 \bmod 7^{n+1}$ 写成

$$|x_n^2 - 2|_7 < 7^{-n},$$

即按 $|\cdot|_7$ 为度量序列 x_n 越来越逼近 $\sqrt{2}$. 另一方面, 我们有

$$x_n = \sum_{k=0}^{n} a_k 7^k, \quad 0 \leqslant a_k < 7.$$

我们可以说按 $|\cdot|_7$ 极限 $\sum_{k}^{\infty} a_k 7^k$ 是 $\sqrt{2}$.

如此对每一个素数 p 我们可以构造一个域, 它的元素是

$$\alpha = \sum_{n=v(\alpha)}^{\infty} a_n p^n, \quad v(\alpha) \in \mathbb{Z},$$

并定义 $|\alpha|_p = p^{-v(\alpha)}$. 这个域称为 p **进数域** (field of p-adic numbers), 它是一个完备赋值域. 本章就是讨论赋值域.

3.1 赋值域

3.1.1 赋值

F 为域. 设有函数 $v: F \to \mathbb{R} \cup \{\infty\}$ 满足以下条件

(1) $v(x) = \infty$ 当且仅当 $x = 0$;
(2) $v(xy) = v(x) + v(y)$;
(3) $v(x+y) \geqslant \min\{v(x), v(y)\}$.

则称 v 为 F 的非 **Archimede** 指数赋值 (non-archimedean exponential valuation), 或简称为 F 的赋值或非亚赋值. 又称 (F, v) 为**赋值域** (valued field). 常记 v 为 v_F 或 ord_F.

我们先证明赋值的一个很有用的性质. 设 $v(x) > v(y)$. 则

$$v(x+y) \geqslant \min\{v(x), v(y)\} = v(y).$$

另一方面,

$$v(y) = v((x+y) - x) \geqslant \min\{v(x+y), v(-x)\} = \min\{v(x+y), v(x)\},$$

由假设 $v(y)$ 不是 $\geqslant v(x)$, 所以从上一行得 $v(y) \geqslant v(x+y)$. 于是证得

$$v(x) > v(y) \Rightarrow v(x+y) = v(y).$$

例 设 F 为 Dedekind 环 $\mathcal{O}$ 的分式域, 以 $F^{\times}$ 记 $F \setminus \{0\}$. 取 $x \in F^{\times}$, 则分式理想有唯一分解

$$x\mathcal{O} = \prod_{\mathfrak{p}} \mathfrak{p}^{\nu_{\mathfrak{p}}(x)},$$

其中乘积遍历 $\mathcal{O}$ 的全部非零素理想 $\mathfrak{p}$, 并且除有限个 $\mathfrak{p}$ 外, 整数 $\nu_{\mathfrak{p}}(x)$ 为零. 定义 $v_{\mathfrak{p}}(x)$ 为 $\nu_{\mathfrak{p}}(x)$, 于是 $\mathcal{O}$ 的任意非零素理想 $\mathfrak{p}$ 决定映射

$$v_{\mathfrak{p}}: F^{\times} \to \mathbb{Z}.$$

只要取 $v_{\mathfrak{p}}(0) = \infty$, 则不难证明 $v_{\mathfrak{p}}$ 为 F 的赋值.

作为这个例子的特殊情形: 取有理数域 $\mathbb{Q}$. 设整数 p 为素数, 从整数唯一分解性质知: 任一 $x \in \mathbb{Q}^{\times}$ 唯一决定整数 $v_p(x)$ 使 x 可表达为

$$x = p^{v_p(x)} \frac{a}{b}, \quad a, b \in \mathbb{Z}, p \nmid a, p \nmid b.$$

于是便得 $\mathbb{Q}$ 在素数 p 的赋值 v_p, 亦称 v_p 为 $\mathbb{Q}$ 的 p 进赋值.

命题 3.1 设 (F, v) 为赋值域.
(1) 集合 $\mathcal{O} = \{x \in F : v(x) \geqslant 0\}$ 是整闭整环, F 是 $\mathcal{O}$ 的分式域.
(2) 集合 $\mathfrak{p} = \{x \in F : v(x) > 0\}$ 是 $\mathcal{O}$ 的唯一极大理想.
(3) $U^{(0)} = \{x \in F : v(x) = 0\} = \mathcal{O} \setminus \mathfrak{p}$ 是 $\mathcal{O}$ 的全部可逆元.

证明 (1) 取 $x, y \in \mathcal{O}$. 由赋值的性质 $v(xy) = v(x) + v(y)$ 知 $xy \in \mathcal{O}$, 由 $v(x+y) \geqslant \min\{v(x), v(y)\}$ 知 $x + y \in \mathcal{O}$.

由赋值的性质 $v(xy) = v(x) + v(y)$ 知: 若 $x \in F^{\times}$, 则 x 或 x^{-1} 属于 $\mathcal{O}$. 取 $\mathcal{O}$ 上的整元素 $x \in F^{\times}$, 则有 $a_j \in \mathcal{O}$ 使得

$$x^n + a_{n-1} x^{n-1} + \cdots + a_0 = 0.$$

若设 $x \notin \mathcal{O}$, 则 x^{-1} 属于 $\mathcal{O}$. 这样便有 $x = -a_{n-1} - a_{n-2} x^{-1} - \cdots - a_0 (x^{-1})^{n-1} \in \mathcal{O}$, 矛盾. 于是得证: F 内 $\mathcal{O}$ 上的整元素必属于 $\mathcal{O}$, 即 $\mathcal{O}$ 为整闭环.

(2) 可从 (1) 和 (3) 得到.

(3) 说 $x \in \mathcal{O}$ 可逆是指有 $y \in \mathcal{O}$ 满足 $xy = 1$. 按 (1) 便有 $v(x) \geqslant 0, v(y) \geqslant 0$, $v(x) + v(y) = 0$, 即 $v(x) = 0$. □

称 $\mathcal{O}$ 为 (F, v) 的赋值环, 称 $U^{(0)}$ 为 $\mathcal{O}$ 的**单位群** (group of units), 以 κ 记剩余域 $\mathcal{O}/\mathfrak{p}$.

例 $(\mathbb{Q}, v_p)$ 的赋值环是

$$\mathbb{Z}_{(p)} = \left\{ \frac{a}{b}, \quad a, b \in \mathbb{Z}, p \nmid b \right\},$$

显然 $\mathbb{Z} \subset \mathbb{Z}_{(p)}$.

若有 r 使 $v(F^{\times}) = r\mathbb{Z}$, 则称 v 为**离散赋值** (discrete valuation). 若 $r = 1$, 则称 v 为标准离散赋值, 此时称 $\mathcal{O}$ 内满足条件 $v(\pi) = 1$ 的 π 为**素元** (prime element) 或**单化子** (uniformizer).

设 $U^{(n)} = 1 + \mathfrak{p}^n, n > 0$.

命题 3.2 设 (F,v) 为标准离散赋值域.

(1) 取定素元 π. 任意 $x \in F^\times$ 可表达为 $x = u\pi^n$, 其中 n 由 x 唯一决定, u 为 $\mathcal{O}$ 的可逆元.

(2) $\mathcal{O}$ 为主理想环. 取 $\pi \in \mathcal{O}$, 使 $v(\pi) = 1$, 则
$$\mathfrak{p}^n = \pi^n \mathcal{O} = \{x \in F : v(x) \geqslant n\}, \quad n \geqslant 0$$
为 $\mathcal{O}$ 的全部非零理想.

(3) $\mathfrak{p}^n / \mathfrak{p}^{n+1} \cong \mathcal{O}/\mathfrak{p}$.

(4) $U^{(0)} \supseteq U^{(1)} \supseteq U^{(2)} \supseteq \cdots$.

(5) $n \geqslant 1 \Rightarrow U^{(n)}/U^{(n+1)} \cong \mathcal{O}/\mathfrak{p}$, $\quad U^{(0)}/U^{(n)} \cong (\mathcal{O}/\mathfrak{p}^n)^\times$.

证明 (1) 若 $v(x) = n$, 则 $x\pi^{-n} \in U^{(0)}$.

(2) 设有 $\mathcal{O}$ 的非零理想 $\mathfrak{a}$, 在 $\mathfrak{a}$ 内取 $x \neq 0$ 使得 $v(x) = n$ 为最小值. 则 $x = u\pi^n$, $u \in U^{(0)}$, 于是 $\mathfrak{a} \supseteq \mathcal{O}x = \mathcal{O}\pi^n$. 现在 $\mathfrak{a}$ 取任意元素 $y = w\pi^m$, $w \in U^{(0)}$, 则 $m = v(y) \geqslant n$, 于是 $y = (w\pi^{m-n})\pi^n \in \mathcal{O}\pi^n$. 这就证明了: $\mathfrak{a} = \mathcal{O}\pi^n$.

(3) 满射 $\mathfrak{p}^n \to \mathcal{O}/\mathfrak{p} : a\pi^n \mapsto a + \mathfrak{p}$ 有核 $\mathfrak{p}^{n+1}$.

(4) 显然.

(5) 满射 $U^{(n)} \to \mathcal{O}/\mathfrak{p} : 1 + a\pi^n \mapsto a + \mathfrak{p}$ 以 $U^{(n+1)}$ 为核.

满射 $U^{(0)} \to (\mathcal{O}/\mathfrak{p}^n)^\times : u \mapsto u + \mathfrak{p}^n$ 的核是 $U^{(n)}$. □

3.1.2 绝对值

赋值域的好处是让我们可以考虑无穷序列 $\{a_n\}$ 的极限, 这就要求我们说明 a_n 和 a 两点间的距离趋向于 0, 或者 $a - a_n$ 的度量趋向于 0. 这显然用上了域的加法结构, 而指数赋值 v 是比较适合乘法结构的. 为此若要把 v 看作度量大小的一种尺度, 需用 v 定义一个绝对值: 取实数 $q > 1$, 定义
$$\varphi(0) = 0, \quad \varphi(x) = q^{-v(x)}, \quad x \in F^\times.$$

不难验证映射 $\varphi : F \to \mathbb{R}$ 满足以下定义的条件:

(1) $\varphi(x) \geqslant 0$, $\varphi(x) \Leftrightarrow x = 0$;

(2) $\varphi(xy) = \varphi(x)\varphi(y)$;

(3) $\varphi(x+y) \leqslant \varphi(x) + \varphi(y)$.

称满足这些条件的 φ 为 F 的**绝对值**, 又以 $|x|$ 或 $\mathrm{mod}_F(X)$ 记 $\varphi(x)$.

从这些条件可以推出一个好用的不等式
$$|\varphi(x) - \varphi(y)| \leqslant \varphi(x-y).$$

因为 v 是 F 的非 Archimede 指数赋值, 所以用 $\varphi(x) = q^{-v(x)}$ 得到的 φ 满足比 (3) 更强的不等式

(3′) $\varphi(x+y) \leqslant \max\{\varphi(x), \varphi(y)\}$.

如果有必要, 我们便称满足条件 (1), (2), (3′) 的 φ 为非 Archimede 绝对值.

我们用绝对值 φ 来定义收敛: 称 F 内序列 $\{a_n\}_{n=1}^{\infty}$ 收敛为 $a \in F$, 若 $\lim_{n \to \infty} \varphi(a_n - a) = 0$. 又定义 Cauchy 序列: 称 F 内序列 $\{a_n\}$ 为 Cauchy 序列, 若对任意 $\varepsilon > 0$ 存在整数 $N > 0$ 使得对任意 $n, m \geqslant N$ 必有 $\varphi(a_n - a_m) < \varepsilon$. 若 (F, φ) 的任意 Cauchy 序列必收敛为 F 内元素, 则称 (F, φ) 为**完备域** (complete field). 若 $\varphi(x) = q^{-v(x)}$, φ 完备, 则 v 为完备赋值.

命题 3.3 设域 F 有绝对值 φ.
(1) 存在完备域 $(\mathfrak{F}, \psi)$ 使得 F 是 $\mathfrak{F}$ 的稠密子域及对 $a \in F$ 有 $\varphi(a) = \psi(a)$.
(2) 若另有完备赋值域 $(\mathfrak{F}', \psi')$ 满足同样条件, 则存在 F-同构 $\sigma: \mathfrak{F} \to \mathfrak{F}'$ 使得对 $x \in \mathfrak{F}$ 有 $\psi(x) = \psi'(\sigma(x))$.

称除同构外决定的完备域 $(\mathfrak{F}, \psi)$ 为赋绝对值域 (F, φ) 的**完备化** (completion).

F 内的全部 Cauchy 序列 $\{a_n\}$ 所组成的集合记为 $\mathscr{C}$. 所有以零为极限的 Cauchy 序列组成 $\mathscr{C}$ 的子集记为 $\mathscr{Z}$. 我们将证明:

(1) $\mathscr{C}$ 是环.
(2) $\mathscr{Z}$ 是 $\mathscr{C}$ 的极大理想.
(3) 商 $\mathscr{C}/\mathscr{Z}$ 是 F 的完备化.

为此先证明几个引理.

引理 3.4 (1) 若 $\{a_n\} \in \mathscr{C}$, 则存在正实数 r 使得对所有 n 有 $\varphi(a_n) < r$.
(2) 若 $\{a_n\} \in \mathscr{C}$ 并且 $\{a_n\} \notin \mathscr{Z}$, 则存在正实数 t 和正整数 N 使得对所有 $n \geqslant N$ 有 $\varphi(a_n) > t$.

证明 (1) 只要取 N 足够大和 $m \geqslant N$, 便可以有 $\varphi(a_n - a_N) < 1$, 于是 $\varphi(a_m) - \varphi(a_N) \leqslant \varphi(a_m - a_N) < 1$, 所以 $\varphi(a_m) < \varphi(a_N) + 1$ 对所有 $m \geqslant N$ 成立. 取 $r = \max\{\varphi(a_1) + 1, \ldots, \varphi(a_N) + 1\}$, 则 $\varphi(a_n) < r$.

(2) 由 $\{a_n\} \notin \mathscr{Z}$ 知有 $\epsilon > 0$ 使得 $\varphi(a_k) > \epsilon$ 对无穷多个 k 成立; 再选 N 使得: 由 $m, n \geqslant N$ 得 $\varphi(a_m - a_n) < \epsilon/2$; 最后选 $\ell \geqslant N$ 使得 $\varphi(a_\ell) > \epsilon$. 于是如果 $n \geqslant \ell$, 则

$$\varphi(a_n) = \varphi(a_\ell - (a_\ell - a_n)) \geqslant \varphi(a_\ell) - \varphi(a_\ell - a_n) > \epsilon/2 = t. \qquad \square$$

引理 3.5 $\mathscr{C}$ 是交换环.

证明 取 $\{a_n\}, \{b_n\} \in \mathscr{C}$.

任给 $\epsilon > 0$, 则有 N_1 使得: 由 $m, n \geqslant N_1$ 得 $\varphi(a_m - a_n) < \epsilon/2$, 以及有 N_2 使得:

由 $q,r \geqslant N_2$ 得 $\varphi(b_m - b_n) < \epsilon/2$. 设 $N = \max\{N_1, N_2\}$. 则由 $m,n \geqslant N$ 得

$$\varphi(a_m + b_m - a_n - b_n) \leqslant \varphi(a_m - a_n) + \varphi(b_m - b_n) < \epsilon/2 + \epsilon/2 = \epsilon.$$

于是知 $\{a_n + b_n\} \in \mathscr{C}$.

取 r,t 使对所有 n 有 $\varphi(a_n) < r$, $\varphi(b_n) < t$, 则

$$\varphi(a_m b_m - a_n b_n) = \varphi(a_m b_m - a_m b_n + a_m b_n - a_n b_n)$$
$$\leqslant \varphi(a_m)\varphi(b_m - b_n) + \varphi(b_n)\varphi(a_m - a_n)$$
$$< r\varphi(b_m - b_n) + t\varphi(a_m - a_n).$$

取 N_1 使得: 由 $m,n \geqslant N_1$ 得 $\varphi(a_m - a_n) < \epsilon/2t$, 及有 N_2 使得: 由 $m,n \geqslant N_2$ 得 $\varphi(b_m - b_n) < \epsilon/2r$. 这样若 $m,n \geqslant N = \max\{N_1, N_2\}$, 则 $\varphi(a_m b_m - a_n b_n) < \epsilon$. 于是知 $\{a_n b_n\} \in \mathscr{C}$. □

引理 3.6 $\mathscr{L}$ 是 $\mathscr{C}$ 的极大理想.

证明 如 $\{a_n\}, \{b_n\} \in \mathscr{L}$, 显然 $\{a_n - b_n\} \in \mathscr{L}$.

取 $\{a_n\} \in \mathscr{L}$, $\{c_n\} \in \mathscr{C}$. 知有正整数 r 使得对所有 k 有 $\varphi(c_k) < r$. 现有 $\epsilon > 0$, 选 N 使得对所有 $n \geqslant N$ 有 $\varphi(a_n) < \epsilon/r$. 若 $n \geqslant N$, 则 $\varphi(a_n c_n) < \epsilon$, 即 $\{a_n c_n\} \in \mathscr{L}$. 证得 $\mathscr{L}$ 是理想.

由 $a \in F^{\times}$ 构造的常序列 $\{a\}$ 属于 $\mathscr{C}$ 而不属于 $\mathscr{L}$, 即 $\mathscr{L} \neq \mathscr{C}$. 现设 $\mathscr{C}$ 有理想 $\mathscr{I} \supseteq \mathscr{L}$, 并在 $\mathscr{I}$ 内有 $\{a_n\} \notin \mathscr{L}$. 则由引理 3.4: 存在正实数 t 和正整数 N 使得对所有 $n \geqslant N$ 有 $\varphi(a_n) > t$. 设 $b_k = 1$, 若 $k < N$; $b_k = a_k$, 若 $k \geqslant N$. 则 $\{a_n\} - \{b_n\} \in \mathscr{L}$. 若 $m,n \geqslant N$, 则

$$\varphi\left(\frac{1}{b_m} - \frac{1}{b_n}\right) = \frac{1}{\varphi(b_m b_n)}\varphi(b_m - b_n) < \frac{1}{t^2}\varphi(a_m - a_n).$$

由此得 $\{b_k^{-1}\} \in \mathscr{C}$. 由 $\{a_k\} - \{b_k\} \in \mathscr{L} \subseteq \mathscr{I}$ 及 $\{a_k\} \in \mathscr{I}$ 得 $\{b_k\} \in \mathscr{I}$. 因为 $\mathscr{I}$ 是理想, 得 $1 = \{b_k^{-1}\}\{b_k\} \in \mathscr{I}$. 于是 $\mathscr{I} = \mathscr{C}$. 证得 $\mathscr{L}$ 是极大理想. □

引理 3.7 $\mathscr{C}/\mathscr{L}$ 是完备域.

证明 (1) 在 $\mathscr{C}/\mathscr{L}$ 上可定义绝对值. 取 $\{a_n\} \in \mathscr{C}$, 由 $|\varphi(a_m) - \varphi(a_n)| \leqslant \varphi(a_m - a_n)$ 知实数序列 $\{\varphi(a_n)\}$ 是 Cauchy 序列, 所以 $\lim \varphi(a_n)$ 存在. 以 $[a_n]$ 记 $\{a_n\} + \mathscr{L}$. 若 $[a_n] = [a'_n]$, 则只要 $n \geqslant N(\epsilon)$ 便有 $\varphi(a_n - a'_n) < \epsilon$, 但 $|\varphi(a_n) - \varphi(a'_n)| \leqslant \varphi(a_n - a'_n)$, 这样便得 $\lim \varphi(a_n) = \lim \varphi(a'_n)$. 于是便定义 $\psi([a_n]) = \lim \varphi(a_n)$, 利用极限性质不难验证 ψ 为 $\mathscr{C}/\mathscr{L}$ 上绝对值.

(2) 证明完备性. 在 $\mathscr{C}/\mathscr{L}$ 内取 Cauchy 序列 $\{\alpha_n\}_{n=1}^{\infty}$, 其中 $\alpha_n = [a_m^{(n)}] \in \mathscr{C}/\mathscr{L}$, 对每一 n, $\{a_m^{(n)}\}_{m=1}^{\infty}$ 是 F 内 Cauchy 序列.

考虑序列 $\{a_m^{(m)}\}$ (由 $a_m^{(n)}$ 的对角元素所组成 F 内序列). 由

$$\varphi(a_r^{(r)} - a_s^{(s)}) \leqslant \varphi(a_r^{(r)} - a_r^{(s)}) + \varphi(a_r^{(s)} - a_s^{(s)})$$

知 $\{a_m^{(m)}\} \in \mathscr{C}$. 设 $\alpha = [a_m^{(m)}] \in \mathscr{C}/\mathscr{Z}$. 由 $\lim \psi(\alpha_n - \alpha) = \lim \varphi(a_m^{(n)} - a_m^{(m)}) = 0$, 知 Cauchy 序列 $\{\alpha_n\}$ 以 $\alpha \in \mathscr{C}/\mathscr{Z}$ 为极限. □

现在完成命题 3.3 的证明. 每一 $a \in F$ 决定常序列 $\{a\}$, 即每一项都是 a, 于是 $a \mapsto \{a\}$ 给出映射 $F \to \mathscr{C}$. 这个映射的像与 $\mathscr{Z}$ 的交集只有零常序列 $\{0\}$, 于是此映射决定单同态 $F \to \mathscr{C}/\mathscr{Z}$, 并且 $\varphi(a) = \psi([a])$, $[a] = \{a\} + \mathscr{Z}$.

现取 $\alpha = \{a_k\} + \mathscr{Z} \in \mathscr{C}/\mathscr{Z}$. 由 $a_k \in F$ 所决定的常序列记为 α_k. 给出 $\epsilon > 0$. 选 N 使得若 $m, n \geqslant N$, 则 $\varphi(a_m - a_n) < \epsilon$. 这样 $\lim_{n \to \infty} \varphi(a_m - a_n)$ 存在并不大于 ϵ. 另一方面, $\psi(\alpha - \alpha_m) = \lim_{n \to \infty} \varphi(a_n - a_m)$. 于是, 若 $m > N$, 则 $\psi(\alpha - \alpha_m) \leqslant \epsilon$, 即 $\lim_{m \to \infty} \alpha_m = \alpha$. 这就证明了: F 是 $\mathscr{C}/\mathscr{Z}$ 的稠密子集. □

我们已解决了赋绝对值的域的完备化. 当域 F 上的绝对值 φ 来自赋值 v: $\varphi(x) = q^{-v(x)}$, $q > 1$ 的时候, F 内序列 $\{a_n\}_{n=1}^{\infty}$ 按 φ 收敛为 $a \in F$, 即 $\lim_{n \to \infty} v(a_n - a) = \infty$. 同样, 序列 $\{a_n\}$ 按 φ 为 Cauchy 序列, 这等价于: 对任意 $M > 0$, 存在整数 $N > 0$, 使得对任意 $n, m \geqslant N$, 必有 $v(a_n - a_m) > M$.

根据引理 3.4: 若 $\{a_n\}$ 是 F 的 Cauchy 序列, 并且 $\{a_n\} \not\to 0$, 则存在 $M > 0$ 和正整数 N_1 使得对所有 $n \geqslant N_1$ 有 $v(a_n) < M$. 但由于 $\{a_n\}$ 是 Cauchy 序列, 所以存在整数 $N_2 > 0$, 使得对任意 $n, m \geqslant N_1$ 必有 $v(a_n - a_m) > M$. 现取 $n \geqslant N_0 = \max\{N_1, N_2\}$, 由于 v 是 (非 Archimede) 赋值, 则

$$v(a_n) = v((a_n - a_{N_0}) + a_{N_0}) = v(a_{N_0}).$$

这证明了: 如果 F 的 Cauchy 序列 $\{a_n\}$ 不趋向于零, 则只要 n 充分大, $v(a_n)$ 不会改变. 于是可以定义

$$v(\{a_n\}) = \lim_{n \to \infty} v(a_n).$$

设有 F 的 Cauchy 序列 $\{b_n\}$, 并且 $z_n = b_n - a_n \to 0$. 取正数 N_a, N_b, r_a, r_b, 使得: 若 $n \geqslant N_a$, 则 $v(a_n) = r_a$; 若 $n \geqslant N_b$, 则 $v(b_n) = r_b$. 从 $z_n \to 0$ 知有 N_z 使得: 若 $n \geqslant N_z$, 则 $v(z_n) > \max\{r_a, r_b\}$. 于是当 $n \geqslant \max\{N_a, N_b, N_z\}$ 时, 便有 $v(a_n) = v(b_n)$. 让我们以 $[a_n]$ 记 Cauchy 序列 $\{a_n\}$ 所决定在 $\mathscr{C}/\mathscr{Z}$ 中的元素, 则按以上讨论我们可以定义

$$\nu([a_n]) = \lim_{n \to \infty} v(a_n).$$

极限 $\lim_{n \to \infty} v(a_n)$ 存在, 故

$$q^{-\nu([a_n])} = \lim_{n \to \infty} q^{-v(a_n)} = \lim_{n \to \infty} \varphi(a_n) = \varphi([a_n]).$$

利用极限性质不难验证 ν 为 $\mathcal{F} = \mathscr{C}/\mathscr{Z}$ 上的赋值, 并且 $(\mathcal{F}, \nu)$ 是完备赋值域, 从以上定义显然可得 $\nu(\mathcal{F}^\times) = v(F^\times)$.

命题 3.8 设完备赋值域 $(\mathfrak{F},\nu)$ 为赋值域 (F,v) 的完备化. 则 $\nu(\mathfrak{F}^\times) = v(F^\times)$. $\mathfrak{F}, F$ 的剩余域分别记为 $\kappa_\mathfrak{F}, \kappa_F$, 则剩余域同构: $\kappa_\mathfrak{F} \cong \kappa_F$.

证明 $(\mathfrak{F},\nu)$ 的赋值环记为 $\mathfrak{O}$, 赋值环的极大理想记为 $\mathfrak{P}$. 首先需要证明: 设 $x \in \mathfrak{O}$, 则存 $y \in \mathcal{O} \subseteq F$ 使得 $x + \mathfrak{P} = y + \mathfrak{P}$. 由 $x \in \mathfrak{O}$ 得 $\nu(x) = \lim_{n\to\infty} v(x_n) \geqslant 0$, $x_n \in F$, 于是有 n_0 使得当 $n \geqslant n_0$ 时有 $\nu(x) = v(x_n) \geqslant 0$. 另外, 由极限知有 n_1 使得当 $n \geqslant n_1$ 时有 $\nu(x - x_n) \geqslant 1$, 于是取 $N = \max\{n_0, n_1\}$, 则 $v(x_N) \geqslant 0$, 即 $x_N \in \mathfrak{O}$, 并且 $\nu(x - x_N) \geqslant 1$, 即 $x + \mathfrak{P} = x_N + \mathfrak{P}$.

现定义映射
$$\mathcal{O} \to \mathfrak{O}/\mathfrak{P} : a \mapsto a + \mathfrak{P},$$
以上的讨论告诉我们这个映射是满射, 它的核显然是 $\mathfrak{p}$. □

命题 3.9 设 E/F 是赋值域有限扩张, $\mathfrak{E}$ 为赋值域 (E,v) 的完备化. 则 F 在 $\mathfrak{E}$ 内的拓扑闭包 $\mathfrak{F}$ 为赋值域 F 的完备化. 若 E/F 是 Galois 扩张, 则限制映射 $\sigma \mapsto \sigma|_E$ 给出同构 $\mathrm{Gal}(\mathfrak{E}/\mathfrak{F}) \xrightarrow{\approx} \mathrm{Gal}(E/F)$.

命题 3.10 设 $(\mathfrak{F},\nu)$ 为完备赋值域, $a_n \in \mathfrak{F}$. 则无穷级数 $\sum_{n=0}^\infty a_n$ 在 $\mathfrak{F}$ 内收敛的充分必要条件是 $\lim_{n\to\infty} a_n = 0$.

证明 设 $s_n = \sum_{k=0}^n a_k$. 无穷级数收敛是指有极限 $\lim_{n\to\infty} s_n = s$, 于是 $\lim_{n\to\infty} a_n = \lim_{n\to\infty}(s_{n+1} - s_n) = 0$.

反过来, 取 $m > n$, 则
$$\nu(s_m - s_n) = \nu\left(\sum_{j=n+1}^m a_j\right) \geqslant \min\{\nu(a_{n+1}), \ldots, \nu(a_m)\} \geqslant \min\{\nu(a_j) : j \geqslant 0\} \to \infty,$$
于是知 $\{s_n\}$ 为 Cauchy 序列. □

定理 3.11 设 (F,v) 为离散赋值域, $\mathcal{O}$ 为 v 的赋值环, $\mathfrak{p}$ 为极大理想, $\kappa = \mathcal{O}/\mathfrak{p}$ 为剩余域, $0 \in R \subseteq \mathcal{O}$ 为 κ 的一个全代表集, π 为素元. 设 $(\mathfrak{F},\nu)$ 为 (F,v) 的完备化. 则 $x \in \mathfrak{F}^\times$ 唯一决定 $a_i \in R, a_0 \neq 0, m \in \mathbb{Z}$ 使得
$$x = \pi^m(a_0 + a_1\pi + a_2\pi^2 + \ldots).$$

证明 $(\mathfrak{F},\nu)$ 的赋值环记为 $\mathfrak{O}$, 赋值环的极大理想记为 $\mathfrak{P}$, 赋值环的单位元群 $\mathfrak{O}^\times$ 是 $\{x \in \mathfrak{O} : \nu(x) = 0\}$. ν 是离散赋值. 从 $\nu|_F = v$ 知 $\nu(\pi) = 1$, 故 π 亦是 ν 的素元.

现可设 $x = \pi^m u$, 其中 $u \in \mathfrak{O}^\times$. 从 $\mathfrak{O}/\mathfrak{P} \cong \mathcal{O}/\mathfrak{p}$ 知, 有 R 内唯一决定的 $a_0 \neq 0$ 使得 $u = a_0 + \pi b_1$, 其中 $b_1 \in \mathfrak{O}$. 设存在由 u 唯一决定的 $a_i \in R$ 使得
$$u = a_0 + a_1\pi + \cdots + a_{n-1}\pi^{n-1} + \pi^n b_n,$$
其中 $b_n \in \mathfrak{O}$. 这告诉我们
$$b_n = \pi^{-n}(u - a_0 - a_1\pi - \cdots - a_{n-1}\pi^{n-1})$$

是由 u 唯一决定的. 这样方程 $b_n = a_n + \pi b_{n+1}$ 说明 u 唯一决定 a_n, 故

$$u = a_0 + a_1\pi + \cdots + a_{n-1}\pi^{n-1} + a_n\pi^n + \pi^{n+1}b_{n+1},$$

余项 $\lim \pi^{n+1}b_{n+1} = 0$, 所以无穷级数 $\sum_{n=0}^{\infty} a_n\pi^n$ 收敛. □

例 取 $F = \mathbb{Q}$, v 为 p 进赋值, 则 $\mathcal{O}/\mathfrak{p}$ 同构于 $\mathbb{Z}/p\mathbb{Z}$. 取 $R = \{0, 1, \ldots, p-1\}$, 素元为 p, 则 $\mathbb{Q}$ 以 p 进赋值完备化得 p 进数域 $\mathbb{Q}_p$, 其中元素可表达为

$$x = p^{v(p)}(a_0 + a_1 p + a_2 p^2 + \ldots).$$

说明 3.12 设 (F, v) 为离散赋值域. 取元素 $\pi_n \in F$ 使得值群 $v(F^\times) = \{v(\pi_n) : n \in \mathbb{Z}\}$. 根据定理 3.11 的证明, F 的元 x 可表达为

$$x = \sum_n a_n\pi_n, \quad a_n \not\equiv 0 \mod \mathfrak{p}.$$

$x \in F$ 的绝对值 $\varphi(x)$ 常记为 $|x|$.

命题 3.13 设 $|\cdot|_1, |\cdot|_2$ 是域 F 的两个绝对值. 则以下论断等价:
(1) $|\cdot|_1$ 在 F 上定义的拓扑等同 $|\cdot|_2$ 在 F 上定义的拓扑.
(2) 对每个 $a \in F$, $|a|_1 < 1$ 当且仅当 $|a|_2 < 1$.
(3) 存在实数 $r > 0$ 使得对每个 $a \in F$, $|a|_1 = |a|_2^r$.

见 [7] 第七章 §7, 7.2, 定理 7.1. 称满足以上条件的两个绝对值 $|\cdot|_1, |\cdot|_2$ 等价.

定理 3.14 (逼近定理) 设 $|\cdot|_1, \ldots, |\cdot|_n$ 是域 F 两两不等价的绝对值, $a_1, \ldots, a_n \in F$. 则对 $\varepsilon > 0$, 存在 $x \in F$ 使得对 $1 \leqslant i \leqslant n$ 有 $|x - a_i|_i < \varepsilon$.

见 [7] 第七章 §7, 7.2, 定理 7.4.

3.2 赋值域扩张

若赋值域 (F, v), (E, w) 满足条件 $F \subseteq E$ 和 $w|_F = v$, 我们便说有赋值域扩张 $(E, w)/(F, v)$.

若 v 为 F 的 (非 Archimede 指数) 赋值, 以 F_v 记 (F, v) 的完备化, v 扩展至 F_v 的赋值仍然记为 v. 选取 F_v 的代数闭包 $\bar{F}_v$, 以 $\bar{v}$ 记 v 在 $\bar{F}_v$ 上的扩充. 在 $\bar{F}_v$ 内取 F 的代数闭包 $\bar{F}$. 于是若 E/F 为代数扩张, 除同构外可把 E 看作 $\bar{F}$ 的子域, 则可选 F-单态射 $\tau : E \to \bar{F}_v$. 限制 $\bar{v}$ 至 τE, 得 E 上赋值 $w = \bar{v} \circ \tau$, 使得 $w|_F = v$, 但是若有 F_v-自构 $\sigma : \bar{F}_v \to \bar{F}_v$, 则由 $\tau' = \sigma \circ \tau$ 得 E 上赋值 $w' = \bar{v} \circ \tau'$. 不过 F_v 的赋值 v 只可唯一地扩充为 $\bar{F}_v$ 上的赋值 $\bar{v}$, 于是 $\bar{v} = \bar{v} \circ \sigma$. 由此便得

$$w = \bar{v} \circ \tau = \bar{v} \circ \sigma \circ \tau = \bar{v} \circ \tau' = w'.$$

现在假设 $[E:F]<\infty$, 以 E_w 记 (E,w) 的完备化. 按命题 3.21 知 EF_v 为完备赋值域, 并且包含 E, 所以等于 E 的完备化, 即 $EF_v=E_w$. 如果 $[E:F]$ 不是有限的, 可以设 $E=\cup K$, 其中 $F\subseteq K\subseteq E$, $[K:F]<\infty$. 设 $E_w=\cup K_w$. 显然有 F-单态射 $\bar\tau:E_w\to\bar F_v$ 使得 $\bar\tau|_E=\tau$. 这样在 E_w 上得赋值 $w=\bar v\circ\bar\tau$, 使得 $w|_F=v$.

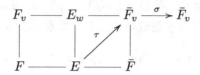

反过来看, 设 E 有赋值 w 使得 $w|_F=v$, 则如上同样可以构造 E_w, 并且 w 是 E_w 上的唯一赋值, 使得 $w|_{F_v}=v$. 现选任一 F_v-单同态 $\bar\tau:E_w\to\bar F_v$, 则 $(\bar v\circ\bar\tau)|_{F_v}=v$, 于是从唯一性知在 E_w 上 $\bar v\circ\bar\tau=w$. 限制 $\bar\tau$, 得 F-单同态 $\tau:E\to\bar F_v$ 使得 $w=\bar v\circ\tau$.

命题 3.15 设 (F,v) 为赋值域, E/F 为代数扩张.
(1) E 有赋值 w 使得 $w|_F=v$.
(2) 设 E 有赋值 w 使得 $w|_F=v$, 则有 F-单同态 $\tau:E\to\bar F_v$ 使得 $w=\bar v\circ\tau$.
(3) 设有 F-单同态 $\tau,\tau':E\to\bar F_v$. 则 $\bar v\circ\tau=\bar v\circ\tau'$ 当且仅当存在 F_v-同构 $\sigma:\bar F_v\to\bar F_v$ 满足条件 $\tau'=\sigma\circ\tau$.
(4) 设 $E=F(\theta)$ 是可分扩张, θ 的最小多项式 f 在 F_v 上分解为不可约多项式乘积 $f=f_1\ldots f_r$. 则每一个因子 f_j 对应于一个 E 的赋值 w_j 使得 $w_j|_F=v$.

证明 前面的讨论已证明了 (1), (2) 和 (3).

设有 F-单同态 $\tau,\tau':E\to\bar F_v$ 使得 $\bar v\circ\tau=\bar v\circ\tau'$. 则有 F-单同态 $\sigma=\tau'\circ\tau^{-1}:\tau E\to\tau' E$. 由于 F 是 F_v 的稠密子集, $\tau E\supseteq F$, 所以 τE 是 $\tau E\cdot F_v$ 的稠密子集. 设 $x\in\tau E\cdot F_v$, 则有序列 $x_n\in E$ 使 $x=\lim\tau x_n$. 由 $\bar v\circ\tau=\bar v\circ\tau'$ 知序列 $\tau'x_n$ 收敛, 记 $y=\lim\tau'x_n$, 定义 $\sigma x=y$, 即有 $\sigma x=\lim\sigma\tau x_n$, 这样便把 $\sigma:\tau E\to\tau' E$ 扩展为 F_v-同构

$$\sigma:\tau E\cdot F_v\to\tau' E\cdot F_v\hookrightarrow\bar F_v.$$

再把 σ 扩展为 $\bar F_v$ 的 F_v-自同构, 自然有 $\tau'=\sigma\circ\tau$.

(4) F-单同态 $\tau:E\to\bar F_v$ 由 f 在 $\bar F_v$ 内的根 ϑ 给出,

$$\tau:E\to\bar F_v:\theta\mapsto\vartheta.$$

若有 F-单同态 $\tau,\tau':E\to\bar F_v$, 则存在 F_v-自同构 $\sigma:\bar F_v\to\bar F_v$ 使得 $\tau'=\sigma\circ\tau$, 当且仅当存在 F_v-自同构 $\sigma:\bar F_v\to\bar F_v$ 使得 $\tau'(\theta)=\sigma\tau(\theta)$. 这等于说 $\tau'(\theta)$ 与 $\tau(\theta)$ 是某一因子 f_j 的根. 根据 (3) 便得 (4). □

设 (F,v) 为赋值域, E/F 为有限扩张, w 为 E 的赋值使得 $w|_F=v$. 则记此为 $w|v$.

以 E_w 记 E 在 w 的完备化. 则有交换图:

$$e_{w|v} = [w(E^\times) : v(F^\times)]$$

为 $(E,w)/(F,v)$ 的分歧指标. E, F 的剩余域分别记为 κ_E, κ_F. 称

$$f_{w|v} = [\kappa_E : \kappa_F]$$

为 E/F 的剩余次数. 从完备化的性质知 $e_{w|v} = e(E_w|F_v)$, $f_{w|v} = f(E_w|F_v)$

命题 3.16 设 (F, v) 为赋值域, E/F 为有限可分扩张.
(1) 则有同构
$$E \otimes_F F_v \cong \prod_{w|v} E_w.$$

(2) $[E:F] = \sum_{w|v} [E_w : F_v]$.
(3) $\mathrm{N}_{E/F}(x) = \prod_{w|v} \mathrm{N}_{E_w/F_v}(x)$, $\mathrm{Tr}_{E/F}(x) = \sum_{w|v} \mathrm{Tr}_{E_w/F_v}(x)$.
(4) 若 v 是离散赋值, 则 $[E:F] = \sum_{w|v} e_{w|v} f_{w|v}$.

证明 (1) 以 $\iota_w : E \to E_w$ 记把 E 嵌入它的完备化域 E_w, 则有双线性映射

$$E \times F_v \to \prod_{w|v} E_w : (a, b) \mapsto (\iota_w(a)b).$$

按张量积定义得映射 $E \otimes_F F_v \to \prod_{w|v} E_w$.

可分扩张 E/F 表为 $E = F(\theta)$, 设 θ 的最小多项式是 $f(X) = X^n - a_{n-1}X^{n-1} - \cdots - a_0$. 则 $\{1, \theta, \theta^2, \ldots, \theta^{n-1}\}$ 为 E/F 的基底, $\theta^n = a_0 + a_1\theta + \cdots + a_{n-1}\theta^{n-1}$. 代数 $E \otimes_F F_v$ 的元素可唯一地表达为 $\sum_0^{n-1} \theta^i \otimes x_i$, $x_i \in F_v$. 取 $y \in F_v$, 利用 $(\sum \theta^i \otimes x_i)y = \sum \theta^i \otimes x_i y$, 把 $E \otimes_F F_v$ 看作 F_v-代数. 此时 $\theta \otimes 1$ 是 $E \otimes_F F_v$ 在 F_v 上的生成元, 并且 $\theta \otimes 1$ 在 F_v 上的最小多项式是 $f(X)$. 于是得同构 $F_v[X]/(f) \to E \otimes_F F_v$.

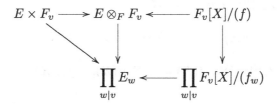

设 f 在 F_v 上分解为不可约多项式乘积 $f = \prod_{w|v} f_w$. 则 $F_v[X]/(f_w) \cong F_v(\theta_w) = E_w$, 用 $X \mapsto (\theta_w)$ 得同构 $\prod_{w|v} F_v[X]/(f_w) \cong \prod_{w|v} E_w$. 从中国剩余定理知上图右边向下映射映为同构, 于是证得左边向下映射为同构.

(2) 由 (1) 得出. 用 $[E:F] = \dim_{F_v}(E \otimes_F F_v)$.

(3) 用 x 右乘得 $E \otimes_F F_v \cong \prod_{w|v} E_w$ 的同态, x 在 F_v-向量空间 $E \otimes_F F_v$ 的特征多项式等于在 F-向量空间 E 上的特征多项式, 所以

$$\text{特征多项式}_{E/F}(x) = \prod_{w|v} \text{特征多项式}_{E_w/F_v}(x).$$

从这个等式得关于 $N_{E/F}$ 和 $\text{Tr}_{E/F}$ 的结果.

(4) 由 (2) 得出. □

3.3 完备域扩张

牛顿折线是研究完备域扩张的一个非常重要的工具 (见 [7] 第八章 §2). 余下我们讨论 Hensel 引理和它的应用.

引理 3.17 (Hensel) 设 (F, v) 为完备赋值域, 以 κ 记剩余域 $\mathcal{O}/\mathfrak{p}$, 设 $f(X) \in \mathcal{O}[X]$, $f(X) \not\equiv 0 \bmod \mathfrak{p}$, $\bar{g}[X]$ 和 $\bar{h}[X]$ 为 $\kappa[X]$ 内互素多项式, 并且

$$f(X) \equiv \bar{g}[X]\bar{h}[X] \mod \mathfrak{p}.$$

则存在 $g[X], h[X] \in \mathcal{O}[X]$ 使得 $f(X) = g[X]h[X]$, $\deg(g) = \deg(\bar{g})$,

$$g[X] \equiv \bar{g}[X] \mod \mathfrak{p}, \quad h[X] \equiv \bar{h}[X] \mod \mathfrak{p}.$$

证明 见 [7] 第八章 §2, 定理 8.6. □

推论 3.18 (1) 已给 $f(X) = a_0 + \cdots + a_n X^n$, $a_n \neq 0$. 设 $v(f) = \min v(a_j)$. 若 $v(f) = 0$, $v(a_n) > 0$, 有 $0 < i < n$ 使得 $v(a_i) = 0$, 则 $f(X)$ 是可约的.

(2) 设 $v(f) = 0$, f 是不可约的, $v(a_n) > 0$. 则对 i, $v(a_i) > 0$.

(3) 设 $\mathcal{O}$ 是完备赋值域 F 的赋值环, 不可约 $f(X) \in \mathcal{O}[X]$. 则有不可约 $g(X) \in \mathcal{O}[X]$ 使得 $f(X) \equiv (g(X))^m \bmod \mathfrak{p}$.

证明 (1) 取最大的 j 使得 $v(a_j) = 0$. 设

$$a_j g(X) = a_0 + a_1 X \cdots + a_j X^j, \quad h(X) = a_j.$$

则按 Hensel 引理, 有因子分解 $f(X) = A(X)B(X)$, $\deg A(X) = j < n$.

(2) 从 (1) 得.

(3) 设有互素 $g(X), h(X) \in \mathcal{O}[X]$ 使得 $f(X) \equiv g(X)h(X) \bmod \mathfrak{p}$, 并且 $\bar{g}[X]$ 和 $\bar{h}[X]$ 为互素多项式. 则按 Hensel 引理 f 为可约. 矛盾. □

以下两个命题亦称为 Hensel 引理.

命题 3.19 设 F 是完备赋值域，$\mathcal{O}$ 是 F 的赋值环，取 $f(X) \in \mathcal{O}[X]$，设有 $a_0 \in \mathcal{O}$ 使得 $|f(a_0)| < |f'(a_0)^2|$. 则序列

$$a_{i+1} = a_i - \frac{f(a_i)}{f'(a_i)}$$

在 $\mathcal{O}$ 内收敛为 $f(X)$ 的根 a，并且

$$|a - a_0| \leqslant \left| \frac{f(a_0)}{f'(a_0)^2} \right|.$$

证明 设 $c = |f(a_0)/f'(a_0)^2| < 1$. 用归纳法证明

(1) $|a_i| < 1$.
(2) $|a_i - a_0| \leqslant c$.
(3) $|f(a_i)/f'(a_i)^2| \leqslant c^{2^i}$.

命题可从这些条件得出. 在 $i = 0$ 时显然成立，现从第 i 步证明第 $i+1$ 步.

(1) 从 $|f(a_i)/f'(a_i)^2| \leqslant c^{2^i}$ 得 $|a_{i+1} - a_i| \leqslant c^{2^i} < 1$, 于是 $|a_{i+1}| \leqslant 1$.
(2) $|a_{i+1} - a_0| \leqslant \max(|a_{i+1} - a_i|, |a_i - a_0|) = c$.
(3) 按 Taylor 展开有 $\beta \in \mathcal{O}$, 令

$$f(a_{i+1}) = f(a_i) - f'(a_i)\frac{f(a_i)}{f'(a_i)} + \beta \left(\frac{f(a_i)}{f'(a_i)}\right)^2,$$

于是 $|f(a_{i+1})| \leqslant |f(a_i)/f'(a_i)|^2$.

从 $f'(a_{i+1})$ 的 Taylor 展开得 $|f'(a_{i+1})| = |f'(a_i)|$. 加上以上不等式便可得 $|f(a_{i+1})/f'(a_{i+1})^2| \leqslant c^{2^{i+1}}$. □

命题 3.20 设 A 是局部环，$\mathfrak{a}_1 \supset \mathfrak{a}_2 \supset \ldots$ 是 A 的理想序列，$\mathfrak{a}_n\mathfrak{a}_m \subset \mathfrak{a}_{n+m}$, 由这些理想在 A 上所决定的拓扑是 Hausdorff 完备的. 设 $\mathfrak{a}_1$ 是 A 的极大理想，$\kappa = A/\mathfrak{a}_1$ 是剩余域. 取 $f(X) \in A[X]$, 设 $f \bmod \mathfrak{a}_1 = \bar{f} \in \kappa[X]$ 有单根 $\lambda \in \kappa$. 则 f 在 A 内有唯一的根 x 使 $\bar{x} = \lambda$.

证明 若 f 在 A 内有根 x 使 $\bar{x} = \lambda$, 则 $f(X) = (X-x)g(X)$, $\bar{g}(\lambda) \neq 0$. 若 x' 有同样性质，则 $0 = (x'-x)g(x')$. 从 $\overline{g(x')} = \bar{g}(\lambda)$ 得知 $g(x')$ 可逆，因此 $x' = x$.

余下用牛顿逼近证明 x 存在. 取 $x_1 \in A$ 使 $\bar{x}_1 = \lambda$, 于是 $f(x_1) \equiv 0 \bmod \mathfrak{a}_1$.

设已有 $x_n \in A$ 使 $\bar{x}_n = \lambda$, $f(x_n) \equiv 0 \bmod \mathfrak{a}_n$. 下一步取 $x_{n+1} = x_n + h$, $h \in \mathfrak{a}_n$, 按 Taylor 展开有

$$F(x_{n+1}) = f(x_n) + hf'(x_n) + h^2 y, \quad y \in A,$$

于是 $h^2 y \in \mathfrak{a}_{n+1}$. 但 λ 是单根，$f'(\lambda) \neq 0$. $f'(x_n)$ 为 A 的可逆元，$f(x_n) \in \mathfrak{a}_n$. 于是有 $h \in \mathfrak{a}_n$ 使得

$$f(x_n) + hf'(x_n) \equiv 0 \mod \mathfrak{a}_{n+1},$$

这时 $x_{n+1} \equiv x_n \mod \mathfrak{a}_n$, $f(x_{n+1}) \equiv 0 \mod \mathfrak{a}_{n+1}$. 完成归纳.

$x = \lim x_n$ 为所求的根. □

命题 3.21 设 (F, v) 为完备赋值域, E/F 是代数扩张. 则赋值 v 唯一地扩充成 E 的赋值 w. 若 E/F 是有限扩张, 则 (E, w) 亦为完备赋值域. 若 $x \in E$, 则

$$w(x) = \frac{1}{[E:F]} v(N_{E/F}(x)).$$

若 $\sigma: E \to E$ 是 F-同构, 则 $\sigma(\mathcal{O}_E) = \mathcal{O}_E$, $\sigma(\mathfrak{p}_E) = \mathfrak{p}_E$.

证明 令 $w' = w \circ \sigma$. 则 w' 是 E 的赋值, 是 v 的扩充, 从唯一性得 $w' = w$. 其余证明见 [7] 第三章 §3, 定理 8.13. □

设 (E, w) 是完备赋值域 (F, v) 的有限扩张. 从命题 3.21 看出 $v(F^\times) \subseteq w(E^\times)$. 称

$$e = e(E|F) = [w(E^\times) : v(F^\times)]$$

为 E/F 的**分歧指标** (ramification index). E, F 的剩余域分别记为 κ_E, κ_F. 称

$$f = f(E|F) = [\kappa_E : \kappa_F]$$

为 E/F 的**剩余次数** (residue degree).

记投射 $\mathcal{O}_E \to \kappa_E : x \mapsto \bar{x}$. 取 $x_1, \ldots, x_f \in \mathcal{O}_E$ 使得 $\bar{x}_1, \ldots, \bar{x}_f$ 为扩张 κ_E/κ_F 的基, 即若有 $c_1, \ldots, c_f \in \mathcal{O}_F$ 使得 $c_1 x_1 + \cdots + c_f x_f \in \mathfrak{p}_E$, 则所有 $c_i \in \mathfrak{p}_F$. 考虑线性组合 $c_1 x_1 + \cdots + c_f x_f, c_i \in \mathcal{O}_F$. 假设 $c_1 \notin \mathfrak{p}_F$, 则 $c_1 x_1 + \cdots + c_f x_f \not\equiv 0 \mod \mathfrak{p}_E$. 于是 $w(c_1 x_1 + \cdots + c_f x_f) = 0$. 现考虑线性组合 $d_1 x_1 + \cdots + d_f x_f$, 其中 $d_i \in F$. 假设 $v(d_1) = \min v(d_i)$. 则按前述

$$w(d_1 x_1 + \cdots + d_f x_f) = w\left(d_1 \left(x_1 + \frac{d_2}{d_1} x_2 + \cdots + \frac{d_f}{d_1} x_f\right)\right) = v(d_1).$$

结论是

$$w(d_1 x_1 + \cdots + d_f x_f) = \min\{v(d_1), \ldots, v(d_f)\}.$$

取 $\pi_1, \ldots, \pi_e \in E$ 使得 $w(E^\times)/v(F^\times) = \{\pi_1 v(F^\times), \ldots, \pi_e v(F^\times)\}$.

命题 3.22 设 (E, w) 是完备赋值域 (F, v) 的有限扩张. 则 $ef \leqslant [E:F]$.

证明 记 $n = [E:F]$, 取 $c_{ij} \in F$, 则

$$v\left(\sum_j c_{ij} x_j \pi_i\right) = v(\pi_i) + v\left(\sum_j c_{ij} x_j\right) = v(\pi_i) + \min_j v(c_{ij}).$$

因为 $v(\pi_i)$ 是属于 $w(E^\times)/v(F^\times)$ 的各不同陪集, 所以 $v(\sum_j c_{ij} x_j \pi_i)$ 是各不相同. 于是

$$v\left(\sum_{i,j} c_{ij} x_j \pi_i\right) = v\left(\sum_i \left(\sum_j c_{ij} x_j \pi_i\right)\right) = \min_i v\left(\sum_j c_{ij} x_j \pi_i\right) = \min_{i,j} v(\pi_i c_{ij}),$$

3.3 完备域扩张

这时

$$\sum_{i,j} c_{ij}x_j\pi_i = 0 \Rightarrow v\left(\sum_{i,j} c_{ij}x_j\pi_i\right) = \infty \Rightarrow \min v(\pi_i c_{ij}) = \infty \Rightarrow c_{ij} = 0.$$

于是得知 $\pi_i c_{ij}$ 在 F 上线性无关, 所以 $ef \leqslant n$. □

设 (E,w) 是完备赋值域 (F,v) 的有限扩张, v 是离散赋值, 于是 w 亦是离散赋值. 取 E 的素元 Π, F 的素元 π. 则值群 $w(E^\times) = \{w\Pi^n\}$, $w(F^\times) = \{v\pi^n\}$. 分歧指标 $e = [w(E^\times) : v(F^\times)]$, 于是 $ew(\Pi) = v(\pi)$. 这样 $\pi = u\Pi^e$, u 是单位元. 结论是: $w(E^\times) = \{w(\pi^n \Pi^m) : n \in \mathbb{Z}, 0 \leqslant m \leqslant e-1\}$.

命题 3.23 设 (E,w) 是完备赋值域 (F,v) 的有限扩张, v 是离散赋值. 则 $ef = [E:F]$.

证明 取 $x_1,\ldots,x_f \in \mathcal{O}_E$ 使得 $\bar{x}_1,\ldots,\bar{x}_f$ 为扩张 κ_E/κ_F 的基, 取 $\alpha \in E$, 则

$$\alpha = \sum_i \sum_j \sum_k c_{ijk} x_k \pi^i \Pi^j = \sum_j \sum_k \left(\sum_i c_{ijk}\pi^i\right) x_k \Pi^j.$$

可见 E 的元素可表达为以 F 的元素为系数、ef 个 E 的元素 $x_k\Pi^j$ 的线性组合. 于是 $[E:F] \leqslant ef$. □

命题 3.24 设 (E,w) 是完备离散赋值域 (F,v) 的有限扩张. 则 $x_k \Pi^j$, $1 \leqslant k \leqslant f$, $0 \leqslant j \leqslant e-1$ 是 $\mathcal{O}_E/\mathcal{O}_F$ 的基.

证明 已知 $\{x_k \Pi^j\}$ 是 E/F 的基. 取 $\alpha \in \mathcal{O}_E$, 所以 $\alpha = \sum_{kj} d_{kj} x_k \Pi^j$. 因为 $w(x_k) = 0$ 和 $w(\Pi^j)$ 各不相同, $w(\alpha) = \min w(d_{kj}\Pi^j)$, 于是 $w(\alpha) \geqslant 0$ 当且仅当所有 $w(d_{kj}\Pi^j) \geqslant 0$. 从 $w(\Pi^j) = jw(\Pi) < ew(\Pi) = v(\pi)$ 得

$$w(\alpha) \geqslant 0 \Leftrightarrow \text{所有 } v(d_{kj}) + v(\pi) > 0 \Leftrightarrow \text{所有 } v(d_{kj}) > -v(\pi).$$

按 π 的选取, $v(\pi)$ 是 $v(F^\times) \cap \mathbb{R}_{\geqslant 0}$ 的最小元, 于是 $-v(\pi)$ 是 $v(F^\times) \cap \mathbb{R}_{<0}$ 的最大元. 因此条件 $v(d_{kj}) > -v(\pi)$ 等价于条件 $v(d_{kj}) \geqslant 0$, 即 $d_{kj} \in \mathcal{O}_F$. 这告诉我们 $\alpha \in \mathcal{O}_E$ 是系数在 $\mathcal{O}_F$ 的线性组合. □

命题 3.25 设 (E,w) 是完备离散赋值域 (F,v) 的有限扩张, 剩余域 κ_E/κ_F 是可分扩张. 则有 $x \in \mathcal{O}_E$ 使得 $1, x, \ldots, x^{n-1}$ 是 $\mathcal{O}_E/\mathcal{O}_F$ 的基, 即 $\mathcal{O}_E$ 是由 x 生成的 $\mathcal{O}_F$-代数.

证明 选 $x \in \mathcal{O}_E$ 使得 $\kappa_E = \kappa_F(\bar{x})$, 即 $\{\bar{x}^i : 0 \leqslant i < f\}$ 是 κ_E/κ_F 的基. 在 $\mathcal{O}_F[X]$ 内选首一多项式 $g(X)$ 使得 $\bar{g}$ 是 $\bar{x}$ 的最小多项式. 因为 $\overline{g(x)} = 0$, 所以 $w(g(x)) = 1$ 或 $w(g(x)) \geqslant 2$.

设 $w(g(x)) \geqslant 2$. 取 h 有 $w(h) = 1$, 按 Taylor 展开

$$g(x+h) = g(x) + hg'(x) + h^2 r, \quad r \in \mathcal{O}_E.$$

因为 κ_E/κ_F 是可分扩张, $\bar{g}'(\bar{x}) \neq 0$, 于是 $g'(x)$ 是可逆元, 而 $w(hg'(x)) = 1$. 在 $g(x+h)$ 的展开中其他的赋值 $\geqslant 2$, 所以 $w(g(x+h)) = 1$.

结论: 在 $\mathcal{O}_F[X]$ 内存在次数为 f 的首一多项式 $g(X)$ 及 $x \in \mathcal{O}_E$, 使得 $g(x)$ 是 $\mathcal{O}_E$ 的素元. 记 $\Pi = g(x)$.

按命题 3.24 $\{x^i \Pi^j : 0 \leqslant i < f, 0 \leqslant j < e\}$ 是 $\mathcal{O}_E/\mathcal{O}_F$ 的基, 因此 $\mathcal{O}_E = \mathcal{O}_F[x]$. 由于 x 是 n 次首一多项式, $1, x, \ldots, x^{n-1}$ 是 $\mathcal{O}_E/\mathcal{O}_F$ 的基. □

引理 3.26 (Krasner) 设 F 是完备赋值数域, α, β 是 F 上代数数. 以 F^{alg} 记 F 的代数闭包. 若对任一 F 上的嵌入 $\sigma : F[\alpha] \to F^{\text{alg}}$ 必有 $v(\alpha - \beta) > v(\alpha - \sigma(\alpha))$, 则 $F[\alpha] \subset F[\beta]$.

证明 取固定 $F[\beta]$ 的嵌入 $\sigma : F[\alpha, \beta] \to F^{\text{alg}}$. 首先 $v(\sigma(\alpha) - \beta) = v(\sigma(\alpha) - \sigma(\beta)) = v(\alpha - \beta)$, 于是 $v(\sigma(\alpha) - \alpha) = v(\alpha - \beta + \beta\alpha) \geqslant v(\alpha - \beta)$, 这与假设相矛盾. 于是对所有这样的 σ 有 $\alpha = \sigma(\alpha)$. 按 Galois 定理, $\alpha \in F[\beta]$. □

设 F 是完备赋值数域 (特征 0), $f(X) = \sum c_j X^j \in F[X]$, 定义 $v(f) = \min v(c_j)$.

命题 3.27 设 F 是完备赋值数域, $f(X) \in F[X]$ 为首一不可约 n 次多项式. 则存在常数 $M(f)$, 使得若 n 次首一多项式 g 满足条件 $v(g - f) \geqslant M(f)$, 则 g 不可约, 并且 g 有根在 $F(a)$.

证明 设 $f(X) = (X - a_1) \ldots (X - a_n)$, $r = \inf(v(a_i - a_j) : i \neq j)$, $g(X) = (X - b_1) \ldots (X - b_n)$, $D = \prod_i g(a_i) = \prod_{i,j}(a_i - b_j)$.

若 $v(D) > n^2 r$, 则有 (i, j) 使得 $v(a_i - b_j) > r$. 按 Krasner 引理, 取 $\alpha = a_i, \beta = b_j$, 则 $F(a_i) \subseteq F(b_j)$, 但 $[F(b_j) : F] \leqslant n$, $[F(a_i) : F] = n$, 于是 $F(a_i) = F(b_j)$. 因此 g 是不可约 n 次多项式, 并且 g 有根在 $F(a) = F[X]/fF[X]$. □

命题 3.28 设 (E, w) 是完备赋值域 (F, v) 的有限扩张, $n = [E : F]$, $e = e(E|F)$ 为 E/F 的分歧指标, $f = f(E|F) = [\kappa_E : \kappa_F]$ 为 E/F 的剩余次数. 若素数 $p, p|e, p|f$, 则 $p|n$.

证明 (1) 因为 $w(x) = \frac{1}{n} v(N_{E/F}(x))$, $nw(x) \in v(F^\times)$, $w(E^\times)/v(F^\times)$ 是 e 阶交换群, 因此 $p|e \Rightarrow p|n$.

(2) 以 $\deg x$ 记 x 的最小多项式的次数, 于是 $\deg x = [F(x) : F]$. 同样, 对 $\bar{x} \in \kappa_E$, 亦有 $\deg \bar{x} = [\kappa_F(\bar{x}) : \kappa_F]$. 我们将证明: 若 $x \in \mathcal{O}_E$, 记 $x + \mathfrak{m}_E$ 为 $\bar{x} \in \kappa_E$, 则 $\deg \bar{x} | \deg x$.

设 $f(X) = X^n + a_1 X^{n-1} + \cdots + a_n$ 为 x 在 F 上的最小多项式. 由 $w(x) \geqslant 0$ 得 $v(a_n) \geqslant 0$, 由 Hensel 引理推论知 $v(a_i) \geqslant 0$, 此时只可以有不可约 $g(X) \in \mathcal{O}[X]$ 使得 $f(X) \equiv (g(X))^m \bmod \mathfrak{p}$, 而 $\deg \bar{x} = \deg g(X)$, $\deg x = \deg f(X)$.

(3) 设 $\bar{x} \in \kappa_E$. 取 $x \in E$ 代表 $\bar{x}$, 这样 $\deg \bar{x} | \deg x = [F(x) : F] | [E : F]$, 所以

$p|\deg \bar{x} \Rightarrow p|n$.

(4) 以 κ_E^{sep} 记 κ_E/κ_F 的最大可分子扩张, 则不可分次数 $[\kappa_E : \kappa_E^{\text{sep}}] = p^\nu$, κ_F 是特征 p. 有限可分扩张有本原元素. 设 $\kappa_E^{\text{sep}} = \kappa_F(\bar{x})$, $\deg \bar{x} = f'$. 则 $f = f'p^\nu$, $p \nmid f'$, 于是素数 $q|f' \Rightarrow q|n$.

(5) 若 $\bar{y}$ 是不可分元素, 则 $p|\deg \bar{y}$, 于是 $p|n$. □

命题 3.29 设 $[E:F] = q$ 是素数, 不等于剩余域特征 p. 则 $ef = q$.

证明 因为 $q \neq p$, $q \notin \mathfrak{m}_F$, $v(q) = 0$, 且 q 不是 F 的特征, E/F 是可分, 因此可设 $E = F(x)$. 设 $f(X) = X^q + a_1 X^{q-1} + \cdots + a_q$ 是 x 的最小多项式. 利用变换 $X = Y + a_1/q$, 则 $f(X)$ 转为 $Y^q + b_2 Y^{q-2} + \ldots$, 这样可以假设 $a_1 = 0$, 有 $qv(x) = v(a_q)$.

若 $v(x) \notin v(F^\times)$, 则从 $qv(x) \in v(F^\times)$ 得 $e \geqslant q$. 但 $ef \leqslant q$, 于是 $e = q$, $f = 1$, 即 $ef = q$.

若 $v(x) \in v(F^\times)$, 则有 $a \in F$ 使得 $v(a) = v(x)$, 即 $x = ay$, 但可假设 y 满足方程如 $X^q + c_2 X^{q-2} + \ldots$, 所以可设 $v(x) = 0$.

已知 $f(X) \equiv g(X)^m \mod \mathfrak{p}$, 其中 $g(X) = f(X), m = 1$ 或 $m > 1$. 因为 q 是素数, 若 $m > 1$, 则 $f(X) \equiv (X - c)^q \mod \mathfrak{p}$, 但这是不可能的. 如果上式成立, 则 $a_q \equiv c^q \mod \mathfrak{p}$, $(X - c)^q = X^q - qcX^{q-1} + \ldots$, 并且 $qc \neq 0$. 这与 $f(X)$ 没有 X^{q-1} 项相矛盾.

于是 $x \mod \mathfrak{p}$ 满足次数为 q 的不可约多项式, $f \geqslant q$, $f = q$, $e = 1$, $ef = q$. □

命题 3.30 $n = efp^\nu$.

证明 先设 E/F 为可分扩张.

设 $n = q^t m$, $(q, m) = 1$, $q \neq p$. 取包含 E 的最小的正规扩张 K/F, 以 G 记 $\text{Gal}(K/F)$, H 记 $\text{Gal}(K/E)$. 设 Q 是 H 的 q-Sylow 子群, 以 E_2 记 Q 的固定域. 设 Q' 是包含 Q 的 G 的 q-Sylow 子群, 以 E_1 记 Q' 的固定域, $E_1 \subseteq E_2$.

因为 Q 是 H 的最大 q-群, 故 $q \nmid [E_2 : E]$. 同理 $q \nmid [E_1 : F]$. 但 $[E_2 : E_1] = q^\ell$, 又

$$[E_2 : E_1][E_1 : F] = [E_2 : F] = [E : F][E_2 : E],$$

所以 $[E_2 : E_1] = q^t$.

取 $Q = R_1 \triangleleft R_2 \triangleleft \cdots \triangleleft R_s = Q'$, $|R_j : R_{j-1}| = q$, 这对应于 $E_1 = L_1 \subseteq L_2 \subseteq \cdots \subseteq L_s = E_2$, 但 $e_{E_2|E_1} f_{E_2|E_1} = \prod e_{L_j|L_{j-1}} f_{L_j|L_{j-1}}$, 因此 $e_{E_2|E_1} f_{E_2|E_1} = q^t$, 但 $q \nmid [E_2 : E]$, 于是知 $ef = q^t s$, $(q, s) = 1$.

这样我们看到对 n 的每个素因子 $q \neq p$, 如果 $q^t \| n$, 则 $q^t \| ef$. 但是 $ef \leqslant n$, 所以 $n = efp^\nu$. □

我们称 n/ef 为 E/F 的**亏数** (defect).

定义 3.31 称完备赋值域 (F, v) 的有限扩张 (E, w) 为**无分歧扩张** (unramified extension), 如果

(1) $e(E|F) = 1$,
(2) $f(E|F) = [E:F]$,
(3) κ_E/κ_F 为可分扩张.

当 v 是离散赋值时, (2) 成立. κ_F 为有限域时, (3) 成立.

代数扩张 E/F 内存在最大子扩张 $F \subseteq T_{E/F} \subseteq E$, 使得 $T_{E/F}$ 是无分歧扩张. 当 $T_{E/F} = F$ 时, 称 E/F 为**全分歧扩张** (totally/purely ramified extension). 当 E/F 为有限扩张, 离散赋值 v 的剩余域是有限域时, 如果 $e(E|F) = [E:F]$, 则 E/F 是全分歧扩张.

设完备赋值域 (F,v) 的剩余域是特征 p. 称代数扩张 E/F 为**顺分歧扩张** (tamely ramified extension), 若剩余域 κ_E/κ_F 为可分扩张, 并且任何有限子扩张 $K/T_{E/F}$ ($K \subseteq E$) 满足条件 $p \nmid [K:T_{E/F}]$. E/F 包含最大顺分歧子扩张 $V_{E/F}/F$, 称 V 为分歧域. 当 E/F 为有限扩张, 离散赋值 v 的剩余域是特征 p, κ_E/κ_F 为可分扩张时, 如果 $p \nmid e(E|F)$, 则 E/F 是顺分歧扩张.

设
$$w(E^\times)^{(p)} = \{\omega \in E^\times : \exists m, m\omega \in v(F^\times), (m,p) = 1\}.$$

则 $w(E^\times)^{(p)}/v(F^\times)$ 的元素是商群 $w(E^\times)/v(F^\times)$ 内阶与 p 互素的元素. 以 κ_E^s 记 κ_E/κ_F 的最大可分子扩张. 下图表达两种分歧的关系:

$$\begin{array}{llll}
F & \subseteq T_{E/F} & \subseteq V_{E/F} & \subseteq E \\
\kappa_F & \subseteq \kappa_E^s & = \kappa_E^s & \subseteq \kappa_E \\
v(F^\times) & = w(T_{E/F}^\times) & \subseteq w(E^\times)^{(p)} & \subseteq w(E^\times)
\end{array}$$

当 E/F 为有限扩张, 离散赋值 v 的剩余域是特征 p, $e(E|F) = e'p^a$, $(e',p) = 1$ 时, 则 $[V_{E/F} : T_{E/F}] = e'$. 若 $V_{E/F} \neq E$, 我们称 E/F 为**狂分歧扩张** (widely ramified extension).

3.4 局部数域

本节考虑赋值域的拓扑结构, 可与 [7] 第七章 §2 比较.

3.4.1 $\mathbb{Q}_p$ 的拓扑

在讨论一般局部域的拓扑之前, 先看看 p 进数域 $\mathbb{Q}_p$ 的拓扑, 这会帮助我们认识 p 进拓扑的特殊性质. 在 $\mathbb{Q}_p$ 上引入度量 $d(x,y) = |x-y|_p$, 其中 $|x|_p = p^{-v_p(x)}$. 用度量 d 在 $\mathbb{Q}_p$ 上引入拓扑. 取 $a \in \mathbb{Q}_p, r > 0$. 设 $U_a(r) = \{x \in \mathbb{Q}_p : |x-a|_p < r\}$, $B_a(r) = \{x \in \mathbb{Q}_p : |x-a|_p \leqslant r\}$, $S_a(r) = \{x \in \mathbb{Q}_p : |x-a|_p = r\}$.

命题 3.32 取 $a \in \mathbb{Q}_p, r > 0$.

(1) 取 $b \in B_a(r)$, 则 $B_a(r) = B_b(r)$.

(2) $B_a(r)$ 为开集.

(3) $U_a(r)$ 为闭集.

(4) $S_a(r) = \cup_{x \in S_a(r)} U_a(r)$.

注 在 $\mathbb{R}^3$ 称 $B_0(r) = \{(x,y,z) \in \mathbb{R}^3 : x^2 + y^2 + z^2 \leqslant r^2\}$ 为闭球, $U_0(r) = \{(x,y,z) \in \mathbb{R}^3 : x^2 + y^2 + z^2 < r^2\}$ 为开球. 但在 $\mathbb{Q}_p$ 内, (2) 是说 "闭球" 为开, (3) 是说 "开球" 为闭! (1) 是说 "闭球" 任一点都是这个球的 "中心". 在平面上, $S_0(r) = \{(x,y) : x^2 + y^2 = r^2\}$ 是圆, 是一条曲线, 不包含平面的开集. 但 (4) 说在 $\mathbb{Q}_p$ 这不是一样的.

证明 (1) $x \in B_b(r) \Rightarrow |x-a|_p \leqslant \max\{|x-b|_p, |b-a|_p\} \leqslant r$, 所以 $x \in B_a(r)$, 于是 $B_b(r) \subseteq B_a(r)$.

显然从 $b \in B_a(r)$ 得 $a \in B_b(r)$. 同理, 得 $B_a(r) \subseteq B_b(r)$.

(2) 取 $b \in B_a(r)$. 由 (1) 的证明得 $U_b(r) \subseteq B_a(r)$.

(3) 引入一个关系 $\sim$: $x \sim y \Leftrightarrow |x-y|_p < r$. 不难证明 $\sim$ 是等价关系和等价类是开集. $U_a(r) = \{x : x \sim a\}$ 是一个等价类, 但所有其他的等价类的并集是开集, 所以 $U_a(r)$ 为闭集.

(4) 从 $x \in S_a(r)$ 和 $y \in U_a(r)$ 得 $|x-a|_p, |y-x|_p < r$, 于是 $|y-a|_p = |(y-x) + (x-a)|_p = r$, 即 $y \in S_a(r)$. $\square$

3.4.2 局部数域的拓扑

我们利用逆极限讨论域的拓扑.

例 在有限环 $\mathbb{Z}/p^i\mathbb{Z}$ 上取离散拓扑, 则下图定义拓扑环逆系统 $\{\mathbb{Z}/p^i\mathbb{Z}, \mu_{ji}\}$:

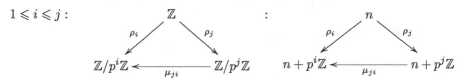

此逆系统的逆极限 $\varprojlim_i \mathbb{Z}/p^i\mathbb{Z}$ 拓扑同构于 p 进整数环 $\mathbb{Z}_p$.

命题 3.33 设 (F, v) 为完备离散赋值域.

(1) 取实数 $q > 1$. 对 $x, y \in F$, 设 $d(x,y) = q^{-v(x-y)}$. 则 d 为 F 的度量, d 在 F 上所决定的拓扑使 F 为拓扑域; 同时乘法群 $F^\times$ 为拓扑群.

(2) 从 v 所决定的赋值环 $\mathcal{O}$ 及极大理想 $\mathfrak{p}$ 所得出的降链

$$\mathcal{O} \supseteq \mathfrak{p} \supseteq \mathfrak{p}^2 \supseteq \mathfrak{p}^3 \supseteq \ldots$$

为拓扑域 F 在 0 点的邻域的基.

(3) 设 $U^{(0)} = \mathcal{O} \setminus \mathfrak{p}, U^{(n)} = 1 + \mathfrak{p}^n, n > 0$. 则降链

$$U^{(0)} \supseteq U^{(1)} \supseteq U^{(2)} \supseteq \ldots$$

为拓扑群 $F^\times$ 在 1 点的邻域的基.

(4)
$$\mathcal{O} \xrightarrow{\approx} \varprojlim_n \mathcal{O}/\mathfrak{p}^n$$

是同胚环同构.

(5)
$$U^{(0)} \xrightarrow{\approx} \varprojlim_n U^{(0)}/U^{(n)}$$

是同胚群同构.

证明 不妨假设 $v(F^\times) = \mathbb{Z}$.

(1) 对 $\epsilon > 0$ 设 $U_x(\epsilon) = \{y \in F : d(x,y) < \epsilon\}$. 把域 F 看作加法群, 则拓扑群 (F, d) 的拓扑完全由零点的邻域基 $\{U_0(\epsilon) : \epsilon > 0\}$ 所决定. 事实上任何一点 $x \in F$ 的邻域基是 $x + \{U_0(\epsilon) : \epsilon > 0\}$. 不难证明 d 在 F 上决定拓扑使 F 为拓扑域. 同样可处理乘法群 $F^\times$.

(2) 由定义
$$\mathfrak{p}^n = \left\{x \in F : d(0,x) < \frac{1}{q^{n+1}}\right\}$$

给出 $\epsilon > 0$, 只要取 n 足够大, 便有 $\frac{1}{q^{n+1}} < \epsilon$. 这样便知 $\{\mathfrak{p}^n : n \geqslant 0\}$ 亦为拓扑域 F 在 0 点的邻域的基.

(3)
$$U^{(n)} = \left\{x \in F^\times : d(1,x) < \frac{1}{q^{n-1}}\right\}, \quad n > 0.$$

(4) 拓扑环逆系统 $\{\mathcal{O}/\mathfrak{p}^n, \mu_{mm}\}$:

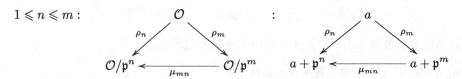

在环 $\mathcal{O}/\mathfrak{p}^n$ 上取离散拓扑, 此拓扑是 Hausdorff. 在直积 $\prod_k \mathcal{O}/\mathfrak{p}^k$ 上取直积拓扑, 以 $\pi_n : \prod_k \mathcal{O}/\mathfrak{p}^k \to \mathcal{O}/\mathfrak{p}^n$ 记拓扑群直积的第 n 个投射, Hausdorff 拓扑空间的直积亦是 Hausdorff. 由两个连续映射 π_n 和 $\mu_{mn} \circ \pi_m$ 的等值所决定的集合

$$\mathfrak{O}_{mn} = \left\{x \in \prod_{k=1}^\infty \mathcal{O}/\mathfrak{p}^k : (\mu_{mn} \circ \pi_m)(x) = \pi_n(x)\right\}$$

3.4 局部数域

是直积的闭子集. 于是逆极限

$$\varprojlim_n \mathcal{O}/\mathfrak{p}^n = \bigcap_{n \leqslant m} \mathfrak{O}_{mn}$$

是直积的闭子集. 把 π_n 限制至逆极限时便记它为 μ_n, 这是连续群同态.

由上面给出拓扑环逆系统 $\{\mathcal{O}/\mathfrak{p}^n, \mu_{mm}\}$ 的交换图及逆极限的定义知有连续群同态 $\Psi : \mathcal{O} \to \varprojlim_n \mathcal{O}/\mathfrak{p}^n$. 此映射的核是 $\cap_{n=1}^{\infty} \mathfrak{p}^n = \{0\}$, 于是 Ψ 是单同态.

把 $s \in \varprojlim_n \mathcal{O}/\mathfrak{p}^n$ 看成 (s_n), 其中 $s_n \in \mathcal{O}$. 只需要决定 $s_n \bmod \mathfrak{p}^n$, 并且 $\mu_{n+1,n}(s_{n+1}) = s_n$. 据命题 3.11 在选取素元 π 和剩余域 $\mathcal{O}/\mathfrak{p}$ 的一个全代表集 $0 \in R \subseteq \mathcal{O}$ 之后, 有唯一决定 $a_i \in R$ 使得

$$s_n \equiv a_0 + a_1\pi + \cdots + a_{n-1}\pi^{n-1} \mod \mathfrak{p}^n.$$

取 $x = \lim_n s_n = \sum_{k=0}^{\infty} a_n \pi^n$, 则 $\Psi(x) = s$. 因此 Ψ 是满同态.

在直积 $\prod_{k=1}^{\infty} \mathcal{O}/\mathfrak{p}^k$ 内可取零元素的邻域基为 $\mathcal{N}_n := \prod_{k>n}^{\infty} \mathcal{O}/\mathfrak{p}^k$, 这样 Ψ 把在 $\mathcal{O}$ 内的零元素的邻域基 $\mathfrak{p}^n$ 映为逆极限 $\varprojlim_k \mathcal{O}/\mathfrak{p}^k$ 内的零元素的邻域基 $\mathcal{N}_n \cap \varprojlim_k \mathcal{O}/\mathfrak{p}^k$. 这就说明 Ψ 是同胚.

(5) 由 Ψ 诱导出同胚群同构

$$U^{(0)} = \mathcal{O}^{\times} \cong (\varprojlim_n \mathcal{O}/\mathfrak{p}^n)^{\times}$$

$$\cong \varprojlim_n (\mathcal{O}/\mathfrak{p}^n)^{\times} \cong \varprojlim_n U^{(0)}/U^{(n)}. \qquad \square$$

引理 3.34 包含环同态 $\mathbb{Z} \subseteq \mathbb{Z}_{(p)} \subseteq \mathbb{Z}_p$ 诱导出环同构

$$\mathbb{Z}/p^n\mathbb{Z} \xrightarrow{\approx} \mathbb{Z}_{(p)}/p^n\mathbb{Z}_{(p)} \xrightarrow{\approx} \mathbb{Z}_p/p^n\mathbb{Z}_p,$$

其中 $\mathbb{Z}_{(p)} = \{\frac{a}{b}, a, b \in \mathbb{Z}, p \nmid b\}$ 是 $(\mathbb{Q}, v_p)$ 的赋值环, $\mathbb{Z}_p$ 是 p 进整数环.

证明 (1) 若 $x \in \mathbb{Z} \cap p^n\mathbb{Z}_p$, 则 $v_p(x) \geqslant n$, 即在 $\mathbb{Z}$ 内有 $p^n | x$. 于是得知 $\mathbb{Z}/p^n\mathbb{Z} \to \mathbb{Z}_p/p^n\mathbb{Z}_p$ 为单同态.

(2) 设 $\bar{x} \in \mathbb{Z}_p/p^n\mathbb{Z}_p$. 取 $x \in \mathbb{Z}_p$ 使得

$$\mathbb{Z}_p \to \mathbb{Z}_p/p^n\mathbb{Z}_p : x \mapsto \bar{x}.$$

$\mathbb{Q}$ 为 $\mathbb{Q}_p$ 的稠密子集. 存在 $r \in \mathbb{Q}$ 使得 $|x - r|_p \leqslant p^{-n}$, 于是 $|r|_p \leqslant 1$. 写 $r = \frac{a}{b}$, $a, b \in \mathbb{Z}$. 由 $|r|_p \leqslant 1$ 得 $v_p(b) \leqslant v_p(a)$. 除 $p^{v_p(b)}$ 之后可假设 $(b, p) = 1$, 于是可设 b 在 $\mathbb{Z}/p^n\mathbb{Z}$ 内有乘法逆元 $\bar{c}$. 取 $c \in \mathbb{Z}$ 使 $\bar{c} = c + p^n\mathbb{Z}$. 现有

$$|r - ac|_p = |r|_p |1 - bc|_p \leqslant p^{-n},$$

于是 $|x - ac|_p \leqslant p^{-n}$. 所以有 $ac \in \mathbb{Z}$ 使得 $\bar{x} = ac + p^n\mathbb{Z}_p$, 这证明 $\mathbb{Z}/p^n\mathbb{Z} \to \mathbb{Z}_p/p^n\mathbb{Z}_p$ 为满同态. $\square$

把前面命题应用在 $(\mathbb{Q}_p, v_p)$ 上便得环同构 $\mathbb{Z}_p \cong \varprojlim_n \mathbb{Z}_p/p^n\mathbb{Z}_p$. 加上引理便得环同构

$$\mathbb{Z}_p \xrightarrow{\approx} \varprojlim_n \mathbb{Z}/p^n\mathbb{Z}.$$

定义 3.35 如果特征为 0 的完备离散赋值域 F 的剩余域有限, 则称 F 为**局部数域**.

命题 3.36 局部数域 F 必为 p 进数域 $\mathbb{Q}_p$ 的有限扩张, F 的赋值环 $\mathcal{O}_F$ 为 F 的唯一极大紧子环.

我们说域 F 上两个赋值是等价的, 如果它们在 F 决定同样的拓扑 (参见 [7] 第 246 页). 可以证明: 有理数域 $\mathbb{Q}$ 的每个非平凡赋值均可表为 $|\cdot|_\infty^\alpha$ 或 $|\cdot|_p^\alpha$, p 为素数, $\alpha > 0$ (参见 [7] 第七章 §2, 定理 7.2). 局部域的有限扩张有非常简单的结构.

定理 3.37 设 F 是局部数域, κ_F 是剩余域, $|\kappa_F| = q = p^m$. E/F 是有限扩张.
(1) 存在唯一极大无分歧子扩张 T/F, $[T:F] = f(E|F)$, $[\kappa_T : \kappa_F] = f(E|F)$, T 由一个本原 $(q^{f(E|F)} - 1)$ 次单位根在 F 上生成.
(2) E/T 为完分歧扩张, $[E:T] = e(E|F)$. 设 π 是 E 的一个素元. 则 $E = T(\pi)$, π 在 T 上的最小多项式是 Eisenstein 多项式.

证明 见 [7] 第八章 §4. □

命题 3.38 对正整数 m, 当 n 充分大时, 映射 $x \mapsto x^m$ 定义同构 $U^{(n)} \to U^{(n+v_p(m))}$.

证明 取 $x = 1 + a\pi^n \in U^{(n)}$, 其中 $\pi \in \mathfrak{p}$ 为素元. 于是 $x^m = 1 + am\pi^m + \binom{m}{2}a^2\pi^{2n} + \ldots$, 即当 n 充分大时, $x^m \equiv 1 \mod \mathfrak{p}^{n+v_p(m)}$.

先证: 若有 $1 + a\pi^{n+v_p(m)} \in U^{(n+v_p(m))}$, $a \in \mathcal{O}$, 则有 $1 + y\pi^n \in U^{(n)}$, $y \in \mathcal{O}$ 使得

$$(1 + y\pi^n)^m = 1 + a\pi^{n+v_p(m)}.$$

这是要求 $1 + a\pi^{n+v_p(m)} = 1 + m\pi^n y + \pi^{2n} f(y)$, 其中 $f(y) \in \mathbb{Z}[y]$. 显然 $m = u\pi^{v(m)}$, $u \in U$. 于是

$$-a + uy + \pi^{n-v(m)} f(y) = 0.$$

若 $n > v(m)$, 则按 Hensel 引理得知此方程有解 y.

此外, 当 n 充分大时, $U^{(n)}$ 包含 m 次单位根, 则可见 $x \mapsto x^m$ 为 $U^{(n)}$ 上的单射. □

3.4.3 单位群

引理 3.39 若正整数 n 有 p 进展开 $n = a_0 + a_1 p + \cdots + a_s p^s$, $0 \leq a_j < p$, 设 $\{n\} = a_0 + a_1 + \cdots + a_s$, 则

$$v_p(n!) = \frac{n - \{n\}}{p - 1}.$$

证明 以 $[r]$ 记有理数 r 的整数部分,在集合 $\{1,2,3,\ldots,n\}$ 内有 $\left[\frac{n}{p}\right]$ 个数被 p 整除,有 $\left[\frac{n}{p^2}\right]$ 个数被 p^2 整除,$\ldots$,这样便知在 $n!$ 里有 $\sum_{j=1}^{s}\left[\frac{n}{p^j}\right]$ 个 p 出现.

显然 $\left[\frac{n}{p^j}\right] = a_j + a_{j+1}p + \cdots + a_s p^{s-j}$,于是

$$\sum_{j=1}^{s}\left[\frac{n}{p^j}\right] = \sum_{j=1}^{s}\left(p^{-j}\sum_{i=j}^{s} a_i p^i\right) = \sum_{i=1}^{s}\left(\sum_{j=1}^{i} p^{-j}\right) a_i p^i$$

$$= \sum_{i=0}^{s}\left(\frac{1-p^{-i}}{p-1}\right) a_i p^i = \frac{n-\{n\}}{p-1}.$$

得证. $\square$

命题 3.40 在 p 局部数域 F 内,整数 e 由 $p\mathcal{O} = \mathfrak{p}^e$ 决定.

(1) 若 $x \in F$ 满足 $v_\mathfrak{p}(x) > \frac{e}{p-1}$,则幂级数

$$\exp x = 1 + x + \frac{x^2}{2!} + \frac{x^3}{3!} + \cdots$$

收敛.

(2) 当 $(1+x) \in U^{(1)}$ 时,对数级数

$$\log(1+x) = x - \frac{x^2}{2} + \frac{x^3}{3} - \cdots$$

收敛.

(3) 若 $v_\mathfrak{p}(x), v_\mathfrak{p}(z) > \frac{e}{p-1}$,则

$$\exp\log(1+z) = 1+z, \quad \log\exp(x) = x.$$

于是当 $m > \frac{e}{p-1}$,映射

$$\mathfrak{p}^m \xrightarrow{\exp} U^{(m)}, \quad \mathfrak{p}^m \xleftarrow{\log} U^{(m)}$$

为同胚同构.

证明 $\mathbb{Q}_p$ 的赋值 v_p 扩张为 F 的赋值,仍记为 v_p. 于是 F 的标准赋值 $v_\mathfrak{p} = ev_p$.

(1)
$$v_p\left(\frac{x^n}{n!}\right) = nv_p(x) - \frac{n-\{n\}}{p-1} = n\left(v_p(x) - \frac{1}{p-1}\right) + \frac{\{n\}}{p-1}.$$

从 $v_\mathfrak{p}(x) > \frac{e}{p-1}$,即 $v_p(x) > \frac{1}{p-1}$,得 $v_p(\frac{x^n}{n!}) \to \infty$,于是指数级数收敛.

(2) 由 $v_p(x) > 0$,$n = p^{v_p(n)}m$ 得 $p^{v_p(n)} \leqslant n$,于是 $v_p(n) \leqslant \frac{\log n}{\log n}$. 设 $c = p^{v_p(x)} > 1$. 则

$$v_p\left(\frac{x^n}{n}\right) \geqslant \frac{\log(c^n/n)}{\log p} \to \infty.$$

所以当 $(1+x) \in U^{(1)}$ 时, 对数级数 $\log(1+x)$ 收敛.

(3) 首先

$$\log((1+x)(1+y)) = \log(1+x) + \log(1+y),$$
$$\exp\log(1+z) = 1+z, \quad \log\exp(x) = x$$

为形式幂级数恒等式, 余下只需要考虑收敛.

若 $x \neq 0, n > 1$, 则

$$v_p\left(\frac{x^n}{n!}\right) - v_p(x) = (n-1)v_p(x) - \frac{n-1}{p-1} + \frac{\{n\}-1}{p-1} > \frac{\{n\}-1}{p-1} \geqslant 0.$$

若 $m > \frac{e}{p-1}$, $x \in \mathfrak{p}^m$, 则 $ev_p(x) = v_p(x) > \frac{e}{p-1}$, 所以这时 $v_p(\exp(x)-1) = v_p(x + (\frac{x^2}{2!}+\dots)) = v_p(x)$, 即 $\exp$ 把 $\mathfrak{p}^m$ 映至 $U^{(m)}$.

另一方面, 把 > 1 的整数表达为 $n = p^k r$, $(r,p) = 1$, 若 $k = 0$, 则 $\frac{v_p(n)}{n-1} = 0$; 若 $k > 0$, 则

$$\frac{v_p(n)}{n-1} = \frac{k}{p^k r - 1} \leqslant \frac{k}{p^k - 1} = \frac{1}{p-1}\frac{k}{p^{k-1}+\dots+p+1} \leqslant \frac{1}{p-1}.$$

这样若 $v_\mathfrak{p}(z) > \frac{e}{p-1}$, 则 $v_p(z) > \frac{1}{p-1}$, 于是

$$v_p\left(\frac{z^n}{n}\right) - v_p(z) = (n-1)v_p(z) - v_p(n) > (n-1)\left(\frac{1}{p-1} - \frac{v_p(n)}{n-1}\right) \geqslant 0,$$

所以 $v_p(\log(1+z)) = v_p(z - (\frac{z^2}{2} - \dots)) = v_p(z)$. 由此可见当 $m > \frac{e}{p-1}$ 时, $\log$ 把 $U^{(m)}$ 映至 $\mathfrak{p}^m$. □

命题 3.41 设局部数域 F 的剩余域有 $q = p^f$ 个元素.

(1) 局部域的乘法群 $F^\times$ 有分解 $F^\times = \langle \pi \rangle \times \mathcal{O}^\times$.

(2) 单位群有分解 $\mathcal{O}^\times = \mu_{q-1} \times U^{(1)}$.

(3) $F^\times$ 内 p 幂阶单位根组成子群 μ_{p^a}, a 为整数. $U^{(1)} = \mu_{p^a} \times V$, 其中 V 同构于 $\mathbb{Z}_p^d$, $d = [F:\mathbb{Q}_p]$.

(4) 以 $\mu(F)$ 记 F 内单位根子群, 则 $\mu(F) = \mu_{p^t} \times \mu_{q-1}$, $\mathcal{O}^\times \cong \mu(F) \times \mathbb{Z}_p^d$,

$$F^\times \cong \mathbb{Z} \oplus \mathbb{Z}/(q-1)\mathbb{Z} \oplus \mathbb{Z}/p^t\mathbb{Z} \oplus \mathbb{Z}_p^d.$$

(5) 记 $\{x^n : x \in F^\times\}$ 为 $F^{\times\,(n)}$, 在 $F^\times$ 内 n 阶单位根组成子群记为 $\mu_n(F)$, 则

$$[F^\times : F^{\times\,(n)}] = |\mu_n(F)| n^{[F:\mathbb{Q}_p]v_p(n)}.$$

证明 (1) 可从定理 3.11 推出.

(2) 剩余域 κ 是 $q = p^f$ 个元素的有限群, 所以剩余域的乘法群的元素是方程 $X^{q-1} - 1 = 0$ 的所有根. 由 Hensel 引理知 $X^{q-1} - 1$ 在 F 内分解为一次因子的乘积, 于是 $\mathcal{O}$ 包含 $q-1$ 次单位根群 μ_{q-1}. 利用同态 $u \mapsto u \bmod \mathfrak{p}$ 得正合序列

$$1 \to U^{(1)} \to \mathcal{O}^\times \to \kappa^\times \to 1.$$

(3) $\mathcal{O}/\mathbb{Z}_p$ 是整环扩张, 于是有 $a_1, \ldots a_d \in \mathcal{O}$, 使得 $\mathcal{O} = a_1 \mathbb{Z}_p \oplus \cdots \oplus a_d \mathbb{Z}_p \cong \mathbb{Z}_p^d$. 当 n 充分大时有拓扑同构

$$\log : U^{(n)} \to \mathfrak{p}^m = \pi^n \mathcal{O} \cong \mathcal{O},$$

于是 $U^{(n)} \cong \mathbb{Z}_p^d$. 由 $[U^{(1)} : U^{(n)}] < \infty$ 知 $U^{(1)}$ 是秩为 d 的有限生成 $\mathbb{Z}_p$ 模. $U^{(1)}$ 的挠子模是 $F^\times$ 内 p 幂阶单位根所组成的子群 μ_{p^t}, 其中 t 为整数. 按主理想环上模结构定理知 $U^{(1)}$ 有秩为 d 的自由子模 V 使得 $U^{(1)} = \mu_{p^t} \times V$.

(4) 可从 (1), (2), (3) 推出.

(5) 已知 $F^\times = \langle \pi \rangle \times \mathcal{O}^\times$, $\mathcal{O}^\times = \mu(F) \times \mathbb{Z}_p^d$, 又有正合序列

$$1 \to \mu_n(F) \to \mu(F) \xrightarrow{n} \mu(F) \to \mu(F)/\mu(F)^n \to 1,$$

并且如果 $(m,p) = 1$, 则 $\mathbb{Z}_p = m\mathbb{Z}_p$, 于是 $[\mathbb{Z}_p : n\mathbb{Z}_p] = p^{v_p(n)}$. □

引理 3.42 (基本不等式) 多项式环 $\mathbb{Z}[T]$ 内理想 $I = (p, T)$, $n \geq 0$, 则 $(1+T)^{p^n} - 1 \in T \cdot I^n$.

证明 当 $n = 0$ 时, 结论自然成立. 用归纳法证明. 设 $(1+T)^{p^n} = 1 + Tu$, $u \in I^n$. 则有 $v \in \mathbb{Z}[T]$ 使得

$$(1+T)^{p^{n+1}} = (1+Tu)^p = 1 + pTuv + T^p u^p.$$

但是, 因为 $p \geq 2$,

$$pTu \in T \cdot pI^n \subseteq T \cdot I^{n+1}, \quad T^p u^p = T \cdot T^{p-1} u^p \in T \cdot I^{n+1},$$

所以 $(1+T)^{p^{n+1}} - 1 \in T \cdot I^{n+1}$. □

命题 3.43 以 $|\cdot|_p$ 记 $\mathbb{Q}_p$ 的赋值, $x \in \mathbb{Q}_p$, $|x|_p = p^{-v_p(x)}$, $|p|_p = p^{-1}$. $|\cdot|_p$ 扩张为 F 的赋值仍记为 $|\cdot|_p$.

(1) 设 $t \in F$, $|t|_p \leq 1$, $n \geq 0$. 则

$$|(1+t)^{p^n} - 1|_p \leq |t|_p \cdot \left(\max\left(|t|_p, \frac{1}{p}\right)\right)^n.$$

若 $|t|_p < 1$, 则 $\lim_{n \to \infty} (1+t)^{p^n} = 1$.

(2) 第一因子投射 $\omega : \mathcal{O}^\times = \mu_{q-1} \times U^{(1)} \to \mu_{q-1}$ 可由以下公式算出
$$\omega(x) = \lim_{n \to \infty} x^{p^{n!}}.$$

(3) 对 $a \in F$, 有 $|a-1|_p < 1 \Leftrightarrow \lim_{n \to \infty} a^{p^n} = 1$.

(4) 设 ζ 为 F 内 p^t 阶单位根, $t \geqslant 1$. 则 $|\zeta - 1|_p = p^{-1/\varphi(p^t)}$, $\varphi(p^t) = p^{t-1}(p-1)$ 是 Euler 函数.

证明 (1) 引理 3.42 中 I^n 的元素 $f(T)$ 可以表达为一个和式, 其项的因子像 $p^i T^{n-i}$, $0 \leqslant i \leqslant n$, 所以 $|f(t)|_p$ 不大于 $\max\{|p^i t^{n-i}|_p\}$.

(2) 投射 $\rho : \mathcal{O} \to \mathcal{O}/\mathfrak{p} \cong \mathbb{F}_q$ 把 $\mu_{q-1} \subseteq \mathcal{O}^\times$ 映为 $\mathbb{F}_q^\times$. 取 $x \in \mathcal{O}^\times$, 则
$$\rho(x)^{q-1} = 1, \quad x^{q-1} \equiv 1 \mod \mathfrak{p}.$$

可以表这 $x^{q-1} = 1 + y$, $y \in \mathfrak{p}$, 则从 (1) 得 $(x^{q-1})^{p^n} \to 1$, $n \to \infty$. 又 $q = p^f$, 取 $n = fm$, 则
$$\frac{x^{q^{m+1}}}{x^{q^m}} = x^{(q-1)q^m} \to 1, \quad m \to \infty.$$

把上式表达为 $x^{q^{m+1}} = x^{q^m}(1 + \epsilon_m)$, $\lim_{m \to \infty} \epsilon_m = 0$. 于是 $x^{q^{m+1}} - x^{q^m} = x^{q^m} \epsilon_m \to 0$. 在完备域内 Cauchy 序列 $\{x^{q^m}\}$ 收敛, 设极限为 ζ. 则 $\zeta^q = \zeta$, 并且
$$\zeta = \lim_{m \to \infty} x^{q^m} = x + (x^q - x) + (x^{q^2} - x^q) + \cdots \equiv x \mod \mathfrak{p}.$$

显然 ζ 就是所求的 $\omega(x)$, 并且 $\{x^{q^m}\}$ 与它的子序列 $\{x^{p^{n!}}\}$ 共同收敛于同一极限.

(3) ($\Rightarrow$) 因为 $|a-1| < 1$, 所以 $|a| = |(a-1) + 1| = |1| = 1$. 于是
$$|a^m - 1| = |(a-1)| \cdot |a^{m-1} + \cdots + 1|$$
$$\leqslant |(a-1)| \max\{|a|^{m-1}, \ldots, +1\} = |a-1|.$$

令 $y = a^{p^{n-1}}$, $\epsilon = |a-1| < 1$, 由 (1) 可得
$$|a^{p^n} - 1| \leqslant t|a^{p^{n-1}} - 1|, \quad t = \max\{\epsilon, 1/p\}.$$

重复使用此不等式得 $|a^{p^n} - 1| \leqslant t^n |a-1|$. 令 $n \to \infty$, 则 $t^n \to 0$, 于是 $\lim_{n \to \infty} a^{p^n} = 1$.

($\Leftarrow$) 由 $\lim_{n \to \infty} a^{p^n} = 1$ 可知 $|a| = 1$. 若不是 $|a-1| < 1$, 可先假设 $|a-1| > 1$, 则 $|a| = |(a-1) + 1| = |a-1| > 1$, 与 $|a| = 1$ 相矛盾, 故知 $|a-1| = 1$, 则
$$1 = |(a-1)^p| = \left|a^p - \binom{p}{1}a^{p-1} + \cdots + (-1)^p\right|.$$

因为对 $j = 1, \ldots, p-1$ 有 $|\binom{p}{j}a^{p-j}| = |\binom{p}{j}| < 1$, 所以 $1 = |a^p + (-1)^p|$. 若 $p > 2$, 则 $1 = |a^p - 1|$; 若 $p = 2$, 则 $1 = |a^2 + 1|$. 但 $|2| = \frac{1}{2}$, 于是
$$|a^2 - 1| = |(a^2 + 1) - 2| = |a^2 + 1| = 1.$$

我们证明了 $|a-1|=1 \Rightarrow |a^p-1|=1$, 此结论告诉我们 $|a^p-1|=1 \Rightarrow |(a^p)^p-1|=1$, 所以对任意 n 有 $|a^{p^n}-1|=1$, 不过这与 $\lim_{n\to\infty} a^{p^n}=1$ 矛盾.

(4) 先考虑 $t=1$, 即 $\zeta^p=1, \zeta\ne 1, \zeta=1+\xi$ ($|\xi|<1$) 是 $(X^p-1)/(X-1)$ 的根. 于是
$$0 = \frac{(1+\xi)^p-1}{\xi} = \frac{1}{\xi}(p\xi+p\xi^2 x+\xi^p),$$
其中 $x=\frac{p-1}{2!}+\frac{(p-1)(p-2)}{3!}\xi+\dots, |x|\leqslant 1$. 所以
$$p(1+\xi x)+\xi^{p-1}=0.$$
由 $|x|\leqslant 1$ 和 $|\xi|<1$, 得 $|1+\xi x|=1$. 于是 $|\xi^{p-1}|=|-p(1+\xi x)|=|p|$. 所以
$$|\zeta-1|=|\xi|=|p|^{\frac{1}{p-1}}.$$

余下证明 $t>1$ 的情形.

设 ζ 的阶是 p^{t+1} ($t\geqslant 0$). 则 ζ^{p^t} 的阶是 p, 于是
$$|\zeta^{p^t}-1|=|p|^{\frac{1}{p-1}}.$$

设 $\zeta=1+\theta, |\theta|<1$. 则有 $|y|\leqslant 1$ 使得 $\zeta^{p^t}-1=\theta^{p^t}+p\theta y$. 因为
$$|p\theta y|<|p|\leqslant |p|^{\frac{1}{p-1}}=|\zeta^{p^t}-1|,$$
所以 $|p|^{\frac{1}{p-1}}=|\zeta^{p^t}-1|=|\theta^{p^t}|$, 于是 $|\theta|=(|p|^{\frac{1}{p-1}})^{\frac{1}{p^t}}$. □

命题 3.44 p 局部数域 F 有唯一的连续同态
$$\log: F^\times \to F$$
使得 $\log p=0$, 并且若 $(1+x)\in U^{(1)}$, 则
$$\log(1+x)=x-\frac{x^2}{2}+\frac{x^3}{3}-\dots.$$

证明 $\mathbb{Q}_p$ 的赋值 v_p 扩张为 F 的赋值仍记为 v_p. □

命题 3.45 F 为 p 局部数域, 取 $(1+x)\in U^{(1)}$, 则有连续映射
$$\mathbb{Z}_p \to U^{(1)}: z\mapsto (1+x)^z,$$
并且 $(1+x)^z=\sum_{n=0}^\infty \binom{z}{n}x^n$.

证明留给读者.

3.4.4 局部域的无分歧扩张

设 F 是局部数域, 剩余域有 $q = p^m$ 个元素. 则 $F^\times$ 有循环子群 $M^\times$ 有 $q-1$ 个元素. 投射 $\mathcal{O} \to \mathcal{O}/\mathfrak{p}$ 限制至 $M^\times \cup \{0\}$ 为双射. F 有素元 ϖ 使得 $\varpi M^\times = M^\times \varpi$, $M^\times$ 是 F 内其阶与 p 互素的单位根集.

设有限扩张 F'/F 是由阶与 p 互素的单位根集生成. 则 F'/F 是无分歧循环扩张. 以 $M'^\times$ 记 F' 内其阶与 p 互素的单位根所组成的群, 循环群 $\mathrm{Gal}(F'/F)$ 有生成元 φ 在 $M'^\times$ 上诱导置变 $\mu \mapsto \mu^q$. 反过来, 若 F'/F 是有限无分歧扩张, 则 F' 是由阶与 p 互素的单位根集生成.

对每一 $n \geqslant 1$, 存在 (除同构外) 唯一 n 次无分歧扩张 F'/F, F' 是由一个 $(q^n - 1)$ 次本原单位根生成.

以 $\boldsymbol{\mu}_m$ 记 m 次单位根所组成的交换群, 设 $\boldsymbol{\mu}^{(p)} = \cup_{p \nmid m} \boldsymbol{\mu}_m$.

以 $\bar{F}$ 记 F 的代数闭包. 因为我们假设 F 是数域, F 是特征 0, 所以 F 的可分闭包 $F^{\mathrm{sep}} = \bar{F}$. $\bar{F}$ 内其阶与 p 互素的单位根集是 $\boldsymbol{\mu}^{(p)}$. 设 $F^{\mathrm{nr}} = F(\mathfrak{M})$. 对应于 F^{nr} 的 $\mathrm{Gal}(F^{\mathrm{sep}}/F)$ 的子群记为 $\mathfrak{H}_0$, 即对 $\sigma \in \mathfrak{H}_0$, $\mu \in \boldsymbol{\mu}^{(p)}$, $\sigma\mu = \mu$. $\boldsymbol{\mu}^{(p)}$ 的任何有限子集生成 F 上的无分歧扩张. 反过来, 设 F 的扩张 $E \subseteq F'$, F'/F 是无分歧扩张, 则 E/F 是无分歧扩张, 于是 E/F 由 $\boldsymbol{\mu}^{(p)}$ 的一个有限子集生成. 存在唯一 n 次无分歧扩张 F_n/F, 因此 $F^{\mathrm{nr}} = \cup F_n$. 称 F^{nr} 为 F 的极大无分歧扩张.

对每个 $n \geqslant 1$, 存在唯一的 $\varphi_n \in \mathrm{Gal}(F_n/F)$ 使得 φ_n 在 $\boldsymbol{\mu}^{(p)} \cap F_n$ 上是置换 $\mu \mapsto \mu^q$. 从此得见存在唯一的 $\varphi \in \mathrm{Gal}(F^{\mathrm{nr}}/F)$ 使得 φ 在 $\boldsymbol{\mu}^{(p)}$ 上是置换 $\mu \mapsto \mu^q$. 称 φ 为 F^{nr}/F 的 Frobenius 自同构, 常称 $\mathfrak{H}_0 \varphi$ 的元素为 F^{sep}/F 的 Frobenius 自同构.

3.5 形式群

本节方法来自于 Dwork 和 Lubin-Tate 这两篇文章.

[1] B. Dwork, Norm residue symbol in local number fields, *Abh. Math. Sem. Hamburg* 22 (1958), 180-190.

[2] J. Lubin, J. Tate, Formal complex multiplication in local fields, *Ann. of Math.* 81 (1965), 380-387.

正如 Dwork 的文章所说, 这个方法为非 Kummer 扩张提供完备域中 Galois 群在收敛级数上的明确作用.

为了配合文献常用记号, 本节的 F 不是指域.

3.5.1 形式模

环 $\mathcal{O}$ 上的形式群是指满足以下条件的形式幂级数 $F(X, Y) \in \mathcal{O}[[X, Y]]$,

(1) $F(X,Y) \equiv X + Y \bmod \deg 2$ (加法律),
(2) $F(X, F(Y,Z)) = F(F(X,Y), Z)$ (结合律),
(3) $F(X,Y) = F(Y,X)$ (交换律).

其中 mod deg 2 是指两边相减是个次数 $\geqslant 2$ 的幂级数 $\sum_{i+j\geqslant 2} c_{ij} X^i Y^j$.

两个形式群 F, G 在 $\mathscr{O}$ 上的同态 $f : F \to G$ 是指幂级数 $f(X) = a_1 X + a_2 X^2 + \cdots \in \mathscr{O}[[X]]$, 使得
$$f(F(X,Y)) = G(f(X), f(Y)).$$

形式群 F 的所有的 $\mathscr{O}$ 上自同态按以下运算组成环 $\mathrm{End}_{\mathscr{O}}(F)$:
$$(f +_F g)(X) = F(f(X), g(X)), \quad (f \circ g)(X) = f(g(X)).$$

设有环同态 $\alpha : \mathscr{O} \to \mathrm{End}_{\mathscr{O}}(F)$ 满足 $\alpha(a) \equiv aX \bmod \deg 2$. 则称 F 为形式 $\mathscr{O}$ 模.

3.5.2 Lubin-Tate 模

设 π 为局部域 K 的素元, $q = |\kappa_K|$. 由所有满足条件
$$f(X) \equiv \pi X \mod \deg 2, \quad f(X) \equiv X^q \mod \pi$$

的 $f(X) \in \mathscr{O}_K[[X]]$ 所组成的集合记为 $\mathcal{F}_\pi$. 称 $\mathcal{F}_\pi$ 的元素为 π 的 Frobenius 级数.

引理 3.46 取 $f, g \in \mathcal{F}_\pi$. 设 $L(X_1, \ldots, X_n) = a_1 X_1 + \cdots + a_n X_n, a_i \in \mathscr{O}_K$. 存在唯一的 $F(X_1, \ldots, X_n) \in \mathscr{O}_K[[X_1, \ldots, X_n]]$ 使得
$$F(X_1, \ldots, X_n) \equiv L(X_1, \ldots, X_n) \mod \deg 2,$$
$$f(F(X_1, \ldots, X_n)) = F(g(X_1), \ldots, g(X_n)).$$

证明 记 $X = (X_1, \ldots, X_n), g(X) = (g(X_1), \ldots, g(X_n))$. 用归纳法对 r 证明同余式
$$F_r(X) \equiv L(X) \mod \deg 2, \quad f(F_r(X)) \equiv F_r(g(X)) \mod \deg r+1$$

在多项式环 $\mathscr{O}_K[X]$ 内存在唯一 mod deg $r+1$ 的解 $F_r(X)$. 当 $r = 1$ 时, 可取解 $F_1(X) = L(X)$. 设已有 F_r, 下一步取 $\mathscr{O}_K[X]$ 内 $r+1$ 次齐性多项式 H_{r+1}, 并以 $F_{r+1} = F_r + H_{r+1}$ 代入, mod deg $r+2$ 得
$$f(F_{r+1}(X)) - F_{r+1}(g(X)) = (f(F_r(X)) + \pi H_{r+1}(X)) - (F_r(g(X)) + \pi^{r+1} H_{r+1}(X)),$$

其中我们用了 $f, g \in \mathcal{F}_\pi$. 这说明了只要取
$$H_{r+1}(X) = \frac{f(F_r(X)) - F_r(g(X))}{\pi^{r+1} - \pi} \mod \deg r+2.$$

留意这多项式的系数属于 $\mathscr{O}_K$, 因为
$$f(F_r(X)) - F_r(g(X)) \equiv (F_r(X))^q - F_r(X^q) \equiv 0 \mod \pi.$$
只要取 $F(X) = \lim F_r(X)$ 便得所求. □

命题 3.47 (1) $\forall f \in \mathcal{F}_\pi$, 存在唯一 $\mathscr{O}_K$ 上的形式群 F_f, 使得 $f \in \mathrm{End}_{\mathscr{O}_K}(F_f)$.
(2) 存在唯一环态射 $\mathscr{O}_K \to \mathrm{End}_{\mathscr{O}_K}(F_f) : a \mapsto a_f$, 使得

  [1] $a_f \equiv aX \mod \deg 2$,
  [2] $f \circ a_f = a_f \circ f$,
  [3] $\pi_f = f$.

(3) 对 $f, g \in \mathcal{F}_\pi$ 存在唯一 $a_{f,g} \in \mathrm{Hom}(F_g, F_f)$, 使得

  [1] $(a+b)_{f,g} = a_{f,g} +_{F_f} b_{f,g}$,
  [2] $a_{f,g} \circ b_{g,h} = (ab)_{f,h}$,
  [3] $f \circ a_{f,g} = a_{f,g} \circ g$.

称命题中的 F_f 为 Lubin-Tate 模.

3.5.3 π^n 除点

以 K^{alg} 记 K 的代数闭包, 取 $f \in \mathcal{F}_\pi$, 幂级数 π_f^n 为 F_f 的自同态, 设
$$F_f(n) = \{x \in \mathfrak{p}_{K^{\mathrm{alg}}} : \pi_f^n(x) = 0\}.$$
称 $F_f(n)$ 为 Lubin-Tate 模 F_f 的 π^n **除点** (division point).

命题 3.48 (1) 对 $a \in \mathscr{O}_K, x \in F_f(n)$, 设 $a \cdot x$ 为 $a_f(x)$. 则 $F_f(n)$ 为 $\mathscr{O}_K$ 模.
(2) 若 $a \in \mathscr{O}_K, f, g \in \mathcal{F}_\pi$, 则有 $\mathscr{O}_K$ 模同态
$$F_f(n) \to F_g(n) : x \mapsto a_{g,f}(x).$$
若 $a \in U_K$, 此为同构.
(3) 有 $\mathscr{O}_K$ 模同构 $F_f(n) \cong \mathscr{O}_K/\pi^n \mathscr{O}_K$.
(4) 取 $u \in U_K$, 则 $x \mapsto u_f(x)$ 为 $\mathscr{O}_K$ 模 $F_f(n)$ 的自同构. 由此可得 $\mathrm{Aut}_{\mathscr{O}_K}(F_f(n)) \cong U_K/U_K^n$.

命题 3.49 若 $f, g \in \mathcal{F}_\pi$, 则 $K(F_f(n)) = K(F_g(n))$.

按命题 3.49 域 $K(F_f(n))$ 与 f 在 $\mathcal{F}_\pi$ 内的选择无关, 以下用 $E_{\pi,n}$ 记此由 Lubin-Tate 模的 π^n 除点所生成的域扩张. 记 $\mathrm{Gal}(E_{\pi,n}/K)$ 为 $G_{\pi,n}$.

取 $u \in U_K$, 则 uU_K^n 对应于 $\mathscr{O}_K$ 模 $F_f(n)$ 的自同构 $x \mapsto u_f(x)$, 这个自同构延展为 $K(F_f(n)) = E_{\pi,n}$ 的 K-自同构. 以 σ_u 记此在 $G_{\pi,n}$ 的元素, 于是得同态
$$U_K \to \mathrm{Gal}(E_{\pi,n}/K) : u \mapsto \sigma_u.$$

命题 3.50 (1) $G_{\pi,n} \cong U_K/U_K^n$.
(2) 取 $f \in \mathcal{F}_\pi$, 以 f^n 记 f 的 n 次合成 $f \circ \cdots \circ f$. 设 $\phi_n(X) = (f^{n-1}(X))^{q-1} + \pi$, 其中 $q = |\kappa_K|$. 则有 $\lambda \in E_{\pi,n}$ 使得 $\phi_n(\lambda) = 0$, $E_{\pi,n} = K(\lambda)$, $\pi = N_{E_{\pi,n}/K}(-\lambda)$.
(3) $E_{\pi,n}/K$ 为交换完全分歧扩张, $[E_{\pi,n}:K] = q^{n-1}(q-1)$.

例 $K = \mathbb{Q}_p$, $f(X) = (1+X)^p - 1 \in \mathcal{F}_p$, $F_f(n) = \{\zeta - 1 : \zeta \in \boldsymbol{\mu}_{p^n}\}$. 这样 $E_{\pi,n} = \mathbb{Q}_p(\zeta)$, ζ 是 p^n 次本原单位根.

3.5.4 除点的变换

设 π, π' 均为局部域 K 的素元. 我们没法直接比较 $E_{\pi,n}$ $E_{\pi',n}$, 不过它们与 K 的极大无分歧扩张 K^{nr} 合成后是相等的. 先证明两个引理.

K^{nr} 的剩余域是 κ_K 的代数闭包 $\overline{\kappa}_K$, 并且

$$\mathrm{Gal}(K^{\mathrm{nr}}/K) \cong \mathrm{Gal}(\overline{\kappa}_K/\kappa_K) \cong \widehat{\mathbb{Z}}.$$

Frobenius 自同构 $\varphi_K \in \mathrm{Gal}(K^{\mathrm{nr}}/K)$ 对应为 $\mathrm{Gal}(\overline{\kappa}_K/\kappa_K)$ 中的 $x \mapsto x^q$, $q = |\kappa_K|$, 即

$$\varphi_K(a) \equiv a^q \mod \mathfrak{p}_{K^{\mathrm{nr}}}, \quad a \in \mathscr{O}_{K^{\mathrm{nr}}}$$

K^{nr} 的完备化记为 $\hat{K}$, 以 φ 记由 Frobenius 自同构伸展得来的 $\hat{K}$ 的连续自同构.

引理 3.51 (1) 设 $c \in \mathscr{O}_{\hat{K}}$. 则有 $x \in \mathscr{O}_{\hat{K}}$ 使得 $\varphi x - x = c$.
(2) 设 $c \in U_{\hat{K}}$. 则有 $x \in U_{\hat{K}}$ 使得 $\varphi x/x = c$.

证明 (2) 以 π 记 K 的素元, π 亦是 $\hat{K}$ 的素元, 于是有 φ 不变同构

$$U_{\hat{K}}/U_{\hat{K}}^{(1)} \cong \overline{\kappa}^\times, \quad U_{\hat{K}}^{(n)}/U_{\hat{K}}^{(n+1)} \cong \overline{\kappa},$$

其中 $\overline{\kappa}$ 记 $\hat{K}$ 的剩余域. 取 $c \in U_{\hat{K}}$, 以 $\overline{c}$ 记 $c \mod \mathfrak{P}_{\hat{K}}$. 因为 $\overline{\kappa} = \mathscr{O}_{\hat{K}}/\mathfrak{p}_{\hat{K}}$ 是代数封闭, 存在 $\overline{x} \in \overline{\kappa}^\times$ 使得 $\varphi \overline{x} = \overline{x}^q = \overline{x}\overline{c}$, $q = |\kappa_K|$, 即有 $a_1 \in U_{\hat{K}}^{(1)}$, $x_1 \in U_{\hat{K}}$ 使得 $c = a_1 \cdot \varphi x_1/x_1$. 如此继续便有

$$c = a_n \frac{\varphi(x_1 \ldots x_n)}{x_1 \ldots x_n}, \quad x_n \in U_{\hat{K}}^{(n-1)}, a_n \in U_{\hat{K}}^{(n)}.$$

取 $n \to \infty$ 得 $c = \varphi x/x$, $x = \prod_{n=1}^\infty x_n \in U_{\hat{K}}$. 同样方法可证 (1). $\square$

若 $\alpha(X) = \sum a_n X^n$, 则设 $\alpha^\varphi(X) = \sum \varphi(a_n) X^n$.

引理 3.52 设 $\pi, \pi' = u\pi$ 均为局部域 K 的素元, $u \in U_K$. 取 $f \in \mathcal{F}_\pi$, $f' \in \mathcal{F}_{\pi'}$, 则存在幂级数 $\theta(X) = \varepsilon X + \cdots \in \mathscr{O}_{\hat{K}}[[X]]$, $\varepsilon \in U_{\hat{K}}$ 使得
(1) $\theta^\varphi(X) = \theta(u_f(X))$,
(2) $\theta(F_f(X,Y)) = F_{f'}(\theta(X), \theta(Y))$,

(3) $\theta(a_f(X)) = a_{f'}(\theta(X))$, $\forall a \in \mathscr{O}_K$.

此外, 如此得出的 θ 决定 $\mathscr{O}_K$ 模同构

$$F_f(n) \to F_{f'}(n) : x \mapsto \theta(x).$$

证明 分两步证明: 第一步求 α 满足 $\alpha^\varphi = \alpha \circ u_f$; 第二步求 h 使 $\theta = 1_{f',h} \circ \alpha$ 满足所求条件.

构造 r 次多项式 α_r 使其满足类似 (1) 的条件

$$\alpha_r^\varphi(X) \equiv \alpha_r(u_f(X)) \mod X^{r+1}, \qquad (\star_r)$$

然后 $\alpha(X) = \lim_{r \to \infty} \alpha_r(X)$ 为第一步所求的 α.

先取 $\alpha_1(X) = \varepsilon X$, 设已得 α_r, 即 $\alpha_r^\varphi(X) - \alpha_r(u_f(X)) = cX^{r+1} + \ldots$, 若我们要求 $\alpha_{r+1}(X) = \alpha_r(X) + a\varepsilon^{r+1} X^{r+1}$ 满足条件 $(\star_{r+1})$, 则 a 便要满足 $a - \varphi a = c/(\varphi\varepsilon)^{r+1} \in \mathscr{O}_{\widehat{K}}$. 按引理 3.51 此方程有解, 第一步完成.

设 $h = \alpha^\varphi \circ f \circ \alpha^{-1}$. 则 $h = \alpha \circ u_f \circ f \circ \alpha^{-1} = \alpha \circ \pi'_f \circ \alpha^{-1}$, 因为 $h^\varphi = \alpha^\varphi \circ \pi'^\varphi_f (\alpha^\varphi)^{-1} = \alpha^\varphi \circ f \circ u_f \circ \alpha^{-\varphi} = h$, 所以系数在 $\mathscr{O}_{\widehat{K}}$ 的幂级数 $h(X)$ 在 $\mathscr{O}_K[[X]]$ 中. 然后证明 $h \in \mathscr{F}_{\pi'}$, 即验算 $h(X) \equiv \varepsilon \pi' \varepsilon^{-1} X = \pi' X \mod \deg 2$,

$$h(X) = \alpha^\varphi(f(\alpha^{-1}(X))) \equiv \alpha^\varphi(\alpha^{-1}(X)^q) \equiv \alpha^\varphi(\alpha^{-\varphi}(X^q)) \equiv X^q \mod \pi'.$$

第二步, 首先 $\theta = 1_{f',h} \circ \alpha$ 满足所求条件 (1). 在 (1) 中以 f 代替 X 便由 h 的定义推出 $f' = \theta^\varphi \circ f \circ \theta^{-1} = \theta \circ \pi'_f \circ \theta^{-1}$.

为证明 (2), 我们证明

$$F(X, Y) = \theta(F_f(\theta^{-1}(X), \theta^{-1}(Y)))$$

是 $\mathscr{O}_K$ 上的形式群, 并且 $f' \in \mathrm{End}_{\mathscr{O}_K}(F)$, 于是按命题 3.47 得知 $F = F_{f'}$. 由 $f' = \theta \circ \pi'_f \circ \theta^{-1}$ 易得 $F(f'(X), f'(Y)) = f'(F(X, Y))$.

同理, 考虑级数 $\theta \circ a_f \circ \theta^{-1}$ 可证明 θ 满足 (3).

余下证明 θ 决定同构. 取 $x \in F_f(n)$, 则

$$f'^n(\theta(x)) = ((\pi'^n)_{f'})(\theta(x)) = \theta((u^n \pi^n)_f(x)) = \theta(0) = 0,$$

所以 $\theta(x) \in F_{f'}(n)$. 按 θ 以上性质 (2),(3) 知 $x \mapsto \theta(x)$ 为同态. 此同态为单射. 若 $\theta(x) = 0$, 则 $x = 0$, 否则 $0 = \varepsilon + a_1 x + \ldots$ 与 ε 为单位相矛盾. 因为 $F_f(n) \cong \mathscr{O}_K/\pi^n \mathscr{O}_K \cong \mathscr{O}_K/\pi'^n \mathscr{O}_K \cong F_{f'}(n)$, 于是题中同态是满射. □

命题 3.53 $K^{\mathrm{nr}} \cdot E_{\pi, n} = K^{\mathrm{nr}} \cdot E_{\pi', n}$.

证明 按前引理, $F_{f'}(n) = \theta(F_f(n)) \subseteq \widehat{K^{\mathrm{nr}} \cdot E_{\pi, n}}$ ($\widehat{K^{\mathrm{nr}} \cdot E_{\pi, n}}$ 的完备化). 因为 $F_{f'}(n)$ 生成 $E_{\pi', n}$, 便得 $\widehat{K^{\mathrm{nr}} \cdot E_{\pi', n}} \subseteq \widehat{K^{\mathrm{nr}} \cdot E_{\pi, n}}$. 交换 π 和 π', 得 $\widehat{K^{\mathrm{nr}} \cdot E_{\pi', n}} = \widehat{K^{\mathrm{nr}} \cdot E_{\pi, n}}$. 因为两边的域都是 K 在 $\widehat{K^{\mathrm{nr}} \cdot E_{\pi, n}}$ 内的代数闭包, 所以 $K^{\mathrm{nr}} \cdot E_{\pi', n} = K^{\mathrm{nr}} \cdot E_{\pi, n}$. □

因为 K^{nr}/K 是无分歧扩张, $E_{\pi,n}/K$ 是完全歧扩张, $K^{\mathrm{nr}} \cap E_{\pi,n} = K$, 所以

$$\mathrm{Gal}(K^{\mathrm{nr}} \cdot E_{\pi,n}/K) = \mathrm{Gal}(K^{\mathrm{nr}}/K) \times \mathrm{Gal}(E_{\pi,n}/K).$$

如下定义同态 $\omega_\pi : K^\times \to \mathrm{Gal}(K^{\mathrm{nr}} \cdot E_{\pi,n}/K)$: 取 $a = u\pi^m \in K^\times$, $u \in U_K$, 设

$$\omega_\pi(a)(y) = \varphi^m(y), \quad y \in K^{\mathrm{nr}},$$
$$\omega_\pi(a)|(x) = (u^{-1})_f(x), \quad x \in F_f(n).$$

命题 3.54

$$\omega_\pi(\pi')|_{E_{\pi',n}} = id_{E_{\pi',n}}.$$

证明 由 $F_{f'}(n) = \theta(F_f(n))$, 只要对 $x \in F_f(n)$ 证明 $\omega_\pi(\pi')\theta(x) = \theta(x)$. 但 $\omega_\pi(\pi') = \omega_\pi(u\pi) = \omega_\pi(u) \circ \omega_\pi(\pi)$, 已知

$$\omega_\pi(\pi)x = x \ (x \in F_f(n)), \quad \omega_\pi(\pi)|_{\widehat{K}} = \varphi \ \omega_\pi(u)|_{\widehat{K}} = id_{\widehat{K}},$$

所以 $\varphi(\theta(x)) = \theta^\varphi(x)$. 于是

$$\omega_\pi(\pi')\theta(x) = (\omega_\pi(u) \circ \omega_\pi(\pi))\theta(x) = \omega_\pi(u)\theta^\varphi(x) = \theta^\varphi(\omega_\pi(u)x)$$
$$= \theta^\varphi((u^{-1})_f(x)) = \theta(x). \qquad \square$$

3.6 数域的赋值

我们把本章关于赋值的结果放在数域上. 设 F 为 Dedekind 环 $\mathcal{O}_F$ 的分式域. 则 $\mathcal{O}_F$ 的非零素理想 $\mathfrak{p}$ 利用公式

$$x\mathcal{O}_F = \mathfrak{p}^{v_\mathfrak{p}^F(x)}\mathfrak{a}, \quad (\mathfrak{p}, \mathfrak{a}) = 1, \quad x \in F^\times$$

决定 F 的标准离散赋值 $v_\mathfrak{p}^F$.

设 E/F 为有限可分扩张, $\mathcal{O}_E$ 为 $\mathcal{O}_F$ 在 E 内的整闭包. 则 $\mathcal{O}_E$ 的非零素理想 $\mathfrak{P}$ 决定 E 的标准离散赋值 $v_\mathfrak{P}^E$.

命题 3.55 设 F 是数域, ν 是 F 的离散赋值. 则存在 F 的素理想 $\mathfrak{p}$ 使得 ν 和 $v_\mathfrak{p}^F$ 等价.

证明从略.

命题 3.56 设 E/F 为有限可分扩张, $\mathcal{O}_F$ 的非零素理想 $\mathfrak{p}$ 在 E 内有素理想分解

$$\mathfrak{p}\mathcal{O}_E = \mathfrak{P}_1^{e_1} \ldots \mathfrak{P}_g^{e_g}.$$

设 $w_i = \frac{1}{e_i} v_{\mathfrak{P}_i}^E$. 则

(1) F 上的赋值 $v_\mathfrak{p}^F$ 扩充为 E 上的赋值 w_i.

(2) 从 $v_{\mathfrak{p}}^F$ 扩充至 E 的全部赋值为 $\{w_1,\ldots,w_g\}$.

证明 (1) 利用 $x\mathcal{O}_F$ 和 $\mathfrak{p}\mathcal{O}_E$ 的分解来计算 $x\mathcal{O}_E$ 的分解便得 $v_{\mathfrak{P}_i}^E(x)=e_i v_{\mathfrak{p}}^F(x)$.

(2) 从命题 3.55 及 (1) 得出. □

命题 3.57 设 (F,v) 为赋值域, E/F 是 Galois 扩张, E 的赋值 w,w' 是 v 的扩充. 则存在 $\sigma\in\mathrm{Gal}(E/F)$ 使得 $w'=w\circ\sigma$.

证明 以 G 记 $\mathrm{Gal}(E/F)$. 第一步假设 $[E:F]<\infty$. 若没有命题的 σ, 则 $\{w\circ\sigma:\sigma\in G\}$ 和 $\{w'\circ\sigma:\sigma\in G\}$ 无相交. 按逼近定理 3.14 有 $x\in nE$ 使得

$$|\sigma x|_w<1,\quad |\sigma x|_{w'}>1,\quad \forall\sigma\in G.$$

设 $\alpha=N_{E/F}x=\prod_{\sigma\in G}\sigma x$. 则从 $|\sigma x|_w<1$ 得 $|\alpha|_v<1$. 同样又得 $|\alpha|_v>1$, 此为矛盾.

现设 E/F 是无限扩张, 取 M 遍历 E 内所有有限 Galois 扩张, 设 $X_M=\{\sigma\in G:w'|_M=w\circ\sigma|_M\}$, 从前一步知 X_M 为非空集. 若 $\sigma\in G\setminus X_M$, 则开邻域 $\sigma\mathrm{Gal}(E/M)\subseteq G\setminus X_M$, 因此 X_M 为闭集. 因为 G 是紧群, 若 $\cap_M X_M=\emptyset$, 则有有限个 M_i 使得 $\cap_{i=1}^t X_{M_i}=\emptyset$. 取 $M=M_1\ldots M_t$, 则 $X_M=\cap_{i=1}^t X_{M_i}$, 这便会与第一步相矛盾, 于是得 $\cap_M X_M\neq\emptyset$. □

定义 3.58 设 $(E,w)/(F,v)$ 是赋值 Galois 域扩张. 定义

$$D_{w|v}=\{\sigma\in\mathrm{Gal}(E/F):w\circ\sigma=w\},$$
$$G_i=\{\sigma\in\mathrm{Gal}(E/F):w(\sigma a-a)\geqslant i+1,\forall a\in\mathcal{O}_E\},$$

其中 $\mathcal{O}_E=\{x\in E:w(x)\geqslant 0\}$ 是 (E,w) 的赋值环.

称 $D_{w|v}$ 为 $w|v$ 的**分解群** (decomposition group), 称 G_0 为 $w|v$ 的**惯性群** (inertia group), 并记为 $I_{w|v}$, 称 G_i 为 $w|v$ 的 i 分歧群.

命题 3.59 设 $(E,w)/(F,v)$ 是赋值域 Galois 扩张, E,F 的剩余域分别记为 κ_E,κ_F. 则 κ_E/κ_F 为 Galois 扩张, 并有正合序列

$$1\to I_{w|v}\to D_{w|v}\to\mathrm{Gal}(\kappa_E/\kappa_F)\to 1.$$

证明 当 E/F 是有限扩张时这是命题 1.31. 余下假设 E/F 是无穷扩张. 由于 E/F 是正规, κ_E/κ_F 是正规, 于是这是有限正规扩张的并集. 记 $f:D_{w|v}\to\mathrm{Gal}(\kappa_E/\kappa_F)$. 由于 f 是连续, $f(D_{w|v})$ 是紧集, 所以是闭集. 于是若证得 $f(D_{w|v})$ 是 $\mathrm{Gal}(\kappa_E/\kappa_F)$ 的稠密子集, 便知 f 是满射.

为此取 $\bar\sigma\in\mathrm{Gal}(\kappa_E/\kappa_F)$, 有限 Galois 扩张 μ/κ_F, $\bar\sigma\mathrm{Gal}(\kappa_E/\mu)$ 是 $\bar\sigma$ 的邻域. $D_{w|v}$ 的固定域 Z_w 的剩余域是 κ_F, 因此存在 E/Z_w 的有限子扩张 M/Z_w 使得 $\kappa_M\supseteq\mu$. 由于 $\mathrm{Gal}(M/Z_w)\to\mathrm{Gal}(\mu/\kappa_F)$ 是满射, 以下映射的合成亦是满射:

$$D_{w|v}=\mathrm{Gal}(E/Z_w)\to\mathrm{Gal}(M/Z_w)\to\mathrm{Gal}(\kappa_M/\kappa_F)\to\mathrm{Gal}(\mu/\kappa_F).$$

于是可取 $\tau \in D_{w|v}$ 映至 $\bar{\sigma}|_\mu$, 则 $f(\tau) \in \bar{\sigma} \operatorname{Gal}(\kappa_E/\mu)$. □

命题 3.60 设 $(E,w)/(F,v)$ 是赋值域 Galois 有限扩张, F_v 为 F 在 v 的完备化, E_w 为 E 在 w 的完备化. 则 E_w/F_v 为 Galois 扩张, 并有同构

$$D_{w|v} \xrightarrow{\approx} \operatorname{Gal}(E_w/F_v).$$

证明留给读者.

习 题

1. 设 $\mathfrak{F}$ 是赋值域 F 的完备化. 证明:
    (1) 值群相等: $v(\mathfrak{F}^\times) = v(F^\times)$;
    (2) 剩余域同构: $\kappa_\mathfrak{F} \cong \kappa_F$.

2. 设不可约多项式 $f(X) = X^n + \cdots + a_1 X + a_0 \in \mathbb{Q}_p[X], a_0 \in \mathbb{Z}_p$. 证明: $a_{n-1}, \ldots, a_0 \in \mathbb{Z}_p$.

3. 设多项式 $f(X) = a_n X^n + \cdots + a_1 X + a_0 \in \mathbb{Z}_p[X]$ 满足以下条件:
    [1] $|a_n| = 1$;
    [2] $|a_i| < 1, 0 \geqslant i < n$;
    [3] $|a_0| = 1/p$.

    证明: $f(X)$ 在 $\mathbb{Q}_p$ 上不可约.

4. (1) 对每个 n 证明: 存在唯一无分歧扩张 $F_n/\mathbb{Q}_p$, 使得 $[F_n : \mathbb{Q}_p] = n$, 并且 $F_n = \mathbb{Q}_p(\zeta), \zeta$ 是 $p^n - 1$ 次本原单位根.
    (2) 证明: $\mathbb{Q}_5(\sqrt{2}) = \mathbb{Q}_5(\zeta), \zeta$ 是 24 次本原单位根.

5. $\mathbb{F}_q$ 是有 q 个元素的有限域.
    (1) 证明: $X^2 - 2, X^2 - 3$ 在 $\mathbb{F}_5$ 上不可约. $\mathbb{Q}_5(\sqrt{2})/\mathbb{Q}$ 是无分歧扩张.
    (2) 证明: 存在 $\alpha \in \mathbb{Q}_5$ (5 进域) 使得 $\alpha^2 = 6$, 以及 $\sqrt{2} = \pm \alpha\sqrt{3}/3, \mathbb{Q}_5(\sqrt{2}) = \mathbb{Q}_5(\sqrt{3})$.
    (3) 证明: $\mathbb{Q}_5(\sqrt{2})$ 的剩余域是 $\mathbb{F}_5[\sqrt{2}]$. 在 $\mathbb{F}_5[\sqrt{2}]$ 中找 ξ 使得 $\xi^{24} = 1$. 利用 Hensel 引理计算 24 次本原单位根的 5 进展开的首 3 项.

6. 我们定义域 F 的绝对值为满足以下条件的函数 $|\ | : F \to \mathbb{R}$:
    [1] $|x| \geqslant 0; |x| = 0$ 当且仅当 $x = 0$;
    [2] $|xy| = |x||y|$;
    [3] 存在 $\geqslant 1$ 的常数 c, 使得 $|x| \leqslant 1 \Rightarrow |1 + x| \leqslant c$.

    若对 $x \in F^\times$ 有 $|x| = 1$, 则称 $|\cdot|$ 是平凡绝对值. 若 $c = 1$, 则称 $|\cdot|$ 为非亚绝对值, 否则称为亚绝对值.

    (1) 设有非平凡绝对值 $|\cdot|_1$ 和 $|\cdot|_2$ 使得 $|x|_1 < 1 \Rightarrow |x|_2 < 1$, 记 $|\cdot|_1 \equiv |\cdot|_2$. 证明: $\equiv$ 是等价关系.
    (2) 设 $|\cdot|_1$ 为非平凡绝对值, 绝对值 $|\cdot|_2$ 等价于 $|\cdot|_1$. 则存在正实数 α 使得 $|x|_2 = |x|_1^\alpha$.

(3) F 的绝对值 $|\cdot|$ 决定 F 上的拓扑, 使得点 a 的基本邻域组是由集合 $\{x: |x-a|<\varepsilon\}$ 组成. 证明: 等价绝对值决定相同的拓扑.

7. 设域 F 有非亚绝对值 $|\cdot|$.
   (1) 证明: $|a+b| \leqslant \max\{|a|, |b|\}$.
   (2) 证明: 若 $|a|<|b|$, 则 $|a+b|=|b|$.
   (3) 证明: $\{a_n\}$ 是 Cauchy 序列当且仅当 $\lim_{n\to\infty} |a_{n+1}-a_n|=0$.
   (4) 证明: 无穷级数 $\sum_{n=0}^{\infty} a_n$ 收敛当且仅当 $\lim_{n\to\infty} a_n=0$. 若 $\sum_{n=0}^{\infty} a_n$ 收敛, 则
   $$\left|\sum_{n=0}^{\infty} a_n\right| \leqslant \max_n |a_n|.$$
   (5) 我们说对于 j, b_{ij} 当 $i\to\infty$ 时一致收敛于零, 如果对任意的 ϵ 存在与 j 无关的整数 N 使得 $i \geqslant N \Rightarrow |b_{ij}|<\epsilon$. 设 [1] 对每个 i, $\lim_{j\to\infty} b_{ij}=0$, [2] 对于 j, b_{ij} 当 $i\to\infty$ 时一致收敛于零. 证明:
   $$\sum_{i=0}^{\infty}\left(\sum_{j=0}^{\infty} b_{ij}\right), \quad \sum_{j=0}^{\infty}\left(\sum_{i=0}^{\infty} b_{ij}\right)$$
   收敛并相等.

8. 设域 F 有非亚绝对值 $|\cdot|$, $f(x)=\sum_{n=0}^{\infty} a_n X^n$, 定义 $=1/r = \limsup \sqrt[n]{|a_n|}$. 证明:
   (1) 若 $r=0$, 则 f 只在 $x=0$ 收敛.
   (2) 若 $r=\infty$, 则 f 在所有 x 收敛.
   (3) 若 $0<r<\infty$, 并且 $\lim_{n\to\infty} |a_n| r^n = 0$, 则 $f(x)$ 收敛当且仅当 $|x| \leqslant r$.
   (4) 若 $0<r<\infty$, 并且 $\lim_{n\to\infty} |a_n| r^n \neq 0$, 则 $f(x)$ 收敛当且仅当 $|x|<r$.
   (5) 设 $f(X), g(X)$ 是幂级数. 设有无穷序列 $a_n \neq 0$, 使 $\lim_{n\to\infty} a_n=0$, 并且 $f(a_n)=g(a_n)$. 证明: $f(X)=g(X)$.

9. 设 p 为素数, 常数 $0<c<1$. 取有理数 $r=p^v b$, $p\nmid b$, 则设 $|r|_{p,c}=c^v$. 又设 $|r|_\infty = \max\{x, -x\}$. 证明: $|\cdot|_{p,c} \equiv |\cdot|_{p,c'}$; 有理数域 $\mathbb{Q}$ 的任一绝对值必等价于 $|\cdot|_\infty$ 或 $|\cdot|_{p,c}$.

10. 设 $(F, |\cdot|)$ 为完备赋值域, $|\cdot|$ 为亚绝对值. 证明: F 是实数域或复数域.

11. 以 $\boldsymbol{\mu}_n$ 记由代数闭包 $\bar{\mathbb{Q}}$ 内 n 次单位根所组成的交换群.
    (1) 设 ζ 是 m 次本原单位根, a 为正整数. 则 ζ^a 为 m 次本原单位根当且仅当 $(a,m)=1$.
    (2) $[\mathbb{Q}(\zeta):\mathbb{Q}]=\varphi(m)$, 其中 φ 是 Euler 函数.
    (3) $\mathrm{Gal}(\mathbb{Q}(\zeta)/\mathbb{Q}) \cong (\mathbb{Z}/m\mathbb{Z})^\times$.
    (4) ζ 在 $\mathbb{Q}$ 上的最小多项式是 $\Phi_m(x) = \prod_{(a,m)=1}(x-\zeta^a) = \prod_{d|m}(x^{\frac{m}{d}}-1)^{\mu(d)}$, 其中 μ 为 Möbius 函数, 以及 $x^m-1 = \prod_{d|m} \Phi_d(x)$.
    (5) $(-1)^{(m-1)} m^m = \prod_{j\neq i}(\xi_i - \xi_j)$, 其中 $\{\xi_1, \ldots, \xi_m\} = \boldsymbol{\mu}_m$.

12. 已知 p 进整数环 $\mathbb{Z}_p \cong \varprojlim \mathbb{Z}/p^n\mathbb{Z}$, 设 $n=\prod_p p^{v_p}$ 为正整数的素因子分解. 用中国剩余定理证明:
    $$\mathbb{Z}/n\mathbb{Z} \cong \prod_p \mathbb{Z}/p^{v_p}\mathbb{Z}.$$

若正整数 $n|m$, 则有投射 $\mathbb{Z}/n\mathbb{Z} \to \mathbb{Z}/m\mathbb{Z}$. 这样可定义
$$\widehat{\mathbb{Z}} = \varprojlim_n \mathbb{Z}/n\mathbb{Z}.$$

证明: $\widehat{\mathbb{Z}}/n\widehat{\mathbb{Z}} \cong \mathbb{Z}/n\mathbb{Z}$ 和
$$\widehat{\mathbb{Z}} \cong \prod_p \mathbb{Z}_p.$$

证明以上同构是拓扑环同构 (在 $\mathbb{Z}/n\mathbb{Z}$ 取离散拓扑, 在 $\widehat{\mathbb{Z}}$ 取逆极限拓扑, 在 $\prod_p \mathbb{Z}_p$ 取积拓扑). 有环嵌入 $\mathbb{Z} \hookrightarrow \mathbb{Z}_p$, 于是 $m \mapsto (\ldots, m, m, m, \ldots)$ 给出环嵌入 $\mathbb{Z} \hookrightarrow \widehat{\mathbb{Z}} \cong \prod_p \mathbb{Z}_p$. 证明: $\mathbb{Z} \cap m\widehat{\mathbb{Z}} = m\mathbb{Z}$. 证明: $\{m\mathbb{Z} : m \in \mathbb{Z}\}$ 是 $\widehat{\mathbb{Z}}$ 在零点的基本邻域集合. 证明: $\mathbb{Z}$ 在 $\widehat{\mathbb{Z}}$ 内的 (拓扑) 闭包是 $\widehat{\mathbb{Z}}$. 证明: $\widehat{\mathbb{Z}}$ 的闭理想是主理想.

13. 设 Hausdorff 拓扑群 G 的单位元有基本邻域集合 $\{H_\iota\}$, 其中 H_ι 为 G 的子群, 并且 $[G : H_\iota] < \infty$. 取 $\sigma \in G$, 以 $\langle\sigma\rangle$ 记子群 $\{\sigma^n : n \in \mathbb{Z}\}$ 的 (拓扑) 闭包. 定义群同态 $\mathbb{Z} \to G : n \mapsto \sigma^n$. 证明: 此同态为连续且可以延伸此同态为连续同态 $\widehat{\mathbb{Z}} \to G$. 于是对 $\nu \in \widehat{\mathbb{Z}}$ 有元素 $\sigma^\nu \in G$. 证明: 同态 $\nu \mapsto \sigma^\nu$ 的像是 $\langle\sigma\rangle$, 核是 $d\widehat{\mathbb{Z}}$, $d \in \widehat{\mathbb{Z}}$. 证明: 若 G 是有限群, 则 $d \in \mathbb{Z}$.

14. 以 $R^\times$ 记环 R 的可逆元所组成的乘法群, $R_{\text{tor}}^\times$ 记 $R^\times$ 的挠子群 (即由有限阶元素组成). $\mathbb{Z}_p$ 是 p 进整数环. 证明: $\mathbb{Z}_2^\times \cong \mathbb{Z}_2 \times \mathbb{Z}/2\mathbb{Z}$, 当 $p \neq 2$ 时, $\mathbb{Z}_p^\times \cong \mathbb{Z}_p \times \mathbb{Z}/(p-1)\mathbb{Z}$. 以 $\hat{T}$ 记 $\mathbb{Z}/2\mathbb{Z} \times \prod_{p \neq 2} \mathbb{Z}/(p-1)\mathbb{Z}$. 证明: $\widehat{\mathbb{Z}}^\times \cong \widehat{\mathbb{Z}} \times \hat{T}$. 证明: $\widehat{\mathbb{Z}}_{\text{tor}}^\times$ 包含子群 $\mathbb{Z}/2\mathbb{Z} \oplus \bigoplus_{p \neq 2} \mathbb{Z}/(p-1)\mathbb{Z}$, 并且 (拓扑) 闭包 $\overline{\widehat{\mathbb{Z}}_{\text{tor}}^\times} = \hat{T}$.

15. 以 $\boldsymbol{\mu}_n$ 记由代数闭包 $\bar{\mathbb{Q}}$ 内 n 次单位根所组成的交换群, 记 $\Omega = \cup_{n \geqslant 1} \mathbb{Q}(\boldsymbol{\mu}_n)$. 证明: $\text{Gal}(\Omega/\mathbb{Q}) \cong \widehat{\mathbb{Z}}^\times$. 以 $\tilde{\mathbb{Q}}$ 记 $\text{Gal}(\Omega/\mathbb{Q})_{\text{tor}}$ 的固定域, 证明: $\text{Gal}(\tilde{\mathbb{Q}}/\mathbb{Q}) \cong \widehat{\mathbb{Z}}$. 设 $\Omega_p = \cup_{n \geqslant 1} \mathbb{Q}(\boldsymbol{\mu}_{p^n})$. 证明: $\text{Gal}(\Omega_p/\mathbb{Q}) \cong \mathbb{Z}_p^\times$. 以 $\tilde{\mathbb{Q}}^{(p)}$ 记 $\text{Gal}(\Omega_p/\mathbb{Q})_{\text{tor}}$ 的固定域, 证明: $\text{Gal}(\tilde{\mathbb{Q}}^{(p)}/\mathbb{Q}) \cong \mathbb{Z}_p$, 并且 $\tilde{\mathbb{Q}} = \prod_p \tilde{\mathbb{Q}}^{(p)}$ (域合成).

16. 证明: $U^{(0)} \cong \varprojlim_i U^{(0)}/U^{(i)}$.

17. 设 F 是局部数域, 剩余域是特征 p. 对 $n \geqslant 0$, 证明: $(1 + \mathfrak{p})^{p^n} \subset 1 + \mathfrak{p}^{n+1}$.

18. 设有限集 S 的元素是数域 F 的素理想, 另取素理想 $\mathfrak{p}_0 \notin S$, 对 $\mathfrak{p} \in S$ 给出 $a_\mathfrak{p} \in F$, 则对 $\varepsilon > 0$, 证明: 存在 $x \in F$ 使得对 $\mathfrak{p} \in S$ 有 $|x - a_\mathfrak{p}|_\mathfrak{p} < \varepsilon$, 并且对所有 $\mathfrak{p} \notin S \cup \{\mathfrak{p}_0\}$, 有 $|x|_\mathfrak{p} < 1$.

19. 设 (F, v) 是局部数域. 证明: F 没有非空连通开集.

20. 设 (F, v) 是局部数域, $\mathfrak{p} = \pi\mathcal{O}$. 设对 $x \in \mathfrak{p}^\mu$ 形式级数 $f(x)$ 收敛. 又有形式级数 $g(y) := b_1 y + \cdots + b_n y^n + \ldots$. 设点 η 满足 $v(b_n \eta^n) \geqslant \mu$, $n \geqslant 1$; 并且 $g(\eta)$ 收敛. 设 $F(x) = f(g(x))$. 证明: $F(x)$ 在 $x = \eta$ 收敛, 且 $F(\eta) = f(g(\eta))$.

21. 设 (F, v) 是局部数域, $\mathcal{O}$ 是赋值环, π 是素元. 设 $f(x) \in \mathcal{O}[x]$, $a \in \mathcal{O}$ 使得 $v(f'(a)) = N$, 并且 $f(a) \equiv 0 \mod \pi^{2N+1}$.

    (1) 证明: 存在 $b \in \mathcal{O}$, 使得 $f(b) = 0$ 和 $b \equiv a \mod \pi^{N+1}$. 记 $e = v(p)$.
    (2) 证明: 单位群满足 $U^{(2e+1)} \subset (U^{(e+1)})^p$.
    (3) 证明: 若 $v(x) \geqslant [\frac{e}{p-1}] + 1$, $n \geqslant 1$, 则 $v(\frac{x^n}{n!}) \geqslant [\frac{e}{p-1}] + 1$.
    (4) 取 $\kappa = [\frac{e}{p-1}] + 1$. 证明: $\xi \mapsto \exp \xi$ 决定双射 $\mathfrak{p}^\kappa \to U^{(\kappa)}$.

22. 设 (F, v) 是局部数域.

(1) 对 $i \geqslant 1$, 证明: $U^{(i)\,p} = \{x^p : x \in U^{(i)}\} \subset U^{(i+1)}$, $U^{(i)\,p^j} \subset U^{(i+j)}$.

(2) 映射 $\mathbb{Z}/p^i\mathbb{Z} \times U^{(1)}/U^{(i)} \to U^{(1)}/U^{(i)} : (\mu, x) \mapsto x^\mu$, $\mu \in \mathbb{Z}$ 使 $U^{(1)}/U^{(i)}$ 成为 $\mathbb{Z}/p^i\mathbb{Z}$ 模, 由此得映射
$$\mathbb{Z}_p \times U^{(1)} \to U^{(1)}$$
(利用 $\varprojlim_i \mathbb{Z}/p^i\mathbb{Z} = \mathbb{Z}_p$, $\varprojlim_i U^{(1)}/U^{(i)} = U^{(1)}$). 证明: $U^{(1)}$ 是有限生成连续 $\mathbb{Z}_p$ 模, $U^{(1)}$ 的秩是 $[F : \mathbb{Q}_p]$.

第四章 类群

设数域 F 的赋值 ν,ν' 在 F 上决定同一拓扑, 记 $\nu \sim \nu'$, 显然 $\sim$ 为等价关系. 称 F 的赋值等价类为 F 的**素位** (prime place) 或**素因子** (prime divisor), 这个术语来自黎曼曲面或代数曲线. 从 F 的整数环 $\mathscr{O}$ 得代数曲线 $\mathrm{Spec}\mathscr{O}$. 利用第二章模的语言, 设集合的元素 $\{\nu_{\mathfrak{p}_{\infty_j}}\}$ 对应于 F 的所有 Archimede 赋值, 而 $\{\nu_{\mathfrak{p}}\}$ 对应于 F 的所有素理想 $\mathfrak{p}$ 所决定的非 Archimede 赋值, 则这两个集合的并集便是 F 的所有素位的一个完全代表集. 以下常不分开素位和它的代表. 我们一般简单地说: $\mathfrak{p}$ 为素位, 而不说, 赋值 $\nu_{\mathfrak{p}}$ 的等价类为素位. 设 $\mathfrak{p}$ 为 F 的素位, 以 $F_{\mathfrak{p}}$ 记 F 在 $\mathfrak{p}$ 的完备化域, $\mathscr{O}_{\mathfrak{p}}$ 记 $F_{\mathfrak{p}}$ 的赋值环. 记 v 为素位, 这时对应的记号是 $F_v, \mathscr{O}_v$.

记号 $\mathfrak{p}|\infty$ 表示 $\nu_{\mathfrak{p}}$ 是 Archimede 赋值, 又称此 $\mathfrak{p}$ 为**无穷素位** (infinite place). 记号 $\mathfrak{p} < \infty$ 表示 $\nu_{\mathfrak{p}}$ 是非 Archimede 赋值, 又称此 $\mathfrak{p}$ 为**有限素位** (finite place). 记 $F_{\square} = \prod_{\mathfrak{p}<\infty} F_{\mathfrak{p}}$, $F_{\infty} = \prod_{\mathfrak{p}|\infty} F_{\mathfrak{p}} \cong F \otimes_{\mathbb{Q}} \mathbb{R}$.

当 $\mathfrak{p} < \infty$ 时, $\mathscr{O}_{\mathfrak{p}}$ 记 $F_{\mathfrak{p}}$ 的赋值环, $U_{\mathfrak{p}}$ 为 $\mathscr{O}_{\mathfrak{p}}$ 的单位群 (即 $\mathscr{O}_{\mathfrak{p}}$ 的可逆元所组成的乘法群).

局部域是指 $\mathbb{Q}_p$ 的有限扩域. 此外还有两个带 Archimede 赋值的完备局部紧域: $\mathbb{R}, \mathbb{C}$, 我们不再称它们为局部域. 局部域对一些人来说是指完备局部紧域 (也包括特征非零的域), 这和我们用法不同.

法国数学家从 "**id**eal **el**ement" 拆合得到一个新字: idele, 类似地, 我们从 "**理**想**元**素" 拆合得到一个新的名词: **理元**. 同样, 法国数学家从 **a**dditive id**ele** 得到 adele, 按同样原则我们称 adele 为**加元**.

本书分两段讨论理元. 第一段用两节构造加元环和理元群, 这会用在第二部分的 "同调论" 中; 第二段在第三部分的 "L-函数" 中, 其目的是证明 Hecke L-函数的函数方程, 以及证明用分歧理论来定义的 Artin L-函数的函数方程.

4.1 加元环

设 F 为数域, 以 S_∞ 记 F 所有的无穷素位组成的集合, 设素位组成的有限集 S 包含 S_∞. 则定义
$$F_{\mathbb{A}}^S = \prod_{v\in S} F_v \times \prod_{v\notin S} \mathcal{O}_v.$$

定义**加元环** (adele ring) 为
$$F_{\mathbb{A}} = \bigcup_S F_{\mathbb{A}}^S,$$

其中并集是对所有满足以上条件的 S 而取的. 称 $F_{\mathbb{A}}$ 的元素为 F 的**加元** (adele). 任一加元 a 必有 S 使 $a \in F_{\mathbb{A}}^S$, 即 $a = (a_v)$, 除有限个 v 外有 $|a_v|_v \leqslant 1$. 取 $a = (a_v) \in F_{\mathbb{A}}^S$, $b = (b_v) \in F_{\mathbb{A}}^{S'}$, 则 $a, b \in F_{\mathbb{A}}^{S\cup S'}$, 于是可以定义
$$(a+b)_v = a_v + b_v, \quad (ab)_v = a_v b_v.$$

$F_{\mathfrak{p}}$ 是局部紧拓扑环和 $\mathcal{O}_v$ 紧拓扑环, 所以 $F_{\mathbb{A}}^S$ 是局部紧拓扑环.

在 $F_{\mathbb{A}}$ 上取拓扑使得 $F_{\mathbb{A}}$ 的拓扑诱导 $F_{\mathbb{A}}^S$ 的拓扑, 并且所有的 $F_{\mathbb{A}}^S$ 为 $F_{\mathbb{A}}$ 的开子环. 如此定义出的局部紧拓扑环称为 F_v 关于 $\mathcal{O}_v$ 的**限制直积** (restricted direct product), 又记 $F_{\mathbb{A}}$ 为 $\prod_v' F_v$. 显然取 $\prod N_v$, 其中 N_v 为 F_v 的零点的邻域, 并且除有限个 v 外, $N_v = \mathcal{O}_v$, 便得拓扑环 $F_{\mathbb{A}}$ 的零点的一个邻域基.

关于拓扑群和 Haar 测度可看 [18]; 限制直积的另一个例子可参见 [16] 的第三章第 4 节 98 页.

取 $a \in F$, 按理想 $x\mathcal{O}_F$ 的素理想乘积分解, 除有限个 v 外, $a \in \mathcal{O}_v$. 对每个 v, 设 $\alpha_v = a$. 则 $\alpha = (\alpha_v)$ 是加元, 称此为主加元. 这样得到的映射 $F \to F_{\mathbb{A}} : a \mapsto \alpha$ 是单射, 因为所有 $F \to F_v$ 是单射. 用此单射把 F 看作 $F_{\mathbb{A}}$ 的子环.

命题 4.1 设 E/F 为数域可分扩张. 则有线性代数和拓扑同构 $F_{\mathbb{A}} \otimes_F E \approx E_{\mathbb{A}}$ 把 $F \otimes_f E = E \subset F_{\mathbb{A}} \otimes_F E$ 映为 $E \subset E_{\mathbb{A}}$.

证明 构造所求的拓扑空间同构如下. 取 E/F 的基 $\xi_1, \ldots, \xi_n$. 拓扑空间 $F_{\mathbb{A}}$ 取张量积 $F_{\mathbb{A}} \otimes_F E$ 的拓扑是 $F_v \otimes_F E = F_v\xi_1 \oplus \cdots \oplus F_v\xi_n$ 关于 $\mathcal{O}_v\xi_1 \oplus \cdots \oplus \mathcal{O}_v\xi_n$ 的限制直积.

命题 3.16 给出同构 $F_v \otimes_F E = \prod_{w|v} E_w$. 把 $\mathcal{O}_v\xi_1 \oplus \cdots \oplus \mathcal{O}_v\xi_n$ 映为 $\prod_{w|v} \mathcal{O}_{E_w}$, 如此 $F_v \otimes_F E$ 便是 E_w 关于 $\mathcal{O}_{E_w}$ 的限制直积, 即 $E_{\mathbb{A}}$.

显然这样得来的拓扑同构亦是线性代数同构. □

定理 4.2 F 为 $F_{\mathbb{A}}$ 的离散子环, 把 $F_{\mathbb{A}}$ 看作加法拓扑群, 取商拓扑, $F_{\mathbb{A}}/F$ 是紧群.

证明 用非零 $\xi \in E$ 所得的 $\xi F_{\mathbb{A}}$ 同构于拓扑群 $F_{\mathbb{A}}$, 于是有同构 $E_{\mathbb{A}} = \xi_1 F_{\mathbb{A}} \oplus \cdots \oplus \xi_n F_{\mathbb{A}} = F_{\mathbb{A}} \oplus \cdots \oplus F_{\mathbb{A}}$. 按此只需为 $\mathbb{Q}$ 证明.

要证明 $\mathbb{Q}$ 在 $\mathbb{Q}_\mathbb{A}$ 内离散, 只需找 0 的邻域 U 使得 $\mathbb{Q} \cap U = \{0\}$. 取

$$U = \{\alpha = (\alpha_v) \in \mathbb{Q}_\mathbb{A} : |\alpha_\infty|_\infty < 1, \ |\alpha_p|_p \leqslant 1, \forall p\}.$$

设 $b \in \mathbb{Q} \cap U$, 则 $|b|_p \leqslant 1, \forall p \Rightarrow b \in \mathbb{Z}$, 但这加上条件 $|b|_\infty < 1$, $b = 0$.

余下找紧集 C, 使得 $\mathbb{Q}_\mathbb{A} = \mathbb{Q} + C$.

对素数 p, 以 $\mathbb{Q}^{(p)}$ 记子环 $\{\frac{a}{p^n} : a \in \mathbb{Z}, n \in \mathbb{N}\}$. 按 p 进数的 p 幂级数展开得 $\mathbb{Q}_p = \mathbb{Q}^{(p)} + \mathbb{Z}_p$.

取任一 $x = (x_v) \in \mathbb{Q}_\mathbb{A}$. 设 $S = \{p : x_p \notin \mathbb{Z}_p\}$. 对 $p \in S$, $x_p = \xi_p + x'_p$, $\xi_p \in \mathbb{Q}^{(p)}$, $x'_p \in \mathbb{Z}_p$. 对 $p \notin S$, 取 $\xi_p = 0$, $x_p = x'_p$. 设 $\xi = \sum_p \xi_p = \xi_p + \eta_p$, 其中 $\sum_p$ 是对所有 p 求和, $\eta_p = \sum_{q \neq p} \xi_q$. 则有理数 η_p 的分母没有 p 的因子, 所以 $\eta_p \in \mathbb{Z}_p$. 把 ξ 看作 $\mathbb{Q} \hookrightarrow \mathbb{Q}_\mathbb{A}$ 的元素. 记 $x - \xi = y = (y_p)$, 则 $y_p = x_p - \xi = x_p - \xi_p = x'_p - \eta_p \in \mathbb{Z}_p$. 于是 $y \in \mathbb{Q}_p^{(\infty)}$, 所以证明了: $\mathbb{Q}_\mathbb{A} = \mathbb{Q} + \mathbb{Q}_p^{(\infty)}$.

任何实数 r 可写为 $r = s + n$, $-\frac{1}{2} \leqslant s \leqslant \frac{1}{2}$, $n \in \mathbb{Z} \subset \mathbb{Q} \hookrightarrow \mathbb{Q}_\mathbb{A}$. 取 $C = [-\frac{1}{2}, \frac{1}{2}] \times \prod_p \mathbb{Z}_p$, 显然 $\mathbb{Q}_p^{(\infty)} = \mathbb{R} \times \prod_p \mathbb{Z}_p = \mathbb{Z} + C$, 所以 $\mathbb{Q}_\mathbb{A} = \mathbb{Q} + C$. $\square$

引理 4.3 (Blichfeldt-Cassels 引理) 存在满足以下条件的常数 C. 若 $a = (a_v) \in F_\mathbb{A}$, $\prod |a|_v > C$, 则有 $\xi \in F^\times$ 使得对所有 v, $|\xi|_v \leqslant |a_v|_v$.

证明 引入 $\mathscr{C} = \{c = (c_v) \in F_\mathbb{A} : |c_v|_v \leqslant \frac{1}{10}$ 若 $v|\infty$, $|c_v|_v \leqslant 1$ 若 $v < \infty\}$. $F_\mathbb{A}$ 的 Haar 测度 μ 在紧群 $F_\mathbb{A}/F$ 上诱导出的 Haar 测度, 记为 $\dot\mu$. 则 $0 < \dot\mu(F_\mathbb{A}/F), \mu(\mathscr{C}) < \infty$. 设 $C = \dot\mu(F_\mathbb{A}/F)/\mu(\mathscr{C})$.

取 $\mathscr{T} = \{t = (t_v) \in F_\mathbb{A} : |t_v|_v \leqslant \frac{1}{10}|a_v|_v$ 若 $v|\infty$, $|t_v|_v \leqslant |a_v|_v$ 若 $v < \infty\}$, 则 $\mu(\mathscr{T}) = \mu(\mathscr{C}) \prod |a|_v > \dot\mu(F_\mathbb{A}/F)$.

考虑投射 $F_\mathbb{A} \to F_\mathbb{A}/F$, 于是 $\mathscr{T}$ 有 $t' = (t'_v) \neq t'' = (t''_v)$ 使得 $t' - t'' = \xi \in F$. 这样 $|\xi|_v = |t'_v - t''_v|_v \leqslant |a_v|_v$. $\square$

引理 4.4 (1) $F_\mathbb{A}$ 内有子集 W 由 $|\xi_v|_v \leqslant \delta_v$ 给出, 其中除有限个 v 外 $\delta_v = 1$ 使得任何 $\alpha \in F_\mathbb{A}$ 可表达为 $\alpha = \theta + \gamma$, $\theta \in W$, $\gamma \in F$.

(2) 选定素位 v_0. 对所有 $v \neq v_0$ 给出 $\delta_v > 0$, 并且除有限个 v 外设 $\delta_v = 1$. 则存在 $\beta \in F^\times$ 使得对所有 $v \neq v_0$ 有 $|\beta|_v \leqslant \delta_v$.

证明 (1) 见定理 4.2 的证明.

(2) 选 $\alpha_v \in F_v$ 使 $0 < |\alpha_v|_v \leqslant \delta_v$, 若 $\delta_v = 1$, $|\alpha_v|_v = 1$. 然后取 α_{v_0} 使 $\prod |\alpha_v|_v > C$. 用 Blichfeldt-Cassels 引理, 得证. $\square$

定理 4.5 (强逼近定理) 选定素位 v_0. F_v 关于 $\mathcal{O}_v, v \neq v_0$ 的限制直积记为 $F_\mathbb{A}^{v_0}$. 则 F 是 $F_\mathbb{A}^{v_0}$ 的稠密子集.

证明 定理等价于: 给出 $\epsilon > 0$, S 是有限个 $\neq v_0$ 的素位集合, $\alpha_v \in F_v, v \in S$. 则存在 $\beta \in F$ 使得 $|\beta - \alpha_v|_v < \epsilon, \forall v \in S$, 并且 $|\beta|_v \leqslant 1, \forall v \notin S, v \neq v_0$.

按引理 4.4 (1) 选 W. 由引理 4.4 (2) 知有 $\lambda \in F^\times$ 使得 $|\lambda|_v < \delta_v^{-1}\epsilon$ $(v \in S)$, $|\lambda|_v \leqslant \delta_v^{-1}$, 若 $v \notin S, v \neq v_0$. $F_{\mathbb{A}}$ 的任一元素 α 可表达为 $\alpha = \psi + \beta, \psi \in \lambda W, \beta \in F$. 对 $v \in S$ 取 $\alpha = (\alpha_v)$, 使得 α_v 是定理所给出的. β 便为所求. □

4.2 理元群

数域 F 在素位 $\mathfrak{p}$ 的完备化域 $F_\mathfrak{p}$ 是局部紧域, 所以称 $F_\mathfrak{p}$ 为**局部域** (local field), 与此相对便称 F 为**整体域** (global field). 把 F 的所有局部域放在一起的一个方法是 $\prod_\mathfrak{p} F_\mathfrak{p}$. 把 F 与 $\prod_\mathfrak{p} F_\mathfrak{p}$ 的性质互相比较或证明便称为**局部-整体原则** (local-global principle), 但 $\prod_\mathfrak{p} F_\mathfrak{p}$ 不是局部紧拓扑群, 在寻找类域论的代数证明过程中 Chevalley (1909—1984) 在 La théorie du corps de classes, *Ann. Math.* (2) 41 (1940), 394-418 中找到了一个适当的局部紧拓他扑群——理元群代替 $\prod_\mathfrak{p} F_\mathfrak{p}$. 此外他又用开子群简化了传统类域论里使用 "定义模" 的叙述, 并且容许使用 Haar 测度和相关的调和分析方法. 几乎一夜之间法国人从德国人手中夺取了代数数论的领导地位.

定义 4.6 设 F 为数域, 以 S_∞ 记 F 所有的无穷素位组成的集合, 设素位组成的有限集 S 包含 S_∞. 则定义
$$F_{\mathbb{A}}^{\times S} = \prod_{\mathfrak{p} \in S} F_\mathfrak{p}^\times \times \prod_{\mathfrak{p} \notin S} U_\mathfrak{p}.$$

称 $F_{\mathbb{A}}^{\times S}$ 的元素为 F 的 S 理元. 定义**理元群** (idele group) 为
$$F_{\mathbb{A}}^\times = \bigcup_S F_{\mathbb{A}}^{\times S},$$

其中并集是对所有满足以上条件的 S 而取的. 称 $F_{\mathbb{A}}^\times$ 的元素为 F 的理元.

若记理元为 $a = (a_\mathfrak{p})$, 则 $a_\mathfrak{p} \in F_\mathfrak{p}^\times$, 且除有限个 $\mathfrak{p}$ 外, $a_\mathfrak{p} \in U_\mathfrak{p}$.

$F_\mathfrak{p}^\times$ 是局部紧拓扑群, S 是有限集, 于是 $\prod_{\mathfrak{p} \in S} F_\mathfrak{p}^\times$ 是局部紧拓扑群 ([18] §1.5). $U_\mathfrak{p}$ 是紧拓扑群, 按 Tychonov 定理 $\prod_{\mathfrak{p} \notin S} U_\mathfrak{p}$ 是紧拓扑群, 所以 $F_{\mathbb{A}}^{\times S}$ 是局部紧拓扑群. 在 $F_{\mathbb{A}}^\times$ 上取拓扑使得 $F_{\mathbb{A}}^\times$ 的拓扑诱导 $F_{\mathbb{A}}^{\times S}$ 的拓扑, 并且所有的 $F_{\mathbb{A}}^{\times S}$ 为 $F_{\mathbb{A}}^\times$ 的开子群. 如此定义出的拓扑群称为 $F_\mathfrak{p}^\times$ 关于 $U_\mathfrak{p}$ 的限制直积, 又记 $F_{\mathbb{A}}^\times$ 为 $\prod_\mathfrak{p} F_\mathfrak{p}^\times$. 显然
$$\left\{\prod N_\mathfrak{p} : N_\mathfrak{p} \text{ 为 } F_\mathfrak{p}^\times \text{ 的单位元邻域, 除有限个 } \mathfrak{p} \text{ 外}, N_\mathfrak{p} = U_\mathfrak{p}\right\}$$

是拓扑群 $F_{\mathbb{A}}^\times$ 的单位元 1 的一个邻域基. 显然, $Y \subset F_{\mathbb{A}}^\times$ 的拓扑闭包为紧集当且仅当 $Y \subset \prod C_\mathfrak{p}$, 其中 $C_\mathfrak{p}$ 为 $F_\mathfrak{p}^\times$ 的紧集, 并且除有限个 $\mathfrak{p}$ 外, $C_\mathfrak{p} = U_\mathfrak{p}$. 这样我们便可得出结论: $F_{\mathbb{A}}^\times$ 是局部紧拓扑群.

环 R 的可逆元组成乘法群 $R^\times$. 若 R 是拓扑环, 在 $R^\times$ 取诱导子空间拓扑, 则 $R^\times \to R^\times : x \mapsto x^{-1}$ 不一定连续.

4.2 理元群

不难证明以下命题.

命题 4.7 (1) 由加元环 $F_{\mathbb{A}}$ 的可逆元所组成的乘法群等于理元群 $F_{\mathbb{A}}^\times$.

(2) 映射 $\iota: F_{\mathbb{A}}^\times \to F_{\mathbb{A}} \times F_{\mathbb{A}} : x \mapsto (x, x^{-1})$ 是单射.

(3) 在 $F_{\mathbb{A}} \times F_{\mathbb{A}}$ 取积拓扑, $\iota(F_{\mathbb{A}}^\times)$ 取诱导子空间拓扑, $F_{\mathbb{A}}^\times$ 取限制直积拓扑. 则 ι 是拓扑同构.

命题 4.8 (乘积公式) 取 $a \in F^\times$, 则 $\prod_{\mathfrak{p}} |a|_{\mathfrak{p}} = 1$.

证明 (1) 先证 $F = \mathbb{Q}$. 取 $a \in \mathbb{Q}^\times$ 的素因子分解

$$a = \pm \prod_{p \neq \infty} p^{n_p} = \frac{a}{|a|_\infty} \prod_{p \neq \infty} p^{n_p},$$

由此 $|a|_p = p^{-n_p}$. 于是 $|a|_\infty \prod_{p \neq \infty} |a|_p = 1$.

(2) 从主理想 (a) 的素理想分解知只有有限个 $v_{\mathfrak{p}}(a) \neq 0$, 这样命题中的无穷乘积是有个因子的乘积,

$$\prod_{\mathfrak{p}} |a|_{\mathfrak{p}} = \prod_{p} \prod_{\mathfrak{p}|p} |a|_{\mathfrak{p}} = \prod_{p} \prod_{\mathfrak{p}|p} |N_{F_{\mathfrak{p}}|\mathbb{Q}_p}(a)|_p = \prod_{p} |N_{F|\mathbb{Q}}(a)|_p = 1. \quad \square$$

取 $a \in F^\times$, 对所有 $\mathfrak{p}$ 定义 $\alpha = (\alpha_{\mathfrak{p}}) \in F_{\mathbb{A}}^\times$ 为 $\alpha_{\mathfrak{p}} = a$. 我们用 a 来记得到的理元, 并称它为**主理元** (principal idele).

命题 4.9 $F^\times$ 是 $F_{\mathbb{A}}^\times$ 的离散闭子群.

证明 只需证明 $1 \in F_{\mathbb{A}}^\times$ 有邻域 U, 使得 U 不含 1 以外的主理元. 现取 1 的邻域

$$U = \{a = (a_{\mathfrak{p}}) \in F_{\mathbb{A}}^\times : |a_{\mathfrak{p}}|_{\mathfrak{p}} = 1 \text{ 若 } \mathfrak{p} < \infty; |a_{\mathfrak{p}} - 1|_{\mathfrak{p}} < 1 \text{ 若 } \mathfrak{p}|\infty\}.$$

若有 $1 \neq x \in F^\times \cap U$, 则

$$1 = \prod_{\mathfrak{p}} |x - 1|_{\mathfrak{p}} = \prod_{\mathfrak{p} < \infty} |x - 1|_{\mathfrak{p}} \cdot \prod_{\mathfrak{p}|\infty} |x - 1|_{\mathfrak{p}}$$

$$< \prod_{\mathfrak{p} < \infty} |x - 1|_{\mathfrak{p}} \leqslant \prod_{\mathfrak{p} < \infty} \max\{|x|_{\mathfrak{p}}, 1\} = 1.$$

这样得矛盾 $1 < 1$, 即没有这样的 x. $\square$

若记理元为 $a = (a_v)$, 则除有限个 v 外 $|a_v|_v = 1$. 这样便可定义

$$|a|_{\mathbb{A}} = \prod |a_v|_v.$$

定义 $F_{\mathbb{A}}^1 = \{a \in F_{\mathbb{A}}^\times : |a|_{\mathbb{A}} = 1\}$.

引理 4.10 $F_{\mathbb{A}}^1$ 看作 $F_{\mathbb{A}}$ 的子集是闭子集, $F_{\mathbb{A}}^\times$ 和 $F_{\mathbb{A}}$ 在 $F_{\mathbb{A}}^1$ 上诱导相同拓扑.

证明 (1) 证明: $F_\mathbb{A}^1$ 是闭子集. 取 $a \in F_\mathbb{A}, a \notin F_\mathbb{A}^1$. 存在 a 在 $F_\mathbb{A}$ 的邻域 U, $U \cap F_\mathbb{A}^1 = \emptyset$. 我们找素位集合 S 和 ε, 并取

$$U = \{(x_v) : |x_v - a_v|_v < \varepsilon, \text{ 若 } v \in S; |x_v|_v \leqslant 1 \text{ 若 } v \notin S\}.$$

分两个情形.

设 $|a|_\mathbb{A} < 1$. 取 S 使得若 $|a_v|_v > 1$, 则 $v \in S$, 并且 $\prod_{v \notin S} |a_v|_v < 1$. 此时只要 ε 足够小, 以上的 U 便满足所求条件.

设 $|a|_\mathbb{A} = c > 1$. 取 S 使得若 $|a_v|_v > 1$, 则 $v \in S$, 并且若 $v \notin S$, 则从 $|x_v| < 1$ 可推出 $|x_v| < \frac{1}{2c}$. 然后取 ε 足够小使得从 $|x_v - a_v|_v < \varepsilon, v \in S$ 可推出 $1 < \prod_{v \in S} |x_v| < 2c$. 这样检验以上的 U 便满足所求条件.

(2) 取 $a \in F_\mathbb{A}^1$. 用 $F_\mathbb{A}$ 的拓扑 a 的邻域是集合

$$U = \{(x_v) \in F_\mathbb{A} : |x_v - a_v|_v < \varepsilon, \text{ 若 } v \in S; |x_v|_v \leqslant 1 \text{ 若 } v \notin S\},$$

而用 $F_\mathbb{A}^\times$ 的拓扑 a 的邻域则是集合

$$U^\times = \{(x_v) \in F_\mathbb{A} : |x_v - a_v|_v < \varepsilon, \text{ 若 } v \in S; |x_v|_v = 1 \text{ 若 } v \notin S\}.$$

考虑这两种集合与 $F_\mathbb{A}^1$ 的交集, 就不难证明 a 的 $F_\mathbb{A}$ 邻域包含一个 a 的 $F_\mathbb{A}^\times$ 邻域, a 的 $F_\mathbb{A}^\times$ 邻域包含一个 a 的 $F_\mathbb{A}$ 邻域. □

定理 4.11 $F_\mathbb{A}^1/F^\times$ 是紧拓扑群.

证明 按引理 4.10 只需在 $F_\mathbb{A}$ 内求 $F_\mathbb{A}$ 紧集 W, 使得投射 $W \cap F_\mathbb{A}^1 \to F_\mathbb{A}^1/F^\times$ 是满射. 取常数 C 如引理 4.3. 取 $a = (a_v)$ 使得 $|a|_\mathbb{A} > C$.

设 $b = (b_v) \in F_\mathbb{A}^1/F^\times$. 则按引理 4.3 存在 $\eta \in F^\times$ 使得 $|\eta|_v \leqslant |b_v^{-1} a_v|_v, \forall v$, 这样 $\eta b \in W$ 如所求. □

4.3 理元类群

设 $\iota_j : F \to \mathbb{R}, 1 \leqslant j \leqslant r_1$ 为全部从数域 F 到 $\mathbb{R}$ 的域单同态. 称 $a \in F$ 为**全正元** (totally positive), 若 $\iota_j(x) > 0, 1 \leqslant j \leqslant r_1$. 对应于 ι_j 有实素位 $\mathfrak{p}_{\infty j}$, 即 $F_{\mathfrak{p}_{\infty j}} \cong \mathbb{R}$.

取数域 F 的模 $\mathfrak{m} = \mathfrak{m}_\infty \mathfrak{m}_0$, 其中 $\mathfrak{m}_0 = \prod_{\mathfrak{p} < \infty} \mathfrak{p}^{n_\mathfrak{p}}$, $\mathfrak{m}_\infty = \prod_{j=1}^{r_1} \mathfrak{p}_{\infty j}^{\nu_j}$, $\nu_j = 0$ 或 1.

$\mathbb{R}_+^\times$ 是正实数的乘法群. 假设 $n_\mathfrak{p} \geqslant 0$, 除有限个 $\mathfrak{p}$ 外 $n_\mathfrak{p} = 0$. 我们引入符号: 若 $\mathfrak{p} < \infty$, 取 $U_\mathfrak{p}^{(0)} = U_\mathfrak{p}$, 当 $n_\mathfrak{p} > 0$, 取 $U_\mathfrak{p}^{(n_\mathfrak{p})} = 1 + \mathfrak{p}^{n_\mathfrak{p}}$, 这和局部域时一样. 当 $\mathfrak{p}$ 是实素位 $\mathfrak{p}_{\infty j}$ 时, 取 $U_\mathfrak{p}^{(1)} = \mathbb{R}_+^\times, U_\mathfrak{p}^{(0)} = \mathbb{R}^\times$. 当 $\mathfrak{p}$ 是复素位时, 我们设 $\mathfrak{p}^0$ 是 $\mathfrak{m}$ 的因子, 并取 $U_\mathfrak{p}^{(0)} = \mathbb{C}^\times$. 这样我们引入记号

$$F_\mathbb{A}^{\times \mathfrak{m}} = \prod_\mathfrak{p} U_\mathfrak{p}^{(n_\mathfrak{p})}, \quad F_\square^{\mathfrak{m}_0} = \prod_{\mathfrak{p} < \infty} U_\mathfrak{p}^{(n_\mathfrak{p})}, \quad F_\infty^\times = \prod_{\mathfrak{p} | \infty} F_\mathfrak{p}^\times.$$

则 $F_\mathbb{A}^{\times\,\mathfrak{m}_0} = F_\infty^\times \times F_\square^{\mathfrak{m}_0}$. 称 $F_\mathbb{A}^{\times\,\mathfrak{m}}$ 为模 $\mathfrak{m}$ **同余子群** (congruence subgroup).

定义 4.12 定义**理元类群** (idele class group)

$$C_F = F_\mathbb{A}^\times/F^\times, \quad C(\mathfrak{m}_0) = F_\mathbb{A}^\times/F_\square^{\mathfrak{m}_0} F^\times,$$
$$C_F^\mathfrak{m} = F_\mathbb{A}^{\times\,\mathfrak{m}} F^\times/F^\times, \quad C_F/C_F^\mathfrak{m} = F_\mathbb{A}^\times/F_\mathbb{A}^{\times\,\mathfrak{m}} F^\times.$$

在第二部分中我们将深入研究这些类群, 特别是计算它们的上同调群. 另一方面, 以 $GL_n(F)$ 记系数取自 F 的 $n \times n$ 可逆矩阵群, 则 $F^\times = GL_1(F)$. 我们可以推广以上类群 C_F 为 $GL_n(F_\mathbb{A})/GL_n(F)$, 或对一般的线性代数群 G 考虑类群 $G(F_\mathbb{A})/G(F)$. 有兴趣的读者不妨看看以下名著:

[1] A. Borel, *Some finiteness properties of adeles groups over number fields*, Publ. IHES, 16(1963) 5-30.

[2] A. Borel and Harish-Chandra, Arithmetic Subgroups of Algebraic Groups, *Annals of Mathematics*, 75 (1962), 485-535.

[3] G. Mostow, T. Tamagawa, On the compactness of arithmetically defined homogeneous spaces. *Ann. of Math.*, (2) 76 (1962) 446-463.

4.4 理想

同态 $\mathfrak{i}$ 从数域 F 的理元群 $F_\mathbb{A}^\times$ 到 F 的分式理想群 $\mathcal{I}_F$ 定义为

$$(a_\mathfrak{p}) \mapsto \prod_{\mathfrak{p} < \infty} \mathfrak{p}^{v_\mathfrak{p}(a_\mathfrak{p})},$$

同态 $\mathfrak{i}$ 的核是

$$F_\mathbb{A}^{\times\,S_\infty} = \prod_{\mathfrak{p} | \infty} F_\mathfrak{p}^\times \times \prod_{\mathfrak{p} < \infty} U_\mathfrak{p},$$

理想类群 $Cl_F = \mathcal{I}_F/\mathcal{P}_F$, 得 $1 \to F_\mathbb{A}^{\times\,S_\infty} F^\times/F^\times \to C_F \to Cl_F \to 1$ 为正合.

命题 4.13 当 S 充分大时有 $F_\mathbb{A}^\times = F_\mathbb{A}^{\times\,S} F^\times$.

证明 设理想类群 $Cl_F = \mathcal{I}_F/\mathcal{P}_F$ 的元素为 $\mathfrak{a}_1 \mathcal{P}_F, \ldots, \mathfrak{a}_h \mathcal{P}_F$. 记 $\mathfrak{a}_1, \ldots, \mathfrak{a}_h$ 的素理想因子为 $\mathfrak{p}_1, \ldots, \mathfrak{p}_n$. 取 S 为素位组成的有限集, S 包含 S_∞.

取 $a = (a_\mathfrak{p}) \in F_\mathbb{A}^\times$, 对应理想 $\mathfrak{i}(a) = \prod_{\mathfrak{p}<\infty} \mathfrak{p}^{v_\mathfrak{p}(a_\mathfrak{p})} \in \mathfrak{a}_i \mathcal{P}_F$, 即 $\mathfrak{i}(a) = \mathfrak{a}_i(b)$, $(b) \in \mathcal{P}_F$. 在映射 $F_\mathbb{A}^\times \to \mathcal{I}_F$ 下 $a' = ab^{-1}$ 映为理想 $\mathfrak{a}_i = \prod_{\mathfrak{p}<\infty} \mathfrak{p}^{v_\mathfrak{p}(a')}$. 由 S 的选择, 对 $\mathfrak{p} \notin S$, $v_\mathfrak{p}(a') = 0$, 即理元 $a' \in F_\mathbb{A}^{\times\,S}$, 所以 $a \in F_\mathbb{A}^{\times\,S} F^\times$. □

为读者方便, 我们整理符号如下.

把数域 F 的模 $\mathfrak{m}$ 写为 $\mathfrak{m} = \mathfrak{m}_\infty \mathfrak{m}_0$, 其中 $\mathfrak{m}_0 = \prod_{\mathfrak{p}<\infty} \mathfrak{p}^{n_\mathfrak{p}}$. 我们在此假设 (1) $n_\mathfrak{p} \geq 0$, (2) $\mathfrak{m}_\infty = \mathfrak{p}_{\infty_1} \ldots \mathfrak{p}_{\infty_{r_1}}$.

在这些假设下模 $\mathfrak{m}$ 射线 $S_F^\mathfrak{m}$ (又记 $P_F^\mathfrak{m}$, 又称 $\mathfrak{m}_0$ 为整理想) 是分式理想群的子群, 它的元素是分式主理想 $a\mathcal{O}_F$, 其中 $a \in F^\times$ 满足以下条件

$$a \equiv 1 \mod \mathfrak{m}, \quad a \text{ 为全正元}.$$

而模 $\mathfrak{m}_0$ 射线 $S_F^{\mathfrak{m}_0}$ (又记为 $\mathscr{S}_F^\mathfrak{m}$ 或 $\bar{P}_F^\mathfrak{m}$) 的元素是分式主理想 $a\mathcal{O}_F$, 其中 $a \in F^\times$ 满足条件 $a \equiv 1 \mod \mathfrak{m}$, 即没有全正的要求.

由全部 $\mathcal{O}_F$ 的素理想 $\mathfrak{p} \nmid \mathfrak{m}$ 所生成 $\mathcal{I}_F$ 的子群记为 $\mathcal{I}_F^\mathfrak{m}$.

我们已经定义 F 的理想类群为 $Cl_F = \mathcal{I}_F/\mathcal{P}_F$, 模 $\mathfrak{m}$ 的理想类群定义为 $Cl_F^\mathfrak{m} = \mathcal{I}_F^\mathfrak{m}/S_F^\mathfrak{m}$. 不难证明以下命题.

命题 4.14 从同态 $\mathrm{i}\colon F_\mathbb{A}^\times \to \mathcal{I}_F$ 得正合序列

(1) $1 \to F_\mathbb{A}^\times {}^{S_\infty} F^\times / F^\times \to C_F \to Cl_F \to 1$,

(2) $1 \to C_F^\mathfrak{m} \to C_F \to Cl_F^\mathfrak{m} \to 1$,

(3) $1 \to F_\infty^\times / F^\times {}^{\mathfrak{m}_0} \cap F^\times \to C(\mathfrak{m}_0) \to \mathcal{I}_F^\mathfrak{m}/S_F^{\mathfrak{m}_0} \to 1$.

习 题

1. 对 $z = (z_v) \in \mathbb{Q}_\mathbb{A}^\times$, 设 $r(z) = \mathrm{sgn}(z_\infty) \prod_p |z_p|_p^{-1}$. 证明:
   (1) $\mathrm{Ker}\, r = \mathbb{R}_+^\times \times \prod_p \mathbb{Z}_p^\times$.
   (2) $\mathbb{Q}_\mathbb{A}^\times = \mathbb{Q}^\times \times \mathrm{Ker}\, r$.
   (3) $\mathbb{Q}_\mathbb{A}^\times = \mathbb{Q}^\times \times \mathbb{R}_+^\times \times \prod_p \mathbb{Z}_p^\times$.

2. 证明:
   (1) $F^\times$ 是 $F_\mathbb{A}^1$ 的离散子群.
   (2) $F_\mathbb{A}^\times / F^\times \cong F_\mathbb{A}^1 / F^\times \times \mathbb{R}_+^\times$.

3. 设素位组成的有限集 S 包含所有的无穷素位. 证明:
   (1) $F_\mathbb{A}^\times / F^\times F_\mathbb{A}^{\times\, S}$ 是有限集 (类数有限定理).
   (2) 存在 S 使得 $F_\mathbb{A}^\times = F^\times F_\mathbb{A}^{\times\, S}$.

4. (1) 取数域 F 的元素 ξ. 证明: 除有限个 v 外, $|\xi|_v \leqslant 1$.
   (2) 设 M 是由 $F^\times$ 内所有满足条件 $|\xi|_v \leqslant 1, \forall v$ 的 ξ 所组成. 证明: 循环群 M 是 F 内的所有单位根.

5. F 是数域. 设 $v < \infty$. Y 是有限维 F_v-向量空间, Y 的 F_v 格是指 Y 内的紧开 $\mathcal{O}_{F_v}$ 模. 设 $v|\infty$. X 是有限维 F_v-向量空间, X 的 F_v 格是指 X 内的离散子群 Γ 使得 X/Γ 是紧空间. $\mathcal{O}_F$ 是 F 的整数环, V 是有限维 F-向量空间, V 的 F 格是指有限生成 $\mathcal{O}_F$ 模 $L \subseteq V$ 使得 L 包含 V 的 F-向量空间基. (F 内的 F 格是分式理想.)
   (1) 对 V 的 F 格 L, 证明: L 在 $V \otimes_F F_v$ 的闭包 L_v 是 L 在 $V \otimes_F F_v$ 生成的 $\mathcal{O}_{F_v}$ 模.
   (2) 假设给出有限维 F-向量空间 V, V 内 F 格 L 和对每个 $v < \infty$ 给出 $V \otimes_F F_v$ 的 F_v

格 N_v. 证明: V 内存在 F 格 M 使得对所有 $v|\infty$, M 在 $V \otimes_F F_v$ 的闭包是已给的 N_v 当且仅当除有限个 $v|\infty$ 外 $N_v = L_v$. 此时 M 是唯一决定的, 并且 $M = \cap_v(V \cap N_v)$.

(3) 假设给出有限维 F-向量空间 V 内 F 格 L 和 M 使得 $L \supset M$. 以 λ_v 记自然同态 $L/M \to L_v/M_v$. 证明:

$$L/M \to \prod_{v<\infty} L_v/M_v : x \mapsto (\lambda_v(x))$$

是同构, 并且 $[L:M] = \prod_{v<\infty}[L_v:M_v]$.

6. F 是数域, $\mathcal{O}_F$ 是 F 的整数环, F_v 是 F 在素位 v 的完备化. 当 $v<\infty$ 时, $\mathcal{O}_v$ 是 F_v 的赋值环, $\mathfrak{m}_v$ 记 $\mathcal{O}_v$ 的紧大理想. 设 $\mathfrak{p}_v = \mathcal{O}_F \cap \mathfrak{m}_v$. 证明:

   (1) $v \mapsto \mathfrak{p}_v$ 是由 F 的有限素位集合至非零理想集合的双射.

   (2) 自然同态 $\mathcal{O}_F/\mathfrak{p}_v \to \mathcal{O}_v/\mathfrak{m}_v$ 是同构.

7. (1) 设 $\mathfrak{a},\mathfrak{b}$ 是数域 F 的分式理想使得 $\mathfrak{a} \supset \mathfrak{b}$, 设 $\mathfrak{a}^{-1}\mathfrak{b} = \prod \mathfrak{p}_v^{n(v)}$ 是素理想分解. 证明: $[\mathfrak{a}:\mathfrak{b}] = \prod[\mathcal{O}_F:\mathfrak{p}_v]^{n(v)}$.

   (2) 以 $\mathcal{I}_F$ 记 F 的分式理想群. 证明: 存在群同态 $\mathfrak{N}: \mathcal{I}_F \to \mathbb{Q}^\times$ 使得对素理想 $\mathfrak{p}$ 有 $\mathfrak{N}(\mathfrak{p}) = [\mathcal{O}_F:\mathfrak{p}]$.

   (3) 设 $\mathfrak{a},\mathfrak{b}$ 是数域 F 的分式理想使得 $\mathfrak{a} \supset \mathfrak{b}$. 证明: $[\mathfrak{a}:\mathfrak{b}] = \mathfrak{N}(\mathfrak{b})/\mathfrak{N}(\mathfrak{a})$.

   (4) $a = (a_v) \in F_\mathbb{A}^\times$ 决定分式理想 $\mathfrak{i}(a) \in \mathcal{I}_F$. 证明: $\mathfrak{N}(\mathfrak{i}(a)) = \prod_{v<\infty}|a_v|_v^{-1}$.

   (5) 取 $\xi \in F$, 设有 ρ 个实素位 w 使得在 F_w 内 $\xi < 0$. 证明: $\mathfrak{N}(\mathfrak{i}(\xi)) = (-1)^\rho N_{F/\mathbb{Q}}(\xi)$.

8. (1) 证明以下为正合序列:

$$1 \to F_\mathbb{A}^{\times \, \mathfrak{m}} F^\times/F_\square^\mathfrak{m} F^\times \to F_\mathbb{A}^\times/F_\square^\mathfrak{m} F^\times \to F_\mathbb{A}^\times/F_\mathbb{A}^{\times \, \mathfrak{m}} F^\times \to 1,$$

$$1 \to F_\mathbb{A}^{\times \, \mathfrak{m}} \cap F^\times/F_\square^\mathfrak{m} \cap F^\times \to F_\mathbb{A}^{\times \, \mathfrak{m}}/F_\square^\mathfrak{m} \to F_\mathbb{A}^{\times \, \mathfrak{m}} F^\times/F_\square^\mathfrak{m} F^\times \to 1.$$

(2) 证明以下等式:

$$F_\square^\mathfrak{m} \cap F^\times = 1, \quad F_\mathbb{A}^{\times \, \mathfrak{m}}/F_\square^\mathfrak{m} = F_\infty^\times,$$

$$F_\mathbb{A}^{\times \, \mathfrak{m}} F^\times/F_\square^\mathfrak{m} F^\times = F_\infty^\times/\mathcal{O}_F^\mathfrak{m}, \quad F_\mathbb{A}^\times/F_\mathbb{A}^{\times \, \mathfrak{m}} F^\times \cong \mathcal{I}_F^\mathfrak{m}/\mathscr{S}_F^\mathfrak{m}.$$

(3) 证明: $1 \to F_\infty^\times/\mathcal{O}_F^\mathfrak{m} \to C(\mathfrak{m}) \to \mathcal{I}_F^\mathfrak{m}/\mathscr{S}_F^\mathfrak{m} \to 1$ 是正合序列.

9. 设 F 为数域, 设素位组成的有限集 S 包含所有的无穷素位.

   (1) 设 $\mathcal{O}_S := F \cap F_\mathbb{A}^S$. 证明: $\mathcal{O}_S$ 为 $F_\mathbb{A}^S$ 的稠密子集.

   (2) 证明: $\mathcal{O}_S$ 是 Dedekind 环, 它的分式域是 F.

   (3) 证明: S 单位群 $\mathcal{O}_S^\times$ 是秩为 $|S|-1$ 的有限生成交换群.

第二部分

同调论

第五章 上同调群

第二部分证明类域论的核心结构: 类成原则. 首先建立交换类域论的是日本人高木贞治 (Takagi), 他用解析方法证明了第二不等式; Hasse 的书 [13] 用这个观点讲类域论; Artin-Tate 的讲义 [2] 和 Serre 的书 [32] 用上同调群方法讲类域论; Weil 的书 [33] 用中心单代数来计算上同调群; Neukirch 认为交换类域论是一个群论的结果, 所以应该只用群论方法来证明. 在本书中, 我们走的路线是用上同调群方法给出类域论起步结果的详细证明, 而把其他定理的证明放入习题, 这样学生以后看文献时就会比较容易联系各种结果. 为了方便数域中的计算, 我们从群上同调开始, 然后计算局部域和理元类的上同调群.

本章讨论有限群的同调群.

设 E/F 是有限 Galois 扩张, A 是 $\mathrm{Gal}(E/F)$ 模. 第二部分的目的是计算 Galois 上同调群 $H^*(\mathrm{Gal}(E/F), A)$, 其中 A 分别是

(1) 数域的乘积群 $F^\times$,
(2) 局部域的乘积群 $F_\mathfrak{p}^\times$ 和单位群 $U_\mathfrak{p}$,
(3) 数域的理元群 $F_\mathbb{A}^\times$,
(4) 数域的理元类群 C_F.

下图给出它们之间的关系, 未定义的符号在以下几章给出.

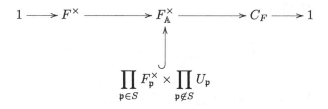

设 A 为 G 模. 若 G 是循环群, 则对所有 $q \in \mathbb{Z}$ 有同构 $H^q(G, A) \cong H^{q+2}(G, A)$. 若 G 为有限群, Tate 证明了在适当条件下上同调群的杯积定义同构 $H^q(G, \mathbb{Z}) \to H^{q+2}(G, A)$. 这种周期为 2 的周期性是数域的 Galois 上同调群的重要计算性质.

"交换互反律" 是按 "类成原则" 构造, 而类成原则只不过是反映了 Galois 群的交换部分的上同调群的周期为 2 的性质, 所以说我们更加需要研究 $\mathrm{Gal}(F^{\mathrm{sep}}/F^{ab})$ 的上同

调群.

有很多本书讲群的上同调群理论, 我们推荐如下几本.

[1] E. Weiss, *Cohomology of Groups*, Academic Press, 1969.

[2] K. Brown, *Cohomology of Groups* (Graduate Texts in Mathematics, no. 87), Springer, 1986.

[3] L. Evens, *The Cohomology of Groups* (Oxford Mathematical Monographs), 1991.

[4] J-P. Serre, *Cohomologie Galoisienne*, Springer Lecture Notes in Mathematics, Cinquiemme editions, 1994.

[5] Serge Lang, *Topics in Cohomology of Groups*, Springer Lecture Notes in Mathematics, 1625, 1996.

5.1 有限群的同调群

我们先从有限群的同调论说起, 本节将经常引用 [19] 一书.

以 $\mathrm{Aut}(A)$ 记交换群 A 的自同构群. 称有限群 G 作用在交换群 A 上, 若有群同态 $\rho: G \to \mathrm{Aut}(A)$. 若 $\rho(G) = 1$, 则说 G 在 A 上有平凡作用, 这样 A 是群环 $\mathbb{Z}[G]$ 上的模 (见 [19] §12.1), 简称 A 为 G 模, 于是可以定义同调群 $H_n(G, A)$ 和上同调群 $H^n(G, A)$ (见 [19] §13.6.1). 本节着重计算, 跟随 Tate 的方法, 把同调群和上同调群连在一起计算. 除了 H^0 有分别外, 这样的安排方便表达局部域的乘法群与整体域的类群的上同调群的 $\mathrm{mod}\, 2$ 周期性.

5.1.1 标准分解

设 G 为有限群. 对整数 $n \geqslant 1$, 以 G^n 记 n 个 G 的直积, 以 X_n 记由 G^n 的元素所生成的自由 $\mathbb{Z}[G]$ 模,

$$X_n = \bigoplus_{(g_1, \ldots, g_n) \in G^n} \mathbb{Z}[G](g_1, \ldots, g_n),$$

设 $X_0 = X_{-1} = \mathbb{Z}[G] \cdot 1 = \mathbb{Z}[G]$ (1 为 G 的单位元), $X_{-n-1} = X_n$.

若 $n > 1$, 则设 $d_n : X_n \to X_{n-1}$ 为

$$d_n(g_1, \ldots, g_n) = g_1(g_2, \ldots, g_n) + \sum_{i=1}^{n-1} (-1)^i (g_1, \ldots, g_i g_{i+1}, \ldots, g_n) + (-1)^n (g_1, \ldots, g_{n-1}).$$

若 $n \geqslant 1$, 则设 $d_{-n-1}: X_{-n-1} \to X_{-n-2}$ 为

$$d_{-n-1}(g_1,\ldots,g_n) = \sum_{g \in G} g^{-1}(g, g_1, \ldots, g_n)$$
$$+ \sum_{g \in G}\sum_{i=1}^{n}(-1)^i(g_1,\ldots,g_i g, g^{-1}, g_{i+1}, \ldots, g_n) + \sum_{g \in G}(-1)^{n+1}(g_1,\ldots,g_n,g).$$

在 $\mathbb{Z}[G]$ 取元 $N_G = \sum_{g \in G} g$. 定义

$$\epsilon: X_0 \to \mathbb{Z}: \sum_{g \in G} n_g g \mapsto \sum_{g \in G} n_g,$$

$$\mu: \mathbb{Z} \to X_{-1}: n \mapsto n \cdot N_G.$$

设 $d_0 = \mu\epsilon: X_0 \to X_{-1}$, 则 $d_0(1) = N_G$. 设

$$d_1: X_1 \to X_0: g \mapsto g - 1,$$
$$d_{-1}: X_{-1} \to X_{-2}: 1 \mapsto \sum_{g \in G} g^{-1}(g) - (g).$$

不难证明所有 d_n 都是 G 模同态, 并且以下 G 模同态序列为正合序列:

$$\cdots \xleftarrow{d_{-2}} X_{-2} \xleftarrow{d_{-1}} X_{-1} \xleftarrow{d_0} X_0 \xleftarrow{d_1} X_1 \xleftarrow{d_2} X_2 \xleftarrow{d_3} \cdots$$

称以上序列为 G 的非齐性标准分解.

注 我们将会用两种分解: 非齐性分解和齐性分解. 例如在考虑 H^2 时, 我们分别使用映射 $\varphi: G \times G \to M$ (非齐性分解) 或映射 $f: G \times G \times G \to M$ (齐性分解), 使得对 $\forall s \in G$ 有 $f(sg_0, sg_1, sg_2) = sf(g_0, g_1, g_2)$. 两种分解是对应的, 见 [19] 13.6.2 节 302 页.

设 M 是用乘法的 G 模. 在使用非齐性分解时, 2 **上闭链** (2 cocycle) [又称**因子集** (factor set)] 是指映射 $\varphi: G \times G \to M$ 满足以下条件

$$g_1\varphi(g_2, g_3)\varphi(g_1 g_2, g_3)^{-1}\varphi(g_1, g_2 g_3)\varphi(g_1, g_2)^{-1} = 1.$$

2 **上边链** (2 coboundary) [又称**分裂因子集** (split factor set), 或**平凡因子集** (trivial factor set)] 是指映射

$$\varphi: G \times G \to M: (g_1, g_2) \mapsto g_1\psi(g_2) \cdot \psi(g_1) \cdot \psi(g_1 g_2)^{-1},$$

其中映射 $\psi: G \to M$ 满足以下条件

$$\psi(gg') = \psi(g) \cdot g\psi(g') \quad (g, g' \in G).$$

在使用齐性分解时, 因子集是指映射 $f: G \times G \times G \to M$ 满足以下条件

$$(sg_0, sg_1, sg_2) = sf(g_0, g_1, g_2), \quad \forall s \in G,$$
$$f(g_1, g_2, g_3)f(g_0, g_2, g_3)^{-1}f(g_0, g_1, g_3)f(g_0, g_1, g_2)^{-1} = 1.$$

平凡因子集是指映射

$$f: G \times G \times G \to M : (g_0, g_1, g_2) \mapsto z(g_0, g_1)z(g_1, g_2)z(g_0, g_2)^{-1},$$

其中映射 $z: G \times G \to M$ 满足条件 $z(g_0g_1, g_0g_2) = g_0 z(g_1, g_2)$.

5.1.2 Tate 上同调群

设有限群 G 作用在交换群 A 上. 则 A 为 G 模. 用 G 模同态 Hom_G 定义 $A_n = \mathrm{Hom}_G(X_n, A)$, 其中 X_n 为 G 的非齐性标准分解, 则得复形

$$\cdots \xrightarrow{\partial_{-3}} A_{-2} \xrightarrow{\partial_{-1}} A_{-1} \xrightarrow{\partial_0} A_0 \xrightarrow{\partial_1} A_1 \xrightarrow{\partial_2} A_2 \xrightarrow{\partial_3} \cdots,$$

即 $\partial_{n+1} \circ \partial_n = 0$, 其中 $\partial_n : A_{n-1} \to A_n$ 是

$$(\partial_n(x))(\sigma) = x(d_n(\sigma)), \quad x \in A_{n-1}, \sigma \in X_n.$$

定义 5.1 定义 $Z^n(G, A) = \mathrm{Ker}\,\partial_{n+1}$, $B^n(G, A) = \mathrm{Img}\,\partial_n$ 和 Tate 上同调群

$$H^n(G, A) = Z^n(G, A)/B^n(G, A).$$

显然对 $n \geqslant 1$ 有 $H^{-n-1}(G, A) = H_n(G, A)$.

由集 $\{g - 1 : g \in G\}$ 所生成 $\mathbb{Z}[G]$ 的理想记为 I_G, 取 $A^G = \{a \in A : ga = a, \forall g \in G\}$, $_{N_G}A = \{a \in A : N_G a = 0\}$. 按定义直接计算可得 (见 [19] 13.6.2 节, 13.6.3 节)

$$H^{-1}(G, A) = {}_{N_G}A/I_G A,$$
$$H^0(G, A) = A^G/N_G A.$$

同样算出

$$Z^1(G, A) = \{x: G \to A \text{ 使得 } x(gh) = x(g) + gx(h),\ g, h \in G\},$$
$$B^1(G, A) = \{X: G \to A : g \mapsto ga - a,\ \text{其中 } a \in A\}.$$

我们将了解到在交换类域论里主要是计算 $H^2(G, A)$.

5.1.3 连接同态

设有限群 G 作用在交换群 A, A' 上. 则 G 模同态 $f: A \to A'$ 给出复形的链映射 $f_n: A_n \to A'_n$ (见 [19] 13.4.1 节), 由此而得上同调群同态 $H(f)^n : H^n(G, A) \to H^n(G, A')$, 又记 $H(f)^n$ 为 $\bar{f}_n$ (见 [19] 13.4.2 节).

利用蛇引理从 G 模同态正合序列

$$0 \to A' \to A \to A'' \to 0$$

得满足以下两性质的**连接同态** (connecting map)

$$\delta_n : H^n(G, A'') \to H^{n+1}(G, A').$$

(1) 用 δ_n 得上同调正合序列

$$\cdots \to H^{n-1}(G, A'') \to H^n(G, A') \to H^n(G, A) \to H^n(G, A'') \xrightarrow{\delta^n} H^{n+1}(G, A') \to \cdots.$$

(2) 若有行为正合的 G 模同态交换图

$$\begin{array}{ccccccccc}
0 & \to & A' & \to & A & \to & A'' & \to & 0 \\
& & \downarrow f & & \downarrow & & \downarrow h & & \\
0 & \to & C' & \to & C & \to & C'' & \to & 0
\end{array}$$

则

$$\begin{array}{ccccccccc}
\cdots & \to & H^n(G,A) & \to & H^n(G,A'') & \xrightarrow{\delta_n} & H^{n+1}(G,A') & \to & H^{n+1}(G,A) & \to & \cdots \\
& & \downarrow & & \downarrow \bar{h}_n & & \downarrow \bar{f}_{n+1} & & \downarrow & & \\
\cdots & \to & H^n(G,C) & \to & H^n(G,C'') & \xrightarrow{\delta_n} & H^{n+1}(G,C') & \to & H^{n+1}(G,C) & \to & \cdots
\end{array}$$

亦交换 (见 [19] 13.4.2 节).

5.1.4 诱模

称 G 模 A 为 G-诱模, 简称**诱模** (induced module), 若有 A 的子群 S 使得 $A = \oplus_{g \in G} gS$. 显然 $\mathbb{Z}[G] = \oplus_{g \in G} g(\mathbb{Z} \cdot 1)$ 是诱模. 取 S 为交换群 (看作平凡 G 模), 因为

$$\mathbb{Z}[G] \otimes S = (\oplus_{g \in G} \mathbb{Z}g) \otimes S = \oplus_{g \in G}(g \otimes S) = \oplus_{g \in G} g(1 \otimes S),$$

所以 $\mathbb{Z}[G] \otimes S$ 是 G-诱模. 进一步 A 为诱模, B 为任意 G 模, 则 $A \otimes B$ 亦为诱模, 原因是, 从 $A = \oplus_{g \in G} gS$ 得

$$A \otimes B = (\oplus_{g \in G} gS) \otimes B = \oplus_{g \in G}(gS \otimes gB) = \oplus_{g \in G} g(S \otimes B).$$

命题 5.2 G 模 A 为 G-诱模.
(1) 若 H 为 G 的子群, 则 H 模 A 为 H-诱模.
(2) 若 H 为 G 的正规子群, 则 G/H 模 A^H 为 G/H-诱模.

证明 有 A 的子群 S 使得 $A = \oplus_{g \in G} gS$. 设 $G = \cup Hx$. 则

$$A = \oplus_{h \in H} \oplus_x hxS = \oplus_{h \in H} h(\oplus_x xS),$$

所以 A 为 H-诱模.

设 $H \triangleleft G$, 取 $a \in A^H$, 由 $A = \oplus_{g \in G} gS$ 得 $a = \sum_{g \in G} gs_g$, $s_g \in S$ 是唯一决定. 若 $h \in H$, 则
$$a = \sum_{g \in G} hgs_{hg} \quad \text{和} \quad a = ha = \sum_{g \in G} hgs_g,$$
于是从表达的唯一性得 $s_g = s_{hg}$. 取 $G = \cup yH$, 则
$$a = \sum_y \sum_{h \in H} yhs_{yh} = \sum_y y \left(\sum_{h \in H} hs_y \right) = \sum_y yN_H(s_y),$$
于是 $A^H \subseteq \sum yN_H S$. 另一方面, 从 $H \triangleleft G$ 得 $yN_H y^{-1} = N_H$, 于是
$$yN_H S = yN_H y^{-1} yS = N_H yS \subseteq (yS)^H \subseteq A^H,$$
所以 $A^H = \sum yN_H S$. 由于 $A = \oplus_{g \in G} gS$ 是直和, 所以有直和 $A = \oplus_{z \in G/H} zN_H S$, 即 A^H 是 G/H-诱模. □

定义 5.3 设 A 为 G 模.
(1) 称 A 为**零调** (acyclic), 若对 $n > 0$ 有 $H^n(G, A) = 0$.
(2) 若对所有 q 和 G 的所有子群 H 均有 $H^q(H, A) = 0$, 则称 A 有**平凡上同调** (trivial cohomology).

命题 5.4 诱模有平凡上同调.

证明 设 A 为 G-诱模, 即有 A 的子群 S 使得 $A = \oplus_{g \in G} gS$. 按命题 5.2 只需证明 $H^q(G, A) = 0$. 根据 Tate 上同调群的定义 (见 5.1.2 节), 需证
$$\cdots \to \mathrm{Hom}_G(X_q, A) \to \mathrm{Hom}_G(X_{q+1}, A) \to \cdots$$
是正合序列. 从 A 等于直和得投射 $\pi: A \to S$, 于是得双射
$$\mathrm{Hom}_G(X_q, A) \to \mathrm{Hom}_{\mathbb{Z}}(X_q, S); \quad f \mapsto \pi \circ f.$$
不难证明: 如果 S 是 $\mathbb{Z}$ 模, X_q 是自由 $\mathbb{Z}$ 模 (自由交换群) 和
$$\cdots \leftarrow X_q \leftarrow X_{q+1} \leftarrow \cdots$$
是 $\mathbb{Z}$ 模正合序列, 则
$$\cdots \to \mathrm{Hom}_{\mathbb{Z}}(X_q, S) \to \mathrm{Hom}_{\mathbb{Z}}(X_{q+1}, S) \to \cdots$$
是正合序列. □

若 G 模 A 的分解 $0 \to A \to Y^\bullet$ 中所有 Y^n 为零调, 则称此为零调分解.

5.1 有限群的同调群

命题 5.5 设 G 模 A 有零调分解. 则
$$H^n(G,A) \xrightarrow{\approx} H^n(H^0(G,Y^\bullet)).$$

证明 设 $C^p = \mathrm{Ker}(Y^p \xrightarrow{\partial} Y^{p+1})$. 则有正合序列:
$$0 \to A \to Y^0 \to C^1 \to 0, \quad 0 \to C^1 \to Y^1 \to C^2 \to 0,$$
$$0 \to C^{n-2} \to Y^{n-2} \to C^{n-1} \to 0, \quad 0 \to C^{n-1} \to Y^{n-1} \to C^n \to 0.$$

因为 Y^n 为零调, 对 $n \geqslant 1$, 得同构
$$H^1(G, C^{n-1}) \xrightarrow{\approx} H^2(G, C^{n-2}) \xrightarrow{\approx} \ldots \xrightarrow{\approx} H^n(G, A).$$

并且
$$H^0(G, C^n) = \mathrm{Ker}(H^0(G, Y^n) \to H^0(G, Y^{n+1})),$$
$$\mathrm{Img}(H^0(G, Y^{n-1}) \to H^0(G, C^n)) = \mathrm{Img}(H^0(G, Y^{n-1}) \to H^0(G, Y^n)).$$

于是
$$H^n(G, A) \xrightarrow{\approx} H^1(G, C^{n-1}) = H^n(H^0(G, Y^\bullet)). \quad \square$$

对 G 模 A 用以下的分解. $X^n(G, A)$ 由映射 $x : G^{n+1} \to A$ 组成,
$$\partial x(g_0, \ldots, g_{n+1}) \sum_{i=0}^{n} (-1)^i x(g_0, \ldots, g_{i-1}, g_{i+1}, \ldots, g_{n+1}).$$

G 在 $X^n(G, A)$ 的作用是 $g \in G$, $x \in X^n(G, A)$, 则
$$(g \cdot x)(g_0, \ldots, g_n) := gx(g^{-1}g_0, \ldots, g^{-1}g_n).$$

把以上诱模做一点推广. 设 H 是 G 的子群, A 是 H 模. 记
$$\mathrm{Ind}_H^G(A) := \{G \xrightarrow{f} A : f(st) = sf(t), \forall s \in H\},$$

在此 G 的作用是右乘
$$t \in G, \quad (t \cdot f)(s) = f(st),$$

称 G 模 $\mathrm{Ind}_H^G(A)$ 为从 H 到 G 的诱模. $\mathrm{Ind}_1^G(A)$ 就是本节开篇的诱模 (见 [19] 12.1 节).

引理 5.6 (Shapiro) 设 H 是 G 的子群, A 是 H 模. 则对 $n \geqslant 0$ 有同构
$$\mathrm{sh} : H^n(G, \mathrm{Ind}_H^G(A)) \xrightarrow{\approx} H^n(H, A).$$

证明 $H^n(G, \mathrm{Ind}_H^G(A))$ 由复形 $X^\bullet(G, \mathrm{Ind}_H^G(A))^G$ 算出. 从 H 模同态

$$\pi : \mathrm{Ind}_H^G(A) \to A : f \mapsto f(1)$$

得同构

$$H^0(G, \mathrm{Ind}_H^G(A)) \xrightarrow{\approx} H^0(H, A),$$

当 $n \geqslant 0$ 时, 得同态

$$X^n(G, \mathrm{Ind}_H^G(A))^G \to X^n(G, A)^H.$$

以上同态有逆映射, 把 $g(s_0, \ldots, s_n) \in X^n(G, A)$ 映为 $f(s_0, \ldots, s_n)(s) = g(ss_0, \ldots, ss_n)$. 于是有同构

$$H^n(G, \mathrm{Ind}_H^G(A)) \xrightarrow{\approx} H^n(X^\bullet(G, A)^H).$$

由于 $X^0(G, A) = \mathrm{Ind}_1^G(A)$, $X^n(G, A) = \mathrm{Ind}_1^G(X^{n-1}(G, A))$, 故所有 $X^n(G, A)$ 是 G-诱模. 因此复形 $0 \to A \to X^0(G, A) \to X^1(G, A) \to \ldots$ 是 H 模 A 的零调分解, 所以有同构

$$H^n(X^\bullet(G, A)^H) \xrightarrow{\approx} H^n(H, A). \qquad \square$$

命题 5.7 设 A 为 G 模. 则有交换图

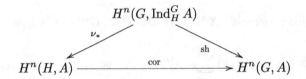

证明 因为 ν_* 与 $\mathrm{cor} \circ \mathrm{sh}$ 是泛 δ 函子态射 (见 [19] 13.5.3 节), 并且在 $n = 0$ 时相等. 而 $(H^n(G, -))_n$ 是泛 δ 函子, 按唯一性知这两个态射在 $n > 0$ 时亦相等. $\qquad \square$

注 以上的讨论亦可应用于拓扑群 G, 此时取 H 为闭子群, $X^n(G, A)$ 的元为连续映射.

5.1.5 维数移位

有限群 G 的整群环 $\mathbb{Z}[G]$ 有元素 $N_G = \sum_{g \in G} g$, **增广映射** (augmentation) $\epsilon : \mathbb{Z}[G] \to \mathbb{Z} : \sum_{g \in G} n_g g \mapsto \sum_{g \in G} n_g$, **上增广映射** (coaugmentation) $\mu : \mathbb{Z} \to \mathbb{Z}[G] : n \mapsto n \cdot N_G$, 于是有正合序列

$$0 \to I_G \to \mathbb{Z}[G] \xrightarrow{\epsilon} \mathbb{Z} \to 0,$$
$$0 \to \mathbb{Z} \xrightarrow{\mu} \mathbb{Z}[G] \to J_G \to 0,$$

其中理想 $I_G = \{\sum_{g \in G} n_g g : \sum_{g \in G} n_g = 0\}$, $J_G = \mathbb{Z}[G]/\mathbb{Z} \cdot N_G$.

5.1 有限群的同调群

定义 5.8 G 为有限群, A 为 G 模. 定义

$$A^{[m]} = \begin{cases} J_G \otimes \cdots \otimes J_G \otimes A, & m \geqslant 0, \\ I_G \otimes \cdots \otimes I_G \otimes A, & m \leqslant 0, \end{cases}$$

其中 J_G, I_G 分别出现 m 次.

定理 5.9 (维数移位定理) 对所有 q 和 G 的所有子群 H 均有同构

$$\delta^m : H^{q-m}(H, A^{[m]}) \to H^q(H, A), \quad m \in \mathbb{Z}.$$

证明 因为增广映射和上增广映射的正合序列是自由 $\mathbb{Z}$ 模的正合序列, 当我们把 G 模 A 看作 $\mathbb{Z}$ 模后, 不难证明可得以下正合序列

$$0 \to I_G \otimes_\mathbb{Z} A \to \mathbb{Z}[G] \otimes_\mathbb{Z} A \xrightarrow{\epsilon} A \to 0,$$
$$0 \to A \xrightarrow{\mu} \mathbb{Z}[G] \otimes_\mathbb{Z} A \to J_G \otimes_\mathbb{Z} A \to 0.$$

因为 $\mathbb{Z}[G] \otimes A$ 为 G-诱模, 所以有平凡上同调. 从以上正合序列, 对 G 任意子群 H, 每一整数 q, 可得同构

$$H^{q-1}(H, A^{[1]}) \xrightarrow{\delta} H^q(H, A), \quad H^{q+1}(H, A^{[-1]}) \xrightarrow{\delta^{-1}} H^q(H, A).$$

合成 δ (或 δ^{-1}) 得所求

$$H^{q-m}(H, A^{[m]}) \to H^{q-(m-1)}(H, A^{[m-1]}) \to \cdots \to H^q(H, A). \quad \square$$

引理 5.10 设 G 是 n 阶循环群. 以 σ 记 G 的生成元, 则
(1) $\mathbb{Z}[G] = \oplus_{i=0}^{n-1} \mathbb{Z}\sigma^i$, $N_G = \oplus_{i=0}^{n-1} \sigma^i$, $I_G = (\sigma - 1)\mathbb{Z}[G]$.
(2) $Z^1(G, A) \to Z^{-1}(G, A) : x \mapsto x(\sigma)$ 是同构.

证明 (1) I_G 是主理想的原因是 $\sigma^k - 1 = (\sigma - 1)(\sigma^{k-1} + \cdots + \sigma + 1)$.

(2) 我们先检查定义是正确的. 取 $x \in Z^1(G, A)$, 则 $x(\rho\tau) = x(\rho) + \rho x(\tau)$, 所以 $x(1) = x(1) + x(1)$, 即 $x(1) = 0$. 另外

$$x(\sigma^k) = \sigma x(\sigma^{k-1}) + x(\sigma) = \sigma^2 x(\sigma^{k-2}) + \sigma x(\sigma) + x(\sigma) = \cdots = \sum_{i=0}^{k-1} \sigma^i x(\sigma),$$

于是 $N_G(x(\sigma)) = \sum_{i=0}^{n-1} \sigma^i x(\sigma) = x(\sigma^n) = x(1) = 0$, 即 $x(\sigma) \in {}_{N_G}A$. 这样便得引理的定义 (2).

反过来, 取 $a \in Z^{-1}(G, A) = {}_{N_G}A$, 定义 $x : G = \{\sigma^k\} \to A$ 为 $x(\sigma^k) = \sum_{i=0}^{k-1} \sigma^i a$, 容易验证如此定义的 $a \mapsto x$ 给出映射 $Z^{-1}(G, A) \to Z^1(G, A)$ 是引理中 (2) 的逆映射. $\square$

定理 5.11 设 G 是循环群, A 为 G 模. 则对所有 $q \in \mathbb{Z}$ 有同构
$$H^q(G, A) \cong H^{q+2}(G, A).$$

证明 可以验证引理 5.10 的同构 $Z^1(G, A) \to Z^{-1}(G, A)$ 把 $B^1(G, A)$ 映为 $B^{-1}(G, A)$, 于是便得 $H^1(G, A) = H^{-1}(G, A)$. 利用维数移位可得
$$H^q(G, A) = H^{-1}(G, A^{[q+1]}) = H^1(G, A^{[q+1]}) = H^{q+2}(G, A). \qquad \square$$

注 这个定理对以后的理元类群的上同调群的计算很重要, 利用这个定理 (循环群上同调周期为 2) 把问题化为循环扩张.

命题 5.12 设 G 的阶为 n. 则 $n \cdot H^q(G, A) = 0$. 若 G 为有限群, A 为有限生成 $\mathbb{Z}$ 模, 则 $H^q(G, A)$ 为有限群.

证明 对 $a \in A^G$, 有 $na = N_G a$. 于是 $n \cdot H^0(G, A) = nA^G/N_G A = 0$, 然后用 $H^q(G, A) \cong H^0(G, A^{[q]})$. $\qquad \square$

命题 5.13 若 G 模 A 满足对任意正整数 n 和 $a \in A$, 方程 $nx = a$ 在 A 内有唯一的解 x, 则 A 有平凡上同调.

证明 $n \cdot id : A \to A$ 是双射, 得同构
$$n \cdot id : H^q(H, A) \to H^q(H, A), \quad H \subseteq G.$$

取 $n = |H|$, 按命题 5.12, $H^q(H, A) = n \cdot H^q(H, A) = 0$. $\qquad \square$

命题 5.14 设 G 平凡作用在 $\mathbb{Q}$ 上. 则

(1) $H^{-2}(G, \mathbb{Z}) = G/[G, G]$.

(2) $H^{-1}(G, \mathbb{Z}) = 0$.

(3) $H^0(G, \mathbb{Z}) = \mathbb{Z}/n\mathbb{Z}$, $H^1(G, \mathbb{Z}) = 0$.

(4) $H^2(G, \mathbb{Z}) = H^1(G, \mathbb{Q}/\mathbb{Z}) = \text{Hom}(G, \mathbb{Q}/\mathbb{Z})$.

证明 因为 $\mathbb{Z}[G]$ 是 G-诱模, 从正合序列 $0 \to I_G \to \mathbb{Z}[G] \xrightarrow{\varepsilon} \mathbb{Z} \to 0$ 可以算得 $H^{-2}(G, \mathbb{Z}) = H^{-1}(G, I_G) = I_G/I_G^2$, 然后利用同构 $I_G/I_G^2 \cong G/[G, G]$, 其中 $[G, G]$ 是由所有的换位子 $ghg^{-1}h^{-1}$, $g, h \in G$ 所生成的子群 (比较 [19] 13.6.3 节).

G 平凡作用在 $\mathbb{Q}$ 上, 则 $\mathbb{Q}$ 有平凡上同调. 从正合序列
$$0 \to \mathbb{Z} \to \mathbb{Q} \to \mathbb{Q}/\mathbb{Z} \to 0$$
得 $H^2(G, \mathbb{Z}) = H^1(G, \mathbb{Q}/\mathbb{Z}) = \text{Hom}(G, \mathbb{Q}/\mathbb{Z})$. 显然 $H^{-1}(G, \mathbb{Z}) = {}_{N_G}\mathbb{Z}/I_G\mathbb{Z} = 0$, $H^0(G, \mathbb{Z}) = \mathbb{Z}/n\mathbb{Z}$, $H^1(G, \mathbb{Z}) = \text{Hom}(G, \mathbb{Z}) = 0$. $\qquad \square$

命题 5.15 (Shapiro 引理) 设 H 为 G 的子群, $G = \sqcup_{i=1}^m \sigma_i H$, $A = \oplus_{i=1}^m \sigma_i B$ 为诱模. 则合成
$$H^q(G, A) \xrightarrow{\text{Res}} H^q(H, A) \xrightarrow{\bar{\pi}} H^q(H, B)$$

是同构，其中 $\bar\pi$ 来自投射 $\pi: A \to B$.

证明 设 $\sigma_1 = 1$. 对 $q = 0$, 命题中映射是
$$A^G/N_G A \xrightarrow{\mathrm{Res}} A^H/N_H A \xrightarrow{\bar\pi} B^H/N_H B.$$

定义
$$\nu : B^H/N_H B \to A^G/N_G A : b + N_H B \mapsto \sum_{i=1}^m \sigma_i b + N_G A.$$

显然 $(\bar\pi \circ \mathrm{Res}) \circ \nu = id$ 和 $\nu \circ (\bar\pi \circ \mathrm{Res}) = id$. 至此证明了 $q = 0$ 的情形.

在讨论维数移位时, 我们对 G 模 A 定义了 $A^{[q]}$, 对 H 模 B 定义了 $B^{[q]}$. 此外设
$$B_*^{[q]} = \begin{cases} J_G \otimes \cdots \otimes J_G \otimes B, & q \geqslant 0, \\ I_G \otimes \cdots \otimes I_G \otimes B, & q \leqslant 0. \end{cases}$$

则有诱模 C^q 使得 $B_*^{[q]} = B^{[q]} \oplus C^q$, 又引入诱模
$$K_1 = \bigoplus_{\tau \in H} \tau \left(\sum_{i=2}^m \mathbb{Z} \bar\sigma_i^{-1} \right), \quad K_{-1} = \bigoplus_{\tau \in H} \tau \left(\sum_{i=2}^m \mathbb{Z}(\sigma_i^{-1} - 1) \right),$$

从 $A = \oplus_{i=1}^m \sigma_i B$ 得
$$J_G = J_H \oplus K_1, \quad I_G = I_H \oplus K_{-1}.$$

因为投射 $A \to B$ 诱导 $A^{[q]} \to B_*^{[q]} \to B^{[q]}$, 所以得交换图

$$\begin{array}{ccccccc} H^0(G, A^{[q]}) & \xrightarrow{\mathrm{Res}} & H^0(H, A^{[q]}) & \xrightarrow{\bar\pi_*} & H^0(H, B_*^{[q]}) & \xrightarrow{\bar\rho} & H^0(H, B^{[q]}) \\ \downarrow {\scriptstyle \delta^q} & & \downarrow {\scriptstyle \delta^q} & & & & \downarrow {\scriptstyle \delta^q} \\ H^q(G, A) & \xrightarrow{\mathrm{Res}} & H^q(H, A) & & \xrightarrow{\bar\pi} & & H^q(H, B) \end{array}$$

其中 δ^q 是同构 (用定理 5.9), 第一行 $\bar\pi_* \circ \mathrm{Res}$ 是双射. 利用上同调与直和交换及命题 5.4 知图中 $\bar\rho$ 是双射, 于是第二行的合成亦为双射. □

5.1.6 Herbrand 商

设交换群 A 有自同态 ϕ, ψ, 使得 $\phi\psi = \psi\phi = 0$, 并且 $[\mathrm{Ker}\,\phi : \mathrm{Img}\,\psi]$, $[\mathrm{Ker}\,\psi : \mathrm{Img}\,\phi]$ 均为有限, 则称
$$h_{\phi,\psi} = \frac{[\mathrm{Ker}\,\phi : \mathrm{Img}\,\psi]}{[\mathrm{Ker}\,\psi : \mathrm{Img}\,\phi]}$$

为 Herbrand 商 (Herbrand quotient). 一种特别情形是: 取正整数 n, 设 ψ 为 A 的 n 乘: $a \mapsto na$, 设 ϕ 为 0, 此时常以 $h_{0,n}$ 记 $h_{\phi,\psi}$, 即
$$h_{0,n}(A) = \frac{[A : nA]}{|_n A|}, \quad {_n A} := \{a \in A : n \cdot a = 0\}.$$

命题 5.16 若 A 为有限群, 则 $h_{\phi,\psi}(A) = 1$.

证明 从 $\mathrm{Img}\,\phi \cong A/\mathrm{Ker}\,\phi$, $\mathrm{Img}\,\psi \cong A/\mathrm{Ker}\,\psi$, $|A| = |\mathrm{Ker}\,\phi| \cdot |\mathrm{Img}\,\phi| = |\mathrm{Ker}\,\psi| \cdot |\mathrm{Img}\,\psi|$ 即得所求. □

命题 5.17 设 G 是 n 阶循环群, 以 σ 记 G 的生成元, $N_G = \oplus_{i=0}^{n-1}\sigma^i$, A 为有限生成 G 模, 记 $h_{\sigma-1, N_G}$ 为 $h(A)$. 则

(1)
$$h(A) = \frac{|H^0(G,A)|}{|H^{-1}(G,A)|} = \frac{|H^2(G,A)|}{|H^1(G,A)|}.$$

(2) 设有 G 模正合序列 $0 \to A \to B \to C \to 0$. 则 h 有乘积性质, 即
$$h(B) = h(A)h(C).$$

(3) 若 $|C|$ 有限, 则 $h(A) = h(B)$.

证明 (1) 根据定理 5.11 可得.

(2) 从 G 模正合序列 $0 \to A \to B \to C \to 0$ 得上同调群正合序列

$$\cdots \to H^{-1}(G,C) \to H^0(G,A) \to H^0(G,B) \to H^0(G,C) \to H^1(G,A) \to,$$

从 $H^{-1}(G,A) \cong H^1(G,A)$ 得

$$\begin{array}{ccc} H^{-1}(G,A) & \longrightarrow & H^1(G,A) \\ \downarrow & & \downarrow \\ H^{-1}(G,B) & \longrightarrow & H^1(G,B) \end{array}$$

可见映射 $H^1(G,A) \to H^1(G,B)$ 的核同构于 $H^{-1}(G,A) \to H^{-1}(G,B)$ 的核. 于是有六角正合图

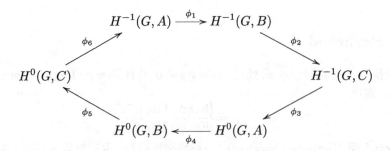

暂以 F_i 记 $|\mathrm{Img}\,\phi_i|$, 则 $|H^{-1}(G,A)| = F_6 F_1$, $|H^{-1}(G,B)| = F_1 F_2$, $|H^{-1}(G,C)| = F_2 F_3$, $|H^0(G,A)| = F_3 F_4$, $|H^0(G,B)| = F_4 F_5$, $|H^0(G,C)| = F_5 F_6$. 代入 h 的定义便算出 $h(B) = h(A)h(C)$. □

5.1 有限群的同调群

引理 5.18 (1) 设 n 价循环群 G 平凡作用在 A 上. 则 $h(A) = h_{0,n}(A)$.

(2) 设有交换群正合序列 $0 \to A \to B \to C \to 0$. 则 $h_{0,n}(B) = h_{0,n}(A) h_{0,n}(C)$.

(3) 设交换群 A 的自同态 g, f 满足条件 $f \circ g = g \circ f$. 则 $h_{0,gf}(A) = h_{0,g}(A) h_{0,f}(A)$.

证明 (1) 是显然的.

(2) 可从命题 5.17 和 (1) 得出.

(3) 从交换图

$$\begin{array}{ccccccccc} 0 & \longrightarrow & g(A) \cap \operatorname{Ker} f & \longrightarrow & g(A) & \longrightarrow & fg(A) & \longrightarrow & 0 \\ & & \downarrow & & \downarrow & & \downarrow & & \\ 0 & \longrightarrow & \operatorname{Ker} f & \longrightarrow & A & \longrightarrow & f(A) & \longrightarrow & 0 \end{array}$$

得 $0 \to \operatorname{Ker} f / g(A) \cap \operatorname{Ker} f \to A/g(A) \to f(A)/fg(A) \to 0$, 于是

$$\frac{[A:fg(A)]}{[A:f(A)]} = \frac{[A:g(A)] \cdot |g(A) \cap \operatorname{Ker} f|}{|\operatorname{Ker} f|}.$$

由于 $\operatorname{Ker} fg / \operatorname{Ker} g = g^{-1}(g(A) \cap \operatorname{Ker} f)/g^{-1}0 \cong g(A) \cap \operatorname{Ker} f$, 所以

$$\frac{[A:gf(A)]}{|\operatorname{Ker} gf|} = \frac{[A:g(A)]}{|\operatorname{Ker} g|} \cdot \frac{[A:f(A)]}{|\operatorname{Ker} f|}. \qquad \Box$$

定理 5.19 设 G 是素数 p 阶循环群, A 是 G 模, $rk(A)$ 记 A 的秩. 则

(1)
$$h(A)^{p-1} = \frac{h_{0,p}(A^G)^p}{h_{0,p}(A)}.$$

(2) (Chevalley)
$$h(A) = p^{\frac{prk(A^G) - rk(A)}{p-1}}.$$

证明 (1) 以 σ 记 G 的生成元, 从正合序列

$$0 \to A^G \to A \to I_G A \to 0$$

得知: 若 $h_{0,p}(A) < \infty$, 则 $h_{0,p}(I_G A) < \infty$. 按前面引理 $h_{0,p}(A^G) < \infty$, 且

$$h_{0,p}(A) = h_{0,p}(A^G) h_{0,p}(I_G A).$$

G 在 A^G 上平凡作用, 所以 $h_{0,p}(A^G) = h(A^G)$.

因为 $N_G = 1 + \sigma + \cdots + \sigma^{p-1}$, 取 p 次本原单位根 ζ, 便有环同构

$$\mathbb{Z}[G]/\mathbb{Z}N_G \cong \mathbb{Z}[X]/(1 + X + \cdots + X^{p-1}) \cong \mathbb{Z}[\zeta]$$

对应于 $\mathbb{Z}[\zeta]$ 内分解 $p = (\zeta - 1)^{p-1} e$, e 为单位元, 在 $\mathbb{Z}[G]/\mathbb{Z}N_G$ 有分解 $p = (\sigma - 1)^{p-1} \varepsilon$.

把 $I_G A$ 看作 $\mathbb{Z}[G]/\mathbb{Z}N_G$ 模, ε 为同构, 于是 $h_{0,\varepsilon}(I_G A) = 1$. 用引理 5.18 得

$$h_{0,p}(I_G A) = h_{0,(\sigma-1)^{p-1}}(I_G A) h_{0,\varepsilon}(I_G A) = h_{0,\sigma-1}(I_G A)^{p-1} = \frac{1}{h_{\sigma-1,0}(I_G A)^{p-1}},$$

但 N_G 在 $I_G A$ 上是零同态, 于是

$$h_{0,p}(I_G A) = \frac{1}{h_{\sigma-1,0}(I_G A)^{p-1}} = \frac{1}{h_{\sigma-1,N_G}(I_G A)^{p-1}} = \frac{1}{h(I_G A)^{p-1}}.$$

由正合序列 $0 \to A^G \to A \to I_G A \to 0$ 又得

$$h(A)^{p-1} = h(A^G)^{p-1} h(I_G A)^{p-1}.$$

综合以上各式便得所求.

(2) 以 A_0 记 A 的挠子群, A_1 记 A 的无挠子群, 使得 $A = A_0 \oplus A_1$, 于是 $A^G = A_0^G \oplus A_1^G$. A 是有限生成, A_0 是有限群, $rk(A) = rk(A_1)$, $rk(A^G) = rk(A_1^G)$, 于是

$$h(A)^{p-1} = h(A_1)^{p-1} = \frac{h_{0,p}(A_1^G)^p}{h_{0,p}(A_1)},$$

其中 $h_{0,p}(A_1^G) = [A_1^G : pA_1^G] = p^{A^G}$, $h_{0,p}(A_1) = [A_1 : pA_1^G] = p^A$. □

5.1.7 限制同态

以 $X_\bullet(G)$ 记 G 的非齐性标准分解, 则从群同态 $f: G \to G'$ 得同态 $X_\bullet(G) \to X_\bullet(G')$. 用 f 把 G' 模 A 看为 G 模, 得复形同态 $\mathrm{Hom}_{G'}(X_\bullet(G'), A) \to \mathrm{Hom}_G(X_\bullet(G), A)$, 这样产生同态

$$f^\bullet : H^n(G', A) \to H^n(G, A).$$

称此为**换群同态** (见 [19] 13.6.4 节).

同样, 从分解考虑不难证明

$$H^n\left(\varprojlim_{i \in I} G_i, \varinjlim_{i \in I} A_i\right) \cong \varinjlim_{i \in I} H^n(G_i, A_i).$$

作为换群同态其他例子, 设 A 为 G 模, H 为 G 的子群, $f: H \to G$ 为包含同态. 此时称换群同态 $f^\bullet$ 为**限制同态** (restriction homomorphism), 并记之为

$$\mathrm{Res}_n : H^n(G, A) \to H^n(H, A).$$

限制同态满足以下两个性质:

(1) 取 $a \in A^H$, 则 $\mathrm{Res}_0(a + N_G A) = a + N_H A$.

(2) G 模同态正合序列
$$0 \to A' \to A \to A'' \to 0,$$
则有交换图
$$\begin{array}{ccc} H^n(G, A'') & \xrightarrow{\delta} & H^{n+1}(G, A') \\ {\scriptstyle \mathrm{Res}_n}\downarrow & & \downarrow{\scriptstyle \mathrm{Res}_{n+1}} \\ H^n(H, A'') & \xrightarrow{\delta} & H^{n+1}(H, A') \end{array}$$

可以证明 Res_n 是唯一的一组上同调群同态满足性质 (1), (2).

设 H 为有限群 G 的子群, 取陪集代表 $G/H = \{s_1 H, \ldots, s_m H\}$. 对 $a \in A^H$, 设
$$N_{G/H}(a) = \sum_{i=1}^m s_i a.$$

若 $h \in H$, 则 $ha = a$, 故 $N_{G/H}(a)$ 的定义与 $\{s_i\}$ 的选择无关. 若 $g \in G$, 则 $\{g s_1 H, \ldots, g s_m H\} = G/H$, 故 $g N_{G/H}(a) = N_{G/H}(a)$, 即 $N_{G/H}(a) \in A^G$.

同样可以证明 (参考 [19] 13.5.3 节): 存在唯一一组上同调群同态
$$\mathrm{Cor}_n: H^n(H, A) \to H^n(G, A), \quad n \in \mathbb{Z}.$$

满足以下两个性质:

(1) 取 $a \in A^H$, 则 $\mathrm{Cor}_0(a + N_H A) = N_{G/H}(a) + N_G A$.

(2) G 模同态正合序列
$$0 \to A' \to A \to A'' \to 0$$
则有交换图
$$\begin{array}{ccc} H^n(H, A'') & \xrightarrow{\delta} & H^{n+1}(H, A') \\ {\scriptstyle \mathrm{Cor}_n}\downarrow & & \downarrow{\scriptstyle \mathrm{Cor}_{n+1}} \\ H^n(G, A'') & \xrightarrow{\delta} & H^{n+1}(G, A') \end{array}$$

称 Cor 为**上限制同态** (corestriction homomorphism).

取 $a \in A^G$, 记 $\bar{a} = a + N_G A$, 则 $\mathrm{Cor}_0 \circ \mathrm{Res}_0(\bar{a}) = \mathrm{Cor}_0(a + N_H A) = N_{G/H} a + N_G A = [G:H] \cdot a + N_G A = [G:H] \cdot \bar{a}$. 用维数移位, 看交换图
$$\begin{array}{ccc} H^0(G, A^n) & \xrightarrow{\mathrm{Cor}_0 \circ \mathrm{Res}_0} & H^0(G, A^n) \\ {\scriptstyle \delta^n}\downarrow & & \downarrow{\scriptstyle \delta^n} \\ H^n(G, A) & \xrightarrow{\mathrm{Cor}_n \circ \mathrm{Res}_n} & H^n(G, A) \end{array}$$

于是得结论 $\mathrm{Cor}_n \circ \mathrm{Res}_n = [G:H] \cdot \mathrm{Id}$.

因为 $H^n(G, A)$ 是交换挠 $\mathbb{Z}$ 模, 所以它是它的 p 准素 $\mathbb{Z}$-子模 (p-Sylow 子群) $H^n(G, A)_p$ 的直和.

命题 5.20 设 p 为素数和 G_p 为 G 的 p-Sylow 子群. 则

(1) $\text{Res}: H^n(G,A)_p \to H^n(G_p,A)$ 为单射.
(2) $\text{Cor}: H^n(G_p,A) \to H^n(G,A)_p$ 为满射.

证明 (1) 因为 $\text{Cor} \circ \text{Res} = [G:G_p] \cdot \text{Id}$, $[G:G_p]$ 和 p 互素, 所以 $\text{Cor} \circ \text{Res}: H^n(G,A)_p \to H^n(G,A)_p$ 是自同构. 于是若 $x \in H^n(G,A)_p$ 满足 $\text{Res}\,x = 0$, 则 $\text{Cor} \circ \text{Res}\,x = 0$, 便得 $x=0$.

(2) 根据命题 5.12 有 $\text{Cor}\,H^n(G_p,A) \subseteq H^n(G,A)_p$, 在 $H^n(G,A)_p$ 上 $\text{Cor} \circ \text{Res}$ 是双射, 所以 $\text{Cor}\,H^n(G_p,A) = H^n(G,A)_p$. $\square$

命题 5.21 若对所有素数 p 和 G 的 p-Sylow 子群 G_p, $H^n(G_p,A) = 0$, 则 $H^n(G,A) = 0$.

证明 因为 $H^n(G,A)_p \to H^n(G_p,A)$ 是单射, 从假设得 $H^n(G,A)_p = 0$, 所以 $H^n(G,A) = 0$. $\square$

5.1.8 膨胀同态

设 G 有正规子群 H, 以 $f: G \to G/H$ 为投射同态, 设 A 为 G 模. 则 A^H 为 G/H 模. 按以上换群同态为 $f^\bullet: H^n(G/H, A^H) \to H^n(G, A^H)$. 另一方面, $i: A^H \subset A$ 诱导出同态 $i_*: H^n(G, A^H) \to H^n(G, A)$. 称 $i_* f^\bullet$ 为**膨胀同态** (inflation homomorphism), 并记之为
$$\text{Inf}: H^n(G/H, A^H) \to H^n(G, A).$$

命题 5.22 设 A 是 G 模, H 是 G 的正规子群.

(1) $0 \to H^1(G/H, A^H) \xrightarrow{\text{Inf}} H^1(G,A) \xrightarrow{\text{Res}} H^1(H,A)$ 为正合序列.
(2) 若对 $i=0,\ldots,q-1$, $q \geqslant 1$ 有 $H^i(H,A)=0$, 则以下为正合序列
$$0 \to H^q(G/H, A^H) \xrightarrow{\text{Inf}} H^q(G,A) \xrightarrow{\text{Res}} H^q(H,A).$$

证明 (1) 证明 Inf 在 $H^1(G/H, A^H)$ 是单射: 取 1 上闭链 $x: G/H \to A^H$. 设上同调类 $0 = [\text{Inf}\,x] \in H^1(G,A)$, 即有 $a \in A$,
$$\text{Inf}\,x(g) = x(gH) = ga - a.$$

于是对 $h \in H$ 有 $ga - a = gha - a$, 这样 $a = ha$, 即 $a \in A^H$. 因此 $x(gH) = g \cdot Ha - a$, 即 $[x] = 0$.

证明 $\text{Img\,Inf} \subseteq \text{Ker\,Res}$, 即 $\text{Res} \circ \text{Inf} = 0$: 取 1 上闭链 $x: G/H \to A^H$, $h \in H$.
$$\text{Res} \circ \text{Inf}\,x(h) = \text{Inf}\,x(h) = x(hH) = x(1 \cdot H) = 0$$

因为 $x(1 \cdot H) = x((1 \cdot H) \cdot (1 \cdot H)) = x(1 \cdot H) + x(1 \cdot H)$.

证明 Ker Res ⊆ Img Inf：设 1 上闭链 $x : G \to A$ 满足 $[\text{Res}\, x] = 0$，即有 $a \in A$，对任意 $h \in H$ 有 $x(h) = ha - a$。取 $y : G \to A : g \mapsto ga - a$，设 $x' = x - y$。则上同调类 $[x] = [x'] \in H^1(G, A)$，$x'(h) = 0$，于是 $x'(g - h) = x'(g) + gx'(h) = x'(g)$，另一方面 $x'(h \cdot g) = x'(h) + hx'(g) = hx'(g)$。现定义 $z : G/H \to A : gH \mapsto x'(g)$，则 $z(g \cdot H) = z(hg \cdot H)$，所以 $z(g \cdot H) \in A^H$，这样 $z : G/H \to A^H$ 是 1 上闭链使得 $\inf z = x'$。

(2) 的证法以 (1) 为起步然后用维数移位。

记 $B = \mathbb{Z}[G] \otimes A$，$C = J_G \otimes A$，从正合序列 $0 \to A \to B \to C \to 0$ 得上同调正合序列 $0 \to A^H \to B^H \to C^H \to H^1(H, A) = 0$，于是有交换图

$$\begin{array}{ccccccc} 0 & \longrightarrow & H^{q-1}(G/H, C^H) & \xrightarrow{\text{Inf}} & H^{q-1}(G, C) & \xrightarrow{\text{Res}} & H^{q-1}(H, C) \\ & & \downarrow \delta & & \downarrow \delta & & \downarrow \delta \\ 0 & \longrightarrow & H^q(G/H, A^H) & \xrightarrow{\text{Inf}} & H^q(G, A) & \xrightarrow{\text{Res}} & H^q(H, A) \end{array}$$

因为 B 是 G-诱模和 H-诱模，B^H 是 G/H-诱模，连接同态 δ 是同构，于是

$$H^i(H, C) \cong H^{i+1}(H, A) = 0, \quad i + 1, \ldots, q - 2.$$

这样在以上交换图中，按归纳假设：第一行是正合序列，则得第二行亦是正合序列。 □

5.2 张量积

设 A, B 为 G 模。从下图

$$\begin{array}{ccc} A \times B & \longrightarrow & A \otimes B \\ \uparrow & & \uparrow \\ A^G \times B^G & \longrightarrow & (A \otimes B)^G \\ \uparrow & & \uparrow \\ N_G A \times N_G B & \longrightarrow & N_G(A \otimes B) \end{array}$$

得双线性映射

$$H^0(G, A) \times H^0(G, B) \to H^0(G, A \otimes B) : (\bar{a}, \bar{b}) \mapsto \overline{a \otimes b},$$

这里的符号是 $\overline{a \otimes b} = a \otimes b + N_G(A \otimes B)$。

记 $\overline{a \otimes b}$ 为 $\bar{a} \cup \bar{b}$，称此为 $\bar{a}$ 和 $\bar{b}$ 的**杯积** (cup product)。按 [19] 13.5.3 节，我们可以把这个杯积扩展至所有 H^q 上。以下的证明可看作这种现象的范例。实际做起来有点麻烦，困难是来自图的**反交换性** (anti-commutativity)，因此我们要把一些映射乘 $(-1)^n$。

定理 5.23 存在一组由以下性质唯一决定的双线性映射

$$\cup : H^p(G, A) \times H^q(G, B) \to H^{p+q}(G, A \otimes B), \quad p, q \in \mathbb{Z}.$$

(1) 当 $\bar{a} \in H^0(G, A), \bar{b} \in H^0(G, B)$ 时, $\bar{a} \cup \bar{b}$ 是 $\overline{a \otimes b} \in H^0(G, A \otimes B)$.

(2) 若

$$0 \to A \to A' \to A'' \to 0 \quad \text{和} \quad 0 \to A \otimes B \to A' \otimes B \to A'' \otimes B \to 0$$

是正合序列, $\bar{a}'' \in H^p(G, A''), \bar{b} \in H^q(G, B)$, 则 $\delta(\bar{a}'' \cup \bar{b}) = \delta \bar{a}'' \cup \bar{b}$.

(3) 若

$$0 \to B \to B' \to B'' \to 0 \quad \text{和} \quad 0 \to A \otimes B \to A \otimes B' \to A \otimes B'' \to 0$$

是正合序列, $\bar{a} \in H^p(G, A), \bar{b}'' \in H^q(G, B'')$, 则 $\delta(\bar{a} \cup \bar{b}'') = (-1)^p(\delta \bar{a} \cup \bar{b}'')$.

证明 因为所有模都是 G 模, 我们在证明中简写 $H^q(G, A)$ 为 $H^q(A)$.

首先直接运算 $p = 0, q$ 为任意和 $q = 0, p$ 为任意的两种情形,

$$\bar{a}_0 \cup \bar{b}_q = \overline{a_0 \otimes b_q}, \quad \bar{a}_p \cup \bar{b}_0 = \overline{a_p \otimes b_0},$$

其中把 $H^p(G, A)$ 的元记为 $\bar{a}_p, \ldots$ 等.

然后用维数移位来定义其他 p, q 的情形, 注意

$$A^{[p]} \otimes B = (A \otimes B)^{[p]}, \quad A \otimes B^{[q]} = (A \otimes B)^{[q]}, \quad (A \otimes B^{[q]})^{[p]} = A^{[p]}) \otimes B^{[q]}.$$

利用下图 $p = 0, q$ 为任意和 $q = 0, p$ 为任意 便知任意 p, q 的杯积的定义.

$$\begin{array}{ccc}
H^0(A^{[p]}) \times H^0(B^{[q]}) & \xrightarrow{\cup} & H^0((A \otimes B^{[q]})^{[p]}) \\
{\scriptstyle \delta^p \times 1} \downarrow & & \downarrow {\scriptstyle \delta^p} \\
H^p(A) \times H^0(B^{[q]}) & \xrightarrow{\cup} & H^p((A \otimes B)^{[q]})) \\
{\scriptstyle 1 \times \delta^q} \downarrow & & \downarrow {\scriptstyle (-1)^{pq} \delta^q} \\
H^p(A) \times H^q(B) & \xrightarrow{\cup} & H^{p+q}((A \otimes B)
\end{array}$$

余下证明定理条件 (2),(3). 从假设得

$$0 \to A^{[q]} \to A'^{[q]} \to A''^{[q]} \to 0,$$
$$0 \to (A \otimes B)^{[q]} \to (A' \otimes B)^{[q]} \to (A'' \otimes B)^{[q]} \to 0,$$

于是得交换图

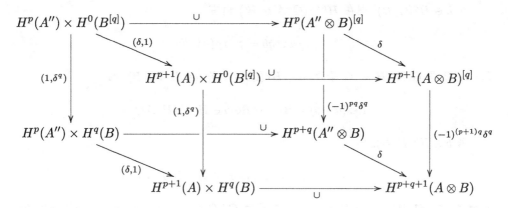

从假设得
$$0 \to B^{[p]} \to B'^{[p]} \to B''^{[p]} \to 0,$$
$$0 \to (A \otimes B)^{[p]} \to (A \otimes B')^{[p]} \to (A \otimes B'')^{[p]} \to 0,$$

于是得交换图

证毕. □

上闭链 a 的上同调类记为 $\bar{a}$, 以下常以符号 $\bar{a}_p$ 指 $H^p(G, A)$ 内的上同调类. 如下命题如定理 5.23 一样先证 $p = q = 0$ 的情形, 其余用维数移位推出.

命题 5.24 (1) 在同构 $H^{p+q}(G, A \otimes B) \cong H^{p+q}(G, B \otimes A)$ 下有

$$\bar{a}_p \cup \bar{b}_q = (-1)^{pq}(\bar{b}_q \cup \bar{a}_p).$$

(2) 在同构 $H^{p+q+r}(G, (A \otimes B) \otimes C) \cong H^{p+q}(G, A \otimes (B \otimes C))$ 下有

$$(\bar{a}_p \cup \bar{b}_q) \cup \bar{c}_r = \bar{a}_p \cup (\bar{b}_q \cup \bar{c}_r).$$

(3) 由 G 模同态 $f: A \to A'$, $g: B \to B'$ 得 $f \otimes g: A \otimes B \to A' \otimes B'$. 对 $\bar{a} \in H^p(G, A)$ 和 $\bar{b} \in H^q(G, B)$, 则在 $H^{p+q}(G, A' \otimes B')$ 内有

$$\bar{f}\bar{a} \cup \bar{g}\bar{b} = \overline{f \otimes g}(\bar{a} \cup \bar{b}).$$

(4) A, B 是 G 模, H 是 G 子群, $\bar{a} \in H^p(G, A)$. 若 $\bar{b} \in H^q(G, B)$, 则

$$\operatorname{Res}(\bar{a} \cup \bar{b}) = \operatorname{Res}\bar{a} \cup \operatorname{Res}\bar{b} \in H^{p+q}(H, A \otimes B).$$

若 $\bar{b} \in H^q(H, B)$, 则

$$\operatorname{CorRes}(\bar{a} \cup \bar{b}) = \bar{a} \cup \operatorname{Cor}\bar{b} \in H^{p+q}(G, A \otimes B).$$

命题 5.25 记 $H^p(G, A)$ 的元为 $\bar{a}_p$. 在同构 $G/[G, G] \to H^{-2}(G, A)$ 下, $\sigma[G, G]$ 的像记为 $\bar{\sigma}$.

(1) $\bar{a}_0 \cup \bar{b}_q = \overline{a_0 \otimes b_q}$, $\bar{a}_p \cup \bar{b}_0 = \overline{a_p \otimes b_0}$.
(2) $\bar{a}_1 \cup \bar{b}_{-1} = \overline{\sum_{\tau \in G} a_1(\tau) \otimes \tau b_{-1}}$.
(3) $\bar{a}_1 \cup \bar{\sigma} = \overline{a_1(\sigma)}$.
(4) $\bar{a}_2 \cup \bar{\sigma} = \overline{\sum_{\tau \in G} a_2(\tau, \sigma)}$.

证明 (1) 在定理 5.23 中已证明.

(2) 记 $\mathbb{Z}[g] \otimes A$ 为 A', $J_G \otimes A$ 为 A''. 在维数移位定理的证明中有上增广态射的正合序列

$$0 \to A \hookrightarrow A' \to A'' \to 0,$$
$$0 \to A \otimes B \hookrightarrow A' \otimes B \to A'' \otimes B \to 0.$$

A' 是 G-诱模, $H^1(G, A') = 0$. 存在 0 上链 $a'_0 \in A'$ 使 $a_1 = \partial a'_0$, 于是对所有 $g \in G$ 有 $a_1(g) = ga'_0 - a'_0$. 在映射 $A'' \to A''^G$ 下, 设 a'_0 映为 a''_0, 由连接同态的定义 $\delta: A''^G = H^0(G, A'') \to H^1(G, A)$ 得 $\bar{a}_1 = \delta(\overline{a''_0})$. 以下计算用到了定理 5.23 和 $N_G b_{-1} = 0$.

$$\begin{aligned}\bar{a}_1 \cup \bar{b}_{-1} &= \delta(\overline{a''_0}) \cup \bar{b}_{-1} = \delta(\overline{a''_0 \otimes b_{-1}}) = \overline{\partial(a'_0 \otimes b_{-1})} \\ &= \overline{N_G(a'_0 \otimes b_{-1})} = \overline{\sum_{g \in G} ga'_0 \otimes gb_{-1}} = \overline{\sum_{g \in G}(a_1(g) + a'_0) \otimes gb_{-1}} \\ &= \overline{\sum_{g \in G}(a_1(g) \otimes gb_{-1}) + a'_0 \otimes N_G b_{-1}} = \overline{\sum_{g \in G}(a_1(g) \otimes gb_{-1})}.\end{aligned}$$

(3) 正合序列 $0 \to A \otimes I_G \to A \otimes \mathbb{Z}[G] \to A \to 0$ 给出同构 $\delta: H^{-1}(G, A) \to H^0(G, A \otimes I_G)$. 所以从 $\delta(\bar{a}_1 \cup \bar{\sigma}) = \delta(\overline{a_1(\sigma)})$ 得 (3). 计算出 $\delta(\overline{a_1(\sigma)}) = \bar{x}_0$, 其中 $x_0 = \sum_{g \in G} ga_1(\sigma) \otimes g$.

另一方面
$$\delta: H^{-2}(G,\mathbb{Z}) \to H^{-1}(G, I_G): \bar{\sigma} \mapsto \overline{\sigma - 1},$$
于是
$$\delta(\bar{a}_1 \cup \bar{\sigma}) = -(\bar{a}_1 \cup \delta(\bar{\sigma})) = -\bar{a}_1 \cup \overline{\sigma - 1} = \bar{y}_0.$$
根据 (2) 和 1 上闭链 $a_1(g) = a_1(g\sigma) - gA_1(\sigma)$,
$$y_0 = -\sum_{g\in G} a_1(g) \otimes g(\sigma - 1) = \sum_{g\in G} a_1(g) \otimes g - \sum_{g\in G} a_1(g) \otimes g\sigma$$
$$= \sum_{g\in G} ga_1(\sigma) \otimes g\sigma.$$

此时 $y_0 - x_0 = \sum_{g\in G} ga_1(\sigma) \otimes g(\sigma - 1) = N_G(a_1(\sigma) \otimes (\sigma - 1))$, 所以 $\bar{x}_0 = \bar{y}_0$.

(4) 如 (2) 有正合序列 $0 \to A \hookrightarrow A' \to A'' \to 0$. 因为 $H^2(G, A') = 0$, 存在 1 上链 $a_1' \in A'$, $a_2 = \partial a_1'$, 即
$$a_2(g, \sigma) = ga_1'(\sigma) - a_1'(g \cdot \sigma) + a_1'(g).$$

在映射 $A' \to A''$ 下, 设 a_1' 映为 a_1''. 则 $\delta(\overline{a_1''}) = \bar{a}_2$, 所以
$$\bar{a}_2 \cup \bar{\sigma} = \delta(\overline{a_1''}) \cup \bar{\sigma} = \delta(\overline{a_1'' \cup \bar{\sigma}}) = \delta(\overline{a_1''(\sigma)}) = \overline{\partial(a_1'(\sigma))} = \overline{\sum_{g\in G} ga_1'(\sigma)}$$
$$= \overline{\sum_{g\in G} a_2(g,\sigma)} + \overline{\sum_{g\in G} a_1'(g \cdot \sigma)} - \overline{\sum_{g\in G} a_1'(g)} = \overline{\sum_{g\in G} a_2(g,\sigma)}. \qquad \square$$

G 模的双线性映射 $A \times B \to C$ 均可写为合成 $A \times B \to A \otimes B \to C$. 于是有
$$H^p(G, A) \times H^q(G, B) \xrightarrow{\cup} H^{p+q}(G, A \otimes B) \to H^{p+q}(G, C).$$

称此为模配对 $A \times B \to C$ 所决定的杯积.

命题 5.26 设 G 是有限群. 对任意的 G 模配对 $A \times B \to C$, 整数 $p, q \in \mathbb{Z}$, 存在唯一的一组同态
$$H^p(G, A) \times H^q(G, B) \xrightarrow{\cup} H^{p+q}(G, C)$$
满足以下条件:
(1) 当 $p = q = 0$ 时, 此同态是由 $A^G \times B^G \to C^G$ 所诱导的.
(2) 若有同态 $A \to A'$, $B \to B'$, $C \to C'$ 使得

$$\begin{array}{ccc} A \times B & \longrightarrow & C \\ \downarrow & & \downarrow \\ A' \times B' & \longrightarrow & C' \end{array}$$

则下图交换

$$\begin{array}{ccccc} H^p(G,A) & \times & H^q(G,B) & \xrightarrow{\cup} & H^{p+q}(G,C) \\ \downarrow & & \downarrow & & \downarrow \\ H^p(G,A') & \times & H^q(G,B') & \xrightarrow{\cup} & H^{p+q}(G,C') \end{array}$$

(3) 设有 G 模正合序列

$$0 \to A \to A' \to A'' \to 0 \quad \text{和} \quad 0 \to C \to C' \to C'' \to 0,$$

设配对 $A' \times B \to C$ 诱导配对 $A \times B \to C$ 和 $A'' \times B \to C''$. 则下图交换

$$\begin{array}{ccccc} H^p(G,A'') & \times & H^q(G,B) & \xrightarrow{\cup} & H^{p+q}(G,C'') \\ \delta\downarrow & & \downarrow id & & \downarrow \delta \\ H^{p+1}(G,A) & \times & H^q(G,B) & \xrightarrow{\cup} & H^{p+q+1}(G,C) \end{array}$$

(4) 设有 G 模正合序列

$$0 \to B \to B' \to B'' \to 0 \quad \text{和} \quad 0 \to C \to C' \to C'' \to 0,$$

设配对 $A \times B' \to C$ 诱导配对 $A \times B \to C$ 和 $A \times B'' \to C''$. 则下图交换

$$\begin{array}{ccccc} H^p(G,A) & \times & H^q(G,B'') & \xrightarrow{\cup} & H^{p+q}(G,C'') \\ id\downarrow & & \downarrow \delta & & \downarrow (-1)^p\delta \\ H^p(G,A) & \times & H^{q+1}(G,B) & \xrightarrow{\cup} & H^{p+q+1}(G,C) \end{array}$$

证明参见由 Cassels 和 Fröhlich 主编的 *Algebraic Number Theory* 一书中由 Atiyah 和 Wall 合写的第四章 Cohomology of groups. 若取 $p,q \geqslant 0$, 同样定理对一般的 G 亦成立.

设有 G 模正合序列

$$0 \to A \to A' \to A'' \to 0 \quad \text{和} \quad 0 \to B \to B' \to B'' \to 0,$$

设配对 $\phi': A' \times B' \to C$ 诱导配对 ϕ 和 ϕ'' 使下图交换

$$\begin{array}{ccccc} A & \times & B'' & \xrightarrow{\phi} & C \\ \downarrow & & \uparrow & & \| \\ A' & \times & B' & \xrightarrow{\phi'} & C \\ \downarrow & & \uparrow & & \| \\ A'' & \times & B & \xrightarrow{\phi''} & C \end{array}$$

则下图交换

$$
\begin{array}{ccccc}
H^p(G, A'') & \times & H^q(G, B) & \xrightarrow{\cup} & H^{p+q}(G, C) \\
{\scriptstyle \delta}\downarrow & & {\scriptstyle \delta}\uparrow & & \downarrow{\scriptstyle (-1)^{p+1}} \\
H^{p+1}(G, A) & \times & H^{q-1}(G, B'') & \xrightarrow{\cup} & H^{p+q}(G, C)
\end{array}
$$

即 $(\delta\alpha) \cup \beta = (-1)^{p+1}(\alpha \cup \delta\beta)$.

若有离散 G 模 A, C, 则可令 G 按以下公式作用在 $\mathrm{Hom}(A, C)$ 上,

$$(g(f))(a) = g(f(g^{-1}(a))), \quad g \in G, f \in \mathrm{Hom}(A, C), a \in A.$$

若 G 有限或 G 模 A 同时是有限生成 $\mathbb{Z}$ 模, 则 $\mathrm{Hom}(A, C)$ 是离散 G 模. 配对

$$\mathrm{Hom}(A, C) \times A \to C : (f, a) \mapsto f(a)$$

决定杯积

$$H^p(G, \mathrm{Hom}(A, C)) \times H^q(G, A) \xrightarrow{\cup} H^{p+q}(G, C).$$

现设有 G 模正合序列 $0 \to A \to A' \to A'' \to 0$ 及 G 模 C 使得有正合序列

$$0 \to \mathrm{Hom}(A'', C) \to \mathrm{Hom}(A', C) \to \mathrm{Hom}(A, C) \to 0,$$

又设 G 有限或 G 模 A, A', A'' 同时是有限生成 $\mathbb{Z}$ 模. 则下图交换

$$
\begin{array}{ccccc}
H^p(G, \mathrm{Hom}(A, C)) & \times & H^q(G, A) & \xrightarrow{\cup} & H^{p+q}(G, C) \\
{\scriptstyle \delta}\downarrow & & {\scriptstyle \delta}\uparrow & & \downarrow{\scriptstyle (-1)^{p+1}} \\
H^{p+1}(G, \mathrm{Hom}(A'', C)) & \times & H^{q-1}(G, A'') & \xrightarrow{\cup} & H^{p+q}(G, C)
\end{array}
$$

命题 5.27 设 G 是有限群, A 是 G 模. 则

(1) 对所有 $i \in \mathbb{Z}$, 配对

$$\hat{H}^i(G, \mathrm{Hom}(A, \mathbb{Q}/\mathbb{Z})) \times \hat{H}^{-i-1}(G, A) \xrightarrow{\cup} \hat{H}^{-1}(G, \mathbb{Q}/\mathbb{Z}) = \frac{1}{|G|}\mathbb{Z}/\mathbb{Z} \subseteq \mathbb{Q}/\mathbb{Z}$$

决定同构 $\hat{H}^i(G, \mathrm{Hom}(A, \mathbb{Q}/\mathbb{Z})) \xrightarrow{\approx} \mathrm{Hom}(\hat{H}^{-i-1}(G, A), \mathbb{Q}/\mathbb{Z}).$

(2) 若 A 同时是自由 $\mathbb{Z}$ 模, 则对所有 $i \in \mathbb{Z}$, 配对

$$\hat{H}^i(G, \mathrm{Hom}(A, \mathbb{Z})) \times \hat{H}^{-i}(G, A) \xrightarrow{\cup} \hat{H}^0(G, \mathbb{Z}) = \mathbb{Z}/|G|\mathbb{Z} \subseteq \mathbb{Q}/\mathbb{Z}$$

决定同构 $\hat{H}^i(G, \mathrm{Hom}(A, \mathbb{Z})) \xrightarrow{\approx} \mathrm{Hom}(\hat{H}^{-i}(G, A), \mathbb{Q}/\mathbb{Z}).$

证明 (1) 当 $i=0$ 时直接计算, 然后用维数移位得 $i \neq 0$ 的结果.

(2) A 是自由 $\mathbb{Z}$ 模, 所以有正合序列
$$0 \to \mathrm{Hom}(A, \mathbb{Z}) \to \mathrm{Hom}(A, \mathbb{Q}) \to \mathrm{Hom}(A, \mathbb{Q}/\mathbb{Z}) \to 0.$$

乘 $|G|$ 在 $\mathrm{Hom}(A, \mathbb{Q})$ 是同构, 于是在 $H^n(G, \mathrm{Hom}(A, \mathbb{Q}))$ 上亦是同构, 根据命题 5.12 得 $H^n(G, \mathrm{Hom}(A, \mathbb{Q})) = 0$, 于是下图交换

$$\begin{array}{ccccc} H^{i-1}(G, \mathrm{Hom}(A, \mathbb{Q}/\mathbb{Z})) & \times & H^{-i}(G, A) & \xrightarrow{\cup} & H^{-1}(G, \mathbb{Q}/\mathbb{Z}) \\ \downarrow{\delta} & & \downarrow{id} & & \downarrow{\delta} \\ H^i(G, \mathrm{Hom}(A, \mathbb{Z})) & \times & H^{-i}(G, A) & \xrightarrow{\cup} & H^0(G, \mathbb{Z}) \end{array}$$

图中垂直箭头都是同构. 根据图由 (1) 得 (2). □

5.3 Tate 定理

G 为有限群, A 为 G 模.

引理 5.28 若对所有子群 $H \subseteq G$, $H^1(H, A) = 0 = H^2(H, A)$, 则对所有子群 H, $H^0(H, A) = 0 = H^3(H, A)$.

注 可以把 "$=0$" 推前一步至 H^3, 也可推后一步至 H^0.

证明 对 G 的阶 $|G|$ 做归纳证明. 当 $|G| = 1$ 时显然. 作为归纳假设: 对所有不等于 G 的子群 H 有 $H^0(H, A) = 0 = H^3(H, A)$. 现在要证明: $H^0(G, A) = 0 = H^3(G, A)$.

如果 G 不是 p-群, 根据命题 5.21 从归纳假设: Sylow 子群的上同调群为零得 $H^0(G, A) = 0 = H^3(G, A)$.

现设 G 是 p-群. 则存在正规子群 $H \subseteq G$ 使得 $|G/H|$ 是素数. 按归纳假设 $H^0(H, A) = 0 = H^3(H, A)$, 并且 $H^1(H, A) = 0 = H^2(H, A)$. 用命题 5.22 得同构
$$\mathrm{Inf}: H^q(G/H, A^H) \to H^q(G, A), \quad q = 1, 2, 3.$$

从 $H^1(G, A) = 0$ 得 $H^1(G/H, A^H) = 0$, 根据定理 5.11 知 $H^3(G/H, A^H) = 0$, 于是 $H^3(G, A) = 0$.

从 $H^2(G, A) = 0$ 得 $H^2(G/H, A^H) = 0$, 于是根据定理 5.11 知 $H^0(G/H, A^H) = 0$, 即 $A^G = N_{G/H} A^H$. 加上由 $H^0(H, A) = 0$ 得 $A^H = N_H A$, 便得 $A^G = N_{G/H}(N_H A) = N_G A$, 这就是说 $H^0(G, A) = 0$. □

命题 5.29 设有 q_0 使得对所有子群 $H \subseteq G$, $H^{q_0}(H, A) = 0 = H^{q_0+1}(H, A)$, 则对所有子群 H, 所有 q, $H^q(H, A) = 0$.

证明 (1) 从定理假设, 对所有子群 H, 根据维数移位定理得 $H^1(H, A^{[q_0-1]}) \cong H^{q_0}(H, A) = 0, H^2(H, A^{[q_0-1]}) \cong H^{q_0+1}(H, A) = 0$. 根据引理 5.28 得 $H^0(H, A^{[q_0-1]}) = 0 = H^3(H, A^{[q_0-1]})$, 即 $H^{q_0-1}(H, A) = 0 = H^{q_0+2}(H, A)$.

(2) 由上现在有 $H^{q_0+1}(H, A) = 0 = H^{q_0+2}(H, A)$, 那么按照前面移位的方法同样可证明 $H^{q_0}(H, A) = 0 = H^{q_0+3}(H, A)$, 这样便得 $H^q(H, A) = 0$, $q \geqslant q_0$.

另一方面, 现在又有 $H^{q_0-1}(H, A) = 0 = H^{q_0}(H, A)$, 同理便得 $H^{q_0-2}(H, A) = 0 = H^{q_0-1}(H, A)$. 继续下去便得 $H^q(H, A) = 0$, $q \leqslant q_0$. □

命题 5.30 假设对所有子群 $H \subseteq G$,

(1) $H^{-1}(H, A) = 0$.
(2) $H^0(H, A)$ 是阶为 $|H|$ 的循环群.

设 a 生成 $H^0(G, A)$. 则对所有 $q \in \mathbb{Z}$, 杯积决定同构

$$a \cup : H^q(G, \mathbb{Z}) \to H^q(G, A).$$

证明 取 $B = A \oplus \mathbb{Z}[G]$, $\mathbb{Z}[G]$ 是同调平凡. 于是 $i : A \to B : a \mapsto (a, 0)$ 诱导同构 $\bar{i} : H^q(H, A) \to H^q(H, B)$, 因此可以用 B 代替 A.

选 $a_0 \in A^G$ 使得 $a = a_0 + N_G A$ 是 $H^0(H, A)$ 的生成元, 单射

$$f : \mathbb{Z} \to B : n \mapsto a_0 \cdot n + N_G A \cdot n$$

诱导同态 $\bar{f} : H^q(H, \mathbb{Z}) \to H^q(H, B)$. 由命题 5.25 得交换图

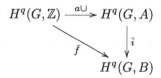

只要证得 $\bar{f}$ 是同构, 便知上图中横行是同构, 本命题便得证.

从单射 $f : \mathbb{Z} \to B$ 得 G 模正合序列 $0 \to \mathbb{Z} \xrightarrow{f} B \to C \to 0$, 现有 $H^{-1}(H, B) = H^{-1}(H, A) = 0$ 和 $H^1(H, \mathbb{Z}) = 0$, 上同调正合序列是

$$0 \to H^{-1}(H, C) \to H^0(H, \mathbb{Z}) \xrightarrow{\bar{f}} H^0(H, B) \to H^0(H, C) \to 0.$$

当 $q = 0$ 时, 可直接证明 $\bar{f}$ 是同构, 因此 $H^{-1}(H, C) = 0 = H^0(H, C)$. 用命题 5.29 得对所有 q, $H^q(H, C) = 0$. 于是从 $0 \to \mathbb{Z} \xrightarrow{f} B \to C \to 0$ 的上同调正合序列便得对所有 q, $\bar{f} : H^q(G, \mathbb{Z}) \to H^q(G, B)$ 是同构. □

从命题 5.30 得以下定理.

定理 5.31 (Tate) A 为 G 模. 设对 G 的任意子群 H 有以下性质:

(1) $H^1(H,A) = 0$.
(2) $H^2(H,A)$ 为 $|H|$ 阶循环群.

取 $H^2(G,A)$ 的生成元 u, 则有同构

$$u\cup : H^q(G,\mathbb{Z}) \to H^{q+2}(G,A).$$

5.4 射影有限群的同调群

命题 5.32 设 G 为射影有限群, A 为 G 模. 在 A 上取离散拓扑, 则以下条件等价:
(1) A 是连续 G 模: 定义 G 模结构的映射 $G \times A \to A : (\sigma, a) \mapsto \sigma a$ 是连续映射.
(2) 对任意 $a \in A$, $\{\sigma \in G : \sigma a = a\}$ 是 G 的开子群.
(3) 当 U 遍历 G 的全部开子群时, $A = \cup_U A^U = \varinjlim_U A^U$, 其中 $A^U = \{a \in A : Ua = \{a\}\}$.

称满足以上命题的 G 模 A 为**离散 G 模** (discrete G module).

以 $\{U_i : i \in I\}$ 记 G 的全部开子群. 若 $U_i \supseteq U_j$, 则设 $i \leqslant j$, 这样 $(I, \leqslant)$ 为有向集, 并且 $G = \varprojlim_i G/U_i$.

当 $i \leqslant j$ 时, 有膨胀同态

$$\lambda_i^j : H^q(G/U_i, A^{U_i}) \to H^q(G/U_j, A^{U_j}).$$

于是得正系统 $(H^q(G/U_i, A^{U_i}), \lambda_i^j)$.

定义 5.33 设 G 为射影有限群, A 为连续 G 模. 用膨胀同态定义

$$H^q(G, A) = \varinjlim_i H^q(G/U_i, A^{U_i}).$$

我们可以从另外一个观点看此定义. 先指出一个结果. 设 P 为射影有限群, D 为带离散拓扑的集合. 则映射 $f : P \to D$ 为连续的充要条件是: P 有开正规子群 K, 且有从有限群 P/K 到 D 的映射 g, 使得 $f = g \circ \pi$, 其中 $\pi : P \to P/K$ 为投射.

以 $C^n(G, A)$ 记所有从 G^n 到 A 的连续映射所组成的加法群. 若 $f \in C^n(G, A)$, 则 G 有开正规子群 U_1, 且有映射 $g : (G/U_1)^n \to A$ 使得 $f = g \circ \pi$, 其中 $\pi : G^n \to (G/U_1)^n$ 为投射. 因为 $(G/U_1)^n$ 为有限群, $f(G^n)$ 为有限集, 于是有 G 的开正规子群 U_2 使得 $f(G^n) \subseteq A^{U_2}$. 取 $U = U_1 \cap U_2$. 则 f 可表达为

$$G^n \to (G/U)^n \xrightarrow{f_U} A^U \to A,$$

其中 $f_U \in C^n(G/U, A^U)$. 可以证明

$$C^n(G, A) = \varinjlim_U C^n(G/U, A^U).$$

在 $C^n(G,A)$ 上如常定义 $d: C^n(G,A) \to C^{n+1}(G,A)$,

$$d(f)(g_1,\ldots,g_{n+1}) = g_1 \cdot f(g_2,\ldots,g_{n+1})$$
$$+ \sum_{i=1}^{n}(-1)^i f(g_1,\ldots,g_i g_{i+1},\ldots,g_{n+1}) + (-1)^{n+1}f(g_1,\ldots,g_n),$$

则 $(C^n(G,A),d)$ 为复形. 用这个复形算出的上同调群记为 $H^q_{\text{cont}}(G,A)$, 并称此为 (G,A) 的连续上同调群. 利用 $\varinjlim_U$ 与 d 交换可以证明 $H^q_{\text{cont}}(G,A)$ 就是前面用正极限定义的 $H^q(G,A)$.

关于本节可参考

[1] J. Tate, Relation between K_2 and Galois cohomology, *Inv. Math.* 36 (1976), 257-274.

[2] U. Jannsen, Continuous etale cohomology, *Math. Ann.* 280 (1988), 207-245.

[3] J. Neukirch, A. Schmidt, K. Winberg, *Cohomology of Number Fields*, Springer (2000), Chap II, §7.

前面关于有限群上同调的理论常可以推广到本节. 作为例子, 若对所有 q 和 G 的所有闭子群 H 均有 $H^q(H,A) = 0$, 则称 A 有**平凡上同调**.

命题 5.34 G 是射影有限群, G 模 A 有平凡上同调当且仅当对所有开正规子群 U, G/U 模 A^U 有平凡上同调.

证明 ($\Rightarrow$). 设 H/U 是 G/U 的闭子群. 若 $H^i(U,A) = 0$, $1 \leqslant i \leqslant n-1$, 则有正合序列

$$0 \to H^n(H/U,A^U) \to H^n(H,A) \to H^n(U,A).$$

于是从假设得 $H^n(H/U,A^U) = 0$.

($\Leftarrow$). 取闭子群 H. 若 $n > 0$, $H^n(H,A) = \varinjlim_U H^n(H/U,A^U) = 0$. □

5.5 类成

本节的参考资料如下:

[1] A. Weil, Sur la theorie du corps de classes, *J. Math. Soc. Japan*, 3 (1951), 1-35.

[2] G. Hochschild, T. Nakayama, Cohomology in class field theory, *Annals of Math.* 55 (1952), 348-366.

[3] E. Artin, J. Tate, *Class Field Theory*, Chapter 14.

[4] J-P. Serre, *Local Fields*, Springer, Chapter XI.

由射影有限群 G 的全部开子群所组成的集合记为 $\{G_F : F \in X\}$, 在这里我们把 F 只看为指标, X 是全部指标所组成的集合. 如果有 G 的开子群 G_F, G_K 使得 $G_K \triangleleft G_F$,

则上同调群
$$H^q(G_F/G_K, A^{G_K}) \quad 记为 \quad H^q(K|F).$$

若 $G_K \subseteq G_F, G_E \triangleleft G_K$ 和 $G_E \triangleleft G_F$, 则有上同调群限制映射

$$\text{Res}: H^q(G_F/G_E, A^{G_E}) \to H^q(G_K/G_E, A^{G_E}).$$

定义 5.35 G 为射影有限群. 若以下条件成立, 我们说离散 G 模 A 满足**类成原则** (Principle of Class Formation) 或称 A 为 G 的**类成模** (class formation module): 对 G 的任意开子群 G_F, G_E 使得 $G_E \triangleleft G_F$, 则

(1) $H^1(G_F/G_E, A^{G_E}) = 1$,
(2) 存在同构 $\text{inv}_{E|F}: H^2(G_F/G_E, A^{G_E}) \to \frac{1}{[G_F:G_E]}\mathbb{Z}/\mathbb{Z}$;

并且对 G_F 的正规子群 $G_E \subseteq G_K$, 以下公式成立:

(a) $\text{inv}_{K|F} = \text{inv}_{E|F} \circ \text{Inf}$,
(b) $\text{inv}_{E|K} \circ \text{Res} = [G_F : G_K]\text{inv}_{E|F}$,

即是说下图交换

$$\begin{array}{ccccc}
H^2(G_F/G_K, A^{G_K}) & \xrightarrow{\text{Inf}} & H^2(G_F/G_E, A^{G_E}) & \xrightarrow{\text{Res}} & H^2(G_K/G_E, A^{G_E}) \\
\downarrow{\text{inv}_{K|F}} & & \downarrow{\text{inv}_{E|F}} & & \downarrow{\text{inv}_{E|K}} \\
\frac{1}{[G_F:G_K]}\mathbb{Z}/\mathbb{Z} & \hookrightarrow & \frac{1}{[G_F:G_E]}\mathbb{Z}/\mathbb{Z} & \xrightarrow{[G_F:G_K]} & \frac{1}{[G_K:G_E]}\mathbb{Z}/\mathbb{Z}
\end{array}$$

这样当 $G_E \triangleleft G_F$ 时, 可取生成元 $u_{E|F} \in H^2(G_F/G_E, A^{G_E})$ 使得

$$\text{inv}_{E|F}(u_{E|F}) = \frac{1}{[G_F:G_E]} + \mathbb{Z},$$

称 $u_{E|F}$ 为**基本类**.

从 Tate 定理 5.31 立刻得

定理 5.36 设连续 G 模 A 满足类成原则. 若 $G_K \triangleleft G_F$, 则基本类 $u_{K|F}$ 决定同构

$$u_{K|F} \cup : H^q(G_F/G_K, \mathbb{Z}) \to H^{q+2}(G_F/G_K, A^{G_K}).$$

若 $G_K \triangleleft G_F$, 取一组 G_F/G_K 的代表 $\sigma_1, \ldots, \sigma_m$. 若 $a \in A^{G_K}$, 设

$$N_{K|F}(a) = \sigma_1(a) + \cdots + \sigma_m(a).$$

若 $\mathfrak{G}$ 为有限群, 则记 $\mathfrak{G}$ 的最大交换商群 $\mathfrak{G}/[\mathfrak{G}, \mathfrak{G}]$ 为 $\mathfrak{G}^{ab}$, 其中 $[\mathfrak{G}, \mathfrak{G}]$ 是由 $ghg^{-1}h^{-1}$, $g, h \in \mathfrak{G}$ 所生成的子群. 标准群上同调计算给出

$$H^{-2}(G_F/G_K, \mathbb{Z}) = (G_F/G_K)^{ab}, \quad H^0(G_F/G_K, A^{G_K}) = A^{G_F}/N_{K|F}(A^{G_K}).$$

5.5 类成

这样当连续 G 模 A 满足类成原则, 并且 $G_K \triangleleft G_F$ 时, 按定理 5.36 有同构

$$r_{K|F}: (G_F/G_K)^{ab} \to A^{G_F}/N_{K|F}(A^{G_K}).$$

于是用这同构的反映射和投射得满同态

$$(\ ,K|F): A^{G_F} \to A^{G_F}/N_{K|F}(A^{G_K}) \xrightarrow{r_{K|F}^{-1}} (G_F/G_K)^{ab},$$

称为扩张 K/F 的**范剩符号** (norm residue symbol). 我们用下图表示

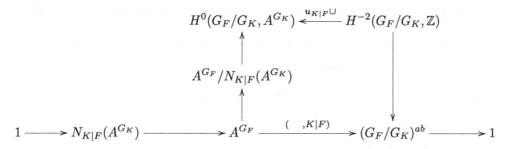

在第六、七章我们将证明: 局部数域的乘法群 $F^\times$ 和数域的理元类群 $F_\mathbb{A}^\times/F^\times$ 看作 Galois 模时均满足类成原则, 所以可得局部互反律和整体互反律, 为此需要计算这些 Galois 模的 H^1 和 H^2.

命题 5.37 设连续 G 模 A 满足类成原则.

(1) 设 $G_K \triangleleft G_F$. 从正合序列 $0 \to \mathbb{Z} \to \mathbb{Q} \to \mathbb{Q}/\mathbb{Z} \to 0$ 得连接同态 $\delta: H^1(G_F/G_K, \mathbb{Q}/\mathbb{Z}) \to H^2(G_F/G_K, \mathbb{Z})$. 取 $a \in A^{G_K}$, 记 $\bar a = a \cdot N_{K|F} A^{G_K} \in H^0(G_F/G_K, A^{G_K})$. 取特征标 $\chi \in \chi((G_F/G_K)^{ab}) = H^1(G_F/G_K, \mathbb{Q}/\mathbb{Z})$, 用杯积

$$H^0(G_F/G_K, A^{G_K}) \times H^2(G_F/G_K, \mathbb{Z}) \to H^2(G_F/G_K, A^{G_K})$$

计算 $\bar a \cup \delta(\chi)$, 则必有

$$\chi((a,K|F)) = \mathrm{inv}_{K|F}(\bar a \cup \delta(\chi)) \in \frac{1}{[K:F]}\mathbb{Z}/\mathbb{Z}.$$

(2) 若 $G_E \triangleleft G_K \triangleleft G_F$, $G_E \triangleleft G_F$, 以 $\pi: (G_F/G_E)^{ab} \to (G_F/G_K)^{ab}$ 记投射, 则有交换图

$$\begin{array}{ccc} A^{G_F} & \xrightarrow{(\ ,E|F)} & (G_F/G_E)^{ab} \\ & \searrow\scriptstyle{(\ ,K|F)} & \downarrow\scriptstyle{\pi} \\ & & (G_F/G_K)^{ab} \end{array}$$

证明 (1). 记 $(a,K|F)$ 为 σ_a, 与此对应在 $H^{-2}(G_F/G_K, \mathbb{Z})$ 的元素记为 $\bar\sigma_a$. 在 $A^{G_F}/N_{K|F}(A^{G_K}) = H^0(G_F/G_K, A^{G_K})$ 内有 $\bar a = u_{K|F} \cup \bar\sigma_a$. 设 $n = [K:F]$. 计算

$$\bar a \cup \delta\chi = (u_{K|F} \cup \bar\sigma_a) \cup \delta\chi = u_{K|F} \cup (\bar\sigma_a \cup \delta\chi) = u_{K|F} \cup \delta(\bar\sigma_a \cup \chi),$$

$$\bar{\sigma}_a \cup \chi = \chi(\sigma_a) = \frac{r}{n} + \mathbb{Z} \in \frac{1}{n}\mathbb{Z}/\mathbb{Z} = H^{-1}(G_F/G_K, \mathbb{Q}/\mathbb{Z}).$$

取 $\delta: H^{-1}(G_F/G_K, \mathbb{Q}/\mathbb{Z}) \to H^0(G_F/G_K, \mathbb{Z})$,

$$\delta(\chi(\sigma_a)) = n\left(\frac{r}{n} + \mathbb{Z}\right) = r + n\mathbb{Z} \in H^0(G_F/G_K, \mathbb{Z}) = \mathbb{Z}/n\mathbb{Z},$$

$$\bar{a} \cup \delta\chi = u_{K|F} \cup (r + n\mathbb{Z}) = u_{K|F}^r,$$

$$\operatorname{inv}_{K|F}(\bar{a} \cup \delta(\chi)) = r\operatorname{inv}_{K|F}(u_{K|F}) = \frac{r}{n} + \mathbb{Z} = \chi(\sigma_a).$$

(2) 取 $\chi \in \chi(G_F/G_K) = H^1(G_F/G_K, \mathbb{Q}/\mathbb{Z})$, $\operatorname{Inf}\chi \in H^1(G_E/G_K, \mathbb{Q}/\mathbb{Z})$. 计算

$$\chi(\pi(a, E|F)) = \operatorname{Inf}\chi((a, E|F)) = \operatorname{inv}_{E|F}(\bar{a} \cup \delta(\operatorname{Inf}\chi)) = \operatorname{inv}_{E|F}(\bar{a} \cup \operatorname{Inf}\delta\chi)$$

$$= \operatorname{inv}_{E|F}(\operatorname{Inf}(\bar{a} \cup \delta\chi)) = \operatorname{inv}_{K|F}(\bar{a} \cup \delta\chi) = \chi(a, K|F),$$

此等式对所有 $\chi \in \chi(G_F/G_K)$ 成立, 所以得 $\pi(a, E|F) = (a, K|F)$. □

命题 5.38 设 $G_K \triangleleft G_E \triangleleft G_F$, $G_K \triangleleft G_F$, 引入记号: $A_f = A^{G_f}$, 若 $G_K \triangleleft G_F$ 记 $G(K/F) = G_F/G_K$. 则以下为交换图.

(1) $\begin{array}{ccc} A_F & \xrightarrow{(\ ,K|F)} & G(K/F)^{ab} \\ {\scriptstyle id}\downarrow & & \downarrow{\scriptstyle \pi} \\ A_F & \xrightarrow{(\ ,E|F)} & G(E/F)^{ab} \end{array}$
(2) $\begin{array}{ccc} A_F & \xrightarrow{(\ ,K|F)} & G(K/F)^{ab} \\ {\scriptstyle incl}\downarrow & & \downarrow{\scriptstyle \operatorname{Ver}} \\ A_E & \xrightarrow{(\ ,E|F)} & G(K/E)^{ab} \end{array}$

(3) $\begin{array}{ccc} A_E & \xrightarrow{(\ ,K|E)} & G(K/E)^{ab} \\ {\scriptstyle N_{E|F}}\downarrow & & \downarrow{\scriptstyle \eta} \\ A_F & \xrightarrow{(\ ,K|F)} & G(K/F)^{ab} \end{array}$
(4) $\begin{array}{ccc} A_F & \xrightarrow{(\ ,K|F)} & G(K/F)^{ab} \\ {\scriptstyle \sigma}\downarrow & & \downarrow{\scriptstyle \sigma^*} \\ A_{\sigma F} & \xrightarrow{(\ ,\sigma K|\sigma F)} & G(\sigma K/\sigma F)^{ab} \end{array}$

其中在图 (1) 中, E/F 是正规扩张, π 来自投射

$$G(K/F) \to G(K/F)/G(K/E) \cong G(E/F).$$

在图 (2) 中, $incl$ 是包含映射, Ver 是**迁移映射** (transfer): $H^{-2}(\operatorname{Gal}(K/F), \mathbb{Z}) \xrightarrow{\operatorname{Res}} H^{-2}(\operatorname{Gal}(K/E), \mathbb{Z})$.

在图 (3) 中, η 来自 $G(K/E) \subseteq G(K/F)$.

在图 (4) 中, σ^* 来自 $\tau \mapsto \sigma\tau\sigma^{-1}$.

证明 (1) 在命题 5.37 中已证明. 先证明 (3), 考虑

$$\begin{array}{ccccccc} A_E & \longrightarrow & H^0(G_E/G_K, A^{G_K}) & \xleftarrow[u_{K|E}\cup]{\approx} & H^{-2}(G_E/G_K, \mathbb{Z}) & \xrightarrow{\approx} & G(K/E)^{ab} \\ {\scriptstyle N_{E|F}}\downarrow & & \downarrow{\scriptstyle \operatorname{Cor}} & & \downarrow{\scriptstyle \operatorname{Cor}} & & \downarrow{\scriptstyle \eta} \\ A_F & \longrightarrow & H^0(G_F/G_K, A^{G_K}) & \xleftarrow[u_{K|F}\cup]{\approx} & H^{-2}(G_F/G_K, \mathbb{Z}) & \xrightarrow{\approx} & G(K/F)^{ab} \end{array}$$

选 $z \in H^{-2}(G_E/G_K, \mathbb{Z})$, 则根据命题 5.24,

$$\mathrm{Cor}(u_{K|E} \cup z) = \mathrm{Cor}(\mathrm{Res}(u_{K|F}) \cup z) = u_{K|F} \cup (\mathrm{Cor}\, z),$$

这证明中间方形是交换的.

左边方形是交换的, 这是因为: $\mathrm{Cor}: H^0(G_E/G_K, A^{G_K}) \to H^0(G_F/G_K, A^{G_K})$ 的定义是 $a \in A^{G_E}$,

$$a + N_{G_E/G_K} \mapsto N_{G_F/G_E} a + N_{G_F/G_K} A^{G_K}.$$

右边方形是交换的, 这是因为以下的一般结果: H 是 G 的子群, 下图交换

$$\begin{array}{ccccc} H^{-2}(H, \mathbb{Z}) & \xrightarrow{\delta} & H^{-1}(H, I_H) & \longrightarrow & H^{ab} \\ {\scriptstyle \mathrm{Cor}_{-2}}\downarrow & & {\scriptstyle \mathrm{Cor}_{-1}}\downarrow & & \downarrow{\scriptstyle \eta} \\ H^{-2}(G, \mathbb{Z}) & \xrightarrow{\delta} & H^{-1}(G, I_G) & \longrightarrow & G^{ab} \end{array}$$

(2) 和 (4) 的证明雷同. □

按以上讨论可以设

$$G_F^{ab} = \varprojlim_{G_E \triangleleft G_F} (G_F/G_E)^{ab} \quad \text{和} \quad (\ ,F) = \varprojlim_{E} (\ ,E|F).$$

于是若连续 G 模 A 满足类成原则, 则有同态 $(\ ,F): A^{G_F} \to G_F^{ab}$, 称其为域 F 范剩符号.

命题 5.39 域 F 范剩符号的核是 $\cap_E N_{E|F} A^{G_E}$, 它的像是 G_F^{ab} 的稠密子群.

证明 $(a, F) = 1$ 当且仅当对所有正规扩张 E/F 有 $(a, E|F) = 1$, 即 $a \in \cap_E N_{E|F} A^{G_E}$.

当取 $\sigma \in G_F^{ab}$, 取 H 为 G_F^{ab} 的所有开子群时, σH 成为 σ 的邻域基. 但 $G_F^{ab}/H = G_F/G_E$ 而对应的范剩符号 $(\ , E|F): A^{G_F} \to G_F/G_E$ 是满射, 因此有 $a \in A^{G_F}$ 使得 $\pi_E(a, F) = (a, E|F) = \pi_E \sigma$, 即 $(a, F) \in \sigma H$. 于是得范剩符号的像是稠密子群. □

5.6 域的上同调

命题 5.40 设 E/F 是 Galois 有限扩张. 则对所有 q, $H^q(\mathrm{Gal}(E/F), E) = 0$.

证明 记 $\mathrm{Gal}(E/F)$ 为 G. 可取 $a \in E$ 使得 $\{ga : g \in G\}$ 是 E/F 的基底, 于是 $E = \oplus_{g \in G} Fga$, 即 E 是 G-诱模, 所以 E 有平凡上同调. □

定理 5.41 (Hilbert-Noether) 设 E/F 是 Galois 有限扩张. 则

$$H^1(\mathrm{Gal}(E/F), E^\times) = 1.$$

证明 记 $\mathrm{Gal}(E/F)$ 为 G, 取 $a_\sigma \in Z^1(G, E^\times)$. 对 $c \in E^\times$, 设 $b = \sum_{\sigma \in G} a_\sigma \cdot \sigma c$. 由自同构 $\{\sigma\}$ 线性无关, 知有 c 使 $b \neq 0$, 如此

$$\tau(b) = \sum_{\sigma \in G} \tau a_\sigma(\tau \sigma c) = \sum_{\sigma \in G} a_\tau^{-1} a_{\sigma\tau}(\tau \sigma c) = a_\tau^{-1} \cdot b.$$

于是得 $a_\sigma = \frac{\tau(b^{-1})}{b^{-1}}$, 即 $a_\tau \in B^1(G, E^\times)$, 所以 $Z^1(G, E^\times) = B^1(G, E^\times)$. □

推论 5.42 (Hilbert 定理 90) 设 E/F 循环有限扩张, σ 是 $\mathrm{Gal}(E/F)$ 的生成元. 若 $x \in E^\times$ 和 $N_{E/F}x = 1$, 则有 $c \in E^\times$ 使得 $x = \frac{\sigma c}{c}$.

证明 记 $\mathrm{Gal}(E/F)$ 为 G, 因为 G 是循环群, 所以 $H^{-1}(G, E^\times) = H^1(G, E^\times)$, 由定理 5.41 得

$$1 = H^{-1}(G, E^\times) = \frac{N_G E^\times}{I_G E^\times} = \frac{\{x : N_{E/F}x = 1\}}{(E^\times)^{\sigma - 1}}.$$
□

推论 5.43 设 E/F 为循环有限扩张. 则对所有 q, $H^q(\mathrm{Gal}(E/F), E^\times) = 1$.

证明 记 $\mathrm{Gal}(E/F)$ 为 G, $E^\times$ 是有限群, 所以 Herbrand 商

$$1 = h(E^\times) = H^2(G, E^\times)/H^1(G, E^\times),$$

由前面 Hilbert 定理得 $H^2(G, E^\times) = 1$. G 为循环群, 由 $H^q(G, E^\times) = 1$, $q = 1, 2$ 得知对所有 q 亦成立. □

5.7 Kummer 扩张

作为 H^1 的一个应用, 我们在本节介绍 Kummer 扩张, 此外 Kummer 扩张亦可以看为交换类域论未来的先驱.

取域 F, 固定 F 的代数闭包 F^{alg}, 设 F 的特征不是正整数 m 的因子, 则以 $\boldsymbol{\mu}_m$ 记由 F^{alg} 内 m 次单位根所组成的子群. 记 $E^{\times(m)} = \{x^m : x \in E^\times\}$, 以便与 $E^\times$ 的 m 次直积 E^m 区别.

定义 5.44 称域扩张 E/F 为 m-Kummer 扩张, 如果
(1) Galois 群 $\mathrm{Gal}(E/F)$ 是群指数为 m 的交换群,
(2) $F \supseteq \boldsymbol{\mu}_m$,
(3) F 的特征不是 m 的因子.

命题 5.45 设 F 含 $\boldsymbol{\mu}_m$, $m'|m$, E/F 为 m'-Kummer 有限扩张.
(1) 对 $\sqrt[m]{a} \in \sqrt[m]{F^\times}$, $\sigma \in \mathrm{Gal}(E/F)$, 设 $\chi_{\sqrt[m]{a}}(\sigma) = \sigma(\sqrt[m]{a})/\sqrt[m]{a}$. 则

$$\chi : \sqrt[m]{F} \cap E^\times \to \mathrm{Hom}(\mathrm{Gal}(E/F), \boldsymbol{\mu}_m) : \sqrt[m]{a} \mapsto \chi_{\sqrt[m]{a}}$$

是群同态, 并有正合序列
$$1 \to F^\times \hookrightarrow \sqrt[m]{F} \cap E^\times \xrightarrow{\chi} \operatorname{Hom}(\operatorname{Gal}(E/F), \boldsymbol{\mu}_m) \to 1,$$

(2) 从映射 $\sqrt[m]{F} \cap E^\times \to (E^{\times(m)} \cap F^\times)/F^{\times(m)} : c \mapsto c^m F^{\times(m)}$ 得同构
$$E^{\times(m)} \cap F^\times / F^{\times(m)} \cong \sqrt[m]{F} \cap E^\times / F^\times \cong \operatorname{Gal}(E/F).$$

(3) 有 $\sqrt[m]{a_i} \in \sqrt[m]{F} \cap E^\times$ 使得 $E = F(\sqrt[m]{a_1}, \ldots, \sqrt[m]{a_r})$ 当且仅当 $\sqrt[m]{a_i} F^\times$ 生成 $\sqrt[m]{F} \cap E^\times / F^\times$.

(4) 若 $\{a_i F^{\times(m)}, 1 \leqslant i \leqslant r\}$ 生成 $E^{\times(m)} \cap F^\times / F^{\times(m)}$, 则 E/F 是
$$f(x) = (x^m - a_1) \ldots (x^m - a_r)$$
的分裂域.

证明 (1) 若 $a \in F^\times$, 则 $a^m \in F^\times$, 于是 $F^\times \hookrightarrow \sqrt[m]{F}$. 若 $c = \sqrt[m]{a} \in \operatorname{Ker} \chi$, 则对所有 $\sigma \in \operatorname{Gal}(E/F)$ 有 $\sigma(c) = c$, 即 $c \in F$, 由此得 $\operatorname{Ker} \chi = F^\times$.

现取 $\chi \in \operatorname{Hom}(\operatorname{Gal}(E/F), \boldsymbol{\mu}_m)$, 则因为 $F \supseteq \boldsymbol{\mu}_m$, 所以 $\chi(\sigma\tau) = \chi(\sigma)\chi(\tau) = \tau(\chi(\sigma))\chi(\tau)$, 这样 $\sigma \mapsto \chi(\sigma)$ 是 1 上闭链. 根据 Hilbert-Noether 定理 5.41 知有 $b \in E^\times$ 使得 $\chi(\sigma) = \sigma(c)/c$. 由于 $\sigma(c)/c \in \boldsymbol{\mu}_m$, 便得 $(\sigma c)^m = c^m$ 或 $\sigma(c^m) = c^m$, 即 $c^m \in F$, 所以 $c \in \sqrt[m]{F} \cap E^\times$. 这证明了 χ 是满射.

(2) 若 c 属于所给映射的核, 则 $c^m \in F^{\times(m)}$, 即 $c^m = b^m, b \in F^\times$. 于是有 ζ, $\zeta^m = 1, c = \zeta b$. 因为 $\boldsymbol{\mu}_m \subset F^\times, c \in F^\times$, 由 (1) 和 $\operatorname{Hom}(\operatorname{Gal}(E/F), \boldsymbol{\mu}_m) \cong \operatorname{Gal}(E/F)$ 便得所需同构.

(3) ($\Rightarrow$) 设 $E = F(\sqrt[m]{a_1}, \ldots, \sqrt[m]{a_r})$, 取 $\sigma \in \operatorname{Gal}(E/F)$. 若 $\sigma(\sqrt[m]{a_i}) = \sqrt[m]{a_i}$, 则对所有 $c \in E$, $\sigma c = c$. 这样由 $\chi_{\sqrt[m]{a_i}}(\sigma) = 1$, 便得 $\sigma = 1$. 按特征标群性质便知 $\chi_{\sqrt[m]{a_1}}, \ldots, \chi_{\sqrt[m]{a_r}}$ 生成 $\operatorname{Hom}(\operatorname{Gal}(E/F), \boldsymbol{\mu}_m)$. 取 $\sqrt[m]{a} \in \sqrt[m]{F} \cap E^\times$, 则 $\chi_{\sqrt[m]{a}} = \chi_{\sqrt[m]{a_1}}^{k_1} \cdots \chi_{\sqrt[m]{a_r}}^{k_r}$, 于是
$$\frac{\sigma(\sqrt[m]{a})}{\sqrt[m]{a}} = \left(\frac{\sigma(\sqrt[m]{a_1})}{\sqrt[m]{a_1}}\right)^{k_1} \cdots \left(\frac{\sigma(\sqrt[m]{a_r})}{\sqrt[m]{a_r}}\right)^{k_r}.$$
设 $b = \sqrt[m]{a_1}^{k_1} \cdots \sqrt[m]{a_r}^{k_r}$, 由此得 $\sigma(\sqrt[m]{a}b^{-1}) = \sqrt[m]{a}b^{-1}$ 对所有 σ 成立. 于是有 $c \in F^\times$ 使 $\sqrt[m]{a} = cb$, 因此便知 $\sqrt[m]{a_1} F^\times, \ldots, \sqrt[m]{a_r} F^\times$ 生成 $\sqrt[m]{F} \cap E^\times / F^\times$.

($\Leftarrow$) 设 $\sqrt[m]{a_i} F^\times, 1 \leqslant i \leqslant r$ 生成 $\sqrt[m]{F} \cap E^\times / F^\times$. 由同构 χ 得知 $\chi_{\sqrt[m]{a_1}}, \ldots, \chi_{\sqrt[m]{a_r}}$ 生成 $\operatorname{Hom}(\operatorname{Gal}(E/F), \boldsymbol{\mu}_m)$. 设 $K = F(\sqrt[m]{a_1}, \ldots, \sqrt[m]{a_r})$, $H = \operatorname{Gal}(E/K)$. 取 $\tau \in H$, 则 $\tau(\sqrt[m]{a_i}) = \sqrt[m]{a_i}, 1 \leqslant i \leqslant r$, 即对所有 $\chi \in \operatorname{Hom}(\operatorname{Gal}(E/F), \boldsymbol{\mu}_m), \chi(\tau) = 1$. 按特征标群性质便知 $\tau = 1$, 于是 $H = 1$, 所以 $E = K$.

(4) 由 (2) 中的同构得 $\sqrt[m]{a_i} F^\times$ 生成 $\sqrt[m]{F} \cap E^\times / F^\times$, 所以从 (3) 得 $E = F(\sqrt[m]{a_1}, \ldots, \sqrt[m]{a_r})$. 设 $\boldsymbol{\mu}_m = \{\zeta_j\}$. 则 $f(x)$ 的根集是 $\{\sqrt[m]{a_i}\zeta_j\}$, 所以 $E = F(\sqrt[m]{a_i}\zeta_j)$ 是 $f(x)$ 在 F 上的分裂域. □

定理 5.46 设 F 含 $\boldsymbol{\mu}_m$. 集合 $\mathcal{G}$ 的元素是 $F^\times$ 的子群 $\Gamma \supseteq F^{\times(m)}$, 使得 $|\Gamma/F^{\times(m)}|$ 有限. 集合 $\mathcal{F}$ 的元素是 m'-Kummer 扩张 E/F, $m' \mid m$. 则以下映射互逆并决定 $\mathcal{G}$ 和 $\mathcal{F}$ 之间的双射,

$$\mathcal{G} \to \mathcal{F}: \Gamma \mapsto F(\sqrt[m]{\Gamma}),$$
$$\mathcal{F} \to \mathcal{G}: E \mapsto E^{\times(m)} \cap F^\times.$$

证明 (1) 取 $\Gamma \in \mathcal{G}$. 证明 $F(\sqrt[m]{\Gamma}) \in \mathcal{F}$.

取 $a_1, \ldots, a_r \in \Gamma$, 使得 $a_i F^{\times(m)}$ 生成 $\Gamma/F^{\times(m)}$. 取 E 为 $f(x) = (x^m - a_1) \ldots (x^m - a_r)$ 的分裂域. 因为 $F^\times \supseteq \boldsymbol{\mu}_m = \{\zeta_j\}$, $x^m - a_i$ 有 m 个根 $\sqrt[m]{a_i}\zeta_j$, 便得 $f(x)$ 是可分多项式, E/F 是 Galois 扩张. 取 $\sigma \in \mathrm{Gal}(E/F)$, 则 $\sigma(\sqrt[m]{a_i}) = \zeta_i(\sigma)\sqrt[m]{a_i}$, $\zeta_i(\sigma) \in \boldsymbol{\mu}_m$. 取 $\sigma, \tau \in \mathrm{Gal}(E/F)$, 则

$$\tau\sigma(\sqrt[m]{a_i}) = \tau(\zeta_i(\sigma)\sqrt[m]{a_i}) = \zeta_i(\sigma)\zeta_i(\tau)\sqrt[m]{a_i}.$$

由此式便知 $\tau\sigma(\sqrt[m]{a_i}) = \sigma\tau(\sqrt[m]{a_i})$, 于是知 $\mathrm{Gal}(E/F)$ 是交换群. 另一方面, $\sigma^k(\sqrt[m]{a_i}) = \zeta_i(\sigma)^k\sqrt[m]{a_i}$, 于是 $\sigma^m(\sqrt[m]{a_i}) = \sqrt[m]{a_i}$, 由此得 $\sigma^m = 1$, 也就是说 $\mathrm{Gal}(E/F)$ 的群指数为 m 的因子 m', 即 E/F 是 m'-Kummer 扩张.

(2) 证明 $\mathcal{F} \to \mathcal{G}$ 是 $\mathcal{G} \to \mathcal{F}$ 的逆映射, 即求证

$$(F(\sqrt[m]{\Gamma}))^{\times(m)} \cap F^\times = \Gamma.$$

$\sqrt[m]{a_i} \in \sqrt[m]{F} \cap (F(\sqrt[m]{\Gamma}))^\times$. 由 $E = F(\sqrt[m]{a_1}, \ldots, \sqrt[m]{a_r})$ 得 $\sqrt[m]{a_i}F^\times$ 生成 $\sqrt[m]{F} \cap E^\times/F^\times$. 由命题 5.45 (2) 中的同构知 $a_i F^{\times(m)}$ 生成 $E^{\times(m)} \cap F^\times/F^{\times(m)}$, 但已知 $a_i F^{\times(m)}$ 生成 $\Gamma/F^{\times(m)}$, 于是得 $E^{\times(m)} \cap F^\times = \Gamma$.

(3) 设 $E_1, E_2 \in \mathcal{F}$, $E_1^{\times(m)} \cap F^\times = E_2^{\times(m)} \cap F^\times$. 若 $a_1 F^{\times(m)}, \ldots, a_r F^{\times(m)}$ 生成 $E_i^{\times(m)} \cap F^\times/F^{\times(m)}$, 则 E_1 和 E_1 是同一个多项式 $f(x) = (x^m - a_1) \ldots (x^m - a_r)$ 在 F 上的分裂域, 所以 $E_1 = E_2$. □

习 题

1. 设 A, B 为 G 模, H 为 G 的子群. 取 $a \in A^G, b \in B^H$. 由 a 所决定的 0 上闭链记作 $\bar{a}$. 证明:

    (1) $(\mathrm{Res}\,\bar{a}) \cup \bar{b} = \overline{a \otimes b} + N_H(A \otimes B)$.

    (2) $\mathrm{Cor}((\mathrm{Res}\,\bar{a}) \cup \bar{b}) = \overline{\sum_{y \in G/H} a \otimes yb} + N_G(A \otimes B) = \bar{a} \cup \mathrm{Cor}\,\bar{b}$.

2. 证明: 范剩符号 $(\ , F): A^{G_F} \to G_F^{ab}$ 的核是 $\bigcap_{G_E \triangleleft G_F} N_{E|F} A^{G_E}$, 它的像是 G_F^{ab} 的稠密子集.

3. 设有域 F, 以 $\mathfrak{G}$ 记 $\mathrm{Gal}(F^{\mathrm{sep}}/F)$.

(1) 证明: 因为 $F^{\mathrm{alg}}/F^{\mathrm{sep}}$ 是纯不可分扩张, $\sigma \in \mathfrak{G}$ 可唯一扩展为 F^{alg} 的 F-自同构, 于是 $\mathrm{Gal}(F^{\mathrm{sep}}/F) \cong \mathrm{Aut}_F(F^{\mathrm{alg}})$.

(2) 称从 $\mathfrak{G}^m$ 到集 S 的映射 f 为局部正则, 若有 $\mathfrak{G}$ 的开子群 $\mathfrak{H}$ 使得 $\forall \eta_i \in \mathfrak{H}$, $f(\eta_1\sigma_1,\ldots,\eta_m\sigma_m) = f(\sigma_1,\ldots,\sigma_m)$, 即 f 在 $\mathfrak{H}\sigma_1 \times \cdots \times \mathfrak{H}\sigma_m$ 上取常值. 证明: 当 S 取离散拓扑时, $f : \mathfrak{G}^m \to S$ 连续当且仅当 f 为局部正则.

(3) 当 $F^{\mathrm{sep}\times}$ 取离散拓扑时, 称连续映射 $f : \mathfrak{G} \times \mathfrak{G} \times \mathfrak{G} \to F^{\mathrm{sep}\times}$ 为因子集, 若对 $\rho, \sigma, \tau, \nu \in \mathfrak{G}$ 有
$$f(\rho,\sigma,\tau)f(\nu,\rho,\tau) = f(\nu,\sigma,\tau)f(\nu,\rho,\sigma),$$
所有因子集组成 $Z^2(\mathfrak{G}, F^{\mathrm{sep}\times})$. 若有连续映射 $z : \mathfrak{G} \times \mathfrak{G} \to F^{\mathrm{sep}\times}$, 设
$$\partial z(\rho,\sigma,\tau) = z(\rho,\sigma)z(\sigma,\tau)z(\rho,\tau)^{-1}.$$
所有如此的 ∂z 组成 $B^2(\mathfrak{G}, F^{\mathrm{sep}\times})$. 证明: $B^2(\mathfrak{G}, F^{\mathrm{sep}\times})$ 是 $Z^2(\mathfrak{G}, F^{\mathrm{sep}\times})$ 的子群; 连续 2 上同调群 $H^2(\mathfrak{G}, F^{\mathrm{sep}\times})$ 同构于 $Z^2(\mathfrak{G}, F^{\mathrm{sep}\times})/B^2(\mathfrak{G}, F^{\mathrm{sep}\times})$.

4. 设有域 k. 假设域上代数 A 必有乘法单位元 1_A, 以 $Z(A)$ 记 A 的**中心** (center). 若 $Z(A) = k \cdot 1_A$, 则称 k-代数 A 为**中心代数** (central algebra). 若由 I 是 A 的双边理想得 $I = 0$ 或 $I = A$, 则称 k-代数 A 为**单代数** (simple algebra). 若 D 的所有非零元均对乘法是可逆的, 则称 k-代数 D 为**除代数** (division algebra).

(1) 设 A 为中心单 k-代数. 证明: 存在除 k-代数 D 使得 $A \cong M_n(D)$, D 由 A 除同构外唯一决定, 以 $M_n(D)$ 记所有的 $n \times n$ 矩阵 (a_{ij}), $a_{ij} \in D$. 设 k^{sep} 是 k 的可分闭包. 证明: $A \otimes_k k^{\mathrm{sep}} \cong M_n(k^{\mathrm{sep}})$.

(2) 若 A 是 k 上中心单代数, $\phi \in \mathrm{Aut}_k(A)$. 证明: 存在 A 的可逆元 a 使得 $\phi(x) = a^{-1}xa$, $\forall x \in A$.

(3) 若 A, A' 是 k 上中心单代数, 证明: $A \otimes_k A'$ 是 k 上中心单代数. 若 $A \cong M_n(D)$, $A' \cong M_{n'}(D')$, $D \otimes D' \cong M_m(D'')$, D, D', D'' 是除代数. 设 $A \sim A'$ 若 $D \cong_k D'$. 证明: $\sim$ 是等价关系. 以 $cl(A)$ 记 A 的 $\sim$ 等价类, 证明: 除同构外 $cl(A)$ 只含一个除代数. 证明: $A \otimes_k A' \cong M_{nn'm}(D'')$.

(4) 取 k-代数 A. 设 A° 作为 k-向量空间与 A 一样, 但 A° 的乘法是 $(x,y) \mapsto yx$, 称 k-代数 A° 为 A 的**逆代数** (inverse algebra, opposite algebra). 对 $a, b, x \in A$, 设 $f(a,b)(x) = axb$. 证明: 若 A 是中心单代数, 则有同构
$$A \otimes_k A^\circ \to \mathrm{End}_k(A) : (a,b) \mapsto f(a,b).$$
证明: $cl(A \otimes_k A^\circ) = cl(k)$.

(5) 设集 $\mathrm{Br}(k)$ 的元素是 $cl(A)$, 其中 A 遍历所有中心单 k-代数. 证明: $\mathrm{Br}(k)$ 以乘法
$$cl(A) \cdot cl(A') := cl(A \otimes_k A')$$
为群. 以 $cl(k)$ 为单位元. 称 $\mathrm{Br}(k)$ 为 k 的 Brauer 群.

5. 以 $M_n(E)$ 记所有的 $n \times n$ 矩阵 (a_{ij}), $a_{ij} \in E$. 设有域 F 上的中心单代数 A, $\dim_F A = n^2$, 域扩张 E/F 和 F 线性映射 $\phi : A \to M_n(E)$. 证明: 扩展 $\phi_E : A \otimes_F E \to M_n(E)$ 是同构当且仅当 $\phi(1_A) = 1_n$, $\phi(ab) = \phi(a)\phi(b)$, $a, b \in A$ (即 ϕ 是 F-代数同态).

6. 以 F^{sep} 记域 F 的可分闭包, $\mathfrak{G}$ 记扩张 F^{sep}/F 的 Galois 群. 设 $\mathfrak{H}$ 为 $\mathfrak{G}$ 的开子群, $\mathfrak{H}$ 在 F^{sep}/F 内的固定域记为 E. 设 A 为中心单 F-代数, $\dim_F A = n^2$, $\phi: A \to M_n(E)$ 是 F-代数同态.

   (1) 证明: 存在映射 $Y : \mathfrak{G} \times \mathfrak{G} \to GL_n(F^{\text{sep}})$ 使得对 $\rho, \sigma, \tau \in \mathfrak{G}$ 有
       (a) $Y(\eta_1 \rho, \eta_2 \sigma) = Y(\rho, \sigma)$, $\forall \eta_1, \eta_2 \in \mathfrak{H}$.
       (b) $Y(\rho\tau, \sigma\tau) = Y(\rho, \sigma)^\tau$.
       (c) $Y(\rho, \sigma)\phi^\sigma = \phi^\rho Y(\rho, \sigma)$.

   (2) 设 $f_{A,\phi}(\rho, \sigma, \tau) = Y(\rho, \sigma)Y(\sigma, \tau)Y(\rho, \tau)^{-1}$. 证明: $f_{A,\phi} \in Z^2(\mathfrak{G}, F^{\text{sep} \times})$.

   (3) 设有 $\mathfrak{H}$ 的开子群 $\mathfrak{H}'$, 映射 $z : \mathfrak{G} \times \mathfrak{G} \to F^{\text{sep} \times}$ 在 $\mathfrak{H}'^2 \backslash \mathfrak{G}^2$ 上取常值. 以 E' 为 $\mathfrak{H}'$ 的固定域, 则有 $\phi' : A \xrightarrow{\phi} M_n(E) \hookrightarrow M_n(E')$. 证明: $f_{A,\phi'} = f_{A,\phi}\partial z$.

   (4) 设另有 $\mathfrak{H}', E', \phi', Y'$ 如 (1). 设 $\mathfrak{H}'' = \mathfrak{H} \cap \mathfrak{H}'$. 则 $\mathfrak{H}''$ 的固定域 $E'' = $ 合成 EE'. 证明: $\exists Z \in GL_n(E'')$ 使 $\phi' = Z^{-1}\phi Z$. 证明: $\exists z(\rho, \sigma)$ 使 $Y'(\rho, \sigma) = z(\rho, \sigma)(Z^\rho)^{-1}Y(\rho, \sigma)Z^\sigma$, $\partial z = f_{A,\phi'}f_{A,\phi}^{-1}$.

   (5) 设 $\mathfrak{H}$ 为 $\mathfrak{G}$ 的开子群, $\mathfrak{H}$ 在 F^{sep}/F 内的固定域记为 E, 映射 $Y : \mathfrak{G} \times \mathfrak{G} \to GL_n(F^{\text{sep}})$ 使得对 $\rho, \sigma, \tau \in \mathfrak{G}$ 有
       (a) $Y(\eta_1 \rho, \eta_2 \sigma) = Y(\rho, \sigma)$, $\forall \eta_1, \eta_2 \in \mathfrak{H}$.
       (b) $Y(\rho\tau, \sigma\tau) = Y(\rho, \sigma)^\tau$.
       (c) $Y(\rho, \tau) = Y(\rho, \sigma)Y(\sigma, \tau)$.

       证明: $\exists Z \in GL_n(E)$ 使 $Y(\rho, \sigma) = (Z^\rho)^{-1}Z^\sigma$.

   (6) 若 A 是 F 上中心单代数, $\alpha = \{a_1, \ldots, a_{n^2}\}$ 是 A/F 的基, $\phi_{\text{sep}} : A \otimes_F F^{\text{sep}} \cong M_n(F^{\text{sep}})$. 设 $F(\phi_{\text{sep}})$ 为 $\phi_{\text{sep}}(a), a \in \alpha$ 在 F 上生成的域. 则从 ϕ_{sep} 得 F-代数同态 $\phi_{\text{can}} : A \to M_n(F(\phi_{\text{sep}}))$. 证明: 有群同构
   $$Br(F) \to H^2(\mathfrak{G}, F^{\text{sep} \times}) : cl(A) \mapsto \langle f_{A,\phi_{\text{can}}}\rangle.$$

7. 记号如前一题. 选定 $\theta \in F^\times$ 和特征标 $\chi : \mathfrak{G} \to \mathbb{C}^\times$, 取局部常值函数 $\Phi : \mathfrak{G} \to \mathbb{R}$ 使得
   $$\chi(\sigma) = e^{2\pi i \Phi(\sigma)}.$$

   (1) 设 $f(\rho, \sigma, \tau) = \theta^{\Phi(\sigma\rho^{-1}) + \Phi(\tau\sigma^{-1}) - \Phi(\tau\rho^{-1})}$. 证明: f 是因子集.
   (2) 若另取 Φ' 有同样性质, 并定义相应的 f'. 设 $z(\rho, \sigma) = \theta^{(\Phi' - \Phi)(\sigma\rho^{-1})}$. 证明: $f'f^{-1} = \partial z$.
   (3) 记 f 的上同调类为 $\{\chi, \theta\}$. 证明: $\chi \to \{\chi, \theta\}$ 是群同态.
   (4) 证明: 群同态 $\theta \to \{\chi, \theta\}$ 的核是 $N_{E/F}E^\times$.

8. 设 E/F 是 n 次循环扩张, α 是 $\text{Gal}(E/F)$ 的生成元, $\mathfrak{G}$ 的酉特征标 χ 依附于 E, 并且 $\chi(\alpha) = e^{2\pi i/n}$. 取 $\theta \in F^\times$. 设 X 是左 E-向量空间, $\{u_0, u_1, \ldots, u_{n-1}\}$ 是 X 的基. 证明: 存在唯一的双 F 线性映射 $X \times X \to X : x, y \mapsto xy$ 使得

   (1) $x(yz) = (xy)z$;
   (2) $\xi\xi\xi x = (\xi u_0)x, \xi \in E, xu_0 = x$;
   (3) $u_i = (u_1)^i$, $1 \leq i \leq n-1$;

(4) $(u_i)^n = \theta u_0$;

(5) $\xi u_1 = u_i(\xi^\alpha u_0)$.

如此, X 便成为 F-代数, 称为**循环代数** (cyclic algebra), 记为 $[E/F; \chi, \theta]$. 证明: 在映射下 $\mathrm{Br}(F) \to H^2(\mathfrak{G}, F^{\mathrm{sep}\,\times})$, $cl([E/F; \chi, \theta]) \mapsto \{\chi, \theta\}$.

第六章 局部域的上同调群

设有特征为零的局部域 F_0, 以 $\bar{F}_0$ 记 F_0 的代数封闭域, Galois 群 $\mathrm{Gal}(\bar{F}_0/F_0)$ 连续作用在群 $\bar{F}^\times$ 上. 我们将从 $(\mathrm{Gal}(\bar{F}_0/F_0), \bar{F}^\times)$ 满足类成原则推出域 F_0 的互反律, 为此需要对包含 F_0 的有限正规域扩张 E/F 证明:

(1) $H^1(\mathrm{Gal}(E/F), E^\times) = 1$.
(2) 存在具备有关性质的同构 $\mathrm{inv}_{E|F} : H^2(\mathrm{Gal}(E/F), E^\times) \to \frac{1}{[E:F]}\mathbb{Z}/\mathbb{Z}$.

(1) 正好是 Hilbert 定理.

(2) 的证明如下. 设 E/F 为有限正规域扩张. 则若 E'/F 为无分歧域扩张, 且满足 $[E':F] = [E:F]$, 必有 $H^2(\mathrm{Gal}(E/F), E^\times) = H^2(\mathrm{Gal}(E'/F), E'^\times)$. 于是便可从无分歧域扩张的 inv 的性质推出 (2) 的证明.

6.1 无分歧扩张

设 F 是特征为零的局部域, E/F 是无分歧扩张. 直接计算得以下命题.

命题 6.1 设 $F \subseteq K \subseteq E$, $E/F, K/F$ 为无分歧扩张. 则 Frobenius 同构有以下性质:

(1) $\varphi_{K/F} = \varphi_{E/F}|_K = \varphi_{E/K} \mathrm{Gal}(E/K) \in \mathrm{Gal}(K/F)$.
(2) $\varphi_{E/K} = \varphi_{E/F}^{[K:F]}$.

命题 6.2 设 F 是特征为零的局部域, E/F 是无分歧扩张. 则

(1) 对所有 q, $H^q(\mathrm{Gal}(E/F), U_E) = 1$.
(2) $U_F = N_{E/F} U_E$.

证明 在 (1) 里取 $q = 0$ 便得 (2). 余下证明 (1).

第五章讨论域上同调时, 计算有限域上同调为 $H^q(\mathrm{Gal}(\kappa_E/\kappa_F), \kappa_E^\times) = 1$. 因为 $\mathrm{Gal}(\kappa_E/\kappa_F) \cong \mathrm{Gal}(E/F)$, 可知

$$1 \to U_E^{(1)} \to U_E \to \kappa_E^\times \to 1$$

为 $\mathrm{Gal}(E/F)$ 模的正合序列, 于是 $H^q(\mathrm{Gal}(E/F), U_E) \cong H^q(\mathrm{Gal}(E/F), U_E^{(1)})$.

另一方面, 按域上同调计算 $H^q(\mathrm{Gal}(\kappa_E/\kappa_F), \kappa_E) = 0$, $\mathfrak{p}_F$ 的素元 $\pi\ (\in F)$ 亦为 $\mathfrak{p}_E$ 的素元. 由 $1 + a\pi^{n-1} \mapsto a \bmod \mathfrak{p}_E, a \in \mathcal{O}_E$ 得 $\mathrm{Gal}(E/F)$ 模的正合序列
$$1 \to U_E^{(n)} \to U_E^{(n-1)} \to \kappa_E \to 0,$$
于是 $H^q(\mathrm{Gal}(E/F), U_E^{(n)}) \cong H^q(\mathrm{Gal}(E/F), U_E^{(n-1)})$, 所以
$$H^q(\mathrm{Gal}(E/F), U_E^{(n)}) \cong H^q(\mathrm{Gal}(E/F), U_E).$$

映射 $x \mapsto x^m$ 定义同态 $U_E \to U_E$, 并当 n 充分大时有同构 $U_E^{(n)} \to U_E^{(n+v(m))}$, 于是由以下交换图

$$\begin{array}{ccc}
H^q(\mathrm{Gal}(E/F), U_E^{(n)}) & \xrightarrow{\cong} & H^q(\mathrm{Gal}(E/F), U_E) \\
\cong \downarrow & & \downarrow \{\ \}^m \\
H^q(\mathrm{Gal}(E/F), U_E^{(n+v(m))}) & \xrightarrow{\cong} & H^q(\mathrm{Gal}(E/F), U_E)
\end{array}$$

得知右列态射 $[c] \mapsto [c]^m$ 对所有 m 为同构. 已知 $H^q(\mathrm{Gal}(E/F), U_E)$ 为挠群 $(|\mathrm{Gal}(E/F)| \cdot H^q(\mathrm{Gal}(E/F), U_E) = 0)$, 故命题得证. $\square$

设 F_0 是特征为零的局部域. 选定 F_0 的代数封闭域 $\bar{F}_0$, F_0 的极大无分歧扩张域 F_0^{nr} 是 $\cup E$, 其中 $E \subseteq \bar{F}_0$, E/F 是有限无分歧扩张, 此时
$$\mathrm{Gal}(F_0^{\mathrm{nr}}/F) = \varprojlim_E \mathrm{Gal}(E/F).$$

定理 6.3 设 F_0 是特征为零的局部域. 以 F_0^{nr} 记 F_0 的极大无分歧扩张域, 则 $(\mathrm{Gal}(F_0^{\mathrm{nr}}/F_0), F_0^{\mathrm{nr}\times})$ 满足类成原则, 即以下条件成立: 若 E/F 是含 F_0 的有限无分歧扩张, 则

(1) $H^1(\mathrm{Gal}(E/F), E^\times) = 1$.
(2) 存在同构 $\mathrm{inv}_{E|F} : H^2(\mathrm{Gal}(E/F), E^\times) \to \frac{1}{[E:F]}\mathbb{Z}/\mathbb{Z}$, 并且对 $F \subseteq K \subseteq E$,
  (a) 若 K/F 是无分歧扩张, 则在 $H^2(\mathrm{Gal}(K/F), K^\times)$ 上 $\mathrm{inv}_{K|F} = \mathrm{inv}_{E|F}$.
  (b) 若 E/K 是无分歧扩张, 则有 $\mathrm{inv}_{E|K} \circ \mathrm{Res} = [K:F]\mathrm{inv}_{E|F}$.

证明 以下只证明 (2). 记 $H^2(\mathrm{Gal}(E/F), X)$ 为 $H^2(E/F, X)$. 若 K/F 是无分歧扩张, 则定义
$$\mathrm{inv}_{K|F} : H^2(K/F, K^\times) \to \frac{1}{[K:F]}\mathbb{Z}/\mathbb{Z}$$
为 $\mathrm{inv}_{K|F} = \varphi \circ \delta^{-1} \circ \nu$. 我们将证明以下两图是交换图, 在图中 ι 为包含同态. 我们可以看见第一个交换图由三个四方形组成, 简称第一个四方形为第一方等等, 以后亦如是.

$$\begin{array}{ccccccc}
H^2(K/F, K^\times) & \xrightarrow{\nu} & H^2(K/F, \mathbb{Z}) & \xrightarrow{\delta^{-1}} & H^1(K/F, \mathbb{Q}/\mathbb{Z}) & \xrightarrow{\varphi} & \frac{1}{[K:F]}\mathbb{Z}/\mathbb{Z} \\
\downarrow \iota & & \downarrow \mathrm{inf} & & \downarrow \mathrm{inf} & & \downarrow \iota \\
H^2(E/F, E^\times) & \xrightarrow{\nu} & H^2(E/F, \mathbb{Z}) & \xrightarrow{\delta^{-1}} & H^1(E/F, \mathbb{Q}/\mathbb{Z}) & \xrightarrow{\varphi} & \frac{1}{[E:F]}\mathbb{Z}/\mathbb{Z}
\end{array}$$

$$\begin{array}{ccccccc}
H^2(E/F, K^\times) & \xrightarrow{\nu} & H^2(E/F, \mathbb{Z}) & \xrightarrow{\delta^{-1}} & H^1(E/F, \mathbb{Q}/\mathbb{Z}) & \xrightarrow{\varphi} & \dfrac{1}{[E:F]}\mathbb{Z}/\mathbb{Z} \\
\downarrow{\scriptstyle\text{Res}} & & \downarrow{\scriptstyle\text{Res}} & & \downarrow{\scriptstyle\text{Res}} & & \downarrow{\scriptstyle[K:F]} \\
H^2(E/K, E^\times) & \xrightarrow{\nu} & H^2(E/K, \mathbb{Z}) & \xrightarrow{\delta^{-1}} & H^1(E/K, \mathbb{Q}/\mathbb{Z}) & \xrightarrow{\varphi} & \dfrac{1}{[E:K]}\mathbb{Z}/\mathbb{Z}
\end{array}$$

两图中第一、二方交换乃 ν, δ 的性质. φ 是用 Frobenius 自同构定义的: 取 $\chi \in H^1(E/F, \mathbb{Q}/\mathbb{Z})$, 则 $\varphi(\chi) = \chi(\varphi_{E/F})$. 第三方交换乃 Frobenius 的性质. $\square$

命题 6.4 $H^2(\mathrm{Gal}(F_0^{\mathrm{nr}}/F), F_0^{nr\times}) \cong \mathbb{Q}/\mathbb{Z}$.

证明 我们知道 $H^2(\mathrm{Gal}(F_0^{\mathrm{nr}}/F), F_0^{\mathrm{nr}\times}) = \bigcup_E H^2(\mathrm{Gal}(E/F), E^\times)$, 其中 E/F 是有限无分歧扩张. 此外对每 n 有唯一无分歧扩张 E/F 使得 $[E:F] = n$, 还有 $\mathbb{Q}/\mathbb{Z} = \bigcup_{n=1}^\infty \frac{1}{n}\mathbb{Z}/\mathbb{Z}$. $\square$

6.2 局部互反律

6.2.1 H^2

定理 6.5 设 E/F 为有限正规域扩张, E'/F 为无分歧域扩张, $[E':F] = [E:F]$. 则 $H^2(\mathrm{Gal}(E/F), E^\times) = H^2(\mathrm{Gal}(E'/F), E'^\times)$.

证明 我们分三步.

(1) 设 L/F 为正规扩张, L 包含 E, E', E'/F 无分歧, $K = E \cdot E'$. 则 K/E 是无分歧域扩张, 并且取 $c \in H^2(\mathrm{Gal}(E'/F), E'^\times) \subseteq H^2(\mathrm{Gal}(L/F), L^\times)$, 则 $\mathrm{Res}_E c \in H^2(\mathrm{Gal}(K/E), K^\times) \subseteq H^2(\mathrm{Gal}(L/E), L^\times)$, 且 $\mathrm{inv}_{K|E}(\mathrm{Res}_E c) = [E:F]\mathrm{inv}_{E'|F} c$.

(2) E/F, E'/F 如定理所给, 则 $H^2(\mathrm{Gal}(E'/F), E'^\times) \subseteq H^2(\mathrm{Gal}(E'/F), E'^\times)$.

(3) 设 E/F 是正规扩张. 则 $|H^2(\mathrm{Gal}(E/F), E^\times)| | [E:F]$.

定理从 (2), (3) 得出.

证明 (1): 如果下图交换, 则按 inv 的定义便得 (1) 的公式.

$$\begin{array}{ccccccc}
H^2(\mathrm{Gal}(E'/F), E'^\times) & \xrightarrow{\nu_F} & H^2(\mathrm{Gal}(E'/F), \mathbb{Z}) & \xrightarrow{\delta^{-1}} & H^1(\mathrm{Gal}(E'/F), \mathbb{Q}/\mathbb{Z}) & \xrightarrow{\varphi} & \dfrac{1}{[E':F]}\mathbb{Z}/\mathbb{Z} \\
\downarrow & & \downarrow{\scriptstyle\text{Inf}} & & \downarrow{\scriptstyle\text{Inf}} & & \downarrow \\
H^2(\mathrm{Gal}(L/F), L^\times) & & H^2(\mathrm{Gal}(L/F), \mathbb{Z}) & & H^1(\mathrm{Gal}(L/F), \mathbb{Q}/\mathbb{Z}) & & \dfrac{1}{[L:F]}\mathbb{Z}/\mathbb{Z} \\
\downarrow{\scriptstyle\mathrm{Res}_E} & & \downarrow{\scriptstyle e\cdot\mathrm{Res}} & & \downarrow{\scriptstyle e\cdot\mathrm{Res}} & & \downarrow{\scriptstyle[E:F]} \\
H^2(\mathrm{Gal}(K/E), K^\times) & \xrightarrow{\nu_E} & H^2(\mathrm{Gal}(K/E), \mathbb{Z}) & \xrightarrow{\delta^{-1}} & H^1(\mathrm{Gal}(K/E), \mathbb{Q}/\mathbb{Z}) & \xrightarrow{\varphi} & \dfrac{1}{[K:E]}\mathbb{Z}/\mathbb{Z}
\end{array}$$

图中 f, e 分别记 $f_{E/F}$, $e_{E/F}$, 则赋值 $v_E = ev_F$. 用映射的性质直接计算便可以证明图中第一、二方是交换的, 下一步我们将证明图中第三方是交换的. 取 $a \in E'$, 则

$$\varphi_{K/E}(a) \equiv a^{q_E} \mod \mathfrak{p}_K = a^{q_F^f} \mod \mathfrak{p}_K = a^{q_F^f} \mod \mathfrak{p}_{E'} = \varphi_{E'/F}^f(a),$$

即 $\varphi_{K/E}|_{E'} = \varphi_{E'/F}^f$. 取 $\chi \in H^1(\mathrm{Gal}(E'/F), \mathbb{Q}/\mathbb{Z})$, 则

$$[E:F]\chi(\varphi_{E'/F}) = ef\chi(\varphi_{E'/F}) = e\chi(\varphi_{E'/F}^f) = e\chi(\varphi_{K/E}|_{E'})$$
$$= e\operatorname{Inf}\chi(\varphi_{K/E}) = e(\operatorname{Res}\circ\operatorname{Inf})\chi(\varphi_{K/E}).$$

证明 (2): 由 E'/F 无分歧得 K/E 是无分歧. 取 $c \in H^2(\mathrm{Gal}(E'/F), E'^\times)$, 从正合序列

$$1 \to H^2(\mathrm{Gal}(E/F), E^\times) \to H^2(\mathrm{Gal}(K/F), K^\times) \xrightarrow{\mathrm{Res}} H^2(\mathrm{Gal}(K/E), K^\times)$$

知 $c \in H^2(\mathrm{Gal}(E/F), E^\times)$, 当且仅当 $\operatorname{Res} c = 1$, 也当且仅当 $\operatorname{inv}_{K/E}(\operatorname{Res} c) = 0$. 这样由 (1) 得 (2).

证明 (3): 先设 E/F 是循环扩张, $[E:F] = p$ 是素数. 计算 Herbrand 商. 按定理 5.19 (1) 有

$$h(E^\times)^{p-1} = h_{0,p}(F^\times)^p/h_{0,p}(E^\times).$$

根据命题 3.41 (5),

$$h_{0,p}(F^\times) = [F^\times : (F^\times)^p] = pq_F^{v_F(p)},$$
$$h_{0,p}(E^\times) = [E^\times : (E^\times)^p] = pq_E^{v_E(p)},$$

但是 $p = e_{E|F}f_{E|F}$, $q_E = q_F^{f_{E|F}}$, $v_E(p) = e_{E|F}v_F(p)$. 代入以上公式得 $h(E^\times)^{p-1} = p$, 于是 $h(E^\times) = p$, 这样 $h(E^\times) = |H^2(\mathrm{Gal}(E/F), E^\times)|/|H^1(\mathrm{Gal}(E/F), E^\times)| = |H^2(\mathrm{Gal}(E/F), E^\times)| = p$.

余下用归纳法证明. 由于 $\mathrm{Gal}(E/F)$ 是可解群 (10.41 (5)), 取 p 次循环扩张 F'/F, $F' \subseteq E$, 因为 $H^1(\mathrm{Gal}(E/F'), E^\times) = 1$, 有以下序列正合

$$1 \to H^2(\mathrm{Gal}(F'/F), (F')^\times) \to H^2(\mathrm{Gal}(E/F), E^\times) \xrightarrow{\mathrm{Res}} H^2(\mathrm{Gal}(E/F'), E^\times),$$

于是 $|H^2(\mathrm{Gal}(E/F), E^\times)|$ 是 $|H^2(\mathrm{Gal}(E/F'), E^\times)| \cdot |H^2(\mathrm{Gal}(F'/F), (F')^\times)|$ 的因子. 已知 $|H^2(\mathrm{Gal}(F'/F), (F')^\times)| = [F':F]$, 归纳假设是 $|H^2(\mathrm{Gal}(E/F'), E^\times)|$ 是 $[E:F']$ 的因子, 这样便得 $|H^2(\mathrm{Gal}(E/F), E^\times)|$ 可除 $[E:F'][F':F] = [E:F]$. □

定义 6.6 设 E/F 为有限正规域扩张. 取无分歧域扩张 E'/F 使得 $[E':F] = [E:F]$. 对 $c \in H^2(\mathrm{Gal}(E/F), E^\times) = H^2(\mathrm{Gal}(E'/F), E'^\times)$, 设 $\operatorname{inv}_{E|F}(c) = \operatorname{inv}_{E'|F}(c)$.

取 F 的所有有限 Galois 扩张 E/F, $\varinjlim_E H^2(\mathrm{Gal}(E/F), E^\times)$ 是 F 的 Brauer 群, 记为 $\mathrm{Br}(F)$. 由命题 6.4 得

命题 6.7 F 是 p 进局部域, $\mathrm{Br}(F) \cong \mathbb{Q}/\mathbb{Z}$.

6.2.2 类成原则

定理 6.8 设 F_0 是特征为零的局部域. 以 $\bar{F}_0$ 记 F_0 的代数封闭域, 则 $(\mathrm{Gal}(\bar{F}_0/F_0), \bar{F}^\times)$ 满足类成原则, 即对包含 F_0 的有限正规域扩张 E/F 成立以下条件:

(1) $H^1(\mathrm{Gal}(E/F), E^\times) = 1$.
(2) 存在同构 $\mathrm{inv}_{E|F} : H^2(\mathrm{Gal}(E/F), E^\times) \to \frac{1}{[E:F]}\mathbb{Z}/\mathbb{Z}$, 并且对 $F \subseteq K \subseteq E$,
   (a) 若 K/F 是正规扩张, 则在 $H^2(\mathrm{Gal}(K/F), K^\times)$ 上 $\mathrm{inv}_{K|F} = \mathrm{inv}_{E|F}$.
   (b) 若 E/K 是正规扩张, 则有 $\mathrm{inv}_{E|K} \circ \mathrm{Res} = [K:F]\mathrm{inv}_{E|F}$.

证明 只需证明 (2).

证明 (2)(a): 取无分歧扩张 E'/F, K'/F 使得 $K' \subseteq E'$, $[E':F] = [E:F]$, $[K':F] = [K:F]$. 取 $c \in H^2(\mathrm{Gal}(E/F), E^\times)$, 则由定理 6.3 得

$$\mathrm{inv}_{E|F}(c) = \mathrm{inv}_{E'|F}(c) = \mathrm{inv}_{K'|F}(c) = \mathrm{inv}_{K|F}(c).$$

证明 (2)(b): 取包含 F 的有限扩张 K/F_0. 设

$$\mathrm{Res}_K : \mathrm{Br}(F) \to \mathrm{Br}(K).$$

取 $c \in \mathrm{Br}(F)$, 根据定理 6.5, 有无分歧扩张 K'/F 使得 $c \in H^2(\mathrm{Gal}(K'/F), K'^\times)$, 则 $L = KK'/K$ 无分歧. $\mathrm{Res}_K(c) \in H^2(\mathrm{Gal}(L/K), L^\times) \subseteq \mathrm{Br}(K)$. 按定理 6.5 的证明第 (1) 步的公式得

$$\mathrm{inv}_K(\mathrm{Res}_L(c)) = [K:F]\mathrm{inv}_F(c).$$

此即所求. □

正如考虑类成原则时的讨论, 当 E/F 是特征为零的局部域正规扩张时, 可取生成元 $u_{E|F} \in H^2(\mathrm{Gal}(E/F), E^\times)$ 使得

$$\mathrm{inv}_{E|F}(u_{E|F}) = \frac{1}{[E:F]} + \mathbb{Z},$$

称 $u_{E|F}$ 为基本类.

命题 6.9 设 E/F 为特征为零的局部域正规扩张.

(1) 基本类 $u_{E|F}$ 决定同构

$$u_{E|F} \cup : H^q(\mathrm{Gal}(E/F), \mathbb{Z}) \to H^{q+2}(\mathrm{Gal}(E/F), E^\times).$$

(2) 由以下图

$$\begin{array}{ccc} H^{-2}(\mathrm{Gal}(E/F), \mathbb{Z}) & \xrightarrow{u_{E|F} \cup} & H^0(\mathrm{Gal}(E/F), E^\times) \\ \simeq \downarrow & & \downarrow \simeq \\ \mathrm{Gal}(E/F)^{ab} & \xrightarrow{r_{E|F}} & F^\times/N_{E|F}(E^\times) \end{array}$$

所决定的映射
$$r_{E|F}: \mathrm{Gal}(E/F)^{ab} \to F^\times / N_{E|F}(E^\times)$$

为同构. 称 $r_{E|F}$ 为**局部互反映射** (local reciprocity map).

证明 由 Tate 定理 5.36 得基本类 $u_{E|F}$ 决定同构 (1).

标准计算给出
$$H^{-2}(\mathrm{Gal}(E/F), \mathbb{Z}) = (\mathrm{Gal}(E/F))^{ab}, \quad H^0(\mathrm{Gal}(E/F), E^\times) = F^\times / N_{E|F}(E^\times). \quad \square$$

于是由互反同构 $r_{E|F}$ 的反映射和投射得满同态
$$(\ , E|F): F^\times \to F^\times / N_{E|F}(E^\times) \xrightarrow{r_{E|F}^{-1}} (\mathrm{Gal}(E/F))^{ab},$$

称此映射为**范剩符号** (norm residue symbol).

命题 6.10 设有数域扩张 $K \supseteq E \supseteq F$, K/F 是正规扩张. 则以下为交换图.

(1) $\begin{array}{ccc} F^\times & \xrightarrow{(\ ,K|F)} & \mathrm{Gal}(K/F)^{ab} \\ {\scriptstyle id}\downarrow & & \downarrow{\scriptstyle \pi} \\ F^\times & \xrightarrow{(\ ,E|F)} & \mathrm{Gal}(E/F)^{ab} \end{array}$
(2) $\begin{array}{ccc} F^\times & \xrightarrow{(\ ,K|F)} & \mathrm{Gal}(K/F)^{ab} \\ {\scriptstyle incl}\downarrow & & \downarrow{\scriptstyle Ver} \\ E^\times & \xrightarrow{(\ ,K|E)} & \mathrm{Gal}(K/E)^{ab} \end{array}$

(3) $\begin{array}{ccc} E^\times & \xrightarrow{(\ ,K|E)} & \mathrm{Gal}(K/E)^{ab} \\ {\scriptstyle N_{E|F}}\downarrow & & \downarrow{\scriptstyle \eta} \\ F^\times & \xrightarrow{(\ ,K|F)} & \mathrm{Gal}(K/F)^{ab} \end{array}$
(4) $\begin{array}{ccc} F^\times & \xrightarrow{(\ ,K|F)} & \mathrm{Gal}(K/F)^{ab} \\ {\scriptstyle \sigma}\downarrow & & \downarrow{\scriptstyle \sigma^*} \\ \sigma F^\times & \xrightarrow{(\ ,\sigma K|\sigma F)} & \mathrm{Gal}(\sigma K/\sigma F)^{ab} \end{array}$

其中在图 (1) 中, E/F 是正规扩张, π 来自投射
$$\mathrm{Gal}(K/F) \to \mathrm{Gal}(K/F)/\mathrm{Gal}(K/E) \cong \mathrm{Gal}(E/F).$$

在图 (2) 中, incl 是**包含映射** (inclusion), Ver 是**迁移映射** (transfer):
$$\mathrm{Gal}(K/F)^{ab} \cong H^{-2}(\mathrm{Gal}(K/F), \mathbb{Z}) \xrightarrow{\mathrm{Res}} H^{-2}(\mathrm{Gal}(K/E), \mathbb{Z}) \cong \mathrm{Gal}(K/E)^{ab}.$$

在图 (3) 中, η 来自 $\mathrm{Gal}(K/E) \subseteq \mathrm{Gal}(K/F)$.

在图 (4) 中, σ^* 来自 $\tau \mapsto \sigma\tau\sigma^{-1}$.

命题 6.11 设 E/F 是有限无分歧扩张, $a \in F^\times$. 则 $(a, E|F) = \varphi_{E/F}^{v_F(a)}$.

证明 取群 $\mathrm{Gal}(E/F)$ 的特征 χ. 则
$$\delta\chi \in H^2(\mathrm{Gal}(E/F), \mathbb{Z}), \quad \bar{a} = aN_{E/F}E^\times \in H^0(\mathrm{Gal}(E/F), E^\times),$$
$$\chi(a, E/F) = \mathrm{inv}_{E|F}(\bar{a} \cup \delta\chi).$$

根据命题 5.37 (1), 由 inv 的定义,

$$\chi(a, E/F) = \mathrm{inv}_{E|F}(\bar{a} \cup \delta\chi) = \varphi \circ \delta^{-1} \circ \nu(\bar{a} \cup \delta\chi)$$
$$= \varphi \circ \delta^{-1}(v_F(a) \cdot \delta\chi) = v_F(a)\chi(\varphi_{E|F}) = \chi(\varphi_{E|F}^{v_F(a)}),$$

这对群 $\mathrm{Gal}(E/F)$ 的所有特征 χ 成立, 于是 $(a, E/F) = \varphi_{E|F}^{v_F(a)}$. □

命题 6.12 设 F^{nr}/F 是极大无分歧扩张, $\varphi_F = \varprojlim_E \varphi_{E/F}$ 为 F^{nr} 的 Frobenius 自同构, $a \in F^\times$. 则 $(a, F^{\mathrm{nr}}|F) = \varphi_F^{v_F(a)}$, 并且 $(a, F^{\mathrm{nr}}|F) = 1$ 当且仅当 $a \in U_F$.

证明 取无分歧扩张 E/F, 投射 $\pi_E : \mathrm{Gal}(F^{\mathrm{nr}}/F) \to \mathrm{Gal}(E/F)$. 则

$$\pi_E(a, F^{\mathrm{nr}}/F) = (a, E/F) = \varphi_{E|F}^{v_F(a)} = \pi_E(\varphi_F^{v_F(a)}).$$

于是 $(a, F^{\mathrm{nr}}/F) = \varphi_F^{v_F(a)}$. 由于 φ_F 的阶是 ∞, 因此 $(a, F^{\mathrm{nr}}/F) = \varphi_F^{v_F(a)} = 1$ 当且仅当 $v_F(a) = 0$, 即 $a \in U_F$. □

根据第五章命题 5.37, 设 E/F, K/F 为正规扩张. 以 $\pi : (\mathrm{Gal}(E/F))^{ab} \to (\mathrm{Gal}(K/F))^{ab}$ 记投射, 则有交换图

$$\begin{array}{ccc} F^\times & \xrightarrow{(\ ,E|F)} & (\mathrm{Gal}(E/F))^{ab} \\ & \searrow{\scriptstyle (\ ,K|F)} & \downarrow \pi \\ & & (\mathrm{Gal}(K/F))^{ab} \end{array}$$

按以上可以设

$$G_F^{ab} = \varprojlim_E (\mathrm{Gal}(E/F))^{ab}, \quad (\ , F) = \varprojlim_E (\ , E|F),$$

于是有同态 $(\ , F) : F^\times \to G_F^{ab}$, 称为范剩符号.

命题 6.13 $(\ , F) : F^\times \to G_F^{ab}$ 为单态射.

证明 根据命题 5.39, 同态 $(\ , F)$ 的核是 $\cap_E N_{E|F} E^\times$. 已知 $[F^\times : F^{\times (n)}] < \infty$ (命题 3.41), 可以证明存在有限扩张 E/F 使得 $F^{\times(n)} = N_{E|F} E^\times$. 于是得 $(\ , F)$ 的核包含在 $\cap_n F^{\times (n)} = 1$ 之内. □

6.2.3 除点

余下计算 Lubin-Tate 形式模除点所生成的扩张的范剩符号. 设 π 为局部域 K 的素元, f 为 π 的 Frobenius 级数, F_f 为 Lubin-Tate 形式模, $F_f(n)$ 为 F_f 的 π^n 除点, $E_{\pi,n}$ 为 $K(F_f(n))$, 有同态 $U_K \to \mathrm{Gal}(E_{\pi,n}/K) : u \mapsto \sigma_u$, K^{nr} 为 K 的极大无分歧扩张, φ 为 K^{nr}/K 的 Frobenius 自同构, 已定义同态 $\omega_\pi : K^\times \to \mathrm{Gal}(K^{\mathrm{nr}} \cdot E_{\pi,n}/K)$ 使得: 若 π' 亦为 K 的素元, 则 $\omega_\pi(\pi')|_{E_{\pi',n}} = id_{E_{\pi',n}}$ (命题 3.54).

命题 6.14 对 $a \in K^\times$ 有 $\omega_\pi(a) = (a, K)|_{K^{\mathrm{nr}} \cdot E_{\pi,n}}$.

证明 根据命题 6.12 得

$$\omega_\pi(\pi)|_{K^{\mathrm{nr}}} = \varphi = (\pi, K^{\mathrm{nr}}|K) = (\pi, K)|_{K^{\mathrm{nr}}},$$

根据命题 3.50 知 π 是范数, 所以

$$\omega_\pi(\pi)|_{E_{\pi,n}} = \sigma_1 = id_{E_{\pi,n}} = (\pi, E_{\pi,n}|K) = (\pi, K)|_{E_{\pi,n}},$$

于是 $\omega_\pi(\pi) = (\pi, K)|_{K^{\mathrm{nr}} \cdot E_{\pi,n}}$.

设 $\pi' = \pi u$, $u \in U_K$. 则 $K^{\mathrm{nr}} \cdot E_{\pi,n} = K^{\mathrm{nr}} \cdot E_{\pi',n}$, 同理

$$\omega_\pi(\pi')|_{K^{\mathrm{nr}}} = \varphi = (\pi', K^{\mathrm{nr}}|K) = (\pi', K)|_{K^{\mathrm{nr}}}.$$

另一方面, 由于 π' 是 $E_{\pi',n}$ 的范数, 所以 $(\pi', K)|_{E_{\pi',n}} = (\pi', E_{\pi',n}|K) = id_{E_{\pi',n}}$. 这样由已知的 $\omega_\pi(\pi')|_{E_{\pi',n}} = id_{E_{\pi',n}}$ 便得所求的 $\omega_\pi(\pi')|_{E_{\pi',n}} = (\pi', K)|_{E_{\pi',n}}$. □

命题 6.15 设 $a = u\pi^m$, $u \in U_K$, $x \in F_f(n)$. 则

$$(a, E_{\pi,n}|K) = (u^{-1})_f(x),$$

并且 $N_{E_{\pi,n}/K}(E_{\pi,n}^\times) = U_K^n \times (\pi)$.

证明 由命题 6.14, $(a,K)x = (a, E_{\pi,n}|K)x = \omega_\pi(a)x = (u^{-1})_f(x)$. 于是 $a = u\pi^m \in N_{E_{\pi,n}/K}(E_{\pi,n}^\times) \Leftrightarrow (a, E_{\pi,n}|K)x = (u^{-1})_f(x) = x, \forall x \in F_f(n) \Leftrightarrow u \in U_K^n$. □

命题 6.16 设 $a = up^m \in \mathbb{Q}_p^\times$, ζ 是 p^n 次本原单位根. 则

$$(a, \mathbb{Q}_p(\zeta)/\mathbb{Q}_p)\zeta = \zeta^r,$$

其中 r 为正整数, 且 $ur \equiv 1 \mod p^n$.

证明 取 $K = \mathbb{Q}_p$, $f(X) = (1+X)^p - 1$. 则 $x = \zeta - 1 \zeta \in F_f(n)$, 于是

$$(a, \mathbb{Q}_p(\zeta)/\mathbb{Q}_p)x = (u^{-1})_f(x) = r_f(x),$$

而且 $r_f(X) = (1+X)^r - 1$, 因为此多项式满足所需条件

$$r_f(X) \equiv rX \mod \deg 2; \quad f(r_f(X)) = r_f(f(X)),$$

于是

$$(a, \mathbb{Q}_p(\zeta)/\mathbb{Q}_p)\zeta = r_f(x) + 1 = r_f(\zeta - 1) + 1 = \zeta^r. \quad □$$

6.3 分圆域

取 $a \in \mathbb{Q}^\times$ 的素因子分解

$$a = \operatorname{sgn} a \prod_{p \neq p_\infty} p^{v_p(a)} = \frac{a}{|a|_{p_\infty}} \prod_{p \neq p_\infty} \frac{1}{|a|_p},$$

于是立刻得到 $\mathbb{Q}$ 的**乘积公式** (product formula) $\prod_p |a|_p = 1$, 这里 $\prod$ 包括 p_∞.

以 $\bar{\mathbb{Q}}$ 记 $\mathbb{Q}$ 的代数闭包, 固定嵌入 $\bar{\mathbb{Q}} \hookrightarrow \mathbb{C}$. 本节假设 $m > 2$, 以 $\boldsymbol{\mu}_m$ 记由 $\bar{\mathbb{Q}}$ 内 m 次单位根所组成的交换群. 若 ζ 为 $\boldsymbol{\mu}_m$ 的生成元, 称 $\mathbb{Q}(\zeta)$ 为 m 次分圆域; 称 ζ 在 $\mathbb{Q}$ 上的最少多项式 $\Phi_m(x)$ 为 m 分圆多项式. 以下命题见代数教科书.

命题 6.17 (1) 设 ζ 是 m 次本原单位根, a 为正整数. 则 ζ^a 为 m 次本原单位根当且仅当 $(a, m) = 1$.

(2) $[\mathbb{Q}(\zeta) : \mathbb{Q}] = \varphi(m)$, 其中 φ 是 Euler 函数.

(3) $\operatorname{Gal}(\mathbb{Q}(\zeta)/\mathbb{Q}) \cong (\mathbb{Z}/m\mathbb{Z})^\times$.

(4) ζ 在 $\mathbb{Q}$ 上的最少多项式是 $\Phi_m(x) = \prod_{(a,m)=1}(x - \zeta^a) = \prod_{d|m}(x^{\frac{m}{d}} - 1)^{\mu(d)}$, 其中 μ 为 Möbius 函数, 并且 $x^m - 1 = \prod_{d|m} \Phi_d(x)$.

(5) $(-1)^{(m-1)} m^m = \prod_{j \neq i}(\xi_i - \xi_j)$, 其中 $\{\xi_1, \ldots, \xi_m\} = \boldsymbol{\mu}_m$.

命题 6.18 设 F 是数域.

(1) 对正整数 n 存在循环域扩张 E/F, 使得 $n | [E : F]$.

(2) S 是 F 的素位的有限集, m 是正整数, 则存在循环分圆域 E/F 使得: 对有限 $\mathfrak{p} \in S$, $m | [E_\mathfrak{P} : F_\mathfrak{p}]$; 对实无穷 $\mathfrak{p} \in S$, $[E_\mathfrak{P} : F_\mathfrak{p}] = 2$.

证明 (1) 只需为 $F = \mathbb{Q}$ 证明命题. 设 $K/\mathbb{Q}$ 是全虚循环分圆域, 使得如果有 $\mathfrak{P} \in S$, $\mathfrak{p} | p$, 则 $m[F : \mathbb{Q}] | [K_\mathfrak{p} : \mathbb{Q}_p]$. 不难证明 $E = K \cdot F$ 满足命题条件.

(2) 设 ℓ 为素数, ζ 为 ℓ^n 次本原单位根. 若 $\ell \neq 2$, 则 $[\mathbb{Q}(\zeta) : \mathbb{Q}] = \ell^{n-1}(\ell - 1)$. 记次数为 ℓ^{n-1} 的 $\mathbb{Q}(\zeta)$ 的子域为 $E(\ell^n)$.

若 $\ell = 2$, 则 $\operatorname{Gal}(\mathbb{Q}(\zeta)/\mathbb{Q})$ 是一个 2 阶子群和一个 2^{n-2} 阶的循环群的直积. 设 $\xi = \zeta = \zeta^{-1}$, $E(2^n) = \mathbb{Q}(\xi)$. 则 $\operatorname{Gal}(E(2^n)/\mathbb{Q})$ 是 2^{n-2} 阶的循环群, 而且只要 n 充分大, $E(2^n)$ 是全虚扩张.

取素数 p. 当 n 增大时, $[E(\ell^n)_\mathfrak{p} : \mathbb{Q}_p]$ 是任意大的 ℓ 次幂, 而 $[\mathbb{Q}_p(\zeta) : \mathbb{Q}_p]$ 任意大, 这样

$$[\mathbb{Q}_p(\zeta) : E(\ell^n)_\mathfrak{p}] \leq \begin{cases} \ell - 1, & \text{若 } \ell \neq 2, \\ 2, & \text{若 } \ell = 2. \end{cases}$$

设 $m = \ell_1^{r_1} \ldots \ell_s^{r_s}$, 则取充分大的 n_i, t 后, 域 $E = E(\ell_1^{n_1}) \ldots E(\ell_s^{n_s}) \cdot E(2^t)$ 满足命题. 这是因为 $p \in S$, $\ell_i^{r_i} | [E_\mathfrak{p} : \mathbb{Q}_p]$, 因子 $E(2^t)$ 使 E 为全虚扩张, $E(\ell_j^{n_j})/\mathbb{Q}$ 为循环扩张, 而且 $\ell_j^{n_j}$ 互素, 所以 $E/\mathbb{Q}$ 是循环扩张. $\square$

命题 6.19 取素数 p, ℓ 和正整数 n, 当 $\ell = 2$, 设 $n \geqslant 2$. 取 ℓ^n 次本原单位根 ζ, 则 $\mathbb{Q}_p(\zeta)/\mathbb{Q}_p$ 是

(1) 无分歧扩张, 若 $p \neq \ell$.
(2) 完全歧扩张, 若 $p = \ell$.

此时 $[\mathbb{Q}_p(\zeta) : \mathbb{Q}_p] = p^{n-1}(p-1)$, $\zeta - 1$ 是 $\mathbb{Q}_p(\zeta)$ 的素元, $N_{\mathbb{Q}_p(\zeta)/\mathbb{Q}_p}(1-\zeta) = p$, $N_{\mathbb{Q}_p(\zeta)/\mathbb{Q}_p}(\mathbb{Q}_p(\zeta)^\times) = (p) \times U_{\mathbb{Q}_p}^{(n)}$.

证明 (1) 是一般局部域无分歧扩张的构造. (2) 是命题 3.50. □

命题 6.20 取素数 p, ℓ 和 ℓ^n 次本原单位根 ζ^a, 当 $\ell = 2$, 设 $n \geqslant 2$. 则范剩符号满足以下公式
$$\prod_p (a, \mathbb{Q}_p(\zeta)/\mathbb{Q}_p) = 1, \quad a \in \mathbb{Q}^\times.$$

证明 若 $p \neq \ell, p \neq p_\infty$, 根据命题 6.11, 则
$$(a, \mathbb{Q}_p(\zeta)/\mathbb{Q}_p)\zeta = \varphi_p^v(a)\zeta,$$

φ 是 $\mathbb{Q}_p(\zeta)/\mathbb{Q}_p$ 的 Frobenius 自同构 $\varphi\zeta = \zeta^p$, 于是
$$(a, \mathbb{Q}_p(\zeta)/\mathbb{Q}_p)\zeta = \zeta^{p^{v_p(a)}}.$$

若 $p = \ell$, 设 $a = up^m = up^{v_p(a)}$, u 是单位. 则
$$(a, \mathbb{Q}_p(\zeta)/\mathbb{Q}_p)\zeta = \zeta^r,$$

其中 r 由下式决定
$$r \equiv u^{-1} \equiv a^{-1} p^{v_p(a)} \mod p^n.$$

实数域 $\mathbb{R}$ 的唯一代数扩张是复数域 $\mathbb{C}$,
$$H^2(\mathrm{Gal}(\mathbb{C}/\mathbb{R}), \mathbb{C}^\times) \cong H^0(\mathrm{Gal}(\mathbb{C}/\mathbb{R}), \mathbb{C}^\times) \cong \mathbb{R}^\times/N_{\mathbb{C}/\mathbb{R}}\mathbb{C}^\times \cong \mathbb{R}^\times/\mathbb{R}_{>0}.$$

此时 $\mathrm{inv}_{\mathbb{C}/\mathbb{R}} : H^2(\mathrm{Gal}(\mathbb{C}/\mathbb{R}), \mathbb{C}^\times) \to \frac{1}{2}\mathbb{Z}/\mathbb{Z}$ 把 $a < 0$ 映为 $\frac{1}{2}\mathbb{Z} + \mathbb{Z}$, 这样范剩符号是 $(a, \mathbb{C}|\mathbb{R})(\sqrt{-1}) = (\sqrt{-1})^{\mathrm{sgn}(a)}$. 也就是说, 以 $\bar{z}$ 记 z 的复共轭,
$$(a, \mathbb{C}|\mathbb{R})z = \begin{cases} z, & \text{若 } a > 0, \\ \bar{z}, & \text{若 } a < 0. \end{cases}$$

可以说当 $p = p_\infty$ 时有
$$(a, \mathbb{Q}_p(\zeta)/\mathbb{Q}_p)\zeta = \zeta^{\mathrm{sgn}\, a}.$$

于是
$$\prod_p (a, \mathbb{Q}_p(\zeta)/\mathbb{Q}_p)\zeta = \zeta^{\mathrm{sgn}\, a \cdot \prod_{p \neq \ell} p^{v_p(a)} \cdot r},$$

计算

$$\operatorname{sgn} a \cdot \prod_{p \neq \ell} p^{v_p(a)} \cdot r \equiv \operatorname{sgn} a \cdot \prod_{p \neq \ell} p^{v_p(a)} \cdot \ell^{v_\ell(a)} a^{-1} = \frac{1}{\prod_p |a|_p} = 1 \mod \ell^n,$$

于是 $\prod_p (a, \mathbb{Q}_p(\zeta)/\mathbb{Q}_p) \zeta = \zeta$, 即 $\prod_p (a, \mathbb{Q}_p(\zeta)/\mathbb{Q}_p) = 1$. □

习 题

1. 设 F 为 p 进数域. 称 $F^\times$ 的子群 N 为范子群, 若有有限正规扩张 E/F 使得 $N = N_{E|F} E^\times$. 以 $\mathscr{N}$ 记 $F^\times$ 的范子群组成的集合.

   (1) 证明: $F^\times$ 的子群 N 为范子群当且仅当 N 为开子群和 $[E^\times : N] < \infty$.
   (2) 以 $\mathscr{A}$ 记 F 的有限交换扩张 E/F 组成的集合. 证明: $\mathscr{A} \to \mathscr{N} : E \mapsto N_{E|F} E^\times$ 为双射.
   (3) 取 $F^\times$ 的子群 N. 证明: N 是范子群 $\Leftrightarrow$ N 开子群和 $[E^\times : N] < \infty \Leftrightarrow$ N 闭子群和 $[E^\times : N] < \infty \Leftrightarrow [E^\times : N] < \infty$.

2. 以 $\widehat{\mathbb{Z}}$ 记 $\varprojlim_n \mathbb{Z}/n\mathbb{Z}$, 以 F^{nr} 记局部数域 F 的极大无分歧扩张, $\kappa_{F^{\mathrm{nr}}}$ 记它的剩余域.

   (1) 证明: $\kappa_{F^{\mathrm{nr}}}$ 为 κ_F 的可分闭包.
   (2) 证明: 存在同构
   $$\operatorname{Gal}(F^{\mathrm{nr}}/F) \cong \operatorname{Gal}(\kappa_{F^{\mathrm{nr}}}/\kappa_F) \cong \widehat{\mathbb{Z}},$$
   在此同构下, $1 \in \widehat{\mathbb{Z}}$ 对应于由以下公式所定义的 Frobenius 同构 $\varphi_F \in \operatorname{Gal}(F^{\mathrm{nr}}/F)$:
   $$\varphi_F(a) \equiv a^q \mod \mathfrak{p}_{F^{\mathrm{nr}}}, \quad a \in \mathscr{O}_{F^{\mathrm{nr}}}, \quad q = |\kappa_F|.$$
   (3) 现取有限 Galois 扩张 E/F, $\sigma \in \operatorname{Gal}(E/F)$. 证明: 可以延伸 σ 为 $\tilde{\sigma} \in \operatorname{Gal}(E^{\mathrm{nr}}/F)$ 使得有正整数 n, $\tilde{\sigma}|_{F^{\mathrm{nr}}} = \varphi_F^n$.
   (4) 设 Σ 是 $\tilde{\sigma}$ 的固定域, $\pi_\Sigma \in \Sigma$ 是素元. 互反律是 $r_{E/F} : \operatorname{Gal}(E/F)^{ab} \to F^\times / N_{E|F}(E^\times)$. 证明: $r_{E/F}(\sigma) = N_{\Sigma/F}(\pi_\Sigma) \cdot N_{E|F}(E^\times)$.

3. 取 $\mathbb{Q}_p$ 的代数闭包 $\mathbb{Q}_p^{\mathrm{alg}}$, 做完备化得到 $\mathbb{C}_p$, $\mathbb{Q}_p$ 的极大无分歧扩张 $\mathbb{Q}_p^{\mathrm{nr}}$ 在 $\mathbb{C}_p$ 内的完备化记为 $\widehat{\mathbb{Q}_p}$. 设 F 为 $\mathbb{C}_p$ 的子域使得 $\mathscr{O}_F$ 为离散赋值环. 设 E/F 为有限交换完全分歧扩张. 设 φ 是 $E\widehat{\mathbb{Q}_p}/E$ 的 Frobenius 自同构, π 是 E 的素元, $\sigma \in \operatorname{Gal}(E/F)$, $b \in E\widehat{\mathbb{Q}_p}$ 使得 $b^{\varphi-1} = \pi^{\sigma-1}$. 证明: $\sigma^{-1} = (N_{E\widehat{\mathbb{Q}_p}|F\widehat{\mathbb{Q}_p}} b, E|F)$.

4. 设 K 为完备赋值域, 剩余域的特征是 $p > 0$.

   (1) 称 $\operatorname{Gal}(K^{\mathrm{sep}}/K)$ 的酉特征标 χ 为无分歧的, 若依附于 χ 的循环扩张 L/K 是无分歧扩张. $\operatorname{Gal}(K^{\mathrm{sep}}/K)$ 的所有酉特征标组成对偶群 $\operatorname{Gal}(K^{\mathrm{sep}}/K)^\wedge$, 由所有无分歧酉特征标所组成的集合记为 $\operatorname{Gal}(K^{\mathrm{sep}}/K)^\wedge_{\mathrm{nr}}$. 证明: $\operatorname{Gal}(K^{\mathrm{sep}}/K)^\wedge_{\mathrm{nr}}$ 是 $\operatorname{Gal}(K^{\mathrm{sep}}/K)^\wedge$ 的子群.
   (2) 设 ϖ 为 K 的素元, $\{\chi, \varpi\}$ 记循环因子集的上同调类. 证明:
   $$\operatorname{Gal}(K^{\mathrm{sep}}/K)^\wedge_{\mathrm{nr}} \to H^2(\operatorname{Gal}(K^{\mathrm{sep}}/K), K^{\mathrm{sep}\,\times}) : \chi \mapsto \{\chi, \varpi\}$$
   是 (与素位 ϖ 的选取无关的) 同构.

(3) 设 K_n/K 是 n 次无分歧扩张, 酉特征标 χ 依附于 K_n/K. 证明: 循环代数 $[K_n/K;\chi,\varpi]$ 是除 K-代数.

5. 以 μ 记 $\mathbb{C}$ 的所有单位根所组成的交换群. 设 K 为完备赋值域, 剩余域的特征是 $p > 0$. 设 ϖ 为 K 的素元, φ 是 F^{sep}/F 的 Frobenius 自同构.

(1) 证明: 存在唯一同构 $\eta: H^2(\text{Gal}(K^{\text{sep}}/K), K^{\text{sep}\times}) \xrightarrow{\approx} \mu$ 使得 $\forall \chi \in \text{Gal}(K^{\text{sep}}/K)^\wedge_{\text{nr}}$ 有
$$\eta(\{\chi,\varpi\}) = \chi(\varpi),$$
η 与 φ 和 ϖ 的选取无关.

(2) 定义偶对
$$\text{Gal}(K^{\text{sep}}/K)^\wedge \times K^\times \to \mu : \chi, \theta \mapsto (\chi,\theta)_K := \eta(\{\chi,\theta\}).$$

证明:

(a) 上述偶对是连续映射, 并且 $\forall \chi, \chi' \in \text{Gal}(K^{\text{sep}}/K)^\wedge, \forall \xi, \xi' \in K^\times$:
$$(\chi\chi',\xi)_K = (\chi,\xi)_K \cdot (\chi',\xi)_K, (\chi,\xi\xi')_K = (\chi,\xi)_K \cdot (\chi,\xi')_K.$$

(b) 若 $\forall \xi \in K^\times$ 有 $(\chi,\xi)_K = 1$, 则 $\chi = 1$.

(c) 对整数 $n \geq 1$, F_n/F 是 n 次无分歧扩张, n 阶酉特征标 χ 依附于 K_n, $K^\times = \mathcal{O}^\times \times \langle \varpi \rangle$, 则对 $\forall \xi \in \mathcal{O}^\times$ 有 $(\chi,\xi)_K = 1$.

(3) 对 $\xi \in K^\times$, $\chi \mapsto (\chi,\xi)_K$ 是 $\text{Gal}(K^{\text{sep}}/K)^\wedge$ 的酉特征标, 但 $\text{Gal}(K^{\text{sep}}/K)$ 与交换紧群 $\text{Gal}(K^{\text{sep}}/K)^{ab}$ 有同样的酉特征标. 用 Pontryagin 对偶便知有 $\alpha \in \text{Gal}(K^{\text{sep}}/K)^{ab}$ 使 $\chi \mapsto (\chi,\xi)_K$ 是 $\chi \mapsto \chi(\alpha)$, 于是得映射 $\mathfrak{a}: \xi \mapsto \alpha$, 这样
$$\mathfrak{a}: K^\times \to \text{Gal}(K^{\text{sep}}/K)^{ab} : (\chi,\xi)_K = \chi(\mathfrak{a}(\xi)).$$

证明: $\mathfrak{a}$ 是连续群同态, 并且有群同构
$$(\text{Gal}(K^{\text{sep}}/K)^{ab})^\wedge \to (K^{\times \wedge})^{\text{tor}} : \chi \mapsto \chi \circ \mathfrak{a},$$
其中 $(K^{\times \wedge})^{\text{tor}}$ 是由 $K^\times$ 的有限阶酉特征标所组成的群.

(4) 取 $\chi \in \text{Gal}(K^{\text{sep}}/K)^\wedge_{\text{nr}}, \theta \in K^\times$. 证明: $(\chi,\theta)_K = \chi(\varphi)^{\nu_K(\theta)}$.

(5) 证明: $\text{Gal}(K^{\text{sep}}/K)$ 的酉特征标 χ 是无分歧的当且仅当对所有 $\theta \in \mathcal{O}_K^\times$ 有 $(\chi,\theta)_K = 1$.

第七章 理元类的上同调群

设有数域 F_0 ($[F_0:\mathbb{Q}]<\infty$), 以 F_0^{alg} 记数域 F_0 的代数封闭域, Galois 群 $G=\mathrm{Gal}(F_0^{\mathrm{alg}}/F_0)$ 连续作用在类群 $C_{F_0^{\mathrm{alg}}}$ 上. 本章主要证明 $(G,C_{F_0^{\mathrm{alg}}})$ 满足类成原则, 为此需要对包含 F_0 的有限正规域扩张 E/F 证明

(1) $H^1(\mathrm{Gal}(E/F),C_E)=1$.
(2) 存在具备有关性质的同构 $\mathrm{inv}_{E|F}:H^2(\mathrm{Gal}(E/F),C_E)\to\frac{1}{[E:F]}\mathbb{Z}/\mathbb{Z}$.

假设 $[E:F]$ 是素数, 利用 Kummer 扩张理论证明

(a) 第一不等式: $[C_F:N_{E/F}C_E]\geqslant[E:F]$;
(b) 第二不等式: $[C_F:N_{E/F}C_E]\leqslant[E:F]$, 若 F 含 $[E:F]$ 次单位根.

然后由此利用 Sylow 子群做归纳证明 (1).

下一步便是用 (1) 去构造 (2) 的不变量映射 inv. 类似局部域的情形, 我们要借助以下的结果: 设 E/F 是正规扩张. 若循环扩张 E'/F 满足条件 $[E':F]=[E:F]$, 则 $H^2(\mathrm{Gal}(E/F),C_E)=H^2(\mathrm{Gal}(E'/F),C_{E'})$. 还有, 我们需同时考虑所有的有限正规域扩张 E/F, 即要在 $H^2(\mathrm{Gal}(F^{\mathrm{alg}}/F),C_{F^{\mathrm{alg}}})$ 上定义 inv.

本章的计算分为两部分, 一部分是上同调的运算, 另一部分是 H^1 和 H^2 的计算. 计算 H^1 时我们用了 Kummer 扩张, 计算 H^2 时用了分圆域. Kummer 扩张是 $E=F(\sqrt[m]{a_1},\ldots,\sqrt[m]{a_r})$, $a_i\in F$, F 包含 m 次单位根. 取 ζ 为 m 次本原单位根, $\mathbb{Q}(\zeta)/\mathbb{Q}$ 是分圆域扩张, 这样我们要研究的是

$$\mathbb{Q}\subseteq\mathbb{Q}(\zeta)\subseteq\mathbb{Q}(\zeta)(\sqrt[m]{a_1},\ldots,\sqrt[m]{a_r}).$$

这一部分是代数数论中交换扩张的核心计算——这一种计算不是同调代数的计算, 所以在这里同调代数帮不了你. 同调代数是从一个基础的计算建立起一般的结构, 可见两部分扮演的角色是不同的.

从这些上同调群的结果可以推出数域的类域论里的**互反律** (reciprocity law).

为了计算理元类群的上同调群, 我们先利用局部域的上同调群的结果来算理元群的上同调群.

本章常以 $G_{E/F}$ 记 Galois 群 $\mathrm{Gal}(E/F)$.

7.1 理元的上同调群

设 E/F 是正规数域扩张，$\sigma \in \mathrm{Gal}(E/F)$，$\mathfrak{a} = (\mathfrak{a}_\mathfrak{P}) \in E_\mathbb{A}^\times$. 用以下公式定义 $\sigma\mathfrak{a}$，

$$(\sigma\mathfrak{a})_\mathfrak{P} = \sigma(\mathfrak{a}_{\sigma^{-1}\mathfrak{P}}).$$

设 E/F 是有限数域扩张，$\mathfrak{a} \in F_\mathbb{A}^\times$，$\mathfrak{p}$ 记 F 的素位，$\mathfrak{P}$ 记 E 的素位. 若 $\mathfrak{P}|\mathfrak{p}$，取 $\mathfrak{a}'_\mathfrak{P} = \mathfrak{a}_\mathfrak{p}$. 定义 $\mathfrak{a}' = (\mathfrak{a}'_\mathfrak{P}) \in E_\mathbb{A}^\times$，则 $\mathfrak{a} \to \mathfrak{a}'$ 决定单态射 $F_\mathbb{A}^\times \hookrightarrow E_\mathbb{A}^\times$.
记

$$E_\mathfrak{p}^\times = \prod_{\mathfrak{P}|\mathfrak{p}} E_\mathfrak{P}^\times, \quad U_{E\,\mathfrak{p}} = \prod_{\mathfrak{P}|\mathfrak{p}} U_\mathfrak{P},$$

则

$$E_\mathbb{A}^{\times\,S} = \prod_{\mathfrak{p} \in S} E_\mathfrak{p}^\times \times \prod_{\mathfrak{p} \notin S} U_{E\,\mathfrak{p}}.$$

以下命题显然成立.

命题 7.1 设 E/F 是正规数域有限扩张. 则

(1) $(E_\mathbb{A}^\times)^{\mathrm{Gal}(E/F)} = F_\mathbb{A}^\times$.
(2) $E^\times \cap F_\mathbb{A}^\times = F^\times$.

命题 7.2 设 E/F 为数域 F 的有限正规扩张，$\mathfrak{p}$ 为 F 的素位，分解群 $G_\mathfrak{P}$ 看作 $\mathrm{Gal}(E_\mathfrak{P}/F_\mathfrak{p})$. 则

(1) $H^q(\mathrm{Gal}(E/F), E_\mathfrak{p}^\times) = H^q(G_\mathfrak{P}, E_\mathfrak{P}^\times)$.
(2) 若 $\mathfrak{p}$ 是有限素位，$E_\mathfrak{P}/F_\mathfrak{p}$ 是无分歧，则 $H^q(\mathrm{Gal}(E/F), U_{E\,\mathfrak{p}}) = 1$.

证明 记 $G = \mathrm{Gal}(E/F)$，设 $G = \sqcup \sigma G_\mathfrak{P}$. 则 $\{\sigma\mathfrak{P}\}$ 是 E 中所有除 $\mathfrak{p}$ 的素位，$E_\mathfrak{p}^\times = \prod_\sigma E_{\sigma\mathfrak{P}}^\times$ 和 $U_{E\mathfrak{p}} = \prod_\sigma \sigma U_\mathfrak{P}$ 为诱模. 按 Shapiro 引理 5.15 得 (1) 和

$$H^q(\mathrm{Gal}(E/F), U_{E\mathfrak{p}}) = H^q(G_\mathfrak{P}, U_\mathfrak{P}) = 1,$$

最后的等式用到了命题 6.2. □

命题 7.3 设有限集 S 的元素为数域 F 的素位，F 所有的无穷素位均属于 S. 若 $\mathfrak{p} \notin S$，则 $\mathfrak{p}$ 是无分歧. 设 E/F 为有限正规扩张. 对每个 F 的素位 $\mathfrak{p}$ 选定一个 E 的素位 $\mathfrak{P}$ 使得 $\mathfrak{P}|\mathfrak{p}$，以 $G_\mathfrak{P}$ 记分解群.

(1) $H^q(\mathrm{Gal}(E/F), E_\mathbb{A}^{\times\,S}) \cong \prod_{\mathfrak{p} \in S} H^q(G_\mathfrak{P}, E_\mathfrak{P}^\times)$.
(2) $H^1(\mathrm{Gal}(E/F), E_\mathbb{A}^{\times\,S}) = 1$,
   $H^0(\mathrm{Gal}(E/F), E_\mathbb{A}^{\times\,S}) = \prod_{\mathfrak{p} \in S} G_\mathfrak{P}^{ab}$,
   $h(E_\mathbb{A}^{\times\,S}) = \prod_{\mathfrak{p} \in S} |G_\mathfrak{P}^{ab}|$.
(3) $H^q(\mathrm{Gal}(E/F), E_\mathbb{A}^\times) \cong \oplus H^q(G_\mathfrak{P}, E_\mathfrak{P}^\times)$.

(4) $H^1(\mathrm{Gal}(E/F), E_{\mathbb{A}}^{\times}) = 1$.

(5) 有交换图

$$\begin{array}{ccc} H^q(\mathrm{Gal}(E/F), E_{\mathbb{A}}^{\times}) & \xrightarrow{\mathrm{Res}} & H^q(G_{\mathfrak{P}}, E_{\mathbb{A}}^{\times}) \\ & \searrow{\rho} & \downarrow{\bar{\pi}} \\ & & H^q(G_{\mathfrak{P}}, E_{\mathfrak{P}}^{\times}) \end{array}$$

其中 ρ 是 (2) 所给的投射, $\bar{\pi}$ 得自投射 $\pi: E_{\mathbb{A}}^{\times} \to E_{\mathfrak{P}}^{\times}$.

证明 (1)

$$H^q(\mathrm{Gal}(E/F), E_{\mathbb{A}}^{\times\,S}) = \prod_{\mathfrak{p} \in S} H^q(\mathrm{Gal}(E/F), E_{\mathfrak{p}}^{\times}) \times \prod_{\mathfrak{p} \notin S} H^q(\mathrm{Gal}(E/F), U_{E\,\mathfrak{p}}).$$

(2) 由 Hilbert 90 和 (1) 便得 H^1; 用局部类域的命题 6.9 可得 H^0.

(3) $E_{\mathbb{A}}^{\times} = \varinjlim_S E_{\mathbb{A}}^{\times\,S}$, 于是

$$H^q(\mathrm{Gal}(E/F), E_{\mathbb{A}}^{\times}) = \varinjlim_S \prod_{\mathfrak{p} \in S} H^q(G_{\mathfrak{P}}, E_{\mathfrak{P}}^{\times}).$$

(4) 按 Hilbert 定理 $H^1(G_{\mathfrak{P}}, E_{\mathfrak{P}}^{\times}) = 1$ (命题 5.41).

(5) 用命题 7.2 和 Shapiro 引理可得此结论. □

命题 7.4 取 Galois 扩张 E/F, 设 $\mathfrak{a} \in F_{\mathbb{A}}^{\times}$. 则有 $\mathfrak{b} \in E_{\mathbb{A}}^{\times}$ 使得 $N_{E/F}\mathfrak{b} = \mathfrak{a}$, 当且仅当对每个 $\mathfrak{a}_{\mathfrak{p}}$ 存在 $\mathfrak{b}_{\mathfrak{P}} \in E_{\mathfrak{P}}^{\times}$ ($\mathfrak{P}|\mathfrak{p}$) 使得 $N_{E/F}(\mathfrak{b}_{\mathfrak{P}}) = \mathfrak{a}_{\mathfrak{p}}$.

证明 记 $G = \mathrm{Gal}(E/F)$. 首先 $H^0(G, E_{\mathbb{A}}^{\times}) = (E_{\mathbb{A}}^{\times})^G/N_G E_{\mathbb{A}}^{\times}$ 和 $H^0(G_{\mathfrak{P}}, E_{\mathfrak{P}}^{\times}) = F_{\mathfrak{p}}^{\times}/N_{G_{\mathfrak{P}}} E_{\mathfrak{P}}^{\times}$. 按命题 7.3 得 $F_{\mathbb{A}}^{\times}/N_G E_{\mathbb{A}}^{\times} \cong \oplus_{\mathfrak{p}} F_{\mathfrak{p}}^{\times}/N_{G_{\mathfrak{P}}} E_{\mathfrak{P}}^{\times}$, 并且 $\bar{\mathfrak{a}} = \mathfrak{a} N_G E_{\mathbb{A}}^{\times} \mapsto (\bar{\mathfrak{a}}_{\mathfrak{p}})$, $\bar{\mathfrak{a}}_{\mathfrak{p}} = \mathfrak{a}_{\mathfrak{p}} N_{G_{\mathfrak{P}}} E_{\mathfrak{P}}^{\times}$. 由于这是同构, $\bar{\mathfrak{a}} = 1$ 当且仅当 $\bar{\mathfrak{a}}_{\mathfrak{p}} = 1$. 此即所求. □

设 K/F, E/F 为有限正规扩张, $E \subset F$. 这样 $G_{E/F} = G_{K/F}/G_{K/E}$. 由命题 7.3 得膨胀同态

$$1 \to H^2(G_{E/F}, E_{\mathbb{A}}^{\times}) \xrightarrow{\mathrm{Inf}} H^2(G_{K/F}, K_{\mathbb{A}}^{\times})$$

为单射 (第五章命题 5.22).

设 $F \supseteq F_0$, 以 F_0^{alg} 记 F_0 的代数封闭域. 则可用**正极限** (direct limit) (见 [19] §11.4) 把理元群 $(F_0^{\mathrm{alg}})_{\mathbb{A}}^{\times}$ 表达为

$$(F_0^{\mathrm{alg}})_{\mathbb{A}}^{\times} = \varinjlim_E E_{\mathbb{A}}^{\times},$$

其中 E 遍历 F 的所有有限正规扩张.

我们利用膨胀单同态定义正极限

$$H^2(G_{F_0^{\mathrm{alg}}/F}, (F_0^{\mathrm{alg}})_{\mathbb{A}}^{\times}) = \varinjlim_E H^2(G_{E/F}, E_{\mathbb{A}}^{\times}),$$

其中 E 遍历 F 的所有有限正规扩张. (当然这是一般定理 $H^*(\bullet, \varinjlim \flat) = \varinjlim H^*(\bullet, \flat)$ 的特例, 我们只不过说清楚这里 $\varinjlim H^2$ 是用膨胀单同态造出来的.)

又因为 Inf 是单同态, 便可简写 $H^2(G_{E/F}, E_{\mathbb{A}}^\times) \subseteq H^2(G_{K/F}, K_{\mathbb{A}}^\times)$, 这样便把以上的定义写为

$$H^2(G_{F_0^{\mathrm{alg}}/F}, (F_0^{\mathrm{alg}})_{\mathbb{A}}^\times) = \bigcup_E H^2(G_{E/F}, E_{\mathbb{A}}^\times).$$

命题 7.5 设 F 为数域. 则

(1) $\cup_E H^2(\mathrm{Gal}(E/F), E^\times) = \cup_{E/F\text{循分}} H^2(\mathrm{Gal}(E/F), E^\times)$,

(2) $H^2(\mathrm{Gal}(F^{\mathrm{alg}}/F), F_{\mathbb{A}}^{\mathrm{alg}\,\times}) = \cup_{E/F\text{循分}} H^2(\mathrm{Gal}(E/F), E_{\mathbb{A}}^\times)$,

其中 $\cup_E$ 是指对所有有限正规扩张 E/F, $\cup_{E/F\text{循分}}$ 是指对所有循环分圆域扩张 E/F.

证明 我们只证明 (2). 以 $G(E/F)$ 记 $\mathrm{Gal}(E/F)$. 取 $z \in H^2(G(F^{\mathrm{alg}}/F), (F_{\mathbb{A}}^{\mathrm{alg}})^\times)$, 设 $z \in H^2(G(L/F), L_{\mathbb{A}}^\times)$, 以 m 记 z 的阶. 设 S 为 F 的素位 $\mathfrak{p}$ 使 $z_{\mathfrak{p}} \neq 1$. 按命题 6.18 知有循环分圆扩张 E/F 使得对有限 $\mathfrak{p} \in S$ 有 $m | [E_{\mathfrak{P}} : F_{\mathfrak{p}}]$, 对实素位 $\mathfrak{p} \in S$ 则 $[E_{\mathfrak{P}} : F_{\mathfrak{p}}] = 2$. 设 $K = L \cdot E$. 则 $H^2(G(K/F), K_{\mathbb{A}}^\times)$ 包含 $H^2(G(L/F), L_{\mathbb{A}}^\times)$ 和 $H^2(G(E/F), E_{\mathbb{A}}^\times)$.

$$1 \to H^2(G(E/F), E_{\mathbb{A}}^\times) \to H^2(G(K/F), K_{\mathbb{A}}^\times) \xrightarrow{\mathrm{Res}} H^2(G(K/F), K_{\mathbb{A}}^\times)$$

是正合序列, 如果 $\mathrm{Res}\, z = 1$, 则 $z \in H^2(G(E/F), E_{\mathbb{A}}^\times)$.

因为 $(\mathrm{Res}_E z)_{\mathfrak{P}} = \mathrm{Res}_{E_{\mathfrak{P}}}(z_{\mathfrak{p}})$, 这样按命题 7.3 及局部类域论,

$$\begin{aligned}
\mathrm{Res}\, z = 1 &\Leftrightarrow (\mathrm{Res}_E z)_{\mathfrak{P}} = \mathrm{Res}_{E_{\mathfrak{P}}}(z_{\mathfrak{p}}) = 1 \\
&\Leftrightarrow \mathrm{inv}_{K_{\mathfrak{P}'}|E_{\mathfrak{P}}}(\mathrm{Res}_{E_{\mathfrak{P}}}(z_{\mathfrak{p}})) = [E_{\mathfrak{P}} : F_{\mathfrak{p}}] \mathrm{inv}_{K_{\mathfrak{P}'}|F_{\mathfrak{p}}}(z_{\mathfrak{p}}) \\
&= \mathrm{inv}_{K_{\mathfrak{P}'}|F_{\mathfrak{p}}}(z_{\mathfrak{p}})^{[E_{\mathfrak{P}}:F_{\mathfrak{p}}]} = 0 \\
&\Leftrightarrow (z_{\mathfrak{p}})^{[E_{\mathfrak{P}}:F_{\mathfrak{p}}]} = 1,
\end{aligned}$$

对 $\mathfrak{p} \in S$. □

理元的范剩符号

设 E/F 是交换扩张. 取 $\mathfrak{a} = (\mathfrak{a}_{\mathfrak{p}}) \in F_{\mathbb{A}}^\times$, 已有局部范剩符号

$$(\mathfrak{a}_{\mathfrak{p}}, E_{\mathfrak{P}}|F_{\mathfrak{p}}) \in \mathrm{Gal}(E_{\mathfrak{P}}/F_{\mathfrak{p}}) \subseteq \mathrm{Gal}(E/F).$$

除有限个 $\mathfrak{p}$ 外, $\mathfrak{a}_{\mathfrak{p}}$ 是单位元, $E_{\mathfrak{P}}/F_{\mathfrak{p}}$ 是无分歧扩张, 于是 $(\mathfrak{a}_{\mathfrak{p}}, E_{\mathfrak{P}}|F_{\mathfrak{p}}) = 1$, 因此便可以定义理元的范剩符号

$$(\mathfrak{a}, E|F) = \prod (\mathfrak{a}_{\mathfrak{p}}, E_{\mathfrak{P}}|F_{\mathfrak{p}}) \in \mathrm{Gal}(E/F).$$

因为 $\mathrm{Gal}(E/F)$ 是交换群, 定义中的乘积与因子次序无关.

7.1 理元的上同调群

理元的不变量映射

设 E/F 为数域 F 的有限正规扩张. 对 F 的每个素位 $\mathfrak{p}$ 选定 E 的素位 $\mathfrak{P}$ 使 $\mathfrak{P}|\mathfrak{p}$. 由命题 7.3 得

$$H^2(\operatorname{Gal}(E/F), E_{\mathbb{A}}^{\times}) \cong \oplus_{\mathfrak{p}} H^2(\operatorname{Gal}(E_{\mathfrak{P}}/F_{\mathfrak{p}}), E_{\mathfrak{P}}^{\times}) : c \mapsto (c_{\mathfrak{p}}).$$

根据局部域类成原则 (定理 6.8) 存在同构

$$\operatorname{inv}_{E_{\mathfrak{P}}|F_{\mathfrak{p}}} : H^2(\operatorname{Gal}(E_{\mathfrak{P}}/F_{\mathfrak{p}}), E_{\mathfrak{P}}^{\times}) \to \frac{1}{[E_{\mathfrak{P}} : F_{\mathfrak{p}}]} \mathbb{Z}/\mathbb{Z}.$$

因为 $\frac{1}{[E_{\mathfrak{P}}:F_{\mathfrak{p}}]}\mathbb{Z}/\mathbb{Z} \subset \frac{1}{[E:F]}\mathbb{Z}/\mathbb{Z}$, 我们便可以做以下定义.

定义 7.6 设 E/F 为数域 F 的有限正规扩张. 定义理元的不变量映射为

$$\operatorname{inv}_{E/F} : H^2(\operatorname{Gal}(E/F), E_{\mathbb{A}}^{\times}) \to \frac{1}{[E : F]}\mathbb{Z}/\mathbb{Z} : c \mapsto \sum_{\mathfrak{p}} \operatorname{inv}_{E_{\mathfrak{P}}|F_{\mathfrak{p}}} c_{\mathfrak{p}}.$$

注 除有限个 $\mathfrak{p}$ 外, $c_{\mathfrak{p}} = 1$, 所以定义中的和是有限和. 定义与 $\mathfrak{P}$ 的选择无关. 若另有 $\mathfrak{P}'|\mathfrak{p}$, 则有 $F_{\mathfrak{p}}$-同构 $E_{\mathfrak{P}} \to E_{\mathfrak{P}'}$, 于是 $H^2(\operatorname{Gal}(E_{\mathfrak{P}}/F_{\mathfrak{p}}), E_{\mathfrak{P}}^{\times}) \cong H^2(\operatorname{Gal}(E_{\mathfrak{P}'}/F_{\mathfrak{p}}), E_{\mathfrak{P}'}^{\times})$.

我们把 $\operatorname{Inf} : H^2(\operatorname{Gal}(E/F), E_{\mathbb{A}}^{\times}) \to H^2(\operatorname{Gal}(K/F), K_{\mathbb{A}}^{\times})$ 看作包含映射.

命题 7.7 (1) 设有数域 F 的正规扩张 $K \supseteq E \supseteq F$, 取 $c \in H^2(\operatorname{Gal}(E/F), E_{\mathbb{A}}^{\times}) \subseteq H^2(\operatorname{Gal}(K/F), K_{\mathbb{A}}^{\times})$, 则 $\operatorname{inv}_{K|F} c = \operatorname{inv}_{E|F} c$.

(2) 设有数域 F 的扩张 $K \supseteq E \supseteq F$, K/F 为正规扩张, 则

$$\operatorname{inv}_{K|E}(\operatorname{Res}_E c) = [E : F]\operatorname{inv}_{K|F} c, \quad c \in H^2(\operatorname{Gal}(K/F), K_{\mathbb{A}}^{\times}),$$
$$\operatorname{inv}_{K|F}(\operatorname{cor}_F c) = \operatorname{inv}_{K|E} c, \quad c \in H^2(\operatorname{Gal}(K/E), K_{\mathbb{A}}^{\times}).$$

证明 (1) 取 $c \in H^2(\operatorname{Gal}(E/F), E_{\mathbb{A}}^{\times})$,

$$\operatorname{inv}_{K|F} c = \sum_{\mathfrak{p}} \operatorname{inv}_{K_{\mathfrak{P}'}|F_{\mathfrak{p}}} c_{\mathfrak{p}} = \sum_{\mathfrak{p}} \operatorname{inv}_{E_{\mathfrak{P}}|F_{\mathfrak{p}}} c_{\mathfrak{p}} = \operatorname{inv}_{E|F} c.$$

(2) 取 $c \in H^2(\operatorname{Gal}(K/F), K_{\mathbb{A}}^{\times})$,

$$\operatorname{inv}_{K|E}(\operatorname{Res}_E c) = \sum_{\mathfrak{P}} \operatorname{inv}_{K_{\mathfrak{P}'}|E_{\mathfrak{P}}}(\operatorname{Res}_E c)_{\mathfrak{P}} = \sum_{\mathfrak{P}} \operatorname{inv}_{K_{\mathfrak{P}'}|E_{\mathfrak{P}}}(\operatorname{Res}_{E_{\mathfrak{P}}} c_{\mathfrak{p}})$$
$$= \sum_{\mathfrak{P}} [E_{\mathfrak{P}} : F_{\mathfrak{p}}]\operatorname{inv}_{K_{\mathfrak{P}'}|F_{\mathfrak{p}}} c_{\mathfrak{p}} = \sum_{\mathfrak{p}} \sum_{\mathfrak{P}|\mathfrak{p}} [E_{\mathfrak{P}} : F_{\mathfrak{p}}]\operatorname{inv}_{K_{\mathfrak{P}'}|F_{\mathfrak{p}}} c_{\mathfrak{p}}$$
$$= [E : F]\sum_{\mathfrak{p}} \operatorname{inv}_{K_{\mathfrak{P}'}|F_{\mathfrak{p}}} c_{\mathfrak{p}} = [E : F]\operatorname{inv}_{K|F} c.$$

取 $c \in H^2(\mathrm{Gal}(K/E), K_{\mathbb{A}}^{\times})$,

$$\mathrm{inv}_{K|F}(\mathrm{cor}_F c) = \sum_{\mathfrak{p}} \mathrm{inv}_{K_{\mathfrak{P}'}|F_{\mathfrak{p}}}(\mathrm{cor}_F c)_{\mathfrak{p}} = \sum_{\mathfrak{p}} \sum_{\mathfrak{P}|\mathfrak{p}} \mathrm{inv}_{K_{\mathfrak{P}'}|F_{\mathfrak{p}}}(\mathrm{cor}_{F_{\mathfrak{p}}} c_{\mathfrak{P}})$$
$$= \sum_{\mathfrak{p}} \sum_{\mathfrak{P}|\mathfrak{p}} \mathrm{inv}_{K_{\mathfrak{P}'}|E_{\mathfrak{P}}}(c_{\mathfrak{P}}) = \mathrm{inv}_{K|E}(c). \quad \square$$

注 $\mathrm{Hom}(G, \mathbb{Q}/\mathbb{Z}) = \mathrm{Hom}(G^{ab}, \mathbb{Q}/\mathbb{Z})$, 参考命题 5.14 和 5.37.

引理 7.8 设 L/F 是交换扩张, $\mathfrak{a} \in F_{\mathbb{A}}^{\times}$, $[\mathfrak{a}] = \mathfrak{a} N_{L/F} L_{\mathbb{A}}^{\times} \in H^0(\mathrm{Gal}(L/F), L_{\mathbb{A}}^{\times})$, $\chi \in \mathrm{Hom}(\mathrm{Gal}(L/F), \mathbb{Q}/\mathbb{Z}) = H^1(\mathrm{Gal}(L/F), \mathbb{Q}/\mathbb{Z})$. 则 $\chi((\mathfrak{a}, L|F)) = \mathrm{inv}_{L|F}(\delta\chi \cup [\mathfrak{a}])$.

证明 以 $\chi_{\mathfrak{p}}$ 记限制 $\chi|_{\mathrm{Gal}(L_{\mathfrak{P}}/F_{\mathfrak{p}})}$, 则

$$\chi(\mathfrak{a}, L/F) = \sum_{\mathfrak{p}} \chi_{\mathfrak{p}}(\mathfrak{a}_{\mathfrak{p}}, L_{\mathfrak{P}}/F_{\mathfrak{p}}) = \sum_{\mathfrak{p}} \mathrm{inv}_{L_{\mathfrak{P}}|F_{\mathfrak{p}}}([\mathfrak{a}_{\mathfrak{p}}] \cup \delta\chi_{\mathfrak{p}}).$$

由命题 7.3, $([\mathfrak{a}] \cup \delta\chi)_{\mathfrak{p}} = [\mathfrak{a}_{\mathfrak{p}}] \cup \delta\chi_{\mathfrak{p}}$. $\quad\square$

定理 7.9 若 E/F 为正规数域扩张, 则 $\mathrm{inv}_{E|F}(H^2(\mathrm{Gal}(E/F), E^{\times})) = 0$.

证明 (1) 若定理对任何正规扩张 $N/\mathbb{Q}$ 成立, 则对任何正规数域扩张 E/F 成立.

给定 E/F, 取正规扩张 $N/\mathbb{Q}$ 使 $N \supseteq E$, 则由 (5.22) 得

$$H^2(\mathrm{Gal}(E/F), E^{\times}) \subseteq H^2(\mathrm{Gal}(N/F), N^{\times}) \subseteq H^2(\mathrm{Gal}(N/F), N_{\mathbb{A}}^{\times}).$$

取 $c \in H^2(\mathrm{Gal}(E/F), E^{\times})$, 则 $c \in H^2(\mathrm{Gal}(N/F), N_{\mathbb{A}}^{\times})$, $\mathrm{cor}_{\mathbb{Q}} c \in H^2(\mathrm{Gal}(N/\mathbb{Q}), N^{\times})$. 于是 $\mathrm{inv}_{E|F} c = \mathrm{inv}_{N|F} c = \mathrm{inv}_{N|\mathbb{Q}}(\mathrm{cor}_{\mathbb{Q}}(c)) = 0$ (参考命题 7.7).

(2) 若定理对任何循环分圆域扩张 $L/\mathbb{Q}$ 成立, 则对任何正规数域扩张 E/F 成立.

给定 E/F, 由于 (1) 可设 $F = \mathbb{Q}$. 取 $c \in H^2(\mathrm{Gal}(E/F), E^{\times})$, 则由命题 7.5 知有循环分圆域扩张 $L/\mathbb{Q}$ 使得 $c \in H^2(\mathrm{Gal}(L/F), L^{\times})$.

(3) 证明: 对循环分圆域扩张 $L/\mathbb{Q}$ 定理成立. 设 χ 为特征标群 $\chi(\mathrm{Gal}(L/\mathbb{Q})) = H^1(\mathrm{Gal}(L/\mathbb{Q}), \mathbb{Q}/\mathbb{Z})$ 的生成元. 则 $\delta\chi$ 是 $H^2(\mathrm{Gal}(L/\mathbb{Q}), \mathbb{Z})$ 的生成元. 按 Tate 定理得双射

$$\delta\chi\cup : H^0(\mathrm{Gal}(L/\mathbb{Q}), L^{\times}) \to H^2(\mathrm{Gal}(L/\mathbb{Q}), L^{\times}),$$

所以若 $c \in H^2(\mathrm{Gal}(L/\mathbb{Q}), L^{\times})$, 则有 $a \in \mathbb{Q}^{\times}$ 使得 $c = \delta\chi \cup [a]$, $[a] = aN_{L/\mathbb{Q}}L^{\times} \in H^0(\mathrm{Gal}(L/\mathbb{Q}), L^{\times})$. 由引理 7.8 得 $\mathrm{inv}_{L|\mathbb{Q}} c = \chi((a, L|\mathbb{Q}))$, 于是需证 $(a, L|\mathbb{Q}) = 1$.

分圆域 $L \subseteq \mathbb{Q}(\zeta)$, ζ 是单位根. 利用 (, $L_{\mathfrak{P}}|\mathbb{Q}_p$) 和 (, $\mathbb{Q}_p(\zeta)|\mathbb{Q}_p$) 的关系知 $(a, L|\mathbb{Q}) = (a, \mathbb{Q}(\zeta)|\mathbb{Q})|_L$, 又由于 $\mathbb{Q}(\zeta)$ 由 ℓ^n 次单位根生成, ℓ 为素数. 这样我们需要证明的是 $(a, \mathbb{Q}(\zeta)|\mathbb{Q}) = 1$, ζ 是 ℓ^n 次单位根, 这为已知 (命题 6.20). $\quad\square$

7.2 计算 H^1

7.2.1 第一不等式

第一不等式是以下定理的直接推论, 定理的证明用到了 Herbrand 商和局部类域的计算, 在类域论中这个结果总是用代数方法证明, 这种方法起源于高斯的二次型亏类理论.

定理 7.10 设 $[E:F]$ 是素数. 则
(1) $\frac{|H^0(\mathrm{Gal}(E/F), C_E)|}{|H^1(\mathrm{Gal}(E/F), C_E)|} = [E:F]$.
(2) $[C_F : N_{E/F} C_E] \geqslant [E:F]$, 称此为第一不等式.

证明 1. 取 F 的素位有限集合 S, 设 S 包含无穷素位和所有在 E 分歧的素位, S 的元素在 E 内分解为集合 $\tilde{S}$.

记 $n = |S|$, $\tilde{n} = |\tilde{S}|$, 由在 E 内不分裂的 $\mathfrak{p} \in S$ 所组成的集合的元素个数记为 n_0. 由于 $[E:F] = p$ 是素数, 所以若 $\mathfrak{p}$ 是 "非" 不分裂, 则 $\mathfrak{p}$ 在 E 内分裂为 p 个因子, 因此得 $\tilde{n} = n_0 + p(n - n_0)$.

这样, 若 $\mathfrak{p}|\mathfrak{P}$ 分裂, 则分解群 $G_{\mathfrak{P}} = 1$; 若 $\mathfrak{p}$ 不分裂, 则 $|G_{\mathfrak{P}}| = |G| = p$.

2. 加条件: 取 S 充分大使得 $F_{\mathbb{A}}^{\times} = F_{\mathbb{A}}^{\times S} F^{\times}$, $E_{\mathbb{A}}^{\times} = E_{\mathbb{A}}^{\times \tilde{S}} E^{\times}$.

因为 E/F 是交换扩张, 由理元的上同调群命题 7.3 的计算得 $h(E_{\mathbb{A}}^{\times \tilde{S}}) = p^{n_0}$.

3. 设 $E^{\tilde{S}} = E^{\times} \cap E_{\mathbb{A}}^{\times \tilde{S}}$. 则 $(E^{\tilde{S}})^{\mathrm{Gal}(E/F)} = F^{\times} \cap E_{\mathbb{A}}^{\times \tilde{S}}$, 这两个群的秩由 S 单位群定理给出. 由 Chevalley 定理 5.19 得

$$h(E^{\tilde{S}}) = p^{\frac{p(n-1)-(\tilde{n}-1)}{p-1}} = p^{n_0 - 1}.$$

4. 由

$$C_E = E_{\mathbb{A}}^{\times \tilde{S}} E^{\times} / E^{\times} = E_{\mathbb{A}}^{\times \tilde{S}} / E^{\tilde{S}}$$

得

$$h(C_E) = h(E_{\mathbb{A}}^{\times \tilde{S}}) / h(E^{\tilde{S}}) = p.$$

(1) 得证.

我们用 $|H^0(\mathrm{Gal}(E/F), C_E)| = [C_F : N_{E/F} C_E]$, 可证明 (2). □

命题 7.11 设 E/F 为循环扩张, $[E:F] = p^r$. 则 F 有无穷个在 E 不分裂的素位.

证明 (1) 设 $[E:F] = p$, 以 $\mathscr{S}$ 记 F 的在 E 不分裂的素位, 设 $|\mathscr{S}|$ 有限.

取 $\bar{a} \in C_F$, 设 $F_{\mathbb{A}}^{\times} \ni a = (a_{\mathfrak{p}}) \mapsto \bar{a}$. $(F_{\mathfrak{p}}^{\times})^{[p]}$ 是 $F_{\mathfrak{p}}^{\times}$ 的开子群, F 在 $F_{\mathfrak{p}}$ 稠密, 存在 $x_{\mathfrak{p}} \in F^{\times} \cap a_{\mathfrak{p}}(F_{\mathfrak{p}}^{\times})^{[p]}$. 然后用逼近定理得 $x \in F^{\times}$ 使得 $a_{\mathfrak{p}} x^{-1} \in (F_{\mathfrak{p}}^{\times})^{[p]}$

以 a' 记 ax^{-1}，求 $b \in E_\mathbb{A}^\times$ 使 $N_{E/F}b = a'$，按命题 7.4，需要 $b_\mathfrak{P} \in E_\mathfrak{P}^\times$ 使 $N_{E_\mathfrak{P}/F_\mathfrak{p}}b_\mathfrak{P} = a'_\mathfrak{p}$。若 $\mathfrak{p} \in sS$，有 $a'_\mathfrak{p} \in (F_\mathfrak{p}^\times)^{[p]}$，$[E_\mathfrak{P} : F_\mathfrak{p}] = p$，所以有 $b_\mathfrak{P}$。若 $\mathfrak{p} \notin sS$，则从 $[E:F] = p$ 推出 $\mathfrak{p}$ 完全分裂，所以 $E_\mathfrak{P} = F_\mathfrak{p}$。

记 $G = \mathrm{Gal}(E/F)$。这样 $a' = N_G b, b \in E_\mathbb{A}^\times$，于是 $\bar{a} = aF^\times = a'F^\times = N_G b \cdot F^\times = N_G(bE^\times)$。

结论是 $C_F = N_G C_E$，但这与第一不等式相矛盾.

(2) 设 $[E:F] = p^r$. 假设命题是错的，于是除有限个 $\mathfrak{P}$ 外，分解域 $Z_\mathfrak{P} \neq F$. 于是有域 $L, F \subseteq L \subseteq Z_\mathfrak{P}, [L:F] = p$，但在循环扩张 E/F 只有一个子域 L 满足 $[L:F] = p$，这样除有限个素理想外，$\mathfrak{p}$ 在 p 次域扩张 L/F 分裂，这与 (2) 相矛盾. $\square$

7.2.2 第二不等式

第二不等式是一个素次数的 Kummer 扩张的计算，定理的证法来自

[1] C. Chevalley, La theorie du corps de classes, *Annals of Math.* 41 (1940), 394-418.

先证明两个引理.

引理 7.12 设 F 含 p 次单位根. 取 $x \in F^\times$，记 $E = F(\sqrt[p]{x})$. 设 $\mathfrak{p}$ 为 F 的素理想使得 $\mathfrak{p} \nmid p$. 则

(1) 在 E 内 $\mathfrak{p}$ 为无分歧当且仅当 $x \in U_\mathfrak{p}(F_\mathfrak{p}^\times)^p$.
(2) 在 E 内 $\mathfrak{p}$ 为完全分裂当且仅当 $x \in (F_\mathfrak{p}^\times)^p$.

证明 取 E 的素理想 $\mathfrak{P}|\mathfrak{p}$，则 $E_\mathfrak{P} = F_\mathfrak{p}(\sqrt[p]{x})$.

可写 $x = uy^p, u \in U_\mathfrak{p}, y \in F_\mathfrak{p}^\times$，于是 $E_\mathfrak{P} = F_\mathfrak{p}(\sqrt[p]{u})$. 方程 $X^p - u = 0$ 若在 $F_\mathfrak{p}$ 的剩余域上不可约，则亦在 $F_\mathfrak{p}$ 上不可约. 此时 $E_\mathfrak{P}/F_\mathfrak{p}$ 是 p 次无分歧扩张，即得 $\mathfrak{p}$ 在 E 内为无分歧. 若方程 $X^p - u = 0$ 在 $F_\mathfrak{p}$ 的剩余域上可约，则此方程分解为 p 个各不相同的线性因子. 因为 p 不等于剩余域的特征，根据 Hensel 引理 $X^p - u = 0$ 在 $F_\mathfrak{p}$ 上分解为线性因子，于是 $E_\mathfrak{P} = F_\mathfrak{p}$，亦得 $\mathfrak{p}$ 在 E 内为无分歧.

现设 $\mathfrak{p}$ 在 E 内为无分歧，则 $E_\mathfrak{P}/F_\mathfrak{p}$ 是无分歧扩张. 取 $\sqrt[p]{x} = u\pi^m, u \in U_\mathfrak{P}, \pi \in F_\mathfrak{p}$ 为素元，于是 $x = u^p\pi^{mp}, u^p \in U_\mathfrak{p}, \pi^{mp} \in (F_\mathfrak{p}^\times)^p$，即 $x \in U_\mathfrak{p}(F_\mathfrak{p}^\times)^p$.

最后，在 E 内 $\mathfrak{p}$ 为完全分裂当且仅当 $E_\mathfrak{P} = F_\mathfrak{p}$，即 $x \in (F_\mathfrak{p}^\times)^p$. $\square$

虽然在一般的定理看不见以下引理，但它可以说类域论的证明的代数数论部分，证明它要用到第一不等式.

引理 7.13 设 F 为含 p 次单位根的数域. 给定包含无穷素位的 F 的素位集合 S，设 x_0 为 S 单位元，$E = F(\sqrt[p]{x_0})$. 记 $n = |S|$，则 F 有素位 $\mathfrak{q}_1, \ldots, \mathfrak{q}_{n-1} \notin S$ 使得

(1) 在 E 内 $\mathfrak{q}_i$ 为完全分裂.
(2) 设 S 充分大使得 $F_\mathbb{A}^\times = F_\mathbb{A}^{\times S} F^\times$. 若 $x \in F^\times$，在 $F(\sqrt[p]{x})$ 内所有 $\mathfrak{p} \in S$ 完全分裂，

所有 $\mathfrak{p} \neq \mathfrak{q}_1, \ldots, \mathfrak{q}_{n-1}$ 为无分歧, 则 $x \in (F^\times)^p$.

证明 第一步我们构造 $\mathfrak{q}_i$. 以 F^S 记 F 的 S 单位群, 取 $K = F(\sqrt[p]{F^S})$, 则按 Kummer 扩张理论 $\operatorname{Gal}(K/F) \cong C_1 \times \cdots \times C_n$, 其中 C_i 为 p 阶循环群. 记 C_i 在 K 内的固定子域为 K_i, 即有 $\operatorname{Gal}(K/K_i) = C_i$. 可以假设 $\operatorname{Gal}(K/E) \cong C_1 \times \cdots \times C_{n-1}$, 则对 $1 \leq i \leq n-1$, $E \subset K_i$. 按第一不等式的推论 (命题 7.11) 可找到 K_i 内的素理想 $\mathfrak{Q}_i$ 使得各不相同的 $\mathfrak{q}_i = \mathfrak{Q}_i \cap F \notin S$, 并且 $\mathfrak{Q}_i \mathscr{O}_K$ 在 K 内不分裂.

(1) 取任意 $1 \leq i \leq n-1$, 设 Z_i 为 $\mathfrak{Q}_i \mathscr{O}_K$ 在 K/F 中的分解域. 则 $Z_i \subset K_i$. 根据引理 7.12, 对所有 $x \in F^S$ 知 $\mathfrak{q}_i$ 在 $F(\sqrt[p]{x})$ 内为无分歧, 于是在 K 内亦是无分歧, 所以 $\operatorname{Gal}(K/Z_i) \cong \operatorname{Gal}(\kappa_K/\kappa_{Z_i})$, 故 $\operatorname{Gal}(K/Z_i)$ 为循环群. 因为 $[K:F] = [F^S : (F^S)^p] = p^n$, $|S| = n$, $\operatorname{Gal}(K/Z_i)$ 的生成元看作 $\operatorname{Gal}(K/F)$ 的元素是 p 阶的, 所以 $[K:K_i] = p$, 于是 $Z_i = K_i$. 由于 $E \subset T_i$, 便知 $\mathfrak{q}_i$ 在 E 内为完全分裂.

第二步我们证明

$$F^S/(F^S)^p \to \prod_{i=1}^n U_{\mathfrak{q}_i}/(U_{\mathfrak{q}_i})^p : x(F^S)^p \mapsto \prod_{i=1}^n x(U_{\mathfrak{q}_i})^p$$

是同构.

根据引理 7.12, 由 $x \in (U_{\mathfrak{q}_i})^p \subseteq (F_{\mathfrak{q}_i}^\times)^p$ 得知在 $F(\sqrt[p]{x})$ 内 $\mathfrak{q}_i$ 为完全分裂, 于是 $F(\sqrt[p]{x})$ 为分解域 K_i 的子域, 这样 $F(\sqrt[p]{x}) \subseteq \cap_{i=1}^n K_i = F$, $x \in (F^\times)^p \cap F^S = (F^S)^p$. 得证单射.

从第三章的命题 3.41 可推出 $[U_{\mathfrak{q}_i} : (U_{\mathfrak{q}_i})^p] = p|p|_{\mathfrak{q}_i}^{-1} = p$, 于是可知 $F^S/(F^S)^p$ 和 $\prod_{i=1}^n U_{\mathfrak{q}_i}/(U_{\mathfrak{q}_i})^p$ 一样有 p^n 个元素. 得证满射.

(2) 设 $x \in F^\times$ 使得 $L = F(\sqrt[p]{x})$ 内所有 $\mathfrak{p} \in S$ 完全分裂, 所有 $\mathfrak{p} \neq \mathfrak{q}_1, \ldots, \mathfrak{q}_{n-1}$ 为无分歧. 利用第一不等式的推论, 由 $C_F \subseteq N_{L/F} C_L$ 得所求的 $L = F$. 为此取 $\bar{\mathfrak{a}} \in C_F = F_{\mathbb{A}}^{\times S} F^\times / F^\times$, 取 $\mathfrak{a} \in F_{\mathbb{A}}^{\times S}$ 使 $\bar{\mathfrak{a}} = \mathfrak{a} F^\times$.

现设 $\bar{\mathfrak{a}}_i = \mathfrak{a}_{\mathfrak{q}_i}(U_{\mathfrak{q}_i})^p$ ($\mathfrak{a}_{\mathfrak{q}_i} \in U_{\mathfrak{q}_i}$). 按以上的同构知有 $y \in F^S$ 使 $y(U_{\mathfrak{q}_i})^p = \bar{\mathfrak{a}}_i$, 使 $\mathfrak{a}_{\mathfrak{q}_i} = y u_i^p$, $u_i \in U_{\mathfrak{q}_i}$, $1 \leq i \leq n$. 这样取 $\mathfrak{a}' = \mathfrak{a} y^{-1}$, 则 $\mathfrak{a}' F^\times = \mathfrak{a} F^\times$. 余下用命题 7.4 证明: $\mathfrak{a}' F^\times \in N_{L/F} C_L$.

先考虑 $\mathfrak{p} \in S$, 则在 L 内 $\mathfrak{p}$ 完全分裂, 于是对 $\mathfrak{P}|\mathfrak{p}$ 有 $L_{\mathfrak{P}} = F_{\mathfrak{p}}$, 这样我们可说 $\mathfrak{a}'_f p$ 是个范数. 至于 $\mathfrak{q}_i$, $1 \leq i \leq n-1$, $\mathfrak{a}'_{\mathfrak{q}_i} = u_i^p$ 是范数的 p 次幂. 若 $\mathfrak{p} \notin S$, $\mathfrak{p} \neq \mathfrak{q}_1, \ldots, \mathfrak{q}_{n-1}$, 则 $L_{\mathfrak{P}}/F_{\mathfrak{p}}$ 是无分歧扩张. $\mathfrak{a}'_{\mathfrak{p}} \in U_{\mathfrak{p}}$ 是范数 (根据命题 6.2). □

定理 7.14 (第二不等式) 设 $[E:F] = p$ 是素数, F 含 p 次单位根. 则

$$[C_F : N_{E/F} C_E] \leq [E:F].$$

证明 证法是找到群 J 使得 (1) $J \subseteq N_{E/F} C_E$, (2) $[C_F : J] = p$. J 的选择取决于 $[C_F : J]$ 是否好算.

一. 让我们取两个互不相交 F 的素位集合 S 和 S', 引入

$$I = \prod_{\mathfrak{p}\in S} F_\mathfrak{p}^{\times\,(p)} \times \prod_{\mathfrak{p}\in S'} F_\mathfrak{p}^\times \times \prod_{\mathfrak{p}\notin S\cup S'} U_\mathfrak{p}, \quad J = IF^\times/F^\times.$$

若 A, B, C 为交换群的子群且 $B \subseteq A$, 则投射给出正合序列

$$1 \to A\cap C/B\cap C \to A/B \to AC/BC \to 1.$$

现取包含无穷素位的 S 充分大使得 $F_\mathbb{A}^\times = F_\mathbb{A}^S F^\times$, 则利用以上正合序列得

$$[C_F : J] = [F_\mathbb{A}^{S\cup S'} F^\times/F^\times : IF^\times/F^\times] = [F_\mathbb{A}^{S\cup S'} F^\times : IF^\times]$$

$$= \frac{[F_\mathbb{A}^{S\cup S'} : I]}{[F_\mathbb{A}^{S\cup S'} \cap F^\times : I\cap F^\times]}.$$

假设 S 包含 p 在 F 内所有的素因子 $\mathfrak{p}$, 则上式分子是容易计算的. 满射

$$F_\mathbb{A}^{S\cup S'} \to \prod_{\mathfrak{p}\in S} F_\mathfrak{p}^\times/F_\mathfrak{p}^{\times\,(p)} : \mathfrak{a} \mapsto \prod_{\mathfrak{p}\in S} \mathfrak{a}_\mathfrak{p} F_\mathfrak{p}^{\times\,(p)}$$

的核是 $\{\mathfrak{a} \in F_\mathbb{A}^{S\cup S'} : \mathfrak{a}_\mathfrak{p} \in F_\mathfrak{p}^{\times\,(p)}, \mathfrak{p}\in S\} = I$. 于是

$$[F_\mathbb{A}^{S\cup S'} : I] = \prod_{\mathfrak{p}\in S}[F_\mathfrak{p}^\times : F_\mathfrak{p}^{\times\,(p)}] = \prod_{\mathfrak{p}\in S} \frac{p^2}{|p|_\mathfrak{p}},$$

其中用到命题 3.41. 若 $\mathfrak{p}\notin S$, 则 $\mathfrak{p}\nmid p$, 于是 $|p|_\mathfrak{p} = 1$, 这样 $\prod_{\mathfrak{p}\in S}|p|_\mathfrak{p} = \prod_\mathfrak{p}|p|_\mathfrak{p} = 1$ (乘积公式), 所以

$$[F_\mathbb{A}^{S\cup S'} : I] = p^{2|S|}\left(\prod_{\mathfrak{p}\in S}|p|_\mathfrak{p}\right)^{-1} = p^{2|S|}.$$

二. 分母 $[F_\mathbb{A}^{S\cup S'} \cap F^\times : I\cap F^\times]$ 等于

$$[F^{S\cup S'} : (I\cap F^\times)] = [F^{S\cup S'} : (F^{S\cup S'})^{(p)}]/[(I\cap F^\times) : (F^{S\cup S'})^{(p)}],$$

其中 F 的 $S\cup S'$ 单位 $F^{S\cup S'}$ 的秩是 $|S\cup S'| - 1$. 因为 $F^{S\cup S'}$ 包含 p 次单位根, 便得 $[F^{S\cup S'} : (F^{S\cup S'})^{(p)}] = p^{|S\cup S'|}$.

余下计算

$$I \cap F^\times = F^\times \cap \bigcap_{\mathfrak{p}\in S} F_\mathfrak{p}^{\times\,(p)} \cap \bigcap_{\mathfrak{p}\in S'} F_\mathfrak{p}^\times \cap \bigcap_{\mathfrak{p}\notin S\cup S'} U_\mathfrak{p}$$

$$= F^\times \cap \bigcap_{\mathfrak{p}\in S} F_\mathfrak{p}^{\times\,(p)} \cap \bigcap_{\mathfrak{p}\notin S\cup S'} U_\mathfrak{p} \supseteq (F^{S\cup S'})^{(p)}.$$

现利用 S' 的选择解决余下的问题. 取 $x \in F^\times \cap \bigcap_{\mathfrak{p} \in S} F_\mathfrak{p}^{\times \, (p)} \cap \bigcap_{\mathfrak{p} \notin S \cup S'} U_\mathfrak{p}$, 考虑 $F(\sqrt[p]{x})$. 由 $x \in F_\mathfrak{p}^{\times \, (p)}$, 根据引理 7.12 知 $\mathfrak{p} \in S$ 在 $F(\sqrt[p]{x})$ 内完全分裂. 按同引理, 对 $\mathfrak{p} \notin S \cup S'$ 由 $x \in U_\mathfrak{p}$ 得 $\mathfrak{p}$ 在 $F(\sqrt[p]{x})$ 内为无分歧, 这样若选 S' 为引理 7.13 中的 $\{\mathfrak{q}_1, \ldots, \mathfrak{q}_{n-1}\}$, 则 $x \in F^{\times \, (p)}$. 又由于 $x \in U_\mathfrak{p}$, $\mathfrak{p} \notin S \cup S'$, 得 $x \in F^{\times \, (p)} \cap F^{S \cup S'} = (F^{S \cup S'})^{(p)}$. 也就是说在这样的选取下, $[(I \cap F^\times) : (F^{S \cup S'})^{(p)}] = 1$, 而分母是

$$[F_\mathbb{A}^{S \cup S'} \cap F^\times : I \cap F^\times] = p^{2|S|-1}.$$

由前两步的计算便得 $[C_F : J] = p$.

三. 我们还需要知道 $J \subseteq N_{E/F} C_E$, 这可由命题 7.4 推出. 证明留给读者. $\square$

从定理 7.10, 定理 7.14 和 $H^0(\mathrm{Gal}(E/F), C_E) = C_F/N_{E/F} C_E$ 立刻推出以下定理, 这是用了 p 次 Kummer 扩张的细致计算得出来的结果.

定理 7.15 设 $[E:F] = p$ 是素数, F 含 p 次单位根. 则 $H^1(\mathrm{Gal}(E/F), C_E) = 1$.

7.2.3 $H^1(\mathrm{Gal}(E/F), C_E) = 1$

定理 7.16 设 E/F 为正规域扩张. 则 $H^1(\mathrm{Gal}(E/F), C_E) = 1$.

证明 对 $G = \mathrm{Gal}(E/F)$ 的阶 n 做归纳证明. $n = 1$ 时, 定理显然成立. 做归纳假设: 若 G 的阶 $< n$, 则定理成立. 现对 G 的阶 n 证明定理.

(1) 先设 n 不是某素数 p 的幂方. 这样 G 的任一 p-Sylow 子群 G_p 的阶 $< n$, 所以 $H^1(G_p, C_E) = 1$, 于是由第五章命题 5.21 得所求的 $H^1(G, C_E) = 1$.

(2) 有了 (1) 便只需考虑 G 是 p-群. 取 G 的正规子群 H 使得 $[G:H] = p$, H 固定 E 与 F 之间的域记为 K. 分两种情形: 我们先处理 $p < n$, 下一步再解决 $p = n$ 的情形. 按归纳假设有 $H^1(H, C_E) = 1 = H^1(G/H, C_K)$, 由第五章命题 5.22 有正合序列

$$1 \to H^1(G/H, C_K) \xrightarrow{\mathrm{Inf}} H^1(G, C_E) \xrightarrow{\mathrm{Res}} H^1(H, C_E),$$

于是得 $H^1(G, C_E) = 1$.

(3) 设 $n = p$. 如需要可把所有 p 次单位根加入 F 得 F'. 取域合成 $E' = EF'$, 则 $[F':F] \leq p-1 < p$ 按归纳假设有 $H^1(\mathrm{Gal}(F'/F), C_{F'}) = 1$. 另外, 因为 $[E':F'] = p$, 由本节定理 7.15 得 $H^1(\mathrm{Gal}(E'/F'), C_{E'}) = 1$. 由正合序列

$$1 \to H^1(\mathrm{Gal}(F'/F), C_{F'}) \xrightarrow{\mathrm{Inf}} H^1(\mathrm{Gal}(E'/F), C_{E'}) \xrightarrow{\mathrm{Res}} H^1(\mathrm{Gal}(E'/F'), C_{E'}) \to 1$$

得 $H^1(\mathrm{Gal}(E'/F), C_{E'}) = 1$. 现在, 可由膨胀正合序列

$$1 \to H^1(\mathrm{Gal}(E/F), C_E) \xrightarrow{\mathrm{Inf}} H^1(\mathrm{Gal}(E'/F), C_{E'}) = 1$$

得所求结果. $\square$

7.3 计算 H^2

本节将证明同构 $H^2(\mathrm{Gal}(E/F), C_E) \xrightarrow{\approx} \frac{1}{[E:F]}\mathbb{Z}/\mathbb{Z}$.

命题 7.17 设 E/F 为正规扩张. 则 $|H^2(\mathrm{Gal}(E/F), C_E)| \,|\, [E:F]$.

证明 对 $G = \mathrm{Gal}(E/F)$ 的阶 n 做归纳证明. $n=1$ 时显然成立. 假设定理在 $<n$ 时成立. 设 n 不是素数的幂. 以 p^{n_p} 记整除 n 的最大的 p 幂, 则 G 的 p-Sylow 子群 G_p 的阶是 $n_p < n$. 根据归纳假设 $|H^2(G_p, C_E)|$ 整除 n_p. 以 H_p 记 $H^2(G, C_E)$ 的 p-Sylow 子群, 由命题 5.20 得单射 $\mathrm{Res}: H_p \to H^2(G_p, C_E)$, 所以 $|H_p| | n_p$. 因为 $H^2(G, C_E)$ 是它的 p-Sylow 子群的直积, 所以 $|H^2(G, C_E)|$ 整除 n.

余下考虑 G 是 p-群. 选正规子群 $g \subseteq G$, $[G:g] = p$, 这样 $|H^2(g, C_L)|$ 整除 n/p. 利用 $H^1(g, C_E) = 1$ (定理 7.16) 得正合序列

$$1 \to H^2(G/g, C_E^g) \xrightarrow{\mathrm{Inf}} H^2(G, C_E) \xrightarrow{\mathrm{Res}} H^2(g, C_E)$$

(命题 5.22). 以 L 记 g 的固定域, 则 $G/g = \mathrm{Gal}(L/F)$, $C_E^g = C_L$. 因为 $|G/g| = p < n$ 和 $1 < |H^2(G/g, C_E^g)| \,|\, p$, 得 $|H^2(G/g, C_E^g)| = p$. 由以上正合序列得 $|H^2(G, C_E)|/p$ 整除 n/p, 于是 $|H^2(G, C_E)|$ 整除 n. □

此外我们需要先定义 $H^2(\mathrm{Gal}(F^{\mathrm{alg}}/F), C_{F^{\mathrm{alg}}})$, 其中我们以 F^{alg} 记 F 的代数封闭域.

设 K/F, E/F 为有限正规扩张, $E \subset K$, 这样 $\mathrm{Gal}(E/F) = \mathrm{Gal}(K/F)/\mathrm{Gal}(K/E)$. 利用已计算出的 $H^1 = 1$ (定理 7.16) 得膨胀同态

$$1 \to H^2(\mathrm{Gal}(E/F), C_E) \xrightarrow{\mathrm{Inf}} H^2(\mathrm{Gal}(K/F), C_K)$$

为单射 (命题 5.22).

定义
$$C_{F^{\mathrm{alg}}} = \varinjlim_E C_E,$$

其中 E 遍历 F 的所有有限正规扩张.

我们利用膨胀单同态定义正极限

$$H^2(\mathrm{Gal}(F^{\mathrm{alg}}/F), C_{F^{\mathrm{alg}}}) = \varinjlim_E H^2(G_{E/F}, C_E),$$

其中 E 遍历 F 的所有有限正规扩张.

又因为 Inf 是单同态, 可简写 $H^2(\mathrm{Gal}(E/F), C_E) \subseteq H^2(\mathrm{Gal}(K/F), C_K)$, 这样便把以上的定义写为

$$H^2(\mathrm{Gal}(F^{\mathrm{alg}}/F), C_{F^{\mathrm{alg}}}) = \bigcup_E H^2(\mathrm{Gal}(E/F), C_E).$$

7.3.1 理元类群的不变量映射

从正合序列 $1 \to E^\times \to E_{\mathbb{A}}^\times \to C_E \to 1$ 得同态

$$j : H^2(\mathrm{Gal}(E/F), E_{\mathbb{A}}^\times) \to H^2(\mathrm{Gal}(E/F), C_E),$$

用上 $H^1(\mathrm{Gal}(E/F), C_E) = 1$ (定理 7.16) 得正合序列

$$1 \to H^2(\mathrm{Gal}(E/F), E^\times) \to H^2(\mathrm{Gal}(E/F), E_{\mathbb{A}}^\times).$$

虽然 $\mathrm{inv}_{E/F}(H^2(\mathrm{Gal}(E/F), E^\times)) = 0$, 但不能从交换图

$$\begin{array}{ccccccc}
1 & \longrightarrow & H^2(\mathrm{Gal}(E/F), E^\times) & \longrightarrow & H^2(\mathrm{Gal}(E/F), E_{\mathbb{A}}^\times) & \stackrel{j}{\longrightarrow} & H^2(\mathrm{Gal}(E/F), C_E) \\
& & & & \downarrow {\scriptstyle \mathrm{inv}_{E/F}} & & \\
& & & & \frac{1}{[E:F]}\mathbb{Z}/\mathbb{Z} & &
\end{array}$$

得 $\mathrm{inv}_{E/F} : H^2(\mathrm{Gal}(E/F), C_E) \to \frac{1}{[E:F]}\mathbb{Z}/\mathbb{Z}$, 因为 j 不是满射. 为了克服这个困难, 我们需同时考虑所有有限正规域扩张 E/F, 即要在 $H^2(\mathrm{Gal}(F^{\mathrm{alg}}/F), C_{F^{\mathrm{alg}}})$ 上定义 inv.

以下命题不难从定义得出, 命题中的交换图可以说是以后计算的路线图.

命题 7.18 设 $K \supseteq E \supseteq F$ 是 F 的两个正规扩张.

$$\begin{array}{ccccc}
H^2(\mathrm{Gal}(F^{\mathrm{alg}}/F), F^{\mathrm{alg}\,\times}) & \longrightarrow & H^2(\mathrm{Gal}(F^{\mathrm{alg}}/F), F_{\mathbb{A}}^{\mathrm{alg}\,\times}) & \stackrel{j}{\longrightarrow} & H^2(\mathrm{Gal}(F^{\mathrm{alg}}/F), C_{F^{\mathrm{alg}}}) \\
\uparrow & & \uparrow & & \uparrow \\
H^2(\mathrm{Gal}(K/F), K^\times) & \longrightarrow & H^2(\mathrm{Gal}(K/F), K_{\mathbb{A}}^\times) & \stackrel{j}{\longrightarrow} & H^2(\mathrm{Gal}(K/F), C_K) \\
\uparrow & & \uparrow {\scriptstyle \mathrm{Inf}} & & \uparrow {\scriptstyle \mathrm{Inf}} \\
H^2(\mathrm{Gal}(E/F), E^\times) & \longrightarrow & H^2(\mathrm{Gal}(E/F), E_{\mathbb{A}}^\times) & \stackrel{j}{\longrightarrow} & H^2(\mathrm{Gal}(E/F), C_E)
\end{array}$$

此外还有 $j \circ \mathrm{Res} = \mathrm{Res} \circ j$.

7.3.2 循环扩张

命题 7.19 若 E/F 为循环数域扩张, 则

$$1 \to H^2(\mathrm{Gal}(E/F), E^\times) \to H^2(\mathrm{Gal}(E/F), E_{\mathbb{A}}^\times) \stackrel{\mathrm{inv}_{E/F}}{\longrightarrow} \frac{1}{[E:F]}\mathbb{Z}/\mathbb{Z} \to 0$$

是正合序列.

证明 (1) 证明 $\operatorname{inv}_{E|F}$ 是满射. 先设 $[E:F] = p^r$, p 是素数. 只需找 $c \in H^2(\operatorname{Gal}(E/F), E_{\mathbb{A}}^{\times})$ 使得 $\operatorname{inv}_{E|F} c = \frac{1}{[E:F]} + \mathbb{Z}$. 根据

$$H^2(\operatorname{Gal}(E/F), E_{\mathbb{A}}^{\times}) \cong \bigoplus_{\mathfrak{p}} H^2(\operatorname{Gal}(E_{\mathfrak{P}}/F_{\mathfrak{p}}), E_{\mathfrak{P}}^{\times}),$$

c 对应 $(c_{\mathfrak{p}})$. 由命题 7.11 F 有素位 $\mathfrak{p}_0$ 在 E 不分裂, 这样 $[E_{\mathfrak{P}_0} : F_{\mathfrak{p}_0}] = [E:F]$, $\mathfrak{P}_0 | \mathfrak{p}_0$. 由局部类域论得 $c_{\mathfrak{p}_0} \in H^2 H^2(\operatorname{Gal}(E_{\mathfrak{P}_0}/F_{\mathfrak{p}_0}), E_{\mathfrak{P}_0}^{\times})$, 使得 $\operatorname{inv}_{E_{\mathfrak{P}_0}|F_{\mathfrak{p}_0}} c_{\mathfrak{p}_0} = \frac{1}{[E_{\mathfrak{P}_0}:F_{\mathfrak{p}_0}]} + \mathbb{Z} = \frac{1}{[E:F]} + \mathbb{Z}$. 若 $c \in H^2(\operatorname{Gal}(E/F), E_{\mathbb{A}}^{\times})$ 是 $(\ldots, 1, 1, c_{\mathfrak{p}_0}, 1, \ldots)$, 则

$$\operatorname{inv}_{E|F} c = \sum_{\mathfrak{p}} \operatorname{inv}_{E_{\mathfrak{P}}|F_{\mathfrak{p}}} = \operatorname{inv}_{E_{\mathfrak{P}_0}|F_{\mathfrak{p}_0}} c_{\mathfrak{p}_0} = \frac{1}{[E:F]} + \mathbb{Z}.$$

现设 $[E:F] = n = p_1^{r_1} \ldots p_k^{r_k}$. 则有循环扩张 E_i/F, $[E_i:F] = p_i^{r_i}$. 设

$$\frac{1}{n} = \frac{n_1}{p_1^{r_1}} + \cdots + \frac{n_k}{p_k^{r_k}}.$$

取 $c_i \in H^2(\operatorname{Gal}(E_i/F), (E_i)_{\mathbb{A}}^{\times})$, 使得

$$\operatorname{inv}_{E|F} c_i = \operatorname{inv}_{E_i|F} c_i = \frac{n_i}{p_i^{r_i}} + \mathbb{Z}.$$

取 $c = c_1 \ldots c_k$, 则 $\operatorname{inv}_{E|F} c = \frac{1}{n} + \mathbb{Z}$.

(2) 用 $H^1(\operatorname{Gal}(E/F), C_E) = 1$, 从正合序列 $1 \to E^{\times} \to E_{\mathbb{A}}^{\times} \to C_E \to 1$ 得正合序列

$$1 \to H^2(\operatorname{Gal}(E/F), E^{\times}) \to H^2(\operatorname{Gal}(E/F), E_{\mathbb{A}}^{\times}) \to H^2(\operatorname{Gal}(E/F), C_E),$$

于是 $|H^2(\operatorname{Gal}(E/F), E_{\mathbb{A}}^{\times})/H^2(\operatorname{Gal}(E/F), E^{\times})|$ 可整除 $|H^2(\operatorname{Gal}(E/F), C_E)|$. 根据命题 7.17, $|H^2(\operatorname{Gal}(E/F), C_E)| \mid [E:F]$, 所以

$$|H^2(\operatorname{Gal}(E/F), E_{\mathbb{A}}^{\times})/H^2(\operatorname{Gal}(E/F), E^{\times})| \leqslant [E:F] = \left|\frac{1}{[E:F]}\mathbb{Z}/\mathbb{Z}\right|,$$

但 $\operatorname{inv}_{E|F}$ 是满射, 而根据定理 7.9, $H^2(\operatorname{Gal}(E/F), E^{\times}) \subseteq \operatorname{Ker} \operatorname{inv}_{E|F}$, 于是便得

$$H^2(\operatorname{Gal}(E/F), E^{\times})) = \operatorname{Ker} \operatorname{inv}_{E|F}. \qquad \Box$$

命题 7.20 设 E/F 是循环扩张. 则 $j : H^2(\operatorname{Gal}(E/F), E_{\mathbb{A}}^{\times}) \to H^2(\operatorname{Gal}(E/F), C_E)$ 是满同态, 并且 $|H^2(\operatorname{Gal}(E/F), C_E)| = [E:F]$.

证明 从正合序列 $1 \to E^{\times} \to E_{\mathbb{A}}^{\times} \to C_E \to 1$ 得正合序列

$$H^2(\operatorname{Gal}(E/F), E_{\mathbb{A}}^{\times}) \to H^2(\operatorname{Gal}(E/F), C_E) \to H^3(\operatorname{Gal}(E/F), E^{\times}).$$

由定理 5.11 和定理 5.41 知 $H^3(\mathrm{Gal}(E/F), E^\times) = H^1(\mathrm{Gal}(E/F), E^\times) = 1$, 于是得正合序列

$$1 \to H^2(\mathrm{Gal}(E/F), E^\times) \to H^2(\mathrm{Gal}(E/F), E_\mathbb{A}^\times) \to H^2(\mathrm{Gal}(E/F), C_E) \to 1,$$

故 j 是满同态, 并且由命题 7.19 得 $|H^2(\mathrm{Gal}(E/F), C_E)| = [E:F]$. □

定理 7.21 (1) 设 E/F 是正规扩张. 若循环扩张 E'/F 满足条件 $[E':F] = [E:F]$, 则 $H^2(\mathrm{Gal}(E/F), C_E) = H^2(\mathrm{Gal}(E'/F), C_{E'})$.

(2) $H^2(G_{F^\mathrm{alg}/F}, C_{F^\mathrm{alg}}) = \cup_E H^2(G_{E/F}, C_E)$, 其中 E 遍历 F 的所有有限循环扩张.

证明 一. 取 $K = E \cdot E'$ 为域合成, 则 K/E 亦为循环扩张. 由定理 7.16 和命题 5.22 得正合序列

$$1 \to H^2(\mathrm{Gal}(E/F), C_E) \to H^2(\mathrm{Gal}(K/F), C_K) \xrightarrow{\mathrm{Res}} H^2(\mathrm{Gal}(K/E), C_K),$$

于是要知 $H^2(\mathrm{Gal}(K/F), C_K)$ 内元 $\bar{c}$ 属于 $H^2(\mathrm{Gal}(E/F), C_E)$ 只需证明 $\mathrm{Res}(\bar{c}) = 1$. 这样要证明 $H^2(\mathrm{Gal}(E'/F), C_{E'}) \subseteq H^2(\mathrm{Gal}(E/F), C_E)$, 取 $\bar{c} \in H^2(\mathrm{Gal}(E'/F), C_{E'}) \hookrightarrow H^2(\mathrm{Gal}(K/F), C_K)$, 然后证明 $\mathrm{Res}(\bar{c}) = 1$.

二. 由命题 7.20 知 $j : H^2(\mathrm{Gal}(E'/F), E'^\times_\mathbb{A}) \to H^2(\mathrm{Gal}(E'/F), C_{E'})$ 是满同态, 所以有 $c \in H^2(\mathrm{Gal}(E'/F), E'^\times_\mathbb{A})$ 使 $\bar{c} = jc$. 因为 $\mathrm{Res}\,\bar{c} = \mathrm{Res}(jc) = j\,\mathrm{Res}\,c$, 这样若 $\mathrm{Res}\,c \in H^2(\mathrm{Gal}(K/E), K^\times) = \mathrm{Ker}\,j$ 便得 $\mathrm{Res}(\bar{c}) = 1$, 但由命题 7.19 我们只要知道 $\mathrm{inv}_{K|E}(\mathrm{Res}\,c) = 0$. 做计算

$$\mathrm{inv}_{K|E}(\mathrm{Res}\,c) = [E:F]\,\mathrm{inv}_{K|F}(c) = [E':F]\,\mathrm{inv}_{E'|F}(c) = 0,$$

因为 $\mathrm{inv}_{E'|F}$ 的像在 $\frac{1}{[E':F]}\mathbb{Z}/\mathbb{Z}$, 这就完成了 $H^2(\mathrm{Gal}(E'/F), C_{E'}) \subseteq H^2(\mathrm{Gal}(E/F), C_E)$ 的证明.

三. 由命题 7.20 知 $|H^2(\mathrm{Gal}(E'/F), C_{E'})| = [E':F] = [E:F]$, 但根据命题 7.17, $|H^2(\mathrm{Gal}(E/F), C_E)|$ 是 $[E:F]$ 的因子, 故必有

$$H^2(\mathrm{Gal}(E'/F), C_{E'}) = H^2(\mathrm{Gal}(E/F), C_E). \qquad \square$$

7.3.3 inv

设 E/F 为数域 F 的有限正规扩张, 对 F 的素位 $\mathfrak{p}$ 选定 E 的素位 $\mathfrak{P}|\mathfrak{p}$. 我们已定义理元的不变量映射为

$$\mathrm{inv}_{E/F} : H^2(\mathrm{Gal}(E/F), E_\mathbb{A}^\times) \to \frac{1}{[E:F]}\mathbb{Z}/\mathbb{Z} : c \mapsto \sum_\mathfrak{p} \mathrm{inv}_{E_\mathfrak{P}|F_\mathfrak{p}} c_\mathfrak{p}.$$

设 $E'/F, E/F$ 为有限正规扩张, $E \subset E'$. 取 $c \in H^2(\mathrm{Gal}(E/F), E_\mathbb{A}^\times)$, 则膨胀同态 $\mathrm{Inf}(c) \in H^2(\mathrm{Gal}(E'/F), (E')_\mathbb{A}^\times)$. 选定 E' 的素位 $\mathfrak{P}'|\mathfrak{P}$, 则 $E'_{\mathfrak{P}'} \supset E_\mathfrak{P} \supset F_\mathfrak{p}$, 于是使用

局部域的结果便得
$$\mathrm{inv}_{E'_{\mathfrak{P}'}/F_{\mathfrak{p}}} \mathrm{Inf}(c_{\mathfrak{p}}) = \mathrm{inv}_{E_{\mathfrak{P}}/F_{\mathfrak{p}}} c_{\mathfrak{p}},$$

这样便可以从
$$H^2(\mathrm{Gal}(F^{\mathrm{alg}}/F), (F^{\mathrm{alg}})_{\mathbb{A}}^\times) = \bigcup_E H^2(\mathrm{Gal}(E/F), E_{\mathbb{A}}^\times)$$

利用交换图

$$\begin{array}{ccc} H^2(\mathrm{Gal}(E/F), E_{\mathbb{A}}^\times) & \hookrightarrow & H^2(\mathrm{Gal}(F^{\mathrm{alg}}/F), (F^{\mathrm{alg}})_{\mathbb{A}}^\times) \\ \downarrow \mathrm{inv}_{E/F} & & \downarrow \mathrm{inv}_F \\ \frac{1}{[E:F]}\mathbb{Z}/\mathbb{Z} & \longrightarrow & \mathbb{Q}/\mathbb{Z} \end{array}$$

定义
$$\mathrm{inv}_F : H^2(\mathrm{Gal}(F^{\mathrm{alg}}/F), (F^{\mathrm{alg}})_{\mathbb{A}}^\times) \to \mathbb{Q}/\mathbb{Z}.$$

注 对每个正整数 n 存在循环扩张 E/F 使得 $n|[E:F]$,并且 $\mathbb{Q}/\mathbb{Z} = \cup_n \frac{1}{n}\mathbb{Z}/\mathbb{Z}$,所以知
$$\mathrm{inv}_F : H^2(\mathrm{Gal}(F^{\mathrm{alg}}/F), (F^{\mathrm{alg}})_{\mathbb{A}}^\times) \to \mathbb{Q}/\mathbb{Z}$$

是满射.

定理 7.22 (1) $H^2(\mathrm{Gal}(F^{\mathrm{alg}}/F), (F^{\mathrm{alg}})_{\mathbb{A}}^\times) \xrightarrow{j} H^2(\mathrm{Gal}(F^{\mathrm{alg}}/F), C_{F^{\mathrm{alg}}})$ 是满同态.
(2) $\mathrm{inv}_F(\ker j) = 0$.

证明 (1) 取 $\bar{c} \in H^2(\mathrm{Gal}(F^{\mathrm{alg}}/F), C_{F^{\mathrm{alg}}})$. 根据定理 7.21,存在循环扩张 E/F 使得 $\bar{c} \in H^2(\mathrm{Gal}(E/F), C_E)$. 此时根据命题 7.20, $j : H^2(\mathrm{Gal}(E/F), E_{\mathbb{A}}^\times) \to H^2(\mathrm{Gal}(E/F), C_E)$ 是满同态,$\bar{c} = jc, c \in H^2(\mathrm{Gal}(E/F), E_{\mathbb{A}}^\times) \subseteq H^2(\mathrm{Gal}(F^{\mathrm{alg}}/F), (F^{\mathrm{alg}})_{\mathbb{A}}^\times)$.

(2) 设 $j(c) = 0$,即有充分扩张 E/F 使得 $c \in H^2(\mathrm{Gal}(E/F), E_{\mathbb{A}}^\times)$,并且 c 属于 $j : H^2(\mathrm{Gal}(E/F), E_{\mathbb{A}}^\times) \to H^2(\mathrm{Gal}(E/F), C_E)$ 的核,即 $c \in H^2(\mathrm{Gal}(E/F), E^\times)$,所以由定理 7.9 得 $\mathrm{inv}_{E/F}(c) = 0$. □

用以上定理得以下定义.

定义 7.23 若 $\bar{c} \in H^2(\mathrm{Gal}(F_0^{\mathrm{alg}}/F), C_{F_0^{\mathrm{alg}}})$,取 $c \in H^2(\mathrm{Gal}(F_0^{\mathrm{alg}}/F), (F_0^{\mathrm{alg}})_{\mathbb{A}}^\times)$ 使得 $\bar{c} = jc$,定义 $\mathrm{inv}_F(\bar{c}) = \mathrm{inv}_F(c)$.

于是得同态 $\mathrm{inv}_F : H^2(\mathrm{Gal}(F^{\mathrm{alg}}/F), C_{F^{\mathrm{alg}}}) \to \mathbb{Q}/\mathbb{Z}$.

按定义 $H^2(\mathrm{Gal}(F^{\mathrm{alg}}/F), C_{F^{\mathrm{alg}}})$ 是取所有正规扩张 E/F 的 $H^2(\mathrm{Gal}(E/F), C_E)$ 的并集,这样我们可以定义

定义 7.24 设 E/F 是正规扩张. 若 $c \in H^2(\mathrm{Gal}(E/F), C_E)$,则定义 $\mathrm{inv}_{E/F}(c)$ 为 $\mathrm{inv}_F(c)$,即 $\mathrm{inv}_{E/F}$ 是以下合成 $H^2(\mathrm{Gal}(E/F), C_E) \subseteq H^2(\mathrm{Gal}(F^{\mathrm{alg}}/F), C_{F^{\mathrm{alg}}}) \xrightarrow{\mathrm{inv}_F} \mathbb{Q}/\mathbb{Z}$.

7.3 计算 H^2

但根据命题 5.12 群 $H^2(\mathrm{Gal}(E/F), C_E)$ 的元素的阶可整除 $[E:F]$, 于是同态 $\mathrm{inv}_{E/F}$ 的像必含在 $\mathbb{Q}/\mathbb{Z}$ 的唯一 $[E:F]$ 阶子群 $\frac{1}{[E:F]}\mathbb{Z}/\mathbb{Z}$ 之内, 故得有限扩张理元类群不变量同态

$$\mathrm{inv}_{E/F} : H^2(\mathrm{Gal}(E/F), C_E) \to \frac{1}{[E:F]}\mathbb{Z}/\mathbb{Z}.$$

如何计算呢? 取 $\bar{c} \in H^2(\mathrm{Gal}(E/F), C_E)$, 根据定理 7.21, 有循环扩张 E'/F 满足条件 $[E':F] = [E:F]$ 和 $H^2(\mathrm{Gal}(E/F), C_E) = H^2(\mathrm{Gal}(E'/F), C_{E'})$. 又由命题 7.20 有 $c \in H^2(\mathrm{Gal}(E/F), E_{\mathbb{A}}^\times)$ 使得 $\bar{c} = jc$, 这样

$$\mathrm{inv}_{E/F}\,\bar{c} = \mathrm{inv}_{E'/F}\,\bar{c} = \mathrm{inv}_{E'/F}\,c = \sum_{\mathfrak{p}} \mathrm{inv}_{E'_{\mathfrak{P}}/F_{\mathfrak{p}}}\,c_{\mathfrak{P}}.$$

于是若 $\bar{c} \in H^2(\mathrm{Gal}(E/F), C_E)$, $c \in H^2(\mathrm{Gal}(E/F), E_{\mathbb{A}}^\times)$, $\bar{c} = jc$, 则

$$\mathrm{inv}_{E/F}\,\bar{c} = \mathrm{inv}_{E/F}\,c.$$

定理 7.25 以下映射为同构
(1) $\mathrm{inv}_{E/F} : H^2(\mathrm{Gal}(E/F), C_E) \to \frac{1}{[E:F]}\mathbb{Z}/\mathbb{Z}$.
(2) $\mathrm{inv}_F : H^2(\mathrm{Gal}(F^{\mathrm{alg}}/F), C_{F^{\mathrm{alg}}}) \to \mathbb{Q}/\mathbb{Z}$.

证明 (1) 现证 $\mathrm{inv}_{E/F}$ 是满射. 取循环扩张 E'/F 满足条件 $[E':F] = [E:F]$ 和 $H^2(\mathrm{Gal}(E/F), C_E) = H^2(\mathrm{Gal}(E'/F), C_{E'})$, 设有 $r \in \frac{1}{[E:F]}\mathbb{Z}/\mathbb{Z}$. 由命题 7.19 有 $c \in H^2(\mathrm{Gal}(E'/F), E'^{\times}_{\mathbb{A}})$ 使得 $\mathrm{inv}_{E'|F}\,c = r$, 于是 $\bar{c} = jc \in H^2(\mathrm{Gal}(E'/F), C_{E'}) = H^2(\mathrm{Gal}(E/F), C_E)$, 这样 $\mathrm{inv}_{E|F}\,\bar{c} = \mathrm{inv}_{E'|F}\,\bar{c} = \mathrm{inv}_{E'|F}\,c = r$.

根据命题 7.17, $|H^2(\mathrm{Gal}(E/F), C_E)|$ 是可除 $[E:F] = |\frac{1}{[E:F]}\mathbb{Z}/\mathbb{Z}|$, 这样满射 $\mathrm{inv}_{E/F}$ 便是双射了.

(2) 可从 (1) 推出. □

若 $E/F, K/F$ 为正规扩张, $E \subseteq K$, 则 $H^2(\mathrm{Gal}(E/F), C_E) \subseteq H^2(\mathrm{Gal}(K/F), C_K)$, 并且在 $H^2(\mathrm{Gal}(E/F), C_E)$ 上, $\mathrm{inv}_{E|F} = \mathrm{inv}_F = \mathrm{inv}_{K|F}$. 这样如果 $\bar{c} \in H^2(\mathrm{Gal}(E/F), C_E)$, 则 $\bar{c} \in H^2(\mathrm{Gal}(K/F), C_K)$, 并且 $\mathrm{inv}_{E|F}\,\bar{c} = \mathrm{inv}_{K|F}\,\bar{c}$.

设 $K \supseteq E \supseteq F$. 若 K/F 为正规扩张, $\bar{c} \in H^2(\mathrm{Gal}(K/F), C_K)$. 根据定理 7.22 有 $c \in H^2(\mathrm{Gal}(F^{\mathrm{alg}}/F), F_{\mathbb{A}}^{\mathrm{alg}\,\times})$ 使 $jc = \bar{c}$, 于是可以假设有正规扩张 L/F, $L \supseteq K$, $c \in H^2(\mathrm{Gal}(L/F), L_{\mathbb{A}}^\times)$, 这样便可化为理元上同调群计算 (命题 7.7),

$$\mathrm{inv}_{K|E}(\mathrm{Res}\,\bar{c}) = \mathrm{inv}_{L|E}(\mathrm{Res}\,jc) = \mathrm{inv}_{L|E}(j\,\mathrm{Res}\,c) = \mathrm{inv}_{L|E}(\mathrm{Res}\,c)$$
$$= [E:F]\mathrm{inv}_{L|F}\,c = [E:F]\mathrm{inv}_{L|F}\,jc = [E:F]\mathrm{inv}_{K|F}\,\bar{c}.$$

7.4 整体互反律

7.4.1 类成原则

综合 §7.2 和 §7.3 两节的计算立刻得到以下定理.

定理 7.26 设有数域 F_0, 以 F_0^{alg} 记 F_0 的代数封闭域. Galois 群 $G = \text{Gal}(F_0^{\text{alg}}/F_0)$ 连续作用在类群 $C_{F_0^{\text{alg}}}$ 上, $(G, C_{F_0^{\text{alg}}})$ 满足类成原则, 即对包含 F_0 的有限正规域扩张 E/F 以下条件成立:

(1) $H^1(\text{Gal}(E/F), C_E) = 1$.
(2) 存在不变量同构 $\text{inv}_{E|F}: H^2(\text{Gal}(E/F), C_E) \to \frac{1}{[E:F]}\mathbb{Z}/\mathbb{Z}$, 且对扩张 $K \supseteq E \supseteq F$,
  (a) 若 E/F, K/F 为正规扩张, 且 $\bar{c} \in H^2(\text{Gal}(E/F), C_E)$, 则 $\bar{c} \in H^2(\text{Gal}(K/F), C_K)$, 并且 $\text{inv}_{E|F} \bar{c} = \text{inv}_{K|F} \bar{c}$.
  (b) 若 K/F 为正规扩张, $\bar{c} \in H^2(\text{Gal}(K/F), C_K)$, 则有

$$\text{inv}_{K|E}(\text{Res}\,\bar{c}) = [E:F]\,\text{inv}_{K|F} \bar{c}.$$

如果把从这里到之前四章看作以上这一个定理的证明, 不难理解 20 世纪 50 年代把此定理看作一个伟大的结果, 而在半世纪后的今天这只是学生的一个较长的练习, 对我们来说这是学习 Galois 上同调群的一个深刻例子.

7.4.2 范剩符号

正如考虑类成原则时的讨论, 从 Tate 定理 5.36 得以下命题.

命题 7.27 当 E/F 为正规扩张时, 可取生成元 $u_{E|F} \in H^2(\text{Gal}(E/F), C_E)$ 使得

$$\text{inv}_{E|F}(u_{E|F}) = \frac{1}{[G_F : G_E]} + \mathbb{Z},$$

称 $u_{E|F}$ 为基本类. 与基本类 $u_{E|F}$ 杯积是同构

$$u_{E|F} \cup : H^q(\text{Gal}(E/F), \mathbb{Z}) \to H^{q+2}(\text{Gal}(E/F), C_E).$$

标准计算给出

$$H^{-2}(\text{Gal}(E/F), \mathbb{Z}) = (\text{Gal}(E/F))^{ab}, \quad H^0(\text{Gal}(E/F), C_E) = C_F/N_{E|F}(C_E).$$

按前面从杯积得同构

$$r_{E|F} : (\text{Gal}(E/F))^{ab} \to C_F/N_{E|F}(C_E),$$

7.4 整体互反律

用这同构的反映射和投射得满同态
$$(\ ,E|F): C_F \to C_F/N_{E|F}(C_E) \xrightarrow{r_{E|F}^{-1}} (\mathrm{Gal}(E/F))^{ab}$$

称为**整体范剩符号** (global norm residue symbol), 用下图表示

$$\begin{array}{ccc}
H^0(\mathrm{Gal}(E/F), C_E) & \xleftarrow{u_{E|F}\cup} & H^{-2}(\mathrm{Gal}(E/F),\mathbb{Z}) \\
\| & & \| \\
C_F/N_{E/F}(C_E) & & \\
\uparrow & & \downarrow \\
1 \longrightarrow N_{E/F}(C_E) \longrightarrow C_F \xrightarrow{(\ ,E|F)} (\mathrm{Gal}(E/F))^{ab} \longrightarrow 1
\end{array}$$

命题 7.28 设有数域扩张 $K \supseteq E \supseteq F$, K/F 是正规扩张. 则以下为交换图.

(1) $\begin{array}{ccc} C_F & \xrightarrow{(\ ,K|F)} & \mathrm{Gal}(K/F)^{ab} \\ \downarrow{id} & & \downarrow{\pi} \\ C_F & \xrightarrow{(\ ,E|F)} & \mathrm{Gal}(E/F)^{ab} \end{array}$
(2) $\begin{array}{ccc} C_F & \xrightarrow{(\ ,K|F)} & \mathrm{Gal}(K/F)^{ab} \\ \downarrow{incl} & & \downarrow{Ver} \\ C_E & \xrightarrow{(\ ,K|E)} & \mathrm{Gal}(K/E)^{ab} \end{array}$

(3) $\begin{array}{ccc} C_E & \xrightarrow{(\ ,K|E)} & \mathrm{Gal}(K/E)^{ab} \\ \downarrow{N_{E|F}} & & \downarrow{\eta} \\ C_F & \xrightarrow{(\ ,K|F)} & \mathrm{Gal}(K/F)^{ab} \end{array}$
(4) $\begin{array}{ccc} C_F & \xrightarrow{(\ ,K|F)} & \mathrm{Gal}(K/F)^{ab} \\ \downarrow{\sigma} & & \downarrow{\sigma^*} \\ C_{\sigma F} & \xrightarrow{(\ ,\sigma K|\sigma F)} & \mathrm{Gal}(\sigma K/\sigma F)^{ab} \end{array}$

其中在图 (1) 中, E/F 是正规扩张, π 来自投射
$$\mathrm{Gal}(K/F) \to \mathrm{Gal}(K/F)/\mathrm{Gal}(K/E) \cong \mathrm{Gal}(E/F).$$

在图 (2) 中, Ver 是迁移映射
$$\mathrm{Gal}(K/F)^{ab} \cong H^{-2}(\mathrm{Gal}(K/F),\mathbb{Z}) \xrightarrow{\mathrm{Res}} H^{-2}(\mathrm{Gal}(K/E),\mathbb{Z}) \cong \mathrm{Gal}(K/E)^{ab}.$$

在图 (3) 中, η 来自 $\mathrm{Gal}(K/E) \subseteq \mathrm{Gal}(K/F)$.
在图 (4) 中, σ^* 来自 $\tau \mapsto \sigma\tau\sigma^{-1}$.

7.4.3 类域

我们推广数域 F 的**模** (modulus)的定义为 F 的素位的形式乘积
$$\mathfrak{m} = \prod_{\mathfrak{p}} \mathfrak{p}^{n_\mathfrak{p}},$$

其中整数 $n_\mathfrak{p} \geqslant 0$, 除有限个 $\mathfrak{p}$ 外 $n_\mathfrak{p} = 0$, 若 $\mathfrak{p}$ 为无穷素位, 则 $n_\mathfrak{p} = 0$ 或 1.

取 $a = (a_\mathfrak{p}) \in F_\mathbb{A}^\times$, 我们说

$$a \equiv 1 \mod \mathfrak{m},$$

如果以下条件成立:

(1) 若 $\mathfrak{p} < \infty, n_\mathfrak{p} = 0$, 则 $a_\mathfrak{p} \in U_\mathfrak{p}$.
(2) 若 $\mathfrak{p} < \infty, n_\mathfrak{p} > 0$, 则 $a_\mathfrak{p} \in 1 + \mathfrak{p}^{n_\mathfrak{p}}$.
(3) 若 $\mathfrak{p} = \infty$, 则在 $n_\mathfrak{p} = 1$ 和 $\mathfrak{p}$ 为实素位时有 $a_\mathfrak{p} > 0$; 在其他情形下不设条件.

定义

$$F_\mathbb{A}^\mathfrak{m} = \{a \in F_\mathbb{A}^\times : a \equiv 1 \mod \mathfrak{m}\}, \quad C_F^\mathfrak{m} = F_\mathbb{A}^\mathfrak{m} F^\times / F^\times.$$

称理元类群 C_F 的子群 $C_F^\mathfrak{m}$ 为**模 $\mathfrak{m}$ 同余子群** (congruence subgroup mod $\mathfrak{m}$), $C_F / C_F^\mathfrak{m}$ 为**模 $\mathfrak{m}$ 射线类群** (ray class group mod $\mathfrak{m}$).

定理 7.29 (**类域存在性定理**) 以 $\mathscr{A}_F$ 记 F 的所有交换扩张 E/F, 即 E/F 为正规扩张, $\mathrm{Gal}(E/F)$ 为交换群. 定义集合 $\mathscr{C}_F$ 的元素为理元类群 C_F 的闭子群 $\mathscr{N}$ 使得 $C_F / \mathscr{N}$ 为有限群, 则

(1) 映射

$$E \mapsto \mathscr{N}_E = N_{E|F} C_E$$

决定双射 $\mathscr{A}_F \to \mathscr{C}_F$, 并且有以下性质

$$E_1 \subseteq E_2 \Leftrightarrow \mathscr{N}_{E_1} \supseteq \mathscr{N}_{E_2}, \quad \mathscr{N}_{E_1 E_2} = \mathscr{N}_{E_1} \cap \mathscr{N}_{E_2}, \quad \mathscr{N}_{E_1 \cap E_2} = \mathscr{N}_{E_1} \mathscr{N}_{E_2}.$$

(2) 若有 $\mathscr{N} \in \mathscr{C}_F$ 使得 $E/F \in \mathscr{A}_F$ 满足 $\mathscr{N} = N_{E/F} C_E$, 则 $\mathrm{Gal}(E/F) \cong C_F / N_{E/F} C_E$. 称 $\mathscr{N}$ 为 E 的**类群** (class group), E 为 $\mathscr{N}$ 的**类域** (class field).

(3) $\mathfrak{m}$ 为 F 的模, 模 $\mathfrak{m}$ 同余子群 $C_F^\mathfrak{m} \in \mathscr{C}_F$. 以 $F^\mathfrak{m}/F$ 记对应于 $C_F^\mathfrak{m}$ 的交换扩张 (即 $N_{F^\mathfrak{m}/F} C_{F^\mathfrak{m}} = C_F^\mathfrak{m}$), 称为**模 $\mathfrak{m}$ 射线类域** (ray class field mod $\mathfrak{m}$), 则 $\mathrm{Gal}(F^\mathfrak{m}/F) \cong C_F / C_F^\mathfrak{m}$.

(4) 若 $\mathscr{N} \in \mathscr{C}_F$, 则存在 F 的模 $\mathfrak{m}$ 使得 $\mathscr{N} \supseteq C_F^\mathfrak{m}$. 于是若 E/F 是 F 的任意交换扩张, 则存在 F 的模 $\mathfrak{m}$ 使得 E 是模 $\mathfrak{m}$ 射线类域 $F^\mathfrak{m}/F$ 的子域.

定理 7.30 (**导子定理**) (1) 给定交换扩张 E/F, 考虑 F 的模 $\mathfrak{m}$ 使得 $C_F^\mathfrak{m} \subseteq N_{E/F} C_E$, 以 $\mathfrak{f}$ 记这些 $\mathfrak{m}$ 的最大公因子, 则 $F^\mathfrak{f}$ 是包含 E 的最小射线类域. 称 $\mathfrak{f}$ 为 E/F 的**导子** (conductor).

(2) $\mathfrak{f} = \prod_\mathfrak{p} \mathfrak{f}_\mathfrak{p}$.

(3) F 的素理想 $\mathfrak{p}$ 在 E 内为分歧的当且仅当 $\mathfrak{p} | \mathfrak{f}$.

以上定理的证明我们留给读者.

7.4.4 Artin 互反律

根据命题 5.37, 设 $E/F, K/F$ 为正规扩张. 以 $\pi: (\mathrm{Gal}(E/F))^{ab} \to (\mathrm{Gal}(K/F))^{ab}$ 记投射, 则有交换图

$$\begin{CD} C_F @>(\ ,E|F)>> (\mathrm{Gal}(E/F))^{ab} \\ @V(\ ,K|F)VV @VV\pi V \\ @. (\mathrm{Gal}(K/F))^{ab} \end{CD}$$

由上可以设

$$G_F^{ab} = \varprojlim_E (\mathrm{Gal}(E/F))^{ab}, \quad (\ ,F) = \varprojlim_E (\ ,E|F),$$

于是有同态 $(\ ,F): C_F \to G_F^{ab}$, 称为 **范剩符号** (norm residue symbol).

给定数域的有限交换扩张 E/F 和 F 的模 $\mathfrak{m}$ 使得模 $\mathfrak{m}$ 射线类域 $F^{\mathfrak{m}} \supseteq E$. 若素理想 $\mathfrak{p} \nmid \mathfrak{m}$, 则 $\mathfrak{p}$ 在 E 内无分歧 (据定理 7.29). 于是可用 Frobenius 自同构定义 Artin 同态 (见 1.6.3 节)

$$\left(\frac{E|F}{\cdot}\right): \mathcal{I}_F^{\mathfrak{m}} \to \mathrm{Gal}(E/F)$$

定理 7.31 (Artin 互反律定理) 同态 i 从数域 F 的理元群 $F_{\mathbb{A}}^{\times}$ 到 F 的分式理想群 $\mathcal{I}_F$ 定义为

$$(a_{\mathfrak{p}}) \mapsto \prod_{\mathfrak{p} \neq \infty} \mathfrak{p}^{v_{\mathfrak{p}}(a_{\mathfrak{p}})}.$$

设 E/F 为数域的有限交换扩张, $\mathfrak{m}$ 为 F 的模, 使得模 $\mathfrak{m}$ 射线类域 $F^{\mathfrak{m}} \supseteq E$. 则 i 诱导态射使有正合行的下图交换

$$\begin{CD} 1 @>>> \mathrm{N}_{E/F} C_E @>>> C_F @>(\ ,E|F)>> \mathrm{Gal}(E/F) @>>> 1 \\ @. @VViV @VViV @| \\ 1 @>>> \mathrm{N}_{E/F}(\mathcal{I}_E^{\mathfrak{m}}) S_F^{\mathfrak{m}}/S_F^{\mathfrak{m}} @>>> \mathcal{I}_F^{\mathfrak{m}}/S_F^{\mathfrak{m}} @>(\frac{E|F}{\cdot})>> \mathrm{Gal}(E/F) @>>> 1 \end{CD}$$

也就是说 Artin 同态 $\left(\frac{E|F}{\cdot}\right)$ 决定同构

$$\mathcal{I}_F^{\mathfrak{m}}/\mathrm{N}_{E/F}(\mathcal{I}_E^{\mathfrak{m}}) S_F^{\mathfrak{m}} \cong \mathrm{Gal}(E/F).$$

以上定理的证明我们留给读者.

数域 F 的分式理想群记为 $\mathcal{I}_F$, 主理想群记为 $\mathcal{P}_F$, 理想类群 Cl_F 是商群 $\mathcal{I}_F/\mathcal{P}_F$, F 的类数记为 $h_F = |Cl_F|$.

称 $a \in F^\times$ 为**全正元** (totally positive), 若对任一嵌入 $\sigma : F \hookrightarrow \mathbb{R}$ 必有 $\sigma(a) > 0$. 由全正元素的主理想所生成的 $\mathcal{P}_F$ 的子群记为 $\mathcal{P}_F^+$, 称 $Cl_F^+ = \mathcal{I}_F/\mathcal{P}_F^+$ 为**窄理想类群** (narrow ideal class group), 称 $h_F^+ = |Cl_F^+|$ 为窄类数. 从整数

$$Cl_F = \frac{\mathcal{I}_F}{\mathcal{P}_F} \cong \frac{\frac{\mathcal{I}_F}{\mathcal{P}_F^+}}{\frac{\mathcal{P}_F}{\mathcal{P}_F^+}} = \frac{Cl_F^+}{\frac{\mathcal{P}_F}{\mathcal{P}_F^+}}$$

得 $h_F^+ = 1 \Rightarrow h_F = 1$.

称数域 F 的有限交换扩张 H_F 为 F 的 Hilbert 类域, 如果在 Artin 互反律下 $Cl_F \cong \mathrm{Gal}(H_F/F)$. 称 F 的有限交换扩张 H_F^+ 为 F 的窄 Hilbert 类域, 如果在 Artin 互反律下 $Cl_F^+ \cong \mathrm{Gal}(H_F^+/F)$.

我们说 F 的无穷素位在 E/F 为分歧的, 如果有 E 的无穷素位 $\mathfrak{P}|\mathfrak{p}$ 和 $E_\mathfrak{P} \neq F_\mathfrak{p}$, 即有 $E_\mathfrak{P} = \mathbb{C}$, $F_\mathfrak{p} = \mathbb{R}$.

定理 7.32 (1) 数域 F 的窄 Hilbert 类域是 F 的最大交换扩张, 使得所有有限素位为无分歧.

(2) **(Hilbert 类域定理)** 数域 F 的 Hilbert 类域 H_F 是 F 的最大交换扩张, 使得所有素位为无分歧.

(3) **(主理想定理)** 设 $\mathfrak{a}$ 是 F 的理想. 则 $\mathfrak{a}\mathcal{O}_{H_F}$ 是主理想.

7.5 Weil 群

7.5.1 定义

以 G^c 记拓扑群 G 的交换子子群 $[G,G]$ 的闭包, 设 $G^{ab} = G/G^c$.

设 H 是 G 的闭子群, $[G:H] < \infty$. 取投射 $p : G \to H\backslash G$ 的截面 $s : H\backslash G \to G$, 即 $ps = id$. 对 $g \in G$, $x \in H\backslash G$ 定义 $h_{g,x}$ 为 $s(x)g = \mathbf{h}_{g,x} s(xg)$. 称以下为**迁移同态** (transfer homomorphism)

$$\tau_H^G : G^{ab} \to H^{ab} : gG^c \mapsto \prod_{x \in H\backslash G} \mathbf{h}_{g,x}(\mod H^c).$$

若 H 是闭正规子群, 则称合成

$$H^{ab} \hookrightarrow G^{ab} \xrightarrow{\tau_H^G} H^{ab}$$

为范映射 $h \mapsto \prod_{x \in H\backslash G} h^x$, 其中 $h^x = s(x)hs(x)^{-1} = \mathbf{h}_{h,x}$.

以下同时处理整体域和局部域. 当 F 是整体域, 类群 $\mathcal{C}_F$ 是 $F_\mathbb{A}^\times/F^\times$; 当 F 是局部域, 类群 $\mathcal{C}_F$ 是 $F^\times$.

7.5 Weil 群

选定 F 的可分闭包 F^{sep}, 在 F^{sep} 内所有的有限扩张 E/F 组成的集合记为 $\mathscr{E}_F$.

考虑 $(\mathcal{W}_F, \iota_F, \{r_E : E \in \mathscr{E}_F\})$, 其中

(1) $\mathcal{W}_F$ 是拓扑群.
(2) $\iota_F : \mathcal{W}_F \to \mathrm{Gal}(F^{\mathrm{sep}}/F)$ 是连续同态, 并且 $\iota_F(\mathcal{W}_F)$ 是 $\mathrm{Gal}(F^{\mathrm{sep}}/F)$ 的稠密子集.
(3) 对 $E \in \mathscr{E}_F$ 记 $\iota_F^{-1}(\mathrm{Gal}(F^{\mathrm{sep}}/E))$ 为 $\mathcal{W}_{E,F}$, 则 $r_E : \mathcal{C}_E \to (\mathcal{W}_{E,F})^{ab}$ 是拓扑群同构.

ι_F 连续 $\Rightarrow \mathcal{W}_{E,F}$ 是 $\mathcal{W}_F$ 的开子群. $\iota_F(\mathcal{W}_F)$ 是 $\mathrm{Gal}(F^{\mathrm{sep}}/F)$ 的稠密子集 $\Rightarrow \iota_F$ 诱导双射:

$$\mathcal{W}_F/\mathcal{W}_{E,F} \xrightarrow{\approx} \mathrm{Gal}(F^{\mathrm{sep}}/F)/\mathrm{Gal}(F^{\mathrm{sep}}/E) \approx \mathrm{Hom}_F(E, F).$$

当 E/F 是 Galois 扩张时, 便有群同构 $\mathcal{W}_F/\mathcal{W}_{E,F} \approx \mathrm{Gal}(E/F)$.

如果以下条件成立, 则称 $(\mathcal{W}_F, \iota_F, \{r_E : E \in \mathscr{E}_F\})$ 是 F^{sep}/F 的一个 Weil **群**.

- W_0. 记 $\mathcal{W}_F/(\mathcal{W}_{E,F})^c$ 为 $\mathcal{W}_{E/F}$, 则有拓扑群同构

$$\mathcal{W}_F \to \varprojlim_E \mathcal{W}_{E/F},$$

其中反极限的 E 遍历 $\mathscr{E}_F$, 若 $E' \subset E$, 则 $\mathcal{W}_{E/F} \to \mathcal{W}_{E'/F}$ 是投射.

- W_1. 对 $E \in \mathscr{E}_F$, 映射 ι_F 诱导映射 $\iota_{E,F}^{ab} : (\mathcal{W}_{E,F})^{ab} \to (\mathrm{Gal}(F^{\mathrm{sep}}/E))^{ab}$, 则 $\rho_E = \iota_{E,F}^{ab} \circ r_E : \mathcal{C}_E \to (\mathrm{Gal}(F^{\mathrm{sep}}/E))^{ab}$ 是类域论的互反律.

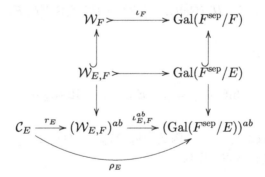

- W_2. 取 $w \in \mathcal{W}_F$, 设 $\sigma = \iota_F(w)$. 对 $E \in \mathscr{E}_F$ 以下为交换图

$$\begin{array}{ccc} \mathcal{C}_E & \xrightarrow{r_E} & (\mathcal{W}_{E,F})^{ab} \\ \sigma \downarrow & & \downarrow w \\ \mathcal{C}_{E^\sigma} & \xrightarrow{r_{E^\sigma}} & (\mathcal{W}_{E^\sigma,F})^{ab} \end{array}$$

- W_3. 若 $E' \subset E$ 属于 $\mathscr{E}_F$, 以下为交换图

$$\begin{array}{ccc} \mathcal{C}_{E'} & \xrightarrow{r_{E'}} & (\mathcal{W}_{E',F})^{ab} \\ \downarrow & & \downarrow \tau \\ \mathcal{C}_E & \xrightarrow{r_E} & (\mathcal{W}_{E,F})^{ab} \end{array}$$

其中 τ 是由 $\mathcal{W}_{E',F}$ 的闭子群 $\mathcal{W}_{E,F}$ 所决定的迁移映射.

若 $(\mathcal{W}_F, \iota_F, \{r_E : E \in \mathscr{E}_F\})$ 是 F^{sep}/F 的 Weil 群, 取 F^{sep} 内的有限扩张 E/F, 把 ι_F 限制, 取 $\{r_{E'} : E' \supseteq E\}$, 则 $\mathcal{W}_{E,F}$ 是 F^{sep}/E 的 Weil 群, 故可以把 $\mathcal{W}_{E,F}$ 写为 $\mathcal{W}_E$. 此外当 $E' \supseteq E \supseteq F$ 时, 可证有交换图

$$\begin{array}{ccccc} \mathcal{C}_{E'} & \xrightarrow{r'_E} & \mathcal{W}_{E'}^{ab} & \longleftarrow & \mathcal{W}_{E'} \\ {\scriptstyle N_{E'/E}}\downarrow & & \downarrow & & \downarrow \\ \mathcal{C}_E & \xrightarrow{r_E} & \mathcal{W}_E^{ab} & \longleftarrow & \mathcal{W}_E \end{array}$$

7.5.2 存在

命题 7.33 存在 Weil 群 $\mathcal{W}_F$ 当且仅当对每一 Galois 扩张 E/F 存在 $\alpha_{E/F} \in H^2(\text{Gal}(E/F), \mathcal{C}_E)$ 使得

(1) 与 $\alpha_{E/F}$ 做杯积给出同构

$$\alpha_n(E/F) : H^n(\text{Gal}(E/F), \mathbb{Z}) \to H^{n+2}(\text{Gal}(E/F), \mathcal{C}_E), \quad n \in \mathbb{Z}.$$

(2) 若 $F \subseteq E' \subseteq E$, 则

$$\text{Inf}\,\alpha_{E'/F} = [E : E']\alpha_{E/F}, \quad \text{Res}\,\alpha_{E/F} = \alpha_{E/E'}.$$

假设存在 Weil 群 $\mathcal{W}_F$. 因为 $\mathcal{W}_F/\mathcal{W}_E = \text{Gal}(E/F)$, $\mathcal{W}_F/\mathcal{W}_E^c = \mathcal{W}_{E/F}$ 和 $\mathcal{W}_E/\mathcal{W}_E^c \approx \mathcal{C}_E$, 所以有正合序列

$$1 \to \mathcal{C}_E \to \mathcal{W}_{E/F} \to \text{Gal}(E/F) \to 1,$$

即 $\mathcal{W}_{E/F}$ 是从 $\mathcal{C}_E$ 得到 $\text{Gal}(E/F)$ 的不分裂扩张 ([17], 第二篇第五章). 对应于这个正合序列的同调类记为 $\alpha_{E/F} \in H^2(\text{Gal}(E/F), \mathcal{C}_E)$, 此时与 $\alpha_{E/F}$ 做杯积给出同构 $\alpha_n(E/F)$, 参见命题 6.9 和命题 7.27. (2) 是 $\mathcal{C}_F$ 满足类成原则的结果.

反过来, 若同调类集合 $\{\alpha_{E/F}\}$ 有性质 (1) 和 (2), 则由 (1) 得群扩张 $\mathcal{W}_{E/F}$, 然后用逆极限定义 $\mathcal{W}_F \to \varprojlim_E \mathcal{W}_{E/F}$, 最后检查所得的 $\mathcal{W}_F$ 有 Weil 群性, 参见 [2] 第 238 页第 14 章的定理 1.

从类域论中关于类群满足类成原则的讨论知, 有性质 (1) 和 (2) 的同调类集合 $\{\alpha_{E/F}\}$ 存在, 因此知 $\mathcal{W}_F$ 存在.

7.5.3 唯一

命题 7.34 若 $\mathcal{W}_F, \mathcal{W}'_F$ 是 F^{sep}/F 的 Weil 群, 则存在同构 $\theta: \mathcal{W}_F \to \mathcal{W}'_F$ 使得以下为交换图

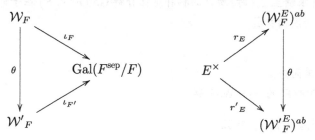

对有限 Galois 扩张 E/F, 以 $I(E)$ 记令下图交换的所有同构 f 所组成的集合.

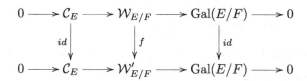

由于两个群扩张 $\mathcal{W}_{E/F}, \mathcal{W}'_{E/F}$ 均对应于同调类 $\alpha_{E/F}$, 故 $I(E) \neq \emptyset$. 因为已知 $H^1(\mathrm{Gal}(E/F), \mathcal{C}_E) = 0$, 所以若有 $f, f' \in I(E)$, 则有 $w \in \mathcal{W}_E^{ab} = \mathrm{Aut}(W_{E/F}) = \mathcal{W}_E^{ab} \approx \mathcal{C}_E$ 使得 $f'(x) = wf(x)w^{-1}$. $\mathcal{W}_{E/F}$ 的中心是 $\mathcal{C}_F$, 于是可把 $I(E)$ 看作 $\mathcal{C}_E/\mathcal{C}_F$ 主齐性空间, 它是紧拓扑空间, 因为 $\mathcal{C}_E/\mathcal{C}_F$ 是紧拓扑空间. 同时, 对 $E_1 \supseteq E$ 利用范映射 $N_{E_1/E}$ 的连续性得自然映射 $I(E_1) \to I(E)$ 是连续的 (先在 $I(E_1)$ 选定一个元素), 这样便知可在 $\varprojlim_E I(E)$ 取元素 θ. 利用性质 W_0 知此 θ 满足所求.

事实上还可证明若有 θ, θ' 满足命题, 则有 $w \in \mathrm{Ker}\,\iota$ 使得 $\theta'(\bullet) = w\theta(\bullet)w^{-1}$.

7.5.4 局部 Weil 群的构造

设 F 是局部数域, 选定 F 的可分闭包 F^{sep}, 设 F^{nr} 是 F 的最大无分歧扩张. 则 $\mathrm{Gal}(F^{\mathrm{nr}}/F)$ 有拓扑生成元 φ, 其在剩余域的作用是 $a \mapsto a^q$, q 是 F 的剩余域的元素个数. 所谓几何 Frobenius 映射是指 $\Phi_F := \varphi^{-1}$, 它生成 $\mathrm{Gal}(F^{ur}/F)$ 的稠密子群 $\langle \Phi_F \rangle$. 在投射 $\pi : \mathrm{Gal}(F^{\mathrm{sep}}/F) \to \mathrm{Gal}(F^{ur}/F)$ 下, 记 $\pi^{-1}(\langle \Phi_F \rangle)$ 为 ${}_a\mathcal{W}_F$, 它是 $\mathrm{Gal}(F^{\mathrm{sep}}/F)$ 内由 Frobenius 所生成的稠密子群, 见下图.

$$\begin{array}{ccccccc}
\mathcal{I}_F & \hookrightarrow & \mathrm{Gal}(F^{\mathrm{sep}}/F) & \twoheadrightarrow & \mathrm{Gal}(F^{ur}/F) & \xrightarrow{\cong} & \hat{\mathbb{Z}} \\
\big\|\, = & & \big\uparrow & & \big\uparrow & & \big\uparrow \\
\mathcal{I}_F & \hookrightarrow & {}_a\mathcal{W}_F & \twoheadrightarrow & \langle \Phi_F \rangle & \xrightarrow{\cong} & \mathbb{Z}
\end{array}$$

命题 7.35 记包含映射为 $\iota_F : {}_aW_F \subset \mathrm{Gal}(F^{\mathrm{sep}}/F)$, 把 ${}_aW_F$ 看作未设拓扑的抽象群. 在这个群上取新的拓扑使得

(a) 惯性群 $\mathcal{I}_F$ 在新的拓扑下是开子群.

(b) 把新的拓扑限制至 $\mathcal{I}_F$ 时, 所得的拓扑是拓扑群 $\mathrm{Gal}(F^{\mathrm{sep}}/F)$ 在子群 $\mathrm{Gal}(F^{\mathrm{sep}}/F^{ur}) = \mathcal{I}_F$ 上所诱导的拓扑.

则

(1) ι_F 是连续单同态.

(2) ${}_aW_F$ 是 F^{sep}/F 的一个 Weil 群.

由 ι_F 得同构 $\mathcal{W}_F/\mathcal{I}_F \cong \mathbb{Z}$.

设 $v_F : \mathcal{W}_F \to \mathbb{Z}$ 为把 Φ_F 映为 1 的映射. 则可以定义

$$\|x\| = q^{-v_F(x)}, \quad x \in \mathcal{W}_F.$$

命题 7.36 (1) 在 F^{sep} 内取有限扩张 E/F,

(a) 包含映射 $\mathrm{Gal}(F^{\mathrm{sep}}/E) \hookrightarrow \mathrm{Gal}(F^{\mathrm{sep}}/F)$ 诱导双射 ${}_aW_E \to {}_aW_F \cap \mathrm{Gal}(F^{\mathrm{sep}}/E)$, 以 ${}_aW_{E,F}$ 记 ${}_aW_E$ 的像.

$$\begin{array}{ccc} {}_aW_F & \hookrightarrow & \mathrm{Gal}(F^{\mathrm{sep}}/F) \\ \uparrow & & \uparrow \\ {}_aW_E & \hookrightarrow & \mathrm{Gal}(F^{\mathrm{sep}}/E) \end{array}$$

此双射决定同胚 $\mathcal{W}_E \approx \mathcal{W}_{E,F}$, $\mathcal{W}_{E,F}$ 是 $\mathcal{W}_F$ 的开子群, $[\mathcal{W}_F : \mathcal{W}_{E,F}] < \infty$. $\mathcal{W}_{E,F}$ 是 $\mathcal{W}_F$ 的唯一子群使得

$$\iota_F(\mathcal{W}_F^E) = {}_aW_F \cap \mathrm{Gal}(F^{\mathrm{sep}}/E).$$

(b) $\mathcal{W}_{E,F}$ 是 $\mathcal{W}_F$ 的正规子群当且仅当 E/F 是 Galois 扩张.

(c) $\mathcal{W}_F^E \backslash \mathcal{W}_F \to \mathrm{Gal}(F^{\mathrm{sep}}/E) \backslash \mathrm{Gal}(F^{\mathrm{sep}}/F)$ 是双射.

(d) $\iota_E : \mathcal{W}_E \to \mathrm{Gal}(F^{\mathrm{sep}}/E)$ 诱导拓扑同构 $\mathcal{W}_E \cong \mathcal{W}_F^E$.

(2) 在 F^{sep} 内所有有限扩张 E/F 组成的集合记为 $\mathscr{E}_F$. 设

$$\mathscr{N}_F = \{N : N \text{ 为 } \mathcal{W}_F \text{ 的开子群}, [\mathcal{W}_F : N] < \infty\}.$$

则 $\mathscr{E}_F \to \mathscr{N}_F : E/F \mapsto \mathcal{W}_F^E$ 是双射.

本节参考资料:

[1] A. Weil, Sur la theorie du corps de classes, *J. Math. Soc. Japan*, 3 (1951), 1-35.

[2] P. Deligne, Les constantes des équations fonctionelles des fonctions L, Antwerp II, Springer Lecture Notes Math, 349 (1973), 501-595.

[3] Tate, Number theoretic background, *Proc. Symposium Pure Math*, volume 33-2, (1979) 3-26, Amer. Math. Soc.

Weil 群在以上 Weil 的文章引入, 以上 Deligne 的文章引入 Weil-Deligne 群.

7.6 注记

研究 Galois 群的一种方法是研究它的表示. 最简单的表示是一维表示, 即连续同态 $\rho : \mathrm{Gal}(F^{\mathrm{alg}}/F) \to \mathbb{C}^\times$. 这时 Galois 群的交换子群的闭包是含在 ρ 的核内, 于是 ρ 诱导出连续同态 $\rho^{ab} : G_F^{ab} \to \mathbb{C}^\times$, 与范剩符号 $(\ ,F) : C_F \to G_F^{ab}$ 合成得连续同态 $\chi = \rho^{ab} \circ (\ ,F)$, 即有 $\chi : C_F \to \mathbb{C}^\times$. 用代数群的记号: $GL(1,\mathbb{C}) = \mathbb{C}^\times$, $GL(1,\mathbb{A}_F) = C_F$. 这样我们把互反律看作: 从表示 $\rho : \mathrm{Gal}(F^{\mathrm{alg}}/F) \to GL(1,\mathbb{C})$ 得出表示 $\chi : GL(1,\mathbb{A}_F) \to \mathbb{C}^\times$ 的一个对应

$$\rho \to \chi,$$

使得 ρ 的 Artin L-函数 $L(s, \rho)$ 等于 χ 的 Hecke L-函数 $L(s, \chi)$.

我们自然会问: 如果把 $GL(1)$ 换为 $GL(n)$, 是否存在一种满足适当条件的对应: 从表示 $\rho : \mathrm{Gal}(F^{\mathrm{alg}}/F) \to GL(n,\mathbb{C})$ 得出表示 $\chi : GL(n,\mathbb{A}_F) \to \mathrm{Aut}(V)$, 其中 $\mathrm{Aut}(V)$ 是指一个无穷维向量空间的连续自同构群? 这个适当条件是用 L-函数理论来表示的——粗略地说, 是问 Artin L-函数是否自守 L-函数? 用今天的语言, 这是 Langlands 纲领里的非交换类域论的问题! 如此推广是由 Langlands 提出的, 他第一个利用李群无穷维表示把 Hasse、Weil、Hecke、Taniyama、Shimura 和 Shintani 等人的工作总结为一个视野广阔的架构.

关于 $GL(1)$ 的自守表示理论可以看 D. Goldfeld, J. Hundley, Automorphic representations and L-functions for the general linear group 的第 2 章.

另外是把本章关于域 $F^\times$ 的结果推广至代数环面 $(F^\times)^n$, 这是 Tate、Langlands 和 Deligne 的工作, 可以参看 [17] 的第三篇.

习 题

1. (1) 取 m 为正整数, 以 p_∞ 记 $\mathbb{Q}$ 的无穷素位, 取 $\mathbb{Q}$ 的模 $\mathfrak{m} = p_\infty m$, ζ 为 m 次本原单位根. 证明: $\mathbb{Q}(\zeta)$ 是 $\mathbb{Q}$ 的模 $\mathfrak{m}$ 射线类域.
   (2) 证明: 若 $F/\mathbb{Q}$ 为有限交换扩张, 则有正整数 m 使得 $F \subseteq \mathbb{Q}(\zeta)$, ζ 为 m 次本原单位根 (此为 Kronecker 定理).

2. 设 E/F 为数域的有限交换扩张. 证明范剩符号局部整体关系为

$$((a_\mathfrak{p}), E|F) = \prod_\mathfrak{p} (a_\mathfrak{p}, E_\mathfrak{P}|F_\mathfrak{p}).$$

3. (1) 设 E/F 为数域的有限交换扩张，$\mathfrak{m}$ 为 F 的模使得模 $\mathfrak{m}$ 射线类域 $F^{\mathfrak{m}} \supseteq E$. 证明 $i: F_{\mathbb{A}}^{\times} \to \mathcal{I}_F$ 诱导态射使有正合行的下图交换

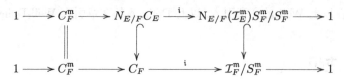

(2) 设 $\mathfrak{p} = \pi \mathscr{O}_F$. 证明：$(\frac{E|F}{\mathfrak{p}}) = (\pi, E_{\mathfrak{P}}|F_{\mathfrak{p}})$.

(3) 证明：Artin 互反律定理.

4. (1) 设 $K \supseteq E \supseteq F$ 是交换扩张，$\mathfrak{a}$ 的素因子在 K 内无分歧. 证明：$\mathrm{Res}_E(\frac{K|F}{\mathfrak{a}}) = (\frac{E|F}{\mathfrak{a}})$.

(2) 设 E/F 是有限扩张，L/F 是交换扩张，$\mathfrak{p}$ 是 F 的素理想在 L 中为无分歧，$\mathfrak{q}$ 是 E 的素理想，$\mathfrak{P}|\mathfrak{p}$, $f = f_{\mathfrak{P}|\mathfrak{p}}$ 是剩余次数. 证明：$\mathrm{Res}_L(\frac{LE|E}{\mathfrak{q}}) = (\frac{L|F}{\mathfrak{p}})^f$.

(3) 设 E'/F' 和 E/F 为交换扩张，$E' \supseteq E$, $F' \supseteq F$. 每个 E'/F' 的自同构限制至 E 为 E/F 的自同构，于是得同态 $\eta: \mathrm{Gal}(E'/F') \to \mathrm{Gal}(E/F)$. 设有限集 S 的元素为 F 的素位，并且 S 包含所有无穷素位，S 包含所有在 E' 为分歧的素位. 设 $S' = \{\mathfrak{P}$ 为 E' 的素位 : $\exists \mathfrak{p} \in S$ 使得 $\mathfrak{P}|\mathfrak{p}\}$. 证明下图交换

$$\begin{array}{ccc} \mathcal{I}_{E'}^{S'} & \xrightarrow{(\frac{E'|F'}{})} & \mathrm{Gal}(E'/F') \\ {\scriptstyle N_{E'/E}}\downarrow & & \downarrow{\scriptstyle \eta} \\ \mathcal{I}_E^S & \xrightarrow{(\frac{E|F}{})} & \mathrm{Gal}(E/F) \end{array}$$

(4) 设 E/F 为交换扩张，$\sigma: E \to \sigma E$ 为同构，$\mathfrak{a}$ 的素因子在 E 内无分歧. 证明：
$$\left(\frac{\sigma E | \sigma F}{\sigma \mathfrak{a}}\right) = \sigma \left(\frac{E|F}{\mathfrak{a}}\right) \sigma^{-1}.$$

5. 给定数域的交换扩 E/F, 设 F 的模 $\mathfrak{m}$ 为所有的无穷素位和所有分歧的有限素位整除. 在 F 的分式理想群 $\mathcal{I}_F$ 内取由全部 $\mathscr{O}_F$ 的素理想 $\mathfrak{p} \nmid \mathfrak{m}$ 所生成的子群，记为 $\mathcal{I}_F^{\mathfrak{m}}$. 记
$$S_F^{\mathfrak{m}} = \{x\mathscr{O}_F : x \in F^{\times}, x \equiv 1 \mod \mathfrak{m}\}.$$

(1) 证明：Artin 同态 $(\frac{E/F}{}): \mathcal{I}_F^{\mathfrak{m}} \to \mathrm{Gal}(E/F)$ 是满射.

(2) 若 $\mathfrak{m} = \mathfrak{m}_{\infty}\mathfrak{m}_0$, $\mathfrak{m}_0 = \mathfrak{p}_1^{\nu_{\mathfrak{p}_1}^0} \ldots \mathfrak{p}_t^{\nu_{\mathfrak{p}_t}^0}$, 证明：只要取 $\nu_{\mathfrak{p}_i}^0$ 充分大，则
$$S_F^{\mathfrak{m}} \subseteq \mathrm{Ker}\left(\left(\frac{E/F}{}\right)\right) \subseteq \mathcal{I}_F^{\mathfrak{m}}.$$

(3) 证明：在 F 的模 $\mathfrak{f}$ 使得

(a) F 的素理想 $\mathfrak{p}$ 在 E 内为分歧当且仅当 $\mathfrak{p}|\mathfrak{f}$.

(b) $S_F^{\mathfrak{m}} \subseteq \mathrm{Ker}((\frac{E/F}{}))$ 当且仅当 $\mathfrak{f}|\mathfrak{m}$.

6. 设 F 为数域，$\mathfrak{m}$ 为 F 的模，F 的分式理想群的子群 H 满足条件
$$S_F^{\mathfrak{m}} \subseteq H \subseteq \mathcal{I}_F^{\mathfrak{m}}.$$

(1) 证明: 存在交换扩张 E/F 使得 H 等于 Artin 同态 $(\frac{E/F}{\cdot}): \mathcal{I}_F^{\mathfrak{m}} \to \text{Gal}(E/F)$ 的核, 即有同构 $\mathcal{I}_F^{\mathfrak{m}}/H \xrightarrow{\approx} \text{Gal}(E/F)$; 并且所有在 E 分歧的素位整除 $\mathfrak{m}$.

(2) 证明: $\mathcal{P}_F = S_F^1$. 证明: 存在无分歧交换扩张 H_F/F 使得 Artin 同态诱导同构 $\mathcal{I}_F^{\mathfrak{m}}/\mathcal{P}_F \xrightarrow{\approx} \text{Gal}(H_F/F)$; 并且证明

  (a) H_F 是 F 的最大无分歧交换扩张.
  (b) F 的素理想 $\mathfrak{p}$ 在 H_F 内完全分裂当且仅当 $\mathfrak{p}$ 是主理想.

7. 设正整数 n 没有平方因子, 且 $n \not\equiv 3 \bmod 4$. 记 $\mathbb{Q}(\sqrt{-n})$ 的 Hilbert 类域为 H_n.

(1) 证明: 若奇素数 p 不整除 n, 则 p 在 H_n 内完全分裂当且仅当存在整数 x, y 满足方程 $p = x^2 + ny^2$.

(2) 证明: 存在代数数 $\alpha \in \mathbb{R}$ 使得 $H_n = \mathbb{Q}(\sqrt{-n})(\alpha)$. 以 $f_n \in \mathbb{Z}[x]$ 记 α 的最小多项式, 设奇素数 p 不整除 n, 不整除 f_n 的判别式. 证明: 存在整数 x, y 满足方程 $p = x^2 + ny^2$ 当且仅当 $(\frac{-n}{p}) = 1$ 及 $f_n(x) \equiv 0 \bmod p$ 有整数解.

8. 证明: $\mathbb{Q}(\sqrt{-14})$ 的 Hilbert 类域是 $\mathbb{Q}(\sqrt{-14}, \sqrt{2\sqrt{2}-1})$.

9. 证明: 类数 $h_{\mathbb{Q}(\sqrt{3})} = 1$, $h_{\mathbb{Q}(\sqrt{3})}^+ = 2$. 证明: $\mathbb{Q}(\sqrt{3})$ 的 Hilbert 类域是 $\mathbb{Q}(\sqrt{3})$, 它的窄 Hilbert 类域是 $\mathbb{Q}(\sqrt{3}, \sqrt{-1})$.

10. 数域的范剩符号 $(\ ,F): C_F \to G_F^{ab}$ 的核记为 D_F, 它的像记为 S_F. 证明

(1) S_F 为 G_F^{ab} 的稠密子群.
(2) $D_K = \cap_E N_{E|F} C_E$.
(3) D_K 是 C_F 的单位元的连通分支.
(4) 对所有正整数 m 有 $D_K = D_K^m$ (即 D_K 是无穷可除群).

11. 取整数 $a, r > 1$, 设 q 为素数. 则存在素数 p 使得 $a^{q^r} \equiv 1 \bmod p$.

12. $\mathbb{R}$ 的代数闭包是 $\mathbb{C}$, $\text{Gal}(\mathbb{C}/\mathbb{R}) = \{\varepsilon, \sigma\}$, ε 恒等于 1, σ 是共轭映射 $z \mapsto \bar{z}$. $\text{Gal}(\mathbb{C}/\mathbb{R})^\wedge = \{1, \chi\}$, 1 是平凡特征标, $\chi(\sigma) = -1$. 依附于 χ 的扩张是 $\mathbb{C}/\mathbb{R}$.

(1) 证明: $\text{Br}(\mathbb{R}) = \{cl(\mathbb{R}), cl(\mathbb{H})\}$, 其中 $\mathbb{H} = [\mathbb{C}/\mathbb{R}; \chi, -1]$.
(2) 证明: $\mathbb{H}$ 是**四元数代数** (quaternions).
(3) 对 $\mathbb{R}$ 上的中心单代数 A, 定义 Hasse 不变量: 若 $cl(A) = cl(k)$, $h_\mathbb{R}(A) = 1$; 若 $cl(A) = cl(\mathbb{H})$, $h_\mathbb{R}(A) = -1$. 定义 $(1, \theta)_\mathbb{R} = 1$, 若 $\theta > 0$, $(\chi, \theta)_\mathbb{R} = 1$; 若 $\theta < 0$, $(\chi, \theta)_\mathbb{R} = -1$. 证明可以定义 η
$$\text{Br}(\mathbb{R}) \xrightarrow{\gamma} H^2(\text{Gal}(\mathbb{C}/\mathbb{R}), \mathbb{C}^\times) \xrightarrow{\eta} \{1, -1\},$$
使得 $h_\mathbb{R}(A) = \eta\gamma(cl(A))$, $(\chi, \theta)_\mathbb{R} = \eta(\{\chi, \theta\})$.
(4) 证明: $\text{Br}(\mathbb{C})$ 只有一个元素, 故可取 $h_\mathbb{C}(A) = 1$, $(\chi, \theta)_\mathbb{C} = 1$.

13. 设 k 是数域 ($[k:\mathbb{Q}] < \infty$), 以 k_v 记 k 在 v 的完备化, k^{sep} 记 k 的可分闭包. 则 k^{sep} 在 k_v 上生成 k_v 的可分闭包 k_v^{sep}. 记 $\text{Gal}(k^{\text{sep}}/k)$ 为 $\mathfrak{G}$, $\text{Gal}(k_v^{\text{sep}}/k_v)$ 为 $\mathfrak{G}_v$. 限制定义同态 $\rho_v: \mathfrak{G}_v \to \mathfrak{G}$.

(1) 证明: 有 Brauer 群同态 $\text{Br}(k) \to \text{Br}(k_v): cl(A) \mapsto cl(A \otimes_k k_v)$.
(2) 以 μ 记 $\mathbb{C}$ 的所有单位根所组成的交换群. 设 A 为 k 上中心单代数, 利用同构
$$\text{Br}(k_v) \xrightarrow{\gamma} H^2(\mathfrak{G}_v, F_v^{\text{sep} \times}) \xrightarrow{\eta} \mu$$

定义 A 在 v 的 Hasse 不变量为
$$h_v(A) = \eta\gamma(cl(A \otimes_k k_v)).$$

取 $\mathfrak{G}$ 的酉特征标 χ, 循环扩张 L/k 依附于 $\chi, \theta \in k^\times$. 考虑循环代数 $[L/k; \chi, \theta]$. 证明:
$$h_v([L/k; \chi, \theta]) = (\chi \circ \rho_v, \theta)_{k_v}.$$

(3) 证明: $\prod_v h_v(A) = 1$.

14. 设 k 是数域, χ 是 $\mathfrak{G}$ 的酉特征标.

    (1) 设 L/k 是依附于 χ 的循环扩张, L'/k_v 是依附于 $\chi_v := \chi \circ \rho_v$ 的循环扩张, w 是 L 的素位, 令 $w|v$. 证明: 存在 k_v 线性同构 $L' \to L_w$.

    (2) 证明: 除有限个 v 外, χ_v 是无分歧特征标. 此外, 若除有限个 v 外, χ_v 是平凡特征标, 则 χ 是平凡特征标.

    (3) 取 $z = (z_v) \in k_\mathbb{A}^\times$, 除有限个 v 外, $z_v \in \mathcal{O}_{k_v}^\times$. 证明: 除有限个 v 外, $(\chi_v, z_v)_{k_v} = 1$. 于是可以定义
    $$(\chi, z)_k = \prod_v (\chi_v, z_v)_{k_v}.$$

    (4) 证明: 若 $z \in k^\times$, 则对 $\mathfrak{G}$ 的任意酉特征标 χ 有 $(\chi, z) = 1$, 于是得偶对
    $$\mathrm{Gal}(k^{\mathrm{sep}}/k)^\wedge \times k_\mathbb{A}^\times/k^\times \to \boldsymbol{\mu} : \chi, \theta \mapsto (\chi, \theta)_k.$$

    (5) 证明:

    (a) 以上的偶对是连续映射, 并且 $\forall \chi, \chi' \in \mathrm{Gal}(k^{\mathrm{sep}}/k)^\wedge, \forall \xi, \xi' \in k_\mathbb{A}^\times/k^\times$:
    $$(\chi\chi', \xi)_k = (\chi, \xi)_k \cdot (\chi', \xi)_k, (\chi, \xi\xi')_k = (\chi, \xi)_k \cdot (\chi, \xi')_k.$$

    (b) 若 $\forall \xi \in k_\mathbb{A}^\times/k^\times$ 有 $(\chi, \xi)_K = 1$, 则 $\chi = 1$.

    (c) $k_\mathbb{A}^\times/k^\times = k_\mathbb{A}^1/k^\times \times \mathbb{R}_+^\times, k_\mathbb{A}^1 = \{z \in k_\mathbb{A}^\times : |z|_\mathbb{A} = 1\}$. 对整数 $n \geqslant 1$, 存在 $\mathfrak{G}$ 的 n 阶酉特征标 χ, 使得对所有 $\xi \in k_\mathbb{A}^1/k^\times$ 有 $(\chi, \xi)_K = 1$.

15. 设 k 是数域. 对 $\chi \in \mathrm{Gal}(k^{\mathrm{sep}}/k)^\wedge, z = (z_v) \in k_\mathbb{A}^\times$, 定义 $\mathfrak{a}(z) \in \mathrm{Gal}(k^{ab}/k)$ 使得 $\chi(\mathfrak{a}(z)) = (\chi, z)_k$, 于是得 $\mathfrak{a}: k_\mathbb{A}^\times \to \mathrm{Gal}(k^{ab}/k)$. 对 $\xi \in k_v$, 定义 $j_v(\xi) = (z_v)$, $z_{v'} = 1$ 若 $v' \neq v$, $z_v = \xi$. 证明:

    (1) $\mathfrak{a} \circ j_v = \rho_v \circ \mathfrak{a}_v$.

    (2) $\mathfrak{a}(k_\mathbb{A}^\times)$ 的闭包等于 $\mathrm{Gal}(k^{ab}/k)$.

    (3) $\mathfrak{a}$ 的核是 $k^\times k_\infty^\times{}_+$ 的闭包.

    (4) $\mathrm{Gal}(k^{ab}/k)^\wedge \to ((k_\mathbb{A}^\times/k^\times)^\wedge)^{\mathrm{tor}} : \chi \mapsto \chi \circ \mathfrak{a}$ 是群同构, 其中 $((k_\mathbb{A}^\times/k^\times)^\wedge)^{\mathrm{tor}}$ 是由在 $k^\times$ 上取值 1 的 $k_\mathbb{A}^\times$ 的有限阶酉特征标所组成的群.

第八章 对偶定理

本章讨论上同调群的对偶定理, 并介绍怎样把前面几章的结果推广至整个 Galois 群 $\mathrm{Gal}(F^{\mathrm{alg}}/F)$. 虽然里面还是有类成原则, 但是由于

$$\mathrm{Gal}(F^{\mathrm{alg}}/F) = \varprojlim_{[E:F]<\infty} \mathrm{Gal}(E/F)$$

是紧拓扑群, 自然会引起一些拓扑问题, 比如我们需知道 Galois 群 G_S 的上同调维数和 G_S 的成对偶模的可除性. 作为一个介绍, 我们并没有给出全部证明, 读者证明不出来的可以看看以下文献.

本章的主要结果的特殊情形是由 Tate 在 1962 年公报的, 他从未发表过证明. 这笔糊涂账由多人清理, 可参考以下

[1] G. Poitou, *Cohomologie Galoisienne des Modules Finis*, Dunod, Paris, 1967.

[2] K. Uchida, On Tate's duality theorems in Galois cohomology, *Tohoku Math. J.* 21, 4 (1969), 92-101.

[3] T. Takahashi, Galois cohomology of finitely generated modules, *Tohoku Math. J.* 21, 4 (1969), 102-111.

[4] K. Wingberg, Duality theorems for Γ extensions of algebraic number fields, *Comp. Math.* 55 (1985), 333-381.

[5] C. Deninger, An extension of Artin-Verdier duality to non-torsion sheaves, *J. Reine Angew. Math.* 306 (1986), 18-31.

[6] J. S. Milne, *Arithmetic Duality Theorems*, Perspectives in Mathematics, Academic Press, 1986.

[7] A. Schmidt, On Poitou's duality theorem, *J. Reine Angew. Math.* 517 (1999), 145-160.

[8] J. Neukirch, A. Schmidt, K. Wingberg, *Cohomology of Number Fields*, Springer (2000).

这些文献历时前后三十多年, 我们后来才学到的.

1964 年在 Woods Hole 举行的代数几何会议中, Artin 和 Verdier 把 "整体对偶定理" 改写为 $\mathrm{Spec}\,\mathcal{O}_F$ 上的对偶定理, 他们亦从来没有发表证明. (这个 Woods Hole 举行

的代数几何会议记录一直都是一个秘密文件, 我在各大学图书馆都找不到; 2000 年后已在网上广为流传了!) 1973 年 Mazur 为这个 Artin-Verdier 对偶定理的部分证明发表了一个注记 (Notes on etale cohomology of number fields, *Ann. ENS* 6, 521-552), 亦可参看 Milne, Arithmetic Duality Theorems (1986). 关于这些对偶定理一直都有文章发表, 我们引以下二文为例

[1] U. Jamssen, S. Saito, K. Sato, Etale duality for constructible sheaves on arithmetic schemes, preprint 2009.

[2] T. Geisser, Duality via cycle complexes, *Ann. of Math.* 172 (2010), 1095-1126.

事实上对于一个**算术概形** (arithmetic scheme) X 和每一种上同调理论 $H_*^\bullet$ (比如 etale 上同调理论 $H_{\text{et}}^\bullet$), 都会问及 $H_*^\bullet(X)$ 的对偶定理.

对偶定理是算术几何学的重要工具, 比如 Grothendieck 对偶可看

[1] R. Hartshorne, *Residues and Duality*, Lecture Notes in Math 20, Springer, 1966.

[2] B. Conrad, *Grothendieck Duality and Base Change*, Lecture Notes in Math, 1750, Springer, 2000.

此外有

[3] P. Deligne, La formule de dualité global, = SGA 4 , XVIII.

[4] J-L. Verdier, A duality theorem in the etale cohomology of schemes, in Woods Hole AMS Alg. Geom. 1964, and in *Proc. Conf. Local Fields*, Springer, 1967.

几个常用的记号:

(1) 若 A 为交换群, 则以 A^* 记 $\text{Hom}(A, \mathbb{Q}/\mathbb{Z})$.

(2) 若 A 为有限交换群, 则以 A' 记 $\text{Hom}(A, \mu)$, μ 为单位根群.

(3) 若 A 为局部紧交换群, 则以 $A^\vee$ 记 $\text{Hom}_{\text{cont}}(A, \mathbb{R}/\mathbb{Z})$, 称此为 A 的 Pontryagin 对偶群.

显然 $A = (A')'$. Pontryagin 定理说: $A \cong (A^\vee)^\vee$, 见 [18] 第三章.

8.1 有限群的同调群

本章把前面 5.1.2 节所定义的有限群的 Tate 上同调群改记为 $\hat{H}^n(G, A)$.

取有限群 G. 若 A 为 G 模, 则以 A_G 记 $A/I_G A$.

引入齐性分解如下: 对 $n \geqslant 0$, 设 $P_n = \mathbb{Z}[G^{n+1}]$, 定义映射 $\partial_n : P_n \to P_{n-1}$ 为

$$\partial_n(g_0, \ldots, g_n) = \sum_{i=0}^{n} (-1)^i (g_0, \ldots, g_{i-1}, g_{i+1}, \ldots, g_n).$$

又设 $\partial_0: P_0 \to \mathbb{Z}: \sum_g a_g g \mapsto \sum_g a_g$. 则得无挠 $\mathbb{Z}$ 模正合序列

$$0 \longleftarrow \mathbb{Z} \xleftarrow{\partial_0} P_0 \xleftarrow{\partial_1} P_1 \xleftarrow{\partial_2} P_2 \xleftarrow{\partial_3} \cdots,$$

于是 $P_n \otimes A$ 亦是正合序列. 定义以 A 为系数有限群 G 的同调群为

$$H_n(G, A) = H_n((P_\bullet \otimes A)_G), \quad n \geqslant 0.$$

可以证明 Tate 上同调群与同调群有以下关系: 若 $n \leqslant -2$, 则有同构

$$\hat{H}^n(G, A) \cong H_{-n-1}(G, A).$$

设 U 为 G 的正规子群, 用投射 $G \to G/U$ 和 $A \to A_U$ 可得同态

$$\mathrm{coinf}: H_n(G, A) \to H_n(G/U, A_U),$$

称为**上膨胀同态** (coinflation).

8.2 射影有限群的上同调群

8.2.1 Tate 上同调群

设有射影有限群 $G = \varprojlim_U G/U$, 离散 G 模 A.

设 $V \subseteq U$ 为 G 的开正规子群. 若 $i \leqslant -2$, 即 $j = -i - 1 \geqslant 1$, 利用 $\hat{H}^i = H_j$, 得

$$\hat{H}^i(G/V, A^V) \xrightarrow{\mathrm{coinf}} \hat{H}^i(G/U, (A^V)_U) \xrightarrow{N_*} \hat{H}^i(G/U, A^U),$$

其中 N_* 是由范映射 $N_{U/V}: (A^V)_U \to A^U$ 所诱导. 于是得同态

$$\mathrm{def}: \hat{H}^i(G/V, A^V) \to \hat{H}^i(G/U, A^U), \quad i \leqslant -2.$$

由于

$$\hat{H}^{-1}(G, A) = {}_{N_G}A/I_G A, \quad \hat{H}^0(G, A) = A^G/N_G A,$$

在 $i = 0$ 时, 可取 def 为恒等映射; 在 $i = -1$ 时, 则范映射决定 def. 称如此定义的 def 为**通缩同态** (deflation).

同时 G/V 的子群 U/V 决定膨胀同态

$$\mathrm{Inf}: \hat{H}^i(G/U, A^U) \to \hat{H}^i(G/V, A^V) \quad ((A^V)^U = A^U).$$

定义射影有限群 G 的 Tate 上同调群为

$$\hat{H}^n(G, A) = \begin{cases} \varinjlim_{U, \mathrm{Inf}} \hat{H}^n(G/U, A^U), & \text{若 } n > 0, \\ \varprojlim_{U, \mathrm{def}} \hat{H}^n(G/U, A^U), & \text{若 } n \leqslant 0, \end{cases}$$

其中 U 遍历 G 的所有开正规子群. 称 $N_G A = \cup_U N_{G/U} A^U$ 为 A 的**泛范群** (group of universal norms).

设 A 为离散 G 模, 且为有限生成 $\mathbb{Z}$ 模, 则 $\hat{H}^n(G/U, A^U)$ 是有限群, 于是当 $n \leqslant 0$ 时, $\hat{H}^n(G, A)$ 是射影有限拓扑群. 在 $n > 0$ 时, 我们在 $\hat{H}^n(G, A)$ 上取离散拓扑.

8.2.2 杯积

命题 8.1 设 G 为有限群, U 为 G 的正规子群, A, B 是 G 模, $i \leqslant 0, q \geqslant 1$. 则以下为交换图

$$\begin{array}{ccccc}
\hat{H}^i(G, A) & \times & H^{q-i}(G, B) & \xrightarrow{\cup} & H^q(G, A \otimes B) \\
\downarrow_{\text{def}} & & \uparrow_{\text{Inf}} & & \uparrow_{\text{def}} \\
\hat{H}^i(G/U, A^U) & \times & H^{q-i}(G/U, B^U) & \xrightarrow{\cup} & H^q(G/U, (A \otimes B)^U)
\end{array}$$

现取射影有限群 G, 设离散 G 模 A 是有限生成 $\mathbb{Z}$ 模. 对 $a \in A$, $\{\sigma \in G : \sigma a = a\}$ 是 G 的开子群, 于是 $\{\sigma \in G : \sigma a = a, \forall a \in A\}$ 是 G 的开子群, 所以对足够小的开子群 U 有 $A^U = A$. 这时, 对任一 G 模 B 便有 $\text{Hom}(A, B^U) = \text{Hom}(A, B)^U$. 对以上的交换图取极限, 便得射影有限群 G 的**杯积** (cup product)

$$\hat{H}^i(G, A) \times \hat{H}^{q-i}(G, B) \to \hat{H}^q(G, A \otimes B),$$

其中 A, B 是离散 G 模, $i \leqslant 0$ 和 $q \geqslant 1$.

8.2.3 级紧模

设 G 是射影有限群, A 是离散 G 模. 假如: 对 G 的任意开子群 U, A^U 是紧拓扑群, 并且若 U, V 是 G 的开子群, $\sigma \in G$ 满足 $V \subseteq \sigma U \sigma^{-1}$, 则 $A^U \to A^V : a \mapsto \sigma a$ 是连续映射. 我们称这样的 A 为**级紧 G 模** (level compact G module).

命题 8.2 设有级紧 G 模的正合序列

$$0 \to A' \xrightarrow{i} A \xrightarrow{j} A'',$$

并且对 G 的开正规子群 U, $N_U j : N_U A \to N_U A''$ 是满射, 则有上同调正合序列

$$\cdots \to \hat{H}^{-n}(G, A') \to \hat{H}^{-n}(G, A) \to \hat{H}^{-n}(G, A'') \to \cdots$$
$$\cdots \to \hat{H}^0(G, A') \to \hat{H}^0(G, A) \to \hat{H}^0(G, A'').$$

设有级紧 G 模的正合序列

$$0 \to A' \to A \to A'' \to 0.$$

则有上同调正合序列

$$\cdots \to \hat{H}^{-n}(G, A') \to \hat{H}^{-n}(G, A) \to \hat{H}^{-n}(G, A'') \to \cdots$$

$$\cdots \to \hat{H}^{m}(G, A') \to \hat{H}^{m}(G, A) \to \hat{H}^{m}(G, A'') \to \cdots$$

8.2.4 上同调维数

有个数字是影响到 H^i 跟哪一个 H^j 成对偶的.

设 G 是射影有限群, A 为 G 模. 若对 G 的所有闭子群 H 有

$$H^q(H, A) = 0, \quad \forall q > n,$$

则说 $\mathrm{cd}(G, A) \leqslant n$.

设 G 是射影有限群. 以 $\mathrm{Mod}(G)$ 记离散 G 模所组成的范畴, 以 $\mathrm{Mod}_t(G)$, $\mathrm{Mod}_p(G)$, $\mathrm{Mod}_f(G)$ 记 $\mathrm{Mod}(G)$ 的子范畴, 它们的对象分别是挠群、p 挠群、有限群.

G 的**上同调维数** $\mathrm{cd}(G)$(cohomological dimension) 是指最小的整数 n, 使得

$$H^q(G, A) = 0, \quad \forall q > n, \forall A \in \mathrm{Mod}_t(G),$$

如果不存在这样的整数 n, 则设 $\mathrm{cd}(G) = \infty$.

G 的**严格上同调维数** $\mathrm{scd}(G)$(strict cohomological dimension) 是指最小的整数 n 使得

$$H^q(G, A) = 0, \quad \forall q > n, \forall A \in \mathrm{Mod}(G).$$

如果不存在这样的整数 n, 则设 $\mathrm{scd}(G) = \infty$.

模的 p 准素部分见 [19] 的第 8.4 节.

设 p 为素数. G 的**上同调 p 维数** $\mathrm{cd}_p(G)$(cohomological p-dimension) 是指最小的整数 n, 使得 p 准素部分

$$H^q(G, A)(p) = 0, \quad \forall q > n, \forall A \in \mathrm{Mod}_t(G).$$

如果不存在这样的整数 n, 则设 $\mathrm{cd}_p(G) = \infty$. 把 $\mathrm{Mod}_t(G)$ 换为 $\mathrm{Mod}(G)$, 则得严格上同调 p 维数 $\mathrm{scd}_p(G)$.

设 P 为以素数为元素的非空集. 以 $\mathbb{N}(P)$ 记所有满足条件的非负整数 n: $p | n \Rightarrow p \in P$. 说 G 模 A 是 P 挠模, 如果 $\forall a \in A, \exists n \in \mathbb{N}(P)$ 使得 $na = 0$. 由 P 挠离散 G 模组成的范畴记为 $\mathrm{Mod}_P(G)$.

G 的**上同调 P 维数** $\mathrm{cd}_P(G)$(cohomological P-dimension) 是指最小的整数 n, 使得

$$H^q(G, A) = 0, \quad \forall q > n, \forall A \in \mathrm{Mod}_P(G).$$

如果不存在这样的整数 n, 则设 $\mathrm{cd}_P(G) = \infty$.

显然 $\mathrm{cd}(G) = \sup_p \mathrm{cd}_p(G)$, $\mathrm{cd}_P(G) = \sup_{p \in P} \mathrm{cd}_p(G)$.

命题 8.3 取 G 的开子群 U.

(1) 若 $n = \operatorname{scd} G$, A 为 G 模, 或 $n = \operatorname{cd}_p G$, A 为 p 挠 G 模, 则有满射

$$\operatorname{cor}: H^n(U, A) \to H^n(G, A).$$

(2) 若 U 是开正规子群, 则有同构

$$\operatorname{cor}: H^n(U, A)_{G/U} \to H^n(G, A).$$

证明 (2) $A \to X^\bullet$ 是 A 分解. 映射 $\operatorname{cor}: H^i(U, A) \to H^i(G, A)$ 是用 $N = N_{G/U}: X^{\bullet U} \to X^{\bullet G}$ 来计算的. 由上同调维数假设 $Y^n = \operatorname{Ker}(X^n \to X^{n+1})$ 是平凡上同调. 由分解

$$0 \to A \to X^0 \to \cdots \to X^{n+1} \to Y^n \to 0$$

用命题 5.5, 得

$$\begin{array}{ccccccc}
(X^{n-1})^U & \longrightarrow & (Y^n)^U & \longrightarrow & H^n(U, A) & \longrightarrow & 0 \\
{\scriptstyle N}\downarrow & & {\scriptstyle N}\downarrow & & {\scriptstyle \operatorname{cor}}\downarrow & & \\
(X^{n-1})^G & \longrightarrow & (Y^n)^G & \longrightarrow & H^n(G, A) & \longrightarrow & 0
\end{array}$$

对第一行取 G/U 不变量, 得

$$\begin{array}{ccccccc}
((X^{n-1})^U)_{G/U} & \longrightarrow & ((Y^n)^U)_{G/U} & \longrightarrow & (H^n(U, A))_{G/U} & \longrightarrow & 0 \\
{\scriptstyle N}\downarrow & & {\scriptstyle N}\downarrow & & {\scriptstyle \operatorname{cor}}\downarrow & & \\
((X^{n-1})^U)^{G/U} & \longrightarrow & ((Y^n)^U)^{G/U} & \longrightarrow & H^n(G, A) & \longrightarrow & 0
\end{array}$$

由命题 (5.34) 已知 $(X^{n-1})^U, Y^U$ 是有平凡上同调的, 所以 $N: H_0 \to H^0$ 是双射, 然后用 5 引理得 cor 是双射 ([19] 第 13.1 节).

(1) 设 V 是 G 的开正规子群, $V \subseteq U$. 则由

$$\operatorname{cor}_G^V: H^n(V, A) \xrightarrow{\operatorname{cor}_U^V} H^n(U, A) \xrightarrow{\operatorname{cor}_G^U} H^n(G, A)$$

知: cor_G^V 是满射 $\Rightarrow \operatorname{cor}_G^U$ 是满射. $\square$

8.3 谱序列

关于谱序列可参考同调代数的教本, 或者 [23] 的第 8 章和 [20] 的第 8 章.

交换群 A 的下降过滤是指一组子群 $\{F^p A\}_{p \in \mathbb{Z}}$ 使得 $F^p A \supseteq F^{p+1} A$. 称此过滤 $F^\bullet A$ 有限, 若有 $n, m \in \mathbb{Z}$ 使得 $F^m A = 0$, $F^n A = A$.

8.3 谱序列

复形 $A^\bullet$ 的下降过滤是指一组子复形 $\{F^p A^\bullet\}_{p \in \mathbb{Z}}$ 使得 $F^p A^\bullet \supseteq F^{p+1} A^\bullet$. 称过滤 $F^\bullet A^\bullet$ 为双正则, 若对每一 $n \in \mathbb{Z}$, 在 A^n 上的过滤 $F^\bullet A^n$ 是有限的.

若 $F^\bullet A^\bullet$ 是双正则过滤复形, 设

$$Z_r^{pq} = \mathrm{Ker}(F^p A^{p+q} \to A^{p+q+1}/F^{p+r} A^{p+q+1}),$$
$$B_r^{pq} = d(F^{p-r} A^{p+q-1}) \cap F^p A^{p+q},$$
$$E_r^{pq} = Z_r^{pq}/(B_{r-1}^{pq} + Z_{r-1}^{p+1,q-1}).$$

则得谱序列

$$E_1^{pq} \Rightarrow H^{p+q}(A^\bullet).$$

由双复形 $\{K^{\bullet,\bullet}, d_I, d_{II}\}$ 可得全复形

$$\mathrm{tot}(K^{\bullet,\bullet}) = \{K^n = \oplus_{p+q=n} K^{p,q},\ d = d_I + d_{II}\}$$

及在全复形上的第一过滤

$$^I F^p K^n = \oplus_{\substack{i+j=n \\ i \geqslant p}} K^{i,j}.$$

现假设对每一 n, 在线 $p+q=n$ 上只有有限个非零 K^{pq}, 则以上的全复形上的第一过滤是双正则的. 得谱序列

$$E_1^{pq} \Rightarrow H^{p+q}(K^\bullet),$$

其中

$$E_1^{pq} = H^q(K^{p\bullet}, d_{II}).$$

这些 E_1 给出复形

$$H^q(K^{\bullet,\bullet}) : \cdots \xrightarrow{d_I} H^q(K^{p-1,\bullet}) \xrightarrow{d_I} H^q(K^{p,\bullet}) \xrightarrow{d_I} H^q(K^{p+1,\bullet}) \xrightarrow{d_I} \ldots,$$

这个复形的上同调便是:

$$E_2^{pq} := H^p(H^q(K^{\bullet,\bullet})).$$

我们常把以上从 E_1 开始的谱序列写为从 E_2 开始的谱序列

$$E_2^{pq} = H^p(H^q(K^{\bullet,\bullet})) \Rightarrow H^{p+q}(\mathrm{tot}(K^{\bullet,\bullet})),$$

并称此为从双复形 $K^{\bullet,\bullet}$ 的谱序列.

命题 8.4 设有第一象限双复形 $K^{\bullet,\bullet}$, 即若 $p<0$ 或 $q<0$, $K^{pq}=0$. 假设对所有 $q \geqslant 0$, $K^{0q} \to K^{1q} \to K^{2q} \to \ldots$ 是正合. 则 $H^n = H^n(B^\bullet)$, 其中 $B^\bullet = \mathrm{Ker}(K^{0\bullet} \to K^{1\bullet})$.

证明 设 $A^{pq} = K^{qp}$. 则 $\mathrm{tot}(A^{\bullet,\bullet}) = \mathrm{tot}(K^{\bullet,\bullet})$. 于是谱序列 $E_2^{pq}(A^{\bullet,\bullet}) \Rightarrow H^n$ 和 $E_2^{pq}(K^{\bullet,\bullet}) \Rightarrow H^n$. 由假设知 $A^{p0} \to A^{p1} \to \ldots$ 是正合. 对 $q>0, p \geqslant 0$, $E_2^{pq}(A)=0$, 即 $E_\infty^{pq}(A) = 0$. 因此 $H^n = F_A^n H^n \cong E_\infty^{n0}(A) = E_2^{n0}(A) = H^n(H^0(K^{\bullet,\bullet}))$. □

8.3.1 Hochschild-Serre 谱序列

可以用的分解有几个. 首先 $X^n(G,A)$ 是由连续映射 $x: G^{n+1} \to A$ 组成,

$$\partial x(g_0,\ldots,g_{n+1}) \sum_{i=0}^{n}(-1)^i x(g_0,\ldots,g_{i-1},g_{i+1},\ldots,g_{n+1}).$$

$C^n(G,A)$ 的元是 $x \in X^n(G,A)$ 使得

$$gx(g_0,\ldots,g_n) = x(gg_0,\ldots,gg_n).$$

定理 8.5 设射影有限群 G 有闭正规子群 K, A 是 G 模. 则存在第一象限谱序列

$$E_2^{pq} = H^p(G/K, H^q(K,A)) \Rightarrow H^{p+q}(G,A),$$

称为 Hochschild-Serre 谱序列.

证明 由分解 $0 \to A \to X^\bullet$ 得 $H^0(K, X^q)$, 然后取

$$H^0(K, X^q)^{G/K} \to C^\bullet(G/K, H^0(K, X^q)).$$

引入 $C^{pq} = C^p(G/K, H^0(K, X^q))$, 取 $d_I^{pq}: C^{pq} \to C^{p+1,q}$ 和 $d_{II}^{pq}: C^{pq} \to C^{p,q+1}$, 得双复形 $\{C^{\bullet,\bullet}, d_I, d_{II}\}$. 由此双复形的第一过滤所得的谱序列是 $E_2^{pq} \Rightarrow H^n$.

计算 E_2. $H^q(H^0(K,X)) = H^q(H,A)$, $C^p(G/K,-)$ 是正合函子,

$$H^q(C^{p\bullet}) = H^q(C^p(G/K, H^0(K, X^\bullet))) = C^p(G/K, H^q(H^0(K, X^\bullet)))$$
$$= C^p(G/K, H^q(K,A)),$$

$$E_2^{pq} = H^p(H^q(C^{\bullet,\bullet})) = H^p(C^\bullet(G/K, H^q(K,A))) = H^p(G/K, H^q(K,A)).$$

计算 H^n. X^q 是诱导 G 模, 所以 $H^0(K, X^q)$ 是诱导 G 模, 于是对 $p > 0$, $H^p(G/K, H^0(K, X^q)) = 0$. 这样对 $q \geqslant 0$, 有正合复形 $C^{\bullet,q} = C^\bullet(G/K, H^0(K, X^q))$, 因此所求的 H^n 是 $H^n(B^\bullet)$, 其中 $B^\bullet$ 是

$$B^\bullet = \operatorname{Ker}(C^0(G/K, (X^\bullet)^K) \to C^1(G/K, (X^\bullet)^K)) = ((X^\bullet)^K)^{G/K} = (X^\bullet)^G,$$

因此

$$H^n = H^n((X^\bullet)^G) = H^n(G,A). \qquad \square$$

8.3.2 Tate 谱序列

若 A 为交换群, 则以 A^* 记 $\operatorname{Hom}(A, \mathbb{Q}/\mathbb{Z})$. 若 A 为 G 模, $V \subseteq U$ 为 G 的开子群, 上同调群的余限制映射 cor 的对偶映射

$$\operatorname{cor}^*: H^n(U,A)^* \to H^n(V,A)^*$$

使 $\{H^n(U,A)^*\}_U$ 成为交换群正向系统.

若 G 是射影有限群, H 是 G 的闭子群, A 为 G 模, $n \geqslant 0$, 设

$$D_n(H,A) = \varinjlim_{U \supseteq H} \text{Hom}(H^n(U,A), \mathbb{Q}/\mathbb{Z}).$$

定理 8.6 设 G 是射影有限群, A 为 G 模和 $\text{cd}(G,A) \leqslant n$. 则对 G 的任一闭子群 H 有第一象限谱序列

$$E(G,H,A): H^p(G/H, D_{n-q}(H,A)) = E_2^{pq} \Rightarrow H^{p+q} = \text{Hom}(H^{n-(p+q)}(G,A), \mathbb{Q}/\mathbb{Z}).$$

称此为 Tate 谱序列.

证明 取分解 $A \to X^\bullet$, 设 $Z^i = \text{Ker}(X^i \to X^{i+1})$, 得正合序列 $\tilde X^\bullet 0 \to X^0 \to \ldots X^{n-1} \to Z^n \to 0$, X^i 有平凡上同调. 对 $r > 0$, 有

$$H^r(H, Z^n) \cong H^{r+1}(H, Z^{n-1}) \cong \ldots \cong H^{r+n}(H, A).$$

由 $\text{cd}(G,A) \leqslant n$ 得 $H^r(H, Z^n) = 0$.

取 G 的正规开子群 U, 则 G/U 模 $Y^q := H^0(U, \tilde X^{n-q})^*$ 有平凡上同调. 并得复形 $Y^\bullet = 0 \to Y^0 \to \cdots \to Y^n \to 0$. 函子 $\text{Hom}(-, \mathbb{Q}/\mathbb{Z})$ 正合, 对所有 q 得

$$H^q(Y^\bullet) = H^q(H^0(U, \tilde X^{n-\bullet})^*) = H^q(H^0(U, \tilde X^{n-\bullet}))^* = H^{n-q}(U,A)^*.$$

引入双复形 $C^{pq} = C^p(G/U, Y^q)$, $p,q \geqslant 0$, 把原来从 (p,q) 到 $(p,q+1)$ 的微分乘上 $(-1)^p$. 计算这个双复形的谱序列 $E_2^{pq} \Rightarrow H^{p+q}$.

函子 $C^p(G/U, -)$ 正合, $H^q(C^{\bullet,\bullet})$ 是

$$H^q(C^\bullet(G/U, Y^\bullet)) = C^\bullet(G/U, H^q(Y^\bullet)) = C^\bullet(G/U, H^{n-q}(U,A)^*),$$
$$E_2^{pq} = H^p(H^q(C^{\bullet,\bullet})) = H^p(C^\bullet(G/U, H^{n-q}(U,A)^*)) = H^p(G/U, H^{n-q}(U,A)^*).$$

计算极限项 H^{p+q}. 对 $q \geqslant 0$, 有正合序列 $C^0(G/U, Y^q) \to C^1(G/U, Y^q) \to \ldots$. 对 $p > 0$ 有 $H^p(G/U, Y^q) = 0$. 设 $B^\bullet = \text{Ker}(C^{0,\bullet} \to C^{1,\bullet})$. 则

$$H^{p+q} = H^{p+q}(B^\bullet) = H^{p+q}(H^0(G/U, Y^\bullet)).$$

算出 $N_{G/U}: H_0(G/U, Y^q) \to H^0(G/U, Y^q)$ 的核和余核, 利用 $N^*_{G/U}$ 得同构 $H^0(G/U, Y^q) \cong H^0(G, \tilde X^{n-q})^*$, 于是

$$H^{p+q} = H^{p+q}(H^0(G, \tilde X^{n-\bullet}))^* = H^{n-(p+q)}(G,A)^*.$$

对谱序列

$$H^p(G/U, H^{n-q}(U,A)^*) \Rightarrow H^{n-(p+q)}(G,A)^*$$

取极限遍历包含 H 的 G 的正规开子群 U 便得所求. $\square$

第一象限谱序列 E_r^{pq} 的映射
$$E_2^{p,0} \to E_3^{p,0} \to \cdots \to E_\infty^{p,0} \to H^p$$
的合成 $E_2^{p,0} \to H^p$ 称为**边缘映射** (edge maps) (见 [20] 的 §8.1.4).

在 Tate 谱序列中, 当 $H = 1$ 时, 边缘映射是 $H^p(G, D_n(A)) \xrightarrow{\text{edge}} H^{n-p}(G, A)^*$. 当 $p = n$, $A = \mathbb{Z}$, $\mathrm{cd}(G, \mathbb{Z}) \leqslant n$ 时, 称此为**迹映射** (trace map),
$$\mathrm{Tr} : H^n(G, D_n(A)) \to \mathbb{Q}/\mathbb{Z}.$$

若 $V \subseteq U$ 是 G 的开子群, $i \geqslant 0$ 时有
$$H^i(V, A)^* \times A^U \to H^i(V, \mathbb{Z}) : (\chi, a) \mapsto f(x) = \chi(ax).$$

取极限 $\varinjlim_U \varinjlim_V$ 得双线性映射 $D_i(A) \times A \to D_i(\mathbb{Z})$, 由此得杯积
$$H^p(G, D_i(A)) \times H^{n-p}(G, A) \xrightarrow{\cup} H^n(G, D_i(\mathbb{Z})).$$

这样 $\mathrm{Tr} \circ \cup : H^p(G, D_n(A)) \times H^{n-p}(G, A) \to \mathbb{Q}/\mathbb{Z}$, 于是
$$H^p(G, D_n(A)) \xrightarrow{\cup} H^{n-p}(G, A)^*.$$

定理 8.7 设 $\mathrm{cd}(G, \mathbb{Z}) \leqslant n$, $A \in \mathrm{Mod}(G)$ 是有限生成 $\mathbb{Z}$ 模, $\mathrm{cd}(G, A) \leqslant n$. 则对所有 $p \in \mathbb{Z}$, 从 $H^p(G, D_n(A))$ 到 $H^{n-p}(G, A)^*$ 的两个映射 edge 和 $\cup$ 是相等的.

证明 Tate 谱序列是从双复形 $C^{pq} = C^p(G/U, H^0(U, \tilde{X}^{n-q}(G, A))^*)$ 的谱序列取 $\varinjlim_U$ 得来的. 有偶对
$$\phi : (\tilde{X}^{n-q}(G, A)^U)^* \times A \to (\tilde{X}^{n-q}(G, \mathbb{Z})^U)^*, \quad (\chi, a) \mapsto \phi(\chi, a) = f,$$
$f(x) = \chi(ax)$.

取 $t(g_0, \ldots, g_j) \in Z^j(G, A)$ 和 $p - j$ 上链 $z(g_0, \ldots, g_{p-j})$, 则
$$(z \cup t)(g_0, \ldots, g_p) = \phi(z(g_0, \ldots, g_{p-j}), t(g_0, \ldots, g_j)).$$

这给出 $C^{p-j,q}(A) \times Z^j(G, A) \to C^{pq}(\mathbb{Z})$, 亦即
$$\cup t : C^{\bullet - j, \bullet}(A) \to C^{\bullet, \bullet}(\mathbb{Z}).$$

取 $\varinjlim_U$ 得
$$\cup t : H^{n-j}(G, D_n(A)) \to H^n(G, D_n(\mathbb{Z}))$$

和交换图

$$\begin{array}{ccccc}
H^{n-j}(G, D_n(A)) & \times & H^j(G, A) & \xrightarrow{\cup} & H^n(G, D_n(\mathbb{Z})) \\
{\scriptstyle \text{edge}}\downarrow & & \parallel & & \downarrow {\scriptstyle \mathrm{Tr}} \\
H^j(G, A)^* & \times & H^j(G, A) & \longrightarrow & \mathbb{Q}/\mathbb{Z}
\end{array}$$

从此得

$$H^{n-j}(G, D_n(A)) \xrightarrow{\cup} \mathrm{Hom}(H^j(G,A), H^n(G, D_n(\mathbb{Z})))$$
$$\downarrow \text{edge} \qquad\qquad\qquad\qquad\qquad \downarrow \text{Tr}$$
$$H^j(G,A)^* =\!=\!=\!=\!= \mathrm{Hom}(H^j(G,A), \mathbb{Q}/\mathbb{Z})$$

□

8.4 成对偶模

若 A 为交换群, 则以 A^* 记 $\mathrm{Hom}(A, \mathbb{Q}/\mathbb{Z})$. 设有 G 模范畴 $\mathcal{M}$, 我们研究的是: 把 $\mathcal{M}$ 上的函子 $A \mapsto H^n(G,A)^*$ 写成可表函子 $\mathrm{Hom}_G(A, D_n)$, 这时我们说: D_n 是范畴 $\mathcal{M}$ 的**成对偶模** (dualizing module).

我们考虑三个情形.

(1) 若 G 是射影有限群, A 为离散 G 模, $i \geqslant 0$, 设

$$D_i(A) = \varinjlim_{U} \mathrm{Hom}(H^i(U, A), \mathbb{Q}/\mathbb{Z}),$$

其中 U 遍历 G 的所有开正规子群, 极限是对上同调群的余限制映射 cor 的对偶映射 cor^* 取的. 若取 U 为 G 便见映射

$$H^i(U, A)^* \to D_i(A),$$

加上配对

$$D_i(A) \times A \to D_i(\mathbb{Z})$$

便得映射

$$\phi_A : H^i(G, A)^* \to \mathrm{Hom}_G(A, D_i(\mathbb{Z})).$$

(2) Tate 谱序列的边界同态是 $H^n(G, D_n(\mathbb{Z})) \to H^0(G, \mathbb{Z})^* = \mathbb{Q}/\mathbb{Z}$, 称为**迹映射** (trace map), 并记为 Tr. 加上配对

$$\mathrm{Hom}(A, D_n(\mathbb{Z})) \times A \to D_n(\mathbb{Z}),$$

所给杯积便是

$$H^i(G, \mathrm{Hom}(A, D_n(\mathbb{Z}))) \times H^{n-i}(G, A) \xrightarrow{\cup} H^n(G, D_n(\mathbb{Z})) \xrightarrow{\mathrm{Tr}} \mathbb{Q}/\mathbb{Z},$$

此便给出同态

$$\mathrm{Hom}(H^{n-i}(G,A), \mathbb{Q}/\mathbb{Z}) \to H^i(G, \mathrm{Hom}_G(A, D_n(\mathbb{Z}))).$$

(3) Tate 谱序列

$$H^i(G, D_{n-j}(\mathbb{Z}/m\mathbb{Z})) \Rightarrow H^{n-(i+j)}(G, \mathbb{Z}/m\mathbb{Z})^*, \quad m \in \mathbb{N}(P)$$

的边界同态是

$$H^n(G, D_n(\mathbb{Z}/m\mathbb{Z})) \to H^0(G, \mathbb{Z}/m\mathbb{Z})^* = \frac{1}{m}\mathbb{Z}/\mathbb{Z}.$$

对 $m \in \mathbb{N}(P)$ 取极限得

$$H^n\left(G, \varinjlim_{m \in \mathbb{N}(P)} D_n(\mathbb{Z}/m\mathbb{Z})\right) \to \oplus_{p \in P}\mathbb{Q}_p/\mathbb{Z}_p,$$

称为**迹映射** (trace map),并记为 Tr.

此外还有杯积

$$H^i\left(G, \text{Hom}\left(A, \varinjlim_{m \in \mathbb{N}(P)} D_n(\mathbb{Z}/m\mathbb{Z})\right)\right) \times H^{n-i}(G, A) \xrightarrow{\cup} H^n\left(G, \varinjlim_{m \in \mathbb{N}(P)} D_n(\mathbb{Z}/m\mathbb{Z})\right),$$

于是有

$$\text{Tr} \circ \cup : H^i\left(G, \text{Hom}\left(A, \varinjlim_{m \in \mathbb{N}(P)} D_n(\mathbb{Z}/m\mathbb{Z})\right)\right) \times H^{n-i}(G, A) \to \oplus_{p \in P}\mathbb{Q}_p/\mathbb{Z}_p.$$

引理 8.8 设 $D_i(\mathbb{Z}) = 0$, 离散 G 模 A 是有限生成 $\mathbb{Z}$ 模,并假设,若有 $a \in A$ 和整数 m 使 $ma = 0$, 则乘 m 在 $D_{i+1}(\mathbb{Z})$ 是满射. 则 $D_i(A) = 0$.

证明 取 G 的开子群 U 使得 $A = A^U$. 按 D_i 的定义,可以 U 代替 G, 这样可假设 $A = A^G$.

若 A 是无挠模,可假设 $A = \mathbb{Z}^n$, 于是得 $D_i(A) = D_i(\mathbb{Z})^n = 0$.

余下只需考虑 $A = \mathbb{Z}/m\mathbb{Z}$. 由正合序列 $0 \to \mathbb{Z} \xrightarrow{m} \mathbb{Z} \to \mathbb{Z}/m\mathbb{Z} \to 0$ 得正合序列

$$D_{i+1}(\mathbb{Z}) \xrightarrow{m} D_{i+1}(\mathbb{Z}) \to D_i(\mathbb{Z}/m\mathbb{Z}) \to D_i(\mathbb{Z}) = 0,$$

假设 $D_{i+1}(\mathbb{Z}) \xrightarrow{m} D_{i+1}(\mathbb{Z})$ 是满射. □

定理 8.9 (1) 若 G 是射影有限群, $\text{scd}(G) = n < \infty$, A 为离散 G 模. 则有同构

$$\phi_{G,A} : \text{Hom}(H^n(G, A), \mathbb{Q}/\mathbb{Z}) \xrightarrow{\approx} \text{Hom}_G(A, D_n(\mathbb{Z})).$$

(2) 若还假设 $k < n \Rightarrow D_k(\mathbb{Z}) = 0$, A 是有限生成 $\mathbb{Z}$ 模,并且 A 的 ℓ 准素部分非零 $\Rightarrow D_n(\mathbb{Z})$ 是 ℓ 可除群. 则有同构

$$\text{Hom}(H^{n-i}(G, A), \mathbb{Q}/\mathbb{Z}) \xrightarrow{\approx} H^i(G, \text{Hom}(A, D_n(\mathbb{Z}))).$$

(3) 设 P 为以素数为元素的非空集. 若 G 是射影有限群, $\text{cd}_P(G) = n < \infty$, 则以下条件是等价的.

(a) 对 $p \in P, i < n$ 有 $D_i(\mathbb{Z}/p\mathbb{Z}) = 0$.

(b) 设有限 G 模 A 是 P 挠模 ($A \in \mathrm{Mod}_P(G)$), 对 $i \in \mathbb{Z}$, 杯积和迹映射给出的映射决定同构

$$\mathrm{Hom}(H^{n-i}(G, A), \mathbb{Q}/\mathbb{Z}) \xrightarrow{\approx} H^i\left(G, \mathrm{Hom}\left(A, \varinjlim_{m \in \mathbb{N}(P)} D_n(\mathbb{Z}/m\mathbb{Z})\right)\right).$$

证明 (1) 以 D 记 $D_n(\mathbb{Z})$.

利用极限可以假设 A 是有限生成 $\mathbb{Z}$ 模, 还可选开正规子群 U 令 A 是 G/U 模, 于是有正合序列

$$0 \leftarrow A \leftarrow F_0 \leftarrow F_1,$$

其中 F_0, F_1 为自由 $\mathbb{Z}[G/U]$ 模. 若已对自由 $\mathbb{Z}[G/U]$ 模证明定理, 则以下交换图解决 A 的情形:

$$\begin{array}{ccccccc}
0 & \longrightarrow & H^n(G, A)^* & \longrightarrow & H^n(G, F_0)^* & \longrightarrow & H^n(G, F_1)^* \\
& & \downarrow \phi_A & & \downarrow \phi_B & & \downarrow \phi_C \\
0 & \longrightarrow & \mathrm{Hom}_G(A, D) & \longrightarrow & \mathrm{Hom}_G(F_0, D) & \longrightarrow & \mathrm{Hom}_G(F_1, D)
\end{array}$$

现设 $A = \mathbb{Z}[G/U]$. 由 Shapiro 引理得

$$\begin{array}{ccc}
H^n(G, \mathbb{Z}[G/U])^* & \longrightarrow & \mathrm{Hom}_G(\mathbb{Z}[G/U], D) \\
\uparrow \mathrm{sh}^* & & \| \\
H^n(U, \mathbb{Z})^* & \xrightarrow{\phi_{U, \mathbb{Z}}} & \mathrm{Hom}_U(\mathbb{Z}, D)
\end{array}$$

其中第一行的映射是 $\phi_{G, \mathbb{Z}[G/U]}$. 由假设 $n = \mathrm{scd}\, G$ 知有同构 (命题 8.3)

$$\mathrm{cor}^* : H^n(U, \mathbb{Z})^* \to \mathrm{Hom}_U(\mathbb{Z}, H^n(V, \mathbb{Z})^*) = (H^n(V, \mathbb{Z})_{U/V})^*,$$

对 V 取正极限得 $\phi_{U, \mathbb{Z}}$.

(2) 有交换图

$$\begin{array}{ccccc}
H^i(U, A)^* & \xrightarrow{\phi_A} & \mathrm{Hom}_U(A, D_i(\mathbb{Z})) & \longrightarrow & \mathrm{Hom}(A, D_i(\mathbb{Z})) \\
\uparrow \mathrm{cor}^* & & \uparrow & & \| \\
H^i(G, A)^* & \xrightarrow{\phi_A} & \mathrm{Hom}_G(A, D_i(\mathbb{Z})) & \longrightarrow & \mathrm{Hom}(A, D_i(\mathbb{Z}))
\end{array}$$

取正极限得同态

$$D_i(A) \to \mathrm{Hom}(A, D_i(\mathbb{Z})),$$

此为同构, 若 A 是有限生成 $\mathbb{Z}$ 模和 $i = \operatorname{scd} G$, 于是可以用 $D_n(A)$ 代替 $\operatorname{Hom}(A, D)$. 用偶对 $D_n(A) \times A \to D_n(\mathbb{Z})$ 定义杯积给出映射

$$H^i(G, D_n(A)) \to H^{n-i}(G, A)^*,$$

此为同构, 原因如下. 根据定理 8.7, 此乃 Tate 谱序列

$$E_2^{ij} = H^i(G, D_n(A)) \Rightarrow H^{i+j} = H^{n-(i+j)}(G, A)^*$$

的边缘映射 $E_2^{i,0} \to H^i$. 对 $k < n$ 假设推出 $D_k(A) = 0$ (引理 8.8), 于是谱序列退化.

(3) (a) $\Rightarrow$ (b) 的证明同 (2) 一样, 从略. 余下考虑 (b) $\Rightarrow$ (a). 取 G 的开正规子群 $V \subseteq U$, 有交换图

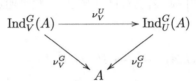

其中 $\nu_V^U(x)(s) = \sum_{t \in U/V} tx(t^{-1}s)$. 按 Shapiro 引理 5.6 及命题 5.7 得 G 模交换图

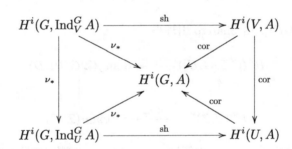

于是有 G 模逆系统同构 $(H^i(G, \operatorname{Ind}_U^G A)) \cong (H^i(U, A))$, 因此

$$D_i(A) \cong \varinjlim_U H^i(G, \operatorname{Ind}_U^G A)^*.$$

对 $i < n, p \in P$, 按极限与上同调交换及假设 (b)

$$D_i(\mathbb{Z}/p\mathbb{Z}) \cong \varinjlim_U H^i(G, \operatorname{Ind}_U^G(\mathbb{Z}/p\mathbb{Z}))^*$$

$$\cong \varinjlim_U H^{n-i}(G, \operatorname{Hom}(\operatorname{Ind}_U^G(\mathbb{Z}/p\mathbb{Z}), D_P))$$

$$\cong \varinjlim_U H^{n-i}(G, \operatorname{Ind}_U^G(\operatorname{Hom}(\mathbb{Z}/p\mathbb{Z}, D_P)))$$

$$\cong \varinjlim_{U, \operatorname{Res}} H^{n-i}(U, D_P) = 0. \qquad \square$$

8.5 类成对偶

若 A 是局部紧交换群, 则以 $A^\vee$ 记 A 的 Pontryagin 对偶群 $\operatorname{Hom}_{\mathrm{cont}}(A,\mathbb{R}/\mathbb{Z})$.

设 G 模 C 满足 Tate 定理 5.31. 取 u 为循环群 $H^2(G,C) \cong \frac{1}{|G|}\mathbb{Z}/\mathbb{Z}$ 的生成元, 对 $g \neq 1$ 取符号 b_g 生成的自由交换群 B, 定义 $C(u) = C \oplus B$. 设非齐性上闭链 $c(s,t)$ 代表同调类 u. 设 $b_1 = c(1,1)$. 容易证明

$$sb_t = b_{st} - b_s + c(s,t).$$

定义 G 在 $C(u)$ 的作用, 把 $s \mapsto b_s$ 看作 $B^1(G,C(u))$ 的元, 则在映射 $H^2(G,C) \to H^2(G,C(u))$ 下 $u \mapsto 1$.

定理 8.10 设 G 为有限群, G 模 C 满足 Tate 定理 5.31. 取 u 为循环群 $H^2(G,C) \cong \frac{1}{|G|}\mathbb{Z}/\mathbb{Z}$ 的生成元, $u \mapsto \frac{1}{|G|} \bmod \mathbb{Z}$. 设 A 是自由 $\mathbb{Z}$ 模. 则对任意整数 i, 杯积

$$\hat{H}^i(G,\operatorname{Hom}(A,C)) \times \hat{H}^{2-i}(G,A) \xrightarrow{\cup} \hat{H}^2(G,C) \cong \frac{1}{|G|}\mathbb{Z}/\mathbb{Z}$$

决定同构

$$\hat{H}^i(G,\operatorname{Hom}(A,C)) \xrightarrow{\approx} \operatorname{Hom}(\hat{H}^{2-i}(G,A),\mathbb{Q}/\mathbb{Z}).$$

证明 由正合序列 $0 \to C \to C(u) \to I_G \to 0$ 得

$$0 \to \operatorname{Hom}(A,C) \to \operatorname{Hom}(A,C(u)) \to \operatorname{Hom}(A,I_G) \to 0,$$

$$0 \to \operatorname{Hom}(A,I_G) \to \operatorname{Hom}(A,\mathbb{Z}[G]) \to \operatorname{Hom}(A,\mathbb{Z}) \to 0,$$

然后用交换图

$$\begin{array}{ccccc}
\hat{H}^{i-2}(G,\operatorname{Hom}(A,\mathbb{Z})) & \times & \hat{H}^{2-i}(G,A) & \xrightarrow{\cup} & \hat{H}^0(G,\mathbb{Z}) \\
\downarrow & & \downarrow{\scriptstyle id} & & \downarrow \\
\hat{H}^{i-1}(G,\operatorname{Hom}(A,I_G)) & \times & \hat{H}^{2-i}(G,A) & \xrightarrow{\cup} & \hat{H}^1(G,I_G) \\
\downarrow & & \downarrow{\scriptstyle id} & & \downarrow \\
\hat{H}^i(G,\operatorname{Hom}(A,C)) & \times & \hat{H}^{2-i}(G,A) & \xrightarrow{\cup} & \hat{H}^2(G,C)
\end{array}$$

$\square$

定理 8.11 设 G 是射影有限群, G 模 C 满足类成原则. 设有限生成 $\mathbb{Z}$ 模 A 为离散 G 模. 对 $i \in \mathbb{Z}$, 则杯积配对

$$\hat{H}^i(G,\operatorname{Hom}(A,C)) \times \hat{H}^{2-i}(G,A) \xrightarrow{\cup} \hat{H}^2(G,C) \cong \frac{1}{|G|}\mathbb{Z}/\mathbb{Z}$$

诱导拓扑同构

$$\hat{H}^i(G,\operatorname{Hom}(A,C)) \cong \hat{H}^{2-i}(G,A)^\vee.$$

证明 取开子群 U 令 $A = A^U$, 则 $\mathrm{Hom}(A, C^U) = \mathrm{Hom}(A, C)^U$. 若 $i \neq 1$, 对 G/U 取极限, 用定理 8.10 及命题 8.1, 便得本定理.

现设 $i = 1$, 取开正规子群 U 令 $A = A^U$. A 是自由 $\mathbb{Z}$ 模, 对任意开子群 $V \subseteq U$ 有 $H^1(U/V, A^V) = 0$, 于是 $H^1(G/U, A^U) \cong H^1(G/V, A^V)$. C 满足类成原则, 所以

$$H^1(U/V, \mathrm{Hom}(A, C)^V) = H^1(U/V, \mathrm{Hom}(A, C^V)) \cong H^1(U/V, C^V)^{\mathrm{rank}_{\mathbb{Z}} A} = 0,$$

由此知

$$H^1(G/U, \mathrm{Hom}(A, C)^U) \xrightarrow{\approx} H^1(G/V, \mathrm{Hom}(A, C)^V). \qquad \square$$

定理 8.12 设 G 是射影有限群, 级紧 G 模 C 满足类成原则, 并且对 G 的任意开子群 U, 泛范群 $N_U C$ 是可除的. 设有限生成 $\mathbb{Z}$ 模 A 为离散 G 模. 对 $i \leqslant 0$, 则杯积配对

$$\hat{H}^i(G, \mathrm{Hom}(A, C)) \times \hat{H}^{2-i}(G, A) \xrightarrow{\cup} \hat{H}^2(G, C) \cong \frac{1}{|G|}\mathbb{Z}/\mathbb{Z}$$

诱导拓扑同构

$$\hat{H}^i(G, \mathrm{Hom}(A, C)) \cong \hat{H}^{2-i}(G, A)^{\vee}.$$

证明 当 A 是自由 $\mathbb{Z}$ 模时, 本定理是定理 8.11. 对任意 A 取正合序列

$$0 \to R \to F \to A \to 0,$$

其中 R 和 F 是有限生成自由 $\mathbb{Z}$ 模. 得级紧 G 模正合序列

$$0 \to \mathrm{Hom}(A, C) \to \mathrm{Hom}(F, C) \to \mathrm{Hom}(R, C).$$

让 U 遍历开正规子群使得 $F = F^U$, 则

$$N_U \mathrm{Hom}(F, C) = \mathrm{Hom}(F, N_U C), \quad N_U \mathrm{Hom}(R, C) = \mathrm{Hom}(R, N_U C),$$

并从 $N_U C$ 可除得满射 $N_U \mathrm{Hom}(F, C) \to N_U \mathrm{Hom}(R, C)$. 当 $i \leqslant 0$ 时,

$$\begin{array}{ccccccccc}
\hat{H}^{i-1}(\natural F) & \to & \hat{H}^{i-1}(\natural R) & \to & \hat{H}^i(\natural A) & \to & \hat{H}^i(\natural F) & \to & \hat{H}^i(\natural R) \\
\downarrow & & \downarrow & & \downarrow & & \downarrow & & \downarrow \\
H^{3-i}(F)^{\vee} & \to & H^{3-i}(R)^{\vee} & \to & H^{2-i}(A)^{\vee} & \to & H^{2-i}(F)^{\vee} & \to & H^{2-i}(R)^{\vee}
\end{array}$$

其中 $H^i(\bullet)$ 是指 $H^i(G, \bullet)$; $\natural F$ 代表 $\mathrm{Hom}(F, C)$. 用 5 引理得中间的垂直映射是所求同构. $\qquad \square$

8.6 局部对偶

设 F 是 p 进局部数域 ($[F:\mathbb{Q}_p] < \infty$). 范畴 $\mathrm{Mod}_t(\mathrm{Gal}(\bar{F}/F))$ 的成对偶模是

$$D = \varinjlim_{n\in\mathbb{N}} D_2(\mathbb{Z}/n\mathbb{Z}) = \varinjlim_{K,n\in\mathbb{N}} \mathrm{Hom}(H^2(\mathrm{Gal}(\bar{F}/K)\mathbb{Z}/n\mathbb{Z}), \mathbb{Q}/\mathbb{Z}),$$

其中 K 遍历 $\bar{F}/F$ 的有限子扩张. 可以证明 D 同构于 $\bar{F}$ 内所有单位根所组成的群 μ, 并且 $\mathrm{scd}_p(F) = 2$. 这说明以下对偶定理中的 'i' 与 '$2-i$'.

定理 8.13 (局部对偶定理) 设 F 是局部数域, A 是有限 $\mathrm{Gal}(\bar{F}/F)$ 模. 对 $0 \leqslant i \leqslant 2$, 杯积

$$H^i(\mathrm{Gal}(\bar{F}/F), \mathrm{Hom}(A,\mu)) \times H^{2-i}(\mathrm{Gal}(\bar{F}/F), A) \to H^2(\mathrm{Gal}(\bar{F}/F), \mu) \cong \mathbb{Q}/\mathbb{Z}$$

决定有限交换群的同构

$$H^i(\mathrm{Gal}(\bar{F}/F), \mathrm{Hom}(A,\mu)) \xrightarrow{\approx} \mathrm{Hom}(H^{2-i}(\mathrm{Gal}(\bar{F}/F), A), \mathbb{Q}/\mathbb{Z}).$$

证明 按定理 8.9 (3), 只需证明对 p (F 是特征 0)

$$D_i(\mathbb{Z}/p\mathbb{Z}) = \varinjlim_K H^i(\mathrm{Gal}(\bar{F}/K), \mathbb{Z}/p\mathbb{Z})^* = 0,$$

$i = 0, 1$. 证明 $i = 1$: 用局部类域的互反映射 (命题 6.9) 有满射

$$K^\times/K^{\times p} \to \mathrm{Gal}(\bar{F}/K)^{ab}/p.$$

取极限得从 $\varinjlim_K K^\times/K^{\times p} = \bar{F}^\times/\bar{F}^{\times p} = 1$ 到

$$\varinjlim_K \mathrm{Gal}(\bar{F}/K)^{ab}/p = H^1(\mathrm{Gal}(\bar{F}/K), \mathbb{Z}/p\mathbb{Z})^* = D_1(\mathbb{Z}/p\mathbb{Z})$$

的满射, 于是 $D_1(\mathbb{Z}/p\mathbb{Z}) = 0$. □

定理 8.14 设 $G = \mathrm{Gal}(\mathbb{C}/\mathbb{R})$, A 是有限生成 G 模. 则 $H^2(G, \mathbb{C}^\times) \cong \frac{1}{2}\mathbb{Z}/\mathbb{Z}$. 对 $i \in \mathbb{Z}$, 杯积

$$\hat{H}^i(G, \mathrm{Hom}(A, \mathbb{C}^\times)) \times \hat{H}^{2-i}(G, A) \to \hat{H}^2(G, \mathbb{C}^\times)$$

决定同构

$$\hat{H}^i(G, \mathrm{Hom}(A, \mathbb{C}^\times)) \xrightarrow{\approx} \mathrm{Hom}(\hat{H}^{2-i}(G, A), \mathbb{Q}/\mathbb{Z}).$$

证明 以 A' 记 $\mathrm{Hom}(A, \mu)$; 以 $\mathbb{Z}(1)$ 记 $\mathbb{Z}$, 但 $1 \neq \sigma \in G$ 的作用是 $n \mapsto -n$.

由 $1 \to \mu_2\mathbb{C}^\times \xrightarrow{2} \mathbb{C}^\times \to 1$ 得 $H^2(G, \mathbb{C}^\times) \cong H^3(G, \mu_2) \cong H^1(G, \mu_2) \cong \frac{1}{2}\mathbb{Z}/\mathbb{Z}$.

若 $A = \mathbb{Z}$ 和 i 是奇数, 或 $A = \mathbb{Z}(1)$ 和 i 是偶数, 则 $\hat{H}^i(G, A) = 1 = \hat{H}^i(G, A')$. 若 $1 \neq x \in \hat{H}^i(G, A')$, $1 \neq y \in \hat{H}^{2-i}(G, A)$, 则在 $\hat{H}^2(G, \mathbb{C}^\times)$ 内 $x \cup y \neq 1$. 从这些事实可推出当 $A = \mathbb{Z}/2\mathbb{Z}, \mathbb{Z}, \mathbb{Z}(1)$ 时定理成立.

现取有限生成 G 模正合序列 $0 \to B \to A \to C \to 0$. 以 $\hat{H}^i(M)$ 记 $\hat{H}^i(G,M)$, 则下图行正合 (但不全是交换)

$$\begin{array}{ccccccccc}
\hat{H}^{i-1}(B') & \to & \hat{H}^i(C') & \to & \hat{H}^i(A') & \to & \hat{H}^i(B') & \to & \hat{H}^{i+1}(C') \\
\downarrow \alpha & & \downarrow \beta & & \downarrow \gamma & & \downarrow \delta & & \downarrow \epsilon \\
\hat{H}^{2-i+1}(B)^* & \to & \hat{H}^{2-i}(C)^* & \to & \hat{H}^{2-i}(A)^* & \to & \hat{H}^{2-i}(B)^* & \to & \hat{H}^{2-i-1}(C)^*
\end{array}$$

5 引理仍然指出: 若定理对 B,C 成立, 则对 A 成立.

$|G|=2$, 有限生成 G 模 A 的挠模是 2 准素的, $\mathbb{Z}/2\mathbb{Z}$ 是唯一单 2 准素 G 模, 因此定理对有限 G 模成立.

现设 A 是无挠的. 取 $0 \neq a \in A$. 若 $a + \sigma a = 0$, 则 a 生成与 $\mathbb{Z}(1)$ 同构子模; 若 $a + \sigma a \neq 0$, 则 a 生成与 $\mathbb{Z}$ 同构子模. 对 A 的秩做归纳. 证毕. □

设 F 是 p 进局部数域, A 是有限 $\mathrm{Gal}(\bar{F}/F)$ 模, 以 $h^i(F,A)$ 记有限群 $H^i(\mathrm{Gal}(\bar{F}/F), A)$ 的阶. 定义 A 的 Euler-Poincaré 特征标为

$$\chi(F,A) = \frac{h^0(F,A)h^2(F,A)}{h^1(F,A)}.$$

v 是 F 的赋值, q 是 F 的剩余域的元素个数, 取 $|a|_F = q^{-v(a)}$.

定理 8.15 (Tate 特征标公式) 设 F 是 p 进局部数域, A 是有限 $\mathrm{Gal}(\bar{F}/F)$ 模. 则

$$\chi(F,A) = \|A\|_F.$$

($\|A\|_F$ 是指阶 $|A|$ 的 $| |_F$ 值, 意思是 $q = |\kappa_F|$, $|x|_F = q^{-v(x)}$, $v(F^\times) = \mathbb{Z}$.)

证明见 [26] I §2, TH 2.8, p.38.

定理 8.16 取 $F = \mathbb{R}$ 或 $\mathbb{C}$, $|x|_\mathbb{R} = |x|$, $|x|_\mathbb{C} = |x|^2$. 记 $G = \mathrm{Gal}(\bar{F}/F)$, A 是有限 G 模. 则

$$\frac{h^0(F,A)h^0(F,\mathrm{Hom}(A,\mathbb{C}^\times))}{h^1(F,A)} = \|A\|_F.$$

证明见 [26] I §2, TH 2.13, p.42.

8.7 整体对偶

设 F 为数域 ($[F:\mathbb{Q}] < \infty$). F 的理元群 $F_\mathbb{A}^\times$ 是 $F_\mathfrak{p}^\times$ 关于 $U_\mathfrak{p}$ 的限制直积 $\prod_\mathfrak{p} F_\mathfrak{p}^\times$. F 的理元类群 C_F 是 $F_\mathbb{A}^\times/F^\times$. 理元绝对值 $|a| = \prod_\mathfrak{p} |a_\mathfrak{p}|_\mathfrak{p}$ 诱导同态 $| | : C_F \to \mathbb{R}_+^\times$. 记 $\{x \in C_F : |x| = 1\}$ 为 C_F^1. 以 C_F^0 (或 D_F) 记 C_F 的单位元连通分支, 则 $C_F^0 \cap C_F^1$ 为 C_F^1 的单位元连通分支.

8.7 整体对偶

选定数域 F 的代数闭包, 记为 $\bar{F}$ 或 F^{alg}. 设

$$\bar{F}_{\mathbb{A}}^\times = \varinjlim_{E/F} E_{\mathbb{A}}^\times, \quad C_{\bar{F}} = \varinjlim_{E/F} C_E.$$

定理 8.17 (1) C_F^0 是可除群.
(2) C_F^0 是泛范群, $C_F^0 = \cap_{E/F} N_{E|F} C_E$.
(3) 用范剩符号 $(\ ,F)$ 得拓扑群正合序列

$$1 \to C_F^0 \to C_F \xrightarrow{(\ ,F)} \text{Gal}(\bar{F}/F)^{ab} \to 1.$$

证明见 [2] 的第 9 章.

素位非空集 S 包含无穷素位集 S_∞. 若 p 为素数, 则以 S_p 记集合 $\{\mathfrak{p}$ 为 F 的素理想和 $\mathfrak{p}|p\}$. 设 $\mathbb{N}(S) = \{n \in \mathbb{N} : $ 若 $\mathfrak{p} \notin S,$ 则 $v_\mathfrak{p}(n) = 0\}$.

F_S/F 为在 S 以外无分歧的最大扩张, G_S 是 $\text{Gal}(F_S/F)$. 考虑离散 G_S 模 A, 并要求 A 是有限生成 $\mathbb{Z}$ 模和 A 的挠子群 $\text{tor}(A)$ 的阶 $|\text{tor}(A)| \in \mathbb{N}(S)$. 以这些模为对象的范畴记为 $\text{Mod}_S(G_S)$.

对有限扩张 E/F 和 E 的素位 $\mathfrak{P}$, 若有 F 的素位 $\mathfrak{p}$ 使得 $\mathfrak{p}|\mathfrak{P}$ 和 $\mathfrak{p} \in S$, 则记 $\mathfrak{P} \in S$. 定义 S 整数如下:

$$\mathcal{O}_E^S = \{a \in E : v_\mathfrak{P}(a) \geqslant 0 \text{ 若 } \mathfrak{P} \notin S\}, \quad \mathcal{O}^S = \cup_E \mathcal{O}_E^S,$$

其中 E/F 遍历 F_S 内所有的有限扩张. 同样设 $C_{F_S} = \varinjlim_{E/F} C_E$. 设

$$E_{\mathbb{A},S}^\times = \{(a_w) \in E_{\mathbb{A}}^\times : a_w = 1 \text{ 对 } w \notin S\},$$

这是 $\prod_{\mathfrak{P} \in T} E_\mathfrak{P}^\times \times \prod_{\mathfrak{P} \in S-T} U_\mathfrak{P}$ 的并集, 其中 T 遍历 S 的有限子集. 也就是说这是 $E_\mathfrak{P}^\times$ ($\mathfrak{P} \in S$) 关于 $U_\mathfrak{P}$ 的限制直积, 故此又记为 $\prod_{\mathfrak{P} \in S} E_\mathfrak{P}^\times$. 当 S 是有限集时, 这只是直积 $\prod_{\mathfrak{P} \in S} E_\mathfrak{P}^\times$.

以 I_S 记 $\varinjlim_{E/F} E_{\mathbb{A},S}^\times$. 设 $C_E^S = E_{\mathbb{A},S}^\times/(\mathcal{O}_E^S)^\times$. 又设

$$U_E^S = \prod_{\mathfrak{P} \in S} \{1\} \times \prod_{\mathfrak{P} \notin S} U_\mathfrak{P}, \quad U_S = \varinjlim_{E/F} U_E^S.$$

以及 $C_S(E) = C_E/U_E^S$. 则

$$\varinjlim_{E/F} C_E^S = \varinjlim_{E/F} C_S(E),$$

以上群记为 C_S. 再设 $C_S(E)^1 = C_E^1/U_E^S$, $C_S^1 = \varinjlim_{E/F} C_S(E)^1$. 记 $C_S(F)$ 的单位元连通分支为 $C_S(F)^0$.

定理 8.18 (1) $C_S(F)^0$ 是可除群.
(2) $C_S(F)^0$ 是泛范群, $C_S(F)^0 = N_{F_S|F} C_S$.

(3) 用范剩符号 $(\ , F_S|F)$ 得拓扑群正合序列
$$1 \to C_S(F)^0 \to C_S(F) \stackrel{(\ , F_S|F)}{\longrightarrow} \mathrm{Gal}(F_S/F)^{ab} \to 1.$$

证明见 [2] 的第 9 章.

定理 8.19 (整体对偶定理) 设有限生成 $\mathbb{Z}$ 模 A 为离散 G_S 模.
(1) C_S^1 是级紧 G_S 模, 并满足类成原则, 它的泛范群 $N_{F_S|F} C_S^1$ 是可除的.
(2) 对 $i \in \mathbb{Z}$ 映射 $C_S^1 \to C_S$ 诱导代数同构
$$\hat{H}^i(G_S, \mathrm{Hom}(A, C_S^1)) \stackrel{\approx}{\longrightarrow} \hat{H}^i(G_S, \mathrm{Hom}(A, C_S)).$$

当 $i = 0$ 时, 以上同构是同胚.
(3) 对 $i \leqslant 0$, 则杯积配对
$$\hat{H}^i(G_S, \mathrm{Hom}(A, C_S^1)) \times \hat{H}^{2-i}(G_S, A) \stackrel{\cup}{\longrightarrow} \hat{H}^2(G_S, C_S^1) \cong \frac{1}{|G_S|}\mathbb{Z}/\mathbb{Z}$$

诱导拓扑同构
$$\hat{H}^i(G_S, \mathrm{Hom}(A, C_S^1)) \cong \hat{H}^{2-i}(G_S, A)^{\vee}.$$

(4) 于是有同构
$$\hat{\Delta}^0 : \hat{H}^0(G_S, \mathrm{Hom}(A, C_S)) \cong \hat{H}^2(G_S, A)^{\vee}.$$

证明 (1) U_S 有平凡上同调, 对正合序列
$$1 \to U_S \to C_{F_S}^1 \to C_s^1 \to 1$$

用 $H^0(\mathrm{Gal}(F_S/E), -)$ 得正合序列
$$1 \to U_E^S \to C_E^1 \to (C_S^1)^{\mathrm{Gal}(F_S/E)} \to 1,$$

于是
$$(C_S^1)^{\mathrm{Gal}(F_S/E)} \cong C_S^1(E) = C_E^1/U_E^S.$$

可见 (C_S^1) 是级紧 G_S 模.

由 C_E^0 是可除群得, $C_S(E) = C_E/U_E^S$ 的连通分支 $(C_S(E))^0$ 是可除群, 于是 $C_S(E)^0 \cap C_S(E)^1$ 是可除群. 因为 $N_{F_S|E} C_S = C_S(E)^0$, 并且若 E'/E 是 F_S/E 的有限子扩张, $x \in C_S(E')$, 则 $|N_{E'|E}(x)| = 1$ 当且仅当 $|x| = 1$. 所以 $N_{F_S|E} C_S^1 = C_S(E)^0 \cap C_S(E)^1$, 因此 $N_{F_S|E} C_S^1$ 是可除群.

(2) 设 G_S 模 A 是有限生成 $\mathbb{Z}$ 模, E/F 是 F_S 内有限扩张使得 $A = A^{\mathrm{Gal}(F_S/E)}$. 记 $Q(E) = C_S(E)/C_S(E)^1$, 则 $Q(E) \cong \mathbb{R}$ 是可除群. 因此 $\mathrm{Hom}(A, Q(E))$ 是可除群. 于是得正合序列
$$0 \to \mathrm{Hom}(A, C_S(E)^1) \to \mathrm{Hom}(A, C_S(E)) \to \mathrm{Hom}(A, Q(E)) \to 0,$$

所以对 $i \in \mathbb{Z}$ 有同构

$$\hat{H}^i(\mathrm{Gal}(E/F), \mathrm{Hom}(A, C_S(E)^1)) \to \hat{H}^i(\mathrm{Gal}(E/F), \mathrm{Hom}(A, C_S(E))).$$

(3) 和 (4) 的证明: 根据对偶定理 8.12, 立即由 (1) 得 (3), 然后由 (2) 得 (4). □

8.8 P^i 和 Ш

设 $(\mathcal{O}^S)^\times$ 是 F_S 内的可逆 S 整数, $A' = \mathrm{Hom}(A, (\mathcal{O}^S)^\times)$.

对数域 F 的素位 $\mathfrak{p}$, 以 $F_\mathfrak{p}^{\mathrm{nr}}$ 记 $F_\mathfrak{p}$ 的最大无分歧扩张. 以 $G_\mathfrak{p}$ 记 $\mathrm{Gal}(\bar{F}_\mathfrak{p}/F_\mathfrak{p})$, $T_\mathfrak{p}$ 记惯性群 $\mathrm{Gal}(\bar{F}_\mathfrak{p}/F_\mathfrak{p}^{\mathrm{nr}})$, 以 $\Gamma_\mathfrak{p}$ 记 $\mathrm{Gal}(F_\mathfrak{p}^{\mathrm{nr}}/F_\mathfrak{p})$, 则 $\Gamma_\mathfrak{p} \cong G_\mathfrak{p}/T_\mathfrak{p}$. 以 G_F 记 $\mathrm{Gal}(\bar{F}/F)$. 选定嵌入 $\bar{F} \to \bar{F}_\mathfrak{p}$ 便决定映射 $G_\mathfrak{p} \to G_F \to G_S$, 因此, 对 G_S 模 A, 有映射 $H^i(G_S, A) \to H^i(G_\mathfrak{p}, A)$.

引入记号

$$H^i(F_\mathfrak{p}, A) = \begin{cases} H^i(G_\mathfrak{p}, A), & \text{若 } \mathfrak{p} < \infty, \\ \hat{H}^i(G_\mathfrak{p}, A), & \text{若 } \mathfrak{p} | \infty. \end{cases}$$

这样 $H^0(\mathbb{R}, A) = A^{\mathrm{Gal}(\mathbb{C}/\mathbb{R})}/N_{\mathbb{C}/\mathbb{R}}A$, $H^0(\mathbb{C}, A) = 0$.

对 $\mathfrak{p} < \infty$ 称 $G_\mathfrak{p}$ 模 A 为无分歧的, 若 $A^{T_\mathfrak{p}} = A$. 此时设

$$H^i_{\mathrm{nr}}(F_\mathfrak{p}, A) = \mathrm{Img}(H^i(\Gamma_\mathfrak{p}, A) \to H^i(G_\mathfrak{p}, A)).$$

若 A 是有限生成 G_S 模, 则对有限个 $\mathfrak{p}$ 外 A 是无分歧的. 我们定义 $P^i(G_S, A)$ 为 $H^i(F_\mathfrak{p}, A)$, $\mathfrak{p} \in S$ 关于 $H^i_{\mathrm{nr}}(F_\mathfrak{p}, A)$ 的限制直积, 即 $P^i(G_S, A) = \prod_{\mathfrak{p} \in S} H^i(F_\mathfrak{p}, A)$.

有双射

$$\Psi_E : H^i\left(\mathrm{Gal}(E/F), \mathrm{Hom}\left(A, \prod\nolimits_{\mathfrak{P} \in S} E_\mathfrak{P}^\times\right)\right) \xrightarrow{\approx} \prod\nolimits_{\mathfrak{P} \in S} H^i(\mathrm{Gal}(E_\mathfrak{P}/F_\mathfrak{p}), \mathrm{Hom}(A, E_\mathfrak{P}^\times)),$$

其中右边的限制直积是关于

$$\mathrm{Img}(H^i(\mathrm{Gal}(E_\mathfrak{P}/F_\mathfrak{p}), \mathrm{Hom}(A, U_{E,\mathfrak{P}}))) \to H^i(\mathrm{Gal}(E_\mathfrak{P}/F_\mathfrak{p}), \mathrm{Hom}(A, E_\mathfrak{P}^\times))$$

的. 对 E 取极限得交换图

$$\begin{array}{ccc}
\varinjlim_E H^i\left(\mathrm{Gal}(E/F), \mathrm{Hom}\left(A, \prod\nolimits_{\mathfrak{P} \in S} E_\mathfrak{P}^\times\right)\right) & \xrightarrow{\approx} & \varinjlim_E \prod\nolimits_{\mathfrak{P} \in S} H^i(\mathrm{Gal}(E_\mathfrak{P}/F_\mathfrak{p}), \mathrm{Hom}(A, E_\mathfrak{P}^\times)) \\
{\scriptstyle \mathrm{Inf}} \downarrow & & \downarrow {\scriptstyle (\mathrm{Inf}_\mathfrak{p})} \\
H^i(G_S, \mathrm{Hom}(A, I_S)) & \dashrightarrow & \prod\nolimits_{\mathfrak{P} \in S} H^i(F_\mathfrak{p}, A')
\end{array}$$

任何有限扩张 E/F 除在有限个素位外是无分歧的, 右上角的限制直积是关于

$$\mathrm{Img}(H^i(\mathrm{Gal}(E_\mathfrak{P}/F_\mathfrak{p})/H_\mathfrak{P}, \mathrm{Hom}(A, U_{E,\mathfrak{P}})^{H_\mathfrak{P}}) \to H^i(\mathrm{Gal}(E_\mathfrak{P}/F_\mathfrak{p}), \mathrm{Hom}(A, E_\mathfrak{P}^\times)))$$

的, 其中 $H_{\mathfrak{P}}$ 是 $\mathrm{Gal}(E_{\mathfrak{P}}/F_{\mathfrak{p}})$ 的惯性子群. 于是右边的映射 $(\mathrm{Inf}_{\mathfrak{p}})_{\mathfrak{p}\in S}$ 是连续的, 左边的映射 Inf 是同胚, 右下角是 $P^i(G_S, A')$, 这样我们便得到连续同态

$$\mathrm{sh}^i : H^i(G_S, \mathrm{Hom}(A, I_S)) \to P^i(G_S, A'),$$

其中 $A' = \mathrm{Hom}(A, (\mathcal{O}^S)^\times)$. 称 sh^i 为 Shapiro 映射.

命题 8.20 设 A 是有限生成 G_S 模, 阶 $|\mathrm{tor}(A)| \in \mathbb{N}(S)$. 取 M 为 A 或 A', 则同态

$$\mathrm{Res}^i : H^i(G_S, M) \to \prod_{\mathfrak{p}\in S} H^i(F_{\mathfrak{p}}, M)$$

的像是 $P^i(G_S, M)$ 的子集.

证明 先考虑 $M = A$. 因为 A 是有限生成, 存在在 F_S/F 内有限 Galois 扩张 L/F, 令 $A = A^{\mathrm{Gal}(F_S/L)}$. 若 $x \in H^i(G_S, A)$, 则 F_S/F 内有有限 Galois 扩张 E/F 使得有 $y \in H^i(\mathrm{Gal}(E/F), A^{\mathrm{Gal}(F_S/E)})$, 令 $x = \mathrm{Inf}\, y$. 因此对 S 内所有有限素位在 EL/F 为无分歧的 $\mathfrak{p}$, $x_{\mathfrak{p}} = \mathrm{Res}_{\mathfrak{p}}\, x$ 的同调类属于 $H^i_{\mathrm{nr}}(F_{\mathfrak{p}}, A)$.

下一步, $M = A'$. 设 $x \in H^i(G_S, A')$. 如上, F_S/F 内有有限 Galois 扩张 E/F 使得有 $y \in H^i(\mathrm{Gal}(E/F), (A')^{\mathrm{Gal}(F_S/E)})$, 令 $x = \mathrm{Inf}\, y$. 对 S 内所有有限素位在 EL/F 为无分歧的 $\mathfrak{p}$, $F_{\mathfrak{p}}$ 的最大无分歧扩张 $F_{\mathfrak{p}}^{\mathrm{nr}}$ 包含扩张 $E_{\mathfrak{p}}/F_{\mathfrak{p}}$, 所以 $x_{\mathfrak{p}} = \mathrm{Res}_{\mathfrak{p}}\, x$ 的同调类属于

$$H^i(\mathrm{Gal}(F_{\mathfrak{p}}^{\mathrm{nr}}/F_{\mathfrak{p}}), \mathrm{Hom}(A, (\mathcal{O}^S)^\times)^{\mathrm{Gal}(F_{\mathfrak{p}}^{\mathrm{nr}}/F_{\mathfrak{p}})})$$
$$= H^i(\mathrm{Gal}(F_{\mathfrak{p}}^{\mathrm{nr}}/F_{\mathfrak{p}}), \mathrm{Hom}(A, ((\mathcal{O}^S)^\times)^{\mathrm{Gal}(F_{\mathfrak{p}}^{\mathrm{nr}}/F_{\mathfrak{p}})}))$$

在 $H^i(F_{\mathfrak{p}}, A')$ 的像, 亦即属于

$$H^i_{\mathrm{nr}}(F_{\mathfrak{p}}, A') = H^i_{\mathrm{nr}}(F_{\mathfrak{p}}, A^d) = H^i_{\mathrm{nr}}(F_{\mathfrak{p}}, \mathrm{Hom}(A, \mathcal{O}^\times_{F_{\mathfrak{p}}^{\mathrm{nr}}})). \quad \square$$

以 $\lambda^i = \lambda^i(M) : H^i(G_S, M) \to P^i(G_S, M)$ 记题中的同态, 并称它为局部化映射.

从定义得

引理 8.21 下为交换图

$$\begin{array}{ccc} H^1(G_S, A') & \xrightarrow{i} & H^1(G_S, \mathrm{Hom}(A, I_S)) \\ & \searrow{\lambda^1} & \downarrow{\mathrm{sh}^1} \\ & & P^1(G_S, A') \end{array}$$

定义 8.22

$$\text{Ш}^i(G_S, M) = \mathrm{Ker}(\lambda^i).$$

8.8 P^i 和 Ⅲ

由全部 $\mathcal{O}_E$ 的素理想 $\mathfrak{P} \in S$ 所生成 $\mathcal{I}_E$ 的子群记为 $\mathcal{I}_{F,S}$. 以 Cl_E^S 记 $Cl_E/\mathcal{I}_{F,S}$, 其中 E 的理想类群为 Cl_E, 则可证有正合序列

$$0 \to C_E^S \to C_S(E) \to Cl_E^S \to 0.$$

用 Hilbert 90 可得

$$H^1(G_S, \mathcal{O}^{S\,\times}) \cong Cl_F^S,$$

由此可算出

$$\text{Ⅲ}^1(G_S, \text{Hom}(\mathbb{Z}, \mathcal{O}^{S\,\times})) \cong Cl_F^S.$$

以 F_S^{sp} 记在 F_S 内 F 的最大交换扩张, 令所有素理想 $\mathfrak{P} \in S$ 在 F_S^{sp} 内**完全分裂** (split completely), 则可用类域论推出

$$\text{Gal}(F_S^{sp}/F) \cong Cl_F^S.$$

由此可算出

$$\text{Ⅲ}^1(G_S, \mathbb{Z}/m\mathbb{Z}) \cong \text{Hom}(Cl_F^S, \mathbb{Z}/m\mathbb{Z}).$$

现设 $A \in \text{Mod}_S(G_S)$, n 为 A 的挠元个数. 记 $A' = \text{Hom}(A, \mathcal{O}^{S\,\times})$.

在 G_S 取开正规子群 H 使得 $[G:H] < \infty$, $A^H = A$, $\mu_n^H = \mu_n$. 记 $E = F_S^H$. 又取开正规子群 H_1 使得 $[G:H_1] < \infty$, $E_1 = F_S^{H_1} \supseteq E_{S(E)}^{sp}$.

由类域论得 $\text{Res}_{H_1}^H : \text{Ⅲ}(H, A') \to \text{Ⅲ}(H_1, A')$ 是零映射. 由交换图

$$\begin{array}{ccccccc}
\text{Hom}(A, I_S)^{H_1} & \xrightarrow{\alpha} & \text{Hom}(A, C_S)^{H_1} & \xrightarrow{\delta_{H_1}} & \text{Ⅲ}^1(H_1, A') & \longrightarrow & 0 \\
{\scriptstyle \text{Res}_{H_1}^H} \uparrow & & {\scriptstyle \text{Res}_{H_1}^H} \uparrow & & {\scriptstyle 0} \uparrow & & \\
\text{Hom}(A, I_S)^H & \longrightarrow & \text{Hom}(A, C_S)^H & \xrightarrow{\delta_H} & \text{Ⅲ}^1(H, A') & \longrightarrow & 0 \\
{\scriptstyle \text{Res}_H^{G_S}} \uparrow & & {\scriptstyle \text{Res}_H^{G_S}} \uparrow & & {\scriptstyle \text{Res}_H^{G_S}} \uparrow & & \\
\text{Hom}(A, I_S)^{G_S} & \longrightarrow & \text{Hom}(A, C_S)^{G_S} & \xrightarrow{\delta} & \text{Ⅲ}^1(G_S, A') & \longrightarrow & 0
\end{array}$$

得 $\text{Hom}(A, C_S)^{G_S} \subseteq \text{Img}\,\alpha \cong \text{Hom}(A, I_S)^{H_1}/A'^{H_1}$. 从此可以推出 $\text{Ker}\,\delta$ 包含 $\text{Hom}(A, C_S)^{G_S}$ 的单位元的一个开邻域, 于是 δ 是局部常值映射.

用类域论得 $\text{Cor}_H^{H_1} : \text{Ⅲ}(H_1, A') \to \text{Ⅲ}(H, A')$ 是零映射. 由交换图

$$\begin{array}{ccccccc}
\text{Hom}(A, I_S)^{H_1} & \longrightarrow & \text{Hom}(A, C_S)^{H_1} & \xrightarrow{\delta_{H_1}} & \text{Ⅲ}^1(H_1, A') & \longrightarrow & 0 \\
{\scriptstyle N_{H/H_1}} \downarrow & & {\scriptstyle N_{H/H_1}} \downarrow & & {\scriptstyle 0} \downarrow & & \\
\text{Hom}(A, I_S)^H & \longrightarrow & \text{Hom}(A, C_S)^H & \xrightarrow{\delta_H} & \text{Ⅲ}^1(H, A') & \longrightarrow & 0 \\
{\scriptstyle N_{G_S/H}} \downarrow & & {\scriptstyle N_{G_S/H}} \downarrow & & {\scriptstyle \text{Cor}_{G_S}^H} \downarrow & & \\
\text{Hom}(A, I_S)^{G_S} & \longrightarrow & \text{Hom}(A, C_S)^{G_S} & \xrightarrow{\delta} & \text{Ⅲ}^1(G_S, A') & \longrightarrow & 0
\end{array}$$

得 $\delta(N_{G_S/H_1} \operatorname{Hom}(A, C_S)^{H_1}) = 0$, 这样 δ 诱导定义在紧商群的局部常值映射
$$\operatorname{Hom}(A, C_S)^{G_S}/N_{G_S/H_1} \operatorname{Hom}(A, C_S)^{H_1} \to \operatorname{Img}(\delta) = \text{III}^1(H, A'),$$
于是知 $\text{III}^1(H, A')$ 是有限的.

把以上的讨论写为以下定理.

定理 8.23 设 $A \in \operatorname{Mod}_S(G_S)$. 则边界映射
$$\operatorname{Hom}(A, C_S)^{G_S} \xrightarrow{\delta} H^1(G_S, A')$$
连续, δ 的像有限. 存在 G_S 的开正规子群 U 使得 $\delta(N_{G/U} \operatorname{Hom}(A, C_S)^U) = 0$. $\text{III}^i(G_S, A')$ 是有限群.

8.9 Poitou-Tate 序列

设 $(\mathcal{O}^S)^\times$ 是 F_S 内的可逆 S 整数, $A' = \operatorname{Hom}(A, (\mathcal{O}^S)^\times)$.

设 A 是有限 G_S 模, A 的阶 $|A| \in \mathbb{N}(S)$. 由杯积配对得同构
$$\Xi^i : P^i(G_S, A) \to P^{2-i}(G_S, A')^\vee, \quad 0 \leqslant i \leqslant 2,$$
于是有同态
$$\xi^i : H^i(G_S, A) \xrightarrow{\lambda^i} P^i(G_S, A) \xrightarrow{\Xi^i} P^{2-i}(G_S, A')^\vee.$$
$(\xi^i)^\vee$ 记 ξ^i 的对偶映射. 由杯积配对
$$H^i(G_S, \operatorname{Hom}(A, C_S)) \times H^{2-i}(G_S, A) \xrightarrow{\cup} H^2(G_S, C_S) \xrightarrow{\operatorname{inv}} \mathbb{Q}/\mathbb{Z}$$
得同态 $\Delta^i : H^i(G_S, \operatorname{Hom}(A, C_S)) \to H^{2-i}(G_S, A)^\vee$.

引理 8.24 对 $i = 0, 1$, 以下为交换图
$$\begin{array}{ccc} H^i(G_S, \operatorname{Hom}(A, I_S)) & \xrightarrow{\gamma} & H^i(G_S, \operatorname{Hom}(A, C_S)) \\ \downarrow{\operatorname{sh}^i} & & \downarrow{\Delta^i} \\ P^i(G_S, A') & \xrightarrow{(\xi^{2-i})^\vee} & H^{2-i}(G_S, A)^\vee \end{array}$$

证明 引理可从以下两图推出

$$\begin{array}{ccccccc} H^i(F_{\mathfrak{p}}, \operatorname{Hom}(A, \bar{F}_{\mathfrak{p}}^\times)) & \times & H^{2-i}(F_{\mathfrak{p}}, A) & \xrightarrow{\cup} & H^2(F_{\mathfrak{p}}, \bar{F}_{\mathfrak{p}}^\times) & \xrightarrow{\operatorname{inv}_{\mathfrak{p}}} & \mathbb{Q}/\mathbb{Z} \\ \| & & \uparrow{\operatorname{inf}} & & \uparrow{\operatorname{inf}} & & \| \\ H^i(G_{\mathfrak{p}}, \operatorname{Hom}(A, F_{S, \mathfrak{p}}^\times)) & \times & H^{2-i}(G_{\mathfrak{p}}, A) & \xrightarrow{\cup} & H^2(G_{\mathfrak{p}}, F_{S, \mathfrak{p}}^\times) & & \| \\ \uparrow{\operatorname{Res}_{\mathfrak{p}}} & & \uparrow{\operatorname{Res}_{\mathfrak{p}}} & & \uparrow{\operatorname{Res}_{\mathfrak{p}}} & & \| \\ H^i(G_S, \operatorname{Hom}(A, I_S)) & \times & H^{2-i}(G_S, A) & \xrightarrow{\cup} & H^2(G_S, I_S) & \xrightarrow{\operatorname{inv}} & \mathbb{Q}/\mathbb{Z} \end{array}$$

8.9 Poitou-Tate 序列

$$\begin{array}{ccccc}
H^{2-i}(G_S, A) & \longrightarrow & \prod_{\mathfrak{p} \in S} H^{2-i}(F_\mathfrak{p}, A) & \longrightarrow & \prod_{\mathfrak{p} \in S} H^i(F_\mathfrak{p}, A')^\vee \\
\cup x \downarrow & & & & \downarrow \cup \mathrm{sh}^i(x) \\
H^2(G_S, I_S) & \xrightarrow{\oplus \mathrm{inv}_\mathfrak{p}} & & & \oplus_{\mathfrak{p} \in S} \mathbb{Q}/\mathbb{Z} \\
\downarrow & & & & \downarrow \Sigma \\
H^2(G_S, C_S) & \xrightarrow{\mathrm{inv}} & & & \mathbb{Q}/\mathbb{Z}
\end{array}$$

引理 8.25 设 A 是有限生成 G_S 模, 阶 $|\mathrm{tor}(A)| \in \mathbb{N}(S)$. 则有同态 ε 使边界映射 δ 可分解为以下交换图

$$\begin{array}{ccc}
\mathrm{Hom}(A, C_S)^{G_S} & \xrightarrow{\delta} & H^1(G_S, A') \\
\Delta^0 \downarrow & \nearrow \varepsilon & \\
H^2(G_S, A)^\vee & &
\end{array}$$

证明 Δ^0 是定理 8.19 的 $\hat{\Delta}^0$ 与 $H^0(G_S, \mathrm{Hom}(A, C_S)) \to \hat{H}^0(G_S, \mathrm{Hom}(A, C_S))$ 的合成. 按定理 8.23 存在 G_S 的开正规子群 U 使得 $\delta(N_{G_S/U} \mathrm{Hom}(A, C_S)^U) = 0$. 考虑下图

$$\begin{array}{ccc}
\mathrm{Hom}(A, C_S)^{G_S} & & \\
\downarrow & \searrow & \\
\hat{H}^0(G_S, \mathrm{Hom}(A, C_S)) & \xrightarrow{\pi} & \mathrm{Hom}(A, C_S)^{G_S}/N_{G_S/U} \mathrm{Hom}(A, C_S)^U \\
\hat{\Delta}^0 \downarrow & & \downarrow \delta \\
H^2(G_S, A)^\vee & \dashrightarrow{\varepsilon} & H^1(G_S, A')
\end{array}$$

取 $\varepsilon = \delta \circ \pi \circ (\hat{\Delta}^0)^{-1}$. □

定理 8.26 (Poitou-Tate 对偶) (1) 设 A 是有限生成 G_S 模, 阶 $|\mathrm{tor}(A)| \in \mathbb{N}(S)$. 则杯积诱导有限群完全配对

$$\mathrm{III}^1(G_S, A') \times \mathrm{III}^2(G_S, A) \to \mathbb{Q}/\mathbb{Z},$$

即有交换图

$$\begin{array}{ccccccc}
H^0(G_S, \mathrm{Hom}(A, C_S)) & \times & H^2(G_S, A) & \xrightarrow{\cup} & H^2(G_S, C_S) & \longrightarrow & \mathbb{Q}/\mathbb{Z} \\
\downarrow & & \uparrow & & & \nearrow & \\
\mathrm{III}^1(G_S, A') & \times & \mathrm{III}^2(G_S, A) & & & &
\end{array}$$

(2) 设 $A \in \mathrm{Mod}_S(G_S)$ 是无挠的. 则杯积诱导有限群完全配对

$$\mathrm{III}^1(G_S, A) \times \mathrm{III}^2(G_S, A') \to \mathbb{Q}/\mathbb{Z},$$

即有交换图

$$\begin{array}{ccccc}
H^1(G_S, A) & \times & H^1(G_S, \operatorname{Hom}(A, C_S)) & \xrightarrow{\cup} & H^2(G_S, C_S) \longrightarrow \mathbb{Q}/\mathbb{Z} \\
\downarrow & & \uparrow & & \\
\mathrm{III}^1(G_S, A) & \times & \mathrm{III}^2(G_S, A') & &
\end{array}$$

证明 只证明 (1). 由引理 8.21, 8.24 和 8.25, 得交换图

$$\begin{array}{ccccccc}
\operatorname{Hom}(A, I_S)^{G_S} & \xrightarrow{\gamma} & \operatorname{Hom}(A, C_S)^{G_S} & \xrightarrow{\delta} & H^1(G_S, A') & \xrightarrow{i} & H^1(G_S, \operatorname{Hom}(A, I_S)) \\
\downarrow \mathrm{sh}^0 & & \downarrow \Delta^0 & & \| & & \downarrow \mathrm{sh}^1 \\
P^0(G_S, A') & \xrightarrow{(\xi^2)^\vee} & H^2(G_S, A)^\vee & \dashrightarrow{\varepsilon} & H^1(G_S, A') & \xrightarrow{\lambda^1} & P^1(G_S, A')
\end{array}$$

此图的第一行为正合, 下一步证第二行为正合.

$$\operatorname{Img} \varepsilon = \operatorname{Img} \delta = \operatorname{Ker} i = \operatorname{Ker} \lambda^1 = \mathrm{III}^1(G_S, A'),$$
$$\varepsilon(\xi^2)^\vee \mathrm{sh}^0 = \delta\pi(\hat{\Delta}^0)^{-1}(\xi^2)^\vee \mathrm{sh}^0 = \delta\pi(\hat{\Delta}^0)^{-1}\Delta^0\gamma = \delta\gamma = 0,$$

但是 sh^0 是满射, 于是 $\varepsilon(\xi^2)^\vee = 0$, 即 $\operatorname{Img}(\xi^2)^\vee \subseteq \operatorname{Ker} \varepsilon$.

取 $x \in \operatorname{Ker} \varepsilon$. 设 $V \subset \operatorname{Ker} \varepsilon$ 为开子群. 因为 $\Delta^0(\operatorname{Hom}(A, C_S)^{G_S})$ 是稠密, 存在 $y \in \operatorname{Hom}(A, C_S)^{G_S}$ 使得 $\Delta^0(y) \in x + V$. 于是 $\delta(y) = \varepsilon\Delta^0(y) = 0$, 所以有 $z \in \operatorname{Hom}(A, I_S)^{G_S}$ 使得 $\gamma(z) = y$. 因此 $\Delta^0(y) = (\xi^2)^\vee \mathrm{sh}^0(z)$, 这样 $x + V$ 包含 $\operatorname{Img}(\xi^2)^\vee$ 的元素. 但射影有限群 $H^2(G_S, A)^\vee$ 可以子群为零点邻域基, 所以 $\operatorname{Img}(\xi^2)^\vee$ 是 $\operatorname{Ker} \varepsilon$ 的稠密子集. 利用 $\operatorname{Img}(\xi^2)^\vee$ 是闭集, 便得 $\operatorname{Img}(\xi^2)^\vee = \operatorname{Ker} \varepsilon$. 此外又得 $(\operatorname{Ker} \varepsilon)^\vee \to P^0(G_S, A')^\vee$ 为单射.

从以上知可分解 ξ^2 为

$$\xi^2 : H^2(G_S, A) \to (\operatorname{Ker} \varepsilon)^\vee \to P^0(G_S, A')^\vee,$$

由此知有同构

$$\mathrm{III}^1(G_S, A')^\vee = \operatorname{Img}(\varepsilon)^\vee \cong \operatorname{Ker} \xi^2 = n\mathrm{III}^2(G_S, A),$$

而且这是从定理的交换图诱导所得. □

考虑 F_S 内的有限扩张 K/F. 如果 $\operatorname{Gal}(F_S/K)$ 平凡地作用在 G_S 模 M 上, 即对 $\sigma \in \operatorname{Gal}(F_S/K), x \in M$ 有 $\sigma x = x$, 则说 K **平凡化了** M (K trivializes M). 这时取 F_S 内的有限扩张 L/K, 上限制同态

$$\operatorname{Cor} : H^n(\operatorname{Gal}(F_S/K), M) \leftarrow H^n(\operatorname{Gal}(F_S/L), M)$$

便是逆向系统. 在 $n = 0$ 时, Cor 便是范映射 $N_{L/K}$.

8.9 Poitou-Tate 序列

引理 8.27 设 A 是有限 G_S 模, A 的阶 $|A| \in \mathbb{N}(S)$. 则有正合交换图

$$\begin{array}{ccccccc}
\prod_{\mathfrak{p} \in S_\infty} N_{\bar{F}_\mathfrak{p}/F_\mathfrak{p}} \mathrm{Hom}(A, \mathbb{C}^\times) & \xrightarrow[\approx]{\phi} & N_{G_S} \mathrm{Hom}(A, C_S) & & & & \\
\downarrow & & \downarrow & & & & \\
H^0(G_S, \mathrm{Hom}(A, I_S)) & \longrightarrow & H^0(G_S, \mathrm{Hom}(A, C_S)) & \xrightarrow{\delta} & H^1(G_S, A') & \to & H^1(G_S, \mathrm{Hom}(A, I_S)) \\
\mathrm{sh}^0 \downarrow & & \downarrow & & \parallel & & \downarrow \\
P^0(G_S, A') & \xrightarrow{\lambda^2(A)^\vee} & H^2(G_S, A)^\vee & \xrightarrow{\varepsilon} & H^1(G_S, A') & \xrightarrow{\lambda^1(A')} & P^1(G_S, A')
\end{array}$$

和正合序列

$$0 \to H^0(G_S, A') \to P^0(G_S, A') \to H^2(G_S, A)^\vee \to \mathrm{III}^1(G_S, A') \to 0.$$

证明 由正合序列 $0 \to A' \to \mathrm{Hom}(A, I_S) \to \mathrm{Hom}(A, C_S) \to 0$ 得正合上同调序列; 图中第二行便是这个正合序列的一部分. 图中第三行是正合来自 Poitou-Tate 对偶定理 8.26 (1) 的证明. 第一列是正合来自 sh^0 的核的计算. 第二列是正合来自整体对偶定理 8.19.

考虑 F_S 内的有限扩张 K/F. 若 K 平凡化了 A', 范映射

$$N_{L/K}: A' = H^0(\mathrm{Gal}(F_S/L), A') \to H^0(\mathrm{Gal}(F_S/K), A') = A'$$

是 "乘以 $[L:K]$". 对素数 $\ell \mid |A'| \in \mathbb{N}(S)$, 由于 $F(\mu_{\ell^\infty}) \subseteq F_S$, $\ell^\infty \| G_S$. 因此范映射所定义的逆向系统 $\{H^0(\mathrm{Gal}(F_S/K), A')\}$ 是 ML 零系统, 所以导函子

$$R^i(\varprojlim) H^0(\mathrm{Gal}(F_S/K), A') = 0, \quad i \geqslant 0.$$

考虑正合序列

$$0 \to A' \to \mathrm{Hom}(A, K_{\mathbb{A}, S}^\times) \to \mathrm{Hom}(A, K_{\mathbb{A}, S}^\times)/A' \to 0.$$

取逆极限得同构

$$\varprojlim_K \mathrm{Hom}(A, K_{\mathbb{A}, S}^\times) \xrightarrow{\approx} \varprojlim_K \mathrm{Hom}(A, K_{\mathbb{A}, S}^\times)/A'.$$

由于 sh^1 是单射,

$$\mathrm{III}^1(\mathrm{Gal}(F_S/K), A') = \mathrm{Ker}\left(H^1(\mathrm{Gal}(F_S/K), A') \to H^1(\mathrm{Gal}(F_S/K), \mathrm{Hom}(A, I_S))\right),$$

因此由正合序列

$$0 \to A' \to \mathrm{Hom}(A, I_S) \to \mathrm{Hom}(A, C_S) \to 0$$

得出正合序列

$$0 \to \mathrm{Hom}(A, K_{\mathbb{A}, S}^\times)/A' \to \mathrm{Hom}(A, \mathrm{Hom}(K, C_S)) \to \mathrm{III}^1(\mathrm{Gal}(F_S/K), A') \to 0.$$

由于
$$\varprojlim_K \mathrm{III}^1(\mathrm{Gal}(F_S/K), A') = \left(\mathrm{III}^2(\mathrm{Gal}(F_S/K), A)\right)^\vee = 0,$$

便得同构 $\varprojlim_K \mathrm{Hom}(A, K_{\mathbb{A},S}^\times) \xrightarrow{\approx} \varprojlim_K \mathrm{Hom}(A, C_K^S)$. 我们有交换图

$$\begin{array}{ccc}
\varprojlim_K \mathrm{Hom}(A, K_{\mathbb{A},S}^\times) & \longrightarrow & \varprojlim_K \mathrm{Hom}(A, C_K^S) \\
\downarrow & & \downarrow \\
N_{G_S} \mathrm{Hom}(A, I_S) & \longrightarrow & N_{G_S} \mathrm{Hom}(A, C_S)
\end{array}$$

利用 $\mathrm{Hom}(A, C_S) = \mathrm{Hom}(A, C_S^0)$ 是级紧的知右映射是满射, 于是下映射是满射.

取 $\mathfrak{p} \in S \setminus S_\infty(K)$. 加入足够单位根便可假设有限扩张 L/K 使得 $N_{L/K}$: $\prod_{\mathfrak{P}|\mathfrak{p}} \mathrm{Hom}(A, L_{\mathfrak{P}}^\times) \to \mathrm{Hom}(A, K_{\mathfrak{p}}^\times)$ 是零映射.

定义 ϕ 为合成

$$\prod_{\mathfrak{p} \in S_\infty} N_{\bar{F}_\mathfrak{p}/F_\mathfrak{p}} \mathrm{Hom}(A, \mathbb{C}^\times) \xrightarrow{\approx} N_{G_S} \mathrm{Hom}(A, I_S) \to N_{G_S} \mathrm{Hom}(A, C_S),$$

此为满射. 再由以下交换图得知 ϕ 为同构.

$$\begin{array}{ccc}
\prod_{\mathfrak{p} \in S_\infty} N_{\bar{F}_\mathfrak{p}/F_\mathfrak{p}} \mathrm{Hom}(A, \mathbb{C}^\times) & \longrightarrow & N_{G_S} \mathrm{Hom}(A, C_S) \\
\downarrow & & \downarrow \\
H^0(G_S, A') \hookrightarrow H^0(G_S, \mathrm{Hom}(A, I_S)) & \longrightarrow & H^0(G_S, \mathrm{Hom}(A, C_S)) \\
\parallel & \downarrow & \downarrow \\
H^0(G_S, A') \hookrightarrow P^0(G_S, A') & \longrightarrow & H^2(G_S, A)^\vee
\end{array}$$
$\square$

定理 8.28 (Poitou-Tate 序列) 设 A 是有限 G_S 模, A 的阶 $|A| \in \mathbb{N}(S)$. 则

$$0 \longrightarrow H^0(G_S, A) \longrightarrow P^0(G_S, A) \longrightarrow H^2(G_S, A')^\vee \longrightarrow$$
$$\longrightarrow H^1(G_S, A) \longrightarrow P^1(G_S, A) \longrightarrow H^1(G_S, A')^\vee \longrightarrow$$
$$\longrightarrow H^2(G_S, A) \longrightarrow P^2(G_S, A) \longrightarrow H^0(G_S, A')^\vee \longrightarrow 0$$

是正合序列.

利用同构 $\Xi^i : P^i(G_S, A) \to P^{2-i}(G_S, A')^\vee$ 和映射

$$\psi : P^1(G_S, A) \xrightarrow{\Xi^1} P^1(G_S, A')^\vee \xrightarrow{\lambda^\vee} H^1(G_S, A')^\vee,$$

8.9 Poitou-Tate 序列

按引理 8.27 得定理所求的 9 项复形, 而且除在 $P^1(G_S, A)$ 外这复形是正合的, 记此复形为 $PT(F, S, A)$. 余下只需证明

$$H^1(G_S, A) \longrightarrow P^1(G_S, A) \xrightarrow{\psi} H^1(G_S, A')^\vee$$

为正合.

复形 $C: 0 \to C^1 \to C^2 \to \cdots \to C^9 \to 0$ 是正合当且仅当

$$\theta(C) := \prod_{i=1}^{9} (-1)^{i-1} |C^i| = 1.$$

我们记 $\chi_H(A) := |H^0(G_S, A)| \, |H^1(G_S, A)|^{-1} \, |H^2(G_S, A)|$, 则

$$\theta(PT(F, S, A)) = \frac{\chi_H(A)\chi_H(A')}{\chi_P(A)}.$$

设 $\eta(A) = \chi_H(A) \prod_{\mathfrak{p} \in S_\infty} \|A\|_\mathfrak{p} |\hat{H}^0(F_\mathfrak{p}, A)|^{-1}$, $\|A\|_\mathfrak{p}$ 是指 $|A|$ 的 $\mathfrak{p}$ 绝对值. 则按 Tate 局部公式有

$$\theta(PT(F, S, A)) = \eta(A)\eta(A').$$

定理 8.28 的证明 证明分 7 步.

(1) 对 $p \in \mathbb{N}(S)$, 证明: $H^1(G_S, \mu_p) \longrightarrow P^1(G_S, \mu_p) \xrightarrow{\psi} H^1(G_S, \mathbb{Z}/p\mathbb{Z})^\vee$ 为正合, 即 $PT(F, S, \mu_p)$ 为正合.

(2) 证明: $PT(F, S, \mathbb{Z}/p\mathbb{Z})$ 为正合.

(3) 证明: 若对 S 的所有有限集 T 知 $PT(F, T, A)$ 为正合, 则 $PT(F, S, A)$ 为正合.

(4) 证明: 若 $0 \to A \to B \to C \to 0$ 为正合, 则 $\eta(B) = \eta(A)\eta(C)$.

(5) 证明: 若 $0 \to A \to B \to C \to 0$ 为正合, $PT(F, S, A)$ 和 $PT(F, S, C)$ 均为正合, 则 $PT(F, S, B)$ 为正合.

(6) 证明: 若 $pA = 0$, E/F 是 F_S/F 内的正规有限子扩张, 使得 $\mathrm{Gal}(F_S/E)$ 在 A 上的作用是平凡和 $\mathrm{Gal}(E/F)$ 是 p-群, 则 $PT(F, S, A)$ 为正合.

(7) 证明: 若 A 为有限离散 G_S 模, 则 $PT(F, S, A)$ 为正合.

详情留给读者. □

如果愿意使用更多的同调代数, 我们还有其他的对偶定理.

考虑射影有限群 G 的上同调群的对偶. 设 N, P 为 G 模. 以 $\mathrm{Hom}(N, P)$ 记所有从 N 到 P 的交换群群同态. 取 $f \in \mathrm{Hom}(N, P)$, $\sigma \in G$, $x \in N$, 定义 σf 为 $x \mapsto \sigma(f(\sigma^{-1} x))$. 若 H 为 G 的闭正规子群, 则设

$$\mathcal{H}om_H(N, P) = \bigcup_U \mathrm{Hom}(N, P)^U,$$

其中 U 为包含 H 的 G 的开子群. 左正合函子 $P \mapsto \mathcal{H}om_H(N, P)$ 的第 r 右导函子记为 $\mathcal{E}xt^r_H(N, P)$. 若 M 为 G/H 模, 并且 $\mathrm{Tor}_1^\mathbb{Z}(M, N) = 0$, 则有谱序列

$$\mathrm{Ext}^r_{G/H}(M, \mathcal{E}xt^s_H(N, P)) \Longrightarrow \mathrm{Ext}^{r+s}_G(M \otimes_\mathbb{Z} N, P).$$

现设有 G 模偶对 $M \times N \to P$, 则以上谱序列的边态射给出同态

$$H^r(G, \mathcal{H}om_1(N, P)) \to \operatorname{Ext}^r_G(N, P),$$

于是可得 Ext 偶对

$$\operatorname{Ext}^r_G(N, P) \times H^s(G, N) \to H^{r+s}(G, P).$$

此外从映射 $M \to \mathcal{H}om_1(N, P)$ 得杯积偶对

$$H^r(G, M) \times H^s(G, N) \to H^{r+s}(G, P).$$

命题 8.29 除正负号外, 下图交换

$$\begin{array}{ccccc} H^r(G,M) & \times & H^s(G,N) & \longrightarrow & H^{r+s}(G,P) \\ \downarrow & & \parallel & & \parallel \\ \operatorname{Ext}^r_G(N,P) & \times & H^s(G,N) & \longrightarrow & H^{r+s}(G,P) \end{array}$$

设 G 是射影有限群, G 模 C 满足类成原则. 则从偶对 $\operatorname{Hom}(M, C) \times M \to C$ 得 Ext 偶对

$$\operatorname{Ext}^r_G(M, C) \times H^{2-r}(G, M) \to H^2(G, C) \cong \mathbb{Q}/\mathbb{Z}.$$

定理 8.30 设 F 为数域, $\mathcal{O}_F$ 为 F 的整数环. 取 $X = \operatorname{Spec} \mathcal{O}_F$ 和 X 的开子概形 U. 设 $\mathscr{F}$ 为 U 上的可造层. 则对 $r \in \mathbb{Z}$,

$$\operatorname{Ext}^r_U(\mathscr{F}, G_m) \times H^{3-r}_c(U, \mathscr{F}) \to H^3_c(U, G_m)$$

为有限群的非退化偶对.

设 U 为 X 的仿射开子概形, 集 S 的元素为不对应于 U 的点的 F 的素理想. 以 $\bar{\eta}$ 记 $\operatorname{Spec}(F^{\operatorname{alg}})$, F^{alg} 为数域 F 的代数闭包. 记 $\pi_1(U, \bar{\eta})$ 为 G_S. 设 $\mathscr{F}$ 为 U 上的局部常值可造层. 取 $M = \mathscr{F}_{\bar{\eta}}$, $N = \operatorname{Hom}(M, F^{\operatorname{alg} \times})$. 则

$$\operatorname{Ext}^r_U(\mathscr{F}, G_m) = H^r(G_S, N), \quad H^r_c(U, \mathscr{F}) = \operatorname{Ext}^{r-1}_{G_S}(N, C_S),$$

这样 Ext 偶对是

$$H^r(G_S, N) \times \operatorname{Ext}^{2-r}_{G_S}(N, C_S) \to \mathbb{Q}/\mathbb{Z}.$$

详细的讨论见 Milne, Arithmetic Duality Theorems.

8.10 后记: 上同调理论和数论

回顾过去半世纪的 *Math Review* 关于数论的部分, 没有几篇是有谈到上同调理论的. 在未投资去学习像上同调理论这样大的理论之前, 问问上同调理论和数论的关系是很合理的. 但这不是一个容易解答的问题. 一方面我们要说出我们认为什么是数论? 另一方面给一个令人信服的答案超出我的数学水平的, 我只能通过几个例子给大家说明一点.

在未开始之前先谈 "交换类域论". 设 F 是数域. 以 $\bar{F}$ 记 F 的代数闭包, Galois 群

$$G_F = \mathrm{Gal}(\bar{F}/F) = \varprojlim_{[E:F]<\infty} \mathrm{Gal}(E/F)$$

是射影有限群. 在交换类域论中我们研究 $\mathrm{Gal}(\bar{F}/F)$ 的最大交换商 $\mathrm{Gal}(\bar{F}/F)^{ab}$, 我们可以用 Galois 上同调方法给出交换类域论的基本定理的证明, 但亦可以完全不用同调代数证明同样的定理. 不过 Galois 上同调群是平展上同调群的特殊情况, 而且用平展上同调论可以证明有限域上的代数簇的黎曼猜想. 也就是说: 同调方法是有扩展空间的. 此外 Galois 上同调群的对偶定理就不是个解析数论的定理了.

8.10.1 L-函数

可以说 L-函数是一个中柱, 所有其他东西都挂在它上面.

最简单地说: L-函数是一个有 Euler 积的 Dirichlet 级数, 即

$$\prod_p L_p(s) = \sum_n \frac{a_n}{n^s} = L(s), \quad \mathrm{Re}\, s \gg 0.$$

(可换 $\mathbb{Z}$ 为数域的整数环 $\mathcal{O}$, 换 p 为素理想, n 为 $N\mathfrak{n}$.) 著名的例子是 Riemann ζ-函数

$$\zeta(s) = \sum_{n=1}^{\infty} \frac{1}{n^s} = \prod_p \left(1 - \frac{1}{p^s}\right)^{-1}.$$

以下是关于 L-函数的几个标准问题:

(1) $L(s)$ 的解析延拓.
(2) $L(s)$ 的函数方程, 引入 Γ 因子 $L_\infty(s)$, 设 $\Lambda(s) = L_\infty(s)L(s)$, 则有 ε 使

$$\Lambda(s) = \varepsilon \Lambda(k-s).$$

(3) $L(s)$ 的零点、极点的性质, 特别是 L-函数的 Taylor 级数展开的第一个非零系数表达为由上同调群或 K-群所给出的不变量, 比如 Riemann 猜想、椭圆曲线的 BSD 猜想、Stark 猜想、Tate 的代数闭链猜想便是这些问题的例子.
(4) a_n 的渐近阶的估值.

(5) $L(s)$ 的高次方的积分均值的估计，例如

$$\int_0^T \left|\zeta\left(\frac{1}{2}+it\right)\right|^4 dt = \frac{1}{2\pi^2}T\log^4 T + O(T\log^3 T).$$

(关于黎曼和 BSD 可看在 Clay Mathematics Institute, Millenium Problems 网页的权威评述. Tate 为 Stark 猜想写了本书, Les conjectures de Stark sur les fonctions L d'Artin en $s=0$, Progress in Math. 47, Boston, MA: Birkhäuser Boston, (1984).)

我们要解答这些问题，第一步就需要 a_n 的算术性质.

当然你会问是什么 "算术性质"? 黎曼 ζ-函数的 $a_n = 1$, 还有什么 "算术性质"? 但是你若问: $\zeta(s)$ 是一个什么 motif 的 L-函数时，那就大有学问了. 大家可以看看名著: S. Bloch, K. Kato, *L-functions and Tamagawa numbers of motives*, in *The Grothendieck Festschrift* vol. 1, Progress in Math. 86, Birkhäuser, Boston, (1990) 333-400.

关于函数方程，我给大家说一件旧事.

给定常数 λ, k, c 对应于 Dirichlet 级数 $\phi(s) = \sum_{n\geqslant 1} a_n n^{-s}$, 设 $\Phi(s) = \left(\frac{2\pi}{\lambda}\right)^{-s}\Gamma(s)\phi(s)$. 我们说 ϕ 是 (λ, k, c) 型，若

(1) Φ 满足函数方程 $\Phi(s) = c\Phi(k-s)$, 和
(2) 有常数 a 使得 $\Phi(s) + \frac{a}{s} + \frac{ca}{k-s}$ 在任何垂直区间上全纯有界.

Hamburger 证明: 除常数外, Riemann $\zeta(2s)$ 是唯一的 $(2,\frac{1}{2},1)$ 型, 于 Dirichlet 级数在 $s=\frac{1}{2}$ 有单极. 见 *Math. Z.* 10 (1921), 11 (1922), 13 (1922).

当 k 是偶整数 $\geqslant 4$, Hecke 证明: 存在 m 个线性无关的 $(1, k, (-1)^{\frac{k}{2}})$ 型 Dirichlet 级数, m 是权为 k 的 $SL_2(\mathbb{Z})$ 模型式的维数. 见 *Math. Annalen* 112 (1936), 664-699.

这些工作被 Weil、Pyateski-Shapiro 和 Cogdell 推广成为今日自守形式理论的 "逆定理". 可以从如下名著开始: Weil, Über die Bestimmung Dirichletscher Reihen durch Funktionalgleichungen, *Math. Ann.* 168 (1967), 149-156.

我知道在两种情形下会得到这种 L-函数: 代数簇和自守形式, 同调群在这两个结构中都出现.

8.10.2 表示相容系统

对素数 q, 选定 $\bar{\mathbb{Q}}$ 的素位 $\bar{q}|q$, 这样可以把在 q 的分解群 D_q 等同于 $G_{\mathbb{Q}_p}$. 以 I_q 记在 q 的惯性群, Fr_q 是在 q 的 Frobenius 同构.

固定 d, 对每个素数 ℓ, 设有 $G_\mathbb{Q}$ 的 d 维 ℓ 进表示

$$\rho_\ell : G_\mathbb{Q} \to GL_{\mathbb{Q}_\ell}(V_\ell),$$

其中 V_ℓ 是 d 维 $\mathbb{Q}_\ell$-向量空间. 称 $V = \{V_\ell\}$ 为表示系统.

设
$$L_q(z,V) = \det\left(1 - \rho_\ell(\mathrm{Fr}_q)z|V_\ell^{I_q}\right)^{-1} \quad (\ell \nmid q)$$

称 V 为 ℓ **进表示相容系统** (compatible system of ℓ adic representations), 如果对一个有限集 S 之外的所有 q, 和对 $\ell \neq q$, $V_\ell^{I_q} = V_\ell$, 多项式 $L_q(V,z)^{-1} \in \mathbb{Q}[z]$, 并且与 ℓ 无关. 对 $\mathrm{Re}\, s \gg 0$, 定义 V 的 L-函数为

$$L(s,V) = \prod_q L_q(q^{-s}, V).$$

现在, 我们可以对这个 L-函数问以上的问题了.

怎样得到这样的表示系统呢?

一个标准的办法是: 取定义在 $\mathbb{Q}$ 上的光滑射影簇 X, 取 $S = \{p_1, \ldots, p_k\}$, $N = p_1 \ldots p_k$, 使得有 $\mathbb{Z}[1/N]$ 上的光滑固有概形 $\mathfrak{X}$, $X = \mathfrak{X} \times \mathbb{Q}$, 若 $q \notin S$, 则 $\mathfrak{X} \times \mathbb{F}_q$ 是光滑的.

固定整数 $0 \leq i \leq 2\dim X$, 则 ℓ 进平展上同调空间

$$V_\ell = V_\ell^i(X) = H^i_{\mathrm{et}}(X \times_\mathbb{Q} \bar{\mathbb{Q}}, \mathbb{Q}_\ell)$$

给出 X 的 ℓ 进表示相容系统.

这是 Deligne 的 motif realization 的一部分, 进一步的理论留给读者. 关于 ℓ 进表示相容系统可看

[1] J.-P. Serre, *Abelian ℓ Adic Representations and Elliptic Curves*, New York, Benjamin, 1968. (注意: 书中的 locally algebraic representation 现在称为 Hodge-Tate 表示.)

[2] P. Deligne, Valeurs de fonctions L et periodes d'integrales, in Automorphic forms, representations and L functions, *Proc. Symp. Pure Math*, AMS, 33-2 (1979), 291-312. (Deligne 用上同调群, Fr_q 是几何 Frobenius; Greenberg 用同调群, Fr_q 是算术 Frobenius.)

说到这里, 每一个学习代数数论的人必须学习平展上同调论, 扶磊为此花了很多心血写了两本很好的书

[1] L. Fu, *Algebraic Geometry*.

[2] L. Fu, *Etale Cohomology Theory*.

8.10.3 p 进 L-函数

设乘法 p 进紧李群 Γ 与 $\mathbb{Z}_p$ 同构. 称 Γ 的 $\mathbb{Z}_p$-群代数的 p 进完备化 $\varprojlim_n \mathbb{Z}_p[\Gamma/\Gamma^{p^n}]$ 为岩泽代数, 并记它为 Λ.

记 $\mathbb{C}_p$ 为 $\bar{\mathbb{Q}}_p$ 的完备化. 固定嵌入 $\sigma_p : \bar{\mathbb{Q}} \to \mathbb{C}_p$, $\sigma_\infty : \bar{\mathbb{Q}} \to \mathbb{C}$.

$\psi \in \mathrm{Hom}_{\mathrm{cont}}(\Gamma, \mathbb{C}_p^\times)$ 表示 $\psi: \Gamma \to \mathbb{C}_p^\times$ 是连续同态. ϕ 自动是局部解析函数. $\mathrm{Hom}_{\mathrm{cont}}(\Gamma, \mathbb{C}_p^\times)$ 同构于 $\mathbb{C}_p$ 的开单位圆盘.

设 ϕ 为 $\mathrm{mod}\, p^d$ 的 Dirichlet 特征标, 则从

$$\Gamma \cong \mathbb{Z}_p \cong (1+p\mathbb{Z}_p) \hookrightarrow (\mathbb{Z}/p\mathbb{Z})^\times \times (1+\mathbb{Z}_p) =$$
$$= \mathbb{Z}_p^\times = \varprojlim_n (\mathbb{Z}/p^n\mathbb{Z})^\times \to (\mathbb{Z}/p^d\mathbb{Z})^\times \xrightarrow{\phi} \bar{\mathbb{Q}}^\times \xrightarrow{\sigma_p} \mathbb{C}_p^\times$$

得 $\phi \in \mathrm{Hom}_{\mathrm{cont}}(\Gamma, \mathbb{C}_p^\times)$.

给出 ℓ 进表示相容系统 $V = \{V_\ell\}$. 如果 $L(s, V) = \sum a_n/n^s$, ϕ 是 Dirichlet 特征标, 则设

$$L(s, \phi, V) = \sum_{n \geqslant 1} \frac{\phi(n) a_n}{n^s}.$$

我们猜想存在局部解析函数

$$\mathrm{Hom}_{\mathrm{cont}}(\Gamma, \mathbb{C}_p^\times) \to \mathbb{C}_p : \psi \mapsto \mathfrak{L}(\psi, V)$$

满足以下性质:

(1) 若 ϕ 是 $\mathrm{mod}\, p$ 幂的 Dirichlet 特征标, 则有插值因子 $c_\phi \in \mathbb{C}^\times$ 使得 $c_\phi L(1, \phi, V) \in \bar{\mathbb{Q}}$ 和 $\mathfrak{L}(\phi, V) = \sigma_p \circ \sigma_\infty^{-1}(c_\phi L(1, \phi, V))$.

(2) 存在 $\theta_V \in \mathrm{Frac}(\Lambda)$ (Stickelberger 元) 使得对有限个 ψ 外, $\mathfrak{L}(\psi, V) = \psi(\theta_V)$.

(1) 是说我们可以把 $\{c_\phi L(1, \phi, V)\}$ 插值成为 p 进函数. 可以参考 P. Colmez, *Fonctions L p-adiques*, Séminaire Bourbaki, 1998-99, no. 851.

8.10.4 岩泽理论

这个理论的一个主要问题是: 为 p 进 L-函数所决定的解析量 θ_V 给出一个用上同调群算出来的代数量.

我们可以大概这样说: 给出 ℓ 进表示相容系统 $V = \{V_\ell\}$. 假设 V_p 有格 T_p 满足: $G_{\mathbb{Q}} T_p \subseteq T_p$, 其中 $G_{\mathbb{Q}} = \mathrm{Gal}(\bar{\mathbb{Q}}/\mathbb{Q})$. 在 $\bar{\mathbb{Q}}$ 内选分圆域 $\mathbb{Q}_\infty$ 使得 $\mathrm{Gal}(\mathbb{Q}_\infty/\mathbb{Q}) \cong \mathbb{Z}_p$. 则 Galois 上同调群 $H^1(\mathrm{Gal}(\bar{\mathbb{Q}}/\mathbb{Q}_\infty), V_p/T_p)$ 内有 Selmer 子群 S_p, 使得它的 Pontryagin 对偶作为 Λ 模伪同构于 $\oplus_{i=1}^t \Lambda/(\lambda_i)$. 猜想是: 除了可明确给出的因子外, θ_V 是 $\prod_{i=1}^t \lambda_i$.

以下我们给出详细的说明.

若 M 为 Λ 模, 则以 $M^\wedge$ 记 Pontryagin 对偶 $\mathrm{Hom}(M, \mathbb{Q}_p/\mathbb{Z}_p)$.

若 M 为有限生成挠 Λ 模, 则 M **伪同构** (pseudo-isomorphic) 于 $\oplus_{i=1}^t \Lambda/(\lambda_i)$. 定义 X 的特征理想为 $(\lambda_M) = \prod_{i=1}^t (\lambda_i)$.

我们说 Galois 群 $G_{\mathbb{Q}}$ 在 d 维的 $\mathbb{Q}_p$ 空间 V_p 上的表示是**平常的** (ordinary), 如果 V_p 内存在 $\mathbb{Q}_p$ 子空间过滤 $F^i V_p$ ($i \in \mathbb{Z}$) 使得

(1) $F^{i+1}V_p \subseteq F^i V_p$. 若 $i \ll 0$, $F^i V_p = V_p$; 若 $i \gg 0$, $F^i V_p = 0$.
(2) $G_{\mathbb{Q}_p}(F^i V_p) \subseteq F^i V_p$, 惯性群以 χ_p^i 作用在 $F^i V_p / F^{i+1} V_p$ 上.

假设 V_p 有格 T_p 满足: $G_{\mathbb{Q}} T_p \subseteq T_p$. 记 $A_p = V_p/T_p$, $V_p^* = \operatorname{Hom}(V_p, \mathbb{Q}_p(1))$, $T_p^* = \operatorname{Hom}(V_p, \mathbb{Z}_p(1))$, $A_p^* = V_p^*/T_p^*$. 以 B_p 记 $(A_p^{G_{\mathbb{Q}_\infty}})^\wedge$. 同样定义 B_p^*, 则 B_p, B_p^* 是有限生成挠 Λ 模. 设

$$\delta_{A_p} = \lambda_{B_p} \lambda_{B_p^*}^\iota.$$

Γ 的自同构 $\gamma \mapsto \gamma^{-1}$ 诱导 Λ 的自同构记为 ι.

$\mathbb{Q}_\infty$ 有唯一的素位 v_p 使 $v_p | p$. 对 $\mathbb{Q}_\infty$ 的素位 v, 则选定 $\bar{\mathbb{Q}}$ 的素位 $\bar{v}|v$. $G_{\mathbb{Q}_\infty}$ 在 $\bar{v}$ 的惯性群记为 I_v. 定义 Selmer 群为

$$S_p = \operatorname{Sel}(A_p) = \operatorname{Ker}\left(H^1(G_{\mathbb{Q}_\infty}, A_p) \to H^1(I_{v_p}, A_p/F^1 A_p) \times \prod_{v \neq v_p} H^1(I_v, A_p) \right),$$

则可以证明 $\operatorname{Sel}(A_p)^\wedge$ 是有限生成的. 大家猜想 $\operatorname{Sel}(A_p)^\wedge$ 是挠 Λ 模.

主猜想给出 ℓ 进表示相容系统 $V = \{V_\ell\}$. 假设 V_p 是平常的, 且 V_p 有格 T_p 满足: $G_{\mathbb{Q}} T_p \subseteq T_p$. 则有 $\beta \in \mathbb{Q}^\times \Lambda^\times$ 使得

$$(\theta_V) = \lambda_{\operatorname{Sel}(A_p)^\wedge} \delta_{A_p} \beta.$$

参考

[1] R. Greenberg, Iwasawa theory for motives, in *L Functions and Arithmetic*, London Math Soc Lecture Notes 153, (1991) 211-233.

[2] J. Nekovar, Selmer complexes, *Asterisques* 310, Soc. Math. France, (2006).

经典岩泽理论 对素数 ℓ, $n \in \mathbb{Z}$, 以 $\mathbb{Q}_\ell(n)$ 记 1 维 $\mathbb{Q}_\ell$ 空间, $G_{\mathbb{Q}}$ 以 χ_ℓ^n 作用. 则 $\mathbb{Q}(n) = \{\mathbb{Q}_\ell(n)\}$ 是 ℓ 进表示相容系统, 并在每个 p 都是平常的. 这时有 Kubota-Leopoldt 的 p 进 L-函数. 此外设 $p > 2$, 主猜想是对的, 这是著名的 Mazur-Wiles 定理 (Class fields of abelian extensions of $\mathbb{Q}$, *Inv. Math.* 76 (1984) 179-330; 另一证明是 K. Rubin 在 Lang, *Cyclotomic Fields*, Springer 1989 中的附录).

8.10.5 椭圆曲线

设 E 为定义在 $\mathbb{Q}$ 上的椭圆曲线. 则 E 的 ℓ 进表示相容系统

$$V_\ell^1(E) = H_{et}^1(E \times_{\mathbb{Q}} \bar{\mathbb{Q}}, \mathbb{Q}_\ell)$$

给出 L-函数, 记为 $L(s, E)$. 这个 L-函数是 E 的 Hasse-Weil ζ-函数的 H^1 因子. 我们有公式

$$L(s, E) = \prod_p \left(1 - a_p(E) p^{-s} + \varepsilon(p) p^{1-2s}\right)^{-1},$$

其中 $a_p(E) = p+1-|(E\otimes\mathbb{F}_p)_{ns}(\mathbb{F}_p)|$, 若 $E\otimes\mathbb{F}_p$ 是椭圆曲线, $\varepsilon(p)=1$, 否则取值 0. 当 $\operatorname{Im} s > \frac{3}{2}$ 时, $L(s,E)$ 绝对收敛.

权为 k 关于 $\Gamma_0(N)$ 的尖型式所组成的复向量空间记为 $\mathfrak{S}_k(N)$.

$f\in\mathfrak{S}_k(N)$ 的 Mellin 变换是

$$L(s,f) = \int_0^\infty f(iy)y^s \frac{dy}{y}.$$

若 $f(z) = \sum_{n=1}^\infty a_n(f)e^{2\pi inz}$ 是 f 的 Fourier 展开式, 则得 Dirichlet 级数

$$L(s,f) = \sum_{n=1}^\infty a_n(f)n^{-s}.$$

Hecke 定理 $L(s,f)$ 有 Euler 积当且仅当 f 是 Hecke 算子代数 $\mathscr{T}$ 的特征向量, 此时

$$L(s,f) = \prod_p \left(1 - a_p(f)p^{-s} + \mathbf{1}_N(p)p^{k-1-2s}\right)^{-1},$$

其中 $\mathbf{1}_N$ 是平凡的 $\bmod N$ Dirichlet 特征标.

同时看见这两个公式的人可能都会问这两个公式是否一样? 这正是日本人谷山丰 (Taniyama, 1927—1958)–志村五郎 (Shimura, 1930—) 猜想.

定理 设定义在 $\mathbb{Q}$ 上的椭圆曲线 E 的导子是 N. 则有特征型 $f\in\mathfrak{S}_2(N)$ 使得

$$L(s,E) = L(s,f).$$

大家都知道 Wiles 从这定理推出关于 $x^n+y^n=z^n$ 的 Fermat 最后定理, 该定理的另一个推论是: 当 $\tilde{E}=E\otimes\mathbb{F}_p$ 是椭圆曲线和 $\tilde{E}[p^n]=\mathbb{Z}/p^n\mathbb{Z}$ 时, $L(s,E)$ 有 p 进 L-函数 $\mathfrak{L}(\psi,E)$, 即有以下性质
(1) 若 ϕ 是 Dirichlet 特征标, 则有插值因子 $c_\phi\in\mathbb{C}^\times$ 使得 $\mathfrak{L}(\phi,E)=c_\phi L(1,\phi,E)$.
(2) 存在 $\theta_E\in(\Lambda\otimes_{\mathbb{Z}_p}\mathbb{Q}_p)$ (Stickelberger 元) 使得对有限个 ψ 外, $\mathfrak{L}(\psi,E)=\psi(\theta_E)$.

参考

[1] Mazur, Swinnerton-Dyer, Arithmetic of Weil curves, *Inv. Math.* 25 (1974), 1-61.
[2] Mazur, Tate, Teitelbaum, On *p*-adic analogues of the conjectures of Birch and Swinnerton-Dyer, *Inv. Math.* 84 (1986), 1-48.

下一步当然是

定理 椭圆曲线 E 的 ℓ 进表示相容系统 $V_\ell^1(E)$ 的主猜想是正确的.

这是 Kato、Rohrlich、Skinner 和 Urban 的工作.

8.10.6 志村簇

在这一段我只可以说个故事，因为连定义我也不能讲清楚.

以 $\mathbb{Z}_{(p)}$ 记 $\mathbb{Z}$ 在素理想 (p) 的局部化，$\mathbb{Z}_{(p)}/(p) \cong \mathbb{F}_p$. 取定义在 $\mathbb{Q}$ 上的光滑射影簇 X. 设有由素数组成的有限集 S，使得对 $p \notin S$ 有 $\mathbb{Z}_{(p)}$ 上的光滑固有簇 X_p 满足条件：$X_p \times_{\mathbb{Z}_{(p)}} \mathbb{Q} \cong X$. 记 $X_p \times_{\mathbb{Z}_{(p)}} \mathbb{F}_p$ 为 $X(p)$. 用以下条件定义 $Z_p(z, X)$：

$$Z_p(0, X) = 1, \quad z\frac{d}{dz}(\log Z_p(z, X)) = \sum_{n=1}^{\infty} N_n z^n,$$

其中 $N_n = |X_p(\mathbb{F}_{p^n})|$. 我们还假设当 $p \in S \cup \{\infty\}$，已知怎样定义 $Z_p(z, X)$. 则 X 的 Hasse-Weil ζ-函数是

$$Z(s, X) = \prod_p Z_p(p^{-s}, X).$$

标准猜想：存在 L-函数分解

$$Z(s, X) = \prod_{i=0}^{2 \dim X} L^{(i)}(s, X)^{(-1)^i}.$$

与此有关的说法请看：

[1] A. Weil, Courbes Algébriques, Hermann (1948).

[2] G. Shimura, The zeta function of an algebraic variety and automorphic functions, in Algebraic Geometry at Woodshole, (1964).

[3] S. Kleiman, Algebraic cycles and the Weil conjectures, in Dix Expose sur la cohomology, North Holland, 1968.

[4] J.P. Serre, Facteurs locaux des fonctions zeta des varietes algebriques, in Sem. Delange-Pisot-Poitou, 11 (1969-1970) no. 19.

[5] A. Grothendieck, Standard conjectures on algebraic cycles, in Algebraic geometry, Bombay, Oxford University Press (1969) 193-199.

如果你是 Langlands，你相信所有的 Artin L-函数都可以表达为自守 L-函数，则也许你亦会像 Fontaine 和 Mazur 盼望所有以上的 $L^{(i)}(s, X)$ 可以表达为自守 L-函数.

但是怎样去证明呢？用 "志村簇" 来做试金石.

"志村簇" 是由志村开始研究，今日的定义由 Deligne 给出. 一个志村簇 X 的 $\mathbb{C}$ 点是局部对称空间的正极限，这些对称空间有同一微分同胚群 G，它是个线性代数群. 射影簇 X 的 Hasse-Weil ζ-函数由 $N_n = |X_p(\mathbb{F}_{p^n})|$ 决定，而 $X_p(\mathbb{F}_{p^n})$ 正是 Frob^n 在 $X_p(\bar{\mathbb{F}}_p)$ 的不动点，于是 Lefschetz 不动点定理正好用来计算 N_n，这是 Weil 的想法. Langlands 在 Ihara 的影响下想到 Lefschetz 不动点定理计算出来的迹和是可以表达为 G 的轨道积分的和，而按 Selberg 迹公式，G 的轨道积分的和等于 G 的自守表示的迹

和. 如此便应该从 X 的 Hasse-Weil L-函数找到对应的自守 L-函数了. 说是这样说, 执行起来就困难重重了.

首先把 Lefschetz 这个拓扑定理 (可参考

[1] K. Lamotke, The topology of complex projective varieties after Lefschetz, *Topology*, 20 (1981), 15-51.

[2] R. Brown, *The Lefschetz Fixed Point Theorem*. Scott, Foresman and Co., Glenview, Ill. London, (1971).)

推广到代数几何就不简单了, 第一个没有详证的参考是

[3] J.-L. Verdier, The Lefschetz fixed point formula in etale cohomology. *Proc. Conf. Local Fields* (Driebergen 1966), edited by T. Springer, Springer, Berlin Heidelberg New York, 1967, p. 199-214.

后来 Deligne 总算给了个证明

[4] SGA $4\frac{1}{2}$, Rapport 4-6, in *Cohomologie Étale*, Lecture Notes in Math. 569, Springer-Verlag (1977).

也可以看

[5] Fu Lei, *Etale Cohomology Theory*, World Scientific Pub Co, 2 ed. (2015). (Chapter 10)

[6] A. Grothendieck, I. Bucur, C. Honzel, L. Illusie, J.-P. Jouanolou, J.-P. Serre, *Cohomologie ℓ-adique et Fonctions*, SGA 5, Lect. Notes in Math., 589, Springer (1977).

但最后完整的版本要等到 Deligne 猜想的证明

[7] K. Fujiwara, Rigid geometry, Lefschetz-Verdier trace formula and Deligne's conjecture, *Invent. Math.* 127 (1997), 489-533.

[8] Y. Varshavsky, A proof of a generalization of Deligne's conjecture, *Electron. Res. Announc. Amer. Math. Soc.* 11 (2005), 78-88.

请你想想, 一个站在 60 年代末 70 年代初的人, 不知道怎样证明这不动点定理, 不会用它, 又未曾闻 Deligne 猜想, 困难多大.

另一方面, 把 Selberg 这个几十年之后才发表的关于 $SL(2,\mathbb{R})$ 的迹公式推广到适用于这个问题的一般线性代数群, 要经过理解内窥现象、L 不可分别、迹公式稳定化、不变迹公式.

如果把 Langlands、Tate、Arthur、Labesse、Kottwitz、Harris、Taylor、Laumon、Harder、Rapoport 等人及他们众多学生的工作, 前后四十年, 用 "人年" 做单位, 整个计划恐怕用了不下一千人年, 最后由吴宝珠 "终成正果" —— 他因证明 "基本引理" 于 2010 年获得菲尔兹奖. 加上 Wiles 证明了 Fermat 最后定理, Kisin 完全了 Mazur 的形

变理论, Khare-Wintenberger 证明了 Serre 猜想, 全场大戏才演完第一集. 而下一集包括: Artin 猜想, Langlands 对应, 内窥之外, Fontaine-Mazur 猜想, 算术 D 模与自守表示, Tate 的代数闭链猜想, Sato-Tate 猜想的全部情形及 Serre 的原相 Sato-Tate 猜想, 等等.

今日这是成熟的工艺. 关于无内窥紧志村簇, 参看

[1] R. Kottwitz, On the λ-adic representations associated to some simple Shimura varieties, *Inv. Math.* 108 (1992), 653-665.

关于志村簇的紧支集上同调的计算, 参看

[2] R. Kottwitz, Shimura varieties and λ-adic representations, in Automorphic forms, Shimura varieties and L-functions, in *Proc. of the Ann Arbor conference*, eds. L. Clozel and J. Milne, 1990, vol.I, 161-209.

[3] R. Kottwitz, Points on some Shimura varieties over finite fields, *J. Amer. Math. Soc.* 5, no.2 (1992), 373-444.

用相交上同调来计算, 参看

[4] S. Morel, On the cohomology of certain noncompact Shimura varieties, *Annals Math Studies*, 173 (2010), Princeton University Press.

下一步便需要从全新的角度, 用不同的技术或找到这些结果的新的应用才是突破了.

8.10.7 玉河数

余下让我再说说玉河数的故事, 简单描述一下玉河数的历史进程, 说明所谓 "玉河数" 猜想是指几个全不相同的问题.

1. 玉河数的起源

玉河恒夫 (Tsueno Tamagawa, 1925—), 日本数学家, 东京帝国大学博士, 美国耶鲁大学教授.

Riemann ζ-函数
$$\zeta(s) = \sum \frac{1}{n^s}, \quad s \in \mathbb{C}, \operatorname{Re} s > 1$$
可以延拓为全复平面的亚纯函数, 并且 $\zeta(0) = -\frac{1}{2}$, 这等价于有理数域的类数 $= 1$, 即 "正整数可唯一分解为素数幂乘".

在限制直积 $\mathbb{A}^\times = \prod_p \mathbb{Q}_p^\times$ 上取适当测度 μ, 则 $\zeta(0) = -\frac{1}{2}$ 等价于
$$\mu(\mathbb{A}^1/\mathbb{Q}^\times) = 1.$$

这可以说是第一个玉河数结果了 (Dedekind 1879).

我们可以把以上的结果看作关于代数群 $GL_1/\mathbb{Q}$ 的结果, 那就可以大胆地推广了. 设 G 是定义在有理数域 $\mathbb{Q}$ 上的单连通连通半单代数群. μ 是 G 的玉河测度, 称

$$\tau(G) = \mu(G(\mathbb{Q})\backslash G(\mathbb{A}))$$

为 G 的**玉河数** (Tamagawa number).

Weil 的玉河数猜想是 $\tau(G) = 1$.

这是 Langlands–黎景辉–Kottwitz (1988) 的定理.

更多的介绍请看 [17] 第一篇第四章的第 3 节.

此外还有别的观点看这个玉河数, 比如

[1] J.-P. Serre, Cohomologie des groupes discrets, *Ann. of Math. Stud.* 70, Princeton Univ. Press, Princeton, 1971, 77-169.

[2] G. Prasad, Volumes of S-arithmetic quotients of semi-simple groups (1989).

[3] K. F. Lai (黎景辉), Lefschetz Number and Unitary Groups, *Bull. Australian Math. Soc.* 43 (1991), 193-209.

Gross 定义线性代数群 G 的原相 M_G

[4] B. H. Gross, On the motive of a reductive group, *Invent. Math.* 130 (1997), 287-313.

引入 Gross 测度与 M_G 的 L-函数的关系, 以至与内规不变量和 Langlands 参数的关系, 可参考

[5] B. H. Gross and W. T. Gan (颜维德), Haar measure and the Artin conductor, *Trans. Amer. Math. Soc.* 351 (1999), 1691-1704.

[6] B. H. Gross, M. Reeder, Arithmetic invariants of discrete Langlands parameters, *Duke Math. J.* 154 (2010) 431-508.

[7] R. E. Kottwitz, Stable trace formula: Cuspidal tempered terms, *Duke Math. J.* 51 (1984), 611-650.

[8] Wen-Wei Li (李文威), La formule des traces stable pour le groupe metaplectiques: les termes elliptiques, *Invent. Math.* 202 (2015), 743-838.

与这些相关的还有平贺郁、市野笃史、池田保的猜想

[9] K. Hiraga, A. Ichino, T. Ikeda, Formal degrees and adjoint γ-factors, *J. Amer. Math. Soc.* 21 (2008), 283-304; Correction, *J. Amer. Math. Soc.* 21 (2008), 1211-1213.

这样我们看到: 证明玉河数猜想是一回事, 但是研究玉河数作为线性代数群的一个不变量与自守表示的不变量的关系还是在做的工作.

2. 函数域上线性代数群的玉河数

Gaitsgory, Lurie, Weil's conjecture for function fields, (2014) 给出函数域上线性代

8.10 后记: 上同调理论和数论

数群的 Weil 的玉河数猜想的一个快四百页的证明. 玉河数猜想的缘起例子是玉河用拓扑群的语言重新表达 Smith-Minkowski-Siegel 公式. Gaitsgory-Lurie 认为: 还是回到原来的 Smith-Minkowski-Siegel 公式, 才可以用上函数域的代数几何学工具, 这些函数域上的工具在数域上是没有对应的.

设 V 是有限生成投射 $\mathbb{Z}$ 模. $q: V \to \mathbb{Z}$ 是二次型. 取 $b(v,w) = q(v+w) - q(v) - q(w)$. 设 b 决定 V 和 $\mathrm{Hom}(V, \mathbb{Z})$ 的同构. 设 $b(v,w) = 0, \forall v \in V \Rightarrow w = 0$. 以 n 记 V 的秩. 以 $[q]$ 记这样的 q 的同构类, 所有的 $[q]$ 组成的集合记为 $\mathscr{Q}(n)$.

设 $8 \mid n$, Smith-Minkowski-Siegel 公式是

$$\sum_{[q] \in \mathscr{Q}(n)} \frac{1}{|O_q(\mathbb{Z})|} = \frac{B_{n/4}}{n} \prod_{1 \leqslant j < n/2} \frac{B_j}{4j},$$

其中 B_j 是 Bernoulli 数. 把 $\frac{1}{|O_q(\mathbb{Z})|}$ 看为类 $[q]$ 的权数.

这个公式等价于 $\tau(SO_q) = 2$.

设 X 为 $\mathbb{F}_q$ 上的光滑固有几何连通代数曲线, K 为 X 的函数域. G 是 X 上光滑仿射群概形, G_K 是单连通连通半单代数群.

$|G(K) \backslash G(\mathbb{A}) / \prod_{x \in X} G(\mathcal{O}_{X,x})|$ 是 X 上主 G 丛同构类 $[P]$ 的个数, 于是 Weil 猜想等价于

$$\sum_{[P]} \frac{1}{|\mathrm{Aut}(P)|} = \frac{1}{\mu(\prod_{x \in X} G(\mathcal{O}_{X,x}))}.$$

X 上 G 丛构成叠 (stack), 记为 $\mathrm{Bun}_G(X)$, 则

$$|\mathrm{Bun}_G(X)(\mathbb{F}_q)| = \sum_{[P]} \frac{1}{|\mathrm{Aut}(P)|}.$$

利用 Grothendieck-Lefschetz 迹公式 (和 Poincaré 对偶把 H_c^* 换作 $(H_*)^\vee$) 得

$$|\mathrm{Bun}_G(X)(\mathbb{F}_q)| = q^{\dim \mathrm{Bun}_G(X)} \sum_i (-1)^i \mathrm{Tr}\left(\mathrm{Frob}^{-1} | H^i(\mathrm{Bun}_G(X), \mathbb{Q}_\ell)\right).$$

这里用的是 Behrend 的博士论文, The Lefschetz trace formula for algebraic stacks, *Invent. Math.* 112 (1993), 127-149.

所以要证明的是

$$\sum_i (-1)^i \mathrm{Tr}\left(\mathrm{Frob}^{-1} | H^i(\mathrm{Bun}_G(X), \mathbb{Q}_\ell)\right) = \frac{q^{-\dim \mathrm{Bun}_G(X)}}{\mu(\prod_{x \in X} G(\mathcal{O}_{X,x}))}.$$

余下的是一个代数拓扑的计算. 利用了非交换 Poincaré 对偶和 $G(K_x)/G(\mathcal{O}_{X,x})$ 作为一个仿射 Grassmannian 同构于 $\Omega G \simeq \Omega^2 BG$.

Gaitsgory-Lurie 称他们的工作为 "counting problem" (计数问题), 表面上不同, 实质是一样的, 正如 Langlands 的志村簇的 zeta 函数计算, 大家都用了 Lefschetz 不动点定理.

你要 "计数" 总得要一个有限的东西才好算.

设 X 是拟射影 K 概形. 定义范畴 $\operatorname{Ran}(X)$ 的对象为 (R, S, μ), 其中 R 为 K 环, S 为非空有限集, $\mu: S \to X(R)$, 得**预叠** (pre-stack)

$$\operatorname{Ran}(X) \to \operatorname{Ring}_K : (R, S, \mu) \to R.$$

除有限个点外平凡化的 X 上 G 丛构成预叠记为 $\operatorname{Ran}_G(X)$.

有忘记函子

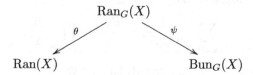

使得

(1) 对 $x \in X \subseteq \operatorname{Ran}(X)$, 在 x 的完备局部环记为 $\mathcal{O}_x$, 设 $\mathcal{K}_x = \operatorname{Frac}(\mathcal{O}_x)$, 有双射

$$\operatorname{Ran}_G(X) \times_{\operatorname{Ran}(X)} \{x\} \to G(\mathcal{K}_x)/G(\mathcal{O}_x).$$

(2) ψ 诱导 ℓ 进同调群同构 (ℓ 与 K 特征互素).

技术上还是有很多困难的.

在构造时会有很多 $\varinjlim$, $\varprojlim$, 比如复形 $C_\bullet(\operatorname{Bun}_G(X), \mathbb{Z}_\ell)$ 和 $\varprojlim C_\bullet(\operatorname{Bun}_G(X), \mathbb{Z}/\ell^n\mathbb{Z})$ 并不等价.

又例如: 预叠 $\mathcal{C}$, $C^\bullet(\mathcal{C}, \mathbb{Q}_\ell)$ 不等价于 $C^\bullet(\mathcal{C}, \mathbb{Z}_\ell) \otimes_{\mathbb{Z}_\ell} \mathbb{Q}_\ell$, 但是

$$C_\bullet(\mathcal{C}, \mathbb{Q}_\ell) \equiv C_\bullet(\mathcal{C}, \mathbb{Z}_\ell) \otimes_{\mathbb{Z}_\ell} \mathbb{Q}_\ell,$$

这样便需要用 Poincaré 对偶.

余下的是 ∞ 范畴和同伦论, 我们不多说了.

3. 等变玉河数

可以说 Weil 的玉河数猜想是基本上做完了, 也许余下还可以问: 在什么域 F 上的线性代数群 G 可以有类似的结果呢? 如果说: 玉河数是来自二次型, 那么高次型会不会有类似的结构呢? 又可以问: 玉河测度与其他有算术意义的测度的关系, 玉河数与离散序列表示的形式次数, L 参数, 内窥上同调参数, 轨道积分渐近, 以至所有在迹公式出现的不变量的关系. 再放宽一点: 考虑线性代数群的算术子群的算术不变量. 已知的结果都不是完整的——受某种群、某种域的限制!

此外我们还可以回头再问: 最简单的线性代数群 GL_1 的玉河数是什么?

可以解析延拓 Riemann ζ-函数 $\zeta_\mathbb{Q}(s) = \prod_p (1 - p^{-s})^{-1}$, $\operatorname{Re} s > 1$ 为半纯函数, 并且 $\zeta_\mathbb{Q}(0) = -\frac{1}{2}$. 我们说过此定理等价于 $\tau(GL_1) = 1$.

GL_1 的直接推广是**代数环面** (algebraic torus). 设 T 是代数数域 F 上的代数环面, 即在 F 的代数闭包上 T 同构于多个 GL_1 的直积.

以 $H^1(T)$ 记 Galois 上同调群 $H^1(\mathrm{Gal}(\bar{\mathbb{Q}}/\mathbb{Q}, T(\bar{\mathbb{Q}})))$. $X(T)$ 为 T 的特征群, $P(T)$ 为 $H^1(X(T))$. 以 $Ш(T)$ 记 Hasse 映射 $H^1(T) \to H^1(T_\mathbb{A})$. 小野孝 (Ono) 证明

$$\tau(T) = \frac{|P(T)|}{|Ш(T)|}.$$

模仿小野孝定理, Cassels 定义椭圆曲线的玉河测度以便把秩为 0 的椭圆曲线 E 的 Birch Swinnerton-Dyer 猜想写成

$$\tau(E) = \frac{|E(\mathbb{Q})_\mathrm{tors}|^2}{|Ш(E)|}.$$

事实上, 小野孝和 Cassels 的定理都隐藏了更重要的事, 就是 L-函数在 $s=1$ 的值.

今日 BSD 猜想是这样的: 设 E 为 $\mathbb{Q}$ 上的椭圆曲线, r 为 $rk_\mathbb{Z}E(\mathbb{Q})$. 群概形 $\mathscr{E}/\mathbb{Z}$ 为 E 的 Neron 模型. 以 $\Phi_p(E)$ 记 $\mathbb{F}_p$ 上有限 etale 群概形 $(\mathscr{E} \otimes \mathbb{F}_p)/(\mathscr{E} \otimes \mathbb{F}_p)^o$.
(1) $\mathrm{ord}_{s=1} L(E,s) = r$.
(2) 若 $Ш(E/\mathbb{Q}) < \infty$, 则

$$\lim_{s \to 1}(s-1)^{-r} L(E,s) = \frac{|Ш(E/\mathbb{Q})|}{P},$$

其中

$$P = \frac{|E(\mathbb{Q})_\mathrm{tors}|^2}{\Omega_\infty \, R(E/\mathbb{Q}) \prod c_v}, \quad c_\infty = |E(\mathbb{R})/E(\mathbb{R})^o|, \quad c_p = |\Phi_p(E)(\mathbb{F}_p)|.$$

这个 BSD 猜想就像冰山露在水上的一个小角, 要更全面地看便需要用 motive 理论.

顺便谈谈 motive 的中文译名. 目前没有大家都同意的译名, 有的译为 "恒机", 有的译为 "主题", 我建议译为 "原相". 首先 "相" 字在数学早就有了, 如 "位相". 按字典 "相" 字的意义包括: 视察, 样貌, 形色, 本质. "原" 者, 本也. 所以 "原相" 是有 Grothendieck 的 motive 的意义. 另外 Deligne 谈到 motive 的时候只是说 motive 的各种 realization, 这样若称 motive 为 "原相", 那就称 realization 为 "现相" 了.

数域 F 的 ζ-函数 $\zeta_F(s)$ 的函数方程联系 ζ_F 在 s 和 $1-s$ 的值. ζ_F 在 $s=1$ 有单极, $s=0$ 是个 r_1+r_2-1 阶的零点. 在 $s=0$ 的 Taylor 展开的**带头系数** (leading coefficient) 是

$$\lim_{s \to 0} \zeta_F(s) s^{r_1+r_2-1} = -\frac{|\mathrm{Pic}(\mathcal{O}_F)|R}{|(\mathcal{O}_F^\times)^\mathrm{tor}|},$$

其中 R 是 $\mathbb{R}^{r_1+r_2}/\mathrm{Img}(r)$ 的体积, $r: \mathcal{O}_F^\times \oplus \mathbb{Z} \to \mathbb{R}^{r_1+r_2}$ 是 Dirichlet **调控子** (regulator).

沿着这个思路可以问若是把 $\mathrm{Spec}\,\mathcal{O}_F$ 换成 $\mathbb{Q}$ 上的光滑射影簇 X, 那么调控子是什么? 猜想是: X 的 i 上同调的 L-函数 $L(s, h^i(X))$ 有函数方程联系 L 在 s 和 $i+1-s$ 的值. 取整数 $n > 1 + i/2$, Beilinson 定义从原相上同调群 $_\mathcal{M}H^\bullet$ 至 Deligne 上同调群 $_\mathcal{D}H^\bullet$ 的调控子映射 r. 他猜想 $\det(r) \bmod \mathbb{Q}^\times$ 就是 $L(s, h^i(X))$ 在 $s = i+1-n$ 的带头系数. 在这个 Beilinson 猜想的背景下便有 Bloch-Kato 的工作.

让我们看看 Bloch-Kato 猜想. 若 $G = \mathrm{Gal}(\bar{\mathbb{Q}}/\mathbb{Q})$ 在 $V \otimes \mathbb{A}_f$ 上有连续表示, 其中 $\dim_\mathbb{Q} V < \infty$, 则设 $H^1_f(\mathbb{Q}_p, V_p)$ 为

$$\mathrm{Ker}(H^1(\mathbb{Q}_p, V_p) \to H^1(\mathbb{Q}_p, B_\mathrm{cris} \otimes V_p)).$$

当 $\ell \neq p$ 时, 则设 $H^1_f(\mathbb{Q}_p, V_\ell)$ 为

$$\mathrm{Ker}(H^1(\mathbb{Q}_p, V_\ell) \to H^1(\mathbb{Q}_p^\mathrm{nr}, V_\ell)).$$

映射 $\iota : H^1(\mathbb{Q}, V \otimes \mathbb{A}_f) \to H^1(\mathbb{Q}_p, V_\ell)$. 以 $H^1_\mathbb{Z}(\mathbb{Q}, V \otimes \mathbb{A}_f)$ 记 $\iota^{-1}(H^1(\mathbb{Q}_p, V_\ell))$.

设 V 有 $\mathbb{Z}$ 格使得有交换群 $A(\mathbb{Q})$, 令 $A(\mathbb{Q}) \otimes \widehat{\mathbb{Z}} = H^1_\mathbb{Z}(\mathbb{Q}, M \otimes \widehat{\mathbb{Z}})$. 设 $A(\mathbb{Q}_p) = H^1_f(\mathbb{Q}_p, M \otimes \widehat{\mathbb{Z}})$. 定义 $P(M) := H^0(\mathbb{Q}, \mathrm{Hom}(M, \mathbb{Z}) \otimes \mathbb{Q}/\mathbb{Z}(1))$, $\mathrm{III}(M)$ 为以下映射的核

$$\frac{H^1(\mathbb{Q}, M \otimes \mathbb{Q}/\mathbb{Z})}{A(\mathbb{Q}) \otimes \mathbb{Q}/\mathbb{Z}} \to \oplus_{p \leqslant \infty} \frac{H^1(\mathbb{Q}_p, M \otimes \mathbb{Q}/\mathbb{Z})}{A(\mathbb{Q}_p) \otimes \mathbb{Q}/\mathbb{Z}},$$

$\tau(M) := \mu(\prod A(\mathbb{Q}_p)/A(\mathbb{Q}))$, 测度 $\mu = \prod \mu_p$, $\mu_p(A(\mathbb{Q}_p) = \det(1 - f : H^0(\mathbb{Q}_p^\mathrm{nr}, V_\ell))$,

$$\text{Bloch-Kato 猜想}: \tau(M) = \frac{|P(M)|}{|\mathrm{III}(M)|}.$$

可以说: 在这里原相上同调群代替了交换代数群.

Bloch-Kato 猜想是关于以下的情形提出的:

(1) X 是 smooth proper scheme / $\mathbb{Q}$.
(2) $V = H^m(X(\mathbb{C}), \mathbb{Q}(2\pi i)^r)$.
(3) $M = H^m(X(\mathbb{C}), \mathbb{Z}(2\pi i)^r)/$ torsion.
(4) $\mathscr{X} = X$ 的 smooth proper model / $\mathbb{Z}$.
(5) $\Phi = \mathrm{Img}(\mathrm{gr}^r)(K_{2r-m-1}(\mathscr{X}) \otimes \mathbb{Q}) \to \mathrm{gr}^r(K_{2dr-m-1}(\mathscr{X}) \otimes \mathbb{Q}))$.
(6) $A(\mathbb{Q}) = R_f(\Phi)$, $R_f = $ Chern class map.

Fontaine、Perrin-Riou 重新叙述了 Bloch-Kato 猜想. 从 $\mathbb{Q}$ 原相 M 得四个 $\mathbb{Q}$-向量空间: 有限维空间 M_B, 有限维过滤空间 M_dR, 原相上同调空间 $H^0_f(M)$, $H^1_f(M)$.

继续前面的例子,

$$M = h^i(X)(j), \quad M_B = H^i(X(\mathbb{C}), \mathbb{Q})(j), \quad M_\mathrm{dR} = H^i_\mathrm{dR}(X/\mathbb{Q})(j),$$
$$H^0_f(M) = CH^j(X) \otimes \mathbb{Q}/\mathrm{hom}, \quad \text{当 } M = h^{2j}(X)(j),$$
$$H^1_f(M) = \mathrm{Img}(\mathrm{gr}^j K_{2j-i-1}(\mathscr{X}) \otimes \mathbb{Q}) \to \mathrm{gr}^j(K_{2dj-i-1}(\mathscr{X}) \otimes \mathbb{Q}).$$

对偶是 $M^* = h^{2d-i}(X)(d-j)$，周期同构 $M_{B,\mathbb{C}} \cong M_{\mathrm{dR},\mathbb{C}}$ 诱导 $\alpha_M : M_{B,\mathbb{R}}^+ \to (M_{\mathrm{dR}}/\mathrm{Fil}^0 M_{\mathrm{dR}})_{\mathbb{R}}$.

猜想存在正合序列

$$0 \to H_f^0(M)_{\mathbb{R}} \xrightarrow{c} \mathrm{Ker}(\alpha_M) \to H_f^1(M^*(1))_{\mathbb{R}}^*$$
$$\xrightarrow{h} H_f^1(M)_{\mathbb{R}} \xrightarrow{r} \mathrm{Cok}(\alpha_M) \to H_f^0(M^*(1))_{\mathbb{R}}^* \to 0,$$

其中 c=cycle class map, h=height pairing, r=Beilinson regulator.

$$\Xi(M) := \det_{\mathbb{Q}}(H_f^0(M)) \otimes \det_{\mathbb{Q}}^{-1}(H_f^1(M))$$
$$\otimes \det_{\mathbb{Q}}(H_f^1(M^*(1))^*) \otimes \det_{\mathbb{Q}}^{-1}(H_f^0(M^*(1))^*)$$
$$\otimes \det_{\mathbb{Q}}^{-1}(M_B^+) \otimes \det_{\mathbb{Q}}(M_{\mathrm{dR}}/\mathrm{Fil}^0).$$

$\Xi(M)$ 是 1 维 $\mathbb{Q}$-向量空间, $\vartheta_\infty : \mathbb{R} \cong \Xi(M) \otimes_{\mathbb{Q}} \mathbb{R}$. 原相 M 决定矩阵 $C_p(t)$

$$L(M,s) = \prod_p \det(C_p(p^{-s}))^{-1} = |_{s=0} L^*(M) s^{r(M)} + \ldots,$$

玉河数猜想是

$$\vartheta_\infty(L^*(M)^{-1}) \in \Xi(M) \otimes 1.$$

此外还有有限素数 ℓ 部分. 对素数 p, 若 $\ell \neq p$, 定义 $R\Gamma_f(\mathbb{Q}_p, M_\ell)$ 为 $M_\ell^{I_p} \xrightarrow{1-\mathrm{Fr}_p} M_\ell^{I_p}$; 若 $\ell = p$, 定义为 $D_{\mathrm{cris}}(M_\ell) \xrightarrow{1-\mathrm{Fr}_p, \pi} D_{\mathrm{cris}}(M_\ell) \oplus D_{\mathrm{dR}}(M_\ell)/\mathrm{Fil}^0$.

在 $\mathbb{Q}_\ell$-向量空间导范畴内可构造特异三角形

$$R\Gamma_c\left(\mathbb{Z}\left[\frac{1}{S}\right], M_\ell\right) \to R\Gamma_f(\mathbb{Q}, M_\ell) \to \oplus_{p \in S} R\Gamma_f(\mathbb{Q}_p, M_\ell),$$

其中 S 是例外素数的乘积.

A 是有限维半单 $\mathbb{Q}$-代数, 原相 M 定义在数域 K 上, A 作用在 M 上, 即有环同态 $\phi : A \to \mathrm{End}(M)$, 又称 A 为 M 的系数.

例如, (1) 当 M 来自 Galois 扩张 L/K 基换时, 即有 K 上原相 M_K 使得 $M = h^0(\mathrm{Spec}(L)) \otimes M_K$; $A = \mathbb{Q}[\mathrm{Gal}(L/K)]$ 作用在 M 上. (2) A 是**对应代数** (algebra of correspondences), 如周原相范畴的自同态环.

但此时, C_p 是系数在不交换的 A 的矩阵, 那么 det? 同样 $\Xi(M)$ 中 det?

Deligne: R 是环, 存在范畴 $V(R)$, 泛行列式函子 $[\ ] : \mathrm{ProjMod}(R) \to V(R)$; 并且 $K_0(R) \cong \pi_0(V(R))$, $K_1(R) \cong \pi_1(V(R))$.

用 $[\ ]$ 代替 det 便得 $\Xi(M)$ 为范畴 $V(A)$ 的对象和 $V(A_{\mathbb{R}})$ 的同构 $\vartheta_\infty : 1_{V(A_{\mathbb{R}})} \cong \Xi(M) \otimes_A A_{\mathbb{R}}$.

假设存在有限生成群 $\mathfrak{A}$ 使得 $\mathfrak{A} \otimes_\mathbb{Z} \mathbb{Q} = A$, 存在射影 $\mathfrak{A}_\ell$ 格 $T_\ell \subset M_\ell$ 使得 $[R\Gamma_c(\mathbb{Z}[\frac{1}{S}], T_\ell)] \in V(\mathfrak{A}_\ell)$, 并且 $V(A_\ell)$ 内有同构

$$\vartheta_\ell : \Xi(M) \otimes_A A_\ell \cong \left[R\Gamma_c\left(\mathbb{Z}\left[\frac{1}{S}\right], T_\ell\right) \right] \otimes_{\mathfrak{A}_\ell} A_\ell.$$

设 $\hat{\mathfrak{A}} = \mathfrak{A} \otimes \hat{\mathbb{Z}}$, $\hat{A} = A \otimes \hat{\mathbb{Z}}$, $\mathbb{V}(\mathfrak{A}) = V(\hat{\mathfrak{A}}) \times_{V(\hat{A})} V(A)$, 再用范畴纤维积得 $\mathbb{V}(\mathfrak{A}, \mathbb{R})$ 使得

$$\pi_0(\mathbb{V}(\mathfrak{A}, \mathbb{R})) \cong K_0(\mathfrak{A}, \mathbb{R}).$$

相对 K-群 $K_0(\mathfrak{A}, \mathbb{R})$ 在正合序列内

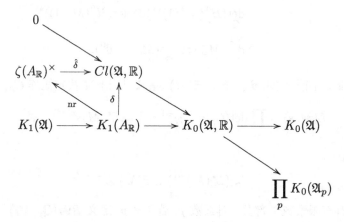

$\zeta(A_\mathbb{R})^\times$ 是 $A_\mathbb{R}$ 的中心的可逆元.

$(\Xi(M), \vartheta_\infty; [R\Gamma_c(\mathbb{Z}[\frac{1}{S}], \vartheta_\ell)]$ 决定 $K_0(\mathfrak{A}, \mathbb{R})$ 内的元素记为 $R\Omega(M, \mathfrak{A})$.

等变玉河数猜想: 在 $K_0(\mathfrak{A}, \mathbb{R})$ 内

$$\hat{\delta}(L^*(M)) = -R\Omega(M, \mathfrak{A}).$$

这个 "原相玉河数猜想" 是经过五十年和很多人的工作总结出来的结果, 这其中包括: Tate、Swinnerton-Dyer、Birch、Stark、Lichtenbaum、Deligne、Fontaine、Bloch、Kato、Beilinson 和 Burns.

虽然目前大家对原相的定义和构造没有共识, 但还是有可说的. 从以上的叙述我们希望在构造出来的**混原相范畴** $\mathscr{M}$ (category of mixed motives) 内有**原相上同调** $_\mathscr{M} H^\bullet$ (motivic cohomology) 及**整原相上同调** $_\mathscr{M} H^\bullet_\mathbb{Z}$ (integral motivic cohomology).

$\mathscr{M}$ 的对象包括 $h^n(X)(r)$, 其中 X 是代数簇, 并且 $_\mathscr{M} H^\bullet_\mathbb{Z}(h^n(X)(r))$ 是由代数 K-群 $K_\bullet(X)$ 和周群 $CH^\bullet(X)$ 所决定的.

另一方面, $\mathscr{M}$ 内每个定义在 $\mathbb{Q}$ 上的对象 M 决定一个复变映射 $\Lambda(M, s) = L_\infty(M, s) L(M, s)$.

所谓 "**原相的等变玉河数猜想**" (equivariant Tamagawa number conjecture for motives) 是一个公式, 把 $L(M,s)$ 的 Taylor 展开的首系数用 M 的整原相上同调来表达.

可以证明: 椭圆曲线的原相的玉河数猜想等价于 BDS 猜想.

这并不是给出 BDS 猜想的证明.

我们只可以说: 原相的玉河数猜想提供一个方法让我们了解几个代数数论中的重要猜想的共同结构, 并启示这方面可能证明的一些定理.

比如说: 从有理数域上的椭圆曲线的 BSD 猜想自然想到函数域上的 Abel 簇的 BSD 猜想, 这方面可以证出的定理就多了.

另一方面, 又可以问其他代数曲线, 如志村曲线的玉河数猜想. 又可以问一些有丰富性质的代数簇, 如 $K3$ 曲面的玉河数猜想.

4. 展望未来

说到这里, 我想向大家提出一些观察.

在 $\mathbb{Q}$ 上的 Weil 的玉河数猜想用的工具是 Eisenstein 级数和自守表示的迹公式, 这两个工具一直都很有用, 是值得学习的.

函数域上的 Weil 的玉河数猜想的证明用的是 ∞ 范畴论和同伦代数几何学.

等变玉河数猜想用的是非交换环的代数 K-理论和原相同调代数.

正像 Eisenstein 级数和迹公式一样, 值得考虑把这些新的工具教给学生.

Langlands 曾说:

"I want to encourage analytic number theorists to think more deeply about automorphic forms and specialists in the theory of automorphic forms to begin to exploit the deeper techniques of analytic number theory."

$\qquad$ –*Endoscopy and beyond, IAS, March 30, 2000, page 4.*

"I also had occasion to listen to lectures of Ngo and to try to understand them. I discovered that I had been thinking for decades of orbital integrals in an incorrect way. With the notion of stack, orbital integrals regarded as yielding the number of points on a stack, a number that can be calculated cohomologically."

$\qquad$ –*Reflexions on receiving the Shaw Prize, September, 2007, page 7.*

也许像小孩一样, 看见新的玩具, 便爱不释手, 认为是天下最好的了! 事实上解析方法和代数方法是同样重要的. 我国在解析方法是有相当成就的, 不过在过去二十年代数方法有很大的改变, 这种代数不单是 Lurie 的工具, 亦出现在 Voevodsky 在 2012 年解决关于二次型的 Bloch-Kato 猜想.

拓扑空间 X 上复向量丛范畴的 Grothendieck 群记作 $K(X)$, 则 $X \mapsto K(X)$ 是可表函子, 即有拓扑空间 Z 使得 $[X,Z] \approx K(X)$. 张量积使 $K(X)$ 为环, 这样 Z 便为拓

扑空间同伦范畴内的交换环对象. 交换环是 Abel 群的对称单胚范畴的对象. 把 Abel 群范畴换为由拓扑空间谱 (SPECTRA) 所组成的对称单胚 ∞ 范畴, 便得 $\mathbb{Z}$ 为此范畴的交换环对象, 如此便得 K-群的更丰富多彩的性质了. 这就是我所指新代数的一个例子吧!

我相信大部分人的目的不是要证明这些猜想, 而是从对这种猜想结构的认识启发得到可证明的定理!

习 题

1. 设 $n > 0$, 素数 $p > 2$. 对 $\sigma \in \mathrm{Gal}(\mathbb{Q}(\mu_{p^n})/\mathbb{Q})$, 取 $a \in \mathbb{Z}$ 使得 $\sigma(\zeta) = \zeta^a$ 对所有 $\zeta \in \mu_{p^n}$ 成立.

    (1) 证明: $\sigma \mapsto a + p^n\mathbb{Z}$ 决定同构
    $$\mathrm{Gal}(\mathbb{Q}(\mu_{p^n})/\mathbb{Q}) \to \mathrm{Aut}(\mu_{p^n}) \cong (\mathbb{Z}/p^n\mathbb{Z})^\times.$$

    设 $m \geqslant n$, 则 $\mathbb{Q}(\mu_{p^n}) \subseteq \mathbb{Q}(\mu_{p^m})$, 并有交换图

    $$\begin{array}{ccc}
    \mathrm{Gal}(\mathbb{Q}(\mu_{p^m})/\mathbb{Q}) & \xrightarrow{\approx} & (\mathbb{Z}/p^m\mathbb{Z})^\times \\
    \downarrow \text{限} & & \downarrow \bmod p^n \\
    \mathrm{Gal}(\mathbb{Q}(\mu_{p^n})/\mathbb{Q}) & \xrightarrow{\approx} & (\mathbb{Z}/p^n\mathbb{Z})^\times
    \end{array}$$

    于是得同态
    $$\chi_p : G_\mathbb{Q} \xrightarrow{\pi} \mathrm{Gal}(\mathbb{Q}(\mu_{p^\infty})/\mathbb{Q}) = \varprojlim \mathrm{Gal}(\mathbb{Q}(\mu_{p^n})/\mathbb{Q}) \xrightarrow{\approx} \varprojlim(\mathbb{Z}/p^n\mathbb{Z})^\times = \mathbb{Z}_p^\times,$$

    其中 $G_\mathbb{Q} = \mathrm{Gal}(\bar{\mathbb{Q}}/\mathbb{Q})$, π 为投射. 称 χ_p 为 **p 进分圆特征标** (*p*-adic cyclotomic character). 证明: $G_\mathbb{Q}$ 在 μ_{p^∞} 的作用是 $\sigma(\zeta) = \zeta^{\chi_p(\sigma)}$, 亦即说, σ 在 μ_{p^n} 的作用是由 $\chi_p(\sigma) \bmod p^n \in (\mathbb{Z}/p^n\mathbb{Z})^\times$ 次方给出. 这样 $\chi_p \bmod p^n$ 的核是开子核 (对应于有限扩张 $\mathbb{Q}(\mu_{p^n})/\mathbb{Q}$), 于是 χ_p 是连续的.

    (2) 证明: 在 p 之外无分歧的 $\mathbb{Q}$ 的最大交换扩张是 $\mathbb{Q}(\mu_{p^\infty})/\mathbb{Q}$.

    (3) 利用同构
    $$(\mathbb{Z}/p^{n+1}\mathbb{Z})^\times \cong \Delta \times (\mathbb{Z}/p^n\mathbb{Z}), \quad \text{其中 } \Delta = (\mathbb{Z}/p\mathbb{Z})^\times.$$

    可取 Δ 在 $\mathbb{Q}(\mu_{p^{n+1}})$ 中的固定域 $\mathbb{Q}_n$, 则 $\mathrm{Gal}(\mathbb{Q}_n/\mathbb{Q}) \cong \mathbb{Z}/p^n\mathbb{Z}$. 取 $\mathbb{Q}_\infty = \cup_{n \geqslant 0} \mathbb{Q}_n$, 则 $\mathrm{Gal}(\mathbb{Q}_\infty/\mathbb{Q}) \cong \mathbb{Z}_p$. 称 $\mathbb{Q}_\infty$ 为 $\mathbb{Q}$ 的分圆 $\mathbb{Z}_p$ 扩张. 证明: Galois 群
    $$\mathrm{Gal}(\mathbb{Q}(\mu_{p^\infty})/\mathbb{Q}) \cong \mathbb{Z}_p^\times = \Delta \times (1 + p\mathbb{Z}_p)$$

    的挠子群 Δ 在 $\mathbb{Q}(\mu_{p^\infty})$ 中的固定域是 $\mathbb{Q}_\infty$, $\mathrm{Gal}(\mathbb{Q}(\mu_{p^\infty})/\mathbb{Q}_\infty) = \Delta$.

(4) 以 Γ 记 $\mathrm{Gal}(\mathbb{Q}_\infty/\mathbb{Q})$, Γ 是用乘法, $\Gamma/\Gamma^{p^n} \approx \mathbb{Z}/p^n\mathbb{Z}$. 在 Γ/Γ^{p^n} 取生成元 $\gamma_{(n)}$ 使得对 $m \geqslant n$,

$$\begin{array}{ccc} \mathbb{Z}/p^m\mathbb{Z} & \xrightarrow{\approx} & \Gamma/\Gamma^{p^m} \ni \gamma_{(m)} \\ \downarrow & & \downarrow \\ \mathbb{Z}/p^n\mathbb{Z} & \xrightarrow{\approx} & \Gamma/\Gamma^{p^n} \ni \gamma_{(n)} \end{array}$$

证明: $\{\gamma_{(n)}\}$ 决定 Γ 的生成元 γ 及同构

$$\mathbb{Z}_p \xrightarrow{\approx} \Gamma : x \mapsto \gamma^x.$$

(5) 引入变元 T, 设 $X = T - 1$. 证明: $\mathbb{Z}_p[T] = \mathbb{Z}_p[X]$, 并有同构

$$\mathbb{Z}_p[T]/(T^{p^n} - 1) \approx \mathbb{Z}_p[X]/(h_n(X)) \approx \mathbb{Z}_p[[X]]/h_n(X)\mathbb{Z}_p[[X]],$$

其中 $h_n(X) = (1+X)^{p^n} - 1 = X^{p^n} + \ldots$, 以及同构

$$\mathbb{Z}_p[[X]] \to \varprojlim_n \mathbb{Z}_p[X]/(h_n(X)).$$

证明: 有交换图

$$\begin{array}{ccc} \mathbb{Z}_p[\Gamma/\Gamma^{p^{n+1}}] & \longrightarrow & \mathbb{Z}_p[T]/(T^{p^{n+1}} - 1) \\ \downarrow & & \downarrow \\ \mathbb{Z}_p[\Gamma/\Gamma^{p^n}] & \longrightarrow & \mathbb{Z}_p[T]/(T^{p^n} - 1) \end{array}$$

于是得同构

$$\varprojlim_n \mathbb{Z}_p[\Gamma/\Gamma^{p^n}] \xrightarrow{\approx} \mathbb{Z}_p[[X]].$$

(6) 证明: 导子是 p^d 的 Dirichlet 特征标 ϕ 决定特征标

$$G_\mathbb{Q} \to \mathrm{Gal}(\mathbb{Q}(\mu_{p^\infty})/\mathbb{Q}) \to \mathrm{Gal}(\mathbb{Q}(\mu_d)/\mathbb{Q}) \cong (\mathbb{Z}/p^d\mathbb{Z})^\times \xrightarrow{\phi} \mathbb{C}^\times.$$

2. 设 R 是特征 0 完备离散赋值环, 剩余域是特征 p, $F = \mathrm{Frac}(R)$. 证明: 有连续的群同态 $\chi : \mathrm{Gal}(\bar{F}/F) \to \mathbb{Z}_p^\times$ 使得在 μ_{p^∞} 的作用是 $\sigma(\zeta) = \zeta^{\chi(\sigma)}$. 证明: 当 $n \to \infty$, 分歧指标 $e_{F(\mu_{p^n})|F} \to \infty$ (我们说: $F(\mu_{p^\infty})/F$ 是**无穷分歧的** (infinitely ramified)). I_F 是惯性子群. 证明: $\chi(I_F)$ 是无限群.

3. 设 $\boldsymbol{\mu}_m(F) := \{a \in F : a^m = 1\}$. 固定素数 p, 有正合序列

$$1 \to \boldsymbol{\mu}_{p^n}(F^{\mathrm{sep}}) \to F^{\mathrm{sep}\times} \xrightarrow{(\bullet)^{p^n}} F^{\mathrm{sep}\times} \to 1.$$

(1) 证明: 若 F 的特征 $\neq p$, 则 $\boldsymbol{\mu}_{p^n}(F^{\mathrm{sep}}) \cong \mathbb{Z}/p^n\mathbb{Z}$; 若 F 的特征 $= p$, 则 $\boldsymbol{\mu}_{p^n}(F^{\mathrm{sep}}) \cong \{1\}$.

(2) 设 F 的特征 $\neq p$. 利用

$$\boldsymbol{\mu}_{p^{n+1}}(F^{\mathrm{sep}}) \to \boldsymbol{\mu}_{p^n}(F^{\mathrm{sep}}) : a \mapsto a^p$$

得反系统. 称
$$T_p(G_m) = \varprojlim_n \boldsymbol{\mu}_{p^n}(F^{\mathrm{sep}})$$
为 G_m 的 Tate 模. 在 $T_p(G_m)$ 内取 $t = (\varepsilon_n)_{n \geqslant 0}$, 其中 $\varepsilon_0 = 1$, $\varepsilon_1 \neq 1$, $\varepsilon_{n+1}^p = \varepsilon_n$. 对 $a = (a_p) \in \mathbb{Z}_p$, 设 $a \cdot t := (\varepsilon_n^{a_n})$. 证明: $T_p(G_m)$ 是秩为 1 的自由 $\mathbb{Z}_p$ 模.

(3) 我们改以 $\mathbb{Z}_p(1)$ 记 $T_p(G_m)$, 于是 $\mathbb{Z}_p(1) = \mathbb{Z}_p t$. 证明: 由 p 进分圆特征标 χ 的定义, 得 $G_F = \mathrm{Gal}(F^{\mathrm{sep}}/F)$ 在 $\mathbb{Z}_p(1)$ 的作用
$$\sigma(t) = \chi(\sigma) t.$$

(4) 对 $r \geqslant 0$, 定义 $\mathbb{Z}_p(r) = \mathbb{Z}_p(1)^{\otimes r}$, $\mathbb{Z}_p(-r) = \mathrm{Hom}_{\mathbb{Z}_p}(\mathbb{Z}_p(r), \mathbb{Z}_p)$. 证明: $\mathbb{Z}_p(r) = \mathbb{Z}_p t^r$, 对 $s \in \mathbb{Z}_p(r)$, $\sigma(s) = \chi(\sigma)^r s$.

(5) 取 $\mathbb{Z}_p[G_F]$ 模 M, 设 $M(r) = M \otimes_{\mathbb{Z}_p} \mathbb{Z}_p(r)$. 称此为 M 的 Tate **挠模** (Tate twisted module). 证明: G_F 的作用是
$$\sigma(x \otimes a) = \sigma(x) \otimes \chi(\sigma)^r a.$$

(6) 证明: $(M(r))(r') = M(r+r')$, $\mathrm{Hom}_{\mathbb{Z}_p}(M(r), \mathbb{Z}_p) = \mathrm{Hom}_{\mathbb{Z}_p}(M, \mathbb{Z}_p)(-r)$.

第三部分

p 进理论

第三部分

ク 推理化

第九章 p 进分析

第三部分介绍 p 进理论. 我们先讲 p 进域上的初等泛函分析, 这是学习 Schneider-Teitelbaum-Emerton 的 p 进李群的 p 进表示的必要准备, 也是 p 进 Langlands 对应的所需背景; 下一章利用进一步分析赋值环来讨论分歧理论; 最后一章利用局部紧交换拓扑群的调和分析讲解 L-函数, 其中 Artin L-函数便需要用赋值环章内关于分歧的知识. 这样我们看到 $\mathbb{Q}_p$ 以外非常之多的新现象, 这些丰富的材料为代数数论提供了无限的发展前景. 这一部分中内容跨度较大的证明将会比较简略.

本书到此总结了德国学派在 19 世纪的数论成果, 除了理元概念和局部范剩符号的形式群计算之外, Hilbert 和其他在哥廷根的人是知道这些数学的. 为研究生的教学之用, 从本章起我们开始引用 20 世纪 50 年代之后的数学工具: 泛函分析、交换代数、代数几何学.

在代数数论的各种应用中都需要一些分析的初等定理的 p 进版本, 我们只能选几个例子给读者参考. 因为 $\mathbb{Q}_p$ 的拓扑结构与实数域 $\mathbb{R}$ 大不相同, 所以并不可以说 "同样可以证明" 便可略过. 更重要的是, 像 Weil 的教科书 *Basic Number Theory*, 只是处理局部紧拓扑域, 当你离开像 $\mathbb{Q}_p$ 这种局部紧拓扑域及其上的有限维向量空间时, 便要引入新的定义. 像 "格" 的定义便不同, 紧集的概念被换为 c 紧集; 像完备拓扑域不是球完备的就会影响无穷维拓扑向量空间的分析, 等等. 但是要了解 p 进版本的内容还要先了解 $\mathbb{R}$ 和 $\mathbb{C}$ 上的泛函分析, 我推荐以下两本书作为参考:

[1] 夏道行, 杨亚立, 线性拓扑空间引论, 上海: 上海科学技术出版社, 1986.

[2] 张恭庆, 林源渠, 泛函分析讲义, 上下册, 北京: 北京大学出版社, 2008.

至于 p 进泛函分析可以参考以下的课本:

[1] A. Monna, *Analyse Non-archimedienne*, Springer (1970).

[2] A. van Rooij, *Non-archimedean Functional Analysis*, Marcel Dekker (1978).

[3] A. Escassut, *Analytic elements in p-adic analysis*, World Scientific Press (1995).

[4] A. Robert, *A Course in p-adic Analysis*, Springer (2000).

[5] P. Schneider, *Nonarchimedean Functional Analysis*, Springer (2002).

[6] W. Schikhof, *Ultrametric Calculus*, Cambridge University Press (2007).

非 Archimede 泛函分析是 20 世纪中叶在法国和荷兰发展起来的, 他们常把结果在一个巴黎举行的 Seminaire en analyse non archimedienne 公布或发表在一连串不定期的由 Marcel-Dekker 出版的会议报告中, 在国内找这些材料是比较困难的, 学数论的同学只能从以上推荐的课本中学习有关知识了.

注　除声明外本章的线性空间都是在 p 进域上. 我们假设所有的赋值域 $(F, |\cdot|)$ 的赋值是非平凡的, 即存在 $a_0 \in F$ 使得 $|a_0| \neq 1$.

9.1 $\mathbb{C}_p$

从 $\mathbb{Q}$ 出发, 取 Archimede 绝对值: $x \in \mathbb{Q}$, 若 $x \geqslant 0$, 则 $|x|_\infty = x$; 若 $x < 0$, 则 $|x|_\infty = -x$. 用这个绝对值求得 $\mathbb{Q}$ 的完备化为实数域 $\mathbb{R}$, 然后取 $\mathbb{R}$ 的代数闭包 $\mathbb{R}^{\mathrm{alg}}$, 这就是复数域 $\mathbb{C}$. 复数域是代数封闭完备局部域, 这样我们从 $\mathbb{Q}$ 得到一个代数封闭和对以上的 Archimede 绝对值 $|\cdot|_\infty$ 是完备的域. 如下记录这个过程:

$$\mathbb{Q} \to \mathbb{R} \to \mathbb{C}.$$

固定素数 p, 取非 Archimede 绝对值: $|\cdot|_p$. 仍然从 $\mathbb{Q}$ 出发, 完备化之后得 p 进数域 $\mathbb{Q}_p$, 这是完备局部域. 再取 $\mathbb{Q}_p$ 的代数闭包得 $\mathbb{Q}_p^{\mathrm{alg}}$, 不过这个域不是完备的并且不是局部紧的, 只好把 $\mathbb{Q}_p^{\mathrm{alg}}$ 完备化, 所得到的 $\mathbb{C}_p$ 是代数封闭的. 这样我们从 $\mathbb{Q}$ 得到一个代数封闭和对以上的非 Archimede 绝对值 $|\cdot|_p$ 是完备的域. 如下记录这个过程:

$$\mathbb{Q} \to \mathbb{Q}_p \to \mathbb{Q}_p^{\mathrm{alg}} \to \mathbb{C}_p.$$

命题 9.1　$\mathbb{Q}$ 不是 $|\cdot|_p$ 完备域.

证明　可取 $a \in \mathbb{Z}$ 使不存在 $\sqrt{a} \in \mathbb{Q}$, $p \nmid a$, $X^2 \equiv a \bmod p$ 有解. 设 $p > 2$. 则可求序列 $x_0, x_1, \ldots$, 使得

$$x_n \equiv x_{n-1} \mod p^n, \quad x_n^2 \equiv a \mod p^{n+1}.$$

事实上若已知 x_n, 即有整数 c 使 $x_n^2 = a + cp^{n+1}$, 由所需知要求整数 b 使 $x_{n+1} = x_n + bp^{n+1}$ 和 $p^{n+2} | (x_{n+1}^2 - a)$. 由于 $x_0^2 = a_0^2 \equiv a \bmod p$ 和 $x_n \equiv a_0 \bmod p$ 知 $x_n \bmod p$ 可逆, 用假设 $p > 2$, 便知可解以上条件得 $b = (2x_n)^{-1} c \bmod p$, 于是从

$$|x_{n+1} - x_n|_p = |bp^{n+1}|_p \leqslant p^{-(n+1)} \to 0$$

知 $\{x_n\}$ 为 Cauchy 序列. 若此序列收敛为 $c \in \mathbb{Q}$, 则从

$$|x_n^2 - a|_p = |hp^{n+1}|_p \leqslant p^{-(n+1)} \to 0$$

知 c 为 $\sqrt{a}$, 与关于 a 的假设矛盾.

当 $p = 2$ 时, 考虑 $x_n^3 \equiv 3 \bmod 2^n$. □

9.1 $\mathbb{C}_p$

命题 9.2 $\mathbb{Q}_p^{\text{alg}}$ 不是完备域.

证明 为证明命题, 我们需要造一个 Cauchy 序列, 然后在假设该序列收敛之下得到矛盾.

(1) 取 $\zeta_0 = 1$, ζ_i 为 $p^{2^i} - 1$ 阶本原单位根, 于是 $\zeta_i^{p^{2^i}-1} = 1$, 但若 $m < p^{2^i} - 1$, 则 $\zeta_i^m \neq 1$, 这样 $i > j \Rightarrow 2^j | 2^i \Rightarrow p^{2^j} - 1 | p^{2^i} - 1 \Rightarrow (\zeta_j)^{p^{2^i}-1} = 1 \Rightarrow$ 存在 k 使 $\zeta_j = (\zeta_i)^k$, 于是 $\mathbb{Q}_p(\zeta_j) \subseteq \mathbb{Q}_p(\zeta_i)$. 由 $p^{2^i} - 1 = (p^{2^{i-1}} - 1)(p^{2^{i-1}} + 1)$ 知 $[\mathbb{Q}_p(\zeta_i) : \mathbb{Q}_p(\zeta_{i-1})] > i$. 设

$$c_n = \sum_{i=0}^{n} \zeta_i p^i.$$

这显然是 Cauchy 序列.

(2) 假如序列 $\{c_n\}$ 收敛于 $c \in \mathbb{Q}_p^{\text{alg}}$, 则可设 $[\mathbb{Q}_p(c) : \mathbb{Q}_p] = d$. 从

$$c - c_d = \lim_{n \to \infty} \sum_{i=0}^{n} \zeta_i p^i - c_d = \sum_{i=d+1}^{\infty} \zeta_i p^i$$

及 ζ_i 是单位元知

$$|c - c_d| \leqslant p^{d+1}.$$

(3) 取 $\sigma \in \text{Aut}_{\mathbb{Q}_p}(\mathbb{Q}_p^{\text{alg}})$. 则

$$|\sigma(c) - \sigma(c_d)| \leqslant p^{d+1}.$$

由于 $[\mathbb{Q}_p(\zeta_d) : \mathbb{Q}_p(\zeta_{d-1})] > d$, 于是有 $\sigma_1, \ldots, \sigma_{d+1}$ 使得 $\sigma_\ell(\zeta_d)$ 各不相同, 但 σ_ℓ 固定 $\mathbb{Q}_p(\zeta_{d-1})$ 的元素. 又已知若 $i < d$, $\zeta_i \in \mathbb{Q}_p(\zeta_{d-1})$. 取 $i \neq j$,

$$\sigma_i(c_d) - \sigma_j(c_d) = \left(\sum_{i=0}^{d-1} \zeta_i p^i + \sigma_i(\zeta_d) p^d\right) - \left(\sum_{i=0}^{d-1} \zeta_i p^i + \sigma_j(\zeta_d) p^d\right)$$
$$= (\sigma_i(\zeta_d) - \sigma_j(\zeta_d)) p^d.$$

由于 $\sigma_i(\zeta_d)$ 和 $\sigma_j(\zeta_d)$ 是不同的 $p^{2^i} - 1$ 次单位根, 且 $p \nmid (p^{2^i} - 1)$, 于是 $\sigma_i(\zeta_d) - \sigma_j(\zeta_d)$ 不被 p 整除, 这样

$$|\sigma_i(c_d) - \sigma_j(c_d)| = p^{-d}.$$

(4) 现知 $|\sigma_i(c_d) - \sigma_i(c)| \leqslant p^{-(d+1)}$, $|\sigma_j(c_d) - \sigma_j(c)| \leqslant p^{-(d+1)}$, $|\sigma_i(c_d) - \sigma_j(c_d)| = p^{-d}$, 所以 $|\sigma_i(c) - \sigma_j(c)| = p^{-d}$, 即有 $d+1$ 个自同构 σ_k 在 $\text{Aut}_{\mathbb{Q}_p}(\mathbb{Q}_p^{\text{alg}})$ 使 $\sigma_k(c)$ 各不相同, 则 c 的最小多项式的次数 $\geqslant d+1$. 这与 $[\mathbb{Q}_p(c) : \mathbb{Q}_p] = d$ 矛盾. □

引理 9.3 设 K 为完备域, $f(X) \in K[X]$, $f(X) \notin K$. 设有序列 $\{a_n\} \subseteq K$ 使得 $\lim_{j \to \infty} |f(a_j)| = 0$. 则 $\{a_n\}$ 有子序列在 K 内收敛为 $f(X)$ 的根.

证明 在 K 的代数闭包内取 $f(X)$ 的根 $\xi_1,\ldots,\xi_n$，则 $f(X) = a\prod_1^n(X-\xi_k)$, $a \neq 0$. 由假设得

$$\lim_{j\to\infty}\left|a\prod_1^n(a_j-\xi_k)\right| = |a|\prod_1^n \lim_{j\to\infty}|(a_j-\xi_k)| = 0,$$

于是至少有一 k 使 $\lim_{j\to\infty}|(a_j-\xi_k)| = 0$，所以便知 $\{a_n\}$ 有子序列收敛 ξ_k，但 K 是完备域，所以 $\xi_k \in K$. □

引理 9.4 设完备域 L 有代数封闭稠密子域 K. 则 L 为代数封闭域.

证明 取 $f(X) \in L[X]$, L 是域，可假设 f 为首一：

$$f(X) = X^n + a_{n-1}X^{n-1} + \cdots + a_0.$$

选最小的整数 i_0 满足 $\frac{1}{i_0} < \min\{|a_{n-1}|,\ldots,|a_0|\}$. 现设 $i \geqslant i_0$. 对每一个 $j, 0 \leqslant j < n$，选 $a_{ij} \in K$ 使得 $|a_{ij} - a_j| < \frac{1}{i}$，则 $|a_{ij}| = |(a_{ij}-a_j)+a_j| = |a_j|$. 设

$$f_i(X) = X^n + a_{i,n-1}X^{n-1} + \cdots + a_{i,0},$$

K 是代数封闭域，可在 K 内取 f_i 的根 α_i. 则

$$|\alpha_i^n| = |-a_{i,n-1}\alpha^{n-1}-\cdots-a_{i,0}| \leqslant \max\{|a_j||\alpha_i|^j: 0 \leqslant j < n\},$$

于是 $|\alpha_i| \leqslant \max\{\sqrt[n]{|a_0|}, \sqrt[n-1]{|a_1|},\ldots,|a_{n-1}|\} := c$. 现做估值

$$|f(\alpha_i)| = |f(\alpha_i) - f_i(\alpha_i)| = \left|\sum_{j=0}^n (a_j - a_{ij})\alpha_i^j\right|$$

$$\leqslant \frac{1}{i}\max\{1, |\alpha_i|, |\alpha_i|^2, \ldots, |\alpha_i|^n\}$$

$$\leqslant \frac{1}{i}\max\{1, c^n\},$$

所以 $\lim_{i\to\infty}|f(\alpha_i)| = 0$. 由引理 9.3 知 f 有在 L 内有根. □

命题 9.5 $\mathbb{C}_p$ 是代数封闭域.

证明 在引理 9.4 中取 $L = \mathbb{C}_p$, $K = \mathbb{Q}_p^{\text{alg}}$. □

9.2 滤子

当拓扑空间的局部基可数时，我们只需要考虑序列，但在一般情况下我们要使用**滤子** (filters)，读者可参考 N. Bourbaki, *General Topology*; J. Horvath, *Topological Vector Spaces and Distributions*, I, Addison-Wesley, 1966，我们这里只做简单介绍.

9.2.1 滤子基

设集合 $\mathscr{F}$ 的元素是 X 的子集. 如果有以下性质, 则称 $\mathscr{F}$ 为 X 上的滤子:
(1) T 为 X 的子集, 若有 $S \in \mathscr{F}$ 使得 $T \supseteq S$, 则 $T \in \mathscr{F}$.
(2) $S, T \in \mathscr{F} \Rightarrow S \cap T \in \mathscr{F}$.
(3) 空集 $\emptyset \notin \mathscr{F}$.

例 (1) X 为拓扑空间, $x \in X$, 取
$$\mathscr{F}(x) = \{V : V \text{ 为 } x \text{ 的邻域}\},$$
则 $\mathscr{F}$ 为 X 的滤子, 称为 x 的邻域滤子.

(2) 设 X 为无限集, 由 X 的所有有限子集 B 所组成的集合记为 $\mathcal{B}$, 设 $\mathscr{F} = \{X \setminus B : B \in \mathcal{B}\}$, 则 $\mathscr{F}$ 是 X 上的滤子, 称此 $\mathscr{F}$ 为 X 的 Fréchet 滤子.

若 $\mathscr{B}$ 是由 X 的非空子集所组成的非空集, 使得
$$S, T \in \mathscr{B} \Rightarrow \exists R \in \mathscr{B} : R \subseteq S \cap T,$$
则称 $\mathscr{B}$ 为**滤子基** (filter base).

设 $\mathscr{F}_{\mathscr{B}} = \{S \subseteq X : \exists B \in \mathscr{B}, B \subseteq S\}$, 则 $\mathscr{F}_{\mathscr{B}}$ 为 X 上的滤子, 常称 $\mathscr{F}_{\mathscr{B}}$ 为 $\mathscr{B}$ 所生成的滤子.

9.2.2 滤子收敛

设 X 为拓扑空间, $\mathscr{F}$ 为 X 的滤子, $x \in X$. 如果 $\mathscr{F}(x) \subseteq \mathscr{F}$, 则说滤子 $\mathscr{F}$ 收敛至 x, 又称 x 为 $\mathscr{F}$ 的**极限点** (limit point). 如果存在 X 的滤子 $\mathscr{G}$ 使得 $\mathscr{G} \supseteq \mathscr{F}$ 和 $\mathscr{F}(y) \subseteq \mathscr{G}$, 则称 $y \in X$ 为滤子 $\mathscr{F}$ 的**聚集点** (cluster point).

若 $\mathscr{F}(x) \subseteq \mathscr{F}_{\mathscr{B}}$, 我们说滤子基 $\mathscr{B}$ 收敛至 x, 即 V 是 x 的邻域, 有 $B \in \mathscr{B}$ 使得 $B \subseteq V$.

若 X 是 Hausdorff 拓扑空间, $\mathscr{G}$ 是滤子或滤子基, $\mathscr{G}$ 收敛至 x 又收敛至 y, 则 $x = y$.

设 X, Y 为拓扑空间. 映射 $f : X \to Y$ 在 $x \in X$ 连续当且仅当
$$V \in \mathscr{F}(f(x)) \Rightarrow f^{-1}(V) \in \mathscr{F}(x).$$

有映射 $f : X \to Y$ 和 X 上的滤子 $\mathscr{F}$, 设 $f(\mathscr{F}) = \{f(S) : S \in \mathscr{F}\}$. 则 $f(\mathscr{F})$ 为 $f(X)$ 上的滤子. 设 $f_*(\mathscr{F}) = \{T \subseteq Y : \exists B \in f(\mathscr{F}), B \subseteq T\}$. 则 $f_*(\mathscr{F})$ 为 Y 上的滤子.

设 X, Y 为拓扑空间, 映射 $f : X \to Y$ 在 $x \in X$ 连续, X 上的滤子 $\mathscr{F}$ 收敛至 $x \in X$. 则 Y 上的滤子 $f_*(\mathscr{F})$ 收敛至 $f(x)$.

9.2.3 完备性

设 X 为 (加法) 交换拓扑群. Cauchy 滤子基是指满足以下条件的滤子基 $\mathscr{B}$: 对 0 的邻域 V, 存在 $B \in \mathscr{B}$ 使得 $B - B \subseteq V$, 即 $\forall x, y \in B, x - y \in V$.

如果滤子基 $\mathscr{B}$ 收敛, 则 $\mathscr{B}$ 是 Cauchy 滤子基.

如果 X 的 Cauchy 滤子基收敛, 称 X 为完备交换拓扑群.

9.2.4 极滤子

容易证明

命题 9.6 设 $\mathscr{U}$ 为 X 上的滤子. 则以下条件等价:
(1) 如果 $\mathscr{U} \subseteq \mathscr{F} \Rightarrow \mathscr{U} = \mathscr{F}$.
(2) $S \subseteq X \Rightarrow S \in \mathscr{U}$ 或 $(X \setminus S) \in \mathscr{U}$.

有命题中性质的滤子 $\mathscr{U}$ 称为 X 上的**极滤子** (ultrafilter), 极滤子的聚集点必为极限点.

引理 9.7 设 X 为 Hausdorff 空间.
(1) $\mathscr{F}$ 为 X 的滤子, 则 $\mathscr{F}$ 最多只有一个极限点.
(2) X 为紧空间当且仅当 X 上的任意滤子 $\mathscr{F}$ 必有聚集点.
(3) 紧 Hausdorff 空间上极滤子 $\mathscr{U}$ 必有唯一的极限点.

例 以 $\mathbb{N}$ 记非负整数集合, 取 $\mathscr{B} = \{[n, \infty) \cap \mathbb{N} : n \in \mathbb{N}\}$. 则 $\mathscr{B}$ 生成滤子 $\mathscr{F}_{\mathscr{B}}$. 由 Zorn 引理知, 存在 $\mathbb{N}$ 上的极滤子 $\mathscr{U}$ 使得 $\mathscr{U} \supseteq \mathscr{B}$.

设 $\{a_n\}$ 为有界实数序列. 取 $\underline{a} = \inf_n a_n, \overline{a} = \sup_n a_n$, 于是有映射
$$a : \mathbb{N} \to [\underline{a}, \overline{a}] : n \mapsto a_n.$$

设 $\mathscr{U}$ 为 $\mathbb{N}$ 上的极滤子. 则 $a_*(\mathscr{U})$ 为紧 Hausdorff 空间 $[\underline{a}, \overline{a}]$ 上极滤子, 所以 $a_*(\mathscr{U})$ 有唯一的极限点, 常以 $\lim_{\mathscr{U}} a_n$ 记此极限点.

取赋值域 F, 设
$$R = \left\{\{a_n\} : a_n \in F, \sup_n |a_n| < \infty\right\}.$$

对 $\{a_n\} \in R$, $\{|a_n|\}$ 为有界实数序列. 固定 $\mathbb{N}$ 上的极滤子 $\mathscr{U}$, 设 $\phi(\{a_n\}) = \lim_{\mathscr{U}} |a_n|$. 取 $I = \phi^{-1}(0)$, 则 R 为交换环, I 为 R 的极大理想, R/I 为 F 的赋值域扩张.

9.3 球完备性

本节的目的是讨论球完备性和证明初步泛函分析的 Hahn-Banach 定理的 p 进版.

9.3.1 赋范向量空间

定义 9.8 设 F-向量空间 V 是拓扑空间, 并且
(1) 加法 $V \times V \to V : (u,v) \mapsto u+v$, 和
(2) 数乘 $F \times V \to V : (a,v) \mapsto av$

是连续映射, 则称 V 为**拓扑向量空间** (topological vector space).

在 F 的有限次直积 F^n 取积拓扑, 则 F^n 是拓扑向量空间.

设域 F 有非 Archimede 绝对值 $|\cdot|$, V 为 F-向量空间. 如果 q 有以下性质, 则称函数 $q : V \to \mathbb{R}_{\geqslant 0}$ 为 V 的 (非 Archimede) 半范:
(1) $q(ax) = |a|q(x)$ ($\forall a \in F, x \in V$),
(2) $q(x+y) \leqslant \max\{q(x), q(y)\}$ ($\forall x, y \in V$).

如果 $q(v) = 0 \Rightarrow v = 0$, 则称 q 为**范** (norm), 此时常记 $q(\cdot)$ 为 $\|\cdot\|$, 我们称 $(V, \|\cdot\|)$ 为 (非 Archimede) 赋范 F-向量空间.

取 $x \in V$, 设 $U_{\frac{1}{n}}(x) = \{y \in V : \|y-x\| < \frac{1}{n}\}$, n 为正整数. 在 V 上取拓扑使得 $\{U_{\frac{1}{n}}(0) : n \in \mathbb{Z}_{>0}\}$ 为原点 0 的邻域基, 则赋范向量空间 V 为拓扑向量空间.

定义 9.9 称赋范向量空间之间的线性映射 $A : X \to Y$ 为**有界线性映射** (bounded linear map) 或有界线性算子, 如果存在实常数 $b > 0$ 使得对所有 $x \in X$ 均有

$$\|A(x)\| \leqslant b\|x\|,$$

此时定义 A 的范为

$$\|A\| = \sup\left\{\frac{\|A(x)\|}{\|x\|} : 0 \neq x \in X\right\}.$$

又常记范为 $\|A\|_X$ 以显示 A 为 X 上的算子. 有界线性映射有如下等价刻画.

命题 9.10 设 $A : X \to Y$ 是赋范向量空间之间的线性映射. 则以下条件等价:
(1) A 连续.
(2) $\{\|A(x)\| \mid \|x\| \leqslant 1\}$ 是有界集.
(3) A 有界.

证明 取 $a \in F$ 使得 $0 < |a| < 1$.

(1) $\Rightarrow$ (2): 因为 A 连续, 所以 A 在原点 0 连续, 于是存在 $\delta > 0$, 使得只要 $\|x\| < \delta$ 就有 $\|A(x)\| < 1$. 令 $N > 0$, 使得 $|a|^N < \delta$, 那么若 $x \in X$ 满足 $\|x\| \leqslant 1$, 则 $\|a^N x\| = |a|^N \|x\| < \delta$, 因此按以上 δ 的选取知 $\|A(a^N x)\| < 1$, 即集合内的元素 $\{\|A(x)\| \mid \|x\| \leqslant 1\}$ 有上界 $\frac{1}{|a|^N}$.

(2) $\Rightarrow$ (3): 令 $\{\|A(x)\| \mid \|x\| \leqslant 1\}$ 有上界 $C > 0$, 那么对任一非零 $x \in X$, 有整数 N 使得 $\|a^N x\| < 1$, 并且 $\|a^{N-1} x\| \geqslant 1$ (即 $1/\|a^N x\| \leqslant 1/|a|$). 比如, 因为 $|a| < 1$, 得

$\log|a| < 1$, 取 $N-1$ 为 $-\log\|x\|/\log|a|$ 的整数部分, 这样

$$\frac{\|A(x)\|}{\|x\|} = \frac{\|A(a^N x)\|}{\|a^N x\|} \leqslant \frac{C}{\|a^N x\|} \leqslant \frac{C}{|a|},$$

因此 A 有界.

(3) $\Rightarrow$ (1): 因为 $\|Ax\| \leqslant \|A\|\|x\|$, 所以有界线性映射必为连续映射. □

9.3.2 球完备空间

设 $(V, \|\cdot\|)$ 为 (非 Archimede) 赋范 F-向量空间. 取实数 $r > 0$, 向量 $x \in V$, 称 V 的子集

$$B_r(x) = \{y \in V : \|y - x\| \leqslant r\}$$

为以 x 为中心, r 为半径的闭球. 称 $U_r(x) = \{y \in V : \|y - x\| < r\}$ 为开球, 以 $r(B)$ 记球 B 的半径.

引理 9.11 V 为赋范向量空间, 以下条件等价:
(1) 如果任一闭球降链, 则必有非空交集.
(2) 设闭球 $\{B_\iota : \iota \in I\}$ 集合中任意二元均有非空交集. 则 $\cap_{\iota \in I} B_\iota \neq \emptyset$.
(3) 设有 V 内闭球 $B_\iota, \iota \in I$ 满足条件: 对 $\iota_1, \iota_2 \in I$ 必成立 $B_{\iota_1} \subset B_{\iota_2}$ 或 $B_{\iota_2} \subset B_{\iota_1}$. 则 $\cap_{\iota \in I} B_\iota \neq \emptyset$.

证明 (1) $\Rightarrow$ (2): 取序列 $\{i_n\} \subseteq I$ 使得

[1] $r(B_{i_1}) \geqslant r(B_{i_2}) \geqslant \ldots,$
[2] $\forall \iota \in I, \exists n$ 使得 $r(B_\iota) \geqslant r(B_{i_n}).$

由 [1] 知 $B_{i_1} \supseteq B_{i_2} \supseteq \ldots$; 由 [2] 知 $\forall \iota \in I, \exists n$ 使得 $B_\iota \supseteq B_{i_n}$. 于是

$$\cap_{\iota \in I} B_\iota = \cap_n B_{i_n} \neq \emptyset.$$

(2) $\Rightarrow$ (3): 设闭球 $\{B_i : i \in I\}$ 集合满足条件 (3), 取任意二元 B_i, B_j, 则 $B_i \cap B_j = B_i$ 或 B_j, 所以此闭球集合满足条件 (2).

(3) $\Rightarrow$ (1): 闭球降链 $B_1 \supseteq B_2 \supseteq \ldots$ 必满足条件 (3), 所以 $\cap_n B_n \neq \emptyset$. □

定义 9.12 如果引理 9.11 的任一条件成立, 则称非 Archimede 赋范空间为**球完备空间** (spherically complete space).

因为这个性质是关于闭球而不是关于球面的, 所以不直译为球面完备.

命题 9.13 球完备空间是完备空间.

证明 取 Cauchy 序列 $\{x_n\}$, 设 $r_n = \sup_{m>n}|x_m - x_n|$. 则递减序列 $\{r_n\}$ 以零为极限, 于是 $\{B_{r_n}(x_n)\}$ 为闭球降链. 由引理 9.11 $\cap B_{r_n}(x_n)$ 为非空集, 而序列 $\{x_n\}$ 有极限在此非空交集之内. □

9.3.3 Hahn-Banach 定理

说赋范向量空间 Y 有**扩张性质**, 如果对任一赋范向量空间 X 和它的非空子空间 M, 任一个有界线性映射 $A: M \longrightarrow Y$ 都可以扩张成整个空间的有界线性映射 $\widetilde{A}: X \longrightarrow Y$, 使得 $\|\widetilde{A}\| = \|A\|$.

定理 9.14 (Ingleton) 赋范 F-向量空间 Y 是球完备空间当且仅当 Y 有扩张性质.

证明 ($\Rightarrow$) 第一部分证明: 球完备空间 Y 有扩张性质. 取赋范向量空间 X 的非空子空间 M 和有界线性映射 $A: M \longrightarrow Y$.

(1) 证明可以扩张 A 至 M 加一个向量.

在 X 内取 $x_0 \notin M$, 以 M_1 记由 M 和 x_0 所生成的子空间. 若 $x \in M$, 则设 $\epsilon_x = \|A\|_M \cdot \|x - x_0\|$. 对 $x_1, x_2 \in M$, 我们有

$$\|A(x_1) - A(x_2)\| \leqslant \|A\|_M \cdot \|x_1 - x_2\| = \|A\|_M \cdot \|x_1 - x_0 + x_0 - x_2\|$$
$$\leqslant \|A\|_M \max\{\|x_1 - x_0\|, \|x_0 - x_2\|\}$$
$$\leqslant \max\{\epsilon_{x_1}, \epsilon_{x_2}\}.$$

闭球集合 $\{B_{\epsilon_x}(A(x)) : x \in M\}$ 中任取二元 $B_{\epsilon_{x_1}}(A(x_1))$, $B_{\epsilon_{x_2}}(A(x_2))$, 如果我们假定 $\epsilon_{x_2} \geqslant \epsilon_{x_1}$, 则我们断言 $B_{\epsilon_{x_1}}(A(x_1)) \subset B_{\epsilon_{x_2}}(A(x_2))$.

事实上, 从以上估计得 $\|A(x_1) - A(x_2)\| \leqslant \epsilon_{x_2}$. 若 $x \in B_{\epsilon_{x_1}}(A(x_1))$,

$$\|x - A(x_2)\| \leqslant \max\{\|x - A(x_1)\|, \|A(x_1) - A(x_2)\|\} \leqslant \epsilon_{x_2},$$

则 $x \in B_{\epsilon_{x_2}}(A(x_2))$.

这样可见闭球集合 $\{B_{\epsilon_x}(A(x))\}$ 满足引理 9.11 的条件 (3). 由于我们假定 Y 是球完备的, 于是有 $y_0 \in \cap_{x \in M} B_{\epsilon_x}(A(x))$.

现在我们可以定义扩张 $A_1: M_1 \longrightarrow Y$ 为

$$A_1(x + \lambda x_0) = A(x) + \lambda y_0,$$

其中 $x \in M, \lambda \in F$. 很明显, 这个映射是线性的, 余下考虑的范 $\|A\|_{M_1}$.

先注意到

$$\|A_1(x + \lambda x_0)\| = \|A(x) - (-\lambda)y_0\| = |\lambda| \|A(-\lambda^{-1}x) - y_0\|,$$

因为 $-\lambda^{-1}x \in M$, 所以 $y_0 \in B_{\epsilon_{-\lambda^{-1}x}}(A(-\lambda^{-1}x))$, 即

$$\|A(-\lambda^{-1}x) - y_0\| \leqslant \epsilon_{-\lambda^{-1}x},$$

所以 $\|A_1(x + \lambda x_0)\| \leqslant |\lambda| \epsilon_{-\lambda^{-1}x}$, 用 ϵ 的定义便得

$$\|A_1(x + \lambda x_0)\| \leqslant |\lambda| \cdot \|A\|_M \cdot \|-\lambda^{-1}x - x_0\| = \|A\|_M \cdot \|x + \lambda x_0\|.$$

因此 $A_1 : M_1 \longrightarrow Y$ 是有界线性映射, 并且 $\|A_1\|_{M_1} = \|A\|_M$.

(2) 余下完成第一部分证明. 考虑序对 (M', A'), 其中 M' 为 X 的子空间, $M' \supseteq M$, A' 是 A 的扩张, $\|A'\| = \|A\|$. 由这样的序对组成的集合记为 $\mathscr{P}$. 如果 $M' \subseteq M''$ 及 A'' 是 A' 的扩张, 则记 $(M', A') \leqslant (M'', A'')$. 易证 $(\mathscr{P}, \leqslant)$ 为偏序集.

按 Hausdorff 最大定理知 $\mathscr{P}$ 有最大全序子集, 记它为 $\mathscr{M}$. 设

$$\tilde{M} = \bigcup \{M' : \exists A' \text{ 使得 } (M', A') \in \mathscr{M}\}.$$

则 $\tilde{M}$ 是 X 的向量子空间.

设 $x \in \tilde{M}$, 则有 $(M', A') \in \mathscr{M}$ 使得 $x \in M'$. 定义 $\tilde{A}(x)$ 为 $A'(x)$. 因为 $\mathscr{M}$ 是全序集, 所以这样定义的 $\tilde{A}(x)$ 与 A' 的选取无关, 显然 $\|\tilde{A}\| = \|A\|$.

最后, 如果 $\tilde{M} \neq X$, 即有 $x_0 \notin \tilde{M}$, 以 $\tilde{M}_1$ 记由 $\tilde{M}$ 和 x_0 所生成的子空间. 按第 (1) 步可把 $\tilde{A}$ 扩张为 $\tilde{A}_1$, 于是 $(\tilde{M}_1, \tilde{A}_1) \notin \mathscr{M}$, 这与 $\mathscr{M}$ 的最大性矛盾.

($\Leftarrow$) 第二部分证明: 如果 Y 不是球完备的, 则存在一赋范向量空间 X, X 的非空子空间 M 有界线性映射 $A : M \longrightarrow Y$, 使得不能保范扩张 A 至 X.

设 Y 有闭球的非空集 $\{B_{\epsilon_\iota}(y_\iota) : \iota \in I\}$ 满足条件

[1] 对 $\iota_1, \iota_2 \in I$ 必成立: $B_{\epsilon_{\iota_1}}(y_{\iota_1}) \subset B_{\epsilon_{\iota_2}}(y_{\iota_2})$ 或 $B_{\epsilon_{\iota_2}}(y_{\iota_2}) \subset B_{\epsilon_{\iota_1}}(y_{\iota_1})$;

[2] $\bigcap_{\iota \in I} B_{\epsilon_\iota}(y_\iota) = \emptyset$.

(1) 这样对任意 $y \in Y$ 存在 $B_{\epsilon_\beta}(y_\beta)$ 不包含 y. 设 $\phi(y) = \|y - y_\beta\|$. 我们需要证明这与 y_β 的选取无关.

请注意: 如果 $x \in B_{\epsilon_\beta}(y_\beta)$, 则 $\|z - y_\beta\| < \|y - y_\beta\|$, 于是

$$\|y - z\| = \|(y - y_\beta) + (y_\beta - z)\| = \|(y - y_\beta)\| = \phi(y).$$

现设 $y \notin B_{\epsilon_\alpha}(y_\alpha)$ 和 $y \notin B_{\epsilon_\beta}(y_\beta)$. 根据这些闭球的性质, 我们可以假设 $B_{\epsilon_\alpha}(y_\alpha) \subset B_{\epsilon_\beta}(y_\beta)$ 及 $\epsilon_\alpha \leqslant \epsilon_\beta$. 于是 $\phi(y) = \|y - y_\beta\| > \epsilon_\beta$, 并且 $\|y_\alpha - y_\beta\| \leqslant \epsilon_\beta$, 便得

$$\|y - y_\alpha\| = \|y - y_\beta + y_\beta - y_\alpha\| = \|y - y_\beta\|.$$

(2) 我们断言: 若 $y \in B_{\epsilon_\alpha}(y_\alpha)$, 则 $\phi(y) \leqslant \epsilon_\alpha$.

取 β 使得 $y \notin B_{\epsilon_\beta}(y_\beta)$. 从这些闭球的性质, 知 $B_{\epsilon_\beta}(y_\beta) \subseteq B_{\epsilon_\alpha}(y_\alpha)$. 于是

$$\phi(y) = \|y - y_\beta\| \leqslant \max\{\|y - y_\alpha\|, \|y_\alpha - y_\beta\|\} \leqslant \epsilon_\alpha.$$

(3) 令 $X = Y \oplus K$. 在 X 上定义

$$\|(y, a)\| = \begin{cases} |a|\phi(a^{-1}y), & a \neq 0, \\ \|y\|, & a = 0. \end{cases}$$

9.3 球完备性

断言: 如此得 X 的范.

显然, $\|(cy, ca)\| = |c| \cdot \|(y, a)\|$, 并且由于 $\phi > 0$, 我们有 $\|(y, a)\| = 0 \Leftrightarrow (y, a) = (0, 0)$, 余下只要证

$$\|(y_1, a_1) + (y_2, a_2)\| \leqslant \max\{\|(y_1, a_1)\|, \|(y_2, a_2)\|\} \quad (\forall (y_1, a_1), (y_2, a_2) \in X).$$

我们分别考虑各情形. 先设 $a_1 \neq 0, a_2 \neq 0, a_1 + a_2 \neq 0$. 由于给出的闭球的交为空集, 存在 $B_{\epsilon_0}(y_0)$ 不包含 $a_1^{-1}(y_1 + y_2), a_1^{-1} y_1, a_2^{-1} y_2$, 那么

$$\|(y_1, a_1)\| = |a_1| \phi(a_1^{-1} y_1) = |a_1| \|a_1^{-1} y_1 - y_0\| = \|y_1 - a_1 y_0\|,$$
$$\|(y_2, a_2)\| = \|y_2 - a_2 y_0\|, \quad \|(y_1 + y_2, a_1 + a_2)\| = \|y_1 + y_2 - (a_1 + a_2) y_0\|.$$

所以

$$\|(y_1 + y_2, a_1 + a_2)\| = \|(y_1 - a_1 y_0) + (y_2 - a_2 y_0)\|$$
$$\leqslant \max\{\|(y_1, a_1)\|, \|(y_2, a_2)\|\}.$$

其他情形类推.

(4) 现在来完成第二部分的证明. 设 $M = \{(y, 0) \in X : y \in Y\}$. 考虑投射 $\pi : M \to Y : (y, 0) \mapsto y$, 假设存在保持范数的扩张 $\tilde{\pi} : X \longrightarrow Y$, 令 $z = \tilde{\pi}(0, -1) \in Y$, 因为 $\tilde{\pi}(y, 1) = \tilde{\pi}(y, 0) + \tilde{\pi}(0, 1) = y - z$, 并且 $\|\tilde{\pi}\| = 1$, 所以

$$\|y - z\| = \|\tilde{\pi}(y, 1)\| \leqslant \|\tilde{\pi}\| \|(y, 1)\| = \phi(y).$$

特别地, $\|y_\alpha - z\| \leqslant \phi(y_\alpha) \leqslant \epsilon_\alpha$, 即 $z \in \bigcap_{\alpha \in I} B_{\epsilon_\alpha}(y_\alpha)$. 这就与这个交集是空集矛盾. □

若 $[F : \mathbb{Q}_p] < \infty$, 则 F 为球完备空间, 那么由定理 9.14 得如下的 p 进 Hann-Banach 定理.

定理 9.15 F 为 $\mathbb{Q}_p$ 的有限扩张, X 为赋范 F-向量空间, M 为 X 的非空子空间, $f : M \to F$ 为有界线性泛函. 则存在有界线性泛函 $\tilde{f} : X \to F$, 使得对 $x \in M$ 有 $\tilde{f}(x) = f(x)$, 并且 $\|\tilde{f}\| = \|f\|$.

9.3.4 球完备域

熟知 $\mathbb{C}$ 为球完备空间.

命题 9.16 $\mathbb{C}_p$ 不是球完备域.

证明 在 $|\mathbb{C}_p^\times| = p^{\mathbb{Q}}$ 内取收敛序列

$$r_0 > r_1 > r_2 > \cdots > r_n > \cdots > \lim r_n = r > 0.$$

在闭球 $B = B_{r_0}(0)$ 内取两个互不相交半径为 r_1 的闭球 B_0, B_1, 在 B_i $(i = 0, 1)$ 内两个互不相交半径为 r_2 的闭球 B_{i0}, B_{i1}, 如此继续. 在这些球中可以得到这样的序列

$$B_i \supset B_{ij} \supset \cdots \supset B_{ij\ldots k} \supset B_{ij\ldots kl} \supset \cdots,$$

其中 $i, j, \ldots$ 为 0 或 1. 留意任二球半径相同均不相交, 取 $(i) = (i_1, i_2, \ldots) \in \{0, 1\}^{\mathbb{N}}$, 则

$$B_{(i)} = \bigcap_{n \geqslant 1} B_{i_1 \ldots i_n}$$

是空集或半径为 r 的闭球. 由于 $r > 0$, $B_{(i)}$ 是开集. 若 $(i) \neq (j)$, 即有 $i_n \neq j_n$, 则 $B_{i_1 \ldots i_n}$ 与 $B_{j_1 \ldots j_n}$ 不相交. 由 $B_{(i)} \subset B_{i_1 \ldots i_n}$, $B_{(j)} \subset B_{j_1 \ldots j_n}$ 得 $B_{(i)}$ 与 $B_{(j)}$ 不相交. 因为度量空间有可数稠密子集, 任意可数稠密子集必与任一开子集相交, 原是不可数的互不相交的开球集 $\{B_{(i)}\}$ 只能是可数, 于是必有无穷个 $B_{(i)}$ 是空集, 也就是说 $\mathbb{C}_p$ 有严格递减闭球序列, 其交集是空集. $\square$

代数封闭完备 (非 Archimede) 赋值域 K 必有代数封闭球完备赋值域扩张 $\hat{K}$, 可参考 A. Escassut, Analytic elements in p-adic analysis, World Scientific Press, 1995 : p.46, Theorem 7.4. 取 $K = \mathbb{C}_p$ 时, 以 Ω_p 记 $\hat{K}$, 可以证明 $|\Omega_p^\times| = \mathbb{R}_{>0}$ 和 $\mathbb{Q}_p^{\mathrm{alg}}$ 在 Ω_p 的拓扑闭包是 $\mathbb{C}_p$.

以下命题的证明留给读者.

命题 9.17 在 $\mathbb{Q}$ 中取 $|p|_p = 1/p$, 设有扩域 $F/\mathbb{Q}_p$, 记 $\{|x|_p : x \in F^\times\}$ 为 $|F^\times|_p$. 则

(1) $|\mathbb{Q}_p^\times| = p^{\mathbb{Z}}$.
(2) $|(\mathbb{Q}_p^{\mathrm{alg}})^\times|_p = p^{\mathbb{Q}}$.
(3) $|\mathbb{C}_p^\times|_p = p^{\mathbb{Q}}$.
(4) $|\Omega_p^\times|_p = \mathbb{R}_{>0}$.

注意: $|\mathbb{C}^\times|_\infty = \mathbb{R}_{>0}$.

这样, 当把 Archimede 绝对值 $|\cdot|_\infty$ 换为非 Archimede 绝对值 $|\cdot|_p$ 后, 我们十分熟悉的域: $\mathbb{Q} \to \mathbb{R} \to \mathbb{C}$ 就变为

$$\mathbb{Q} \to \mathbb{Q}_p \to \mathbb{Q}_p^{\mathrm{alg}} \to \mathbb{C}_p \to \Omega_p.$$

从 $\mathbb{R}$ 到 $\mathbb{C}$ 只加了一个 $\sqrt{-1}$, 从 $\mathbb{Q}_p$ 到 Ω_p 就复杂多了. 在 Dwork、Fontaine 与 Tate 及他们的门生在 20 世记下半业关于 p 进微分方程和 p 进 Hodge 理论的非常重要的工作中, 可清楚看见代数数论已不可能只限制在 $\mathbb{Q}_p^{\mathrm{alg}}$ 内!

9.4 Banach 空间

9.4.1 Banach-Steinhaus 定理

F 为完备赋值域. 如果赋范 F-向量空间 V 为完备拓扑空间, 即用 V 的范来定义 V 内的 Cauchy 序列均收敛为 V 的向量, 则称 V 为 **Banach 空间**.

容易证明

命题 9.18 设 X 为赋范 F-向量空间, Y 为 Banach F-向量空间, 所有从 X 到 Y 的有界线性算子所组成的 F-向量空间记为 $\mathscr{L}(X,Y)$, 取 $A \in \mathscr{L}(X,Y)$, 设

$$\|A\| = \sup\left\{ \frac{\|A(x)\|}{\|x\|} : 0 \neq x \in X \right\}.$$

则 $(\mathscr{L}(X,Y), \|\bullet\|)$ 是 Banach 空间.

以下是经典的 Banach-Steinhaus 定理的 p 进版本.

定理 9.19 (Monna) X 是 Banach 空间, Y 是赋范向量空间. 设有有界线性映射集 $\{A_\iota : X \longrightarrow Y : \iota \in I\}$. 设对所有 $x \in X$, $\sup\{\|A_\iota x\| : \iota \in I\}$. 则 $\sup\{\|A_\iota\| : \iota \in I\}$ 有限.

先证一个引理.

引理 9.20 X 是 Banach 空间, Y 是赋范向量空间. 设有有界线性映射序列 $\{A_n : X \longrightarrow Y\}_{n \geq 1}$ 使得对任意 $x \in X$ 必有 $\sup_n \|A_n(x)\| < \infty$. 则存在 $x_0 \in X$, $r > 0$, $C > 0$ 和正整数 N_0 使得对所有 $n > N_0$, $x \in B_r(x_0)$ 有 $\|A_n(x)\| \leq C$.

证明 设引理不成立. 这样对任意 $x_0 \in X$, $r > 0$, $C > 0$, $N \geq 1$, 存在 $n > N, z \in B_r(x_0)$ 使得 $\|A_n(z)\| > C$. 若取 $r' > 0$, $r' < r$, 存在 $n' > N$, $z' \in U_{r'}(x_0)$ 使得 $\|A_{n'}(z')\| > C$. 若以 B 记 $B_r(x_0)$, 以 B^o 记 $U_r(x_0)$, 这样从假设得出: 给出 N 和 X 的闭球 B, 存在 $n_1 > N$ 和 $x_1 \in B^o$ 使得 $\|A_{n_1}x_1\| > 1$. 设 $f(x) = \|A_{n_1}(x)\|$. 则 $f : X \to \mathbb{R}$ 是连续函数, 于是 x_1 在开集 $f^{-1}((1,\infty))$ 内, 有 $x_1 \in U_t(x_1) \subseteq f^{-1}((1,\infty))$, 这样 $x_1 \in U_t(x_1) \cap B^o$. 但是 X 是非 Archimede 空间, 所以可以假设 $U_t(x_1) \subseteq B^o$. 只要缩小半径, 便可找到闭球 B_1 使得半径 $r(B_1) < 1$, $x_1 \in B_1$ 和对所有 $x \in B_1$, $\|A_{n_1}x\| > 1$.

以 n_1, B_1 代替 N, B 得 $x_2 \in B_1$, $n_2 > n_1$ 使得 $\|A_{n_2}x_2\| > 2$, 然后取闭球 $B_2 \subseteq B_1$ 使得 $r(B_2) < \frac{1}{2}$, 并且对所有 $x \in B_2$, $\|A_{n_2}x\| > 2$.

继续, 便得闭球降链 B_k 使得 $r(B_k) < \frac{1}{k}$, 递增序列 $\{n_k\}$ 使得对所有 $x \in B_k$, $\|A_{n_k}x\| > k$. X 完备, 球列的半径趋于零, 存在 $y \in \cap_k B_k$. 但对所有 k, $\|A_{n_k}y\| > k$, 于是 $\sup_n \|A_n y\|$ 无穷, 矛盾. $\square$

现在开始证明定理. 假如定理对不可数有界线性映射集 $\{A_\iota : \iota \in I\}$ 不成立, 则有可数有界线性映射子集 $\{A_n\}$ 满足 $\|A_n\| \to \infty$, 故此只要为可数有界线性映射集证明定理.

根据引理, 存在 $x_0 \in X$, $r > 0$, $C > 0$ 和 N_0 使得对所有 $n > N_0$, 对所有 $x \in B_\delta(x_0)$, $\|A_n x\| \leqslant C$. 取 $x \in B_\delta(0)$. 因为 $x + x_0 \in B_\delta(x_0)$, 于是 $\|A_n(x+x_0)\| \leqslant C$, 所以对 $x \in B_\delta(0)$, 所有 $n > N_0$, 有

$$\|A-nx\| = \|A_n(x+x_0) - A_n(x_0)\| \leqslant 2C.$$

先假设 $|F^\times| = \{|a| : a \in F^\times\}$ 是 $\mathbb{R}_{\geqslant 0}$ 的稠密子集. 取非零 $x \in X$, 存在序列 $a_k \in F^\times$ 使得 $|a_k| \leqslant \frac{\delta}{\|x\|}$ 和在 $\mathbb{R}$ 内 $|a_k| \to \frac{\delta}{\|x\|}$. 这样若 $n > N_0$, 则

$$\|A_n x\| = |a_k|^{-1} \|A_n a_k x\| \leqslant |a_k|^{-1} 2C.$$

让 $k \to \infty$, 则 $\|A_n x\| \leqslant 2C\delta^{-1}\|x\|$. 可见对 $n > N_0$, 条件 $\|A_n\| \leqslant 2C\delta^{-1}$ 成立, 由此得 $\sup_n \|A_n\|$ 有限.

余下情形可以假设有实数 t, $0 < t < 1$, $|F^\times| = \{t^n : n \in \mathbb{Z}\}$. 取非零 $x \in X$, 选 $a \in F^\times$ 使得 $|a| = t^m \leqslant \frac{\delta}{\|x\|} < t^{m+1}$. 于是 $ax \in B_\delta(0)$, 并且

$$\|A_n x\| = |a|^{-1} \|A_n ax\| < |a|^{-1} 2C.$$

但是从 $\frac{\|x\|}{\delta} > t^{-m-1}$ 得 $\frac{t\|x\|}{\delta} > t^{-m} = |a|^{-1}$, 于是 $\|A_n x\| < 2Ct\delta^{-1}\|x\|$, 这样 $\|A_n\| < 2Ct\delta^{-1}$. 证毕.

9.4.2 Stone-Weierstrass 定理

Stone-Weierstrass 定理是初级泛函分析中用 Banach 代数得出的复值函数逼近定理. 以下给出 Kaplansky 证明关于取值于非 Archimede 局部域的函数的 Stone-Weierstrass 定理.

容易证明

引理 9.21 设 X 是紧 Hausdorff 空间, F 是局部域, 由 X 到 F 的连续函数所组成的 F-向量空间记为 $C(X, F)$. 对 $f \in C(X, F)$, 设

$$\|f\| = \sup_{x \in X} |f(x)|.$$

则 $(C(X, F), \|\bullet\|)$ 是 Banach 代数.

引理 9.22 设 F 是局部域, $a_0 \in F^\times$, C 是 F 的紧子集. 则存在系数在 F 的多项式 P 使得 $P(0) = 0, P(a_0) = 1, |P(c)| \leqslant 1$ ($\forall c \in C$).

证明 令 $C' = C \cap \{b \in F : |b| > |a_0|\}$. 由于 $B_{|a_0|}(0) \subset F$ 既开又闭, 则 C' 是闭集, 所以 C' 是紧集.

对 $c \in C'$, 取 $0 < \epsilon_c < |c|$, 这样 $C' \subseteq \cup_{c \in C'} B_{\epsilon_c}(c)$. 由于 C' 是紧集, 存在 $c_1, \ldots, c_m \in C'$ 使得 $C' \subset \bigcup_i B_{\epsilon_{c_i}}(c_i)$.

注意到 $B_{\epsilon_{c_i}}(c_i) = c_i + B_{\epsilon_{c_i}}(0)$, 故
$$1 - c_i^{-1} B_{\epsilon_{c_i}}(c_i) = c_i^{-1} B_{\epsilon_{c_i}}(0) = B_{|c_i|^{-1}\epsilon_{c_i}}(0).$$

固定 r, $0 < r < 1$, 记 $r_i = \log_r(|c_i|^{-1}\epsilon_{c_i}) > 0$. 这样, 若 $y \in B_{|c_i|^{-1}\epsilon_{c_i}}(0)$, 则 $\log_r |y| \geqslant r_i$.

假定 $|c_i| \leqslant |c_{i+1}|$ $(i = 1, \ldots, m-1)$, 那么可以选择整数 $n_1, \ldots, n_m$, 使得
$$\log_r |a_0^{-1} c_i| + \sum_{j=1}^{i-1} n_j \cdot \log_r |c_j^{-1} c_i| + n_i r_i \geqslant 0.$$

令 $P(x) = 1 - (1 - a_0^{-1}x)(1 - c_1^{-1}x)^{n_1} \cdots (1 - c_m^{-1}x)^{n_m}$, 显然, $P(0) = 0$ 且 $P(a_0) = 1$. 余下证明: 若 $z \in C$, 则 $|P(z)| < 1$. 设
$$s := |1 - a_0^{-1}z| \prod_{i=1}^{m} |1 - c_i^{-1}z|^{n_i}.$$

由于 $|P(z)| \leqslant \max\{1, s\}$, 为完成证明, 我们只要证明: 对任意 $z \in C$ 有 $s \leqslant 1$.

情形 1. $|z| \leqslant |a_0|$.

由 $c_i \in C'$ 得 $|a_0| < |c_i|$, 这样由 $|z| \leqslant |a_0|$ 得 $|a_0^{-1}z| \leqslant 1$, $|c_i^{-1}z| \leqslant 1$, 所以 $|1 - a_0^{-1}z| \leqslant \max\{1, |a_0^{-1}z|\} = 1$ 和 $|1 - c_i^{-1}z| \leqslant 1$, 于是得所求 $s \leqslant 1$.

情形 2. $|z| > |z_0|$.

在此情形下, $z \in C'$, 有 $t \in \{1, \ldots, m\}$ 使得 $z \in B_{\epsilon_{c_t}}(c_t) \subset c_t(1 + U_1(0))$, 即对某个 $|y| < 1$, 有 $z = c_t + c_t y$, 所以
$$|z| \leqslant \max\{|c_t|, |c_t y|\} = |c_t|.$$

于是由
$$s \leqslant \max\{1, |a_0^{-1}z|\} \prod_{i \neq t} \max\{1, |c_i^{-1}z|^{n_i}\} |1 - c_t^{-1}z|^{n_t}$$
得
$$s \leqslant \max\{1, |a_0^{-1}c_t|\} \prod_{i \neq t} \max\{1, |c_i^{-1}c_t|^{n_i}\} |1 - c_t^{-1}z|^{n_t}.$$

因为对 $t > i$ 有 $|c_t| \leqslant |c_i|$, 若 $t < i$, 则 $|c_t| \geqslant |c_i|$, 于是
$$\prod_{i \neq t} \max\{1, |c_i^{-1}c_t|^{n_i}\} = \prod_{i=1}^{t-1} |c_i^{-1}c_t|^{n_i}.$$

由 $c_t \in C'$ 得 $|c_t| > |a_0|$, 所以

$$\max\{1, |a_0^{-1}c_t|\} = |a_0^{-1}c_t|.$$

由这些估计得

$$s \leqslant |a_0^{-1}c_t| \prod_{i=1}^{t-1} |c_i^{-1}c_t|^{n_i} |1 - c_t^{-1}z|^{n_t}.$$

注意到 $z \in B_{\epsilon_{c_t}}(c_t)$, 所以 $1-c_t^{-1}z \in B_{|c_t|^{-1}\epsilon_{c_t}}(0)$, 于是 $|1-c_t^{-1}z| \leqslant |c_t|^{-1}\epsilon_{c_t} = r^{r_t}$, 因此

$$s \leqslant |a_0^{-1}c_t| \prod_{i=1}^{t-1} |c_i^{-1}c_t|^{n_i} r^{r_t n_t} = r^{\log_r |a_0^{-1}c_t| + \sum_{i<t} n_i \cdot \log_r |c_i^{-1}c_t| + n_t r_t} \leqslant 1. \qquad \square$$

注 我们在证明中用了这样的估值. 设 $|a| \geqslant |b|$. 则 $|a+b| \leqslant |a|$, 于是 $|a+b|^n \leqslant |a|^n = \max\{|a|^n, |b|^n\}$.

设 $C(X,F)$ 的子集 S 有以下性质: 对任意 $s, \in X, s \neq t$, 存在 $f \in S$ 使得 $f(s) = 1$, $f(t) = 0$. 则说 S **把点分开** (separates points).

定理 9.23 (Kaplansky) 设 $C(X,f)$ 的子代数 $\mathcal{A}$ 把点分开, 并且包含所有常值函数. 则 $\mathcal{A}$ 是 $C(X)$ 的稠密子代数.

证明 (1) 对任意 $s \in X, s \neq t$, 存在 $f \in \mathcal{A}$ 使得 $f(s) = 1, f(t) = 0$. 从 f 连续知 $f(X)$ 是紧集. 按前面引理 9.22 知有系数在 F 的多项式 P 使得 $P \circ f \in \mathcal{A}$, $P(f(t)) = 0$, $P(f(s)) = 1$, $\|P \circ f\| \leqslant 1$.

(2) 我们断言: 若 E 为 X 的闭子集, $s \notin E$ 和 $\epsilon > 0$, 则存在 $g \in \mathcal{A}$ 使得 $\|g\| \leqslant 1$, $g(s) = 1$, 对 $y \in E$ 有 $|g(y)| < \epsilon$.

因为 $\mathcal{A}$ 把点分开, 所以对每一 $y \in E$ 存在 $f_y \in \mathcal{A}$ 使得 $f_y(y) = 0$, $f_y(s) = 1$. 按第 (1) 步可找多项式 P_y 使得 $P_y f_y(s) = 1$, $P_y f_y(y) = 0$, $\|P_y f_y\| \leqslant 1$.

由 $P_y f_y$ 连续知 X 内存在开子集 U_y, 使得由 $w \in U_y$ 得 $P_y f_y(w) < \epsilon$. 因为 $P_y f_y(y) = 0$, 所以 $y \in U_y$, 这样 $E \subseteq \cup_{y \in E} U_y$. 由于 E 是紧集, 存在 $y_1, \ldots, y_n \in E$ 使得 $E \subset U_{y_1} \bigcup \cdots \bigcup U_{y_n}$, 那么 $g = \prod_{i=1}^n P_{y_i} f_{y_i}$ 便是所求函数.

(3) 设 Y 是 X 的子集. 若 $x \in Y$, 定义 $\chi_Y(x) = 1$, 否则 $\chi_Y(x) = 0$, 称 χ_Y 为 Y 的特征函数.

我们断言: 若 E 同时为 X 的开和闭子集, 则 χ_E 属于 $\mathcal{A}$ 在 $C(X,F)$ 内的拓扑闭包 $\overline{\mathcal{A}}$.

我们将证明: 对任意选取的 $\epsilon > 0$, 存在 $h \in \mathcal{A}$ 使得 $\|\chi_E - h\| \leqslant \epsilon$.

取 $s \neq E$, 用第 (2) 步得函数 $g_s \in \mathcal{A}$ 使得 $\|g_s\| \leqslant 1$, $g_s(s) = 1$, 对 $y \in E$ 有 $|g_s(y)| < \epsilon$. 设 $h_s = 1 - g_s \in \mathcal{A}$. 则 $h_s(s) = 0$, 对 $y \in E$ 有 $|1 - h_s(y)| < \epsilon$. 由于 h_s 连续, 知 X 内存在开子集 U_s 使得 $s \in U_s$, 由 $w \in U_s$ 得 $|h_s(w)| < \epsilon$.

利用 E 是开集, $X \setminus E$ 是闭子集, 所以是紧集. 由 $X \setminus E \subseteq \cup_s U_s$, 得 $s_1, \ldots, s_n$ 使得 $X \setminus E = \cup_{i=1}^n U_{s_i}$.

取 $h = \prod_{i=1}^n h_{s_i}$, 则 $h \in \mathcal{A}$, 由 $y \in E$ 得 $|1 - h(y)| < \epsilon$, 并且若 $y \notin E$, 便有 $|h(y)| < \epsilon$, 所以我们得到 $\|\chi_E - h\| \leqslant \epsilon$. 证毕.

(4) 完成证明: $C(X, F) = \overline{\mathcal{A}}$. 为此取 $f \in C(X, F)$, 我们将证明 $f \in \overline{\mathcal{A}}$.

因为 $f(X)$ 是紧集, 所以对任意的 $\epsilon > 0$, 存在开覆盖 $f(X) \subseteq \cup_{i=1}^n U_\epsilon(f(x_i))$.

设 $C_i = U_\epsilon(f(x_i)) \setminus \cup_{j<i} U_\epsilon(f(x_j))$, $E_i = f^{-1}(C_i)$. 则 C_i 同时是 F 的开与闭子集, $\{C_i\}$ 为 $f(X)$ 的开与闭覆盖, $\{E_i\}$ 为 X 的开与闭覆盖. 设 $k = \sum_{i=1}^n f(x_i) \chi_{E_i}$. 则 $k \in \overline{\mathcal{A}}$.

若 $x \in E_i$, 则 $f(x) \in U_\epsilon(f(x_i))$. 由于 E_i 各不相交, 于是 $\|f - k\| < \epsilon$, 这样便可得结论 $f \in \overline{\mathcal{A}}$. □

9.4.3 Banach 代数

F 是完备非 Archimede 赋值域. 若 $\|ab\| \leqslant \|a\|\|b\|$, 称 F-代数 A 为 Banach 代数. 若 M 为 Banach 空间, 并且对 $a \in A, m \in M$ 有 $\|am\|_M \leqslant \|a\|_A \|m\|_M$, 称 A 模 M 为 Banach 模.

以下假设 A 为带 1 的交换 Banach F-代数, 并且 $\|1\| = 1$.

命题 9.24 设 Banach F-代数 A 是 Noether 环, Banach 模 M 为有限生成 A 模. 则 M 的 A-子模 N 为闭集.

证明 以 $\bar{N}$ 记 N 的闭包. 因为 $\bar{N}$ 是 M 的 A-子模, 所以有 $e_1, \ldots, e_n$ 生成 $\bar{N}$. 在自由 A 模 A^n 上取范数 $\|(a_1, \ldots, a_n)\| = \max\{\|a_1\|, \ldots, \|a_n\|\}$, 则 $A^n \to \bar{N} : (a_1, \ldots, a_n) \mapsto \sum_i a_i e_i$ 是连续满射, 于是有界, 即有常数 $c, 0 < c < 1$, 任一 $x \in \bar{N}$ 可写为 $\sum_i a_i e_i$, 并且 $c \max\{\|a_i\|\} \leqslant \|x\|$.

选 $f_1, \ldots, f_n \in N$ 使得 $\|e_i - f_i\| \leqslant c^2$. 我们将证明 $f_1, \ldots, f_n$ 生成 $\bar{N}$, 于是 $N = \bar{N}$.

取 $x \in \bar{N}$, 设 $x = \sum_i a_i(0) e_i$, 并且 $c \max\{\|a_i(0)\|\} \leqslant \|x\|$. 则 $x = \sum_i a_i(0) f_i + x_1$, $x_1 = \sum_i a_i(0)(e_i - f_i)$, 于是 $\|x_1\| \leqslant c\|x\|$. 如此继续下去, 有 $x_m = \sum_i a_i(m) f_i + x_{m+1}$, $\|x_{m+1}\| \leqslant c^{m+1} \|x\|$, 这样

$$x + \sum_{m \geqslant 1} x_m = \sum_{i=1}^n \left(\sum_{m \geqslant 0} a_i(m) \right) f_i + \sum_{m \geqslant 1} x_m.$$

因为 $\|x_m\| \leqslant c^m \|x\| \to 0$, $\|a_i(m)\| \leqslant c^{-1} \|x_m\| \leqslant c^{m-1} \|x\| \to 0$, 上式中的级数收敛, 我们得到 $x \in Af_1 + \cdots + Af_n$. □

设 A 为 Tate F-代数, A 的全体极大理想记为 $X = Sp(a)$. 对 $x \in X$, A/x 是 F 的

有限扩张, F 的赋值可扩展至 A/x. 取 $f \in A$, 记 $f + x \in A/x$ 为 $f(x)$. 定义

$$\|f\|_{sp} := \sup_{x \in X} |f(x)|,$$

则 $\|\cdot\|_{sp}$ 是 A 的半范数, 称此为 A 的**谱半范数** (spectral semi norm).

9.5 Fréchet 空间

9.5.1 局部凸拓扑空间

给定 (非 Archimede) 赋值域 $(F, |\cdot|)$, 则赋值在 F 上定义拓扑使 F 为拓扑域. 记 $\mathcal{O} = \{x \in K : |x| \leqslant 1\}$.

定义 9.25 设 L 是 F-向量空间 V 中的 $\mathcal{O}$ 模. 若对任意 $v \in V$, 存在 $a \in F^\times$ 使得 $av \in L$, 则称 L 是 V 中的一个**格** (lattice).

注意: 这与有限维向量空间是不同的.

给定由 V 的格所组成的集合 $\mathfrak{L} := \{L_j : j \in J\}$. 对 $v \in V$, 设

$$B_{\mathfrak{L}}(v) := \{v + L_j : j \in J\},$$
$$\mathscr{F}_{\mathfrak{L}}(v) := \{U : U \subseteq V, \exists j \in J \ \& \ U \supseteq v + L_j\}.$$

利用 L_j 是加法群, 易证: 如果 $U \in \mathscr{F}_{\mathfrak{L}}(v)$, 并且 $U \supseteq v + L_j$, $u \in v + L_j$, 则 $U \in \mathscr{F}_{\mathfrak{L}}(u)$. 设

$$\tau_{\mathfrak{L}} := \{U : U \subseteq V, \forall u \in U, U \in \mathscr{F}_{\mathfrak{L}}(u)\}.$$

不难验证 $(V, \tau_{\mathfrak{L}})$ 是拓扑空间, 称 $\tau_{\mathfrak{L}}$ 为格集合 $\mathfrak{L}$ 所决定的拓扑.

命题 9.26 设 V 的非空格集合 $\mathfrak{L} = \{L_j : j \in J\}$ 满足以下条件:
(1) 对任意 $i, j \in J$, 存在 $k \in J$ 使得 $L_k \subseteq L_i \cap L_j$.
(2) 对任意 $j \in J$ 和 $a \in F^\times$, 存在 $k \in J$ 使得 $L_k \subseteq aL_j$.
则 $(V, \tau_{\mathfrak{L}})$ 是拓扑向量空间.

证明 由 $(u + L_j) + (v + L_j) \subseteq (u + v + L_j)$ 知加法是连续映射.

现取 $a \in F$, $v \in V$ 和 L_j, 因为 L_j 是格, 存在 $b \in F^\times$ 使得 $bv \in L_j$. 从已给关于 $\mathfrak{L}$ 的条件, 存在 $k \in J$ 使得 $aL_k + bL_k \subseteq L_j$, 于是 $(a + b\mathcal{O}) \cdot (v + L_k) \subseteq av + L_j$, 这样便知数乘是连续映射. □

称有以上命题的结构的向量空间 V 为 (非 Archimede) 局部凸拓扑向量空间或**局部凸空间** (locally convex space).

注 在复向量空间 $\mathscr{X}$ 中, 我们称一个子集 C 是**凸集** (convex set), 如果当 $x, y \in C$ 时, 对任意 $d \geqslant 0$ 都有 $dx + (1-d)y \in C$. 我们称 $\mathscr{X}$ 的一个子集 A 是**均衡集** (balanced set), 如果任取 $a \in \mathbb{C}$ 满足 $|a| \leqslant 1$, 都有 $aA \subseteq A$. 我们称 $\mathscr{X}$ 的一个子集 A 是**吸收集** (absorbing set), 如果任取 $x \in \mathscr{X}$, 存在 $a > 0$, 使得若 $c \in \mathbb{C}$ 和 $|c| \leqslant a$, 则 $cx \in A$.

在 (非 Archimede) 拓扑向量空间 V 里取 $\mathcal{O}$ 模 A_0 和 $v \in V$. 若 $x, y \in A_0$ 及 $a \in \mathcal{O}$ ($\Leftrightarrow |a| \leqslant 1$), 则

$$a(v+x) + (1-a)(v+y) = v + (ax + (1-a)y) \in A,$$

这是因为 A_0 是 $\mathcal{O}$ 模, 并且 $|a| \leqslant 1$, 于是 $|1-a| \leqslant \max\{1, |a|\} = 1$, 从而 $1 - a \in \mathcal{O}$. 另一方面, 在 V 内取格 L, 这是 $\mathcal{O}$ 模, 故此若 $\forall a \in F$ 是 $|a| \leqslant 1$, 则 $a \in \mathcal{O}$, 所以 $aL \subseteq L$, 从而 L 是均衡的. 再者, 取 $a = 1$ 易见 L 是吸收的.

这样与复数域上的向量空间对比, 我们可以说 (非 Archimede) 赋值域上的向量空间中的格是均衡的、吸收的凸集.

以拓扑空间 X 的所有开集为元素的集合记作 τ, 称 τ 为 X 的拓扑. 如果 X 有二拓扑 τ_1, τ_2 满足条件 $\tau_1 \subseteq \tau_2$, 则说 τ_1 比 τ_2 小或粗糙.

在向量空间 V 上, 由半范集合 $\{p_i : i \in I\}$ 所决定的拓扑是指满足以下条件的最小拓扑:

(1) 所有 $p_i : V \to \mathbb{R}$ 是连续的.
(2) 取 $v \in V$, 则 $V \to V : u \mapsto u + v$ 是连续的.

容易证明

命题 9.27 F 是 (非 Archimede) 赋值域, V 是 F-向量空间.
(1) 若 L 是 V 的格, 定义

$$p_L(v) := \inf_{v \in aL} |a|, \quad v \in V,$$

则 p_L 是 V 的半范.
(2) 若 $p_1, \ldots, p_k$ 是 V 的半范, $k \geqslant 1, \epsilon > 0$. 设

$$V(p_i, \epsilon) = \{v \in V : p_i(v) \leqslant \epsilon\}.$$

则 $V(p_1, \epsilon) \cap \cdots \cap V(p_k, \epsilon)$ 是 V 的格.
(3) 在 V 上由格集合 $\{L_j : j \in J\}$ 所决定的拓扑等同由半范集合 $\{p_{L_j} : j \in J\}$ 所决定的拓扑.
(4) 在 V 上由半范集合 $\{p_i : i \in I\}$ 所决定的拓扑等同由格集合

$$\{V(p_1, \epsilon) \cap \cdots \cap V(p_k, \epsilon) : \epsilon > 0, k \geqslant 1\}$$

所决定的拓扑.

如果可以在拓扑向量空间 V 上定义度量 d, 使得 V 的拓扑等同由 d 所定义的拓扑, 则称 V 为**可度量化的** (metrizable).

局部凸空间 V 是可度量化的当且仅当 V 的拓扑可以由可数的一组半范决定.

拓扑向量空间的一个优点是: 即使没有度量, 还是可以定义完备性.

定义 9.28 (1) 设 V 是拓扑向量空间, S 是 V 的子集. 称 S 上的滤子 $\mathscr{F}$ 为 Cauchy 滤子, 如果对 0 点的任一邻域 U 存在集合 $X \in \mathscr{F}$, 使得 $X - X \subseteq U$, 即对任意 $x, y \in X$ 有 $x - y \in U$.

(2) 称拓扑向量空间 V 的子集 S 为完备的, 如果 S 上的任意 Cauchy 滤子收敛至 S 的点.

(3) 称可度量化完备局部凸空间为 Fréchet 空间.

可度量化拓扑向量空间 V 是完备的当且仅当 V 内任一 Cauchy 序列收敛. Fréchet 空间的拓扑可以由可数的一组半范决定.

9.5.2 桶形空间

若 (非 Archimede) 局部凸空间 V 的任一闭子集均是开的, 则称 V 是**桶形空间** (barrelled space).

注 若复数域上的局部凸线性空间 V 中任意吸收的、均衡的闭凸集均是 0 的一个邻域, 则称 V 是桶形的.

命题 9.29 Fréchet 空间必是桶形的.

证明 设 L 是 Fréchet 空间中的一个闭格, 取定 $a \in F$, $|a| > 1$, 则 $V = \bigcup_{n \in \mathbb{N}} a^n L$. 按 Baire 定理, 存在 $n \in \mathbb{N}$ 使得 $a^n L$ 有内点, 从而 L 中有内点, 即存在 $v \in L$ 和 V 中的开格 M 使得 $v + M \subseteq L$, 因此 $M \subseteq L - v = L$, 所以 L 是开集. □

命题 9.30 设 V 是 Fréchet 空间, $W \subseteq V$ 是一个闭向量子空间, 则商空间 V/W 是 Fréchet 空间.

证明 由于 W 是闭向量子空间, 故 V/W 是 Hausdorff 的.

设 q 是 V 上的半范, 定义
$$\bar{q}(v + W) = \inf_{w \in W}(v + w),$$
则 $\bar{q}$ 为商空间 V/W 上的半范.

设 V 的拓扑是由 $\{q_i\}_{i \in I}$ 诱导的. 当 F 遍历 I 的有限子集时 $\{\max_{i \in F} \bar{q}_i\}$ 生成了 V/W 上的拓扑, 从而 V/W 可度量化.

余下留给读者证明 V/W 是完备的. □

9.5 Fréchet 空间

定理 9.31 (闭图定理) 设 V 是桶形空间，W 是 Fréchet 空间，$f: V \longrightarrow W$ 是线性映射. 若 f 的图像 $\Gamma(f) = \{(v, f(v)) : v \in V\}$ 是 $V \times W$ 的闭子集，则 f 是连续映射.

证明 只需证明若 M 是 W 中的一个开格，则 $f^{-1}(M)$ 在 V 中是开的. 由于 V 是桶形的，则 $\overline{f^{-1}(M)}$ 是 V 中的开集，故只需证明 $\overline{f^{-1}(M)} = f^{-1}(M)$，即要证明: 若 $v \in \overline{f^{-1}(M)}$，则 $v \in f^{-1}(M)$，即若 $v \in \overline{f^{-1}(M)}$，求 $w \in M$ 使得 $w = f(v)$，即 $(v, w) \in \Gamma(f)$. 注意到 $\Gamma(f)$ 是闭集，可求 $(v, w) \in \overline{\Gamma(f)}$，于是只需证明任取开格 $L \subseteq V$ 和 $N \subseteq W$ 均有

$$\Gamma(f) \cap ((v + L) \times (w + N)) \neq \emptyset. \tag{$*$}$$

给出 $v \in \overline{f^{-1}(M_1)}$ 首先找 w. 取 W 中的一族开格 $M = M_1 \supseteq M_2 \supseteq \ldots$ 构成 0 的一组开邻域基，则

$$\overline{f^{-1}(M_1)} \supseteq \overline{f^{-1}(M_2)} \supseteq \ldots$$

是 V 中的一族开格. 因为 v 是 $f^{-1}(M_1)$ 的拓扑闭包点，于是对于 v 的开邻域 $v - \overline{f^{-1}(M_2)}$ 必定是 $(v - \overline{f^{-1}(M_2)}) \cap f^{-1}(M_1) \neq \emptyset$，从而存在 $v' \in \overline{f^{-1}(M_2)}, v_1 \in f^{-1}(M_1)$，使得 $v - v' = v_1$，即 $v - v_1 \in \overline{f^{-1}(M_2)}$. 对任意 $n \in \mathbb{N}$，我们可以归纳地找到 $v_n \in \overline{f^{-1}(M_n)}$，使得

$$v - (v_1 + \cdots + v_n) \in \overline{f^{-1}(M_{n+1})}.$$

令 $v'_n = v_1 + \cdots + v_n$，有 $f(v'_{n+1}) - f(v'_n) = f(v_{n+1}) \in M_{n+1}$，则 $\{f(v'_n)\}$ 是 M 中的 Cauchy 序列，从而 $f(v'_n) \to w \in M$.

以下证明 $(*)$ 成立. 取 $m \in \mathbb{N}$，使得 $M_{m+1} \subseteq N$ 且 $f(v'_m) - w \in N$. 因为 $v - v'_m \in \overline{f^{-1}(M_{m+1})} \subseteq f^{-1}(M_{m+1}) + L$，故存在 $u \in f^{-1}(M_{m+1})$ 使得 $v - v'_m - u \in L$. 故 $v'_m + u \in v + L$，且有

$$f(v'_m + u) = f(v'_m) + f(u) \in w + N + M_{m+1} \subseteq w + N,$$

即 $(v'_m + u, f(v'_m + u)) \in \Gamma(f) \cap ((v + L) \times (w + N))$. □

定理 9.32 (开映射定理) 设 V 是 Fréchet 空间，W 是 Hausdorff 的桶形空间，设 $f: V \to W$ 是连续线性满映射. 则 f 是开映射，即由 U 为 V 的开集得 $f(U)$ 为 W 的开集.

证明 (1) 由于 W 是 Hausdorff 空间，$\{0\}$ 在 W 中是闭的，f 连续，故 $f^{-1}(0) = \operatorname{Ker} f$ 在 V 中是闭的，从而 $V/\operatorname{Ker} f$ 是 Fréchet 空间.

(2) 商拓扑空间的投射总是开映射，即 $V \to V/\operatorname{Ker} f$ 是开映射，故此不妨假设 f 是一个双射，于是有逆映射 $f^{-1}: W \to V$.

(3) 因此若可证明 f^{-1} 是连续的，便得 f 是开映射. 由闭图定理，只需证明 f^{-1} 的图 $\Gamma(f^{-1})$ 在 $W \times V$ 中是闭集.

以 $\triangle := \{(w,w)\}$ 记 $W \times W$ 中的对角空间, 以 $\mathrm{Id}_W : W \to W$ 记恒等映射 $w \mapsto w$. 利用 $f \times \mathrm{Id}_W : V \times W \to W \times W$ 得 $\Gamma(f) = (f \times \mathrm{Id}_W)^{-1}(\triangle)$. 因为 W 是 Hausdorff 空间, 故 $\triangle$ 是 $W \times W$ 中的闭集, 又因 $f \times \mathrm{Id}_W$ 是连续映射, 于是 $\Gamma(f)$ 是 $V \times W$ 的闭子集.

在拓扑向量空间的同构 $W \times V \cong V \times W : (w,v) \mapsto (v,w)$ 下, $\Gamma(f^{-1})$ 映为 $\Gamma(f)$, 所以 $\Gamma(f^{-1})$ 是 $W \times V$ 的闭子集. □

9.5.3 Fréchet-Stein 代数

设 $(V_i)_{i \in I}$ 为局部凸拓扑空间有向系统, $V = \varprojlim_i V_i$. $\rho_i : V \to V_i$ 为自然投射, V_i 的拓扑由格组 $\{L_{ij}\}_j$ 所决定. 从集合 $\{\rho_i^{-1}(L_{ij}) : i, j\}$ 取有限个元素得交集, 由所有这样得出来的交集所组成的集合记为 $\mathfrak{L}$. 我们用 $\mathfrak{L}$ 在 V 上定义局部凸拓扑.

如果 Fréchet 空间 V 的拓扑是由半范 $(q_n)_{n \in \mathbb{N}}$ 决定, 可以用 $\max(q_1, \ldots, q_n)$ 代替 q_n 而不改变拓扑, 于是可以假设: 对所有 $v \in V$, $q_1(v) \leqslant q_2(v) \leqslant \ldots$.

如果赋值域 F 上的 Fréchet 空间 A 同时是拓扑 F-代数, 则称 A 为 Fréchet 代数.

设 q 为定义 A 的一个半范, $A/\mathrm{Ker}\, q$ 对范 q 的完备化得 Banach 空间 A_q, 且有稠密像的自然连续线性映射 $A \to A_q$. 若半范 $q' \leqslant q$, 则有稠密像的连续线性映射 $\phi_q^{q'} : A_q \to A_{q'}$, 使得

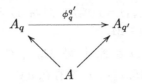

可设 A 的拓扑由半范 $q_1 \leqslant q_2 \leqslant \ldots$ 所定义, 则用 $\phi_{q_{n+1}}^{q_n}$ 得逆极限 $\tilde{A} := \varprojlim_n A_{q_n}$ 同构于 Fréchet 空间 A.

如果有常数 c_n 使得

$$q_n(ab) \leqslant c_n q_n(a) q_n(b), \quad \forall a, b \in A, \tag{$\star$}$$

则 A_{q_n} 为 Banach 代数, $A \to A_{q_n}$, $\phi_{q_{n+1}}^{q_n}$ 为 Banach 代数同态, 于是有 Fréchet 代数同构

$$A \xrightarrow{\approx} \varprojlim_n A_{q_n}.$$

称 Fréchet 代数 A 为 Fréchet-Stein 代数, 如果 A 的拓扑由满足以上条件 $(\star)$ 的半范 $q_1 \leqslant q_2 \leqslant \ldots$ 所定义, 并且

(1) A_{q_n} 是 Noetherian,
(2) $\phi_{q_{n+1}}^{q_n} : A_{q_{n+1}} \to A_{q_n}$ 是平坦.

参见：Schneider, Teitelbaum, Algebras of p-adic distributions and admissible representations.

9.6 算子空间

给定球完备赋值域 F，设 V,W 为 Hausdorff 局部凸 F-向量空间，所有从 V 到 W 的连续线性算子所组成的 F-向量空间记为 $\mathscr{L}(V,W)$.

F-拓扑向量空间 V 的子集 B 称为**有界子集** (bounded set)，若对 V 的任意开格 L 存在 $a \in F$ 使得 $B \subseteq aL$.

设 B 为 V 的有界子集，p 为 W 的半范，$f \in \mathscr{L}(V,W)$，则公式

$$p_B(f) := \sup_{v \in B} p(f(v))$$

在 $\mathscr{L}(V,W)$ 上定义半范.

在 V 内选定一组 $\mathfrak{B}$ 有界子集，当 $\mathscr{L}(V,W)$ 取 $\{p_B : B \in \mathfrak{B}\}$ 所决定的局部凸拓扑时，我们便记此局部凸空间为 $\mathscr{L}_{\mathfrak{B}}(V,W)$.

设 $\mathfrak{B}$ 的元是 V 的只含一个向量的子集. 则称 $\mathscr{L}_{\mathfrak{B}}(V,W)$ 的拓扑为**弱拓扑** (weak topology)，并改记 $\mathscr{L}_{\mathfrak{B}}(V,W)$ 为 $\mathscr{L}_s(V,W)$. 此时 $f_n \to f$ 当且仅当对任意 $v \in V$，$f_n(v) \to f(v)$，又称弱拓扑为**点收敛拓扑** (pointwise convergence topology).

若 $\mathfrak{B}$ 是 V 所有有界子集所组成，称 $\mathscr{L}_{\mathfrak{B}}(V,W)$ 的拓扑为**强拓扑** (strong topology)，并改记 $\mathscr{L}_{\mathfrak{B}}(V,W)$ 为 $\mathscr{L}_b(V,W)$，又称强拓扑为**有界收敛拓扑** (bounded convergence topology).

设 V 为局部凸 F-向量空间. 以 V' 记 $\mathscr{L}(V,F)$，称此为 V 的对偶空间. 称 $V'_s := \mathscr{L}_s(V,F)$ 为 V 的弱对偶空间，$V'_b := \mathscr{L}_b(V,F)$ 为 V 的**强对偶空间** (strong dual space).

称局部凸 F-向量空间 V 为**自反空间** (reflexive space)，若对偶映射

$$\delta : V \to (V'_b)'_b : v \mapsto \delta_v(\ell) := \ell(v)$$

是拓扑同构.

称局部凸 F-向量空间 V 的 $\mathcal{O}$-子模 $A \subseteq V$ 为 c 紧集，若对 V 内任何递减有向开格组 $(L_i)_{i \in I}$，自然映射

$$A \to \varprojlim_{i \in I} A/(A \cap L_i)$$

是满射.

设 V,W 为局部凸 F-向量空间. 称连续线性映射 $f : V \to W$ 为**紧算子** (compact operator)，若有开格 $L \subseteq V$ 使得 $f(L)$ 在 W 的闭包 $\overline{f(L)}$ 是有界 c 紧集. 所有从 V 到 W 的紧算子所组成的 F-向量空间记为 $\mathscr{C}(V,W)$.

称局部凸 F-向量空间 V 为**核空间** (nuclear space), 若对任意 F Banach 空间, 有 $\mathscr{C}(V,W) = \mathscr{L}(V,W)$.

对 $n \geqslant 1$, 设有局部凸 F-向量空间的连续线性映射 $\iota_n: V_n \to V_{n+1}$. 取正极限, 便有自然影射 $j_m: V_m \to V := \varinjlim_n V_n$. 用

$$\{\text{格 } L \subseteq V : \forall m, j_m^{-1}(L) \text{ 是开子集}\}$$

在 V 上决定局部凸拓扑. 如果所有 ι_n 是单射和紧算子, 则称局部凸 Hausdorff 拓扑 F-向量空间 $\varinjlim_n V_n$ 为**紧的** (compact). 可以证明: 设 V 是 F-Fréchet 空间, 则 V 是核空间当且仅当存在紧局部凸 F-向量空间 W 使得 $V \cong W_b'$. (参见: Schneider, Teitelbaum, Locally analytic distributions, *JAMS* 15 (2001), Theorem 1.3.)

9.7 p 进插值

设 S 为集 X 的子集. 已知映射 $f: S \to Y$ 有某种性质, 问能否在 S 之外的点 x **插值** (interpolate) $\tilde{f}(x)$, 使得 f 的扩张 $\tilde{f}: X \to Y$ 保全 f 的原有性质. 在这一节我们介绍一些 p 进的有趣例子, 先介绍两篇参考文章.

[1] M. Lazard, Les zeros des fonctions analytiques d'une variable sur un corps value complet, *Publ. IHES* 14 (1962), 47-75.

[2] Y. Amice, Interpolation p-adique, *Bull. Soc. Math. France*, 92 (1964), 117-180.

1. 称函数 $\mathbb{Z}_p \supseteq S \xrightarrow{f} \mathbb{Q}_p$ 为一致连续, 如果对任何 $\epsilon > 0$, 存在 $\delta > 0$ 使得 $|x-y| < \delta \Rightarrow |f(x) - f(y)| < \epsilon$.

命题 9.33 设 S 为 $\mathbb{Z}_p$ 的稠密子集. 函数 $f: S \to \mathbb{Q}_p$ 可扩张为连续函数 $\tilde{f}: \mathbb{Z}_p \to \mathbb{Q}_p$ 当且仅当 f 有界且一致连续. 如果 f 可扩张, 则 $\tilde{f}$ 唯一.

证明 如果 $\tilde{f}$ 存在, 因为 $\mathbb{Z}_p$ 是紧集, 所以 $\tilde{f}$ 有界且一致连续, 于是 f 亦如此.

设 $x \in \mathbb{Z}_p$ 和 $x_n \in S$, $x_n \to x$. 则 $\{x_n\}$ 是 Cauchy 序列. 若 f 有界, 则可计算 $|f(x_n) - f(x_m)|$. 若 f 有界并一致连续, 则 $\{f(x_n)\}$ 是 Cauchy 序列, 于是可取 $f(x) = \lim f(x_n)$. 不难证明如此定义的 $f(x)$ 与 $\{x_n\}$ 的选取无关, 并且所得的 f 是连续函数. □

2.

引理 9.34 (1) $\mathbb{Z}$ 是 $\mathbb{Z}_p$ 的稠密子集.

(2) 取整数 s_0, $0 \leqslant s_0 \leqslant p-2$. 设

$$S_{s_0} = \{n \in \mathbb{Z} : n \geqslant 0, n \equiv s_0 \mod (p-1)\}.$$

则 S_{s_0} 是 $\mathbb{Z}_p$ 的稠密子集.

证明 (1) 取 $x \in \mathbb{Z}_p$, 表为 $x = \sum_{n \geq 0} a_n p^n$, $0 \leq a_n \leq p-1$. 设 $x_N = \sum_{n=0}^{N-1} a_n p^n$. 则 $x - x_N = p^N(a_N + a_{N+1}p + \ldots)$, 于是 $|x - x_N| \leq 1/p^N$, 所以 $\lim_{N \to \infty} x_N = x$.

(2) 取 $x \in \mathbb{Z}_p$, x_N 如上. 设 $y_N = x_N + (s_0 - x_N)p^N$. 由于 $p^N \equiv 1 \bmod (p-1)$, 得 $y_N \equiv x_N + (s_0 - x_N) \equiv s_0 \bmod (p-1)$, 即 $y_N \in S_{s_0}$. 另一方面, 由 $|x - x_N| \leq 1/p^N$ 和 $|x_N - y_N| \leq 1/p^N$, 得 $\lim_{N \to \infty} y_N = x$. □

命题 9.35 如引理 9.34 取 $\mathbb{Z}$ 的子集 S_{s_0}, 固定正整数 n 使 p 不是 n 的因子. 考虑函数 $f : S_{s_0} \to \mathbb{Z} : s \mapsto n^s$, 则

(1) f 有界且一致连续.
(2) 可以把 f 扩张为连续函数 $\tilde{f} : \mathbb{Z}_p \to \mathbb{Z}_p$.

证明 按命题 9.33 和引理 9.34, 只需证明 f 是一致连续函数.

由 $p \nmid n$ 知 $n^{p-1} \equiv 1 \bmod p$, 所以有整数 m 使 $n^{p-1} = 1 + mp$. 取 $s, s' \in S_{s_0}$, 则有表达式 $s = s_0 + (p-1)s_1$, $s' = s_0 + (p-1)s_1'$. 假设 $s \equiv s' \bmod p^N$, 则有整数 t 使 $s_1' = s_1 + tp^N$, 这样

$$f(s) - f(s') = n^s(1 - n^{s'-s}) = n^s(1 - (1+mp)^{tp^N}).$$

由

$$(1+mp)^{tp^N} = 1 + (tp^N)(mp) + \frac{tp^N(tp^N - 1)}{2}(mp)^2 + \cdots + (mp)^{tp^N}$$

知 p^{N+1} 整除 $1 - (1+mp)^{tp^N}$, 这样证得: 如果 $|s - s'| \leq \frac{1}{p^N}$, 则 $|f(s) - f(s')| \leq \frac{1}{p^{N+1}}$. □

以下固定素数 $p > 2$.

在初等数论学过除子函数 $\sigma_s(n) = \sum_d d^s$, 其中 $\sum_d$ 是对 n 的所有正整数除子 d 求和. 引入函数

$$\sigma_s^{(p)}(n) = \sum_d{}^s,$$

其中 $\sum_d$ 是对 $d : d > 0, d|n, p \nmid d$ 求和. 若 $0 \leq s_0 \leq p-2$, 则按命题 9.35, 可以把函数 $S_{s_0} \to \mathbb{Z} : s \mapsto \sigma_s^{(p)}(n)$ 扩张为 $\mathbb{Z}_p$ 上的连续函数.

3. 利用以下展开式定义 Bernoulli 多项 $B_k(x) \in \mathbb{Q}[x]$,

$$\frac{te^{xt}}{e^t - 1} = \sum_{k=0}^{\infty} B_k(x) \frac{t^k}{k!}.$$

称 $B_k = B_k(0) \in \mathbb{Q}$ 为 Bernoulli 数.

当 $\operatorname{Re} s > 1$ 时, Riemann ζ-函数是

$$\zeta(s) = \prod_p \frac{1}{1 - p^{-s}}.$$

以下记 $\zeta^{(p)}(s) = (1 - p^{-s})\zeta(s)$.

固定素数 p 和整数 s_0, 使 $1 \leqslant s_0 \leqslant \frac{p-3}{2}$, 如上取 $\mathbb{Z}$ 的子集 S_{2s_0}, 则函数

$$f: S_{2s_0} \to \mathbb{Q}: 2n \mapsto (p^{2n-1}-1)\frac{B_{2n}}{2n}$$

像一个硬币一样有两面.

一面是: f 可扩充为全复平面上的半纯函数 $f_{\mathbb{C}}(s) = \zeta^{(p)}(1-s)$, 即对 $2n \in S_{2s_0}$, $f_{\mathbb{C}}(2n) = f(2n)$, 这是数论的经典结果, 对整数 $n \geqslant 1$, 有

$$\zeta(1-2n) = -\frac{B_{2n}}{2n}.$$

另一面是: f 可扩充为 $\mathbb{Z}_p$ 的解析函数 $f_{\mathbb{Z}_p}: \mathbb{Z}_p \to \mathbb{Q}_p$, 即对 $2n \in S_{2s_0}$, $f_{\mathbb{Z}_p}(2n) = f(2n)$, 这是因为命题 9.35, 加上数论的经典结果——Kummer 同余式: 对整数 m, 若 $(p-1) \nmid m$ 和 $m \equiv m' \bmod ((p-1)p^N)$, 则

$$(1-p^{m-1})\frac{B_m}{m} \equiv (1-p^{m'-1})\frac{B_{m'}}{m'} \mod p^{N+1}.$$

我们常说: $f_{\mathbb{Z}_p}$ 是 $f_{\mathbb{C}}$ 在整数点的值的 p **进插值** (p-adic interpolation).

4. 设 k 为 > 2 的偶整数. 考虑以 z 为复变量的无穷级数,

$$g_k(z) = \frac{(k-1)!}{2(2\pi i)^k} {\sum}' \frac{1}{(mz+n)^k},$$

其中 $\sum'$ 是指对所有的 $(m,n) \neq (0,0)$, $m, n \in \mathbb{Z}$ 求和. 不难证明 $g_k(z)$ 在上半复平面的紧集上一致绝对收敛, 所以是上半复平面的解析函数. 称 $g_k(z)$ 为 Eisenstein 级数, 这是个重要的**模形式** (modular form), 易见 $g_k(z)$ 有周期性质: $g_k(z+1) = g_k(z)$, 于是可以算出它的 Fourier 级数为

$$g_k(z) = \frac{\zeta(1-k)}{2} + \sum_{n=1}^{\infty} \sigma_{k-1}(n) e^{2\pi i n z}.$$

引入符号 $q = e^{2\pi i z}$, 把上式写为系数在 $\mathbb{Q}$, 以 q 为变量的形式幂级数环 $\mathbb{Q}[[q]]$ 的元素

$$g_k(q) = \frac{\zeta(1-k)}{2} + \sum_{n=1}^{\infty} \sigma_{k-1}(n) q^n.$$

引理 9.36 取 $\geqslant 4$ 的偶整数序列 $\{k_i\}$, 使得当 $i \to \infty$ 时, $k_i \to \infty$, 但在 $\mathbb{Z}_p$ 内 k_i 有极限 k, 则在 $\mathbb{Z}_p$ 内

(1) $\lim_{i \to \infty} \sigma_{k_i-1}(n) = \sigma_{k-1}^{(p)}(n)$,
(2) $\lim_{i \to \infty} \zeta(1-k_i) = \zeta^{(p)}(1-k)$.

证明 (1) 若 $p|d$, 则当 $i \to \infty$ 时, $d^{k_i-1} \to 0$, 因为 $k_i \to \infty$.

(2) 因为 $k_i \to \infty$, 所以 $\lim_{i \to \infty}(1-p^{k_i-1}) = 1$. □

根据引理 9.36, 我们可以引入 $g_k = \lim_{i\to\infty} g_{k_i}$, $k \in \mathbb{Z}_p$,

$$g_k(q) == \frac{\zeta^{(p)}(1-k)}{2} + \sum_{n=1}^{\infty} \sigma_{k-1}^{(p)}(n) q^n,$$

这时我们把 g_k 看作系数在 $\mathbb{Q}_p$、以 q 为变量的**形式幂级数** (formal power series).

这个 g_k ($k \in \mathbb{Z}_p$) 是 p 进模形式的第一个例子, 见 Serre, Formes modulaires et fonctions zeta p-adiques, Springer Lecture Notes in Mathematics, 350 (1973), 191-268. 设 G 是**射影有限群** (profinite group), $G \cong \varprojlim_U G/U$. 设 A 为 G 模. 在 A 上取离散拓扑, 则 G 模结构所决定的映射 $G \times A \to A$ 连续当且仅当 $A = \cup A^U$. 基于此, Hida 提出了模形式的 Iwasawa 模结构 (H. Hida, Iwasawa modules attached to congruence of cusp forms, *Ann. Scient. Ec. Norm. Sup.*, 19 (1986), p.249), 没有这个开创性的想法恐怕就没有 Fermat 大定理的证明. p 进模形式是代数数论的一个很重要的专题, 想了解比较现代的理论, 可参看 H. Hida, *p-adic Automorphic Forms on Shimura Varieties*, Springer, 2004.

9.8 p 进测度

9.8.1 分布

对整数 $n \geqslant 0$ 给出有限集 X_n 和满射 $\pi_{n+1} : X_{n+1} \to X_n$, 取逆极限得射影有限集 $X = \varprojlim_n X_n$. 对 $n \geqslant m$, 以 $\pi_{n,m}$ 记合成 $\pi_{m-1} \circ \ldots \pi_{n-1} \circ \pi_n$. 以 $\rho_n : X \to X_n$ 记自然投射.

设 K 为完备赋值域. 称 $f : X \to K$ 为局部常值函数或阶梯函数, 若有 m 使

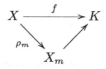

于是把 f 看作 X_m 的函数, 并且对 $n \geqslant m$, $x \in X_n$ 有 $f(x) = f(\pi_{n,m} x)$.

设 V 是 K-Banach 空间. 假设映射组 $\phi = \{\phi_n : X_n \to V\}$ 有以下性质

$$\phi_n(x) = \sum_{\pi_{n+1} y = x} \phi_{n+1}(y), \quad x \in X_n.$$

若阶梯函数 $f : X \to K$ 可看作 X_m 上的函数, 则

$$\sum_{x \in X_{m+1}} f(x) \phi_{m+1}(x) = \sum_{x \in X_m} \sum_{\pi_{n+1} y = x} f(y) \phi_{m+1}(y)$$
$$= \sum_{x \in X_m} f(x) \sum_{\pi_{n+1} y = x} \phi_{m+1}(y) = \sum_{x \in X_m} f(x) \phi_m(x),$$

于是对 $n \geqslant m$ 有 $\sum_{x \in X_n} f(x)\phi_n(x) = \sum_{x \in X_m} f(x)\phi_m(x)$. 以 $\mathrm{St}(X,K)$ 记由阶梯函数所生成的 K-向量空间, 则得 $\mathrm{St}(X,K)$ 上的 K 线性函数

$$f \mapsto \int_X f d\phi := \sum_{x \in X_m} f(x)\phi_m(x),$$

称此线性函数为 ϕ 在 X 上所决定的**分布** (distribution), 但是, 亦有文献直接称 ϕ 为 X 上的分布.

若 $|\phi| := \sup_{n, x \in X_n} |\phi_n(x)| < \infty$, 则称 ϕ 为有界分布或**测度** (measure).

利用范数 $\|f\| := \sup_{x \in X} |f(x)|$, 所有连续函数 $f: X \to K$ 组成 K-Banach 空间 $C(X,K)$, $\mathrm{St}(X,K)$ 为 $C(X,K)$ 稠密子空间.

命题 9.37 若 ϕ 是测度, 则可唯一地把 $\mathrm{St}(X,K)$ 上的函数 $f \mapsto \int f d\phi$ 扩展为 $C(X,K)$ 上的连续线性函数.

证明 由

$$\left| \int f d\phi \right| = \left| \sum_{x \in X_m} f(x)\phi_m(x) \right| \leqslant \max_{x \in X_m} |f(x)| |\phi_m(x)| \leqslant \|f\| |\phi|$$

得知 $f \mapsto \int f d\phi$ 为 $\mathrm{St}(X,K)$ 上的连续线性函数, 然后由稠密性可得命题. □

注 $C(\mathbb{Z}-p, \mathbb{C})$ 上的连续线性函数是拓扑群 $\mathbb{Z}_p$ 的 Radon 测度, 比如 Haar 测度, 但是它不同于这里的 $C(X,K)$ 上的连续线性函数, 比如 $K = \mathbb{C}_p$.

9.8.2 Bernoulli 分布

利用以下展开式定义 Bernoulli 多项式 $B_k(x) \in \mathbb{Q}[x]$,

$$\frac{te^{xt}}{e^t - 1} = \sum_{k=0}^{\infty} B_k(x) \frac{t^k}{k!}.$$

称 $B_k = B_k(0) \in \mathbb{Q}$ 为 Bernoulli 数.

命题 9.38 (1) 对整数 $N \geqslant 1$, 有 $B_k(X) = N^{k-1} \sum_{a=0}^{N-1} B_k(\frac{X+a}{N})$.

(2) 对 $t \in \mathbb{R}$, 以 $\langle t \rangle$ 记同余类 $t \bmod \mathbb{Z} \in \mathbb{R}/\mathbb{Z}$ 中的最小非负实数, 则

$$B_k(\langle Ny \rangle) = N^{k-1} \sum_{t \bmod N} B_k\left(\left\langle y + \frac{t}{N} \right\rangle\right).$$

证明 (1) 首先

$$\sum_{a=0}^{N-1} \frac{te^{(X+a)t}}{e^{Nt}-1} = \frac{1}{N}\sum_{a=0}^{N-1}\frac{te^{(\frac{X+a}{N})Nt}}{e^{Nt}-1}$$
$$= \frac{1}{N}\sum_{a=0}^{N-1}\sum_{k=0}^{\infty} B_k\left(\frac{X+a}{N}\right)\frac{(Nt)^k}{k!}$$
$$= \sum_{k=0}^{\infty}\left(\frac{1}{N}\sum_{a=0}^{N-1} N^{k-1}B_k\left(\frac{X+a}{N}\right)\right)\frac{t^k}{k!},$$

然后由 $\sum_{a=0}^{N-1}(e^t)^a = (e^{Nt}-1)/(e^t-1)$ 得

$$\sum_{a=0}^{N-1}\frac{te^{(X+a)t}}{e^{Nt}-1} = \frac{te^{Xt}\sum_{a=0}^{N-1}(e^t)^a}{e^{Nt}-1} = \sum_{k=0}^{\infty} B_k(x)\frac{t^k}{k!},$$

最后用比较系数得 (1).

(2) 已给实数 y, 则 $\langle Nz \rangle = \langle Ny \rangle$ 当且仅当 $z \mod \mathbb{Z} = y + \frac{t}{N} \mod \mathbb{Z}$, $0 \leqslant t \leqslant N-1$, 所求非负代表是 $\frac{\langle Ny \rangle + t}{N}$. □

设正整数 $M|L$, 乘以 $\frac{L}{M}$ 定义映射 $\frac{1}{L}\mathbb{Z}/\mathbb{Z} \to \frac{1}{M}\mathbb{Z}/\mathbb{Z}$, 于是得射影有限集 $\varprojlim_N \frac{1}{N}\mathbb{Z}/\mathbb{Z}$. 考虑映射

$$\pi : \frac{1}{NM}\mathbb{Z}/\mathbb{Z} \to \frac{1}{M}\mathbb{Z}/\mathbb{Z} : y \mapsto Ny,$$

即 $\pi(\frac{b}{NM} \mod \mathbb{Z}) = \frac{b}{M} \mod \mathbb{Z}$. 于是对 $0 \leqslant t \leqslant N-1$, $N(y+\frac{t}{N}) \mod \mathbb{Z} = Ny + t \mod \mathbb{Z}$, 即

$$\pi^{-1}(\pi y) = \left\{y + \frac{t}{N} \mod \mathbb{Z}, \quad 0 \leqslant t \leqslant N-1\right\}.$$

根据命题 9.38 的 (2) 有

$$M^{k-1}B_k(\langle Ny \rangle) = (MN)^{k-1}\sum_{t \mod N} B_k\left(\left\langle y + \frac{t}{N}\right\rangle\right).$$

对 $x \in \frac{1}{M}\mathbb{Z}/\mathbb{Z}$, 设 $\phi_M(x) = M^{k-1}B_k(\langle x \rangle)$. 则

$$\phi_M(x) = \sum_{y, \pi y = x} \phi_{NM}(x),$$

于是 $\phi = \{\phi_M\}$ 是射影有限集 $\varprojlim_N \frac{1}{N}\mathbb{Z}/\mathbb{Z}$ 上的分布, 称它为 Bernoulli 分布.

9.8.3 $E_{k,c}$

乘以 N 给出同构 $\frac{1}{N}\mathbb{Z}/\mathbb{Z} \to \mathbb{Z}/N\mathbb{Z}$, 其逆映射是 $x \mapsto \langle x/N \rangle$. 做变元, 引入

$$E_k^N(x) = N^{k-1}\frac{1}{k}B_k\left(\left\langle\frac{x}{N}\right\rangle\right),$$

则 $E_k = \{E_k^N\}_N$ 为 $\varprojlim_N \mathbb{Z}/N\mathbb{Z}$ 上的分布. Bernoulli 数 $B_k := B_k(0)$, 已知

$$B_k = N^{k-1} \sum_{t \bmod N} B_k\left(\left\langle \frac{t}{N} \right\rangle\right),$$

于是按定义

$$\frac{1}{k} B_k = \int dE_k.$$

取 $c \in \mathbb{Q}$. 若 N 与 c 互素, 则设

$$E_{k,c}^N(x) = E_k^N(x) - c^k E_k^N(c^{-1}x), \quad x \in \mathbb{Z}/N\mathbb{Z}.$$

命题 9.39 (1) $E_{1,c}^N(x) = \langle \frac{x}{N} \rangle - c\langle \frac{c^{-1}x}{N} \rangle + \frac{c-1}{2}$.

(2) $d(k)$ 是多项式 $B_k(X)$ 的系数的最小公倍数,

$$E_{k,c}^N(x) \equiv x^{k-1} E_{1,c}^N(x) \mod \frac{N}{kd(k)} \mathbb{Z}\left[c, \frac{1}{c}\right].$$

(3) 若 $p|N$, 则 $E_{k,c}^N(x) \equiv x^{k-1} E_{1,c}^N(x) \mod N\mathbb{Z}_p$.

证明 (1) 直接计算可得结果.

(2) 取 $0 \leqslant x \leqslant N$. 设 $c^{-1}x = b + yN, y \in \mathbb{Z}[\frac{1}{c}]$. 则有 $z \in \mathbb{Z}$ 使得

$$\frac{c^{-1}x}{N} = \frac{b}{N} + y = \left\langle \frac{b}{N} + y \right\rangle + z,$$

然后直接计算可得结果.

(3) 可由 (2) 得出. □

现将 N 变为 p^n, 这样 $E_{k,c} = \{E_{k,c}^{p^n}\}$ 便为 $\varprojlim_N \mathbb{Z}/p^n\mathbb{Z} = \mathbb{Z}_p$ 上的分布, 我们让此分布取值于 $\mathbb{C}_p$.

命题 9.40 设 c 为 p 进可逆元. 则

(1)
$$E_{k,c}(x) = x^{k-1} E_{1,c}(x).$$

(2) 设整数 $k \geqslant 1$ 使得 $c^k \neq 1$. 则

$$\frac{B_k}{k} = \frac{1}{1-c^k} \int_{\mathbb{Z}_p} x^{k-1} dE_{1,c}(x).$$

证明 (1) 由命题 9.39 的 (3) 可得.

(2)
$$\int dE_{k,c}(x) = \int dE_k(x) - \int c^k dE_k(c^{-1}x),$$

换元 $x \mapsto cx$ 得 $\int dE_k(c^{-1}x) = \int dE_k(x)$, 代入

$$\frac{1}{1-c^k} \int dE_{k,c}(x) = \int dE_k(x) = \frac{B_k}{k}.$$
□

设 f 为 $\mathbb{Z}/N\mathbb{Z}$ 上的函数, 用以下等式

$$\sum_{a=0}^{N-1} f(a) \frac{te^{(a+X)t}}{e^{Nt}-1} = \sum_{k=0}^{\infty} B_{k,f}(X) \frac{t^k}{k!}$$

定义 $B_{k,f}(X)$, 设 $B_{k,f} = B_{k,f}(0)$.

命题 9.41 (1) $\frac{1}{k}B_{k,f} = \int_{\mathbb{Z}_p} f dE_k$.

(2) 若 ψ 是 $\mathbb{Z}_p^\times$ 的有限阶特征标, 则

$$\frac{1}{n}B_{n,\psi} = \frac{1}{1-\psi(c)c^n} \int_{\mathbb{Z}_p^\times} \psi(a) a^{n-1} dE_{1,c}(a).$$

证法同上.

9.8.4 p 进 L-函数

设 ω 是 Teichmüller 特征标. 若 p 是奇素数, 则特征标

$$\omega : \mathbb{Z}_p^\times \to \boldsymbol{\mu}_{p-1}$$

满足条件 $\omega(a) \equiv a \bmod p$. 若 $p = 2$, 则设 $\omega(a) = \pm 1$, 使得 $\omega(a) \equiv a \bmod 4$, 这样 $a \in \mathbb{Z}_p$ 可唯一地表示成

$$a = \omega(a)\langle a \rangle,$$

其中, 若 $p \neq 2$, $\langle a \rangle \equiv 1 \bmod p$; 若 $p = 2$, $\langle a \rangle \equiv 1 \bmod 4$.

定义 $\mathbb{Z}_p$ 上的测度 μ 的 Γ 变换为

$$\Gamma_p \mu(s) = \int_{\mathbb{Z}_p^\times} \langle a \rangle^s d\mu(a), \quad s \in \mathbb{Z}_p.$$

命题 9.42 若 μ 是 $\mathbb{Z}_p$ 上的测度, 则 $\Gamma_p\mu(s)$ 是 s 的解析函数, 即有 $b_n \in \mathbb{Z}_p$ 满足 $\lim_{n \to \infty} b_n = 0$, 使得 $\Gamma_p\mu(s) = \sum_{n=0}^{\infty} b_n s^n$.

证明 可把 $\mathbb{Z}_p^\times$ 上的积分分为 $1 + p\mathbb{Z}_p$ (若 $p = 2$, 则取 $1 + 4\mathbb{Z}_2$) 上的积分和, 因此 (当 $p \neq 2$ 时) 只需考虑

$$\int_{1+\mathbb{Z}_p} \langle a \rangle^s d\mu(a) = \int_{1+\mathbb{Z}_p} \sum_{n=0}^{\infty} \binom{s}{n}(a-1)^s d\mu(a)$$
$$= \int_{1+\mathbb{Z}_p} \sum_{n=0}^{\infty} s(s-1)\dots(s-n+1) \frac{(a-1)^n}{n!} d\mu(a).$$

但 $a - 1 \equiv 0 \bmod p$, 于是 $(a-1)^n/n! \in \mathbb{Z}_p$, 并且在 $n \to \infty$ 时, $|(a-1)^n/n!|_p \to 0$, 因此可以交换和与积分得

$$\int_{1+\mathbb{Z}_p} \langle a \rangle^s d\mu(a) = \sum_{n=0}^{\infty} P_n(s) c_n,$$

其中 $P_n \in \mathbb{Z}[X]$ 是 n 次,
$$c_n = \int_{1+\mathbb{Z}_p} \frac{(a-1)^n}{n!} d\mu(a)$$
是 p 整数, $c_n \to 0$. 显然可把 $\sum P_n(s)c_n$ 写成 $\sum b_n s^n$, $b_n \to 0$. □

定义 $\mathbb{Z}_p$ 上的测度 μ 的 Mellin 变换为
$$M_p\mu(s) = \int_{\mathbb{Z}_p^\times} \langle a \rangle^s a^{-1} d\mu(a), \quad s \in \mathbb{Z}_p.$$

取 Dirichlet 特征标 χ, 把 $s \in \mathbb{Z}_p$ 看作变元. 假设 $c \in \mathbb{Z}_p^\times$, 使得 $s \mapsto \chi(c)\langle c \rangle^s$ 不恒等于 1. 定义 p 进 L-函数为
$$\mathcal{L}_p(1-s, \chi) = \frac{-1}{1 - \chi(c)\langle c \rangle^s} \int_{\mathbb{Z}_p^\times} \langle a \rangle^s a^{-1} \chi(a) dE_{1,c}(a),$$

即 $(\chi(c)\langle c \rangle^s - 1)\mathcal{L}_p(1-s, \chi)$ 是测度 $\chi \cdot E_{1,c}$ 的 Mellin 变换.

定理 9.43 (1) 若 k 为正整数, 则
$$\mathcal{L}_p(1-k, \chi) = \frac{-1}{k} B_{k, \chi\omega^{-k}}.$$

(2) $\mathcal{L}_p(1-s, \chi)$ 的值与 c 的选取无关.

(3) 若 χ 是非平凡的, 选取 c 使得 $\chi(c) \neq 1$, 则 $\mathcal{L}_p(1-s, \chi)$ 是 s 的解析函数.

证明 (1)
$$\begin{aligned} M_p(\chi E_{1,c})(k) &= \int_{\mathbb{Z}_p^\times} \langle a \rangle^k a^{-1} \chi(a) dE_{1,c}(a) \\ &= \int_{\mathbb{Z}_p^\times} a^{k-1} \omega(a)^{-k} \chi(a) dE_{1,c}(a) \\ &= (1 - (\chi\omega^{-k})(c)c^k)) \frac{B_{k, \chi\omega^{-k}}}{k}. \end{aligned}$$

(2) 满足 $k \equiv 0 \bmod p-1$ 的充分大的整数 k 是 $\mathbb{Z}_p$ 的稠密子集, 所以 $\mathcal{L}_p(1-s, \chi)$ 由 (1) 中的特殊值决定.

(3) 由命题 9.42 得 $M_p(\chi E_{1,c})(s+1) = \Gamma_p(\omega^{-1}\chi E_{1,c})(s)$. □

关于 p 进 L-函数, 可参考:

[1] T. Kubota, H. Leopoldt, Eine p-adische Theorie der Zetawerte. I. Einführung der p-adischen Dirichletschen L-funktionen, *J. Reine Angew. Math.* 214/215 (1964), 328-339.

[2] K. Iwasawa, Lectures on p-adic L functions, *Annals of Math. Studies*, Princeton University Press, 1972.

[3] P. Colmez, Fonctions L p-adiques, *Sem. Bourbaki*, 1998-99, 851.

关于 p 进积分, 可参考:

[4] P. Colmez, Integration sur les varietes p-adiques, Astérisque 248, 1998.

[5] V. Berkovich, Integration of one forms on p-adic analytic spaces, *Annals of Math. Studies*, Princeton University Press, 2007.

习　题

1. 设 F 是赋值域, 剩余域是特征 p, $|p| = 1/p$.
   (1) 取 $0 < \epsilon < 1$, 设 $y \in F$ 使 $|y - 1| \leqslant \epsilon$. 证明: $|y^p - 1| \leqslant \max(\epsilon, 1/p)|y - 1|$.
   (2) 对 $a \in F$, 证明: $|a - 1| < 1 \Leftrightarrow \lim_{n \to \infty} a^{p^n} = 1$.
   (3) 取 $a \in F$ 使 $|a - 1| < 1$, 证明: $\lim_{n \to \infty} |a^{j+p^n} - a^j|$ 对 j 一致收敛于 0. 对正整数 n 定义函数 $f(n) = a^n$, 证明: 可拓展 f 为 $\mathbb{Z}_p \to F$ 的函数使得对 $\alpha \in \mathbb{Z}_p$, $a^\alpha = \lim a^{k_j}$, 其中正整数序列 k_j 在 $\mathbb{Z}_p$ 内收敛为 α.
   (4) 设 $y \in F$, $|y| < 1$, $\alpha \in \mathbb{Z}_p$. 证明: $(1 + y)^\alpha = \sum_{n=0}^{\infty} \binom{\alpha}{n} y^n$.

2. 取 $a_n \in \mathcal{O}_{\mathbb{C}_p}$ 使得 $|a_n| \to 0$, 设
$$\phi(x) = \sum_{n=0}^{\infty} a_n \binom{x}{n}, \quad \Delta\phi(x) = \phi(x+1) - \phi(x).$$
   证明:
   (1) $\Delta\binom{x}{n} = \binom{x}{n-1}$.
   (2) $\Delta^k \phi(x) = \sum a_{k+n} \binom{x}{n}$.
   (3) $\Delta^k \phi(0) = a_k$.

3. 设 $\phi((a_n))(x) = \sum a_n \binom{x}{n}$.
   (1) 以 $\{\mathbb{Z}/p^N \mathbb{Z} \to \mathbb{F}_p\}$ 记所有从 $\mathbb{Z}/p^N \mathbb{Z}$ 至 $\mathbb{F}_p$ 的映射所组成的集合. 证明: $\{(a_n) : a_n \in \mathbb{F}_p, \text{若 } n > p^N, a_n = 0\} \to \{\mathbb{Z}/p^N \mathbb{Z} \to \mathbb{F}_p\} : (a_n) \mapsto \phi((a_n))$ 是单射, 因此是双射.
   (2) 若 $0 \leqslant k < p^N$, $x \in \mathbb{Z}_p$, 证明: $\binom{x + p^N}{k} \equiv \binom{x}{k} \mod p$.
   (3) 所有 $\mathbb{Z}_p$ 至 $\mathbb{F}_p$ 的连续映射所组成的集合记为 $C(\mathbb{Z}_p, \mathbb{F}_p)$. 证明:
$$C(\mathbb{Z}_p, \mathbb{F}_p) = \cup_N \{\mathbb{Z}/p^N \mathbb{Z} \to \mathbb{F}_p\}.$$
   (4) 证明: $\{(a_n) : a_n \in \mathbb{F}_p, \text{除有限个 } n \text{ 外}, a_n = 0\} \to C(\mathbb{Z}_p, \mathbb{F}_p) : (a_n) \mapsto \phi((a_n))$ 是满射.
   (5) 证明: $\{(a_n) : a_n \in \mathbb{Z}_p, |a_n| \to 0\} \to C(\mathbb{Z}_p, \mathbb{Z}_p) : (a_n) \mapsto \phi((a_n))$ 是满射.
   (6) 证明: 映射 $\varphi : \mathbb{Z}_p \to \mathcal{O}_{\mathbb{C}_p}$ 连续当且仅当存在 $a_n \in \mathcal{O}_{\mathbb{C}_p}$, 使得 $|a_n| \to 0$ 和 $\varphi(x) = \phi((a_n))(x)$.

4. 设 $\mathbb{Q}_p \subset K \subset \mathbb{C}_p$, $b \in K$, $r \in |\bar{K}^\times|$, 定义
$$\mathscr{O}_{b,r} = \left\{ \sum_{n \geqslant 0} a_n(x - b)^n : a_n \in k, \lim_{n \to \infty} |a_n| r^n = 0 \right\},$$
并设 $\|\sum a_n (x - b)^n\|_{b, p^{-j}} = \max_{n \geqslant 0} |a_n| r^n$.

(1) 证明: $(\mathscr{O}_{b,r}, \|\bullet\|_{b,p^{-j}})$ 是 K Banach 代数.

(2) 取整数 $j \geqslant 1$, $0 \leqslant b < p^j$, $1 \leqslant k \leqslant j$, 设 $\nu(b,n,k)$ 为集 $\{0 \leqslant i < n : i \in b + p^j \mathcal{O}_{\mathbb{C}_p}\}$ 的元素个数. 对正整数 n, ℓ, 设 $P_{n,\ell}(T) := \prod_{i=0}^{n-1}(T - \ell p^j - i)$. 证明: $P_{n,\ell} \in \mathscr{O}_{b,p^{-j}}$,

$$\|P_{n,\ell}\|_{b,p^{-j}} = \sup\{|P_{n,\ell}(z)| : z \in b + p^j \mathcal{O}_{\mathbb{C}_p}\}$$
$$= p^{-\sum_{k=1}^{j} \nu(b,n,k)}$$
$$\leqslant \left|\frac{n!}{\lfloor \frac{n}{p^j} \rfloor !}\right|.$$

(3) 证明: $C_j := \prod_{b \in \mathbb{Z}/p^j \mathbb{Z}} \mathscr{O}_{b,p^{-j}}$ 取范数 $\|\ \|_{(j)} := \max_{b \in \mathbb{Z}/p^j \mathbb{Z}} \|\ \|_{b,p^{-j}}$ 是 Banach 空间, 并计算出

$$\|P_{n,\ell}\|_{(j)} = \left|\frac{n!}{\lfloor \frac{n}{p^j} \rfloor !}\right|, \quad \left\|\binom{T}{n}\right\|_{(j)} = \left|\lfloor \frac{n}{p^j} \rfloor !\right|^{-1},$$

其中 $\binom{T}{n} = T(T-1)\ldots(T-n+1)/n!$. 证明: $\{\binom{T}{n} : n \geqslant 0\}$ 是 C_j 的法正交基, C_j 由无穷级数

$$\varphi = \sum_{n \geqslant 0} c_n \binom{T}{n}, \quad c_n \in K, \quad \lim_{n \to \infty}\left|\frac{c_n}{\lfloor \frac{n}{p^j} \rfloor !}\right| = 0$$

所组成, 并且 $\|\varphi\|_{(j)} = \max_{n \geqslant 0} |c_n / \lfloor \frac{n}{p^j} \rfloor !|$.

(4) 对序列 $\vec{a} = (a_0, a_1, \ldots)$ 设 $\|\vec{a}\| = \sup_{N \geqslant 0} |a_n \lfloor \frac{n}{p^j} \rfloor !|$, 设 $\mathfrak{S}_j$ 是所有满足 $\|\vec{a}\| < \infty$ 的序列 $\vec{a}$. 证明: 对偶映射

$$C_j \times \mathfrak{S}_j : (\varphi, \vec{a}) \mapsto \sum c_n a_n$$

决定 Banach 空间同构 $(C_j)'_b \cong \mathfrak{S}_j$.

5. 设 $[F : \mathbb{Q}_p] < \infty$, 整数 $d > 0$, 闭球 $B_r^F(a) = \{x \in F^d : |x - a| \leqslant r\}$, 域扩张 K/F, $\mathcal{F}_{a,r}^K = \{\sum_{\vec{n} \geqslant 0} a_{\vec{n}}(x-a)^{\vec{n}} : a_{\vec{n}} \in K, \lim_{|\vec{n}| \to \infty} |a_{\vec{n}}| r^{|\vec{n}|} = 0\}$, 其中 $\vec{n} = (n_1, \ldots, n_d)$, $|\vec{n}| = n_1 + \cdots + n_d$. 设 U 是 F^d 的开子集, 称 $f : U \to K$ 为局部解析函数, 若 $\forall a \in U$, $\exists r > 0$ 使得 $B_r^F(a) \subset U$ 和限制 $f|_{B_r^F(a)} \in \mathcal{F}_{a,r}^K$.

(1) 设 $r_j = |p|^{1/p^j(p-1)}$.

   (a) 若 $n = \ell p^j + m$, 证明:
$$\left|\lfloor \frac{n}{p^j} \rfloor !\right|^{1/n} = |\ell!|^{1/n} \geqslant r_j.$$
   (b) 证明: $z \in K$, $|z| < r_j \Rightarrow \lim_{n \to \infty} |z^n / \lfloor \frac{n}{p^j} \rfloor !| = 0$.
   (c) 证明: $\sum z^n \binom{T}{n} \in C_j$.
   (d) 取 $z \in K$ 使 $|z| < 1$. 证明: $\mathbb{Z}_p \to \mathbb{C}_p^{\times} : \alpha \mapsto (1+z)^{\alpha}$ 是局部解析函数.

(2) 所有从 $\mathbb{Z}_p$ 至 K 的局部解析函数所组成的集合记为 $C^{an}(\mathbb{Z}_p, K)$. 证明:

   (a) $C^{an}(\mathbb{Z}_p, K) = \varinjlim_{j \geqslant 1} \prod_{b \in \mathbb{Z}/p^j \mathbb{Z}} \mathscr{O}_{b,p^{-j}}$ 是局部凸 K-向量空间.
   (b) 包含映射 $C_j \to C_{j+1}$ 是紧算子, 所以 $C^{an}(\mathbb{Z}_p, K)$ 是紧空间.

(3) 以 $\mathscr{O}'_{b,r}$ 记 $\mathscr{O}_{b,r}$ 的对偶空间. 证明: $\varprojlim_{j \geqslant 1} \prod_{b \in \mathbb{Z}/p^j \mathbb{Z}} \mathscr{O}'_{b,p^{-j}}$ 是 $C^{an}(\mathbb{Z}_p, K)$ 的强对偶空间, 并且是自反核空间.

(4) 以 $\mathscr{O}$ 记所有级数 $\sum_{n \geqslant 0} a_n T^n$, 其中 $a_n \in K$. 对任意 $c \in \bar{K}$, $|c| < 1$, 则 $\lim_{n \to \infty} a_n c^n = 0$. 证明: $\mathscr{O} = \varprojlim_{r < 1} \mathscr{O}_{0,r}$ 是 K-Fréchet 代数.

(5) 若 $\lambda \in C^{an}(\mathbb{Z}_p, K)'_b$, 设 $F_\lambda(z) = \lambda((1+z)^T)$ (已知 $T \mapsto (1+z)^T$ 属于 $C^{an}(\mathbb{Z}_p, K)$). 证明:
$$C^{an}(\mathbb{Z}_p, K)'_b \to \mathscr{O} : \lambda \mapsto F_\lambda$$
是局部凸 K 拓扑空间同构.

6. F 是赋值域, V, W 是赋范 F-向量空间. 证明: $\mathscr{L}(V, W)$ 的强拓扑是算子范拓扑.

7. 设 K 是球完备赋值域, V 是局部凸 Hausdorff F-向量空间. 证明: 线性映射
$$\delta : V \to (V'_s)'_s : v \mapsto \delta_v(\ell) := \ell(v)$$
是连续双射.

8. 给定球完备赋值域 F. 设 V 为 Hausdorff 局部凸 F-向量空间, A 为 V 的 c 紧 $\mathcal{O}$-子模. 证明:
   (1) A 为完备, A 为 V 的闭子集.
   (2) A 的闭 $\mathcal{O}$-子模是 c 紧的.
   (3) 若 $f : V \to W$ 为局部凸 F-向量空间的连续线性映射, 则 $f(A)$ 是 c 紧的.

9. 给定球完备赋值域 F. 设 N 是有限生成 $\mathcal{O}$ 模, M 是 N 的子模, $a \in \mathcal{O}, |a| < 1$. 证明: 存在 M 的有限生成子模包含 aM. ($|F^\times|$ 可以是 $\mathbb{R}_+^\times$ 的稠密子集.)

10. F 是完备赋值域 (非 Archimede), $(V, |\ |)$ 是 F 上 Banach 空间, I 是集合. 则 $\lim_{i \in I} x_i = 0$ 是指: 对任意 $\epsilon > 0$, 除有限个 i 外均有 $|x_i| < \epsilon$. 称 $\{e_i : i \in I\} \subseteq V$ 为 V 的法正交基, 若 V 的任一元素 x 可唯一表达为 $\sum_{i \in I} a_i e_i$, $a_i \in F$, 并且 $\lim_{i \in I} a_i = 0$, $|x| = \sup_{i \in I} |a_i|$.
   (1) 设 $c(I) = \{(a_i)_{i \in I} : a_i \in F, \lim_{i \in I} a_i = 0\}$. 对 $(a_i) \in c(I)$, 设 $|(a_i)| = \sup_{i \in I} |a_i|$. 证明: $c(I)$ 是 Banach 空间, 并且有法正交基.
   (2) 设 F 是离散赋值域, V 是 F 上 Banach 空间. 证明: 存在集 I 使得有拓扑空间同构 $V \approx c(I)$.

11. F 是完备赋值域, 设 V, W 为 Banach F-向量空间. 所有从 V 到 W 的连续线性算子所组成的 F-向量空间记为 $\mathscr{L}(V, W)$, 以 $\|u\|$ 记 $u \in \mathscr{L}(V, W)$ 的算子范, I, J 是集合. 设
$$M_{IJ} = \{(a_{ij}) : i \in I, j \in J, a_{ij} \in F, |a_{ij}| \text{ 有限}, \forall i, \lim_j a_{ij} = 0\},$$
$$b(I, W) = \left\{(w_i)_{i \in I} : w_i \in W, \sup_{i \in I} |w_i| \text{ 有限}\right\}.$$

   (1) 证明: $(\mathscr{L}(V, W), \|\ \|)$ 是 Banach 空间.
   (2) 对 $(w_i) \in b(I, W)$ 设 $|(w_i)| = \sup_{i \in I} |w_i|$. 证明: $b(I, W)$ 是 Banach 空间.
   (3) 以 $\{e_i\}$ 记 $c(I)$ 的标准法正交基. 证明:
$$\mathscr{L}(c(I), W) \to b(I, W) : u \mapsto (ue_i)$$
是等距同构.
   (4) 对 $(a_{ij}) \in M_{IJ}$ 设 $|(a_{ij})| = \sup_{i,j} |a_{ij}|$, 以 $\{f_j\}$ 记 $c(J)$ 的标准法正交基, 设 $ue_i = \sum_{j \in J} a_{ij} f_j$. 证明: $u \mapsto (a_{ij})$ 是从 $\mathscr{L}(c(I), c(J))$ 到 M_{IJ} 的同构.

12. 设 V, W 为完备赋值域 F 上的 Banach 空间. 称 $u \in \mathscr{L}(V, W)$ 为有限秩, 若 $u(V)$ 是有限维 F-向量空间. $\mathscr{L}(V, W)$ 内所有有限秩算子所组成的集合的闭包记为 $\mathscr{C}(V, W)$, 称 $\mathscr{C}(V, W)$ 的元素为全连续算子.

   (1) 证明: $\mathscr{C}(V, W)$ 是 $\mathscr{L}(V, W)$ 的闭双边理想.
   (2) 取 $u \in \mathscr{L}(c(I), c(J))$, 设 $u e_i = \sum_{j \in J} a_{ij} f_j$. 证明: $u \in \mathscr{C}(c(I), c(J))$ 当且仅当存在 $C > 0$, 使得 $\forall i, j$ 有 $|(a_{ij})| < C$, $\lim_{j \in J} \sup_{i \in I} |a_{ij}| = 0$.
   (3) 证明: 假设 F 是局部数域, $u \in \mathscr{C}(V, W)$ 当且仅当对 V 的任意有界集 B, $u(B)$ 的闭包是 W 的紧集. (因此又称全连续算子为紧算子.)

13. 取 $u \in \mathscr{C}(c(I), c(J))$, u 对于标准法正交基的矩阵记为 (a_{ij}). 记 $c(I)_o = \{x \in c(I) : |x| \leqslant 1\}$, 取 $\mathcal{O}_F$ 的非零理想 $\mathfrak{a}$, 记 $c(I)_\mathfrak{a} = c(I)_o / \mathfrak{a} c(I)_o$, 设 $\|u\| \leqslant 1$.

   (1) 证明: $\forall i$, 除有限个 j 外, $a_{ij} \in \mathfrak{a}$.
   (2) 证明: $u(c(I)_o) \subseteq c(I)_o$.
   (3) u 诱导 $\mathcal{O}_F / \mathfrak{a}$ 模 $c(I)_\mathfrak{a}$ 的自同态记为 $u_\mathfrak{a}$, 存在 $c(I)_\mathfrak{a}$ 的有限生成 $\mathcal{O}_F / \mathfrak{a}$-子模包含 $u_\mathfrak{a}(c(I)_\mathfrak{a})$, 于是可用行列式和 $u_\mathfrak{a}$ 定义 $(\mathcal{O}_F / \mathfrak{a})[t]$ 内的多项式 $\det(1 - t u_\mathfrak{a})$. 取 $\mathfrak{a}$ 遍历所有非零理想得 0 点的邻域基, 定义
   $$\det(1 - tu) = \varprojlim_\mathfrak{a} \det(1 - t u_\mathfrak{a}).$$
   证明: $\det(1 - tu) = 1 + c_1 t + c_2 t^2 + \cdots \in \mathcal{O}_F[[t]]$ 和 $\lim_{n \to \infty} c_n = 0$.

14. $F[[t]]$ 内所有整函数 (即收敛半径为 ∞) 所组成的子环记为 $F\{\{t\}\}$. 取 $u \in \mathscr{C}(c(I), c(J))$, 证明: 存在形式级数 $\det(1 - tu) \in F\{\{t\}\}$, 使得

   (1) 当 $\|u\| \leqslant 1$ 时, $\det(1 - tu)$ 就是题 13 所定义的.
   (2) 当 u 是有限秩时, $\det(1 - tu) = \sum c_n t^n$ 是多项式, 其中 $c_m = (-1)^m \operatorname{Tr}(\wedge^m u)$.
   (3) 当 $u, v \in \mathscr{L}(c(I), c(J))$ 时, 则
   $$\det(1 - tuv) = \det(1 - tu) \det(1 - tv).$$

   称 $\det(1 - tu)$ 为带法正交基的 Banach 空间的全连续算子 u 的 Fredholm 行列式.

第十章 赋值环

除明显或声明外，本章的环都是带 1 的交换环，$A^\times$ 记环 A 的可逆元所组成的乘法群.

本章以赋值环为主题，实质上是以 "分歧性" 为中心，这些结果出现在 Serre 和 Tate 及他们徒子徒孙的工作中，对我国的学生是有点陌生，但像学习计算不定积分的时候一样，开始时有点莫明其妙，熟悉了就变得简单. 这些计算是后来 p Hodge 理论的背景，最后影响到 Fermat 大定理的证明实在令人惊奇.

分歧理论还有研究价值，参看

[1] A. Abbes, T. Saito (斎藤毅), Ramification of local fields with imperfect residue fields I. *Am. J. Math.* 124.5, (2002) 879-920.

[2] A. Abbes, T. Saito, Ramification of local fields with imperfect residue fields II. *Documenta Mathematica*, Extra Volume Kato, (2003) 3-70.

[3] T. Saito, Ramification of local fields with imperfect residue fields III. *Math. Annalen*, 352 (2012) 567-580.

[4] T. Saito, Wild ramification and the characteristic cycle of an ℓ-adic sheaf. *Journal de l'Institut de Mathematiques de Jussieu* 8(4), (2009) 769-829.

本章的主要参考材料是

[1] O. Teichmüller, Diskret bewertete perfekte Körper mit unvollkommen Restklassenkörper, *J. Reine Angew. Math.* 176 (1936), 141-152.

[2] J.-P. Serre, Sur les corps locaux a corps de restes algebriquement clos, *Bull. Soc. Math. Fr.* 89 (1961), 105-154.

[3] J. Tate, p-divisible groups, Proceedings Conference on Local Fields (Driebergen, 1966) 158-183, Springer Verlag, 1967.

[4] J.-P. Serre, Sur les Galois groupes attaches aux groupes p-divisibles, Proceedings Conference on Local Fields, Springer Verlag, 1967.

[5] J.-P. Serre, *Corps Locaux*, Hermann, Paris (1968).

[6] J-P. Serre, J. Tate, Good reduction of abelian varieties, *Ann. of Math.* 88 (1968) 472-519.

[7] S. Sen, Ramification in p-adic Lie extensions, *Inv. Math.* 17 (1972) 44-50.

[8] E. Maus, Über die Verteilung der Grundverzweigungszahlen von wild verzweigten Erweiterungen p-adischer Zahlkörper, *J. Reine Angew. Math.* 257 (1972), 47-79.

[9] H. Epp, Eliminating wild ramifications, *Inven. Math.* 19 (1973), 235-249.

[10] J.-P. Wintenberger, Le Corps de Normes de certaines extensions Infinies de Corps Locaux, *Ann. Scient. E. Norm. Sup.* 16 (1983) 59-89.

[11] F. Laubie, Sur la ramification des extensions de Lie, *Compositio Math.* 55 (1985), 253-262.

[12] J.-M. Fontaine, Periodes p-adiques, *Asterisque* 223 (1994).

10.1 光滑环

设 I 是环 B 的理想. 若 $B = \varprojlim_n B/I^n$, 则称 B 为 I 进完备.

设 I 是环 B 的理想, 以 $\{I^n : n \geqslant 0\}$ 为 B 的零点的邻域基所得的拓扑称为 B 的 I 进拓扑.

设有环 A, A-代数 B, B 的理想 I, 在 B 上取 I 进拓扑. 若有以下性质, 我们说 B 是 A 上 I-**光滑** (smooth) 的: 设有 A-代数 C, C 的理想 N 满足条件 $N^2 = 0$, 在 C/N 上取离散拓扑, 以 $j : C \to C/N$ 记投射. 则对每个连续 A-代数同态 $u : B \to C/N$, 均存在 A-代数同态 $v : B \to C$ 使得 $jv = u$, 即有交换图

注 I 可以是 0.

若在 C 上取离散拓扑, 则 v 是连续的. 原因是: 若 u 连续, 则有 n 使得 $u(I^n) = 0$, 这样 $jv(I^n) = 0$, 即 $v(I^n) \subseteq N$, 于是 $v(I^{2n}) \subseteq N^2 = 0$.

假设 B 是 A 上 I-光滑. 现取 A-代数 E, E 的理想 J, 由于 A-代数 E/J^2 的理想 J/J^2 满足 $(J/J^2)^2 = 0$, 由假设知连续 A-代数同态 $u : B \to E/J = (E/J^2)/(J/J^2)$ 有提升连续 A-代数同态 $v_2 : B \to E/J^2$,

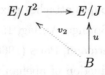

同理, 若已有连续 A-代数同态 $v_j : B \to E/J^j$, 则存在连续 A-代数同态 $v_{j+1} : B \to$

E/J^{j+1} 提升 v_j

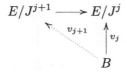

于是得结论: 设 B 是 A 上 I-光滑, J 是 A-代数 E 的理想, E 是 J 进完备, 以 $j: E \to E/J$ 记投射. 则对每个连续 A-代数同态 $u: B \to E/J$ 均存在连续 A-代数同态 $v: B \to E$ 使得 $jv = u$.

继续设 I 进拓扑环 B 是 A-代数. 称 B 模 N 是离散的, 若有 $n > 0$ 使得 $I^n N = 0$. 称 A 双线性映射 $f: B \times B \to N$ 为连续对称2 **上闭链** (2 cocycle), 若满足以下条件
(1) $x, y, z \in B \Rightarrow xf(y,z) - f(xy, z) + f(x, yz) - f(x,y)z = 0$.
(2) $f(x,y) = f(y,x)$.
(3) N 是离散的, 即有 $n > 0$ 使得 $I^n N = 0$, 并且 $\exists m \geqslant n$ 使得 $x \in I^m$ 或 $y \in I^m \Rightarrow$ $f(x, y) = 0$.

若有 A 线性映射 $g: B \to N, x, y \in B$, 设
$$\delta g(x, y) = xg(y) - g(xy) + g(x)y.$$
称 $f: B \times B \to N$ 为分裂 2 上闭链, 若存在 A 线性映射 $g: B \to N$ 使得 $f = \delta g$.

记 $f(1,1)$ 为 τ. 在 A 模 $C = (B/I^m) \oplus N$ 上定义积为
$$(\bar{x}, \xi)(\bar{y}, \eta) = (\bar{xy}, -f(x,y) + x\eta + y\xi),$$
则 C 是以 $(1, \tau)$ 为单位元的环,
$$A \to C: a \mapsto (\bar{a}, a\tau)$$
为环同态, N 为 C 的理想, $N^2 = 0$, $C/N = B/I^m$. 设 $u: B \to C/N$ 为投射. 则有提升 $v: B \to C$ 使得下图交换

$$\begin{array}{ccc} C & \xrightarrow{j} & C/N \\ \uparrow & \nearrow v & \uparrow u \\ A & \longrightarrow & B \end{array}$$

当且仅当 f 为分裂 2 上闭链.

原因是: 若 g 存在, 则定义 v 为 $v(x) = (\bar{x}, g(x))$. 反过来, 若有 v, 则取 $g = p \circ v$, 其中 $p: C \to N: (\bar{x}, \xi) \mapsto \xi$.

命题 10.1 设有环 A, A-代数 B, B 的理想 I, 在 B 上取 I 进拓扑. 设有无穷个 n 使得 B/I^n 为投射 A 模, 并且所有取值于离散 B 模的连续对称 2 上闭链都是分裂的. 则 B 是 A 上 I-光滑的.

证明　已给交换图

其中 $N^2 = 0$, $u(I^m) = 0$. 由于 $N^2 = 0$, C 模 N 可看作 C/N 模, 再通过 u 成为 B 模, 然后由 $u(I^m) = 0$ 得 N 为离散 B 模. 取 n 使得 B/I^n 为投射 A 模, 则可提升 u 为 A 模 $h : B \to C$, 使得 $h(I^n) = 0$. 对 $x, y \in B$, 设

$$f(x, y) = h(xy) - h(x)h(y).$$

因为 $h \bmod N$ 为环同态, $f(x,y) \in N$. 取 $\xi \in N$, $x \in B$, 则 $h(x)\xi = x\xi$. 现在容易验证 f 是连续对称 2 上闭链. 按命题假设, 有 $g : B \to N$ 使得 $f = \delta g$.

取 $v = h + g$, 则算得 $v(xy) = v(x)v(y)$, 即 v 是 A-代数同态, 并且 u 提升为 v. $\square$

命题 10.2　设 $(A, \mathfrak{m}, k)$ 为局部环, B 是平坦 A-代数, $B_0 = B \otimes_A k$ 是 k 上 0 光滑. 则 B 是 A 上 $\mathfrak{m}B$ 光滑.

证明　只需证明对所有 $m > 0$, $B/\mathfrak{m}^m B$ 是 $A/\mathfrak{m}^m$ 上 0 光滑. 因为 $B/\mathfrak{m}^m B$ 是 $A/\mathfrak{m}^m$ 平坦, 我们可以假设 $\mathfrak{m}$ 是幂零的. 我们知道: 如果局部环的极大理想是幂零的, 则平坦 A 模是自由 A 模, 所以 B 是投射 A 模. 这样, 按命题 10.1, 只需证明所有对称 2 上闭链 $f : B \times B \to N$ 是分裂的.

如果 $\mathfrak{m}N = 0$, 则有 $f_0 : B_0 \times B_0 \to N$ 使得 $f(x,y) = f_0(\bar{x}, \bar{y})$.

因为 B_0 是 k 上 0 光滑, 用命题 10.1, 知有 $g_0 : B_0 \to N$ 使得 $f_0 = \delta g_0$. 设 $g(x) = g_0(\bar{x})$. 则得 $f = \delta g$.

余下考虑一般情形. 记 $j : N \to N/\mathfrak{m}N$ 为投射, 则 $j \circ f$ 是分裂的, 即有 $\bar{g} : B \to N/\mathfrak{m}N$ 使得 $j \circ f = \delta \bar{g}$.

正因为 B 是投射 A 模, 存在 $g : B \to N$ 提升 $\bar{g}$, 这样 $f - \delta g$ 是取值在 $\mathfrak{m}N$ 的 2 上闭链. 重复以上构造得 $h : B \to \mathfrak{m}N$, 使得 $f - \delta(g + h)$ 是取值在 $\mathfrak{m}^2 N$ 的 2 上闭链. 由于 $\mathfrak{m}$ 是幂零, 最终便得知 f 是分裂的. $\square$

10.2 离散赋值环

10.2.1 赋值环

只有唯一极大理想的交换环称为**局部环** (local ring). 当写 $(A, \mathfrak{m}, k)$ 是局部环时, 我们是指 A 是局部环, $\mathfrak{m}$ 是 A 的极大理想, k 是剩余域 $A/\mathfrak{m}$.

称整环 R 为**赋值环** (valuation ring), 若 R 的分数域 $\mathrm{Frac}(R)$ 的任何元 x 满足以下条件: $x \notin R \Rightarrow x^{-1} \in R$.

若 $\mathfrak{a}, \mathfrak{b}$ 为赋值环 R 的理想, 则必有 $\mathfrak{a} \subseteq \mathfrak{b}$ 或 $\mathfrak{b} \subseteq \mathfrak{a}$. 原因是: 设 $x \in \mathfrak{a}, x \notin \mathfrak{b}$, 则对任意 $0 \neq y \in \mathfrak{b}$, 有 $x/y \notin R$, 于是 $y/x \in R$ 和 $y = x(y/x) \in I$, 所以 $\mathfrak{b} \subseteq \mathfrak{a}$.

如此可见赋值环 R 的理想组成全序集, 于是 R 只有唯一极大理想, 即 R 为局部环.

命题 10.3 A 是主理想整环, A 有唯一非零素理想 $\mathfrak{m}$ $\Leftrightarrow$ A 是 Noether 局部环, A 的极大理想由非幂零元生成.

证明 $\Rightarrow$ 显然.

$\Leftarrow$ 以 $\mathfrak{m}$ 记 A 的极大理想, π 是 $\mathfrak{m}$ 的非幂零元生成. 设 $\mathfrak{u} = \{x : \exists m, x\pi^m = 0\}$. 则 $\mathfrak{u}$ 是 A 的理想, 因为 A 是 Noether 环, $\mathfrak{u}$ 是有限生成, 于是存在 N 使得 $x\pi^N = 0$ 对所有 $x \in \mathfrak{u}$ 均成立.

在 Noether 局部环内必有 $\cap_n \mathfrak{m}^n = 0$. 因为 π 是非幂零, 所有 $\mathfrak{m}^n \neq 0$, 这样 A 的任一非零元 y 可唯一表达为 $y = u\pi^n$, 其中 $u \notin \mathfrak{m}$, 即 u 为可逆元, 这说明 A 是整环, 并且可以定义 $v(y) = n$. 利用函数 $v : A - \{0\} \to \mathbb{Z}$ 不难证明 A 是主理想整环. $\square$

不难验证满足命题条件的 A 为赋值环. 称命题中的 A 为**离散赋值环** (discrete valuation ring, **简写为** DVR), $\kappa = A/\mathfrak{m}$ 为剩余域. 以 K 记 A 的分式域.

主理想整环 A 的元 $\pi \neq 0$ 是不可约元当且仅当 $A\pi$ 是素理想. 若设 A 只有一个非零素理想 $\mathfrak{m}$, 则任一非零不可约元是 $\mathfrak{m}$ 的生成元. 选定 $\mathfrak{m}$ 的生成元 π, 主理想整环是唯一分解环, 于是任意 $a \in A$ 可写成 $a = u\pi^{v(a)}$, 其中 $u \in A^{\times}$, $v(a)$ 是由 a 唯一决定的非负整数. 取 $x \in K^{\times}$, 则有非零 $a, b \in A$ 使得 $x = \frac{a}{b}$, 于是有由 x 决定的整数 $v(x)$ 使得 $x = w\pi^{v(x)}$, $w \in A^{\times}$. 再设 $v(0) = \infty$. 易证 (K, v) 为离散赋值域, A 是 K 的赋值环.

称 $\mathfrak{m}$ 的生成元 π 为**素元** (prime element) 或**单化子** (uniformizer).

设 K 为离散赋值域, $\mathcal{O}_K$ 为 K 的赋值环, L/K 为有限 Galois 扩张. 则有 $\varpi_{L|K}$ 使得 $\mathcal{O}_L = \mathcal{O}_K[\varpi_{L|K}]$, 即 $\mathcal{O}_L$ 是由 $\varpi_{L|K}$ 生成的 $\mathcal{O}_K$-代数.

10.2.2 存在定理

环 B 的 $\mathrm{rad}(B)$ 是指 B 的所有极大理想的交集.

定理 10.4 设 (A, tA, k) 是离散赋值环, K/k 是域扩张. 则存在包含 A 的离散赋值环 (B, tB, K).

证明 取 K/k 的超越基 $\{x_\lambda\}_{\lambda \in \Lambda}$, 设 $k_1 = k(\{x_\lambda\})$. 取不变量 $\{X_\lambda\}_{\lambda \in \Lambda}$, 设 $A[\{X_\lambda\}] = A'$ 和 $A_1 = (A')_{tA'}$. A' 是自由 A 模, 所以 t 进拓扑是 Hausdorff, 于是 A_1 是离散赋值环, $A_1/tA_1 \cong k_1$. 这样, 用 A_1, k_1 代替 A, k, 便可以假设 K/k 是代数扩张.

以 L 为 A 的分数域 $\mathrm{Frac}(A)$ 的代数闭包. 满足以下条件的 (B, ϕ) 所组成的集合记为 $\mathscr{S}$: 环 B 满足 $A \subseteq B \subseteq L$, $\phi : B \to K$ 是 A-代数同态, 它们满足条件

$$B \text{ 是离散赋值环} \quad \text{和} \quad \mathrm{Ker}\,\phi = \mathrm{rad}(B) = tB.$$

我们说 $\mathscr{S}$ 的两个元素 $(B,\phi) < (C,\psi)$, 若 $B \subseteq C$ 和 $\psi|_B = \phi$. 设
$$\mathscr{T} = \{(B_i, \phi_i)\}_{i\in I}$$
为 $\mathscr{S}$ 的全序子集. 取 $B_0 = \cup B_i$, 则 B_0 是以 tB_0 为极大理想的局部环. 若 $0 \neq x \in B_0$, 则有 i 令 $x \in B_i$. 因为 B_i 离散赋值环, 可设 $x = t^n u$, u 为 B_i 的可逆元. 由此得 $x \notin t^{n+1} B_0$, B_0 的 t 进拓扑是 Hausdorff, 所以 B_0 是离散赋值环. 若取 $\phi_0 : B_0 \to K$ 使得在 B_i 内 $\phi_0 = \phi_i$, 则 $(B_0, \phi_0) \in \mathscr{S}$. 这样便可以由 Zorn 引理得知 $\mathscr{S}$ 有极大元 (B^*, ϕ^*).

若 $\phi^*(B^*) \neq K$, 取 $a \in K \setminus \phi^*(B^*)$. 设 $\bar{f}(X)$ a 在 $\phi^*(B^*)$ 上的最小多项式, 取首一多项式 $f(X) \in B^*[X]$ 使得 f 映为 $\bar{f}$. 则 f 在 $B^*[X]$ 为不可约, 于是亦在 $\mathrm{Frac}(B^*)[X]$ 为不可约. 取 $f(X)$ 的根 $\alpha \in L$, 设 $B' = B^*[\alpha]$. 则 $B' = B^*[X]/(f)$, 于是
$$B'/tB' = B^*[X]/(t,f) = \phi^*(B^*)[X]/(\bar{f}) = \phi^*(B^*)(a)$$
是域. 因为 B' 是局部整环, tB' 是它的极大理想, 并且由于 B'/B 有限所以 B' 是 Noether 环. 结论是 B' 为离散赋值环, 这与 B^* 是极大元相矛盾, 于是 $\phi^*(B^*) = K$. $\square$

设有局部环 $(A, \mathfrak{m}_A, k_A), (B, \mathfrak{m}_A, k_A)$. 称环同态 $\phi : A \to B$ 为局部同态, 若 $f(\mathfrak{m}_A) \subseteq \mathfrak{m}_B$, 于是 ϕ 诱导 $\phi_0(a + \mathfrak{m}_A) = \phi(a) + \mathfrak{m}_B$.

定理 10.5 设特征 0 离散赋值环 R 的极大理想是 pR, 以 k 记剩余域 R/pR. 设 $(A, \mathfrak{m}, K)$ 是完备局部环, $\phi_0 : k \to K$ 是域同态. 则存在局部同态 $\phi : R \to A$ 使得 ϕ 诱导 ϕ_0.

证明 在 k 内取素子域 k_0. 因为 $\phi_0(k_0) \subseteq K$, 当我们把素数 p 看作 A 的元, $p \in \mathfrak{m}$, 于是同态 $\mathbb{Z} \to A$ 扩展为局部同态 $\mathbb{Z}_{p\mathbb{Z}} \to A$. 因为
$$R \otimes_{\mathbb{Z}_{p\mathbb{Z}}} k_0 = R/pR = k$$
是 k_0 的可分扩张, 所以 k 是 k_0 上 0 光滑. 此外 R 是无挠 $\mathbb{Z}_{p\mathbb{Z}}$ 模, 因此是 $\mathbb{Z}_{p\mathbb{Z}}$ 平坦模, 按命题 10.2, R 是 $\mathbb{Z}_{p\mathbb{Z}}$ 上 pR 光滑. 设 $\phi_1 : R \to k \xrightarrow{\phi_0} K$.

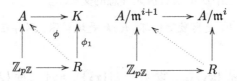

于是可以一步一步提升 $R \to A/\mathfrak{m} = K$ 至 $R \to A/\mathfrak{m}^i$, 然后用 $A = \varprojlim A/\mathfrak{m}^i$ 得以上左图中的 $\phi : R \to A$. $\square$

10.2.3 p 环

称特征 $p > 0$ 的环 R 为**完全环** (perfect ring), 如果自同态 $x \mapsto x^p$ 为 R 的自同构.

定义 10.6 设环 A 有理想 $\mathfrak{a}_n$ 满足条件

(1) $\mathfrak{a}_1 \supset \mathfrak{a}_2 \supset \ldots$.
(2) $\mathfrak{a}_n \cdot \mathfrak{a}_m \subset \mathfrak{a}_{n+m}$.
(3) $\cap_n \mathfrak{a}_n = \{0\}$.

则 A 有拓扑, 使得 $\{\mathfrak{a}_n\}$ 为零点的邻域基, 且 A 为 Hausdorff 拓扑环. 假设这样的环 A 是完备环 (即 A 的 Cauchy 滤子基收敛, 见 9.2.3 节), 并且 A 的剩余环 $k = A/\mathfrak{a}_1$ 为特征 $p > 0$ 的完全环. 则称 A 为 p 环. (注意: 这并不是 Bourbaki, *Algebre Commutative*, Chap IX §2 的定义!)

称 p 环 A 为**严格 p 环** (strict p ring), 如果定义 A 的理想 $\mathfrak{a}_n = p^n A$, 并且 p 不是 A 的零除子. 常称 $\{p^n A\}$ 为 A 的 p **进过滤** (p-adic filtration).

称 p 环 A 的子集 R 为剩余环 k 的代表集, 如果有双射 $f : k \to R$, 这样 $A/\mathfrak{a}_1 = \{r + \mathfrak{a}_1 : r \in R\}$. 常说 $f : k \to A$ 是 k 的代表集.

命题 10.7 取 p 环 $(A, \mathfrak{a}_n)$. 则

(1) 存在唯一的代表集 $f : k \to A$, 使得 $f(\lambda^p) = f(\lambda)^p$.
(2) A 的元素 $a \in R = f(k)$ 当且仅当对任意 $n \geqslant 0$ 存在 $b \in A$ 使得 $a = b^{p^n}$, 即 $a \in \cap_n A^{p^n}$.
(3) 对 $\lambda, \mu \in k$, $f(\lambda\mu) = f(\lambda)f(\mu)$ (乘性).
(4) 若 A 为特征 p, 则 $f(\lambda + \mu) = f(\lambda) + f(\mu)$ (加性).
(5) 对任一序列 $\{\alpha_i : i \geqslant 0\} \subset k$, 级数 $\sum_{i=0}^{\infty} f(\alpha_i) p^i$ 在 A 内收敛.
(6) 若 A 为严格 p 环, 则任意 $a \in A$ 可唯一表达为 $a = \sum_{i=0}^{\infty} f(\alpha_i) p^i$. (比较: 定理 3.11.)

称命题中 $k \xrightarrow{f} R \subset A$ 为**乘性代表集** (multiplicative representatives set).

证明 (1) 取 $\lambda \in k$. 设 $L_n = \{a \in A : a^{p^n} = \lambda\}$, $U_n(\lambda) = U_n = \{x^{p^n} : x \in L_n\}$. 则 $U_n \subseteq \lambda + \mathfrak{a}_1$ 和 $U_n \supseteq U_{n+1}$.

并且 $\{U_n\}$ 是 Cauchy 滤子基. 为此我们将证明: $U_n - U_n \subseteq \mathfrak{a}_{n+1}$, 这可以从以下事实推出.

若 $a \equiv b \bmod \mathfrak{a}_n$, 则 $a^p \equiv b^p \bmod \mathfrak{a}_{n+1}$, 于是 $a^{p^m} \equiv b^{p^m} \bmod \mathfrak{a}_{n+m}$, 这可以由二项定理推出, 我们只需注意 $p \in \mathfrak{a}_1$, 所以 $p\mathfrak{a}_n \subseteq \mathfrak{a}_{n+1}$.

因为 A 是完备 Hausdorff 环, Cauchy 滤子基 $\{U_n\}$ 收敛, 记 $f(\lambda) = \lim U_n$, 这样我们造了 $\lambda \mapsto f(\lambda)$.

(2) 设 $\lambda = \mu^p$. 则 A 的映射 $x \mapsto x^p$ 把 $U_n(\mu)$ 映为 $U_{n+1}(\lambda)$. 取极限 $f(\mu)$ 映为 $f(\lambda)$, 即 $f(\mu)^p = f(\mu^p)$.

(3) 考虑唯一性. 设另有 k 的代表集 $f' : k \to A$. 因为 κ 是完全环, 对 $n \geqslant 0$, $f'(\lambda) \in A^{p^n}$, 于是 $f'(\lambda) \in U_n(\lambda)$. 利用 Cauchy 滤子基 $\{U_n\}$ 收敛唯一性得 $f'(\lambda) =$

$f(\lambda)$.

(4) 只需注意: $x, y \in \cap_n A^{p^n} \Rightarrow xy \in \cap_n A^{p^n}$. 当 A 是特征 p 时, $(x+y)^{p^n} = x^{p^n} + y^{p^n}$. 于是用同样方法可处理 $x+y$.

(5) 级数收敛是因为 $f(\alpha_i)p^i$ 在 $\mathfrak{a}_i$ 内.

(6) 取 $a \in A$, 则有唯一的 α_0, 使得 $a - f(\alpha_0) \in \mathfrak{a}_1 = pA$, 于是 $a = f(\alpha_0) + pa_1, a_1 \in A$. 同样有唯一的 α_1 使得 $a_1 = f(\alpha_1) + pa_2, a_2 \in A$, 这样 $a = f(\alpha_0) + pf(\alpha_1) + p^2 a_2$. 如此继续前进. □

例 10.8 考虑一组变元 X_α, 变量 $Z_\alpha = X_\alpha^{p^{-n}}$ 是指 $Z_\alpha^{p^n} = X_\alpha$, 亦说 Z_α 是 X_α 的 p^n 次根. 记 $\mathbb{Z}[X_\alpha^{p^{-\infty}}] = \varinjlim_n \mathbb{Z}[X_\alpha^{p^{-n}}]$ 为 S. 用 S 的 p 进过滤 $\{p^n S\}$ 求完备化得 $S^\wedge = \varprojlim_n S/p^n S$, 则 $S^\wedge$ 是严格 p 环, 剩余环 $S^\wedge/pS^\wedge$ 是 $\mathbb{F}_p[X_\alpha^{p^{-\infty}}]$. 乘性代表集 $f_S: k \to S^\wedge$ 包含 X_α, 因为 $S^\wedge$ 包含 X_α 所有 p^n 次根.

例 10.9 我们把例子应用到变元组 $X_0, \ldots, X_n, \ldots; Y_0, \ldots, Y_n, \ldots$, 这样 $S^\wedge = \mathbb{Z}[X_i^{p^{-\infty}}, Y_i^{p^{-\infty}}]^\wedge$.

现加入 p 环 A 和它的剩余环 k 及代表集 $f_A: k \to A$, 在 k 内取两序列 α_i, β_i, 这时可以定义同态 $\underline{\theta}: S = \mathbb{Z}[X_i^{p^{-\infty}}, Y_i^{p^{-\infty}}] \to A$ 把 X_i 映为 $f(\alpha_i)$, 把 X_i 映为 $f(\beta_i)$. 从连续性知可扩展 $\underline{\theta}$ 为 $\theta: S^\wedge \to A$ 使得

$$\theta\left(\sum_{i=0}^\infty X_i p^i\right) = \sum_{i=0}^\infty f(\alpha_i) p^i, \quad \theta\left(\sum_{i=0}^\infty Y_i p^i\right) = \sum_{i=0}^\infty f(\beta_i) p^i,$$

$\mathrm{mod} p$ 后 θ 诱导同态 $\bar\theta: \mathbb{F}_p[X_i^{p^{-\infty}}, Y_i^{p^{-\infty}}] \to k$. 利用 θ 是同态和命题 10.7 之 2 可证明以下是交换图 (亦称: f 与 θ 交换).

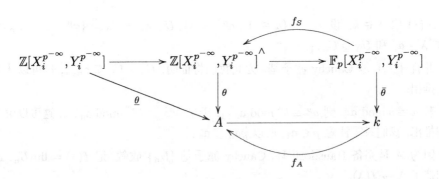

设 $\Phi(X, Y) = X * Y, * = +, -, \times$. 于是按命题 10.7 之 6 和 3, 在严格 p 环 $S^\wedge$ 内

$$\Phi\left(\sum_{i=0}^\infty X_i p^i, \sum_{i=0}^\infty Y_i p^i\right) = \sum_{i=0}^\infty f_S(\bar\xi_i) p^i,$$

其中 $\bar{\xi}_i \in \mathbb{F}_p[X_i^{p^{-\infty}}, Y_i^{p^{-\infty}}]$. 设 $\gamma_i = \bar{\theta}(\bar{\xi}_i)$, 做计算

$$\sum_{i=0}^{\infty} f(\alpha_i)p^i * \sum_{i=0}^{\infty} f(\beta_i)p^i = \theta\left(\sum_{i=0}^{\infty} X_i p^i\right) * \theta\left(\sum_{i=0}^{\infty} Y_i p^i\right) = \theta\left(\sum_{i=0}^{\infty} X_i p^i * \sum_{i=0}^{\infty} Y_i p^i\right)$$

$$= \sum_{i=0}^{\infty} \theta f_S(\bar{\xi}_i) p^i = \sum_{i=0}^{\infty} f_A(\bar{\theta}\bar{\xi}_i) p^i,$$

于是

$$\sum_{i=0}^{\infty} f(\alpha_i)p^i * \sum_{i=0}^{\infty} f(\beta_i)p^i = \sum_{i=0}^{\infty} f_A(\gamma_i)p^i.$$

例 10.10 我们在例 10.9 做个总明的"坐标变换"把 $S^\wedge = \mathbb{Z}[X_i^{p^{-\infty}}, Y_i^{p^{-\infty}}]^\wedge$ 的元素 $\sum X_i p^i$ 换为 $\sum X_i^{p^{-i}} p^i$.

设 $\Phi \in \mathbb{Z}[X, Y]$ 是两个变元的多项式. 根据命题 10.7 之 6 和 3, 在严格 p 环 $S^\wedge$ 内

$$\Phi\left(\sum_{i=0}^{\infty} X_i^{p^{-i}} p^i, \sum_{i=0}^{\infty} Y_i^{p^{-i}} p^i\right) = \sum_{i=0}^{\infty} f_S(\bar{\psi}_i)^{p^{-i}} p^i,$$

其中 $\bar{\psi}_i \in \mathbb{F}_p[X_i^{p^{-\infty}}, Y_i^{p^{-\infty}}]$ 由等式左边唯一决定. 由这个等式显然得同余式

$$\Phi\left(\sum_{i \leqslant n} X_i^{p^{-i}} p^i, \sum_{i \leqslant n} Y_i^{p^{-i}} p^i\right) \equiv \sum_{i \leqslant n} f_S(\bar{\psi}_i)^{p^{-i}} p^i \mod p^{n+1}.$$

使用 $S^\wedge$ 的自同构 η 使得 $\eta(X_i) = X_i^{p^n}$, $\eta(Y_i) = Y_i^{p^n}$. 因为 $\bar{\psi}_i$ 的系数在 $\mathbb{F}_p$, 所以 $\eta\bar{\psi}_i = \bar{\psi}_i^{p^n}$, 加上命题 10.7 之 1, 得 $\eta f_S(\bar{\psi}_i) = f_S(\bar{\psi}_i)^{p^n}$, 于是得

$$\Phi\left(\sum_{i \leqslant n} p^i X_i^{p^{n-i}}, \sum_{i \leqslant n} p^i Y_i^{p^{n-i}}\right) \equiv \sum_{i \leqslant n} p^i f_S(\bar{\psi}_i)^{p^{n-i}} \mod p^{n+1}.$$

命题 10.11 设 A, A' 是 p 环, k 是 A 的剩余环, k' 是 A' 的剩余环.

(1) 设同态 $\phi: A \to A'$ 诱导 $\bar{\phi}: k \to k'$. 则 $\phi \circ f_A = f_{A'} \circ \bar{\phi}$.

(2) 设同态 $\bar{\phi}: k \to k'$. 存在唯一同态 $\phi: A \to A'$ 使得下图交换

$$\begin{array}{ccc} A & \xrightarrow{\phi} & A' \\ \downarrow & & \downarrow \\ k & \xrightarrow{\bar{\phi}} & k' \end{array}$$

(3) 设 A, A' 是严格 p 环. A 与 A' 的剩余环相同, 则 $A \cong A'$.

证明 (1) 利用 ϕ 是同态和命题 10.7 之 2.

(2) 取 $a \in A$, 则有 $\alpha_i \in k$ 使得 $a = \sum f_A(\alpha_i)p^i$. 于是若有 ϕ, 则 $\phi(a) = \sum f_{A'}(\bar{\phi})p^i$ 指出 ϕ 的唯一性. 至于 ϕ 的存在问题, 我们可以用以上公式定义 ϕ, 然后用例 10.9 的计算来证明如此定义的 ϕ 是环同态.

(3) 由 (2) 得. □

命题 10.12 设有特征 p 完全环的满同态 $\bar{\phi}: k \to k'$. 若有以 k 为剩余环的严格 p 环 A, 则存在以 k' 为剩余环的严格 p 环 A'.

证明 (1) 在 A 引入等价关系. 在 A 内取 $a = \sum f_A(\alpha_i)p^i$, $b = \sum f_A(\beta_i)p^i$. 若 $\bar{\phi}(\alpha_i) = \bar{\phi}(\beta_i)$, 则设 $a \equiv b$. 若又有 $a' \equiv b'$, 由例 10.9 得 $a + a' \equiv b + b'$, $aa' \equiv bb'$. 设 A' 为 $A \bmod \equiv$. 则投射 $\phi: A \to A'$ 在 A' 诱导环结构.

(2) 设 $\xi \in k'$, 取 $\alpha \in k$ 使得 $\xi \bar{\phi}(\alpha)$. 设 $f_{A'}(\xi) = \phi f_A(\alpha)$, 此与 α 选取无关. 若 $\phi(a) = x$, 取 $\xi_i = \bar{\phi}(\alpha_i)$, 则 $x = \sum f_{A'}(\xi_i)p^i$.

(3) $px = \sum f_{A'}(\xi'_i)p^i$, 其中 $\xi'_0 = 0$, $\xi'_i = \xi_{i-1}$, 所以 p 不是零除子, $\cap_n p^n A' = 0$, 于是用 $p^n A'$ 定义 A' 的 Hausdorff 拓扑, 这样投射 $\phi: A \to A'$ 是连续满射, A 是完备, 所以 A' 是完备.

(4) 映射 $x = \sum f_{A'}(\xi_i)p^i \mapsto \xi_0$ 诱导同构 $A'/pA' \cong k'$. □

命题 10.13 设 k 为特征 p 完全环. 则存在唯一严格 p 环 $W(k)$ 以 k 为剩余环.

证明 若 k 是 $\mathbb{F}_p[X_\alpha^{p^{-\infty}}]$, 则 $W(k)$ 是 $\mathbb{Z}[X_\alpha^{p^{-\infty}}]^\wedge$ (见例 10.8), 否则有满态射 $\mathbb{F}_p[X_\alpha^{p^{-\infty}}] \to k$, 于是由命题 10.12 得 $W(k)$. 唯一性来自命题 10.11. □

10.2.4 完备离散赋值环

命题 10.14 设 A 是完备赋值环, κ 是剩余域, $K = \mathrm{Frac}(A)$, $S \subset A$ 是 κ 的代表集, π 是单化子. 则 A 的任一元素 a 可唯一表达为收敛幂级数

$$a = \sum_{n=0}^{\infty} s_n \pi^n, \quad s_n \in S.$$

证明 从 a 取 $s_0 \in S$ 使得 $a \equiv s_0 \bmod \pi$, 即 $a = s_0 + a_1 \pi$. 从 a_1 取 s_1 得 $a_1 = s_1 + \pi a_2$, 即 $a = s_0 + s_1 \pi + a_2 \pi^2$. 级数 $a = \sum s_n \pi^n$ 收敛至 a. □

余下分为两个情形: A 与 κ 是同特征和不同特征.

第一种情形.

定理 10.15 设 A 是完备赋值环, 剩余域 κ 是完全域, A 与 κ 是同特征. 则 A 同构于 $\kappa[[T]]$.

(1) κ 是特征 0.

命题 10.16 设 A 是局部环, $\mathfrak{a}_1 \supset \mathfrak{a}_2 \supset \ldots$ 是 A 的理想序列, $\mathfrak{a}_n \mathfrak{a}_m \subset \mathfrak{a}_{n+m}$, 由这

些理想在 A 上所决定的拓扑是 Hausdorff 完备的. 设 $\mathfrak{a}_1$ 是 A 的极大理想, 剩余域 $\kappa = A/\mathfrak{a}_1$ 是特征 0. 则 A 内有子域是 κ 的代表集.

证明 因为 $\mathbb{Z} \to A \to \kappa$ 是单射, A 包含 $\mathbb{Q}$. 用 Zorn 引理得 A 内最大子域 S, 记 S 映为 $\bar{S} \subseteq \kappa$.

$\kappa/\bar{S}$ 是代数扩张, 否则有 $a \in A$ 使得 $S[a]$ 与 $S[X]$ 同构, 并且 $S[a] \cap \mathfrak{a}_1 = 0$, 这与 S 是最大相矛盾.

取 $\lambda \in \kappa$, 以 $\bar{f} \in \bar{S}[X]$ 为 λ 的最小多项式, 特征是 0, λ 是 $\bar{f}$ 的单根. 选 $f \in S[X]$ 使 $f \mapsto \bar{f}$. 用 Hensel 引理得 $x \in A$, 使得 $\bar{x} = \lambda$, $f(x) = 0$, 于是有 $\bar{S}[\lambda] \leftrightarrow S[x] \subset A$, 但 S 是最大子域, 所以 $\lambda\lambda \in \bar{S}$. 结论是 $\kappa = \bar{S}$. □

(2) κ 是特征 p.

命题 10.17 设环 A 有理想序列 $\mathfrak{a}_1 \supset \mathfrak{a}_2 \supset \ldots$, $\mathfrak{a}_n\mathfrak{a}_m \subset \mathfrak{a}_{n+m}$, 由这些理想在 A 上所决定的拓扑是 Hausdorff 完备的. 设剩余环 $\kappa = A/\mathfrak{a}_1$ 是特征 p 的完全环. 则

(1) 存在唯一的代表集 $f: \kappa \to A$ 使得 $f(\lambda^p) = f(\lambda)^p$.
(2) 取 $a \in A$. 则 $a \in S = f(\kappa)$ 当且仅当对所有 $n \geq 0$, 有 c 令 $a = c^{p^n}$.
(3) $f(\lambda\mu) = f(\lambda)f(\mu)$.
(4) 若 A 是特征 p, 则 $f(\lambda + \mu) = f(\lambda) + f(\mu)$.

证明 证明如命题 10.7. □

第二种情形.

设 (A, v) 是离散赋值环, k 为剩余域. 设 A 是特征 0, k 是特征 p, 便有单射 $\mathbb{Z} \to A$, 并且 p 在 k 为零, 于是 $v(p) > 0$. 称 $e = v(p)$ 为绝对分歧指标. 若 $e = 1$, 把 A 叫作绝对无分歧离散赋值环.

设 $\mathfrak{m}$ 是离散赋值环 A 的唯一非零素理想, π 为素元, $\mathfrak{m} = \pi A$. 赋值在 A 所决定的拓扑在零点的邻域基是 $\{\pi^n A : n \geq 0\}$, 若这个拓扑环 A 是完备的, 则称 A 为完备离散赋值环.

这样若绝对无分歧完备离散赋值环 A 有完全剩余域, 则 A 是严格 p 环, 这样命题 10.13 便是以下定理.

定理 10.18 k 是特征 p 完全域. 除唯一同构外, 存在唯一绝对无分歧完备离散赋值环 $W(k)$ 以 k 为剩余域.

定理 10.19 设 A 是特征 0 完备离散赋值环, 剩余域 k 是特征 p, $e = v(p)$ 为 A 的绝对分歧指标. 则存在唯一同态 $W(k) \to A$ 使下图交换

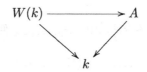

同态 $W(k) \to A$ 是单射, A 是秩为 e 的自由 $W(k)$ 模.

证明 因为 A 是 p 环, 从命题 10.11 得同态 $\phi: W(k) \to A$ 的存在和唯一性.

设 π 是 A 的素元. 如命题 10.7 之 6 的证明一样, A 的任一元素 a 可表达成
$$a = \sum_{i=o}^{\infty} \sum_{j=0}^{e-1} f(\alpha_{ij}) \pi^i p^j, \quad \alpha_{ij} \in k.$$

可见 $\{1, \pi, \ldots, \pi^{e-1}\}$ 是 A 作为 $W(k)$ 模的基. □

10.3 Witt 环

10.3.1 Witt 多项式

取素数 p 和变元 $X_0, X_1, \ldots$, 称下式为 Witt (1911—1991) 多项式
$$w_0(X_0) = X_0, \quad w_1(X_0, X_1) = X_0^p + pX_1, \quad \ldots,$$
$$w_n(X_0, X_1, \ldots, X_n) = \sum_{i=0}^{n} p^i X_i^{p^{n-i}}, \quad \ldots.$$

定理 10.20 $\Phi \in \mathbb{Z}[X, Y]$ 唯一决定序列 $\{\varphi_n : n \geqslant 0\} \subset \mathbb{Z}[X_0, X_1, \ldots, Y_0, Y_1, \ldots]$, 使得
$$\Phi(w_n(X_0, \ldots, X_n), w_n(Y_0, \ldots, Y_n)) = w_n(\varphi_0, \varphi_1, \ldots, \varphi_n).$$

证明 在环 $\mathbb{Z}[\frac{1}{p}]$ 内, 可由 $w_0, w_1, \ldots$ 求 $X_0 = w_0$, $X_1 = p^{-1}(w_1 - w_0^p)$, $\ldots$, $X_n = p^{-n}(w_n - X_0^{p^n} - pX_1^{p^{n-1}} - \ldots)$. 于是 $\varphi_0 = \Phi(w_0(X_0), w_0(Y_0)) = \Phi(X_0, Y_0)$, $\varphi_1 = p^{-1}(\Phi(w_1(X_0, X_1), w_1(Y_0, Y_1)) - \varphi_0^p), \ldots$, 这样可见题中条件容许算出唯一的 φ_n, 余下需证 φ_n 的系数是整数.

用 Witt 多项式重写例 10.10 的最后同余式为
$$\Phi(w_n(X_0, \ldots, X_n), w_n(Y_0, \ldots, Y_n)) \equiv \sum_{i=0}^{n} p^i f_S(\bar{\psi}_i)^{p^{n-i}} \mod p^{n+1}.$$

取 $\psi_i \in S^\wedge$, 使得 $f_S(\bar{\psi}_i) \equiv \psi_i \mod pS^\wedge$. 用二项定理和归纳法证明 $f_S(\bar{\psi}_i)^{p^{n-i}} \equiv \psi_i^{p^{n-i}} \mod p^{n-i+1}S^\wedge$, 于是
$$\sum_{i=0}^{n} p^i f_S(\bar{\psi}_i)^{p^{n-i}} \equiv \sum_{i=0}^{n} p^i \psi_i^{p^{n-i}} = w_n(\psi_0, \ldots, \psi_n).$$

到此我们知道可得系数在环 $\mathbb{Z}[\frac{1}{p}]$ 内的 $\varphi_0, \ldots, \varphi_n$ 使得
$$w_n(\varphi_0, \ldots, \varphi_n) = \Phi(w_n(X_0, \ldots, X_n), w_n(Y_0, \ldots, Y_n)) \equiv w_n(\psi_0, \ldots, \psi_n) \mod p^{n+1}.$$

10.3 Witt 环

我们对 n 用归纳证法. 假设对 $i<n$, φ_i 有整数系数, $\varphi_i \equiv \psi_i \bmod p$. 则从上一段的同余式得

$$p^n \varphi_n \equiv p^n \psi_n \mod p^{n+1},$$

于是 φ_n 有整数系数和 $\varphi_n \equiv \psi_n \bmod p$. □

在 $\Phi(X,Y) = X+Y$ 时以 S_n 记 φ_n, 在 $\Phi(X,Y) = XY$ 时以 P_n 记 φ_n. 取环 A, 用这些多项式在 $A^{\mathbb{N}}$ 上定义运算

$$a+b = (S_0(a,b), S_1(a,b), \ldots), \quad ab = (P_0(a,b), P_1(a,b), \ldots).$$

$A^{\mathbb{N}}$ 配上这些运算是带 $\mathbb{1}$ 交换环, 记此环为 $W(A)$. 称 $W(A)$ 为 Witt 环, $W(A)$ 的元素为 Witt 向量. 事实上, 让我们定义 $a^{(n)} = w_n(a_0, \ldots, a_n)$, 在 $W(A)$ 取 Witt 向量运算, 而右边 $A^{\mathbb{N}}$ 取平常的坐标加乘: $(x_i) + (y_i) = (x_i + y_i)$, $(x_i)(y_i) = (x_i y_i)$, 则

$$\omega : W(A) \to A^{\mathbb{N}} : (a_0, a_1, \ldots) \mapsto (a^{(0)}, a^{(1)}, \ldots)$$

是环同构, 把 $\mathbb{1} = (1,0,0,\ldots)$ 映为 $(1,1,1,\ldots)$.

同样运算在 A^n 上亦产生带 $\mathbb{1}$ 交换环, 记此环为 $W_n(A)$. 从公式直接看出环同态 $A \to B$ 诱导环同态 $W_n(A) \to W_n(B)$, 这样 W_n 是从交换环范畴至交换环范畴的函子, 显然 $W_1(A) = A$, $W(A) = \varprojlim_n W_n(A)$,

10.3.2 V 和 F

1. 定义**平移** (shift) $V : W(A) \to W(A)$ 为

$$V((a_0, a_1, \ldots, a_n, \ldots)) = (0, a_0, \ldots, a_{n-1}, \ldots).$$

在 $A^{\mathbb{N}}$ 上定义 $\mathscr{V}(w_0, w_1, \ldots) = (0, pw_0, \ldots)$, 则 $\mathscr{V} \circ \omega = \omega \circ V$. 于是得知 $V(a+b) = V(a) + V(b)$. V 决定加同态 $W_n(A) \to W_{n+1}(A) : (a_0, \ldots, a_{n-1}) \mapsto (0, a_0, \ldots, a_{n-1})$, 再者定义环同态 $R : W_{n+1}(A) \to W_n(A) : (a_0, \ldots, a_n) \mapsto (a_0, \ldots, a_{n-1})$.

2. 取 $x \in A$, 定义 $r : A \to W(A)$ 为 $r(x) = (x, 0, \ldots, 0, \ldots)$, 称 r 为 Teichmüller 映射. 又记 $r(x)$ 为 $[x]$, 并称它为 Teichmüller 代表. 定义 $\mathscr{R} : A \to A^{\mathbb{N}}$ 为 $\mathscr{R}(x) = (x, x^p, \ldots, x^{p^n}, \ldots)$, 则 $\omega \circ r = \mathscr{R}$, 于是得知 $r(xy) = r(x)r(y)$, 显然有 $(a_0, a_1, \ldots, a_n, \ldots) = \sum_{n=0}^{\infty} V^n(r(a_n))$, $r(x) \cdot (a_0, \ldots) = (xa_0, a^p a_1, \ldots, x^{p^n} a_n, \ldots)$.

3. 设 k 是特征 p 的完全环. 则

$$a = (a_0, a_1, \ldots) = (a_0, 0, 0, \ldots) + (0, a_1, 0, \ldots) + \cdots = \sum_{i=0}^{\infty} r(a_i)^{p^{-i}} p^i = \theta(a)$$

收敛, θ 是 $W(k)$ 的环自同构, $W(k)$ 是严格 p 环, $r : k \to W(k)$ 是 Teichmüller 代表.

4. 设 k 是特征 p 的环. k 的 p 次幂自同态 $x \mapsto x^p$ 诱导映射 $F: W(k) \to W(k)$:
$$F(a_0, a_1, \dots) = (a_0^p, a_1^p, \dots).$$

设 $f(x_0, x_1, \dots)$ 是系数在特征 p 的 k 的多项式. 则 $f(x_0, x_1, \dots)^p = f(x_0^p, x_1^p, \dots)$. 取 $a, b \in W(k)$, 则 $a+b = (S_0(a,b), S_1(a,b), \dots)$. 于是 $F(a+b) = (S_0(a,b)^p, S_1(a,b)^p, \dots)$ $= (S_0(Fa, Fb), S_1(Fa, Fb), \dots) = Fa + Fb$. 同理证出: $F(ab) = (Fa)(Fb)$, 称环同态 F 为 Frobenius 同态.

5. 为了方便计算, 我们回到整系数多项式环 $A = \mathbb{Z}[X_0, X_1, \dots; Y_0, Y_1, \dots]$. 定义
$$R: A^{n+1} \to A^n: (a_0, \dots, a_n) \mapsto (a_0, \dots, a_{n-1}),$$
$$V: A^n \to A^{n+1}: (a_0, \dots, a_{n-1}) \mapsto (0, a_0, \dots, a_{n-1}),$$
$$F: A^n \to A^n: (a_0, \dots, a_{n-1}) \mapsto (a_0^p, \dots, a_{n-1}^p).$$

显然 $FV = VF$, $FR = RF$. 仍然用 Witt 多项式定义
$$\omega: A^n \to A^n: (a_0, \dots, a_{n-1}) \mapsto (a^{(0)}, \dots, a^{(n-1)}),$$

其中 $a^{(m)} = w_m(a_0, \dots, a_m) = \sum_{i=0}^{m} p^i a_i^{p^{n-i}}$.

引理 10.21 设 $a = (a_0, \dots, a_{n-1}) \in A^n$.
(1) $a^{(0)} = a_0$, $a^{(m)} = (Fa)^{(m-1)} + p^m a_m$, $m \geqslant 1$.
(2) $(Va)^{(m)} = pa^{(m-1)}$.
(3) 设 $a, b \in A^n$, $\ell \geqslant 1$, $0 \leqslant k \leqslant n-1$. 则 $a_m \equiv b_m \bmod p^\ell$, $0 \leqslant m \leqslant k \Leftrightarrow a^{(m)} \equiv b^{(m)} \bmod p^{\ell+m}$, $0 \leqslant m \leqslant k$.
(4) 设 $a \in A^n$, $c \in A^{n+1}$. 则 $((Va)c)_m \equiv (V(aRF(c)))_m \bmod p$, $0 \leqslant m \leqslant n$.

证明 (1) 和 (2) 直接由定义得出.

(3) 对 k 用归纳证法. $k = 0$ 显然成立. 现设 $\Leftrightarrow$ 条件在 $0 \leqslant m \leqslant k-1$ 成立, 然后证明 $a_k \equiv b_k \bmod p^\ell \Leftrightarrow a^{(k)} \equiv b^{(k)} \bmod p^{\ell+k}$, 显然 $a_k \equiv b_k \bmod p^\ell \Leftrightarrow p^k a_k \equiv p^k b_k \bmod p^{\ell+k}$. 这个条件和公式 (1) 告诉我们只要用归纳假设 "题中等价对任意的 a, b 和 $0, \dots, k-1$ 成立" 来证明 $(Fa)^{(k-1)} \equiv (Fb)^{(k-1)} \bmod p^{\ell+k}$.

现有 $a_m \equiv b_m \bmod p^\ell$, $0 \leqslant m \leqslant k-1$. 由 $\binom{p}{i} \equiv 0 \bmod p$, $1 \leqslant i \leqslant p-1$, 得 $a_m^p \equiv b_m^p \bmod p^{\ell+1}$, $0 \leqslant m \leqslant k-1$, 即 $Fa_m \equiv Fb_m \bmod p^{\ell+1}$, $0 \leqslant m \leqslant k-1$, 这是 $\Leftrightarrow (Fa)^{(m)} \equiv (Fb)^{(m)} \bmod p^{\ell+1+m}$, $0 \leqslant m \leqslant k-1$, 此即归纳假设应用到 Fa, Fb. 在 $m = k-1$ 时便是所求.

(4) 设 $(Va)c = (u_0, \dots, u_n)$, $V(aRF(c)) = (t_0, \dots, t_n)$. 所求条件 $u_m \equiv t_m \bmod p$, $0 \leqslant m \leqslant n$, 根据 (3) 等价于 $u^{(m)} \equiv t^{(m)} \bmod p^{m+1}$. 当 $m = 0$ 时, 此条件自然成立. 当 $m \geqslant 1$ 时, 用公式 (2), $u^{(m)} = pa^{(m-1)}c(m)$, $t^{(m)} = pa^{(m-1)}(RF(c))^{(m-1)}$. 用公式 (1), $u^{(m)} \equiv pa^{(m-1)}(Fc)^{(m-1)} \equiv t^{(m)} \bmod p^{m+1}$. □

10.3 Witt 环

6. 在 Witt 环 $W_n(k)$ 内, 以 pa 记 a 自加 p 次, 即 $a + \cdots + a$.

命题 10.22 设 k 是特征 p 的环. 在 Witt 环 $W_n(k)$ 内以下公式成立

(1) $p\mathbf{1} = RV(\mathbf{1})$.
(2) $(Va)b = V(aRF(b))$, $b \in W_{n+1}(k)$.
(3) $pa = RVF(a)$.

证明 (1) 按 $\omega : W_n(k) \to k^n$ 的定义有

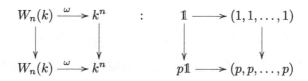

即 $\omega(p\mathbf{1}) = (p, p, \ldots, p)$. 另一方面, $\omega(RV(\mathbf{1})) = \omega(0, 1, 0, \ldots, 0) = (0, p, \ldots, p)$. 于是在 $0 \leqslant m \leqslant n-1$ 时, 有 $(RV(\mathbf{1}))^{(m)} \equiv (p\mathbf{1})^{(m)} \mod p^{1+m}$. 由引理 10.21, $(RV(\mathbf{1}))_m \equiv (p\mathbf{1})_m \mod p$. 但 k 是特征 p, 于是得证 (1).

(2) 由引理 10.21 之 (4) 得出.

(3) 由 (2) 得 $R((Va))Rb = R((Va)b) = RV(aRF(b)) = RV(aFR(b))$. 取 $a = \mathbf{1}$, $Rb = c \in W_n(k)$, 由 (1), 得 $pc = p\mathbf{1}c = RVF(c)$. □

命题 10.23 设 k 是特征 p 的环.

(1) 在 Witt 环 $W(k)$ 内 $p = VF = FV$.
(2) 在 Witt 环 $W_n(k)$ 的特征是 p^n.
(3) 由自然投射 $\pi_n : W(k) \to W_n(k)$ 得同构 $\varepsilon_n : W(k)/p^n W(k) \cong W_n(k)$.
(4) 同态 $W_n(k) \to k : (a_0, \ldots, a_{n-1}) \mapsto a_0$ 的核记为 N, 则 N 是幂零理想.

证明 (1) 从命题 10.22 之 (3) 推出.

(2) $p\mathbf{1} = RV(\mathbf{1}) = (0, 1, 0, \ldots, 0)$, $p^2 \mathbf{1} = (0, 0, 1, 0, \ldots, 0), \ldots,$
$p^{n-1}\mathbf{1} = (0, \ldots, 0, 1) \neq 0$, $p^n \mathbf{1} = 0$.

(3) $p^n(a_0, a_1, \ldots) = (0, \ldots, 0, a_0, a_1, \ldots)$, 前面 n 个 0.

(4) (a) 证明: $N = RV(W_n(k))$.

同态 $R : W_n(k) \to W_{n-1}(k)$, $R^{n-1} : W_n(k) \to W_1(k) = k : (a_0, \ldots, a_{n-1}) \mapsto a_0$, 显然 $N = \{(0, a_0, \ldots, a_{n-2})\} = RV(W_n(k))$.

(b) 证明: $RV(W_n(k))^2 = N^2 \subseteq (RV)(N)$.

用命题 10.22 之 2, $(RVa)(Rb) = RV(aRF(b))$. 以 $c = Rb$, $(RVa)c = RV(aFc)$. 换 c 为 RVc, $W_n(k)$ 是交换环, $(RVa)(RVc) = RV(aFRVc) = RV[(RV(Fc))a] = RV[RV(FcFa)] = (RV)^2(FcFa) \in (RV)^2(W_n(k)) = (RV)(N)$.

(c) 证明: $N^k \subseteq N(RV)^{k-2}(N) \subseteq (RV)^{k-1}(N)$, $k \geqslant 2$. 用归纳法.

若 $d = RVa \in N$, $b \in N^k$, 则 $b = (RV)^k c$, $c \in W_n(k)$, 因为 $b \in (RV)^{k-1}(N) = (RV)^k(W_n(k))$, 故 $db = RV(a)(RV)^k(c) \in N(RV)^{k-1}N$, 得证 $N^{k+1} \subseteq N(RV)^{k-1}(N)$.

现取 $a, c \in W_n(k)$, 可见元素 $RV(a)(RV)^k(c) = RV(RVF(a)(RV)^{k-1}c)$ 属于 $RV(N(RV)^{k-2}(N)) \subseteq RV((RV)^{k-1}(N)) = (RV)^k(N)$, 所以 $N(RV)^{k-1}(N) \subseteq (RV)^k(N)$, 于是得 $N^{k+1} \subseteq (RV)^k(N)$. 得证.

(d) 证明: $N^n = 0$.

$N = RV(W_n(k))$, $N^n \subseteq (RV)^{n-1}(N) = (RV)^n(W_n(k)) = 0$, 因为在 $W_n(k)$ 上 $(RV)^n = 0$. □

命题 10.24 设 k 是特征 p 的完全环. 则 $W(k) = \varprojlim_n W(k)/p^n W(k)$.

说明 10.25 如果你回头看看你学过的公式, 没有像 $e^x = \sum x^n/n!$ 和 Witt 多项式这般神奇的. 你已经花了很多时间学习 e^x, 所以觉得它自然. 这也许是你第一次碰见 Witt 多项式, 那么你应该把它默记心中, 多用它做计算, 你会慢慢从这组非常有用的多项式中受益.

10.4 Hensel 环

本节参考资料如下

[1] A. Grothendieck, J. Dieudonné, Eléments de Géometrie Algébrique, EGA IV, *Pub. Math. IHES. N. Bourbak*i, Algèbre, Chap V §6.

[2] M. Raynaud, *Anneaux Locaux Henseliens*, Springer Lecture Notes Math. 169, (1970).

[3] M. Artin, Etale coverings of schemes over Hensel rings, *Amer. J. Math.* 88(1966) 915-934.

[4] M. Artin, Algebraic approximation of structures over complete local rings, *IHES Pub. Math.* 36(1969), 23-58.

这一小节只记下一些定义以方便日后使用, 证明可以在参考资料中找到.

设有环 A 和 A-代数 R. 则按乘法 $(x \otimes y)(x' \otimes y') = (xx' \otimes yy')$ 得 A-代数 $R \otimes_A R$. 有 A 同态

$$j_1 : R \to R \otimes_A R : x \mapsto x \otimes 1, \quad j_2 : R \to R \otimes_A R : y \mapsto 1 \otimes y.$$

利用 j_1 把 $R \otimes_A R$ 看成 R-代数, 即定义

$$z(x \otimes y) = zx \otimes y.$$

称 A-代数同态 $p : R \otimes_A R \to R : x \otimes y \mapsto xy$ 为对角映射, 则 p 的核 I 是 $R \otimes_A R$ 的理想, 又是 R 模.

在 A-代数 $P^1_{R/A} := R \otimes_A R/I^2$ 上,利用 $R \xrightarrow{j_1} R \otimes_A R \to P^1_{R/A}$ 得 R-代数结构,增广映射是
$$\epsilon : P^1_{R/A} \to R : x \otimes y \mod I^2 \mapsto xy,$$
ϵ 的核是 I/I^2,记此 R 模为 $\Omega^1_{R/A}$,称它为 R 在 A 上的**微分** (differentials). 有交换图

$$\begin{array}{ccccc} I & \longrightarrow & R \otimes_A R & \xrightarrow{p} & R \\ \downarrow & & \downarrow & & \downarrow \\ \Omega^1_{R/A} & \longrightarrow & P^1_{R/A} & \xrightarrow{\epsilon} & R \end{array}$$

对 $i = 1, 2$,以 p_i 记 $R \xrightarrow{j_i} R \otimes_A R \to P^1_{R/A}$,则
$$d = p_1 - p_2 : R \to \Omega^1_{R/A} : x \mapsto (x \otimes 1 - 1 \otimes x) \mod I^2.$$

现只考虑环同态 $A \to R$,用符号 $\{dx : x \in R\}$ 生成的自由 R 模记为 M. 由 (1) $da, a \in A$, (2) $d(x+y) - dx - dy, x, y \in R$, (3) $d(xy) - xdy - ydx, x, y \in R$ 所生成 M 的 R-子模为 N,以 $\mathscr{D}$ 记商模 M/N,则 $dx \mapsto x \otimes 1 - 1 \otimes x \mod I^2$ 决定同构 $\mathscr{D} \cong I/I^2$.

设有环 A,A-代数 R 和 R 模 M. 称映射 $\delta : R \to M$ 为从 R 至 M 的 A **求导映射** (derivation),如果对 $x, y \in R, a \in A$ 以下条件成立:

(1) $\delta(x + y) = \delta x + \delta y$.
(2) $\delta(xy) = x\delta y + y\delta x$.
(3) $\delta(a1_R) = 0$.

R 至 M 的 A 求导映射组成 R 模记为 $\mathrm{Der}_A(R, M)$.

R 在 A 上的微分 $\Omega^1_{R/A}$ 自然带有 A 求导映射 $d : R \to \Omega^1_{R/A}$. 重要的命题是: $f \mapsto f \circ d$ 是典范同构
$$\mathrm{Hom}_R(\Omega^1_{R/A}, M) \xrightarrow{\approx} \mathrm{Der}_A(R, M).$$

以上讨论详见 [23].

设有域 F 的有限生成域扩张 $E = F(\xi_1, \ldots, \xi_n)$. 则 E/F 为可分代数扩张当且仅当 $\mathrm{Der}_F(E, E) = 0$ (参见 Jacobson, *Lectures in Abstract Algebra, III*, Chap IV, §7, p. 177).

设 R 是环. 说 R 模 M 是**有限生成的** (finitely generated),如果存在有限秩自由 R 模 F_0 和正合序列
$$F_0 \to M \to 0.$$
说 R 模 M 是**有限展示的** (finitely presented),如果存在有限秩自由 R 模 F_0 和 F_1,和正合序列
$$F_1 \to F_0 \to M \to 0.$$

称环同态 $A \to B$ 有限, 若 B 为有限生成 A 模, 此时亦称 B 为有限 A-代数. 称环同态 $A \to B$ 为**拟有限** (quasi-finite), 若 $A/\mathfrak{m}_A \to B/\mathfrak{m}_A B$ 有限.

以 $\mathfrak{m}_A$ 记局部环 A 的极大理想, 剩余域是 $\kappa_A = A/\mathfrak{m}_A$, 记投射 $\mathfrak{m}_A \to \kappa_A$ 为 $a \mapsto \bar{a}$. 称环同态 $A \to B$ 为**局部同态** (local homomorphism), 如果 A, B 是局部环, 且 $\mathfrak{m}_A \cdot B \subset \mathfrak{m}_B$. 若有局部同态 $A \to K$, 其中 K 是域, 则 K 是剩余域 κ_A 的扩张域, $\kappa_A \to K$.

称局部同态 $A \to B$ 为无分歧, 若

(1) $\mathfrak{m}_A B = \mathfrak{m}_B$.
(2) $A/\mathfrak{M}_A \to B/\mathfrak{M}_B$ 是有限可分扩张.

可以证明: 局部同态 $A \to B$ 为无分歧当且仅当 $\Omega_{B/A} = 0$ (参见 Raynaud, p.31, 38).

称环同态 $A \to B$ 为**平展同态** (étale morphism), 若

(1) 对 B 的任意素理想 $\mathfrak{q}$, 局部化得无分歧同态 $A_\mathfrak{p} \to B_\mathfrak{q}$, 其中 $\mathfrak{p} = \mathfrak{q} \cap A$.
(2) B 是平坦 A 模.
(3) B 是有限展示 A-代数.

设 $f(X) = \sum a_j X^j \in A[X]$. 则记 $\bar{f}(X) = \sum \bar{a}_j X^j$.

命题 10.26 设 A 是局部环. 则以下等价

(1) 任何有限 A-代数 B 是局部环的直积.
(2) 对任意首一多项式 $P(X) \in A[X]$, $A[X]/(P(X))$ 是局部环的直积.
(3) 对任意首一多项式 $f(X) \in A[X]$, 若有 $\kappa[X]$ 内互素首一多项式 Q, R 使得 $\bar{f} = Q \cdot R$, 则存在首一多项式 $g[X], h[X] \in A[X]$ 使得 $f(X) = g[X]h[X]$, $\bar{g} = Q$, $\bar{h} = R$.

证明见 Raynaud, Chap I, Prop5, p.2.

称满足以上条件的 A 为 Hensel **环** (Henselian ring). 我们称 Hensel 环 A 为**严格** Hensel **环**, 如果剩余域 κ_A 是可分封闭域.

设 A 是局部环. A 的 Hensel **化** (Henselization)是指 $(\tilde{A}, \iota)$, 其中 $\tilde{A}$ 是 Hensel 环, $\iota : A \to \tilde{A}$ 为局部同态, 使得对任意 Hensel 环 B, 任意局部同态 $u : A \to B$, 存在唯一局部同态 $\tilde{u} : \tilde{A} \to B$ 令 $u = \tilde{u}\iota$.

设 A 是局部环. 若有平展同态 $A \to B$, B 的素理想 $\mathfrak{q}$, $\mathfrak{q} \cap A = \mathfrak{m}_A$, 则称局部化的 $B_\mathfrak{q}$ 为**局部平展 A-代数** (locale-étale A algebra). 此时 $A \to B_\mathfrak{q}$ 为局部同态 (参见 Raynaud, Chap VIII, p.80).

可以证明: 存在集合 Λ 和局部平展 A-代数 A_λ, $\lambda \in \Lambda$ 使得任意局部平展 A-代数 B 必与其中一个 A_λ 同构. 定义 Λ 的子集 I 如下

$$I = \{\lambda \in \Lambda : A_\lambda/\mathfrak{m}_{A_\lambda} \cong A/\mathfrak{m}_A\}.$$

定义 $i \leqslant j$ 当且仅当存在 A 局部同态 $\phi_{ji} : A_i \to A_j$. 易证 $(I, \leqslant)$ 是有向集.

定理 10.27 设 $\tilde{A} = \varinjlim_{i \in I} A_i$, $\iota : A \to \tilde{A}$ 为自然同态. 则 $(\tilde{A}, \iota)$ 是 A 的 Hensel 化.

证明见 Raynaud, Chap VIII, Thm 1, p.87.

设 A 是局部环. A 的**严格** Hensel **化** (strict Henselization) 是指 $(\check{A}, \iota, \kappa_A^s, \alpha)$, 其中 $\check{A}$ 是严格 Hensel 环, $\iota : A \to \check{A}$ 为局部同态, κ_A^s 是剩余域 κ_A 的可分闭包, $\alpha : \check{A} \to \kappa_A^s$ 是局部 A 同态, 使得对任意 Hensel 环 B, 任意局部同态 $u : A \to B$ 和 $\beta : B \to \kappa_B^s$, 及域同态 $\eta : \kappa_A^s \to \kappa_B^s$ 使得 $\eta \alpha \iota = \beta u$, 存在唯一局部同态 $\check{u} : \check{A} \to B$ 令下图交换

继续使用前面的集合 Λ 和局部平展 A-代数 A_λ. 对 $\lambda \in \Lambda$, 考虑 $(A_\lambda, \alpha_\lambda)$ 其中 $\alpha_\lambda : A_\lambda \to \kappa_A^s$ 是使下图交换的局部 A 同态

这样的 $(A_\lambda, \alpha_\lambda)$ 所组成的集合记为 J. 定义 $(\lambda, \alpha_\lambda) \leqslant (\mu, \alpha_\mu)$ 当且仅当存在局部 A 同态 $\alpha_{\lambda\mu} : A_\lambda \to A_\mu$ 使下图为交换图

$$\begin{array}{ccc} A_\lambda & \xrightarrow{\alpha_\lambda} & \\ {\scriptstyle \alpha_{\lambda\mu}} \downarrow & \searrow & \kappa_A^s \\ A_\mu & \xrightarrow{\alpha_\mu} & \end{array}$$

易证 $(J, \leqslant)$ 是有向集.

定理 10.28 设 $\check{A} = \varinjlim_J (A_\lambda, \alpha_\lambda)$, $\iota : A \to \check{A}$ 为自然同态, $\alpha = \varinjlim \alpha_\lambda$. 则 $(\check{A}, \iota, \kappa_A^s, \alpha)$ 是 A 的严格 Hensel 化.

证明见 Raynaud, Chap VIII, Thm 2, p.91.

当 A 是域时, $\check{A}$ 是 A 的可分闭包.

10.5 Cohen 环

10.5.1 $C(k)$

域 k 的 p **基** (p bases) 是指满足以下条件的子集 $B \subset k$:

(1) 对任意各不相同的 $b_1,\ldots,b_r \in B$ 有 $[k^p(b_1,\ldots,b_r):k^p]=p^r$.
(2) $k=k^p(B)$.

若 k 是完全域, 则 p 基是空集. 非完全域 k 必有 p 基. 事实上一定存在非空集满足条件 (1), 然后用 Zorn 引理得所求. (见 Jacobson, *Lectures in Abstract Algebra*, III, Chap IV §7, p.180; Bourbaki, *Algebre*, Chap V, §13.1.)

在离散赋值环的存在定理 10.4 中, 取 A 为 p 进整数环 $\mathbb{Z}_p$, 则剩余域是 $\mathbb{F}_p$. 现设 k 是特征 $p>0$ 的域, $\mathbb{F}_p \subset k$. 则存在特征 0 的离散赋值环 $C\ (\supset \mathbb{Z}_p)$, C 的剩余域是 k, C 的极大理想是 pC (此时我们说: C 是绝对无分歧的). 又按定理 10.5, 若 A 是完备局部环, A 的剩余域是 k, 则存在局部同态 $\phi:C \to A$ 使得 ϕ 诱导恒等映射 $id_k:k \to k$.

特征 p 的域 k 的一个 Cohen 环是指一个特征 0 的离散赋值环 C, C 的剩余域是 k, C 的极大理想是 pC, 取 pC 进拓扑 C 是 Hausdorff 完备环.

Bourbaki, *Algèbre Commutative*, Chap IX, §2.2 是这样定义的. 设 A 是 Hausdorff 完备局部环, A 的剩余域 k 是特征 $p>0$. 称 A 的子环 C 为 A 的 Cohen 子环, 若以下条件成立:

(1) $A = \mathfrak{m}_A + C$ (即 $C/(\mathfrak{m}_A \cap C) = A/f m_A = k$).
(2) pC 是 C 的极大理想.
(3) 取 pC 进拓扑 C 是 Hausdorff 完备环.

Bourbaki 的定理是

定理 10.29 设 A 是 Hausdorff 完备局部环, A 的剩余域 k 是特征 $p>0$. 设 $\pi:A \to k$ 是投射, 取 A 的子集 S 使得 π 限制至 S 时为单射, 且 $\pi(S)$ 为 k 的 p 基. 则 A 内有唯一的 Cohen 子环包含 S.

下一步让我们构造特征 p 的域 k 的 Cohen 环 $C(k)$.

对 $x \in k$, 记 $[x] = (x,0,\ldots,0) \in W_{n+1}(k)$ 为 Teichmuller 代表, V 是平移映射, F 是 Frobenius 映射 (见 §10.3 Witt 环). 则 $x \in W_{n+1}(k)$ 可表达为

$$x = (x_0,\ldots,x_n) = [x_0] + V([x_1]) + \cdots + V^n([x_n]),$$

并且

$$[y]V^r(x) = V^r([y^{p^r}]x), \quad V^r(F^r([x])) \equiv p^r[x] \mod V^{r+1}$$

(用命题 10.23).

选定 k 的 p 基 B, 则对 $n>0$ 有 $k=k^{p^n}(B)$. 引入单项式记号

$$b^\alpha = \prod_{b \in B} b^{\alpha_b}, \quad \text{其中 } \alpha = (\alpha_b),\ 0 \leqslant \alpha_b < p^n.$$

所有 b^α 组成的集合记为 X_n, 则 k^{p^n}-向量空间 k 可由 X_n 生成, 而 $X_n^{p^m}$ 生成 $k^{p^{n+m}}$-向量空间 k^{p^n}.

由集合 $\{[b] : b \in B\}$ 和 $W_{n+1}(k^{p^n})$ 在 $W_{n+1}(k)$ 所生成的子环记为 $C_{n+1}(k)$. 取 $b^\alpha \in X_{n-r}, 0 \leqslant r \leqslant n, x \in k^{p^n}$, 则 $\{V^r([(b^\alpha)^{p^r} x])\}$ 所生成的 $W_{n+1}(k)$ 的加法子群便是 $C_{n+1}(k)$.

引入理想 $U_r := C_{n+1}(k) \cap V^r(W_{n+1}(k))$. 则 U_r 是以下集合所生成的加法子群

$$\{V^m([(b^\alpha)^{p^m} x]) : b^\alpha \in X_{n-m}, r \leqslant m, x \in k^{p^n}\}.$$

于是 $C_{n+1}(k)/U_1 \cong k$, 对 $r \leqslant n$, 乘以 p^r 决定同构

$$p^r : C_{n+1}(k)/U_1 \xrightarrow{\approx} U_r/U_{r+1}.$$

U_n 由 p^n 生成, 向下归纳得 $U_r = p^r C_{n+1}(k)$. 设 $x \in C_{n+1}(k) \setminus U_i$, 取 $y \in C_{n+1}(k)$ 映为 $\bar{x}^{-1} \in C_{n+1}(k)/U_1 \cong k$. 则有 $z \in U_1$ 使 $xy = 1 - z$, 因此 $xy(1 + z + \cdots + z^n) = 1$. 得 x 为可逆.

于是 $C_{n+1}(k)$ 是局部环, 极大理想是 $pC_{n+1}(k)$, 剩余域是 k, 而且 $p^{n+1} C_{n+1}(k) = 0$, 且有同构

$$p^r : C_{n+1}(k)/pC_{n+1}(k) \xrightarrow{\approx} p^r C_{n+1}(k)/p^{r+1} C_{n+1}(k).$$

现考虑投射 $\rho : W_{n+1}(k) \to W_n(k)$. $\rho(C_{n+1}(k))$ 是由 $W_n(k^{p^n})$ 和 $[b], b \in B$ 所生成的 $W_n(k)$ 的子环, 而 $C_n(k)$ 是由 $W_n(k^{p^{n-1}})$ 和 $[b], b \in B$ 所生成的, 于是 $\rho(C_{n+1}(k)) \subset C_n(k)$. 接着证明: 投射 ρ 诱导满同态 $\pi : C_{n+1}(k) \to C_n(k)$.

对 $n \geqslant 1$, 过滤 $W_n(k) \supset V(W_n(k)) \supset \cdots \supset V^{n-1}(W_n(k)) \supset p^n(W_n(k)) = 0$ 诱导过滤 $C_n(k) \supset pC_n(k) \supset \cdots \supset p^{n-1} C_n(k) \supset p^n C_n(k) = 0$, 所以从过滤所得分级映射 $\mathrm{gr}\,\pi$ 是满射得 π 是满射.

在 $r = n$ 时, $p^n C_n(k) = 0$. 设 $r < n$. 则

$$\begin{array}{ccc}
p^r C_{n+1}(k)/p^{r+1} C_{n+1}(k) & \xrightarrow{\mathrm{gr}\,\pi} & p^r C_n(k)/p^{r+1} C_n(k) \\
{\scriptstyle j} \Big\updownarrow & & \Big\updownarrow {\scriptstyle j'} \\
V^r W_{n+1}(k)/V^{r+1} W_{n+1}(k) & \xrightarrow{\mathrm{gr}\,\rho} & V^r W_n(k)/V^{r+1} W_n(k) \\
\Big\updownarrow & & \Big\updownarrow \\
k & \xrightarrow{\mathrm{id}} & k
\end{array}$$

其中 $j(p^r C_{n+1}(k)/p^{r+1} C_{n+1}(k)) = k^{p^r} = j'(p^r C_n(k)/p^{r+1} C_n(k))$, 于是 $\mathrm{gr}\,\pi$ 是满射. 如此证毕 π 是满射.

现定义 $C(k) := \varprojlim_n C_n(k)$, 显然 $C(k)$ 是 k 的 Cohen 环. 我们是把 $C(k)$ 构造成 $W(k)$ 的子环 (构造方法如前面所提到的 Bourbaki 定理一样的), $k_0 := \cap_n k^{p^n}$ 是 k 的最大完全子域, $C(k) \supset W(k_0)$.

10.5.2 $\mathscr{E}$

现设 E 是特征 p 的域. 我们以 $\mathcal{O}_\mathscr{E}$ 记 E 的 Cohen 环 $C(E)$, 则 $\mathcal{O}_\mathscr{E}$ 是特征 0 的完备离散赋值环, 极大理想是 $p\mathcal{O}_\mathscr{E}$, 剩余域是 E. 按定理 10.5 存在自同态 $\varphi: \mathcal{O}_\mathscr{E} \to \mathcal{O}_\mathscr{E}$ 诱导 p 幂映射 $\varphi_E: E \to E: x \mapsto x^p$.

选定 E 的可分闭包 E^{sep}, 则 $\mathcal{O}_\mathscr{E}$ 有严格 Hensel 化 $\mathcal{O}_\mathscr{E}^{\text{nr}}$, 可把这个环看作 $\mathcal{O}_\mathscr{E}$ 的最大无分歧扩本. $\mathcal{O}_\mathscr{E}^{\text{nr}}$ 是离散赋值环, 极大理想是 $p\mathcal{O}_\mathscr{E}^{\text{nr}}$, 剩余域是 E^{sep}.

设局部映射 $f: \mathcal{O}_\mathscr{E} \to \mathcal{O}_\mathscr{E}$ 诱导映射 $\bar{f}: E \to E$, 又设 $\bar{f}$ 扩张为 $\bar{f}': E^{\text{sep}} \to E^{\text{sep}}$. 则按严格 Hensel 化构造的泛性得 f 上的唯一局部映射 $f': \mathcal{O}_\mathscr{E}^{\text{nr}} \to \mathcal{O}_\mathscr{E}^{\text{nr}}$ 使 f' 诱导 $\bar{f}'$. 从唯一性得 $(g \circ f)' = g' \circ f'$.

取 $f = \varphi$, $\bar{f}' = \varphi_{E^{\text{sep}}}$, 则得 $\varphi_{\mathcal{O}_\mathscr{E}^{\text{nr}}}$ 是 $\varphi: \mathcal{O}_\mathscr{E} \to \mathcal{O}_\mathscr{E}$ 的扩展, 又诱导 $\varphi_{E^{\text{sep}}}$.

若取 f 为 $\mathcal{O}_\mathscr{E}$ 的恒等映射, 又让 $\bar{f}' \in \text{Gal}(E^{\text{sep}}/E)$, 则所对应的 $f' \in \text{Aut}_{\mathcal{O}_\mathscr{E}}(\mathcal{O}_\mathscr{E}^{\text{nr}})$. 可证如此得同构

$$\text{Gal}(E^{\text{sep}}/E) \xrightarrow{\approx} \text{Aut}_{\mathcal{O}_\mathscr{E}}(\mathcal{O}_\mathscr{E}^{\text{nr}}) = \text{Gal}(\mathscr{E}^{\text{nr}}/\mathscr{E}),$$

其中分式域 $\mathscr{E} := \text{Frac}(\mathcal{O}_\mathscr{E}) = \mathcal{O}_\mathscr{E}[\frac{1}{p}]$, $\mathscr{E}^{\text{nr}} := \text{Frac}(\mathcal{O}_\mathscr{E}^{\text{nr}}) = \mathcal{O}_\mathscr{E}^{\text{nr}}[\frac{1}{p}]$. 从前面提到的 f' 的唯一性可知, 如此所得 $\text{Gal}(E^{\text{sep}}/E)$ 在 $\mathcal{O}_\mathscr{E}^{\text{nr}}$ 上的连续作用与 $\varphi_{\mathcal{O}_\mathscr{E}^{\text{nr}}}$ 交换.

对 $\mathcal{O}_\mathscr{E}^{\text{nr}}$ 取 p 进完备化

$$\widehat{\mathcal{O}_\mathscr{E}^{\text{nr}}} = \varprojlim_n \mathcal{O}_\mathscr{E}^{\text{nr}}/p^n \mathcal{O}_\mathscr{E}^{\text{nr}},$$

则 $\text{Gal}(E^{\text{sep}}/E)$ 在 $\widehat{\mathcal{O}_\mathscr{E}^{\text{nr}}}$ 上的连续作用与 φ 交换.

类似 $(E^{\text{sep}})^{\text{Gal}(E^{\text{sep}}/E)} = E$ 和 $(E^{\text{sep}})^{\varphi_{E^{\text{sep}}} = 1} = \mathbb{F}_p = \mathbb{Z}_p/(p)$, 我们用**逐步逼近方法** (method of successive approximation) 证明以下命题.

命题 10.30 (1) $\mathcal{O}_\mathscr{E} = \widehat{\mathcal{O}_\mathscr{E}^{\text{nr}}}^{\text{Gal}(E^{\text{sep}}/E)}$, $\mathscr{E} = \widehat{\mathscr{E}^{\text{nr}}}^{\text{Gal}(E^{\text{sep}}/E)}$.
(2) $\mathbb{Z}_p = \widehat{\mathcal{O}_\mathscr{E}^{\text{nr}}}^{\varphi=1}$, $\mathbb{Q}_p = \widehat{\mathscr{E}^{\text{nr}}}^{\varphi=1}$.

证明 先证 (1). 以 G 记 $\text{Gal}(E^{\text{sep}}/E)$, 包含映射 $\mathcal{O}_\mathscr{E} \hookrightarrow \widehat{\mathcal{O}_\mathscr{E}^{\text{nr}}}^G$ 是局部映射, 并且 $\mathcal{O}_\mathscr{E}$ 和 $\widehat{\mathcal{O}_\mathscr{E}^{\text{nr}}}^G$ 都是 p 进 Hausdorff 完备环, 因此只需证明包含映射 $\text{mod} p^n$ 是满射. 对 n 进行归纳.

$n = 1$. 因为 $\bullet \to \bullet^G$ 是左正合, 由 $\mathcal{O}_\mathscr{E}$ 模正合序列

$$0 \to \widehat{\mathcal{O}_\mathscr{E}^{\text{nr}}} \xrightarrow{p} \widehat{\mathcal{O}_\mathscr{E}^{\text{nr}}} \to E^{\text{sep}} \to 0$$

得 $\mathcal{O}_\mathscr{E}/(p) = E$ 线性单射 $\widehat{\mathcal{O}_\mathscr{E}^{\text{nr}}}/(p) \hookrightarrow (E^{\text{sep}})^G = E$, 所以是双射.

$n > 1$. 假设 $\mathcal{O}_\mathscr{E} \to \widehat{\mathcal{O}_\mathscr{E}^{\text{nr}}}^G/(p^{n-1})$ 是满射. 取 $\xi \in \widehat{\mathcal{O}_\mathscr{E}^{\text{nr}}}^G$, 寻找 $x \in \mathcal{O}_\mathscr{E}$ 使 $\xi \equiv x \bmod p^n$. 可选 $c \in \mathcal{O}_\mathscr{E}$ 使 $\xi \equiv c \bmod p^{n-1}$, 于是有 $\xi' \in \widehat{\mathcal{O}_\mathscr{E}^{\text{nr}}}^G$ 使 $\xi - c = p^{n-1}\xi'$. 用 $n = 1$ 时, 结果得 $c' \in \mathcal{O}_\mathscr{E}$ 使 $\xi' \equiv c' \bmod p$, 所以 $\xi \equiv c + p^{n-1}c' \bmod p^n$, 并且 $c + p^{n-1}c' \in \mathcal{O}_\mathscr{E}$.

由于 G_E 与 φ 固定 p, $\widehat{\mathscr{E}^{\mathrm{nr}}} = \widehat{\mathcal{O}_{\mathscr{E}}^{\mathrm{nr}}}[1/p]$, 所以可从 $\mathcal{O}_{\mathscr{E}} = \widehat{\mathcal{O}_{\mathscr{E}}^{\mathrm{nr}}}^{\mathrm{Gal}(E^{\mathrm{sep}}/E)}$ 推出 $\mathscr{E} = \widehat{\mathscr{E}^{\mathrm{nr}}}^{\mathrm{Gal}(E^{\mathrm{sep}}/E)}$.

同理可证 (2). □

10.6 分歧群

我们可以说, 在交换类域论发展完毕之后, 分歧群的研究至今还是代数数论的主要课题. 分歧群是本章的中心对象, 本节给出分歧群的定义和初等性质.

10.6.1 有限 Galois 扩张的下分歧群

设 K 为完备离散赋值域, $\mathcal{O}_K$ 为 K 的赋值环, $\mathfrak{p}_K$ 是 $\mathcal{O}_K$ 的极大理想. 设 L/K 为有限 Galois 扩张. $e_{L|K}$ 记 L/K 的分歧指标. 以 $G = G_{E/F}$ 记 Galois 群 $\mathrm{Gal}(E/F)$.

定义 10.31 取 $\mathcal{O}_K$-代数 $\mathcal{O}_L$ 的生成元 x (见命题 3.25). 设 $i_G(1) = +\infty$, $i_G(g) = v_L(g(x) - x)$.

显然有 $i_G(hgh^{-1}) = i_G(g)$, $i_G(gh) \geqslant \min\{i_G(g), i_G(h)\}$.

命题 10.32 (1) 设 H 为 G 的子群. 则 $i_H = i_G$.
(2) 设 H 为 G 的正规子群. 以 K' 记 H 的固定域, 取 $\sigma = sH$, 则

$$i_{G/H}(\sigma) = \frac{1}{e_{L|K'}} \sum_{s \to \sigma} i_G(s) = \frac{1}{e_{L|K'}} \sum_{t \in H} \inf\{i_G(s), i_G(t)\}.$$

证明 (1) 是显然的.

(2) 先证公式中的第一个等式.

$\sigma = 1$ 时两边都是 ∞. 现设 $1 \neq \sigma = sH$, $\mathcal{O}_L = \mathcal{O}_K[x]$, $\mathcal{O}_{K'} = \mathcal{O}_K[y]$. 则 $\sum_{s \to \sigma} i_G(s) = v_L(\prod_{t \in H}(st(x) - x))$. 由于 $v_L = e_{L|K'} v_{K'}$, $e_{L|K'} i_{G/H}(\sigma) = v_L(\sigma(y) - y)$, 设 $a = s(y) - y$, $b = \prod_{t \in H}(st(x) - x)$.

证明: $a | \pm b$. 设 $f \in \mathcal{O}_{K'}[X]$ 是 x 在 K' 上的最小多项式, $s(f)$ 是指 s 作用在 f 的系数上, f 是首一多项式, 所以 $s(f) - f$ 的系数是 $sc - c$, $c \in K' = K[y]$. $s \in \mathrm{Gal}(L/K)$, 所以 $sc - c$ 没有 "常数项". 显然 $s(y) - y$ 整除 $s(y^n) - y^n$, 所以 a 整除 $s(f) - f$ 所有的系数, 即 a 整除 $s(f)(x) - f(x) = s(f)(x) = \pm b$.

证明: $b | \pm a$. 取 $g \in \mathcal{O}_K[X]$ 使得 $y = g(x)$, 这样 x 是多项式 $g(X) - y \in \mathcal{O}_{K'}[X]$ 的根, 于是有 $h \in \mathcal{O}_{K'}[X]$ 使得 $g(X) - y = f(X)h(X)$. g 的系数在 K. $s(g) = g$, 于是 $s(f(x))s(h(x)) = s(g(x) - y) = g(x) - sy = y - sy$.

现在证明公式中的第二个等式.

取 $t \in H$. 若 $i_G(t) \geqslant i_G(s)$, 则 $i_G(st) \geqslant i_G(s)$, 所以 $i_G(st) = i_G(s)$. 若 $i_G(t) < i_G(s)$, 则 $i_G(st) = i_G(t)$, 于是总有 $i_G(st) = \inf\{i_G(s), i_G(t)\}$, 这样从第一个等式便得第二个等式. □

设 K 为离散赋值域, $\mathcal{O}_K$ 为 K 的赋值环, $\mathfrak{p}_K$ 是 $\mathcal{O}_K$ 的极大理想. 设 L/K 为有限 Galois 扩张, 记 $\mathrm{Gal}(L/K)$ 为 G. 对 $g \in G$ 容易证明以下条件等价

(1) g 在 $\mathcal{O}_L/\mathfrak{p}_L^{i+1}$ 是恒等映射.
(2) $v_L(g(a) - a) \geqslant i + 1$, $\forall a \in \mathcal{O}_L$.
(3) $i_G(g) \geqslant i + 1$.

定义 10.33 取 $G_i = \{g \in G : i_G(g) \geqslant i+1\}$, 称 G_i 为**下分歧群** (lower ramification group), 记 $g_i = |G_i|$.

显然 G 的正规子群 G_i 给出递减过滤

$$G = G_{-1} \supseteq G_0 \supseteq G_1 \supseteq \cdots.$$

按定义 $g_0 = |G_0| = e_{L|K}$, L/K 的分歧指标.

设计一个分段线性实变函数 ϕ, 使得当 m 为整数, $m < u < m+1$ 时, ϕ 的斜率

$$\phi'(u) = \frac{|G_{m+1}|}{e_{L|K}} = \frac{1}{[G_0 : G_{m+1}]}.$$

对 $u \geqslant -1$ 的实数取 i 为 $\geqslant u$ 的最小整数, 即 $i = [u+1]$. 令 $G_u := G_i$. 引入记号: 当 $-1 < t \leqslant 0$ 时, 以 $[G_0 : G_t]$ 记 $[G_{-1} : G_0]^{-1}$.

定义 10.34 设 $\phi_{E/F}(u) = \int_0^u \frac{dt}{(G_0 : G_t)}$, 称此为 Hasse 函数.

按以上记号有

$$\phi_{E/F}(u) = \begin{cases} \int_0^u \frac{dt}{(G_0 : G_t)}, & \text{若 } u \geqslant 0, \\ u, & \text{若 } -1 \leqslant u \leqslant 0. \end{cases}$$

常简记 $\phi_{E/F}$ 为 ϕ.

分别以 f'_+, f'_- 记函数 f 的右、左导数.

命题 10.35 (1) $\phi : [-1, \infty) \to [-1, \infty)$ 是分段线性递增连续函数.
(2) $\phi(0) = 0$.
(3) 若 u 不是整数, 则 $\phi'_+(u) = \phi'_-(u) = \frac{1}{[G_0 : G_u]}$.
若 m 是整数, 则 $\phi'_-(m) = \frac{1}{[G_0 : G_m]}$, $\phi'_+(m) = \frac{1}{[G_0 : G_{m+1}]}$.
(4) 当 m 为整数, $m \leqslant u \leqslant m+1$ 时, 则

$$\phi(u) = g_0^{-1}(g_1 + \cdots + g_m + g_{m+1}(u - m)), \quad g_0(\phi(m) + 1) = \sum_{i=0}^m g_i.$$

10.6 分歧群

这是容易看出来的,以下是 ϕ 与 i_G 的关系.

命题 10.36 (1) $\phi_{L|K}(u) = \frac{1}{g_0}\sum_{s\in G}\inf\{i_G(s), u+1\} - 1$.

以下假设 $H \triangleleft G$, 以 K' 为 H 的固定域.

(2) $i_{G/H}(sH) = 1 + \phi_{L|K}((\sup_{t\in H} i_G(st)) - 1)$.
(3) $G_u/H_u \cong G_u H/H \cong (G/H)_{\phi_{L|K'}u}$.
(4) $\phi_{L|K} = \phi_{K'|K} \circ \phi_{L|K'}$.

证明 (1) 暂以 ξ 记所求等式的右边, 则 ξ 是分段线性函数, 并且 $\xi(0) = 0$. 现取 $m < u < m+1$, m 为整数, 则 $g_0 \xi'(u)$ 是 $|\{s : i_G(s) \geqslant m+2\}|$, 即 $\xi'(u) = 1/[G_0 : G_{m+1}] = \phi'(u)$, 于是 $\phi = \xi$.

(2) 因为 $i_G(t) = i_H(t), e_{L|K'} = |H_0|$, 用 (1) 得
$$i_{G/H}(sH) = 1 + \phi_{L|K'}(m-1).$$

(3) 首先 $G_u H/H \cong G_u/G_u \cap H$, 下一步, 设 $v = \phi_{L|K'}(u)$.

$sH \in G_u H/H \Leftrightarrow \left(\sup_{t\in H} i_G(st)\right) - 1 \geqslant u \Leftrightarrow \phi_{L|K'}\left(\left(\sup_{t\in H} i_G(st)\right) - 1\right) \geqslant \phi_{L|K'}(u)$
$\Leftrightarrow i_{G/H}(sH) - 1 \geqslant \phi_{L|K'}(u) \Leftrightarrow sH \in (G/H)_v$.

(4) 设 $u > -1$ 不是整数. 取 $v = \phi_{L|K'}(u)$, 则由 (3) 得
$$(\phi_{K'|K} \circ \phi_{K'|K} \circ \phi_{L|K'})'(u) = \phi'_{K'|K}(v) \circ \phi'_{L|K'}(u)$$
$$= \frac{|(G/H)_v|}{e_{K'|K}} \frac{|H_u|}{e_{L|K'}} = \frac{|G_u|}{e_{L|K}}. \qquad \square$$

10.6.2 有限 Galois 扩张的上分歧群

设 K 为完备离散赋值域, L/K 为有限 Galois 扩张. 记 $G = \text{Gal}(L/K)$. 称 $\phi_{L/K}$ 的逆函数 $\psi_{L/K}$ 为 Herbrand 函数.

定义 10.37 设 $G^v = G_{\psi_{L/K}(v)}$, 称此为**上分歧群** (upper ramification group).

显然 $G_u = G^{\phi_{L/K}(u)}$, $G^{-1} = G$, $G^0 = G_0$. $\{G^v\}$ 是一个下降过滤.

以下命题是容易证明的.

命题 10.38 (1) ψ 是分段线性递增连续函数.
(2) $\psi(0) = 0$.
(3) $\psi_{L/K}(v) = \int_0^v (G^0 : G^w) dw$, 特别是当 $-1 \leqslant v \leqslant 0$ 时, $\psi_{L/K}(v) = v$.
(4) 设 $v = \psi(u)$. 则 $\psi'_-(v) = \frac{1}{\phi'_-(u)}$, $\psi'_+(v) = \frac{1}{\phi'_+(u)}$.
(5) 当 m 为整数时, $\psi(m)$ 是整数.

(6) 当 K'/K 为 Galois 扩张时, 有 $\psi_{L|K} = \psi_{L|K'} \circ \psi_{K'|K}$.

下述命题阐述了子群 H 的下分歧群 H_i 与 G_i 的关系. 类似的结果在商群 G/H 的情形却要用上分歧群了, 也许这是引入 Herbrand 函数的原因之一.

命题 10.39 (1) 设 H 为 G 的子群. 则 $H_u = G_u \cap H$.
(2) $H \triangleleft G \Rightarrow (G/H)^v = G^v H/H$.

证明 (1) 由 $i_H = i_G$ 导出, 是我们用过了的.

(2) 设 $x = \psi_{K'|K}(v)$. 则 $(G/H)^v = (G/H)_x$. 按命题 10.36, $(G/H)_x = G_u H/H$, 其中 $u = \psi_{L|K'}(x) = \psi_{L|K}(v)$, 由命题 10.38, 即 $G_u = G^v$. □

10.6.3 Hasse-Arf 定理

设 K 为离散赋值域, L/K 为有限 Galois 扩张, $q = |\kappa_L|$. 以 G 记 Galois 群 $\mathrm{Gal}(E/F)$, G_i 是下分歧群.

如前, 设 $U_L^{(0)} = \mathcal{O}_L \setminus \mathfrak{p}_L$, 对 $i > 0$, 设 $U_L^{(i)} = 1 + \mathfrak{p}_L^i$. 则 $U_L^{(0)}/U_L^{(1)} \cong \mathbb{F}_q^\times$, $U_L^{(i)}/U_L^{(i+1)} \cong \mathbb{F}_q$.

以 π 为 L 的素元. 取 $s \in G$, 则 $v_L(s(\pi) - \pi) = 1 + v_L(s(\pi)/\pi - 1)$. 于是当 $i \geqslant 0$ 时, $s \in G_i \Rightarrow s(\pi)/\pi \in U_L^{(i)}$, 可以定义映射

$$\tilde{\theta}_i : G_i \to U_L^{(i)} : s \mapsto \frac{s(\pi)}{\pi}.$$

命题 10.40 $\tilde{\theta}_i$ 诱导单同态 θ_i, 如下图

$$\begin{array}{ccc} G_i & \xrightarrow{\tilde{\theta}_i} & U_L^{(i)} \\ \downarrow & & \downarrow \\ G_i/G_{i+1} & \xrightarrow{\theta_i} & U_L^{(i)}/U_L^{(i+1)} \end{array}$$

θ_i 与 π 的选择无关.

证明 另取素元 π', 则 $\pi' = \pi u$, $u \in U_L$. 于是 $s(\pi')/\pi' = s(\pi)/\pi \cdot s(u)/u$. 若 $s \in G_i$, 则 $s(u) \equiv u \bmod \mathfrak{p}_L^{i+1}$, 即 $s(u)/u \equiv 1 \bmod U_L^{(i+1)}$, 可见 θ_i 与 π 的选择无关.

取 $s, t \in G$, 设 $u = t(\pi)/\pi$. 则 $st(\pi)/\pi = s(\pi)/\pi \cdot t(\pi)/\pi \cdot s(u)/u$. 因为 $u \in U_L$, $s(u)/u \equiv 1 \bmod U_L^{(i+1)}$, 于是 $st(\pi)/\pi \equiv s(\pi)/\pi \cdot t(\pi)/\pi \bmod U_L^{(i+1)}$. □

推论 10.41 (1) G_0/G_1 是循环群, $\theta_0(G_0/G_1)$ 是 κ_L 内的单位根子群, G_0/G_1 的阶与 κ_L 的特征互素.

(2) 如果 κ_L 是特征 $p \neq 0$, 则对 $i \geqslant 1$, G_i/G_{i+1} 是交换群, G_i/G_{i+1} 是 p 阶循环群的直积, G_1 是 p-群.

(3) 如果 κ_L 是特征 $p \neq 0$, 则 G_0 可以表达为两个子群 H, N 的半直积, 其中 H 是 m 阶循环群, m 与 p 互素, N 是 p^r 阶正规子群.
(4) 如果 κ_L 是特征 $p = 0$, 则 $G_1 = 1$, G_0 是循环群.
(5) G_0 是可解群. 如果 κ_K 是有限域, 则 G 是可解群.

因为 G_i 是 G_0 的正规子群, G_0 以 $\bullet \to s \bullet s^{-1}$ 作用在 G_i/G_{i+1} 上. 对 $s \in G_0$, $\theta_0(s)$ 作为 $\kappa_L^\times$ 的元素作用在一维 κ_L-向量空间 $U_L^{(i)}/U_L^{(i+1)}$ 上.

命题 10.42 (1) $s \in G_0, \tau \in G_i/G_{i+1}, i \geqslant 1$, 则 $\theta_i(s\tau s^{-1}) = \theta_0(s)^i \theta_i(\tau)$.
(2) $s \in G_0, t \in G_i, i \geqslant 1$, 则 $sts^{-1}t^{-1} \in G_{i+1} \Leftrightarrow s^i \in G_1$ 或 $t \in G_{i+1}$.
(3) $s \in G_i, t \in G_j, i, j \geqslant 1$, 则 $sts^{-1}t^{-1} \in G_{i+j+1}$.

证明 (1) 设 $\tau = tG_{i+1}$, 以 $\theta_i(t)$ 记 $\theta_i(\tau)$, 设 $\pi' = s^{-1}\pi$. 则有 $a \in \mathfrak{p}_L^i$ 使得 $\theta_i(t) \equiv a \bmod \mathfrak{p}_L^{i+1}$ 和 $t(\pi') = \pi'(1+a)$, 于是 $sts^{-1}(\pi) = st(\pi') = \pi(1 + s(a))$, 即 $\theta_i(sts^{-1}) \equiv sa \bmod \mathfrak{p}_L^{i+1}$, 可设 $a = b\pi^i$ 使得 $s(\pi) = u\pi \Rightarrow sa = s(b)u^i\pi^i$. 因为 $s(b) \equiv b \bmod \mathfrak{p}_L$, $\theta_0(s) = \bar{u} = u + \mathfrak{p}_L^{i+1}$, 所以 $\overline{s(a)} = \theta_0(s)^i \bar{a}$.

(2) $sts^{-1}t^{-1} \in G_{i+1}$ 等同于 $sts^{-1} \equiv t \bmod G_{i+1}$, 这等价于 $\theta_i(sts^{-1}) = \theta_i(t)$. □

引理 10.43 设 G 是交换, $e_0 := g_0/g_1$ 及 $G_i \neq G_{i+1}$. 则 $e_0 | i$.

证明 若 e_0 不整除 i, 则 $G_i = G_{i+1}$. 取 $t \in G_i$. 设 $s \in G_0$ 生成 G_0/G_1, G 是交换, $sts^{-1}t^{-1} = 1$. 因为 $s^i \notin G_1$, 按命题 10.42 之 (2), 得 $t \in G_{i+1}$. □

引理 10.44 设 L/K 是完全分歧交换扩张. 取 $s \in G_1, x \in L^\times$, 则 $v_L(\sum_{i=0}^{p-1} s^i(x)) > v_L(x)$.

证明 可取 $b \in K^\times$, 以 ab 代 a, 这样便可以假设 $x \in \mathcal{O}_L$. 以 $(s-1)(x)$ 记 $s(x) - x$, $s \in G_1 \Rightarrow v_L((s-1)^{p-1}(x)) > \cdots > v_L((s-1)(x)) > v_L(x)$. 此外由 $(-1)^i \binom{p-1}{i} \equiv 1 \bmod p$ 得 $\sum_{i=0}^{p-1} s^i(x) \equiv (s-1)^{p-1}(x) \bmod px$. □

$$\sum_{i=0}^{p-1} X^i = (X^p - 1)/(X - 1) \equiv (X-1)^{p-1} \bmod p.$$

引理 10.45 设 L/K 是完全分歧交换扩张, $s \in G_1$. 对 $n \in \mathbb{Z}$ 存在 $y \in L^\times$ 使得 $v_L(y) = n$, $v_L(sy - y) = n + i_G(s^n)$. 而且任一 $x \in L^\times$ 可以表达为 $x = \sum_{n=v_L(x)}^{\infty} x_n$, 当 $x_n \neq 0$ 时, x_n 有前面两个性质.

证明 先设 $n \geqslant 0$. 取 $y = \prod_{i=0}^{n-1} s^i(\pi)$, 当 $n = 0$ 取 $y = 1$. 则 $v_L(y) = n$, $s(y)/y = s^n(\pi)/\pi$, 于是 $v_L(s(y) - y) = v_L(y) + v_L((s(y)/y) - 1) = n + i_G(s^n)$. 同时, 留意在 $-n$ 时, y^{-1} 满足所求.

可取 $R = \{0\} \cup \mu_{q-1}$ 为 $\mathcal{O}_L/\mathfrak{p}_L$ 的一组完全代表集. 因为 $R \subset K$, 所以 s 在 R 上的作用是平凡的. L 是完备域, 如此可以选 y_n 如前, $x = \sum_{n=v_L(x)}^{\infty} r_n y_n, r_n \in R$. □

引理 10.46 设 L/K 是完全分歧扩张, $s \in G_1$ 和 $|\langle s \rangle| = p^m, m \geqslant 1$. 记 $H_n := G_n \cap \langle s \rangle$.

对 $j \geqslant 0$, 取 $i_j := i_G(s^{p^j})$, 若 $j \geqslant m$, 则 $i_j := \infty$. 则

(1) 若 $j \leqslant m$, 则 $i_{j-1} < i_j$. 此外 $H_n = \langle s^{p^j} \rangle \Leftrightarrow i_{j-1} \leqslant n < i_j$.

(2) 若 $a \geqslant 1$, 则 $i_G(s^a) = i_{v_{\mathbb{Q}_p}(a)}$.

(3) $i_{j-1} \equiv i_j \mod p^j$.

证明 (1) 从命题 10.40 知 G_1 的元素为 p 幂阶的. 在引理 10.44 取 $x = s^{p^{j-1}} - s$, 则 $i_{j-1} < i_j$. 此外 $\langle s^{p^j} \rangle \subseteq H_n$ 当且仅当 $s^{p^j} \in H_n$, 即 $i_j > n$. 因为 $\langle s \rangle$ 的任一子群必是某个 $\langle s^{p^j} \rangle$, 于是 $\langle s^{p^j} \rangle \supset H_n \Leftrightarrow \langle s^{p^{j-1}} \rangle \not\subseteq H_n \Leftrightarrow i_{j-1} \leqslant n$.

(2) 若 $p^m | a$, 则按定义两边是 ∞. 若 $j := v_{\mathbb{Q}_p}(a) < m$, 则从 (1) 得 $H_{i_{j-1}} = \langle s^{p^j} \rangle$ 和 $H_{i_j} = \langle s^{p^{j+1}} \rangle$, 所以 $s^a \in H_{i_{j-1}} \setminus H_{i_j}$, 即 $i_G(s^a) = i_j$.

(3) 用归纳法证明. 以下以 v 简记 $v_{\mathbb{Q}_p}$, $i_{-1} = \infty$. 我们假设 $j = 0$ 时, (3) 成立.

归纳假设是在 $j-1$ 时的条件 (3), 在此假设下: 集合 $\{i_{j-1}, n + i_G(s^n) : n \in \mathbb{Z}, v_{\mathbb{Q}_p}(n) < j\}$ 的元素各不相同. 事实上, 由 $v(n) \leqslant j-1$ 得 $i_G(s^n) = i_{v(n)} \equiv i_{j-1} \mod p^{v(n)+1}$, 即 $v(i_{j-1} - i_G(s^n)) > v(n)$, 所以 $i_{j-1} \neq n + i_G(s^n)$. 另一方面, 如果 $n + i_G(s^n) = n' + i_G(s^{n'})$. 若 $v(n) \neq v(n')$, 则 $v(n - n') = \min\{v(n), v(n')\}$. 现按归纳假设, $v(i_G(s^n) - i_G(s^{n'})) > \min\{v(n), v(n')\}$, 这是不可能的, 故此 $v(n) = v(n')$, 于是 $i_G(s^n) = i_G(s^{n'})$, 这样便得 $n = n'$.

下一步我们把归纳假设, 即在 $j-1$ 时的条件 (3), 用于 $s^p \in G_1$, 这样便是 $i_{j-1} \equiv i_j \mod p^{j-1}$. 设 $k := i_{j-1} - i_j$. 我们假设 $v(k) = j - 1$, 由引理 10.45 知有 $y \in L^\times$ 使 $v_L(y) = k$, $v_L(s^p(y) - y) = k + i_G((s^p)^k) = k + i_j = i_{j-1}$. 取 $z := \sum_{i=0}^{p-1} s^i(y)$, 则用引理 10.44 得 $v_L(z) > v_L(y) = k$, 并且 $v_L(s(z) - z) = v_L(s^p(y) - y) = i_{j-1}$. 现按引理 10.45 展开 $z = \sum_{n=v_L(z)} z_n$, 当 $z_n \neq 0$ 时, $v_L(sz_n - z_n) = n + i_G(s^n)$. 设 $x := sz - z$, $x_n := s(z_n) - z_n$. 则 $v_L(x_n) = n + i_G(s^n)$, $v_L(x) = i_{j-1}$ 和 $x = \sum_{n=v_L(z)} x_n$, 此时由上一段得知 $v_L(x - \sum_{v(n)<j} x_n) \leqslant i_{j-1}$. 若 $v(n) \geqslant j$ 和 $x_n \neq 0$, 则 $v_L(x_n) = n + i_G(s^n) \geqslant n + i_j \geqslant v(z) + i_j > i_{j-1}$, 于是 $v_L(\sum_{v(n)\geqslant j} x_n) > i_{j-1}$, 得矛盾. $\square$

引理 10.47 设 L/K 是完全分歧交换扩张, $G \cong \mathbb{Z}/p^m\mathbb{Z}$. 则存在 $\geqslant 1$ 的整数 $n_0, n_1, \ldots, n_{m-1}$ 使得对 $1 \leqslant j \leqslant m-1$, 有 $|G_n| = p^{m-j} \Leftrightarrow \sum_{i=0}^{j-1} n_i p^i < n \leqslant \sum_{i=0}^{j} n_i p^i$.

证明 由命题 10.46 得出. $\square$

定理 10.48 (Hasse-Arf) 设 K 为离散赋值域, L/K 为有限交换扩张, 剩余域扩张 κ_L/κ_K 为可分扩张, 以 G 记 Galois 群 $\mathrm{Gal}(E/F)$. 若 $G_n \neq G_{n+1}, n \in \mathbb{Z}$, 则 $\phi_{L/K}(n) \in \mathbb{Z}$.

我们说 v 是 $\{G^v\}$ 的**跳跃点** (jump), 若对所有 $\varepsilon > 0$ 有 $G^v \neq G^{v+\varepsilon}$, 这样 Hasse-Arf 定理是说: 若 v 是跳跃点, 则 v 是整数.

证明 我们只在假设 K 和 L/K 是完全分歧扩张下给出证明, 其他证明见 [Ser 95], V§7.

先假设 $G = G_1$. 则按命题 10.40, $G \cong \oplus_{i=1}^{j} \mathbb{Z}/p^{m_i}\mathbb{Z}$. 对 j 做归纳证明. 当 $j = 1$, 即 $G \cong \mathbb{Z}/p^m\mathbb{Z}$. 若 $G_n \neq G_{n+1}$, 则 $n = \sum_{i=0}^{j} n_i p^i$, $0 \leqslant j \leqslant m - 1$ (引理 10.47). 此时用命题 10.35 (4) 得非负整数

$$\phi_G(n) = p^{-m}(n_0 \cdot p^m + n_1 p \cdot p^{m-1} + \cdots + n_j p^j \cdot p^{m-j}).$$

对 $j > 1$, 若 $G_n \neq G_{n+1}$, 则存在 H 使得 $G/H \cong \mathbb{Z}/p^{m_i}\mathbb{Z}$ 和 $G_n H/H \neq G_{n+1} H/H$. H 的固定域记作 K'. 用归纳假设, $\phi_{L/K'}(n) \in \mathbb{Z}$, 并且用命题 10.36 (3) $(G/H)_{\phi_{L/K'}(n)} \neq (G/H)_{\phi_{L/K'}(n+1)} = (G/H)_{\phi_{L/K'}(n)+1}$. 因为 G/H 是循环群, 得 $\phi_{K'|K}(\phi_{L|K'}(n)) \in \mathbb{Z}$. 用命题 10.36 (4), $\phi_{L|K}(n) = (\phi_{K'|K} \circ \phi_{L|K'})(n)$ 是整数.

现考虑 $G \neq G_1$. 取 $H = G_1$ 和 $|G/H| = e_0$, 这样 $\phi_{K'/K}(n) = n/e_0$. 于是按命题 10.36 (4), 只需要证明: 对 $n \in \mathbb{Z}$, 在 $G_n \neq G_{n+1}$ 时, 则 $e_0 | \phi_{L/K'}(n)$. 若 $n = 0$, 则 $\phi_{L/K'}(0) = 0$. 取 $n > 0$. 对整数 $i \geqslant 1$ 使得 $H_i \neq H_{i+1}$ ($H_i = G_i$), 按引理 10.43, $e_0 | i$, 于是 $e_0 | \sum_{i=1}^{n} |H_i|$, 但 e_0 和 $|H|$ 没有公因子, 由命题 10.35 (4) 便得结论 $e_0 | \phi_{L/K'}(n)$. □

10.6.4 局部域的差别式

讨论差别式 (different) 与分歧群.

命题 10.49 设 L/K 是局部域扩张, 差别式 $\mathcal{D}_{L/K} = \mathfrak{m}_L^d$, 整数 $n \geqslant 0$, $r = \lfloor(d+n)/e_{L|K}\rfloor$ (整数部分). 则 $\text{Tr}(\mathfrak{m}_L^n) = \mathfrak{m}_K^r$.

证明 根据命题 1.20,

$$\text{Tr}(\mathfrak{m}_L^n) \subseteq \mathfrak{m}_K^r \Leftrightarrow \mathfrak{m}_L^n \subseteq \mathfrak{m}_K^r \mathcal{D}_{L/K}^{-1} = \mathfrak{m}_L^{e_{L|K}r-d},$$

即 $r \leqslant (d+n)/e_{L|K}$. □

注意 $v(p) = 1$, $v_K = |G_0|^{-1} v_L$.

命题 10.50 设 L/K 是局部域有限 Galois 扩张. 以 G 记 $\text{Gal}(L/K)$, 则

$$v_L(\mathcal{D}_{L/K}) = \sum_{s \neq 1} i_G(s) = \sum_{i=0}^{\infty}(|G_i| - 1)$$
$$= |G_0| \int_{-1}^{\infty}(1 - |G^y|^{-1}) dy.$$

证明 (1) 设 $\mathcal{O}_L = \mathcal{O}_K[x]$, $f(X)$ 是 x 在 K 上的最小多项式. 根则据命题 1.24, $\mathcal{D}_{L/K}$ 由 $f'(x)$ 生成, 但 $f(X) = \prod_{s \in G}(X - s(x))$, 于是 $f'(x) = \prod_{s \neq 1}(x - s(x))$, 这样

$$v_L(\mathcal{D}_{L/K}) = v_L(f'(x)) = \sum_{s \neq 1} i_G(s).$$

(2) 设 $r_i = |G_i| - 1$. 由于函数 i_G 在 $G_{i-1}n - G_i$ 上取常值,

$$\sum_{s \neq 1} i_G(s) = \sum_{i=0}^{\infty} i(r_{i-1} - r_i)$$
$$= (r_0 - r_1) + 2(r_1 - r_2) + 3(r_2 - r_3) + \cdots = r_0 + r_1 + r_2 + \cdots.$$

(3) 把 (2) 写为分段线性积分

$$v(\mathcal{D}_{L/K}) = \frac{1}{e_L} \int_{-1}^{\infty} (G_x - 1) dx.$$

在积分换元, 用 Hasse 函数把下分歧指标换为上分歧指标: $G_x = G^{\phi_{L/K}}$.

若 x 不是 $\phi_{L/K}$ 的转角点, 则

$$\phi'_{L/K} = \frac{|G_x|}{|G_0|}.$$

换元 $y = \phi_{L/K}(x)$ 给出

$$v(\mathcal{D}_{L/K}) = \frac{1}{e_L} \int_{-1}^{\infty} (G^y - 1) \frac{|G_0|}{|G^y|} dy = \frac{1}{e_K} \int_{-1}^{\infty} \left(1 - \frac{1}{|G^y|}\right) dy \qquad \square$$

10.7 单位群

我们继续前节讨论单位群与 Galois 群. 设 (K, v_K) 为完备离散赋值域, $\mathcal{O}_K$ 为 K 的赋值环, $\mathfrak{p}_K$ 是 $\mathcal{O}_K$ 的极大理想, $U_K = \mathcal{O}_K \setminus \mathfrak{p}_K$ 是单位群, $U_K^{(n)} = 1 + \mathfrak{p}_K^n, n > 0$. 则 $U_K/U_K^{(1)} \cong \kappa_K^\times$, $U_K^{(n)}/U_K^{(n+1)}$ 同构于一维 κ_K-向量空间 $\mathfrak{p}_K^n/\mathfrak{p}_K^{n+1}$.

设 L/K 为有限 Galois 扩张, $G = \mathrm{Gal}(L/K)$, $f = [\kappa_L : \kappa_K]$ 是剩余域次数, $\kappa_L \otimes_K \mathfrak{p}_K^{n+1}/\mathfrak{p}_K^n \cong \mathfrak{p}_L^{n+1}/\mathfrak{p}_L^n$.

范映射是乘法群同态 $N = N_{L/K} : L^\times \to K^\times$, $N(U_L) \subseteq U_K$, $v_K(Nx) = fv_L(x)$, 下图交换

$$\begin{array}{ccccccccc}
0 & \longrightarrow & U_L & \longrightarrow & L^\times & \longrightarrow & \mathbb{Z} & \longrightarrow & 0 \\
& & \downarrow N & & \downarrow N & & \downarrow f & & \\
0 & \longrightarrow & U_K & \longrightarrow & K^\times & \longrightarrow & \mathbb{Z} & \longrightarrow & 0
\end{array}$$

10.7.1 无分歧

命题 10.51 L/K 无分歧, 则

(1) $N(U_L^{(n)}) \subseteq U_K^{(n)}$.
(2) N 诱导同态 $N_n : U_L^{(n)}/U_L^{(n+1)} \to U_K^{(n)}/U_K^{(n+1)}$.

(3) $N_0 = N_{\kappa_L/\kappa_K}$.
(4) $n > 0$, N_n 等同 $1 \otimes \mathrm{Tr}_{L/K} : \kappa_L \otimes_K \mathfrak{p}_K^{n+1}/\mathfrak{p}_K^n \to \mathfrak{p}_K^{n+1}/\mathfrak{p}_K^n$.

证明 取 $x = 1 + y$, $y \in \mathfrak{p}_L^n$. 对 $\sigma \in G$, $\sigma y \in \mathfrak{p}_L^n$, 于是
$$Nx = \prod_{\sigma \in G}(1 + \sigma y) \equiv 1 + \sum_{\sigma \in G} \sigma y \mod \mathfrak{p}_L^{2n}.$$
L/K 无分歧 $\Rightarrow \mathfrak{p}_L^n \cap K = \mathfrak{p}_K^n$, 于是得 $Nx \equiv 1 \mod \mathfrak{p}_K^n$. □

命题 10.52 L/K 无分歧, 则
(1) $N(U_L^{(n)}) = U_K^{(n)}$.
(2) $U_K/NU_L \cong \kappa_K^\times/N\kappa_L^\times$.
(3) $K^\times/NL^\times \cong \mathbb{Z}/f\mathbb{Z} \times \kappa_K^\times/N\kappa_L^\times$.
(4) $[K^\times : NL^\times] = f \Leftrightarrow U_K = NU_L \Leftrightarrow \kappa_K^\times = N\kappa_L^\times$.

证明 (1) L/K 可分 $\Rightarrow \mathrm{Tr}_L/K$ 满射, 于是 N_n 是满射. 对同态 $N : U_L^{(n)} \to U_K^{(n)}$ 应用逆极限性质 (命题 0.43) 便得所求满射.

(2) $N : U_L^{(1)} \to U_K^{(1)}$ 是满射, 对下图用蛇引理 (见 [19], 十三章命题 13.7) 便得 (2).

$$\begin{array}{ccccccccc} 0 & \longrightarrow & U_L^{(1)} & \longrightarrow & U_L & \longrightarrow & \kappa_L^\times & \longrightarrow & 0 \\ & & \downarrow N & & \downarrow N & & \downarrow N & & \\ 0 & \longrightarrow & U_K^{(1)} & \longrightarrow & U_K & \longrightarrow & \kappa_K^\times & \longrightarrow & 0 \end{array}$$

(3) 在 K 中选素元 π, 则有 G-同构 $K^\times \cong \mathbb{Z} \times U_K$ 和 $L^\times \cong \mathbb{Z} \times U_L$, 于是得所求.
(4) 显然成立. □

10.7.2 素阶全分歧扩张

假设 L/K 是完全分歧扩张, κ_K 是特征 p, Galois 群 G 是 ℓ 阶循环群, ℓ 是素数, σ 是 G 的生成元, $t = i_G(\sigma) - 1$ (i_G 见 10.6.1 节). 则分歧群是
$$G = G_0 = \cdots = G_t, \{1\} = G_{t+1} = \ldots,$$
而且 $t \neq 0$ 当且仅当 $\ell = p$ (推论 10.41), 这时 Herbrand 函数
$$\psi_{L/K}(x) = \begin{cases} x, & x \leqslant t, \\ t + \ell(x - t), & x \geqslant t. \end{cases}$$

命题 10.53 (1) 对整数 $n \geqslant 0$, $\mathrm{Tr}(\mathfrak{p}_L^n) = \mathfrak{p}_K^r$, 其中 $r = [((t+1)(\ell-1)+n)/\ell]$.
(2) 若 $x \in \mathfrak{p}_L^n$, 则 $N(1+x) \equiv 1 + \mathrm{Tr}(x) + N(x) \mod \mathrm{Tr}(\mathfrak{p}_L^{2n})$.

证明 (1) Tr 是 $\mathcal{O}_K$ 线性, $\mathrm{Tr}(\mathfrak{p}_L^n)$ 是 $\mathcal{O}_K$ 的理想. 按命题 1.20, 对任何整数 r, $\mathrm{Tr}(\mathfrak{p}_L^n) \subseteq \mathfrak{p}_K^r$ 当且仅当 $\mathfrak{p}_L^n \subset \mathfrak{p}_K^r \mathcal{D}^{-1} = \mathfrak{p}_L^{\ell r - m}$, 即 $r \leqslant ((t+1)(\ell-1) + n)/\ell$.

(2) $N(1+x) = \prod_{\sigma \in G}(1+\sigma x) = \sum \mu(x)$, 其中 $\sum$ 是对所有 $\mu = \sigma_1 + \cdots + \sigma_k \in \mathbb{Z}[G]$ 求和, σ_i 各不相同, 以 $n(\mu)$ 记 k.

设 σ 记 G 的生成元. 如果 $\mu = \mu\sigma$, 则 $\mu = uN$, u 是整数, 这样 $n(\mu) = 0, \ell$. 若 $2 \leqslant n(u) \leqslant \ell - 1$, 则 $\mu \neq \mu\sigma$, 而 $\sum_{0 \leqslant i \leqslant \ell-1} \sigma^i \mu x = \mathrm{Tr}(\mu x)$. 因为 $n(\mu) \geqslant 2$, $\mu(x) \in \mathfrak{p}_L^{2n}$, 于是 $\mathrm{Tr}(\mu(x)) \in \mathrm{Tr}(\mathfrak{p}_L^{2n})$. 余下 $n(\mu) = 0, 1, \ell$ 对应的项是 $1, \mathrm{Tr}(x), N(x)$. □

命题 10.54 $N(U_L^{(\psi(n))}) \subset U_K^{(n)}$, $N(U_L^{(\psi(n)+1)}) \subset U_K^{(n+1)}$.

命题 10.55 假设 L/K 是完全分歧扩张, $\kappa_L = \kappa_K$, κ_K 是特征 p, Galois 群 G 是 ℓ 阶循环群, ℓ 是素数, θ_i 见命题 10.40. 根据命题 10.54, 则

$$\begin{array}{ccc} U_L/U_L^{(1)} \xrightarrow{N} U_K/U_K^{(1)} & & U_L^{(\psi(n))}/U_L^{(\psi(n)+1)} \xrightarrow{N} U_K^{(n)}/U_K^{(n+1)} \\ \downarrow \quad \quad \quad \downarrow & & \downarrow \quad \quad \quad \quad \downarrow \\ \kappa_L^\times \xrightarrow{N_0} \kappa_K^\times & & \kappa_L \xrightarrow{N_n} \kappa_K \end{array}$$

(1) $N_0(\xi) = \xi^\ell$,
$$\mathrm{Ker}\, N_0 = \begin{cases} 0, & \text{若 } t \neq 0, \\ \mathrm{Img}\, \theta_0 \cong \mathbb{Z}/\ell\mathbb{Z}, & \text{若 } t = 0. \end{cases}$$

(2) 对 $1 \leqslant n < t$, 有 $\alpha_n \in \kappa_K^\times$ 使得 $N_n(\xi) = \alpha_n \xi^p$ 是单射.

(3) 若 $n = t \geqslant 1$, 则有 $\alpha, \beta \in \kappa_K^\times$ 使得 $N_t \xi = \alpha \xi^p + \beta \xi$, 并且 $\mathrm{Ker}\, N_t = \mathrm{Img}\, \theta_t \cong \mathbb{Z}/\ell\mathbb{Z}, \ell = p$, 即有正合序列

$$0 \to G \xrightarrow{\theta_t} U_L^{(t)}/U_L^{(t+1)} \xrightarrow{N_t} U_K^{(t)}/U_K^{(t+1)}.$$

(4) 对 $n > t$, 有 $\beta_n \in \kappa_K^\times$ 使得 $N_n(\xi) = \beta_n \xi$ 是双射.

证明 同时证明上述两个命题.

(1) $n = 0$.

计算 $\mathrm{Ker}\, N_0$. 当 $t = 0$, 则 $\ell \neq p$, $|\mathrm{Ker}\, N_0| \leqslant \ell$. 但 $\theta_0(G) = \{[\sigma\pi/\pi] \in \kappa_K^\times\}$ 和 $N(\sigma\pi/\pi) = 1$. 因此 $\theta_0(G) \subseteq \mathrm{Ker}\, N_0$. 于是 $\theta_0(G) = \mathrm{Ker}\, N_0$. 其余是显然的.

(2) $1 \leqslant n < t$.

$t \geqslant 1 \Rightarrow \ell = p, \psi(n) = n$. 取 $x \in \mathfrak{p}_L^n$, 则 $v_L = v_K \circ N \Rightarrow Nx \in \mathfrak{p}_K^n$, 命题 10.53 $\Rightarrow \mathrm{Tr}(x) \in \mathfrak{p}_K^r$, $r = [((t+1)(\ell-1)+n)/\ell] = [n+2-(2/\ell)] \geqslant n+1$. 同样得 $\mathrm{Tr}(\mathfrak{p}_L^{2n}) \in \mathfrak{p}_K^{n+1}$. 命题 10.53 $\Rightarrow N(1+x) \equiv 1 + N(x) \bmod \mathfrak{p}_K^{n+1}$. 由 $Nx \in \mathfrak{p}_K^n$ 得 $N(U_L^{(n)}) \subseteq U_K^{(n)}$, $N(U_L^{(n+1)}) \subseteq U_K^{(n+1)}$.

此外, 取 $x = u\pi^n$, 则 $Nx \equiv u^p N(\pi)^n \bmod \mathfrak{p}_K^{n+1}$. 设 $N(\pi)^n = a_n \pi'^n$, 则 $N(1 + u\pi^n) \equiv 1 + a_n u^p \pi'^n \bmod \mathfrak{p}_K^{n+1}$. 设 $\alpha_n = [a_n] \in \kappa_K^\times$, 则 $N_n(\xi) = \alpha_n \xi^p$.

(3) $n = t \geqslant 1$.

此时 $\ell = p$, $\psi(t) = t$. 取 $x \in \mathfrak{p}_L^t$, $N(1+x) \equiv 1 + \mathrm{Tr}(x) + N(x)\mathfrak{p}_K^{t+1}$, $\mathrm{Tr}(x) \in \mathfrak{p}_K^t$. 于是 $N(U_L^{(t)}) \subseteq U_K^{(t)}$, $N(U_L^{(t+1)}) \subseteq U_K^{(t+1)}$.

设 $\mathrm{Tr}(\pi^t) = b\pi'^t$, $N(\pi)^t = a\pi'^t$, 取 $u \in \mathcal{O}_K$, 则 $N(1+u\pi^t) \equiv 1 + (bu + au^p)\pi'^t \bmod \mathfrak{p}_K^{t+1}$, 即 $N_t \xi = \alpha \xi^p + \beta \xi$.

(4) $n > t$.

此时 $\psi(n) = t + \ell(n - t)$. 取 $x \in \mathfrak{p}_L^{\psi(n)}$, 则 $\mathrm{Tr}(x) \in \mathfrak{p}_K^n$, 且 $N(1 + x) \equiv 1 + \mathrm{Tr}(x) \bmod \mathfrak{p}_K^{n+1}$, 因为 $N(x) \in \mathfrak{p}_K^{\psi(n)} \subseteq \mathfrak{p}_K^{n+1}$.

$N_n(\xi) = \beta_n \xi$, 但 $\beta_n = 0 \Rightarrow \mathrm{Tr}(\mathfrak{p}_L^{\psi(n)}) \subset \mathfrak{p}_K^{n+1}$, 此与命题 10.53 相矛盾, 于是 $\beta_n \neq 0$. 其余如前段. □

命题 10.56 假设如命题 10.55, 则

(1) 对 $n > t$, N_n 是双射; $n < t$, N_n 是单射. 若 κ_K 是完全域, $n < t$, 则 N_n 是双射. 若 κ_K 是代数封闭域, 则对所有 n, N_n 是满射.
(2) 若 κ_K 是完全域, $n \leqslant t$, 则 $N : U_L/U_L^{(n)} \to U_K/U_K^{(n)}$ 是同构.
(3) 若 κ_K 是完全域, 则以下同态为同构

$$\mathrm{Cok}(N_t) \leftarrow U_K^{(t)}/NU_L^{(t)} \to U_K/NU_L \to K^\times/NL^\times.$$

证明 (1) 在命题 10.55 中已证.

(2) 用 (1), 使用蛇引理, 用归纳法证明.

(3) 用蛇引理于

$$\begin{array}{ccccccccc}
0 & \longrightarrow & U_L^{(t+1)} & \longrightarrow & U_L^{(t)} & \longrightarrow & U_L^{(t)}/U_L^{(t+1)} & \longrightarrow & 0 \\
& & \downarrow & & \downarrow & & \downarrow & & \\
0 & \longrightarrow & U_K^{(t+1)} & \longrightarrow & U_K^{(t)} & \longrightarrow & U_K^{(t)}/U_K^{(t+1)} & \longrightarrow & 0
\end{array}$$

因为 $N(U_L^{(t+1)}) = U_K^{(t+1)}$, 所以 $\mathrm{Cok}(N_t) \leftarrow U_K^{(t)}/NU_L^{(t)}$ 为同构.

用 (2) 及蛇引理于

$$\begin{array}{ccccccccc}
0 & \longrightarrow & U_L^{(t)} & \longrightarrow & U_L & \longrightarrow & U_L/U_L^{(t)} & \longrightarrow & 0 \\
& & \downarrow & & \downarrow & & \downarrow & & \\
0 & \longrightarrow & U_K^{(t)} & \longrightarrow & U_K & \longrightarrow & U_K/U_K^{(t)} & \longrightarrow & 0
\end{array}$$

得同构 $U_K^{(t)}/NU_L^{(t)} \to U_K/NU_L$.

同构 $U_K/NU_L \to K^\times/NL^\times$ 得自用蛇引理于

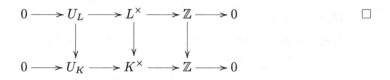

10.7.3 全分歧扩张

取域 k, $P \in k[X]$. 若 $P(XY) = P(X)P(Y)$, $P(1) = 1$, 则 P 叫作积性多项式, 这种多项式必是 $P = X^{d(P)}$. 如果 k 是特征 p, $d(P) = d_s(P)p^r$, $p \nmid d_s(P)$, 积性多项式所定义同态 $P: k^\times \to k^\times$ 的核的阶必整除 $d_s(P)$.

若 $P(X+Y) = P(X) + P(Y)$, 则 P 叫作加性多项式. 如果 k 是特征 0, 这种多项式必是 $P = aX$. 如果 k 是特征 p, 则 $P = X^m(a_0 + a_1 X^p + \cdots + a_n X^{p^n})$, $a_0, a_n \neq 0$. 对加性多项式 P 取 $d(P) = p^{n+m}$, $d_s(P) = p^n$, 加性多项式所定义同态 $P: k \to k$ 的核的阶必整除 $d_s(P)$.

以下两个命题是前小节关于素阶全分歧扩张的延续, 记号亦相同.

命题 10.57 设 L/K 是全分歧 Galois 扩张. $N(U_L^{(\psi(n))}) \subset U_K^{(n)}$, $N(U_L^{(\psi(n)+1)}) \subset U_K^{(n+1)}$.

证明 对 $|G|$ 用归纳法. $|G| = 1$, 命题成立. 设 $G \neq 1$, G 是可解群. G 有子群 H 使得 $|G/H| = \ell$ 为素数. 取 H 的固定域 K'. 设 $n' = \psi_{K'/K}(n)$, $n'' = \psi_{L/K'}(n')$. 用归纳法得 $N_{L/K'}(U_L^{(n'')}) \subset U_{K'}^{(n')}$, $N_{K'/K}(U_{K'}^{(n')}) \subset U_K^{(n)}$. 可用 $N_{L/K} = N_{K'/K} \circ N_{L/K'}$, $\psi_{L/K} = \psi_{L/K'} \circ \psi_{K'/K}$ 得所求. □

分别以 f'_+, f'_- 记函数 f 的右、左导数.

命题 10.58 设 L/K 是完全分歧 Galois 扩张. 则
(1) N_0 是可用积性多项式 P_0 计算.
(2) $n > 0$, N_n 是可用加性多项式 P_n 计算.
(3) $d(P_n) = |G_{\psi(n)}|$, $d_s(P_n) = [G_{\psi(n)} : G_{\psi(n)+1}] = \psi'_+(n)/\psi'_-(n)$.
(4) 有正合序列

$$0 \to G_{\psi(n)}/G_{\psi(n)+1} \xrightarrow{\theta} U_L^{(\psi(n))}/U_L^{(\psi(n)+1)} \xrightarrow{N_n} U_K^{(n)}/U_K^{(n+1)}.$$

证明 对 $|G|$ 用归纳法. $|G| = 1$, 命题成立. 设 $G \neq 1$, 其余记号见前命题的证明. 则 $N_n : U_L^{(n'')}/U_L^{(n''+1)} \xrightarrow{N''} U_{K'}^{(n')}/U_{K'}^{(n'+1)} \xrightarrow{N'} U_K^{(n)}/U_K^{(n+1)}$. 按归纳假设 N', N'' 是由积性或加性多项式 P', P'' 计算, 于是同类型多项式 $P_n = P' \circ P''$ 计算 N_n. 用

$\psi_{L/K} = \psi_{L/K'} \circ \psi_{K'/K}$ 和微分的链导法由

$$d_s(P') = \frac{\psi'_{K'/K\,+}(n)}{\psi'_{K'/K\,-}(n)}, \quad d_s(P'') = \frac{\psi'_{L/K'\,+}(n)}{\psi'_{L/K'\,-}(n)}$$

得所求 $d(P_n)$ 的公式.

因为 $N(\sigma\pi/\pi) = 1$, 所以 $\mathrm{Img}(\theta) \subset \mathrm{Ker}\, N_n$. 已知 $|\mathrm{Img}(\theta)| = d_s(P_n)$, $|\mathrm{Ker}\, N_n|$ $|d_s(P_n)$, 所以 $\mathrm{Img}(\theta) = \mathrm{Ker}\, N_n$. □

10.8 最大交换扩张

本节补充一些与分歧性有关的域扩张和单位群的计算. 例如我们解释: 分别以 $K^{\mathrm{nr}}, K^{\mathrm{ab}}$ 记局部域 K 的最大无分歧扩张和最大交换扩张, 则 $\mathrm{Gal}(K^{\mathrm{nr}}/K) \cong \prod_p \mathbb{Z}_p$, $\mathrm{Gal}(K^{\mathrm{ab}}/K^{\mathrm{nr}}) \cong U_K$, 于是有正合序列

$$1 \to U_K \to \mathrm{Gal}(K^{\mathrm{ab}}/K) \to \prod_p \mathbb{Z}_p \to 1.$$

由此可见单位群和域的交换分歧扩张有密切关系.

10.8.1 无分歧扩张

1. F 是完备赋值域, 选定 F 的代数闭包 F^{alg}.

命题 10.59 E/F 是有限扩张, E 是完备赋值域, $E \supset K \supset F$, K, F 的赋值由 E 得来. 则 $e(E|F) = e(E|K)e(K|F)$, $f(E|F) = f(E|K)f(K|F)$. 因此, 如果 E/K, K/F 是无分歧扩张, 则 E/F 是无分歧扩张.

命题 10.60 F 是完备赋值域, 以 F^{alg} 记 F 的代数闭包. 设 E/F, F'/F 为 F^{alg} 内的扩张, 在 F^{alg} 内取合成域 $E' = EF'$. 若 E/F 是无分歧扩张, 则 E'/F' 是无分歧扩张.

证明 设 $[E:F] < \infty$. 取可分扩张 κ_E/κ_F 的本原元素 $\bar{\alpha}$, $\kappa_E = \kappa_F(\bar{\alpha})$. 取 $\alpha \in \mathcal{O}_E$ 投射至剩余域中的 $\bar{\alpha}$, 取 α 的最小多项式 $f(X) \in \mathcal{O}_F[X]$. 设 $\bar{f}(X) = f(X) \bmod \mathfrak{p}_F \in \kappa_F[X]$. 因为

$$[\kappa_E : \kappa_F] \leqslant \deg(\bar{f}) = \deg(f) = [F(\alpha):F] \leqslant [E:F] = [\kappa_E:\kappa_F],$$

所以 $E = F(\alpha)$ 和 $\bar{f}(X)$ 是 $\bar{\alpha}$ 在 κ_F 上的最小多项式.

这样 $E' = F'(\alpha)$, 取 α 在 F' 上的最小多项式 $g(X) \in \mathcal{O}_{F'}[X]$. 设 $\bar{g}(X) = g(X) \bmod \mathfrak{p}_{F'} \in \kappa_{F'}[X]$. 因为 $\bar{g}(X) | \bar{f}(X)$, $\bar{g}(X)$ 是可分多项式, 在 $\kappa_{F'}$ 上 $\bar{g}(X)$ 不可约, 否则从 Hensel 引理得 $g(X)$ 可约, 于是得

$$[\kappa_{E'} : \kappa_{F'}] \leqslant [E':F'] = \deg(g) = \deg(\bar{g}) = [\kappa_{F'}(\bar{\alpha}):\kappa_{F'}] \leqslant [\kappa_{E'}:\kappa_{F'}].$$

因此 $[E':F']=[\kappa_{E'}:\kappa_{F'}]$, 即 E'/F' 是无分歧扩张. □

由上述两个命题得

命题 10.61 F 是完备赋值域. 若 $E'/F, E''/F$ 是无分歧扩张, 则 $E'E''/F$ 是无分歧扩张.

命题 10.62 F 是完备赋值域, λ/κ_F 是有限扩张. 则存在扩张 E/F 满足条件: $e(E|F)=1, f(E|F)=[\lambda:\kappa_F]$.

证明 设 $\bar{f}(X)\in\kappa_F[X]$ 是 n 次不可约首一. $f(X)\in\mathcal{O}_F[X]$ 使得 $\bar{f}(X)=f(X)\bmod\mathfrak{p}_F$, 则 $f(X)$ 是 n 次不可约. 在 F 的代数闭包 F^{alg} 取 $f(X)$ 的根 α. 设 $E=F(\alpha)$. 则 $\kappa_E\supset\kappa_F(\bar{\alpha})$, 因此 $f(E|F)=[\kappa_E:\kappa_F]\geqslant[\kappa_E:\kappa_F(\bar{\alpha})]=n$, 但 $e(E|F)f(E|F)\leqslant n=[E:F]$, 所以 $e=1, f=n$.

κ_F 的有限扩张可以表达为 $(\ldots(F(\alpha_1))(\alpha_2)\ldots)$. □

命题 10.63 F 是完备赋值域.
(1) λ/κ_F 是有限可分扩张, 则存在唯一扩张 E_0/F 满足条件: $[E_0:F]=[\lambda:\kappa_F]$, $\kappa_{E_0}=\lambda$.
(2) 若有扩张 E/F, $\kappa_E\supset\kappa_{E_0}$, 则 $E\supset E_0$.
(3) F 的代数闭包 F^{alg} 内无分歧扩张 E/F 与 κ_F 的可分扩张成一一对应.

证明 设 $\lambda=\kappa_F(\bar{\alpha}_1)$, $\bar{\alpha}$ 的最小多项式 $\bar{f}(X)\in\kappa_F[X]$ 是可分. 取 $f(X)\in\mathcal{O}_F[X]$ 使得 $\bar{f}(X)=f(X)\bmod\mathfrak{p}_F\in\kappa_F[X]$. 设 $f(X)=(X-\alpha_1)\ldots(X-\alpha_n)$, $\alpha_j\in\mathcal{O}_{F^{\mathrm{alg}}}$ 使得 $\bar{f}(X)=(X-\bar{\alpha}_1)\ldots(X-\bar{\alpha}_n)$. 若 $i\neq j$, 则 $\bar{\alpha}_i\neq\bar{\alpha}_j$, 即得 $v(\alpha_i-\alpha_j)=0$. 另外取 $\beta\in\mathcal{O}_{F^{\mathrm{alg}}}$ 使得 $\bar{f}(\bar{\beta})=0$, 比如取 $\bar{\beta}=\bar{\alpha}_1$, 则 $v(\beta-\alpha_1)>0$. 此时应用 Krasner 引理得 $F(\alpha_1)\subset F(\beta)$.

取 F^{alg} 内扩张 E/F 使得 $\kappa_E\supset\kappa_F(\bar{\alpha}_1)$, 则有 $\beta\in E$ 使得 $\bar{\beta}=\bar{\alpha}_1$, 于是 $F(\alpha_1)\subset F(\beta)\subset E$. 若假设 $[E:F]=[\kappa_E:\kappa_F]$ 和 $\kappa_E=\kappa_F(\bar{\alpha}_1)$, 则 $F(\alpha_1)\subset E$, 但是 $[E:F]=[\kappa_F(\bar{\alpha}_1):\kappa_F]=[F(\alpha_1):F]$, 于是 $E=F(\alpha_1)$. □

命题 10.64 (1) 设 $f(X)\in\mathcal{O}_F$ 有分解 $f(X)=(X-\alpha_1)\ldots,(X-\alpha_n)$, $\alpha_j\in\mathcal{O}_{F^{\mathrm{alg}}}$ 使得 $\bar{\alpha}_j$ 各不相同. 则 $E=F(\alpha_j)$ 为 F 上无分歧扩张.
(2) 设 E/F 是无分歧扩张, K 是完备域, $K\supset F$. 则 EK/K 是无分歧扩张.

证明 (1) 可以假设 f 是不可约, 则 $\bar{f}$ 不可约, 否则根据 Hensel 引理, 有不可约 $\bar{g}(X)$ 使得 $\bar{f}(X)=(\bar{g}(X))^m$, 这不合假设 $\bar{\alpha}_j$ 各不相同, 所以 $[E:F]=[\kappa_F(\bar{\alpha}):\kappa_F]$, 但是 $\kappa_F(\bar{\alpha})\subset\kappa_E$, 因为 $ef\leqslant n$, $\kappa_E=\kappa_F(\bar{\alpha})$, 于是知 E/F 无分歧.

(2) 可以设 $E=F(\alpha)$, α 满足不可约 $f(X)=0$, $f(X)\bmod\mathfrak{p}_F$ 是可分, $EK=K(\alpha)$, 这样 $K(\alpha)/K$ 有同样性质, 故根据 (1), 是无分歧. □

2. 以下考虑局部域的扩张.

10.8 最大交换扩张

设 (F,ν) 是局部数域, $\nu(F^\times)=\mathbb{Z}$. 选定 F 的代数闭包 F^{alg}, 赋值 ν 可唯一扩展为 F^{alg} 的赋值 μ. 取 F^{alg} 对于 μ 的完备化 $\Omega = \widehat{F^{\mathrm{alg}}}$, μ 扩充至 Ω 为 $\hat{\mu}$.

设 E/F 是代数扩张, $\nu_F = \mu|_F$. 如果 $\nu_F(F^\times) = \mathbb{Z}$, 则称 E/F 为无分歧扩张.

设 $|\kappa_F| = q = p^r$. 有限域是完全域, 对每整数 $n \geqslant 1$, κ_F 有唯一的 n 次扩张 κ_n, κ_n 是 $X^{q^n} - X = 0$ 的根, $\cup_n \kappa_n$ 是 κ_F 的代数闭包 κ_F^{alg}. 设 $|\kappa_F| = q$. 用循环群 $\mathrm{Gal}(\kappa_n/\kappa_F)$ 的生成元 $\bar\varphi_n(\bar a) = \bar a^q$ 来表达同构

$$\mathbb{Z}/n\mathbb{Z} \xrightarrow{\approx} \mathrm{Gal}(\kappa_n/\kappa_F): a \mod n \mapsto \bar\varphi_n^a.$$

如果 $n|m$, 则 $\bar\varphi_m|\kappa_n = \bar\varphi_n$, 于是

$$\mathrm{Gal}(\kappa_F^{\mathrm{alg}}/\kappa_F) \xrightarrow{\approx} \varprojlim_n \mathrm{Gal}(\kappa_n/\kappa_F) \xrightarrow{\approx} \varprojlim_n \mathbb{Z}/n\mathbb{Z}.$$

记 $\widehat{\mathbb{Z}} = \varprojlim_n \mathbb{Z}/n\mathbb{Z}$. 自然投射 $\mathbb{Z} \to \mathbb{Z}/n\mathbb{Z}$ 决定单射 $\mathbb{Z} \to \widehat{\mathbb{Z}}$, 使得 $\mathbb{Z}$ 为 $\widehat{\mathbb{Z}}$ 的稠密子群, 于是 1 是 $\widehat{\mathbb{Z}}$ 的拓扑生成元, 即 1 生成子群 $\mathbb{Z}$ 的拓扑闭包是 $\widehat{\mathbb{Z}}$. 留意: 按中国剩余定理, $\mathbb{Z}/(p_1^{n_1} \ldots p_h^{n_h})\mathbb{Z} \cong \prod_{I=1}^h \mathbb{Z}/p_i^{n_i}\mathbb{Z}$. 于是 $\widehat{\mathbb{Z}} = \prod_p \mathbb{Z}_p$, $\mathbb{Z}_p = \varprojlim_n \mathbb{Z}/p^n\mathbb{Z}$ 是 p 进整数环.

按前面的讨论, 存在 (不计 F-同构) 唯一的 n 次循环无分歧扩张 F_n/F, 剩余域 $\kappa_{F_n} = \kappa_n$, F_n 是 $X^{q^n} - X = 0$ 在 F 上的分裂域. 如果 $\sigma \in \mathrm{Gal}(F_n/F)$, 则 $\sigma(\mathcal{O}_{F_n}) = \mathcal{O}_{F_n}$, $\sigma(\mathfrak{p}_{F_n}) = \mathfrak{p}_{F_n}$, 于是由 σ 得 $\bar\sigma \in \mathrm{Gal}(\kappa_n/\kappa_F)$, 这样的映射 $\sigma \mapsto \bar\sigma$ 给出同构

$$\mathrm{Gal}(F_n/F) \xrightarrow{\approx} \mathrm{Gal}(\kappa_n/\kappa_F).$$

以 $\varphi_n(a) \equiv a^q \mod \mathfrak{p}_{F_n}, a \in \mathcal{O}_{F_n}$ 定义 $\varphi_n \in \mathrm{Gal}(F_n/F)$, 则在以上同构下 $\varphi_n \mapsto \bar\varphi_n$.

如果 $n|m$, 则 $X^{q^n} - X | X^{q^m} - X$, 因此 $F_n \subseteq F_m$. 限制映射 $\sigma \mapsto \sigma|_{F_n}$ 定义出同态 $\mathrm{Gal}(F_m/F) \to \mathrm{Gal}(F_n/F)$. 于是

$$\begin{array}{ccc}
\mathrm{Gal}(F_m/F) & \longrightarrow & \mathrm{Gal}(\kappa_m/\kappa_F) \\
\downarrow & & \downarrow \\
\mathrm{Gal}(F_n/F) & \longrightarrow & \mathrm{Gal}(\kappa_n/\kappa_F)
\end{array}$$

设 $F^{\mathrm{nr}} = \bigcup_{n \geqslant 0} F_n$. 以上交换图两边取射影极限便得

$$\mathrm{Gal}(F^{\mathrm{nr}}/F) \xrightarrow{\approx} \varprojlim_n \mathrm{Gal}(F_n/F) \xrightarrow{\approx} \varprojlim_n \mathrm{Gal}(\kappa_n/\kappa_F) \xrightarrow{\approx} \mathrm{Gal}(\kappa_F^{\mathrm{alg}}/\kappa_F) \xrightarrow{\approx} \widehat{\mathbb{Z}}.$$

这样 $\mathrm{Gal}(F^{\mathrm{nr}}/F)$ 有拓扑生成元 φ 对应于 $\widehat{\mathbb{Z}}$ 的拓扑生成元 1, 即 φ 所生成的 (代数) 子群 $\langle\varphi\rangle$ 的拓扑闭包是 $\mathrm{Gal}(F^{\mathrm{nr}}/F)$. 称 φ 为 F 的 Frobenius 自同构. 显然, 对 $a \in \mathcal{O}_{F^{\mathrm{nr}}}$,

$$\varphi(a) \equiv a^q \mod \mathfrak{p}_{F^{\mathrm{nr}}}.$$

以 $\boldsymbol{\mu}_m$ 记 m 次单位根所组成的交换群. 设 $\boldsymbol{\mu}^{(p)} = \cup_{p\nmid m}\boldsymbol{\mu}_m$. F 添加 $X^{q^n} - X = 0$ 的全部根是 F_n, 也即添加所有 $q^n - 1$ 次单位根. 取所有 $n \geqslant 1$ 时, 这些单位根全体恰好是 F^{alg} 中阶与 p 互素的全部单位根 $\boldsymbol{\mu}^{(p)}$. 这样

$$F^{\mathrm{nr}} = F(\boldsymbol{\mu}^{(p)}).$$

同时, 自然同态 $\mathcal{O}_{F^{\mathrm{nr}}} \to \mathcal{O}_{F^{\mathrm{nr}}}/\mathfrak{p}_{F^{\mathrm{nr}}} = \kappa_F^{\mathrm{alg}}$ 诱导出乘法群的同构 (Teichmüller 代表), $\boldsymbol{\mu}^{(p)} \xrightarrow{\approx} (\kappa_F^{\mathrm{alg}})^\times$, 从而 φ 是 $\boldsymbol{\mu}^{(p)}$ 的自同构. 取 $\eta \in \boldsymbol{\mu}^{(p)}$, 已知 $\varphi(\eta) \equiv \eta^q \bmod \mathfrak{p}_{F^{\mathrm{nr}}}$, 所以 $\varphi(\eta) = \eta^q$.

10.8.2 全分歧扩张

1. 取全分歧扩张 L/K, 假设剩余域 $\kappa_L = \kappa_K$ 是完全域.

有限扩张 κ'_K/κ_K 对应于无分歧扩张 K'/K. 记 L, K' 的合成域为 L', 则 $e(L'|K) \geqslant e(L|K) = [L:K]$, $f(L'|L) \geqslant f(K'|K) = [K':K]$, 于是 $[L':K] \geqslant [L:K][K':K]$, 所以 L/K 和 K'/K 线性无交, 即 $L' \cong K' \otimes_K L$, 并且是无分歧扩张 L'/L 的剩余域扩张是 κ'_K/κ_K.

引理 10.65 设 $(I, \leqslant)$ 是有向集, 若 $i \leqslant j$, 域 $L = \cup_{i \in I} L_i$ 的子域 $L_i \subseteq L_j$. 取 n 次扩张 M/L, 则

(1) $\exists i \in I$, n 次扩张 M_i/L_i, 使得 M_i 和 L 在 L_i 上线性无交, $M = LM_i$.
(2) 若 M_i, M_j 均有以上性质, 则 $\exists k \in I$ 使得 $k \geqslant i, j$, $L_k M_i = L_k M_j$.
(3) 如果 M/L 是可分 (或 Galois), 则可选 M_i/L_i 是可分 (或 Galois).

注 L 的有限扩张是 L_i 的有限扩张的正极限.

证明 取 M/L 的基 $\{m_1, \ldots, m_n\}$. 设 $m_\alpha m_\beta = \sum c_{\alpha\beta}^\gamma m_\gamma$, $c_{\alpha\beta}^\gamma \in L$. 选 i 使得 $\{c_{\alpha\beta}^\gamma\} \subset L_i$, 这样 L_i-代数 $M_i = \sum L_i m_\alpha$ 便有性质 $M_i \otimes_{L_i} L = M$, 所以 M_i 是满足所求条件的域.

若 M/L 是可分, 则 $\{m_\alpha\}$ 在 $L^{p^{-1}}$ 上线性无交, 于是亦在 $L_i^{p^{-1}}$ 上线性无交, 因此 M_i/L_i 是可分.

若 M/L 是 Galois, $\sigma \in \mathrm{Gal}(M/L)$ 有 $\sigma(M_i)L = M$, 于是 $\exists j \in I$ 使得 $\sigma(M_i)L_j = M_i L_j$. 取 M_j 为 $M_i L_j$, 则 M_j/L_j 是 Galois 扩张. $\square$

命题 10.66 设 K 是完备离散赋值域, κ_K 是完全域, K^{nr} 是 K 的最大无分歧扩张, E/K^{nr} 是 n 次扩张. 则

(1) 存在有限 K'/K, $K' \subseteq K^{\mathrm{nr}}$, n 次扩张 E'/K', E' 与 K^{nr} 在 K' 上线性无交,

10.8 最大交换扩张

$K^{\mathrm{nr}} \cap E' = K'$, $E = K^{\mathrm{nr}} E'$.

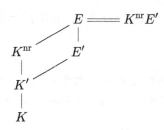

(2) E'/K' 是全分歧扩张, $E = E'^{\mathrm{nr}}$.

(3) 如果 E/K^{nr} 是可分 (或 Galois) 则可选 E'/K' 是可分 (或 Galois).

证明 $\kappa_{K^{\mathrm{nr}}}$ 是 κ_K 的代数闭包. 设 $\{K_i\}$ 是 $\kappa_{K^{\mathrm{nr}}}$ 的有限子扩张, $\{K_i\}$ 是对应的 K^{nr} 的子扩张. 对 $K^{\mathrm{nr}} = \cup_i K_i$ 应用前面引理.

如果 $\kappa_{E'} \neq \kappa_{K'}$, 则 E' 包含无分歧扩张 K''/K', $K'' \neq K'$, 这样 E' 与 K^{nr} 不是在 K' 上线性无交, 于是 $E = E'^{\mathrm{nr}}$. □

2.

引理 10.67 设完备离散赋值域 K 的剩余域是完全域, L/K 是素阶全分歧扩张. 则 $N(L^{\mathrm{nr}\times}) = K^{\mathrm{nr}\times}$.

证明 (1) 取 $x \in K^{\mathrm{nr}\times}$, 可选剩余域扩张 κ_1/κ_K 使得 x 属于对应的 K_1/K. 取 $L_1 = K_1 \otimes_K L$, 只要证明: $x \in NL_1$, 这把问题化为下一步.

(2) 假设 L/K 是 ℓ 阶循环完全分歧扩张, ℓ 是素数, $\kappa_L = \kappa_K$, κ_K 是特征 p 的完全域, K'/K 是有限无分歧扩张, $L' = K' \otimes_K L$.

让我们回到命题 10.55 的情形, 由 L/K 所决定的 κ_K 的自同态 N_n 和由 L'/K' 所决定的 $\kappa_{K'}$ 的自同态 N'_n 都是用相同系数的多项式来计算的.

取 $x \in K^\times$, 可记 $x \in U_K^{(t)}$. 则 x 是范数当且仅当 $xU_K^{(t+1)} = N_t(\eta)$, $\eta \in U_L^{(t)}/U_L^{(t+1)}$. 多项式 N_t 的次数是 ℓ, 存在 κ'/κ_K 使得 $[\kappa' : \kappa_K] \leq \ell$, $\eta \in \kappa'$. 这样 x 在 $\mathrm{Cok}(N'_t)$ 等于 0, 于是有 $y \in L'$ 使得 $x = N_{L'/K'}(y)$ (命题 10.56). □

命题 10.68 完备离散赋值域 K 的剩余域是完全域, K^{nr} 是 K 的最大无分歧扩张, $K^{\mathrm{nr}} \subset F \subset E$, $[E:K] < \infty$, E/F 是可分扩张. 则 $N(E^\times) = F^\times$. 分别以 $\hat{E}, \hat{F}$ 记 E, F 的完备化, 则 $N(U_{\hat{E}}) = U_{\hat{F}}$.

证明 只要适当扩大 E 后便可假设 E/F 是 Galois 扩张. 用命题 10.66 可在 K^{nr} 内取有限扩张 K'/K, 在 K' 上与 $K^{\mathrm{nr}} = K'^{\mathrm{nr}}$ 线性无交的 Galois 扩张 E'/F' 使得 $F = F'^{\mathrm{nr}}$, $E = E'^{\mathrm{nr}}$. 因为 $\kappa_{F'} = \kappa_{E'} = \kappa_{K'}$, E'/F' 是全分歧扩张, 于是 $\mathrm{Gal}(E'/F')$ 是可解群, 这样它便有下降过滤, 每层的商群是素阶循环群, 然后用引理 10.67 导出所求.

范映射 N 连续, 与完备化交换, 于是 $N(\hat{E}^\times) = \hat{F}^\times$. 因为 $\hat{E}^\times = \langle \pi_E \rangle \times U_{\hat{E}}$,

$\hat{F}^\times = \langle \pi_F \rangle \times U_{\hat{F}}$, 所以下面两个等式是等价的:

$$N(\hat{E}^\times) = \hat{F}^\times, \quad N(U_{\hat{E}}) = U_{\hat{F}}. \qquad \square$$

3.

命题 10.69 K 是局部域, $\widehat{K^{\mathrm{nr}}}$ 是 K 的最大无分歧扩张 K^{nr} 的完备化, K^{nr} 的 Frobenius 自同构 φ 扩展至 $\widehat{K^{\mathrm{nr}}}$, 仍记为 φ. 以 $\varphi - 1$ 记同态 $x \mapsto \varphi(x)/x$. 则有正合序列

$$1 \to U_K \to U_{\widehat{K^{\mathrm{nr}}}} \xrightarrow{\varphi - 1} U_{\widehat{K^{\mathrm{nr}}}} \to 1.$$

证明 由于 $\kappa_{\widehat{K^{\mathrm{nr}}}} = \kappa_{K^{\mathrm{nr}}}$ 是代数封闭域, 因此有 $\kappa_{\widehat{K^{\mathrm{nr}}}} \to \kappa_{\widehat{K^{\mathrm{nr}}}} : \omega \mapsto \omega^q - \omega$, 同样在 $\kappa_{\widehat{K^{\mathrm{nr}}}}^\times$ 上有 $\omega \mapsto \omega^{q-1}$, 于是 $(\varphi - 1)\mathcal{O}_{\widehat{K^{\mathrm{nr}}}} + \mathfrak{p}_{\widehat{K^{\mathrm{nr}}}} = \mathcal{O}_{\widehat{K^{\mathrm{nr}}}}$, $U_{\widehat{K^{\mathrm{nr}}}}^{\varphi - 1}(1 + \mathfrak{p}_{\widehat{K^{\mathrm{nr}}}}) = U_{\widehat{K^{\mathrm{nr}}}}$.

由 $\kappa_{\widehat{K^{\mathrm{nr}}}} = \kappa_{K^{\mathrm{nr}}}$ 知, $R = \boldsymbol{\mu}^{(p)} \cup \{0\}$ 是 $\kappa_{\widehat{K^{\mathrm{nr}}}}$ 在 $\mathcal{O}_{\widehat{K^{\mathrm{nr}}}}$ 的完全代表系. 此外 $\widehat{K^{\mathrm{nr}}}$, K^{nr}, K 可用同一素元 $\pi \in K$. 把 $\xi \in U_{\widehat{K^{\mathrm{nr}}}}$ 唯一展开

$$\xi = \sum_{n=0}^\infty a_n \pi^n, \quad a_n \in R.$$

$\varphi(\pi) = \pi$, 对 $a \in R$ 有 $\varphi(a) = a^q$, 于是

$$\varphi(\xi) = \sum_{n=0}^\infty a_n^q \pi^n.$$

若假设 $\xi = \varphi(\xi)$, 展开唯一指出 $a_n = a_n^q$, 于是 $a_n \in K$, 但 K 是完备的, 因此 $\xi = \sum a_n \pi^n \in K$, 这样 $\xi \in K^\times \cap U_{K^{\mathrm{nr}}} = U_K$, 便得以下正合

$$1 \to U_K \to U_{\widehat{K^{\mathrm{nr}}}} \xrightarrow{\varphi - 1} U_{\widehat{K^{\mathrm{nr}}}}.$$

余下证明 $\varphi - 1$ 是满射. 取 $\xi \in U_{\widehat{K^{\mathrm{nr}}}}$, 求 $\{\eta_n\}$ 使得

$$\xi \equiv \eta_n^{\varphi - 1} \mod \mathfrak{p}^{n+1}, \quad \eta_n \equiv \eta_{n+1} \mod \mathfrak{p}^{n+1}, \quad n \geqslant 0,$$

显然有 η_0. 设已有 $\eta_0, \ldots, \eta_n$, $\xi \eta_n^{1-\varphi} = 1 + \alpha \pi^{n+1}$, 其中 $\alpha \in \mathcal{O}_{\widehat{K^{\mathrm{nr}}}}$. 现选 $\beta \in \mathcal{O}_{\widehat{K^{\mathrm{nr}}}}$ 使得 $\alpha \equiv (\varphi - 1)\beta \mod \mathfrak{p}$, 不难验证 $\eta_{n+1} = \eta_n(1 - \beta \pi^{n+1})$ 是我们所求的下一个 η. 由于 $\widehat{K^{\mathrm{nr}}}$ 是完备的, 令 $\eta = \lim \eta_n$, 显然 $\xi = \eta^{\varphi - 1}$. $\qquad \square$

设 L/K 是赋值域 Galois 扩张, 引入单位群 U_L 的子群

$$V_{L/K} := \left\{ \frac{\sigma(x)}{x} : x \in U_L, \sigma \in \mathrm{Gal}(L/K) \right\},$$

取 L 的素元 π_L, 则 $\sigma(\pi_L)/\pi_L \mod V_{L/K}$ 由 σ 决定. 定义

$$\iota : \mathrm{Gal}(L/K) \to U_L/V_{L/K} : \sigma \mapsto \frac{\sigma(\pi_L)}{\pi_L} V_{L/K}.$$

10.8 最大交换扩张

引理 10.70 设 K 是完备离散赋值域，κ_K 是代数封闭域，L/K 是 n 阶循环扩张. 则有正合序列
$$1 \to \mathrm{Gal}(L/K) \xrightarrow{\iota} U_L/V_{L/K} \xrightarrow{N} U_K.$$

证明 设 $\mathrm{Gal}(L/K) = \langle \rho \rangle$. 则
$$\xi \in U_L \Rightarrow \rho\xi \in U_L \Rightarrow \rho(\rho\xi)/\rho\xi \in V_{L/K} \Rightarrow \frac{\rho^2 \xi}{\xi} = \frac{\rho(\rho\xi)}{\rho\xi}\frac{\rho\xi}{\xi} \in V_{L/K}.$$

如此可见 $V_{L/K} = U_L^{\rho-1}$.

证明 $\mathrm{Ker}\,\iota = 1$. 设 $\iota\rho^m = 1$，即 $\rho^m(\pi_L)/\pi_L \in V_{L/K}$. 于是有 $\xi \in U_L$ 使得 $(\rho(\pi_L)/\pi_L)^m = \rho\xi/\xi$，因此 $x = \pi_L^m/\xi \in K$. κ_K 是代数封闭域, L/K 是全分歧, 赋值 $v_L|_K = nv|_K$，于是从 $v_L(\xi) = 0$ 得
$$m = v_L(\pi_L^m/\xi) = nv_K(x) \equiv 0 \mod n,$$
所以 $\rho^m = 1$.

证明 $\mathrm{Ker}\,N \subseteq \mathrm{Img}\,\iota$. 设 $\eta \in U_L$ 使得 $N\eta = 1$. 按 Hilbert 的定理 90，有 $\alpha \in L^\times$ 使得 $\eta = \alpha^{\rho-1}$. 令 $a = v_L(\alpha)$，则有 $\xi \in U_L$ 使 $\alpha = \pi_L^a \xi$，于是
$$\eta = (\rho\pi_L/\pi_L)^a (\rho\xi/\xi) \equiv (\rho\pi_L/\pi_L)^a \mod V_{L/K},$$
即 $\eta = \iota(\rho^a) \in \mathrm{Img}\,\iota$.

显然 $\mathrm{Ker}\,N \supseteq \mathrm{Img}\,\iota$. □

引理 10.71 设 K 是完备离散赋值域，κ_K 是代数封闭域，$L/K, M/K$ 是 Galois 扩张，$M \subseteq L$.

(1) 对 $\sigma \in \mathrm{Gal}(L/K)$，记 $\sigma|_M \in \mathrm{Gal}(M/K)$ 为 σ'. 设 $\alpha \in L^\times$. 则 $N_{L/M}(\alpha^{\sigma-1}) = N_{L/M}(\alpha)^{\sigma'-1}$.

(2) 有交换图
$$\begin{array}{ccccc}
\mathrm{Gal}(L/K) & \xrightarrow{\iota} & U_L/V_{L/K} & \xrightarrow{N} & U_K \\
\downarrow & & \downarrow & & \downarrow \\
\mathrm{Gal}(M/K) & \xrightarrow{\iota} & U_M/V_{M/K} & \xrightarrow{N} & U_K
\end{array}$$

证明 $\mathrm{Gal}(L/M)$ 是 $\mathrm{Gal}(L/K)$ 的正规子群. 把 $\mathrm{Gal}(L/M)$ 的元素写作 $\sigma\tau\sigma^{-1}$，则 $N_{L/M}(\sigma\alpha) = \prod \sigma\tau\sigma^{-1}(\sigma\alpha) = \sigma N_{L/M}(\alpha)$，于是
$$N_{L/M}(\alpha^{\sigma-1}) = \sigma'(N_{L/M}(\alpha))/N_{L/M}(\alpha) = N_{L/M}(\alpha)^{\sigma'-1}.$$

交换图用了 $N_{L/M}(\pi_L)$ 是 M 的素元. □

命题 10.72 设 K 是完备离散赋值域, κ_K 是代数封闭域, L/K 是有限交换扩张. 则有正合序列
$$1 \to \mathrm{Gal}(L/K) \xrightarrow{\iota} U_L/V_{L/K} \xrightarrow{N} U_K.$$

证明 注意: 假设 $\mathrm{Gal}(L/K)$ 是交换群. 先证明 ι 是单射.

在 G 取子群 H 使得 G/H 是循环群. 令 M 为对应于 H 的 L/K 之中间域, 然后用前面二引理.

证明 $\mathrm{Ker}\, N \subseteq \mathrm{Img}\, \iota$. 对 $n = [L:K]$ 做归纳证法. $n=1$ 时, 显然. 设 $n>1$, L/K 为可解. 存在域 M 使得 $K \subseteq M \subseteq L$, $K \neq M$, M/K 为循环扩张. 若 $\xi \in U_L$ 和 $N_{L/K}(\xi) = 1$, 令 $\xi' = N_{L/M}\xi$, 则 $\xi' \in U_M$, $N_{M/K}\xi' = 1$. 记 π_L 为 π'. 利用 $N_{L/M}(\pi')$ 是 M 的素元和引理 10.71 交换图的下行, 得 $\sigma' \in \mathrm{Gal}(M/K)$ 使 $\iota(\sigma') = \sigma'(N_{L/M}\pi')/N_{L/M}\pi' \equiv \xi' \mod V_{M/K}$. 由于 $\mathrm{Gal}(L/K) \to \mathrm{Gal}(M/K)$ 是满射, 可取 $\sigma \mapsto \sigma'$, 则
$$N_{L/M}(\iota\sigma) = N_{L/M}(\sigma\pi'/\pi') \equiv N_{L/M}(\xi) \mod V_{M/K} \equiv N_{L/M}(\xi)N_{L/M} \mod V_{L/K}.$$
用引理 10.71 之 (1) 找 $\eta \in V_{L/K}$ 使 $N_{L/M}(\sigma\pi'/\pi') = N_{L/M}(\xi\eta)$. 令 $\lambda = \xi\eta\pi'/\sigma\pi'$, 则从 $\xi \in U_L$, $\eta \in V_{L/K} \subset U_L$, $\pi'/\sigma\pi' \in U_L$, 得 $\lambda \in U_L$, $N_{L/M}\lambda = 1$. 对 L/M 用归纳假设得正合序列
$$\mathrm{Gal}(L/M) \xrightarrow{\iota} U_L/V_{L/M} \xrightarrow{N} U_M.$$
知有 $\tau' \in \mathrm{Gal}(L/M)$ 使得 $\tau'\pi'/\pi' \equiv \lambda \mod V_{L/M}$, 于是
$$(\sigma\pi'/\pi')(\tau'\pi'/\pi') \equiv \xi\eta \equiv \xi \mod V_{L/K},$$
即 $\iota(\sigma\tau) = \xi \mod V_{L/K}$. 这样我们从 $N_{L/K}(\xi) = 1$ 得 $\xi \in \mathrm{Img}\,\iota$. $\square$

由以上得如下命题.

命题 10.73 设 K 是局部域, E/K^{nr} 是有限交换扩张, E', K' 如命题 10.66, ψ 是 E/E' 的 Frobenius, 分别以 $\hat{E}$, $\widehat{K^{\mathrm{nr}}}$ 记 E, K^{nr} 的完备化, 设 $A = U_{E'}V_{\hat{E}/\widehat{K^{\mathrm{nr}}}}/V_{\hat{E}/\widehat{K^{\mathrm{nr}}}}$. 则有正合序列

$$\begin{array}{ccccccccc}
1 & \longrightarrow & A & \longrightarrow & U_{\hat{E}}/V_{\hat{E}/\widehat{K^{\mathrm{nr}}}} & \xrightarrow{\psi-1} & U_{\hat{E}}/V_{\hat{E}/\widehat{K^{\mathrm{nr}}}} & \longrightarrow & 1 \\
& & & & & & \| & & \\
1 & \longrightarrow & \mathrm{Gal}(\hat{E}/\widehat{K^{\mathrm{nr}}}) & \xrightarrow{\iota} & U_{\hat{E}}/V_{\hat{E}/\widehat{K^{\mathrm{nr}}}} & \longrightarrow & U_{\widehat{K^{\mathrm{nr}}}} & \xrightarrow{N} & 1
\end{array}$$

取 $\alpha(\sigma) = 1\ (\forall \alpha)$, $\beta = \psi-1$, $\gamma = \beta|_{U_{\widehat{K^{\mathrm{nr}}}}}$, 可以证明以下为交换图

$$\begin{array}{ccccccccc}
1 & \longrightarrow & \mathrm{Gal}(\hat{E}/\widehat{K^{\mathrm{nr}}}) & \xrightarrow{\iota} & U_{\hat{E}}/V_{\hat{E}/\widehat{K^{\mathrm{nr}}}} & \longrightarrow & U_{\widehat{K^{\mathrm{nr}}}} & \xrightarrow{N} & 1 \\
& & \downarrow \alpha & & \downarrow \beta & & \downarrow \gamma & & \\
1 & \longrightarrow & \mathrm{Gal}(\hat{E}/\widehat{K^{\mathrm{nr}}}) & \xrightarrow{\iota} & U_{\hat{E}}/V_{\hat{E}/\widehat{K^{\mathrm{nr}}}} & \longrightarrow & U_{\widehat{K^{\mathrm{nr}}}} & \xrightarrow{N} & 1
\end{array}$$

10.8 最大交换扩张

用蛇引理得边界映射 δ

$$\begin{array}{ccccccc}
\operatorname{Ker}\beta & \xrightarrow{N} & \operatorname{Ker}\gamma & \xrightarrow{\delta} & \operatorname{Cok}\alpha & \longrightarrow & \operatorname{Cok}\beta \\
\| & & \| & & \| & & \| \\
U_{E'}V_{\hat{E}/\widehat{K^{\mathrm{nr}}}}/V_{\hat{E}/\widehat{K^{\mathrm{nr}}}} & & U_{K'} & & \operatorname{Gal}(\hat{E}/\widehat{K^{\mathrm{nr}}}) & & 1
\end{array}$$

于是得同构

$$\delta: U_{K'}/N_{E'/K'}U_{E'} \xrightarrow{\approx} \operatorname{Gal}(E/K^{\mathrm{nr}}),$$

然后可以证明

$$U_{K'}/N_{E'/K'}U_{E'} \cong U_K/N_{E'/K}U_{E'} \cong U_K/N_{E/K}E.$$

我们做个总结：设 K 是局部域，选定 K 的代数闭包 K^{alg}，以 K^{ab} 记包含在 K^{alg} 内的 K 的全部交换扩张的合成域。则 K^{ab} 是 K 的最大交换扩域，所以 $K^{\mathrm{nr}} \subseteq K^{ab}$.

我们暂时以 $\mathfrak{F}_{\mathrm{nr}}^{ab}(K)$ 记满足如下条件的所有中间域 E

$$K \subseteq K^{\mathrm{nr}} \subseteq E \subseteq K^{ab}, \quad [E:K^{\mathrm{nr}}] < \infty,$$

则

$$\operatorname{Gal}(K^{ab}/K^{\mathrm{nr}}) = \varprojlim_{E} \operatorname{Gal}(E/K^{\mathrm{nr}}),$$

其中射影极限是对于 $E \in \mathfrak{F}_{\mathrm{nr}}^{ab}(K)$. $N_{E/K}U_E$ 是 $\cap_P N_{P/K}U_P$，在这里 P 是所有 E/K 内的有限扩张 P/K. 取 $F, E \in \mathfrak{F}_{\mathrm{nr}}^{ab}(K)$，则

$$\delta_{E/K}: U_K/N_{E/K}U_E \xrightarrow{\approx} \operatorname{Gal}(E/K^{\mathrm{nr}}).$$

若 $F \subseteq E$，则

$$\begin{array}{ccc}
U_K/N_{E/K}U_E & \xrightarrow{\delta_{E/K}} & \operatorname{Gal}(E/K^{\mathrm{nr}}) \\
\downarrow & & \downarrow \\
U_K/N_{F/K}U_F & \xrightarrow{\delta_{F/K}} & \operatorname{Gal}(F/K^{\mathrm{nr}})
\end{array}$$

取极限得

$$\delta_K: U_K/N(K) \xrightarrow{\approx} \operatorname{Gal}(K^{ab}/K^{\mathrm{nr}}), \quad \text{其中 } N(K) = \bigcap_E \left(\bigcap_P N_{P/K}U_P \right),$$

这里 $E \in \mathfrak{F}_{\mathrm{nr}}^{ab}(K)$，而 P 是所有 E/K 内的有限扩张 P/K. 读者可以直接或用类域论证明 $N(K) = 1$，于是得拓扑同构

$$\delta_K: U_K \xrightarrow{\approx} \operatorname{Gal}(K^{ab}/K^{\mathrm{nr}}).$$

注 这种证法来自

[1] M. Hazewinkel, Local class field theory is easy, *Advances in Math.* 18 (1975), 148-181.

这个方法的好处是没有用局部紧拓扑群、同调群, 于是可以推广至高维赋值域, 见

[2] K. Kato, A generalization of local class field theory by using K groups, *J. Fac. Sc. Univ. Tokyo*, IA Math, I 26(1979) 303 -376, II 27(1980), 603-683.

[3] S. Vostokov, Explicit construction of class field theory for a higher dimensional local field, *Math. USSR-Izv.* 26 (1986).

10.8.3 顺分歧扩张

K 是完备赋值域, 选定 F 的代数闭包 K^{alg}. 无分歧扩张是顺分歧扩张.

(1) 顺分歧扩张的例子.

取 m, $p \nmid m$, $a \in K$, 假设多项式 $f(X) = X^m - a$ 不可约, 取 $f(X)$ 的根 α, 显然 $mv(\alpha) = v(a) \in v(K^\times)$. 设 d 是最小整数使得 $dv(\alpha) = v(b)$, $b \in K$. 则 $d|m$.

取 $\beta = \alpha^d/b$, 则 $v(\beta) = 0$, $\beta^{m/d} = a/b^{m/d} = c$, 所以 $v(c) = 0$, β 是多项式 $g(X) = X^{m/d} - c$ 的根. $g'(\beta) = (m/d)\beta^{m/d-1}$, $v(g'(\beta)) = 0$, $g'(X) \neq 0 \bmod \mathfrak{p}$, $g(X) \bmod \mathfrak{p}$ 是可分, 所以 $K(\beta)/K$ 是无分歧扩张.

现在 α 是多项式 $h(X) = X^d - b\beta \in K(\beta)[X]$ 的根, $K(\beta)/K$ 是无分歧扩张 $\Rightarrow v(K(\beta)^\times) = v(K^\times)$, 所以 d 是最小整数使得 $dv(\alpha) = v(\eta)$, $\eta \in K(\beta)$, 于是 $e(K(\alpha)|K(\beta)) \geqslant d$. 但是 $[K(\alpha) : K(\beta)] \leqslant d$, 所以 $K(\alpha)/K(\beta)$ 是全分歧扩张, $h(X)$ 在 $K(\beta)$ 上不可约.

结论: $K(\alpha)/K$ 是顺分歧扩张, $K(\alpha)/K(\beta)$ 是全分歧扩张. $K(\beta)/K$ 是无分歧扩张.

(2) 若 F/K 是完备域, L/K 是顺分歧扩张, 则 LF/F 是顺分歧扩张.

因为顺分歧扩张 $L = E(\alpha_1^{1/n_1}, \dots)$, E/K 是无分歧扩张, 同样可构造 LF/F.

(3) 在有限扩张 L/K 内构造最大顺分歧扩张.

以 T/K 记 L/K 内最大无分歧扩张, 则 κ_T/κ_K 是 κ_L/κ_K 内最大可分扩张. 设 $e = e(L|K) = e(L|T)$, p 是 κ_K 的特征, $e = e_0 p^r$, $p \nmid e_0$, 有限交换群 $v(L^\times)/v(T^\times)$ 的阶是 e.

取 $\alpha \in L$, 使得 $dv(\alpha) = v(a)$, $a \in K$, 于是 $\alpha^d = ua$, $v(u) = 0$. 因为 κ_L/κ_T 是纯不可分扩张, 则有 j 使得 $u^{p^j} \bmod \mathfrak{p}_T \in \kappa_T$. 记 $\alpha_1 = \alpha^{p^j}$, 因为 d 与 p^j 互素, α 与 α_1 生成同一循环群. 现有 $\alpha_1^d = u_1 a_1$, 其中 $a_1 = a^{p^j}$, $u_1 \equiv c \in T \bmod \mathfrak{p}$, 于是 $\alpha_1^d = ca_1 + \beta = +\beta$, 其中 $v(\beta) < v(b) = v(a_1)$.

考虑 $f(X) = X^d - b$, d 与 p 互素, 所以 $f(X)$ 在 K 上可分:
$$f(X) = (X - \gamma_1) \ldots (X - \gamma_d),$$
显然 $v(\gamma_i) = (1/d)v(b) = v(\alpha_1)$, $v(\gamma_i - \gamma_j) \geqslant v(\gamma_1)$. 此外, 设 $g(X) = (X - \gamma_2) \ldots (X - \gamma_d)$. 则 $f' = (Xg - \gamma_1 g)' = g + xg' - \gamma_1 g'$, 于是 $f'(\gamma_1) = g(\gamma_1)$, $g'(\gamma_1) = d\gamma_1^{d-1}$,
$$v(f'(\gamma_1)) = (\gamma_1 - \gamma_2) \ldots (\gamma_1 - \gamma_d)(d-1)v(\gamma_1),$$
于是对 $i \neq j$, 有 $v(\gamma_i - \gamma_j) = v(\gamma_i)$.

现有 $f(\alpha_1) = \alpha_1^d - b = \beta = (\alpha_1 - \gamma_1) \ldots (\alpha_1 - \gamma_d)$, 于是 $v((\alpha_1 - \gamma_1) \ldots (\alpha_1 - \gamma_d)) = v(\beta) > dv(\gamma_1)$. 于是最小一个 γ_i, 例如 γ_1, 有 $v(\alpha_1 - \gamma_1) > v(\gamma_1)$, 这样便可用 Krasner 引理得 $T(\gamma_1) \subset T(\alpha_1) \subset L$. $T(\gamma_1)/T$ 是顺分歧扩张, $T(\gamma_1)/K$ 亦是顺分歧扩张. 因为 $v(\alpha_1) = v(\gamma_1)$, 这样我们找到 γ_1 使得 $\gamma_1^d \in T$, $v(\alpha_1) + v(T^\times) = v(\gamma_1) + v(T^\times)$.

按以上计算, 我们可以选取 $\gamma_1, \ldots, \gamma_r$ 使得 $\gamma_j + v(T^\times)$ 作为 $v(L^\times)/v(T^\times)$ 的元素的阶 d_j 与 p 互素, 这样 $T(\gamma_1) \subset \cdots \subset V = T(\gamma_1, \ldots, \gamma_r)$ 是顺分歧扩张.

$e(V|K) \geqslant d_1 \ldots d_r$, V/K 是顺分歧扩张 $\Rightarrow e(V|K) \leqslant e_0$, 因此 $e(V|K) = e_0$, 此外 $\kappa_V = \kappa_T$ 是 $\kappa_L = \kappa_K$ 的最大可分子扩张, $f(V|K) = [\kappa_T : \kappa_K]$ 是最大可分剩余次数, 于是 $[V : K] = e(V|K)f(V|K)$ 是 E 的顺分歧子域的最高次数.

若 P/K 是 L/K 内的顺分歧扩张, $P \not\subseteq V$, 则 PV/K 亦是顺分歧扩张, 但 $[PV : K] > [V : K]$ 与上一段的结果相矛盾, 所以 V 是 L/K 的唯一最大顺分歧子域.

10.9 全分歧 $\mathbb{Z}_p$ 扩张

首先引入无限 Galois 扩张的上分歧过滤. 设 E/F 是无限 Galois 扩张. 则
$$G_{E/F} = \varprojlim_L G_{E/F}/G_{E/L} = \varprojlim_L G_{L/F},$$
其中极限遍历 E/F 的有限子 Galois 扩张 L/F.

对任意实数 $u \leqslant 1$, 定义
$$G_{E/F}^u := \varprojlim_L G_{L/F}^u.$$
特别对 $G_F = \text{Gal}(F^{\text{sep}}/F)$, 得正规闭子群下降过滤 $\{G_F^u\}$, 使得 $G_F^{-1} = G_F$, $\cap_{u \geqslant -1} G_F^u = \{1\}$.

以下给出本节后面所用的扩张. 取 p 进域 F, 剩余域是 κ_F, 固定 F 的代数闭包 $\bar{F}$. 记 $\bar{F}$ 的完备化为 $\mathbb{C}_p$, 在 $\bar{F}$ 内选定扩张 F_∞/F 使得 $\text{Gal}(F_\infty/F) \approx \mathbb{Z}_p$. 以 $\hat{F}_\infty$ ($\subseteq \mathbb{C}_p$) 记 F_∞ 的完备化, 则固定子域 $\mathbb{C}_p^{\text{Gal}(\bar{F}/F_\infty)} = \hat{F}_\infty$.

记 $G = \text{Gal}(\bar{F}/F)$, $H = \text{Gal}(\bar{F}/F_\infty)$, $\Gamma = \text{Gal}(F_\infty/F)$. 取 Γ 的拓扑生成元 γ, 即 $\mathbb{Z}_p \xrightarrow{\sim} \Gamma : x \mapsto \gamma^x$, 则 γ^{p^n} 生成 Γ^{p^n}.

以 F_n 记 Γ^{p^n} 在 F_∞ 内的固定子域, 即 $\mathrm{Gal}(F_\infty/F_n) = \Gamma^{p^n}$, $\mathrm{Gal}(F_n/F) = \Gamma/\Gamma^{p^n} \cong \mathbb{Z}/p^n\mathbb{Z}$.

我们在本节假设: 所有 F_n/F 是全分歧扩张.

以 $\Gamma(m)$ 记 Γ^{p^m}, 存在单调递增序列 $\{y_m\}_{m\geqslant -1} \subset [-1,\infty)$ 使得 $y \in (y_{m-1}, y_m]$ 当且仅当 $\Gamma^y = \Gamma(m)$. 按 Hasse-Arf 定理所有 y_m 是整数 (分歧过滤的跳跃点), 在全分歧无限扩张时有以下的引理.

引理 10.74 存在 $m_0 \geqslant 0$, 使得若 $m \geqslant m_0$, 则 $y_{m+1} = y_m + e$, 其中 $e = v_F(p)$ 是 F 的绝对分歧指标.

此引理至少有两个证明. 一个由 Sen 的李过滤定理推出, 另一个是按 Serre 的几何局部类域论 (见 Serre, Sur les corps locaux a corps de restes algebriquement clos, *Bull. Soc. Math. Fr.* 89 (1961), 105-154; 又见岩泽健吉, 局部类域论, 冯克勤译).

(1) Γ 有开子群 $\Gamma^i, i \geqslant 1$ 使得任一个分歧群 Γ^y 是其中一个 Γ^i.
(2) 有整数 i_0 和连续同态 $\rho: \mathfrak{m}_F^* \to \Gamma$, 使得 (a) $\rho(\mathfrak{m}_F^{i_0})$ 是 Γ 的开子群, (b) 有整数 m_0 使得当 $m \geqslant m_0$ 时, y_m 对应于开子群集 $\{\rho(\mathfrak{m}_F^i)\}_{i \geqslant i_0}$ 的跳跃点.
(3) 若 $i \geqslant i_0$ 是跳跃点, 则有 $m \geqslant m_0$ 使得 $\rho(\mathfrak{m}_F^i) \not\subset \Gamma(m)$, $\rho(\mathfrak{m}_F^{i+1}) = \Gamma(m)$.

按此若 $i \geqslant i_0$ 是跳跃点, 则我们需要证明下一个跳跃点是 $i + e(F)$, 即要证明: $\rho(\mathfrak{m}_F^{i+e(F)+1}) = \Gamma(m+1)$, 且对 $i+1 \leqslant j \leqslant i+e(F)$ 有 $\rho(\mathfrak{m}_F^j) = \Gamma(m)$. 注意 $\mathfrak{m}_F^{i+e(F)+1} = p\mathfrak{m}_F^{i+1}$, 已知对 $j > i$ 有 $\rho(\mathfrak{m}_F^j) \subset \Gamma(m)$.

取 F 的素元 π, 则 π 是 $W(\kappa_F)$ 上的 Eisenstein 多项式的根, 于是
$$\pi^{e(F)} \in pW(\kappa_F)^\times + p\pi W(\kappa_F) + \cdots + np\pi^{e(F)-1}W(\kappa_F),$$
即得 $\mathfrak{m}_F^{i+e(F)} \subset p\mathfrak{m}_F^i + p\mathfrak{m}_F^{i+1} + \cdots + p\mathfrak{m}_F^{i+e(F)-1}$.

对 $j > i$, 有 $\rho(p\mathfrak{m}_F^j) = p\rho(\mathfrak{m}_F^j) \subset \Gamma(m+1)$ 和 $\rho(p\mathfrak{m}_F^i) = p\rho(\mathfrak{m}_F) \not\subset \Gamma(m+1)$, 于是 $\rho(\mathfrak{m}_F^{i+e(F)}) \not\subset \Gamma(m+1)$, 因此 $\rho(\mathfrak{m}_F^{i+e(F)}) = \Gamma(m)$, 所以对 $i \leqslant j \leqslant i+e(F)$ 必有 $\rho(\mathfrak{m}_F^j) = \Gamma(m)$.

另一方面, 由 $\pi^{e(F)} \in p\mathcal{O}_F$ 得 $\rho(\mathfrak{m}_F^{i+e(F)+1}) \subset p\rho(\mathfrak{m}_F^{i+1}) \subset \Gamma(m+1)$, 因此知 i 之后的下一个跳跃点是 $i + e(F)$, 并且 $\rho(\mathfrak{m}_F^{i+e(F)+1}) = \rho(p\mathfrak{m}_F^{i+1}) = p\rho(\mathfrak{m}_F^{i+1}) = \Gamma(m+1)$.

命题 10.75 扩张 F_∞/F 决定常数 c 和有界序列 $\{a_n\}$, 使得 $v(\mathcal{D}_{F_n/F}) = n + c + p^{-n}a_n$.

证明 由命题 10.50 得
$$v(\mathcal{D}_{F_n/F}) = \frac{1}{e(F)} \int_{-1}^\infty \left(1 - \frac{1}{|\mathrm{Gal}(F_n/F)^y|}\right) dy,$$
由命题 10.39 (2) 得 $\mathrm{Gal}(F_n/F)^y = \Gamma^y/(\Gamma^y \cap \Gamma(n))$, 于是
$$|\mathrm{Gal}(F_n/F)^y| = \begin{cases} p^{n-m}, & \text{若 } y_{m-1} < y \leqslant y_m, \text{ 其中 } 0 \leqslant m \leqslant n, \\ 1, & \text{其他情形}, \end{cases}$$

10.9 全分歧 $\mathbb{Z}_p$ 扩张

因此得
$$v(\mathcal{D}_{F_n/F}) = \frac{1}{e(F)} \sum_{m=0}^{n} (y_m - y_{m-1})(1-p^{m-n}).$$

从引理 10.74 得 m_0, 使得 $m \geqslant m_0$ 有 $y_{m+1} = y_m + e(F)$. 对 $n \geqslant m_0 + 1$, 于是

$$\begin{aligned}
v(\mathcal{D}_{F_n/F}) &= \frac{1}{e(F)} \sum_{m=0}^{m_0} (y_m - y_{m-1})(1-p^{m-n}) + \frac{1}{e(F)} \sum_{m_0}^{n} e(F)(1-p^{m-n}) \\
&= \frac{y_{m_0} - y_{-1}}{e(F)} - \frac{p^{-n}}{e(F)} \sum_{m=0}^{m_0} (y_m - y_{m-1})(p^m) + (n - m_0) - \frac{p^{m_0+1-n} - p}{p-1} \\
&= n + c + p^{-n} a_n,
\end{aligned}$$

其中
$$c = \frac{y_{m_0} - y_0}{e(F)} - m_0 + 1 + \frac{p}{p-1}, \quad a_n = -\frac{p^{m_0+1} - p}{p-1} - \frac{1}{e(F)} \sum_{m=0}^{m_0-1} (y_m - y_{m-1})(p^m),$$

c 与 n 无关, 当 n 很大时, a_n 是常值. 对 $n < m_0$, 取 $a_n = p^n(v(\mathcal{D}_{F_n/F}) - n - c)$. □

命题 10.76 存在与 n 无关常数 c, 使得若 $x \in F_n$, 则
$$v_F(p^{-n} \operatorname{Tr}_{F_n/F}(x)) \geqslant v_F(x) - c.$$

证明 按命题 10.75 可设 $v_F(\mathcal{D}_{F_{n+1}/F_n}) = e(F) + p^{-n} b_n$, 其中 b_n 为有界. 设 $\mathcal{D}_{F_{n+1}/F_n} = \mathfrak{m}_{F_{n+1}}^d$. 则 $\operatorname{Tr}_{F_{n+1}/F_n}(\mathfrak{m}_{F_{n+1}}^i) = \mathfrak{m}_{F_n}^j$, 其中 $j = \lfloor (d+i)/p \rfloor$ (见命题 10.49), 于是
$$v_F(p^{-1} \operatorname{Tr}_{F_{n+1}/F_n}(x)) \geqslant v_F(x) - ap^{-n},$$

其中 a 与 n 无关, 再用 $\operatorname{Tr}_{F_n/F} = \operatorname{Tr}_{F_n/F_{n-1}} \circ \cdots \circ \operatorname{Tr}_{F_1/F}$ 得所求. □

命题 10.77 取有限 Galois 扩张 E/F, 设 $E_n = EF_n$. 则 $\{p^n v(\mathcal{D}_{E_n/F_n})\}_{n \geqslant 0}$ 是有界序列.

证明 以适当的 F_n 代替 F, 可假设在 F 上 E 与 F_∞ 线性无交, 即 $E_n = F_n \otimes_F E$, $n \geqslant 0$ (见说明 10.79), 于是
$$\operatorname{Gal}(E_n/F) = \operatorname{Gal}(F_n/F) \times \operatorname{Gal}(E/F).$$

由命题 10.50 得
$$\begin{aligned}
v(\mathcal{D}_{E_n/F_n}) &= v(\mathcal{D}_{E_n/F}/\mathcal{D}_{F_n/F}) = v(\mathcal{D}_{E_n/F}) - v(\mathcal{D}_{F_n/F}) \\
&= \frac{1}{e(F)} \int_{-1}^{\infty} \left(\frac{1}{|\operatorname{Gal}(F_n/F)^y|} - \frac{1}{|\operatorname{Gal}(E_n/F)^y|} \right) dy.
\end{aligned}$$

因为 $|\mathrm{Gal}(E/F)| < \infty$, 可选 $h \geq 0$ 使得若 $y \geq h$, 则 $\mathrm{Gal}(E/F)^y = \{1\}$, 于是 $\mathrm{Gal}(E_n/F)^y$ 映至 $\mathrm{Gal}(E/F)$ 的 $\{1\}$, 这样以上的乘积分解令 $\mathrm{Gal}(E_n/F)^y \to \mathrm{Gal}(F_n/F)$ 为单射, 但此映射的像是 $\mathrm{Gal}(F_n/F)^y$ (用 10.39 (2)), 故此便知有同构 $\mathrm{Gal}(E_n/F)^y \xrightarrow{\approx} \mathrm{Gal}(F_n/F)^y, y \geq h$. 这样在 $y \geq h$ 时, 计算 $v(\mathcal{D}_{E_n/F_n})$ 的积分 $= 0$, 即有

$$v(\mathcal{D}_{E_n/F_n}) = \frac{1}{e(F)} \int_{-1}^{h} \left(\frac{1}{|\mathrm{Gal}(F_n/F)^y|} - \frac{1}{|\mathrm{Gal}(E_n/F)^y|} \right) dy$$

$$\leq \frac{1}{e(F)} \int_{-1}^{h} \frac{dy}{|\mathrm{Gal}(F_n/F)^y|}.$$

已知

$$|\mathrm{Gal}(F_n/F)^y| = \begin{cases} p^{n-m}, & \text{若 } y_{m-1} < y \leq y_m, \text{ 其中 } 0 \leq m \leq n, \\ 1, & \text{其他情形,} \end{cases}$$

取 n_0 大使得 $y_{n_0} > h$, 把积分区间从 $[-1, h]$ 换为 $[-1, y_{n_0}]$, 则

$$v(\mathcal{D}_{E_n/F_n}) \leq \frac{1}{e(F)} \sum_{m=0}^{n_0} (y_m - y_{m-1}) p^{m-n} = \frac{p^{-n}}{e(F)} \sum_{m=0}^{n_0} (y_m - y_{m-1}) p^m.$$

由此可知 $p^n v(\mathcal{D}_{E_n/F_n})$ 有界. $\square$

定理 10.78 (Tate) 对有限扩张 L/F_∞, 有 $\mathrm{Tr}_{L/F_\infty}(\mathcal{O}_L) \supset \mathfrak{m}_{F_\infty}$.

证明 利用迹的可迁性可以扩大 L, 使 L/F_∞ 是 Galois 扩张. 又可设有大 n 和在 L 内有有限 Galois 扩张 E/F_n, 使 $L = EF_n$. 换 F 为 F_n, 令 $F_n \supset E \cap F_\infty$ (见注 10.79). 如此, 我们可假设 E/F 是有限 Galois 扩张, 并且在 F 上 E 与 $F-\infty$ 和所有 F_m 线性无交, 因此对 $m \geq 0$,

$$L = E_\infty = F_\infty \otimes_F E = F_\infty \otimes_{F_m} (F_m \otimes_F E) = F_\infty \otimes_{F_m} E_m.$$

用命题 10.77 得 $v(\mathcal{D}_{E_n/F_n}) = p^{-n} c_n$, 其中 c_n 有界.

取 $\alpha \in \mathfrak{m}_{F_\infty}$, 于是有 n, 令 $\alpha \in F_n$. 对 $m \geq n$, 有 $\alpha \mathcal{O}_{F_m} = \mathfrak{m}_{F_m}^{i_m}$. 由 F_m/F_n 全分歧得 $i_m = p^{m-n} i_n$, $m \geq n$, 于是 $i_m \to \infty$.

用命题 1.20 得

$$\mathrm{Tr}_{E_m/F_m}(\mathfrak{m}_{E_m}^j) \subset \mathfrak{m}_{F_m}^i \Leftrightarrow \mathfrak{m}_{E_m}^j \subset \mathfrak{m}_{F_m}^i \mathcal{D}_{E_m/F_m}^{-1}$$

$$\Leftrightarrow \frac{j}{e_{E_m/F_m} e(F) p^m} \geq \frac{i}{e(F) p^m} - \frac{c_m}{p^m}$$

$$\Leftrightarrow j \geq e_{E_m/F_m}(i - e(F) c_m),$$

于是 $\mathrm{Tr}_{E_m/F_m}(\mathcal{O}_{E_m}) = \mathfrak{m}_{F_m}^{e(F) c_m}$. 由 c_n 有界和 $i_m \to \infty$ 得 $m \geq 0$, 使 $i_m > e(F) c_m$, 因此 $\alpha \in \mathrm{Tr}_{E_m/F_m}(\mathcal{O}_{E_m})$, 但已有线性无交条件 $L = F_\infty \otimes_{F_m} E_m$, 于是对 $x \in \mathcal{O}_{E_m}$ 有 $\mathrm{Tr}_{E_m/F_m}(x) = \mathrm{Tr}_{L/F_\infty}(x)$. 得证 $\alpha \in \mathrm{Tr}_{L/F_\infty}(\mathcal{O}_L)$. $\square$

说明 10.79 我们可以更改本节开始的假设. 我们要求给出 F 的有限扩张塔 $\cdots \supseteq F_{n+1} \supseteq F_n \supseteq \ldots, n \geqslant 0$, 设 $F_\infty = \cup F_n$. 假设存在 $n_0 \geqslant 0$, 使得若 $n \geqslant n_0$, F_n/F_{n_0} 是全分歧扩张, 且 $\operatorname{Gal}(F_n/F_{n_0}) \cong \mathbb{Z}/p^{n-n_0}\mathbb{Z}$, 于是 F_∞/F_{n_0} 全分歧 $\mathbb{Z}_p$ 扩张.

取有限扩张 E/F, 我们在 $\bar{F}$ 内取 $E_n = EF_n$, 这样难分清各层 E_n/F_n, 但可在 n 很大的时候令它们无交, 为此设 $K = E \cap F_\infty$, 于是有 n_E 使得当 $n \geqslant n_E$ 时, $K \subset F_n$. 这样在 K 上 E 与 F_∞ 线性无交, 当 $n \geqslant n_E$ 时, 在 K 上 E 与 F_n 线性无交, 故此

$$E_\infty = F_\infty \otimes_K E, \quad E_n = F_n \otimes_K E,$$

所以

$$\operatorname{Gal}(E_\infty/E) = \operatorname{Gal}(F_\infty/K), \quad \operatorname{Gal}(E_n/E) = \operatorname{Gal}(F_n/K).$$

第一个等式告诉我们 $\operatorname{Gal}(E_\infty/E)$ 是 $\operatorname{Gal}(F_\infty/F) = \Gamma$ 的开子群, 于是 $\operatorname{Gal}(E_\infty/E)$ 在单位元的邻域同构于 $\mathbb{Z}_p$ (或说 $\operatorname{Gal}(E_\infty/E)$ 的李代数同构于 $\mathbb{Z}_p$). 同时惯性子群 I_E 是 $\operatorname{Gal}(E_\infty/E)$ 的开子群, 于是对 $n' \geqslant n \geqslant n_0(E) := \max(n_E, n_0)$, 得 E_∞/E_n 是全分歧 $\mathbb{Z}_p$ 扩张, $\operatorname{Gal}(E_{n'}/E_n) = \operatorname{Gal}(F_{n'}/F_n) \cong \mathbb{Z}/p^{n'-n}\mathbb{Z}$. 此外

$$E_n = F_n \otimes_K E = F_n \otimes_{F_{n_0(E)}} (F_{n_0(E)} \otimes_K E) = F_n \otimes_{F_{n_0(E)}} E_{n_0(E)},$$

于是可知任意一层 E_n/F_n 都是从 $E_{n_0(E)}/F_{n_0(E)}$ 这一层用 $F_n \otimes$ 得来的.

10.10 范域

设 K 是局部域, 记 K 的赋值环为 $\mathcal{O}_K$, 以 v_K 记 K 的规范赋值, 即 $v_K(K^\times) = \mathbb{Z}$. 选定 K 的一个可分闭包 K^{sep}, 以后考虑可分扩张 F/K 是指域 $K \subseteq F \subseteq K^{\operatorname{sep}}$, 在本节, 以 G_F 记 Galois 群 $\operatorname{Gal}(K^{\operatorname{sep}}/F)$. 设 E/F 是 Galois 扩张, 以 $G_{E/F}$ 记 Galois 群 $\operatorname{Gal}(E/F)$.

我们已为无限 Galois 扩张的上分歧过滤. 设 E/F 是无限 Galois 扩张. 则对任意实数 $u \leqslant 1$, 定义

$$G_{E/F}^u := \varprojlim_L G_{L/F}^u,$$

其中极限遍历 E/F 的有限子 Galois 扩张 L/F.

10.10.1 APF 扩张

在研究有限扩张的分歧群时, 我们定义了 Herbrand 函数 $\psi_{L/K}$. 对无限扩张, 我们亦希望定义同样的函数, 为此我们引入一个新的概念: APF **扩张** (arithmetically profinite extension).

若有扩张 L/K, 则设 $G_L^0 := G_K^0 \cap G_L$.

定义 10.80 设有扩张 L/K, 使得若对任意 $u \geqslant -1$, $G_K^u G_L$ 是 G_K 的开子群. 则称 L/K 为 APF **扩张**.

此时, $G_K^u G_L^0$ 是闭子群 G_K^0 的开子群, 于是 $[G_K^0 : G_K^w G_L^0] < \infty$, 故可以定义

$$\psi_{L/K}(u) = \begin{cases} \int_0^u [G_K^0 : G_K^w G_L^0] dw, & \text{若 } u \geqslant 0, \\ u, & \text{若 } -1 \leqslant u \leqslant 0. \end{cases}$$

$\psi_{L/K}$ 是从 $[-1,\infty)$ 至 $[-1,\infty)$ 的分段线性递增连续双射, 以 $\phi_{L/K}$ 记 $\psi_{L/K}$ 的反函数.

局部域的所有有限可分扩张都是 APF 扩张. 当 L/K 是有限 Galois 扩张时, 这里定义的 ψ 和 ϕ 与 10.6.2 节中的定义是一致的, 这是因为

$$G_{L/K}^0 / G_{L/K}^v \cong (G_K^0 G_L / G_L) / (G_K^v G_L / G_L) \cong G_K^0 G_L / G_K^v G_L \cong G_K^0 / G_K^v G_L^0.$$

引理 10.81 设 L/K 是 Galois 扩张, H 是 $G_{L/K}$ 的开子群, K 的有限扩张 K' 是 H 的固定域. 则对 $u \geqslant -1$, 有

$$H^u = H \cap G^{\phi_{K'/K}(u)}.$$

证明 以 $\mathcal{F}$ 记所有 L 内的有限扩张 L'/K', 使得 L'/K 是 Galois 扩张. L/K' 的所有有限 Galois 子扩张所组成的集合包含 $\mathcal{F}$ 为共尾子集, 于是

$$H^u = \varprojlim_{L' \in \mathcal{F}} G_{L'/K'}^u.$$

另一方面,

$$\begin{aligned} G_{L'/K'}^u &= (G_{L'/K'})_{\psi_{L'/K'}(u)} = G_{L'/K'} \cap (G_{L'/K})_{\psi_{L'/K'}(u)} \\ &= G_{L'/K'} \cap (G_{L'/K})^{\phi_{L'/K} \circ \psi_{L'/K'}(u)} \\ &= G_{L'/K'} \cap (G_{L'/K})^{\phi_{K'/K} \circ \phi_{L'/K'} \circ \psi_{L'/K'}(u)} = G_{L'/K'} \cap (G_{L'/K})^{\phi_{K'/K}(u)}. \end{aligned}$$

取极限即得所求. $\square$

命题 10.82 设 $M \subset N$ 是 K 的可分扩张. 则

(1) 若 M/K 有限, 则 N/K 是 APF 当且仅当 N/M 是 APF.
(2) 若 N/M 有限, 则 N/K 是 APF 当且仅当 M/K 是 APF.
(3) 若 N/K 是 APF, 则 M/K 是 APF.

证明 对 $u \geqslant -1$, 有等式

$$[G_K : G_N G_K^u] = [G_K : G_M G_K^u][G_M : (G_M \cap G_K^u) G_N].$$

(1) 如果 $[M : K] < \infty$, 则 $[G_K : G_M G_K^u] < \infty$. 另一方面, 按引理 10.81, $G_M \cap G_K^u = G_M^{\psi_{M/K}(u)}$, 于是 N/K 是 APF $\Leftrightarrow [G_K : G_N G_K^u] < \infty$, 按以上等式这是 $\Leftrightarrow [G_M : G_M^{\psi_{M/K}(u)}] < \infty$, 即 $\Leftrightarrow N/M$ 是 APF.

(2) 由 $[N:M]<\infty$ 等式知 $[G_K:G_NG_K^u]<\infty \Leftrightarrow [G_K:G_MG_K^u]<\infty$.

(3) 若 N/K 是 APF, 则等式左边有限, 于是右边也有限, 所以 $[G_K:G_MG_K^u]<\infty$, 即 M/K 是 APF. □

定义 10.83 设有扩张 L/K. 定义
$$i(L/K):=\sup\{i\geqslant -1:G_K^iG_L=G_K\}.$$

$i(L/K)\geqslant 0$ 当且仅当 L/K 是全分歧扩张; $i(L/K)>0$ 当且仅当 L/K 是狂分歧扩张.

若 L/K 是 Galois 扩张, 则 $\mathrm{Gal}(L/K)=G_K/G_L$, $(G_K/G_L)^i=G_K^iG_L/G_L$, 这时 $i(L/K)$ 是 $\mathrm{Gal}(L/K)$ 的上分歧群过滤的**第一个跳跃点** (first jump).

命题 10.84 设 $M\subset N$ 是 K 的可分扩张. 如 N/K 是 APF, 且 $[M:K]<\infty$, 则 $i(N/M)\geqslant \psi_{M/K}(i(N/K))\geqslant i(N/K)$.

证明 若 N/K 是 APF, 则 $G_K^{i(N/K)}G_N=G_K$, 于是 $G_K^{i(N/K)}G_M=G_K$, 故 $i(M/K)\geqslant i(N/K)$. 加上 $[M:K]<\infty$, 得 $G_K^{i(N/K)}\cap G_M=G_M^{\psi_{M/K}(i(N/K))}$, $G_M^{\psi_{M/K}(i(N/K))}G_N=(G_K^{i(N/K)}\cap G_M)G_N=G_M$, 所以 $i(N/M)\geqslant \psi_{M/K}(i(N/K))$, 显然 $\psi_{M/K}(i(N/K))\geqslant i(N/K)$, 于是 $i(N/M)\geqslant \psi_{M/K}(i(N/K))\geqslant i(N/K)$. □

命题 10.85 设 F 是局部域, F'/F 是全分歧可分扩张, $[F':F]=p^d>0$. 则

(1) $\alpha,\beta\in\mathcal{O}_{F'} \Rightarrow$
$$v_F(N_{F'/F}(\alpha+\beta)-N_{F'/F}(\alpha)-N_{F'/F}(\beta))\geqslant \frac{(p-1)i(F'/F)}{p}.$$

(2) 对 $a\in\mathcal{O}_F$, 存在 $\alpha\in\mathcal{O}_{F'}$, 使得
$$v_F(N_{F'/F}(\alpha)-a)\geqslant \frac{(p-1)i(F'/F)}{p}.$$

(3) 取非负实数 t. 若 $\alpha,\beta\in\mathcal{O}_{F'}$ 满足条件 $v_{F'}(\alpha-\beta)\geqslant t$, 则
$$v_F(N_{F'/F}(\alpha)-N_{F'/F}(\beta))\geqslant \phi_{F'/F}(t).$$

证明 (1) 的证明分为三步.

(a) 设 $F\subseteq F''\subseteq F'$. 如果对 F''/F 及 F'/F'' (1) 成立, 则对 F'/F (1) 成立.

证明: 若取 $\alpha,\beta\in\mathcal{O}_{F'}$, 则
$$N_{F'/F''}(\alpha+\beta)=N_{F'/F''}(\alpha)+N_{F'/F''}(\beta)+\gamma,\quad v_{F''}(\gamma)\geqslant \frac{(p-1)i(F'/F'')}{p}.$$

因为 F''/F 是全分歧扩张, 于是
$$v_F(N_{F''/F}(\gamma))\geqslant \frac{(p-1)i(F'/F'')}{p}.$$

另外, 由 $N_{F'/F} = N_{F''/F}N_{F'/F''}$ 得

$$N_{F'/F}(\alpha+\beta) = N_{F'/F}(\alpha) + N_{F'/F}(\beta) + N_{F''/F}(\gamma) + \gamma', \quad v_F(\gamma') \geqslant \frac{(p-1)i(F''/F)}{p}.$$

由命题 10.84 知 $i(F'/F'') \geqslant i(F'/F), i(F''/F) \geqslant i(F'/F)$, 于是

$$v_F(N_{F'/F}(\alpha+\beta) - N_{F'/F}(\alpha) - N_{F'/F}(\beta)) \geqslant \frac{(p-1)i(F'/F)}{p}.$$

(b) 当 F'/F 是 p 次循环扩张时, (1) 成立.

证明: 设 $\alpha \neq 0, v_F(\beta/\alpha) \geqslant 0$, 记 $i(F'/F)$ 为 i. 按命题 10.53, 若 $x \in \mathcal{O}_{F'}$, 则 $v_F(\mathrm{Tr}_{F'/F}(x)) \geqslant [((p-1)(i+1))/p]$ (整数部分), 并且有

$$N_{F'/F}\left(1 + \frac{\beta}{\alpha}\right) = 1 + N_{F'/F}\left(\frac{\beta}{\alpha}\right) \mod \mathrm{Tr}_{F'/F}(\mathcal{O}_{F'}),$$

于是 $v_F(\mathrm{Tr}_{F'/F}(x)) \geqslant [((p-1)(i))/p]$, 并且.

$$v_F\left(N_{F'/F}\left(1 + \frac{\beta}{\alpha}\right) - 1 - N_{F'/F}\left(\frac{\beta}{\alpha}\right)\right) \geqslant \frac{(p-1)i(F'/F)}{p}.$$

因此 (1) 成立.

(c) 设 E 为 F' 在 F 上的 Galois 闭包. 在 E 内取最大顺分歧扩张 E_1/F, 由假设 F'/F 是 p^d 次全分歧扩张, 于是 F' 与 E_1 是线性无交的, 于是

$$N_{F'/F}(\alpha+\beta) - N_{F'/F}(\alpha) - N_{F'/F}(\beta) = N_{F'E_1/E_1}(\alpha+\beta) - N_{F'E_1/E_1}(\alpha) - N_{F'E_1/E_1}(\beta).$$

由于 $\mathrm{Gal}(E/E_1)$ 是 p-群, $F'E_1 = \cup_j E_j$ 是 $E_{j+1} \supseteq E_j, E_{j+1}/E_j$ 是 p 次循环扩张, 于是用第一步和第二步, 便得

$$v_{E_1}(N_{F'/F}(\alpha+\beta) - N_{F'/F}(\alpha) - N_{F'/F}(\beta)) \geqslant \frac{(p-1)i(E_1F'/E_1)}{p},$$

这样由 $i(E_1F'/E_1) = e_{E_1|F}i(F'/F)$ 便得 (1).

现在证明 (2). 取 $a \in \mathcal{O}_F$, 设 π' 为 F' 的素元. 则 $\pi = N_{F'/F}\pi'$ 是 F 的素元. 取 $\{x_i \in \kappa_F\}$ 使得 $a = \sum_{i=0}^{\infty}[x_i]\pi^i$, 其中 $[x_i] \in \mathcal{O}_F$ 为 x_i 的乘性代表. 设 $\alpha = \sum_{i=0}^{\infty}[x_i^{1/[F':F]}]\pi'^i$, 用本命题之 (1),

$$v_F\left(N_{F'/F}(\alpha) - \sum_{i=0}^{\infty}[x_i]\pi^i\right) \geqslant \frac{(p-1)i(F'/F)}{p}.$$

这正是 (2) 之所求.

余下证明 (3). 若 $v_{F'}(\beta) \geqslant t$, 则 $v_{F'}(\alpha) \geqslant t$, 此时引理成立. 现设 $v_{F'}(\beta) < t$, 则

$$v_{F'}\left(1 - \frac{\alpha}{\beta}\right) \geqslant t - v_{F'}(\beta).$$

当 F'/F 是 Galois 扩张时, 按命题 10.57 有
$$v_F\left(N_{F'/F}(1-\frac{\alpha}{\beta})\right) \geqslant \phi_{F'/F}(t - v_{F'}(\beta)).$$
利用 $\phi_{F'/F}(t-v_{F'}(\beta))+v_{F'}(\beta) \geqslant \phi_{F'/F}(t)$, 便得 $v_F(N_{F'/F}(\alpha)-N_{F'/F}(\beta)) \geqslant \phi_{F'/F}(t)$. 一般情况就把问题化为 p 次循环扩张的情形. □

定义 10.86 设 $[E:F] < \infty, i \in \mathbb{R}$. 称 E/F 为 i 级初等扩张, 若对 $\forall \varepsilon > 0$, 有 $G_F^{i+\varepsilon}G_E = G_E$ 和 $G_F^i G_E = G_F$.

取 APF 扩张 L/K, 把实数集
$$B = \{b \in \mathbb{R}_+^\times : \forall \varepsilon > 0, G_K^{b+\varepsilon}G_L \neq G_K^b G_L\}$$
写为严格递增序列 $\{b_n : 0 < n < m\}$. 若 L/K 为有限扩张, 则 $m < \infty$; 设 $K_m = L$. 若 L/K 为无限扩张, 则 $m = +\infty$.

以 K_n 记 $G_K^{b_n} G_L$ 在 K^{sep} 内的固定域, 则 K_{n+1}/K_n 是 $i_n = \psi_{L/K}(b_n)$ 级初等扩张. 称 $\{K_n\}$ 为 L/K 的初等扩张塔.

则 K_0 是 L/K 内最大无分歧扩张, K_1 是 L/K 内顺分歧扩张, K_1/K_0 是全分歧扩张, $p \nmid [K_1:K_0]$.

若 L/K 是无穷 APF 扩张, 则 $b_n \to \infty, i_n \to \infty$.

设 $\mathscr{E}_{L/K} = \{F : K \subseteq F \subseteq L, [F:K] < \infty\}$. 对 $F \in \mathscr{E}_{L/K}$, 定义 $r(F)$ 为 $\geqslant ((p-1)i(L/F))/p$ 的最小整数. 按命题 10.84, $r(F)$ 是递增的. 设 L/K 是无穷 APF 扩张, 取 $\{K_n\}$ 为 L/K 的初等扩张塔. 因为 $i(K_{n+1}/K_n) = i(L/K_n) = i_n \to \infty$, 所以 $r(F) \to \infty$.

设 L/K 是无穷 APF 扩张. 取递增整数 $\{s(F)\}_{F \in \mathscr{E}_{L/K}}$ 使得 $0 < s(F) \leqslant r(F)$ 和 $\lim_F s(F) = \infty$. 这样, 若 $F \subseteq F' \in \mathscr{E}_{L/K}$, 由命题 10.85 得知范映射 $N_{F'/F}$ 给出满同态
$$\mathcal{O}_{F'}/\mathfrak{p}_{F'}^{s(F')} \to \mathcal{O}_F/\mathfrak{p}_F^{s(F)}.$$
这些范映射决定离散拓扑环的逆极限
$$A_K(L) := \varprojlim_F \mathcal{O}_F/\mathfrak{p}_F^{s(F)}.$$
于是 $A_K(L)$ 是完备拓扑环.

取 $0 \neq a = (a_F) \in A_K(L)$, 则有 $0 \neq \bar{a}_F \in \mathcal{O}_F/\mathfrak{p}_F^{s(F)}$. 对 $F' \in \mathscr{E}_{L/F}$, 取 $\hat{\bar{a}}_{F'} \in \mathcal{O}_{F'}$ 使得
$$\mathcal{O}_{F'} \to \mathcal{O}_{F'}/\mathfrak{p}_{F'}^{s(F')} : \hat{\bar{a}}_{F'} \mapsto \bar{a}_{F'}.$$
由于 v_F 是规范赋值, $N_{F'/F}(a_{F'}) = a_F$, 显然 $v_{F'}(\hat{\bar{a}}_{F'})$ 与 F' 及 $\hat{\bar{a}}_{F'}$ 的选取无关. 因此可以定义
$$w(a) = v_{F'}(\hat{\bar{a}}_{F'}), \quad w(0) = \infty.$$

p 是剩余域 κ_K 的特征, 记 p 映为 $p_F \in \mathcal{O}_F/\mathfrak{p}_F^{s(F)}$. 若 $p = (p_F) \in A_K(L)$ 不是零, 则存在 $F \in \mathscr{E}_{L/K_1}$, 使得对 $F' \supseteq F$ 有 $v_{F'}(p) = w(p)$, 矛盾. 结论是: $A_K(L)$ 是特征 p.

在剩余域 κ_L 取 x, 设 $[x] \in \mathcal{O}_{K_0}$ 为乘性代表. 对 $F \in \mathscr{E}_{L/K_1}$, 因为 $[F : K_1]$ 是 p 次方, 可取 $[x]$ 的 $[F : K_1]$ 次方根 x_F. 对 $F \subseteq F'$, 有

$$x_F = x_{F'}^{[F':F]} = N_{F'/F}(x_E).$$

记 x_F 映为 $\overline{[x_F]} \in \mathcal{O}_F/\mathfrak{p}_F^{s(F)}$, $\mathscr{E}_{L/K_1}$ 是 $\mathscr{E}_{L/K}$ 的共尾子集, 所以 $(\overline{[x_F]})_{F \in \mathscr{E}_{L/K_1}}$ 决定 $A_K(L)$ 的元, 记为 $f(x)$.

取 $x, y \in \kappa_L$, 则 $x_F + y_F \equiv (x+y)_F \mod p$, 于是 $f(x+y) = f(x) + f(y)$, 其余不难验证 f 为 κ_L 至 $A_K(L)$ 的剩余域的同构.

10.10.2 X

1. 定义

设 K 是局部域, 其剩余类域 $\mathfrak{k}_F$ 是特征 p 的完全域. 设 L/K 是无限 APF 扩张. 记 $\mathscr{E}_{L/K}$ 为在 L/K 内的有限子扩张 E/K 所构成的偏序集 (偏序关系由包含给出), 对 $\mathscr{E}_{L/K}$ 里的 $F' \supseteq F$ 以范映射 $N_{F'/F}$ 为结合映射得出逆系统. 令

$$X_K(L)^\times := \varprojlim_{F \in \mathscr{E}_{L/K}} F^\times,$$

设 $X_K(L) := X_K(L)^\times \cup \{0\}$.

这样 $X_K(L)$ 的元 $a = (a_F)_{F \in \mathscr{E}_{L/K}}$, 其中若 $F' \supseteq F$, $N_{F'/F}(a_{F'}) = a_F$, 于是 $v_F(a_F)$ 与 F 无关, 可以定义 $v(a)$ 为 $v_F(a_F)$. 设

$$\mathcal{O}_{X_K(L)} = \{a \in X_K(L) : v(a) \geqslant 0\}.$$

取 $\alpha = (\alpha_F)_{F \in \mathscr{E}_{L/K}} \in \mathcal{O}_{X_K(L)}$, 记 α_F 映为 $\overline{\alpha_F} \in \mathcal{O}_F/\mathfrak{p}_F^{s(F)}$, 则

$$\xi(\alpha) = (\overline{\alpha_F}_{F \in \mathscr{E}_{L/K_1}}) \in A_K(L).$$

取 $a = (\bar{a}_F) \in A_K(L)$, 对 $F' \in \mathscr{E}_{L/K_1}$, 记 $\hat{\bar{a}}_{F'} \in \mathcal{O}_{F'}$ 映为 $\bar{a}_{F'}$. 若 $F'' \supseteq F' \supseteq F$, 则 $v_{F'}(N_{F''/F'}(\hat{\bar{a}}_{F''}) - \hat{\bar{a}}_{F'}) \geqslant s(F')$, 由命题 10.85 (3), 得 $v_F(N_{F''/F}(\hat{\bar{a}}_{F''}) - N_{F'/F}(\hat{\bar{a}}_{F'})) \geqslant \phi_{F'/F}(s(F'))$. 由 $\phi_{F'/F}(u) \geqslant \phi_{L/F}(u)$ 得

$$v_F(N_{F''/F}(\hat{\bar{a}}_{F''}) - N_{F'/F}(\hat{\bar{a}}_{F'})) \geqslant \phi_{L/F}(s(F')).$$

由于 $\lim s(F') = \infty$, 所以在 $\mathcal{O}_F$ 内 $\lim_{F'} N_{F'/F}(\hat{\bar{a}}_{F'})$ 收敛.

此外若另有 $\hat{\bar{b}}_{F'} \in \mathcal{O}_{F'}$ 投映为 $\bar{a}_{F'}$, 则由

$$v_F(N_{F'/F}(\hat{\bar{a}}_{F'}) - N_{F'/F}(\hat{\bar{b}}_{F'})) \geqslant \phi_{L/F}(s(F'))$$

得知 $\lim_{F'} N_{F'/F}(\hat{\bar{a}}_{F'})$ 与代表 $\hat{\bar{a}}_{F'}$ 的选取无关.

于是若 $a = (\bar{a}_F) \in A_K(L)$, 对 $F' \in \mathscr{E}_{L/K_1}$, 记 $\hat{\bar{a}}_{F'} \in \mathcal{O}_{F'}$ 映为 $\bar{a}_{F'}$. 可取 $\eta(a)_F = \lim_{F' \in \mathscr{E}_{L/K_1}} N_{F'/F}(\hat{\bar{a}}_{F'})$, 并设 $\eta(a) = (\eta(a)_F)$. 则 $\eta: A_K(L) \to \mathcal{O}_{X_K(L)}$ 是 ξ 的逆映射, 于是知有双射

$$\mathcal{O}_{X_K(L)} \leftrightarrow A_K(L).$$

利用这个双射我们知道, 若 $\alpha, \beta \in X_K(L)$, 则在 F 内有 $\lim_{F'} N_{F'/F}(\alpha_{F'} + \beta_{F'}) = \gamma_F$, 并且 $\gamma = (\gamma_F) \in X_K(L)$, 于是定义 $\alpha + \beta = \gamma$. 显然可以定义 $\alpha\beta = (\alpha_F \beta_F)$, 这样 $X_K(L)$ 成为特征 p 的局部域, $v(X_K(L)^\times) = \mathbb{Z}$, 且 $X_K(L)$ 的剩余类域同构于 κ_L, 称 $X_K(L)$ 为 L/K 的 **范域** (norm field).

2. 态射

设 K 是局部域, 其剩余类域是特征 p. 取无限 APF 扩张 $E/K, L'/K$ 和 K 单射 $\eta: E \to L'$. 以 $\mathscr{E}_\eta$ 记满足以下条件的 F' 的集合: $F' \in \mathscr{E}_{L'/K}$ 使得 $\eta E \otimes_{\eta E \cap F'} F' \cong L'$.

取 $\alpha = (\alpha_F)_{F \in \mathscr{E}_{E/K}} \in X_K(E)$. 若 $F' \in \mathscr{E}_\eta$, 则设

$$\beta_{F'} = \eta \alpha_{\eta^{-1}(F')}.$$

若 $F' \subseteq F'' \in \mathscr{E}_\eta$, 则 $a \in \eta^{-1}F'' \Rightarrow N_{F''/F'}(\eta a) = \eta N_{\eta^{-1}F''/\eta^{-1}F'}(a) \Rightarrow N_{F''/F'}\beta_{F''} = \beta_{F'}$. 由于 $\mathscr{E}_\eta$ 是 $\mathscr{E}_{L'/K}$ 的共尾子集, $(\beta_{F'})_{F' \in \mathscr{E}_\eta}$ 决定 $X_K(L')$ 的元, 我们记这个元为 $X_K(\eta)(\alpha)$. 显然, 如此由 K 单射 $\eta: E \to L'$ 得来的

$$X_K(\eta): X_K(E) \to X_K(L')$$

是连续单射.

这样, 固定 K 的一个可分闭包 K^{sep}, 则 $X_K(\bullet)$ 是由 K 的包含于 K^{sep} 的无限 APF 扩张范畴 (态射为 K-单射) 到特征 p 的局部域范畴 (态射为连续单射) 的函子.

以上的特别情形是取 $E = L'$, 即由 $\eta: L' \to L'$ 得 $X_K(\eta): X_K(L') \to X_K(L')$. 现设有无限 APF 扩张 $L/K, L \subseteq L'$. 显然若 η 是 L' 的 L-同构, 则 $X_K(\eta)$ 是 $X_K(L')$ 的 $X_K(L)$-同构.

10.11 完全化

10.11.1 $\mathscr{R}$

设 $0 \neq p$ 为素数, 交换环 A 是特征 p, 即有正合序列 $0 \to p\mathbb{Z} \to \mathbb{Z} \to A$, 此时 A 为 $\mathbb{F}_p$-代数, 这样便可得同态 $\varphi: A \to A: a \mapsto a^p$, 称此为 p **幂映射** (p-th power map) 或

绝对 Frobenius 映射. 若 φ 为同构, 则 A 叫作**完全环** (perfect ring), 否则称为**非完全环** (imperfect ring). 若 φ 为单射, 则称 A 为约化环.

本节提供一个构造方法: $A \rightsquigarrow \mathscr{R}(A)$. 当环 A 是非完全环时, $\mathscr{R}(A)$ 是完全环, 此时常称 $\mathscr{R}(A)$ 为 A 的**完全化** (perfection).

定义 10.87 交换环 A 是特征 p. 对整数 $n \geqslant 0$ 取 $A_n = A$, 转移映射为 $\varphi: A_{n+1} \to A_n: x \mapsto x^p$. 定义

$$\mathscr{R}(A) = \varprojlim_n A_n.$$

这样 $x \in \mathscr{R}(A)$ 是指 $x = (x_n)$, $x_n \in A$, $x_{n+1}^p = x_n$.

命题 10.88 A 是特征 p 环, $\mathscr{R}(A)$ 是完全环.

证明 取 $x = (x_n) \in R(A)$, 则 $x^p = (x_0^p, x_1^p, x_2^p, x_3^p, \ldots) = (x_0^p, x_0, x_1, \ldots)$, 于是 $x^p = 0 \Rightarrow 0 = x_0 = x_1 = \ldots \Rightarrow x = 0$, 即 φ 为单射. 另一方面, 在 $\mathscr{R}(A)$ 内取 $y = (y_0, y_1, \ldots) = (y_1^p, y_2^p, \ldots)$. 设 $x = (y_1, y_2, \ldots)$. 则 $x^p = y$, 即 φ 为满射. □

不过更重要的却是从一个特征 0 的 A 去构造 $\mathscr{R}(A/pA)$, 为此我们在 $A^{\mathbb{N}}$ 内选个代表集 S, 也可以说是给 $\mathscr{R}(A/pA)$ 的元素 x 提升坐标.

命题 10.89 设 A 是 Hausdorff 完备 p 进拓扑环, 即 $A \cong \varprojlim_n A/p^n A$. 设

$$\tilde{\mathbf{E}}^+ = \{(x^{(n)}) : x^{(n)} \in A, (x^{(n+1)})^p = x^{(n)}\}.$$

则 $\tilde{\mathbf{E}}^+ \to \mathscr{R}(A/pA) : (x^{(n)}) \mapsto (x^{(n)} \bmod pA)$ 是双射, 并且

$$(xy)^{(n)} = x^{(n)} y^{(n)}, \quad (x+y)^{(n)} = \lim_{m \to \infty} \left(x^{(n+m)} + y^{(n+m)} \right)^{p^m}.$$

证明 我们构造以上映射的逆映射.

取 $x = (x_n) \in \mathscr{R}(A/pA)$, 为 x_n 选代表 $\hat{x}_n \in A$, 即 $x_n = \hat{x}_n + pA$, 这样原条件 $x_{n+1}^p = x_n$ 变为 $\hat{x}_{n+1}^p \equiv \hat{x}_n \bmod pA$.

二项展开: $\alpha \equiv \beta \bmod p^m \Rightarrow \alpha^p \equiv \beta^p \bmod p^{m+1}$, 于是

$$\hat{x}_{n+m+1}^{p^{m+1}} \equiv \hat{x}_{n+m}^{p^m} \quad \bmod p^{m+1} A.$$

因此, 固定 n, 在 A 内对 m 取的极限存在, 并且与代表选取无关. 可设

$$x^{(n)} = \lim_{m \to \infty} \hat{x}_{n+m}^{p^m}.$$

显然所得之 $(x^{(n)}) \in \tilde{\mathbf{E}}^+$, 并且 $(x_n) \mapsto (x^{(n)})$ 为所求之逆映射. □

我们亦可以如下阐述上述命题.

命题 10.90 设 $\mathcal{O}$ 是 p 进完备 Hausdorff 环, $\mathfrak{a}$ 是 $\mathcal{O}$ 的理想, $p\mathcal{O} \subset \mathfrak{a}$, 存在 $N \geqslant 0$ 使得 $\mathfrak{a}^N \subset p\mathcal{O}$.

(1) 有集合的乘性双射
$$\varprojlim_{x \mapsto x^p} \mathcal{O} \to \mathscr{R}(\mathcal{O}/\mathfrak{a}) : (x^{(n)})_{n \geqslant 0} \mapsto (x^{(n)} \mod \mathfrak{a}).$$

(2) 若 $X = (x_n) \in \mathscr{R}(\mathcal{O}/\mathfrak{a})$, 对 $r \geqslant 0$ 选 $\hat{x}_r$, 令 $x_r = \hat{x}_r + \mathfrak{a}$, 则对 $n \geqslant 0$, 极限 $\ell_n(x) = \lim_{m \to \infty}(\hat{x}_{n+m})^{p^m}$ 在 $\mathcal{O}$ 内存在, 并且与提升 $\hat{x}_r$ 的选择无关.

(3) $x \mapsto (\ell_n(x))$ 是 (1) 的映射的逆映射.

(4) $\mathscr{R}(\mathcal{O}/p\mathcal{O}) \to \mathscr{R}(\mathcal{O}/\mathfrak{a})$ 是同构.

(5) 若 $\mathcal{O}$ 是整环, 则 $\mathscr{R}(\mathcal{O}/p\mathcal{O})$ 是整环.

按命题, 在 $\varprojlim \mathcal{O}$ 上可取乘法 $(xy)^{(n)} = x^{(n)} y^{(n)}$, 而且从证明中可知加法
$$(x+y)^{(n)} = \lim_{m \to \infty} \left(x^{(n+m)} + y^{(n+m)} \right)^{p^m}.$$

命题的双射把 $\mathscr{R}(\mathcal{O}/\mathfrak{a})$ 的 $\mathbb{F}_p$-代数结构转移到 $\varprojlim \mathcal{O}$.

10.11.2 E 和 A

1. p 幂范域 E

设 K 是特征 0 完备离散赋值域, 剩余域是特征 p. 对 $n \geqslant 0$, K_n/K 是有限扩张, $K_{n+1} \supseteq K_n$. 假设存在 $n_0(K) \geqslant 0$, 使得若 $n \geqslant n_0(K)$, $K_n/K_{n_0(K)}$ 是全分歧扩张和 $\mathrm{Gal}(K_n/K_{n_0(K)}) \cong \mathbb{Z}/p^{n-n_0(K)}\mathbb{Z}$. 设 $K_\infty = \cup K_n$. 于是 $K_\infty/K_{n_0(K)}$ 是全分歧 $\mathbb{Z}_p$ 扩张.

对有限扩张 L/K, 设 $L_n = LK_n$, $L_\infty = \cup L_n$. 则存在 $n_0(L) \geqslant 0$, 使得 $L_\infty/L_{n_0(L)}$ 是全分歧 $\mathbb{Z}_p$ 扩张, 即对所有 $n \geqslant n_0(L)$, $L_n/L_{n_0(L)}$ 是全分歧扩张. 此时剩余域 $\kappa_{L_\infty} = \kappa_{L_{n_0(L)}}$.

引理 10.91 存在 n_L 使得对 $n \geqslant n_L$, $g \in \mathrm{Gal}(L_{n+1}/L_n)$, $t \in \mathcal{O}_{L_{n+1}}$ 以下条件成立: $v((g-id)(t)) \geqslant 1/(2p-2)$.

证明 设 $\Gamma = \mathrm{Gal}(K_\infty/K) \cong \mathbb{Z}_p$. 以 γ 记 Γ 的拓扑生成元, 则 $\mathrm{Gal}(K_{n+1}/K_n)$ 是由 γ^{p^n} 生成的 p 阶循环群.

对 $i \geqslant 1$, 下标分歧群的商群 $\mathrm{Gal}(K_{n+1}/K)_i / \mathrm{Gal}(K_{n+1}/K)_{i+1}$ 是 p 阶循环群的直积 (见推论 10.41(2)). 因为它们都是 $\Gamma \cong \mathbb{Z}_p$ 的子商, 所以它们只可以同构于 0 或 $\mathbb{Z}/p\mathbb{Z}$. 对 $i = 0$ 亦成立, 因为 K_{n+1}/K 是全分歧扩张. 这样便知道 p^{n+1} 次循环全分歧扩张 K_{n+1}/K 的 Galois 群 $\mathrm{Gal}(K_{n+1}/K)$ 的每一个子群都是分歧群! 记 $\phi_{n+1} = \phi_{K_{n+1}/K}$. 按定义 $\phi'_{n+1}(u) = 1/[G_0 : G_{m+1}]$, $m < u < m+1$, 于是 ϕ_{n+1} 的值是 $\{1, p^{-1}, \ldots, p^{-n-1}\}$.

现在回到引理 10.74. 利用命题 10.39 (2) 得知: 对唯一的 $x_n \geqslant 0$ 使得 $\phi_{n+1}(x_n) = y_n$ (分歧跳跃点) 有以下等式

$$\mathrm{Gal}(K_{n+1}/K)_{x_n} = \mathrm{Gal}(K_{n+1}/K)^{y_n} = p^n\Gamma/p^{n+1}\Gamma = \langle \gamma^{p^n} \rangle.$$

由 $v(p) = 1$ 得 K_{n+1} 的规范赋值是 $e_{K_{n+1}} \cdot v$, 其中 K_{n+1} 的绝对分歧指标是 $e_{K_{n+1}} = e[K_{n+1}:K] = ep^{n+1}$. 按 $\mathrm{Gal}(K_{n+1}/K)_{x_n}$ 的定义便得: 对 $t \in \mathcal{O}_{K_{n+1}}$ 有

$$ep^{n+1}v((\gamma^{p^n} - id)(t)) \geqslant x_n + 1.$$

设 $m \leqslant n$. 当 $x_m < x \leqslant x_{m+1}$ 时,

$$\mathrm{Gal}(K_{n+1}/K)_x = \mathrm{Gal}(K_{n+1}/K)^{\phi_{n+1}(x)} = \mathrm{Gal}(K_{n+1}/K)^{y_{m+1}},$$

$\phi'_{n+1}(x) = p^{-n-1}$, 因此 $y_{m+1} - y_m = p^{-n-1}(x_{m+1} - x_m)$. 取 m_0 如引理 10.74, 则对 $m \geqslant m_0$, 有 $y_{m+1} - y_m = e$, 所以

$$x_n = x_{m_0} + \sum_{m=m_0}^{n-1} p^{m+1}(y_{m+1} - y_m) = x_{m_0} + ep\frac{p^n - p^{m_0}}{p-1},$$

因此

$$v((\gamma^{p^n} - id)(t)) \geqslant \left(\frac{x_{m_0}+1}{e} - \frac{p^{m_0+1}}{p-1}\right)p^{-n-1} + \frac{1}{p-1},$$

这样只要选 n_K 使得

$$\left|\frac{x_{m_0}+1}{e} - \frac{p^{m_0+1}}{p-1}\right| p^{-n_K-1} \leqslant \frac{1}{2(p-1)}. \qquad \square$$

引理 10.92 存在整数 $n_L \geqslant 0$, 理想 $\mathfrak{a}_L \subsetneq \mathcal{O}_{L_{N_L}}$, $p \in \mathfrak{a}_L$, 有 $N \geqslant 1$ 令 $\mathfrak{a}_L^N \subseteq p\mathcal{O}_{L_{N_L}}$ 使得对 $x \in \mathcal{O}_{L_{n+1}}, n \geqslant n_L$ 有

$$N_{L_{n+1}/L_n}x \equiv x^p \mod \mathfrak{a}_L\mathcal{O}_{L_{n+1}}.$$

证明 对全分歧 $\mathbb{Z}_p$ 扩张 $L_\infty/L_{n_0(L)}$ 使用引理 10.91, 得 $n_L \geqslant n_0(L)$ 使得对 $x \in \mathcal{O}_{L_{n+1}}$, $g \in \mathrm{Gal}(L_{n+1}/L_n)$, 有

$$v((g-id)(t)) \geqslant \frac{1}{2(p-1)}.$$

只要适当增大 n_L, 可设有 $y \in \mathcal{O}_{L_{n+1}}$ 令 $0 < v(y) \leqslant 1/(2p-2)$. 现取 $\mathfrak{a}_L = y\mathcal{O}_{L_{n_L}}$, 则对 $n \geqslant n_L, x \in \mathcal{O}_{L_{n+1}}$ 有

$$N_{L_{n+1}/L_n}(x) = \prod_{g \in \mathrm{Gal}(L_{n+1}/L_n)} g(x) \equiv x^p \mod \mathfrak{a}_L\mathcal{O}_{L_{n+1}}. \qquad \square$$

定义 10.93 取完全化运算 $\mathscr{R}$ (见 10.11.1 节), 定义
$$R_{L_\infty} = \mathscr{R}(\mathcal{O}_{L_\infty}/\mathfrak{a}_L\mathcal{O}_{L_\infty}) = \varprojlim_n \mathcal{O}_{L_\infty}/\mathfrak{a}_L\mathcal{O}_{L_\infty},$$
这样 $x \in R_{L_\infty}$ 是指 $x = (x_n), x_n \in \mathcal{O}_{L_\infty}/\mathfrak{a}_L\mathcal{O}_{L_\infty}, x_{n+1}^p = x_n$. 设
$$\mathbf{E}_L^+ = \{(x_n) \in R_{L_\infty} : \text{对 } n \gg 0, x_n \in \mathcal{O}_{L_n}/\mathfrak{a}_L\mathcal{O}_{L_n}\}.$$
$\mathbf{E}_L^+$ 是特征 p 的离散赋值环.

按引理 10.92 对 $(x_n) \in \mathbf{E}_L^+$, 若 $n \geqslant n_L$, 则 $N_{L_{n+1}/L_n}x_{n+1} = x_n$, 这是定义范域的条件, 这里与 10.10.2 节的内容发生关联.

定义 $R_L := \mathscr{R}(\mathcal{O}_L/\mathfrak{a}_L)$, 设 $\hat{\mathcal{O}}_L = \varprojlim_n \mathcal{O}_L/p^n\mathcal{O}_L$. 则 $\hat{\mathcal{O}}_L/p = \mathcal{O}_L/p$. 又从命题 10.90 得 $R_L = \mathscr{R}(\mathcal{O}_L/p)$, 于是
$$R_L = \left\{ (x^{(n)}) \in \prod_{n \geqslant 0} \hat{\mathcal{O}}_L : (x^{(n+1)})^p = x^{(n)} \right\}.$$

2. 单化子的选择 A

按前小节在 R_{K_∞} 内取特征 p 的离散赋值环 $\mathbf{E}_K^+$, 以 $\mathbf{E}_K$ 记 $\mathrm{Frac}(\mathbf{E}_K^+)$, 则 $\mathbf{E}_K^+$ 是 $\mathbf{E}_K$ 的赋值环, 故此亦记为 $\mathcal{O}_{\mathbf{E}_K}$.

引理 10.94 若 $n \geqslant n_K$, π_{K_n} 是 K_n 的单化子, 则 K_{n+1} 有单化子 $\pi_{K_{n+1}}$ 满足以下条件: $\pi_{K_{n+1}}^p \equiv \pi_{K_n} \bmod \mathfrak{a}_K\mathcal{O}_{K_{n+1}}$.

证明 选 K_{n+1} 的单化子 π, K_{n+1}/K_n 是全分歧, 于是 $N_{K_{n+1}/K_n}\pi$ 是 K_n 的单化子. 对 $m \geqslant n_K$, 所有 K_m 的剩余域都相同, 记之为 κ. 则
$$N_{K_{n+1}/K_n}\pi = \sum_{i=1}^\infty [a_i]\pi_{K_n}^i,$$
其中 Teichmüller 代表里的 $a_i \in \kappa$, 并且由 $N_{K_{n+1}/K_n}\pi$ 是 K_n 的单化子知 $a_1 \neq 0$.

设 $\pi_{K_{n+1}} = \sum j=1^\infty [b_j]\pi^j, b_j \in \kappa$. 按引理 10.92 中 $\mathfrak{a}_K$ 的性质, $\bmod \mathfrak{a}_K\mathcal{O}_{K_{n+1}}$ 有
$$\pi_{K_{n+1}}^p \equiv \sum_{j=1}^\infty [b_j^p]\pi^{pj} \equiv \sum_{j=1}^\infty \left(\sum_{i=1}^\infty [a_i]\pi_{K_n}^i \right)^j$$
$$\equiv \sum_{m=1}^\infty \left([b_m^p][a_1]^m + \sum_{j=1}^{m-1}[b_j^p]P_m([a_1],\ldots,[a_m]) \right) \pi_{K_n}^m,$$
其中 $P_m \in \mathbb{Z}[X_1,\ldots,X_m]$. 因为 κ 是完全域, $a_1 \neq 0$, 取 $b_1 = a_1^{-1/p}$, 然后取 $b_j \in \kappa$ 续步解以下方程组
$$b_m^p a_1^m + \sum_{j=1}^{m-1} b_j^p P_m(a_1,\ldots,a_m) = \delta_{1,m},$$

其中 $\delta_{ii} = 1$, 若 $i \neq j$, $\delta_{ij} = 0$. 如此便得所求的 $\pi_{K_{n+1}}$. □

注 引理中可以 L 代替 K.

对 $n \geqslant n_K$, 取 π_{K_n} 如引理 10.94. 对 $n < n_K$, 用 $\pi_{K_{n_K}}$ 来设 $\pi_{K_n} := \pi_{K_{n_K}}^{n_K - n}$. 注意: 这样当 $n < n_K$ 时, π_{K_n} 不一定是 K_n 的单化子. 定义 $\bar\pi_K := (\pi_{K_n})_{n \geqslant 0}$, 则 $\bar\pi_K \in \mathbf{E}_K^+$. 事实上, 若 $x = (x_n) \in R_{K_\infty}$, 则 $x^{(0)} = \lim \hat x_n^{p^n}$, 于是

$$v_R(\bar\pi_K) := v(\bar\pi_K^{(0)}) = \lim p^n v(\pi_{K_n}).$$

对 $n \geqslant n_K$, K_n/K_{n_K} 是全分歧扩张, $[K_n : K_{n_K}] = p^{n-n_K}$, 所以 $v(\pi_{K_n}) = p^{n_K - n} v(\pi_{K_{n_K}})$. 这样对 $n \geqslant n_K$, $p^n v(\pi_{K_n}) = p^{n_K} v(\pi_{K_{n_K}})$ 与 n 无关, 由此知 $v_R(\bar\pi_K) > 0$.

命题 10.95 (1) 可把剩余域 κ_{K_∞} 看作 $\mathbf{E}_K^+$ 的子环.
(2) 在 $\kappa_{K_\infty}[[X]]$ 取 X 进拓扑, $\mathbf{E}_K^+$ 取 $\bar\pi_K$ 进拓扑, 设 $\theta_K(X) = \bar\pi_K$. 则 $\theta_K : \kappa_{K_\infty}[[X]] \to \mathbf{E}_K^+$ 是连续 κ_{K_∞} 代数同构.
(3) 若有 $\mathbf{E}_K^+$ 的非零元 x, y, 则 $x|y \Leftrightarrow v_R(x) \geqslant v_R(y)$.
(4) 在 $\mathbf{E}_K^+$ 上 v_R 进拓扑等同于 $\bar\pi_K$ 进拓扑.
(5) $\mathbf{E}_K = \mathbf{E}_K^+[1/\bar\pi_K]$.

证明 (1) $K_\infty/K_{n_0(K)}$ 为全分歧扩张, 剩余域

$$\kappa := \kappa_{K_\infty} = \kappa_{K_{n_0(K)}} = \kappa_{K_n}, \quad n \geqslant n_0(K),$$

$[\kappa : \kappa_K] < \infty$, $\kappa = W(\kappa)/p$ 是 $\mathcal{O}_{K_n}/\mathfrak{a}_K \mathcal{O}_{K_n}$ 的子域. 因为 κ 是完全域, 所以在 $\mathcal{O}_{K_\infty}/\mathfrak{a}_K \mathcal{O}_{K_\infty}$ 上的转移映射限制到 κ 时是同构, 于是可把 κ 看作 $\mathbf{E}_K^+$ 的子环.

(2) $\mathcal{O}_{K_n} = W(\kappa)[\pi_{K_n}]$. 记 e_n 为 K_n 的绝对分歧指标, $\delta_K = v(\mathfrak{a}_K) \in (1/e_n)\mathbb{Z}$. $c_K = e_{n_K} \delta_K \in \mathbb{Z}$, 由 $p \in \mathfrak{a}_K$ 得 $\mathcal{O}_{K_n}/\mathfrak{a}_K = \kappa[\pi_{K_n}]/(\pi_{K_n}^{e_n \delta_K})$. K_n/K_{n_K} 是 p^{n-n_K} 次全分歧扩张, 得 $e_n = p^{n-n_K} e_{n_K}$, 于是得唯一同构

$$\theta_{K,n} : \kappa[X_n]/(X_n^{c_K p^{n-n_K}}) \to \mathcal{O}_{K_n}/\mathfrak{a}_K \mathcal{O}_{K_n}.$$

令 $X_n \mapsto \pi_{K_n}$, $\kappa \ni a \mapsto a^{p^{-n}}$. 取 $pr(X_{n+1}) = X_n$, $f(x) = x^p$, 不难验证以下为交换图

$$\begin{array}{ccc} \kappa[X_{n+1}]/(X_{n+1}^{c_K p^{n+1-n_K}}) & \xrightarrow{pr} & \kappa[X_n]/(X_n^{c_K p^{n-n_K}}) \\ \downarrow{\theta_{K,n+1}} & & \downarrow{\theta_{K,n}} \\ \mathcal{O}_{K_{n+1}}/\mathfrak{a}_K \mathcal{O}_{K_{n+1}} & \xrightarrow{f} & \mathcal{O}_{K_n}/\mathfrak{a}_K \mathcal{O}_{K_n} \end{array}$$

取逆极限得环同构

$$\varprojlim_{n \geqslant n_K} \theta_{K,n} : \kappa[[X]] \to \varprojlim_{n \geqslant n_K} \mathcal{O}_{K_n}/\mathfrak{a}_K \mathcal{O}_{K_n}.$$

令 $X = \varprojlim X_n \mapsto \bar\pi_K = \varprojlim \pi_{K_n}$, 显然 $\varprojlim \theta_{K,n} = \theta_K$. □

注 命题 10.95 中可以 L 代替 K.

记 $W(\mathrm{Frac}(R_{K_\infty})) = \tilde{\mathbf{A}}_{K_\infty}$, 取 $\hat{\pi}_K \in \tilde{\mathbf{A}}_{K_\infty}$ 为 $\bar{\pi}_K$ 的 Teichmüller 代表 (即 $[\bar{\pi}_K]$), 则可提升命题 10.95 的 κ_{K_∞}-代数同构 θ_K 为 $W(\kappa_{K_\infty})$-代数单射

$$\theta_K : W(\kappa_{K_\infty})[[X]] \to \tilde{\mathbf{A}}_{K_\infty} : X \mapsto \hat{\pi}_K.$$

因为在 $\tilde{\mathbf{A}}_{K_\infty} \to R_{K_\infty}$ 下 $\hat{\pi}_K$ 映为 $\bar{\pi}_K \neq 0$, 所以 $\hat{\pi}_K$ 为可逆元, 这样便可把 θ_K 扩展为单射

$$\theta_K : Q \to \tilde{\mathbf{A}}_{K_\infty},$$

其中暂时记 $Q = W(\kappa_{K_\infty})[[X]][X^{-1}]$. 由 $Q/(p)$ 是域 $\kappa_{K_\infty}((X))$ 知 (p) 是 Dedekind 整环 Q 的素理想, $\tilde{\mathbf{A}}_{K_\infty}$ 是 p 进离散赋值环, 于是由 θ_K 得局部单射 $Q_{(p)} \to \tilde{\mathbf{A}}_{K_\infty}$, 这样便取 p 进完备化得局部单射 $j_{K_\infty} : \varprojlim Q/p^n \to \tilde{\mathbf{A}}_{K_\infty}$, 其中 $\varprojlim Q/p^n$ 是 $W(\kappa_{K_\infty})[[X]]\{X^{-1}\}$. 这个环的元是形式级数 $\sum a_n X^n$, $\lim_{n\to-\infty} |(a_n)|_p = 0$.

定义 10.96 以 $\mathbf{A}_K$ 记单射

$$j_{K_\infty} : W(\kappa_{K_\infty})[[X]]\{X^{-1}\} \to \tilde{\mathbf{A}}_{K_\infty}$$

的像.

$W(\mathrm{Frac}(R_{K_\infty})) = \tilde{\mathbf{A}}_{K_\infty}$ 的子环 $\mathbf{A}_K \subset$ 是 $\mathbf{E}_K$ 的一个 Cohen 环. 注意: $\mathbf{A}_K$ 由 $\hat{\pi}_K$ 的选取所决定.

3. 范域的 Galois 对应

若取有限扩张 L'/K 使得 $L'_\infty = L_\infty$, 则有 $\bar{m}$, 若 $n \geqslant \bar{m}$, 令 $L'_n = L_n$. 事实上有 m, m' 使得 $L \subset L'_{m'} = L'K_{m'}$, $L' \subset L_m = LK_m$, 于是对 $n \geqslant \bar{m} = \max\{m, m'\}$ 有

$$L_n = LK_n = (LK_m)K_n \supseteq L'K_n = L'_n, \quad L'_n = L'K_n = (L'K_{m'})K_n \supseteq LK_n = L_n.$$

由于 $\mathbf{E}_L^+$ 的构造只与充分大 n 的 L_n 有关, 所以 $\mathbf{E}_L^+ = \mathbf{E}_{L'}^+$.

设 M/K_∞ 是有限扩张, 在 M 内可取有限扩张 L/K 使得 $M = L_\infty$. 按以上可以定义 $\mathbf{E}_M^+ := \mathbf{E}_L^+$, 这与 L 的选择无关. 又以 R_M 记 R_{L_∞}, 记 $\mathrm{Frac}(\mathbf{E}_M^+)$ 为 $\mathbf{E}_M$, 也称它为 M 或 L 的范域.

命题 10.97 在 $\bar{K}$ 内取有限域扩张 M/K_∞ 和有限域扩张 L/K 使得 $M = L_\infty$.

(1) 设 $R_{\bar{K}} = \mathscr{R}(\mathcal{O}_{\bar{K}}/(p)) = \mathscr{R}(\mathcal{O}_{\bar{K}}/\mathfrak{a}_L\mathcal{O}_{\bar{K}})$. 定义

$$\rho_n : R_{\bar{K}} \to \mathcal{O}_{\bar{K}}/\mathfrak{a}_L\mathcal{O}_{\bar{K}} : (x_m) \mapsto x_n,$$

则有整数 c_L 只依赖 L 和 $\mathfrak{a}_L$ 使得 ρ_n 诱导正合序列

$$0 \to \bar{\pi}_L^{c_L p^{n-n_L}} R_M \to R_M \to \mathcal{O}_M/\mathfrak{a}_L\mathcal{O}_M \to 0.$$

若 $n \geqslant n_L$, 则在以上映射下 $\mathbf{E}_M^+ := \mathbf{E}_L^+$ 映为 $\mathcal{O}_{L_n}/\mathfrak{a}_L\mathcal{O}_{L_n}$.

(2) $\varphi^{-\infty}(\mathbf{E}_M^+)$ 是 R_M 的稠密子环.

证明 (1) 对 $n \geqslant n_L$, $c_L = e_{n_L}\delta_L$, 用命题 10.95 的 θ_L 和限制映射 $\rho_n \downarrow_{\mathbf{E}^+L}$, 把 $X \mapsto \pi_{L_\infty}$ 得正合序列:

$$0 \to (X^{c_L p^{n-n_L}}) \to \kappa_{L_\infty}[[X]] \to \mathcal{O}_{L_n}/\mathfrak{a}_L\mathcal{O}_{L_n} \to 0.$$

$\varphi: x \mapsto x^p$, R_M 是完全的, 对 $n \geqslant 0$, φ 在 R_M 可逆, 所有 $\rho_n(R_M)$ 相等. 固定 n, 取 $m \geqslant \max(n, n_L)$, 则

$$\mathcal{O}_{L_m}/\mathfrak{a}_L\mathcal{O}_{L_m} = \rho_m(\mathbf{E}_L^+) \subseteq \rho_m(R_M) = \rho_n(R_M).$$

当 m 充分大时, 知 $\rho_n \downarrow_{R_M}: R_M \to \mathcal{O}_M/\mathfrak{a}_L\mathcal{O}_M$ 是满射.

计算核: $v_R(\bar{\pi}_L) = p^{n_L}v(\bar{\pi}_{L_{n_L}}) = p^{n_L}/e_{N_L}$, e_{N_L} 是 L_{n_L} 的绝对分歧指标. 取 $x = (x^{(m)}) \in R_M$, $\rho_n(x) = 0 \Leftrightarrow x^{(n)} \in \mathfrak{a}_L\hat{\mathcal{O}}_M \Leftrightarrow v_R(x) \geqslant p^n\delta_L = p^{n-n_L}c_L v_R(\bar{\pi}_L)$.

(2) 在 R_M 内取 $x = (x_m)$, $x_m \in \mathcal{O}_M/\mathfrak{a}_L\mathcal{O}_M$. 固定 $n \geqslant n_L$, $\mathcal{O}_M$ 是递增的 $\mathcal{O}_{L_m}$ 的并集, 有 $r \geqslant n$, 令 $x_n \in \mathcal{O}_{L_r}/\mathfrak{a}_L\mathcal{O}_{L_r}$.

由本命题的 (1) 得 $y = (y_m) \in \mathbf{E}_M^+ := \mathbf{E}_L^+$ 使得 $y_r = x_n$, 于是 $\rho_n(x) = \rho_r(y) = \rho_n(\varphi^{n-r}(y))$, 即

$$x - \varphi^{n-r}(y) \in \operatorname{Ker} \rho_n \downarrow_{R_M} = \bar{\pi}_L^{c_L p^{n-n_L}} R_M. \qquad \square$$

引理 10.98 给出有限域扩张 $M' \supset M \supset K_\infty$, M'/M 是 Galois 扩张. 若 $g \in \operatorname{Gal}(M'/M)$ 在 $R_{M'}$ 上等于 id, 则 $g = 1$.

证明 取有限扩张 L/K, 令 $M = L_\infty$, $L = L_{n_L}$, $x \in R_{M'}$ 可表达为 (x_n), $x_{n+1}^p = x_n$, $x_n \in \hat{\mathcal{O}}_{M'}$, 于是命题 10.97 (1) 给出在 g 固定元上的满射 $\hat{\mathcal{O}}_{M'}^g \to \mathcal{O}_{M'}/\mathfrak{a}_L\mathcal{O}_{M'}$, $L = L_{n_L} \Rightarrow \mathfrak{a}_L \neq \mathcal{O}_L$, 逐步逼近得在 $\hat{\mathcal{O}}_{M'}$, $g = 1$. $\qquad \square$

命题 10.99 (1) 对应于有限域扩张 $M' \supset M \supset K_\infty$ 的 $\mathbf{E}_{M'} \supset \mathbf{E}_M$ 是可分扩张, 并且 $[\mathbf{E}_{M'} : \mathbf{E}_M] = [M' : M]$.

(2) 若 M'/M 是 Galois 扩张, 则 $\mathbf{E}_{M'}/\mathbf{E}_M$ 是 Galois 扩张, 并且 $\operatorname{Gal}(\mathbf{E}_{M'}/\mathbf{E}_M) = \operatorname{Gal}(M'/M)$.

证明 (1) 的证明分为两部分: (a) 证明 $[\mathbf{E}_{M'} : \mathbf{E}_M] < \infty$, (b) 证明 $\mathbf{E}_{M'}/\mathbf{E}_M$ 是可分扩张.

(a) 为了证明 $\mathbf{E}_{M'}/\mathbf{E}_M$ 是有限扩张, 我们做以下假设. 选包含 $W(\kappa_K)[1/p]$ 的有限 Galois 扩张 L'/L 使得 $\kappa_L = \kappa_{L_\infty} = \kappa_{\mathbf{E}_L}$, $M' = L'_\infty$, $M = L_\infty$, L' 与 L_∞ 在 L 上是线性无交. 于是

$$\operatorname{Gal}(L'/L) = \operatorname{Gal}(L'K_n/LK_n) = \operatorname{Gal}(M'/M).$$

因为域扩张次数的性质，我们只要证明 L'/L 分别是无分歧扩张和全分歧扩张.

现设 L'/L 是无分歧扩张. 由于 L_∞/L 是全分歧扩张，对所有 n, L'_n/L_n 是无分歧扩张, 这样 L'_n 和 L_n 可用相同单化子，于是可设 $\pi_L = \pi_{L'}$. 完备离散赋值域扩张 $\mathbf{E}_{L'}/\mathbf{E}_L$ 的分歧指标是 1, 因此 $[\mathbf{E}_{L'} : \mathbf{E}_L] = [\kappa_{L'_\infty} : \kappa_{L_\infty}]$. 已设 L'/L 是无分歧, L_n/L 是全分歧, 由 $L'_n = L' \otimes_L L_n$ 得 $\kappa_{L'_n} = \kappa_{L'}$, 取极限得 $\kappa_{L'_\infty} = \kappa_{L'}$, 于是得 $[\mathbf{E}_{M'} : \mathbf{E}_M] = [M' : M]$.

下一步设 L'/L 是全分歧扩张, 这时 $L'_n, L_n, L'_\infty, L_\infty$ 有相同剩余域 κ. (若 $\kappa_{L_\infty} \neq \kappa_{L'_\infty}$, 则有 $[\kappa_{L'_n} : \kappa_{L_n}] \neq 1$. 以 L'_n/L_n 代替 L'/L, 然后用上一步无分歧扩张的结果, 这样便令 $[M' : M]$ 减少, 于是可以对这个次数进行归纳法, 最后便可以假设 L'_∞, L_∞ 有相同剩余域.) 设 $e = [L'_\infty : L_\infty]$. 则 $[L'_n : L_n] = e$, $\pi_{L_n} = \pi^e_{L'_n} u_n$, $u_n \in \mathcal{O}^\times_{L'_n}$, $\mathcal{O}_{L'_n} = \mathcal{O}_{L_n}[\pi_{L'_n}]$. 选单化子使得对 $n \geqslant \max(n_L, n_{L'})$ 有

$$\pi^p_{L_{n+1}} \equiv \pi_{L_n} \mod \mathfrak{a}_L \mathcal{O}_{L_{n+1}}, \quad \pi^p_{L'_{n+1}} \equiv \pi_{L'_n} \mod \mathfrak{a}_L \mathcal{O}_{L'_{n+1}},$$

则只要 n 充分大, $u^p_{n+1} \equiv u_n \mod \pi^e_{L'_n} \mathfrak{a}_L \mathcal{O}_{L'_{n+1}}$, 于是 $v(\pi^e_{L'_n}) \leqslant v(\mathfrak{a}_L)$, 这组 u_n 决定 $u \in (\mathbf{E}^+_{L'})^\times$ 使得 $\bar{\pi}_L = \bar{\pi}^e_{L'} u$. 由 $\mathbf{E}_L = \kappa((\bar{\pi}_L))$, $\mathbf{E}_{L'} = \kappa((\bar{\pi}_{L'}))$ 知完备离散赋值环扩张 $\mathbf{E}^+_L \to \mathbf{E}^+_{L'}$, 诱导 $\kappa \to \kappa[t]/(t^e) \mod \bar{\pi}_L$. 用逐步逼近推出 $\mathbf{E}^+_{L'}$ 是秩 e 平坦 $\mathbf{E}^+_L$ 模, 因此 $\mathbf{E}_{L'}/\mathbf{E}_L$ 是有限扩张, 并且 $e = [L'_\infty : L_\infty] = [\mathbf{E}_{L'} : \mathbf{E}_L]$.

(b) 再证: $\mathbf{E}_{M'}/\mathbf{E}_M$ 是可分扩张时, 可以假设 M'/M 是 Galois 扩张, 于是只需证明 $\text{Gal}(M'/M) \to \text{Aut}(\mathbf{E}_{M'}/\mathbf{E}_M)$ 是同构. 可选有限 Galois 扩张 $L'/L/K$ 使得 $M' = L'_\infty$, $M = L_\infty$, $L'_\infty = L' \otimes_L L_\infty$, 于是 $[M' : M] = [L' : L]$, $\text{Gal}(L'/L) = \text{Gal}(M'/M)$, 这样只要证明 $\text{Gal}(L'/L) \to \text{Aut}(\mathbf{E}_{L'}/\mathbf{E}_L)$ 是同构. 两边大小一样, 故此证明此映射是单射即可.

若 $g \in \text{Gal}(L'/L)$ 在 $\mathbf{E}_{L'}$ 上等于 1, 则 g 在 $R_{L'_\infty}$ 的稠密子环 $\varphi^{-\infty}(\mathbf{E}^+_{L'})$ 上等于 1, 因此 g 在 $R_{L'_\infty}$ 上等于 1, 用引理 10.98 得 $g = 1$.

(2) 可从以上讨论得出. □

命题 10.100 设 M/K_∞ 在 $\bar{K}$ 内是有限域扩张, $E/\mathbf{E}_M$ 在 $\text{Frac}(R_{\bar{K}})$ 内是有限可分扩张. 则 $\bar{K}$ 内存在有限域扩张 M'/M, 使得在 $\text{Frac}(R_{\bar{K}})$ 内的 $\mathbf{E}_{M'} = E$.

证明 在 $\bar{K}$ 内选有限扩张 $L/W(\kappa_K)[1/p]$ 使得 $M = L_\infty$, 用命题 10.95 得 $\mathbf{E}_M = \mathbf{E}_L = \kappa_{L_\infty}((\bar{\pi}_L))$. E 的整数环是完备离散赋值环, 于是 $E = \kappa_E((x))$, 其中 x 是 Eisenstein 多项式 $P \in \kappa_E[[\bar{\pi}_L]][X]$ 的根, 即 $P = X^e + a_1 X^{e-1} + \cdots + a_e$, $a_1, \ldots, a_e \in \bar{\pi}_L \mathbf{E}^+_L$, $a_e \in \pi_L(\mathbf{E}^+_L)^\times$.

现做逼近. 考察命题 10.97 的条件与证明, 以 $\mathfrak{a}^2_L$ 代替 $\mathfrak{a}_L$, 命题仍然成立, 这时有个新的 n_L. 对 $n \geqslant n_L$ 设

$$x_n = \rho'_n(x), \quad \rho'_n(P) = X^e + \rho_n(a_1) X^{e-1} + \cdots + \rho_n(a_e) \in (\mathcal{O}_{L_n}/\mathfrak{a}_L \mathcal{O}_{L_n})[X].$$

设 $P_n = X^e + \alpha_{1,n} X^{e-1} + \cdots + \alpha_{e,n} \in \mathcal{O}_{L_n}[X]$, 令 $P_n \mod \mathfrak{a}_L = \rho'_n(P)$. 只要增大 n_L

可设 $v(\pi_{L_n}) < v(\mathfrak{a}_L)$, 于是 P_n 是 L_n 上的 Eisenstein 多项式.

设 P 在 $R_{\bar K}$ 内有根 y, $y_n = \rho_n(y) \in \mathcal{O}_{\bar K}/\mathfrak{a}_L^2 \mathcal{O}_{\bar K}$. 由 $\rho_n(P(y)) = 0$ 得 $P_n(y_n) = 0$. P 在 $R_{\bar K}$ 上是可分, $P'(y) \neq 0$. 取 n 足够大, $P_n'(y_n) \not\equiv 0 \bmod \mathfrak{a}_L \mathcal{O}_{\bar K}$.

$\bar K$ 内存在有限扩张 $L_{n,y}/L_n$, 令 $y_n \in \mathcal{O}_{L_{n,y}}/\mathfrak{a}_L^2 \mathcal{O}_{L_{n,y}}$. 设 $\delta_L = v(\mathfrak{a}_L)$, 取 $z \in \mathcal{O}_{L_{n,y}}$ 使 $z \bmod \mathfrak{a}_L^2 = y_n$, 于是 $v(P_n(z)) \geqslant 2\delta_L$. 取 n 足够大, 可令 $v(P_n'(z)) < \delta_L/2$. 按 Hensel 引理, 存在 $\hat y_n \in \mathcal{O}_{L_{n,y}}$ 使 $P_n(\hat y_n) = 0$, $v(\hat y_n - z) \geqslant v(P_n(z)) - 2v(P_n'(z)) \geqslant \delta_L$, 即 $\hat y_n \equiv z \bmod \mathfrak{a}_L \mathcal{O}_{L_{n,y}}$, 因此 $\hat y_n \equiv y_n \bmod \mathfrak{a}_L \mathcal{O}_{L_{n,y}}$.

设 $y \neq y'$ 是 P 的根. 按命题 10.97, $y_n \neq y_n'$, 因此 $v(\hat y_n - \hat y_n') < \delta_L$. 这样当我们从 $\mathrm{Frac}(R_{\bar K})$ 取 P 的 e 个各不相同的根 y, 便在 $\mathcal{O}_{\bar K}$ 内得 P_n 的 e 个各不相同的根 $\hat y$, 即得 P_n 的所有根.

由 $x_{n+1}^p = x_n$ 得在 $\mathcal{O}_{\bar K}/\mathfrak{a}_L$ 内 $x_{n+1}^p - x_n = 0$, 即 $v(\hat x_{n+1}^p - \hat x_n) \geqslant \delta_L$, 因此若 $y \neq x$ 是 P 的根, 则 $v(\hat x_{n+1}^p - \hat x_n) > v(\hat y_n - \hat x_n)$. 由 Krasner 引理得 $\hat x_n \in L_n(\hat x_{n+1}^p)$.

最后对 $n \geqslant n_E$, 设 $L_n' = L_n(\hat x_n)$, 则 L_n'/L_n 是 e 次无分歧扩张, $\kappa_{L_n'} = \kappa_{L_\infty}$, L_n' 的赋值环是 $\mathcal{O}_{L_n}[\hat x_n]$. 由 $[L_{n+1} : L_n] = p$ 得 $[L_{n+1}' : L_n'] = p$, $L_{n+1}' = L_{n+1}L_n'$. 设 $x = (x_n) \in R_{\bar K}$, 则 $x \in \mathbf{E}_{L'}^+$, 于是 $E = \kappa_{L_\infty}((x)) \subset \mathbf{E}_{L'}$. 由于 $[\mathbf{E}_{L'} : \mathbf{E}_L] = [L_\infty' : L_\infty] = e = [E : bE_L]$, 因此 $E = \mathbf{E}_{L'}$. 命题得证. $\square$

定理 10.101 由对应 $M \rightsquigarrow \mathbf{E}_M$ 所给出的函子

$$\{\bar K \text{ 内 } K_\infty \text{ 的有限扩张}\} \to \{\mathrm{Frac}(R_{\bar K}) \text{ 内 } \mathbf{E}_{K_\infty} \text{ 的有限可分扩张}\}$$

是等价.

证明 由命题 10.100 知函子是满的, 余下证明函子是全忠实的, 即

$$\mathrm{Hom}_{K_\infty}(M', M) \to \mathrm{Hom}_{\mathbf{E}_{K_\infty}}(\mathbf{E}_{M'}, \mathbf{E}_M)$$

是双射.

取包含 M 和 M' 的有限 Galois 扩张 M''/K_∞, 则 $\mathrm{Hom}_{K_\infty}(M', M)$ 是 $\mathrm{Hom}_{K_\infty}(M', M'')$ 内的 $\mathrm{Gal}(M''/M)$ 不变元. 对 $\mathrm{Hom}_{\mathbf{E}_{K_\infty}}(\mathbf{E}_{M'}, \mathbf{E}_M)$ 亦如此. 对 M''/M 应用命题 10.99, 同时又以 M'' 代替 M, 我们把问题化为 M/K_∞ 是 Galois 扩张, $M' \subset M$, 这时 $\mathrm{Hom}_{K_\infty}(M', M)$ 是 $\mathrm{Gal}(M/K_\infty)/\mathrm{Gal}(M/M')$, 同样 $\mathrm{Hom}_{\mathbf{E}_{K_\infty}}(\mathbf{E}_{M'}, \mathbf{E}_M)$ 是 $\mathrm{Gal}(\mathbf{E}_M/\mathbf{E}_{K_\infty})/\mathrm{Gal}(\mathbf{E}_M/\mathbf{E}_{M'})$. 证毕. $\square$

$\mathbf{A}_K$ 的剩余域是 $\mathbf{E}_K$, 若 L/K 是有限扩张, $\mathbf{E}_L/\mathbf{E}_K$ 是可分扩张. 按 Hensel 引理, 除同构外有唯一的有限无分歧扩张 $\mathbf{A}_L/\mathbf{A}_K$ 使 $\mathbf{A}_L$ 的剩余域是 $\mathbf{E}_L$, 这样 $\mathbf{A}_L$ 是范域 $\mathbf{E}_L$ 的 Cohen 环. 因为包含 $\tilde{\mathbf{A}}_{K_\infty}$ 的 $\tilde{\mathbf{A}}_{L_\infty} = W(\mathrm{Frac}(R_{L_\infty}))$ 是 p 进离散赋值环, 它的剩余域 $\mathrm{Frac}(R_{L_\infty})$ 是包含 $\mathbf{E}_L$, 按 Hensel 引理, 剩余域的包含同态 $\mathbf{E}_L \to \mathrm{Frac}(R_{L_\infty})$ 提升为唯一的局部 $\mathbf{A}_K$-代数同态 $\mathbf{A}_L \to \tilde{\mathbf{A}}_{L_\infty}$.

随 L 遍历 $\bar K$ 内的有限扩张 L/K, 在 $W(\mathrm{Frac}(R_{\bar K}))$ 的对应 Cohen 环 $\mathbf{A}_L$ 的直极

限是离散赋值环, 它以 p 为单化子. 以 $\mathbf{A}$ 记 $\varinjlim \mathbf{A}_L$ 的完备化, 则 $\mathbf{A}$ 是 $\mathbf{E} := (\mathbf{E}_K)^{\mathrm{sep}}$ 的 Cohen 环. $\mathbf{A}_K[1/p] = \mathrm{Frac}(\mathbf{A}_K)$ 的最大无分歧扩张的整数环的 p 进完备化便是 $\mathbf{A}$.

记 $\tilde{\mathbf{E}}^+ = R_{\hat{\bar{K}}} = R_{\bar{K}}, \tilde{\mathbf{E}} = \mathrm{Frac}(\tilde{\mathbf{E}}^+)$.

命题 10.102 设
$$\mathbf{E} = \bigcup_{\substack{K_\infty \subset M \subset \bar{K} \\ [M:K] < \infty}} \mathbf{E}_M.$$

则

(1) $\mathbf{E}$ 是 $\mathbf{E}_{K_\infty}$ 在 $\tilde{\mathbf{E}}$ 的可分闭包.

(2) $\mathrm{Gal}(\bar{K}/K_\infty) \cong \mathrm{Gal}(\mathbf{E}/\mathbf{E}_{K_\infty})$.

10.11.3 B 环大观园

"大观园" 不是一个数学名词, 不过本节要定义很多 B 环, 如下图

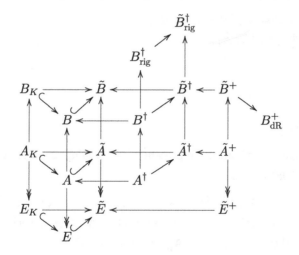

1. A

设 $\tilde{\mathbf{A}} = W(\tilde{\mathbf{E}}), \tilde{\mathbf{B}} = \tilde{\mathbf{A}}[\frac{1}{p}] = \mathrm{Frac}(\tilde{\mathbf{A}})$. 这样 $\tilde{\mathbf{B}}$ 是完备离散赋值域, 它的赋值环是 $\tilde{\mathbf{A}}$, 剩余域是 $\tilde{\mathbf{E}}$.

对 $x \in \tilde{\mathbf{E}}$, 以 $[x] \in \tilde{\mathbf{A}}$ 记 x 的 Teichmüller 代表, 则 $\tilde{\mathbf{A}}$ 的元有唯一表达式 $\sum_{i=0}^\infty p^i[x_i]$, $\tilde{\mathbf{B}}$ 的元唯一表达为 $\sum_{i \gg -\infty}^\infty p^i[x_i]$.

取 $k \in \mathbb{Z}, x = \sum_{i=0}^\infty p^i[x_i] \in \tilde{\mathbf{A}}$, 设 $w_k(x) = \inf_{i \leqslant k} v_{\mathbf{E}}(x_i)$. 易验证

(1) $w_k(x) = \infty \Leftrightarrow x \in p^{k+1}\tilde{\mathbf{A}}$.

(2) $w_k(x+y) \geqslant \inf(w_k(x), w_k(y)), w_k(x) \neq w_k(y) \Leftrightarrow w_k(x+y) = \inf(w_k(x), w_k(y))$.

(3) $w_k(\varphi(x)) = p w_k(x)$, φ 是来自 Witt 环的 Frobenius 同构.

对 $r \in \mathbb{R}, k \in \mathbb{N}$, 设 $U_{k,r} = \{x \in \tilde{\mathbf{A}} : w_k(x) \geqslant r\}$. 在 $\tilde{\mathbf{A}}$ 上取拓扑, 使 $U_{k,r}$ 为零点邻域基. 在 $\tilde{\mathbf{E}}$ 取由 $v_{\mathbf{E}}$ 决定的拓扑, 则映射 $x \mapsto (x_i)_{i \in \mathbb{N}}$ 为同胚 $\tilde{\mathbf{A}} \approx \tilde{\mathbf{E}}^{\mathbb{N}}$.

在 $\tilde{\mathbf{B}} = \cup_{n \in \mathbb{N}} p^{-n} \tilde{\mathbf{A}}$ 上取正极限拓扑, 有了这个拓扑, Galois 群 G_F 在 $\tilde{\mathbf{E}}$ 的作用可以扩展为 $\tilde{\mathbf{A}}, \tilde{\mathbf{B}}$ 上的连续作用, 此作用与 Frobenius 同构 φ 交换.

在 $\tilde{\mathbf{B}}$ 内取 $\mathbf{B}_F$ 的最大无分歧扩张的闭包, 记为 $\mathbf{B}$. 设 $\mathbf{A} = \mathbf{B} \cap \tilde{\mathbf{A}}$. 则 $\mathbf{B} = \mathbf{A}[\frac{1}{p}] = \operatorname{Frac}(\mathbf{A})$, $\mathbf{A}$ 是完备离散赋值环, 剩余域是 $\mathbf{E}, \varphi(\mathbf{A}) \subseteq \mathbf{A}, G_F(\mathbf{A}) \subseteq \mathbf{A}$.

设 $\tilde{\mathbf{A}}^+ = W(\tilde{\mathbf{E}}^+), \tilde{\mathbf{E}}^+ = R_{\bar{K}}, \tilde{\mathbf{B}}^+ = \tilde{\mathbf{A}}^+[\frac{1}{p}]$. $\tilde{\mathbf{B}}^+$ 的元可以表达为 $\sum_{i \gg -\infty}^{\infty} p^i [x_i]$, 其中 $[x] \in \tilde{\mathbf{A}}^+$ 记 $x \in \tilde{\mathbf{E}}^+$ 的 Teichmüller 代表.

记 $F = W(\kappa_K)[1/p]$. 若 L 是 $\bar{K}/F$ 的子域, 设 $\tilde{\mathbf{A}}_L^+ = W(R_L), \tilde{\mathbf{A}}_L = W(\operatorname{Frac}(R_L))$.

在 $\tilde{\mathbf{A}}^+$ 上 $\operatorname{Gal}(\bar{K}/F)$ 的作用与 p 幂映射 φ 交换.

$R_{\bar{K}}$ 的元是 $(x^{(n)})$, $x_n \in \hat{\mathcal{O}}_{\bar{K}}$ 使得 $(x^{(n+1)})^p = x^{(n)}$, 和 Galois 群在坐标的作用得以下命题.

命题 10.103 记 $F = W(\kappa_K)[1/p]$. 若 H 是 $\operatorname{Gal}(\bar{K}/F)$ 的闭子群, $L = \bar{K}^H$, 则
(1) $(R_{\bar{K}})^H = R_L, \operatorname{Frac}(R_{\bar{K}})^H = \operatorname{Frac}(R_L)$.
(2) $(\tilde{\mathbf{A}}^+)^H = \tilde{\mathbf{A}}_L^+, (\tilde{\mathbf{A}})^H = \tilde{\mathbf{A}}_L$.

2. †

本节内容来自于

[1] F. Cherbonnier, P. Colmez, Representations p-adiques surconvergentes, *Invent. Math.* 133 (1998) 581-611.

取 $r \in \mathbb{R}_+$, 由 $x \in \tilde{\mathbf{A}}$ 使得对任意 $k \in \mathbb{N}$, 有 $w_k(x) + \frac{pr}{p-1} k \geqslant 0$ 所组成的集合记为 $\tilde{\mathbf{A}}_r^\dagger$. 记 $\tilde{\mathbf{B}}_r^\dagger = \mathbb{Q}_p \otimes \tilde{\mathbf{A}}_r^\dagger, \tilde{\mathbf{B}}^\dagger = \cup_{r \in \mathbb{R}_+} \tilde{\mathbf{B}}_r^\dagger, \tilde{\mathbf{A}}^\dagger = \tilde{\mathbf{B}}^\dagger \cap \tilde{\mathbf{A}}$. 首先要证明: $\tilde{\mathbf{A}}_r^\dagger$ 是 $\tilde{\mathbf{B}}$ 的子环, $\tilde{\mathbf{B}}^\dagger$ 是 $\tilde{\mathbf{B}}$ 的子域; 其次证明 $\varphi(\tilde{\mathbf{A}}_r^\dagger) \subseteq \tilde{\mathbf{A}}_{pr}^\dagger, G_F(\tilde{\mathbf{A}}_r^\dagger) \subseteq \tilde{\mathbf{A}}_r^\dagger$.

称 $\tilde{\mathbf{B}}^\dagger$ 的元为**过收敛元** (overconvergent element).

设 $\mathbf{A}^\dagger = \mathbf{A} \cap \tilde{\mathbf{A}}^\dagger, \mathbf{B}^\dagger = \mathbf{B} \cap \tilde{\mathbf{B}}^\dagger, \mathbf{B}_r^\dagger = \mathbf{B} \cap \tilde{\mathbf{B}}_r^\dagger, \mathbf{B}^\dagger$ 是前面的有界 Robba 环.

$\tilde{\mathbf{B}}$ 的元唯一表达为 $x = \sum_{k \gg -\infty}^{\infty} p^k [x_k]$, 其中 $x_i \in \tilde{\mathbf{E}}$. 可以证明: x 在 B_{dR}^+ 收敛 $\Leftrightarrow \sum_{k \gg -\infty}^{\infty} p^k x_k^{(0)}$ 在 $\hat{\bar{F}}$ 内收敛 $\Leftrightarrow \lim_{k \to +\infty} k + v_{\mathbf{E}}(x_k) = +\infty$.

对每个实数 r 引入符号 r^-, 又设定: 若有实数 $r_1 < r_2$, 则 $r_1 < r_2^- < r_2$. 记 $\bar{\mathbb{R}} = \mathbb{R} \cup \{r^- : r \in \mathbb{R}\}$.

由 $x \in \tilde{\mathbf{A}}_r^\dagger$ 使得 $\lim_{k \to +\infty}(w_k(x) + \frac{pr}{p-1}k) = +\infty$ 所组成的集合记为 $\tilde{\mathbf{A}}_{r^-}^\dagger$. 记 $\mathbb{Q}_p \otimes \tilde{\mathbf{A}}_{r^-}^\dagger$ 为 $\tilde{\mathbf{B}}_{r^-}^\dagger$, 这样 $\tilde{\mathbf{B}}$ 的元 $x = \sum_{k \gg -\infty}^{\infty} p^k [x_k]$ 在 B_{dR}^+ 收敛 $\Leftrightarrow x \in \tilde{\mathbf{B}}_{r^-}^\dagger$, 其中 $r = (p-1)/p$; 并且 $\varphi^{-n}(x)$ 在 B_{dR}^+ 收敛 $\Leftrightarrow x \in \tilde{\mathbf{B}}_{r^-}^\dagger$, 其中 $r = (p-1)p^n$.

取 $0 < \rho < 1$, 在圆环 $\rho \leqslant |T| < 1$ 的有界解析函数组成的代数记为 $\mathscr{A}^{[\rho,1)}$, 在

圆环 $\rho < |T| < 1$ 的有界解析函数组成的代数记为 $\mathscr{A}^{(\rho,1)}$. 设 $r \geqslant (p-1)/p$, 则映射 $f \mapsto f(\pi)$ 决定同构

$$\mathscr{A}^{[p-\frac{1}{r},1)} \xrightarrow{\approx} \tilde{\mathbf{A}}^\dagger_{r-}, \quad \mathscr{A}^{(p-\frac{1}{r},1)} \xrightarrow{\approx} \tilde{\mathbf{A}}^\dagger_r.$$

设 $H_K = \mathrm{Gal}(\bar{K}/K_\infty)$. 对 $r \in \bar{\mathbb{R}}_+$, 设

$$\mathbf{A}^\dagger_K = (\mathbf{A}^\dagger)^{H_K}, \quad \mathbf{B}^\dagger_K = (\mathbf{B}^\dagger)^{H_K}, \quad \mathbf{A}^\dagger_{r,K} = (\mathbf{A}^\dagger_r)^{H_K}, \quad \mathbf{B}^\dagger_{r,K} = (\mathbf{B}^\dagger_r)^{H_K}.$$

若 L/K 是有限扩张, 则 $[\mathbf{B}^\dagger_L : \mathbf{B}^\dagger_K] = [L_\infty : K_\infty]$. 若 L/K 是有限扩张, 则

$$\mathrm{Gal}(\mathbf{B}^\dagger_L/\mathbf{B}^\dagger_K) = \mathrm{Gal}(L_\infty/K_\infty).$$

3. rig

本节内容来自于

[1] L. Berger, Representations p-adiques et equations differentielles, *Invent. Math.* 148 (2002) 219-248.

作者提出修订: 把文中的 e_K 改为 $e_{K_\infty|F_\infty}$.

以下引进一些幂级数环. 若 A 是 p 进拓扑完备环, 以 $A\{X,Y\}$ 记 $A[X,Y]$ 的 p 进拓扑完备化, 即 $A\{X,Y\}$ 的元是 $\sum_{i,j \geqslant 0} a_{ij} X^i Y^j$, 其中 a_{ij} 按 Fréchet 滤子趋向于 0.

在 $\tilde{\mathbf{E}}$ 取元 $\varepsilon = (1, \varepsilon^{(1)}, \ldots, \varepsilon^{(n)}, \ldots)$, 其中 $\varepsilon^{(1)} \neq 1$, 于是 $\varepsilon^{(n)}$ 是 p^n 次本原单位根. 可以证明:

$$v_{\mathbf{E}}(\varepsilon) = \frac{p}{p-1}.$$

设 $\bar{\pi} = \varepsilon - 1 \in \tilde{\mathbf{E}}$.

常以 r,s 记 $\mathbb{N}[\frac{1}{p}] \cup \{+\infty\}$ 使得 $r \leqslant s$. 记号: $p/[\bar{\pi}]^{+\infty}$ 是指 $1/[\bar{\pi}]$, $[\bar{\pi}]^{+\infty}/p$ 是指 0. 又以 $[x]^r$ 记 $[x^r]$, 以 I 记 $\tilde{\mathbf{A}}^+\{X,Y\}$ 的理想 $([\bar{\pi}]^r X - p, pY - [\bar{\pi}]^s, XY - [\bar{\pi}]^{s-r})$. 设

$$\tilde{\mathbf{A}}_{[r,s]} = \tilde{\mathbf{A}}^+ \left\{ \frac{p}{[\bar{\pi}]^r}, \frac{[\bar{\pi}]^s}{p} \right\} = \tilde{\mathbf{A}}^+\{X,Y\}/I.$$

可以证明:

(1) $I \cap p^n \tilde{\mathbf{A}}^+\{X,Y\} = p^n I$.
(2) $\tilde{\mathbf{A}}_{[r,s]}$ 是 Hausdorff 完备 p 进拓扑环.
(3) $\tilde{\mathbf{A}}_{[r,s]}$ 是 $\tilde{\mathbf{A}}^+[p/[\bar{\pi}]^r, [\bar{\pi}]^s/p]$ 的 p 进完备化.
(4) $\tilde{\mathbf{A}}_{[r,s]}$ 的元是

$$\sum_{k \geqslant 0} \left(\frac{p}{[\bar{\pi}]^r} \right)^k a_k + \sum_{k > 0} \left(\frac{[\bar{\pi}]^s}{p} \right)^k b_k,$$

其中 $a_k, b_k \in \tilde{\mathbf{A}}^+$, $a_k, b_k \to 0$.

(5) 如果 $r_1 \leqslant r_2 \leqslant s_2 \leqslant s_1$, 则有单态射 $\tilde{\mathbf{A}}_{[r_1,s_1]} \hookrightarrow \tilde{\mathbf{A}}_{[r_2,s_2]}$.

又记 $\tilde{\mathbf{B}}_{[r,s]} := \tilde{\mathbf{A}}_{[r,s]}[\frac{1}{p}]$. 若 I 是 $\mathbb{R} \cup \{+\infty\}$ 的区间, 则设 $\tilde{\mathbf{B}}_I := \cup_{[r,s] \subset I} \tilde{\mathbf{B}}_{[r,s]}$. 设有闭区间 $I \subset J$. 则 $\tilde{\mathbf{B}}_J \subset \tilde{\mathbf{B}}_I$.

设 $r > 0$, $I \subset [r, +\infty)$. 取 $x = \sum_{k \gg -\infty} p^k [x_k] \in \tilde{\mathbf{B}}$ 使得
$$\lim_{k \to +\infty} v_{\mathbf{E}}(x) + \frac{pr}{p-1} k = +\infty,$$
则 $x \in \tilde{\mathbf{B}}_I$. 设
$$W_I(x) = \inf_{\alpha \in I} \inf_{k \in \mathbb{Z}} k + \frac{p-1}{p\alpha} v_{\mathbf{E}}(x_k),$$
又设 $V_I(x) = \lfloor W_I(x) \rfloor$, 其中 $\lfloor a \rfloor$ 是指 a 的整数部分. 则 V_I 可扩展为有以性质的 $\tilde{\mathbf{B}}_I$ 的赋值: W_I 的像是 $\mathbb{Z}$, $V_I(x) = 0 \Leftrightarrow x \in \tilde{\mathbf{A}}_I - p\tilde{\mathbf{A}}_I$. $(\tilde{\mathbf{B}}_I, V_I)$ 是 p 进 Banach 空间.

我们定义 $\tilde{\mathbf{B}}_{\text{rig}}^{\dagger,r} = \tilde{\mathbf{B}}_{[r,+\infty[}$, $\tilde{\mathbf{B}}_{\text{rig}}^{\dagger} = \cup_{r \geqslant 0} \tilde{\mathbf{B}}_{\text{rig}}^{\dagger,r}$. ($\tilde{\mathbf{B}}_{\text{rig}}^{\dagger}$ 是前面的 Robba 环.)

设 $H_K = \text{Gal}(\bar{K}/K_\infty)$, $\tilde{\mathbf{B}}_{\text{rig},K}^{\dagger} = (\tilde{\mathbf{B}}_{\text{rig}}^{\dagger})^{H_K}$.

习 题

1. E/F 是有限可分扩张, $cO_{F,\mathfrak{p}}$ 记 cO_F 在素理想 $\mathfrak{p}$ 的局部化, 然后完备化得环 $\widehat{cO_{F,\mathfrak{p}}}$, 简记此为 $cO_\mathfrak{p}$. 以 $F_\mathfrak{p}$ 记 F 在 $\mathfrak{p}$ 的完备化.

    (1) 设 $\mathfrak{P}$ 是 $\mathcal{O}_E$ 的素理想, $\mathfrak{p} = \mathfrak{P} \cap \mathcal{O}_F$. 证明: 差别式
    $$\mathcal{D}_{cO_\mathfrak{P}/cO_\mathfrak{p}} = \mathcal{D}_{cO_E/cO_F} \mathcal{O}_\mathfrak{P}.$$

    然后由此推出

    (2) 差别式公式 $\mathcal{D}_{E/F} = \prod_\mathfrak{P} \mathcal{D}_{E_\mathfrak{P}/F_\mathfrak{p}}$.

    (3) 判别式公式 $\mathfrak{d}_{E/F} = \prod_\mathfrak{P} \mathfrak{d}_{E_\mathfrak{P}/F_\mathfrak{p}}$.

2. 设整闭整环 R 只有一个素理想 $\mathfrak{m}$, 并且 $\mathfrak{m}$ 是有限生成的. 证明: $\mathfrak{m}$ 是由一个元素生成的.

3. 设 k 是特征 p 完全环. 证明: Witt 环 $W(k)$ 是以 k 为剩余环的严格 p 环. 证明: $W(\mathbb{F}_p) = \mathbb{Z}_p$, $W_n(\mathbb{F}_p) = \mathbb{Z}/p^n\mathbb{Z}$.

4. 取 $j \geqslant 0$. 证明: 若 $i \leqslant j$, 则 $(G/G_j)_i = G_i/G_j$; 若 $i \geqslant j$, 则 $(G/G_j)_i = \{1\}$.

5. 当 m 为整数, $m \leqslant u \leqslant m+1$ 时, 记: $\phi(u) = g_0^{-1}(g_1 + \cdots + g_m + g_{m+1}(u-m))$, $g_0(\phi(m)+1) = \sum_{i=0}^m g_i$.

6. 设 F 是局部域, 剩余域是特征 p, $\mathcal{O}$ 是 F 的赋值环, π 是 $\mathcal{O}$ 的素元. 比较 $\varprojlim_n \mathcal{O}/\pi^n \mathcal{O}$ 和 $\varprojlim_n \mathcal{O}/p^n \mathcal{O}$.

7. 设 $[K:\mathbb{Q}_p] < \infty$, $K_n = K(\mu_{p^n})$, K 的分圆扩张是 $K_\infty = \cup_{n=0}^\infty K_n$.

    (1) $\tilde{\mathbf{E}}$ 的元是序列 $x = (x^{(0)}, \ldots, x^{(n)}, \ldots)$, 其中 $x^{(n)} \in \mathbb{C}_p$, 并且 $(x^{(n+1)})^p = x^{(n)}$. 可以引入乘法 $x \cdot y = t$, 取 $t^{(n)} = x^{(n)} y^{(n)}$; 引入加法 $x + y = s$, 取
    $$s^{(n)} = \lim_{m \to \infty} (x^{(n+m)} + y^{(n+m)})^{p^m}.$$

定义 $v_E(x) = v_p(x^{(0)})$, 证明: $(\tilde{E}, v_E)$ 是特征 p-代数封闭完备赋值域.

(2) 在 $\tilde{E}$ 中取元 $\varepsilon = (1, \varepsilon^{(1)}, \ldots, \varepsilon^{(n)}, \ldots)$, 其中 $\varepsilon^{(1)} \neq 1$, 于是 $\varepsilon^{(n)}$ 是 p^n 次本原单位根. 证明: $v_E(\varepsilon) = \frac{p}{p-1}$.

(3) 设 $\mathfrak{a} = \{x \in \mathcal{O}_{\mathbb{C}_p} : v_p(x) \geq 1/p\}$. 利用范映射 N_{K_{n+1}/K_n}, 定义 $\varprojlim \mathcal{O}_{K_n}$. 对 $u = (u^{(n)}) \in \varprojlim \mathcal{O}_{K_n}$, 设 $x = (x^{(n)})$, 其中 $x^{(n)} = u^{(n)} + \mathfrak{a} \in \mathbb{C}_p/\mathfrak{a}$. 以 $\mathbf{E}$ 记 $\mathbb{F}_p((\varepsilon - 1))$ 在 $\tilde{E}$ 之内的可分包, $\mathbf{E}_K$ 记 $\mathbf{E}^{H_K}$, $H_K = \mathrm{Gal}(\bar{\mathbb{Q}}_p/K_\infty)$. 证明: $\iota_K : \varprojlim \mathcal{O}_{K_n} \to \mathcal{O}_{\mathbf{E}_K}$, $\iota_K(u) = x$ 是双射.

8. 设 (F, v_F) 是完备离散赋值域, $e = v_F(p)$. 若有集合 $\mathfrak{R} \subset \mathcal{O}_F$ 使得 $0 \in \mathfrak{R}$, $\mathfrak{R} \to \mathcal{O}_F \xrightarrow{\rho} \mathcal{O}_F/\mathfrak{m}_F = \kappa_F$ 是双射, 其中 ρ 是投射, 则称 $\mathfrak{R}$ 为代表集. 取 F 的素元 π.

   (1) 对 $\alpha \in F^\times$, 证明: 存在唯一的 $n \in \mathbb{Z}$, $\theta_i \in \mathfrak{R}$, $i \geq 0$, $\theta_0 \in \mathfrak{R}^\times$ 使得有收敛无穷积
   $$\alpha = \pi^n \theta_0 \prod_{i \geq 1}(1 + \theta_i \pi^i).$$

   (2) 设 F 是特征 0, κ_F 是特征 p 完全域. 设 $\mathfrak{R}_0 = \{\theta \in \mathfrak{R} : \{\rho\theta\}$ 是向量空间 $\kappa_F/\mathbb{F}_p$ 的基底$\}$, $\mathfrak{R}_0 = \{\theta_j : j \in J\}$. 设 $a : \kappa_F \to \kappa_F : a \mapsto a^p + \bar{\theta}_0 a$. 取 $\mathfrak{R}_1 \subset \mathfrak{R}$ 使得 $\rho\mathfrak{R}_1$ 是 $\kappa_F/a\kappa_F$ 的生成元集, $\mathfrak{R}_1 = \{\eta_j : j \in J'\}$. 证明: $1 + \pi\mathcal{O}_F$ 的元素 α 可唯一表达为收敛无穷积
   $$\alpha = \prod_{i \in I}\prod_{j \in J}(1 + \theta_j \pi^i)^{a_{ij}} \prod_{j \in J'}(1 + \eta_j \pi^{pe/(p-1)})^{a_j},$$
   其中 $a_{ij}, a_j \in \mathbb{Z}_p$, 并且若 $p-1$ 不整除 e, $a_j = 0$.

9. 设有域 K. 以 X 为变元系数在 K 的多项式组成多项式环 $K[X]$, 系数在 K 的有理函数是 $f(X)/q(X)$, 其中 $f(X), q(X) \in K[X]$, 所有有理函数组成域 $K(X)$. 设 $p(X) \in K[X]$ 为不可约多项式. 对 $f(X) \in K[X]$ 以 $v_{p(X)}(f(X))$ 记最大的整数 k 使 $p(X)^k$ 整除 $f(X)$.

   (1) 设 $v_{p(X)}(f(X)/q(X)) = v_{p(X)}(f(X)) - v_{p(X)}(q(X))$, $v_{p(X)}(0) = +\infty$. 证明: $v_{p(X)}$ 是 $K(X)$ 的离散赋值.

   (2) 设 $v_{\frac{1}{X}}(0) = +\infty$, $v_{\frac{1}{X}}(f(X)/q(X)) = \deg(q) - \deg(f)$. 证明: $v_{\frac{1}{X}}$ 是 $K(X)$ 的离散赋值, $v_{\frac{1}{X}}(\frac{1}{X}) = 1$.

10. p 是素数, $q = p^n$, $\mathbb{F}_q$ 是 q 个元的有限域. 证明: 除同构外, 有理函数域 $\mathbb{F}_q(X)$ 只有一个离散赋值 v_∞ 使得 $v_\infty(X) > 1$. $v_\infty(\frac{1}{X}) = 1$, 用 v_∞ 把 $\mathbb{F}_q(X)$ 完备化所得的剩余域同构于 $\mathbb{F}_q$. 证明: 除 v_∞ 外 $\mathbb{F}_q(X)$ 的离散赋值与 $\mathbb{F}_q[X]$ 的首一不可约多项式一一对应. 以 v_π 记对应于首一不可约多项式 π, $\mathbb{F}_q(X)$ 用 v_π 完备化记为 $\mathbb{F}_q(X)_\pi$. 证明: π 为 $\mathbb{F}_q(X)_\pi$ 的素元, $\mathbb{F}_q(X)_\pi$ 的剩余域同构于 $\mathbb{F}_{q^{\deg \pi}}$.

11. 设有域 K, 以不可约多项式 X 定义在 $K(X)$ 的离散赋值 v_X. 证明: 以赋值 v_X 做 $K(X)$ 的完备化得形式级数域
    $$K((X)) = \left\{ f(X) = \sum_{-\infty}^{+\infty} a_n X^n : \exists\, n(f) < \infty, m < n(f) \Rightarrow a_m = 0 \right\},$$
    $K((X))$ 的赋值环是 $K[[X]] = \{\sum_0^\infty a_n X^n\}$.

12. 设 (F, v_F) 是完备离散赋值域，κ_F 是 F 的剩余域. 设

$$F\{\{X\}\} = \left\{ \sum_{-\infty}^{+\infty} a_n X^n : a_n \in F, \inf_n \{v_F(a_n)\} > -\infty, \lim_{n \to -\infty} v_F(a_n) = +\infty \right\}.$$

(1) 在此取 $v(\sum a_n X^n) = \min v_F(a_n)$. 证明: $F\{\{X\}\}$ 是完备离散赋值域，剩余域是 $\kappa_F((X))$.

(2) 若取 $v_*(\sum a_n X^n) = \min(v_F(a_n), n)$. 证明: 赋值环是 $\mathcal{O}_F\{\{X\}\} = \{\sum a_n X^n \in F\{\{X\}\} : a_n \in \mathcal{O}_F\}$, 剩余域是 κ_F.

(3) 有域 K. 证明: $K((X))\{\{Y\}\} = K((Y))((X))$.

13. 称完备离散赋值域 K 为 n 维局部域，若有域 $K = K_n, K_{n-1}, \ldots, K_1, K_0$, 使得 K_0 是有限域，K_{i+1} 是完备离散赋值域，K_{i+1} 的剩余域是 K_i.

(1) 证明: $\mathbb{Q}_p((X_2))\ldots((X_n))$, $\mathbb{Q}_p\{\{X_2\}\}\ldots\{\{X_n\}\}$, $\mathbb{F}_q((X_1))\ldots((X_n))$ 是 n 维局部域.

(2) 证明: 若 K 为 n 维局部域，则 K 是 $k\{\{X_1\}\}\ldots\{\{X_m\}\}((X_{m+2}))\ldots((X_n))$ 的有限扩张.

第十一章 Galois 表示

我们假设本章所有环是交换环.

设有群 G, 环 R, R 模 M. 以 $\mathrm{Aut}_R M$ 记 M 的 R 线性自同构. 称群同态 $\rho: G \to \mathrm{Aut}_R M$ 为 G 的 R 表示, M 为 ρ 的表示空间.

设 $\mathscr{P}$ 为 G 的 R 表示的一种性质, 使得所有拥有性质 $\mathscr{P}$ 的 ρ 组成一个范畴, 记为 $\mathrm{Rep}_R^{\mathscr{P}}(G)$. 设 $\mathscr{V}$ 是域 E 上的有限维向量空间的一种可以用线性代数刻画的性质, 并且所有拥有性质 $\mathscr{V}$ 的向量空间组成一个范畴, 记为 $L_E^{\mathscr{V}}$. 本章的问题是: 给出了 $\mathrm{Rep}_R^{\mathscr{P}}(G)$, 是不是有 $\mathscr{V}$ 使得有范畴等价 $G_{R,\mathscr{P}} \equiv L_E^{\mathscr{V}}$? 我们关心的是当 G 为 Galois 群时的解答.

为此我们将构造一些环 B, B 包含一些特别的元, 在这些元上我们是有明确的 Galois 群作用的.

本章只叙述性质, 证明见文中所给的原著.

11.1 晶体

有两种情况可以讨论 "晶体". 本节讲 Witt 环上的晶体, 下节讲概形上的晶体.

11.1.1 半线性映射

设有群 G 和域 F. 称以下和为有限形式和

$$a = \sum_{g \in G} a_g g,$$

其中 $a_g \in F$, 并且只有有限个 a_g 非零. 由所有有限形式和组成的集合 $F[G]$ 有 F-代数的结构, 称 $F[G]$ 为 G 的**群代数** (group algebra).

设 V 为域 F 上的向量空间. 群 G 在 V 上的**表示** (representation) 是指群同态 $\rho: G \to \mathrm{Aut}_F(V)$, 其中 $\mathrm{Aut}_F(V)$ 记所有从 V 到 V 的 F-线性双射所组成的群. 现取

群环 $F[G]$ 的元素 $a = \sum_{g \in G} a_g\, g$, 向量 $v \in V$ 定义

$$a \cdot v = \sum_{g \in G} a_g\, \rho(g)(v),$$

于是便得映射

$$F[G] \times V \to V : (a, v) \mapsto a \cdot v,$$

这样利用群 G 的表示 ρ, 我们便令向量空间 V 成为 $F[G]$ 模.

若 G 是由 g_o 生成的循环群, 记 F 线性映射 $\rho(g_o)$ 为 φ, 取 T 为变元. φ 定义多项式环 $F[T]$ 在 V 的作用: $T \cdot v = \varphi(v)$, $v \in V$, 这样 $F[G]$ 模 V 便可看作 $F[T]$ 模, 详情可看 [19] 的第九章和第十二章.

现在域 F 上加设自同构 σ, 扭多项式环 $F\langle T \rangle$ 的元素是系数在 F 内的多项式 $\sum_k a_k T^k$, 加法是多项式的加法, 乘法按下式:

$$bT^n a T^m = b\sigma^n a T^{n+m}, \quad a, b \in F.$$

不难证明以下引理.

引理 11.1 (1) $F\langle T \rangle$ 是非交换 Euclid 整环, 即若 $f, h \in F\langle T \rangle$, $h \neq 0$, $\deg(f) \geqslant \deg(h)$, 则存在 $q, r \in F\langle T \rangle$ 使得 $\deg(r) < \deg(h)$ 和 $f = qh + r$.

(2) 若 I 是 $F\langle T \rangle$ 的左理想, 则有 $h \in F\langle T \rangle$ 使得 $I = F\langle T \rangle h$, 并且若 h 是首一, 则 h 是唯一的.

F 上的向量空间 V 的 σ **半线性** (semi-linear) 自同态是指映射 $\varphi : V \to V$ 使得对 $u, v \in V$ 有 $\varphi(u+v) = \varphi(u) + \varphi(v)$, 对 $v \in V$, $a \in F$ 有 $\varphi(av) = \sigma(a)\varphi(v)$. 说 φ 是 V 的 σ 半线性自同构等同 V 是 $F\langle T \rangle$ 模: $T \cdot v = \varphi(v)$.

设 V 是 F-向量空间. 则 $\sigma^* V$ 是 $F \otimes_{\sigma, F} V$, 即对 $a, b \in F$, $v \in V$ 有

$$a(b \otimes v) = ab \otimes v, \quad a \otimes bv = a\sigma(b) \otimes v,$$

这样 $\varphi : V \to V$ 是 σ 半线性映射当且仅当

$$\phi : \sigma^* V \to V : c \otimes v \mapsto \sigma(c)\varphi(v)$$

是 F 线性映射. 常称 ϕ 为 φ 的**线性化** (linearization).

11.1.2 晶体

定义 11.2 设 k 为特征为 p 的完全域, $W(k)$ 为 k 的 Witt 环, σ 为 $W(k)$ 的 Frobenius 自同构.

(1) 定义在 k 上的**晶体** (crystal) (M, φ_M) 是指有限秩的自由 $W(k)$ 模 M 和 σ 半线性单射 $\varphi_M : M \to M$.

(2) 定义在 k 上的**同晶体** (isocrystal) (V, φ_V) 是指有限维 $\mathrm{Frac}(W(k))$-向量空间 V 和 σ 半线性单射 $\varphi_V : V \to V$.

在此 iso 是指 isogeneous. 称 M 的秩 (或 V 的维数) 为**高度** (height), 简记 φ_M (φ_V) 为 φ. 又称 k 上同晶体为 $\mathrm{Frac}(W(k))$ 上同晶体. 常见人称晶体为 F 晶体, 我们不用此语. (见 N. Katz, Slope filtrations of F-crystals, *Asterisque* 65 (1979) 113-164.)

晶体同态 $f : (M, \varphi) \to (M', \varphi')$ 是指 $W(k)$ 模同态 $f : M \to M'$ 使得 $\varphi' \circ f = f \circ \varphi$. 称晶体同态 f 为**同源态射** (isogeny), 若 $f \otimes \mathrm{Frac}(W(k))$ 为同构.

以 $M^\varphi_{\mathrm{Frac}(W(k))}$ 记 k 上同晶体范畴, 这是 $\mathbb{Q}_p$ **线性范畴** (linear category), 即 $M^\varphi_{\mathrm{Frac}(W(k))}$ 是 Abel 范畴, 并且 $\mathrm{Hom}((V_1, \varphi_1), (V_2, \varphi_2))$ 是 $\mathbb{Q}_p$-向量空间; 合成映射 $(f, g) \mapsto g \circ f$ 是 $\mathbb{Q}_p$ 双线性映射. (关于 Abel 范畴, 请看 [19].)

设 k 是特征为 $p > 0$ 的完全域, $W(k)$ 是 k 的 Witt 环. 取分式域 $\mathrm{Frac}(W(k))$ 的有限全分歧扩张 K, 设 (V, φ_V) 是 k 上同晶体, $(V \otimes_{\mathrm{Frac}(W(k))} K, \mathrm{Fil}^\bullet)$ 是带下降过滤的有限维 K-向量空间, 则称 $(V, \varphi_V, \mathrm{Fil}^\bullet)$ 为 K 上过滤 φ 模. K 上过滤 φ 模范畴记为 MF^φ_K.

"晶体" 这个词是 Grothendieck 采用的, 理由是晶体有两个性质, 一是 "生长性" (PD 加厚可以看作一种 "生长"), 另一是 "刚性", 即生长中保持结构 (同构 $t^* \mathcal{F}(T') \to \mathcal{F}(T)$ 可以看作一种 "刚性").

11.1.3 同晶体 E^λ_k

设 k 为特征为 p 的完全域, $W(k)$ 为 k 的 Witt 环, $W(k)$ 的 Frobenius 自同构为

$$\sigma : a = (a_0, a_1, \dots) \mapsto a^{(p)} = (a_0^p, a_1^p, \dots).$$

在本节常记分式域 $\mathrm{Frac}(W(k))$ 为 K.

1. 设 (E_1, φ_1), (E_2, φ_2) 为同晶体, $u : (E_1, \varphi_1) \to (E_2, \varphi_2)$ 为同晶体态射. 取 $\varphi(x \otimes y) = \varphi_1(x) \otimes \varphi_2(y)$, $\varphi(u)(x) = \varphi_2(u(\varphi_1^{-1}(x)))$, 则 $(E_1 \otimes E_2, \varphi)$, $(\mathrm{Hom}(E_1, E_2), \varphi)$ 为同晶体.

定义对偶为

$$(E, \varphi_E)^\wedge = \mathrm{Hom}((E, \varphi_E), (\mathrm{Frac}(W(k)), \sigma)),$$

n 次**扭转** (twist) 为

$$(E, \varphi_E)(n) = (E, p^{-n} \varphi_E).$$

2. 设 $\lambda \in \mathbb{Q}, \lambda \geq 0, \lambda = \frac{s}{r}, r > 0, (r, s) = 1$. 定义

$$E^\lambda = (\mathbb{Q}_p \langle T \rangle / (T^r - p^s), f \mapsto Tf),$$

$$E^\lambda_k = K \otimes_{\mathbb{Q}_p} E^\lambda = K \langle T \rangle / (T^r - p^s), \quad K = \mathrm{Frac}(W(k)).$$

取 $e_i = T^{i-1}$,则 $1 = e_1, \ldots, e_r$ 为 E_k^λ 的 K-基底. 若 $x = \sum a_i e_i$, 则由 $Ta_r T^{r-1} = a_r^{(p)} T^r = a_r^{(p)} p^s 1, \ldots$, 得

$$\varphi x = p^s a_r^{(p)} e_1 + a_1^{(p)} e_2 + \cdots + a_{r-1}^{(p)} e_r,$$

于是

$$(\varphi^r - p^s)(x) = p^s \left((a_1^{(p)} - a_1) e_1 + \cdots + (a_r^{(p)} - a_r) e_r \right).$$

3. 引入 D^λ, 本段决定 $\mathrm{End}(E_k^\lambda)$. 设 $0 < \lambda = \frac{s}{r} \in \mathbb{Q}$. 取正整数 a, b 使得 $ar - bs = 1$, 考虑 $\mathbb{Q}_p = \mathrm{Frac}(W(\mathbb{F}_p))$ 上唯一的次数 r 的非分歧扩张 $\mathrm{Frac}(W(\mathbb{F}_{p^r}))$. 用满足以下条件的元 ξ 在 $\mathrm{Frac}(W(\mathbb{F}_{p^r}))$ 上生成的带单位元的结合代数记为 D^λ,

$$\xi^r = p, \quad \xi \alpha = \alpha^{(p^{-b})} \xi, \quad \alpha \in \mathrm{Frac}(W(\mathbb{F}_{p^r})).$$

(1) D^λ 是以 $1, \ldots, \xi^{r-1}$ 为基底 $\mathrm{Frac}(W(\mathbb{F}_{p^r}))$ 上的左向量空间, 所以 D^λ 是次数为 r^2 的 $\mathbb{Q}_p$-代数.

(2) 因为 $-b \bmod r$ 是可逆, 于是由 $\alpha = \alpha^{(p^{-b})}$ 知 $\alpha \in \mathbb{Q}_p$. 从 ξ 满足的条件得 D^λ 的中心是 $\mathbb{Q}_p$.

(3) 若 $X = \sum a_i \xi^i$ 为 D^λ 的右零除子, 乘上 p 与 ξ 适当的高次幂后可以假设 $a_i \in W(\mathbb{F}_{p^r}), a_0 \notin p W(\mathbb{F}_{p^r})$. 以 X 右乘的自同态对应于基底 $1, \ldots, \xi^{r-1}$ 的矩阵是

$$\begin{pmatrix} a_0 & a_1 & \ldots & a_{r-1} \\ p a_{r-1}^\tau & a_0^\tau & \ldots & a_{r-2}^\tau \\ \ldots & \ldots & \ldots & \ldots \\ p a_{r-1}^{\tau^{r-1}} & \ldots & \ldots & a_0^{\tau^{r-1}} \end{pmatrix},$$

其中 a^τ 是 $a^{(p^{-b})}$. 此矩阵之行列式 $\bmod p$ 后同余于 a_0 的范数 $a_0 a_0^\sigma \ldots a_0^{\sigma^{r-1}}$, 所以 X 的矩阵之行列式非零, 这与 X 为零除子相矛盾, 结论是 D^λ 是**可除代数** (division algebra).

4. 设 k 为特征为 p 的完全域. 引入

$$W(k)(p^{\frac{1}{r}}) = W(k)[X]/(X^r - p),$$

在这里是以 $p^{\frac{1}{r}}$ 记 $X \bmod (X^r - p)$. $W(k)(p^{\frac{1}{r}})$ 是完备离散赋值环, 其极大理想由 $p^{\frac{1}{r}}$ 生成, 剩余域为 k. 把 Witt 环 $W(k)$ 的 Frobenius 同构 σ 扩展至此环为: $\sigma(p^{\frac{1}{r}}) = p^{\frac{1}{r}}$.

设 $0 < \lambda = \frac{s}{r} \in \mathbb{Q}$. 定义

$$\varphi_s : W(k)(p^{\frac{1}{r}}) \to W(k)(p^{\frac{1}{r}}) : \sum w_i p^{\frac{i}{r}} \mapsto \sum \sigma(w_i) p^{\frac{s+i}{r}}.$$

用 $p^{\frac{i}{r}} \mapsto T^i$ 便可见晶体 $(W(k)(p^{\frac{1}{r}}), \varphi_s)$ 同构于晶体 $(W(k)\langle T \rangle/(T^r - p^s), f \mapsto Tf)$.

设 $k \supset \mathbb{F}_{p^r}$, 设 $K(p^{\frac{1}{r}}) = K[X]/(X^r - p)$. 则

$$E = W(k) \otimes_{W(\mathbb{F}_{p^r})} D^\lambda = \operatorname{Frac}(W(k)) \otimes_{\operatorname{Frac}(W(\mathbb{F}_{p^r}))} D^\lambda$$

是以 $\{1 \otimes \xi^i : 0 \leqslant i \leqslant r-1\}$ 为基底的 $\operatorname{Frac}(W(k))$ 向量空间. 定义 $\varphi(1 \otimes \xi^i) = 1 \otimes \xi^{i+s}$, 则 (E, φ) 为 k 上同晶体.

由 $1 \otimes \xi^i \mapsto p^{\frac{i}{r}}$ 所决定的映射是同晶体同构

$$E \to \operatorname{Frac}(W(k))[X]/(X^r - p),$$

由此得同晶体同构 $\operatorname{Frac}(W(k)) \otimes_{\operatorname{Frac}(W(\mathbb{F}_{p^r}))} D^\lambda \to E_k^\lambda$.

5. 本段决定 $\operatorname{End}(E_k^\lambda)$ 为 D^λ.

首先在 $E = \operatorname{Frac}(W(k)) \otimes_{\operatorname{Frac}(W(\mathbb{F}_{p^r}))} D^\lambda$ 上, 以 $\alpha \in D^\lambda$ 右乘 $x \mapsto x\alpha$ 是同晶体同构.

取任意同晶体 H, 从 E_k^λ 的定义可见

$$\operatorname{Hom}(E_k^\lambda, H) \to \{x \in H : \varphi^r x = p^s x\} : \alpha \mapsto \alpha(1)$$

是双射.

下一步证明: 若 $x \in E$ 有性质 $\varphi^r x = p^s x$, 则有 $\alpha \in D^\lambda$ 使 $x = 1 \otimes \alpha$. 取 $x = \sum_{i=0}^{r-1} \alpha_i \otimes \xi^i$, $\alpha_i \in \operatorname{Frac}(W(k))$, 则 $\varphi^r x = \sum p^s \alpha_i^{(p^r)} \otimes \xi^i$. 用 $\varphi^r x = p^s x$, 得 $\alpha_i^{(p^r)} = \alpha_i$, 于是 $\alpha_i \in \operatorname{Frac}(W(\mathbb{F}_{p^r}))$, 这样 $x = 1 \otimes \sum \alpha_i \xi^i \in 1 \otimes D^\lambda$.

结论是 $\operatorname{End}(E_k^\lambda)$ 的元素就是以 D^λ 的元素右乘.

6. 取 $\lambda = \frac{s}{r} \in \mathbb{Q}, r, s > 0, (r, s) = 1$ 和 $\lambda' = \frac{s'}{r'} \in \mathbb{Q}, r', s' > 0, (r', s') = 1$.

(1) 如果 $\lambda \neq \lambda'$, 则 $\operatorname{Hom}(E_k^\lambda, E_k^{\lambda'}) = 0$.

按前述 $\operatorname{Hom}(E_k^\lambda, E_k^{\lambda'})$ 对应于 $\{x \in E_k^{\lambda'} : \varphi^r x = p^s x\}$. 设 f_j 为 $E_k^{\lambda'}$ 的基底. 取 $x = \sum b_j f_j$, 则 $\varphi^{r'} x = \sum b_j^{(p^{r'})} p^{s'} f_j$, 于是 $\varphi^{rr'} x = \sum b_j^{(p^{rr'})} p^{s'r} f_j$. 假设 $\varphi^r x = p^s x$, 则 $\varphi^{rr'} x = p^{sr'} = \sum b_j p^{sr'} f_j$. 比较两边系数赋值知此与 $sr' \neq s'r$ 矛盾, 只有 $x = 0$.

(2) 取 $m = (r, r'), s_o = (sr' + r's)/m, r_o = rr'/m$, 有 $\lambda + \lambda' = \lambda_o = s_o/r_o$. 以 e_i, e'_j 分别记 $E_k^\lambda, E_k^{\lambda'}$ 的基底, 则

$$\varphi^{r_o}(e_i \otimes e'_j) = \varphi^{\frac{r'}{m}r} e_i \otimes \varphi^{\frac{r}{m}r'} e'_j = p^{\frac{r'}{m}s} e_i \otimes p^{\frac{r}{m}s'} e'_j = p^{s_o}(e_i \otimes e'_j),$$

于是集合 $\{e_{i+\ell} \otimes e'_{j+\ell} : 0 \leqslant \ell \leqslant r_o\}$ 所生成 $E_k^\lambda \otimes E_k^{\lambda'}$ 的子空间为同晶体, 并与同晶体 $E_k^{\lambda+\lambda'}$ 同构. 由于 i, j 是可选 $\bmod m = (r, r')$, 这样便得 m 个线性无关子空间和同构 $E_k^\lambda \otimes E_k^{\lambda'} \cong (E_k^{\lambda+\lambda'})^m$.

只要取域 k 包含 $\mathbb{F}_{p^r}, \mathbb{F}_{p^{r'}}$, 则有同态

$$D^\lambda \otimes_{\mathbb{Q}_p} D^{\lambda'} \to M_m(D^{\lambda+\lambda'}).$$

由于 $D^\lambda \otimes_{\mathbb{Q}_p} D^{\lambda'}$ 是单代数, 此同态为单射. 由于两边的维数都是 $(rr')^2$, 所以同态是满射.

7. 若 $\lambda \in \mathbb{Q}$, $\lambda < 0$, 则用对偶定义 E_k^λ 为 $(E_k^{-\lambda})^\wedge$, 这样对任意 $\lambda \in \mathbb{Q}$, 便有 $(E_k^\lambda)^\wedge = (E_k^{-\lambda})$ 和 $E_k^\lambda(n) = E_k^{\lambda-n}$. 以上几段的结果对任意 $\lambda \in \mathbb{Q}$ 成立.

11.1.4 同晶体范畴半单性

引理 11.3 设 k 为代数封闭域. 在 $W(k)\langle T \rangle$ 内取 $f = T^n + a_1 T^{n-1} + \cdots + a_n$. 设 $\inf(v(a_i)/i) = s/r$, s, r 为互素正整数. 则在 $W(k)(p^{\frac{1}{r}})$ 内存在 $b_0, \ldots, b_{n-1}, u$, 其中 u 为可逆元, 使得在 $W(k)(p^{\frac{1}{r}})\langle T \rangle$ 内有分解

$$f = (b_0 T^{n-1} + b_1 T^{n-2} + \cdots + b_{n-1})(T - p^{\frac{s}{r}})u. \qquad (\star)$$

证明 取 $\alpha_i = p^{-is/r} a_i$, 则 $\alpha_i \in W(k)$, 最少有一个 α_i 为可逆元. 现求 $b_i = p^{is/r} \beta_i$, $\beta_i \in W(k)$. 以 v 为 u^{-1}, 则 $(\star)$ 写为

$$v^{(p^n)} T^n + \cdots + v a_n = b_0 T^n + (b_1 - p^{\frac{s}{r}} b_0) T^{n-1} + \cdots - p^{\frac{s}{r}} b_{n-1},$$

比较系数得

$$v^{(p^n)} = b_0, \quad a_1 v^{(p^{n-1})} = b_1 - p^{\frac{s}{r}} b_0, \quad \ldots, \quad v a_n = -p^{\frac{s}{r}} b_{n-1}.$$

以 $p^{is/r} \alpha_i$ 代入 a_i, $p^{is/r} \beta_i$ 代入 b_i, 得

$$v^{(p^n)} = \beta_0, \quad \alpha_1 v^{(p^{n-1})} = \beta_1 - \beta_0, \quad \ldots, \quad \alpha_n v = -\beta_{n-1}.$$

把以上等式相加便得条件

$$v^{(p^n)} + \alpha_1 v^{(p^{n-1})} + \cdots + \alpha_n v = 0.$$

以下在 $W(k)(p^{\frac{1}{r}})$ 内求解此方程.

$\bmod p^{\frac{1}{r}}$ 以上方程是

$$\bar{v}^{p^n} + \bar{\alpha}_1 \bar{v}^{p^{n-1}} + \cdots + \bar{\alpha}_n \bar{v} = 0,$$

此方程有非零解, 因为最少有一个 $\bar{\alpha}_i \neq 0$ 和 k 为代数封闭域.

我们继续前进, $\bmod p^{\frac{i}{r}}$ 求解. 现设已找到 $W(k)$ 的可逆元 v_i 使得

$$v_i^{(p^n)} + \alpha_1 v_i^{(p^{n-1})} + \cdots + \alpha_n v_i \equiv 0 \mod p^{\frac{i}{r}}.$$

取 $v_{i+1} = v_i + p^{i/r} x$, 代入

$$v_{i+1}^{(p^n)} + \alpha_1 v_{i+1}^{(p^{n-1})} + \cdots + \alpha_n v_{i+1} \equiv 0 \mod p^{\frac{i+1}{r}},$$

得
$$\bar{x}^{p^n} + \bar{a}\bar{x}^{p^{n-1}} + \cdots + \bar{a_n}\bar{x} + c = 0,$$
在 k 内解此方程. □

引理 11.4 设 k 为代数封闭域, E 为 k 上非零同晶体. 则存在 $\lambda \in \mathbb{Q}$ 和非零同晶体同态 $E \to E_k^\lambda$.

证明 (1) 把 E 换为 E 的商空间, 可以假设 E 为单 $\mathrm{Frac}(W(k))\langle T \rangle$ 模. 利用 Euclid 除法可得 $E = \mathrm{Frac}(W(k))\langle T \rangle / \mathrm{Frac}(W(k))\langle T \rangle P$, 其中 $P = T^n + a_1 T^{n-1} + \cdots + a_n$.

(2) 取大整数 m, 以 $E(-m)$ 代替 E, 以 $p^m \varphi$ 代替 φ, 可以假设 $a_i \in W(k)$, 于是 $E = \mathrm{Frac}(W(k)) \otimes_{W(k)} M$, 其中 M 是晶体 $W(k)\langle T \rangle / P$.

(3) 按引理 11.3 有分解 $P = Q(T - p^{s/r}) u$, 其中 $Q \in W(k)(p^{1/r})\langle T \rangle$, $u \in W(k)(p^{1/r})^\times$, $(r, s) = 1$, 有满态射
$$W(k)(p^{\frac{1}{r}}) \otimes_{W(k)} M \to W(k)(p^{\frac{1}{r}})\langle T \rangle / (T - p^{\frac{s}{r}}) : x \mapsto xu^{-1}.$$

由前小节第 4 段知 $W(k)\langle T \rangle$ 模同构
$$W(k)(p^{\frac{1}{r}})\langle T \rangle / (T - p^{\frac{s}{r}}) \cong \mathbb{Z}_p \langle T \rangle / (T^r - p^s),$$

于是诱导得非零晶体同态
$$M \to W(k)(p^{\frac{1}{r}}) \otimes_{W(k)} M \to \mathbb{Z}_p \langle T \rangle / (T^r - p^s),$$

留意
$$E_k^\lambda = \mathrm{Frac}(W(k)) \otimes_{W(k)} \mathbb{Z}_p \langle T \rangle / (T^r - p^s). \qquad \square$$

引理 11.5 设 k 为代数封闭域. E_k^λ 为**单同晶体** (simple isocrystal), 即不包含非零真子同晶体.

证明 设 E_k^λ 有子同晶体 $E \neq E_k^\lambda$. 按引理 11.4 有非零同态 $E_k^\lambda / E \to E_k^\mu$. 若 $\mu \neq \lambda$, 则由上小节知合成同态 $E_k^\lambda \to E_k^\lambda / E \to E_k^\mu$ 为零, 所以只能有 $\mu = \lambda$, 但是 $\mathrm{End}(E_k^\lambda)$ 同构于 D^λ 是除代数, 于是以上合成同态为同构, 所以 $E = 0$. □

引理 11.6 设 k 为代数封闭域. 正合序列 $0 \to E_k^{\lambda'} \to E \xrightarrow{\psi} E_k^\lambda \to 0$ 必分裂.

证明 正合序列 $0 \to E_k^{\lambda'} \to E \to E_k^\lambda \to 0$ 分裂当且仅当
$$0 \to E_k^{\lambda'+n} \to E(-n) \to E_k^{\lambda+n} \to 0$$
分裂. 取大 n, 所以可假设 $\lambda, \lambda' \geqslant 0$.

现在证明: 如果 $\varphi^r - p^s : E_k^{\lambda'} \to E_k^{\lambda'}$ 是满射, 则已给正合序列分裂.

正如前小节第 5 段有双射

$$\mathrm{Hom}(E_k^\lambda, E) \to \{x \in E : \varphi^r x = p^s x\} : \alpha \mapsto \alpha(1),$$

所以要证明正合序列分裂, 只需寻求 $x \in E$ 使得 $\psi(x) = e_1$ 及 $\varphi^r x = p^s x$. 现取 $x \in E$ 使得 $\psi(x) = e_1$, 则 $(\varphi^r - p^s)(x) \in E_k^{\lambda'}$. 若 $\varphi^r - p^s$ 是满射, 则有 $y \in E_k^{\lambda'}$ 使 $(\varphi^r - p^s)(y) = (\varphi^r - p^s)(x)$, 于是得所求 $(\varphi^r - p^s)(x - y) = 0$.

利用公式

$$(\varphi^r - p^s)(\varphi^{r(r'-1)} + \varphi^{r(r'-2)} p^s + \cdots + p^{s(r'-1)}) = \varphi^{rr'} - p^{sr'}$$

便知只要证明 $\varphi^{rr'} - p^{sr'} : E_k^{\lambda'} \to E_k^{\lambda'}$ 是满射.

以 $e_1', \ldots e_{r'}'$ 记 $E_k^{\lambda'}$ 的基, 由于

$$(\varphi^{rr'} - p^{sr'})\left(\sum a_i e_i'\right) = \sum (p^{rs'} a_i^{(p^{r'})} - p^{sr'} a_i) e_i',$$

所以只要证明, 对 $\alpha, \beta \in \mathbb{Z}$, 以下是满射

$$\mathrm{Frac}(W(k)) \to \mathrm{Frac}(W(k)) : x \mapsto p^\beta x^{(p^\alpha)} - x.$$

如果 $\beta > 0$, 设 $b \in \mathrm{Frac}(W(k))$. 取 $x = \sum_{i=0}^\infty p^{i\beta} b^{(p^{i\alpha})}$, 则 $p^\beta x^{(p^\alpha)} - x = b$.

如果 $\beta < 0$, 利用 $p^\beta x^{(p^\alpha)} - x = p^\beta x^{(p)} - p^{-\beta}(p^\beta x^{(p^\alpha)})^{(p^{-\alpha})}$, 把问题化作 $\beta > 0$ 情况处理.

余下设 $\beta = 0$, 以 $W(k) \to k : z \mapsto \bar{z}$ 记剩余映射. 取 $b \in \mathrm{Frac}(W(k))$, 设有 $m \in \mathbb{Z}$ 和 $x \in \mathrm{Frac}(W(k))$ 使得 $x^{(p^\alpha)} - x - b \in p^m W(k)$. 设 $x_1 = x + p^m y$, $y \in W(k)$, $c = (x^{(p^\alpha)} - x - b)/p^m$, 则 $x_1^{(p^\alpha)} - x_1 - b = p^m(y^{(p^\alpha)} - y + c)$ 属于 $p^{m+1} W(k)$ 当且仅当 $\bar{y}^{p^\alpha} - \bar{y} + \bar{c} = 0$. 可解此方程因为 k 为代数封闭域. □

以 $M_{\mathrm{Frac}(W(k))}^\varphi$ 记 k 上同晶体范畴.

定理 11.7 (Dieudonne-Manin) 设 k 为代数封闭域. 则

(1) $M_{\mathrm{Frac}(W(k))}^\varphi$ 的**单对象** (simple object) 是 E_k^λ.
(2) 任一 k 上同晶体必同构于 $\oplus (E_k^\lambda)^{m_\lambda}$.

此定理就是说代数封闭域 k 上同晶体范畴是**半单范畴** (semi-simple category).

证明 由引理 11.4 和 11.5 得 (1); 由引理 11.4 和 11.6 得 (2). □

11.1.5 联络

现设有环 R 和映射 $\delta : R \to R$ 满足

(1) $\delta(x + y) = \delta x + \delta y$;

(2) $\delta(xy) = x\delta y + y\delta x$.

取 $k = \mathrm{Ker}\,\delta$, 则 δ 为从 R 至 R 的 k 求导映射.

设 R 模 M 有映射 $D: M \to M$ 使得

(1) $D(m_1 + m_2) = D(m_1) + D(m_2), m_1, m_2 \in M$.
(2) $D(xm) = xD(m) + \delta(x)m, x \in R, m \in M$.

则称 (M, D) 为**微分** (R, δ) **模** (differential module); 又称 D 为微分算子.

设有环 k, k-代数 R 和 R 模 M. 称映射 $\nabla: M \to \Omega^1_{R/k} \otimes_R M$ 为**联络** (connection), 如果对 $m_1, m_2, m \in M, a \in k, x \in R$ 以下条件成立

(1) $\nabla(am_1 + m_2) = a\nabla m_1 + \nabla m_2$.
(2) $\nabla(xm) = dx \otimes m + x\nabla m$.

假设给出从 R 至 R 的 k 求导映射 δ, 设 f_δ 按前面的典范同构 $\mathrm{Hom}_R(\Omega^1_{R/k}, R) \xrightarrow{\approx} \mathrm{Der}_k(R, R)$ 下 $\delta = f_\delta \circ d$. 由于已给联络 ∇, 以 D 记 $(f_\delta \otimes 1_M) \circ \nabla$, 则 (M, D) 为微分 (R, δ) 模.

注 当 S 是 PD 概形时, Berthelot-Ogus 称带联络 $\mathscr{O}_S$ 模为晶体 (Notes on crystalline cohomology, *Math. Notes* 21, Princeton University Press, 1978); Ogus 称带联络 $\mathbb{Q} \otimes \mathscr{O}_S$ 模为同晶体 (F-isocrystals and de Rham cohomology, *Inven. Math.* 72 (1983) 159-199; *Duke Math. J.* 51 (1984) 765-850).

11.2 C_K

设 K 是完备离散赋值域, K 的特征是 0, K 的剩余域 κ_K 是特征 $p > 0$ 的完全域. 选定 K 的代数闭包 $\bar{K}$, 以 C_K 记 $\bar{K}$ 的完备化.

引理 11.8 设代数扩张 L/K. 选实数 r, 取 n 次首 1 多项式 $g \in L[X]$ 使得 g 的任意根 $y \in \bar{K}$ 满足 $v(y) \geq r$, 则对 $0 < m < n$ 存在 m 次导数 $g^{(m)}$ 的根 $z \in L$, 令

$$v(z) \geq r - \frac{1}{n-m} v\left(\binom{n}{m}\right).$$

证明 设 $g(X) = (X - \xi_1)\ldots(X - \xi_n) = \sum_{i=0}^n b_i X^i$. 则 b_i 是 $\mathbb{Z}[\xi_1, \ldots, \xi_n]$ 内 $n - i$ 次齐次多项式, 因此 $v(b_i) \geq (n-i)r$, m 次导数是

$$\frac{1}{m!} g^{(m)}(X) = \sum_{i=m}^n \binom{i}{m} b_i X^{i-m} = \binom{n}{m}(X - \mu_1)\ldots(X - \mu_{n-m}),$$

于是 $b_m = \binom{n}{m}(-1)^{n-m}\mu_1 \mu_2 \ldots \mu_{n-m}$, 故此

$$\sum_{i=1}^{n-m} v(\mu_i) = v(b_m) - v\left(\binom{n}{m}\right) \geq (n-m)r - v\left(\binom{n}{m}\right),$$

这样便得 i. 令 $v(\mu_i) \geqslant (n-m)^{-1}v\left(\binom{n}{m}\right)$. □

引理 11.9 (Ax) 设 L/K 是代数扩张，$x \in \bar{K}$. 则存在 $y \in L$ 使得

$$v(x-y) > d_L(x) - \frac{p}{(p-1)^2}v(p),$$

其中 $d_L(x) = \min\{v(\sigma x - x) : \sigma \in \mathrm{Aut}_L(L(x), \bar{K})\}$.

证明 以 $\ell(n)$ 记最大整数 ℓ 使得 $p^\ell \leqslant n$. 设 $e(n) = \sum_{i=1}^{\ell(n)}(p^i - p^{i-1})^{-1}$. 由于 $e(n) \leqslant e(n+1)$ 和 $\lim_{n \to \infty} e(n) = p/(p-1)^2$, 可由有 $y \in L$ 使得

$$v(x-y) > d_L(x) - e(n)v(p)$$

推出本引理. 为此对 n 做归纳证明.

容易验证 $n=1$ 时，若 n 是 p 幂，则设 $n = p^s p$; 否则 $n = p^s t$, $p \nmid t$, $t \geqslant 2$, 设 $m = p^s$.

以 $f \in L[X]$ 记 x 的首 1 最小多项式. 设 $g(X) = f(X+x)$, $g^{(m)}(X) = f^{(m)}(X+x)$, $g(X)$ 的根是 $\sigma x - x$. 设 $r = d_L(x)$. 取 z 如引理 11.8. 设 $u = z + x$. 则

$$v(u-x) \geqslant r - \frac{1}{n-m}v\left(\binom{n}{m}\right).$$

因为 $g^{(m)}(u) = 0$, $g^{(m)}$ 是 $n-m$ 次，所以 $[L(u):L] \leqslant n-m$. 若 $u \in L$, 取此为 y; 或 $u \notin L$, 则按归纳假设有 $y \in L$ 令 $v(u-y) \geqslant d_L(u) - e(n-m)v(p)$. 余下需要证明 $v(x-y) > r - e(n)$.

1. 设 $n = p^s t$, $p \nmid t$, $t \geqslant 2$, $m = p^s$. 则 $v(\binom{n}{m}) = 0$, 于是 $v(z) = v(u-x) \geqslant r$ 和

$$v(\sigma u - u) = v(\sigma x - x + \sigma z - z) \geqslant r,$$

所以 $d_L(u) \geqslant r$, 故此 $v(u-y) \geqslant r - e(n-p^s)v(p)$,

$$v(x-y) \geqslant \min\{v(x-u), v(u-y)\} \geqslant r - e(n)v(p).$$

2. 设 $n = p^s p$, $m = p^s$. 则 $v(\binom{n}{m}) = v(p)$ 和 $v(z) \geqslant r - (p^{s+1} - p^s)^{-1}v(p)$,

$$v(\sigma u - u) = v(\sigma x - x + \sigma z - z) \geqslant r - \frac{1}{p^{s+1} - p^s}v(p),$$

由此得 $d_L(u) \geqslant r - (p^{s+1} - p^s)^{-1}v(p)$, 于是

$$v(u-y) \geqslant r - \frac{1}{p^{s+1} - p^s}v(p) - e(p^{s+1} - p^s)v(p) = r - e(p^{s+1})v(p),$$

故此 $v(x-y) = v(x-u+u-y) \geqslant r - e(n)v(p)$. □

命题 11.10 若 H 是 $\mathrm{Gal}(\bar{K}/K)$ 的闭子群，则 $C_K^H = (\bar{K}^H)\widehat{}$, 即 $\bar{K}^H$ 的完备化.

证明　$C_K = (\bar{K})$. 对 $x \in C_K^H$, 选 $x_n \in \bar{K}$ 使得 $v(x - x_n) \geqslant n$. 对 $\sigma \in H$, 因为 $\sigma(x) = x$, 所以

$$v(\sigma(x_n) - x_n) \geqslant \min\{v(\sigma(x_n - x)), v(x_n - x)\} \geqslant n.$$

按引理 11.9, 对每个 n, 存在 $y_n \in \bar{K}^H$ 使得

$$v(x_n - y_n) \geqslant n - \frac{p}{(p-1)^2}v(p),$$

于是 $x = \lim y_n \in (\bar{K}^H)$. □

上述命题最早见于 Tate 关于 p-divisible group 的文章, 这竟然是以后几节的起点, 亦可说是出乎意料了!

11.3　非交换 1 上同调

设有拓扑群 G, A. A 不一定是交换群, 以乘法记 A 的运算. 又设 A 是 G-群, 即 G 连续作用在 A 上, 对 $s \in G, a \in A, (s,a) \mapsto {}^s a$. 我们模仿交换群的 1 上同调群的定义, 考虑连续映射 $G \to A: s \mapsto a_s$. 若对任意的 $s, t \in G$, 条件

$$a_{st} = a_s({}^s a_t)$$

成立, 则称 (a_s) 为 G 的系数在 A 中的连续1 **上闭链** (1 cocycle), 所有这些上闭链组成的集合记为 $Z^1(G, A)$.

如果 $(a_s), (b_s)$ 是两个连续 1 上闭链, 且存在 $c \in A$ 使得对任意 $s \in G$ 有

$$b_s = c^{-1} a_s {}^s c,$$

则记 $(a_s) \sim (b_s)$, 易证此为等价关系. 由此所得所有等价类所组成的集合记为

$$H^1(G, A) = Z^1(G, A)/\sim,$$

称此为 G 的系数在 A 中的连续 1 上同调集.

我们把平凡上闭链 $G \to A: s \mapsto 1$ 的等价类记为 1, 并把它看作 1 上同调集的 "单位" 元 (虽然 $H^1(G, A)$ 并不是群), 这就方便我们说: 带 "单位" 元的集合的映射序列 $X \xrightarrow{\phi} Y \xrightarrow{\psi} Z$ 为正合, 若 $\phi(X) = \{y \in Y : \psi(y) = 1_Z\}$.

我们又定义 $H^0(G, A) = A^G = \{a \in A : {}^s a = a, \forall s \in G\}$.

不难验证以下命题

命题 11.11　G-群正合序列 $1 \to A \xrightarrow{\alpha} B \xrightarrow{\beta} C \to 1$ 诱导正合序列

$$1 \to H^0(G, A) \to H^0(G, B) \to H^0(G, C) \xrightarrow{\delta} H^1(G, A) \to H^1(G, B) \to H^1(G, C),$$

其中 δ 是如此给出的, 对 $c \in H^0(G,C)$, 选 $b \in B$ 使 $\beta b = c$, 然后设 δc 为 $s \mapsto \alpha^{-1}(b^{-1\,s}b)$ 的等价类. 这样定义的 δ 与 b 的选择无关.

设 H 为 G 的子群. 由 1 上闭链 $G \to A : s \mapsto a_s$ 得 1 上闭链 $H \hookrightarrow G \to A :: t \mapsto a_t$, 这样产生限制映射

$$\mathrm{Res} : H^1(G,A) \to H^1(H,A).$$

现设 H 为 G 的闭正规子群. 则由 G-群 A 得 G/H-群 A^H, 由映射 $G/H \to A^H$ 得映射

$$G \to G/H \to A^H \hookrightarrow A.$$

易验证如此生成映射

$$\mathrm{Inf} : H^1(G/H, A^H) \to H^1(G,A),$$

称此为膨胀映射.

如交换上同调群一样, 不难证明以下 "膨胀 – 限制序列".

命题 11.12 $1 \to H^1(G/H, A^H) \xrightarrow{\mathrm{Inf}} H^1(G,A) \xrightarrow{\mathrm{Res}} H^1(H,A).$

以下命题的证明参见 [19] 第十三章的命题 13.75.

命题 11.13 (Hilbert-Noether) 设有域 K 和有限 Galois 扩张 L/K. 则对任意 $n \geqslant 1$, 得 $H^1(\mathrm{Gal}(L/K), GL_n(L)) = 1$.

设 G 是拓扑群, B 是交换拓扑环, G 在 B 上以环同构连续作用. 我们说 G 在 B 模 M 上的连续作用是半线性的, 如果对 $s \in G, b \in B, x, y \in M$ 有 $^s(bx+y) = {}^sb\,{}^sx + {}^sy$. 若同时 M 是秩 $= n$ 的自由 B 模, 由 M 的基 $\{e_1, \ldots, e_n\}$ 得映射

$$a : G \to GL_n(B) : s \mapsto a_s = (a_{ij,s}),$$

其中 $a_{ij,s}$ 是如下决定

$$^s e_j = \sum_i a_{ij,s} e_i.$$

易验证 $a \in Z^1(G, GL_n(B))$.

若在 M 内另取一基 $\{e_1', \ldots, e_n'\}$, 换基矩阵 $P = (p_{ij})$ 由 $e_j' = \sum_i p_{ij} e_i$ 决定 (这是说: P 的列看作对应于基 $\{e_j\}$ 的向量便是新的基 $\{e_j'\}$). 对应于此基, G 在 M 的作用决定的 1 上闭链记为 a', 则

$$a_s' = P^{-1} a_s\, {}^s P.$$

以 $[M]$ 记 a 的上同调类, 这样得见: 带 G 的半线性作用的秩 $= n$ 的自由 B 模 M 决定上同调类 $[M] \in H^1(G, GL_n(B))$. 这个讨论还说明: 若 M 与 M' 同构, 则 $[M] = [M']$.

另一方面, 在 B^n 内取标准基 e_j (即 j 坐标是 1, 其他为 0). 从 $a \in Z^1(G, GL_n(B))$, $a_s = (a_{ij,s})$ 出发, 利用
$$^s e_j = \sum_i a_{ij,s} e_i,$$
在 B^n 得 G 的半线性作用. 以 M 记此 B 模, 易验证 $[M]$ 是 a.

若带 G 的半线性作用的秩 $= n$ 的自由 B 模 M 的基是 M^G 的子集, 并且在这个基所决定的同构 $M \cong B^n$ 下, G 在 M 的作用对应于 G 在 B^n 的向量的坐标的作用, 则 $[M]$ 是 1 上同调集 $H^1(G, GL_n(B))$ 的 "单位" 元.

总结以上的讨论如下

命题 11.14 设拓扑群 G 在交换拓扑环 B 上以环同构连续作用. 则 $H^1(G, GL_n(B))$ 与带 G 的半线性作用的秩 $= n$ 的自由 B 模的同构类集合成 $1-1$ 对应.

注 1 上同调集 H^1 和线性代数群的 k-形有关, 见 [17] 第一篇第四章的 §4.1.3 节.

11.4 在 $GL_n(\mathbb{C}_p)$ 的上同调

先给出本节所用的扩张. 取 p 进域 F, 固定 E 的代数闭包 $\bar{F}$, 记 $\bar{F}$ 的完备化为 $\mathbb{C}_p$. 在 $\bar{F}$ 内选定扩张 F_∞/E 使得 $\mathrm{Gal}(F_\infty/F) \approx \mathbb{Z}_p$, 以 $\hat{F_\infty}$ $(\subseteq \mathbb{C}_p)$ 记 F_∞ 的完备化, 则固定子域 $\mathbb{C}_p^{\mathrm{Gal}(\bar{F}/F_\infty)} = \hat{F_\infty}$.

记 $G = \mathrm{Gal}(\bar{F}/F)$, $H = \mathrm{Gal}(\bar{F}/F_\infty)$, $\Gamma = \mathrm{Gal}(F_\infty/F)$. 以 E_n 记 Γ^{p^n} 在 F_∞ 内的固定子域, 即 $\mathrm{Gal}(F_\infty/F_n) = \Gamma^{p^n}$.

取 Γ 的拓扑生成元 γ - $\mathbb{Z}_p \xrightarrow{\sim} \Gamma : x \mapsto \gamma^x$, 记 γ^{p^n} 为 γ_n, 则 γ_n 生成 Γ^{p^n}.

11.4.1 Tate 分解

命题 11.15 L/F_∞ 是有限扩张. 对任意 $a > 0$ 存在 $x \in L$ 使得
$$v_F(x) > -a, \quad \mathrm{Tr}_{L/F_\infty}(x) = 1.$$

证明 利用 Tate 定理 10.78, 取 $\alpha \in \mathcal{O}_L$ 使 $v_F(\mathrm{Tr}_{L/F_\infty}(\alpha)) < a$, 则 $x = \alpha/\mathrm{Tr}_{L/F_\infty}(\alpha)$ 满足所求. □

这个命题常记为 $TS(1)$ 条件, 又称为殆平展条件.

利用迹的可迁性和 $[F_{m+n} : F_n] = p^m$, 得对 $x \in F_\infty$, 若 $x \in F_{m+n}$, 则 $p^{-m} \mathrm{Tr}_{F_{m+n}/F_n}(x)$ 与 m 无关, 于是可以定义
$$R_n(x) = p^{-m} \mathrm{Tr}_{F_{m+n}/F_n}(x),$$

称 R_n 为 Tate **规范迹映射** (normalized trace map).

命题 11.16 存在常数 $d > 0$ 使得对 $x \in F_\infty$ 有
$$v_F(x - R_n(x)) \geqslant v_F(\gamma_n x - x) - d.$$

证明 先证 $n = 0$. 以 $R(x)$ 记 $R_n(x)$, 对 m 用归纳法证明
$$v_F(x - R(x)) \geqslant v_F(\gamma x - x) - c_m,$$
其中 $x \in F_m$, $c_{m+1} = c_m + ap^{-m}$, a 是正常数.

对 $x \in F_{m+1}$,
$$px - \text{Tr}_{F_{m+1}/F_m}(x) = px - \sum_{i=0}^{p-1} \gamma_m^i x = \sum_{i=1}^{p-1} (1 + \gamma_m + \cdots + \gamma_m^{i-1})(1 - \gamma_m)x,$$
于是
$$v_F(x - p^{-1}\text{Tr}_{F_{m+1}/F_m}(x)) \geqslant v_F(x - \gamma_m x) - e.$$
取 $c_1 = e$, 证得 $m = 1$ 的情形.

取 $x \in F_{m+1}$, 则
$$R(\text{Tr}_{F_{m+1}/F_m}(x)) = pR(x),$$
$$(\gamma - 1)\text{Tr}_{F_{m+1}/F_m}(x) = \text{Tr}_{F_{m+1}/F_m}(\gamma x - x).$$
按归纳
$$v_F(\text{Tr}_{F_{m+1}/F_m}(x) - pR(x)) \geqslant v_F(\text{Tr}_{F_{m+1}/F_m}(\gamma x - x)) - c_n$$
$$\geqslant v_F(\gamma x - x) + e - ap^{-n} - c_n,$$
于是
$$v_F(x - R(x)) \geqslant \min(v_F(x - p^{-1}\text{Tr}_{F_{m+1}/F_m}(x)), v_F(\gamma x - x) - ap^{-n} - c_n)$$
$$\geqslant v_F(\gamma x - x) - \max(c_1, c_n + ap^{-n}).$$
归纳步 $m+1$ 证毕.

若以 F_n 换 F, R_n 换 R_0, 同样证明将给出同样不等式, 而且是不用改变 d 的. □

从命题 10.76 得见 R_n 为 F_∞ 的连续映射, 因此可扩展至 $\hat{F}_\infty$. 设
$$X_n := \{x \in \hat{F}_\infty : R_n(x) = 0\}.$$

命题 11.17 (1) $\hat{F}_\infty = F_n \oplus X_n$.
(2) $\gamma_n - 1$ 在 X_n 上为双射, 并有连续逆映射使得对 $x \in X_n$ 有
$$v_F((\gamma_n - 1)^{-1}(x)) \geqslant v_F(x) - d.$$

(3) 若 λ 是主可逆元,又不是单位根,则 $\gamma - \lambda$ 在 $\hat{F}_\infty$ 上有连续逆映射.

证明 (1) 用 $R_n \circ R_n = R_n$.

(2) 设 $F_{m,n} = F_m \cap X_n$. 则 $F_{m,n}$ 是有限维,而 $\gamma_n - 1$ 在 $F_{m,n}$ 为单射,所以是同构. 对 $y = (\gamma_n - 1)x \in F_{m,n}$ 用命题 11.16 得

$$v_F((\gamma_n - 1)^{-1}y) \geqslant v_F(y) - d.$$

用连续性扩展至 X_n.

(3) 若 $\lambda \neq 1$, 在 F 上 $\gamma - \lambda$ 为同胚. 我们先限制到 X_0. 由于

$$\gamma - \lambda = (\gamma - 1)(1 - (\gamma - 1)^{-1}(\lambda - 1)),$$

只需证明 $1 - (\gamma - 1)^{-1}(\lambda - 1)$ 有连续逆映射. 展开

$$1 - (\gamma - 1)^{-1}(\lambda - 1) = \sum_{k \geqslant 0} (\gamma - 1)^{-1}(\lambda - 1)^k,$$

若 $v_F(\lambda - 1) > d$, $x \in X_0$, 则 $v_F((\gamma - 1)^{-1}(\lambda - 1)(x)) > 1$, $1 - (\gamma - 1)^{-1}(\lambda - 1)$ 在 X_0 有连续逆映射.

在一般情形,以 F_n 代替 F, 若 $n \gg 0$ 可假设 $v_F(\lambda^{p^n} - 1) > d$, 则 $\gamma^{p^n} - \lambda^{p^n}$ 有连续逆映射, 于是 $\gamma - \lambda$ 亦有连续逆映射. $\square$

11.4.2 殆平展下降

这一小节的结果常被称为**殆平展下降** (almost étale descend), 这种想法来自 Faltings 的比较定理的证明, 要真正掌握这种技术便要阅读原文和多看例子.

命题 11.18 设 $a > 0$, H_0 是 H 的开子群, 上闭链 $U: H_0 \to GL_n(\mathbb{C}_p): s \mapsto U_s$ 有性质 $s \in H_0 \Rightarrow v(U_s - 1) \geqslant a$. 则

(1) 存在 $M \in GL_n(\mathbb{C}_p)$, 使得

$$v(M-1) \geqslant \frac{a}{2}, \quad v(M^{-1}U_s{}^sM - 1) \geqslant a+1, \quad \forall s \in H_0.$$

(2) 存在 $M \in GL_n(\mathbb{C}_p)$, 使得

$$v(M-1) \geqslant \frac{a}{2}, \quad M^{-1}U_s{}^sM = 1, \quad \forall s \in H_0.$$

证明 (1) 因为 U 是连续的, 给出 a, 可找开正规子群 $H_1 \subseteq H_0$ 使 $s \in H_1 \Rightarrow v(U_s - 1) \geqslant a + 1 + a/2$.

按命题 11.15, 知有 $\alpha \in \mathbb{C}_p^{H_1}$ 使得 $v(\alpha) \geqslant -a/2$, $\sum_{t \in H_0/H_1} t\alpha = 1$.

设 S 为 H_0/H_1 的代表集, $M_S = \sum_{s\in S} s(\alpha)U_s$. 则 $M_S - 1 = \sum_{s\in S} s(\alpha)(U_s - 1)$, 于是 $v(M_S - 1) \geqslant a/2$. 此外由 $M_S^{-1} = \sum_0^\infty (1 - M_S)^m$ 得 $v(M_S^{-1}) \geqslant 0$, 于是 $M_S \in GL_n(\mathbb{C}_p)$.

现取 H_0/H_1 的另一个代表集 S', 对 $s' \in S'$, 找 $t \in H_1, s \in S$ 使 $s' = st$. 则

$$M_S - M_{S'} = \sum_{s \in S} s(\alpha)(U_s - U_{st}) = \sum_{s \in S} s(\alpha)U_s(1 - {}^sU_t),$$

于是 $v(M_S - M_{S'}) \geqslant a + 1 + a/2 - a/2 = a + 1$, 这样对 $t \in H_0$,

$$U_t{}^t(M_S) = \sum_{s \in S} ts(\alpha) U_t{}^tU_s = \sum_{s \in S} ts(\alpha) U_{ts} = M_{tS},$$

则 $M_S^{-1} U_t{}^t M_s = 1 + M_S^{-1}(M_{tS} - M_S)$, $v(M_S^{-1}(M_S - M_{S'})) \geqslant a + 1$. 取 $M = M_S$ 便是所求.

(2) 以 M_1 记第 (1) 步所得的 M, 于是现有上闭链 $s \mapsto M_1^{-1} U_s{}^s M_1$ 满足条件 $v(M_1^{-1} U_s{}^s M_1 - 1) \geqslant a + 1$. 对此用 (1) 得 $M_2 \in GL_n(\mathbb{C}_p)$ 使得

$$v(M_2 - 1) \geqslant \frac{a+1}{2}, \quad v(M_2^{-1} M_1^{-1} U_s{}^s M_1{}^s M_2 - 1) \geqslant a + 2, \quad \forall s \in H_0.$$

如此继续得 $M_k \in GL_n(\mathbb{C}_p)$ 使得 $v(M_k - 1) \geqslant \frac{a+k-1}{2}$, 且

$$v((M_1 \ldots M_k)^{-1} U_s{}^s (M_1 \ldots M_k) - 1) \geqslant a + k, \quad \forall s \in H_0.$$

由此得: $v(\prod_{j=1}^k M_j - 1) \geqslant \frac{a}{2}$. 当 $k \to \infty$, $\prod_{j=1}^k M_j$ 收敛为 $M \in GL_n(\mathbb{C}_p)$ 使得 $v(M - 1) \geqslant \frac{a}{2}$, 并且 $(\prod_{j=1}^k M_j)^{-1} U_s{}^s (\prod_{j=1}^k M_j) \to 1$. □

11.4.3 退备化

这一小节的结果常被称为**退备化** (decompletion), 在以下的应用中可看到怎样把一个上同调类的系数从域 $\hat{F}_\infty$ 变为 F_∞.

Tate 规范迹映射 $R_r(x)$ 有这样的性质: 存在与 r 无关常数 c, d, 使得

$$v(R_r(x)) \geqslant v(x) - c, \quad x \in \hat{F}_\infty,$$
$$v((\gamma_r - 1)^{-1} x) \geqslant v(x) - d, \quad x \in X_r = \{x \in \hat{F}_\infty : R_r(x) = 0\}.$$

以上两个条件常分别记为 $TS(2), TS(3)$ (见命题 10.76 和命题 11.17). $M_n(R)$ 记系数在 R 的 $n \times n$ 矩阵所组成的环.

命题 11.19 给定 $\delta > 0$, $b \geqslant 2c + 2d + \delta$, $r \geqslant 0$, 取 $U_1 \in M_n(F_r)$ 使 $v(U_1) \geqslant b - c - d$, $U_2 \in M_n(\mathbb{C}_p)$ 使 $v(U_2) \geqslant b' \geqslant b$, 设 $U = 1 + U_1 + U_2$. 则

(1) 有
$$M^{-1}U^{\gamma_r}M = 1 + V_1 + V_2,$$

其中 $M \in GL_n(\mathbb{C}_p)$ 满足 $v(M-1) \geqslant b-c-d$, $V_1 \in M_n(F_r)$ 使 $v(V_1) \geqslant b-c-d$, $V_2 \in M_n(\mathbb{C}_p)$ 使 $v(V_2) \geqslant b' + \delta$.

(2) 存在 $M \in GL_n(\hat{F}_\infty)$ 使得 $v(M-1) \geqslant b-c-d$, $M^{-1}U^{\gamma_r}M \in GL_n(F_r)$.

证明 (1) 按以上 c,d 的选择, $U_2 = R_r(U_2) + (V - {}^{\gamma_r}V)$, 便得 $v(R_r(U_2)) \geqslant v(U_2) - c$ 和 $v(V) \geqslant v(U_2) - c - d$, 于是

$$(1+V)^{-1}U^{\gamma_r}(1+V) = (1 - V + V^2 - \ldots)(1 + U_1 + U_2)(1 + {}^{\gamma_r}(V))$$
$$= 1 + U_1 + ({}^{\gamma_r}V - V) + U_2 + V_2,$$

其中 V_2 是所有次数 $\geqslant 2$ 的项的和, 则 $v(V_2) \geqslant b + b' - 2c - 2d \geqslant b' + \delta$. 设 $V_1 = U_1 + R_r(U_2) \in M_n(F_r)$, $M = 1 + V$. 证毕 (1).

(2) 的证法如命题 11.18 (2), 重复使用第 (1) 步, 让 b 改为 $b+\delta, b+2\delta, \ldots$ 等. □

命题 11.20 设 $B \in GL_n(\mathbb{C}_p)$, $r \geqslant i$. 如果存在 $V_1, V_2 \in GL_n(F_i)$ 使得

$$v(V_1 - 1) > d, \quad v(V_2 - 1) > d, \quad {}^{\gamma_r}B = V_1 B V_2,$$

则 $B \in GL_n(F_i)$.

证明 取 $C = B - R_i(B)$, 则 C 的系数属于 $X_i = (1 - R_i)\hat{F}_\infty$. 注意 R_i 是 F_i 线性和与 γ_r 交换, 于是

$${}^{\gamma_r}C - C = V_1 C V_2 - C = (V_1 - 1)CV_2 + V_1 C(V_2 - 1) - (V_1 - 1)C(V_2 - 1),$$

所以 $v({}^{\gamma_r}C - C) > v(C) + d$. 用命题 11.17 得 $v(C) = +\infty$, 于是 $C = 0$. □

11.4.4 Sen 定理

命题 11.21 $H^1(H, GL_n(\mathbb{C}_p)) = 1$.

证明 取 $U_s \in Z^1(H, GL_n(\mathbb{C}_p))$, 设 $a > 0$. 因为 U 是连续, 知 H 有开正规子群 $H_0 \subseteq H$ 使 $s \in H_0 \Rightarrow v(U_s - 1) \geqslant a$. 命题 11.18 (2) 指出限制 U 至 H_0 所决定的同调类为 1. 另一方面, 对有限 Galois 群 H/H_0 用 Hilbert-Noether 定理得 $H^1(H/H_0, GL_n(\mathbb{C}_p^{H_0})) = 1$, 于是由膨胀–限制序列

$$1 \to H^1(H/H_0, GL_n(\mathbb{C}_p^{H_0})) \xrightarrow{\text{Inf}} H^1(H, GL_n(\mathbb{C}_p)) \xrightarrow{\text{Res}} H^1(H_0, GL_n(\mathbb{C}_p)),$$

得所求. □

命题 11.22 膨胀映射 $\text{Inf}\colon H^1(\Gamma, GL_n(\hat{F}_\infty)) \to H^1(G, GL_n(\mathbb{C}_p))$ 为双射.

证明 在膨胀-限制序列

$$1 \to H^1(\Gamma, GL_n(\mathbb{C}_p^H)) \xrightarrow{\text{Inf}} H^1(G, GL_n(\mathbb{C}_p)) \xrightarrow{\text{Res}} H^1(H, GL_n(\mathbb{C}_p))$$

中用 $\mathbb{C}_p^H = \hat{F}_\infty$ 和 $H^1(H, GL_n(\mathbb{C}_p)) = 1$ (命题 11.21). □

命题 11.23 包含映射 $GL_n(F_\infty) \to GL_n(\hat{F}_\infty)$ 诱导双射

$$\iota : H^1(\Gamma, GL_n(F_\infty)) \to H^1(\Gamma, GL_n(\hat{F}_\infty)).$$

证明 (1) 证明 ι 是单射. 取 $U, U' \in Z^1(\Gamma, GL_n(F_\infty))$, 设有 $M \in GL_n(\hat{F}_\infty)$ 使得 $M^{-1} U_s\, {}^s M = U'_s$, $s \in \Gamma$, 于是 ${}^{\gamma_r} M = U_{\gamma_r}^{-1} M U'_{\gamma_r}$. 取 r 使得 $U_{\gamma_r}, U'_{\gamma_r}$ 满足命题 11.20, 则 $M \in GL_n(F_r)$, 这样 U, U' 在 $H^1(\Gamma, GL_n(F_\infty))$ 内是相同的.

(2) 证明 ι 是满射. 取 $U \in Z^1(\Gamma, GL_n(\hat{F}_\infty))$, 用 U 的连续性得 r 使得 $s \in \Gamma_r \Rightarrow v(U_s - 1) > 2c + 2d$. 按命题 11.19 (2), 有 $M \in GL_n(\hat{F}_\infty)$ 使得 $v(M - 1) \geqslant c + d$, $M^{-1} U\, {}^{\gamma_r} M \in GL_n(F_r)$. 加上命题 11.20, 可取 $M \in GL_n(F_\infty)$.

设 $U'_s = M^{-1} U_s\, {}^s M$. 则

$$U'_s\, {}^s U'_{\gamma_r} = U'_{s\gamma_r} = U'_{\gamma_r s} = U'_{\gamma_r}\, {}^{\gamma_r} U'_s,$$

由此得 ${}^{\gamma_r} U'_s = U'_{\gamma_r}{}^{-1} U'_s\, {}^s U'_{\gamma_r}$. 在命题 11.20 中取 $V_1 = U'_{\gamma_r}{}^{-1}$, $V_2 = {}^s U'_{\gamma_r}$, 则 $U'_s \in GL_n(F_r)$. □

定理 11.24 (Sen) 以下为双射

$$H^1(\Gamma, GL_n(F_\infty)) \xrightarrow{\iota} H^1(\Gamma, GL_n(\hat{F}_\infty)) \xrightarrow{\text{Inf}} H^1(G, GL_n(\mathbb{C}_p)).$$

以上定理来自 Shankar Sen, Continuous cohomology and p-adic Galois representations, *Invent. Math.* 62 (1980) 89-116. 这里的证明被称为 Tate-Sen 方法, Colmez 把它用在各种类似情形.

11.4.5 过收敛表示

本节的详细资料见 F. Cherbonnier, P. Colmez, Representations p-adiques surconvergentes, *Inv. Math.* 113(1998) 581-611.

继续 367 页的记号, 设 $\varphi^{-\infty}(\mathbf{B}_K^\dagger) = \cup_{n=1}^\infty \varphi^{-n}(\mathbf{B}_K^\dagger)$.

命题 11.25 包含映射 $\varphi^{-\infty}(\mathbf{B}_K^\dagger) \subseteq \tilde{\mathbf{B}}_K^\dagger$ 所决定的上同调映射 ι 和膨胀映射均为双射,

$$H^1(\Gamma_K, GL_n(\varphi^{-\infty}(\mathbf{B}_K^\dagger))) \xrightarrow{\iota} H^1(\Gamma_K, GL_n(\tilde{\mathbf{B}}_K^\dagger)) \xrightarrow{\text{Inf}} H^1(G_K, GL_n(\tilde{\mathbf{B}}^\dagger)).$$

如 Sen 定理 (定理 11.24) 一样, 证法是 Tate-Sen 方法: Tate 分解、殆平展下降和退备化这三步. 把 Sen 定理的 F, F_∞, $\hat{F}_\infty$, $\mathbb{C}_p$ 换作 $\mathbf{B}_K^\dagger$, $\varphi^{-\infty}(\mathbf{B}_K^\dagger)$, $\tilde{\mathbf{B}}_K^\dagger$, $\tilde{\mathbf{B}}^\dagger$, 可以证明类似命题 11.20 的以下命题.

命题 11.26 设 $s \mapsto V_s \in Z^1(\Gamma_K, GL_n(\mathbf{B}_K))$. 若 $C \in GL_n(\tilde{\mathbf{B}}_K)$ 使得上闭链 $s \mapsto W_s = C^{-1}V_s \, {}^sC$ 取值于 $GL_n(\varphi^{-\infty}(\mathbf{B}_K))$, 则 $C \in GL_n(\varphi^{-\infty}(\mathbf{B}_K))$.

命题 11.27 设 $s \mapsto U_s \in Z^1(G_K, GL_n(\mathbb{Q}_p))$. 则有 $M \in GL_n(\mathbf{B}^\dagger)$ 使得 $s \mapsto W_s = M^{-1}U_s \, {}^sM$ 为 H_K 上的平凡上闭链, 于是取值于 $GL_n(\mathbf{B}_K^\dagger)$.

证明 利用双射 $H^1(\Gamma_K, GL_n(\varphi^{-\infty}(\mathbf{B}_K^\dagger))) \leftrightarrow H^1(G_K, GL_n(\tilde{\mathbf{B}}^\dagger))$ (命题 11.25) 和 $\mathbb{Q}_p$ 是 $\tilde{\mathbf{B}}^\dagger$ 的子域, $\Gamma_K = G_K/H_K$, 知有 $M_0 \in GL_n(\tilde{\mathbf{B}}^\dagger)$ 使得 $s \mapsto M_0^{-1}U_s \, {}^sM_0 \in GL_n(\varphi^{-\infty}(\mathbf{B}_K^\dagger))$ 为 H_K 上的平凡上闭链. 以适当的 $\varphi^k(M_0)$ 代替 M_0, 可假设 $M_0^{-1}U_s \, {}^sM_0 \in GL_n(\mathbf{B}_K^\dagger)$.

另一方面, $H^1(H_K, GL_n(\mathbb{Q}_p))$ 映为 $H^1(H_K, GL_n(\mathbf{B}))$ 的"单位元". 存在 $N \in GL_n(\mathbf{B})$ 使得 $s \mapsto N^{-1}U_s \, {}^sN$ 为 H_K 上的平凡上闭链, 由此得 $N^{-1}M_0 \in \tilde{\mathbf{B}}_K$. 在命题 11.26 中取 $C = N^{-1}M_0$, $V_s = N^{-1}U_s \, {}^sN$, 得 $N^{-1}M_0 \in GL_n(\varphi^{-\infty}(\mathbf{B}_K))$. 存在整数 $\ell \geqslant 0$ 使得 $M = \varphi^\ell(M_0) \in GL_n(\mathbf{B})$, 于是 M 属于 $GL_n(\tilde{\mathbf{B}}^\dagger) \cap GL_n(\mathbf{B}) = GL_n(\mathbf{B}^\dagger)$. 证毕. □

在本节, Galois 群 G_K 的 p 进表示是指 G_K 在有限维 $\mathbb{Q}_p$ 向量空间 V 的连续线性作用. 设

$$D(V) = (\mathbf{B} \otimes_{\mathbb{Q}_p} V)^{H_K}.$$

称表示 V 为过收敛表示, 若存在 $D(V)$ 在 $\mathbf{B}_K$ 上的基的坐标是过收敛元 (即属于 $\tilde{\mathbf{B}}^\dagger$).
设

$$D^\dagger(V) = (\mathbf{B}^\dagger \otimes_{\mathbb{Q}_p} V)^{H_K}.$$

若 V 为过收敛表示, 则 $\dim_{\mathbb{Q}_p} V = \dim_{\mathbf{B}_K^\dagger} D^\dagger(V)$.

定理 11.28 G_K 的 p 进表示是过收敛表示.

证明 设 V 是 G_K 的 p 进表示, $\{e_1, \ldots, e_n\}$ 是 V 在 $\mathbb{Q}_p$ 上的基, $U_s \in GL_n(\mathbb{Q}_p)$ 是 $s \in G$ 关于这个基的矩阵. 因为 $\mathbb{Q}_p$ 的元在 G_K 下不变, 故 $t \in G_K \Rightarrow {}^sU_t = U_t$. 于是 $U_{st} = U_s U_t = U_s {}^sU_t$, 即 $U \in Z^1(G_K, GL_n(\mathbb{Q}_p))$. 用命题 11.27 得 $M \in GL_n(\mathbf{B}^\dagger)$ 使得 $s \mapsto W_s = M^{-1}U_s \, {}^sM$ 为 H_K 上的平凡上闭链. 从带 G 的半线性作用的自由模与 H^1 的关系, 我们知道 M 的列构成 $D(V)$ 的基, 而且这个基的坐标是过收敛元. □

11.5 φ 模

本节讨论特征 p 的域的绝对 Galois 群在有限维 $\mathbb{Q}_p$-向量空间上的表示, 材料来自 J-M. Fontaine, Representations p-adiques des corps locaux I. in The Grothendieck Festschrift, Vol. II, 249-309, *Progr. Math.* 87, Birkhäuser Boston, Boston, MA 1990.

11.5.1 表示

E 是特征 p 的域,选定 E 的可分闭包 E^{sep}. 若有域 $E \subset K \subset E^{\text{sep}}$,则 G_K 记 $\text{Gal}(E^{\text{sep}}/K)$.

本节讨论 G_E 的表示,先从 $\mathbb{F}_p$ 上的表示开始,然后到 $\mathbb{Z}_p$ 上的表示,最后到达目的: $\mathbb{Q}_p$ 上的表示.

由 G_E 在有限维 $\mathbb{F}_p$-向量空间上的连续表示所组成的范畴记为 $\text{Rep}_{\mathbb{F}_p}(G_E)$. 连续是指: 设 G_E 作用在有限维 $\mathbb{F}_p$-向量空间 V_0 上,在 V_0 上取离散拓扑. 则作用 $G \times V_0 \to V_0$ 是连续映射,即 $V_0 = \cup_K V_0^{\text{Gal}(E^{\text{sep}}/K)}$,其中遍历 E^{sep} 内所有有限 Galois 扩张 K/E.

我们说 G_E 在有限生成 $\mathbb{Z}_p$ 模 Λ 连续是指: 在 Λ 取 p 进拓扑,即以 $\{p^n\Lambda : n \geqslant 1\}$ 为零点的邻域子基,并且要求作用 $G \times \Lambda \to \Lambda$ 是连续映射. 由 G_E 在有限生成 $\mathbb{Z}_p$ 模上的连续表示所组成的范畴记为 $\text{Rep}_{\mathbb{Z}_p}(G_E)$.

设 V 是有限维 $\mathbb{Q}_p$-向量空间,选取基得同构 $V \approx \mathbb{Q}_p^n$,则 V 得 $\mathbb{Q}_p^n$ 的拓扑,此拓扑与基的选择无关. 若作用 $G_E \times V \to V$ 连续,则称 V 为 G_E 的连续 $\mathbb{Q}_p$ 表示. 由这些表示所组成的范畴记为 $\text{Rep}_{\mathbb{Q}_p}(G_E)$.

以 R 分别记 $\mathbb{F}_p, \mathbb{Z}_p, \mathbb{Q}_p$. 设 V 为 R 表示. 事实上以上的定义等同于说 $G_E \to \text{Aut}_R(V)$ 是连续的.

11.5.2 模

E 是特征 p 的域, p 幂映射是 $\varphi_E : E \to E : x \mapsto x^p$. 取 E 的一个 Cohen 环 $\mathcal{O}_\mathscr{E}$,则 $\mathcal{O}_\mathscr{E}$ 是特征 0 的完备离散赋值环,极大理想是 $p\mathcal{O}_\mathscr{E}$,剩余域是 E,并且 $\mathcal{O}_\mathscr{E}$ 上可取自同态 $\varphi_{\mathcal{O}_\mathscr{E}}$ 诱导 φ_E,其余记号见 §10.5.2 节.

1. $\mathbb{F}_p$

E 上 φ 模是指 (M, φ_M),其中 M 是有限维 E-向量空间,$\varphi_M : M \to M$ 是 φ_E 半线性自同态. 如果再加平展条件: φ_M 的 E 线性化映射 $\varphi_E^*(M) \to M$ 是同构,则称 (M, φ_M) 为 E 上**平展** φ **模** (étale φ module). E 上平展 φ 模组成范畴记为 $\Phi M_E^{\text{ét}}$.

2. $\mathbb{Z}_p$

$\mathcal{O}_\mathscr{E}$ 上平展 φ 模范畴 $\Phi M_{\mathcal{O}_\mathscr{E}}^{\text{ét}}$ 的对象是 (M, φ_M),其中 M 是有限生成 $\mathcal{O}_\mathscr{E}$ 模,$\varphi_M : M \to M$ 是 $\varphi_{\mathcal{O}_\mathscr{E}}$ 半线性自同态,并且 φ_M 的 $\mathcal{O}_\mathscr{E}$ 线性化映射 $\varphi_{\mathcal{O}_\mathscr{E}}^*(M) \to M$ 是同构.

3. $\mathbb{Q}_p$

$\mathscr{E}$ 上平展 φ 模是指 (M, φ_M, L),其中 M 是有限维 $\mathscr{E}$-向量空间,$\varphi_M : M \to M$ 是 $\varphi_\mathscr{E}$ 半线性自同态,φ_M 的 $\mathscr{E}$ 线性化映射 $\varphi_\mathscr{E}^*(M) \to M$ 是同构,L 是 $\mathcal{O}_\mathscr{E}$ 格,$\varphi_M(L) \subset L$,$\mathcal{O}_\mathscr{E}$ 线性化 $\varphi_{\mathcal{O}_\mathscr{E}}^*(L) \to L$ 是同构. $\mathscr{E}$ 上平展 φ 模组成范畴记为 $\Phi M_\mathscr{E}^{\text{ét}}$.

命题 11.29 $\Phi M_E^{\text{ét}}$, $\Phi M_{\mathcal{O}_\mathcal{E}}^{\text{ét}}$ 和 $\Phi M_\mathcal{E}^{\text{ét}}$ 都是 Abel 范畴.

11.5.3 等价

1. $\mathbb{F}_p$

引理 11.30 (1) 对 $V \in \text{Rep}_{\mathbb{F}_p}(G_E)$, 设
$$D_E(V) := (E^{\text{sep}} \otimes_{\mathbb{F}_p} V)^{G_E},$$
以 $\varphi_{D_E(V)}$ 记 $\varphi_{E^{\text{sep}}} \otimes 1$ 所诱导的映射. 则 $(D_E(V), \varphi_{D_E(V)}) \in \Phi M_E^{\text{ét}}$.

(2) 对 $M \in \Phi M_E^{\text{ét}}$, 设
$$V_E(M) := (E^{\text{sep}} \otimes_E M)^{\varphi=1},$$
其中 $\varphi = \varphi_{E^{\text{sep}}} \otimes \varphi_M$, 在 $V_E(M)$ 上取 G_E 的作用: $g \in G_E$, $a \in E^{\text{sep}}$, $x \in M$, $g(a \otimes x) = ga \otimes x$. 则 $V_E(M) \in \text{Rep}_{\mathbb{F}_p}(G_E)$, V_E 是正合函子.

定理 11.31 有包含映射 $D_E \circ V_E \hookrightarrow id$ 和自然映射 $V_E \circ D_E \simeq id$, 使得函子
$$D_E : \text{Rep}_{\mathbb{F}_p}(G_E) \to \Phi M_E^{\text{ét}}, \quad V_E : \Phi M_E^{\text{ét}} \to \text{Rep}_{\mathbb{F}_p}(G_E)$$
决定范畴等价 $\text{Rep}_{\mathbb{F}_p}(G_E) \equiv \Phi M_E^{\text{ét}}$.

2. $\mathbb{Z}_p$

引理 11.32 (1) 对 $V \in \text{Rep}_{\mathbb{Z}_p}(G_E)$, 设
$$D_{\mathcal{O}_\mathcal{E}}(V) := (\widehat{\mathcal{O}_\mathcal{E}^{\text{nr}}} \otimes_{\mathbb{Z}_p} V)^{G_E},$$
用 $\mathcal{O}_\mathcal{E}^{\text{nr}}$ 的 φ 决定 $\varphi_{D_{\mathcal{O}_\mathcal{E}}(V)}$. 则 $(D_{\mathcal{O}_\mathcal{E}}(V), \varphi_{D_{\mathcal{O}_\mathcal{E}}(V)}) \in \Phi M_{\mathcal{O}_\mathcal{E}}^{\text{ét}}$.

(2) 对 $M \in \Phi M_{\mathcal{O}_\mathcal{E}}^{\text{ét}}$, 设
$$V_{\mathcal{O}_\mathcal{E}}(M) := (\widehat{\mathcal{O}_\mathcal{E}^{\text{nr}}} \otimes_{\mathcal{O}_\mathcal{E}} M)^{\varphi=1}.$$

则 $V_{\mathcal{O}_\mathcal{E}}(M) \in \text{Rep}_{\mathbb{Z}_p}(G_E)$, $V_{\mathcal{O}_\mathcal{E}}$ 是正合函子.

定理 11.33 (Fontaine) 函子
$$D_{\mathcal{O}_\mathcal{E}} : \text{Rep}_{\mathbb{Z}_p}(G_E) \to \Phi M_{\mathcal{O}_\mathcal{E}}^{\text{ét}}, \quad V_{\mathcal{O}_\mathcal{E}} : \Phi M_{\mathcal{O}_\mathcal{E}}^{\text{ét}} \to \text{Rep}_{\mathbb{Z}_p}(G_E)$$
决定范畴等价 $\text{Rep}_{\mathbb{Z}_p}(G_E) \equiv \Phi M_{\mathcal{O}_\mathcal{E}}^{\text{ét}}$.

3. $\mathbb{Q}_p$

引理 11.34 (1) 对 $V \in \text{Rep}_{\mathbb{Q}_p}(G_E)$, 设
$$D_\mathcal{E}(V) := (\widehat{\mathcal{E}^{\text{nr}}} \otimes_{\mathbb{Q}_p} V)^{G_E}.$$

则 $D_\mathcal{E}(V)$ 内有 $\mathcal{O}_\mathcal{E}$ 格 L, $\varphi_{D_\mathcal{E}(V)}(L) \subset L$, $\mathcal{O}_\mathcal{E}$ 线性化 $\varphi_{\mathcal{O}_\mathcal{E}}^*(L) \to L$ 是同构, 并且 $D_\mathcal{E}(V) \in \Phi M_\mathcal{E}^{\text{ét}}$.

(2) 对 $M \in \Phi M_{\mathscr{E}}^{\text{ét}}$, 设
$$V_{\mathscr{E}}(M) := (\widehat{\mathscr{E}^{\text{nr}}} \otimes_{\mathscr{E}} M)^{\varphi=1},$$
则 $V_{\mathscr{E}}(M) \in \text{Rep}_{\mathbb{Q}_p}(G_E)$.

定理 11.35 函子
$$D_{\mathscr{E}} : \text{Rep}_{\mathbb{Q}_p}(G_E) \to \Phi M_{\mathscr{E}}^{\text{ét}}, \quad V_{\mathscr{E}} : \Phi M_{\mathscr{E}}^{\text{ét}} \to \text{Rep}_{\mathbb{Q}_p}(G_E)$$
决定范畴等价 $\text{Rep}_{\mathbb{Q}_p}(G_E) \equiv \Phi M_{\mathscr{E}}^{\text{ét}}$.

11.5.4 说明

以上小节的引理证明均非显然, 以下做一些说明, 详细证明请看原著.

1. 关于引理 11.30 (1)

让我们从 $V \in \text{Rep}_{\mathbb{F}_p}(G_E)$ 开始. 记 $d = \dim_{\mathbb{F}_p} V$, 我们将证明作为 G_E 模 $E^{\text{sep}} \otimes_{\mathbb{F}_p} V$ 同构于 $(E^{\text{sep}})^d$. 为 $E^{\text{sep}} \otimes_{\mathbb{F}_p} V$ 选基. G_E 的作用对应上闭链 $a \mapsto a_g \in GL_d(E^{\text{sep}})$, 按 Hilbert-Noether 定理, $H^1(G_E, GL_d(E^{\text{sep}})) = 1$, 所以 $E^{\text{sep}} \otimes_{\mathbb{F}_p} V$ 有基, 它的向量是 G_E 不变, 这样 $\dim_E (E^{\text{sep}} \otimes_{\mathbb{F}_p} V)^{G_E} = d$. 还可以说: 对 $E^{\text{sep}} \otimes_{\mathbb{F}_p} V$ 的 G_E 不变量空间做从 E 到 E^{sep} 的基域扩展便得 $E^{\text{sep}} \otimes_{\mathbb{F}_p} V$, 也就是说我们有一个自然的 G_E 协变 E^{sep} 线性映射
$$E^{\text{sep}} \otimes_E D_E(V) \to E^{\text{sep}} \otimes_{\mathbb{F}_p} V.$$
利用这个同构与 Frobenius 映射相容, 我们可以得到 $\varphi_{D_E(V)}$ 的平展性. 以下是另一个直接的证明.

记 $\varphi_{D_E(V)}$ 的线性化映射为 $\phi : \varphi_E^* D_E(V) \to D_E(V)$. 设 $\{e_1, \ldots, e_d\}$ 是 $D_E(V)$ 在 E 上的基, $A = (a_{ij})$ 是 ϕ 关于这个基的矩阵, 即
$$\varphi(1 \otimes e_j) = \sum_{i=1}^{d} a_{ij} e_i.$$
另一方面, 设 $\{v_1, \ldots, v_d\}$ 是 V 在 $\mathbb{F}_q$ 上的基, 这样有 $B = (b_{ij}) \in GL_d(E^{\text{sep}})$ 使 $e_j = \sum_{i=1}^{d} b_{ij} 1 \otimes v_i$, 于是
$$\phi(1 \otimes e_j) = \sum_{i=1}^{d} b_{ij}^p 1 \otimes v_i.$$
因此 $AB = \varphi(B)$, 所以 $\det A = (\det B)^{-1} \det(\varphi(B) 0 = (\det B)^{p-1} \neq 0$, 即 ϕ 是同构.

2. 关于引理 11.32 (2)

(1) 在引理 11.32 (2) 中, $V_{\mathcal{O}_{\mathscr{E}}}(M)$ 是有限生成 $\mathbb{Z}_p$ 模并不显然, 作为了解等价 $\text{Rep}_{\mathbb{F}_p}(G_E) \equiv \Phi M_E^{\text{ét}}$ 与等价 $\text{Rep}_{\mathbb{Z}_p}(G_E) \equiv \Phi M_{\mathcal{O}_{\mathscr{E}}}^{\text{ét}}$ 的关系的一个例子, 让我们看看 $V_{\mathcal{O}_{\mathscr{E}}}(M)$ 是有限生成 $\mathbb{Z}_p$ 模的证明.

设有 $\Phi M_{\mathcal{O}_{\mathscr{E}}}^{\text{ét}}$ 的正合序列
$$0 \to M' \to M \to M'' \to 0.$$
由于 $\mathcal{O}_{\mathscr{E}} \to \widehat{\mathcal{O}_{\mathscr{E}}^{\text{nr}}}$ 是平坦, 而取 φ 不变量是左正合, 于是有正合序列
$$0 \to V_{\mathcal{O}_{\mathscr{E}}}(M') \to V_{\mathcal{O}_{\mathscr{E}}}(M) \to V_{\mathcal{O}_{\mathscr{E}}}(M'').$$
为了证明最右边的映射是正合, 我们考虑正合序列 $\mathbb{Z}_p$ 模的交换图

$$\begin{array}{ccccccccc}
0 & \to & \widehat{\mathcal{O}_{\mathscr{E}}^{\text{nr}}} \otimes_{\mathcal{O}_{\mathscr{E}}} M' & \to & \widehat{\mathcal{O}_{\mathscr{E}}^{\text{nr}}} \otimes_{\mathcal{O}_{\mathscr{E}}} M & \to & \widehat{\mathcal{O}_{\mathscr{E}}^{\text{nr}}} \otimes_{\mathcal{O}_{\mathscr{E}}} M'' & \to & 0 \\
& & \downarrow \alpha & & \downarrow \beta & & \downarrow \gamma & & \\
0 & \to & \widehat{\mathcal{O}_{\mathscr{E}}^{\text{nr}}} \otimes_{\mathcal{O}_{\mathscr{E}}} M' & \to & \widehat{\mathcal{O}_{\mathscr{E}}^{\text{nr}}} \otimes_{\mathcal{O}_{\mathscr{E}}} M & \to & \widehat{\mathcal{O}_{\mathscr{E}}^{\text{nr}}} \otimes_{\mathcal{O}_{\mathscr{E}}} M'' & \to & 0
\end{array}$$

其中 $\alpha = \beta = \gamma = \varphi - 1$. 注意到 $V_{\mathcal{O}_{\mathscr{E}}}(M'') = \operatorname{Ker} \gamma$, 于是按蛇引理 (参见 [19] 第十三章的 13.1 节), 只要证明 $\operatorname{Cok} \alpha = 0$, 即 α 是满射.

现在我们假设 M 是 p^n **挠** (p^n torsion, 即 $p^n M = 0$). 取 $M' = p^{n-1} M$, $M'' = M/M'$, 我们对 n 做归纳来证明以上讨论中的 α 是满射. 当 $n = 1$ 时, M 是 p 挠 $\mathbb{Z}_p$ 模所以是 $\mathcal{O}_{\mathscr{E}}/(p) = E$-向量空间, 按 §11.5.3 已知有正合序列
$$0 \to V_E(M') \to V_E(M) \to V_E(M'') \to 0,$$
所以 $\operatorname{Cok} \alpha = 0$. 现考虑归纳步, M' 是 p 挠, α 是 $\varphi - 1 : E^{\text{sep}} \otimes_E M' \to E^{\text{sep}} \otimes_E M'$, 因为 M' 是 E 上平展 φ 模, 按 §11.5.3 已知有与 $\varphi\text{-}\mathbb{F}_p[G_E]$ 线性同构
$$E^{\text{sep}} \otimes_E M' \cong E^{\text{sep}} \otimes_{\mathbb{F}_p} V',$$
其中 $V' = V_E(M') \in \operatorname{Rep}_{\mathbb{F}_p}(G_E)$. 由于 $(E^{\text{sep}} \otimes_{\mathbb{F}_p} V')^{\varphi=1} = (E^{\text{sep}})^{\varphi=1} \otimes_{\mathbb{F}_p} V'$, 所以只需要 $\varphi_{E^{\text{sep}}} - 1 : x \mapsto x^p - x$ 在 E^{sep} 是满射. 这是成立因为 E^{sep} 是可分闭包, 这样我们证得若 M 是 p^n 挠,
$$0 \to V_{\mathcal{O}_{\mathscr{E}}}(M') \to V_{\mathcal{O}_{\mathscr{E}}}(M) \to V_{\mathcal{O}_{\mathscr{E}}}(M'') \to 0$$
是正合序列. 由归纳假设: $V_{\mathcal{O}_{\mathscr{E}}}(M'), V_{\mathcal{O}_{\mathscr{E}}}(M'')$ 是有限生成 $\mathbb{Z}_p$ 模, 于是 $V_{\mathcal{O}_{\mathscr{E}}}(M)$ 是有限生成 $\mathbb{Z}_p$ 模.

余下考虑一般的情形. Cohen 环 $\mathcal{O}_{\mathscr{E}}$ 是取 pC 进拓扑的 Hausdorff 完备环. 若 $M \in \Phi M_{\mathcal{O}_{\mathscr{E}}}^{\text{ét}}$, 则 $M = \varprojlim_n M/p^n M$, 这样利用已证 p^n 挠模的结果和 $\varprojlim$ 在有限长度 $\mathcal{O}_{\mathscr{E}}$ 模上是正合函子可去推出一般的情形.

(2) 我们需要证明 G_E 在 $V = V_{\mathcal{O}_{\mathscr{E}}}(M)$ 的作用是连续的, 即对 $n \geqslant 1$ 存在 G_E 的开子群 U 使得 $U(p^n V) \subset p^n V$. 为此只要证明: 对任意 $\bar{v} \in V/p^n V$, 存在 G_E 的开子群 U 使得 $g \in U \Rightarrow g\bar{v} = \bar{v}$ (即有开子群 U 固定 $\bar{v}$). 因为 $V_{\mathcal{O}_{\mathscr{E}}}$ 是正合函子, 由
$$0 \to p^n M \to M \to M/p^n M \to 0$$

得 $V_{\mathcal{O}_\mathcal{E}}(M)/(p^n) \cong V_{\mathcal{O}_\mathcal{E}}(M/p^n M)$, 这样问题便化为考虑 M 是 p^n 挠, 但是 $\varphi = 1$ 这个条件是指 $V_{\mathcal{O}_\mathcal{E}}(M)$ 在 $\widehat{\mathcal{O}_\mathcal{E}^{\mathrm{nr}}} \otimes_{\mathcal{O}_\mathcal{E}} M = \mathcal{O}_\mathcal{E}^{\mathrm{nr}}/(p^n) \otimes_{\mathcal{O}_\mathcal{E}/(p^n)} M$ 的 φ 不变量, 所以只需证明: G_E 在 $\mathcal{O}_\mathcal{E}^{\mathrm{nr}}/(p^n)$ 的作用下, 每一点都有开子群固定. 由于 $\mathcal{O}_\mathcal{E}^{\mathrm{nr}}$ 是递增的有限平展扩张 $\mathcal{O}_\mathcal{E} \to \mathcal{O}'_\mathcal{E}$ 的并集, 其中 $\mathcal{O}'_\mathcal{E}/(p) = E'$ 是在 E^{sep} 内的 E 的有限可分扩张, G_E 的开子群 $G_{E'}$ 固定 E' 的元. 由于我们所选定的 Cohen 环 $\mathcal{O}'_\mathcal{E}$ 是构造为 Witt 环的子环, 由此知 $G_{E'}$ 固定 $\mathcal{O}'_\mathcal{E}$ 的元, 于是知 G_E 在 $\mathcal{O}_\mathcal{E}^{\mathrm{nr}}$ 的作用下, 每一点都有开子群固定.

11.6 $\varphi - \Gamma$ 模

记 $K^{\mathrm{alg}} = \bar{K}$, $G_K = \mathrm{Gal}(\bar{K}/K)$, $\Gamma = \Gamma_K = \mathrm{Gal}(K_\infty/K) = G_K/G_{K_\infty}$. 求 $\mathbb{Z}_p[G_K]$ 模范畴 $\mathrm{Rep}_{\mathbb{Z}_p}(G_K)$ 的线性代数刻画.

因为 Galois 群 $G_{K_\infty} \cong \mathrm{Gal}(\mathbf{E}_K^{\mathrm{sep}}/\mathbf{E}_K)$, 所以 $\mathrm{Rep}_{\mathbb{Z}_p}(G_{K_\infty}) \equiv \mathrm{Rep}_{\mathbb{Z}_p}(G_{\mathbf{E}_K})$. 由于 $\mathbf{A}_K$ 是 $\mathbf{E}_K$ 的一个 Cohen 环, 按定理 11.33 有等价 $\mathrm{Rep}_{\mathbb{Z}_p}(G_{\mathbf{E}_K}) \equiv \Phi M_{\mathbf{A}_K}^{\mathrm{\acute{e}t}}$, 于是便得以下定理.

定理 11.36 设 $\mathbf{A}_K$ 有自同态 φ_A 使得 $\varphi_A \bmod p$ 是剩余域 $\mathbf{E}_K$ 的 Frobenius 映射. 则有范畴等价 $\mathrm{Rep}_{\mathbb{Z}_p}(G_{K_\infty}) \to \Phi M_{\mathbf{A}_K}^{\mathrm{\acute{e}t}}$ 由下述函子给出

$$V \to (\mathbf{A} \otimes_{\mathbb{Z}_p} V)^{G_{K_\infty}}, \quad (\mathbf{A} \otimes_{\mathbf{A}_K} M)^{\varphi=1} \leftarrow (M, \varphi_M), \quad \varphi = \varphi_A \otimes \varphi_M.$$

如果我们想把以上定理中 $\mathrm{Rep}_{\mathbb{Z}_p}(G_{K_\infty})$ 的 G_{K_∞} 换为 G_K, 我们得补上 $\Gamma_K = G_K/G_{K_\infty}$ 的作用.

定义 11.37 设 G_K 在 $W(\mathrm{Frac}(R_{\bar{K}}))$ 的作用下有 $G_K(\mathbf{A}_K) \subseteq \mathbf{A}_K$. 又设 $\mathbf{A}_K$ 有自同态 φ_A 使得 $\varphi_A \bmod p$ 是剩余域 $\mathbf{E}_K$ 的 Frobenius 映射.

说 M 是 $\mathbf{A}_K$ 上的 (φ, Γ_K) 模是指

(1) M 是有限生成 $\mathbf{A}_K$ 模.
(2) M 带有 φ_A 半线性映射 $\varphi_M : M \to M$, 即 (M, φ_M) 是 $\mathbf{A}_K$ 上的 φ 模.
(3) Γ_K 在 M 上有连续作用, 即在 M 上取弱拓扑, 作用 $\Gamma_K \times M \to M$ 是连续的, 且
   (a) Γ_K 在 M 上的作用与 φ_M 交换.
   (b) 对 $\gamma \in \Gamma_K$, $x \in M$, $a \in \mathbf{A}_K$, 有 $\gamma(ax) = \gamma(a)\gamma(x)$.

若 φ_M 的线性化 $\varphi_A^* M \to M$ 为线性同构, 则称 M 为平展 (φ, Γ_K) 模. $\mathbf{A}_K$ 上平展 (φ, Γ_K) 模范畴记为 $\mathrm{Mod}_{\mathbf{A}_K}^{\mathrm{\acute{e}t}}(\varphi, \Gamma_K)$.

可以证明以下定理.

定理 11.38 设 $G_K(\mathbf{A}_K) \subseteq \mathbf{A}_K$. 则有范畴等价 $\mathrm{Rep}_{\mathbb{Z}_p}(G_K) \to \mathrm{Mod}_{\mathbf{A}_K}^{\mathrm{et}}(\varphi, \Gamma_K)$ 由下述函子给出

$$V \to (\mathbf{A} \otimes_{\mathbb{Z}_p} V)^{G_{K_\infty}}, \quad (\mathbf{A} \otimes_{\mathbf{A}_K} M)^{\varphi=1} \leftarrow (M, \varphi_M), \quad \varphi = \varphi_A \otimes \varphi_M.$$

补充说明 作为集合 $W(\mathrm{Frac}(R_{\bar{K}})) = \prod_{n \geqslant 0} \mathrm{Frac}(R_{\bar{K}})$, 在 $\mathrm{Frac}(R_{\bar{K}})$ 上取 $v_{R_{\bar{K}}}$ 进拓扑, 然后在 $W(\mathrm{Frac}(R_{\bar{K}}))$ 上取积拓扑, 这个拓扑在 $\mathbf{A}_K$ 所诱导的子空间拓扑便称为弱拓扑. 取 $\mathbf{A}_K$ 的理想 $\mathfrak{a}$ 使得有 n 令 $\mathfrak{a} \supseteq p^n \mathbf{A}_K$, 这样的理想 $\mathfrak{a}$ 组成 $\mathbf{A}_K$ 的零点的一个邻域基. 在 $\mathbf{A}_K$ 上取弱拓扑, 则在 $\mathbf{A}_K/p\mathbf{A}_K = \mathbf{E}_K$ 上的商拓扑等于 $\mathbf{E}_K$ 上用赋值决定的拓扑. Γ_K 在 $\mathbf{A}_K$ 的作用是连续的.

详情可见

[1] J-M. Fontaine, Representations p-adiques des corps locaux I. The Grothendieck Festschrift, Vol. II, 249-309, *Progr. Math.* 87, Birkhäuser Boston, Boston, MA 1990.

[2] F. Cherbonnier, P. Colmez, Theorie d'Iwasawa des representations p-adiques d'un corps local. *J. Amer. Math. Soc.* 12 (1999), 241-268.

[3] L. Berger, Representations p-adiques et equations differentielles, *Inv. Math.* 148 (2002) 219-284.

[4] L. Berger, P. Colmez, Families de representations de de Rham et monodromie p-adique, *Asterisque* 319 (2008), 303-337.

11.7 幂级数环

11.7.1 幂级数

1. 单变元

设 R 是交换环 (带 1). 以 X 为变元, R 为系数环的**形式幂级数** (formal power series) 是指 $\sum_{n=0}^{\infty} a_n X^n$, 其中 $a_n \in R$. 所有这样的级数以显然的加法和乘法构成的交换环记为 $R[[X]]$.

命题 11.39 $\sum_{n=0}^{\infty} a_n X^n$ 为 $R[[X]]$ 的可逆元当且仅当 a_0 为 R 的可逆元.

证明 用以下级数相乘

$$1 = \left(\sum_{i=0}^{\infty} a_i X^i\right) \left(\sum_{j=0}^{\infty} b_j X^j\right) = \sum_{i=0}^{\infty} \sum_{j=0}^{\infty} a_i b_j X^{i+j} = \sum_{k=0}^{\infty} \sum_{i=0}^{k} (a_i b_{k-i}) x^k,$$

比较系数, 得 $a_0 b_0 = 1$, $\sum_{i=0}^{k} a_i b_{k-i} = 0$.

这样若 a_0 不可逆, 则 b_0 不存在, 于是 $\sum b_j X^j$ 不存在, $\sum a_i X^i$ 不可逆.

若 a_0 为 R 的可逆元, 则有 $b_0 = a_0^{-1}$. 由 $\sum_{i=0}^{k} a_i b_{k-i} = 0$ 得 $b_k = -b_0 \sum_{i=1}^{k} a_i b_{k-i}$, 于是算出 $\sum a_i X^i$ 的逆元 $\sum b_j X^j$. □

系数在环 R 的**形式 Laurent 级数** (formal Laurent series) 是指

$$f(X) = \sum_{n=-\infty}^{\infty} a_n X^n,$$

其中 $a_n \in R$, 并且对 $n < 0$ 除有限个 n 外 $a_n = 0$, 即有 r 使得 $f(X) = a_r X^r + a_{r+1} X^{r+1} + \ldots$, $a_r \neq 0$. 称 r 为 f 的**阶** (order), 记为 $v(f)$. 设 $v(0) = +\infty$. 所有系数在 R 的形式 Laurent 级数构成的交换环记为 $R((X))$, 显然 $R((X)) = R[[X]][\frac{1}{X}]$.

命题 11.40 若 F 为域, 则 $F((X))$ 也是域.

证明 取 $0 \neq f \in F((X))$, 则 $f = X^{v(f)} f_0$, $f_0 = a_0 + a_1 X + \ldots$, $0 \neq a_0 \in F$ 可逆, 于是有 $g_0 \in F[[X]]$ 使得 $g_0 f_0 = 1$, 这样 $g = X^{-v(f)} g_0$ 是 f 的逆元. □

2. 多变元

引入**多重指标** (multi-index) 记号 $\alpha = (\alpha_1, \ldots, \alpha_n)$, $|\alpha| = \alpha_1 + \cdots + \alpha_n$, $X^\alpha = X_1^{\alpha_1} \ldots X_n^{\alpha_n}$.

以 $X_1, \ldots, X_n$ 为变元系数在环 R 的形式幂级数是指 $f = \sum_\alpha c_\alpha X^\alpha$, $c_\alpha \in R$. 所有这样的级数构成的交换环记为 $R[[X_1, \ldots, X_n]]$.

可把 f 看作无穷序列 $(f_0, f_1, \ldots, f_q, \ldots)$, 其中 $f_q = 0$ 或是 q 次齐次多项式, $f_q = \sum_{\alpha: |\alpha|=q} c_\alpha X^\alpha$. 最小的 q 令 $f_q \neq 0$ 称为 f 的阶, 记为 $v(f)$.

$(f_0, f_1, \ldots, f_q, \ldots)$ 为可逆元当且仅当 f_0 为可逆元.

若 F 为域, 则 $F[[X_1, \ldots, X_n]]$ 是局部环, 它的唯一极大理想由 $X_1, \ldots, X_n$ 生成.

若 R 为 Noether 环, 则 $R[[X_1, \ldots, X_n]]$ 为 Noether 环. (Zariski, Samuel, *Commutative Algebra*, II, p.135.)

11.7.2 Robba 环

在 p 进微分方程理论中常考虑各种幂级数环, 以下介绍一些主要的例子.

F 是完备非 Archimede 赋值域, 对系数在 F 的单变元级数 $\sum c_i t^i$, 我们考虑以下三个条件的组合: 取正实数 η,

$$\lim_{i \to -\infty} |c_i| \eta^i = 0, \quad \lim_{i \to +\infty} |c_i| \eta^i = 0, \quad \sup_i \{|c_i| \eta^i\} < \infty.$$

对 $\alpha, \beta > 0$ 设

$$F\langle \alpha/t, t/\beta \rangle = \left\{ \sum_{i \in \mathbb{Z}} c_i t^i : \lim_{i \to -\infty} |c_i| \alpha^i = 0, \lim_{i \to +\infty} |c_i| \beta^i = 0 \right\}.$$

可以把这个环的元素看作在区间 $[\alpha, \beta]$ 上收敛的形式级数 $\sum c_i t^i$. 在 $\alpha = 0$ 时, 便有

$$F\langle t/\beta \rangle = \left\{ \sum_{i=0}^{\infty} c_i t^i : \lim_{i \to +\infty} |c_i| \beta^i = 0 \right\},$$

在 $\beta = 1$ 得 $F\langle t\rangle$, 这是 Tate 代数的一种.

另外一个情形是改变在 β 的收敛条件: 取 $\beta = 1$, 设

$$F\langle \alpha/t, t\} = \left\{\sum_{i\in\mathbb{Z}} c_i t^i : \lim_{i\to -\infty}|c_i|\alpha^i = 0,\ \lim_{i\to +\infty}|c_i|\rho^i = 0, 0 < \rho < 1\right\}.$$

称以下为 Robba 环

$$\mathscr{R} = \bigcup_{\alpha\in(0,1)} F\langle \alpha/t, t\}.$$

可以把 $\mathscr{R}$ 的元素看作在某区间 $[\alpha, 1)$ 上收敛的形式级数 $\sum c_i t^i$, 其中 $0 < \alpha < 1$. Robba 环的元素 $\sum c_i t^i$ 的系数可以无界, Robba 环不是 Noether 环, Robba 环是 Bézout 整环. (M. Lazard, Les zéros d'une fonction analytique d'une variable sur un corps valué complet, *Publ. Math. IHES*, 14 (1962), 47-75.)

若整环 A 的有限生成理想都是主理想, 则称 A 为 Bézout 整环.

此外可以加入系数有界这个条件, 设

$$F\langle \alpha/t, t]]_0 = \left\{\sum_{i\in\mathbb{Z}} c_i t^i : \lim_{i\to -\infty}|c_i|\alpha^i = 0,\ \sup_i\{|c_i|\} < \infty\right\}.$$

又设

$$E^\dagger = \bigcup_{\alpha\in(0,1)} F\langle \alpha/t, t]]_0.$$

称此环为有界 Robba 环, 记为 $\mathscr{R}^{bd}$, 此环的元素可看作在某区间 $[\alpha, 1)$ 上收敛系数有界的形式级数.

11.7.3 Tate 环

F 是完备非 Archimede 赋值域, $F[[z_1, \ldots, z_n]]$ 是幂级数环, 它的元素是 $\sum_\alpha c_\alpha z^\alpha$, $c_\alpha \in F$.

记号 $\alpha = (\alpha_1, \ldots, \alpha_n)$, $z^\alpha = z_1^{\alpha_1} \ldots z_n^{\alpha_n}$.

代数 T_n 是 $F[[z_1, \ldots, z_n]]$ 的子环, 它的元素 $\sum_\alpha c_\alpha z^\alpha$ 满足条件 $\lim_\alpha |c_\alpha| = 0$. 以 $F\langle z_1, \ldots, z_n\rangle$ 记 T_n, 又取 $T_0 = F$.

在 T_n 上定义范数为

$$\left\|\sum_\alpha c_\alpha z^\alpha\right\| = \max|c_\alpha|,$$

此亦称为 Gauss 范数. 设 $T_n^o = \{f \in T_n : \|f\| \leqslant 1\}$, $T_n^{oo} = \{f \in T_n : \|f\| < 1\}$. 则 T_n 是 F-代数, T_n^o 是 $\mathcal{O}_F$ 代数, T_n^{oo} 是 T_n^o 的理想, 并且 $\bar{T}_n := T_n^o/T_n^{oo}$ 是典范同构于多项式环 $\kappa_F[z_1, \ldots, z_n]$. 记投射 $T_n^o \to \bar{T}_n$ 为 $f \mapsto \bar{f}$.

$\bar{T}_n$ 没有零因子，因此 Gauss 范数是积性的，即 $\|fg\| = \|f\|\|g\|$. Gauss 范数在 T_n 上决定完备度量令 T_n 为 Banach 代数.

若 $f \in T_n$ 满足 $\|f\| = 1$ 和 $\bar{f} = \lambda z_n^d + \sum_{i=0}^{d-1} c_i z_n^i$，其中 $\lambda \in \kappa_F^\times$, $c_i \in \kappa_F[z_1, \ldots, z_{n-1}]$，则我们说 f 是对 z_n 正则次数 d.

以 T_{n-1} 记 T_n 的 F 子代数 $F\langle z_1, \ldots, z_{n-1}\rangle$，则 T_n 有 F 子代数 $T_{n-1}[z_n]$.

定理 11.41 (Weierstrass 预备定理) 设 $f \in T_n$ 有 $\|f\| = 1$. 则 T_n 有 F-代数自同构 ψ 使得 $\psi(f)$ 是对 z_n 正则次数 d.

证明 取 $a_{ij} \in \mathcal{O}_F$，使得 $\det(a_{ij}) \in \mathcal{O}_F^\times$，则 $\psi(f) = f(\sum a_{1j} z_j, \ldots, \sum a_{nj} z_j)$ 是 T_n 的 F-代数自同构，并且 $\bar{\psi} = \psi \bmod T_n^{oo}$ 是 $\bar{T}_n = \kappa_F[z_1, \ldots, z_n]$ 的 F-代数自同构.

写 $\bar{f} = h_0 + \cdots + h_d$，其中 h_j 是 j 次齐次多项式，$h_d \neq 0$. 若 κ_F 有无限个元，则可取 ψ 使得 $\bar{\psi}(h_d) = \lambda z_n^d + \cdots$，于是 $\psi(f)$ 是对 z_n 正则次数 d.

现设 κ_F 是有限域. 考虑变换 $z_i \mapsto z_i + z_n^{e_i}$, $1 \leqslant i \leqslant n-1$, $z_n \mapsto z_n$，其中 $e_i \geqslant 0$ 为整数. 记 $\bar{f} = \sum c_\alpha z^\alpha$，则

$$\overline{\psi(f)} = \sum c_\alpha (z_1 + z_n^{e_1})^{\alpha_1} \ldots (z_{n-1} + z_n^{e_{n-1}})^{\alpha_{n-1}} z_n^{\alpha_n}.$$

选 e_i 使得若 $c_\alpha \neq 0$, $c_\beta \neq 0$, $\alpha \neq \beta$，则

$$e_1 \alpha_1 + \cdots + e_{n-1} \alpha_{n-1} + \alpha_n \neq e_1 \beta_1 + \cdots + e_{n-1} \beta_{n-1} + \beta_n,$$

这样 $\overline{\psi(f)}$ 的次数是

$$N = \max\{e_1 \alpha_1 + \cdots + e_{n-1} \alpha_{n-1} + \alpha_n : c_\alpha \neq 0\},$$

于是 $\deg \overline{\psi(f)}(0, \ldots, 0, z_n) = N$. □

定理 11.42 (Weierstrass 除法定理) 取 $g \in T_n$，设 $f \in T_n$ 是对 z_n 正则次数 d. 则存在唯一的 $q \in T_n$ 和 $r \in T_{n-1}[z_n]$, r 对 z_n 次数 $< d$ 使得 $g = qf + r$，此外 $\|g\| = \max(\|q\|, \|r\|)$.

证明 先证存在性.

(1) 若 $f = \lambda z_n^d + \sum_{i=0}^{d-1} c_i z_n^i$，其中 $\lambda \in \kappa_F^\times$, $c_i \in T_{n-1}^o$，则 f 是对 z_n 正则次数 d，并且容易证明定理对此 f 成立.

(2) 现取 f 如定理所给，则有 $f_0 = \lambda z_n^d + \sum_{i=0}^{d-1} c_i z_n^i$，其中 $\lambda \in \kappa_F^\times$, $c_i \in T_{n-1}^o$，使得 $f - f_0 = R \in T_n^{oo}$.

因为定理对 f_0 成立，所以给出 $g \in T_n$ 便有 q_0, r_0 使得 $g = q_0 f_0 + r_0$. 取 $g_1 = q_0 R$，则 $g = q_0 f + r_0 + g_1$ 和 $\|g_1\| \leqslant \|g\|\|R\|$，重复则 $g_1 = q_1 f + r_1 + g_2$ 和 $\|g_2\| \leqslant \|g_1\|\|R\| \leqslant \|g\|\|R\|^2$，继续便得 $g_m = q_m f + r_m + g_{m+1}$, $r_m \in T_{n-1}[z_n]$, r_m 的 z_n 次数 $< d$, $\|g_m\| \leqslant \|g\|\|R\|^m$.

由于 $\|R\| < 1$, $\lim \|g_m\| = \lim \|q_m\| = \lim \|r_m\| = 0$. 由 T_n 对 Gauss 范数是完备的便可取和得

$$g = \left(\sum_{i=0}^{\infty} q_i\right) f + \left(\sum_{i=0}^{\infty} r_i\right), \quad \|g\| = \max\left(\left\|\sum_{i=0}^{\infty} q_i\right\|, \left\|\sum_{i=0}^{\infty} r_i\right\|\right).$$

再证唯一性.

(3) 设 $g = q_1 f + r_1$, $g = q_2 f + r_2$, $q_1 - q_2 \neq 0$. 乘常数后可假设 $\|q_1 - q_2\| = 1$, 于是 $\|r_1 - r_2\| = 1$, 这样 $\overline{r_1 - r_2} = \overline{q_1 - q_2} \cdot \overline{f}$, 但 $\deg \overline{f} = d$ 而 $\deg \overline{r_1 - r_2} < d$, 矛盾. □

设 F-代数 A 带有 F-代数同态 $T_n \to A$, 使得 A 为有限生成 T_n 模. 则称 A 为 F 上的 Tate **代数** (**仿胎代数**, affinoid algebra).

命题 11.43 (1) Tate 代数是 Noether 环.

(2) T_n 是唯一分解整环.

(3) 设有范数 $\|\ \|$ 使 Tate 代数 A 为 Banach 代数. 则 A 的任一理想对此范数为闭集.

(4) 若 I 为 T_n 的理想, 则有 d 及有限单射 $T_d \to T_n/I$, 并且 T_n/I 的 Krull 维数是 d.

(5) 若 M 为 T_n 的极大理想, 则 T_n/M 是 F 的有限扩张.

(6) 任何 Tate 代数 A 可以表达为 T_n/I.

(7) 设有范数 $\|\ \|_i$ 使 Tate 代数 A_i 为 Banach 代数, 设 $u: A_1 \to A_2$ 是 F-代数同态. 则 u 连续.

证明 (1) 取理想 $0 \neq I \subseteq T_n$. 按 Weierstrass 预备定理, 可以假设 I 内有 f 对 z_n 正则次数 d. 以 f 除, 则见 I 是由 f 及 $T_{n-1}[z_n]$ 的理想 $J = I \cap T_{n-1}[z_n]$ 所生成. 按归纳假设 T_{n-1} 为 Noether 环, 于是 $T_{n-1}[z_n]$ 亦是. 这样 J 是有限生成理想, 所以 I 亦是.

(2) 在 T_n 取非零元 f, 可假设 f 是对 z_n 正则次数 d. 则 $z_n^d = qf + r$, 于是 $z_n^d - r$ 是对 z_n 正则次数 d. 现可做除法 $f = g(z_n^d - r) + s$, 然后代入 $f = qgf + s$. 由除法唯一性得 $qg = 1$, $s = 0$, 即 $f = g(z_n^d - r)$, g 是 T_n 的可逆元. 按归纳假设 T_{n-1} 是唯一分解整环, $T_{n-1}[z_n]$ 亦是, 于是 $f = gf_1 \ldots f_k$, 其中 $f_j \in T_{n-1}[z_n]$ 是以 z_n 为变量系数在 T_{n-1} 的不可约首一多项式. 余下证 f_j 是 T_n 的不可约元.

设 h 是 z_n 为变量系数在 T_{n-1} 的不可约首一多项式, 并且 $\|h\| = 1$. 若在 T_n 有分解 $h = h_1 h_2$, h_1 不是 T_n 的可逆元. 可取 $\|h_1\| = 1$, 则 $\|h_2\| = 1$. $\bar{h} = \bar{h}_1 \bar{h}_2$, 这样 h_1 对 z_n 正则. 如前可换 h_1 为 $T_{n-1}[z_n]$ 的首一多项式, 继以 h_1 除将得见 $h_2 \in T_{n-1}[z_n]$. 因为 h 不可约, h_2 是 $T_{n-1}[z_n]$ 的可逆元, 于是亦是 T_n 的可逆元. 这证得 h 是 T_n 的不可约元.

(3) 从 Banach 代数的结果可推出.

(4) 设 I 是 T_n 的非平凡理想. 可假设 I 包含对 z_n 正则次数 d 的 f. 除法指出: 有 F-代数同态 $T_{n-1} \to T_n/(f)$ 令 $T_n/(f)$ 为自由 T_{n-1} 模, 并以 $1, z_n, \ldots, z_n^{d-1}$ 为基. 设 $J = I \cap T_{n-1}$. 则得有限单射 $T_{n-1}/J \to T_n/I$, 按归纳得有限单射 $T_d \to T_{n-1}/J$, 于是 $T_d \to T_{n-1}/J \to T_n/I$ 是 F-代数有限单射.

现设 A, B 是相等 Krull 维数的 Noether 环, $A \to B$ 是有限单环同态. 有素理想序列 $(z_1, \ldots, z_n) \supset (z_1, \ldots, z_{n-1}) \supset \cdots \supset (z_1) \supset (0)$, 所以 T_n 的 Krull 维数 $\geqslant n$. 设有素元 $f \in T_n$. 则 T_n 的 Krull 维数是 $\leqslant 1 + T_n/(f)$ 的 Krull 维数. $T_n/(f)$ 为自由 T_{n-1} 模, 这样 T_n 的 Krull 维数是 $\leqslant 1 + T_{n-1}$ 的 Krull 维数, 于是 T_n 的 Krull 维数 $\leqslant n$.

(5) 有单射 $T_d \to T_n/M$, 并且 T_n/M 的 Krull 维数是 d, 域的 Krull 维数是 0, 于是 $F \hookrightarrow T_n/M$.

(6) 有限单射 $T_d \to A$, $e \in A$ 是 T_d 上的整元. 选 $a \in F^\times$ 可令 ae 是 T_d^o 上的整元, 这样 A 由 T_d^o 上的整元 $e_1, \ldots, e_r$ 生成. 取 $P_j = X_j^{d_j} + \sum_{i=0}^{d_j-1} a_{ij} X_j^i$, $a_{ij} \in T_d^o$, $P_j(e_j) = 0$. 按 Weierstrass 除法有 F-代数同构

$$F\langle z_1, \ldots, z_d \rangle [X_1, \ldots, X_r]/(P_1, \ldots, P_r) \to F\langle z_1, \ldots, z_d, X_1, \ldots, X_r \rangle/(P_1, \ldots, P_r).$$

另一方面, 有满同态

$$F\langle z_1, \ldots, z_d \rangle [X_1, \ldots, X_r]/(P_1, \ldots, P_r) \to A : X_j \mapsto e_j,$$

于是得 F-代数满同态 $\phi: T_{d+r} \to A$. 因为 ϕ 的核是闭理想, 所以利用 T_{d+r} 的 Gauss 范数来定义的

$$\|f\|_A := \inf\{\|g\| : g \in T_{d+r}, \phi(g) = f\}$$

是 A 的范数.

显然 $\|1\|_A \leqslant 1$. 若 $\|1\|_A < 1$, 即有 $g \in T_n$, 令 $\phi(g) = 1$ 和 $\|g\|_A < 1$. 则 $\phi(1-g) = 0$. 因为 $(1-g)^{-1} = \sum_{m \geqslant 0} g^m$, 所以 $\|1\|_A = 1$. 余下易证 A 是 Banach 代数.

(7) 我们将证明 u 满足闭图定理, 即: 设 $x_n \in A_1$, $\lim x_n = 0$ 和 $\lim u(x_n) = y \in A_2$. 则 $y = 0$.

取 A_2 的理想 I 满足 $\dim_F A_2/I < \infty$, 以 v 记同态 $A_1 \xrightarrow{u} A_2 \to A_2/I$, J 记 v 的核, 则 $\dim_F A_1/J < \infty$. 利用 I, J 是闭理想, A_i 的范数诱导 $A_1/J, A_2/I$ 的范数, 有限维向量空间的线性映射连续. 把 v 写为 $A_1 \to A_1/J \to A_2/I$ 便知 v 是连续, 如此证得: 若 A_2 的理想 I 满足 $\dim_F A_2/I < \infty$, 则在投影 $A_2 \to A_2/I$ 下 $y \mapsto 0$. 这样为了证明 $y = 0$, 我们将证明: 设 A 为 Tate 代数, 以 $\mathscr{I}$ 记 A 的所有理想 I 使得 $\dim_F A/I < \infty$. 则 $\cap_{I \in \mathscr{I}} I = 0$.

由 (5) 知, 若 M 为 A 的极大理想, 则 $\dim_F A/M^\ell < \infty$. 取 $g \in \cap_{\ell, M} M^\ell$, 设 $J := \{a \in A : ag = 0\}$. 若 $g \neq 0$, 则 $J \neq A$ 及有极大理想 $M \supseteq J$. 记 A 在 M 的局部化为 A_M, 记 $A \to A_M : g \mapsto z$, 则 $z \neq 0$ 及 $z \in M^\ell A_M = (MA_M)^\ell$. 但 A_M 是 Noether 局部环, 它的极大理想是 MA_M, 于是 $\cap_\ell (MA_M)^\ell = 0$. 这便得矛盾, 于是 $g = 0$. □

11.8 周期环

11.8.1 B_{dR}

在本节和后面两节, 我们介绍 Fontaine 的创作: **周期环** (period ring). 在下一章解释 '周期' 这部分, 在这里只管先把它们构造出来. 我们将不断谋求 p 进数 α 的对数 $\log \alpha$, 并计算 $\sigma(\log \alpha)$, 其中 σ 是 Galois 群的元素.

复数域 $\mathbb{C}$ 里的对数函数 $\log$ 是大家熟识的, 比如: $|z-1|<1$ 是以 $z=1$ 为中心的最大开圆盘, 使得 $\log$ 在此圆盘上是解析函数. 当 $|z-1|<1$ 时, $\log$ 的 Taylor 展开是

$$\log z = \sum_{n=1}^{\infty} (-1)^{n+1} \frac{(z-1)^n}{n}.$$

此外, 还有用换元 $z = e^{2\pi i t}$ 计算

$$\int_{|z|=1} d\log z = \int_{|z|=1} \frac{dz}{z} = 2\pi i \int_0^1 dt = 2\pi i,$$

称 $2\pi i$ 为单位圆的周期.

1. 环 R

设完备赋值域 K 的剩余域 κ 为特征 p 的完全域, Witt 环 $W = W(\kappa)$ 的分式域 K_0 为 K 的子域. K 之代数闭包 K^{alg} 的完备化 $\widehat{K^{\mathrm{alg}}}$ 记为 C_K 或 C.

以 $\mathcal{O}_C$ 记 C 的赋值环, $\mathcal{O}_C/p\mathcal{O}_C$ 是**非完全环** (imperfect ring). 用 §10.11 来定义 R 为 $\mathscr{R}(\mathcal{O}_C/p\mathcal{O}_C)$, 这个 R 又记为 R_C 或 $\tilde{E}^+$, R 为特征 p 的完全环.

把 R 的元素 $x = (x_0, \ldots, x_n, \ldots)$ 投影为 "坐标" x_n 的同态, 记为

$$\rho_n : R \to \mathcal{O}_C/p\mathcal{O}_C : x \mapsto x_n.$$

R 作为逆极限 $\varprojlim \mathcal{O}_C/p\mathcal{O}_C$ 是完备拓扑环, $\{\mathrm{Ker}\,\rho_n : n\}$ 是这个拓扑在零点的邻域基.

取 C 的赋值 v 满足 $v(p)=1$, 由命题 10.89: $\tilde{E}^+ \leftrightarrow R$, 看 R 的元素 x 的 "提升坐标" $x^{(n)}$, 即

$$x = (x^{(n)}) : x^{(n)} \in \mathcal{O}_C, \quad (x^{(n+1)})^p = x^{(n)},$$

然后定义 $v_R(x) = v(x^{(0)})$, 以下常简写 v_R 为 v.

命题 11.44 (R, v_R) 是完备赋值环, 剩余域是 κ^{alg}.

证明 证明: v_R 是赋值. 只需为 $x, y \neq 0$ 验证: $v_R(x+y) \geqslant v_R(x) + v_R(y)$, 其他条件显然.

因为 $x^{(n)} \in \mathcal{O}_C$, $v(x^{(0)}) = p^n v(x^{(n)})$, 存在 n 使 $v(x^{(n)}) < 1$. 按 $x^{(n)}$ 的定义, $(x+y)^{(n)} \equiv x^{(n)} + y^{(n)} \mod p$, 于是

$$v((x+y)^{(n)}) \geqslant \min\{v(x^{(n)}), v(x^{(n)}), 1\} \geqslant \min\{v(x^{(n)}), v(x^{(n)})\},$$

由 $v_R(x) = v(x^{(0)}) = p^n v(x^{(n)})$ 便得所求.

R 的极大理想是 $\mathfrak{m}_R = \{x \in R : v_R(x) > 0\}$, 显然 $\mathfrak{m}_R = \operatorname{Ker} \rho_0$. 由

$$\mathfrak{m}_R \hookrightarrow R \twoheadrightarrow \mathcal{O}_C/p\mathcal{O}_C \xrightarrow{=} \mathcal{O}_{K^{\mathrm{alg}}}/p\mathcal{O}_{K^{\mathrm{alg}}} \longrightarrow \kappa_{K^{\mathrm{alg}}}$$

得 R 的剩余域.

证明: 赋值 v_R 在 R 上决定完备的拓扑. 因为 $x_n = x^{(n)} \bmod p$, 于是

$$v_R(x) \geqslant p^n \Leftrightarrow v(x^{(n)}) \geqslant 1 \Leftrightarrow x_n = 0,$$

因此 $\{x \in R : v_R(x) \geqslant p^n\} = \operatorname{Ker} \rho_n$. 由此得见 v_R 决定的拓扑等同逆极限拓扑, 于是 v_R 决定的是完备拓扑. □

R 是赋值环, 所以是整环. 以 $\operatorname{Frac}(R)$ 记 R 的分式域, 这是特征 p 的完全域,

$$\operatorname{Frac}(R) = \{x = (x^{(n)}) : x^{(n)} \in C, (x^{(n+1)})^p = x^{(n)}\}.$$

v_R 在 $\operatorname{Frac}(R)$ 上定义赋值, 使它成为完备赋值域.

例 11.45 构选 R 的元素 $\varepsilon = (\varepsilon^{(n)})$ 使得

$$\varepsilon^{(n)} \in \mathcal{O}_C, \quad \varepsilon^{(0)} = 1, \quad \varepsilon^{(1)} \neq 1, \quad (\varepsilon^{(n+1)})^p = \varepsilon^{(n)}, \quad n \geqslant 1.$$

如果 $\varepsilon, \varepsilon'$ 同样满足以上条件, 则有 $u \in \mathbb{Z}_p^\times$ 使得 $\varepsilon' = \varepsilon^u$. 对任一个这样的 ε 有

$$v_R(\varepsilon - 1) = \frac{p}{p-1},$$

于是 $v_R(\varepsilon - 1) > 1$, 即 ε 是 R 的单位群的元素.

因为 $\varepsilon^{(1)} \neq 1$, 可以选 $\varepsilon^{(1)}$ 为本原 p 次单位根 ζ_p. 如此下去, 可选

$$\varepsilon = (1, \zeta_p, \zeta_{p^2}, \dots),$$

因此 $v_R(\varepsilon - 1) = v((\varepsilon - 1)^{(0)})$, 但是按命题 10.89,

$$(\varepsilon - 1)^{(0)} = \lim_{m \to \infty} (\varepsilon^{(m)} + (-1)^{(m)})^{p^m}.$$

按提升坐标的算法: 若 $p > 2$, $(-x)^{(m)} = -x^{(m)}$; 若 $p = 2$, $(-x)^{(m)} = x^{(m)}$. 注意: $v = \operatorname{ord}_p$. 又若 $m > 1$, $\operatorname{ord}_2(\zeta_{2^m} - 1) = 1/2^{m-1} < \operatorname{ord}_2(2)$, 所以 $\operatorname{ord}_2(\zeta_{2^m} + 1) = \operatorname{ord}_2((\zeta_{2^m} - 1) + 2) = \operatorname{ord}_2(\zeta_{2^m} - 1) = 1/2^{m-1}$, 于是

(1) 若 $p = 2$, 则

$$v_R(\varepsilon - 1) = \lim_{m \to \infty} 2^m \operatorname{ord}_2(\zeta_{2^m} + 1) = \lim_{m \to \infty} 2^m \frac{1}{2^{m-1}} = 2.$$

(2) 若 $p > 2$, 则

$$v_R(\varepsilon - 1) = \lim_{m \to \infty} p^m v(\zeta_{p^m} - 1) = \lim_{m \to \infty} p^m \frac{1}{p^{m-1}(p-1)} = \frac{p}{p-1}.$$

2. $W(R)$

R 为特征 p 的完全环. 考虑 Witt 环 $W(R)$ 的元素 $a = (a_0, a_1, \ldots)$, 其中 R 的元素 $a_m = (a_{m,0}, a_{m,1}, \ldots)$, $a_{m,r} \in \mathcal{O}_C/p$, 可以想象 a 对应于无穷矩阵 $(a_{m,n})$. 设 $f_n : W_{n+1}(\mathcal{O}_C/p) \to W_n(\mathcal{O}_C/p) : (x_0, \ldots, x_n) \mapsto (x_0^p, \ldots, x_n^p)$. 则从映射 $W(R) \to W_n(\mathcal{O}_C/p) : a \mapsto (a_{0,n}, a_{1,n}, \ldots, a_{n-1,n})$ 所得交换图

$$\begin{array}{ccc} & & W_{n+1}(\mathcal{O}_C/p) \\ & \nearrow & \downarrow f_n \\ W(R) & \longrightarrow & W_n(\mathcal{O}_C/p) \end{array}$$

诱导出同构

$$W(R) \cong \varprojlim_{f_n} W_n(\mathcal{O}_C/p).$$

若在右边取逆极限拓扑, 此为同胚.

以下映射

$$W_{n+1}(\mathcal{O}_C) \to W_n(\mathcal{O}_C/p) : (a_0, \ldots, a_n) \mapsto (\bar{a}_0, \ldots, \bar{a}_{n-1}),$$

$$W_{n+1}(\mathcal{O}_C) \stackrel{w_n}{\to} \mathcal{O}_C \to \mathcal{O}_C/p : (a_0, \ldots, a_n) \mapsto \tilde{a} = \sum_{i=0}^{n} p^i a_i^{p^{n-i}} \mapsto \bar{\tilde{a}},$$

$$\theta_n : W_n(\mathcal{O}_C/p) \to \mathcal{O}_C/p^n : (\bar{a}_0, \ldots, \bar{a}_{n-1}) \mapsto \sum_{i=0}^{n-1} p^i \bar{a}_i^{p^{n-i}}$$

构成交换图

$$\begin{array}{ccc} W_{n+1}(\mathcal{O}_C) & \stackrel{w_n}{\longrightarrow} & \mathcal{O}_C \\ \downarrow & & \downarrow \\ W_n(\mathcal{O}_C/p) & \stackrel{\theta_n}{\longrightarrow} & \mathcal{O}_C/p^n \end{array}$$

和

$$\begin{array}{ccc} W_{n+1}(\mathcal{O}_C/p) & \stackrel{\theta_{n+1}}{\longrightarrow} & \mathcal{O}_C/p^{n+1} \\ f_n \downarrow & & \downarrow \\ W_n(\mathcal{O}_C/p) & \stackrel{\theta_n}{\longrightarrow} & \mathcal{O}_C/p^n \end{array}$$

取极限 ($\mathcal{O}_C = \varprojlim_n \mathcal{O}_C/p^n \mathcal{O}_C$) 得 W 同态

$$\theta : W(R) \to \mathcal{O}_C.$$

取 $x = (x_0, x_1, \dots) \in W(R)$. 计算 $\theta(x)$. 由 x 得 $(x_{0,n}, x_{1,n}, \dots, x_{n-1,n}) \in W_n(\mathcal{O}_C/p)$, 提升 $x_{i,n}$ 为 $x_i^{(n)} \in \mathcal{O}_C$, 则 $(x_i^{(n)})^{p^r} = (x_i^{(n-r)})$ (用提升坐标 x 对应于无穷矩阵 $(x_i^{(n)})$), 于是

$$\theta_n(x_{0,n}, \dots, x_{n-1,n}) = \sum_{i=o}^{n-1} p^i \overline{(x_i^{(n)})^{p^{n-i}}} = \sum_{i=o}^{n-1} p^i \overline{x_i^i},$$

取极限

$$\theta(x) = \sum_{n=0}^{\infty} p^n x_n^{(n)},$$

这样若对 $x_n \in R$ 用 Teichmüller 代表 $[x_n]$ 把 $x \in W(R)$ 写作 $x = \sum p^n [x_n]$, 则

$$\theta(x) = \sum_{n=0}^{\infty} p^n x_n^{(0)}.$$

命题 11.46 选 $\varpi \in R$ 使得 $\varpi^{(0)} = -p$. 设 $\xi = [\varpi] + p = (\varpi, 1, 0, \dots)$. 有正合序列

$$0 \longrightarrow \xi W(R) \longrightarrow W(R) \xrightarrow{\theta} \mathcal{O}_C \longrightarrow 0.$$

证明 证明 θ 是满射. 对 $a \in \mathcal{O}_C$, 找 $x \in R$ 使得 $x^{(0)} = a$. 设 $[x] = (x, 0, 0, \dots)$. 则 $\theta([x]) = x^{(0)} = a$.

计算 $\mathrm{Ker}\,\theta$. 因为 $\mathcal{O}_C$ 没有 $px = 0$ 的元 x, $W(R)$ 的拓扑是 p 进 Hausdorff 完备的, 只需证 $\mathrm{Ker}\,\theta \subset (\xi, p)$. 若 $x \in \mathrm{Ker}\,\theta$, $x = \xi y_0 + px_1$, 则 $\theta(x) = p\theta(x_1)$, 于是 $x_1 \in \mathrm{Ker}\,\theta$. 这样一步步得 $x_{n-1} = \xi y_{n-1} + px_n$, 则 $x = \xi(\sum p^n y_n)$. 现设 $x = (x_0, x_1, \dots) \in \mathrm{Ker}\,\theta$. 则

$$0 = \theta(x) = x_0^{(0)} + p \sum_{n=1}^{\infty} p^{n-1} x_n^{(n)},$$

于是 $v(x_0^{(0)}) \geqslant 1 = v_p(p)$, 所以 $v(x_0) \geqslant 1 = v(\varpi)$, 因此有 $b_0 \in R$ 使得 $x_0 = b_0 \varpi$. 设 $b = [b_0]$. 则

$$x - b\xi = (x_0, x_1, \dots) - (b_0, 0, \dots)(\varpi, 1, 0, \dots)$$
$$= (x_0 - b_0 \varpi, \dots) = (0, y_1, y_2, \dots) = p(z_1, \dots),$$

其中 $(z_i)^p = y_i$. 于是 $x - b\xi \in pW(R)$, 即 $x \in (\xi, p)$. □

注 上述命题说 $W(R)$ 是 $\mathcal{O}_C$ 的环扩张 ("环扩张" 有两种意义: 一是 $R \subset S$, 二是满射 $R \to S$, 见 [17] 的第五章), 这有点 "莫明其妙", 走了一大圈只是为 $\mathcal{O}_C$ 增加了一个元素 ξ. 要等到学习 Galois 表示时, 才能了解 "带上 $\mathrm{Gal}(K^{\mathrm{alg}}/K)$ 作用的 ξ" 的用处. 以后几节中有同样的情况出现!

3. 构造

$W(R)$ 是加了 ξ 的 $\mathcal{O}_C$ 的环扩张, 自然希望还可以有无穷级数 $\sum c_n \xi^n$, 于是便引入以下的 B_{dR}. 为了保证收敛序列极限的唯一性便需要以下的引理.

11.8 周期环

引理 11.47 $\cap_n (\operatorname{Ker}\theta)^n = 0$.

用 $x \mapsto 1 \otimes x$ 把 $W(R)$ 看作 $K_0 \otimes_W W(R)$ 的子环, 有 $K_0 = \operatorname{Frac}(W) = W[\frac{1}{p}]$, 还有

$$K_0 \otimes_W W(R) = W(R)\left[\frac{1}{p}\right] = \varinjlim_n W(R) p^{-n}.$$

定义 11.48 定义

$$B_{\mathrm{dR}}^+ = \varprojlim_{n \geqslant 0} W(R)\left[\frac{1}{p}\right]/(\operatorname{Ker}\theta)^n, \quad B_{\mathrm{dR}} = B_{\mathrm{dR}}^+\left[\frac{1}{\xi}\right].$$

称 B_{dR}^+ 为 p **进周期环** (ring of p-adic periods), 念作: B de Rham +, G. de Rham (1903—1990) 是瑞士微分拓扑学家. 可以定义 B_{dR} 是因为以下命题, 显然

$$B_{\mathrm{dR}}^+ = \varprojlim_n W(R)\left[\frac{1}{p}\right]/(\xi)^n, \quad B_{\mathrm{dR}} = \operatorname{Frac}(B_{dr}^+).$$

关于 B_{dR} 详见 J-M. Fontaine, Sur certains types de reprsentations p-adiques du groupe de Galois d'un corps local; construction d'un anneau de Barsotti-Tate. *Ann. of Math.* (2) 115 (1982), no. 3, 529-577.

例 11.49 在 R 的单位群中, 我们构造了一个元素 $\varepsilon = (\varepsilon^{(n)})$ 使得

$$\varepsilon^{(n)} \in \mathcal{O}_C, \quad \varepsilon^{(0)} = 1, \quad \varepsilon^{(1)} \neq 1, \quad (\varepsilon^{(n+1)})^p = \varepsilon^{(n)}, \quad n \geqslant 1.$$

取 Teichmüller 代表 $[\varepsilon] - 1 \in W(R)$, 有 $\theta([\varepsilon]-1) = \varepsilon^{(0)} - 1 = 0$, 即 $[\varepsilon]-1 \in \operatorname{Ker}\theta$, 这样 $(-1)^{n+1}\frac{([\varepsilon]-1)^n}{n} \in W(R)[\frac{1}{p}]\xi^n$, 于是

$$\log([\varepsilon]) = \log(1 + ([\varepsilon]-1)) = \sum_{n=1}^{\infty} (-1)^{n+1} \frac{([\varepsilon]-1)^n}{n} \in B_{\mathrm{dR}}^+.$$

我们定义 $t = \log([\varepsilon])$.

命题 11.50 (1) B_{dR}^+ 是完备离散赋值环, 剩余域是 C.
(2) $\operatorname{Ker}\theta$ 在 $W(R)[\frac{1}{p}]$ 的任意生成元都是 B_{dR}^+ 的素元.
(3) 记 B_{dR}^+ 的极大理想为 $\mathfrak{m}_{\mathrm{dR}}$, 则自然映射 $B_{\mathrm{dR}}^+ \to W(R)[\frac{1}{p}]/(\operatorname{Ker}\theta)^n$ 等同于投射 $B_{\mathrm{dR}}^+ \to B_{\mathrm{dR}}^+/\mathfrak{m}_{\mathrm{dR}}^n$.
(4) 对 $i \in \mathbb{Z}$, 以 $\operatorname{Fil}^i B_{\mathrm{dR}}$ 记 $\mathfrak{m}_{\mathrm{dR}}^i$, 则 $\operatorname{Fil}^i B_{\mathrm{dR}}$ 是由 ξ^i 生成的自由 B_{dR}^+ 模, 即 $\operatorname{Fil}^i B_{\mathrm{dR}} = B_{\mathrm{dR}}^+ \xi^i$. $\{\operatorname{Fil}^i B_{\mathrm{dR}}\}$ 是 B_{dR} 的过滤.
(5) $t \in \mathfrak{m}_{\mathrm{dR}}$ 和 $t \notin \mathfrak{m}_{\mathrm{dR}}^2$, 即 t 生成 B_{dR}^+ 的极大理想 $\mathfrak{m}_{\mathrm{dR}}$, t 是 B_{dR}^+ 的素元.

证明从略.

4. B_{dR} 的拓扑

(1) 首先 $W(R)$ 有两个拓扑, 构造 Witt 环用了双射 $W(R) \leftrightarrow R^{\mathbb{N}}$.

   (a) 强拓扑或称 p 进拓扑: 在 $R^{\mathbb{N}}$ 的 R 上取离散拓扑. 在 $W(R)$ 上取的拓扑的零点的邻域基是 $p^k W(R)$, $k \in \mathbb{N}$.

   (b) 弱拓扑: 在 R 上取赋值 v_R 所定义的拓扑. 在 $W(R)$ 上取的拓扑的零点的邻域基是 $p^k W(R) + [\bar{\pi}^n] R$, $\bar{\pi} = \varepsilon - 1$, $k, n \in \mathbb{N}$.

(2) 对 R 的理想 J, 则 $W(J) = \{(a_0, a_1, \dots) : a_n \in J\}$ 是 $W(R)$ 的理想.

   (a) 对开理想 $\mathfrak{a} \subset R$, $N \geqslant 0$, 则 $W(R)[\frac{1}{p}]$ 的子集

$$U_{N,\mathfrak{a}} = \bigcup_{j<N}(p^{-j} W(\mathfrak{a}^{p^j}) + p^N W(R)) \subseteq W(R)\left[\frac{1}{p}\right]$$

是 $W(R)$ 模.

   (b) 有 $U_{N+M, \mathfrak{a}+\mathfrak{b}} \subseteq U_{N,\mathfrak{a}} \cap U_{M,\mathfrak{b}}$, $U_{N,\mathfrak{a}} U_{N,\mathfrak{a}} \subseteq U_{N,\mathfrak{a}}$. 在 $W(R)[\frac{1}{p}]$ 上有拓扑环结构使得零点的邻域基是 $U_{N,\mathfrak{a}}$.

   (c) 有 $U_{N,\mathfrak{a}} \cap W(R) = W(\mathfrak{a}) + p^N W(R)$. 若在 R 上取 v_R 进拓扑, 在 $W(R) \leftrightarrow R^{\mathbb{N}}$ 上取积拓扑, 则 $W(R)$ 是 $W(R)[\frac{1}{p}]$ 的闭拓扑子环.

   (d) $\theta : W(R)[\frac{1}{p}] \to C$ 是连续开映射.

(3) (a) 取 $\operatorname{Ker} \theta$ 的生成元 ξ, 乘 ξ 得的映射 $W(R)[\frac{1}{p}] \to W(R)[\frac{1}{p}]$ 为闭单射, $(\operatorname{Ker} \theta)^j$ 为闭理想, 在 $W(R)[\frac{1}{p}]/(\operatorname{Ker}\theta)^j$ 上的商拓扑为完备的. 事实上, 若有序列 $\{s_n\} \subseteq W(R)[\frac{1}{p}]/(\operatorname{Ker}\theta)^j$, $s_n \to 0$, 则可以找到 N, 序列 $\{c_n\} \subseteq p^{-N} W(R)$ 使得 $s_n = c_n + (\operatorname{Ker}\theta)^j$.

   (b) 在 $W(R)[\frac{1}{p}]/(\operatorname{Ker}\theta)^j$ 上取商拓扑, 在 $B_{\mathrm{dR}}^+ = \varprojlim W(R)[\frac{1}{p}]/(\operatorname{Ker}\theta)^j$ 上取逆极限拓扑, 则 B_{dR}^+ 是完备 Hausdorff 拓扑环.

   (c) 自然映射 $W(R) \to B_{\mathrm{dR}}^+$ 连续, B_{dR}^+ 的极大理想 $\mathfrak{m}_{\mathrm{dR}}$ 为闭理想, 在 $B_{\mathrm{dR}}^+/\mathfrak{m}_{\mathrm{dR}} \leftrightarrow C$ 上的商拓扑等同于 C 上的用赋值定义的拓扑.

   (d) 取 $U_R = \{x \in 1 + \mathfrak{m}_R : x^{(0)} = 1\} \subset R$, 在 U_R 上放 v_R 进拓扑, 在 B_{dR}^+ 取拓扑如上, 则

$$U_R \to B_{\mathrm{dR}}^+ : x \mapsto \log([x])$$

是连续群同态. 只需证明在单位元 1 的邻域是连续的. 取理想 $\mathfrak{a} \subset R$, 取 $x \in (1+\mathfrak{a}) \cap U_R$, 则 $[x] - 1 \in W(\mathfrak{a})$. 于是对 $j = v_p(n)$, $([x]-1)^n/n \in p^{-j} W(\mathfrak{a}^{p^j})$. 取 $x \in U_R$, 对正数 a 可以定义指数函数 x^a, 利用对 v_R 拓扑连续扩展得 x^a, $a \in \mathbb{Z}_p$. 用已证明的 $\log$ 的连续性, 得

$$\log([x^a]) = a \log([x]).$$

11.8.2 B_{cris}

1. 除幂包络

设 A 为有单位元的交换环, $I \subset A$ 为理想. 设 δ 为一组映射 $\delta_i : I \to A$ ($i \in \mathbb{Z}_{\geqslant 0}$), 使得对任意 $x, y \in I$ 及 $\lambda \in A$ 有

(1) $\gamma_0(x) = 1$, $\gamma_1(x) = x$, 且对 $i \geqslant 1$ 有 $\gamma_i(x) \in I$.
(2) $\gamma_k(x+y) = \sum_{i+j=k} \gamma_i(x)\gamma_j(y)$.
(3) $\gamma_k(\lambda x) = \lambda^k \gamma_k(x)$.
(4) $\gamma_i(x)\delta_j(x) = \binom{i+j}{j}\gamma_{i+j}(x)$.
(5) $\gamma_i(\gamma_j(x)) = \frac{(ij)!}{i!(j!)^i}\delta_{ij}(x)$.

则称 γ 为 I 的一个**除幂结构**或 **PD 结构** (divided power) (参见 N. Roby, Les algebres a puissances divisée, *Bull. Sci Math France*, 89 (1965), 75-91). 此时称 (I, γ) 为一个除幂理想或 PD 理想, 而称 (A, I, γ) 为一个除幂环或 PD 环.

注 (a) $\frac{(ij)!}{i!(j!)^i}$ 是整数, 因为它等于将 ij 个元分成 i 组, 每组 j 个的组合数.

(b) 由 (3) 得 $\gamma_i(0) = 0$ ($\forall i > 0$), 由 (1) 和 (4) 有 $n!\gamma_n(x) = x^n$. 于是, 若 A 是 $\mathbb{Q}$-代数, 则任一理想 I 有唯一的 PD 结构 $\gamma_i(x) = x^i/i!$.

(c) 此外, 任意环 A 中的零理想显然有唯一的 PD 结构 (平凡 PD 结构).

(d) 对任意正整数 n, 令 $I^{[n]} \subset A$ 为由 $\{\gamma_{i_1}(x_1)\ldots\gamma_{i_k}(x_k) | x_i \in I, i_1 + \cdots + i_k \geqslant n\}$ 生成的理想, 则由定义不难验证 $I^{[n]}$ 为 PD 理想, 且 $I^{[n]}I^{[m]} \subset I^{[n+m]}$. 若对某个正整数 n 有 $I^{[n]} = 0$, 则称 I 为 PD 幂零的.

例 11.51 设 k 为完全域, $A = W(k)$ 或 $W_n(k)$, $I = pA \subset A$ 为极大理想. 则 I 有 PD 结构, 这是因为对任意 n, $\frac{p^n}{n!}$ 是 p 进整数. 由此可见, 即使一个环不是 $\mathbb{Q}$-代数, 一个非零理想也可能有 PD 结构. 注意对 $A = W(k)$, I 的 PD 结构是唯一的. 此外注意对 $A = W_n(k)$, I 是 PD 幂零的.

更一般地, 若环 R 满足 $pR = 0$, 则 $W_n(R)$ 具有 PD 环结构.

设 (A, I, γ) 和 (A', I', γ') 为两个 PD. 一个环同态 $f : A \to A'$ 称为 PD 同态, 如果 $f(I) \subset I'$ 且 $\gamma'_n \circ f = f \circ \gamma_n$ ($\forall n$); 此时若 f 为同构, 且 f^{-1} 为 PD 同态, 则称 f 为 PD 同构. 更一般地, 若 γ' 可以扩张到 $f(I)A' + I'$, 且与 γ 一致, 则称 f 为 PD 相容同态.

若 $f : A \to A'$ 为 PD 同态, $J = \text{Ker}(f)$, 则由定义易见 $J \cap I$ 被每个 γ_n ($n > 0$) 映到自身, 称为 I 的一个 PD 子理想; 反之, 若 $J \subset A$ 为理想, 且 $I \cap J$ 为 I 的 PD 子理想, 则 A/J 有诱导的 PD 环结构, 且投射 $A \to A/J$ 为 PD 同态.

例 11.52 设 k 为完全域, $A = W(k)$, $I = pA \subset A$ (见前例). 设 A' 为平坦 A-代数而 $I' = pA'$. 则对 I' 的任意 PD 结构, $A \to A'$ 为 PD 同态, 这是因为 $n!$ 在 A' 中不是零

因子.

设 (R, I, δ) 为 PD 环, 我们可以定义 R 上的 (n 元) PD 多项式代数 $\Gamma_R(x_1, \ldots, x_n)$, 它由所有 "PD 单项式" $x^{[i]}$ 生成, 其中 $x = (x_1, \ldots, x_n)$, $i = (i_1, \ldots, i_n)$, $x^{[i]}$ 相当于 $\frac{x^i}{i!}$, 满足显然的定义关系. 易见理想 $(I, x_1, \ldots, x_n) \subset \Gamma_R(x_1, \ldots, x_n)$ 具有 PD 结构, 且 PD R-代数 $\Gamma_R(x_1, \ldots, x_n)$ 具有如下泛性: 对任意 PD R-代数 (R', I', δ') 及任意 $a_1, \ldots, a_n \in I'$, 存在 R 上的唯一 PD 代数同态 $f : \Gamma_R(x_1, \ldots, x_n) \to R'$ 使得 $f(x_i) = a_i$ $(1 \leqslant i \leqslant n)$. 注意 $\Gamma_R(x_1, \ldots, x_n)$ 是分级 R-代数, 且对任意正整数 m, $\{x_1^{[i_1]} x_2^{[i_2]} \ldots x_k^{[i_k]} | i_1 + \cdots + i_k \geqslant m\}$ 生成的理想为齐次理想.

命题 11.53 设 (R, J, δ) 为 PD 环, A 为 R-代数, $I \subset A$ 为理想. 则有一个 PD 相容 R-代数 $(\mathcal{D}_{A,\delta}(I), \bar{I}, \gamma)$, 其中 $\mathcal{D}_{A,\delta}(I)$ 为 A-代数, 且 $I\mathcal{D}_{A,\delta}(I) \subset \bar{I}$, 具有如下泛性: 若 (A', I', γ') 为 PD 相容 R-代数, $f : A \to A'$ 为 R-代数同态, 且 $f(I)A' \subset I'$, 则存在唯一 PD 同态 $\mathcal{D}_{A,\delta}(I) \to A'$, 它与 $A \to \mathcal{D}_{A,\delta}(I)$ 的合成等于 $f : A \to A'$, 且 $\mathcal{D}_{A,\delta}(I) \to A'$ 为 PD 相容 R-代数同态.

特别地, 若 A 和 A/I 都在 R 上光滑, 且存在正整数 m 使得 $mA = 0$, 则 $\mathcal{D}_{A,\delta}(I)$ 局部同构于 A/I 上的 PD 多项式代数.

称 $\mathcal{D}_{A,\delta}(I)$ 为 A 关于 I 的**除幂包络** (divided power envelope).

2. 晶体周期环

定义 A_{cris}^0 为 $W(R)$ 关于 $\mathrm{Ker}\,\theta$, 并与 $p\mathbb{Z}_p$ 唯一除幂结构相容的除幂包络, 此包络的除幂理想记为 $(\mathrm{Ker}\,\theta)^-$, 这是由 $\frac{\xi^n}{n!}, n \geqslant 0$ 生成 $W(R)[\frac{1}{p}]$ 的 $W(R)$ 子代数. A_{cris}^0 的元素是多项式 $\sum_{n=0}^{N} a_n \frac{\xi^n}{n!}, a_n \in W(R)$. A_{cris}^0 是 $\mathbb{Z}$ 平坦整环. 注意: A_{cris}^0 不是自由 $W(R)$ 模.

下一步是取 A_{cris}^0 的 p 进完备化,

$$A_{\mathrm{cris}} = \varprojlim_n A_{\mathrm{cris}}^0 / p^n A_{\mathrm{cris}}^0.$$

A_{cris}^0 的元素是级数 $\sum_{n=0}^{\infty} a_n \frac{\xi^n}{n!}, a_n \in W(R)$, 并且在 p 进拓扑下 $a_n \to 0$. 注意: 这样的表达不是唯一的. A_{cris} 是分离 $\mathbb{Z}_p$ 平坦环.

命题 11.54 (1) 存在连续单射 j 使得下图交换

$$\begin{array}{ccc} A_{\mathrm{cris}} & \xrightarrow{j} & B_{\mathrm{dR}}^+ \\ \uparrow & & \uparrow \\ A_{\mathrm{cris}}^0 & \longrightarrow & W(R)[\frac{1}{p}] \end{array}$$

因此 $A_{\mathrm{cris}}^0 \to A_{\mathrm{cris}}$ 是单射, A_{cris} 是整环.

(2) 可以扩展环同态 $\theta: W(R) \to \mathcal{O}_C$ 至 $\theta_{\text{cris}}: A_{\text{cris}} \to \mathcal{O}_C$, 则 $\operatorname{Ker}\theta_{\text{cris}}$ 是除幂理想, 即对 $a \in A_{\text{cris}}$ 使得 $\theta_{\text{cris}}(a) = 0$, 则对所有 $m \geqslant 1$, 在 $A_{\text{cris}}[\frac{1}{p}]$ 的元素 $\frac{a^m}{m!} \in A_{\text{cris}}$, 并且 $\theta_{\text{cris}}(\frac{a^m}{m!}) = 0$.

(3) 以 $\bar{\theta}$ 记环同态 $A_{\text{cris}} \overset{\theta_{\text{cris}}}{\to} \mathcal{O}_C \to \mathcal{O}_C/p$, 则 $\operatorname{Ker}\bar{\theta}$ 是除幂理想.

(4) 如前段取
$$t = \log([\varepsilon]) = \sum_{n=1}^{\infty} (-1)^{n+1} \frac{([\varepsilon]-1)^n}{n},$$
则 $t \in A_{\text{cris}}$, $t^{p-1} \in pA_{\text{cris}}$.

下一步定义
$$B_{\text{cris}}^+ = A_{\text{cris}}\left[\frac{1}{p}\right], \quad B_{\text{cris}} = B_{\text{cris}}^+\left[\frac{1}{t}\right].$$

称环 B_{cris} 为晶体周期环, 参见

[1] J.-M. Fontaine, Cohomologie de de Rham, cohomologie cristalline et representations p-adiques, In *Algebraic Geometry*, Springer Lectures Notes in Math, 1016 (1983) 86-108.

[2] J.-M. Fontaine, Le corps des périodes p-adiques, Asterisque, 223 (1994) 59-111.

3. Frobenius 映射

构造 B_{cris} 的一个理由是: $W(R)$ 的 Frobenius 映射并不把 $\operatorname{Ker}\theta$ 映入 $\operatorname{Ker}\theta$, 这样便不能在 $B_{\text{dR}} = \operatorname{Frac}(B_{\text{dR}}^+) = B_{\text{dR}}^+[1/t]$ 上定义 Frobenius 映射.

我们可以这样想: 选 $\tilde{p} \in R$ 使得 $\tilde{p}^{(0)} = p$, 即 $\tilde{p} = (p, p^{1/p}, p^{1/p^2}, \ldots)$, 设 $\xi_{\tilde{p}} = [\tilde{p}] - p = (\tilde{p}, -1, \ldots) \in W(R)$. $\theta([\tilde{p}^{1/p}] - p) \neq 0$, 于是 $1/([\tilde{p}^{1/p}] - p) \in B_{\text{dR}}^+$. 假如可以自然地在 B_{dR} 上定义 $\varphi: \varphi(1/([\tilde{p}^{1/p}] - p)) = 1/([\tilde{p}] - p)$, 但 $\theta([\tilde{p}] - p) = \theta([\tilde{p}]) - p = \tilde{p}^{(0)} - p = 0$, $1/([\tilde{p}] - p) \notin B_{\text{dR}}^+$.

$W(R)$ 的 Frobenius 映射是
$$\varphi(a_0, a_1, \ldots, a_n, \ldots) = (a_0^p, a_1^p, \ldots, a_n^p, \ldots).$$

若 $b \in W(R)$, 则 $\varphi(b) \equiv b^p \bmod p$. 记 $\gamma_i(\xi) = \xi^i/i!$. 有 $\eta \in W(R)$,
$$\varphi(\xi) = \xi^p + p\eta = p(\eta + (p-1)!\gamma_p(\xi)),$$
于是 $\varphi(\xi^m) = p^m(\eta + (p-1)!\gamma_p(\xi))^m$. 在 $W(R)$ 有除幂, 所以可以定义
$$\varphi(\gamma_m(\xi)) = \frac{p^m}{m!}(\eta + (p-1)!\gamma_p(\xi))^m \in W(R)[\gamma_p(\xi)] \subset A_{\text{cris}}^0,$$
这样便有 $\varphi(A_{\text{cris}}^0) \subset A_{\text{cris}}^0$. 用连续性可以把 φ 扩展至 $A_{\text{cris}}, B_{\text{cris}}^+$, 然后
$$\varphi(t) = \log([\varepsilon]^p) = p\log([\varepsilon]) = pt,$$

设 $\varphi(\frac{1}{t}) = \frac{1}{pt}$, 便在 B_{cris} 上得 φ.

4. 过滤

对 B_{dR} 的子环 A, 设 $\text{Fil}^r A = A \cap \text{Fil}^r B_{\text{dR}}$.

若 A 是 B_{dR}^+ 的子环使得 $\varphi(A) \subseteq A$, 对整数 $r \geqslant 0$, 设 $I^{[r]}A = \{a \in A : \varphi^n(a) \in \text{Fil}^r A, \forall n \geqslant 0\}$. 则理想 $I^{[r]}A$ 为递减过滤.

若有整数 $n \geqslant 0$, 则 $n = (p-1)q(n) + r(n)$, $r(n), q(n) \geqslant 0$, $0 \leqslant r(n) < p-1$. 设

$$t^{\{n\}} = t^{r(n)} \gamma_{q(n)}\left(\frac{t^{p-1}}{p}\right) = (p^{q(n)}q(n)!)^{-1} t^n.$$

因为 $t^{p-1}/p \in A_{\text{cris}}$, 所以 $t^{\{n\}} \in A_{\text{cris}}$. 记 $\pi_\varepsilon = [\varepsilon] - 1$, 则

$$\pi_\varepsilon = e^t - 1 = \sum_{n=1}^\infty \frac{t^n}{n!} = \sum_{n=1}^\infty c_n t^{\{n\}},$$

其中当 $n \to \infty$ 时, $c_n = p^{q(n)} q(n)!/n! \to 0$.

命题 11.55 对整数 $r \geqslant 1$, $I^{[r]} A_{\text{cris}}$ 是 A_{cris} 的除幂理想. A_{cris} 内由 $\{t^{\{s\}} : s \geqslant r\}$ 生成的 $W(R)$ 模等于 $I^{[r]} A_{\text{cris}}$.

命题 11.56 有正合序列

$$0 \to \mathbb{Q}_p \to B_{\text{cris}}^{\varphi=1} \to B_{\text{dR}}/B_{\text{dR}}^+ \to 0.$$

11.8.3 B_{st}

我们用两种方式叙述 B_{st} 的构造, 希望加深读者对周期环的认识.

1. 方法一

K 是特征 0 的完备离散赋值域, 剩余域 κ 是特征 p 的完全域, $\mathcal{O}_K$ 是 K 的赋值环, W 是 κ 的 Witt 环. $K_0 = \text{Frac}(W)$, $\bar{\kappa}$ 是 κ 的代数封闭. 取 $\mathcal{O}_K$ 的素元 π. 取 $s^{(n)} \in \mathcal{O}_C$ 使得 $s^{(0)} = \pi$, $s^{(n+1)p} = s^{(n)}$, 于是得 $\underline{s} = (s^{(n)} \mod p) \in R$. 以 $\varepsilon(s)$ 记 $[\underline{s}] \in W(R) \subset A_{\text{cris}} \subset B_{\text{cris}}^+ \subset B_{\text{dR}}^+$, 则 $\varepsilon(s) \pi^{-1} \in 1 + \text{Fil}^1 B_{\text{dR}}$, 于是在 B_{dR}^+ 以 $\text{Ker}(\theta)^j$ 所定义的拓扑 $\log(\varepsilon(s)\pi^{-1})$ 收敛, 以 u_s 记极限. 若用另一组有同样性质的 $s'^{(n)}$, 则 $u_s - u_{s'} \in \mathbb{Z}_p \cdot t \subset B_{\text{cris}}^+$, 这样 B_{dR}^+ 的子环 $B_{\text{cris}}^+[u_s]$ 只依赖 π, 以 $B_{st,\pi}^+$ 记此子环. 自然同态 $K \otimes_{K_0} B_{st,\pi}^+ \to B_{\text{dR}}$ 是单射, u_s 是 B_{cris} 上的超越元.

设 $x = (x^{(n)}) \in R$ 满足 $x_0 \equiv 1 \mod \mathfrak{m}_R$, 因为 $\theta([x] - 1) \in \mathfrak{m}_C$, 所以有整数 $n_0 \geqslant 1$ 使得 $([x] - 1)^{n_0} \in (\text{Ker}\,\theta)^- + pA_{\text{cris}}^0$, 因此使用 A_{cris} 的 p 进拓扑时, 在 B_{cris}^+ 内 $\log([x])$ 收敛并且 $\log([x]^p) = p\log([x])$.

设 K' 为 K 的有限扩张, π' 为 $\mathcal{O}_{K'}$, $e = e_{K'|K}$ 为分歧指标, $(\pi')^e \pi^{-1}$ 映为 $a \in \kappa_{K'}$.

则

$$\tau_{\pi',\pi}: B_{st,\pi}^+ \xrightarrow{\approx} B_{st,\pi'}^+$$
$$u_s \mapsto eu_{s'} + \log\left(\left[\left((s^{(n)}(s'^{(n)})^{-e} \mod p) \cdot a^{p^{-n}}\right)\right]\right)$$

是 B_{cris}^+-同构, 并且 $\tau_{\pi'',\pi} = \tau_{\pi'',\pi'} \circ \tau_{\pi',\pi}$. 既然所有 $B_{st,\pi}^+$ 都是同构, 我们便简记此环为 B_{st}^+, 即有

$$B_{st}^+ = B_{\text{cris}}^+[u_s], \quad u_s = \log(\varepsilon(s)\pi^{-1}).$$

把 $B_{\text{cris}}^+[u_s]$ 换为 $B_{\text{cris}}[u_s]$, 同样讨论所得的环记为 B_{st}, 并称它为**半稳定周期环** (semi-stable period ring).

关于 B_{st} 可参考:

[1] J-M. Fontaine, Representation p-adiques semi-stables, in Periodes p-adiques, *Asterisque* 223 (1994), 95-111.

[2] K. Kato, Semi-stable reduction and p-adic etale cohomology, in Periodes p-adiques, *Asterisque* 223 (1994), 269-293.

2. log

为了明白本节, 我们需要知道 log.

(1) 对 $a \in \mathcal{O}_C^\times$, 则 $\bar{a} \in \bar{\kappa}^\times$, $[\bar{a}] \in W(\bar{\kappa})$ 和 $a = [\bar{a}]x$, 其中 $x \in 1 + \mathfrak{m}_C$. 设

$$\log a := \log x.$$

(2) 取 $x \in C$. 设 $v(x) = \frac{r}{s}$, $r, s \in \mathbb{Z}$, $s \geqslant 1$. 则 $\frac{x^s}{p^r} \in \mathcal{O}_C^\times$, 这样若可以定义必有 $\log(\frac{x^s}{p^r}) = s\log x - r\log p$, 于是定义

$$\log x = \frac{1}{s}\left(\log\left(\frac{x^s}{p^r}\right) + r\log p\right).$$

(3) 设 $U_R^{(1)} = \{x \in R : v(x-1) \geqslant 1\}$. 取 $x \in U_R^{(1)}$, Teichmüller 代表 $[x] = (x, 0, \dots) \in W(R)$, 则 $\theta([x] - 1) = x^{(0)} - 1$. 定义在 A_{cris} 收敛级数

$$\log([x]) = \sum_{n=1}^\infty (-1)^{n+1} \frac{([x]-1)^n}{n}.$$

(4) 设 $U_R = 1 + \mathfrak{m}_R = \{x \in R : v(x-1) > 0\}$. 取 $x \in U_R$, 找整数 $m \geqslant 0$ 使得 $v(x^{p^m} - 1) \geqslant 1$, 定义

$$\log([x]) = \frac{1}{p^m}\log[x^{p^m}].$$

(5) 把 $a \in R^\times = \bar{\kappa}^\times \times U_R$ 写为 $a = a_0 x$, $a_0 \in \bar{\kappa}^\times$, $x \in U_R$, 则定义

$$\log([a]) = \log([x]).$$

(6) 取 $\varpi \in R$ 使得 $\varpi^{(0)} = -p$. 因为 $\theta(\frac{[\varpi]}{-p}) = \frac{-p}{-p} - 1 = 0$, 则

$$\log\left(\frac{[\varpi]}{-p}\right) = \sum_{n=0}^{\infty} (-1)^{n+1} \frac{(\frac{[\varpi]}{-p} - 1)^n}{n} = \sum_{n=0}^{\infty} \frac{\xi^n}{np^n} \in B_{\mathrm{dR}}^+.$$

我们将定义 $\log([\varpi])$ 为 $\log(\frac{[\varpi]}{-p})$, 这样我们是选了 $\log p = 0$. 对 $x \in \mathrm{Frac}(R)^\times$, 设 $v(x) = \frac{r}{s}, r, s \in \mathbb{Z}, s \geqslant 1$. 则 $\frac{x^s}{\varpi^r} \in R^\times$, 这样满足 $\log$ 的性质就如前定义

$$\log[x] = \frac{1}{s}\left(\log\left(\frac{x^s}{\varpi^r}\right) + r\log[\varpi]\right).$$

3. 方法二

为了避开各个选择, 我们给 B_{st} 一个典范构造.

引理 11.57 对 $x \in 1 + \mathfrak{m}_R$, $n \gg 0$, 则

$$\frac{([x]-1)^n}{n} \in W(R)\left[\frac{1}{p}\right] \subset A_{\mathrm{cris}}\left[\frac{1}{p}\right] = B_{\mathrm{cris}}^+$$

是 A_{cris} 的元素, 并且在 $n \to \infty$ 时此元素在 A_{cris} 的 p 进拓扑下以 0 为极限.

于是对 $x \in 1 + \mathfrak{m}_R$ 可以定义

$$\log_{\mathrm{cris}}([x]) = \sum_{n=1}^{\infty} (-1)^{n+1} \frac{([x]-1)^n}{n} \in B_{\mathrm{cris}}^+.$$

又设 $\lambda_{\mathrm{cris}}(x) = \log_{\mathrm{cris}}([x])$, 设 λ 在 $\bar{\kappa}^\times$ 为 0 便把以上 "对数映射" 扩展为

$$\lambda: R^\times = \bar{\kappa}^\times \times (1 + \mathfrak{m}_R) \to B_{\mathrm{cris}}^+.$$

利用 B_{cris}^+ 是 $\mathbb{Q}$-代数便可以扩展 λ 为 $\mathbb{Q}$ 映射

$$\mathrm{Sym}_\mathbb{Q}(R^\times) \to B_{\mathrm{cris}}^+,$$

其中 $\mathrm{Sym}_\mathbb{Q}(A)$ 是指 $\mathrm{Sym}_\mathbb{Q}(\mathbb{Q} \otimes_\mathbb{Z} A)$.

另一方面, 若 $y \in \mathrm{Frac}(R)$, $v_R(y) \neq 0$, 由正合序列

$$1 \to R^\times \to \mathrm{Frac}(R)^\times \xleftarrow{v_R} \mathbb{Q} \to 0$$

得 $\mathrm{Sym}_\mathbb{Q}(\mathrm{Frac}(R)^\times) \cong \mathrm{Sym}_\mathbb{Q}(R^\times)[y]$.

定义

$$B_{st}^+ := \mathrm{Sym}_\mathbb{Q}(\mathrm{Frac}(R)^\times) \otimes_{\mathrm{Sym}_\mathbb{Q}(R^\times)} B_{\mathrm{cris}}^+,$$

记 $\lambda_{st}^+ : \mathrm{Frac}(R)^\times \to B_{st}^+ : x \mapsto x \otimes 1$, 这是 "log".

定义

$$B_{st} = B_{st}^+\left[\frac{1}{t}\right].$$

如果取 $y \in \mathrm{Frac}(R)^\times$, $v_R(y) \neq 0$, 设 $X = \lambda_{st}^+(y)$. 则有非典范的同构 $B_{st}^+ \cong B_{\mathrm{cris}}^+[X]$.

命题 11.58 存在交换图

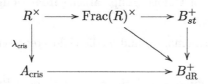

使得 $B_{st}^+ \to B_{dR}^+$ 是 B_{cris}^+-代数同态.

11.8.4 附注

在本书的第三部分, 我们构造了很多环, 但是它们不外是用了 Witt 函子 W, $\varprojlim$ 或者是要求级数在 $\{|T|<1\}$, $\{|T|\leqslant 1\}$, $\{r<|T|<1\}$, $\{r<|T|\leqslant 1\}$, $\{r\leqslant|T|\leqslant 1\}$ 等各不同区域按不同的半范收敛. 在没有看到怎样用这些环去证明什么定理之前是很难理解的, 但还是值得多观察这些构造方法, 让我们有了自己的问题时也会构造出新环.

本章介绍各种 p 进环, 虽然这基本上是在 Fontaine 的思想下指导工作, 但是在他和众多弟子横跨三十年的不断修改, 符号、定义和证明都很复杂和重复.

可以说 p 进环是在研究 p 进微分方程和研究从代数簇的上同调群得来的 p 进 Galois 表示时而构造出来的, 这样学习 p 进环难免需要这两方面的知识, 对初学代数数论的同学来说这是很大的负担 (以下会介绍一些学习这些理论的文献, 让同学日后继续学习).

从教和学的观点, 我觉得把这些环的构造和它们在 Galois 表示论的应用分开来学会比较容易一点. 我亦从他们的目的开始, 去明白这些环的构造过程, 也许比较容易理解.

有人说在 Faltings、Tsuji、Tsuzuki、Colmez、Berger、Breuil、Kisin 等人的工作后, 这个方向已没有余地可行, 不过

(1) 正如交换类域论是历史但还是经常可用, 所以同学应学一点的.
(2) 现是在这套理论的改进期, 有很多活跃的工作, 比如 Faltings 的 Almost Mathematics、Scholze 的 Perfectoid, ... 此外还有很多情形是可以建立类似的理论或从这个理论的观点重看, 比如 Iwasawa 理论的 (ϕ, Γ) 模, ...
(3) 在未造好 "算术 Hodge 模", 完成 p 进 Langlands 对应和解决 Fontaine-Mazur 猜想之前, 这套理论还可能有用.

可以说本节的理论起源自 Tate 研究 Abel 簇的 p^n 除点, 以下是 Tate 及他的学生 Sen 的文章, 跟着便是 Fontaine 重读 Tate 而写的长文, 最后一篇是 Fontaine 的学生 Colmez 总结的 Tate-Sen-Colmez 方法了.

[1] J. Tate, *p-divisible groups*, *Proc. Conf. Local Fields* (Driebergen, 1966) 158-183, Springer, Berlin.

[2] S. Sen, Ramification in p-adic Lie extensions, *Invent. Math.* 17 (1972) 44-50.

[3] S. Sen, Lie algebras of Galois groups arising from Hodge-Tate modules, *Ann. of Math.* 97 (1973) 160-170.

[4] S. Sen, Continuous cohomology and p-adic Galois representations, *Invent. Math.* 62 (1980/81) 89-116.

[5] S. Sen, An infinite-dimensional Hodge-Tate theory, *Bull. Soc. Math. France* 121 (1993), no. 1, 13-34.

[6] J-M. Fontaine, Groupes p-divisibles sur les corps locaux, *Asterisque* 47-48, 1977.

[7] P. Colmez, Sur un result de Shankar Sen, *C.R. Acad. Sci. Paris I Math.* 318 (1994) 983-985.

作为中期总结 Fontaine 写了

[8] J-M. Fontaine, Le corps des périodes p-adiques, *Asterisque*, 223 (1994) 59-111.

Faltings 的文章不太容易念, Fontaine 写文章是重复, 同一个定理, 加一点、改一点观点, 又写一次, 但又不一定在他的文章找到详细的证明. 清理他的十多篇文章需要时间, 还没有人去做. 读者要看多少原文呢? 我认为还是先有个可研究的问题, 才决定看什么比较有效率.

11.9 ℓ 进 Galois 表示

11.9.1 拓扑

F 是 p 进数域, $\mathcal{O}_F$ 是整数环, π_F 是素元, 剩余域是 κ_F, $|\kappa_F| = q$ 是 p 幂, F^{sep} 是 F 的可分闭包.

$\mathbb{Q}_p$ 的拓扑在零点的基本邻域是 $\{p^n \mathbb{Z}_p : n \geqslant 0\}$, F 的拓扑在 0 的基本邻域是 $\{p^n \mathcal{O}_F : n \geqslant 0\}$.

设 V 是有限维 F-向量空间. 若有限生成 $\mathcal{O}_F$ 模 $L \subset V$ 满足 $L \otimes_{\mathcal{O}_F} F = V$, 则称 L 为格 (lattice). 当取遍所有格 L 时, 集合 $\{L\}$ 是 V 在 0 的基本邻域. 不过, 若 $\{v_i\}$ 是 V/F 的基, 则 $\{p^n \oplus \mathcal{O}_F v_i : n \geqslant 0\}$ 亦是 V 在 0 的基本邻域.

$V^* = \text{Hom}_F(V, F)$, $L^* = \text{Hom}_{\mathcal{O}_F}(V, \mathcal{O}_F)$, $\text{End}_F(V) \cong V^* \otimes_F V$ 在 0 的基本邻域是由

$$L_1^* \otimes_{\mathcal{O}_F} L_2 = \{f : V \to V : f(L_1) \subset L_2\}$$

组成, 其中 L_1, L_2 为格. 自同构群 $GL_F(V) = \text{Aut}_F(V) \subset \text{End}_F(V)$ 是由条件 $\det \neq 0$ 所决定的开集. $\text{Aut}_F(V)$ 在 1 的基本邻域由 $\{f \in \text{Aut}_F(V) : f(L_1) \subset L_2\}$ 组成, 其中 L_1, L_2 遍历所有格满足 $L_1 \subset L_2$ (以保证邻域包含 1).

11.9.2 分歧

F 是 p 进数域, 称有限 Galois 扩张 E/F 的下分歧群 G_0 (见 10.6.1 节) 为 $\mathrm{Gal}(E/F)$ 的惯性群, 并记为 $I_{E/F}$. 称 G_1 为狂惯性群, 并记为 $P_{E/F}$. 设另有有限 Galois 扩张 K/F 使得 $E \subseteq K$. 在投射 $\mathrm{Gal}(K/F) \to \mathrm{Gal}(E/F)$ 下 $I_{K/F}$ 映为 $I_{E/F}$, $P_{K/F}$ 映为 $P_{E/F}$.

κ_E 记 E 的剩余域, π 是 E 的素元, 则有与 π 的选择无关的同态
$$I_{E/F}/P_{E/F} \to \boldsymbol{\mu}(\kappa_E) : sP_{E/F} \mapsto \overline{\frac{s(\pi)}{\pi}}$$

(见命题 10.40).

记 $I_F = \lim I_{E/F}$, $P_F = \lim P_{E/F}$, 于是 $I_F/P_F \cong \lim_{(n,p)=1} \boldsymbol{\mu}_n$.

F^{nr}/F 是最大无分歧扩张在 F^{sep} 内, $\mathrm{Gal}(F^{\mathrm{sep}}/F^{\mathrm{nr}})$ 是惯性群 I_F. 记 $G_F = \mathrm{Gal}(F^{\mathrm{sep}}/F)$, $G_{\kappa_F} = \mathrm{Gal}(\kappa_F^{\mathrm{sep}}/\kappa_F)$, 于是
$$1 \to I_F \to G_F \to G_{\kappa_F} \to 1.$$

F^{tame}/F 是最大顺分歧扩张在 F^{sep} 内, 狂分歧群 $P_F = \mathrm{Gal}(F^{\mathrm{sep}}/F^{\mathrm{tame}})$ 是 I_F 的 p-Sylow 子群, P_F 是射影 p-群,
$$F^{\mathrm{tame}} = \cup_{(n,p)=1} F^{\mathrm{nr}}(\pi_F^{1/n}),$$

于是 $I_F/P_F = \mathrm{Gal}(F^{\mathrm{tame}}/F^{\mathrm{nr}}) \cong \lim_{(n,p)=1} \boldsymbol{\mu}_n$ 如下给出
$$\sigma \mapsto \{\sigma(\pi_F^{1/n})/\pi_F^{1/n}\}_{n \geqslant 1}.$$

这样, 设 $\alpha \in \mathrm{Gal}(/F^{\mathrm{tame}}/F^{\mathrm{nr}})$, $\sigma \in \mathrm{Gal}(/F^{\mathrm{tame}}/F)$ 使得 σ 在 G_{κ_F} 的像是 $x \mapsto x^m$. 则 $\sigma\alpha\sigma^{-1} = \alpha^m$.

以 $\mathbb{Z}_\ell(1)$ 记 $\lim_n \boldsymbol{\mu}_{\ell^n}$, 这是秩 1 的自由 $\mathbb{Z}_\ell$ 模. 记 $\mathbb{Z}^{(p)}(1) = \prod_{\ell \neq p} \mathbb{Z}_\ell(1)$, $\mathbb{Z}^{(p,\ell)}(1) = \prod_{\ell' \neq p,\ell} \mathbb{Z}_{\ell'}(1)$, 则有

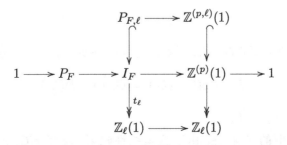

其中 "拉回" $P_{F,\ell}$ 是 $\mathbb{Z}^{(p,\ell)}(1)$ 在映射 $I_F \to \mathbb{Z}^{(p)}(1)$ 下的逆像; 商群 $(I_F/P_F)/(P_{F,\ell}/P_F)$ 是最大 ℓ 进商群.

设 $G_{F,\ell} := G_F/P_{F,\ell}$. 以 F^ℓ 记 $P_{F,\ell}$ 的固定域, 于是 $\mathrm{Gal}(F^\ell/F) = G_{F,\ell}$, $\mathrm{Gal}(F^\ell/F^{\mathrm{nr}}) = I_F/P_{F,\ell} \cong \mathbb{Z}_\ell(1)$. 事实上 F^ℓ 是 F^{nr} 的最大顺分歧扩张的 ℓ 部分, 意思是说: $F^\ell = F^{\mathrm{nr}}(\varpi^{1/\ell}, \ldots, \varpi^{1/\ell^n}, \ldots)$, 其中 ϖ 是素元, 有正合列

$$1 \to \mathrm{Gal}(F^\ell/F^{\mathrm{nr}}) \to \mathrm{Gal}(F^\ell/F) \to \mathrm{Gal}(\kappa_F^{\mathrm{sep}}/\kappa_F) \to 1.$$

同构 $\mathrm{Gal}(F^\ell/F^{\mathrm{nr}}) \cong \mathbb{Z}_\ell(1)$ 与以下两个作用相容:

(1) $G_{\kappa_F} = \mathrm{Gal}(\kappa_F^{\mathrm{sep}}/\kappa_F)$ 作用在 $\mathbb{Z}_\ell(1)$ 上.
(2) $\mathrm{Gal}(F^\ell/F)$ 以共轭作用在正规子群 $\mathrm{Gal}(F^\ell/F^{\mathrm{nr}})$ 上.

取 t 为 $\mathbb{Z}_\ell(1)$ 的生成元, 取特征标 $\chi: G_{\kappa_F} \to \mathbb{Z}_\ell^\times$ 使得

$$\sigma \cdot t = t^{\chi(\sigma)}, \quad \sigma \in G_{\kappa_F}.$$

取 $g \in G_{F,\ell}$, 以 $\bar{g}$ 记 g 在映射 $G_{F,\ell} \to G_{\kappa_F}$ 下的像. 以 $\chi(g)$ 记 $\chi(\bar{g})$, 则有

$$gtg^{-1} = t^{\chi(g)}.$$

11.9.3 表示

定义 11.59 $F/\mathbb{Q}_p$, $K/\mathbb{Q}_\ell$ 是有限域扩张, $p \neq \ell$, V 是有限维 K-向量空间. 称连续的群同态 $\rho: \mathrm{Gal}(F^{\mathrm{sep}}/F) \to GL_K(V)$ 为 ℓ 进 Galois 表示.

命题 11.60 设 $\rho: G_F = \mathrm{Gal}(F^{\mathrm{sep}}/F) \to GL_K(V)$ 为群同态. 则 ρ 连续当且仅当存在格 $L \subset V$ 和同态 $\mathrm{Gal}(F^{\mathrm{sep}}/F) \to GL_{\mathcal{O}_K}(L) = \varprojlim_n GL_{\mathcal{O}_K}(L/\ell^n)$ 使得

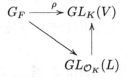

证明 设 ρ 连续. 取格 L_0, 1 有邻域 $U = \{f \in \mathrm{Aut}_F(V) : f(L_0) \subset L_0\}$, 则

$$\rho^{-1}U = \{g \in G_F : \rho(g)(L_0) \subset L_0\}$$

是开子群, 于是它包含开正规子群, 但 G_F 是紧群, 因此 $G_F/\rho^{-1}U$ 是有限集, 所以

$$L_1 := \rho(G_F)(L_0) = (G_F/\rho^{-1}U)(L_0)$$

是格, 并且 $\rho(G_F)(L_1) \subset L_1$.

反过来设题中的 L 存在, 由于这是线性映射, 便有 $\rho(G_F)(\ell^n L) \subset \ell^n L$. 设 $U_n = \{f \in \mathrm{Aut}_F(V) : f(\ell^n L) \subset \ell^n L\}$. 则 $\rho^{-1} U_n = G_F$. 因为 $\{U_n\}$ 是 $GL_K(V)$ 在 1 的基本邻域, 所以 ρ 连续. □

例 考虑乘性代数群 $\mathbb{G}_m$, 对域 F, $\mathbb{G}_m(F) = F^\times$ (见 [17] 第二篇第一章的 1.4 节). $\mathbb{G}_m$ 的 Tate 模是指

$$T_\ell(\mathbb{G}_m) = \varprojlim_n \boldsymbol{\mu}_{\ell^n}(F^{\mathrm{sep}}),$$

其中 F^{sep} 是 F 的可分闭包; 逆极限的转移映射是

$$\boldsymbol{\mu}_{\ell^{n+1}}(F^{\mathrm{sep}}) \to \boldsymbol{\mu}_{\ell^n}(F^{\mathrm{sep}}) : \xi_{n+1} \mapsto \xi_n = \xi_{n+1}^\ell.$$

若 K 是特征 ℓ, 则这是常射影有限群 1.

现设 K 的特征 $\neq \ell$. 选 $\xi_n \neq 1$, 设 $t := \varprojlim_n \xi_n \in T_\ell(\mathbb{G}_m)$. 对 $\lambda = (\lambda_n) \in \varprojlim_n \mathbb{Z}/\ell^n$, 定义

$$\lambda \cdot t = (\xi_n^{\lambda_n}),$$

则有同构 $T_\ell(\mathbb{G}_m) \cong \mathbb{Z}_\ell \cdot t$, 如此得见 $T_\ell(\mathbb{G}_m)$ 是秩 1 的 $\mathbb{Z}_\ell$ 模.

设 $V_\ell(\mathbb{G}_m) = \mathbb{Q} \otimes_\mathbb{Z} T_\ell(\mathbb{G}_m) \cong \mathbb{Q}_\ell \cdot t$. Galois 群 $\mathrm{Gal}(\bar{\mathbb{Q}}_\ell/\mathbb{Q}_\ell) = G$ 作用在 1 维 $\mathbb{Q}_\ell$ 空间 $V_\ell(\mathbb{G}_m)$ 上

$$g(t) = \chi(g) \cdot t = t^{\chi(g)}, \quad g \in G, \, \chi(g) \in \mathbb{Z}_\ell^\times,$$

即 G 以分圆特征标 $\chi : G \to \mathbb{Z}_\ell^\times$ 作用在 $V_\ell(\mathbb{G}_m)$ 上.

常以 $\mathbb{Q}_\ell(1)$ 记 $V_\ell(\mathbb{G}_m)$. 对非负整数 r 定义

$$\mathbb{Q}_\ell(r) = \mathrm{Sym}^r(\mathbb{Q}_\ell(1)), \quad \mathbb{Q}_\ell(-r) = \mathrm{Hom}_{\mathbb{Q}_\ell}(\mathbb{Q}_\ell(r), \mathbb{Q}_\ell).$$

其中 $\mathrm{Sym}^r V$ 是向量空间 r 次对称积 (见 [19] 第三章的 3.4 节), Galois 群在 Hom 的作用是 $g \cdot \phi(v) = \phi(g^{-1} \cdot v)$. 若 V 为 ℓ 进表示, 则称 $V \otimes_{\mathbb{Q}_\ell} \mathbb{Q}_\ell(r)$ 为 V 的 Tate **扭曲** (Tate twist).

Tate 扭曲的几何意义可从平展上同调的 Poincaré 对偶中看见.

命题 11.61 设 $\rho : G_F \to GL_K(V)$ 为 ℓ 进表示. 则 $\rho(P_{F,\ell})$ 有限.

证明 设有格 L 使 ℓ 进表示 $\rho : G_F \to GL_{\mathcal{O}_K}(L) \subset GL_K(V)$, 设 $N_n = \mathrm{Ker}(GL_{\mathcal{O}_K}(L) \to GL_{\mathcal{O}_K}(L/\ell^n))$. 则 $|N_1/N_n|$ 是 ℓ 幂, 且 $N_1 = \varprojlim_n N_1/N_n$ 是射影 ℓ-群. 射影有限群 $\rho(P_{F,\ell})$ 的有限商群的阶与 ℓ 互素, 于是 $\rho(P_{F,\ell}) \cap N_1 = \{1\}$, 所以

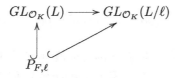

但是 $GL_{\mathcal{O}_K}(L/\ell)$ 有限. □

称 $\rho : G_F \to GL_K(V)$ 为**不可约表示** (irreducible representation), 若在 $\rho(G_F)$ 下 V 的不变子空间是 0 和 V. 称 (ρ, V) 为**半单** (semi-simple), 如果 V 是不可约表示的直

和. 把 V 看作 $K[G_F]$ 模, 设 $0 = V_0 \subset V_1 \subset \cdots \subset V_n = V$ 是 Jordan-Hölder 分解. 则称 $\oplus_{i=1}^n V_i/V_{i-1}$ 为 V 的**半单化** (semisimplication).

定义 11.62 设 $\rho : G_F \to GL_K(V)$ 为 ℓ 进表示.

(1) 若 $\rho(I_F) = \{1\}$, 则说 ρ 是无分歧或**好约化** (good reduction) 的.
(2) 若有有限可分扩张 E/F 使得 ρ 在 G_E 上是无分歧的, 则说 ρ 有**潜在好的约化** (potentially good reduction).
(3) 称 ρ 为**半稳定** (semi-stable), 若 $\rho(I_F)$ 的元素是幺幂映射.
(4) 若有有限可分扩张 E/F 使得 ρ 在 G_E 上是半稳定的, 则说 ρ 是潜在半稳定的.

注 (1) 说 ρ 为半稳定等于说 ρ 的半单化有好的约化.

(2) 当 $\rho(I_F)$ 有限时, ρ 有潜在好的约化.

可以假设表示是连续同态 $\rho : G_F \to GL_n(\mathbb{Q}_p)$. 若 $\rho(I_F)$ 有限, 则限制 $\rho|_{I_F}$ 是开映射, $(\rho|_{I_F})^{-1}$ 是开子群. I_F 的拓扑是由 G_F 的拓扑所诱导, 于是 G_F 有开子群 H 使得 $\rho(H \cap I_F) = 1$, 但射影有限群 G_F 的开子群必是 G_E, E/F 是有限 Galois 扩张, 这时 $I_E = G_E \cap I_F$. 选 E 使 $H = G_E$, 则得所求 $\rho|_{G_E}(I_E) = 1$.

以 $\boldsymbol{\mu}_{\ell^\infty}$ 记所有 ℓ^n 次单位根, $n \geqslant 1$.

定理 11.63 假设 κ_F 没有有限扩张包含 $\boldsymbol{\mu}_{\ell^\infty}$. 则 ℓ 进表示 $\rho : G_F \to GL_{\mathbb{Q}_\ell}(V)$ 是潜在半稳定的.

若 κ_F 有限, 则假设成立.

证明 已证 $\rho(P_{F,\ell})$ 有限, 以有限扩张 F'/F 代替 F, 可假设 $\rho(P_{F,\ell}) = 1$. 由 $G_{F,\ell} := G_F/P_{F,\ell}$ 可设 $\rho : G_{F,\ell} \to GL_{\mathbb{Q}_\ell}(V)$. 取 $\mathbb{Z}_\ell(1)$ 的生成元 t, 即 $\mathbb{Z}_\ell(1) = t^{\mathbb{Z}_\ell}$. 由 $1 \to \mathbb{Z}_\ell(1) \to G_{F,\ell} \to G_{\kappa_F} \to 1$ 得 $\rho(t)$ 作用在 V. 选有限扩张 $K/\mathbb{Q}_\ell$ 包含 t 的特征多项式的所有根. 以 $K \otimes_{\mathbb{Q}_\ell} V$ 代替 V, 可假设 $\rho(t)(v) = av$, $v \neq 0$, $a \in \mathcal{O}_K^\times$.

已知有特征标 $\chi : G_{\kappa_F} \to \mathbb{Z}_\ell^\times$ 使得

$$gtg^{-1} = t^{\chi(g)}, \quad g \in G_{F,\ell},$$

于是 $\rho(gtg^{-1})(v) = \rho(t^{\chi(g)})(v)$, 所以

$$\rho(t)(\rho(g^{-1})(v)) = a^{\chi(g)}\rho(g^{-1})(v).$$

这样, 我们证明了: 如果 a 是 $\rho(t)$ 的特征值, 则对所有 $g \in G_{F,\ell}$, $a^{\chi(g)}$ 亦是 $\rho(t)$ 的特征值. 按假设 $\mathrm{Im}\,\chi$ 是 $\mathbb{Z}_\ell^\times$ 的无限个元素的子群, 但 V 是有限维, 所以 a 必是单位根, 因此找充分大的 N, $t^N \rho(t^N)$ 是幺幂. 所以 $\mathbb{Z}_\ell(1)$ 有子群 H, $[\mathbb{Z}_\ell(1) : H] < \infty$, $\rho(H)$ 是幺幂矩阵, 于是 I_F 有子群 U, $[I_f : U] < \infty$, $\rho(U)$ 是幺幂矩阵. $\square$

由以上定理可以推出:

(1) 用概形的上同调群定义的 ℓ 进表示是潜在半稳定的.

(2) 若 κ_F 是代数闭, 则任意潜在半稳定 ℓ 进表示是来自概形的上同调群.

11.9.4 Weil

有惯性群-Weil 群的正合列

$$1 \to I_F \to W_F \xrightarrow{v_F} \mathbb{Z} \to 0,$$

其中 $v_F(\Phi_F) = 1$, $\Phi_F : x \mapsto x^{-q}$. 记 $\|x\| = q^{-v_F(x)}$. 当 $\ell \neq p$, 有投射 $t_\ell : \lim_{(n,p)=1} \mu_n \to \lim_n \mu_{\ell^n}$ 把 I_F/P_F 映至它的最大 ℓ 进商群.

引理 11.64 取 $y \in I_F, w \in W_F$. 则 $wyw^{-1} = y^{\|w\|} \in W_F/P_F$.

因此 W_F/I_F 在 $I_F/P_F \cong \mathbb{Z}_\ell(1)$ 的作用是 $wxw^{-1} = x^{\|w\|}$, 其中 $x \in \mathbb{Z}_\ell(1)$, $w \in W_F/I_F$.

定理 11.65 $F/\mathbb{Q}_p$, $K/\mathbb{Q}_\ell$ 是有限域扩张, $p \neq \ell$. W_F 是 F 的 Weil 群, V 是有限维 K-向量空间, $\rho : W_F \to GL(V)$ 是连续表示. 则 F 的惯性群 I_F 内存在开子群 H 使得对 $x \in H$, $\rho(x)$ 是幺幂映射.

证明 在 V 取向量空间基底, 于是 $GL(V) \cong GL_d(K)$, 其中 $d = \dim_K V$. 以 U_i 记 $GL_d(K)$ 的开子群 $1 + \ell^i GL_d(\mathcal{O}_K)$, 其中 $\mathcal{O}_K$ 是 K 的整数环. 由于 ρ 连续, 可取 W_F 的开子群 H 使得 $\rho(H) \subset U_2$.

考虑 $\log(\rho(x)) = \sum_{j \geq 0} (-1)^{j=1} \frac{(\rho(x)-1)^j}{j}$. 由 $x \in H$, 故 $\rho(x) \in U_2$, 即 $\rho(x) \equiv 1 \bmod \ell^2$, 于是 ℓ^j 除 $\frac{(\rho(x)-1)^j}{j}$, 因此对数级数收敛.

满射 $I_F \to \mathbb{Z}^{(p)}(1)$ 的核是狂分歧群 P_F, $\rho(H)$ 是射影 ℓ-群 (即 ℓ 幂群的射影极限), 而 P_F 是射影 p-群. 于是 $\mathrm{Ker}\,\rho|_{I_F \cap H} \supset P_{F,\ell} \cap H$, 有 $\tilde\rho : I_F/P_{F,\ell} \to GL(V)$ 使得 $\rho|_{I_F \cap H} = \tilde\rho \circ t_\ell$, 其中 $t_\ell : I_F \to I_F/P_{F,\ell} \cong \mathbb{Z}_\ell(1)$. 因此对 $x \in I_F, w \in W_F/I_F$, 有 $\rho(wxw^{-1}) = \rho(x)^{\|w\|}$. 以 X 记 $\log(\rho(x))$, 得

$$\rho(w) X \rho(w)^{-1} = \log(\rho(wxw^{-1})) = \|w\| \log(\rho(x)) = \|w\| X.$$

记矩阵 X 的特征多项式为 $\sum a_i(X) z^{d-i}$, 则 $a_i(X) = a_i(\|w\|X) = \|w\|^i a_i(X)$.

$\mathbb{Z}_\ell(1)$ 在 F 上生成无穷扩张, W_F/I_F 在 $\mathbb{Z}_\ell(1)$ 的作用是无挠的; 另一方面 $\mathrm{Aut}(\mathbb{Z}_\ell(1)) \cong \mathbb{Z}_\ell^\times$ 有有限挠子群, 于是可选 w 使 $\|w\|$ 不是单位根. 这便使得对 $i > 0, a_i(X) = 0$, 由此得结论: X 是幂零的, 于是 $\rho(x) = \exp(X)$ 是幺幂矩阵. □

固定 $x_0 \in H \cap I_F$ 使得 $t_\ell(x_0)$ 是 $\mathbb{Z}_\ell(1)$ 的可逆元, 放 $N = t_\ell(x_0)^{-1} \log(\rho(x_0))$. 按前定理 N 是零幂, $\mathbb{Z}_\ell(1) \to GL(V) : x \mapsto \exp(xN)$ 与 $\tilde\rho$ 在 $t_\ell(x_0)$ 取同值, 于是知有 I_F 的开子群 U 使得对 $x \in U$ 有 $\rho(x) = \exp(t_\ell(x)N)$. 由此公式, 两边取 $\log$, 并且选定 $t_\ell(x)$ 是 $\mathbb{Z}_\ell(1)$ 的可逆元, 可见 N 是唯一决定的.

11.9.5 Weil-Deligne

称同态 $\rho: G \to GL(V)$ 为光滑表示, 若对任意 $v \in V$, $\{g \in G : gv = v\}$ 是开子群. Weil-Deligne 表示是指 (ρ, V, N), 其中

(1) V 是有限维 K-向量空间, $\rho: W_F \to GL(V)$ 是光滑表示.
(2) $N \in \mathrm{End}_K(V)$ 是零幂映射, 使得对 $x \in W_F$ 有

$$\rho(x) N \rho(x)^{-1} = \|x\| N.$$

设 $\rho: W_F \to GL(V)$ 是连续 ℓ 进表示. 则如前节有零幂映射 N. 选定 Frobenius 同构 $\Phi_F \in W_F$, 定义 ρ_Φ:

$$\rho_\Phi(\Phi_F^a x) = \rho(\Phi_F^a x) \exp(-t_\ell(x) N), \quad a \in \mathbb{Z}, x \in I_F.$$

不难验证 (ρ_Φ, V, N) 是 Weil-Deligne 表示, 甚至可以证明: $(\rho, V) \mapsto (\rho_\Phi, V, N)$ 决定从 Weil 群 ℓ 进表示范畴到 Weil-Deligne 表示范畴的等价, 详见下文的 §8: P. Deligne, Les constantes des equations fonctionnelles des fonctions L, Antwerp II, Springer Lecture Notes, 349 (1973), 501-595.

11.9.6 附注

本节的定理均被称为 Grothendieck ℓ **进单径定理** (ℓ-adic monodromy theorem), 证明见: J-P. Serre, J. Tate, Good reduction of abelian varieties, *Annals of Math*, 88 (1968) 492-517 : Appendix proposition (Grothendieck).

p 进单径定理分别由 Kedlaya、Andre、Mebhkout 证明:

[1] Y. Andre, Filtrations de type Hasse-Arf et monodromie p-adique, *Invent. Math.* 148 (2) (2002), 285-317.

[2] Z. Mebkhout, Analogue p-adique du theoreme de Turrittin et le thèoréme de la monodromie p-adique, *Invent. Math.* 148(2) (2002), 319-351.

[3] K.S. Kedlaya, A p-adic local monodromy theorem, *Ann. of Math.* 160 (2004), 93-184.

单径定理的经典例子来自超几何微分方程, 国内数以十计的常微分方程教科书都是为了工程应用, 没有说这种理论, 可参看:

[1] E. Goursat, *Lecons sur les Series Hypergeometriques*, Actualites scientifiques et industrielles, 333, Herman Paris, (1936).

[2] E. Poole, *Introduction to the Theory of Linear Differential Equations*, Oxford, (1936).

[3] M. Yoshida, *Fuchsian Differential Equations*, Vieweg, Wiesbaden, (1987).

[4] K. Aomoto, M. Kita, *Theory of Hypergeometric Functions*, Springer, (2011).

[5] P. Deligne and G. Mostow, *Commensurabilities among Lattices in $PU(1,n)$*, Annals of Mathematics Studies, Princeton University Press, (1993).

现代人为单径理论写了专著:

[6] H. Zoladek, *The Monodromy Group*, Birkhauser (2006).

搬到流形上就是 Gauss-Manin 联络的单径定理, 现在称为 Griffiths 单径定理. Griffiths 和他的学生称此为 Picard-Lefschetz 定理:

[1] P. A. Griffiths, Periods of integrals on algebraic manifolds: Summary of main results and discussion of open problems, *Bull. Amer. Math. Soc.* 76 (1970), 228-296.

[2] C. Clemens, Picard-Lefschetz theorem for families of nonsingular algebraic varieties acquiring ordinary singularities, *Trans. AMS*, 136 (1969), 93-108.

[3] A. Landman, On Picard-Lefschetz transformation for algebraic manifolds acquiring general singularities, *Trans. AMS*, 181 (1973), 89-123.

[4] P. Deligne, *Equations Differentielles a Points Singuliers Reguliers*, Lecture Notes in Math. 163, Springer-Verlag, (1970).

因为 Lefschetz 的原著说得不清楚, 最近有人写了个清楚的介绍:

[5] K. Lamotke, The topology of complex projective varieties after Lefschetz, *Topology*, 20 (1981) 15-51.

Grothendieck 当然知道 Picard-Lefschetz 定理几乎是唯一计算上同调群上的映射的特征根的方法以及它对概形的使用价值, 他组织了他最后的代数几何研讨班讲概形的单径论:

[1] Grothendieck, SGA 7, Groupes de monodromie en géométrie algébrique, I, II, Lecture Notes in Mathematics 228 (1972), 340 (1973).

紧接着 Grothendieck 的学生便用此理论证明了 Weil 猜想, 因而得菲尔兹奖 (师徒都拿菲尔兹奖的另一个例子是 Atiyah 和 Donaldson):

[2] P. Deligne, La conjecture de Weil. I, Publications Mathematiques de l'IHES 43 (1974), 273-307; La conjecture de Weil. II, Publications Mathematiques de l'IHES, 52 (1980), 137-252.

Deligne 的同学写了个很好的介绍:

[3] N. Katz, *L*-functions and monodromy: four lectures on Weil II, *Adv. Math.* 160 (2001), 81-132.

单径论是非常重要的.

有网友建议学习 Galois 表示的办法是念以下文献, 不妨试试:

[1] H. Swinnerton-Dyer, On ℓ-adic representations and congruences for coefficients of modular forms, Springer Lecture Notes in Math 350 (1973), 1-56.

[2] K. Ribet, A modular construction of unramified p-extensions of $\mathbb{Q}(\mu_P)$, *Invent. Math.* 34 (1976), no. 3, 151-162.

[3] B. Mazur, Modular curves and the Eisenstein ideal, *Pub. Math. IHES*, 47 (1977), 33-186.

[4] A. Wiles, On p-adic representations of totally real fields, *Annals of Mathematics*, 123 (1986), 407-456.

[5] J-P. Serre, Sur les représentations modulaires de degre 2 de Gal$(\bar{Q}/Q)$, *Duke Mathematical Journal*, 54 (1987), 179-230.

这些作者都是大师.

11.10 p 进 Galois 表示

本节简单介绍 Fontaine 的理论, 详细的内容见 Fontaine 的文章.

11.10.1 淡中范畴

淡中范畴 (Tannakian category) 是有张量积结构的范畴, 在这样的范畴里可以做张量代数, 于是便可以讨论线性代数的有限维表示理论. 关于淡中范畴可看 P. Deligne, Catégories Tannakiennes, *The Grothendieck Festschrift*, Volume 2, Birkhäuser, (1990) 111-196. 我们只给出定义以方便读者理解以下的介绍.

取环 R, 称范畴 $\mathfrak{C}$ 为 R 线性范畴, 若对 $\mathfrak{C}$ 内 M, N, $\mathrm{Hom}_{\mathfrak{C}}(M; N)$ 是 R 模, 态射的合成是 R 双线性的.

一个**张量范畴** (tensor category 或 symmetric monoidal category) $(\mathfrak{C}, \otimes, \phi, \psi, 1)$ 是包括范畴 $\mathfrak{C}$, 张量积函子

$$\otimes : \mathfrak{C} \times \mathfrak{C} \to \mathfrak{C} : X, Y \mapsto X \otimes Y,$$

函子同构 ϕ

$$X \otimes (Y \otimes Z) \overset{\phi_{X,Y,Z}}{\longrightarrow} (X \otimes Y) \otimes Z,$$

函子同构 ψ

$$X \otimes Y \overset{\psi_{X,Y}}{\longrightarrow} Y \otimes X,$$

单位对象 1, 及由 $X \mapsto 1 \otimes X$ 与 $X \mapsto X \otimes 1$ 所决定的范畴等价 $\mathfrak{C} \to \mathfrak{C}$.

称两个张量范畴之间的函子 F 为张量函子, 若有函子同构 $F(X \otimes Y) \simeq F(X) \otimes F(Y)$, 并且 $F(1) = 1$.

称函子态射 $c: F \to F'$ 为张量函子态射, 若下图交换

$$\begin{array}{ccc} F(X \otimes Y) & \xrightarrow{\approx} & F(X) \otimes F(Y) \\ \downarrow c_{X \otimes Y} & & \downarrow c_X \otimes c_Y \\ F'(X \otimes Y) & \xrightarrow{\approx} & F'(X) \otimes F'(Y) \end{array}$$

$$\begin{array}{ccc} 1' & \xrightarrow{\approx} & B \\ \downarrow = & & \downarrow c_1 \\ 1' & \xrightarrow{\approx} & D \end{array}$$

设有张量范畴 $(\mathfrak{C}, \otimes)$, $T \mapsto \mathrm{Hom}(T \otimes X, Y)$ 是可表函子, 并且此函子由对象 $\mathscr{H}om(X,Y)$ 表示, 即

$$\mathrm{Hom}(T \otimes X, Y) = \mathrm{Hom}(T, \mathscr{H}om(X,Y)).$$

以 $ev: \mathscr{H}om(X,Y) \otimes X \to Y$ 记 $id_{\mathscr{H}om(X,Y)}$. 例如在 R 模范畴 Mod_R 内, $\mathscr{H}om(X,Y) = \mathrm{Hom}_R(X,Y)$ 和 $ev: f \otimes x \mapsto f(x)$, 称 $\mathscr{H}om$ 为**内** Hom (internal Hom).

称张量范畴 $(\mathfrak{C}, \otimes)$ 为**刚张量范畴** (rigid tensor category), 如果

(1) 对任何对象 X, Y 必有 $\mathscr{H}om(X,Y)$.
(2) 对有限对 (X_i, Y_i) 有同构

$$\otimes_i \mathscr{H}om(X_i, Y_i) \approx \mathscr{H}om(\otimes_i X, \otimes_i Y).$$

(3) 此时可以定义任一对象 X 的对偶为 $X^\vee = \mathscr{H}om(X, 1)$, 要求任一对象 X 是**自反的** (reflexive), 即 $X \approx X^{\vee\vee}$.
(4) 对任一对象 X 存在态射

$$ev: X \otimes X^\vee \to 1, \quad \delta: 1 \to X^\vee \otimes X,$$

使得以下合成为恒等态射

$$X \xrightarrow{X \otimes \delta} X \otimes X^\vee \otimes X \xrightarrow{ev \otimes X} X, \quad X^\vee \xrightarrow{\delta \otimes X^\vee} X^\vee \otimes X \otimes X^\vee \xrightarrow{X^\vee \otimes ev} X^\vee.$$

(5) 存在同构

$$\mathscr{H}om(Z, \mathscr{H}om(X,Y)) \simeq \mathscr{H}om(Z \otimes X, Y).$$

域 k 上向量空间范畴 Vec_k 是刚张量范畴.

两个刚张量范畴之间的张量函子 F 是指: F 是张量函子, 并且 $F(X^\vee) \simeq F(X)^\vee$.

说 $(\mathfrak{C}, \otimes)$ 是 Abel 张量范畴, 若 $\mathfrak{C}$ 是 Abel 范畴, 且 $\otimes$ 是**双加性的** (bi-additive). 交换环 $k := \mathrm{End}(1)$ 作用在 $\mathfrak{C}$ 的对象上, 使得 $\mathfrak{C}$ 的所有态射均为 k 线性的, $\otimes$ 是 k 双

线性的. 称 k 为 $\mathfrak{C}$ 的系数环, $(\mathfrak{C}, \otimes)$ 为 k 线性 Abel 张量范畴. 例如: 域 k 上向量空间范畴 Vec_k 便是 k 线性 Abel 张量范畴.

设 $\mathfrak{C}$ 是 Abel 刚张量范畴, 并且 $\mathrm{End}(1) = F$ 是域. 若有有限域扩张 F'/F 和忠实正合刚张量范畴函子 $\omega : \mathfrak{C} \to \mathrm{Vec}_{F'}$, 则称 ω 为 $\mathfrak{C}$ 在 F' 上的**纤维函子** (fiber functor).

以域 F 为系数的 Abel 刚张量范畴 $\mathfrak{C}$ 若有 F 上的纤维函子, 则称为淡中范畴.

11.10.2 可容表示

设 F 为域, G 为群. G 的有限维 F 线性表示是指群同态 $\rho : G \to \mathrm{Aut}_F V$, 其中 $\mathrm{Aut}_F V$ 为有限维 F-向量空间 V 的 F 线性自同构所组成的群. 常称 (V, ρ), 或 V, 或 ρ 为 G 的**表示** (representation), 亦说 V 有 F 线性 G **作用** (action).

由 G 的有限维 F 线性表示所决定的范畴记为 $\mathrm{Rep}_F(G)$. 满足某种特殊性质 $\mathscr{P}$ 的表示所决定的子范畴记为 $\mathrm{Rep}_F^{\mathscr{P}}(G)$. 为了研究这个子范畴我们希望找个域扩张 E/F, 构造一个由 E 上的线性代数结构所组成的范畴 $L_E^{\mathscr{P}}$, 和全忠实函子 $\alpha^{\mathscr{P}} : \mathrm{Rep}_F^{\mathscr{P}}(G) \to L_E^{\mathscr{P}}$, 并决定这个函子的**要像** (essential image). 我们还希望范畴 $L_E^{\mathscr{P}}$ 是淡中范畴.

如此一般性的问题, 往往没有好的答案. 经过对例子的考察, Fontaine 引入以下定义.

设 F 为域, G 为群. 称 F-代数 B 为 (F, G) **正则** (regular), 如果
(1) B 有 F 线性 G 作用.
(2) B 为整环.
(3) $(\mathrm{Frac}(B))^G = B^G$.
(4) 如果 $0 \neq b \in B$ 使得 $G(Fb) \subseteq Fb$, 则 $b^{-1} \in B$.

若 B 为 (F, G) 正则, 取 $E = (\mathrm{Frac}(B))^G$. 设 G 在有限维 F-向量空间 V 上有 F 线性表示. 引入 E-向量空间

$$D_B(V) := (B \otimes_F V)^G,$$

和 B 线性比较映射 α_V

$$B \otimes_E D_B(V) \to B \otimes_E (B \otimes_F V) \to (B \otimes_E B) \otimes_F V \to B \otimes_F V.$$

如果 α_V 为同构, 则说 G 的有限维 F 线性表示 V 为 B **可容表示** (admissible representation). 以 $\mathrm{Rep}_F^B(G)$ 记 B 可容 F 线性表示范畴, 这时 L_E^B 是什么呢? (使用符号 D 是为了纪念法国数学家 Dieudonne.)

11.10.3 比较定理

至此, 以上的定义是有些奇怪的, 为此必须回顾 Grothendieck 关于 motive 的想法: 一个代数簇的所有各种上同调群之间必有比较同态. 若特征为零的完备离散赋值域 K 的剩余域 k 的特征为 $p > 0$, 则称 K 为 p 进域. 设 X 为**固有光滑** (proper smooth) K 上代数簇. 取素数 $\ell \neq p$, 则存在比较同态把 ℓ 进 étale 上同调空间 $H^n_{\text{et}}(X_{\bar{K}}, \mathbb{Q}_\ell)$ 与 X 的 Betti 上同调、de Rham 上同调 $H^n_{\text{dR}}(X)$、晶体上同调 H_{cris} 比较. 但是当我们考虑 p 进 étale 上同调空间 $V = H^n_{\text{et}}(X_{\bar{K}}, \mathbb{Q}_p)$ 时, $F = \mathbb{Q}_p$, $G = \text{Gal}(\bar{K}/K)$, 我们需要扩充 $\mathbb{Q}_p$ 至 $\mathbb{Q}_p$-代数 $B_\star$, 才可以比较 V 和 X 的 $\star$ 上同调. 有以下著名的定理.

给定 p 进域 K, 存在 $(\mathbb{Q}_p, \text{Gal}(\bar{K}/K))$ 正则 $\mathbb{Q}_p$-代数 $B_{\text{HT}}, B_{\text{dR}}, B_{\text{cris}}, B_{st}$ 使得

(1) 有 $\text{Gal}(\bar{K}/K)$ 等变同构 $D_{B_{\text{HT}}}(V) \cong \oplus_q H^{n-q}(X, \Omega^q_{X/K})$.

(2) 有 $\text{Gal}(\bar{K}/K)$ 等变同构 $D_{B_{\text{dR}}}(V) \cong H^n_{\text{dR}}(X)$.

(3) 如果 X 有**好约化** (good reduction), 即存在 $\mathcal{O}_K$ 上固有光滑概形 $\mathscr{X}$ 使得 $\mathscr{X}_K = X$, 则有 $\text{Gal}(\bar{K}/K)$ 等变同构 $D_{B_{\text{cris}}}(V) \cong H^n_{\text{cris}}(\mathscr{X}_\kappa)$.

(4) 说 X 有**半稳定约化** (semi-stable reduction), 若存在 $\mathcal{O}_K$ 上固有正则平坦概形 $\mathscr{X}$ 使得 $\mathscr{X}_K = X$, 且 $\mathscr{X}_\kappa$ 是**正规相交约化除子** (reduced divisor with normal crossing). 若 X 有半稳定约化, 则有 $\text{Gal}(\bar{K}/K)$ 等变同构 $D_{B_{st}}(V) \cong H^n_{\text{log cris}}(\mathscr{X}_\kappa)$, 其中 $H^n_{\text{log cris}}$ 是指对数晶体上同调.

称 $B_{\text{HT}}, B_{\text{dR}}, B_{\text{cris}}, B_{st}$ 为**周期环** (period ring) (使用符号 B 是为了纪念意大利数学家 Barsotti). Fontaine 构造出这些周期环并做出以上同构的猜想. (1)~(3) 是由 Faltings 证明的, (4) 是由 Tsuji 证明的:

[1] G. Faltings, p-adic Hodge theory, *J. Amer. Math. Soc.* 1 (1988), 255-299.

[2] G. Faltings, Crystalline cohomology and p-adic Galois representations, in *Algebraic Analysis, Geometry and Number Theory*, Johns Hopkins Univ. Press, Baltimore, (1989), 25-80.

[3] T. Tsuji, p-adic etale cohomology and crystalline cohomology in the semi-stable reduction case, *Invent. Math.* 137 (1999), 233-411.

这些证明远超出本书范围!

ℓ 进 étale 上同调群理论见 SGA4 或任一本 étale 上同调群论的课本; p 进的可看

[1] Bloch, Kato, p-adic etale cohomology, *Publ. Math. IHES* 63 (1986), 107-152.

[2] K. Kato, Semi-stable reduction and p-adic etale cohomology, in *Periodes p-adiques*, *Asterisque* 223 (1994), 221-268.

不过可以相信这些周期环应带有结构以反映上同调群 $V = H^n_{\text{et}}(X_{\bar{K}}, \mathbb{Q}_p)$ 对应的结构, 比如说 Hodge-Tate 环 B_{HT} 是**分级环** (graded ring) $\oplus_{q \in \mathbb{Z}} C_K(q)$ 反映 V 的 Hodge 结构 $\oplus_q H^{n-q}$. 以 $Gr_{\mathbb{Q}_p}$ 记分级有限维 $\mathbb{Q}_p$-向量空间范畴, 则得忠实函子

$D_{B_{\mathrm{HT}}} : \mathrm{Rep}_{\mathbb{Q}_p}^{B_{\mathrm{HT}}}(\mathrm{Gal}(\bar{K}/K)) \to Gr_{\mathbb{Q}_p}$.

按 Fontaine 所定下来的架构 (见前小节), 一般讲述周期环 $B_\star$ ($\star = $ HT, dR, cris, st), 在给出 $B_\star$ 的定义后先证明 $B_\star$ 是 $(\mathbb{Q}_p, \mathrm{Gal}(\bar{K}/K))$ 正则 $\mathbb{Q}_p$-代数, 其次便是检查 $\mathrm{Rep}_{\mathbb{Q}_p}^{B_\star}(\mathrm{Gal}(\bar{K}/K))$ 是否有淡中范畴 (张量积、对偶等结构) 的性质, 第三步决定函子 $D_{B_\star}$ 是映到什么范畴里, 以及这个函子是否范畴等价.

术语是: 如果 $\mathrm{Gal}(\bar{K}/K)$ 的表示 V 为 $B_\star$ 可容表示, 则称 V 为 $\star$ 表示. 比如, 若 V 为 B_{cris} 可容表示, 则称 V 为**晶体表示** (crystalline representation). 可以证明

$$\text{晶体表示} \Rightarrow \text{半稳定表示} \Rightarrow \text{de Rham 表示} \Rightarrow \text{Hodge-Tate 表示}.$$

这些结果基本上是来自 Galois 群分歧理论的线性代数, 比 Faltings-Tsuji 定理容易点. 到此我们至少知道了来自代数簇的上同调群的 Galois 表示的线性代数结构, 余下是怎样利用这种性质证明代数数论的定理.

11.10.4 De Rham 表示

在特征是 0 的 p 进域 K 上的固有光滑代数簇 X 的代数 de Rham 上同调 $H = H^n_{\mathrm{dR}}(X)$ 有下降 Hodge 过滤 (filtration)

$$H = \mathrm{Fil}^0(H) \supseteq \mathrm{Fil}^1(H) \supseteq \cdots \supseteq \mathrm{Fil}^{n+1}(H) = 0,$$

并且 $\mathrm{Fil}^q(H)/\mathrm{Fil}^{q+1}(H) = H^{n-q}(X, \Omega^q_{X/K})$. (参见 Grothendieck, On the de Rham cohomology of algebraic varieties, IHES Publications Mathématiques 29 (1966), 95-103.) 反映这个 Hodge 过滤, de Rham 环 B_{dR} 是带有 $\mathrm{Gal}(\bar{K}/K)$ 不变 K-向量空间下降过滤 $\mathrm{Fil}^q(B_{\mathrm{dR}})$.

我们是从特征 0 完备赋值域 K 出发构造 B_{dR}. 以 G_K 记 $\mathrm{Gal}(\bar{K}/K)$, 称 B_{dR} 可容 $\mathbb{Q}_p$ 线性表示为 de Rham 表示, $\mathrm{Rep}_{\mathbb{Q}_p}^{B_{\mathrm{dR}}}$ 记 G_K 的 B_{dR} 可容 $\mathbb{Q}_p$ 线性表示范畴. 对 $V \in \mathrm{Rep}_{\mathbb{Q}_p}^{B_{\mathrm{dR}}}$, 设

$$D_{B_{\mathrm{dR}}} = (B_{\mathrm{dR}} \otimes_{\mathbb{Q}_p} V)^{G_K},$$

并定义过滤为

$$\mathrm{Fil}^i(D_{B_{\mathrm{dR}}}(V)) = \left(\mathrm{Fil}^i(B_{\mathrm{dR}}) \otimes_{\mathbb{Q}_p} V\right)^{\mathrm{Gal}(\bar{K}/K)}.$$

以 Fil_K 记带下降过滤有限维 K-向量空间范畴, 取此范畴的 D_1, D_2 定义

$$\mathrm{Fil}^i(D_1 \otimes D_2) := \sum_{i_1 + i_2 = i} \mathrm{Fil}^{i_1} D_1 \otimes_K \mathrm{Fil}^{i_2} D_2.$$

定理 11.66 $D_{B_{\mathrm{dR}}} : \mathrm{Rep}_{\mathbb{Q}_p}^{B_{\mathrm{dR}}} \to \mathrm{Fil}_K$ 是忠实正合函子.

证明从略.

$D_{B_{\text{dR}}}$ 的性质参见 J-M. Fontaine, Sur Certains Types de Representations p-Adiques du Groupe de Galois d'un Corps Local; Construction d'un Anneau de Barsotti-Tate, *Annals of Mathematics*, 115 (1982), 529-577.

11.10.5 晶体表示

B_{cris} 是为了晶体上调群而设计的, 它的重要性在于研究 Abel 簇, 重要的工作是由 Messing、Berthelot、Breen、Zink、de Jong 完成的.

K 为 p 进域, 以 G_K 记 $\text{Gal}(\bar{K}/K)$, 称 B_{cris} 可容 $\mathbb{Q}_p$ 线性表示为晶体表示. $\text{Rep}_{\mathbb{Q}_p}^{B_{\text{cris}}}(G_K)$ 记 G_K 的 B_{cris} 可容 $\mathbb{Q}_p$ 线性表示范畴, K 上过滤 φ 模范畴记为 MF_K^φ.

定理 11.67 (1) $B_{\text{cris}}^{G_K} = W(k)[\frac{1}{p}]$, 其中 k 为 p 进域 K 的剩余域.

(2) $(\text{Fil}^0 B_{\text{cris}})^{\varphi=1} = \mathbb{Q}_p$.

(3) 若 $M \in MF_K^\varphi$, 设 $V_{\text{cris}}(M) = (\text{Fil}^0 B_{\text{cris}} \otimes_{W(k)[\frac{1}{p}]} M)^{\varphi=1}$. 取 $V \in \text{Rep}_{\mathbb{Q}_p}^{B_{\text{cris}}}$, 则

$$V_{\text{cris}}(D_{B_{\text{cris}}}(V)) \cong V.$$

(4) $D_{B_{\text{cris}}} : \text{Rep}_{\mathbb{Q}_p}^{B_{\text{cris}}}(G_K) \to MF_K^\varphi$ 是全忠实函子.

证明从略.

(2) 见于 J-M. Fontaine, Le corps des périodes p-adiques, *Asterisque*, 223 (1994), 59-111 的定理 5.3.7 (证明难).

(4) 见于

[1] J-M. Fontaine, Sur Certains Types de Representations p-Adiques du Groupe de Galois d'un Corps Local; Construction d'un Anneau de Barsotti-Tate, *Annals of Mathematics*, 115 (1982), 529-577 (§5.2).

[2] J-M. Fontaine, Representation p-adiques semi-stables, in Periodes p-adiques, *Asterisque* 223 (1994), 95-111 (§5.5.2).

11.10.6 半稳定表示

1.

$K/\mathbb{Q}_p$ 是有限扩张, $K_0/\mathbb{Q}_p$ 是在 K 内的最大无分歧扩张.

在 K-向量空间 V 给出过滤 $\text{Fil}^\bullet V$ 是指给出 V 的子空间 $\text{Fil}^i V, i \in \mathbb{Z}$.

(1) 若 $\text{Fil}^i V \supseteq \text{Fil}^{i+1} V, i \in \mathbb{Z}$, 则说 $\text{Fil}^\bullet V$ 是下降过滤.

(2) 若 $\cap_i \text{Fil}^i V = (0)$, 则说 $\text{Fil}^\bullet V$ 是可分过滤.

(3) 若 $\cup_i \text{Fil}^i V = V$, 则说 $\text{Fil}^\bullet V$ 是穷举过滤.

过滤 $\text{Fil}^\bullet V$ 的 i 级是 $\text{gr}^i V = \text{Fil}^i V / \text{Fil}^{i+1} V$.

若 1 维过滤空间 V 的跃点为 j, 则定义 $t_H(V) = j$. 若 $\dim_K V = n$, 则定义 $t_H(V) = t_H(\wedge^n V)$.

设过滤空间 V 的跃点为 $j_1 < \cdots < j_s$, $h_i = \dim_K \operatorname{gr}^{j_i} V$. 端点为

$$(0,0), (h_1, j_1 h_1), \ldots, \left(\sum_{i=1}^{s} h_i, \sum_{i=1}^{s} j_i h_i \right)$$

的多边形称为 Hodge 多边形. 留意: 这是说第 r 线段的斜率是 j_r.

2.

$\sigma \in \operatorname{Gal}(\mathbb{Q}_p^{\mathrm{nr}}/\mathbb{Q}_p)$, σ 诱导在 $\overline{\mathbb{F}}_p$ 上 $x \mapsto x^p$.

K_0 上的 (φ, N) 模是指 (D, φ, N), 其中 D 是 K_0-向量空间, 映射 $\varphi: D \to D$ (Frobenius) 和 $N: D \to D$ (单径算子) 满足以下条件:

(1) φ 是半线性, 即 φ 是 $\mathbb{Q}_p$ 线性, 对 $a \in K_0$, $x \in D$ 有 $\varphi(ax) = \sigma(a)\varphi(x)$.
(2) N 是 K_0 线性.
(3) $N\varphi = p\varphi N$.

在 K_0-向量空间 D 上取基底, 以 $[\varphi]$ 记 φ 对此基底的矩阵, 则不难证明 $v_p(\det[\varphi])$ 与基底的选择无关, 以 $t_N(d)$ 记 $v_p(\det[\varphi])$.

把 (D, φ) 看作同晶体, 则按 Dieudonne-Manin 定理, 存在有理数 $\lambda_1 < \lambda_2 < \cdots < \lambda_s$ (称为 φ 的斜率), φ 不变 K_0 子空间 D_i 使得 $D = \oplus_{i=1}^s D_i$, $\mathbb{Q}_p^{\mathrm{nr}} \otimes_{K_0} D_i$ 有基底 $\{e_k\}$, $\varphi e_k = c_k e_k$, $c_k \in \bar{\mathbb{Q}}_p$, $v_p(c_k) = \lambda_i$, 并且 $\sum_{j=1}^s \lambda_j \dim_{K_0} D_j = t_N(D)$.

端点为

$$(0,0), (h_1, \alpha_1 h_1), \ldots \left(\sum_{i=1}^{s} h_i, \sum_{i=1}^{s} \alpha_i h_i \right)$$

的多边形称为 Newton 多边形. 留意: 这是说第 r 线段的斜率是 α_r.

K 上的过滤 (φ, N) 模是指 K_0 上的 (φ, N) 模 (D, φ, N), 以及在 $D_K = K \otimes_{K_0} D$ 上有下降、可分、穷举的过滤 $\operatorname{Fil}^\bullet D_K$.

K 上的过滤 (φ, N) 模组成的范畴记为 $MF_K(\varphi, N)$.

对 K 上的过滤 (φ, N) 模 $(D, \varphi, N, \operatorname{Fil}^\bullet D_K)$ 设

$$V_{st}(D) = \{ v \in B_{st} \otimes D : \varphi(v) = v, N(v) = 0, 1 \otimes v \in \operatorname{Fil}^0(K \otimes_{K_0} (B_{st} \otimes D)) \}.$$

称 K 上的过滤 (φ, N) 模 $(D, \varphi, N, \operatorname{Fil}^\bullet D_K)$ 为可容的, 若

(1) $\dim_{K_0} D < \infty$.
(2) $\varphi: D \to D$ 是双射.
(3) $t_H(D) = t_N(D)$.
(4) 若 D' 是 D 的过滤 (φ, N)-子模, 则 $t_H(D') \leqslant t_N(D')$.

K 上的可容过滤 (φ, N) 模组成的范畴记为 $MF_K^{\mathrm{ad}}(\varphi, N)$.

3.

$K/\mathbb{Q}_p$ 有限扩张，$G_K = \mathrm{Gal}(\bar{K}/K)$，$\rho: G_K \to \mathrm{Aut}_{\mathbb{Q}_p} V$，

$D_{st}(V) = (B_{st} \otimes_{\mathbb{Q}_p} V)^{G_K}$，$\alpha_{st}: B_{st} \otimes_{K_0} D_{st}(V) \to B_{st} \otimes_{\mathbb{Q}_p} V$

若 α_{st} 是同构 (即 B_{st} 可容表示), 则称 ρ 为**半稳定表示** (semi-stable representation). $\mathrm{Rep}_{\mathbb{Q}_p}^{st}(G_K)$ 记 G_K 的半稳定表示范畴.

在 B_{st} 定义 $\varphi(\log[\varpi]) = p\log[\varpi]$; 定义 N 为

$$N\left(\sum b_n (\log[\varpi])^n\right) = \sum bb_n(\log[\varpi])^{n-1}.$$

在 $D_{st}(V)$ 定义 φ 为: $\varphi(b \otimes v) = \varphi(b) \otimes v$; 定义 N 为: $N(b \otimes v) = N(b) \otimes v$.

4.

定理 11.68 $V \mapsto D_{st}(V)$ 决定函子

$$\mathrm{Rep}_{\mathbb{Q}_p}^{st}(G_K) \to MF_K^{\mathrm{ad}}(\varphi, N).$$

$D \mapsto V_{st}(D)$ 决定函子

$$MF_K^{\mathrm{ad}}(\varphi, N) \to \mathrm{Rep}_{\mathbb{Q}_p}^{st}(G_K).$$

D_{st} 与 V_{st} 决定范畴等价.

证明见

[1] P. Colmez, J-M. Fontaine, Construction des representations p-adiques semi-stable, *Inv. Math.* 140 (2000), 1-43.

[2] J-M. Fontaine, Representation p-adiques semi-stables, in Periodes p-adiques, *Asterisque* 223 (1994), 95-111.

11.10.7 附注

无可否认, 本章没有完全介绍 Galois 表示论在过去半个世纪的成就.

Galois 表示论的基础理论都可以在本章所提的文献找到, 此外网上还有 Fontaine、Berger、Colmez、Conrad 等人的讲义和快出版的欧阳毅的书.

我们可以把基础理论之外过去的 Galois 表示论的工作大概分为四块.

一是前面提到的 Fontaine-Faltings-Kato-Hyodo-Tsuji 关于概形的平展上同调与周期的工作, 这是 Faltings 所谓 p 进 Hodge 理论. 在他们之后有 Breuil-Kisin 的整 p 进 Hodge 理论:

[1] Christophe Breuil, Integral p-adic Hodge theory, in *Advanced Studies in Pure Mathematics*, 2000 Analysis on Homogeneous Spaces and Representations of Lie Groups.

[2] M. Kisin, Crystalline representations and F-crystals, *Algebraic Geometry and Number Theory*, Prog. Math. 253, Birkäuser, 2006, pp. 459-496.

二是**形变论** (deformation theory). 在 Galois 表示论里建立形变论的奠基文章是:

[1] B. Mazur, Deforming Galois representations, Galois groups over $\mathbb{Q}$ (Berkeley, CA, 1987), *Math. Sci. Res. Inst. Publ.* 16, Springer, New York-Berlin, pp. 395-437, 1989.

[2] B. Mazur, An introduction to the deformation theory of Galois representations, in *Modular Forms and Fermat's Last Theorem*, G. Cornell, J. Silverman, and G. Stevens, eds., Springer-Verlag, 1997, 243-311.

此外是两份哈佛博士论文:

[3] R. Ramakrishna, On a variation of Mazur's deformation functor, *Comp. Math.* 87 (1993), 269-286.

[4] M. Schlessinger, Functors of Artin rings, *Trans. AMS* 130 (1968), 208-222.

在 Mazur 之后对 Galois 表示形变论提出深刻的看法是 Kisin:

[5] M. Kisin, Potentially semi-stable deformation rings, *JAMS* 21 (2008), 513-546.

可以看两份讲义:

[6] M. Kisin, Lecture Notes on Deformations of Galois Representations, Notes for the Clay Mathematics Institute 2009 Summer School on Galois Representations, June 15-July 10, 2009, University of Hawaii, 见 Kisin 的 Harvard 网页.

[7] G. Böckle, Deformations of Galois Representations Advanced Course on Modularity and Deformation, CRM, Bellaterra, June 2010, 见 Böckle 的 Heidelberg 网页.

这些都是写得非常好念的文章, 难怪没有人为此写书了.

三是**模性** (modularity), 第一篇便是经典名作:

[1] A. Wiles, Modular elliptic curves and Fermat's last theorem, *Ann. of Math.* 141 (1995), 443-551.

之后完成谷山-志村猜想的是 Wiles 的弟子:

[2] Christophe Breuil, Brian Conrad, Fred Diamond, Richard Taylor, On the modularity of elliptic curves over $\mathbb{Q}$: wild 3-adic exercises, *Journal of the American Mathematical Society*, Vol. 14, no. 4. (Oct., 2001), pp. 843-939.

下一个突破是:

[3] C. Khare, J.-P. Wintenberger, Jean-Pierre Serre's modularity conjecture I, *Invent. Math.* 178 (2009), no. 3, 485-504.

[4] C. Khare, J.-P. Wintenberger, Jean-Pierre Serre's modularity conjecture II, *In-*

vent. Math. 178 (2009), no. 3, 505-586.

一些零星的工作见:

[5] M. Kisin, Modularity of 2-dimensional Galois representation, in *Current Developments in Mathematics* 2005, 191-230, International Press, 2007.

[6] M. Kisin, Moduli of finite flat group schemes and modularity, *Ann. of Math.* 170 (2009), 1085-1180.

[7] M. Kisin, Modularity of 2-adic Barsotti-Tate representations, *Inventiones Math.* 178 (2009), no. 3, 587-634.

还未解决的中心问题是 Fontaine-Mazur 猜想, 见:

[8] J.-M. Fontaine, B. Mazur, Geometric Galois representations, in "Elliptic curves, modular forms, and Fermat's last theorem (Hong Kong, 1993)", 41-78, Int. Press, Cambridge, MA, 1995.

初步的结果有:

[9] M. Kisin, The Fontaine-Mazur conjecture for $GL(2)$, *J. Amer. Math. Soc.* 22 (2009), 641-690.

四是各种 Langlands 对应, 这一块是兵马众多, 战场遍地, 就不再多说了.

现在你知道了, 这是个说不完的故事. 一本念得明白的全面介绍恐怕是另一本五百页的书了, 留给其他人去写吧!

习 题

1. 证明: 域 k 上晶体范畴不一定存在余核 Cok, 所以不是 Abel 范畴.
2. 设 E 是特征 p 的域, $c_{ij} \in E$, 行列式 $\det(c_{ij}) \neq 0$. 考虑
$$A = E[X_1, \ldots, X_d]/\left(X_j^p - \sum_i c_{ij} X_i\right)_{1 \leqslant j \leqslant d}.$$
证明:
   (1) A 是有限生成 E-代数, A 的秩是 p^d.
   (2) 计算 $\Omega^1_{A/E} = (\oplus A d\, X_i)/(\sum_j c_{ij}\, dX_j)_{1 \leqslant j \leqslant d}$.
   (3) 证明: $\Omega^1_{A/E} = 0$ 和 A 是平展 E-代数.
   (4) 证明: $|\mathrm{Hom}(A, E^{\mathrm{sep}})| = p^d = \dim_E A$.
3. 设特征 0 完备离散赋值域 F 的剩余域是特征 p. 以 C 记 F 的代数闭包的完备化, 以 G_F 记 $\mathrm{Gal}(F^{\mathrm{sep}}/F)$. 设 W 是有限维 C-向量空间, 连续映射 $G_F \times W \to W$ 定义 G_F 在 W 的表示. 定义
$$W\{q\} := W(q)^{G_F} \cong \{w \in W : \sigma(w) = \chi(\sigma)^{-q} w,\ \forall \sigma \in G_F\}.$$
证明: $\oplus_q (C(-q) \otimes_F W\{q\}) \to W$ 是单射, 并且 $\sum_q \dim_F W\{q\} \leqslant \dim_C W$.

4. 设特征 0 完备赋值域 F 的剩余域是特征 p. 以 C 记 F 的代数闭包的完备化, Tate 挠模 $C(i) = C \otimes \mathbb{Z}_p(i)$ 的元素 $c \otimes t^i$ 记为 ct^i, 则
$$ct^i \cdot c't^j = cc't^{i+j}.$$

定义 Hodge-Tate 环 $B_{\mathrm{HT}} = \oplus_{i \in \mathbb{Z}} C(i)$.

(1) 证明: $B_{\mathrm{HT}} = C[t, \frac{1}{t}]$.

(2) 证明: B_{HT} 的完备化是 Laurent 级数
$$C((t)) = \left\{ \sum_{i=-\infty}^{+\infty} c_i t^i : c_i = 0 \text{ 若 } i \ll 0 \right\}.$$

(3) 以 G_F 记 $\mathrm{Gal}(F^{\mathrm{sep}}/F)$. 证明: B_{HT} 是 $(\mathbb{Q}_p, G_F)$ 正则.

(4) 设有 G_F 在有限维 $\mathbb{Q}_p$-向量空间 V 的 p 进表示, 设 $D_{\mathrm{HT}}(V) = (B_{\mathrm{HT}} \otimes_{\mathbb{Q}_p} V)^{G_F}$. 证明: 自然映射
$$\alpha_V : B_{\mathrm{HT}} \otimes_F D_{\mathrm{HT}}(V) \to B_{\mathrm{HT}} \otimes_{\mathbb{Q}_p} V$$
是单射, 且 $\dim_F D_{\mathrm{HT}}(V) \leqslant \dim_{\mathbb{Q}_p} V$. α_V 是同构当且仅当 $\dim_F D_{\mathrm{HT}}(V) = \dim_{\mathbb{Q}_p} V$.

(5) 证明: $\mathrm{gr}\, B_{\mathrm{dR}} = B_{\mathrm{HT}}$.

5. 我们是从特征 0 完备赋值域 K 出发构造 B_{dR}.

(1) 证明: $B_{\mathrm{dR}}^{G_K} = K$.

(2) 证明: B_{dR} 是 $(\mathbb{Q}_p, G_K)$ 正则.

6. 如果 $0 \to V' \to V \to V'' \to 0$ 是 de Rham 表示正合序列, 证明: $0 \to D_{B_{\mathrm{dR}}} V' \to D_{B_{\mathrm{dR}}} V \to D_{B_{\mathrm{dR}}} V'' \to 0$ 是过滤空间正合序列.

7. 如果 V_1, V_2 是 de Rham 表示, 证明:
$$D_{B_{\mathrm{dR}}} V_1 \otimes D_{B_{\mathrm{dR}}} V_2 \xrightarrow{\approx} D_{B_{\mathrm{dR}}}(V_1 \otimes V_2)$$
是过滤空间同构.

8. 考虑 ℓ 进表示 $\rho: G_F \to GL_{\mathbb{Q}_\ell}(V)$. 可以假设 $\rho: G_F \to GL_n(\mathbb{Z}_\ell)$, 记 $\bar{G} = G_F/\mathrm{Ker}\,\rho$, 因此 ρ 是 $G_F \twoheadrightarrow \bar{G} \xrightarrow{\bar{\rho}} GL_n(\mathbb{Z}_\ell)$. 设 $\bar{I} = I_F/I_F \cap \mathrm{Ker}\,\rho$, 即 I_F 在 $\bar{G}$ 的像.

(1) 证明: $\rho(I_F) = \bar{\rho}(\bar{I})$, $\bar{I}$ 有限. 以 K/F 为 $\mathrm{Ker}\,\rho$ 的固定域, 即 $G_K = \mathrm{Ker}\,\rho$, $\bar{G} = \mathrm{Gal}(K/F)$.

K_0/F 记 K/F 内最大无分歧子扩张. 证明: $\bar{G}/\bar{I} = \mathrm{Gal}(K_0/F)$ 是 $\hat{\mathbb{Z}} = \prod_q \mathbb{Z}_q$ 的商群, $\bar{\rho}: \bar{G} \to GL_n(\mathbb{Z}_\ell)$ 是单射.

(2) 证明: $\bar{G}/\bar{I}$ 是 $GL_n(\mathbb{Z}_\ell)$ 的子商群. 证明: $\bar{G}/\bar{I} \cong (\mathbb{Z}_\ell/N) \times T$, 其中 N 是 $\mathbb{Z}_\ell$ 的子群, T 是有限群, T 的阶与 ℓ 互质.

若 $N \neq 1$, 则 $\bar{G}/\bar{I}$ 有限, 按假设于是 $\bar{G}$ 有限.

(3) 证明: 这时取所求的 E 为 K. 证明: $I_K \subset G_K = \mathrm{Ker}\,\rho$, 即 $\rho(I_K) = 1$.

若 $N = 1$, 则有有限群 T' 使得 $T' \supseteq \bar{I}$ 和有分裂正合列 $0 \to T' \to \bar{G} \to \mathbb{Z}_\ell \to 0$, 即 $\bar{G} \cong \mathbb{Z}_\ell \times T'$. 以 E 为 $\mathbb{Z}_\ell$ 的固定域.

(4) 证明: $[E:F] = |T'| < \infty$. 证明: 由 $T' \supseteq \bar{I}$, 得 $\bar{G}$ 内 $\mathbb{Z}_\ell \cap \bar{I} = \emptyset$. 因此 $I_E \subset G_K =$ Ker ρ, 即得 $\rho(I_E) = 1$.

9. 设 C 是特征零的代数闭完备域, 剩余域 κ_C 是特征 $p > 0$, $\mathcal{O}_C$ 是 C 的赋值环. 以 R_C 记逆极限
$$\cdots \leftarrow \mathcal{O}_C/p\mathcal{O}_C \leftarrow \mathcal{O}_C/p\mathcal{O}_C \leftarrow \mathcal{O}_C/p\mathcal{O}_C \leftarrow \ldots,$$
其中所有转移映射是 $x^p \leftarrow x$. R_C 的元素是 (x_m), 其中 $x_m \in \mathcal{O}_C/p\mathcal{O}_C$. 取 $\hat{x}_m \in \mathcal{O}_C$ 使得 $x_m = \hat{x}_m + p\mathcal{O}_C$.

  (1) 证明: 存在 $x^{(n)} \in \mathcal{O}_C$ 使得 $\lim_{m\to\infty} \hat{x}_{m+n}^{p^m} = x^{(n)}$.
  (2) 证明: $x \mapsto (x^{(n)})$ 决定双射 $R_C \to \{(x^{(n)}) : x^{(n)} \in \mathcal{O}_C, (x^{(n+1)})^p = x^{(n)}\}$.
  (3) 取 $x = (x^{(n)})$, $y = (y^{(n)})$. 设 $z^{(n)} = \lim_{m\to\infty}(x^{(n+m)} + y^{(n+m)})^{p^m}$. 定义 xy 为 $(x^{(n)}y^{(n)})$, $x + y$ 为 $(z^{(n)})$. 证明: R_C 是环.
  (4) 记 Witt 环 $W(R_C)$ 为 A_{inf}, 取 $x = (x_0, x_1, \ldots) \in A_{\text{inf}}$, 设 $\theta(x) = \sum p^n x_n^{(n)}$. 证明: $\theta : A_{\text{inf}} \to \mathcal{O}_C$ 是环的满同态.
  (5) 以 $\mathfrak{a}$ 记由 p 和 $\ker \theta$ 所生成的理想, 在 A_{inf} 取 $\mathfrak{a}$ 进拓扑. 证明: A_{inf} 是 Hausdorff 完备拓扑环.
  (6) 设有 $\mathbb{Z}_p$-代数 D 和 $\mathbb{Z}_p$-代数满射 $\theta_D : D \to \mathcal{O}_C$. 以 $\mathfrak{a}_D$ 记由 p 和 $\ker \theta_D$ 所生成的理想. 假设对 $\mathfrak{a}_D$ 进拓扑 D 是 Hausdorff 完备拓扑 $\mathbb{Z}_p$-代数. 证明: 存在唯一 $\mathbb{Z}_p$-代数同态 $\alpha : A_{\text{inf}} \to D$ 使得 $\theta_D \circ \alpha = \theta$.

10. 从本习题可知完备化方法可以构造的结构. C 是代数闭完备域, v_p 是 C 的赋值, 选定 $v_p(p) = 1$. 对 $x \in C$, $|x| = p^{-v_p(x)}$, $|p| = p^{-1}$. 在多项式环 $C[X]$ 上取 Gauss 范数
$$\left\|\sum_i a_i X^i\right\| := \sup_i |a_i|.$$
以 $C\{X\}$ 记 $C[X]$ 对 Gauss 范数的完备化, $C\{X\}$ 的元素是无穷级数 $\sum_{i=0}^\infty a_i X^i$ 使得 $\lim_{i\to\infty} a_i = 0$. 例如: 设 K, v_p 是完备离散赋值域, $v_p(p) = 1$, K 的特征是 0, K 的剩余域 κ_K 是特征 $p > 0$ 的完全域. 选定 K 的代数闭包 $\bar{K}$, 可取 C 为 $\bar{K}$ 的完备化.

F 记 $C\{X\}$ 的分式域, $\bar{F}$ 是 F 的代数闭包, $\hat{F}$ 是 F 用 Gauss 范数得的完备化, $\widehat{\bar{F}}$ 是 $\hat{F}$ 的代数闭包. 设 L/F 是有限扩张及 $x \in L$, 设 $\|x\|_{sp} = \sup_\sigma \|\sigma(x)\|$, 其中 $\sigma : L \to \widehat{\bar{F}}$ 是单态射, σ 在 F 上是包含态射 $F \subset \hat{F} \subset \widehat{\bar{F}}$.

$\overline{C\{X\}}$ 是 $C\{X\}$ 在 $\bar{F}$ 的整闭包, $\widehat{\overline{C\{X\}}}$ 是 $\overline{C\{X\}}$ 用 $\|\ \|_{sp}$ 算出的完备化.

对 $a \in C$, $\rho \in |C|$, 设 $B(a, \rho) = \{x \in C : |x - a| \leqslant \rho\}$.

考虑 $\bar{F}$ 的自同构 τ, 使得有 $x(\tau) \in B(0, 1)$, 对 $f \in C\{X\}$ 有 $\tau(f) = f + x(\tau)$. 由这样的自同构所组成的群记为 T, 则同态
$$T \to B(0, 1) : \tau \mapsto x(\tau)$$
的核是 $\text{Gal}(\bar{F}/F)$. T 的元素可连续扩展为 $\widehat{\overline{C\{X\}}}$ 的同构, 这样对 $\tau \in T$, $f \in \widehat{\overline{C\{X\}}}$ 有 $f(\tau) \in \widehat{\overline{C\{X\}}}$. 记 $s_C : \widehat{\overline{C\{X\}}} \to C$ 为连续 C-代数同态, 使得 $s_C(X) = 0$. 记 $s_C \circ \tau(f) \in C$ 为 $f(\tau)$. 证明: $|f(\tau)| \leqslant \|f\|_{sp}$. 定义 f 的图为 $\Gamma_f = \{x(\tau), f(\tau)\} \subset B(0, 1) \times B(0, \|f\|_{sp})$.

设 $\rho,\rho' \in |C| \cup \{+\infty\}$. 说 $\tilde{f}$ 是从 $B(a,\rho)$ 至 $B(a,\rho')$ 的**对应** (correspondence) 是指映射把 $B(0,\rho)$ 的子集 E 对应至 $B(0,\rho')$ 的子集 $\{\tilde{f}(E)\}$, 使得对 $B(0,1)$ 任意的一组子集 E_i, $i \in I$, 有 $\{\tilde{f}(\cup_{i \in I} E_i)\} = \cup_{i \in I} \{\tilde{f}(E_i)\}$. 若 $\tilde{f}, \tilde{g}$ 是对应, 则定义 $(\tilde{f} \odot \tilde{g})(E) = \{\tilde{f}(\{\tilde{g}(E)\})\}$. 定义 $\tilde{f}$ 的图

$$\Gamma_{\tilde{f}} = \{(x,y) \in B(a,\rho) \times B(a,\rho') : y \in \{\tilde{f}(x)\}\}.$$

对 $f \in \widehat{C\{X\}}$ 以 f_∞ 记从 $B(0,1)$ 至 $B(0, \|f\|_{sp})$ 的对应使得 $\Gamma_{f_\infty} = \Gamma_f$.

以 $\mathscr{C}$ 记由满足以下条件的所有 $f \in \widehat{C\{X\}}$ 所组成的集合:

(1) $f(\sigma\tau) = f(\sigma) + f(\tau)$.
(2) $f(\mathrm{Gal}(\bar{F}/F))$ 是有限秩 $\mathbb{Z}_p$ 模.

取 $f, g \in \widehat{C\{X\}}$ 使得 $\|f\|_{sp} \leqslant 1, \|g\|_{sp} \leqslant 1$. 证明: 存在 $h \in \widehat{C\{X\}}$ 使得 $h(0) = 0$ 和 $\Gamma_h \subset \Gamma_{f_\infty \odot g_\infty}$. 记 h 为 $f \cdot g$. 证明: $\mathscr{C}$ 以此乘法为 $\mathbb{Q}_p$-代数, 每一非零可逆和 $\mathbb{Q}_p$ 是 $\mathscr{C}$ 的中心.

设 $\mathfrak{a} = \{x \in C : v_p(x) > 1/p\}$. 取 $\alpha \in \mathfrak{a} - p\mathfrak{a}$, 设 $X_{p^{-n}\alpha}$ 为 $e^{\alpha X}$ 的 p 次根, 使得 $X_{p^{-n}\alpha}(0) = 1$. 设 $\tilde{X}_\alpha = (X_\alpha, \ldots, X_{p^{-n}\alpha}, \ldots)$. 设 $\widehat{\alpha X} = \log[\tilde{X}_\alpha]$. 取 $\alpha, \beta \in \mathfrak{a} - p\mathfrak{a}$, $\hat{\alpha}, \hat{\beta} \in A_{\mathrm{inf}}[\frac{1}{p}]$, 使得 $\theta(\hat{\alpha}) = \alpha^{-1}, \theta(\hat{\beta}) = \beta^{-1}$. 在 B_{cris} 有元素 $t = \log([\varepsilon])$, 设 $f_{\alpha,\beta} = \theta(\frac{1}{t}(\hat{\alpha}\widehat{\alpha X}) - \hat{\beta}\widehat{\beta X})$. 证明: $f_{\alpha,\beta} \in \mathscr{C}$.

第十二章 L-函数

到了 20 世纪 30 年代我们有两个 L-函数：一个是 Hecke L-函数，用后来的术语，这实质是 $GL(1)$ 的自守 L-函数，是个解析量；另外一个是 Artin L-函数，这是用 Galois 表示来定义的，是个算术量。Artin 的基础性发现是："交换 Galois 群的 Artin L-函数是 Hecke L-函数"等价于"交换互反律"。了解 Artin 这个发现便会明白 Langlands 纲领的主题：任何 Artin L-函数是否都是自守 L-函数？这也说明了为什么这叫作"非交换互反律"了。

L-函数的函数方程相当于代数拓扑学里的 Poincaré 对偶。一般有两个方法证明函数方程，两个方法的核心都是 Poisson 求和公式：

(1) 用 θ 级数，见 [29] 第七章 §3 和第十四章 §2; [27], chap VII, §8, prop 8.3, thm 8.5.
(2) 用局部紧交换群的 Fourier 变换。

可把本章看为 $GL(1)$ 自守形式的导引，读者可自己证明我们省略了的一些积分计算，亦可参考 [33]。

12.1 调和分析

本节介绍 $\int_G \phi(g)\hat{g}(g^{-1})d\alpha(g)$ 这个积分公式：
(1) $\hat{g}$ 是群 G 的酉特征标。
(2) ϕ 是 G 上的 Bruhat-Schwartz 函数。
(3) α 是 G 的 Haar 测度。

12.1.1 Bruhat-Schwartz 函数

设 $\alpha = (\alpha_1, \ldots, \alpha_n)$，整数 $\alpha_j \geqslant 0$，记 $|\alpha| = \alpha_1 + \cdots + \alpha_n$。若 $x \in \mathbb{R}^n$，记 $|x|^2 = \sum x_i^2$。以 $C^\infty(\mathbb{R}^n)$ 记 $\mathbb{R}^n$ 上的无穷可微函数。对整数 $N \geqslant 0$ 和 $f \in C^\infty(\mathbb{R}^n)$，设

$$\|f\|_N = \sup_{|\alpha| \leqslant N} \sup_{x \in \mathbb{R}^n} (1+|x|^2)^N \left| \left(\left(\frac{\partial}{\partial x_1}\right)^{\alpha_1} \cdots \left(\frac{\partial}{\partial x_n}\right)^{\alpha_n} f\right)(x)\right|.$$

若对 $N = 0, 1, 2, \ldots$, f 满足条件 $\|f\|_N < \infty$, 则称 f 为 Schwartz 函数. 标准的例子是: $p(x)e^{-q(x)}$, $p(x)$ 是多项式函数, $q(x)$ 是正定二次型, 比如在 $\mathbb{R}$ 上的 $x^n e^{-x^2}$. (又称 $p(x)e^{-q(x)}$ 为标准函数.)

所有 Schwartz 函数组成的向量空间记为 $\mathscr{S}(\mathbb{R}^n)$, $\|\ \|_N$ 为 $\mathscr{S}(\mathbb{R}^n)$ 的范, 并定义局部凸拓扑使得 $\mathscr{S}(\mathbb{R}^n)$ 为 Fréchet 空间和 Fourier 变换定义连续线性映射 $\mathscr{S}(\mathbb{R}^n) \to \mathscr{S}(\mathbb{R}^n)$. (参见 Rudin, *Functional Analysis*, §7.3.)

称定义在拓扑空间 X 的函数 f 为**局部常值函数** (locally constant function), 若每点 x 有邻域 U 使得对 $u \in U$ 有 $f(u) = f(x)$. 此时, $f^{-1}(\{x\})$ 是开集, 但亦是闭集, 因为 $X \setminus f^{-1}(\{x\}) = \cup_{y \neq x} f^{-1}(\{y\})$, 这样当 X 是连通空间时, 例如 $\mathbb{R}$ 上向量空间, 局部常值函数是常值函数. 不过在 $\mathbb{Q}_p$ 时就不同了, 任何局部常值函数 $f: \mathbb{Q}_p \to \mathbb{C}$ 可以表示为

$$f(x) = \sum_{i=1}^{\infty} c_i 1_{U_i}(x),$$

其中 $c_i \in \mathbb{C}$, U_i 是开子集, 特征函数定义如下

$$1_U(x) = \begin{cases} 1, & \text{若 } x \in U, \\ 0, & \text{若 } x \notin U. \end{cases}$$

在向量空间 $\mathbb{Q}_p^n$ 上, 局部常值函数一方面可看为如实数积分理论的阶梯函数, 另一方面又可看为调和分析里 $C^{\infty}(\mathbb{R}^n)$ 的代用品.

设 V 是有限维 $\mathbb{Q}_p$-向量空间. 称带紧支集的局部常值函数 $f: V \to \mathbb{C}$ 为 **Bruhat 函数** (又称为标准函数), 这些函数所组成的 $\mathbb{C}$-向量空间记为 $\mathscr{S}(V)$.

设 V 是数域 F 上的有限维向量空间, 记 $V_v = V \otimes_F F_v$, $V_\mathbb{A} = V \otimes_F F_\mathbb{A}$.

由 V 的基 ε 在 F_v 内生成的 $\mathcal{O}_v$ 模记为 ε_v, 则 $V_\mathbb{A}$ 是关于 ε_v 的限制直积 $\prod_\mathbf{p} V_v$.

称函数 $f: V_\mathbb{A} \to \mathbb{C}$ 为**可分的** (factorizable), 若有函数 $f_v: V_v \to \mathbb{C}$ 使得除有限个 v 外, $f_v = 1_{\varepsilon_v}$, 并且

$$f(x) = \prod_v f_v(x_v), \quad x = (x_v).$$

$F_\mathbb{A}^\times$ 的特征标是可分函数.

若可分函数 $f = \prod_v f_v$ 满足以下条件:

(1) 当 $v|\infty$, 则 f_v 是 $p(x)e^{-q(x)}$, $p(x)$ 是多项式函数, $q(x)$ 是正定二次型.
(2) 当 $v < \infty$, 则 f_v 是 Bruhat 函数.

则称 f 为**标准函数** (standard function) (参见 [33] p.110).

称 $F: V_\mathbb{A} \to \mathbb{C}$ 为 **Bruhat-Schwartz 函数**, 若 $F = \sum c_f f$ 是有限和, $c_f \in \mathbb{C}$, 可分函数 $f = \prod_v f_v$ 满足以下条件:

(1) 若 $v|\infty$, 则 f_v 是 Schwartz 函数.

(2) 若 $v < \infty$, 则 f_v 是 Bruhat 函数.

Bruhat-Schwartz 函数所组成的 $\mathbb{C}$-向量空间记为 $\mathscr{S}(V_\mathbb{A})$, 不难证明这是限制张量积 $\mathscr{S}(V_\mathbb{A}) = \odot_\mathfrak{p} \mathscr{S}(V_v)$, 并且 $\mathscr{S}(V_\mathbb{A})$ 是 $L^2(V_\mathbb{A})$ 的稠密子空间.

12.1.2 Fourier 变换

作为比较, 读者应该读一下关于经典 Fourier 分析的介绍, 参见 [29] 的第一章.

G 是局部紧交换群 G, 称 G 上函数 ϕ 为正定, 如果对任意 $x_1, \ldots, x_N \in G$, $c_1, \ldots, c_N \in \mathbb{C}$ 有

$$\sum_{n,m=1}^{N} c_n \overline{c_m} \phi(x_n x_m^{-1}) \geqslant 0.$$

$B(G)$ 是连续正定函数所生成的向量空间.

$\phi \in L^1(G)$ 的 Fourier 变换是

$$\hat{\phi}(\hat{g}) = \int_G \phi(g) \hat{g}(g^{-1}) d\alpha(g).$$

给定 G 的 Haar 测度 α, 存在 $\hat{G}$ 的 Haar 测度 $\hat{\alpha}$, 使得对 $\phi \in L^1(G) \cap B(G)$ 有

$$\phi(g) = \int_{\hat{G}} \hat{\phi}(\hat{g}) \hat{g}(g) d\hat{\alpha}(\hat{g}),$$

并且有双射 $L^1(G) \cap B(G) \to L^1(\hat{G}) \cap B(\hat{G}) : \phi \mapsto \hat{\phi}$ (参见 Rudin, *Fourier Analysis on Groups*, §1.5.1), 称 $\hat{\alpha}$ 为 α 的对偶测度.

设有群同构 $T : G \to \hat{G}$ 使得 $T_*(\alpha) = \hat{\alpha}$, 称 α 为 (参考 T 的) **自对偶测度** (self dual measure).

12.1.3 限制直积

把 $\{v\}$ 看作指标集, 设 S_∞ 是这个指标集的一个固定的有限子集. 设对每个 v 已给局部紧交换群 G_v, 对每个 $v \notin S_\infty$ 已给 G_v 的开紧子群 H_v.

取有限指标集 S 包含 S_∞, 定义 $G^S = \prod_{v \in S} G_v \times \prod_{v \notin S} H_v$. 在 G^S 上取积拓扑, 然后定义群 $G = \cup_S G^S$, 其中并集是对所有满足以上条件的 S 取的. 取所有的 $\prod N_v$, 其中 N_v 为 G_v 的单位元的邻域, 并且除有限个 v 外, $N_v = H_v$ 为 G 的单位元的邻域基. 称 G 为 G_v 关于 H_v 的限制直积, 又记它为 $\prod_v G_v$.

加元环和理元群都是限制直积的例子.

命题 12.1 (1) 取任一包含 S_∞ 的有限指标集 S, 则 G^S 的单位元的任一个邻域基亦是 G 的单位元的邻域基.

(2) G^S 是 G 的开子群，包含同态 $G^S \to G$ 是连续的，G^S 单位元的一个紧邻域亦是 G 的单位元的紧邻域，G 是局部紧交换群.

(3) G 的子集 C 的闭包是紧集当且仅当存在 $\prod_v B_v \supseteq C$，其中 B_v 是 G_v 的紧子集，除有限个 v 外，$B_v = H_v$.

12.1.4 酉特征标

绝对值为 1 的复数群记为 S^1，拓扑群 G 的酉特征标是指连续群同态 $G \to S^1$. 局部紧交换群 G 的所有酉特征标组成局部紧交换群 $\hat{G}$，称 $\hat{G}$ 为 G 的对偶群 (参见: [18] 第 3 章).

1. 局部数域的酉特征标.

设 K 是局部数域，$\mathfrak{p}$ 是 K 的极大紧子环 $\mathcal{O}$ 的极大理想. $1 \neq \psi \in \hat{K}$，取最大整数 ν 使得 ψ 在 $\mathfrak{p}^{-\nu}$ 上取值 1，称 ν 为 ψ 的阶 (order).

设 K 是局部域或 $\mathbb{R}$ 或 $\mathbb{C}$，$\psi : K \to S^1$ 是酉特征标，ψ 不恒等于 1. V 是有限维 K-向量空间，以 $\hat{V}$ 记拓扑群 V 的对偶群 (它的元素是酉特征标 $V \to S^1$)，以 V' 记 K-向量空间 V 的对偶空间 (它的元素是线性函数 $V \to K$)，则公式

$$\hat{v}(v) := \psi(v'(v))$$

决定同构 $V' \to \hat{V} : v' \mapsto \hat{v}$. (参见 [33] II §5 Th 3.)

于是我们得到

命题 12.2 K 同上，给定不恒等于 1 的酉特征标 $\psi : K \to S^1$，对 $a \in K$，设 $\psi_a(x) = \psi(ax)$. 则 $K \to \hat{K} : a \mapsto \psi_a$ 是 (加法拓扑群) 同构.

作为例子计算一组标准酉特征标.

例 12.3 分三种情形.

(1) 设 K 是局部域. 若 $x \in \mathbb{Q}_p$，则可记 $x = \lambda(x) + y$, $y \in \mathbb{Z}_p$，有理数 $\lambda(x) = \sum_{m>0} a_{-m} p^{-m} = np^{-\nu} \bmod \mathbb{Z}$. 对 $\xi \in K$，设 $\Lambda(\xi) = \lambda(\mathrm{Tr}_{K/\mathbb{Q}_p} \xi)$. 因为 $\mathrm{Tr}_{K/\mathbb{Q}_p}$ 是 $K \to \mathbb{Q}_p$ 的连续群同群，所以 $\xi \to e^{2\pi i \Lambda(\xi)}$ 是不恒等于 1 的酉特征标 $K \to S^1$.

(2) 在实数域 $\mathbb{R}$ 上，我们取 ψ 为 $\xi \to e^{-2\pi i \xi}$ ($\mathrm{Tr}_{\mathbb{R}/\mathbb{R}}(\xi) = \xi$)，这样 $\psi_a(\xi) = e^{-2\pi i a \xi}$.

(3) 在复数域 $\mathbb{C}$ 上，我们取 ψ 为 $\xi \to e^{-2\pi i (\xi + \bar{\xi})}$ ($\mathrm{Tr}_{\mathbb{C}/\mathbb{R}}(\xi) = \xi + \bar{\xi}$)，这样 $\psi_a(\xi) = e^{2\pi i (-a\xi - \bar{a}\bar{\xi})}$.

2. 加元环的酉特征标.

设 F 是数域，V 是 F 上有限维向量空间. 以 V' 记 F-向量空间 V 的对偶空间 (它的元素是线性函数 $V \to F$)，$F_\mathbb{A}$ 是 F 的加元环，$V_\mathbb{A} = V \otimes_F F_\mathbb{A}$，$V'_\mathbb{A} = V' \otimes_F F_\mathbb{A}$，$\widehat{V_\mathbb{A}}$ 是 $V_\mathbb{A}$ 的对偶群 (它的元素是酉特征标 $V_\mathbb{A} \to S^1$). 取酉特征标 $\psi : F_\mathbb{A}/F \to S^1$，$\psi$ 不恒等

于 1, 则公式

$$\hat{v}(v) := \psi(v'(v))$$

决定同构 $V'_{\mathbb{A}} \to \widehat{V_{\mathbb{A}}} : v' \mapsto \hat{v}$. (参见 [33] IV §2 Th 3.)

我们从限制直积的角度考虑 $\widehat{F_{\mathbb{A}}}$.

G 为 G_v 关于 H_v 的限制直积, 以 $\widehat{G_v}$ 记 G_v 的对偶群, $H_v^{\perp} = \{\chi \in \widehat{G_v} : \chi|_{H_v} = 1\}$, 则 H_v 紧 $\Rightarrow \widehat{H_v} \cong \widehat{G_v}/H_v^{\perp}$ 离散 $\Rightarrow H_v^{\perp}$ 为开子群, 并且 H_v 为开子群 $\Rightarrow G_v/H_v$ 离散 $\Rightarrow \widehat{G_v/H_v} \cong H_v^{\perp}$ 为紧群 (参见 [18], §3.1, 命题 3.1.3), 这样就可以取 $\widehat{G_v}$ 关于 $H_v^{\perp}$ 的限制直积.

命题 12.4 G 为 G_v 关于 H_v 的限制直积, 则 G 的对偶群 $\widehat{G}$ 拓扑群同构于 $\widehat{G_v}$ 关于 $H_v^{\perp}$ 的限制直积.

证明 一. 证明有群同构 $\widehat{\prod_v G_v} \leftrightarrow \prod_v \widehat{G_v}$.

(1) 取 $\chi \in \widehat{G}$, 则除有限个 v 外, $\chi|_{H_v} = 1$. 于是得映射 $\widehat{G} \to \prod_v \widehat{G_v}$ 把 $\chi \mapsto (\chi|_{G_v})$, 并且 $\chi((a_v)) = \prod_v \chi(a_v)$.

(2) 设 (χ_v) 属于 $\widehat{G_v}$ 关于 $H_v^{\perp}$ 的限制直积 $\prod_v \widehat{G_v}$. 定义 $\chi((a_v)) = \prod_v \chi_v(a_v)$, 则 $\chi \in \widehat{G}$.

二. 证明一的群同构是拓扑同构. □

设 $v|p$, 取局部域 F_v 的标准酉特征标 $\xi \to e^{2\pi i \Lambda(\xi)}$ 为 ψ, 有同构 $F_v \to \hat{F}_v : a \mapsto \psi_a$. 设 $\mathcal{O}_v^{\perp} = \{\psi_a \in \hat{F}_v : \psi_a|_{\mathcal{O}_v} = 1\}$, 但 $\Lambda(a\mathcal{O}_v) = 0 \Leftrightarrow \mathrm{Tr}_{F_v/\mathbb{Q}_p}(a\mathcal{O}_v) \subset \mathbb{Z}_p$, 于是 $\mathcal{O}_v^{\perp}$ 同构 $\mathcal{D}_{F_v/\mathbb{Q}_p}^{-1}$, 其中 $\mathcal{D}_{F_v/\mathbb{Q}_p}$ 是差别式.

根据命题 12.4, $F_{\mathbb{A}}$ 的对偶群 $\widehat{F_{\mathbb{A}}}$ 是 $\hat{F}_v$ 关于 $\mathcal{O}_v^{\perp}$ 的限制直积, 但是除有限个 v 外 $\mathcal{O}_v^{\perp} \cong \mathcal{D}_{F_v/\mathbb{Q}_p}^{-1} = \mathcal{O}_v$, 所以 $\widehat{F_{\mathbb{A}}}$ 同构于 $F_{\mathbb{A}}$. 这样我们说: 若 $\psi \in \widehat{F_{\mathbb{A}}}$, 则 $\psi = \prod_v \psi_v$, 其中 $\psi_v \in \hat{F}_v$, 并且除有限个 v 外 $\psi_v|_{\mathcal{O}_v} = 1$. 这是我们已知的. 我们可以用局部的标准酉特征标写出这个同构, 对应于 $a = (a_v) \in F_{\mathbb{A}}$ 是 $F_{\mathbb{A}}$ 的酉特征标

$$x = (x_v) \mapsto \prod_v e^{2\pi i \Lambda_v(a_v x_v)} = e^{2\pi i (\sum_v \Lambda_v(a_v x_v))}.$$

由上我们得到如下命题.

命题 12.5 引入函数 $\psi_a(x) = e^{2\pi i (\sum_v \Lambda_v(a_v x_v))}$, 则

(1) $\psi(F) = 1$.
(2) $\psi(xy) = 1, \forall y \in F \Leftrightarrow x \in F$.
(3) $\widehat{F_{\mathbb{A}}/F} \cong F$.
(4) $F_{\mathbb{A}} \to \widehat{F_{\mathbb{A}}} : a \mapsto \psi_a$ 是同构.

12.1.5 测度

如果我们像 [33] 第一章用 Haar 测度引入绝对值为自同构的模 mod_K, 则以下命题是直接结论. 不过若域的拓扑不是局部紧的, 该域就没有 Haar 测度, 而我们已看过很多重要的赋值域的拓扑不是局部紧的.

命题 12.6 (1) 设 K 是局部域或 $\mathbb{R}$ 或 $\mathbb{C}$, α 是 K 的 Haar 测度. 则 $d(ax) = |a|_K dx$.
(2) 设 $a \in F_\mathbb{A}^\times$, dx 是 $F_\mathbb{A}$ 的 Haar 测度. 则 $d(ax) = |a|_\mathbb{A} dx$.

设 K 是局部域或 $\mathbb{R}$ 或 $\mathbb{C}$. K 上酉特征标 $\psi : K \to S^1$ 决定同构 $K \to \hat{K} : a \mapsto \psi_a$, $\psi_a(x) = \psi(ax)$, 于是可考虑 (参考 ψ 的) 自对偶测度.

例 12.7 分两种情形考虑参考标准酉特征标 (例 12.3).
(1) 设 K 是局部域. 若 α 是参考标准酉特征标 $\xi \to e^{2\pi i \Lambda(\xi)}$ 的自对偶测度, 则
$$\alpha(\mathcal{O}_K) = 1/\sqrt{(\mathfrak{N}\mathcal{D}_{K/\mathbb{Q}_p})}.$$
(2) 在实数域 $\mathbb{R}$ 上, 我们取标准酉特征标为 $\xi \to e^{-2\pi i \xi}$, 则自对偶测度是 Lebesque 测度 dx.
(3) 在复数域 $\mathbb{C}$ 上, 我们取标准酉特征标为为 $\xi \to e^{-2\pi i (\xi + \bar{\xi})}$, 这样 $|dx \wedge d\bar{x}|$ 是自对偶测度.

命题 12.8 设 K 是局部域, $\mathcal{O}$ 是 K 的极大紧子环, $\mathfrak{p}$ 是极大理想. 在 K 上取阶为 ν 的酉特征标 $\psi \neq 1$, 在 K 上取 α 为参考 ψ 的自对偶测度. 取 $a \in K^\times$ 使得 $|a|_K = |\mathfrak{p}|_K^\nu$, 则 $\alpha(\mathcal{O}) = |a|_K^{1/2}$. 设函数 ϕ 在 $\mathcal{O}$ 上等于 1, 在 $\mathcal{O}$ 外等于 0. 则 Fourier 变换 $\hat{\phi}(y) = |a|_K^{1/2} \phi(ay)$.

上述两个命题的证明留给读者.

我们需要在加元环和理元群上选定测度.

- 加元环

1. 设对每个 v 选定 F_v 上的 Haar 测度 α_v, 并且要求除有限个 v 外 $\alpha_v(\mathcal{O}_v) = 1$, 于是积测度 $\prod_v \alpha_v$ 在 $F_\mathbb{A}^S$ 上有定义. 显然在 $F_\mathbb{A}$ 上存在 Haar 测度 α, 使得 α 限制在 $F_\mathbb{A}^S$ 上时便是以上定义的积测度 $\prod_v \alpha_v$, 我们亦以 $\prod_v \alpha_v$ 记 α.

命题 12.9 (1) 设 $\hat{\alpha}_v$ 为 α_v 的对偶测度. 则除有限个 v 外 $\hat{\alpha}_v(\mathcal{O}_v) = 1$, 且 $\prod_v \hat{\alpha}_v$ 为 $\alpha = \prod_v \alpha_v$ 的对偶测度.
(2) 如果 α, α_v 为自对偶测度, 则 $\alpha(F_\mathbb{A}/F) = 1$.

若 $F_\mathbb{A}$ 的测度 α 满足条件 $\alpha(F_\mathbb{A}/F) = 1$, 则称 α 为**玉河测度** (Tamagawa measure).

2. 取 $x = u + iv \in \mathbb{C}$, $u, v \in \mathbb{R}$. 则 $dx \wedge d\bar{x} = -2i(du \wedge dv)$. 设 $F_w = \mathbb{C}$, 取 $\beta_w/2$ 为 (u, v) 平面的 Lebesque 测度, 我们记此为 $d\beta_w(x) = |dx \wedge d\bar{x}|$. 若 $F_w = \mathbb{R}$, 取 $d\beta_w(x) = dx$, 即 β_w 为 $\mathbb{R}$ 的 Lebesque 测度. 最后对所有 $v < \infty$, 取 $\beta_v(\mathcal{O}_v) = 1$, 然后

12.1 调和分析

定义 $F_\mathbb{A}$ 上 Haar 测度 β 为 $\prod_v \beta_v$.

命题 12.10 $\beta(F_\mathbb{A}/F) = |\mathfrak{d}_{F/\mathbb{Q}}|^{\frac{1}{2}}$, $\mathfrak{d}_{F/\mathbb{Q}}$ 为 $F/\mathbb{Q}$ 的判别式.

- 理元群

命题 12.11 设 $v < \infty$, α_v 是 F_v 的 Haar 测度. 则 $d\mu_v(x) = \frac{d\alpha_v(x)}{|x|_v}$ 是 $F_v^\times$ 的 Haar 测度, 并且 $\mu_v(U_v) = (1 - \frac{1}{q_v})\alpha_v(\mathcal{O}_v)$, $q_v = |\kappa_v|$.

1. 设对每个 v 选定 $F_v^\times$ 上的 Haar 测度 μ_v, 并且要求除有限个 v 外 $\mu_v(U_v) = 1$, 于是积测度 $\prod_v \alpha_v$ 在 $F_\mathbb{A}^{\times S}$ 上有定义. 显然在 $F_\mathbb{A}^\times$ 上存在 Haar 测度 μ, 使得 μ 限制在 $F_\mathbb{A}^{\times S}$ 时便是以上定义的积测度 $\prod_v \mu_v$, 我们亦以 $\prod_v \mu_v$ 记 μ.

2. 对所有 $v < \infty$, 取 $F_v^\times$ 的 Haar 测度使得 $\gamma_v(U_v) = 1$. 若 $F_w^\times = \mathbb{R}^\times$, 取 $d\gamma_w(x) = \frac{dx}{|x|}$; 若 $F_w^\times = \mathbb{C}^\times$, 取 $d\gamma_w(x) = \frac{|dx \wedge d\bar{x}|}{x\bar{x}}$. 然后定义 $F_\mathbb{A}^\times$ 上 Haar 测度 γ 为 $\prod_v \gamma_v$.

命题 12.12 如上, 在 $F_\mathbb{A}^\times$ 上取 Haar 测度 γ. 设 $m > 1$. $\gamma(\{z \in F_\mathbb{A}/F : 1 \leqslant |z|_\mathbb{A} \leqslant m\}) = c_F \log(m)$, 其中 $c_F = 2^{r_1}(2\pi)^{r_2} h_F R_F / w_F$, w_F 是 F 的单位根个数, R_F 为 F 的调控子, h_F 是 F 的类数, F 有 r_1 个实素位, $2r_2$ 个复素位.

3. 选定无穷素位 $\mathfrak{p}_0$, 设 $T = \{a = (a_\mathfrak{p}) : a_{\mathfrak{p}_0} > 0, a_\mathfrak{p} = 1 \text{ 若 } \mathfrak{p} \neq \mathfrak{p}_0\}$. 由于 $a = |a|b$, $|a| \in T$, $b = a|a|^{-1} \in F_\mathbb{A}^1$, 便得 $F_\mathbb{A}^\times = T \times F_\mathbb{A}^1$, $F_\mathbb{A}^\times$ 的闭子群 T 与 $\mathbb{R}_+^\times$ 同构.

已知 $F_\mathbb{A}^1/F^\times$ 是紧拓扑群, 在 $F_\mathbb{A}^1$ 内可选子集 $\mathscr{E}$ 使得 $F_\mathbb{A}^1 = \bigsqcup_{a \in F^\times} a\mathscr{E}$ (无交并集), $\mathscr{E}$ 称为**基本区** (fundamental domain).

若 $F_w^\times = \mathbb{R}^\times$, 取 $dv_w(x) = \frac{dx}{|x|}$. 若 $F_w^\times = \mathbb{C}^\times$, 取 $dv_w(x) = \frac{|dx \wedge d\bar{x}|}{x\bar{x}} = \frac{2dr d\theta}{r}$. 在 $F_\mathfrak{p}$ 上取参考标准酉特征标 $\xi \to e^{2\pi i \Lambda(\xi)}$ 的自对偶测度 α, 然后在 $F_\mathfrak{p}^\times$ 上取测度

$$dv_\mathfrak{p}(x) = \frac{\mathfrak{N}\mathfrak{p}}{\mathfrak{N}\mathfrak{p} - 1} \frac{d\alpha(x)}{|x|_\mathfrak{p}},$$

于是 $v_\mathfrak{p}(U_\mathfrak{p}) = 1/\sqrt{(\mathfrak{N}\mathcal{D}_{F_\mathfrak{p}/\mathbb{Q}_p})}$, $\prod_{\mathfrak{p} < \infty} \int_{U_\mathfrak{p}} dv_\mathfrak{p} = 1/\sqrt{\mathfrak{d}_{F/\mathbb{Q}}}$.

最后在 $F_\mathbb{A}^\times$ 上定义 Haar 测度 v 为 $\prod_w v_w$. 按 $F_\mathbb{A}^\times = T \times F_\mathbb{A}^1$, 在 T 取测度 $\frac{dt}{t}$, 则积测度决定 $F_\mathbb{A}^1$ 的测度 v^1, 并满足 Fubini 定理

$$\int_{F_\mathbb{A}} f(x)dv(x) = \int_0^\infty \left(\int_{F_\mathbb{A}^1} f(ty)dv^1(y)\right)\frac{dt}{t} = \int_{F_\mathbb{A}^1}\left(\int_0^\infty f(ty)\frac{dt}{t}\right)dv^1(y).$$

命题 12.13 $v(\mathscr{E}) = c_F/\sqrt{\mathfrak{d}_{F/\mathbb{Q}}}$.

12.2 特征标

$\mathbb{C}^\times$ 是非零复数乘法群, 绝对值为 1 的复数乘法群记为 S^1. 称拓扑群 G 的连续同态 $\chi: G \to \mathbb{C}^\times$ 为 G 的**特征标** (character), G 的所有特征标所组成的群记为 $\Pi(G)$. 若 $\chi(G) \subseteq S^1$, 则称 χ 为 G 的**酉特征标** (unitary character). 局部紧交换群 G 的所有酉特征标组成 G 的对偶群 $\hat{G}$. 当 G 是有限群, 特征标是酉特征标.

取 $a \in \mathbb{C}^\times$, $z \mapsto az$ 为 $\mathbb{C}$ 的自同构, 这样把 $\mathbb{C}^\times$ 看作 $\mathbb{C}$ 的自同构群 $GL(1, \mathbb{C})$, 特征标 $\chi: G \to GL(1, \mathbb{C})$ 便是 G 的 1 维表示了.

命题 12.14 设 $G = G_1 \times N$, N 与 $\mathbb{R}$ 或 $\mathbb{Z}$ 同构, G_1 是紧交换群, G 的所有特征标所组成的群记为 $\Pi(G)$, 取 $\Pi_1(G) = \{\chi \in \Pi(G): \chi|_{G_1} = 1\}$.

(1) G_1 的对偶群 $\hat{G}_1$ 同构于 $\{\chi \in \Pi(G): \chi|_N = 1\}$.
(2) $\exists \omega_1 \in \Pi(G)$ 使得 $\omega_1 \neq 1$, $\omega_1(G) \subseteq \mathbb{R}_+^\times$, $\omega \in \Pi(G)$ 唯一决定 $\sigma \in \mathbb{R}$ 使得 $|\omega(g)| = \omega_1(g)^\sigma$.
(3) 对 $s \in \mathbb{C}$, 设 $\omega_s(g) = \omega_1(g)^s$. 则映射 $s \mapsto \omega_s$ 决定群同构 $\mathbb{C} \xrightarrow{\approx} \Pi_1(G)$ (当 $N \cong \mathbb{R}$ 时) 或 $\mathbb{C}/ia\mathbb{Z} \xrightarrow{\approx} \Pi_1(G)$ (当 $N \cong \mathbb{Z}$, $a \in \mathbb{R}_+^\times$ 时).
(4) $\Pi(G) \cong \hat{G}_1 \times \Pi_1(G)$.

局部紧交换群 G_v 关于开紧子群 H_v 的限制直积 $G = \prod_v G_v$. 取 $\chi \in \Pi G$, $g_v \in G_v$. 设 $\chi|_{G_v}(g_v) = \chi((\ldots, 1, 1, \ldots, g_v, 1, \ldots))$.

命题 12.15 (1) 取 $\chi \in \Pi G$. 则 $\chi|_{G_v} \in \Pi(G_v)$, 除有限个 v 外, $\chi|_{H_v} = 1$, 并且 $\chi((a_v)) = \prod_v \chi|_{G_v}(a_v)$.
(2) 设 χ_v 属于 ΠG_v, 并且除有限个 v 外, $(\chi_v)(H_v) = 1$, 定义 $\chi((a_v)) = \prod_v \chi_v(a_v)$. 则 $\chi \in \Pi G$.

如上两个命题的证明留给读者.

12.2.1 局部域的特征标

1. 利用前小节计算局部域的特征标.

(1) 设 K 是局部数域. 记 $U^{(0)} = \mathcal{O} \setminus \mathfrak{p}$, $U^{(n)} = 1 + \mathfrak{p}^n$, $n > 0$. 设 $\omega \in \Pi(K^\times)$. 取 f 是最小整数 $\geqslant 0$ 使得 $\omega|_{U^{(f)}} = 1$, 称 $\mathfrak{p}^f$ 为 ω 的**导子** (conductor).

选 K 的一个素元 π, 以 $\pi^{\mathbb{Z}}$ 记 $\{\pi^n : n \in \mathbb{Z}\}$. 则 $K^\times = U^{(0)} \times \pi^{\mathbb{Z}}$, 于是 $K^\times$ 的特征标群

$$\Pi(K^\times) \cong \widehat{U^{(0)}} \times \Pi_1(K^\times),$$

其中 $\Pi_1(K^\times) = \{\omega \in \Pi(K^\times) : \omega|_{U^{(0)}} = 1\}$.

称 $\Pi_1(K^\times)$ 的元素为主特征标或**无分歧特征标** (unramified character). ω 是无分

12.2 特征标

歧特征标当且仅当 ω 的导子是 $\mathcal{O}$.

(2) $\Pi(\mathbb{R}^\times) = \{x \to x^{-A}|x|^s : A \in \{0,1\}, s \in \mathbb{C}\}$.

(3) $\Pi(\mathbb{C}^\times) = \{x \to x^{-A}\bar{x}^{-B}|x\bar{x}|^s : A,B \in \mathbb{Z}, \inf(A,B) = 0, s \in \mathbb{C}\}$.

2. 计算一些 Fourier 变换.

命题 12.16 K 为局部域, U 为单位元群, $\mathfrak{p}$ 为极大理想.

(1) 在 K 上取阶为 ν 的酉特征标 ψ, 在 K 上取 α 为参考 ψ 的自对偶测度.
(2) 设 $K^\times$ 的特征标 ω 的导子为 $\mathfrak{p}^f, f \geqslant 1$.
(3) 设 $\phi : K \to \mathbb{C}$ 在 U 上等于 ω^{-1}, 在 U 外等于 0.

则 Fourier 变换

$$\widehat{\phi}(y) = c|b|_K^{\frac{1}{2}}\overline{\phi(by)},$$

其中 $b \in K^\times$ 的 $|b| = |\mathfrak{p}|^{\nu+f}$,

$$c = |b|_K^{-\frac{1}{2}}\int_U \omega^{-1}(x)\psi(b^{-1}x)d\alpha(x).$$

命题 12.17 设 $\phi_A(x) = x^A e^{-\pi x^2}$, $x \in \mathbb{R}$, $A = 0$ 或 1. 参考酉特征标 e^{-ax} 的自对偶测度 $d\alpha(x) = |a|^{1/2}dx$ 所定的 Fourier 变换是 $\widehat{\phi_A}(y) = i^{-A}|a|^{1/2}\phi_A(ay)$.

命题 12.18 设 $\phi_n(x) = x^n e^{-2\pi x\bar{x}}$, $x \in \mathbb{C}$, 整数 $n \geqslant 0$. 参考酉特征标 $e^{-ax-\overline{ax}}$ 的自对偶测度 $d\alpha(x) = (a\bar{a})^{1/2}|dx \wedge d\bar{x}|$ 所定的 Fourier 变换是 $\widehat{\phi_n}(y) = i^{-n}(a\bar{a})^{1/2}\overline{\phi_n(ay)}$, $\widehat{\phi_n}(y) = i^{-n}(a\bar{a})^{1/2}\phi_n(ay)$.

如上两个命题的证明留给读者.

12.2.2 理元群的特征标

F 是数域, 首先从拓扑群的限制直积的特征标知, 若 $\omega \in \Pi(F_\mathbb{A}^\times)$, $\omega = \prod_v \omega_v$, 除有限个 v 外 ω_v 无分歧特征标.

分析 $F_\mathbb{A}^\times/F^\times$ 的特征标. 引入 $\omega_1(z) = |z|_\mathbb{A} = = \prod_v |z_v|_v$, 其中 $z = (z_v)$. 由于乘积公式, 我们可以把 $\omega_s = \omega_1^s$, $s \in \mathbb{C}$ 看作 $F_\mathbb{A}^\times/F^\times$ 的特征标, 不难证明有同构

$$\mathbb{C} \xrightarrow{\approx} \Pi_1(F_\mathbb{A}^\times/F^\times) : s \mapsto \omega_s.$$

由 $F_\mathbb{A}^\times/F^\times \cong F_\mathbb{A}^1/F^\times \times \mathbb{R}_+^\times$ 得

$$\Pi(F_\mathbb{A}^\times/F^\times) \cong \widehat{F_\mathbb{A}^1/F^\times} \times \Pi_1(F_\mathbb{A}^\times/F^\times).$$

称 $\Pi_1(F_\mathbb{A}^\times/F^\times)$ 的元素为主特征标或无分歧特征标.

若 ω 的值是代数数, Weil 称 $\omega \in \Pi(F_{\mathbb{A}}^\times/F^\times)$ 为代数特征标或 A 类. 若存在有限扩张 $F/\mathbb{Q}$ 使得 ω 的值都在 F 内, 则称 ω 为 A_0 类. (参见: Weil, On a certain type of characters of the idele class group of an algebraic number field.)

12.2.3 Hecke 特征标

F 是数域, 取整理想 $\mathfrak{m} = \prod_{\mathfrak{p}} \mathfrak{p}^{n_\mathfrak{p}}$, $n_\mathfrak{p} \geq 0$, 在这个表达式中除有限个 $\mathfrak{p}$ 外, 我们取 $n_\mathfrak{p} = 0$.

定义 12.19 称连续同态 $\chi : F_{\mathbb{A}}^\times \to S^1$ 使得 $\chi(F^\times) = 1$ 为 Hecke **特征标**. 若 $\chi(F_{\square}^{\mathfrak{m}}) = 1$, 称 $\mathfrak{m}$ 为 χ 的**定义模** (modulus of definition).

这样 Hecke 特征标 $\chi \in \widehat{C(\mathfrak{m})}$.

因为 $\chi(\prod_{\mathfrak{p}<\infty} U_\mathfrak{p})$ 是 S^1 的全不连通紧子群, 故是有限群, 所以 $\operatorname{Ker}\chi$ 必包含一个子群 $\prod_{\mathfrak{p}<\infty} U_\mathfrak{p}^{(n_\mathfrak{p})}$, 其中除有限个 $\mathfrak{p}$ 外 $n_\mathfrak{p} = 0$, 于是整理想 $\mathfrak{m} = \prod_\mathfrak{p} \mathfrak{p}^{n_\mathfrak{p}}$ 便是 χ 的定义模.

定义 12.20 称连续同态 $\chi : F_{\mathbb{A}}^\times \to S^1$ 使得 $\chi(F_{\mathbb{A}}^{\times\,\mathfrak{m}} F^\times) = 1$ 为模 $\mathfrak{m}$ Dirichlet **特征标**.

在此 $\mathfrak{m}$ 是整理想, 这样 $F_{\mathbb{A}}^{\times\,\mathfrak{m}} = F_\infty^\times \times F_{\square}^{\mathfrak{m}}$, 所以 Dirichlet 特征标是 Hecke 特征标. 因为

$$F_{\mathbb{A}}^\times / F_{\mathbb{A}}^{\times\,\mathfrak{m}} F^\times = C_F/C_F^{\mathfrak{m}} = \mathcal{I}_F^{\mathfrak{m}}/S_F^{\mathfrak{m}} = Cl_F^{\mathfrak{m}},$$

所以模 $\mathfrak{m}$ Dirichlet 特征标是群同态 $\chi : \mathcal{I}_F^{\mathfrak{m}}/S_F^{\mathfrak{m}} \to S^1$.

既然模 $\mathfrak{m}$ 的 Hecke 特征标是群 $C(\mathfrak{m})$ 的特征标, 我们下一步就了解一下 $C(\mathfrak{m})$.

把 $a \in F^\times$ 看作主理元 $(\ldots, a, a, a, \ldots)$, 然后把它写成 $a = a_\infty a_0$, 其中 $a_\infty = (a, \ldots, a, 1, 1, \ldots)$, 意思是在 $\mathfrak{p}|\infty$ 的位置放 a, 其他位置放 1; 另外 $a_0 = (1, \ldots, 1, a, \ldots, a, \ldots)$, 意思是在 $\mathfrak{p}|\infty$ 的位置放 1, 其他位置放 a.

$b \in F_\infty^\times \subset F_{\mathbb{A}}^\times$, 设 $\psi(b) = b^{-1} \bmod F_{\square}^{\mathfrak{m}} F^\times$. 若 $e \in \mathcal{O}_F^{\mathfrak{m}}$, 则 $e_0 \in F_{\square}^{\mathfrak{m}}$, 于是 $e_\infty \equiv e_\infty e_0 \equiv e \equiv 1 \bmod F_{\square}^{\mathfrak{m}} F^\times$, 所以可以定义同态

$$\psi : F_\infty^\times / \mathcal{O}_F^{\mathfrak{m}} \to C(\mathfrak{m}).$$

设 $F^{(\mathfrak{m})} = \{a \in F^\times : (a, \mathfrak{m}) = 1\}$. 取 $a \in F^{(\mathfrak{m})}$, 设 $\hat{a} = (\hat{a}_\mathfrak{p}) \in F_{\mathbb{A}}^\times$, 其中: 若 $\mathfrak{p} \nmid \mathfrak{m}\infty$, $\hat{a}_\mathfrak{p} = a$; 若 $\mathfrak{p} \mid \mathfrak{m}\infty$, $\hat{a}_\mathfrak{p} = 1$. 若 $a \in \mathcal{O}_F$, $a \equiv 1 \bmod \mathfrak{m}$, 则 $a_0 \hat{a}^{-1} \in F_{\square}^{\mathfrak{m}}$. 于是 $\hat{a} a_\infty \equiv a_0 a_\infty \equiv a \equiv 1 \bmod F_{\square}^{\mathfrak{m}} F^\times$, 这样可以定义同态

$$\phi : (\mathcal{O}_F/\mathfrak{m})^\times \to C(\mathfrak{m}) : a \mapsto \hat{a} a_\infty \mod F_{\square}^{\mathfrak{m}} F^\times.$$

由全部 $\mathcal{O}_F$ 的素理想 $\mathfrak{p} \nmid \mathfrak{m}$ 所生成分式理想群 $\mathcal{I}_F$ 的子群记为 $\mathcal{I}_F^{\mathfrak{m}}$. 设 $\mathscr{S}_F^{\mathfrak{m}} = \{x\mathcal{O}_F : x \equiv 1 \bmod \mathfrak{m}_0\}$. 选取 $F_\mathfrak{p}$ 的素元 $\pi_\mathfrak{p}$, 若 $\mathfrak{p} \nmid \mathfrak{m}$, 设 $c(\mathfrak{p}) = (\ldots, 1, 1, \pi_\mathfrak{p}, 1, 1, \ldots)$.

12.2 特征标

扩展 c 为同态

$$c : \mathcal{I}_F^{\mathfrak{m}} \to C(\mathfrak{m}).$$

因为 $\prod_{\mathfrak{p} \nmid \mathfrak{m}} U_{\mathfrak{p}} \subseteq F_{\square}^{\mathfrak{m}}$, c 的定义与 $\{\pi_{\mathfrak{p}}\}$ 的选择无关.

现在定义 $\eta : \mathcal{I}_F^{\mathfrak{m}} \times (\mathcal{O}_F/\mathfrak{m})^\times \times F_\infty^\times / \mathcal{O}_F^{\mathfrak{m}} \to C(\mathfrak{m})$ 为

$$\eta((\mathfrak{a}, a \mod \mathfrak{m}, b \mod \mathcal{O}_F^{\mathfrak{m}})) = c(\mathfrak{a})\phi(a)\psi(b).$$

定义 $\delta(a) = ((a)^{-1}, a \mod \mathfrak{m}, a \mod \mathcal{O}_F^{\mathfrak{m}}) \in \mathcal{I}_F^{\mathfrak{m}} \times (\mathcal{O}_F/\mathfrak{m})^\times \times F_\infty^\times / \mathcal{O}_F^{\mathfrak{m}}$.

命题 12.21 $1 \to F^{(\mathfrak{m})}/\mathcal{O}_F^{\mathfrak{m}} \xrightarrow{\delta} \mathcal{I}_F^{\mathfrak{m}} \times (\mathcal{O}_F/\mathfrak{m})^\times \times F_\infty^\times / \mathcal{O}_F^{\mathfrak{m}} \xrightarrow{\eta} C(\mathfrak{m}) \to 1$ 是正合序列.

证明 (1) η 是满射, 取 $\alpha \mod F_\square^{\mathfrak{m}} F^\times \in C(\mathfrak{m})$. 用逼近定理选 $x \in F^\times$, 使得对 $\mathfrak{p}|\mathfrak{m}$ 有 $(x\alpha)_{\mathfrak{p}} \in U_{\mathfrak{p}}^{(n_{\mathfrak{p}})}$, 故此可以假设 $\alpha_{\mathfrak{p}} \in U_{\mathfrak{p}}^{(n_{\mathfrak{p}})}$. 设 $\mathfrak{a} = \prod_{\mathfrak{p} \nmid \mathfrak{m}\infty} \mathfrak{p}^{\nu_{\mathfrak{p}}(\alpha_{\mathfrak{p}})}$. 则 $c(\mathfrak{a}) = c \mod F_\square^{\mathfrak{m}} F^\times$, 其中 $c = (c_{\mathfrak{p}})$, 对 $\mathfrak{p}|\mathfrak{m}\infty$ 有 $c_{\mathfrak{p}} = 1$, 对 $\mathfrak{p} \nmid \mathfrak{m}\infty$ 有 $c_{\mathfrak{p}} = \pi_{\mathfrak{p}}^{\nu_{\mathfrak{p}}(\alpha_{\mathfrak{p}})} = e_{\mathfrak{p}} \alpha_{\mathfrak{p}}$, $e_{\mathfrak{p}} \in U_{\mathfrak{p}}$, 于是 $c\alpha^{-1}\alpha_\infty \in F_\square^{\mathfrak{m}}$. 现取 $b = \alpha_\infty^{-1}$, 则 $\eta(\mathfrak{a}, 1, b) = cb^{-1} \equiv c\alpha_\infty \equiv \alpha \mod F_\square^{\mathfrak{m}} F^\times$.

(2) 证明 $\eta \circ \delta = 1$. 取 $a \in F^{(\mathfrak{m})}$, 则

$$\eta(\delta(a)) = c((a))^{-1}\phi(a)\psi(a) = \hat{a}^{-1}\hat{a}a_\infty a_\infty^{-1} \mod F_\square^{\mathfrak{m}} F^\times = 1.$$

(3) 证明 $\ker \eta \subset \operatorname{Img} \delta$. 设

$$\eta((\mathfrak{a}, a \mod \mathfrak{m}, b \mod \mathcal{O}_F^{\mathfrak{m}})) = c(\mathfrak{a})\phi(a)\psi(b) = 1.$$

设 $\mathfrak{a} = \prod_{\mathfrak{p} \nmid \mathfrak{m}\infty} \mathfrak{p}^{\nu_{\mathfrak{p}}}$. 则 $c(\mathfrak{a}) = c \mod F_\square^{\mathfrak{m}} F^\times$, 其中 $c = (c_{\mathfrak{p}})$, 并且若 $\mathfrak{p} \nmid \mathfrak{m}\infty$, 则 $c_{\mathfrak{p}} = \pi_{\mathfrak{p}}^{\nu_{\mathfrak{p}}}$, 若 $\mathfrak{p}|\mathfrak{m}\infty$, 则 $c_{\mathfrak{p}} = 1$, 于是 $c\hat{a}a_\infty b^{-1} = dx$, $d \in F_\square^{\mathfrak{m}}$ 和 $x \in F^\times$. 对 $\mathfrak{p} \nmid \mathfrak{m}\infty$, 则 $(c\hat{a}a_\infty b^{-1})_{\mathfrak{p}} = \pi_{\mathfrak{p}}^{\nu_{\mathfrak{p}}} a = d_{\mathfrak{p}} x \in F_{\mathfrak{p}}$, 于是 $\nu_{\mathfrak{p}} = \nu_{\mathfrak{p}}(a^{-1}x)$. 对 $\mathfrak{p}|\mathfrak{m}\infty$, 则 $(c\hat{a}a_\infty b^{-1})_{\mathfrak{p}} = 1 = d_{\mathfrak{p}} x$, 于是 $x \in U_{\mathfrak{p}}^{(n_{\mathfrak{p}})}$. 此外, 由 $(a, \mathfrak{m}) = 1$ 得 $0 = \nu_{\mathfrak{p}} = \nu_{\mathfrak{p}}(a^{-1}x)$, 所以 $\mathfrak{a} = (ax^{-1})$. 由于 $x \in U_{\mathfrak{p}}^{(n_{\mathfrak{p}})}$, $x \equiv 1 \mod \mathfrak{m}$, 所以 $\phi(ax^{-1}) = \phi(a)$. 最后对 $\mathfrak{p}|\infty$ 得 $(c\hat{a}a_\infty b^{-1})_{\mathfrak{p}} = ab_{\mathfrak{p}}^{-1} = x \in F_{\mathfrak{p}}$, 于是 $b = a_\infty x^{-1}$, 这样 $\psi(ax^{-1}) = \psi(b)$, 结论是 $(\mathfrak{a}, a \mod \mathfrak{m}, b \mod \mathcal{O}_F^{\mathfrak{m}}) = \delta(ax^{-1})$.

(4) δ 显然是单射. □

根据上述命题, $C(\mathfrak{m})$ 的特征标对应于 $\mathcal{I}_F^{\mathfrak{m}} \times (\mathcal{O}_F/\mathfrak{m})^\times \times F_\infty^\times / \mathcal{O}_F^{\mathfrak{m}}$ 的特征标 ξ 满足条件 $\xi(\delta(F^{(\mathfrak{m})}/\mathcal{O}_F^{\mathfrak{m}})) = 1$. 这样的 ξ 对应于 $\chi \in \widehat{\mathcal{I}_F^{\mathfrak{m}}}$, $\chi_0 \in \widehat{(\mathcal{O}_F/\mathfrak{m})^\times}$, $\chi_\infty \in \widehat{F_\infty^\times / \mathcal{O}_F^{\mathfrak{m}}}$ 满足条件

$$\chi((a))^{-1}\chi_0(a \mod \mathfrak{m})\chi_\infty(a \mod \mathcal{O}_F^{\mathfrak{m}}) = 1,$$

其中 $a \in F^{(\mathfrak{m})}$. 于是有以下定义.

定义 12.22 设 F 为数域, $\mathfrak{m}$ 为整理想. 由全部 $\mathcal{O}_F$ 的素理想 $\mathfrak{p} \nmid \mathfrak{m}$ 所生成分式理想群 $\mathcal{I}_F$ 的子群记为 $\mathcal{I}_F^{\mathfrak{m}}$. 我们称特征标 $\chi : \mathcal{I}_F^{\mathfrak{m}} \to S^1$ 为模 $\mathfrak{m}$ 的大特征标, 若存在特征标 $\chi_0 : (\mathcal{O}_F/\mathfrak{m})^{\times} \to S^1$, $\chi_\infty : F_\infty^{\times} \to S^1$ 使得

$$\chi((a)) = \chi_0(a)\chi_\infty(a),$$

对 $a \in \mathcal{O}_F$, $(a, \mathfrak{m}) = 1$ 成立.

由 Hecke 特征标 χ 得 $\mathcal{I}_F^{\mathfrak{m}}$ 的特征标

$$\mathcal{I}_F^{\mathfrak{m}} \overset{c}{\to} C(\mathfrak{m}) \overset{\chi}{\to} S^1.$$

由以上讨论我们可得结论: 模 $\mathfrak{m}$ 的 Hecke 特征标是一一对应于模 $\mathfrak{m}$ 的大特征标.

12.3 Z 积分

12.3.1 加元环上的 Fourier 变换

取 $F_{\mathbb{A}}$ 的酉特征标 ψ 满足条件 $\psi(F) = 1$. 利用同构 $F_{\mathbb{A}} \to \widehat{F_{\mathbb{A}}} : y \mapsto \psi_y$, 把对偶群 $\widehat{F_{\mathbb{A}}}$ 看作 $F_{\mathbb{A}}$. 按 12.1.2 节, $F_{\mathbb{A}}$ 上的 Bruhat-Schwartz 函数 f 的 Fourier 变换是

$$\widehat{f}(y) = \int_{F_{\mathbb{A}}} f(x)\psi_y(-x)dx.$$

如果我们如命题 12.5 选 ψ, 引入函数 $\Lambda(x) = \sum_v \Lambda_v(x_v)$, 则

$$\widehat{f}(y) = \int_{F_{\mathbb{A}}} f(x)e^{-2\pi i \Lambda(yx)}dx,$$

Fourier 反演公式是

$$f(x) = \int_{F_{\mathbb{A}}} \widehat{f}(y)e^{2\pi i \Lambda(xy)}dy.$$

命题 12.23 (Poisson 求和公式) 设 $f : F_{\mathbb{A}} \to \mathbb{C}$ 满足条件

(1) f 是 $L^1(F_{\mathbb{A}})$ 内的连续函数.
(2) 由函数 $x \mapsto f(x+\xi)$ 所得无穷级数 $\sum_{\xi \in F} f(x+\xi)$ 在紧集上绝对一致收敛.
(3) $\sum_{\xi \in F} |\widehat{f}(\xi)|$ 收敛.

则

$$\sum_{\xi \in F} f(\xi) = \sum_{\xi \in F} \widehat{f}(\xi).$$

已知 $F_{\mathbb{A}}/F$ 是紧群, 见 [18] 的第 3.5 节.

命题 12.24 设 $f : F_{\mathbb{A}} \to \mathbb{C}$ 满足条件

(1) f 是 $L^1(F_{\mathbb{A}})$ 内的连续函数.
(2) 对任意 $a \in F_{\mathbb{A}}^{\times}$, 由函数 $x \mapsto f(a(x+\xi))$ 所得无穷级数 $\sum_{\xi \in F} f(a(x+\xi))$ 在紧集上绝对一致收敛.
(3) 对任意 $a \in F_{\mathbb{A}}^{\times}$, $\sum_{\xi \in F} |\widehat{f}(a\xi)|$ 收敛.

则
$$\sum_{\xi \in F} f(a\xi) = \frac{1}{|a|_{\mathbb{A}}} \sum_{\xi \in F} \widehat{f}\left(\frac{\xi}{a}\right).$$

证明 显然函数 $g(x) = f(ax)$ 的 Fourier 变换是 $\widehat{g}(x) = 1/|a|_{\mathbb{A}} \widehat{f}(x/a)$, 用 Poisson 求和立得所求. □

注 又称此命题为 Riemann-Roch 定理, 因为把数域换为函数域时便得经典的有限域上代数曲线的 Riemann-Roch 定理.

12.3.2 Euler 乘积

定理 12.25 设 $\Phi = \prod_v \Phi_v$ 为标准函数, $\mu = \prod_v \mu_v$ 为 $F_{\mathbb{A}}^{\times}$ 的 Haar 测度, $\omega = \prod_v \omega_v$ 为 $F_{\mathbb{A}}^{\times}/F^{\times}$ 的特征标, $|\omega| = \omega_\sigma$, $\sigma > 1$. 则积分
$$Z(\Phi, \omega) = \int_{F_{\mathbb{A}}^{\times}} \Phi(z)\omega(z)d\mu(z)$$
绝对收敛, 并且
$$Z(\Phi, \omega) = \prod_v Z_v(\Phi_v, \omega_v),$$
其中 $Z_v(\Phi_v, \omega_v) = \int_{F_v^{\times}} \Phi_v(z)\omega_v(z)d\mu_v(z)$.

12.3.3 Mellin 变换

Mellin 变换最早见于 Riemann 唯一的一篇关于 ζ-函数的文章: B. Riemann, Über die Anzahl der Primzahlen unter einer gegebenen Grösse. Monatsb. der Berliner Akad., 1858/60, 671-80 (= Gesammelte Mathematische Werke. 2nd edn, Teubner, Leipzig, 1982, No VII, 145-55), 这是所有学习数论的人都应该看一看的文章.

参考资料

[1] E. Titchmarsh, Introduction to Theory of Fourier Integrals, Oxford University Press, 1948. §1.5, 1.29, 4.14.
[2] S. J. Patterson, An Introduction to The Theory of Riemann Zeta-Function, Cambridge University Press, 1988, 第 2 章.
[3] B. Davies, Integral Transform and Their Applications, Springer, 1978. 第 12 章.

同时亦可参考以下学习使用的办法

[4] G. Hardy, J. Littlewood, Contributions to the theory of the Riemann zeta-function and the theory of the distribution of primes, *Acta Mathematica* 41 (1): (1916) 119-196.

[5] 潘承洞, 潘承彪, 解析数论基础, 第七章 §2.

[6] H. Montgomery, R. Vaughan, Multiplicative Number Theory I: Classical Theory, Cambridge University Press (2006), §5.1.

先定义 Mellin 变换.

取实数 $\alpha < \beta$, 如果对开区间 (α, β) 内的 σ,

$$\int_{\mathbb{R}_+^\times} |f(t)| t^\sigma \frac{dt}{t} < \infty,$$

则称函数 $f: \mathbb{R}_+^\times \to \mathbb{C}$ 为 (α, β) 型. 如果 f 是 (α, β) 型, 则

$$M(f, s) = \int_{\mathbb{R}_+^\times} f(t) t^s \frac{dt}{t}$$

是复数带 $\{s : \alpha < \mathrm{Re}(s) < \beta\}$ 的解析函数. 称此为 f 的 Mellin 变换.

设连续函数 f 是 (α, β) 型, 并且对开区间 (α, β) 内的 σ, $x \mapsto f(x) x^{\sigma-1}$ 是 $\mathbb{R}_+^\times$ 上有界全变差函数, 则对 $\sigma, \alpha < \sigma < \beta$ 有以下 Mellin 反演公式

$$f(t) = \frac{1}{2\pi i} \int_{\mathrm{Re}(s)=\sigma} M(f, s) t^{-s} ds.$$

例 当 $x \to 0^+$ 时, $e^{-x} = O(x^0)$. 对任意 $b > 0$, 当 $x \to \infty$, $e^{-x} = O(x^{-b})$. 这时 e^{-t} 的 Mellin 变换是经典的 Γ-函数, 是复数带 $\{s : 0 < \mathrm{Re}(s) < \infty\}$ 的解析函数. 作为反演公式, 不难证明, 取 $\beta > 0$, 若 $\sigma_0 > 0$, 则

$$\frac{1}{2\pi i} \int_{\sigma_0-i\infty}^{\sigma_0+i\infty} \Gamma\left(\frac{s}{\beta}\right) y^s ds = \beta e^{-y^{-\beta}}.$$

Mellin 变换实际上是 Fourier 变换, 让我们从 $\mathbb{R}$ 的 Fourier 变换说起. 用西特征标 $x \mapsto e^{-2\pi i x}$ 把对偶群 $\widehat{\mathbb{R}}$ 看作 $\mathbb{R}$, 则 $\mathbb{R}$ 上的 Schwartz 函数 f 的 Fourier 变换是

$$\widehat{f}(y) = \int_{\mathbb{R}} f(x) e^{-2\pi i x y} dx,$$

Fourier 反演公式是

$$f(x) = \int_{\mathbb{R}} \widehat{f}(y) e^{2\pi i y x} dy.$$

现在把加法实数群 $\mathbb{R}$ 变为乘法正实数群 $\mathbb{R}_+^\times$, 这个群的对偶群是 $\{t \mapsto t^{-s} : s \in \mathbb{C}\}$, 于是可把 $\widehat{\mathbb{R}_+^\times}$ 看作 $\mathbb{C}$. 群 $\mathbb{R}_+^\times$ 的 Haar 测度是 $\frac{dt}{t}$. 设连续函数 f 是 $(-\infty, \infty)$ 型, 并且对 σ, $x \mapsto f(x) x^{\sigma-1}$ 是 $\mathbb{R}_+^\times$ 上的绝对可积有界全变差函数. f 的 Fourier 变换是

$$\widehat{f}(s) = \int_{\mathbb{R}_+^\times} f(t) t^s \frac{dt}{t},$$

Fourier 反演公式是
$$f(t) = \frac{1}{2\pi i} \int_{\mathrm{Re}(s)=\sigma} \widehat{f}(s) t^{-s} ds.$$
比较就看出这是 Mellin 变换.

但是更佳的是把 $\mathbb{R}_+^\times$ 看作实李群, 这样 $\mathbb{R}_+^\times$ 的李代数是 $\mathbb{R}$, 指数函数 $\exp: (\mathbb{R}, +) \to (\mathbb{R}_+^\times, \cdot)$. 若有 $f: \mathbb{R}_+^\times \to \mathbb{C}$, 使得 $\tilde{f} = f \circ \exp$ 的 Fourier 变换有定义, 利用 $de^x = e^x dx$, 设 $t = e^x, s = -2\pi i y$, 于是
$$\widehat{\tilde{f}}(y) = \int_\mathbb{R} \tilde{f}(x) e^{-2\pi i x y} dx = \int_\mathbb{R} f(e^x)(e^x)^{-2\pi i y} \frac{d(e^x)}{e^x}$$
$$= \int_{\mathbb{R}_+^\times} f(t) t^s \frac{dt}{t} = M(f, s).$$

如果假设 $\tilde{f}, \widehat{\tilde{f}}$ 满足 Fourier 反演所需条件, 则
$$f(e^x) = \tilde{f}(x) = \int_\mathbb{R} \widehat{\tilde{f}}(y)(e^x)^{2\pi i y} dy.$$

如果函数 $M(f, s)t^{-s}$ 是复数带 $\{s : \alpha < \mathrm{Re}(s) < \beta\}$ 的解析函数, 而 σ_0 是 $\alpha < \sigma_0 < \beta$, 根据 Cauchy 定理, 从 $\sigma_0 + i\infty$ 到 $\sigma_0 - i\infty$ 的积分等于从 $\sigma_0 - i\infty$ 到 $\sigma_0 + i\infty$ 的积分. 做换元 $t = e^x, s = -2\pi i y$,
$$f(t) = \frac{1}{2\pi i} \int_{\sigma_0 - i\infty}^{\sigma_0 + i\infty} M(f, s) t^{-s} ds.$$

Mellin 变换与数论里的函数方程有密切关系, 我们列举两个情形.

(1) 设 f 是 $SL(2, \mathbb{Z})$ 的权 k 尖形式. 用 f 的 Fourier 级数展开来计算它的 Mellin 变换, 所得出来的 Dirichlet 级数 $L(f, s)$ 基本上是 f 的 L-函数. 而 f 作为模形式所满足的变换关系之一: $f(-1/z) = z^k f(z)$ 是对应于 L-函数的函数方程 $L(s) = (-1)^{k/2} L(k-s)$. 进一步, 当尖形式 f 是 Hecke 算子环的特征形式时, 对应的 L-函数便可写成 Euler 乘积, 这是一个基本现象. 后来当 Langlands 要建构自守形式的 L-函数时, 他只能从 Euler 乘积开始, 就是说把自守形式的 L-函数定义为 Euler 乘积. 把局部的 Hecke 算子写为积分算子, 而特征形式就变为球函数, 再取 Mellin 变换便是局部 L-函数, 而自守形式的 L-函数的函数方程便成为 Langlands 对应的决定性质. 参看

[1] A. Ogg, *Modular Forms and Dirichlet Series*, Benjamin, (1969). Chap I, II, V.

[2] C. Bushnell, G. Henniart, *The Local Langlands Conjecture for GL(2)*, Springer, (2006), §33.

(2) 设 $\mathbb{R}$ 上连续函数 f 可积, 并有连续 Fourier 变换 $\widehat{f}$, f 和 $\widehat{f}$ 是有界全变差函数, f 是 (α, β) 型, $\widehat{f}$ 是 $(\hat{\alpha}, \hat{\beta})$ 型, $\alpha < 1 < \beta$, $\hat{\alpha} < 1 < \hat{\beta}$. 若 $\min(\alpha, 1 - \hat{\beta}) < \mathrm{Re}(s) < \max(1 - \hat{\alpha}, \beta)$, 则
$$M(f, s) = \pi^{\frac{1}{2} - s} \Gamma\left(\frac{s}{2}\right) \Gamma\left(\frac{1-s}{2}\right) M(\widehat{f}, 1 - s).$$

可参看第 449 页文献 [2] 的 §2.6.

有了本节作为引言, 下一节就不会陌生了.

12.3.4 积分的函数方程

同构
$$\mathbb{C} \xrightarrow{\approx} \Pi_1(F_\mathbb{A}^\times/F^\times) : s \mapsto \omega_s$$

给出 $\Pi_1(F_\mathbb{A}^\times/F^\times)$ 复结构, 把 $\Pi_1(F_\mathbb{A}^\times/F^\times)$ 看作 $\Pi(F_\mathbb{A}^\times/F^\times)$ 的开子集, 这样便得 $\Pi(F_\mathbb{A}^\times/F^\times)$ 的复流形结构.

在 $F_\mathbb{A}^\times$ 取测度 μ, 在 $\mathbb{R}_+^\times$ 取测度 $\frac{dt}{t}$, 利用 $F_\mathbb{A}^\times = F_\mathbb{A}^1 \times T$ 和 $T \cong \mathbb{R}_+^\times$ 决定 $F_\mathbb{A}^1$ 的测度 μ^1 使得满足积测度 $\mu^1 \times \frac{dt}{t}$. $F^\times$ 是 $F_\mathbb{A}^1$ 的闭离散子群, 可在 $F^\times$ 取测度使集合 $\{1\}$ 的测度 $= 1$, 这在紧交换拓扑群 $F_\mathbb{A}^1/F^\times$ 决定测度 $\dot{\mu}^1$, 使得有拓扑群积分公式

$$\int_{F_\mathbb{A}^1} f(x)dx = \int_{F_\mathbb{A}^1/F^\times} \left(\sum_{\gamma \in F^\times} f(x\gamma) \right) d\dot{\mu}^1(x)$$

(参见 [18] 的命题 2.5.9), 这样 μ 的选择决定了体积 $\dot{\mu}^1(F_\mathbb{A}^1/F^\times)$. 比如我们可以在 $\mu = \prod_v \mu_v$ 选 μ_v 使得 $\dot{\mu}^1(F_\mathbb{A}^1/F^\times) = 1$, 称这样的 μ 为玉河测度 (参见 T. Ono, On Tamagawa numbers, *Proc. Symp. Pure Math.* 9, (1966) 122-132). 此外若在 $F_\mathbb{A}^\times$ 取 μ 为如上玉河测度, 又设测度 γ 如命题 12.12, 则 $\gamma = c_F \mu$.

以下讨论常把 $d\mu(z)$ 写为 dz, 也不区分各个测度, 如把 $\dot{\mu}^1$ 写为 μ.

我们引入 $\mathscr{L}$ 为满足以下条件定义在 $F_\mathbb{A}$ 上的函数集合:

(1) Φ 和 Fourier 变换 $\widehat{\Phi}$ 是 $L^1(F_\mathbb{A})$ 内的连续函数.
(2) 由函数 $(a, x) \mapsto \Phi(a(x+\xi))$ 所得无穷级数 $\sum_{\xi \in F} \Phi(a(x+\xi))$ 在紧集 $C(\subset F_\mathbb{A}^\times \times F_\mathbb{A})$ 上绝对一致收敛, 级数 $\sum_{\xi \in F} \widehat{\Phi}(a(x+\xi))$ 满足同样条件.
(3) 对 $\sigma > 1$, $\Phi(a)|a|^\sigma$ 和 $\widehat{\Phi}(a)|a|^\sigma$ 都属于 $L^1(F_\mathbb{A}^\times)$.

常称 $\mathscr{L}$ 内的函数 Φ 为可容函数. 标准函数为可容函数.

定理 12.26 取 $\Phi \in \mathscr{L}$, $\omega \in \Pi(F_\mathbb{A}^\times/F^\times)$. 设 $|\omega| = \omega_\sigma$, $\sigma > 1$. 定义

$$Z(\Phi, \omega) = \int_{F_\mathbb{A}^\times} \Phi(z)\omega(z)d\mu(z).$$

$Z(\Phi, \omega)$ 除了有单极在 ω_0, ω_1 外, 在复流形 $\Pi(F_\mathbb{A}^1/F^\times)$ 上是解析函数. 它在极点 ω_0 的留数是 $-\mu(F_\mathbb{A}^1/F^\times)\Phi(0)$, 在极点 ω_1 的留数是 $\mu(F_\mathbb{A}^1/F^\times)\widehat{\Phi}(0)$. 设 $\omega^\vee(a) = |a|\omega^{-1}(a)$, $\widehat{\Phi}$ 是在 $F_\mathbb{A}$ 上的 Fourier 变换. $Z(\Phi, \omega)$ 有函数方程

$$Z(\Phi, \omega) = Z(\widehat{\Phi}, \omega^\vee).$$

12.3 Z 积分

证明

$$Z(\Phi,\omega) = \int_{F_{\mathbb{A}}^\times} \Phi(a)\omega(a)da = \int_0^\infty \left(\int_{F_{\mathbb{A}}^1} \Phi(tb)\omega(tb)db\right)\frac{dt}{t} = \int_0^\infty Z_t(\Phi,\omega)\frac{dt}{t},$$

$$Z_t(\Phi,\omega) = \int_{F_{\mathbb{A}}^1} \Phi(tb)\omega(tb)db.$$

引理 12.27

$$Z_t(\Phi,\omega) + \Phi(0)\int_{F_{\mathbb{A}}^1/F^\times} \omega(tb)db = Z_{\frac{1}{t}}(\widehat{\Phi},\omega^\vee) + \widehat{\Phi}(0)\int_{F_{\mathbb{A}}^1/F^\times} \omega^\vee\left(\frac{1}{t}b\right)db.$$

证明 (1) 按拓扑群积分公式

$$Z_t(\Phi,\omega) = \int_{F_{\mathbb{A}}^1/F^\times} \sum_{\alpha \in F^\times} \Phi(\alpha tb)\omega(tb)db,$$

于是

$$\int_{F_{\mathbb{A}}^1/F^\times} \sum_{\alpha \in F} \Phi(\alpha tb)\omega(tb)db = Z_t(\Phi,\omega) + \Phi(0)\int_{\mathscr{E}} \omega(tb)db.$$

(2) 用 Riemann-Roch

$$\int_{F_{\mathbb{A}}^1/F^\times} \sum_{\alpha \in F} \Phi(\alpha tb)\omega(tb)db = \int_{F_{\mathbb{A}}^1/F^\times} \sum_{\alpha \in F} \widehat{\Phi}\left(\frac{\alpha}{tb}\right)\frac{1}{|tb|}\omega(tb)db$$

$$= \int_{F_{\mathbb{A}}^1/F^\times} \sum_{\alpha \in F} \widehat{\Phi}\left(\alpha\frac{1}{t}b\right)\omega^\vee\left(\frac{1}{t}b\right)db.$$

(3) 对最后的积分用 (1) 的结果得所求公式的右边. □

$$\int_{F_{\mathbb{A}}^1/F^\times} \omega(tb)db = \omega(t)\int_{F_{\mathbb{A}}^1/F^\times} \omega(b)db.$$

若 ω 在 $F_{\mathbb{A}}^1/F^\times$ 上不恒等于 1, 则积分 $=0$, 否则 $\omega \in \Pi_1(F_{\mathbb{A}}^1/F^\times)$, 即 $\omega(t) = |t|^s = t^s$, 于是 $\int_{F_{\mathbb{A}}^1/F^\times} \omega(tb)db = t^s \mu(F_{\mathbb{A}}^1/F^\times)$.

$$Z(\Phi,\omega) = \int_0^1 + \int_1^\infty Z_t(\Phi,\omega)\frac{dt}{t},$$

用前面引理

$$\int_0^1 Z_t(\Phi,\omega)\frac{dt}{t} = \int_0^1 Z_{\frac{1}{t}}(\widehat{\Phi},\omega^\vee) + \delta(\omega),$$

其中

$$\delta(\omega) = \mu(F_{\mathbb{A}}^1/F^\times)\int_0^1 \left(\widehat{\Phi}(0)\left(\frac{1}{t}\right)^{1-s} - \Phi(0)t^s\right)\frac{dt}{t} = \mu(F_{\mathbb{A}}^1/F^\times)\left(\frac{\widehat{\Phi}(0)}{s-1} - \frac{\Phi(0)}{s}\right).$$

若 $\omega \in \Pi_1(F_{\mathbb{A}}^1/F^\times)$, 否则 $\delta(\omega) = 0$.

总结
$$Z(\Phi,\omega) = \int_1^\infty \left(Z_t(\Phi,\omega) + Z_t(\widehat{\Phi},\omega^\vee)\right) \frac{dt}{t} + \delta(\omega).$$

下一步我们指出积分
$$\int_1^\infty Z_t(\Phi,\omega)\frac{dt}{t} = \int_{a \in F_{\mathbb{A}}^\times : |a|_{\mathbb{A}} \geqslant 1} \Phi(z)\omega(z)d\mu(z)$$

对所有 ω 都绝对收敛. 这样从总结我们看到, $Z(\Phi,\omega)$ 除了有单极在 ω_0, ω_1 外, 在复流形 $\Pi(F_{\mathbb{A}}^1/F^\times)$ 上是解析函数. 在极点的留数如定理所示.

留意 $\omega(a) = |a|^s$, $\omega^\vee(a) = |a|^{1-s}$. 总结的公式右边在改变 $(\Phi,\omega) \to (\widehat{\Phi}, \omega^\vee)$ 时不变, 所以立刻得函数方程

$$Z(\Phi,\omega) = Z(\widehat{\Phi},\omega^\vee).$$
□

12.4 Hecke L-函数

12.4.1 标准函数的 Fourier 变换

F 为数域, 取 $F_{\mathbb{A}}/F$ 的酉特征标 $\psi \neq 1$, $\nu(v)$ 是 ψ_v 的阶, 以 $\mathfrak{p}_v$ 记 F_v 的整数环的极大理想, 取 $a_v \in \mathfrak{p}_v^{\nu(v)} \setminus \mathfrak{p}_v^{\nu(v)+1}$. 对实素位 v, 设 $\psi_v(x) = e^{-2\pi i a_v x}$. 对复素位 v, 设 $\psi_v(x) = e^{2\pi i(-a_v x - \overline{a_v x})}$. 以 a_ψ 记 $(a_v) \in F_{\mathbb{A}}^\times$, a_ψ 是由 $\mathrm{mod} \prod U_v$ 决定的, $|a_\psi|_{\mathbb{A}} = |\mathfrak{d}_{F/\mathbb{Q}}|^{-1}$.

在 F_v 取参考 ψ_v 的自对偶测度 α_v, 设 $\alpha = \prod \alpha_v$.

取 $F_{\mathbb{A}}^\times/F^\times$ 的特征标 ω, 则 $|\omega| = w_\sigma$, $\sigma \in \mathbb{R}$. 对 $v < \infty$, 将 ω 限制在 $F_v^\times$ 得到的特征标记为 ω_v, 以 $f(v)$ 记 ω_v 的导子. 若 $f(v) = 0$, 则 $\omega_v(x) = |x|_v^{s_v}$, $s_v = \sigma + it_v$. 若 $F_v = \mathbb{R}$, 则可取 $\omega_v(x) = x^{-N_v}|x|^{s_v}$, $N_v = 0,1$, $s_v = (N_v + \sigma) + it_v$. 若 $F_v = \mathbb{C}$, 则可取 $\omega_v(x) = x^{-A}\bar{x}^{-B}(x\bar{x})^{s_v}$, $\inf\{A,B\} = 0$, $\sup\{A,B\} = N_v$, $s_v = (\frac{N_v}{2} + \sigma) + it_v$.

给出 $F_{\mathbb{A}}/F$ 的酉特征标 ψ 和 $F_{\mathbb{A}}^\times/F^\times$ 的特征标 ω.

(1) 按以下取 $b = (b_v) \in F_{\mathbb{A}}^\times$. 若 $v|\infty$, 则取 $b_v = a_v$. 若 $v < \infty$, 则在 $\mathfrak{p}_v^{f(v)} \setminus \mathfrak{p}_v^{f(v)+1}$ 取 $b_v a_v^{-1}$.

(2) 若 $v|\infty$, 则取 $c_v = i^{-N_v}$. 若 $v < \infty$ 和 $f(v) = 0$, 则取 $c_v = 1$. 若 $v < \infty$ 和 $f(v) > 0$, 则取
$$c_v = |b_v|_v^{-\frac{1}{2}} \int_{U_v} \omega_v^{-1}(x)\psi_v(b_v^{-1}x)d\alpha_v(x).$$

设 $c = \prod c_v$.

12.4 Hecke L-函数

如上取 $F_\mathbb{A}^\times/F^\times$ 的特征标 ω. 若 $F_v = \mathbb{R}$, 取 $\Phi_v(x) = x^{N_v} e^{-\pi x^2}$. 若 $F_v = \mathbb{C}$, 取 $\Phi_v(x) = x^A \bar{x}^B e^{-2\pi x \bar{x}}$. 若 $v < \infty$, ω_v 的导子 $f(v) = 0$, 取 $\Phi_v(x)$ 为 $\mathcal{O}_v$ 的特征函数. 若 $v < \infty$, ω_v 的导子 $f(v) > 0$, 取 $\Phi_v(x)$ 为 U_v 的特征函数乘 ω^{-1}, 称 $\Phi_\omega = \prod_v \Phi_v$ 为附属于 ω 的标准函数. 显然

(1) $\Phi_\omega = \Phi_{\omega \omega_s}$, $\forall s \in \mathbb{C}$.
(2) $\overline{\Phi_\omega} = \Phi_{\bar\omega} = \Phi_{\omega^{-1}} = \Phi_{\omega_1 \omega^{-1}}$.

由命题 12.7, 12.16, 12.17, 12.18 得

命题 12.28 附属于特征标 ω 的标准函数 Φ_ω 的 Fourier 变换是

$$\widehat{\Phi_\omega}(y) = c|b|_\mathbb{A}^{\frac{1}{2}} \overline{\Phi_\omega(by)}.$$

12.4.2 计算局部积分

附属于特征标 $\omega = \prod_v \omega_v$ 的标准函数 $\Phi_\omega = \prod_v \Phi_v$, 计算

$$Z_v(\Phi_v, \omega_v) = \int_{F_v^\times} \Phi_v(z) \omega_v(z) d\gamma_v(z).$$

(1) v 是实素位,

$$Z_v(\Phi_v, \omega_v) = \int_{\mathbb{R}^\times} e^{-\pi x^2} |x|^s \frac{dx}{|x|} = \pi^{-\frac{s}{2}} \Gamma\left(\frac{s}{2}\right).$$

(2) v 是复素位,

$$Z_v(\Phi_v, \omega_v) = \int_{\mathbb{C}^\times} e^{-2\pi x \bar{x}} (x\bar{x})^s \frac{|dx \wedge d\bar{x}|}{x \bar{x}} = (2\pi)^{1-s} \Gamma(s).$$

(3) $v < \infty$, $f(v) > 0$,

$$Z_v(\Phi_v, \omega_v) = \int_{U_v} d\gamma_v = 1.$$

(4) $v < \infty$, $f(v) = 0$, $\omega_v(x) = |x|_v^{s_v}$, $\mathrm{ch}_{\mathcal{O}_v}$ 是 $\mathcal{O}_v$ 的特征函数,

$$Z_v(\Phi_v, \omega_v) = \int_{F_v^\times} \mathrm{ch}_{\mathcal{O}_v}(x) |x|_v^s d\gamma(x) = (1 - q_v^{-s_v})^{-1}.$$

如果 $Z(\Phi, \omega) = \int_{F_\mathbb{A}^\times} \Phi(z) \omega(z) d\mu(z)$ 中的 μ 是玉河测度, 则

$$Z(\Phi, \omega) = c_F^{-1} \int_{F_\mathbb{A}^\times} \Phi(z) \omega(z) d\gamma(z) = c_F^{-1} \prod_v Z_v(\Phi_v, \omega_v).$$

12.4.3 函数方程

取 $F_\mathbb{A}^\times/F^\times$ 的特征标 $\omega = \prod_v \omega_v$, $\mathfrak{f}(v)$ 是 ω_v 的导子, 称 $\mathfrak{f}(\omega) = \prod \mathfrak{p}_v^{\mathfrak{f}(v)}$ 为 ω 的导子.

若 $\mathfrak{p}_v|\mathfrak{f}$, 取 $L_v(s,\omega) = 1$. 若 $\mathfrak{p}_v \nmid \mathfrak{f}$, 取 $L_v(s,\omega) = (1 - \omega(\pi_v)q_v^{-s})^{-1}$. 设 $L(s,\omega) = \prod_{v<\infty} L_v(s,\omega)$.

记
$$\Gamma_\mathbb{R}(s) = \pi^{-s/2}\Gamma(s/2), \quad \Gamma_\mathbb{C}(s) = (2\pi)^{1-s}\Gamma(s),$$

复数 s_w 由 ω_w 给出 (12.4.1 节). 取 $L_\infty(s,\omega) = \prod_{w|\infty} L_w(s,\omega)$, 其中

$$L_w(s,\omega) = \begin{cases} \Gamma_\mathbb{C}(s+s_w), & \text{若 } F_w = \mathbb{C}, \\ \Gamma_\mathbb{R}(s+s_w), & \text{若 } F_w = \mathbb{R}. \end{cases}$$

定义完全 Hecke L-函数为
$$\Lambda(s,\omega) = \left(|\mathfrak{d}_{F/\mathbb{Q}}|\mathfrak{N}(\mathfrak{f}(\omega))\right)^{\frac{s}{2}} L_\infty(s,\omega)L(s,\omega).$$

定理 12.29 F 为数域, 选定 $F_\mathbb{A}/F$ 的酉特征标 $\psi \neq 1$, 取 $F_\mathbb{A}^\times/F^\times$ 的特征 ω, 设 $\mathfrak{f}(\omega)$ 为 ω 的导子. 假设 ω 不是无分歧特征标, 则 $\Lambda(s,\omega)$ 是 s 的解析函数, 并且满足以下函数方程
$$\Lambda(s,\omega) = W(\omega)\Lambda(1-s,\omega^{-1}),$$

其中 $W(\omega) = c\omega(b)$, b, c 由 ψ 和 ω 决定, 如命题 12.28.

证明 (1) 取附属于特征标 ω 的标准函数 Φ_ω 的 Z 积分 $Z(\Phi_\omega,\omega)$. 按定理 12.26 有 Z 积分函数方程
$$Z(\Phi_\omega,\omega) = Z(\widehat{\Phi_\omega},\omega_1\omega^{-1}).$$

右边当 $\sigma < 0$ 时收敛.

(2) 由命题 12.28
$$\begin{aligned} Z(\widehat{\Phi_\omega},\omega_1\omega^{-1}) &= c|b|_\mathbb{A}^{\frac{1}{2}} Z(\Phi_{\bar\omega}(b\bullet),\omega_1\omega^{-1}) \\ &= c|b|_\mathbb{A}^{\frac{1}{2}} \int_{F_\mathbb{A}^\times} \Phi_{\bar\omega}(bz)\omega_1(z)\omega^{-1}(z)d\mu(z) \quad (z \to b^{-1}z) \\ &= c|b|_\mathbb{A}^{-\frac{1}{2}}\omega(b) Z(\Phi_{\omega_1\omega^{-1}},\omega_1\omega^{-1}), \end{aligned}$$

于是
$$Z(\Phi_\omega,\omega) = c|b|_\mathbb{A}^{-\frac{1}{2}}\omega(b) Z(\Phi_{\omega_1\omega^{-1}},\omega_1\omega^{-1}).$$

(3) 用 Z 积分 Euler 乘积, 根据定理 12.25 和 12.4.2 节,
$$Z(\Phi_\omega,\omega) = c_F^{-1} \prod_{w\text{复}} \Gamma_\mathbb{C}(s) \prod_{w\text{实}} \Gamma_\mathbb{R}(s) \prod_{\mathfrak{p}_v\nmid\mathfrak{f}} (1-\omega(\pi_v)q_v^{-s})^{-1}.$$

在前一公式把 ω 换为 $\omega_s\omega$, 左边 Φ_ω 不变, 右边无穷积在 $\mathrm{Re}(s) = 1 - \sigma$ 绝对收敛, 根据定理 12.26 可以解析延拓右边,
$$Z(\Phi_\omega, \omega_s\omega) = c_F^{-1} L_\infty(s,\omega) L(s,\omega).$$

(4) 在 (2) 最后的公式中, 把 ω 换为 $\omega_s\omega$,
$$Z(\Phi_\omega, \omega_s\omega) = c|b|_{\mathbb{A}}^{s-\frac{1}{2}} \omega(b) Z(\Phi_{\omega^{-1}}, \omega_{1-s}\omega^{-1}).$$

代入 (3) 的公式和 a, b 的选择便得所求. $\square$

12.5 Artin L-函数

12.5.1 局部 Galois 表示

有限群 G 的复群代数 $\mathbb{C}[G]$ 上有内积
$$\langle x, y \rangle = \frac{1}{|G|} \sum_{g \in G} x(g)\overline{y(g)}, \quad x, y \in \mathbb{C}^G$$
(见 §0.9.4).

有限群 G 的表示是指群同态 $\pi: G \to GL(V)$, 其中 V 是复数域 $\mathbb{C}$ 上的有限维向量空间, $GL(V)$ 是 V 上的线性自同构所组成的群. 记 $V^G = \{v \in V: \pi(g)v = v, \forall g \in G\}$.

平凡表示 $\rho: G \to GL(V)$ 是指: $\dim V = 1$, 对 $\sigma \in G$ 有 $\rho(\sigma) = 1$. 这个表示的特征标是常值 1-函数 $\mathbb{1}_G$, 即 $\mathbb{1}_G(g) = 1$.

以 χ^π 记 π 的特征标.

(1) G 的两个表示 π, π' 等价当且仅当 $\chi^\pi = \chi^{\pi'}$.

(2) 设 π 和 π' 是不可约表示, 则有正交关系
$$\langle \chi^\pi, \chi^{\pi'} \rangle = \begin{cases} 1, & \text{若 } \chi^\pi = \chi^{\pi'}, \\ 0, & \text{若 } \chi^\pi \neq \chi^{\pi'}. \end{cases}$$

(3) 任一表示 π 可分解为有限个不可约表示的直和 $\pi = \oplus_i \pi_i$, 此时 $\chi^\pi = \sum_i \chi^{\pi_i}$. 若 π' 是不可约表示, 根据 (2), 则 $\langle \chi^\pi, \chi^{\pi'} \rangle$ 等于 $|\{\pi_i: \pi_i \equiv \pi'\}|$. 现取 π' 为平凡表示, 则
$$\frac{1}{|G|} \sum_{g \in G} \chi(g) = \dim V^G.$$

(4) V 的线性函数组成对偶空间 V^*. 由表示 $\pi: G \to GL(V)$ 得逆步表示 $\pi^\vee: G \to GL(V^*)$, $\pi^\vee(g) := \pi(g^{-1})^T$, 即取 $f \in V^*$, 则
$$(\pi^\vee(g)f)(v) = f(\pi(g^{-1})v).$$

逆步表示的特征标 $\chi^{\pi^\vee} = \overline{\chi^\pi}$.

作为例子我们给出如下证明. 取 $g \in G$, 因为 $\pi(g)$ 是有限阶, 所以可对角化. 取 $\pi(g)$ 的特征根 $\{v_1, \ldots, v_d\}$ 为 V 的基. 设 $\pi(g)v_i = \lambda_i v_i$, 于是 $\pi(g^{-1})v_i = \lambda_i^{-1} v_i$. 设 $\{v_1^*, \ldots, v_d^*\}$ 为对偶基, 由转置矩阵的性质得 $\pi^\vee(g)v_i^* = \pi(g^{-1})^T v_i^* = \lambda_i^{-1} v_i$, 于是 $\chi^{\pi^\vee}(g) = \sum \lambda_i^{-1}$. 但 λ_i 是单位根, 故 $\lambda_i^{-1} = \overline{\lambda_i}$, 所以 $\chi^{\pi^\vee}(g) = \overline{\chi^\pi(g)}$.

有限群 G 以群乘积作用在它的复群代数 $\mathbb{C}[G]$ 上, 这样得来的 G 的表示称为 G 的正则表示, 以 r_G 记此表示的特征标. 设 $u_G = r_G - \mathbb{1}_G$, 亦称 r_G 为正则特征标, u_G 为增广特征标, 容易算出 $r_G(1) = |G|$, $s \neq 1 \Rightarrow r_G(s) = 0 \Rightarrow u_G(s) = -1$.

正则表示是作用在 G 模 $V = \mathbb{C}[G] = \{\sum_{\tau \in G} x_\tau \tau : x_\tau \in \mathbb{C}\}$. 有分解 $V = V_0 \oplus V_u$, 其中 $V_0 = \mathbb{C}\sum_{\sigma \in G} \sigma$ 是平凡表示, 特征标是 $\mathbb{1}_G$; $V_u = \{\sum_{\sigma \in G} x_\sigma \sigma : \sum_\sigma x_\sigma = 0\}$ 是增广表示, 特征标是 u_G.

设 $\alpha : H \to G$ 是有限群的同态, $\phi : G \to \mathbb{C}$ 和 $\psi : H \to \mathbb{C}$ 是类函数. 则存在类函数 $\alpha^*(\phi), \alpha_*(\psi)$ 使得以下 Frobenius 等式

$$\langle \phi, \alpha_* \psi \rangle = \langle \alpha^* \phi, \psi \rangle$$

成立. 当 H 是 G 的子群, α 是包含同态时, 以 $\text{Ind}_H^G \psi$ 或 $_*\psi$ 记诱导特征标 $\alpha_*\psi$, 并且对 $s \in G$ 有

$$_*\psi(s) = \sum_{t \in G/H} \psi(tst^{-1}),$$

其中, 若 $tst^{-1} \notin H$, 取 $\psi(tst^{-1}) = 0$. 特别是当 $H \triangleleft G$, $s \in H$ 时, $_*\psi(s) = \psi(s)|G/H|$, $_*u_H(s) = -|G/H|$, 其中 u_H 是 H 的增广特征标.

设 $\phi(H) = \frac{1}{|H|} \sum_{t \in H} \phi(t)$. 则由 $u_H = r_H - \mathbb{1}_H$ 得

$$\phi(H) = \langle \phi|_H, \mathbb{1}_H \rangle, \quad \langle \phi, _*u_H \rangle = \phi(1) - \phi(H).$$

设 K 为完备离散赋值域, L/K 为有限 Galois 扩张. 记 $G = \text{Gal}(L/K)$, $f = f_{L|K} = [\kappa_L : \kappa_K]$, 下分歧群 G_i 的阶记为 g_i.

定义 12.30 设 $a_G(1) = f \sum_{s \neq 1} i_G(s)$. 若 $s \in G, s \neq 1$, 则设 $a_G(s) = -f i_G(s)$.

显然 a_G 是 G 的类函数.

命题 12.31 (1) $a_G = \sum_{i=0}^\infty \frac{g_i}{g_0}(_*u_{G_i})$.
(2) 设 χ^π 为表示 $\pi : G \to GL(V)$ 的特征标. 则 $\langle \chi^\pi, a_G \rangle$ 是非负有理数.
(3) 设 χ 为 G 的次数 1 的特征标. 若 $\chi = \mathbb{1}_G$, 取 $c_\chi = -1$, 否则取 c_χ 为最大整数使得 $\chi|_{G_{c_\chi}}$ 不是单位特征, 则

$$\langle \chi, a_G \rangle = 1 + \phi_{L/K}(c_\chi).$$

(4) 设 χ 为 G 的次数 1 的特征标，H 为 χ 的核，K' 为 H 的固定域. 若 $H = G$, 取 $c'_\chi = -1$, 否则 c'_χ 为最大整数使得 $(G/H)_{c'_\chi} \neq 1$, 则 $\langle \chi, a_G \rangle = 1 + \phi_{K'/K}(c'_\chi)$ 是 $\geqslant 0$ 的整数.

证明 (1) 若 $s \notin G_i$, 则 $_*u_{G_i}(s) = 0$; 若 $1 \neq s \in G_i$, 则 $_*u_{G_i}(s) = -g/g_i = -fg_0/g_i$. 对 $s \in G_k - G_{k+1}$, 若 $i \geqslant k+1$, 则 $_*u_{G_i}(s) = 0$; 若 $i \leqslant k$, 则 $_*u_{G_i}(s) = -fg_0/g_i$. 于是右边的和 $\sum_{i=0}^{\infty}$ 是 $-f(k+1)$, 这正好是 $a_G(s)$.

另一方面，$\langle \mathbb{1}_G, a_G \rangle = 0$. 按 Frobenius 等式，$\langle \mathbb{1}_G, _*u_{G_i} \rangle = \langle \mathbb{1}_{G_i}, u_{G_i} \rangle = 0$, 于是得题中等式在 $s = 1$ 时成立.

(2) 我们有 $\chi^\pi(1) = \dim V$, 设 $V^H = \{v \in V : \pi(h)v = v, h \in H\}$. 则 $\chi^\pi(G_i) = \dim(V^{G_i})$, 然后用 (1), 可得结论.

(3) 若 $i \leqslant c_\chi$ 则 $\chi(G_i) = 0$, 于是 $\chi(1) - \chi(G_i) = 1$; 若 $i > c_\chi$ 则 $\chi(G_i) = 1$, 于是 $\chi(1) - \chi(G_i) = 0$. 然后用 (1).

(4) 按命题 10.36 (3) 得 $c'_\chi = \phi_{L/K}(c_\chi)$, 再用同命题之 (4) 得所求公式. 由于 G/H 是交换，于是根据 Hasse-Arf 定理可知 $\phi_{K'/K}(c'_\chi)$ 是整数. $\square$

命题 12.32 $\mathfrak{d}_{L/K}$, $\mathscr{D}_{L/K}$ 分别记扩张 L/K 的判别式和差别式. 设 H 是 G 的子群，K' 是 H 的固定域，ψ 是 H 的表示的特征标.

(1) $a_G|_H = v_K(\mathfrak{d}_{K'/K})r_H + f_{K'/K}a_H$.
(2) $\langle _*\psi, a_G \rangle = v_K(\mathfrak{d}_{K'/K})\psi(1) + f_{K'/K}\langle \psi, a_H \rangle$.

证明 (2) 可由 (1) 证得，余下证明 (1). 取 $s \neq 1, s \in H$. 则
$$a_G(s) = -f_{L|K}i_G(s), \quad a_H(s) = -f_{L|K'}i_H(s), \quad r_H(s) = 0,$$
于是题中等式成立.

取 $s = 1$, 则 $a_G(1) = f_{L|K}v_L(\mathscr{D}_{L|K}) = v_K(\mathfrak{d}_{L|K})$, 同理得 $a_H(1) = v_{K'}(\mathfrak{d}_{L|K'})$. 但由判别式性质 $\mathfrak{d}_{L|K} = (\mathfrak{d}_{K'|K})^{[L:K']} \cdot N_{K'|K}(\mathfrak{d}_{L|K'})$, 便得题中所求. $\square$

定理 12.33 (1) 对 G 的表示的特征标 χ, $\langle \chi, a_G \rangle$ 为非负整数.
(2) 存在 G 的表示 $\alpha : G \to GL(V)$, 使得 a_G 是表示 α 的特征标.

证明 由命题 12.31 (2) 知 $\langle \chi, a_G \rangle$ 是非负有理数. 现用 Brauer 定理 (定理 0.51) 把 χ 写成 $\chi = \sum n_{i*}\chi_i, n_i \in \mathbb{Z}$, 其中 χ_i 是子群 H_i 的次数 1 的特征标. 于是只需要证明: 当 χ 是子群的次数 1 的特征标时，$\langle _*\chi, a_G \rangle$ 是整数. 但按命题 12.31 (4) $\langle \chi, a_G \rangle$ 是整数，然后用 12.32 (2) 得结论 $\langle _*\chi, a_G \rangle$ 是整数. $\square$

说明 12.34 称 α 为 Artin 表示.

设 $sw_G = a_G - u_G$. 利用以上结果亦可以证明 sw_G 是 G 的一个表示 σ 的特征标. 称 α 为 Swan 表示.

这样我们知道这些表示的特征标，却没有人构造出 Artin 表示和 Swan 表示.

12.5.2 导子

取 E/F 是数域的有限 Galois 扩张, 记 $\mathrm{Gal}(E/F)$ 为 G. 取 F 的素理想 $\mathfrak{p}$, $\mathfrak{P}$ 为 E 的素理想使 $\mathfrak{P}|\mathfrak{p}$. 取完备化得 Galois 扩张 $E_\mathfrak{P}/F_fp$, 分解群 $D_\mathfrak{P}$ 同构于 $\mathrm{Gal}(E_\mathfrak{P}/F_fp)$.

把前一段所定义的函数 $a_{\mathrm{Gal}(E_\mathfrak{P}/F_fp)}$ 看作 $D_\mathfrak{P}$ 的函数, 然后在 $D_\mathfrak{P}$ 之外取零值便得 G 的函数, 记为 $a_\mathfrak{P}$. 设
$$a_\mathfrak{p} = \sum_{\mathfrak{P}|\mathfrak{p}} a_\mathfrak{P}.$$
则 $a_\mathfrak{p} = \mathrm{Ind}_{D_\mathfrak{P}}^G a_\mathfrak{P}$. 存在 $\mathrm{Gal}(E/F)$ 的表示 $\alpha_\mathfrak{p}$, 使得它的特征标是 $a_\mathfrak{p}$.

对 G 的表示的特征标 χ, 设 $f_\mathfrak{p}(\chi) = \langle \chi, a_\mathfrak{p} \rangle = \langle \chi|_{D_\mathfrak{P}}, a_\mathfrak{p} \rangle$. 显然若 $\mathfrak{p}$ 是无分歧的, $f_\mathfrak{p}(\chi) = 0$. 这样便可以定义

定义 12.35 Galois 群 $\mathrm{Gal}(E/F)$ 的表示的特征标 χ 的**导子** (conductor) 是
$$\mathfrak{f}(\chi) = \prod_\mathfrak{p} \mathfrak{p}^{f_\mathfrak{p}(\chi)}.$$

亦记导子为 $\mathfrak{f}(\chi, E/F)$.

利用上节 a_G 的性质不难得以下命题.

命题 12.36 (1) $\mathfrak{f}(\chi + \chi') = \mathfrak{f}(\chi) \cdot \mathfrak{f}(\chi')$, $\mathfrak{f}(1) = 1$.
(2) 设 H 是 G 的子群, K 是 H 的固定域, ψ 是 H 的表示的特征标. 则
$$\mathfrak{f}(\mathrm{Ind}_H^G \psi, E/F) = \mathfrak{d}_{K/F}^{\psi(1)} N_{K/F}(\mathfrak{f}(\psi, E/K)).$$
(3) 设 H 是 G 的正规子群, K 是 H 的固定域, η 是 G/H 的表示的特征标. 则
$$\mathfrak{f}(\eta, E/F) = \mathfrak{f}(\eta, K/F).$$

命题 12.37 (1) $\mathfrak{d}_{K/F} = \mathfrak{f}(\mathrm{Ind}_H^G \mathbb{1}_H, E/F)$.
(2) Artin-Hasse 公式: $\mathfrak{d}_{E/F} = \prod \mathfrak{f}(\chi)^{\chi(1)}$, 对 G 的所有不可约表示的特征标取积.
(3) 若 E/F 是交换扩张, 则 $\mathfrak{d}_{E/F} = \prod \mathfrak{f}(\chi)$.

证明 (1) 根据命题 12.36 (2), $\mathfrak{f}(\mathbb{1}_H) = 1$.

(2) 取 $H = 1$, 则 $\mathrm{Ind}_H^G \mathbb{1}_H = r_G$, 然后代入 (1) 中, 右边展开 r_G 为不可约表示的特征标的线性组合. □

由命题 12.36 得

命题 12.38 取正整数 $c(\chi, E/F)$ 生成整数环 $\mathbb{Z}$ 的理想
$$\mathfrak{c}(\chi, E/F) = \mathfrak{d}_{F/\mathbb{Q}}^{\chi(1)} \cdot N_{F/\mathbb{Q}}(\mathfrak{f}(\chi, E/F)).$$

则

(1) $c(\chi + \chi') = c(\chi) \cdot c(\chi')$, $c(1) = |d_{F/\mathbb{Q}}|$.
(2) $c(\mathrm{Ind}_H^G \psi, E/F) = c(\psi, E/K)$.
(3) $c(\chi, E/F) = c(\chi, K/F)$.

12.5.3 L-函数结构

取 E/F 是数域的有限 Galois 扩张, 记 $\mathrm{Gal}(E/F)$ 为 G, 设有表示 $\rho: G \to GL(V)$.

取 F 的素理想 $\mathfrak{p}$, $\mathfrak{P}$ 为 E 的素理想使 $\mathfrak{P}|\mathfrak{p}$. 记剩余域 $\kappa_\mathfrak{P} = \mathcal{O}_E/\mathfrak{P}$, $\kappa_\mathfrak{p} = \mathcal{O}_F/\mathfrak{p}$. $D_\mathfrak{P}$ 为分解群, $I_\mathfrak{P}$ 为惯性群, 则有同构 $D_\mathfrak{P}/I_\mathfrak{P} \cong \mathrm{Gal}(\kappa_\mathfrak{P}/\kappa_\mathfrak{p})$. Frobenius 自同构 $\varphi_\mathfrak{P} \in D_\mathfrak{P}/I_\mathfrak{P}$ 对应于剩余域扩张的 Galois 群的生成元 $[x] \mapsto [x]^q$, $q = |\kappa_\mathfrak{p}| = \mathfrak{N}(\mathfrak{p})$. (当 $I_\mathfrak{P} = 1$ 时, $\varphi_\mathfrak{P}$ 是 $[\frac{E/F}{\mathfrak{P}}]$.) 若另有 $\mathfrak{P}'|\mathfrak{p}$, 则 $D_\mathfrak{P}$ 与 $D_{\mathfrak{P}'}$, $I_\mathfrak{P}$ 与 $I_{\mathfrak{P}'}$ 和 $\varphi_\mathfrak{P}$ 与 $\varphi_{\mathfrak{P}'}$ 同时共轭. 于是由 $V^{I_\mathfrak{P}}$ 的自同构 $\rho(\varphi_\mathfrak{P})$ 所决定的多项式 $\det(1 - \rho(\varphi_\mathfrak{P})t|V^{I_\mathfrak{P}})$ 等同由 $\phi_{\mathfrak{P}'}$ 所决定的多项式, 所以可以说在 $\mathfrak{p}$ 定下了这多项式.

定义 12.39 设 $\rho: \mathrm{Gal}(E/F) \to GL(V)$ 为数域的有限 Galois 扩张的 Galois 群的表示. ρ 的 Artin L-函数是 $L(s, \rho) = \prod_\mathfrak{p} L_\mathfrak{p}(s, \rho)$, 其中

$$L_\mathfrak{p}(s, \rho) = \det(1 - \mathfrak{N}(\mathfrak{p})^{-s} \rho(\varphi_\mathfrak{P})|V_\rho^{I_\mathfrak{P}})^{-1}.$$

定义中的 $\prod_\mathfrak{p}$ 是对 F 的所有素理想取乘积, 我们称其为 Euler 积. 标准方法证明: 对任意 $\delta > 0$, 在半复平面 $\mathrm{Re}(s) \geqslant 1 + \delta$, 以上定义的 Euler 积绝对一致收敛, 所以 Artin L-函数是 $\mathrm{Re}(s) > 1$ 上的解析函数.

在无穷远素位 $\mathfrak{P}$ 分解群

$$D_\mathfrak{P} = \begin{cases} \{1\}, & E_\mathfrak{P} = F_\mathfrak{p}, \\ \{1, \varphi_\mathfrak{P}\}, & F_\mathfrak{p} = \mathbb{R}, E_\mathfrak{P} = \mathbb{C}, \end{cases}$$

此时 $\varphi_\mathfrak{P} = $ 复共轭. 可做 $\rho(\varphi_\mathfrak{P})$ 的特征空间分解 $V = V^+ \oplus V^-$, 其中 $V^+ = \{x \in V : \rho(\varphi_\mathfrak{P})x = x\}$, $V^- = \{x \in V : \rho(\varphi_\mathfrak{P})x = -x\}$. 设

$$n^+ = \dim V^+ = \frac{1}{2}(\chi^\rho(1) + \chi^\rho(\varphi_\mathfrak{P})), \quad n^- = \dim V^- = \frac{1}{2}(\chi^\rho(1) - \chi^\rho(\varphi_\mathfrak{P})).$$

记

$$\Gamma_\mathbb{R}(s) = \pi^{-s/2}\Gamma(s/2), \quad \Gamma_\mathbb{C}(s) = 2(2\pi)^{-s}\Gamma(s).$$

定义

$$L_\mathfrak{p}(s, \rho) = \begin{cases} \Gamma_\mathbb{C}(s)^{\dim \rho}, & \text{若 } F_\mathfrak{p} = \mathbb{C}, \\ \Gamma_\mathbb{R}(s)^{n^+} \Gamma_\mathbb{R}(s+1)^{n^-}, & \text{若 } F_\mathfrak{p} = \mathbb{R}. \end{cases}$$

设 $L_\infty(s, \rho) = \prod_{\mathfrak{p}|\infty} L_\mathfrak{p}(s, \rho)$.

用表示 ρ 的特征标 χ^ρ 定义 Artin 导子 $c(\chi^\rho, E/F)$ (命题 12.38).

定义 12.40 数域扩张 E/F 的 Galois 群的表示 ρ 的完全 Artin L-函数是
$$\Lambda(s,\rho) = c(\chi^\rho, E/F)^{\frac{s}{2}} L_\infty(s,\rho) L(s,\rho).$$

定理 12.41 完全 Artin L-函数 $\Lambda(s,\rho)$ 是可以延拓为复平面上的半纯函数, 并且是满足函数方程
$$\Lambda(s,\rho) = W(\rho)\Lambda(1-s,\rho^\vee),$$
其中常数 $|W(\rho)|=1$, $\rho^\vee$ 为 ρ 的逆步表示.

让我们准备 Artin L-函数的函数方程的证明. 因为 $\det(TAT^{-1}) = \det(A)$, 所以 $\Lambda(s,\rho)$ 仅与 ρ 的特征标 χ 有关, 于是便记它为 $\Lambda(s,\chi)$.

以下命题说明 L-函数的**形式结构** (formal structure), 这对寻求 L-函数及证明它的性质有关键性作用. 命题参见 E. Artin, Über eine neue Art von L-Reihen, *Abh. Math. Sem. Hamburg* 3 (1923), 89-108.

定理 12.42 L-函数有以下结构性的性质.
(1) (加性) $\Lambda(s, \rho_1 \oplus \rho_2) = \Lambda(s,\rho_1)\Lambda(s,\rho_2)$.
(2) (膨胀性) 设有有限 Galois 扩张 E/F, K/F, $K \subset E$, $\rho: \text{Gal}(K/F) \to GL(V)$. 利用投射 $p: \text{Gal}(E/F) \to \text{Gal}(K/F) = \text{Gal}(E/F)/\text{Gal}(E/K)$ 得 $\text{Gal}(E/F)$ 的表示 $\text{Inf}\,\rho := \rho \circ p$, 则
$$\Lambda(s, \text{Inf}\,\rho) = \Lambda(s,\rho).$$
(3) (诱导性) 设 K 是有限 Galois 扩张 E/F 的子域, ρ 是 $\text{Gal}(E/K)$ 的表示. 则
$$\Lambda\left(s, \text{Ind}_{\text{Gal}(E/K)}^{\text{Gal}(E/F)} \rho\right) = \Lambda(s,\rho).$$

证明 按定义 $\Lambda(s,\rho) = c(\chi^\rho, E/F)^{\frac{s}{2}} L_\infty(s,\rho) L(s,\rho)$, 证明是对三个因子分别展开. $c(\chi)$ 的部分是前面已证明导子的性质, L_∞ 留给读者, 余下考虑 $L(s,\rho)$.

(1) 由以下得出
$$\det(1 - (\rho_1 \oplus \rho_2)(\varphi_{\mathfrak{P}})t | (V_1 \oplus V_2)^{I_{\mathfrak{P}}}) = \det(1 - \rho_1(\varphi_{\mathfrak{P}})t | V_1^{I_{\mathfrak{P}}}) \det(1 - \rho_2(\varphi_{\mathfrak{P}})t | V_2^{I_{\mathfrak{P}}}).$$

(2) 取扩张 $E/K/F$ 的素理想 $\mathfrak{P}|\wp|\mathfrak{p}$, 在 $\mathfrak{P}$ 的分解群记为 $D_{\mathfrak{P}} \subset \text{Gal}(E/F)$. 取 $\gamma \in D_{\mathfrak{P}} \text{Gal}(E/K)$, 则 $\gamma\wp = \wp$, 于是 $\gamma \in D_{\wp}$. 另一方面, 若 $\lambda \in \text{Gal}(E/F)$ 使得投射 $p\lambda \in D_\wp \subseteq \text{Gal}(K/F)$, 则 $\lambda\mathfrak{P}|\wp$. 因为 $\text{Gal}(E/K)$ 排列 $\wp$ 的素因子, 使有 $\sigma \in \text{Gal}(E/K)$ 使得 $\lambda\sigma \in D_{\mathfrak{P}}$, 即 $\lambda \in D_{\mathfrak{P}} \text{Gal}(E/K)$. 这样, 结论是有同构
$$D_\wp \approx D_{\mathfrak{P}} \text{Gal}(E/K)/\text{Gal}(E/K) \approx D_{\mathfrak{P}}/D_{\mathfrak{P}} \cap \text{Gal}(E/K).$$

同样可证惯性群有同构
$$I_\wp \approx I_{\mathfrak{P}} \text{Gal}(E/K)/\text{Gal}(E/K) \approx I_{\mathfrak{P}}/I_{\mathfrak{P}} \cap \text{Gal}(E/K),$$

这样可以说投射 $p: \mathrm{Gal}(E/F) \to \mathrm{Gal}(K/F)$ 诱导满同态

$$D_\mathfrak{P} \to D_\wp, \quad I_\mathfrak{P} \to I_\wp, \quad D_\mathfrak{P}/I_\mathfrak{P} \to D_\wp/I_\wp,$$

把 Frobenius 自同构 $\varphi_\mathfrak{P}$ 映为 $\varphi_\wp$，并且 $(\varphi_\mathfrak{P}, V^{I_\mathfrak{P}}) = (\varphi_\wp, V^{I_\wp})$，于是

$$\det(1 - \rho(\varphi_\mathfrak{P})t|V^{I_\mathfrak{P}}) = \det(1 - \rho(\varphi_\wp)t|V^{I_\wp}).$$

(2) 证毕.

(3) 第一步，按命题条件 $\mathrm{Gal}(E/K) \subset \mathrm{Gal}(E/F)$，设 F 的素理想 $\mathfrak{p}$ 在 K 内的素理想分解为 $\mathfrak{p} = \wp_1^{e_1} \ldots \wp_r^{e_r}$，取 E 的素理想 $\mathfrak{P}_i$ 使得 $\mathfrak{P}_i | \mathfrak{p}_i$. 分解群 $D_{\mathfrak{P}_i|w\wp_i} = D_{\mathfrak{P}_i|\mathfrak{p}} \cap \mathrm{Gal}(E/K)$，剩余次数 $f_{\wp_i|\mathfrak{p}} = [D_{\mathfrak{P}_i|\mathfrak{p}} : D_{\mathfrak{P}_i|w\wp_i}I_{\mathfrak{P}_i|\mathfrak{p}}]$.

选 $\tau_i \in \mathrm{Gal}(E/F)$ 使得 $\tau_i \mathfrak{P}_1 = \mathfrak{P}_i$，则 $D_{\mathfrak{P}_i|\mathfrak{p}} = \tau_i^{-1} D_{\mathfrak{P}_1|\mathfrak{p}} \tau_i$, $I_{\mathfrak{P}_i|\mathfrak{p}} = \tau_i^{-1} I_{\mathfrak{P}_1|\mathfrak{p}} \tau_i$. 取 $D_{\mathfrak{P}_1|\mathfrak{p}} \ni \varphi \mapsto \varphi_{\mathfrak{P}_1} \in D_{\mathfrak{P}_1|\mathfrak{p}}/I_{\mathfrak{P}_1|\mathfrak{p}}$，则 $\tau_i^{-1} \varphi \tau_i = \varphi_i \mapsto \varphi_{\mathfrak{P}_i}$，并且有 Frobenius 同构 $\varphi_i^{f_{\wp_i|\mathfrak{p}}} \in D_{\mathfrak{P}_i|\wp_i}/I_{\mathfrak{P}_i|\wp_i}$.

按命题有表示 $\rho: \mathrm{Gal}(E/K) \to GL(W)$，记诱导表示

$$\eta = \mathrm{Ind}_{\mathrm{Gal}(E/K)}^{\mathrm{Gal}(E/F)} \rho: \mathrm{Gal}(E/F) \to GL(V),$$

则所求为以下等式

$$\det(1 - \varphi t | V^{I_{\mathfrak{P}_1|\mathfrak{p}}}) = \prod_{i=1}^r \det(1 - (\varphi_i t)^{f_{\wp_i|\mathfrak{p}}} | W^{I_{\mathfrak{P}_i|\wp_i}}).$$

第二步，把证明化为可设 $D_{\mathfrak{P}_1|\mathfrak{p}} = \mathrm{Gal}(E/F)$，即 $r = 1$. 在共轭同构 $\bullet \mapsto \tau_i \bullet \tau_i^{-1}$ 下得

$$f_{\wp_i|\mathfrak{p}} = [D_{\mathfrak{P}_1|\mathfrak{p}} : (D_{\mathfrak{P}_1|\mathfrak{p}} \cap \tau_i \mathrm{Gal}(E/K) \tau_i^{-1}) I_{\mathfrak{P}_1|\mathfrak{p}}]$$

和

$$\det\left(1 - (\varphi_i t)^{f_{\wp_i|\mathfrak{p}}} | W^{I_{\mathfrak{P}_i|\wp_i}}\right) = \det\left(1 - (\varphi_i t)^{f_{\wp_i|\mathfrak{p}}} | (\tau_i W)^{I_{\mathfrak{P}_1|\mathfrak{p}} \cap \tau_i \mathrm{Gal}(E/K) \tau_i^{-1}}\right).$$

选 $D_{\mathfrak{P}_1|\mathfrak{p}} \bmod (D_{\mathfrak{P}_1|\mathfrak{p}} \cap \tau_i \mathrm{Gal}(E/K) \tau_i^{-1})$ 的代表集 $\{\sigma_{ij}\}$，则 $\mathrm{Gal}(E/F) \bmod \mathrm{Gal}(E/K)$ 的代表集 $\{\sigma_{ij}\tau_i\}$. 设 $V_i = \oplus_j \sigma_{ij}\tau_i W$，我们便有 $D_{\mathfrak{P}_1|\mathfrak{p}}$ 模分解 $V = \oplus_i V_i$ (见 [19] §12.4.4)，于是有

$$\det(1 - \varphi t | V^{I_{\mathfrak{P}_1|\mathfrak{p}}}) = \prod_{i=1}^r \det(1 - \varphi t | V_i^{I_{\mathfrak{P}_1|\mathfrak{p}}}),$$

所以只需证明

$$\det(1 - \varphi t | V_i^{I_{\mathfrak{P}_1|\mathfrak{p}}}) = \det\left(1 - (\varphi_i t)^{f_{\wp_i|\mathfrak{p}}} | (\tau_i W)^{I_{\mathfrak{P}_1|\mathfrak{p}} \cap \tau_i \mathrm{Gal}(E/K) \tau_i^{-1}}\right).$$

第三步，从现在起我们引入假设和记号：设 $D_{\mathfrak{P}_1|\mathfrak{p}} = \operatorname{Gal}(E/F)$, $r=1$; 以 G 记 $D_{\mathfrak{P}_1|\mathfrak{p}}$，以 H 记 $D_{\mathfrak{P}_1|\mathfrak{p}} \cap \tau_i \operatorname{Gal}(E/K)\tau_i^{-1}$，以 I 记 $I_{\mathfrak{P}_1|\mathfrak{p}}$，以 f 记 $f_{\wp_i|\mathfrak{p}}$，以 W 记 $\tau_i W$，此时 $V = \operatorname{Ind}_H^G W$.

设 $\bar{G} = G/I$, $\bar{H} = H/I \cap H$. 则 $V^I = \operatorname{Ind}_{\bar{H}}^{\bar{G}}(W^{I \cap H})$. 利用这个关系我们以后的证明可以假设 $I = 1$，这样 G 由 φ 生成，$f = [G:H]$，并且

$$V = \oplus_{i=0}^{f-1} \varphi^i W.$$

取 W 的基 $\{w_1, \ldots, w_d\}$，以 A 记 φ^f 的矩阵，以 I 记 $d \times d$ 单位矩阵，则对应于 V 的基 $\{\varphi^i w_j\}$，映射 φ 的矩阵是

$$\begin{pmatrix} 0 & I & \cdots & 0 \\ 0 & 0 & \ddots & 0 \\ 0 & 0 & \cdots & I \\ A & 0 & \cdots & 0 \end{pmatrix},$$

于是 $\det(1 - \varphi t|V) = \det(1 - \varphi^f t^f|W)$. □

设 E/F 是数域扩张，$\chi: \operatorname{Gal}(E/F) \to \mathbb{C}^\times$ 是表示 $\rho: \operatorname{Gal}(E/F) \to GL(V)$ 的特征标，E_χ 是核 $\operatorname{Ker}\chi$ 的固定域。则 χ 决定 $\operatorname{Gal}(E/F)/\operatorname{Ker}\chi \to \mathbb{C}$，于是 $\operatorname{Gal}(E_\chi/F)$ 是有限交换群，所以 χ 所诱导的是酉特征标 $\operatorname{Gal}(E_\chi/F) \to S^1$，仍然记为 χ. 利用范剩符号得特征标

$$\tilde{\chi}: F_\mathbb{A}^\times/F^\times \xrightarrow{(\ ,E_\chi/F)} \operatorname{Gal}(E_\chi/F) \xrightarrow{\chi} S^1$$

若 $\mathfrak{f}$ 是 E_χ/F 的导子，则 $\tilde{\chi}$ 是 $\operatorname{mod}\mathfrak{f}$ Dirichlet 特征标，亦称 $\tilde{\chi}$ 为对应于 ρ 的 Hecke 特征标。留意 $\tilde{\chi}: Cl_F^\mathfrak{f} = \mathcal{I}_F^\mathfrak{f}/S_F^\mathfrak{f} \to S^1$，这样对 $\mathfrak{p} \nmid \mathfrak{f}$, $\tilde{\chi}(\mathfrak{p}) = \chi(\varphi_\mathfrak{P})$, $\varphi_\mathfrak{P}$ 是 Frobenius 同构。

定理 12.43 设 E/F 是数域交换扩张，$\mathfrak{f}$ 是 E/F 的导子，$\chi \neq 1$ 是 $\operatorname{Gal}(E/F)$ 的不可约表示 ρ 的特征标，$\tilde{\chi}$ 是对应的模 $\mathfrak{f}$ Hecke 特征标，$S = \{\mathfrak{p}|\mathfrak{f} : \chi(I_\mathfrak{P}) = 1\}$. 则

$$L(s,\rho) = \prod_{\mathfrak{p} \in S}(1 - \chi(\varphi_\mathfrak{P})\mathfrak{N}(\mathfrak{p})^{-s})^{-1} L(s, \tilde{\chi}).$$

证明 $\rho: \operatorname{Gal}(E/F) \to GL(\mathbb{C})$ 是 $\rho(g)v = \chi(g)v$.

取 $\mathfrak{p}|\mathfrak{f}$，则 $I_\mathfrak{P} \neq 1$. 这时，若 $\chi(I_\mathfrak{P}) \neq 1$，则 $V^{I_\mathfrak{P}} = \{0\}$，所以 $L_\mathfrak{p}(s,\rho) = 1$. 若 $\chi(I_\mathfrak{P}) = 1$，则 $V^{I_\mathfrak{P}} = \mathbb{C}$，所以

$$\det(1 - \varphi_\mathfrak{P} \mathfrak{N}(\mathfrak{p})^{-s}|V^{I_\mathfrak{P}}) = 1 - \chi(\varphi_\mathfrak{P})\mathfrak{N}(\mathfrak{p})^{-s},$$

于是

$$L(s,\rho) = \prod_{\mathfrak{p} \nmid \mathfrak{f}} \frac{1}{1 - \chi(\varphi_\mathfrak{P})\mathfrak{N}(\mathfrak{p})^{-s}} \prod_{\mathfrak{p} \in S} \frac{1}{1 - \chi(\varphi_\mathfrak{P})\mathfrak{N}(\mathfrak{p})^{-s}}.$$

另一方面, Hecke L-函数
$$L(s,\tilde{\chi}) = \prod_{\mathfrak{p}\nmid\mathfrak{f}} \frac{1}{1-\tilde{\chi}(\mathfrak{p})\mathfrak{N}(\mathfrak{p})^{-s}}.$$

对 $\mathfrak{p}\nmid\mathfrak{f}$, 有 $\tilde{\chi}(\mathfrak{p}) = \chi(\varphi_\mathfrak{P})$. □

以下定理由前面计算得来.

定理 12.44 设 $\rho: \mathrm{Gal}(E/F) \to \mathbb{C}^\times$ 是一维表示, χ 是 ρ 的特征标, $\tilde{\chi}$ 是对应的 Hecke 特征标. 则完全 Artin L-函数等于对应的完全 Hecke L-函数
$$\Lambda(s,\rho) = \Lambda(s,\tilde{\chi}).$$

注 不是所有用 Hecke 特征标定义的 L-函数都是 Galois 群的一维表示的 Artin L-函数, 于是 Weil 引入 Galois 群的群扩张, 今日称为 Weil 群, 使得 Weil 群的一维表示的 Artin L-函数与 Hecke L-函数一一对应 (参见 Weil, Sur le theorie du corps de classes, *J. Math. Soc. Japan*, 3 (1951), 1-35), 这成为自守形式理论的手法. 比如再扩张 Galois 群为 Deligne-Weil 群以对应 $GL(2)$ 的自守 L-函数, 此后还有其他猜想存在的 Galois 群的群扩张表示的 L-函数以对应自守 L-函数. Weil 群参见本书第七章.

定理 12.41 的证明 (1) 记表示 $\rho: G = \mathrm{Gal}(E/F) \to GL(V)$ 的特征标为 χ. 按有限群表示论的 Brauer 定理, 有 $\mathrm{Gal}(E/F)$ 的子群 $H_i = \mathrm{Gal}(E/F_i)$, H_i 的一维表示 ρ_i 的特征标 χ_i, 整数 n_i 使得
$$\chi = \sum n_i \chi_i^*,$$
其中 χ_i^* 为诱导表示 $\mathrm{Ind}_{H_i}^G \rho_i$ 的特征标.

(2) 根据 L-函数结构
$$\Lambda(s,\rho) = \prod_i \Lambda(s, \mathrm{Ind}_{H_i}^G \rho_i)^{n_i} = \prod_i \Lambda(s,\rho_i)^{n_i},$$
加上前面定理 12.44
$$\Lambda(s,\rho) = \prod_i \Lambda(s,\tilde{\chi}_i)^{n_i}.$$

(3) 按 Hecke L-函数的函数方程
$$\Lambda(s,\tilde{\chi}_i) = W(\tilde{\chi}_i)\Lambda(1-s,\tilde{\chi}_i^{-1}),$$
所以
$$\Lambda(s,\rho) = \prod_i W(\tilde{\chi}_i)\Lambda(1-s,\tilde{\chi}_i^{-1}) = W(\rho)\Lambda(1-s,\rho^\vee),$$
其中 $W(\rho) = \prod_i W(\tilde{\chi}_i)$. □

说明 12.45 本章的内容基本上来自 Tate 在 Artin 指导下写的博士论文.

定理 12.41 中的函数只依赖于表示 ρ 的特征标, 所以常把 ρ 换作特征标 χ. 此外又记 $\mathscr{L}(s,\rho) = L_\infty(s,\rho)L(s,\rho)$,

$$\varepsilon(s,\rho) = W(\rho) \left(|d_{F/\mathbb{Q}}|^{\chi^\rho(1)} \cdot N_{F/\mathbb{Q}}(\mathfrak{f}(\chi^\rho, E/F)) \right)^{\frac{1}{2}-s}$$

(这是 $c(\chi^\rho, E/F)^{\frac{s}{2}}$ 乘 $c(\overline{\chi^\rho}, E/F)^{\frac{1-s}{2}}$), 这样函数方程便写成

$$\mathscr{L}(s,\rho) = \varepsilon(s,\rho)\mathscr{L}(1-s,\rho^\vee).$$

Deligne 证明 ε 因子可以写为局部 ε 因子的乘积 (参见 *Les Constantes des Équations Fonctionelles des Fonctions L*, Antwerp II, Springer Lecture Notes Math, 349 (1973), 501-595).

称 $W(\rho)$ 为 Artin 根数, 这是一个研究项目 (A. Frölich, *Galois Module Structure of Algebraic Integers*, Springer, 1983; C. Bushnell & A. Frölich, *Gauss Sums and p-adic Division Algebras*, Springer Lecture Notes Math, 987 (1983)).

Artin L-函数猜想是: 如果 ρ 是不可约表示, $\rho \neq 1$, 则 $L(s,\rho)$ 是全复平面上的解析函数.

当 ρ 是数域交换扩张的 Galois 群的表示时, 猜想是对的. 当 G 是非交换 Galois 群时, 第一个突破是在 ρ 是二维表示时由 Langlands 做的 (一篇介绍文章是 S. Gelbart, Three lectures on the modularity of $\rho_{E,3}$ and the Langlands reciprocity conjecture, in G. Cornell, J. H. Silverman, and G Stevens, eds., Modular Forms and Fermat's Last Theorem, Springer-Verlag, New York, 1997). 除了 A_5 的情形外, 二维 Galois 表示的 Artin L-函数猜想已被证明 (A_5 的情形见 Richard Taylor 的工作).

如果我们相信 Langlands 在 2010 年写的文章 Funktorialität in der Theorie der automorphen Formen: Ihre Entdeckung und ihre Ziele (中译本见他的文集, 高等教育出版社, 2016), 点评他在 1967 年写给 Weil 的信, 我们会发现 Langlands 理论的起源是: 一方面利用 Euler 积寻求推广 Hecke L-函数为自守表示的 L-函数, 另一方面证明 Artin L-函数是自守表示的 L-函数, 这第二个方面便是所谓整体 Langlands 对应猜想. 当 Galois 表示 ρ 是来自几何结构时, 这个猜想基本上便是 Fontaine-Mazur **模性猜想** (modularity conjecture). $\mathbb{Q}$ 上代数簇 X 的 Galois 表示的 L-函数的幂级数展开的第一个非零项与 X 的**代数闭链** (algebraic cycle) 的关系便是 Tate 猜想. (详见: R. Taylor, Galois represenataions, IAS.)

如果我们同意 Galois 群表示论是当今代数数论的中心研究课题, 那么整体 Langlands 对应猜想、Fontaine-Mazur 模性猜想、Tate 代数闭链猜想、Artin L-函数猜想便是这个课题的护法 "四大金刚" 了, 任何在这四方面的创新突破都可以获奖!

习 题

1. F 是数域,有限集 S 的元素是 F 的素位, S 包含所有无穷素位. ω 是 $F_\mathbb{A}^\times$ 的非平凡特征标, ω 在 $F^\times$ 取值 1, 对 $v \notin S$, ω_v 是无分歧的. π_v 是 F_v 的素元. 证明: 在 $\mathrm{Re}\, s > 1$, $\prod_{v \notin S}(1 - \omega_v(\pi_v)q_v^{-s})^{-1}$ 绝对收敛, 当 $s \to 1$ 时, 收敛于有限值, 当 ω^2 不平凡时, 收敛于非零数.

2. F 是数域, ω 是 $F_\mathbb{A}^\times$ 的非平凡特征标, ω 在 $F^\times$ 取值 1. 证明: $L(1,\omega) \neq 0$.

3. 设 $f(x) = (e^x - 1)^{-1}$. 证明: 当 $x \to 0^+$ 时, $f(x) = O(x^{-1})$; 当 $b > 0$, $x \to \infty$ 时, $f(x) = O(x^{-b})$. 证明: Mellin 变换 $M(f,s) = \Gamma(s)\zeta(s)$ 是 $\{s: 1 < \mathrm{Re}(s) < \infty\}$ 的解析函数.

4. $s = \sigma + it$, $D(s) = \sum_{n=1}^\infty f(n)n^{-s}$, $f(mn) = f(m)f(n)$, μ 是 Möbius 函数, Λ 是 Mangoldt 函数. 证明: $D(s)^{-1} = \sum_{n=1}^\infty \mu(n)f(n)n^{-s}$, $-D'(s)/D(s) = \sum_{n=1}^\infty \Lambda(n)f(n)n^{-s}$.

5. χ 是 $\mathrm{mod}\, q$ 的 Dirichlet 特征标, $L(s,\chi)$ 是 Dirichlet L-函数. (1) 证明:
$$-\frac{L'(s,\chi)}{L(s,\chi)} = \sum_{n=1}^\infty \Lambda(n)n^{-\sigma}\chi(n)e^{-it\log n}, \quad \sigma\sigma > 1.$$

(2) 利用等式 $3 + 4\cos\theta + \cos 2\theta = 2(1+\cos\theta)^2 \geqslant 0$, 证明:
$$3\left(-\frac{L'(\sigma,\chi_0)}{L(\sigma,\chi_0)}\right) + 4\left(-\mathrm{Re}\,\frac{L'(\sigma+it,\chi)}{L(\sigma+it,\chi)}\right) + \left(-\mathrm{Re}\,\frac{L'(\sigma+2it,\chi^2)}{L(\sigma+2it,\chi^2)}\right) \geqslant 0.$$

(对 $(n,q) = 1$, 设 $\cos\theta$ 为 $\chi(n)e^{-it\log n}$ 的实部. 当 θ 转为 2θ 时, χ 换为 χ^2, t 为 $2t$; 在取主特征标 χ_0 和 $t = 0$ 时, θ 转为 0.)

(3) 证明: 存在有以下性质的正常数 c. 若 χ 是复特征标, 则 $L(s,\chi)$ 在以下区域内无零点
$$\sigma \geqslant \begin{cases} 1 - \frac{c}{\log q|t|}, & \text{若 } |t| \geqslant 1, \\ 1 - \frac{c}{\log q}, & \text{若 } |t| \leqslant 1. \end{cases}$$

若 χ 是实特征标, 则 $L(s,\chi)$ 在以上区域内最多有一个零点, 这是个一阶零点.

6. 设 E/F 为数域的有限 Galois 扩张. 考虑 Dedekind ζ-函数, 证明: $\zeta_E(s)/\zeta_F(s)$ 是全纯函数 (即在全复平面为解析函数).

7. 取数域的有限 Galois 扩张 E/F, 设 $s = s_0$ 为 $\zeta_E(s)$ 的单零点. 证明: 对 $\mathrm{Gal}(E/F)$ 的任意不可约表示 ρ, Artin L-函数 $L(s,\rho,E/F)$ 在 $s = s_0$ 为解析函数.

8. F 是数域, $\mathfrak{p}$ 是有限素位, $q_\mathfrak{p}$ 是 $F_\mathfrak{p}$ 的剩余域有 $q_\mathfrak{p}$ 个元素, x 是实数. 证明: 当 $x > 1$ 时, $\zeta(x) = \prod_\mathfrak{p}(1 - q_\mathfrak{p}^{-x})^{-1}$ 收敛. 证明: $\lim_{x \to +\infty}\zeta(x) = 1$.

9. F 是数域, S 是数域的素位集, S 是包含所有无穷素位的有限集, $\theta_\mathfrak{p} \in \mathbb{C}$, $|\theta_\mathfrak{p}| \leqslant 1$. 考虑复变函数
$$E(s) = \prod_{\mathfrak{p} \notin S}(1 - \theta_\mathfrak{p} q_\mathfrak{p}^{-s})^{-1},$$

证明: 当 $\mathrm{Re}(s) > 1$ 时, $E(s)$ 绝对收敛为取值 $\neq 0$ 的解析函数. $\lim_{\mathrm{Re}(s) \to +\infty} E(s) = 1$ 对 $\mathrm{Im}(s)$ 一致收敛.

10. F/K 是数域扩张, M 是由数域 F 的有限素位所组成的集合. 设除有限个例外, 对应于 $\mathfrak{p} \in M$ 的剩余次数 $f(\mathfrak{p}) > 1$. $\theta_{\mathfrak{p}} \in \mathbb{C}$, $|\theta_{\mathfrak{p}}| \leqslant 1$. 证明: 当 $\mathrm{Re}(s) > 1/2$ 时, $\prod_{\mathfrak{p} \in M}(1 - \theta_{\mathfrak{p}} q_{\mathfrak{p}}^{-s})^{-1}$ 绝对收敛为取值 $\neq 0$ 的解析函数.

第四部分

补充材料

第四部分

补充材料

附录：代数数论百年历史回顾及分期初探

看完一本书之后常会问下一步该怎么走？一个找寻答案的方法就是向专家请教，代数数论的一流专家大都聚集在哈佛、普林斯顿和芝加哥三所大学．另一个方法就是回顾历史、展望未来、破旧立新、自寻生路，为此本附录简单概述我对代数数论历史的一点看法，并借此机会介绍一些文献供大家参考．

A.1 奠基时代

以下的数学家为代数数论做了奠基性工作，这些工作是在 19 世记完成的．

(1) Gauss (高斯, 1777—1855)：二次型，二次域扩张，二次互反律，带复乘的椭圆曲线．
(2) Abel (阿贝尔, 1802—1829)：Abel 积分，五次方程没有一般根式解．
(3) Jacobi (雅可比, 1804—1851)：椭圆函数，θ-函数．
(4) Dirichlet (狄利克雷, 1805—1859)：ζ-函数．
(5) Kummer (库默尔, 1810—1893)：分圆域，交换扩张，理想．
(6) Galois (伽罗瓦, 1811—1832)：群论在域扩张的应用．
(7) Weierstrass (魏尔斯特拉斯, 1815—1897)：椭圆函数．
(8) Hermite (埃尔米特, 1822—1901)：复数域上的二次型理论．
(9) Eisenstein (艾森斯坦, 1823—1852)：模形式，Eisenstein 级数．
(10) Kronecker (克罗内克, 1823—1891)：有理数域的交换扩张．
(11) Riemann (黎曼, 1826—1866)：ζ-函数的黎曼猜想，超几何函数．
(12) Dedekind (戴德金, 1831—1916)：理想．
(13) Frobenius (弗罗贝尼乌斯, 1849—1917)：有限群．
(14) Poincaré (庞加莱, 1854—1912)：模形式．
(15) Hensel (亨泽尔, 1861—1941)：p 进数．
(16) Whittaker (惠特克, 1873—1956)：特殊函数．

讲述这个时代的数论名著是

[1] Carl F. Gauss, *Disquisitiones Arithmeticae*, (1798) (W.C. Waterhouse, Arthur A. Clarke and J. Brinkhuis tr.) (1986) Springer.

[2] R. Dedekind, *Vorlesungen über Zahlentheorie von P. G. Lejeune Dirichlet*, Braunschweig, (1871-1894).

[3] D. Hilbert, Bericht: Die Theorie der Algebraischen Zahlkörper, *Jber. dt. Mat. Verein.* 4 (1897), 175-546.

我曾遇见念过这些书的两位数学家, 一位是法国数学家 A. Weil 先生 (1906—1998), 另一位是华罗庚先生 (1910—1985), 闻说华先生上课时用的记号就是 Hilbert 的报告中所用的. 近年来, 只有 2014 年菲尔兹奖获得者 Bhargava 能从这些古董中找到一条新路.

此外, 想学点超几何函数和 Whitaker 函数可看: 王竹溪, 郭敦仁, 特殊函数论, 科学出版社 (1965). 学习椭圆函数最好是从 Ahlfors (1907—1996, 1936 年菲尔兹奖获得者) *Complex Analysis*, McGraw-Hill Company, (1966) 的第 7 章开始. 想多知道一点椭圆函数的数论就看 Lang, *Elliptic Functions*, Springer (1987) 和一本奇书 A. Weil, *Elliptic Functions according to Eisenstein and Kronecker*, Springer (2007). 至于模形式, 我建议看一本算术内容比较充实的 Diamond, Shurman, *A First Course in Modular Forms*, Springer (2005). 学习 θ-函数的现代观, 没有哪本书可以比拟 Mumford, *Tata Lectures on Theta*, I, II, III, Birkhäuser (2006).

首先大家不要忘记 Riemann 猜想, 详细的介绍见 Clay Mathematics Institute 的网页 http://www.claymath.org/millennium-problems.

高斯和是一种单位根的有限和, 取素数 p 和 N 阶的 $\mod p$ 特征标 χ ($\chi^N = 1$), 定义高斯和

$$\gamma(\chi) = \sum_{r=1}^{p-1} \chi(r) e^{2\pi i r/p},$$

显然 $\gamma(\chi)^N \in \mathbb{Q}(e^{2\pi i/N})$. 例如, Legendre 符号 $\left(\frac{\bullet}{p}\right)$ 为 2 阶特征标, $\gamma\left(\left(\frac{\bullet}{p}\right)\right)^2 = (-1)^{\frac{p-1}{2}} p$. 高斯于 1805 年证明

$$\gamma\left(\left(\frac{\bullet}{p}\right)\right) = \begin{cases} \sqrt{p}, & p \equiv 1 \mod 4, \\ i\sqrt{p}, & p \equiv 3 \mod 4, \end{cases}$$

其中 $\sqrt{p}$ 为正实根, $i = \sqrt{-1}$, 并且

$$\gamma\left(\left(\frac{\bullet}{p}\right)\right) = (-1)^{(p-1)(p-3)/8} (2i)^{\frac{p-1}{2}} \prod_{r=1}^{\frac{p-1}{2}} \sin\left(\frac{2\pi r}{p}\right).$$

所谓高斯和符号问题便是问: 当 $N > 2$ 时公式是怎样的? 这个问题一直没有进展, 到 1979 年 Mathews 用椭圆函数解决了 $N = 3, 4$ 时的高斯和符号问题 (见 *Inv. Math.* 52 (1979) 163-185; 54 (1979) 23-52).

高斯和在今天的代数数论中还是很重要的, 常用于各种 L-函数的计算之中.

Kummer-Vandiver 猜想是：素数 p 不整除 $\mathbb{Q}(e^{2\pi i/p})$ 的极大实子域的类数，这是 Kummer 在 1849 年提出的，Vandiver 在 1946 年再度提出。电脑计算证明当 p 小于一亿时猜想是对的。Kurihara 证明：Kummer-Vandiver 猜想成立当且仅当若 4 整除 n，则代数 K-群 $K_n(\mathbb{Z}) = 0$（参见 *Compositio Mathematica* 81 (2): 223-236）。

A.2 第一波——类域论

奠基之后的第一波进展是从 19 世纪末到 20 世纪中叶，由 Hilbert (1862—1943) 开始，经过 P. Furtwängler (1869—1940)、Takagi (高木贞治, 1875—1960) 到 E. Artin (1898—1962)、Chevalley (1909—1984, 1941 年柯尔奖获得者)、Nakayama (中山正, 1912—1964)、Tate (1956 年柯尔奖、2010 年阿贝尔奖获得者)、Serre (1954 年菲尔兹奖、2003 年阿贝尔奖获得者) 完成了交换扩张的 Galois 群的表示之上同调理论，即**交换类域论** (abelian classfield theory)。

类域论的一个核心定理是互反律，高斯的二次互反律是互反律的鼻祖，让我们用拓扑群的语言介绍交换互反律。设 G 为拓扑群，由所有连续同态 $G \to \mathbb{C}^\times$ 所组成的集合记为 G^*。设 F 为数域，F^{ab} 为 F 的最大交换扩张，$\mathbb{A}^\times$ 为 F 的 idele 环，则交换互反律是指存在单同态

$$\rho : (\mathrm{Gal}(F^{ab}/F))^* \hookrightarrow (\mathbb{A}^\times/F^\times)^*$$

满足 L-函数条件

$$L_F^{\mathrm{Artin}}(\chi, s) = L_F^{\mathrm{Hecke}}(\rho(\chi), s).$$

本书介绍了奠基时代和第一波的一些主要结果。我们可以把数域 F 的非零元所组成的乘法群看作 $G_m(F)$，如此自然会想把类域论里的上同调计算推广到代数环面，请在 [17] 的第三部分查看 Tate 和 Langlands 的计算。

交换类域论的历史是迂回曲折的，关于古代部分的历史读者可以看

[1] H. Hasse, Bericht über Untersuchungen und Problems aus der Theorie der algebraischen Zahlkörper, I, Ia, II. Jber. dt. Mat.Verein, (1926) 35, 1-55; (1027) 36, 233-311: Exg. Bd. (1930) 6, 1-204.

[2] H. Hasse, History of Class Field Theory, Chapter XI, in Cassels, Fröhlich, Algebraic Number Theory.

二战之后的历史，从 Weil 到 Taniyama、Shimura、Dwork、Tate、Serre、Deligne 的工作就没有看到有人报告过，因此对外行来说，这段历史就鲜为人知了。在这个时期，中外都有课本谈数论和类域论，每个定理的证明都要看你是从哪里开始，一不小心就会闹笑话：以 $A \Rightarrow B$ 为假设来证明 $A \Rightarrow B$。本书关于类域论的几章可以独立地看，证明是直线单向进行的，对初学的同学这是重要的，否则就会不知哪个是因、哪个是果。

1900 年 Hilbert 在巴黎的世界数学家大会的演讲中提出了 23 个问题, 全文登在 1900 年的 *Göttinger Nachrichten*, 英文版登在 1902 年的 *Bulletin of the American Mathematical Society*. 这篇文章对 20 世纪的数学有深远的影响, 其中第 8, 9, 12, 21 个问题都和数论有关. 近期的评述可参见 Katz, Langlands, Tate 在 Mathematical developments arising from Hilbert problems (*Proc. Sympos. Pure Math.*, Vol. XXVIII, *Amer. Math. Soc.*, Providence, R.I., 1976) 的文章.

A.3 第二波——p 进世界

这一波进展是兵分两路进行的, 第一队由日本人 Iwasawa 带领, 第二队由德国人 Artin 指挥.

Iwasawa (岩泽健吉, 1917—1998, 1962 年柯尔奖获得者) 在中日战争时是东京帝国大学的教师, 20 世纪 50 年代由 Weil 介绍到普林斯顿大学工作. 20 世纪中叶岩泽提出传统类域论之外的一个新方向——交换岩泽理论 (On the Γ extensions of algebraic number fields, *Bull. AMS* 65 (1959) 183-226).

考虑下述例子: 取素数 $p \neq 2$, 研究以下数域所组成的塔:

$$K_0 \subset K_1 \subset \cdots \subset K_n \subset \cdots \subset K_\infty = \bigcup K_n,$$

其中 $\mathrm{Gal}(K_n/K_0) \cong \mathbb{Z}/p^n\mathbb{Z}$, 则 $\mathrm{Gal}(K_\infty/K_0) = \varprojlim_n (\mathbb{Z}/p^n\mathbb{Z}) = \mathbb{Z}_p$, 常称 K_∞/K_0 为 $\mathbb{Z}_p$ 扩张.

岩泽认为: 当代数数论中某些数域所成的塔的 Galois 群同构于 p 进整数 $\mathbb{Z}_p$ 的加法群的时候, 可以把这些数域所成的塔的**理想类群** (ideal class group) 看作 $\mathbb{Z}_p$ 模研究. 理想类群 $\mathbb{Z}_p$ 模的特征理想可以用 Kubota 和 Leopoldt 在 1960 年定义的 p 进 L-函数的特殊值算出——岩泽主猜想, 这个猜想在有理数域上的情形由 Barry Mazur (1982 年柯尔奖获得者) 与 Andrew Wiles 证明.

我们可以说岩泽理论是: 当 Galois 扩张 E/F 的 Galois 群是 p 进李群时, 研究 E/F 的 p 进 L-函数. 今日岩泽理论被推广至函数域上, Abel 簇, 模形式的应用, Skinner 和 Urban 的 $GL(2)$ 岩泽主猜想, Coates 提出非交换岩泽理论.

岩泽理论有很好的入门书, 如 Lang, *Cyclotomic Fields*, Springer (1990); Iwasawa, *p-adic L Functions*, Princeton; Mazur & Rubin, *Euler Systems*, Princeton University Press (2000). 抄他们一次是不必的, 欠缺的只是 Skinner & Urban 一派的自守表示岩泽理论, 及 Coates 的非交换岩泽理论. 此外可以看 J. Coates, R. Sujatha, *Cyclotomic Fields and Zeta Values*, Springer (2006) 以及 E. de Shalit, *Iwasawa Theory of Elliptic Curves with Complex Multiplication*, Academic Press (1987).

回过头来说另一队. E. Artin 因为是犹太人而被迫离开德国去了普林斯顿大学, 后来在 20 世纪 50 年代回到德国汉堡大学. Artin 在普林斯顿有两个学生: Tate 和

Dwork, 他们又各自组成纵队.

Tate 去了哈佛之后便和 Serre 改向 Abel 方向发展, 他以文章 J. Tate, *p*-divisible groups, *Proc. Conf. Local Fields* (Driebergen, 1966), 158-183, Springer, Berlin 开辟出新天地, 不过在 1966 年我国没有条件注意到. 十年磨一剑, 法国人重写了这篇文章 J-M. Fontaine, Groupes *p*-divisibles sur les corps locaux, Asterisque 47-48, 1977. 再过五年, Fontaine 发表了 Sur certains types de reprsentations *p*-adiques du groupe de Galois d'un corps local; construction d'un anneau de Barsotti-Tate. *Ann. of Math.* (2) 115 (1982), no. 3, 529-577, 这可以说是今日所谓 *p* 进 Hodge 理论的开始. Fontaine 为这套科学建立基础架构, 虽然日后的重要定理由德国人 Faltings 和 Kato (加藤和也) 的日本团队解决, 但 Fontaine 仍是功不可没. 此外加藤关于岩泽理论的书如下:

[1] K. Kato, Iwasawa theory and *p*-adic Hodge theory, *Kodai Math. J.* 16 no 1 (1993) 1-31.

[2] K. Kato, Lectures on the approach to Iwasawa theory for Hasse-Weil *L* functions via B_{dR}, in Arithmetic Algebraic Geometry, Springer Lecture Notes Math 1553 (1993) 50-63.

当然法国团队也加入了进来:

[3] P. Colmez, Theorie d'Iwasawa des representations de de Rham d'un corps local, *Ann. of Math.* 148 (1998), 485-571.

[4] F. Cherbonnier, P. Colmez, Theorie d'Iwasawa des representations *p*-adiques d'un corps local. *J. Amer. Math. Soc.* 12 (1999), 241-268.

其后的事情, 就让读者自己去查吧.

Artin 的另一个学生 Dwork 留在普林斯顿大学, 他走了另一条路. Dwork 在 1973 年发表了:

[1] On *p*-adic differential equations, The Frobenius structure, Memoires, *Soc. Math. France*, 39-40 (1974) 27-37.

[2] On *p*-adic differential equations, II: the *p*-adic asymptotic behvior., *Annals Of Math*, 98 (1973) 366-376.

[3] On *p*-adic differential equations, III: on *p*-adically bounded solutions, *Inventiones Math.* 20 (1973) 35-45.

[4] On *p*-adic differential equations, IV: generalized hypergeometric functions, *Annales ENS* 6 (1973) 295-316.

开创了 *p* 进微分方程的新局面. 为了推广这个思想, 他和他的朋友写了好几本书:

[5] B. Dwork, *Lectures on p-adic Differential Equations*, Springer, 1982.

[6] B. Dwork, *Generalized Hypergeometric Functions*, Oxford University Press, 1990.

[7] B. Dwork, G. Gerotto, *An Introduction to G Functions*, Annals of Math Studies,

Princeton University Press, 1994.

[8] G. Christol, *Modules Differentiels et Equations Differentielles p-adiques*, Queens paper in pure and applied mathematics. Queens University. Canada. (1983).

[9] P. Robba, G. Christol, *Equations Differentielles p-adiques*, Hermann, Paris, 1994.

这个理论又和日本人 Kashiwara 的解析 D 模、俄国人 Bernstein 的代数 D 模以及法国人 Berthelot 的算术 D 模理论交叉在一起.

表面看来 Artin 的两个纵队是各走各的路, 但事实并不如此——貌离神合. 在目前火热的 p 进 Langlands 对应理论 (由 Christophe Breuil 提出) 中的第一个情形 GL_2 的证明中, 同时需要用上 p 进 Hodge 理论和 p 进微分方程理论, 参见 Colmez, Reprsentations p-adiques de groupes p-adiques, Asterisque 319, 330, 331.

A.4 第三波——代数群的调和分析

一波未平一波又起, 代数数论的第二波进展还未过去, 第三波就到来了, 这次是拓扑群无穷维表示在代数数论的应用. 这个方法有很长的历史, 即解析数论中的 Fourier 级数方法. 代数数论的第三波可以说是从 Langlands (朗兰兹, 1982 年柯尔奖、2007 年邵逸夫奖获得者) 在 1967 年写给 Weil 的一封信开始的: 朗兰兹纲领 (http://publications.ias.edu/rpl/paper/43), 这个理论寻求一个 Galois 群表示与代数群的无穷维表示 (自守表示) 之对应, 简单地说就是: 求对应

$$\rho : (\text{Gal}(\bar{F}/F))^{\wedge} \approx \text{Aut Rep}(GL_n/F)$$

(这里 $\wedge$ 是指 GL_n 的表示), 使得

$$L^{\text{Artin}}(\chi, s) = L^{\text{Langlands}}(\rho(\chi), s).$$

如果我们把第一波里的 $F^\times$ 看作 $GL(1, F)$, 则可以把以上的对应看作从 $GL(1)$ 到 $GL(n)$ 的推广.

Langlands 的创见有时代背景的.

(1) 有 Selberg 的 $SL(2)$ 的迹公式 (哥廷根大学讲义) 和 Eisenstein 级数理论.

(2) 有 Harish Chandra 的半单李群表示论的开发和 I. M. Gelfand 的深刻观点 (Some aspects of functional analysis and algebra, Proceedings of the International Congress of Mathematicians 1954 (Amsterdam), vol. I).

(3) 有 Hecke (1887—1947), Siegel (1896—1981) 和 Weil 关于模形式的工作. Weil 说他四十五岁重读 Gauss 的名著 *Disquisitiones Arithmeticae* (1798), 从而启动了他的模形式反定理的研究, 参见

[1] A. Weil, Über die Bestimmung Dirichletscher Reihen durch Funktionalgleichungen, *Math. Ann.* 168 (1967), 149-156.

[2] A. Weil, Dirichlet Series and Automorphic Forms: Lezioni Fermiane (Lecture Notes in Mathematics 189) Springer (1971).

[3] J. Cogdell, and I. Piatetski-Shapiro, Converse Theorems for GL_n, *Publ. Math. Inst. Hautes Etudes Sci.* 79 (1994), 157-214; Converse Theorems for GL_n, II, *J. Reine Angew. Math.* 507 (1999), 165-188.

有了反定理后 Weil 把谷山–志村猜想精确化成为谷山–志村–Weil 猜想: $\mathbb{Q}$ 上的椭圆曲线 E 的 2 次 L-函数是模 L-函数. 日后 Wiles 正是证明了这个精确的猜想, 然后由此才推出了费马大定理.

(4) 有日本学派的模形式**换基理论** (base change), 参见

[1] K. Doi, H. Naganuma, On the algebraic curves uniformized by arithmetical automorphic functions, *Annals of Mathematics.* 86 (1967), 449-460.

[2] K. Doi and H. Naganuma, On the functional equation of certain Dirichlet series, *Inv. Math.*, 9 (1969), 1-14.

[3] H. Saito (斋藤裕), Automorphic forms and algebraic extensions of number fields, Lectures in mathematics 8, Tokyo: Kinokuniya Book-Store Co. Ltd. (1975).

[4] T. Shintani (新谷卓雄), On liftings of holomorphic cusp forms, in Automorphic forms, representations and L-functions, Part 2, *Proc. Sympos. Pure Math.*, 33, *Amer. Math. Soc.*, pp. 97-10, (1979).

此外正如 Langlands 在 2010 年写的半自述文章 Funktorialität in der Theorie der automorphen Formen: Ihre Entdeckung und ihre Ziele 指出: 在这个创见之前有 Bochner 对他的两个重要建议: 建立 $GL(n)$ 的 Eisenstein 级数理论和开一门 "类域论" 的研究生课; 还有 Bochner 把他推荐给当时最重要的数学家, 为他打开了方便之门, 比如 Weil 去找 Langlands, 听他说关于数论的想法.

自守形式的中心技术是: 迹公式和代数簇的上同调群作为表示空间的计算. 现在有两种迹公式, 一种由 Selberg 提出, 由 Arthur 发展; 另一种是**相对迹公式** (relative trace formula) (最早见: Jacquet, 黎景辉, Sur une formule des traces relatives, *C. R. Academy Sc. Paris*, 296 (Juin ,1983) Seric I, 959-963). 自守形式早期的教科书是 Weil 的 *Basic Number Theory* 及 Jacquet-Langlands 的 *Automorphic Forms on GL*(2). 不要错过两本从实李群调和分析的观点来说清楚自守形式理论的佳作 Borel, *Automorphic Forms on $SL_2(R)$*, Cambridge University Press, (1997). 其二是这本书的下册 Harish-Chandras, *Automorphic Forms on Semisimple Lie Groups*, Lecture Notes in Math 62, Springer (1968). 自守表示论的中文初级版可看 [16]. (Langlands 是我的博士生导师.)

以下几本书介绍自守形式调和分析方面的近期状况:

[1] D. Goldfeld, J. Hundley, *Automorphic Representations and L-functions for the General Linear Group*, Volume I , II, Cambridge University Press (2011).

[2] S. Shokranian, *The Selberg-Arthur Trace Formula*, Lecture Notes in Math. 1503, Springer, (1992).

[3] G. Laumon, *Cohomology of Drinfeld Modular Varieties*, Cambridge University Press (1998).

[4] J. Bernstein, S. Gelbart, *An Introduction to the Langlands Program*, Birkhäuser, (2004).

[5] J. Arthur, D. Ellwood, R. Kottwitz (Editors), *Harmonic Analysis, the Trace Formula, and Shimura Varieties*, Clay Mathematics Proceedings, AMS (2005).

[6] J. Cogdell, H. Kim, M. Ram Murty, *Lectures on Automorphic L-functions*, Fields Institute Monographs, AMS (2009).

[7] D. Ginzburg, S. Rallis, D. Soudry, *Descent Map from Automorphic Representations of $GL(n)$ to Classical Groups*, World Scientific Publishing Company (2011).

[8] J-P. Labesse, Cohomologie, stabilisation et changemen de base, *Asterisque* 257 (1999).

[9] J-P. Labesse, J-L. Waldsburger, La Formule des Traces Tordue d'après le Friday Morning Seminar, CRM Monograph, *Amer. Math. Soc.* (2013).

[10] F. Shahidi, *Eisenstein Series and Automorphic L-Functions*, AMS (2010).

[11] J. Arthur, L. Clozel, *Simple Algebras, Base Change, and the Advanced Theory of the Trace Formula*, (AM-120) (Annals of Mathematics Studies).

要了解自守表示便得先明白拓扑群的表示,这方面可参考 [18]. 如果觉得看得不畅顺,可以看 G. Folland, *A Course in Abstract Harmonic Analysis*, CRC Press (1994), 作为十多本分析书的作者, Folland 是可靠的. 实半单李群表示论是自守形式理论的骨架, Varadarajan 和 Knapp 两人花了一生学习 Harish-Chandra 的工作, 两人写书都十分严谨, 建议念他们写的李群表示论的课本.

设有拓扑群 G, 以 $\hat{G}$ 记 G 的所有复局部凸拓扑空间上的表示所组成的集合, 这个 $\hat{G}$ 是没有群的结构的拓扑空间. 怎样构造出 $\hat{G}$ 内的所有元素? 当 G 是实半单李群时, Harish-Chandra 回答了这个问题, 他们用的方法是: 微分方程积分解的渐近理论. 日后有 Langlands 及 Vogan 的工作把 $\hat{G}$ 的元素做分类, 又有 Atiyah-Schmidt 用算子代数及 Kashiwara-Schmidt 用 D 模方法构造表示. D 模乃是微分方程代数理论的最新版, 但是如果 G 是 p 进李群, 表示空间是 p 进拓扑空间, 平常的微分方程转为 p 进域上的微分方程时, 没有人知道这些结果与方法会是怎样.

当一个表示是有限维时, 我们会计算特征根, 但当表示是无穷维时, 便要考虑离散谱及连续谱. 处理自守形式理论中的连续谱可参考 Langlands 的大作 *On the Functional Equations Satisfied by Eisenstein Series*, Springer, 也可看更现代的版本: Moeglin, Waldspurger, *Spectral Decomposition and Eisenstein Series*, Cambridge University Press. Harish Chandra 发展了 Eisenstein integral 理论来处理实李群表示

论的连续谱问题, 参见 Wallach, *Real Reductive Groups II*, Academic Press.

这一波发展到今天还在继续. 当 F 是局部域时, $GL(n,F)$ 的 Langlands 对应已被证明——特征为 0 时, 由 Harris-Taylor 证明; 特征为 p 时, 由 Laumon-Rapoport-Stuhler 证明. 关于一般数域上的既约代数群的 Langlands 对应还是没有什么结果, 其他域上的研究有个别的发展, 比如在复数域上就变为 geometric Langlands, 并发展为今天的几何表示论, 请参看 Bezrukavnikov、Frenkel、Gaitsgory、Ginzburg、Mirkovic、Ngo、Vilonen 等人的作品.

另外, 我们还在发展关于这套理论在代数数论的应用, 相对迹公式便是为了证明紧志村簇的 Tate 猜想而发展出来, 参见黎景辉, Algebraic cycles on compact Shimura surface, *Math. Zeit.* 189 (1985) 593-602.

在基本引理证明之前, Langlands 呼吁回到更解析的方法. 在基本引理证明之后, Langlands 又跟着 Ngo 及 Frenkel 走上 Geometric Langlands 的道路, 不过不久他还是回到自己的道路上, 此外他在 Reflexions on receiving the Shaw prize 的第 5 页和第 12 页提出一些关于 thick π 的问题.

以上说的是调和分析部分, 现在让我们回到算术部分. 在 20 世纪 70 年代, 自守形式理论很少关心两个算术问题: (1) Artin L-函数猜想, (2) 志村簇的 ζ-函数.

在 E. Artin, Über eine neue Art von L Reihen, *Hamb. Math. Abh.* 3 (1923) 中有这样的猜想: 若 ρ 是有限扩张的 Galois 群的非平凡有限维不可约表示, 则 Artin L-函数 $L(s,\rho)$ 在全复平面上为解析函数. Langlands 在 Problems in the theory of automorphic forms, Lectures in modern analysis and applications, III, Lecture Notes in Math 170, Berlin, New York: Springer-Verlag, pp. 18-61, (1970) 提出可以用自守形式理论来证明 Artin L-函数猜想, 并在 Modular forms and ℓ-adic representations, in Modular functions of one variable II, Lecture Notes in Mathematics 349 Springer (1973); Base Change for $GL(2)$, Annals of Math Studies 中给出部分二维表示的证明.

Langlands 在 On the zeta-functions of some simple Shimura varieties Canadian Journal of Mathematics 31 (1979) 和 The zeta functions of Picard modular surfaces: based on lectures delivered at a CRM Workshop in Montréal, [1988]: Les Publications CRM, (1992) "计算" 了志村簇的 ζ-函数, 基本原则是很简单的, 用 Grothendieck 的 Lefschetz 不动点公式 (SGA 5, Lecture Notes in Math 589 (1977)) 把 ζ 函数表达为轨道积分, 再用 Selberg 迹公式把轨道积分写成自守 L-函数. 说这个问题 "简单", 但至今还未解决其中的所有技术困难, 把志村簇的 ζ-函数表达为自守 L-函数只是说明某些自守 L-函数是 motivic 吧!

在说志村簇之前, 我们需要聊聊它的祖先——复乘 (complex multiplication). 原始的材料是 M. Deuring, *Die Klassenkörper der komplexen Multiplikation*, Teubner (1958), 现代一点的材料是 B. H. Gross, B. Mazur, *Arithmetic on Elliptic Curves with Complex Multiplication*, Lecture Notes in Mathematics 776, Springer (1980), 它介绍

了带复乘的椭圆曲线. 椭圆曲线的复乘算术见 Shimura, *Introduction to Arithmetic Theory of Automorphic Functions*, Princeton University Press (1971). Abel 簇的复乘见 Shimura, *Abelian Varieties with Complex Multiplication and Modular Functions*, Princeton University Press (1998). James Milne 的网站 http://www.jmilne.org/math/index.html 有些很好的材料, 如 Deligne 的手稿、Langlands 关于 Taniyama 群等, 原则上他的笔记是可以代替 Shimura 的书的, 不过还是小心一点好.

如果你还没有学椭圆曲线, 可以念 J. Silverman 写的两本通用教材 *The Arithmetic of Elliptic Curves*, Springer (2009) 和 *Advanced Topics in the Arithmetic of Elliptic Curves*, Springer (1999). Abel 簇的最著名教本是 D. Mumford 的 *Abelian Varieties*, AMS (2012) 和 *Geometric Invariant Theory*, 2 Ed., Springer (1982), 还可以看 G. Faltings, Ching-Li Chai, *Degeneration of Abelian Varieties*, Springer, (1991).

如果想要了解一维的志村簇, 可以看 Deligne, M. Rapoport, *Les schémas de Modules de Courbes Elliptiques*, in Modular Functions of One Variable II, Springer Lect. Notes Math., 349 (1973) 和 Deligne, *Formes Modulaires et Représentations ℓ-adiques*, Sem. Buorbaki, 355(1969/2), in: Springer Lect. Notes Math., 179, (1971), 后来又有 Katz, Mazur, *Arithmetic Moduli of Elliptic Curves*, Princeton University Press, Princeton, 1985. 我们写过一本书 [20], 提供了背景资料帮助同学去看以上三份文献.

志村簇 (Shimura variety) 是由 Deligne 定义的, James Milne 的网站有好些关于志村簇的笔记, 这是最好的材料了. 念 Milne 的笔记时, 亦可以参照以下三本书多做比较:

[1] S. Morel, *On the Cohomology of Certain Non-Compact Shimura Varieties*, Annals of Mathematics Studies, 173, Princeton University Press, (2010).

[2] Kai-Wen Lan, *Arithmetic Compactifications of PEL-Type Shimura Varieties* London Mathematical Society Monographs, (2013).

[3] H. Hida, *p-Adic Automorphic Forms on Shimura Varieties*, Springer (2004).

悬疑了四百年的费马定理 (FLT) $x^n + y^n = z^n$ 最终由 Wiles 证明, 自守形式理论在这个证明中的应用充分印证了自守形式的威力. Wiles 的主要贡献是**形变理论** (deformation theory), 请看 Kisin 的总结 Lectures on deformations of Galois representations, Clay summer school on Galois representations, Honolulu (2009) (见他的哈佛网页), 这样有个还未解决的猜想, 可以看作一个可做的情形: Kisin, The Fontaine-Mazur conjecture for $GL(2)$, *J.A.M.S.* 22(3) (2009), 641-690. 今天很容易从 Khare-Wintenberger 关于 Serre's modularity conjecture 的结果推出 FLT, 参见

[1] C. Khare, J-P. Wintenberger, Serre's modularity conjecture, *Inventiones Mathematicae* 178 (2009), 485-586.

[2] Kisin, Modularity of 2-adic Barsotti-Tate representations, *Inventiones Mathematicae* 178 (2009), 587-634.

至于 Arthur 的迹公式, 他是自成一派, 但能写的文章都被他写完了. 与其看他的上千页的文章, 还不如看 Labesse 的小品学学怎样用迹公式.

设 H 是上半复平面, Γ 是 $SL(2,\mathbb{Z})$ 的同余子群, $0 = \lambda_0 < \lambda_1 < \ldots$ 是 $L^2(H/\Gamma)$ 上的 Laplace 算子的特征根. Selberg 猜想 $\lambda_1 \geq \frac{1}{4}$. 最后值得一提的是 Langlands 在 "得邵逸夫奖的反省" 一文提出 "厚表示" 的定义与 Weyl 分布的猜想.

A.5 第四波——算术代数几何学

Wiles 证明费马定理的工作的主要技术是现在称为 p 进 Hodge 理论的一部分, 这个理论起源于两个代数几何的工作, 一是 Tate 为了研究 Abel 簇的 p^n 挠点而引进的 p 可除群和有限平坦群概形理论, 一是 Fontaine 为了研究 Grothendieck 提出的关于比较各种上同调群的函子而引进的 p 进周期环理想. 今日 p 进 Hodge 理论已是基础代数数论成熟的一部分, 如此代数数论的第四波发展如同山呼海啸扑面而来!

Grothendieck (1966 年菲尔兹奖获得者) 提出了交换环范畴上的代数几何学.

代数数论的第四波发展是指使用 Grothendieck 的代数几何学成功地解决代数数论的问题, 我们可以从以下菲尔兹奖获得者的工作看到这一波的成就:

(1) Deligne (1978 年菲尔兹奖、2013 年阿贝尔奖获得者): Weil 猜想, 有限域上代数簇的黎曼猜想.
(2) Faltings (1986 年菲尔兹奖获得者): Mordell 猜想, 在代数数域 K 上亏格 (genus) 大于 1 的光滑射影曲线只有有限个 K 有理点.
(3) Drinfeld (1990 年菲尔兹奖获得者): 函数域上的 $GL(2)$ 的 Langlands 对应.
(4) Lafforgue (2002 年菲尔兹奖获得者): 函数域上的 $GL(n)$ 的 Langlands 对应.
(5) Ngo (2010 年菲尔兹奖获得者): 函数域上的李代数的 Langlands 基本引理.

有很多问题可以做, 只是不知道该怎样做, 但不要怕, 因为还没有人知道怎样做! 我们先从 Clay Mathematics Institute 两个千禧年问题说起, 分别是 Birch Swinnerton-Dyer (BSD) 猜想和 Hodge 猜想 (http://www.claymath.org/millennium-problems).

值得一提的是和 Hodge 猜想有密切关系的 Tate 猜想关于**代数链** (algebraic cycle)和 L-函数, 详见 J. Tate, Algebraic Cycles and Poles of Zeta Functions, in Schilling (ed.), *Arithmetical Algebraic Geometry*, New York: Harper and Row (1965).

和代数链相关的是**周环** (Chow ring) 与代数 K-理论, 于是 Beilinson 提出了一组猜想, 参见 M. Raporport, P. Schneider, N. Schappacher (ed.), Beilinson's conjectures on special values of L-functions, Academic Press (1988).

关于 K-理论的背景可看

[1] V. Srinivas, *Algebraic K-theory*, 2 ed., Birkhäuser, (2008).
[2] S. Bloch, Algebraic cycles and higher K-theory, *Adv Math* 61 (1986), 267-304.

[3] H. Gillet, Riemann-Roch theorems for higher algebraic K-theory, *Adv Math* 40 (1981), 203-289.

[4] F. Waldhausen, Algebraic K-theory of spaces. In: Algebraic and Geometric Topology (New Brunswick, N.J., 1983). Lecture Notes in Mathematics, vol. 1126, pp. 318-419. Springer, Berlin (1985).

[5] R. W. Thomason, T. Trobaugh, Higher algebraic K-theory of schemes and of derived categories. In: The Grothendieck Festschrift, Vol. III. Progress in Mathematics, vol. 88, pp. 247-435. Birkhäuser, Boston, MA (1990).

此外, Bass、Swan、Milnor、Atiyah 四位都各自写过一本 K-理论的教科书.

周环的乘法是**交积** (intersection product), 可参考

[1] Fulton, *Intersection Theory*, 2 ed., Springer, (1998).

[2] J-P. Serre, *Local Algebra*, Springer (2000).

[3] SGA6.

与此有关的便是**交同调** (intersection homology)

[4] F. Kirwan, J. Woolf, *An Introduction to Intersection Homology*, 2 ed., Chapman and Hall (2006).

[5] A. Borel, *Intersection Cohomology*, Birkhäuser, (2008).

以及 perverse sheaves

[6] A. Beilinson, J. Bernstein, P. Deligne, Faisceaux pervers, in Analyse et topologie sur les espaces singuliers (I), Asterisque 100 (1982).

[7] R. Kiehl, R. Weissauer, *Weil Conjectures, Perverse Sheaves and l-Adic Fourier Transform*, Springer (2001).

[8] R. Hotta, K. Takeuchi, T. Tanisaki, *D-Modules, Perverse Sheaves, and Representation Theory*, Progress in Mathematics, Birkhäuser (2007).

说起代数链便联系到 Grothendieck 的 motive 理论, 有一个简短的介绍

[1] B. Mazur, What is a motive? *Notices AMS* 51 (2004), 1214-1216.

和一个较长的介绍

[2] Jannsen et al. (ed.), Motives, *Proc. Sympos. Pure Math.* 55 Part 1, 2, AMS, Providence RI (1994).

近期一个很好的结果是

[3] F. Brown, Mixed Tate motives over Z, *Annals of Math.* 173 (2012), 949-976.

[4] P. Deligne, Multizetas, d'après Francis Brown, Séminaire BOURBAKI, 64ème ann. 2011-2012, no. 1048.

一个很难的猜想是 Bloch-Kato 的玉河数猜想: S. Bloch, K. Kato, *L-functions and Tamagawa numbers of motives*, In: The Grothendieck Festschrift vol. 1, Progress in Math. 86, Birkhäuser, Boston, (1990) 333-400. 近日 David Burns 把这个猜想推广为 Equivariant Tamagawa Number Conjecture, 并把这个猜想和非交换 Iwasawa Main Conjecture 联系起来. Burns 的文章很多, 几乎每篇都有猜想, 可到他在伦敦大学的网站下载.

最后大家不要错过大数学家 Serre 在以下这本讲义中的猜想: J-P. Serre, *Lectures on $N_X(p)$*, Research Notes in Mathematics, CRC Press (2011).

可以说 motive 理论是代数数论加上代数几何学得出的试金石, 以上众多的猜想最少能为我们提供一个研究框架, 让研究项目有个中心方向.

书是念不完的, 不可能把所有的书念完才开始做研究, 要学会边做边学. 除了大问题之外还有很多小问题可以做, 这要靠多参会, 多听多看, 看有什么人家想做又做不出来的, 不过我奉劝各位要小心, 免得人家说你抄袭. 还有一点, 我们看看上面谈到的 Deligne 关于 Brown 多重 zeta 值的 Bourbaki 评论的参考文献, 除了 Brown、Euler 和与证明无关的 Zagier 的计算, 他只引了两篇文章. 又请看 Brown 的原文, 你会发现 Brown 的证明非常有创见, 不需要引用什么. 同样, 我们看看 2014 年菲尔兹奖获得者 Bhargava 的工作, 他是在 18 世纪的高斯之后第一个去想高次形式合成的人, 很有创见, 他的文章也无需引用什么. 回头看第三波发展的自守形式已是很成熟的学问, 如果你不能破旧立新, 有创见地找一条全新的路, 那么就只会跟着一大群人走, 只能给别人抬抬行李, 不会有大的作为.

A.6 第五波——世界大同伦

代数拓扑学在代数几何学中的一个著名应用是 Quillen (1975 年柯尔奖、1978 年菲尔兹奖获得者) 的工作, 即交换环 R 的高阶代数 K-群

$$K_n(R) = \pi_n(BGL(R)^+)$$

的构造和研究.

而 Voevodsky 是以 Andrei Suslin 为首的俄国 K-理论学派训练出来的, 他的第一个创新工作是用多值映射解决在代数几何范畴时没有足够多代数映射可用来构造连续同伦的问题. Voevodsky 创造了概形的同伦理论, 用此证明了 John Milnor (1962 年菲尔兹奖, 2011 年阿贝尔奖) 猜想: 特征不为 2 的域 F 的 Milnor K-群与 ètale 上同调群的关系

$$K_n^M(F)/2 \cong H_{et}^n(F, \mathbb{Z}/2\mathbb{Z}), \quad n \geqslant 0.$$

2009 年 Voevodsky 宣布证明了 Bloch-Kato 的 K-群猜想, 最近他又提出**同伦类型理论** (homotopy type theory) 作为新的数学基础, 参见 homotopytypetheory.org.

应用同伦论的想法早就出现在 Quillen 的工作 Homotopical algebra (1967), On the (co)-homology of commutative rings (1970) 中, 现在已发展成为 simplicial ring 范畴上的代数几何学: 即由 Jacob Lurie 和 Bertrand Toen 提出的**同伦代数几何学** (homotopic algebraic geometry). 我们可以这样看待这个进程: 在 Grothendieck 之前人们研究的是域上的代数几何学, 到了 Grothendieck 便成为环上的代数几何学, 今日已变为**单纯形环** (simplicial ring) 上的代数几何学了. 2014 年 6 月, Jacob Lurie 获得第一届数学突破奖 (Breakthrough Prize in Mathematics), 得到三百万美元的奖金, 这个数学奖是由社交网站 Facebook 的创始人 Milner 和 Zuckerberg 建立的.

很可惜的是, 目前在国内学习代数拓扑学是非常困难的.

今天我们已经处在代数数论的第五波发展之中, 也就是这种新的 simplicial commutative ring **范畴**上的代数几何学在代数数论应用的时代, 例如去年哈佛大学的 Gaitsgory 和 Lurie 就解决了函数域上的 Weil 的 Tamagawa 猜想, 他们的证明比 Langlands-黎-Kottwitz 在数域上的证明博大精深得多.

概形的各种上同调理论及其在数论的应用都有专门的课本, 而函数域上的 Drinfeld-Lafforgue 理论是自成一派的, 没有人为他们写课本, 只好看他们的原文. 至于 Faltings、Voevodsky 与 Lurie 的工作, 则属于另一个世界了! 这样你看到这本书离所谓研究生应该知道的代数数论基本知识还很远, 继续努力吧!

回顾过去百年, 我们的问题不是我们有没有能力去做创新的研究, 我们的困难是我们不知道现在世界上主流的科学家所认为重要的核心问题是什么? 我们听不到他们之间私人的对话, 不知道有什么定理是他们想证明但又证不出来的.

回头看, 你可以说从第二波到第五波, 我是按每次出现了新工具来划分的: Iwasawa 的 Z_p^d 模和 p 进紧李群表示论、Langlands 的非紧自守表示论、Grothendieck 的交换环代数几何学、Lurie 的同伦代数几何, 每一个工具都是由一门深刻的理论支持的. 对我国没有支援的学生来说这是非常困难的, 但是你不要给这些五花八门的技术弄昏了, 无论你用的是什么工具, 代数数论的中心研究对象是代数数、Galois 群表示和 L-函数. Grothendieck 留下来的未完成的 motif 理论是最能够综合表达代数数论的中心研究问题的一套理论.

不要以为事情就停在这里, 代数数论这匹骏马是不会停蹄的. Faltings 从他的 almost étale ring 之后扬言建立 almost mathematics, 他的学生 Mochizuki Shinichi (望月新一) 用有如童话般的 inter-universal geometry 证明了数论中的 ABC 猜想, 这些是否都正确呢? 大家拭目以待吧! 如同凤凰涅槃一样, 代数数论在不停地重新创造自己!

很少有人研究代数数论, 有勇气单枪匹马来冲锋陷阵的, 欢迎入队! 故事总要说完, 送君千里终须别, 西出阳关君自重!

参考文献

[1] Y. Amice, *Les nombres p-adiques*, Presses Universitaires de France (1975).

[2] E. Artin, J. Tate, *Class Field Theory*, Benjamin (1967).

[3] 蔡天新, 数论——从同余的观点出发, 北京: 高等教育出版社 (2012).

[4] 陈志杰, 代数基础——模、范畴、同调代数与层, 上海: 华东师范大学出版社 (2001).

[5] 冯克勤, 交换代数基础, 北京: 高等教育出版社 (1986).

[6] 冯克勤, 分圆函数域, 上海: 上海科学技术出版社 (1997).

[7] 冯克勤, 代数数论, 北京: 科学出版社 (2000).

[8] 冯克勤, 章璞, 李尚志, 群与代数表示引论, 合肥: 中国科学技术大学出版社 (2006).

[9] 冯克勤, 近世代数引论, 合肥: 中国科学技术大学出版社, (2009).

[10] Lei Fu (扶磊), *Algebraic Geometry*, 北京: 清华大学出版社 (2006).

[11] Lei Fu (扶磊), Etale Cohomology Theory, World Science Press, (2015).

[12] H. Hasse, *Zahlentheorie*, Akademie Verlag, Berlin (1963).

[13] H. Hasse, *Vorlesung über Klassenkörpertheorie*, Physica Verlag, Würzburg, (1967).

[14] E. Hecke, *Lectures on the Theory of Algebraic Numbers*, Springer (1981).

[15] N. Jacobson, *Lectures in Abstract Algebra*, volume 3, Van Nostrand, (1964).

[16] 黎景辉, 蓝以中, 二阶矩阵群的表示与自守形式, 北京: 北京大学出版社 (2000).

[17] 黎景辉, 陈志杰, 赵春来, 代数群引论, 北京: 科学出版社 (2006).

[18] 黎景辉, 冯绪宁, 拓扑群引论, 第二版, 北京: 科学出版社 (2014).

[19] 黎景辉, 白正简, 周国晖, 高等线性代数学, 北京: 高等教育出版社 (2014).

[20] 黎景辉, 赵春来, 模曲线导引, 第二版, 北京: 北京大学出版社 (2015).

[21] S. Lang, *Algebraic Number Theory*, Springer (1986).

[22] S. Lang, *Algebra*, Springer (2002).

[23] 李克正, 交换代数与同调代数, 中国科学院研究生教学丛书, 北京: 科学出版社 (1998).

[24] 李克正, 代数几何初步, 大学数学科学丛书, 北京: 科学出版社 (2004).

[25] 李克正, 抽象代数基础, 北京: 清华大学出版社 (2007).

[26] J. S. Milne, *Arithmetic Duality Theorems*, Academic Press, (1986).

[27] J. Neukirch, *Algebraic Number Theory*, Springer (1999).

[28] J. Neukirch, A. Schmidt, K. Winberg, *Cohomology of Number Fields*, Springer (2000).

[29] 潘承洞, 潘承彪, 解析数论基础, 北京: 科学出版社, (1991)

[30] 潘承洞, 潘承彪, 代数数论, 济南: 山东大学出版社 (2001).

[31] J-P. Serre, *A Course in Arithmetic*, Springer (1973). [中译: 冯克勤]

[32] J-P. Serre, *Local Fields*, Springer (1995).

[33] A. Weil, *Basic Number Theory*, Springer (1974).

[34] 张英伯, 王恺师, 代数学基础, 上, 下册, 北京: 北京师范大学出版社 (2012).

[35] 章璞, 伽罗瓦理论, 北京: 高等教育出版社 (2013).

[36] 赵春来, 徐明曜, 抽象代数, I, II, 北京: 北京大学出版社 (2008).

[37] 章璞, 三角范畴与导出范畴, 北京: 科学出版社 (2015).

[38] 黎景辉, 代数 K 理论, 北京: 科学出版社 (2018).

[39] 李文威, 代数学方法, 卷一, 北京: 高等教育出版社 (2016).

[40] P. Schneider, *Galois Representations and (φ, Γ)-modules*, Cambridge University Press (2017).

索 引

ℓ 进表示相容系统 (compatible system of ℓ adic representations), 247

ℓ 进单径定理 (ℓ-adic monodromy theorem), 422

1 上闭链 (1 cocycle), 383

2 上闭链 (2 cocycle), 137, 305

2 上边链 (2 coboundary), 137

K 平凡化了 M (K trivializes M), 240

L-函数, 75

p 环, 309

p 基 (p bases), 321

p 进插值 (p-adic interpolation), 292

p 进分圆特征标 (p-adic cyclotomic character), 262

p 进过滤 (p-adic filtration), 309

p 进数域 (field of p-adic numbers), 86

p 进周期环 (ring of p-adic periods), 407

p 幂映射 (p-th power map), 357

p^n 挠 (p^n torsion), 395

APF 扩张 (arithmetically profinite extension), 351

Artin 同态, 51

Banach 空间, 279

Bruhat-Schwartz 函数, 438

Bruhat 函数, 438

Dirichlet L-函数, 20

Dirichlet 特征标, 20, 446

Fréchet 空间, 286

Grothendieck 群, 56

Hecke L-函数, 456

Hecke 特征标, 446

Hensel 化 (Henselization), 320

Hensel 环 (Henselian ring), 320

Herbrand 商 (Herbrand quotient), 145

Picard 群, 55
Robba 环, 399
Schwartz 函数, 438
simplicial commutative ring 范畴, 484
Tate 代数 (仿胎代数, affinoid algebra), 401
Tate 挠模 (Tate twisted module), 264
Tate 扭曲 (Tate twist), 419
Weil 群, 207

B

把点分开 (separates points), 282
半单 (semi-simple), 419
半单范畴 (semi-simple category), 380
半单化 (semisimplication), 420
半稳定 (semi-stable), 420
半稳定表示 (semi-stable representation), 431
半稳定约化 (semi-stable reduction), 427
半稳定周期环 (semi-stable period ring), 413
半线性 (semi-linear), 374
包含映射 (inclusion), 178
杯积 (cup product), 151, 218
本原元素 (primitive element), 7
边缘映射 (edge maps), 224
标准函数 (standard function), 438
表示 (representation), 373, 426
不可分次数 (inseparable degree), 6
不可分扩张 (purely inseparable extension), 6
不可约表示 (irreducible representation, 419

C

测度 (measure), 294
插值 (interpolate), 290
差别式 (different), 46, 331
成对偶模 (dualizing module), 225
乘积公式 (product formula), 181
乘性代表集 (multiplicative representatives set), 309
除代数 (division algebra), 169
除点 (division point), 114
除幂包络 (divided power envelope), 410
除幂结构 (divided power), 409
次数 (degree), 3

D

代数闭包 (algebraic closure), 5
代数闭链 (algebraic cycle), 466
代数闭域 (algebraically closed field), 4
代数环面 (algebraic torus), 257
代数扩张 (algebraic extension), 3
代数链 (algebraic cycle), 481
代数数 (algebraic number), 35
代数整数 (algebraic integers), 36
带头系数 (leading coefficient), 257
殆平展下降 (almost étale descend), 387
单纯形环 (simplicial ring), 484
单代数 (simple algebra), 169
单对象 (simple object), 380
单化子 (uniformizer), 87, 307
单态射 (monomorphism), 3
单同晶体 (simple isocrystal), 379
单位群 (group of units), 87
淡中范畴 (Tannakian category), 424
导子 (conductor), 20, 48, 204, 444, 460
第一个跳跃点 (first jump), 353
点收敛拓扑 (pointwise convergence topology), 289
叠 (stack), 255
定义模 (modulus of definition), 446
对偶群 (dual group), 18
对应 (correspondence), 436
对应代数 (algebra of correspondences), 259
多重指标 (multi-index), 398

E

二面体群 (Dihedral group), 28

F

反交换性 (anti-commutativity), 151
泛范群 (group of universal norms), 218
范 (norm), 10, 273
范剩符号 (norm residue symbol), 163, 178, 205
范域 (norm field), 357
非 Archimede 指数赋值 (nonarchimedean exponential valuation), 86
非完全环 (imperfect ring), 358, 403
非原特征标 (imprimitive charcter), 20

分布 (distribution), 294
分级环 (graded ring), 427
分解群 (decomposition group), 49, 118
分解域 (decomposition field), 49
分离过滤 (separated filtration), 12
分裂因子集 (split factor set), 137
分裂域 (splitting field), 5
分歧 (ramified), 44, 98
分歧指标 (ramification index), 42
分式理想 (fractional ideal), 39, 51
分式理想群 (fractional ideal group), 51
分式域 (field of fractions), 2
赋值环 (valuation ring), 306
赋值域 (valued field), 86

G

刚张量范畴 (rigid tensor category), 425
高度 (height), 375
高斯和 (Gauss sum), 19
格 (lattice), 65, 284, 416
共尾子集 (cofinal subset), 14
固有光滑 (proper smooth), 427
关联分级空间 (associated graded space), 12
惯性次数 (inertia degree), 42
惯性群 (inertia group), 50, 118
惯性域 (inertia field), 50
光滑 (smooth), 304
规范迹映射 (normalized trace map), 385
过滤 (filtration), 12, 428
过收敛元 (overconvergent element), 368

H

好约化 (good reduction), 420, 427
合成域 (compositum), 9
核空间 (nuclear space), 290
互反律 (reciprocity law), 185
环上的模 (module over a ring), 52
换基理论 (base change), 477
换群同态, 148
混原相范畴 (category of mixed motives), 260

J

基本区 (fundamental domain), 443
级紧 G 模 (level compact G module), 218
极滤子 (ultrafilter), 272
极限点 (limit point), 271
迹 (trace), 10
迹映射 (trace map), 224–226
加元 (adele), 124
加元环 (adele ring), 124
交换类域论 (abelian classfield theory), 473
交积 (intersection product), 482
交同调 (intersection homology), 482
阶 (order), 15, 398, 440
紧的 (compact), 290
紧算子 (compact operator), 289
晶体 (crystal), 374
晶体表示 (crystalline representation), 428
局部–整体原则 (local-global principle), 126
局部常值函数 (locally constant function), 438
局部互反映射 (local reciprocity map), 178
局部化 (localization of R at P), 2
局部环 (local ring), 2, 306
局部平展 A-代数 (locale-étale A algebra), 320
局部数域, 106
局部同态 (local homomorphism), 320
局部凸空间 (locally convex space), 284
局部域 (local field), 126
聚集点 (cluster point), 271
卷积 (convolution product), 22
绝对范 (absolute norm), 44
绝对值, 88
均衡集 (balanced set), 285

K

可除代数 (division algebra), 376
可除环 (division ring), 12
可度量化的 (metrizable), 286
可分闭包 (separable closure), 6, 17
可分次数 (separable degree), 6
可分的 (factorizable), 438

可分扩张 (separable extension), 6
可逆模 (invertible module), 54
可容表示 (admissible representation), 426
狂分歧扩张 (widely ramified extension), 102
亏数 (defect), 101

L

类成模 (class formation module), 162
类成原则 (Principle of Class Formation), 162
类函数 (class function), 21
类群 (class group), 204
类数 (class number), 51
类域 (class field), 204
离散 G 模 (discrete G module), 160
离散赋值 (discrete valuation), 87
离散赋值环 (discrete valuation ring), 307
离散子群 (discrete subgroup), 65
理想类群 (ideal class group), 474
理想类群 (ideal class group), 51
理元类群 (idele class group), 129
理元群 (idele group), 126
连接同态 (connecting map), 139
联络 (connection), 381
零调 (acyclic), 140
零因子 (zero divisor), 36
滤子 (filters), 270
滤子基 (filter base), 271

M

模 m 同余子群 (congruence subgroup mod m), 204
模 m 定义理想群 (ideal group defined mod m), 53
模 m 射线 (ray mod m), 52
模 m 射线类 (ray class mod m), 52
模 m 射线类群 (ray class group mod m), 204
模 m 射线类域 (ray class field mod m), 204
模 m 射线理想类群 (mod m ray ideal class group), 52
模 (modulus), 52, 203
模形式 (modular form), 292
模性 (modularity), 432
模性猜想 (modularity conjecture), 466

N

内 Hom (internal Hom), 425
拟有限 (quasi-finite), 320
逆代数 (inverse algebra, opposite algebra), 169
逆极限 (inverse limit), 14
扭转 (twist), 375

P

判别式 (discriminant), 47
膨胀同态 (inflation homomorphism), 150
平常的 (ordinary), 248
平凡上同调 (trivial cohomology), 140
平凡上同调, 161
平凡因子集 (trivial factor set), 137
平移 (shift), 315
平展 φ 模 (étale φ module), 392
平展同态 (étale morphism), 320
谱半范数 (spectral semi norm), 284

Q

迁移同态 (transfer homomorphism), 206
迁移映射 (transfer), 164, 178
潜在好的约化 (potentially good reduction), 420
嵌入 (embedding), 3
强对偶空间 (strong dual space), 289
强拓扑 (strong topology), 289
穷举过滤 (exhaustive filtration), 12
求导映射 (derivation), 319
球完备空间 (spherically complete space), 274
全分歧扩张 (totally/purely ramified extension), 102
全格 (full lattice), 65
全正元 (totally positive), 128, 206
群代数 (group algebra), 22, 373
群指数 (exponent), 19

R

弱拓扑 (weak topology), 289

S

上分歧群 (upper ramification group), 327
上膨胀同态 (coinflation), 217

上同调 P 维数 (cohomological P-dimension), 219
上同调 p 维数 (cohomological p-dimension), 219
上同调维数 (cohomological dimension), 219
上限制同态 (corestriction homomorphism), 149
上增广映射 (coaugmentation), 142
射影极限 (projective limit), 14
射影有限群 (profinite group), 293
剩余次数 (residue degree), 42, 98
剩余域 (residue field), 42
剩余域次数 (residue field degree), 42
数域 (number field), 5
双加性的 (bi-additive), 425
顺分歧扩张 (tamely ramified extension), 102
四元数代数 (quaternions), 213
素除子 (prime divisor), 42
素位 (prime place), 123
素因子 (prime divisor), 123
素元 (prime element), 87, 307
算术概形 (arithmetic scheme), 216

T

特征标 (character), 444
特征多项式 (characteristic polynomial), 10
调控子 (regulator), 71, 257
跳跃点 (jump), 330
通缩同态 (deflation), 217
同构 (isomorphism), 3
同晶体 (isocrystal), 375
同伦代数几何学 (homotopic algebraic geometry), 484
同伦类型理论 (homotopy type theory), 483
同余子群 (congruence subgroup), 129
同源态射 (isogeny), 375
桶形空间 (barrelled space), 286
凸集 (convex set), 285
退备化 (decompletion), 388
拓扑群逆系统 (inverse system of topological groups), 14
拓扑向量空间 (topological vector space), 273

W

完备化 (completion), 89
完备域 (complete field), 89

完全分裂 (split completely), 44, 237
完全分歧 (totally ramified, purely ramified), 44
完全化 (perfection), 358
完全环 (perfect ring), 308, 358
完全域 (perfect field), 7
微分 (differentials), 319
微分模 (differential module), 381
伪同构 (pseudo-isomorphic), 248
无分解 (undecomposed), 44
无分裂 (nonsplit), 44
无分歧 (unramified), 44
无分歧扩张 (unramified extension), 102
无分歧特征标 (unramified character), 444
无穷分歧的 (infinitely ramified), 263
无穷素位 (infinite place), 123

X

吸收集 (absorbing set), 285
下分歧群 (lower ramification group), 326
纤维函子 (fiber functor), 426
限制同态 (restriction homomorphism), 148
限制直积 (restricted direct product), 124
线性范畴 (linear category), 375
线性化 (linearization), 374
线性无交 (linearly disjoint), 7
相对范 (relative norm), 46
相对迹公式 (relative trace formula), 477
形变理论 (deformation theory), 480
形变论 (deformation theory), 432
形式 Laurent 级数 (formal Laurent series), 398
形式结构 (formal structure), 462
形式幂级数 (formal power series), 293, 397
循环代数 (cyclic algebra), 171

Y

严格 p 环 (strict p ring), 309
严格 Hensel 化 (strict Henselization), 321
严格 Hensel 环, 320
严格上同调维数 (strict cohomological dimension), 219
严格同态 (strict morphism), 13
要像 (essential image), 426

依附于 (attached to), 23
因子集 (factor set), 137
有界收敛拓扑 (bounded convergence topology), 289
有界线性映射 (bounded linear map), 273
有界子集 (bounded set), 289
有限生成的 (finitely generated), 319
有限素位 (finite place), 123
有限展示的 (finitely presented), 319
有向集 (directed set, filtered set), 13
酉特征标 (unitary character), 18, 75, 444
诱模 (induced module), 139
余差别式 (codifferent), 46
玉河测度 (Tamagawa measure), 69, 442
玉河数 (Tamagawa number), 254
预叠 (pre-stack), 256
原特征标 (primitive character), 20
原相的等变玉河数猜想 (equivariant Tamagawa number conjecture for motives), 261
原相上同调 (motivic cohomology), 260

Z

增广映射 (augmentation), 142
窄理想类群 (narrow ideal class group), 206
张量范畴 (tensor category 或 symmetric monoidal category), 424
整闭包 (integral closure), 35
整闭环 (integrally closed), 36
整环 (integral ring), 36
整基 (integral basis), 39, 40
整理想 (integral ideal), 51
整体范剩符号 (global norm residue symbol), 203
整体域 (global field), 126
整原相上同调 (integral motivic cohomology), 260
正规扩张 (normal extension), 5
正规相交约化除子 (reduced divisor with normal crossing), 427
正极限 (direct limit), 187
正则 (regular), 426
中心 (center), 169
中心代数 (central algebra), 169
周环 (Chow ring), 481
周期环 (period ring), 403, 427
逐步逼近方法 (method of successive approximation), 324

主理想 (principal ideal), 51
主理元 (principal idele), 127
主特征标 (principal character), 20
自对偶测度 (self dual measure), 439
自反的 (reflexive), 425
自反空间 (reflexive space), 289
自同构 (automorphism), 3
最小多项式 (minimal polynomial), 2
作用 (action), 426

现代数学基础图书清单

序号	书号	书名	作者
1	9787040217179	代数和编码（第三版）	万哲先 编著
2	9787040221749	应用偏微分方程讲义	姜礼尚、孔德兴、陈志浩
3	9787040235975	实分析（第二版）	程民德、邓东皋、龙瑞麟 编著
4	9787040226171	高等概率论及其应用	胡迪鹤 著
5	9787040243079	线性代数与矩阵论（第二版）	许以超 编著
6	9787040244656	矩阵论	詹兴致
7	9787040244618	可靠性统计	茆诗松、汤银才、王玲玲 编著
8	9787040247503	泛函分析第二教程（第二版）	夏道行 等编著
9	9787040253177	无限维空间上的测度和积分——抽象调和分析（第二版）	夏道行 著
10	9787040257724	奇异摄动问题中的渐近理论	倪明康、林武忠
11	9787040272611	整体微分几何初步（第三版）	沈一兵 编著
12	9787040263602	数论 I —— Fermat 的梦想和类域论	[日]加藤和也、黑川信重、斋藤毅 著
13	9787040263619	数论 II —— 岩泽理论和自守形式	[日]黑川信重、栗原将人、斋藤毅 著
14	9787040380408	微分方程与数学物理问题（中文校订版）	[瑞典]纳伊尔·伊布拉基莫夫 著
15	9787040274868	有限群表示论（第二版）	曹锡华、时俭益
16	9787040274318	实变函数论与泛函分析（上册,第二版修订本）	夏道行 等编著
17	9787040272482	实变函数论与泛函分析（下册,第二版修订本）	夏道行 等编著
18	9787040287073	现代极限理论及其在随机结构中的应用	苏淳、冯群强、刘杰 著
19	9787040304480	偏微分方程	孔德兴
20	9787040310696	几何与拓扑的概念导引	古志鸣 编著
21	9787040316117	控制论中的矩阵计算	徐树方 著
22	9787040316988	多项式代数	王东明 等编著
23	9787040319668	矩阵计算六讲	徐树方、钱江 著
24	9787040319583	变分学讲义	张恭庆 编著
25	9787040322811	现代极小曲面讲义	[巴西] F. Xavier、潮小李 编著
26	9787040327113	群表示论	丘维声 编著
27	9787040346756	可靠性数学引论（修订版）	曹晋华、程侃 著
28	9787040343113	复变函数专题选讲	余家荣、路见可 主编
29	9787040357387	次正常算子解析理论	夏道行
30	9787040348347	数论 —— 从同余的观点出发	蔡天新

续表

序号	书号	书名	作者
31	9787040362688	多复变函数论	萧荫堂、陈志华、钟家庆
32	9787040361681	工程数学的新方法	蒋耀林
33	9787040345254	现代芬斯勒几何初步	沈一兵、沈忠民
34	9787040364729	数论基础	潘承洞 著
35	9787040369502	Toeplitz 系统预处理方法	金小庆 著
36	9787040370379	索伯列夫空间	王明新
37	9787040372526	伽罗瓦理论——天才的激情	章璞 著
38	9787040372663	李代数（第二版）	万哲先 编著
39	9787040386516	实分析中的反例	汪林
40	9787040388909	泛函分析中的反例	汪林
41	9787040373783	拓扑线性空间与算子谱理论	刘培德
42	9787040318456	旋量代数与李群、李代数	戴建生 著
43	9787040332605	格论导引	方捷
44	9787040395037	李群讲义	项武义、侯自新、孟道骥
45	9787040395020	古典几何学	项武义、王申怀、潘养廉
46	9787040404586	黎曼几何初步	伍鸿熙、沈纯理、虞言林
47	9787040410570	高等线性代数学	黎景辉、白正简、周国晖
48	9787040413052	实分析与泛函分析（续论）（上册）	匡继昌
49	9787040412857	实分析与泛函分析（续论）（下册）	匡继昌
50	9787040412239	微分动力系统	文兰
51	9787040413502	阶的估计基础	潘承洞、于秀源
52	9787040415131	非线性泛函分析（第三版）	郭大钧
53	9787040414080	代数学（上）（第二版）	莫宗坚、蓝以中、赵春来
54	9787040414202	代数学（下）（修订版）	莫宗坚、蓝以中、赵春来
55	9787040418736	代数编码与密码	许以超、马松雅 编著
56	9787040439137	数学分析中的问题和反例	汪林
57	9787040440485	椭圆型偏微分方程	刘宪高
58	9787040464832	代数数论	黎景辉
59	9787040456134	调和分析	林钦诚
60	9787040468625	紧黎曼曲面引论	伍鸿熙、吕以辇、陈志华
61	9787040476743	拟线性椭圆型方程的现代变分方法	沈尧天、王友军、李周欣

续表

序号	书号	书名	作者
62	9787040479263	非线性泛函分析	袁荣
63	9787040496369	现代调和分析及其应用讲义	苗长兴
64	9787040497595	拓扑空间与线性拓扑空间中的反例	汪林
65	9787040505498	Hilbert 空间上的广义逆算子与 Fredholm 算子	海国君、阿拉坦仓
66	9787040507249	基础代数学讲义	章璞、吴泉水
67.1	9787040507256	代数学方法（第一卷）基础架构	李文威
68	9787040522631	科学计算中的偏微分方程数值解法	张文生
69	9787040534597	非线性分析方法	张恭庆
70	9787040544893	旋量代数与李群、李代数（修订版）	戴建生
71	9787040548846	黎曼几何选讲	伍鸿熙、陈维桓
72	9787040550726	从三角形内角和谈起	虞言林
73	9787040563665	流形上的几何与分析	张伟平、冯惠涛
74	9787040562101	代数几何讲义	胥鸣伟
75	9787040580457	分形和现代分析引论	马力
76	9787040583915	微分动力系统（修订版）	文兰
77	9787040586534	无穷维 Hamilton 算子谱分析	阿拉坦仓、吴德玉、黄俊杰、侯国林
78	9787040587456	p 进数	冯克勤
79	9787040592269	调和映照讲义	丘成桐、孙理察
80	9787040603392	有限域上的代数曲线：理论和通信应用	冯克勤、刘凤梅、廖群英
81	9787040603569	代数几何（英文版，第二版）	扶磊

购书网站：高教书城（www.hepmall.com.cn），高教天猫（gdjycbs.tmall.com），京东，当当，微店

其他订购办法：

各使用单位可向高等教育出版社电子商务部汇款订购。书款通过银行转账，支付成功后请将购买信息发邮件或传真，以便及时发货。购书免邮费，发票随书寄出（大批量订购图书，发票随后寄出）。

通过银行转账：

户　　名：高等教育出版社有限公司
开 户 行：交通银行北京马甸支行
银行账号：110060437018010037603

单位地址：北京西城区德外大街 4 号
电　　话：010-58581118
传　　真：010-58581113
电子邮箱：gjdzfwb@pub.hep.cn

郑重声明

高等教育出版社依法对本书享有专有出版权。任何未经许可的复制、销售行为均违反《中华人民共和国著作权法》，其行为人将承担相应的民事责任和行政责任；构成犯罪的，将被依法追究刑事责任。为了维护市场秩序，保护读者的合法权益，避免读者误用盗版书造成不良后果，我社将配合行政执法部门和司法机关对违法犯罪的单位和个人进行严厉打击。社会各界人士如发现上述侵权行为，希望及时举报，我社将奖励举报有功人员。

反盗版举报电话	(010) 58581999 58582371
反盗版举报邮箱	dd@hep.com.cn
通信地址	北京市西城区德外大街 4 号
	高等教育出版社法律事务部
邮政编码	100120